中国石化“十四五”重点图书出版规划项目

炼油结构绿色低碳转型

凌逸群　编著

中国石化出版社

内容提要

本书聚焦碳达峰碳中和形势下炼油产业绿色低碳发展大方向，以炼油结构调整问题为切入点，以现有技术认识水平为基础，以案例展示辅证为手段，重点论述了炼油厂产品结构、用能结构、用氢结构和数字化四个方面的绿色低碳转型。

本书是一本适用于战略规划、研究设计、技术咨询、运营管理等领域的实用型工具书，可为炼油产业绿色低碳高质量发展提供有价值的参考。

图书在版编目(CIP)数据

炼油结构绿色低碳转型/凌逸群编著. —北京：中国石化出版社，2022.2
中国石化"十四五"重点图书出版规划项目
ISBN 978-7-5114-6593-1

Ⅰ.①炼… Ⅱ.①凌… Ⅲ.①石油炼制-无污染工艺 Ⅳ.①TE62

中国版本图书馆CIP数据核字(2022)第031396号

中国石化出版社出版发行

地址：北京市东城区安定门外大街58号
邮编：100011　电话：(010)57512500
发行部电话：(010)57512575
http://www.sinopec-press.com
E-mail:press@sinopec.com
北京富泰印刷有限责任公司印刷
全国各地新华书店经销

*

787×1092毫米 16开本 35.5印张 898千字
2022年4月第1版 2022年4月第1次印刷
定价：398.00元

《炼油结构绿色低碳转型》撰写委员会

主　任：凌逸群

副主任：李　浩　陈广卫　曹东学　李剑峰

主要撰写人员（按姓氏笔画排列）：

王阳峰　王杰广　王鹏飞　田　涛　向明燕

阮宇红　张向农　张　英　佟玉文　李玉新

杜泽学　吴　昊　吴群英　陈英丽　陈　悦

周宇阳　周　曦　宫向阳　赵晓敏　英　佳

黄顺贤　程一步　谢小华　谢艳丽　董　震

戴文松　魏志强

序
PREFACE

2020年9月22日，在第七十五届联合国大会一般性辩论视频会上，习近平主席宣布："中国将提高国家自主贡献力度，采取更加有力的政策和措施，二氧化碳排放力争2030年前达到峰值，努力争取2060年前实现碳中和。"可以预见，"双碳"目标将在今后很长一段时间与经济社会发展相伴相随，落实碳达峰碳中和目标，必然会推动能源结构、产业结构和人们生活方式的深刻变革。目前，化石能源仍然是主要能源，石油是主要化石能源之一，炼油产业作为把石油转化为能源的重要产业链环节，在碳达峰碳中和背景下，既面临十分严峻的挑战，也充满转型发展的机遇，需要深入研究转型策略，稳步推进转型措施，实现炼油产业在碳达峰碳中和目标下的高质量发展。

《炼油结构绿色低碳转型》一书，聚焦碳达峰碳中和形势下炼油产业绿色低碳发展大方向，以炼油结构调整问题为切入点，以现有技术认识水平为基础，以案例展示辅证为手段，重点论述了炼油厂产品结构、用能结构、用氢结构和数字化四个方面的绿色低碳转型。这四个方面，既是"双碳"目标下炼油产业绿色低碳转型的重要方向，也是当前推进转型的主要途径。该书共五篇：第一篇简要总结了炼油产业发展现状，系统分析了我国炼油产业发展的环境，指出了炼化一体化、装置大型化、产业集约化、管控智能化是炼油产业发展的趋势，提出产业结构、产品结构、装置结构、用能结构、用氢结构、管控模式的炼油产业转型发展方向。第二篇论述了炼油产品结构转型方向即"减油增化产特"的重点是"油产化""油产特"，介绍了产品结构转型的主要工艺技术，分析了主要炼油组分资源在产品结构转型中的高效利用，列示了产品结构转型案例研究结果，并展示了"双碳"目标下新型炼油厂的产品结构。第三篇从分析现有炼油厂能源消耗和碳排放入手，提出节能优先和炼油厂主要节能途径，重点论述了炼油用能结构低碳化转型，即燃料、动力的绿色低碳替代，并简要介绍了可与炼油厂耦合的绿色能源技术。第四篇比较系统地介绍了炼化企业的氢气制备和储运技术，论述了炼油厂用氢结构转型必由之路即绿氢替代，并列示了不同深度的用氢结构转型案例研究结果。第五篇把炼油企业管控模式的数字化转型这一软技术作为炼油结构绿色低碳转型的重要方向之一，既是作者的创意之举，更体现了数字化、网络化、智能化在未来炼油产业绿色低碳转型中的重要角色。该篇是数字化转型的阶段性总结分析，也是探索展望，特别是列示的五个转型应用案例，具有实用参考借鉴意义。本篇最后提出了未来智慧炼油厂的架构模型，是有益的探索。

通览全书，该书具有以下特点：一是前瞻性。以碳达峰碳中和目标为引领，提出了调结构促转型，为炼油产业绿色低碳发展指明了方向，颇具前瞻性。二是创新性。紧扣炼油产业发展结构问题，结合最新产业态势和技术进展，阐释了炼油结构转型思路和路径；全书编排设计独具特色，条理清晰，具有创新性。三是实用性。该书编著者凌逸群同志是我早年举办的催化裂化高级研修班第一期学员，曾在炼油生产一线工作多年，有两个特大型炼化一体化企业和集团总部多个管理岗位的工作经历，理论功底扎实、实践经验丰富、战略视野开阔，编著此书是其对炼油产业绿色低碳转型的深入系统思考。该书参编人员主要由从事炼油技术研究、工程设计和技术咨询管理等工作的同志组成，他们经验丰富、各有所长，分别承担了相应章节的编写任务。该书还引用列示了大量相关典型案例，是一本适用于战略规划、研究设计、技术咨询、运营管理等领域的实用型工具书。相信该书的出版，一定能为炼油产业绿色低碳高质量发展提供有价值的参考。

陈俊武

2022 年 3 月 16 日

目　录

第一篇　炼油结构转型发展趋势

参考文献 ………………………………………………………………………………（16）

第二篇　炼油产品结构转型

第一章　产品结构转型方向及转型技术 ……………………………………………（17）
第一节　传统炼油产品结构分析 ……………………………………………………（17）
第二节　炼油产品结构转型方向 ……………………………………………………（20）
第三节　炼油产品结构转型工艺技术 ………………………………………………（28）
第二章　产品结构转型炼油厂资源的利用 …………………………………………（72）
第一节　重质馏分资源的利用 ………………………………………………………（72）
第二节　柴油资源的利用 ……………………………………………………………（80）
第三节　石脑油资源的利用 …………………………………………………………（86）
第四节　芳烃资源的利用 ……………………………………………………………（93）
第五节　轻烃资源的利用 ……………………………………………………………（97）
第三章　现有炼油厂产品结构转型案例研究 ………………………………………（105）
第一节　大型炼化企业产品结构转型案例研究 ……………………………………（105）
第二节　燃油型炼油厂产品结构转型案例研究 ……………………………………（109）
第三节　城市型炼油厂产品结构转型案例研究 ……………………………………（113）
第四章　新建炼油厂产品结构方案研究及案例 ……………………………………（116）
第一节　新建炼油厂产品结构方案研究 ……………………………………………（116）
第二节　新建炼化一体化项目产品结构案例分析 …………………………………（128）
第三节　新型炼油厂产品结构转型研究展望 ………………………………………（134）
本篇小结 ………………………………………………………………………………（145）
参考文献 ………………………………………………………………………………（147）

第三篇　炼油用能结构转型

第一章　能效评价与碳排放 ……………………………………………… (149)
第一节　能效评价指标 ……………………………………………… (149)
第二节　碳排放核算 ……………………………………………… (157)
第三节　用能与碳排放分析 ……………………………………………… (166)
第四节　碳排放权交易 ……………………………………………… (170)
第二章　节能与能效提升 ……………………………………………… (179)
第一节　能量平衡与㶲平衡 ……………………………………………… (179)
第二节　全厂节能方法 ……………………………………………… (190)
第三节　工艺与系统节能 ……………………………………………… (199)
第四节　降低燃料动力消耗 ……………………………………………… (220)
第五节　余热余压利用 ……………………………………………… (239)
第六节　生产运行节能管理 ……………………………………………… (251)
第三章　用能结构低碳化 ……………………………………………… (258)
第一节　低碳燃料替代 ……………………………………………… (258)
第二节　再电气化 ……………………………………………… (268)
第三节　外购低碳能源 ……………………………………………… (273)
第四节　蒸汽系统封闭运行 ……………………………………………… (284)
第四章　绿色能源技术及应用 ……………………………………………… (288)
第一节　太阳能的利用 ……………………………………………… (288)
第二节　风能的利用 ……………………………………………… (293)
第三节　地热能的利用 ……………………………………………… (296)
第四节　核能的利用 ……………………………………………… (300)
第五节　固体氧化物燃料电池的利用 ……………………………………………… (304)
第六节　二氧化碳捕集利用技术 ……………………………………………… (308)
本篇小结 ……………………………………………… (314)
参考文献 ……………………………………………… (314)

第四篇　炼油用氢结构转型

第一章　氢气制备 ……………………………………………… (320)
第一节　副产氢回收与精制 ……………………………………………… (320)
第二节　化石能源制氢 ……………………………………………… (340)

第三节　非化石能源制氢 …………………………………………………………… (361)
第四节　制氢过程碳排放分析 ……………………………………………………… (387)
第五节　制氢经济性分析 …………………………………………………………… (396)
第二章　氢气储运 ……………………………………………………………………… (399)
第一节　氢气的储运特性 …………………………………………………………… (399)
第二节　氢气的物理储运 …………………………………………………………… (400)
第三节　氢气的化学储运 …………………………………………………………… (406)
第四节　氢气储运过程碳排放分析 ………………………………………………… (412)
第五节　氢气储运经济性分析 ……………………………………………………… (415)
第三章　用氢结构转型 ………………………………………………………………… (421)
第一节　炼油厂用氢分析 …………………………………………………………… (421)
第二节　炼油厂用氢效率提升 ……………………………………………………… (425)
第三节　炼油厂绿氢应用 …………………………………………………………… (457)
第四节　用氢结构转型案例 ………………………………………………………… (464)
本篇小结 ……………………………………………………………………………… (473)
参考文献 ……………………………………………………………………………… (474)

第五篇　炼油数字化转型

第一章　数字化转型基础 ……………………………………………………………… (482)
第一节　数字化转型概念 …………………………………………………………… (482)
第二节　炼油数字化转型基础 ……………………………………………………… (485)
第三节　炼油数字化转型的机遇与挑战 …………………………………………… (502)
第二章　数字化转型重点方向 ………………………………………………………… (505)
第一节　数字化转型目标 …………………………………………………………… (505)
第二节　数字化转型重点培育的能力 ……………………………………………… (506)
第三节　数字化转型路径 …………………………………………………………… (514)
第三章　数字化转型主要应用技术 …………………………………………………… (517)
第一节　数字孪生 …………………………………………………………………… (517)
第二节　大数据 ……………………………………………………………………… (519)
第三节　物联网 ……………………………………………………………………… (520)
第四节　工业互联网 ………………………………………………………………… (521)
第五节　人工智能 …………………………………………………………………… (523)
第六节　虚拟现实和增强现实 ……………………………………………………… (525)

第四章　数字化转型案例 …………………………………………………………………（527）
第一节　全流程优化经营 ………………………………………………………………（527）
第二节　一体化营运管控 ………………………………………………………………（531）
第三节　市场化营销管理 ………………………………………………………………（540）
第四节　精细化专业管理 ………………………………………………………………（541）
第五节　智能化信息系统升级 …………………………………………………………（546）
第五章　数字化转型展望 …………………………………………………………………（548）
第一节　智能工厂的主要发展模式 ……………………………………………………（549）
第二节　未来智慧炼油厂 ………………………………………………………………（553）
本篇小结 …………………………………………………………………………………（556）
参考文献 …………………………………………………………………………………（557）

第一篇 炼油结构转型发展趋势

炼油是以原油为主要原料生产汽油、煤油、柴油、燃料油等交通运输燃料、润滑油、基础化学品、化工原料及道路建设、电解铝、建筑、机械、食品加工等领域所需初级材料或特种产品的工业过程，为经济社会运行提供清洁能源和石化原材料，是推动经济高质量发展的重要支柱产业之一，在国民经济生活中发挥着十分重要的作用。经过近百年的发展和技术进步，炼油产业规模不断壮大，已发展成为单系列达到千万吨级规模的炼油产业链。

据统计，截至2020年年底，世界炼油产能达到5110Mt/a。我国炼油产能达890Mt/a，位列全球第二。从世界炼油产业布局和产能增长趋势看，全球炼油发展重心东移，新增炼油产能绝大部分来自亚太和中东地区，其中亚太地区以中国为代表的新兴市场经济体近年来炼油产能持续增长，而中东地区以沙特为代表的产油国继续推进产业链向下游延伸战略，炼油产能仍在增长中[1]。考虑国内炼油在建和规划项目，预计“十四五”期间，我国将新增炼油产能约100Mt/a，到2025年年底国内炼油产能将增至1000Mt/a左右，有望超过美国、成为全球炼油第一大国。在产能规模发展的同时，中国炼油技术水平也取得显著进步，形成了全系列、较完整的成套炼油技术。催化剂作为炼油的关键技术，已基本实现国产化，且部分催化剂达到世界领先水平。

当前，能源消费结构加快向低碳化、清洁化转型。碳达峰碳中和已成为全球广泛共识的约束性条件，新能源发展异军突起，必将加速对传统能源的替代，交通运输燃料消费峰值或将提前到来，炼油产业转型升级发展面临新的挑战。虽然交通运输燃料被新能源替代，导致成品油消费萎缩，但与生产生活息息相关的化工原料、基础化学品、特殊石油产品、初级石油基材料等采用其他原料和技术路线大规模替代的可能性不大，依然需要以炼油为龙头的石油化工产业链供给。因此，展望未来，炼油依然是国民经济不可或缺的支柱产业，但在碳达峰碳中和背景下，炼油产业必然需要从结构上进行深度转型，走出一条适应“双碳”目标的绿色低碳高质量发展之路。

一、炼油产业现状及发展动态

（一）世界炼油产业格局及发展动态

1. 总体概况

近年来，世界炼油新增产能重心呈现明显东移趋势，主要在亚太和中东地区，以满足油品需求增长、油品质量升级及多产化工原料为目的的新建或扩能改造炼油厂。在亚太地区，中国、印度、马来西亚等新兴市场经济体炼油产能持续增长，美国炼油产业受益于页岩革命带来的原油资源成本优势出现增长态势。中东地区以沙特为代表的产油国继续推进产业链向下游延伸战略，炼油产能仍在快速增长。

"十三五"期间，世界炼油产业整体处于金融危机以来的较好水平，石油需求恢复较快增长，特别是以中国为代表的炼油产能由增数量转向重质量，全球产能扩张总体放缓。据世界能源统计年鉴披露(见图1－0－1)，世界炼油加工能力排名前十位的国家分别是美国、中国、俄罗斯、印度、韩国、日本、沙特、伊朗、巴西和德国。中国炼油加工能力位居世界第二，略低于美国，占世界炼油加工能力比重已由2015年的16%提高至2020年的18%[1]。

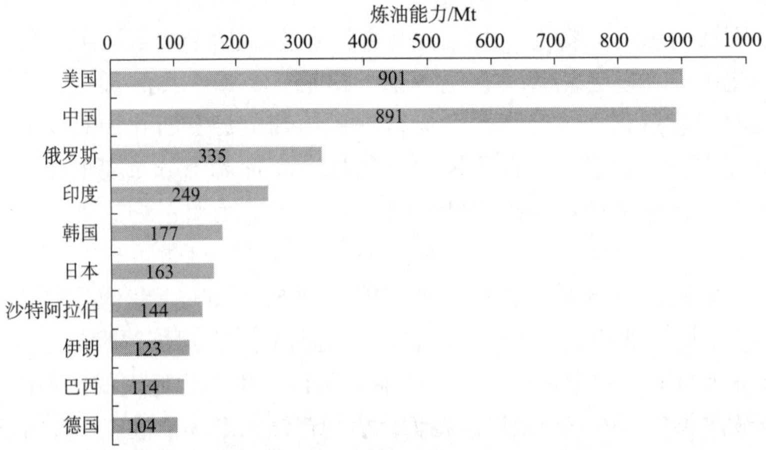

图1－0－1　2020年世界主要国家炼油加工能力

数据来源：参考《世界能源统计年鉴2021版》(BP)公开数据；其中，中国炼油加工能力数据作了修正。

2019年全球投产运营的大型项目主要包括我国20Mt/a浙江石化一期项目、马来西亚15Mt/a RAPID炼化项目以及文莱8Mt/a恒逸石化项目等。新建炼油厂大型化、规模化趋势更加明显。据统计，全球规模在20Mt/a以上的炼油厂达到33座，其中23座位于亚洲和中东地区。部分新建项目的加工能力向30Mt/a以上发展。美国《烃加工》杂志近两年评出的年度最具影响力的炼油项目分别是2018年沙特阿美石油公司建成的20Mt/a吉赞炼油厂项目和2019年印度巴拉特石油公司建成的15Mt/a科钦炼油厂扩能项目。我国的40Mt/a浙江石化项目、20Mt/a恒力石化项目均被列入最具影响力的石化项目提名。值得关注的是，非洲也即将诞生一个"巨无霸"炼油厂，32.5Mt/a的尼日利亚Dangote炼油厂预计于2022年建成投产，建成后将成为世界最大的单系列炼油厂，设计生产20Mt/a的汽柴油，还包括3.6Mt/a的聚丙烯和3Mt/a的尿素[2]。

据美国《石油情报周刊》2021年公布的2020年世界主要石油公司炼油加工能力排名，如图1－0－2所示，我国有两家国有公司位列榜首，其中中国石化以296Mt的炼油加工能力位居世界第一。

预计到2025年全球炼油产能达到5500Mt/a，亚太地区将是最大的新增产能地区，中东地区其次，这两个地区将占新增加工能力的75%左右。在中东地区，科威特国家石油公司KNPCAL－ZOUR炼油厂的加工产能达到30.75Mt/a，将成为中东最大的炼油厂。沙特阿美石油公司20Mt/a吉赞炼油厂于2020年下半年投产。在亚太地区，中国和印度引领该地区炼油产能增长。我国的炼油产业格局正在变化中，自浙江石化一期20Mt/a炼化项目在2019

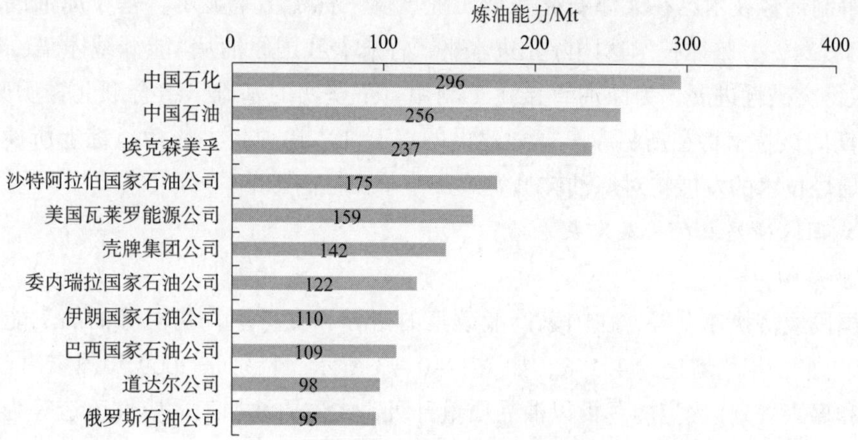

图1-0-2　2020年世界主要石油公司炼油产能

数据来源：美国《石油情报周刊》。

年四季度建成投产和中科炼化10Mt/a炼油项目于2020年三季度建成投产，盛虹石化、广东石化、镇海炼化(二期)等大型炼化项目正在加紧建设，山东裕龙石化也规划了3期共60Mt/a的炼油项目，未来几年还将有新增炼油产能投产，我国的炼油产业格局面临重塑，必将对国际炼油产业格局产生影响。

预计未来世界炼油加工能力的增长将超过需求的增长，将会面临产能大量过剩的风险，导致市场竞争更加激烈，部分规模较小、竞争力较弱的炼油企业不得不关停，部分规划新建项目可能延期甚至取消，世界炼油产业格局将面临重构。

2. *炼油公司主要发展动态*

炼化一体化已成为世界炼油产业发展的必然选择。由于发展中国家经济持续增长和人民生活水平不断提高，石化行业仍有较大发展空间，乙烯、丙烯、芳烃等基础有机化工原料产能不足，化工产品尤其是高端化工产品需求增长。

从世界范围看，近年来投产和新建的炼化项目绝大部分为大型炼化一体化项目，独立的炼油项目已很少。如2019年投产的马来西亚15Mt/a RAPID炼化一体化项目，聚烯烃、合成橡胶等石化产品产能高达3.6Mt/a；我国恒力石化20Mt/a炼化一体化项目，可将70%的原油转变成高端石化产品。浙江石化40Mt/a炼化一体化项目方案进行了调整，由40Mt/a炼油、2.8Mt/a乙烯、8Mt/a对二甲苯的方案调整为40Mt/a炼油、4.2Mt/a乙烯、8.8Mt/a对二甲苯，进一步扩大乙烯和芳烃生产规模。正在建设中的16Mt/a盛虹炼化一体化项目对部分装置方案进行了调整，可根据油品、烯烃、芳烃市场情况灵活调节，成品油占原油加工量比例由37%降到31%，基础化工原料产量增加，增强了抗风险能力。炼化一体化已成为炼油产业可持续发展的必然趋势。

埃克森美孚、沙特阿美和沙特基础工业公司等开发了合适的原油直接裂解制烯烃技术，通过省略常减压蒸馏、催化(加氢)裂化等主要炼油环节，简化流程、降低投资，以最大化生产化学品为目的，多产烯烃、芳烃等化工原料，化学品产率达50%~70%，埃克森美孚的该技术在新加坡乙烯装置进行了应用。沙特阿美和沙特基础工业公司正在沙特延布建设原油制化学品项目，每年可生产14Mt化学品，化学品产率可达到70%。中国石化自主开发的原油裂解制烯烃技术已在天津石化完成工业试验，标定结果显示，基于原油的单程化学品收率达48.24%，整体技术达国际先进水平，标志着我国原油从“能源载体”转向“材料载体”进程取得突破性进展，为原油直接化工利用打下坚实的基础，结合顺北轻质原油特点，“十四五”期间该技术将在新疆库车规划建设的百万吨乙烯项目上应用。综上所述，原油直接裂解制烯烃技术的发展将对炼油转型发展产生革命性的影响。

（二）我国炼油产业现状及发展基础

1. 产业结构

随着国民经济快速发展，在国家产业政策的指导和支持下，我国炼油加工能力快速增长。近10年来，年均增速约4.1%，如图1－0－3所示。特别是2009年国家出台的《石化产业调整和振兴规划》确定的一批以油品质量升级、劣质原油加工适应性改造等为主要目的炼油扩能改造项目陆续在“十二五”初期建成投产，掀起了我国炼油加工能力增长的新一轮高潮，2012年尤为显著，同比增长约11.4%。

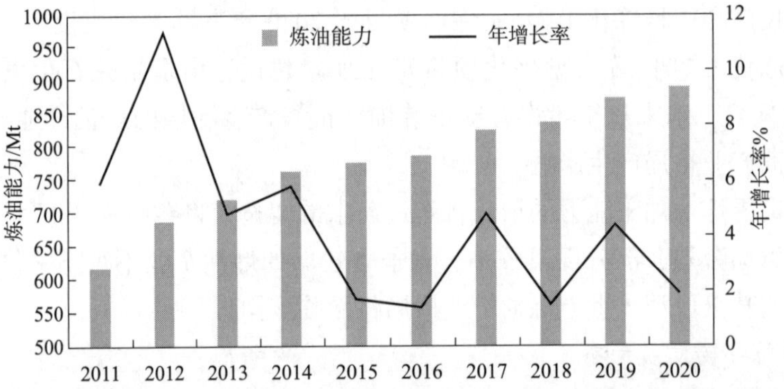

图1－0－3　近10年我国炼油产能发展趋势

在国家《石化产业规划布局方案》引领下，“十三五”以来，我国炼油产业迈上新台阶，朝基地化、大型化、一体化、园区化方向发展，开启大型炼化项目建设潮，生产及配套设施能力显著提升。2015—2020年，国内千万吨级以上炼油厂由23座增长至29座，单厂平均规模由2.57Mt/a提高至4.56Mt/a，接近世界炼油厂平均水平；沿海地区炼化一体化产业发展迅速，长三角、珠三角、环渤海地区三大石化产业集群炼油产能约占全国炼油产能的71.2%[5]。

2. 产品结构

炼油加工流程主要包括燃料型、燃料化工型、燃料润滑油型等工艺流程，不同类型的炼油厂主要产品收率差别较大，如表1－0－1所示。炼化一体化企业的炼油产品结构为下游化工产业链所需原料需求而配套，例如中国石化镇海炼化公司，在23Mt/a炼油、1Mt/a乙烯总加工流程下，成品油收率约为56%，而化工原料约占炼油产品的25%，仅次于柴油产品。可见，化工原料已成为炼化一体化炼油企业的重要产品之一。燃料型、燃料－润滑油型炼油企业的成品油收率目前仍然较高，多数企业在60%～70%之间，柴汽比已普遍低于1.0，三大成品油收率：汽油＞柴油＞喷气燃料（旧称航空煤油）。近年来，新建的石化产业基地项目，如大连恒力、浙江石化、盛虹石化、镇海炼化二期等，成品油收率大幅压减，“减油增化”的产品结构调整趋势显著。

表 1－0－1　典型炼化企业生产数据

项目	炼化化工型 ZH	燃料油型 QL	燃料－润滑油型 JM	燃料－润滑油型 JN	新建炼化一体化基地项目
汽油收率/%	15.98	29.36	36.05	35.80	—
煤油收率/%	13.19	15.46	8.72	5.77	
柴油收率/%	27.28	22.67	25.75	26.71	
化工轻油收率/%	25.00	1.35	0.00	1.44	
汽煤柴收率/%	56.46	67.49	70.52	68.28	37.38
柴汽比	1.71	0.77	0.71	0.75	0.56

3. 技术水平

(1)炼油技术有力支撑产业较快发展

我国炼油技术通过自主研发、开放合作和引进消化吸收再创新相结合的方式，自主创新能力和竞争力不断提升，与世界先进水平的差距不断缩小，炼油技术总体上达到世界先进水平，主体领域形成了一批具有优势的自有技术，支撑了炼油产业的较快发展。

催化裂化、催化重整、延迟焦化、尿素脱蜡、新型催化剂和添加剂，被誉为中国炼油史上的“五朵金花”，是实现中国现代炼油技术从无到有的标志。在此基础上，结合炼油发展，通过开展技术研发与创新，形成了众多具有先进水平的技术，助力炼油产业持续提升进步。

我国掌握了先进水平的炼油全流程技术，形成清洁油品生产系列技术，具备了建设世界先进水平的千万吨级炼油厂的全部自主知识产权技术。催化裂化家族技术处于世界领先水平，催化裂解 DCC 系列、催化裂化催化剂已出口国外；超低压连续重整成套技术的开发应用、世界首套逆流连续重整装置投入运行，使中国石化成为全球第三家拥有连续重整技术的公司；催化汽油吸附脱硫(S Zorb)技术实现再创新，成为汽油质量升级的主要技术；柴油深度脱硫工艺和催化剂技术跨入世界领先水平；劣质原油加工技术达到世界先进水平，渣油加氢系列技术、催化裂化柴油加氢转化系列技术已经成功工业化应用；具备润滑油及基础油、特种石蜡、特种沥青、针状焦等炼油高端产品系列生产技术。

炼油工艺、工程设计及装备技术的进步使我国具备了千万吨级炼油厂和大型炼油装置自主设计和工程化能力。原油蒸馏装置已建成并投运的单套加工能力达 12Mt/a，在建的盛虹炼化一体化项目常减压装置规模达 16Mt/a。炼油主要二次加工装置大型化技术进步显著，目前国内在运的连续重整、加氢裂化、渣油加氢、催化裂化和延迟焦化等装置单系列最大规模分别为 3.8Mt/a、4Mt/a、2.6Mt/a、4.8Mt/a 和 2.1Mt/a。与此同时，开发并成功应用了炼油生产装置集中控制、远程数据传输和 DCS 集中控制系统。炼油生产装置运行数据采集与传输、集中控制与管理、事故处理和紧急停车、远程专家诊断、流程模拟和在线培训等系统得到了普遍应用。沿海地区形成了不同等级的原油码头群，扩大了进口原油接卸和储运能力。同时管道运输已成为炼油厂最主要的运输方式，建立了原油、成品油配送管网，自建的最大 $15\times10^4m^3$ 的原油储罐已投入运营，对优化储运方式、降低运输成本、增强我国炼油企业的竞争力具有重要意义。

我国炼油产业已形成完整的技术体系，在劣质重油加工、清洁燃料生产、炼油向化工转型等方面取得持续发展。通过不断自主创新、科研攻关，开发和引进相结合的方式，中国炼油技术已经实现了跨越式发展。我国已具备自主建设千万吨级现代化炼油厂的工程技术能力，拥有生产相当于欧Ⅴ、欧Ⅵ质量标准汽柴油的核心技术，在重油和渣油加工、高含硫原油加工等多项技术领域与国际同步。另外，中国炼油所需的催化剂已实现自给，部分外销出口。如今中国一些大型炼油厂已具备加工世界上160多种来自不同国家、不同性质原油的能力，加工原油适应能力进一步增强。

(2)油品质量实现快速升级

我国油品质量升级步伐超越欧美国家。近10年来，完成了快节奏、高强度的成品油质量升级，实现了从国Ⅲ标准向国Ⅵ标准的跨越，主要指标变化及实施情况如表1-0-2所示。车用汽油硫含量从不大于150μg/g降至10μg/g，烯烃体积含量由不大于30%降至国ⅥA阶段的18%，芳烃含量由不大于40%降至国ⅥA阶段的35%。

表1-0-2　车用汽油质量标准变化

主要指标	国Ⅲ	国Ⅳ	国Ⅴ	国Ⅵ
硫含量/(μg/g)	≤150	≤50	≤10	≤10
烯烃/%(体)	≤30	≤28	≤24	≤18(15)①
芳烃/%(体)	≤40	≤40	≤40	≤35
苯/%(体)	≤1.0	≤1.0	≤1.0	≤0.8
实施时间及区域	2010年1月1日，全国范围	2014年1月1日，全国范围	2016年1月1日，东部11省市；2017年1月1日，全国范围	2019年1月1日，全国范围

①车用汽油(ⅥA)要求汽油烯烃含量不大于18%，自2019年1月1日起实施；车用汽油(ⅥB)要求汽油烯烃含量不大于15%，自2024年1月1日起实施。

车用柴油与车用汽油质量升级基本同步，也实现了从国Ⅲ标准向国Ⅵ标准的升级，主要指标变化如表1-0-3所示。

表1-0-3　车用柴油质量标准变化

主要指标	国Ⅲ	国Ⅳ	国Ⅴ	国Ⅵ
硫含量/(μg/g)	≤350	≤50	≤10	≤10
多环芳烃/%(体)	≤11	≤11	≤11	≤7
十六烷值	≥49	≤49	≤51	≤51
实施时间及区域	2011年7月1日，全国范围	2015年1月1日，全国范围	2016年1月1日，东部11省市；2017年1月1日，全国范围	2019年1月1日，全国范围

普通柴油从2013年7月1日起执行的硫含量不大于350μg/g的GB 252—2011标准，到2017年7月1日起执行的硫含量不大于50μg/g的国Ⅴ标准(GB 252—2015)，到2018年12月31日止。2019年1月1日起，车用柴油实施国Ⅵ标准，而普通柴油标准(GB 252—2015)同时废止，取消了普通柴油。车用柴油、普通柴油、部分船舶用油统一执行国Ⅵ车用柴油标准，实现了“三油并轨”。

二、我国炼油产业发展环境分析

(一)产业政策引领炼油高质量发展

近年来，为促进石化产业高质量发展，国家加强顶层设计，制定了《石化产业规划布局方案》，并结合实际执行情况，滚动优化调整，建立了“储备转规划”的重点项目库和“放管服”管控机制，列入国家规划的新建炼油项目核准审批权限下放至省级政府，要求炼油新建项目有序进入石化产业基地，严格控制基地外炼油新增产能；按照等量或减量的原则，推动落后和低效产能退出，有效化解产能过剩矛盾，提高炼油产业发展质量。国务院办公厅发布的《关于石化产业调结构促转型增效益的指导意见》《关于推进城镇人口密集区危险化学品生产企业搬迁改造的指导意见》及国家发改委、工业和信息化部联合出台的《关于促进石化产业绿色发展的指导意见》等一系列产业政策，旨在推进产业布局更趋合理、产业结构不断优化、创新能力稳步提升、绿色标准持续完善，重点要求按照资源环境承载能力优化调整产业布局，新建项目须进入合规设立的化工园区等。

在装置规模管控方面，《产业结构调整目录(2019 年本)》明确指出 2Mt/a 及以下常减压装置属淘汰类，限制新建 10Mt/a 以下常减压、1.5Mt/a 以下催化裂化、1Mt/a 以下连续重整(含芳烃抽提)、1.5Mt/a 以下加氢裂化生产装置。上述产业政策，为促进我国炼油产业高质量发展提供了根本遵循。

(二)“双碳”目标驱动能源消费结构转型

据联合国政府间气候变化专门委员会(IPCC)第五次评估报告，全球温室气体排放中，二氧化碳排放量约占 76%、甲烷约占 16%、氧化亚氮约占 6%、氟化气体(HFCS + PFCS + SF_6)约占 2%。二氧化碳排放来源包括化石能源燃烧、工业过程、森林和土地利用变化、农业等，其中化石能源燃烧导致的二氧化碳排放量占据绝对主导地位，约占 85%。国际能源署分析指出，到 2050 年，全球二氧化碳排放从目前的 33Gt/a 下降到 10Gt/a 左右，2050 年前节能和提高能效对全球二氧化碳减排的贡献为 37%，发展可再生能源贡献为 32%，燃料替代贡献为 8%，发展核电贡献为 3%，CCUS 技术贡献为 9%，还有 12% 贡献由其他技术满足。

国际上，发达国家不断提高绿色壁垒，限制高排放、高环境风险产品的生产与使用。2021 年 3 月 10 日，欧洲议会通过了欧盟碳边境调节机制(CBAM)决议，如果与欧盟有贸易往来的国家不能遵守碳排放相关规定，欧盟将对这些国家进口商品征收碳关税。

中国在第七十五届联合国大会上承诺二氧化碳排放力争在 2030 年前达到峰值、2060 年前实现碳中和。不同于欧美日韩等发达国家早在 20 年前已经实现碳达峰，中国高能耗产业占比较高，实现碳达峰碳中和的任务异常艰巨。国家层面要求抓紧制定 2030 年前碳排放达峰行动方案，支持有条件的地方率先达峰。要加快调整优化能源结构、产业结构，大力发展新能源，加快建设全国用能权、碳排放权交易市场，完善能源消费双控制度。“十四五”时期，要严控煤炭消费的增长，“十五五”时期要逐步减少煤炭消费，安全高效发展核电，因地制宜发展水电，大力发展风电、太阳能、生物质能、海洋能、地热能，发展绿色氢能。积极推动经济绿色低碳转型和可持续发展，大力调整能源结构，着力提升能源利用效率，加速低碳技术研发推广，健全低碳发展体制机制。“双碳”目标将驱动能源消费加快结构转型。

(三)能源结构转型加快交通运输燃料替代

能源资源是人类生产活动得以进行和发展的动力，是国民经济和社会发展的重要物质基础。《中华人民共和国能源法》(征求意见稿)总则中指出“国家调整和优化能源产业结构和消费结构，优先发展可再生能源，安全高效发展核电，提高非化石能源比重，推动化石能源的清洁高效利用和低碳发展”。

新能源推动交通运输能源消费转型。随着绿色发展理念和环保要求提高以及科技创新的驱动，电动汽车“三电”(电池、电机、电控)技术取得长足进步，特别是动力电池技术进步更为显著，主流车型的动力电池续航里程普遍已迈上400km、高端车型已达600km以上。除上述电动化在乘用车领域的应用外，随着电池等技术发展，未来电力能源也可能进一步应用于航运业，尤其应用于近海、沿海运输的船舶可能性较大。此外，政府大力推进绿色港口建设，构建清洁低碳的港口能源体系，推广岸电使用，要求到2022年，港作船舶靠泊使用岸电比例不低于90%，港作车船、机械电力能源替代将迎来快速发展。

在新一轮能源革命驱动下，世界各国都高度重视氢能和燃料电池技术创新，以支撑实现低碳、清洁发展模式。美国、日本、欧盟等国家或地区积极发展“氢能经济”，制定了《全面能源战略》(美国)、《欧盟氢能战略》(欧盟)、《氢能/燃料电池战略发展路线图》(日本)等发展规划，推动燃料电池技术的研发、示范和商业化应用。我国积极推动氢能相关发展战略制定，2001年确立的“863计划”中包括燃料电池在内的“三纵三横”战略；《能源技术革命创新行动计划(2016—2030)》《汽车产业中长期发展规划》(2017年)等国家政策文件均明确提出支持燃料电池汽车发展。2020年，科技部启动了国家重点研发计划“可再生能源与氢能技术”重点专项，将重点突破质子交换膜、气体扩散层碳纸、车用燃料电池催化剂批量制备技术、空压机耐久性、高可靠性电堆等共性关键技术。国家能源局将氢能及燃料电池技术列为“十四五”时期能源技术装备重点任务。氢能及氢燃料电池技术有望大规模应用在汽车、便携式发电和固定发电站等领域，也是航空航天飞行器、船舶推进系统的重要技术备选方案[4]。依托绿氢的燃料电池汽车是减少温室气体排放、降低石油使用量的有效路径之一，随着技术进步，全过程生产成本和氢燃料成本将与其他类型车辆及燃料相当。《节能与新能源汽车技术路线图2.0》提出燃料电池将在私人用车和工程、商务用车领域实现批量应用，在2025年和2035年分别达到10万辆和100万辆的规模。按照目前燃料电池车的平均氢气消耗强度，基于在每个时间节点燃料电池车数量中乘用车和商务车各占一半的假设进行测算，中国氢燃料电池车2025年和2035年的氢气消耗量分别为0.8Mt和8Mt，可替代的成品油消费量分别为1.36Mt和13.6Mt[5]；将来燃料电池车应用场景进一步拓展，交通运输燃料油品的替代量将随之而增加。

总之，在碳达峰碳中和背景下，交通运输消费能源将向低碳化、电动化、氢能化方向发展，将进一步加快交通运输传统消费燃料的替代。能源消费结构将朝多元化、低碳化、清洁化方向发展，石油需求可能在2030年前后达峰。预计“十四五”期间，石油消费占比将由19%增至20%，天然气占比将由8%增至11%，煤炭消费占比持续下降、由57%降至49%，非化石能源占比将由15%提高至20%。

(四)交通运输燃料替代推动炼油产品结构调整

作为交通运输燃料的成品油是炼油的主要产品，一直以来占炼油产品收率的60%以上。炼油产品结构调整始终以市场需求为导向，如图1-0-4所示，2005年以前，柴油消费增长高于汽油，柴汽比由1.33上升到2.27。随后柴油消费增速回落，汽油消费继续增长，“十四五”消费柴汽比将低于1.0。新冠肺炎疫情后，预计汽油需求将小幅增长，喷气燃料需求2023年恢复到疫情前水平，柴油需求回落，结构性矛盾日益突出。

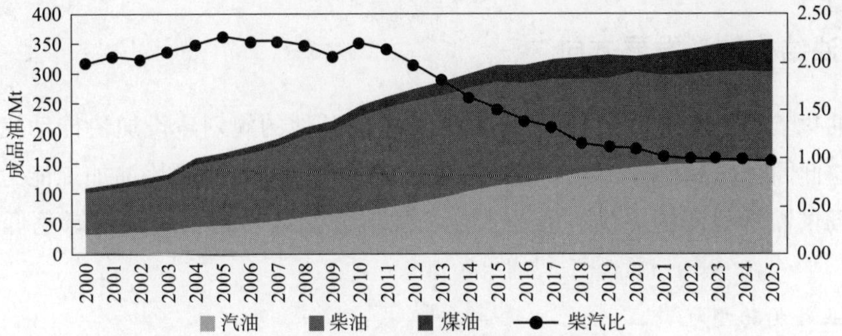

图1－0－4　我国成品油消费趋势

预测，随着能源消费结构转型、交通领域电动化及燃油经济性提高，“十四五”期间，或是国内成品油需求增长的最后阶段，预计将从2020年的329Mt增加至2025年的356Mt，年均增长率1.04%，于2025年前后达峰。

汽油。由于经济增速放缓、汽车保有量增长减速、燃油经济性不断提高，天然气和新能源等替代能源不断增加，预计2021—2025年，汽油消费量137～146Mt/a、年均增长约1.19%（统计局口径、以2021年数据为基础计算年均增长率，以下同），2024年前后达峰。

喷气燃料。随着我国机场总量、规模以及密度逐渐加大，机场服务能力逐步提高，现代化程度不断增强，预计“十四五”期间国内喷气燃料消费量在38～52.79Mt/a，年均增速约8.57%。虽然喷气燃料依然是三大油品中需求增长最快的产品，但因疫情在全球蔓延，对国际航空运输业影响较大，喷气燃料实际消费增长放缓，不及预期。

柴油。柴油消费已在“十三五”初期达峰并呈下降趋势。预计“十四五”期间柴油消费将持续下滑，消费量142～134Mt、年增长率为－1.45%。

如图1－0－5所示，从长期来看，由于交通领域碳排放约占我国碳排放总量的10%，在碳中和背景下，新能源汽车大规模替代，交通用油将快速下降，预计在碳中和前，汽油和柴油需求将有可能归零。化工成为石油的消费主力，乙烯当量消费由5000万吨级增长至2050年亿吨级，拉动化工用油消费比例由18%增至50%以上。据预测，石油需求于2026年前后达峰（700～800Mt左右），到2060年全国炼油产能仅需300～400Mt，炼油在保留小部分成品油之外，主要生产化工原料、基础化学品、特殊油料、初级材料等。

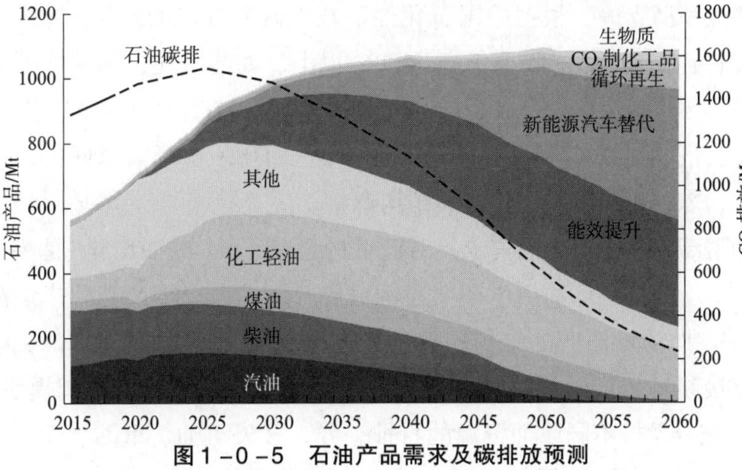

图1－0－5　石油产品需求及碳排放预测

注：其他包括液化气、燃料油、沥青、石油焦、润滑油、溶剂油等。

三、炼油结构转型发展方向

我国石油化工产业快速发展，国家七大石化产业基地的规划建设加快推动我国向石化强国迈进。与此同时，“双碳”背景下新能源发展进一步加速，我国炼油加工能力结构性过剩加剧，市场供需矛盾问题突出，炼油产业需要实施结构转型，以实现绿色低碳高质量发展。

（一）产业结构转型

统筹消费市场、原油资源、一体化链条、可再生能源等要素，在“双碳”目标引领下，稳步推进全国炼油产业布局优化，构建以国内循环为主、国际国内双循环互相促进的炼油产业布局是未来炼油产业结构调整的主要方向。

优化传统炼油产业布局和提升产能质量。以国家《石化产业规划布局方案》为遵循，推进炼油产业朝基地化、规模化、一体化、大型化、园区化方向发展，打造世界级炼油基地。炼油产能呈结构性过剩的背景下，加上油品消费市场萎缩，在激烈的市场竞争中，小型燃料型炼油企业必然面临更大生存压力，结合炼油基地化建设，实施产能置换、整合重组、关停并转低效落后产能，是提高炼油产能整体质量的关键。

促进传统炼油与新能源融合发展，构建新型能源供给体系。顺应能源消费结构变化趋势，在沿海、西部等风能太阳能资源富集地，依托现有炼油厂资源及其降低碳排放对可再生电力、“绿氢”需求应用场景，探索发展“源网荷储氢”产业链，推进传统炼油与新能源产业融合发展，构建多能互补的新型能源和炼油转型发展一体化产业体系。结合航空运输领域碳减排对生物基燃料需求、生物质原料可获得性等条件，有选择地发展生物喷气燃料。例如中国石化先期拥有生产生物喷气燃料并成功应用于民用航空飞行的经验，在某公司布局建设了100kt/a生物喷气燃料装置，与航空公司合作发展生物喷气燃料，可为探索发展生物质能源、助力碳减排提供示范引领。

（二）产品结构转型

目前，我国炼油产品结构以汽煤柴等油品为主，其次为化工原料和基础化学品，以及特色油品、石油焦和沥青等。根据中国石化经济技术研究院《2022中国能源化工产业发展报告》显示，2021年我国成品油收率仍高达50%以上。如前所述，随着能源消费结构朝清洁化低碳化调整，预计成品油消费在2025年左右达峰后，将进入平台期或呈下降趋势；远期碳中和背景下，汽柴油需求大幅萎缩、甚至归零，而化工市场需求旺盛，依然是石油消费的主力。因此，炼油产业亟需加快产品结构调整。

在成品油消费萎缩、石化产品需求相对旺盛的背景下，“减油增化”是炼油产品结构调整的重要方向之一，即推进炼油由生产交通运输燃料为主向以生产基础化学品和化工原料转变。“减油增化”推动炼油产品结构转型的主要路径：一是“油产化”，采用催化裂解工艺，加氢重油直接裂解生产丙烯、乙烯等低碳烯烃和芳烃，为化工生产提供基础化学品；二是“油转化”，充分发挥不同原油资源的特征差异，开展渣油、重油、馏分油、轻烃等资源的集约化高效利用，主要采用加氢裂化等工艺，生产石脑油、加氢裂化尾油等为乙烯、芳烃提供原料。

着力推进"油产特"，发展特种产品。除石化原料外，沥青、石油焦、润滑油、石蜡等石油产品采用其他技术路线大规模替代的可能性不大，成为"刚需"，炼油企业可由生产普通沥青、石油焦等延伸提升产业链生产高等级道路沥青、特种沥青、低硫预焙阳极焦，以及超高功率石墨电极专用焦、高端锂离子电池负极材料、石墨烯等炭材料，这些产品本身也是固碳产品，对总流程减碳非常有利[6]。结合原油资源特点、企业产业基础和装置结构，可生产特种溶剂油、特种蜡、特种低凝基础油、超高黏度指数基础油、不溶性硫黄等产品，实现炼油产品向初级材料、特种油(蜡)、特殊化学品等产品转型，提升产品附加值。

当前，一批技术上新突破为炼油产品结构转型提供了支撑。围绕原油资源的高效利用，我国已开发了系列渣油加氢处理、渣油加氢裂化、蜡油加氢裂化、催化裂化、催化(热)裂解、油品生产、芳烃生产、轻烃综合利用等多种转化技术，以及抽提分离、萃取分离、吸附分离等多种分离技术。这些技术充分利用炼油厂不同资源特征和工艺技术优势，为产品结构转型提供了技术支持。此外，针对渣油和劣质资源的高效利用，开发了延迟焦化、溶剂脱沥青、焦制氢、沥青制氢等相关技术，构建了以劣质油加工与副产品高效清洁利用为核心的技术产业链。这些技术的开发和应用加速炼油厂向清洁低碳能源转型。

同时，原油直接裂解生产化学品技术成为新的趋势，以石油为原料制取低碳烯烃工艺包括了蒸汽热裂解制烯烃技术和催化裂解制烯烃技术，其主要特点在于省略了传统炼油的常减压蒸馏等过程，直接将原油转化为低碳烯烃和芳烃，大幅增加乙烯、丙烯和芳烃等高价值化学品产量。

(三)总流程及装置结构转型

总流程及装置结构转型是支撑炼油产业和产品结构转型的基础。总流程调整方面，主要考虑轻端组分"减油增化"配置方案、重油转化方案及公用工程配置。新建炼化一体化项目，炼油总流程为满足乙烯、芳烃装置原料需求，一般需配置加氢裂化、柴油转化、连续重整、轻烃回收等装置；重油加工通常选择固定床渣油加氢+催化裂化(或催化裂解)、沸腾床/浆态床渣油加氢+加氢裂化、溶剂脱沥青+脱沥青油加氢+催化裂化(或催化裂解)等技术路线，开展技术经济比较。近年来，新建炼油厂重油加工多数采用加氢技术路线，很少再配置焦化装置，但是电解铝、水泥等行业对石油焦有稳定需求，因此不宜一概而论将焦化装置排除在外，并且焦化可用于处理重油二次加工的"未转化油"重质组分。煤作为动力燃料和制氢原料，在低煤价时，配置燃煤锅炉和煤制氢是炼油厂提高竞争力的优势，但是由于部分地区限制煤炭用量、甚至不允许用煤，在"双碳"目标下，需统筹考虑煤炭利用的政策可行性和经济性。

装置结构调整的主要方向包括：一是新建装置大型化，适应炼油基地化建设需要。二是加快淘汰"两高一低"生产装置，对高能耗、高污染和低效率的生产装置加快淘汰进度，特别关注高污染物产生、高 VOCs 排放的生产装置要加大清洁化改造力度。三是配置满足产品结构调整需要的装置结构。例如为实现"减油增化"，增上催化裂解、加氢裂化等装置。四是完善环保类装置结构，促进绿色清洁化生产。

（四）用能结构转型

根据荷兰环境评估署（PBL）2020年发布的数据，2010—2019年化石能源燃烧和水泥生产等工业过程排放二氧化碳，占全球温室气体排放总量的72.6%，是温室气体的主要来源，其中化石能源燃烧导致的二氧化碳排放量占据绝对主导地位，约占85%。根据2019年国际能源署（IEA）化石燃料燃烧的二氧化碳排放数据，煤炭、石油和天然气的排放分别占43.8%、34.6%和21.6%，同样热值的煤炭燃烧排放的二氧化碳约是天然气的两倍。所以，二氧化碳排放量很大程度上取决于化石能源消费量和消费结构，减少化石能源使用和优化调整化石能源消费结构是从源头降低二氧化碳排放的最主要途径。另外，在碳中和大背景下，二氧化碳捕集、利用、封存技术（CCUS技术）研发和应用越来越得到重视，是末端减排和未来实现碳中和不可或缺的手段。

当前，为实现二氧化碳排放2030年前达到峰值、2060年前实现碳中和，我国陆续制定出台系列产业政策、行业规划，限制或淘汰二氧化碳排放强度明显高于行业平均水平的工艺技术装备。《石化化工重点行业严格能效约束推动节能降碳行动方案》（2021—2025年）明确，炼油单因能耗7.5kgEO/（t·E_f）为标杆水平，8.5kgEO/（t·E_f）为基准水平，要求到2025年，炼油行业达到标杆水平的产能比例超过30%，对于能效低于基准水平且未能按期改造升级的项目，限制用能。严控“十四五”时期煤炭消费量，“十五五”时期煤炭消费量逐步减少。突出以降碳为源头治理的“牛鼻子”，实施减污降碳协同治理，促进经济社会发展绿色转型和生态环境持续改善。发布《关于加强高耗能、高排放建设项目生态环境源头防控的指导意见》，将碳排放影响评价纳入环境影响评价体系。从目前来看，“十四五”期间石化、化工行业很有可能纳入全国碳市场交易体系。国际上，发达国家不断提高绿色壁垒，限制高排放、高环境风险产品的生产与使用。综合内外部环境分析，炼油作为重要的石化产业，能源结构低碳化转型迫在眉睫，减少碳排放成为企业生存和实现高质量发展的必然选择。

炼油厂是能源生产大户，同时也是能源消费大户、碳排放大户。一座千万吨级燃料型炼油厂每年的综合能源消费量大约在2Mt标煤左右，由燃动能耗、原材料消费、加工损失及其他三部分组成，其中燃动能耗占比高达60%以上，是节能减排、降本增效的主攻方向；二氧化碳排放量大约在3.5Mt左右（包括直接排放和间接排放），其中固定排放（煤、石油焦、炼油厂干气、天然气等燃烧排放）占比较大，是二氧化碳主要的排放源和降碳潜力点。因此，炼油厂实现二氧化碳大幅度减排，主要有三大途径：一是通过节能和提高能效，减少化石能源消费量；二是利用低碳或非化石能源替代化石能源；三是利用新技术将二氧化碳捕获、利用或封存（即CCUS技术）。其中：

节能提效是首选。根据中国石油和化学工业联合会统计，2019年我国原油加工量650Mt，炼油综合能耗为64.67kgEO/t，目前先进企业炼油综合能耗可以达到52kgEO/t左右，如果全行业综合能耗都能达到50kgEO/t左右，每年大致可节约9Mt标油，折标煤13Mt，减少二氧化碳排放33.8Mt，节能降碳效果明显，潜力巨大。节能作为第五能源，无论是在运或是新建炼油厂都应贯彻节约优先方针，把节能放在突出位置加以充分重视，做好节煤（气）、节汽、节电、节水和余热回收利用等工作，切实减少化石能源使用和二氧化碳排放。未来，随着纳米等新材料、人工智能等新技术实现重大突破，在反应路径、催化剂和分离过程等方面技术节能的潜力很大。

能源结构低碳化是重点。在能源安全新战略指引下，我国正加紧构建绿色低碳、安全高效的能源体系，积极推进能源结构低碳化转型，为实现碳达峰碳中和目标奠定坚实的基础。中期来看，煤炭将限制使用，天然气作为化石能源向非化石能源过渡的桥梁，预计2035年达到峰值，之后会逐步减少使用。从长远看，到2060年，我国非化石能源发电占比将由目前的34%左右，提高到90%以上。在此情景下，炼油厂能源结构低碳化就是要逐步实现清洁化替代和再电气化替代，即用天然气和炼油厂干气代油、代煤、代焦，逐步消减煤炭等高碳能源使用数量，用低碳能源进行替代；用电代替蒸汽，大幅度提高电气化比例，通过增加“绿电”使用，实现零碳能源对化石能源的替代。

二氧化碳回收利用是手段。一方面，可以提供减排贡献。根据已有研究的预测，到2050年，化石能源仍将扮演重要角色，占我国能源消费比例的10%~15%。CCUS技术将是目前实现该部分化石能源净零排放的唯一技术选择；另外，到2060年，我国仍有部分无法减排的温室气体排放需要通过碳汇和负排放来抵消，生物质耦合CCUS技术(BECCS)和直接空气捕集(DAC)等负排放技术是实现碳中和目标的托底技术保障。另一方面，CCUS技术将有效增强我国实现碳中和目标的经济性。政府间气候变化专门委员会(IPCC)第五次评估报告指出，如果不采用CCUS技术，要实现本世纪末全球温升不超过2℃的减排目标，估计整体减排成本增幅将高达138%。通过采取CCUS与节能、储能、氢能等多领域多技术的减排方案相结合，有助于获得最大成本效益。

(五)用氢结构转型

氢兼具物质和能源双重属性，是炼油生产过程中不可或缺的原料。作为二次能源，具有终端零排放、发热值高、来源广泛、便于储输等特点，被视为“终极清洁能源”，是未来能源革命和产业发展的一个重要方向。炼油厂既是产氢大户，也是用氢大户。目前，炼油生产所需的氢主要由装置副产氢及煤、石油焦、天然气等化石能源制氢构成。一座用氢量约0.1Mt/a的千万吨级炼油厂，装置副产氢约占60%，其余由化石原料制氢。

根据世界能源理事会与国际能源署相关研究，及中国氢能联盟编制的《低碳氢、清洁氢与可再生氢气标准与认定》(T/CAB0078—2020)，依据制氢碳排放量，采用不同颜色区分氢的来源。没有碳捕集措施的煤等化石原料制氢碳排放较高，称之为“灰氢”，不符合未来碳减排的发展趋势；通过碳捕集后的化石燃料制氢，以及炼油工业副产氢，如连续重整装置副产氢等，碳排放低于$4.9kgCO_2e/kgH_2$，属“清洁氢”或“蓝氢”，但仍源自于化石原料；只有采用可再生能源，且碳排放低于$4.9kgCO_2e/kgH_2$的制氢称之为“绿氢”。因此，用氢结构转型的关键是由“灰氢”向“蓝氢”转变，并进而向“绿氢”替代。

炼油用氢结构转型要“开源节流”。一是拓展炼油用氢来源，包括可再生能源制绿氢、炼油厂所在工业园区氢资源循环利用、炼油厂本身副产氢等。例如炼油厂可考虑利用周边钢铁等企业的富氢气体回收氢气；丙烷脱氢在生产丙烯的同时，还可获得大量副产氢气资源。二是优化调整炼油加工过程中的碳氢组合，让现有的加氢过程实现靶向加氢，精准有效利用氢气，以节约用氢。

炼油与氢能融合发展，先期依托炼油厂副产氢构建氢能交通供应链，再由绿氢替代副产氢。发展氢能是我国应对全球气候变化，构建清洁低碳、安全高效现代能源体系的重要组成部分，是实现碳中和的重要手段之一。氢作为储能介质，与电能可实现相互转化。可再生绿电具有不连续的特点，难以大规模存储，通过电解水制氢，无论是作为能源用于交通运输领域，还是作为原料用于炼油工业过程，都是未来发展方向。但由于氢气理化性质的特殊性，氢能应用的难点在于如何实现大规模经济储运，因此氢的安全高效低成本储存运输是值得后续深入研究解决的课题。

目前还不具备大规模替代化石能源制氢的条件，主要原因：一是成本比较高，二是可再生能源制“绿氢”规模较小。随着碳中和深入推进，以及可再生能源成本不断降低，“绿氢”替代是炼油低碳转型发展的路径之一。初步测算，当用电成本低于 0.1 元/(kW · h)的情况下，经济上具备替代煤制氢气的条件。作为炼油加工过程的原料，在碳中和情景下，通过“绿电”制“绿氢”逐步替代现有的化石原料制氢等高碳氢，是炼油降低碳排放的重要措施。特别是地处风光水等可再生能源丰沛地区的炼油厂，应统筹规划，谋划布局光伏、风能等可再生能源发电项目，或利用当地廉价绿电，以获得更多的“绿氢”资源。

(六)管控模式转型

在新一轮科技革命和产业变革大背景下，数字经济将成为后金融危机时代推动经济社会转型、培育经济新动能、构筑竞争新优势的重要抓手。数字化转型通过对整个经济体系的渗透和重构，加速数字技术与实体经济集成融合，推进经济持续快速发展。

炼油属流程工业，具有产业链条长、产品覆盖面广、设备资产密集等特点，生产企业面临安全环保压力增、平稳运行难度大、经营决策效率低等难点。伴随着数字化、网络化、智能化技术的快速发展，数字化模拟和智能化控制已成为现代炼油厂的重要特征。尽管大量信息技术在炼油工业上已得到推广应用，有效地促进了我国炼油产业运营管控整体水平提升，但目前炼油智能工厂建设依然面临着水平参差不齐、普遍存在数字化程度不高等问题，需加大力度开展传统设备数字化改造、设备联网、生产可视化、供应链优化、设备故障预测与健康管理等工作。

炼油厂管控模式的数字化转型，以价值创造为目标，以大数据、互联网、云计算、5G技术等为基础，通过炼油过程数字化，实现数字化和智能化炼油，促进炼油厂管控流程再造，全面提升炼油厂的管控水平，实现炼油全流程效率的提高和炼油厂效益的增值。在经营管理层面，业务和服务运行更加规范化、集约化，使经营管理更精准、更科学、更有效，实现降本增效；在供应链协同层面，降低原料采购成本，物料高效利用，通过市场预测分析，提高资源配置效率和精益、柔性化管理水平，实现供应链全过程的价值增值；在生产管控层面，全局规划生产作业，实现生产、应急、调度一体化协同指挥和计划、调度、装置、控制纵向一体化闭环优化；在设备管理层面，提升边缘感知设备运行水平，自动预知设备维修周期，提高装置自控率、数采率、监控报警点覆盖率，实现设备远程诊断与运行优化；在安全环保层面，远程监控高危作业区域、规范作业人员操作以降低生产储存过程中的事故风险，实现排放检测与溯源生产，促进企业的绿色低碳发展。

随着数字化、网络化、智能化技术的快速发展，新一代信息技术在炼油工业上得到广泛应用，将进一步促进我国炼油运营管控整体水平提升，炼油企业可基于人工智能、大数据、5G等新技术建设未来炼厂、智慧经营、智能装置、智慧车间相关应用场景，实现全要素深度融合、全面感知、预测预警、协同优化、科学决策，全价值链优化协同，向智慧化的未来炼油厂迈进。

四、展望

炼油工业历经百年发展，整个产业链已十分完整，在国民经济和人民生活中发挥着举足轻重的作用。受地缘政治、供需矛盾等影响，原油价格跌宕起伏、变幻莫测；能源消费结构朝清洁化、低碳化方向调整，新能源替代加速，成品油需求即将达峰。当今世界正经历第三次能源革命，碳达峰碳中和已成为全球广泛共识，作为交通运输燃料的成品油将逐步萎缩，炼油产业面临百年未有之大变局。因此，无论是从当前的市场竞争态势、还是从中远期能源消费结构调整来看，炼油结构转型势在必行。

尽管到碳中和时，可能不需要炼油厂生产交通运输燃料，但炼油为化工提供原料、为其他行业供应润滑油、特种油、石油焦、石油沥青等产品的需求依然存在，也难以被大规模替代，这或许正是炼油长期存在的价值所在。碳中和前还有几十年的调整发展期，应分阶段有序稳步做好炼油结构转型。

炼油产业布局结合消费市场、原油资源、一体化规模、可再生能源等因素突出差异化。炼化一体化炼油厂布局以大型石化产业基地为主，规模较小的燃料型炼油厂逐步被整合退出，保留一些地处原油资源腹地、具备特色产品的炼油厂，风能、太阳能等可再生能源富集地区的炼油厂在用能用氢结构转型中或更具竞争优势。

炼油产品结构调整与全厂总流程设置、装置结构配置密切相关，要坚持以市场需求为导向，尽管化工市场还有一定的增长空间，但不可能将所有炼油厂都实施“油转化”，否则将导致下游化工产业的产能过剩，因此应因企制宜，合理把控转型节奏；充分发挥炼油厂存量资产价值，合理投入，加强市场变化研判和生产经营管理，努力将产品成本降至最低。在炼油产能整体呈结构性过剩的形势下，不具备转型条件的炼油厂可能需及早谋划关停退出的路子，结合新兴业务做好人员安置，为整个产业转型创造条件。

炼油是能源消耗和碳排放强度较高的产业，未来发展面临巨大挑战。尤其是实施产品结构调整需新建装置，炼油加工环节更加复杂。因此，要更加重视高效节能技术的应用，同时依法依规抓紧淘汰高能耗设备。随着风能、太阳能、核能等新能源技术的成熟和成本降低，将逐步渗透替代现有能源，包括以绿氢方式的渗透替代。碳排放方面，随着高效低成本碳捕集技术的不断开发应用，对炼油厂规模化的末端排放二氧化碳进行捕集，结合产业链特点进行化学转化利用，生产碳氢化合物，也是重要的转型方向。

在“双碳”目标引领下，炼油产业需要按能源消费结构变化的节点而转型，尽管挑战巨大，但未来几十年，依然是炼油产业大有可为的发展机遇期。在此进程中，科技创新是支撑炼油产业转型的关键，应围绕产品结构、用能结构、绿氢生产及应用和管控模式创新，推进技术进步，以推动炼油产业绿色低碳高质量转型。

参 考 文 献

[1]李雪静．疫情影响下世界炼油工业加速调整转型[J]．中国石化，2021，02：28－32.

[2]李雪静．世界炼油工业加速调整转型[J]．中国石化，2020，02：35－38.

[3]张硕，乞孟迪．“碳中和”愿景下炼油化工行业发展趋势展望[J]．油气与新能源，2021，33(1)：18－22.

[4]赵邓玉，邹文文，赵康宁，等．氢能质子交换膜燃料电池核心技术和应用前景[J]．自然杂志，2020，042(001)：44－50.

[5]杨艳，高慧．中国氢能产业发展的认识与建议[J]．世界石油工业，2020，27(6)：13－19.

[6]FuelEurope. Vision 2050：A Pathway for the Evolution of the Refining Industry and Liquid Fuels[R/OL]. https://www. fuelseurope. eu/clean－fuels－for－all/vision—2050.

第二篇 炼油产品结构转型

第一章 产品结构转型方向及转型技术

第一节 传统炼油产品结构分析

一、炼油产品类型

炼油厂是以生产燃料油品为主的石油炼制企业。不同炼油厂因加工原油性质、产品方案等差异，产品构成均有所差别。以产品分类，炼油厂可分为燃料型、燃料－润滑油型、燃料－芳烃型、燃料－乙烯型、燃料－芳烃－乙烯型等。

为满足交通运输等行业的需求，传统炼油厂以生产汽油、煤油、柴油等动力燃料为主，少量生产部分特色产品和化工基础原料，如沥青、润滑油、芳烃、低碳烯烃等。随着我国能源结构调整以及碳达峰碳中和目标的提出，新能源快速发展，油品市场饱和过剩，炼油厂将由生产燃料油为主逐步迈向“燃料油＋芳烃＋烯烃”产品组合新模式。近年来，我国新建大型炼化企业的炼油产品结构已呈现“以化为主，油品为辅”的新特点。

参考我国现行《石油产品及润滑剂分类方法和类别的确定》(GB/T 498—2014)和相关文献资料[1]，可将炼油产品主要分为以下六大类：

1)燃料。主要包括汽油、柴油及喷气燃料等发动机燃料以及燃料油。根据中国石油和化学工业联合会统计，中国汽煤柴成品油年产量从2000年的119Mt增长到2020年的331Mt，年均增长6.2%。

2)化工原料和溶剂。主要包括乙烯和丙烯等低碳烯烃、芳烃(BTX)、聚合物单体、溶剂油等，以及饱和轻烃、石脑油、裂化尾油等乙烯原料。随着炼油厂加快转型升级，此类产品的比例将越来越高。

3)石油沥青。主要用于道路、建筑及防水等方面，具有延度高、流变性能好、与石料结合能力强等优点。根据中国石油和化学工业联合会统计，2020年我国沥青产量约占原油加工总量的9.3%。

4)润滑剂及有关产品。主要包括润滑油、润滑脂等。此类产品的品种类型丰富，可达数百种之多，主要用于减少和防止机件之间磨损，降低机件运行能耗和延长机件寿命。根据中国石油和化学工业联合会统计，2020年此类产品比例约占炼油产品总量的1.3%左右。

5)石油焦。主要应用于电解铝、水泥、钢铁、玻璃、电厂及化工等行业。2020 年我国石油焦产量约占原油加工总量的 3.8%。

6)石蜡。主要作为轻工、化工和食品等工业部门原料。按照精制程度和用途，石蜡产品可以分为粗石蜡、半精炼石蜡、全精炼石蜡、食品蜡等。2020 年我国石蜡产量约占原油加工总量的 2.2%。

二、炼油产品结构

表 2-1-1、表 2-1-2 分别列出了近年来我国炼油主要产品产量和典型企业的产品结构比例。可以看出，我国炼油厂产品结构仍以汽油、煤油和柴油等燃料油为主，部分企业产品中成品油比例高达 70% 以上，远高于当前国内新建炼化企业的油品收率。由于市场需求变化，我国柴油产量逐渐下降，汽油和喷气燃料产量略有增加，石脑油、沥青和润滑油基础油等产量也呈增加趋势。

表 2-1-1　2014—2020 年我国主要炼油产品产量　　Mt/a

年份	汽油	煤油	柴油	燃料油①	石脑油	沥青	润滑油基础油
2014	110.30	30.01	176.35	25.42	29.10	29.27	4.81
2015	121.04	36.59	180.08	23.13	28.35	32.17	5.00
2016	129.32	39.84	179.18	25.87	32.82	32.65	6.17
2017	132.76	42.31	183.18	26.93	34.01	39.80	6.74
2018	138.88	47.70	173.76	20.24	35.83	40.25	6.31
2019	141.21	52.73	166.38	24.70	38.96	50.39	7.65
2020	131.72	40.49	159.05	34.06	42.32	62.80	8.75

①燃料油：不包括汽油、煤油、柴油的其他燃料油。

数据来源：国家统计局。

表 2-1-2　2020 年我国典型企业的产品结构比例　　%

企业产品	AQ	DL	ZK	HN	HL
汽煤柴成品油	72.26	85.23	63.41	63.55	40.83
船用燃料油	4.28	0.70	9.82		
芳烃①	2.46	3.15	4.30	18.86	24.24
液化气②	6.19	4.25		6.55	0.48
石脑油	3.41	1.53		5.18	1.69
润滑油基础油		1.01			2.61
石蜡		1.39			
化工品③	7.58	2.06	18.42	2.29	24.27
石油焦	3.82				
沥青					3.12

续表

企业产品	AQ	DL	ZK	HN	HL
其他产品④		0.68	4.05	3.56	2.76
合计	100.00	100.00	100.00	100.00	100.00
类型	燃料型	燃料 - 润滑油型	燃料 - 乙烯型	燃料 - 芳烃型	燃料 - 芳烃 - 乙烯型

①芳烃：包括苯、甲苯、混合二甲苯及对二甲苯等。

②液化气：包括丙烷、饱和液化气和不饱和液化气。

③化工品：包括炼油低碳烯烃、聚丙烯、乙苯、苯乙烯等产品。

④其他产品：未计入表中分类统计的其他所有产品。

不同企业因所处区域地理位置、原油加工能力、工艺装置构成等差异，炼油产品结构也有较大差别，如表 2 - 1 - 2 所示。如 AQ 是我国典型燃料型炼油厂，工艺装置以催化裂化为主，产品中汽煤柴比例高达 72.26%；DL 是我国典型燃料 - 润滑油型炼油厂，润滑油产品比例达到 1.01%；ZK 是我国典型燃料 - 乙烯型一体化企业，化工产品比例达到 18.42%；HN 是我国典型燃料 - 芳烃型企业，芳烃产品比例达到 18.86%；HL 为我国燃料 - 芳烃 - 乙烯型企业，化工产品和芳烃产品分别达到 24.27%、24.24%。除主要产品外，也副产部分石油焦、沥青、液化气等其他产品。

随着我国市场需求变化，炼油厂产品结构不断调整，汽煤柴成油品比例持续下降。以 HN 企业为例，不同时期企业的产品构成如表 2 - 1 - 3 所示。在建厂初期，为满足人们出行所需交通运输燃料需求，企业产品中汽煤柴比例高达 91% 以上；“十三五”期间，为增产市场需求的芳烃产品，企业采用自主技术建设百万吨芳烃装置，实现汽煤柴比例下降至 63%。目前，HN 企业正在加快建设百万吨乙烯工程，实施后将实现汽煤柴比例进一步下降至 41%。经过多年的发展，HN 企业已由传统燃料型炼油厂逐步向燃料 - 芳烃型、燃料 - 芳烃 - 乙烯型的一体化企业转型。

表 2 - 1 - 3 不同时期 HN 企业的产品结构比例 %

企业产品	建厂初期	企业现状	乙烯工程实施
汽煤柴成品油	91.66	63.55	41.01
芳烃①	0.82	18.86	28.40
液化气②		6.55	3.96
石脑油		5.18	
化工品③	3.34	2.29	23.30
其他产品④	4.18	3.57	3.33
合计	100.00	100.00	100.00

①芳烃：包括苯、甲苯、混合二甲苯及对二甲苯等。

②液化气：包括丙烷、饱和液化气和不饱和液化气。

③化工品：包括炼油低碳烯烃、聚丙烯、乙苯、苯乙烯等产品。

④其他产品：未计入表中分类统计的其他所有产品。

第二节　炼油产品结构转型方向

一、向“油产化”方向转型

炼油厂生产的化工基础原料主要包括乙烯、丙烯等低碳烯烃，以及芳烃类聚酯原料。目前，我国石化行业正在加快推进“减油增化”，新建的炼化企业中约有50%～70%原油转化为生产“三烯三苯”等基础原料，再进一步转化生产树脂、橡胶、纤维等各种高分子产品，满足经济社会发展需求。

(一)乙烯

乙烯是极为重要的化工基础原料，在合成材料、有机合成等方面都有广泛应用，乙烯生产水平标志着一个国家石化工业的发达程度。乙烯生产工艺可分为石油技术路线和非石油技术路线，其中石油技术路线主要包括管式炉蒸汽裂解、石脑油催化裂解和重油催化裂解等技术，非石油技术路线主要包括乙烷裂解、煤(甲醇)制烯烃、乙炔加氢和合成气制乙烯等技术。

从全球范围看，乙烯下游消费主要应用于生产聚乙烯(包括高密度聚乙烯HDPE、线性低密度聚乙烯LLDPE和低密度聚乙烯LDPE)和环氧乙烷，二氯乙烷、乙苯、α烯烃、醋酸乙烯等也是乙烯消费量较大的领域。2020年，HDPE、LLDPE、LDPE和环氧乙烷分别占全球乙烯消费结构的29.4%、20.2%、13.5%和15.3%。世界不同区域间乙烯下游消费结构稍有差异，但聚乙烯均占主要地位。2020年全球乙烯消费结构见图2－1－1。

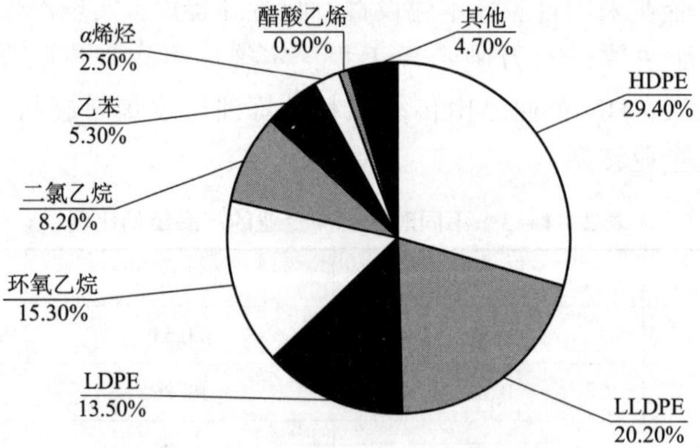

图2－1－1　2020年全球乙烯消费结构

数据来源：《中国石化市场预警报告(2021)》。

近年来，全球乙烯需求稳步上涨，2015—2020年乙烯需求年均增长率达到3.2%，其中2020年全球乙烯消费量达到165Mt。初步预计，2020—2025年全球乙烯消费量年均增长率仍保持在3.3%左右，到2025年全球乙烯消费量达到194Mt。

“十三五”期间，我国乙烯需求和产能同步增长，见表2－1－4。截至2020年年底，我国乙烯表观消费量和产能分别达到33.66Mt/a、34.74Mt/a。考虑到下游聚乙烯、乙二醇、苯乙烯等产品的净进口，2020年我国乙烯当量消费量约62.8Mt，国内乙烯供应依然存在较大缺口。从发展趋势看，国内乙烯行业总量不足与结构性短缺并存，仍有较大发展空间。

预计到2025年年底，国内乙烯产能将超过60Mt/a，乙烯当量消费量将超过76Mt/a。

表2-1-4　“十三五”期间我国乙烯需求量和产量　Mt/a

项目	2016年	2017年	2018年	2019年	2020年
产能	23.04	23.85	25.50	29.02	34.74
产量	21.71	23.03	23.72	26.89	31.77
表观消费量	23.36	25.18	26.30	29.39	33.66
表观自给率/%	92.94	91.46	90.19	91.49	94.39
当量消费量①	41.36	45.88	50.24	55.78	62.80
当量自给率/%	52.50	50.20	47.20	48.20	50.60

①乙烯当量消费量=国内产量+单体进口量-单体出口量+下游产品净进口折合乙烯当量。

数据来源：《中国石化市场预警报告(2021)》。

(二)丙烯

丙烯是重要的化工基础原料之一，主要应用于生产聚丙烯、环氧丙烷、丙烯腈、丙烯酸等产品。目前，丙烯生产工艺主要有蒸汽裂解技术、催化裂化(裂解)技术、丙烷脱氢技术、以天然气或煤为原料的甲醇制烯烃技术等，其中蒸汽裂解技术路线是全球范围内丙烯的最主要来源。

2020年全球丙烯消费结构见图2-1-2。聚丙烯是丙烯最大的下游产品，聚丙烯消耗丙烯量占全球丙烯消耗总量的68.85%。环氧丙烷、丙烯腈消耗丙烯量居其次，分别占世界丙烯总消耗量的7.26%和6.41%。环氧丙烷主要应用于生产聚氨酯用聚醚多元醇，丙烯腈是生产腈纶最主要的原料，并应用于生产ABS、己二腈、丙烯酰胺、丁腈橡胶等石化产品。

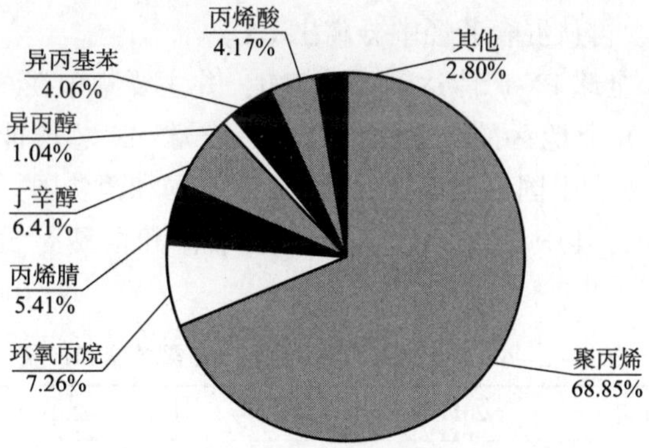

图2-1-2　2020年全球丙烯消费结构

数据来源：《中国石化市场预警报告(2021)》。

2016—2020年全球丙烯需求量基本保持平稳增长趋势，年均需求增长率约2.48%。截至2020年年底，全球丙烯消费量达到109.99Mt，消费区域以东北亚、北美以及西北欧地区为主，分别占全球丙烯需求总量的47.96%、12.12%和11.77%。

我国是全球最大的丙烯生产国和消费国，“十三五”期间国内丙烯产量和消费量见表2-1-5。截至2020年年底，我国丙烯产能和产量分别达到45.18Mt、37.04Mt，在新冠肺炎疫情的影响下，丙烯下游聚丙烯、丁辛醇、酚酮以及异丙醇市场终端医疗制品行业需求迅速增长，带动丙烯表观消费量增加至39.54Mt，丙烯当量消费量增加至47.08Mt。

表 2 - 1 - 5 “十三五”期间我国丙烯需求量和产量 Mt/a

项目	2016 年	2017 年	2018 年	2019 年	2020 年
产能	33.39	34.81	36.20	40.61	45.18
产量	25.42	28.00	30.05	32.88	37.04
表观消费量	28.32	31.10	32.89	36.00	39.54
表观自给率/%	89.76	90.03	91.37	91.33	93.68
当量消费量①	33.80	36.55	38.69	42.30	47.08
当量自给率/%	75.21	76.61	77.67	77.73	78.67

①丙烯当量消费量 = 国内产量 + 单体进口量 - 单体出口量 + 下游产品净进口折合丙烯当量。

数据来源：《中国石化市场预警报告(2021)》。

“十四五”期间，从丙烯下游规模来看，利润相对较好、规模较大的聚丙烯、环氧丙烷、丙烯腈产品同期持续扩张，因此丙烯当量消费继续稳步增长。预计到 2025 年，我国丙烯当量消费量将达到 61.5Mt，丙烯产量达到 55.3Mt。从丙烯下游产品结构上看，新增产能以生产大宗料居多，高端产品不足，低端产品过剩，丙烯当量进口依然存在。

(三)对二甲苯

对二甲苯(PX)是石油化工行业重要的基础原料，可生产精对苯二甲酸(PTA)或对苯二甲酸二甲酯(DMT)，PTA 或 DMT 再与乙二醇反应生成聚对苯二甲酸乙二醇酯(PET)，进一步生产涤纶纤维和轮胎工业用聚酯帘布，PET 树脂还可制成聚酯瓶、聚酯膜、塑料合金及其他工业元件等。此外，PX 还用来做溶剂及生产医药、香料。2020 年，全球 PX 应用于下游 PTA 和 DMT 的消费比例分别为 98.83% 和 1.17%。不同区域的 PX 下游消费比例略有差异，但应用于 PTA 生产均占绝对主导地位。目前，炼油厂生产 PX 技术路线主要是把石脑油连续重整成混合芳烃，再从混合芳烃中分离出 PX。

截至 2020 年年底，全球 PX 产能达到 65.48Mt，并主要集中在东北亚、东南亚、印度、中东和北美地区。上述五个地区的 PX 产能分别占全球 PX 总产能的 61.71%、10.74%、8.66%、7.91% 和 5.56%。中国是全球最大的 PX 生产国和消费国，“十三五”期间 PX 产量和消费量见表 2 - 1 - 6，其中 2020 年 PX 产能、产量和消费量分别占全球的 37.41%、41.47% 和 70.63%。

表 2 - 1 - 6 “十三五”期间我国 PX 需求量和产量 Mt/a

项目	2016 年	2017 年	2018 年	2019 年	2020 年
产能	13.62	13.62	13.75	21.50	24.50
产量	9.79	10.22	11.25	14.70	20.46
表观消费量	22.07	24.62	27.15	29.64	34.32
表观自给率/%	44.36	41.51	41.43	49.60	59.61

数据来源：《中国石化市场预警报告(2021)》。

未来随着全球人口增长和经济发展，PX 需求将持续增长，但增速将放缓至 GDP 的 1.1 ~ 1.5 倍。预计到 2025 年，全球 PX 需求将达到 57.27Mt。对于我国而言，人口数量虽然将保持一定增长，但是逐步进入老龄化社会，受人工成本提高、环境资源要素日益紧张等因素影响，国内纺织服装行业正逐步向东南亚及“一带一路”沿线国家转移。因此，未来我国涤纶需求增速将逐步放缓，进而影响 PX 需求增速。预计到 2025 年，我国 PX 需求量将达到 41.79Mt 左右。

（四）小结

相比于油品需求达峰和消费趋势下行，我国化工产品需求量则随着人口增长和人民生活水平提高不断增加。初步预计[2]，我国乙烯消费峰值在 2035—2040 年前后，消费量约为 92Mt；PX 消费峰值在 2035 年前后，消费量约为 43Mt。因此，通过炼油增产低碳烯烃和芳烃，将成为我国炼油产品结构转型的重要方向之一。

二、向“油产特”方向转型

炼油厂可生产的特色产品主要包括高端润滑油、特种油、碳材料、低硫重质船用燃料油等。当前，我国炼油产业加快“油产特”步伐，差异化布局发展高端特色产品，增产高附加值产品和特种油品。2021 年上半年，中国石化润滑油脂及特种油产量再创新高，同比增幅 22%；润滑油基础油产量稳步提升，同比增加 20%；低硫重质船用燃料油产量快速增加，同比增长 68%。

（一）基础油

基础油主要应用于生产润滑油、润滑脂和橡胶填充领域。2020 年，我国润滑油、润滑脂和橡胶填充消费基础油的比例分别为 89%、6% 和 5%。基础油作为润滑油的主要组成成分，约占润滑油的 85%～90%，因此基础油的性质直接影响润滑油产品的品质。当前，炼油厂生产基础油的原料主要为减压蜡油、加氢裂化尾油等，生产工艺包括“老三套”传统工艺和加氢工艺。随着高品质润滑油需求量的增加，加氢工艺技术已成为世界生产润滑油基础油的主流技术。

表 2-1-7 列出近年来我国基础油的供需情况。“十三五”期间，我国基础油产能及产量呈现逐年增长趋势，润滑油行业升级对基础油品质提出了更高的要求，国内基础油产能出现集中增长。2020 年国内基础油年产能为 14.36Mt，较 2019 年相比增加 1.2Mt，新增产能以生产Ⅱ类、Ⅲ类基础油为主。在需求方面，2019 年以来，国内基础油的需求量迅速上升。随着环保节能标准日益严格，以及调配高等级润滑油品等需求，我国对Ⅱ类、Ⅲ类及聚-α 烯烃 PAO 基础油的需求越来越旺盛，中高端基础油的缺口显著扩大，而Ⅰ类基础油需求比例将逐渐下降。

表 2-1-7　“十三五”期间我国基础油需求量和产量　Mt/a

项目	2016 年	2017 年	2018 年	2019 年	2020 年
产能	8.22	8.72	11.66	13.16	14.36
产量	2.71	2.69	2.86	4.74	5.43
进口量	2.85	2.82	2.60	2.67	2.52
出口量	0.0469	0.0434	0.0469	0.0284	0.0262
表观消费量	5.513	5.459	5.407	7.376	7.926

数据来源：卓创资讯。

当前，全球的润滑油行业产能及发展重心正在向亚太地区转移，以中国、印度为代表的亚太地区发展中国家已成为全球润滑油需求量增长最快的地区，中国也已成为世界最大的润滑油消费国之一。与发达国家相比，我国人均消费量依然偏低，预计在相当长的一段时期内，我国润滑油消费仍有较大的增长潜力，从而为基础油发展带来了难得的机遇。此外，我国高黏度高质量润滑油基础油供不应求且依赖进口，未来润滑油基础油市场将加快由低端产品向高端产品过渡，Ⅲ类及以上基础油的生产将成为企业产品转型新方向和效益增长点。

（二）石油基碳材料

碳材料是一种既古老又年轻、既普通又神奇的材料，它具有优良的耐热性能、高热导率、良好的化学惰性、高电导率等优异性能，广泛应用于航空航天、冶金、能源、环保、医疗、电子、化工、机械等领域。石油基碳材料是以渣油、油浆、乙烯焦油、石油沥青等为初始原料，通过系列的前处理工艺获得碳材料前驱体，经过热反应工序制备获得，包括石油焦、针状焦、各向同性焦、中间相沥青及其碳纤维、黏合剂、活性炭等。石油基碳材料的生产及其应用流向见图2-1-3。

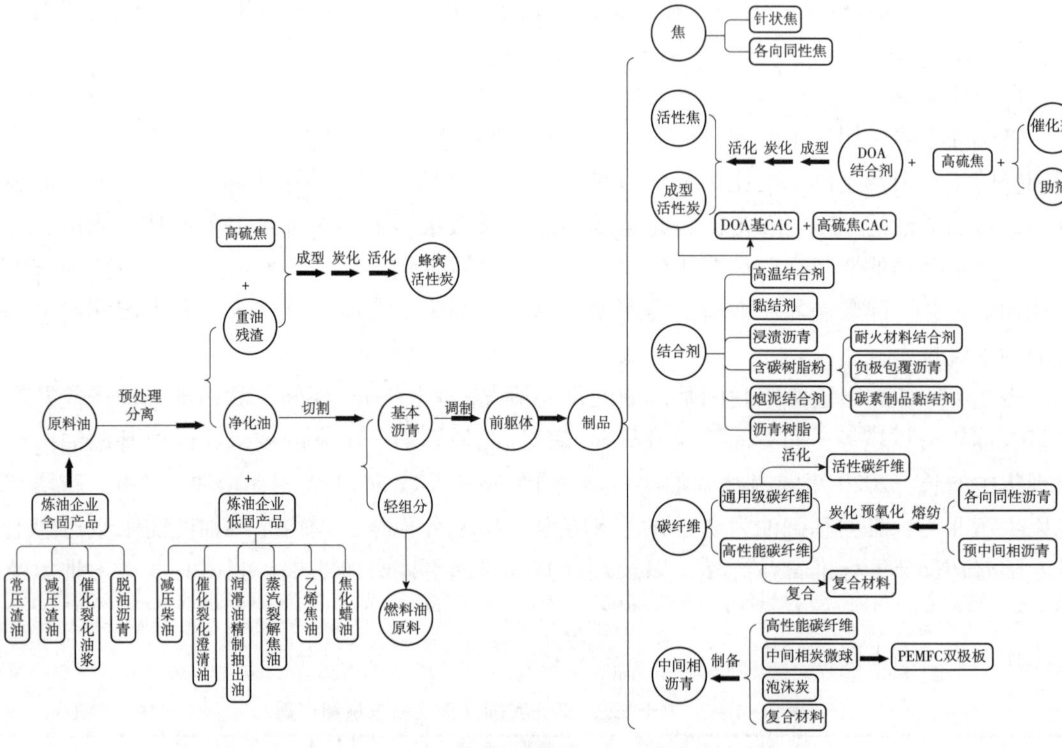

图2-1-3　石油基碳材料生产及应用流向

注：DOA为脱油沥青，CAC为水泥沥青混凝土，PEMFC为质子交换膜燃料电池。

1. 石油焦初级碳材料

我国石油基碳材料领域的发展，起步于延迟焦化技术及装置建设。延迟焦化工艺是当前常用的渣油加工工艺，使用加热炉将渣油原料加热到反应温度，并在高流速、短停留时间的条件下，使原料基本不发生或只发生少量裂化反应就迅速离开加热炉而进入其后绝热的焦炭塔内，借助于自身的热量，原料在“延迟”状态下进行裂化和生焦缩合反应的过程。石油焦是延迟焦化工艺生产的固体产品，呈黑色或暗灰色固体，具有不规则形状和发达的孔隙结构，含有一定量的挥发分、灰分和水分。石油焦炭含量一般为90%~97%，氢含量约为1.50%~8.00%，并且还有少量硫、氮、氧和金属等。

根据石油焦结构和外观，石油焦产品可分为针状焦、海绵焦、弹丸焦和粉焦四种类型；根据硫含量的不同，可分为高硫焦(硫含量3%以上)和低硫焦(硫含量3%以下)。低硫石油焦和针状焦可以直接供应碳素厂、铝厂等，进一步煅烧处理后可用于生产石墨电极；高硫石油焦的主要用户是水泥厂和发电厂。我国石油焦主要供应给电解铝行业，是电解铝生产中不可替代的原料；我国电解铝产量约占全球铝总产量的一半，未来对石油焦仍保持较高的需求量。2020年我国石油焦消费结构见图2-1-4。

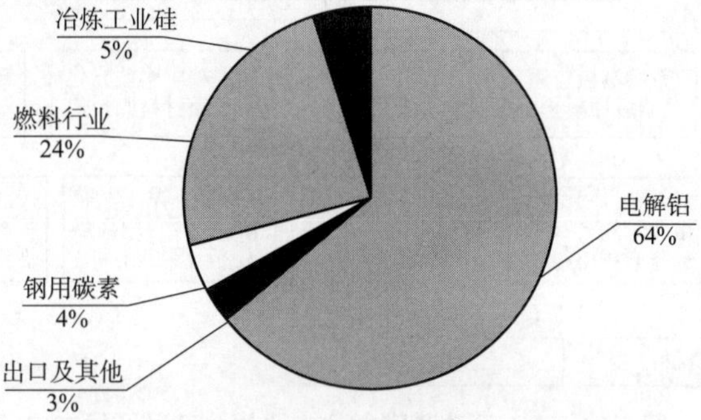

图2-1-4 2020年我国石油焦消费结构

数据来源：卓创资讯。

石油焦成为当前最具规模生产和应用的碳材料。“十三五”期间，我国石油焦供需情况见表2-1-8。在供应方面，近五年石油焦供应呈现先增后降格局，主要是受国内炼油企业产能整合的影响，延迟焦化装置加工量下降。在需求方面，因下游电解铝、燃料以及金属硅等行业依旧处于产能增加趋势，我国石油焦表观消费量基本保持稳中上行走势。

表2-1-8 “十三五”期间我国石油焦需求量和产量 Mt/a

项目	2016年	2017年	2018年	2019年	2020年
产能	36.45	37.68	39.27	39.99	42.88
产量	26.94	27.30	26.49	28.10	25.17
进口量	4.26	7.20	9.56	8.05	10.11
出口量	0.88	0.94	0.98	0.87	0.40
表观消费量	30.32	33.57	35.07	35.28	34.88

数据来源：卓创资讯。

针状焦是一种优质的碳材料，因粉碎后颗粒呈细长的针状而得名。针状焦外观具有金属光泽、内部具有层状结构，取向性好，导电、导热性能好。针状焦作为优质碳材料，广泛应用于电炉炼钢、新能源汽车、半导体、核工业及航天工业等领域。油基针状焦是当前制备高功率和超高功率石墨电极的关键原材料，也是制备锂电负极材料的优质原料。随着“双碳”目标下电炉炼钢比例的提升和石墨电极行业产品结构的持续优化，超高功率石墨电极比重不断增加，针状焦的需求量将大幅提升。此外，随着新能源汽车的快速发展，锂电负极材料市场需求向好，为针状焦发展提供了新机遇。

近年来，中国石化已成功开发劣质油浆生产优质油系针状焦技术，并实现针状焦的工业化生产，为系列碳材料用焦生产和相关应用领域开发奠定了基础。石油基碳材料主要用焦产品的开发方向见图 2 – 1 – 5，主要有：超高功率石墨电极接头用特级针状焦、新能源储能领域锂电池负极材料用各向同性焦、核石墨领域用优质同性焦、电动工具系列负极材料用优质石油焦，以及与石墨制品和新能源电池相关的超级电容器用高比表面活性炭等。未来高端碳材料产品差异化应用前景十分广阔，可依托炼油厂现有延迟焦化设施实施提质改造，并统筹利用低硫渣油、油浆、乙烯焦油、低硫 VGO 等碳材料前驱体原料资源，为炼油厂创新创效和转型发展提供一条新途径。

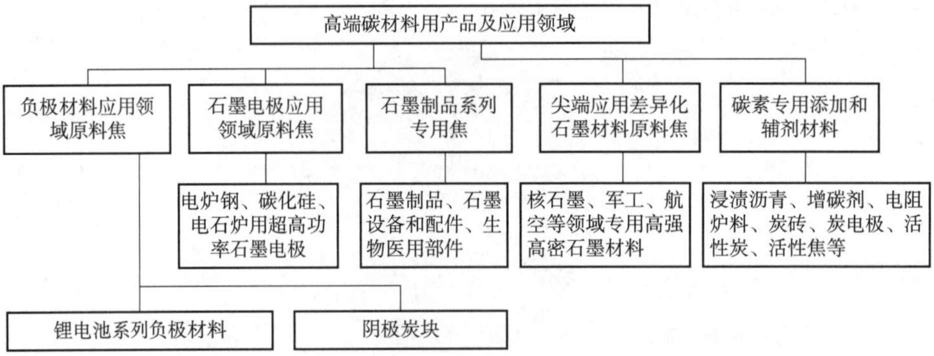

图 2 – 1 – 5　石油基碳材料主要用焦产品开发方向

2. *沥青基碳纤维*

沥青基碳纤维是由石油沥青原料经沥青的调制、纺丝、不熔化、炭化或石墨化而制得的碳含量大于 92% 的特种纤维。按照力学性能，沥青基碳纤维可分为两类，一类为由各向同性沥青生产的通用级沥青基碳纤维，另一类为由各向异性中间相沥青生产的高性能沥青基碳纤维。

各向同性沥青基碳纤维主要以活性碳纤维的形式应用于电容器和吸附剂材料，以及制备碳毡用于高温炉保温等领域。提高各向同性沥青基碳纤维的性能可以拓展其应用范围，如制备复合材料应用于体育器材、轻量化汽车和建筑增强材料等领域；高性能沥青基碳纤维可应用于树脂基复合材料、飞机、汽车、风车叶片、防静电材料等领域，如图 2 – 1 – 6 所示。

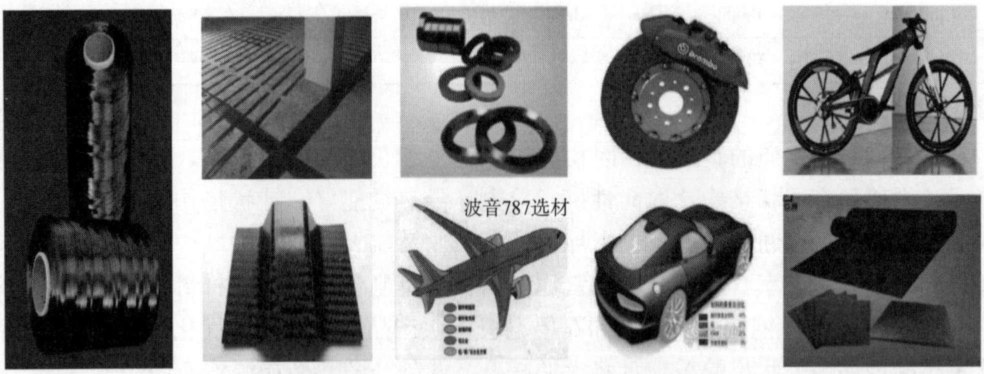

图 2 – 1 – 6　沥青基碳纤维主要应用领域

沥青基碳纤维的生产工艺流程见图 2 – 1 – 7。主要包括以下步骤：原料沥青的选择和精制、纺丝沥青的调制、沥青纺丝、不熔化处理和炭化等。沥青基碳纤维生产的关键是起始原料，因此原料沥青的选择和精制是该领域开发工作的重点。

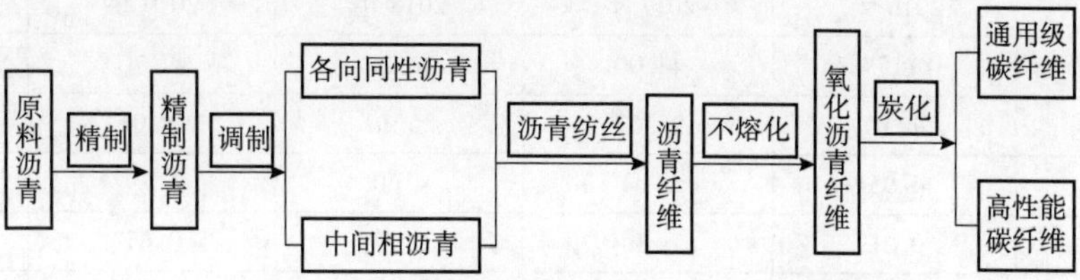

图2－1－7　沥青基碳纤维的生产工艺流程

(三)石油沥青

石油沥青是原油加工过程中的一种重要产品，在常温下是黑色或黑褐色的黏稠的液体、半固体或固体。石油沥青的性质组成与原油品质、生产工艺密切相关，环烷基原油是生产高品质沥青的最好原料，中间基原油通过筛选也可生产高品质沥青，而石蜡基原油生产高品质沥青难度非常大。

石油沥青的生产工艺主要有蒸馏工艺、溶剂脱沥青工艺、调和工艺和氧化工艺四种。目前，蒸馏工艺生产石油沥青比例约占总量90%，具有流程较短、经济性较好、产品质量相对稳定等优点，但对原油性质要求较高，一般首选环烷基原油，或科威特原油、沙特原油、巴士拉原油等中间基原油。沥青调和技术的应用大大降低了沥青生产对原油的依赖性。随着生产沥青的原油日益短缺，沥青调和技术愈发显示出它的适应性、灵活性和经济性，将成为生产沥青的最主要工艺。

沥青的用途极为广泛，主要用于道路工程，部分高标号沥青也可用做焦化装置原料以及船用重油的调和原料，还可用于生产建筑防水材料等。2020 年我国石油沥青的消费结构如图 2－1－8 所示。

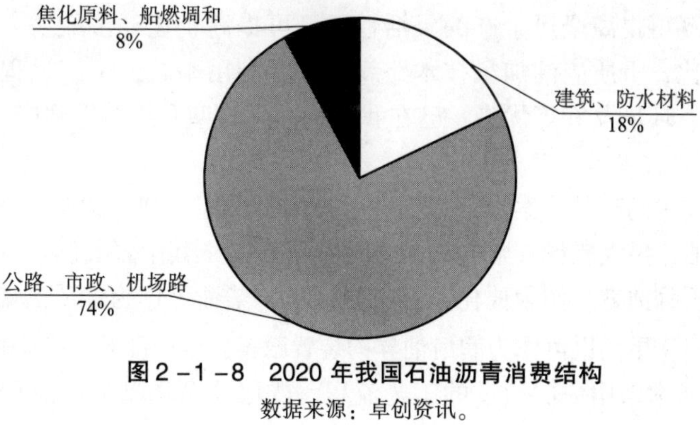

图2－1－8　2020 年我国石油沥青消费结构

数据来源：卓创资讯。

由于沥青主要用于道路建设方面，因此国家宏观经济、宏观规划以及相关政策对沥青需求影响较为明显。近年来，我国基建投资规模巨大且稳中有增，带动沥青需求量不断扩张，如表2－1－9所示。“十四五”期间，我国交通量将持续大幅度增长，行车密度及车辆载重也会越来越大，多里程、大流量、长路龄将成为“新常态”，同时也将有大量超过设计寿命，已近或已达寿命末期的沥青路面。预计未来几年，我国沥青行业整体发展态势仍然较好。

表2-1-9 “十三五”期间我国沥青需求量和产量 Mt/a

项目	2016年	2017年	2018年	2019年	2020年
产能	41.77	44.00	46.20	47.70	61.70
产量	24.07	25.67	25.19	28.01	32.60
进口量	4.95	5.04	4.60	4.29	4.76
出口量	0.21	0.39	0.77	0.64	0.57
表观消费量	28.82	30.32	29.02	31.65	36.79

数据来源：卓创资讯。

面对“双碳”背景和交通领域碳减排要求，炼油厂可充分发挥资源优势，积极开展长寿命路面沥青材料研究，为公路养维护市场和大修市场提供专用沥青材料，助力实现绿色路面和企业转型升级。

第三节 炼油产品结构转型工艺技术

一、多产化工原料技术

（一）加氢技术

1. 技术概述

加氢技术自20世纪50年代发展到今，已经成为炼油厂转型升级的关键技术之一。蜡油加氢裂化是炼油厂“油化纤”一体化重要技术，常以减压蜡油、催化柴油等为原料，在高压高温、氢气和催化剂存在的条件下，将原料中的大分子烃类转化为轻质油品组分、乙烯原料和重整原料等；加氢裂化原料范围宽、操作方案多，炼油厂可以应用加氢裂化技术组合多种加工流程，既可提高全厂生产的灵活性，又可提高企业经济效益。与延迟焦化、溶剂脱沥青等工艺相比，重质渣油加氢技术路线的资源利用率高，生产过程清洁化，并具有较好的投资回报率、环境友好等优势，已在我国炼油厂转型升级中得到广泛应用。

2. 蜡油加氢裂化技术

蜡油加氢裂化技术的产品方案十分灵活。可采用专用催化剂、调整工艺流程以灵活生产轻石脑油、重石脑油、喷气燃料、柴油和裂化尾油等产品，其中轻石脑油和裂化尾油可作为乙烯装置原料，重石脑油直接作为催化重整装置原料，柴油可作为优质低硫燃料油或生产5#工业白油。此外，裂化尾油也可作为润滑油异构装置原料，生产Ⅲ+类基础油等特色油品。

加氢裂化技术通常采用一次通过的工艺流程，或尾油循环型工艺流程，在反应器中顺序装填加氢精制催化剂和加氢裂化催化剂。原料首先在催化剂上进行加氢脱硫、加氢脱氮、烯烃加氢及芳烃加氢饱和等反应，再进行加氢裂化反应。图2-1-9为蜡油加氢裂化一次通过工艺流程示意图。

加氢裂化工艺流程方案的选择对炼油厂经济效益影响很大。一般根据原料油性质、产品目标、氢耗水平、催化剂类型和性能等指标综合考虑。中国石化多产化工原料的蜡油加氢裂化技术采用具有优异加氢脱氮和芳烃饱和性能的加氢精制催化剂，以及具有高开环选择性和强加氢功能的加氢裂化催化剂系列，对原料适应性强，尤其在加工高氮、高芳烃含量的原料油时具有明显的优势，并且对重石脑油的选择性高，能兼顾尾油生产，因此广泛应用于企业转型升级。

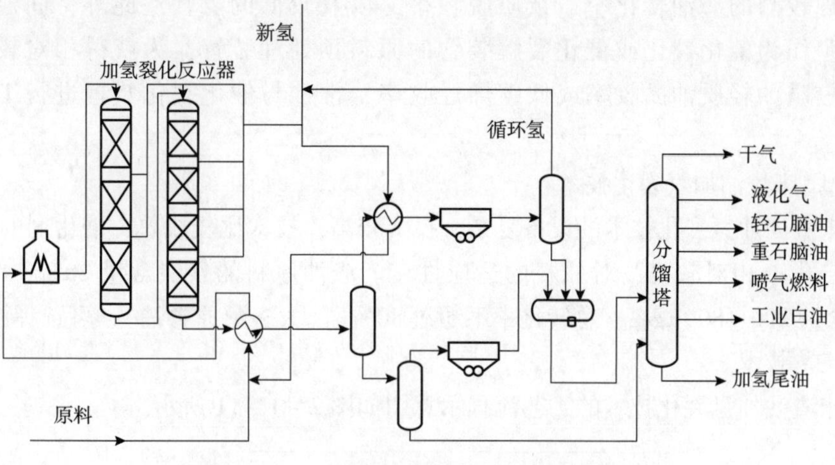

图2-1-9　蜡油加氢裂化工艺流程示意图

3. 渣油加氢技术

(1)固定床渣油加氢处理技术

在渣油加氢技术家族中，固定床渣油加氢处理工艺技术成熟、设备简单、装置投资相对较低、应用于全球工业装置最多。为保证较长的运行周期，固定床渣油加氢处理技术对原料残炭和金属含量有着较为严格的要求，而对原料硫含量和氮含量要求相对较低。渣油原料硫含量2%~5%、氮含量0.2%~0.8%、残炭含量<15%、金属(Ni+V)含量<150μg/g时，可以选择固定床渣油加氢处理技术转化重质渣油。

固定床渣油加氢处理技术的工艺流程示意图见图2-1-10。渣油原料经过加氢处理后，硫、氮、金属等杂质脱除，原料残炭值降低，可作为重油催化裂化(RFCC)或重油催化裂解(DCC)等装置的优质进料，从而实现多产轻质油品或低碳烯烃等化工品的目标。因此，渣油加氢处理技术也是一种石油资源高效利用技术，在现代化炼油厂的全厂流程中占有非常重要的位置。随着2020年国际海事组织(IMO)对船用燃料油限硫政策的实施，固定床渣油加氢处理技术将成为生产低硫重质船用燃料的重要技术路线。

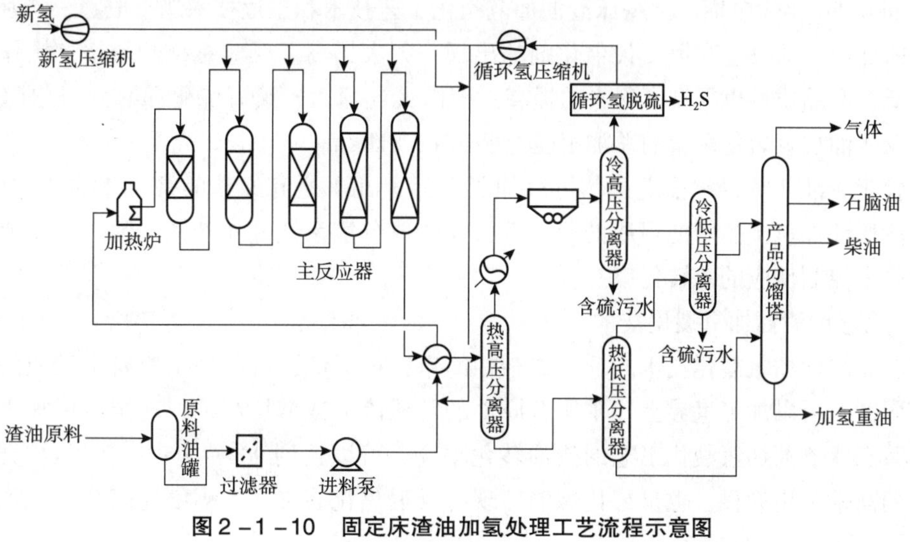

图2-1-10　固定床渣油加氢处理工艺流程示意图

为适应不断变化的催化剂活性，固定床渣油加氢处理技术需要不断地调整操作参数，以实现较高的渣油转化率、杂质脱除率，以及较低的氢耗。此外，固定床渣油加氢处理只是作为催化裂化或催化裂解装置的原料预处理装置，为获得相对较高的渣油转化率、较高的轻质油品收率或低碳烯烃收率，常常与催化裂化装置进行工艺物流组合优化。

(2)沸腾床渣油加氢裂化技术

沸腾床渣油加氢裂化技术的设备复杂，投资较高，技术比较成熟，催化剂的利用率高，渣油加氢转化率相对较高，对原料的适应性广。渣油原料的残炭含量20%～40%、金属(Ni＋V)含量200～800μg/g、总转化率不超过80%时(大多数原料油)，可选择沸腾床渣油加氢裂化工艺技术。

沸腾床渣油加氢裂化技术的工艺流程示意图如图2－1－11所示。

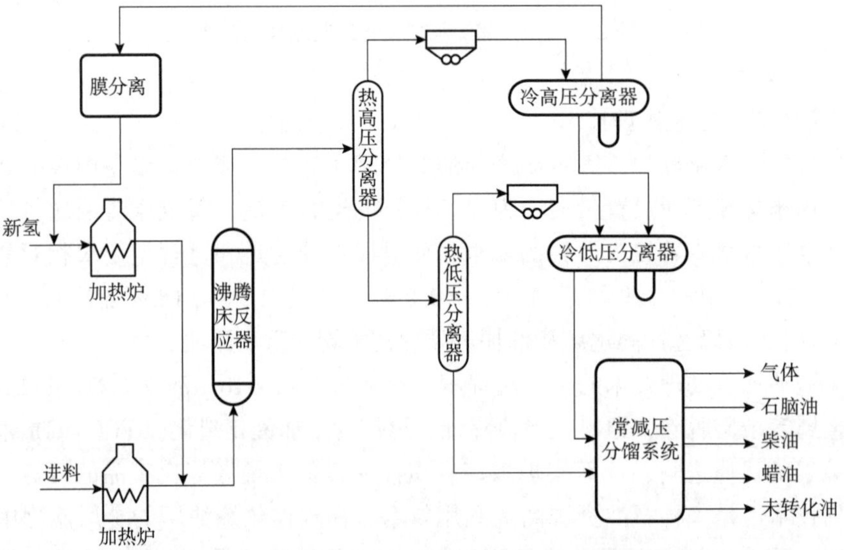

图2－1－11　沸腾床渣油加氢裂化技术的工艺流程示意图

20世纪80年代中期，沸腾床渣油加氢裂化工艺技术和工程技术趋于成熟。特别是由于反应器内部构件的改进和第二代催化剂的出现，大大提高了反应系统的效率，操作苛刻度明显降低，产品质量也得到了很大的提高。国内大连恒力、镇海炼化和盛虹石化(建设中)的沸腾床渣油加氢裂化装置的总加工能力已达11.8Mt/a。

沸腾床渣油加氢裂化技术虽然可以加工世界上几乎所有原油的常压渣油或减压渣油，但是无法保证加氢产品中沥青质的稳定性，易造成分馏系统操作波动。因此，需要根据原料的性质来控制反应的总转化率。

(3)浆态床渣油加氢裂化技术

浆态床渣油加氢裂化技术的反应器结构简单，投资低，对所加工原料中杂质的含量几乎没有限制，可以加工世界上几乎所有原油的常压渣油或减压渣油，甚至可以加工沥青和油砂。浆态床渣油加氢裂化工艺的渣油转化率高，可以达到90%～95%，因而被视为劣质重渣油的高效利用途径，也是替代炼油厂现有延迟焦化装置、大幅度提高全厂原油加工灵活性和提高全厂轻油收率的重要技术手段。

浆态床渣油加氢裂化技术一般根据所采用的催化剂性能和催化剂种类进行分类，其工艺流程如图2－1－12所示。

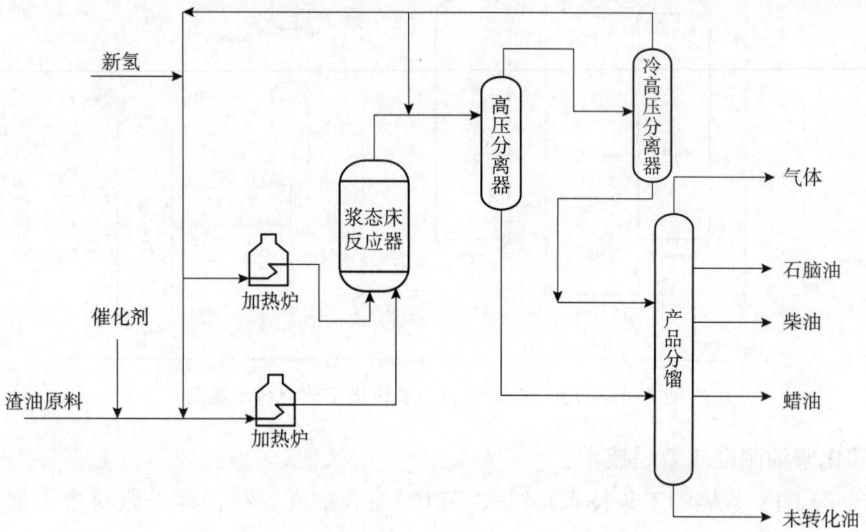

图2－1－12　浆态床渣油加氢裂化工艺流程示意图

与沸腾床渣油加氢裂化技术相比，浆态床渣油加氢裂化技术的转化率更高（通常可达到90%以上），排出的未转化油量更少，可实现原油资源利用率最大化、产品方案灵活化、低值产品高附加值化等目标。国内茂名石化、浙江石化三套浆态床渣油加氢裂化装置的总加工能力已达8.6Mt/a。

4. 催化柴油特色加氢技术

(1)催化柴油加氢转化技术

催化裂化柴油（LCO）是炼油厂非常劣质的柴油资源，硫、氮等杂质含量高，芳烃含量高，十六烷值低。当催化裂化装置采用多产异构烷烃的催化裂化（MIP）工艺时，LCO中芳烃含量超过80%，从而导致其密度显著增大，十六烷值大幅度降低。LCO的高芳烃含量组成特性与清洁柴油期望的高饱和烃含量、高氢含量、高十六烷值的要求存在很大矛盾。因此，通常情况下LCO用于生产清洁柴油时需要较高的氢耗，导致经济性差，同时损失潜在的芳烃资源。

催化柴油加氢转化技术由中国石化石油化工科学研究院和大连（抚顺）石油化工研究院开发。针对催化柴油高芳烃含量特点，采用强裂化、弱加氢、多环芳烃定向转化能力强的专用催化剂，操作条件可以避开单环芳烃加氢饱的反应区域，有效控制原料催化柴油中芳烃加氢饱和深度，并将原料中二环、三环芳烃定向加氢转化为单环芳烃，进一步富集到石脑油馏分中生产高辛烷值汽油调和组分。

催化柴油加氢转化技术的工艺流程示意图见图2－1－13。该技术用较低的成本、较短的加工流程实现高附加值产品生产，为炼油厂调整产品结构、拓宽芳烃原料来源提供了重要的技术支撑。

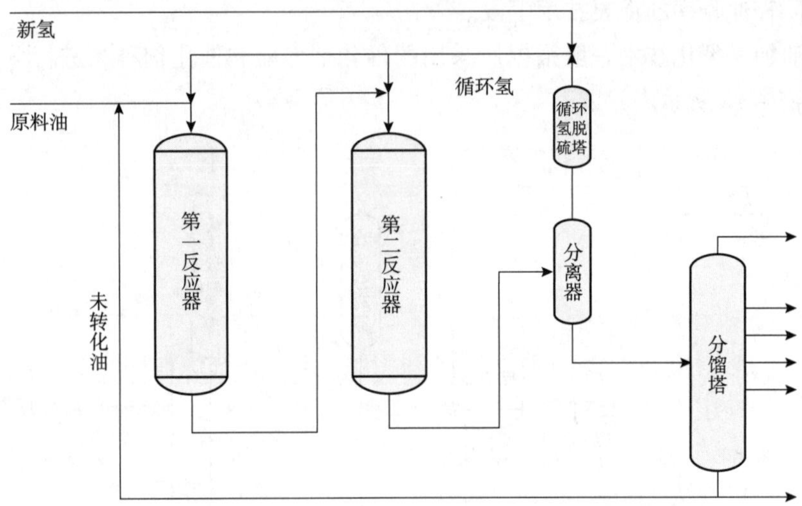

图 2－1－13　催化柴油加氢转化工艺流程示意图

(2) 催化柴油制轻质芳烃技术

传统生产 BTX 芳烃的工艺技术路线大多以蜡油为主要原料，首先原料进入加氢裂化装置转化，得到的裂化重石脑油和直馏石脑油经过预加氢处理后送入连续重整装置加工，生成的重整生成油再进入芳烃抽提装置处理，从而得到 BTX 产品。这种工艺路线加工流程长、氢耗高、能耗高，加工损失大。

为了充分利用 LCO 中的大分子芳烃资源，降低柴汽比，低成本增产高价值芳烃产品，使传统炼油厂向化工转型，多家研究单位相继开发了以催化裂化柴油、重质芳烃等原料，直接生产芳烃和蒸汽裂解原料的化工型加氢裂化工艺技术——催化柴油制芳烃技术。该技术第一步是将 LCO 中的大分子芳烃经过选择性加氢饱和、开环裂化、断侧链等反应，得到富含 BTX 的馏分；第二步将富含 BTX 的馏分再进入芳烃抽提装置处理得到 BTX 产品。该工艺流程可以充分利用 LCO 中的芳烃资源，且具有工艺流程短、芳烃损失小、经济效益高等特点。

上述生产 BTX 的两类工艺流程简图如图 2－1－14 所示。

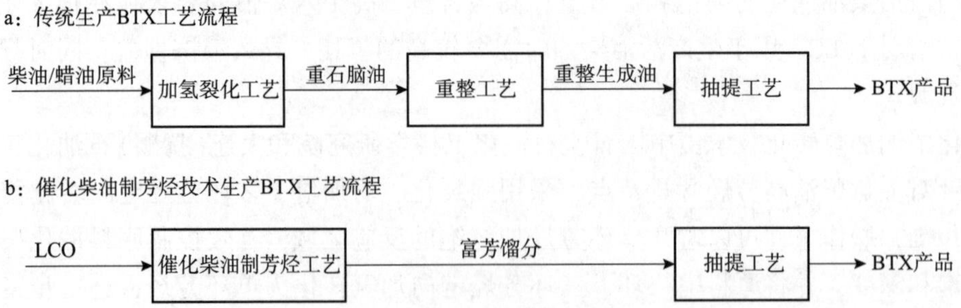

图 2－1－14　生产 BTX 的工艺流程简图对比

催化柴油制芳烃技术是以催化裂化柴油、重质芳烃等为原料，采用包括加氢精制和选择转化的两段法工艺方案。通过控制加氢精制段芳烃饱和程度，在加氢精制反应区尽可能保留烷基苯、四氢萘等单环芳烃，同时降低氮含量至适宜的水平，为加氢裂化段提供原料；

通过控制加氢裂化段四氢萘等单环芳烃的异构、开环，以及烷基苯等单环芳烃的烷基侧链断裂，有效将柴油馏分中的烷基苯等单环芳烃转化为苯、甲苯、二甲苯等小分子芳烃，从而达到生产 BTX 原料的目的。

根据原料油性质和产品目标要求，催化柴油制芳烃技术可以采用一段串联一次通过、两段或集成两段的工艺流程，氢耗 3.8%~4.7%，芳烃产率达到 40%~45%。

（二）分离技术

1. 轻烃回收技术

(1) 传统轻烃回收技术

轻烃回收技术是炼油厂实现轻烃资源高效利用的基础。传统炼油厂的干气轻烃回收技术一般采用深冷分离法、油吸收法、变压吸附（简称 PSA）分离法、膜分离法，从炼油厂干气中回收 C_{2+} 资源。

1) 深冷分离法。

深冷分离法是一种在低温下分离混合气体的方法，始于 20 世纪 50 年代，是利用原料中各组分相对挥发度及沸点的不同将各组分依次进行分离。

为了降低能耗，美国 S&W 公司开发了以热集成精馏系统为核心设备的先进回收系统（ARS）技术。该技术主要由原料预处理、深冷回收和产品选择性分馏等单元组成，其工艺流程示意图如图 2-1-15 所示。炼油厂干气经净化干燥、加压后自下而上进入分凝分馏塔，其中的高沸点烃类在分凝分馏塔内逐渐冷凝，与上升的气相逆流接触，进行传质传热，起到分凝分馏的作用。不凝气经膨胀机制冷、温度降到 -100℃ 后返回分凝分馏器作冷剂。

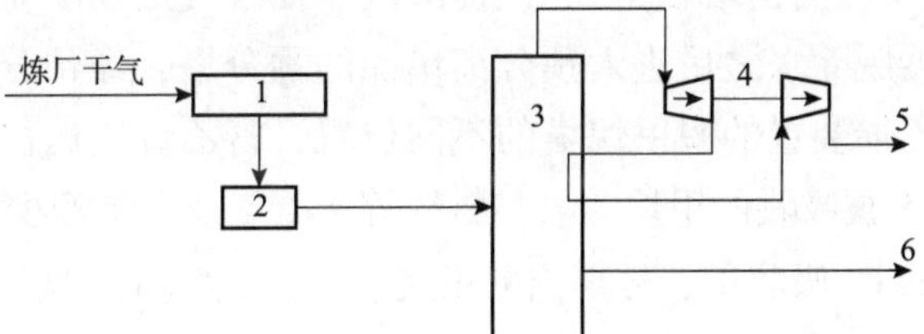

图 2-1-15　ARS 工艺流程示意图

1—干气净化器；2—压缩机；3—分凝分馏塔；
4—膨胀机；5—不凝气；6—C_2 组分；7—C_{3+} 组分

该技术操作灵活，对原料适应性强，且适于分离较重的馏分，C_2 以上烃类回收率可达 96%[3]。

当前深冷工艺正向着大型化、多功能综合利用和提高自动化水平方向发展，其能耗和技术经济指标均有较大的改善。但该方法一般需要在 -100℃ 的低温下进行气体分离，冷量负荷大且制冷工艺流程复杂，对于其中的 CO_2、O_2、H_2S、NO_x 及汞、砷等杂质要求苛刻。需要对原料进行深度处理，投资大，适合炼油厂集中、干气副产量大的地区。针对我国炼油厂的分布情况，采用该方法回收乙烯料的经济性不佳。

2)油吸收法。

油吸收法的乙烯料收率高，按照吸收温度分为深冷油吸收(一般温度低于 -80℃)、中冷油吸收(一般温度为 -20 ~ 40℃)和浅冷油吸收(一般温度为 10 ~ 15℃)三种工艺。前两种工艺需要低温冷量，冷量消耗大，制冷负荷重，且深冷油吸收对原料气中的杂质含量要求比较严格，需要深度预处理。随着越来越严的节能降耗要求，前两种油吸收技术基本被淘汰，浅冷油吸收法占据主导，在多个炼油厂有应用。

在浅冷条件下，利用 C_4为吸收剂，吸收干气中的 C_2及以上组分。浅冷油吸收法回收 C_2组分装置工艺流程示意图如图 2 -1 -16 所示，主要包括：压缩单元、碱洗单元、吸收解吸单元、净化单元和预分离单元。

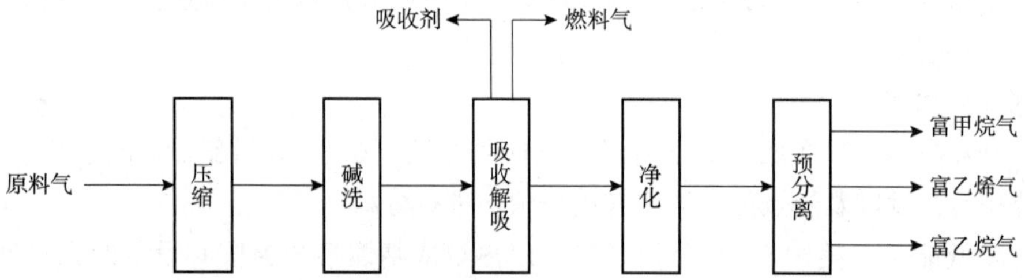

图 2 -1 -16　浅冷油吸收法回收 C_2 组分工艺流程示意图

原料气经过压缩机压缩升压后进入碱洗单元，在碱洗单元的碱洗塔内脱除原料气中的 H_2S 和 CO_2，然后送入吸收解吸单元。吸收解吸单元由 C_4 吸收塔、汽油吸收塔和 C_4 解吸塔组成。在 C_4 吸收塔内，以 C_4 为吸收剂，吸收气体中的 C_2及以上组分。含有 C_2 组分的富吸收剂送入 C_4 解吸塔，解吸后由塔顶得到 C_2 提浓气。提浓气送到净化单元，经脱氧反应器脱除氧、分子筛干燥器脱除水之后进入预分离单元的预分塔，经预分塔分离后，富甲烷气和富乙烯气分别送往乙烯装置的脱甲烷塔的不同位置，富乙烷气送往乙烯装置的乙烷裂解炉。C_4 吸收塔塔顶的未被吸收的甲烷、氢、氮气等不凝气及夹带的少量 C_4 吸收剂，送往汽油吸收塔以回收其中的 C_4 吸收剂，分离出的甲烷、氢、氮气等不凝气作为副产品燃料气送燃料气管网。

该技术的吸收剂价廉易得，C_4吸收剂可采用混合 C_4、醚后 C_4、正丁烷及液化气等；汽油吸收剂可采用稳定汽油、重石脑油及炼油厂 C_7等。浅冷油吸收技术在脱除杂质气体方面具有优势，干气中绝大部分的氢气、氮气、氧气、一氧化碳、NO_x 及甲烷等杂质气体因难于被吸收而从吸收塔顶脱除。此外，浅冷油吸收技术可充分利用炼油厂大量富余的低温余热，因此综合能耗相对较低。

3)变压吸附分离。

变压吸附(PSA)分离法利用吸附剂对不同吸附质的选择吸附性，实现气体混合物的分离和吸附剂的再生。在同一温度下，吸附质在吸附剂上的吸附量随吸附质的分压上升而增加，所以变压吸附法在加压下进行吸附，减压下进行解吸，实现吸附剂的再生，同时回收解吸气。

PSA 分离装置的工艺流程单元主要包括：变压吸附单元、压缩单元、干气净化单元，其工艺流程示意图如图 2 -1 -17 所示。来自催化装置的干气首先进入冷干机，分离所含的机械水和少量高碳烃冷凝液，再进入气液分离器进一步分离液体组分，随后进入吸附塔。在吸附塔内，C_2 及以上组分被吸附，弱吸附组分 H_2、N_2、CH_4 等透过床层由吸附塔顶排出。当吸附剂达到接近饱和时，通过自控程序，改变吸附塔的操作状态，对吸附剂进行解吸，同时回收解吸下来的富乙烯组分。变压吸附单元产生的富乙烯组分经过压缩机增压后，在压缩机三级分液罐内进行气液分离，液相的液态烃与液态水进行分离后送至催化装置，对其中的液态烃回收利用，气相的富乙烯组分少部分作为变压吸附单元的置换气，大部分送至净化单元。自压缩单元来的提浓乙烯气，在净化单元进行脱硫、砷、氧、水等杂质，合格的产品气送往乙烯装置。

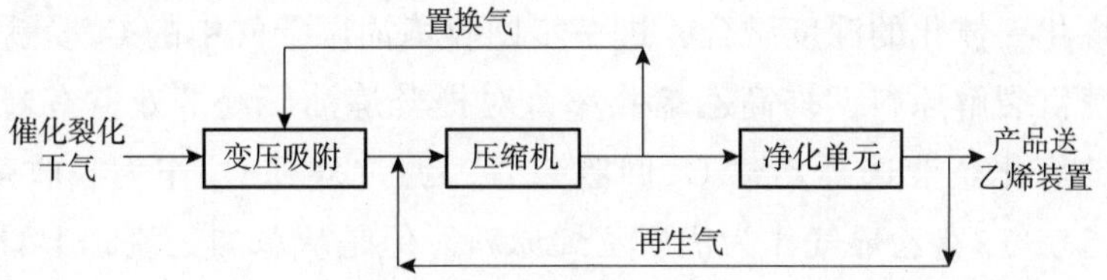

图 2-1-17　采用变压吸附分离法的干气提浓装置流程示意图

近年来，通过提高吸附剂的选择性、使用多床、多次均压、抽真空再生等措施显著提高了变压吸附技术的分离效果和经济性。变压吸附分离技术的能耗低、装置投资相对较少，但缺点主要在于 C_2 回收率低(约为85%)，而且作为乙烯原料的 C_2 产品中甲烷、H_2 含量较高，增加了乙烯分离系统的负荷。

4)膜分离法。

膜分离法利用不同气体分子渗透能力不同的特性，采用特定分离膜选择性地使一些气体分子透过，从而实现不同组分的分离。

膜分离获得的渗透气纯度不够高，通常难以达到工艺要求的纯度。因此，膜分离多会与压缩冷凝法或吸收法等工艺组合应用。为避免干气中的重质烃类和水对膜的污染，干气进膜之前应进行冷却、过滤除去其中的重质烃类和明水。膜分离回收聚烯烃尾气技术就是一种膜分离与压缩冷凝法的组合工艺，工艺流程示意图如图 2-1-18 所示。

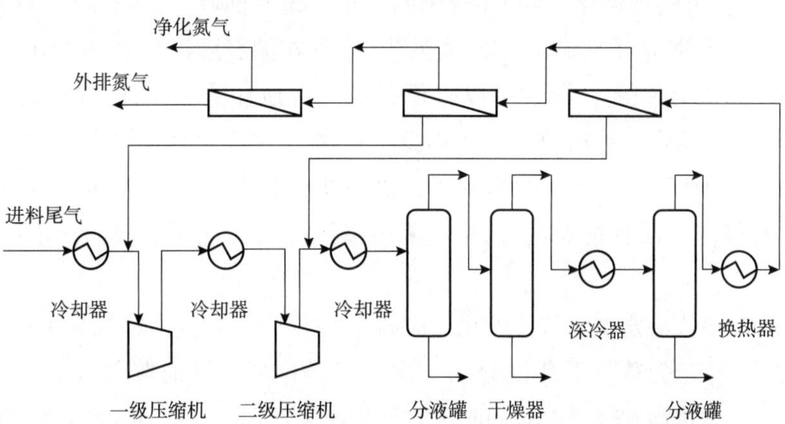

图 2-1-18　回收聚烯烃尾气的膜分离装置流程示意图

膜分离技术是近十余年发展较快的新型气体分离技术。国内在氢气膜分离技术方面有一定成果，其他领域尚处于研究开发阶段，国外工业化气体膜分离装置较多。目前，对于从炼油厂干气这种组分复杂的原料中分离出 C_{2+} 产品的高性能膜材料和制膜工艺尚无成熟的技术。

(2)轻烃一体化回收技术

1)饱和轻烃综合回收工艺技术。

传统轻烃回收装置主要回收炼油厂二次加工气体中的液化气组分，干气经脱硫后一般送至燃料气管网作为补充燃料，因而干气中的 C_2 组分没有得到有效回收，造成了资源的浪费。随着炼化一体化的深度融合，进一步回收炼油厂干气中的 C_2 资源，为乙烯装置提供轻质化的蒸汽裂解原料，提高乙烯收率，对提升炼油厂经济效益有着重要作用。当前，越来越多的炼化企业选择新建 C_2 回收装置，通过外补 C_4 作为吸收剂来回收 C_2 组分，得到的富乙烷气/富乙烯气作为优质乙烯原料。但是从总加工流程上看，传统轻烃回收及新建 C_2 回收路线存在着组分二次分离问题。因此对于精馏过程而言，传统路线增加了分离过程能耗。

以加氢裂化为例，加氢裂化硫化氢汽提塔塔顶产品为富气、粗烃，塔底为混合油品，初步实现了液化气组分与石脑油组分的分离。富气与粗烃经过吸收稳定的吸收塔，又以混合石脑油为吸收剂，实现 C_2 组分与液化气组分的分离，再经过稳定塔实现液化气组分与石脑油的分离。吸收稳定的目的是得到干气与液化气，此过程中液化气组分与石脑油存在二次分离问题。吸收稳定后的干气经过脱硫后，进入 C_2 回收装置，采用浅冷油吸收技术回收 C_2 组分，吸收剂通常为 C_4 组分，在 C_4 吸收碳中吸收 C_2 后，再经过 C_4 解吸塔解吸得到富 C_2 产品气。分析全流程可以发现，C_2 组分在吸收稳定的吸收塔中已经与 C_4 组分实现了分离，为回收 C_2，在 C_2 回收的吸收塔内再次以 C_4 为吸收剂再次混合，最终经由 C_4 解吸塔分离 C_4 与 C_2，此过程存在 C_2 组分与 C_4 的二次分离问题。

由上述分析可以看出，对于炼化一体化企业，需要回收 C_2 作为乙烯料时，吸收稳定的设置存在关键组分的多次分离问题，增加了能耗及投资。中国石化开发的饱和轻烃综合回收工艺技术，可实现液化气和 C_2 资源的集中、统一回收。该技术可以避免现有流程(吸收稳定 + 干气及液化气脱硫 + C_2 回收工艺)中存在的石脑油与 C_3/C_4 组分、C_2 组分与 C_3/C_4 组分的二次分离问题，同时可以降低投资、占地和能耗，且该技术乙烷组分回收率不低于97%，丙烷及更重组分回收率不低于98%。在饱和轻烃综合回收工艺技术和浅冷油吸收法回收炼油厂干气技术的基础上，进一步优化工艺技术方案，中国石化开发了“一体化饱和轻烃综合回收技术”。该技术采用高压吸收 + 低压解吸的技术路线，可进一步降低能耗。

与现有技术(吸收稳定 + 干气及液化气脱硫 + C_2 回收工艺技术路线)相比，一体化饱和轻烃综合回收技术完全避免了各组分间二次分离的问题，同时降低投资、占地和能耗。图2-1-19 为一体化饱和轻烃综合回收工艺和传统轻烃回收路线的流程对比简图。

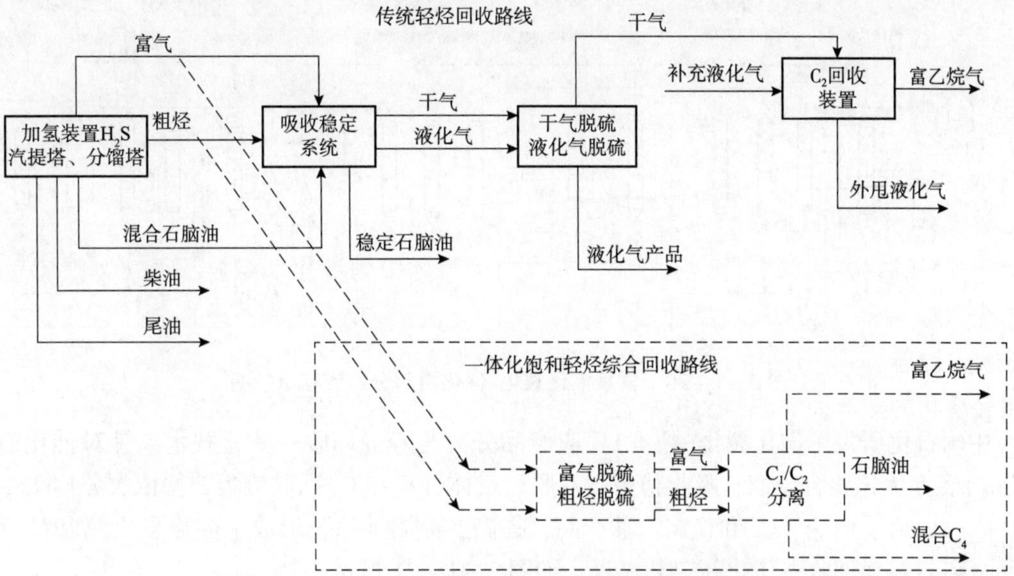

图2－1－19　两种轻烃回收技术路线工艺流程对比

从图2－1－19可以看出，与传统流程相比，饱和轻烃综合回收工艺技术改变了组分分离顺序，将组分分离改为C_1组分与C_2及以上组分的分离问题，提出模糊分离的概念，即C_2以上组分均可以作为乙烯料，或者根据炼油厂需要，可进一步分离$C_2/C_3/C_4/C_{5^+}$。

饱和轻烃综合回收工艺技术的优势主要有：不设置吸收稳定系统，统筹考虑$C_2/C_3/C_4$回收；不需外补C_4吸收剂，自身所含C_4完全满足要求；模糊分离$C_2/C_3/C_4$，降低低温位冷量需求。初步估算，饱和轻烃综合回收工艺投资较传统路线降低10%，能耗较传统路线降低15%～20%。

2)催化裂化分离与轻烃回收一体化工艺技术。

目前，国内外催化裂化(裂解)装置反应产品分离流程一般都是采用分馏－富气压缩－吸收稳定－双脱－气体分馏，得到汽油、柴油、干气、丙烯、丙烷和C_4等产品，其中干气含有乙烯、乙烷、甲烷、氢气和部分非烃，一般是作为燃料气使用。催化裂化装置干气产率(质量分数)一般在3%左右，干气中乙烷和乙烯(质量分数)约占40%；催化裂解装置干气产率(质量分数)则达到10%左右，干气中乙烷和乙烯(质量分数)约占55%，因此回收这部分C_2资源具有很高的经济效益。

在炼化企业中，为提高资源的高效利用，提升企业的经济效益，通常在气体分馏后部增设C_2回收单元，进一步回收催化干气中的C_2组分作为乙烯原料，从而提高C_2组分的附加值。浅冷油吸收法C_2回收技术，已在多套催化裂化装置C_2回收单元中应用。上述催化裂化(裂解)分离流程一般为：分馏－富气压缩－吸收稳定－双脱－气分－C_2回收，其工艺流程示意图如图2－1－20所示。该常规分离流程需要12个塔，整个工艺流程涉及C_4、汽油和柴油四个循环，C_2、C_3和C_4等关键组分多次分离，导致投资和能耗都比较高。

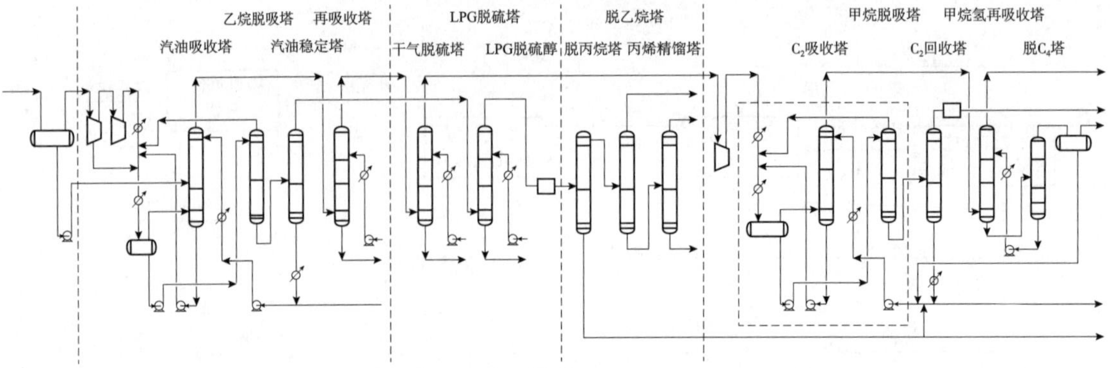

图 2-1-20　常规催化裂化/催化裂解分离流程示意图

中国石化研发了催化裂化(裂解)反应产品分离与轻烃回收一体化技术。针对催化裂化(裂解)装置优化整合分馏、吸收稳定、双脱、气体分离和 C_2 回收流程，并依次分离出甲烷氢、C_2、丙烯、丙烷、C_4 和稳定汽油产品，提高产品附加值，形成了催化裂化(裂解)反应产品分离与轻烃回收一体化新工艺流程，如图 2-1-21 所示。

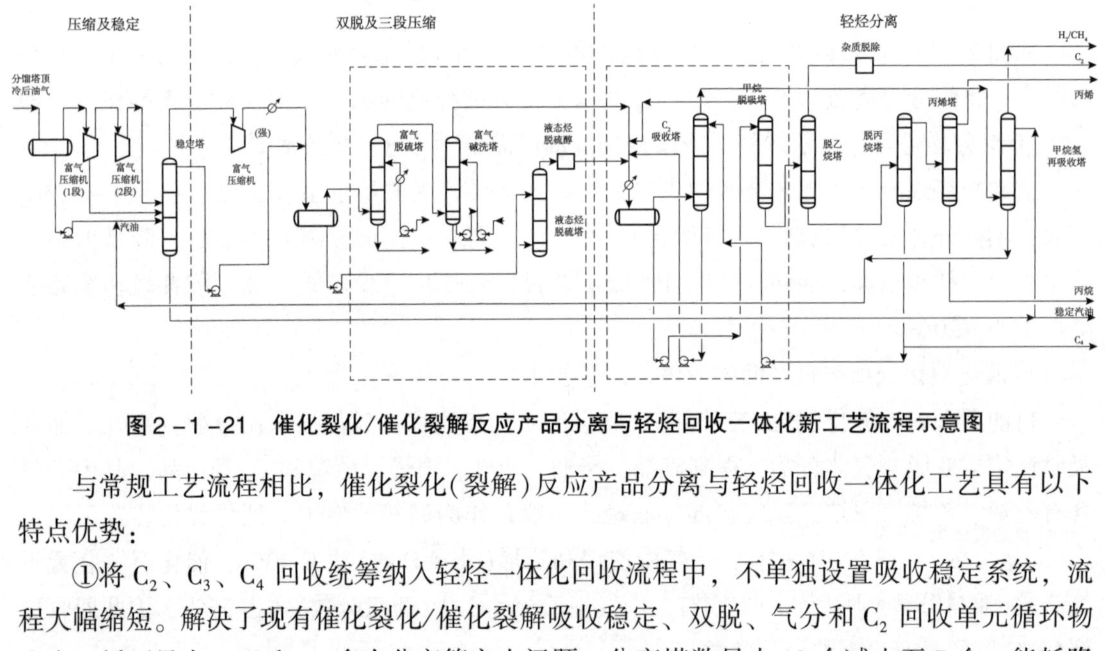

图 2-1-21　催化裂化/催化裂解反应产品分离与轻烃回收一体化新工艺流程示意图

与常规工艺流程相比，催化裂化(裂解)反应产品分离与轻烃回收一体化工艺具有以下特点优势：

①将 C_2、C_3、C_4 回收统筹纳入轻烃一体化回收流程中，不单独设置吸收稳定系统，流程大幅缩短。解决了现有催化裂化/催化裂解吸收稳定、双脱、气分和 C_2 回收单元循环物流多、循环量大、C_2 和 C_4 多次分离等突出问题，分离塔数量由 12 个减少至 7 个。能耗降低 10%～20%，节约投资和占地。

②脱丁烷塔(稳定塔)前置。实现 C_1～C_4 和汽油的分离，降低高温位热源用量。

③C_4 循环作为补充吸收剂，改变一体化回收系统的温位需求。一体化回收系统成为低温热阱，有利于充分利用催化装置的低温热。

④C_2 吸收塔和甲烷脱吸塔分开设置。保证 C_2 回收率的同时，实现 C_2、C_3 中甲烷的稳定控制。

⑤丙烯精馏塔上游设脱乙烷塔，控制丙烯产品中乙烷含量满足聚合级丙烯要求。

⑥装置自产的 C_4 和稳定汽油作为吸收剂，无需外引吸收剂。

⑦流程优化，占地、定员减少，分离流程统一设置，有利于集中管理。

2. 石脑油分离技术

直馏石脑油的族组成包括正构烷烃、异构烷烃、环烷烃和芳烃，其中正构烷烃是理想的乙烯裂解原料，异构烷烃是理想的清洁汽油调和组分，环烷烃和芳香烃是理想的催化重整原料。传统石脑油分离采用精馏方法，分离出轻、重石脑油，轻石脑油作为乙烯原料或汽油调和组分，重石脑油作为重整原料，这种方式未体现"分子炼油"理念，无法充分发挥资源族组成的特点优势。如何高效利用石脑油资源，最大程度发挥各族组成的优势，是炼化企业面临的重要问题。

目前，石脑油正异构分离技术主要有精馏法和吸附分离法。精馏分离法由于沸点差小，要达到清晰分离，装置操作能耗会很高。吸附分离法具有分离效率高、能耗低及正构产品纯度高等优点，受到越来越多研究者和工业界的关注。本节重点介绍石脑油吸附分离技术。

(1)轻石脑油吸附分离技术

轻石脑油既可作汽油调和组分，也可作为乙烯原料。对于直馏轻石脑油，由于富含正构烷烃，辛烷值较低，从而影响汽油调和及高标号汽油的生产；同时由于含有一定量的异构烷烃，作为乙烯裂解原料时影响乙烯收率，并副产了大量的异构烯烃。因此，当炼油厂轻石脑油资源较为丰富，但乙烯原料不足和汽油调和较为困难时，可采用正异构分离技术实现乙烯原料和汽油调和的同步优化。

吸附分离法具有分离效率高、能耗低及正构产品纯度高、异构化油产品辛烷值高等优点，是非常有效的 C_5、C_6 正异构烷烃分离方法。中国石化开发的吸附分离技术(Recane)，其正构烷烃产品纯度(质量分数)可达99%，收率可达90%以上，是优质的乙烯原料；异构烃产品辛烷值 RON 可达 85 以上，非常适宜作为汽油调和组分。

(2)重石脑油吸附分离技术

直馏重石脑油既可以做重整原料、也可以做乙烯原料。为了更有效利用资源，实现"宜烯则烯，宜芳则芳"的原料优化目的，2010 年中国石化与美国 UOP 公司合作，在国内建设了世界第一套 1.2Mt/a 石脑油吸附分离工业化装置。该装置采用模拟移动床吸附分离技术把 $C_6 \sim C_{10}$ 直馏石脑油中的正构烃和异构烃分离，其中正构烷烃作为下游乙烯裂解装置原料，异构烃(包括异构烷烃、环烷烃和芳烃)作为下游连续重整装置原料，工艺流程示意图如图 2-1-22 所示。

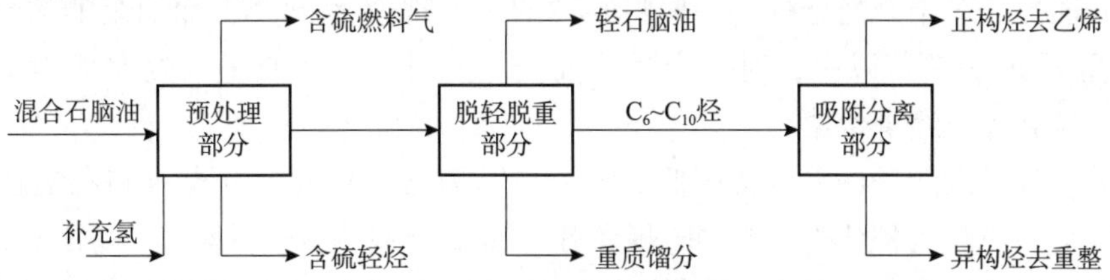

图 2-1-22　石脑油吸附分离流程示意图

应用结果表明，未吸附分离前 $C_6 \sim C_{10}$ 直馏石脑油中正构烷烃含量(质量分数)仅为 26.25%，经吸附分离后抽出液中正构烷烃纯度(质量分数)可达到 94.83%，正构烷烃收率达到 87.02%。与石脑油直接作为乙烯料相比，抽出液的乙烯裂解性能明显提高，三烯(乙烯、丙烯、丁二烯)收率提高 14 个百分点，同时乙烯裂解芳烃收率明显降低。同时，吸附分离后的抽余液中环烷烃含量(质量分数)提高 8 个百分点，芳烃含量(质量分数)提高 3 个百分点；与石脑油直接作为重整料相比，抽余液做重整料可实现 C_{6^+} 液体产品收率提高 6 个百分点，重整芳烃(C_6 ~ C_9 芳烃)产率(质量分数)提高 2 个百分点。由此可见，石脑油吸附分离技术可以同步优化乙烯原料和重整原料，因而非常适用于同时配置有乙烯和重整装置的炼化企业。

3. 柴油分离技术

(1)柴油抽提技术

液液萃取技术可以有效分离芳烃和非芳烃，在芳烃生产领域一般称为“抽提”。芳烃抽提的原理是基于芳烃和非芳烃组分在溶剂中的溶解度不同，将芳烃组分从原料混合物中萃取出来。芳烃液 - 液抽提工艺处理汽油馏分，回收苯、甲苯、二甲苯及 C_9 芳烃，该技术已非常成熟。

对于柴油馏分，采用液液抽提技术分离出芳烃组分，一方面可以降低柴油中芳烃含量、改善柴油品质；另一方面得到的芳烃经过进一步处理用于生产高附加值芳烃产品。目前，柴油馏分抽提技术多处于研究阶段，工业应用较少。

催化柴油中含很多高价值的芳烃组分，包括 2，6 - 二甲基萘(DMNA)，可用于生产工程塑料和聚合物液晶。蒸馏萃取相结合的方法[4]可对催化柴油中的二甲基萘异构进行分离和回收，达到较高纯度。通过蒸馏预处理，将催化柴油中的二甲基萘进行富集。采用 255 ~ 278℃的馏分油为萃取的原料，其中二甲基萘含量(质量分数)为 30.63%；以二甲基甲酰胺水溶液为萃取剂，并通过调节水量及温度的方法对两相的分配系数进行调节。结果表明，二甲基萘的选择性随着溶剂/原料比的增加而增加，随着温度增加而降低。该研究结果对催化柴油抽提工艺开发具有一定的指导意义。

络合萃取的双溶剂萃取法[5]可有效抽提出柴油中的双环以上芳烃。双环以上芳烃与硫、氮杂原子化合物为电子对给予体，而一些金属离子具有空轨道，为电子对接受体，两者可产生络合作用力。糠醛中溶有金属离子，可提高对双环以上芳烃及氮等杂原子的选择性，使催化柴油的安定性得到提高。用含有金属离子的糠醛作为第一溶剂萃取出催化柴油中的双环以上芳烃，再用石油醚作第二溶剂萃取回收抽出油中的高十六烷值组分。

溶剂抽提芳烃技术可改善柴油品质，同时对芳烃进行分离和综合利用[6]。采用萃取与解吸相结合的方式，在 130 ~ 150℃、剂油体积比 1.5 ~ 6.0 的条件下，对柴油进行全馏分抽提和窄馏分抽提。对于全馏分抽提，原料柴油的十六烷值为 24.6，而抽余油的十六烷值大于 45，提高了 20 个单位以上；对于窄馏分抽提，抽出芳烃的质量分数大于 84%、单环芳烃含量高，显著提高经济价值。

为了进一步降低能耗，采取常压低温液 - 液萃取法对催化裂化柴油进行脱除多环芳烃的试验表明[7]，原料为催化裂化柴油(多环芳烃质量分数为 65.85%)，采用环丁砜为芳烃萃取剂，在萃取温度 50℃、芳烃回收温度 50℃、反萃取温度 40℃条件下，混合芳烃产品收率为 29.29%，芳烃质量分数为 93.71%。与常规抽提工艺相比，该催化柴油液 - 液萃取脱芳烃的原则工艺采用反萃取溶剂对富溶剂进行反萃取，在温度 40 ~ 80℃、常压条件下进行，可缓解高温下溶剂性能降低的问题。

(2)柴油吸附分离技术

吸附分离是利用吸附剂对不同组分具有选择吸附性，实现组分分离[8]。该方法可对沸点接近的不同组分进行精准分离，在石化领域多用于二甲苯异构体的分离。对于柴油吸附分离，研究和应用的脚步也在不断加快。

国内某研究单位[9]开发了吸附分离柴油中多环芳烃的吸附剂，包括可调变孔径的硅胶/负载金属的改性硅胶、改性的分子筛等。应用改性硅胶作吸附剂，分离条件为：吸附温度35～100℃、吸附压力0.1～1.5MPa，多环芳烃解吸剂为苯、甲苯、环己烷等，解吸温度50～150℃，其多环芳烃脱除率为79.48%～91.74%。应用改性分子筛作吸附剂，分离条件为：吸附温度35～100℃，吸附压力0.2～1.0MPa，解吸剂为环已烷、甲基环己烷、苯等，其多环芳烃脱除率为75.85%～87.60%。

柴油吸附分离一般采用模拟移动床技术。模拟移动床吸附装置各个吸附床层首尾相连，通过循环泵连接形成闭合环路。床层分为四个区域：吸附区、隔离区、精制区和再生区。其中吸附区吸附多环芳烃，再生区实现吸附剂再生，隔离区和精制区是将吸附区和再生区隔离。脱除杂质后的柴油进入模拟移动床，在吸附床层温度30～200℃、吸附压力0.1～2.0MPa条件下吸附分离柴油中的多环芳烃。经过周期性切换进出料阀门，使吸附剂床层相对移动，同时通入解吸剂冲洗多环芳轻实现吸附再生，原料柴油与解吸剂质量流速比例为1∶1～1∶3。解吸剂与柴油组分沸点相差较大，利用精馏塔可实现解吸剂分离回收循环利用，最终得到非芳烃柴油组分和富芳烃柴油组分。该吸附工艺具有操作温度低、压力低、连续操作、吸附剂磨损低的特点。该柴油吸附分离技术已于2020年在山东滨州某厂成功建成了国内首套0.4Mt/a工业生产装置[10]，其非芳烃柴油组分中芳烃含量<2%、富芳烃柴油组分芳烃含量>98%，有效回收芳烃组分。

二、低碳烯烃生产技术

低碳烯烃主要包括乙烯、丙烯、丁二烯等。随着我国社会经济的迅速发展，低碳烯烃的市场需求也不断加大。以石油为原料制低碳烯烃工艺主要包括蒸汽裂解制烯烃技术和催化裂解制烯烃技术。

目前，国内主要依赖管式炉蒸汽裂解技术生产乙烯，蒸汽裂解工艺制乙烯的产量约占乙烯总产能的80%[11]，是国内乙烯生产的主流工艺。蒸汽裂解技术的原料范围较广，包括乙烷、液化气、石脑油、柴油、加裂尾油等。为多产低碳烯烃，原油直接蒸汽裂解工艺受到越来越多研究者的重视，其主要特点在于省略了传统原油炼制生产石脑油的过程，使得工艺流程大为简化。

相对于乙烯，丙烯的生产技术更加多元化。全球约54%的丙烯由蒸汽裂解装置提供，炼油厂催化裂化和催化裂解装置提供约37%的丙烯，约10%由丙烷脱氢等其他装置提供[12]。此外，原油直接催化裂解制烯烃也取得较大技术突破并工业示范，催化裂解装置对满足不断增长的低碳烯烃需求起到相当重要的作用。

本节将重点介绍原油直接裂解和馏分油催化裂解生产低碳烯烃等系列转型工艺技术，以及相关的应用情况。

（一）原油直接裂解技术

1. 技术概述

传统的加工流程中，原油通过常减压装置分离为液化气、轻/重石脑油、煤油、柴油及蜡油、渣油等。液化气、轻/重石脑油可送至蒸汽裂解装置生产乙烯和丙烯等产品，蜡油、渣油送至催化裂化/裂解等装置生产液化气、汽油、柴油等产品。近年来受中东轻烃、美国页岩油等廉价原料以及煤化工工艺冲击，传统的石脑油线路制备低碳烯烃的工艺出现了原料成本高、竞争性缺失的问题。

为了应对市场竞争的冲击，原油直接裂解技术成为了近年来的研究热点。原油直接裂解制烯烃技术，就是不经过炼油厂的分离，只对原油进行必要的原料预处理后直接进行裂解，将裂解产物经合理的流程分离出乙烯、丙烯等产品。原油直接裂解包括蒸汽裂解技术和催化裂解技术。原油直接蒸汽裂解技术以未经加工处理的原油作为蒸汽裂解炉原料来生产低碳烯烃；原油直接催化裂解技术是在催化剂的存在下，以原油为进料生产低碳烯烃。

原油直接裂解技术可以"跳过"传统炼油的常减压蒸馏和原料精制等过程，直接将原油转化为低碳烯烃和芳烃，可显著降低原料成本。IHS 的报告指出，与石脑油裂解比，原油蒸汽裂解制低碳烯烃工艺的原料成本可省 100～200 美元/t 乙烯。此外，原油直接裂解可提高生产灵活性，同时降低综合能耗和碳排放。

2. *原油直接蒸汽裂解技术*

原油一般分为饱和馏分、芳香馏分、胶质和沥青质四类组分，其中饱和馏分和沥青质分别代表原油中最稳定和最不稳定的组分。原油中包含沸点超过 590℃的高分子量非挥发性组分(如胶质、沥青、残油或渣油)，这些非挥发性组分在常规的乙烯裂解炉的对流段进行预热时，有小部分未被汽化，未被汽化的非挥发性组分随着混合气流夹带到辐射段，容易造成辐射段的结焦沉积，甚至堵塞辐射段，影响裂解产品的收率。所以，原油用作蒸汽裂解炉原料，与传统的裂解原料相比，存在终沸点高(大于 520℃)、胶质含量高，不易汽化以及易造成结焦等问题。

(1)国外原油直接蒸汽裂解技术

国际上埃克森美孚公司(Exxon Mobil)首先提出了原油蒸汽裂解相关技术路线[13]，其工艺流程示意图见图 2-1-23。具体为通过在外部增设闪蒸罐的方法，将原料烃与部分稀释蒸汽混合，预热汽化至不结焦的最大汽化率，然后与过热的稀释蒸汽一起进入闪蒸罐，使绝大部分的原料烃闪蒸汽化，再将汽化后的混合物送入到混合过热区加热至裂解起始温度，送至辐射段进行蒸汽热裂解制备低碳烯烃；闪蒸罐分离得到的重质液体则可送到炼油厂，利用延迟焦化、渣油加氢或催化裂化等装置进行进一步处理。为了最大程度地利用原油原料，闪蒸出尽可能多的可供裂解的气相原料，同时又能使得非挥发性的组分呈液相分离，避免被气相夹带进入裂解炉引起结焦，关键是对闪蒸得到的气体进行离心分离脱除痕量液体，以及对闪蒸罐分离的物流温度进行控制以维持较优的气液比。

2013 年 5 月，Exxon Mobil 公司位于新加坡裕廊岛的大型石化扩能项目建成，新建 1Mt/a 乙烯装置成功实现原油裂解制烯烃技术的工业化；2014 年 1 月，该套装置中首台能够使用原油作为裂解原料的裂解炉正式投料运行，率先实现可以终馏点均不超过 1100℉(593℃)的轻质原油作为裂解原料生产低碳烯烃，而无需完全依赖炼油厂提供的石脑油原料。

(2)中国石化原油直接蒸汽裂解技术

为提高原油资源利用率，最大化生产化工产品，国内也加快了原油直接裂解技术的研究。中国石化开展了原油直接裂解技术的研究，并对我国部分轻质原油和中质原油分别进行裂解评价试验。评价结果表明，石蜡基轻质原油是相对较好的直接蒸汽裂解原料，但无论是轻质原油还是中质原油都须经过必要的切割移除重组分后，才能进入传统的裂解炉进行裂解；若采用自主研发的扭曲片管等强化技术，可以将裂解炉的原油裂解运行周期控制在较为合理的范围内。目前，该技术已在天津石化建成侧线实验设施，并于 2021 年 8 月进行了原油直接裂解技术的工业试验验证，其乙烯和丙烯收率等主要技术指标都好于预期，为轻质原油直接裂解制乙烯工程放大提供了重要基础。

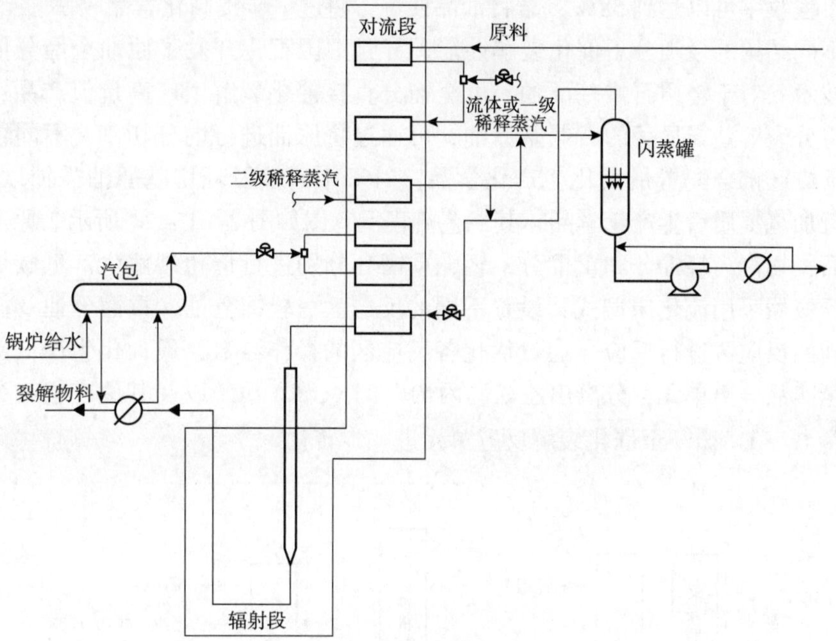

图 2-1-23　Exxon Mobil 原油蒸汽裂解工艺示意图

中国石化原油直接蒸汽裂解技术可根据原油性质，采用合适的切割方案(70%~80% 的部分进入裂解炉)，依托蒸汽裂解工艺，尽可能多地低成本地将原油转化为乙烯、丙烯等化学品。该技术采用自主设计的原油蒸汽裂解炉，通过对流段设计、气化装备设计、原油裂解工艺条件研究和辐射段炉管设计、特殊控制方案，以及重组分有效利用方案，形成了成套技术。

中国石化原油直接蒸汽裂解技术的优势主要体现在以下几个方面：

①原料适应性强。以原油全馏分或任意调和原油为原料，可加工石蜡基原油或满足要求的调和原油。优选原油的性质：*API* 度大于 35，氢含量大于 13.2%。

②乙烯产品收率高。乙烯产率可达 20% 或以上，乙烯收率与原油性质密切相关。

③化学品收率高。采用原油直接蒸汽裂解技术，化学品收率根据原油种类可达 50% 以上。

④流程简单，综合能耗低。跳过传统的炼油单元，以原油蒸汽裂解装置为核心，直接利用现有蒸汽裂解及分离技术将原油直接转化为化学品，显著降低综合能耗和碳排放。

⑤长周期运行。原油直接蒸汽裂解时裂解炉运行周期达 70 天以上。

3. 原油直接催化裂解技术

原油催化裂解技术是原油直接制化学品的重要技术路线之一。原油烃类组成复杂，组分中馏程越轻，分子越小，越难被正碳离子抽取负氢离子发生裂化反应。原油催化裂解过程既发生催化裂化反应，也发生热裂化反应，但主要是正碳离子反应机理作用的结果。

清华大学结合下行床反应器的技术特点，提出了多级逆流下行原油直接裂解制化学品的理念。通过冷态、热态模拟研究发现，下行床的顺重力场流动方式，使催化剂与原料油的接触时间更短，同时展现出平推流的流动效果，气固速度及浓度径向分布更为均匀，大大减少了轴向返混的发生。目前，该项技术完成了10kg/h全流程试验，乙烯、丙烯和BTX等化学品单程收率可以达到58%，若将油品回炼，将进一步提高化学品收率。

基于不同结构的烃类分子催化裂解性能差异，中国石化开发了原油全馏分催化裂解生产化学品技术。对于轻质石蜡基原油，可全馏分直接催化裂解生产高价值产品；对于馏程范围宽、组分裂解差异显著的石蜡基原油，可通过将原油进行馏分切割、不同组分分区转化、不同反应区耦合配置最大化生产化学品；对于中间基及环烷基原油需辅以加氢改质，对重油进行加氢提质后生产化学品，其工艺流程示意图如图2-1-24所示。原油经脱盐脱水、蒸馏后，切割为轻馏分和重馏分，轻、重馏分分别进行催化裂解生产低碳烯烃。原油催化裂解反应器采用流化床型式，设置不同的反应区。轻馏分油、重馏分油及循环物流分别进入不同的反应区进行反应，通过优化各反应区的操作参数，最大化生产低碳烯烃。反应产物送至产品分离单元，分离出乙烯、丙烯、BTX、$C_4^=$ ~ $C_7^=$以及其他产物。为提高双烯产率，可将$C_4^=$ ~ $C_7^=$循环至催化裂解反应单元进一步转化。

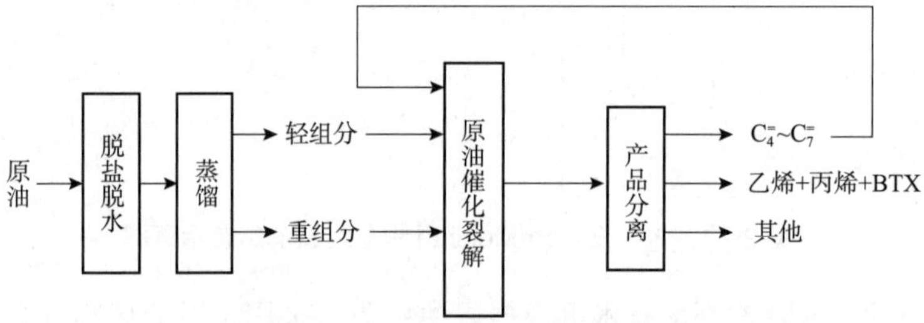

图2-1-24　原油催化裂解流程示意图

中国石化原油直接催化裂解技术的特点优势主要体现在以下几个方面：

①原料适应性强。以原油全馏分或任意组合馏分为原料，可加工石蜡基原油或加氢改质的中间基原油；优选原油的性质：*API*度不小于30，氢含量不小于13%，UOP *K*值不小于12。

②化学品收率高。采用原油催化裂解技术，化学品收率可达50%~70%。

③产品灵活。乙烯和丙烯产率可根据市场需求在一定程度上调变。

④流程简单。跳过传统的炼油单元，以原油催化裂解装置为核心，将原油直接转化为化学品，显著降低综合能耗和碳排放。

该技术于2021年在扬州石化成功进行工业试验[14]，直接将原油转化为低碳烯烃和芳烃等化学品，这也是原油催化裂解技术的全球首次工业化应用。应用结果表明，低碳烯烃和轻芳烃总产率提升2倍，高达50%以上，即采用该技术每加工1Mt原油可产出高价值化学品约0.5Mt；如果将中间产物进一步加工转化，则化学品收率可提高到70%。

（二）重油催化裂解技术

1. 技术概述

国内外对重油催化裂解领域的研究较多[15]，工业应用已经较成熟，多家专利商提供重油催化裂解技术。

美国UOP公司开发的Petro FCC工艺采用双提升管反应器，在比FCC工艺更苛刻的条件下操作，增产以丙烯为代表的轻质烯烃[16]；该工艺利用循环管将部分待生催化剂返回至重油提升管，提高反应器内催化剂浓度，调节反应段温度，并且采用高含ZSM-5的助剂，将重质原料最大程度地裂化为轻质烯烃。该工艺可加工减压蜡油和减压渣油，丙烯产率可达到20%~25%，乙烯产率可达到6%~9%，汽油馏分富含芳烃，可通过分离单元回收其中的甲苯和二甲苯。

Mobil和Kellogg公司联合开发的Maxofin工艺采用并列的双提升管催化裂化[17]，一根提升管以减压蜡油为原料，另一根提升管以催化裂化汽油为原料，催化剂为RE-USY和ZSM-5；该工艺的液化气产率可达47.36%，其中丙烯和丁烯产率分别为18.37%和12.92%。

日本石油协作中心(JCCP)和沙特阿拉伯国王石油矿业大学(KFUPM)联合开发的高苛刻度催化裂化(HS-FCC)工艺采用下行式反应器，反应温度高，接触时间短，剂油比大，采用ZSM-5和10%的USY沸石催化剂。以沙特阿拉伯轻质原油的减压蜡油为原料，在剂油比为40、反应温度为600℃条件下，HS-FCC工艺的乙烯、丙烯产率可分别达到2.3%和15.9%。

我国在重油催化裂解领域进行了卓有成效的开发研究并取得了重要进展。多家研究单位相继开发了多种重油催化裂解制取低碳烯烃工艺技术。自20世纪80年代中期以来，中国石化就开始从事重油制取低碳烯烃的催化裂化技术的实验研究，通过不断的创新发展，延伸成为系列化的催化裂解家族工艺技术。20世纪80年代末，中国石化通过探索试验、中试和工业化试验，成功地开发出了以重油为原料、以生产丙烯为主要目的的催化裂解(Deep Catalytic Cracking，DCC)新工艺[18]，并在世界上率先实现了工业化。在催化裂解技术基础上，中国石化开发了重油原料直接制取乙烯的催化热裂解(Catalytic Pyrolysis Process，CPP)技术。为利用中间基或中间-环烷基重油多产低碳烯烃，为炼油企业转型升级提供更好的技术支撑，进一步开发了劣质重油高效催化裂解(RTC)技术。本节重点介绍上述几种技术。

2. 技术原理

重油催化裂解技术是以蜡油、渣油等重质油为原料，以酸性择形分子筛为催化剂，进行高温裂解生产乙烯、丙烯等低碳烯烃，同时兼顾生产轻质芳烃的过程。催化裂解的反应过程遵循正碳离子机理，在酸性催化条件下，烃类先在催化剂酸性表面生成正碳离子。在正碳离子中叔碳离子最稳定，仲碳离子次之，而伯碳离子稳定性最差，一般通过异构化转变成叔碳离子或仲碳离子。大的叔碳离子很容易在β位断裂生成小的正碳离子和丙烯，大的仲碳离子进一步β位断裂生成小的正碳离子和丁烯。因此，正碳离子反应的最后产物中丙烯和丁烯较多。在择形沸石的孔道内，裂解石脑油还可以进一步裂化，通过正碳离子反应生成丙烯和丁烯。由于二次裂化过程中还同时存在异构化和氢转移等二次反应，在异构化条件下正构烯烃可以转变为异构烯烃，在氢转移反应条件下烯烃则转化为烷烃。因此，为了得到最大丙烯产率，二次裂化和异构化反应是必需的，氢转移反应需要抑制[19]。对于重油催化裂解技术而言，原料的族组成和氢含量是影响低碳烯烃收率的关键因素。对于原料族组成，链烷烃最有利于生成丙烯，环烷烃次之，芳烃最差。对于族组成类似的原料而言，原料的氢含量越高，其丙烯产量越高。因此石蜡基重油是较优质的催化裂解原料。

催化热裂解工艺以重油(如常压渣油、减压渣油等)或蜡油(可掺入一定比例的重油)为原料，采用专门研制的具有正碳离子反应与自由基热反应双功能的酸性分子筛催化剂，应用组合的流化催化裂化技术，在反应系统中通过催化裂化、高温热裂解、择形催化、烯烃共聚、歧化与芳构化等多种反应途径，实现最大量生产乙烯和丙烯产品。

3. 技术特点

(1)催化裂解(DCC)技术

DCC 技术以石蜡基重油为原料，首次将 ZSM－5 分子筛催化剂助剂作为主剂在催化裂化装置提升管反应器上使用。DCC 工艺流程与常规催化裂化流程相似，主要包括流化床反应器、再生器和产品分离回收系统。

为提高转化率和多产低碳烯烃，DCC 反应器采用提升管＋床层的反应器型式，其示意图见图 2－1－25。第一提升管进料为新鲜原料油，提升管出口温度为 545～565℃；第二提升管进料为 C_4 馏分和回炼轻石脑油，提升管出口温度为 600～630℃；第三反应器为床层，第一提升管和第二提升管的反应产物以及汽提段的蒸汽一起进入第三反应器进行床层反应。第一提升管以产生石脑油馏分为目的，为第三反应器床层提供原料；第二提升管将热再生催化剂送至第三反应器床层，为床层反应创造适宜的反应条件；第三反应器床层在适宜的反应环境下生成丙烯。为了达到多产低碳烯烃的目的，需要降低油气分压，并需要注入占新鲜进料 20%～30% 的水蒸气。由于反应深度大，需要的反应热多，因此要维持高剂油比来满足反应供热，剂油比约为 12～18(对新鲜进料)。

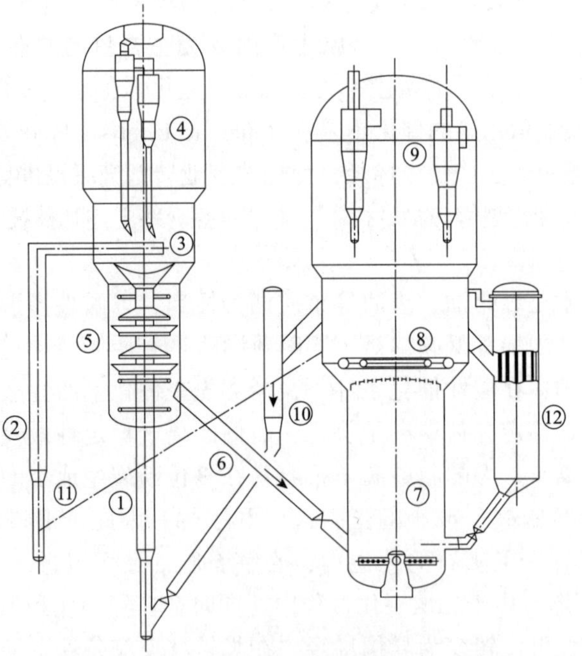

图 2－1－25　DCC 工艺反应－再生系统示意图

1—提升管；2—第二提升管；3—反应床层；4—反应器；5—汽提段；6—待生斜管；7—烧焦罐；8—密相床层；9—再生器；10—脱气罐；11—第二再生斜管；12—外取热器

DCC 技术适合加工石蜡基原油的蜡油。表 2－1－10 列出了我国某 DCC 装置的物料平衡。

表 2-1-10　DCC 装置物料平衡　%(质)

名称	收率	名称	收率
原料		产品	
常压渣油 1	26.55	干气	9.80
常压渣油 2	27.79	液化气	39.40
加氢蜡油	45.66	C_{5+} 汽油	25.10
合计	100.00	柴油	14.50
		油浆	2.40
		焦炭	8.80
		合计	100.00

表 2-1-11 对比了 DCC 技术与催化裂化技术的烯烃产品收率。可以看出，DCC 技术的乙烯收率接近催化裂化技术的 5 倍，丙烯和丁烯收率达到催化裂化技术的 3 倍以上。

表 2-1-11　DCC 工艺和催化裂化工艺烯烃收率对比　%(质)

烯烃收率	DCC 技术	催化裂化技术
乙烯	4.43	0.90
丙烯	20.01	5.57
丁烯	15.86	4.59
乙烯+丙烯+丁烯	40.30	11.06

(2)催化热裂解(CPP)技术

在 DCC 技术的基础上，通过对工艺、工程及催化剂的进一步改进，中国石化开发了重油原料直接制取乙烯的催化热裂解(CPP)技术[20]。CPP 工艺技术开辟了一条以石蜡基常压渣油为原料生产乙烯、丙烯的新工艺路线，其工艺流程示意图如图 2-1-26 所示。与 DCC 相比，CPP 工艺反应器型式基本类似，但反应温度、反应压力、剂油比等反应条件更为苛刻。在双功能催化剂和高温条件下发生催化裂化、高温热裂解、择形催化、烯烃共聚、歧化与芳构化的综合反应，低碳烯烃收率显著提高。

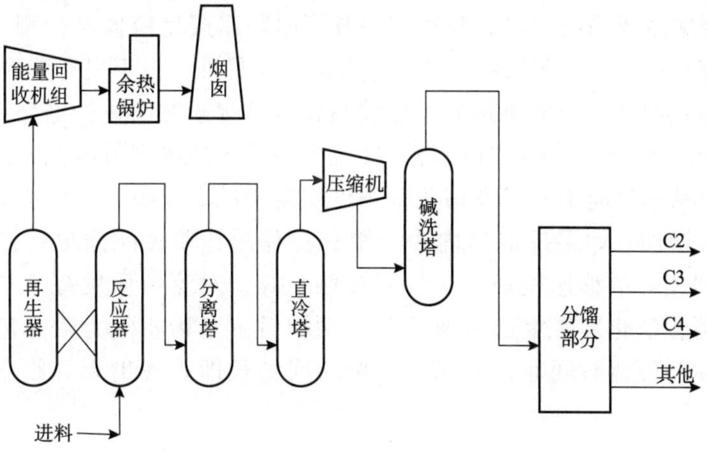

图 2-1-26　CPP 工艺流程示意图

CPP 工业生产装置标定表明，乙烯产率可达到 10%～14%，丙烯产率 18%～20%。国内某 CPP 装置的物料平衡见表 2－1－12 所示。

表 2－1－12　CPP 装置物料平衡　　%（质）

名称	收率
原料	
常压渣油	100.00
合计	100.00
产品	
干气	22.05
液化气	33.10
C_{5+} 汽油	14.40
柴油	13.40
油浆	5.05
焦炭	12.00
合计	100.00

表 2－1－13 列出了 CPP 技术、DCC 技术及催化裂化技术的烯烃产品收率对比。由此可见，CPP 技术的乙烯收率接近 DCC 技术的 3 倍，是催化裂化技术的 13 倍；CPP 技术的丙烯收率略高于 DCC 技术。

表 2－1－13　CPP 工艺与 DCC、催化裂化工艺的烯烃收率对比　　%（质）

烯烃收率	CPP	DCC	催化裂化
乙烯	12.07	4.43	0.90
丙烯	20.52	20.01	5.57
丁烯	8.41	15.86	4.59
乙烯＋丙烯＋丁烯	41.00	40.30	11.06

（3）高效催化裂解（RTC）技术

当前催化裂解主要采用的双提升管或提升管串联床层反应器结构型式，均存在反应器的核心区空隙率较高，气固接触不够充分等问题。另外，由于提升管内流体速度很高，稀相气流与少量颗粒之间的传质系数虽然较高，但是接触时间短，重油大分子还来不及汽化就被流体所带走，因此越接近中心，气流中烃分子的浓度就越低，同时气力输送的流态化特点也是从边壁向中心区域催化剂浓度梯度递减，导致催化反应减少而高温条件下的热裂化反应增加。如果反应器内为全浓相操作时，单位时间单位空间内颗粒的浓度较高，气固间相对滑移速度最大，气固接触良好，对流传质发挥主导作用。这一点在以往的重油催化裂化装置上已有所反映，例如对于全稀相气力输送流态化域的提升管反应器，对油气停留时间非常敏感，停留时间稍长即表现出干气收率大、焦炭产率高的特点。

RTC 技术是中国石化在 DCC 技术的基础上，针对石蜡基、中间基或环烷基原料对催化裂解反应的影响，从小试、中试到冷模，最终开发了一种具有特殊结构的全浓相快速床反应器，并形成工艺技术，称之为新型高效催化裂解 RTC 技术。

与 DCC 技术不同，RTC 技术采用第一快速床和第二提升管的新型反应系统。第一快速床为重质馏分油反应场所，进料为重质原料油，包括加氢蜡油和加氢重油；第二提升管作为轻质馏分油反应场所。由于反应深度大，需维持高剂油比来满足反应需热，剂油比约为 10～20。

RTC 技术催化反应选择性高，采用流化态介于稀相输送和湍流密相床之间的快速床反应器，通过独特的反应器结构实现了单位反应器体积内接触瞬间的催化剂和原料分子之比的大幅度提高，或者说反应器内催化剂浓度明显提高，从而明显增加了催化裂解反应的选择性，丙烯产率和选择性明显增加，焦炭产率降低[21]。在可比条件下，DCC 技术和 RTC 技术的关键指标对比见表 2－1－14。

表 2－1－14 RTC 与 DCC 关键指标对比 %(质)

项目	DCC 技术	高效催化裂解技术
产物分布		
干气	9.61	9.84
液化气	30.84	34.54
汽油	28.50	26.57
柴油	15.84	14.95
油浆	6.36	5.85
焦炭	8.85	8.26
乙烯收率	3.51	4.00
丙烯收率	13.71	16.27

并且，相比 DCC 技术，RTC 技术对原料的适应性更强。RTC 技术可以加工蜡油、常压渣油，尤其适用于加工环烷基、中间基的加氢重油等原料。

目前，催化裂解 DCC 技术的工业应用比较成熟，已成功转让并建成投产二十套。另外，还有多套大型化、超大型化 DCC 装置正在工程设计之中，最大规模达到 4Mt/a。催化热裂解 CPP 技术和高效催化裂解 RTC 技术也均有建成的工业装置。

（三）石脑油催化裂解技术

1. 技术概述

石脑油催化裂解是结合传统蒸汽裂解和催化裂化技术优势发展起来的，表现出了良好的原料适应性和较高的低碳烯烃收率。多年来，经过学术界和工业界的不懈努力，取得了重大进展。

从理论上讲，石脑油催化裂解技术是降低反应温度、减少结焦、提高乙烯收率和节能降耗的有效技术，并在实验室研究阶段取得了较理想的效果。但由于工程和市场方面原因，石脑油催化裂解技术的工业化进行缓慢。随着炼油产业"油产化"进程加快，加速了石脑油催化裂解的工业化进程。

2. 技术原理

石脑油催化裂解的反应机理随着催化剂的不同而有所差别。一般来说，催化裂解过程既发生催化裂化反应，也发生热裂化反应，是碳正离子和自由基两种反应机理共同作用的结果。在金属氧化物催化剂上高温裂解过程中，自由基反应机理占有主导地位；在酸性沸石分子筛催化剂上的低温裂解过程中，碳正离子机理占有主导地位；而在具有双酸性中心的沸石催化剂上的中温裂解过程中，碳正离子和自由基机理共同发挥作用。

3. 技术特点

根据反应器类型不同，石脑油催化裂解技术主要包括固定床催化裂解和流化床催化裂解。

具有代表性的固定床催化裂解技术有日本化学工业协会与工业技术院所组成的共同研究集团开发的石脑油催化裂解工艺。该反应器设计基于蒸汽转化炉结构，对现行蒸汽裂解装置稍加改造即可使用这一工艺。裂解反应以负载镧的 ZSM－5 为催化剂，反应温度 650℃，乙烯和丙烯收率 60%，乙烯和丙烯组成比为 0.7；与蒸汽裂解技术相比，固定床催化裂解技术可节省约 20% 能耗[22]。尽管固定床催化裂解工艺的乙烯和丙烯收率较蒸汽裂解技术高，但反应温度降低幅度不大，难以从根本上克服蒸汽裂解工艺的局限。

石脑油流化床催化裂解技术从反应系统方面进行了革命性的创新，其中具有代表性的技术有美国 KBR 公司开发的催化裂解制烯烃（K－COT）。K－COT 技术采用流化催化裂化和裂解炉工艺生产乙烯、丙烯，新鲜石脑油首先进入 K－COT 反应器进行催化裂化反应，反应产生的乙烷、丙烷再作为裂解炉进料。K－COT 反应器烯烃收率达 47%，丙烯/乙烯（质量比）为 1.32，装置总的烯烃收率 59.4%（对新鲜进料），丙烯/乙烯（质量比）为 0.78。K－COT 技术流程包括反应器、再生器、轻烃裂解炉、急冷、压缩、冷分离、热分离等主要单元，是催化裂化技术与蒸汽裂解（裂解炉、深冷分离）技术的结合。

K－COT 技术的主要特点如下：

①该技术改变了常规高温蒸汽热裂解的方式，采用催化反应技术，在较低温条件下（675℃、0.14MPaG）生产乙烯、丙烯等高附加值产品，降低了能耗。

②原料除了适用于蒸汽裂解技术的多种石脑油外，还可以处理重质石脑油。

③与石脑油蒸汽裂解技术相比，K－COT 技术的烯烃、芳烃汽油收率高，其中烯烃收率高约 2%～5%。芳烃汽油收率 25%，芳烃汽油中 BTX 的含量（质量分数）约 60%，丙烯/乙烯（质量比）为 1.32。

④提高了设备利用率，投资较低；K－COT 工艺连续烧焦再生运行，不需要周期性的在线或离线清焦；反应器、再生器为冷壁设计，壳体材质为碳钢。

⑤反应温度高，裂解反应热大，其本身的生焦燃烧再生的热量不足以维持热平衡，再生器需要补燃。

国内中国石化北京化工研究院、中国石化上海石油化工研究院、中国科学院大连化学物理研究所等单位进行了石脑油催化裂解制烯烃的研究[23]。中国石化成功开发了轻烃催化裂解（SNCC）技术。该技术以石脑油、煤油为原料，在新型分子筛催化剂作用下，反应生成乙烯、丙烯等低碳烯烃，生成的产品送至分馏单元进行分离，其技术示意图如图 2－1－27 所示。其中试数据结果表明：以饱和石脑油为原料，乙烯和丙烯收率分别达到 19.08%、22.34%。

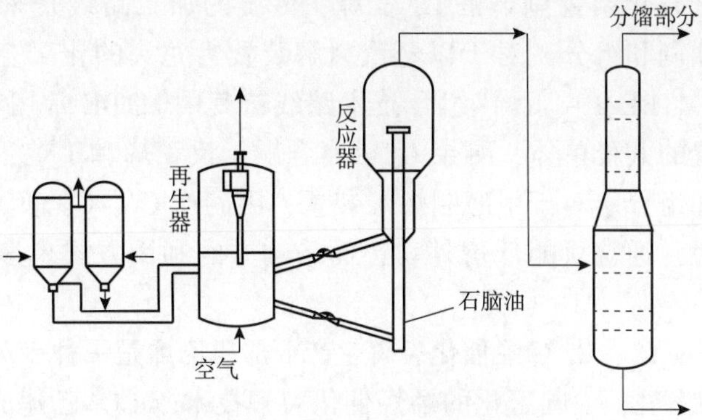

图2-1-27　SNCC技术示意图

SNCC技术的主要特点优势有：

①原料适应性强，工艺流程灵活。可加工炼油厂轻烃，以及高环烷烃含量的石脑油等原料，并且可根据目标产品要求灵活调整工艺流程。

②与蒸汽裂解技术相比，SNCC技术的操作条件缓和，反应温度比蒸汽裂解低约150℃。

③采用专用催化剂，活性和结构稳定性好。

④目标产物选择性高。催化裂解反应器与催化剂相匹配，强化了一次裂解反应选择性。

⑤乙烯和丙烯产率比的变化范围宽，产品结构调节灵活性大。

此外，SNCC反应部分具有以下特点：

①反应器为轻油反应场所，采用带部分加速段的提升管反应器，进料可包括直馏石脑油、直馏煤油和焦化石脑油等；为了将原料高选择性地转化为乙烯和丙烯，提升管反应器温度约650~690℃。

②为了提高原料利用率，对自产C_4馏分和C_5馏分进行回炼。

③轻烃键能大，需要的反应热多。为了维持反应所需热量，对新鲜进料的总剂油比(质量比)高达30~35。

④为了达到多产低碳烯烃的目的，需要注入大量水蒸气以降低反应器油气分压。反应压力一般不高于0.20MPa(a)，稀释蒸汽量约为新鲜进料(质量分数)的25%~35%。

⑤反应过程中气体产量高，产物气体量约为常规催化裂化的3~5倍。

⑥采用油气急冷器快速冷却高温(650~690℃)反应油气，以减少油气系统结焦，压降小，传热效率高。

⑦采用高效汽提工艺，最大限度除去待生催化剂夹带的油气，以提高产品的收率和降低焦炭产率。

(四)烯烃裂解技术

1. 技术概述

石油炼制过程、蒸汽裂解过程和甲醇制烯烃过程除了生成所需的乙烯和丙烯外，还生产了大量的C_4、C_5馏分。在蒸汽裂解过程中，C_4馏分和C_5馏分产量分别约占乙烯产量的30%~40%、14%~20%；对于催化裂化过程，C_4馏分和C_5馏分分别约占新鲜进料的10%~13%、5.4%；对于甲醇制烯烃工艺，副产的C_4馏分和C_5馏分可达到纯甲醇进料的6.3%。

对于炼油厂催化裂化装置副产的 C_4 资源，传统的加工路线是采用醚化或烷基化技术，将其转化为汽油调和组分。对于以蒸汽裂解装置为龙头的化工企业，裂解碳四基本采用“丁二烯抽提 + MTBE/1 - 丁烯”组合技术路线，其中 MTBE 常用于汽油调和，1 - 丁烯主要作为聚合装置的共聚单体，剩余 C_4 因富含顺、反丁烯和丁烷，通常送回炼油烷基化装置生产汽油调和组分。对于甲醇制烯烃装置，因副产 C_4、C_5 总量有限，传统加工路线不具有经济竞争力，通常只能低价外卖，而采购方的利用方式也多以生产汽油调和组分为主。

在“双碳”战略下，C_4、C_5 烯烃催化裂解生产丙烯、乙烯是一种十分有竞争力的技术路线，并且通过近年的发展，中国石化的烯烃催化裂解技术(OCC)已建成多套工业装置，生产运行平稳、经济效益显著，有望成为“减油增化”、炼油厂转型发展的关键工艺技术之一。对于炼化企业，通过统筹 C_4、C_5 资源，将 OCC 与醚化、烷基化、丁二烯抽提等装置合理组合，可以达到资源更高效利用的效果。

2. 技术原理

烯烃(主要是 $C_4 \sim C_5$)催化裂解制丙烯技术的基本原理是利用具有独特择型性和酸性的 ZSM - 5 催化剂，有选择地把低碳烯烃转化为丙烯和乙烯。滕加伟等[24]研究认为：对于不同烯烃组成的 C_4 原料，丙烯的收率、选择性不受原料中烯烃组成的影响。在固体酸催化剂上，烃类的催化裂解遵循正碳离子、β 键断裂的机理进行反应。但对于 C_4 烯烃而言，直接通过正碳离子、β 键断裂进行反应的可能性很小，原因是产物的分布不支持这一机理。通过研究发现 C_4 烯烃异构化、聚合再裂解的反应规律，提出了 C_4 烯烃催化裂解反应网络。丁烯在固体酸催化剂上首先进行异构化反应，并很快建立动态平衡，同时 C_4 体系中 2 个丁烯分子聚合生成 C_8 中间体，这是进一步反应的基础，存在于整个反应温度区间内，然后 C_8 中间体再遵循正碳离子、β 键断裂的机理进行分解反应。

上述机理阐明了烯烃裂解反应具有较强原料适应性的原因。烯烃裂解反应原料可以是 1 - 丁烯、2 - 丁烯、异丁烯或它们的混合物，也可以是 C_5 烯烃。上述结果为拓展烯烃裂解反应原料的范围提供了理论基础，并已为工业应用实践所证明。

综上所述，烯烃催化裂解技术原料适应广，炼油厂、乙烯厂及 MTO 装置副产的 C_4、C_5 单烯烃均是有效反应成分，通过合理的全厂流程规划，可达到 C_4、C_5 烯烃资源的高效转化和完全利用。

3. 技术特点

OCC 技术采用中国石化开发的烯烃催化裂解催化剂。该催化剂具有较强的原料适应性，可处理不同来源、不同烯烃浓度的原料，通过催化裂解将 C_{4^+} 烯烃高选择性地转化为丙烯和乙烯。

OCC 装置分为 4 个单元，第一部分为原料预处理 - 蒸发单元，第二部分为催化裂解反应/再生单元，第三部分为压缩单元，第四部分为预分离单元，其工艺流程简图如图 2 - 1 - 28 所示。

1)原料预处理 - 蒸发单元。

原料预处理 - 蒸发单元包括原料蒸发等部分。原料混合 C_4、C_5 在本单元加热为气体，送至反应/再生单元。根据原料组成情况，原料预处理 - 蒸发单元也可包含原料脱除异丁烷等预处理部分。

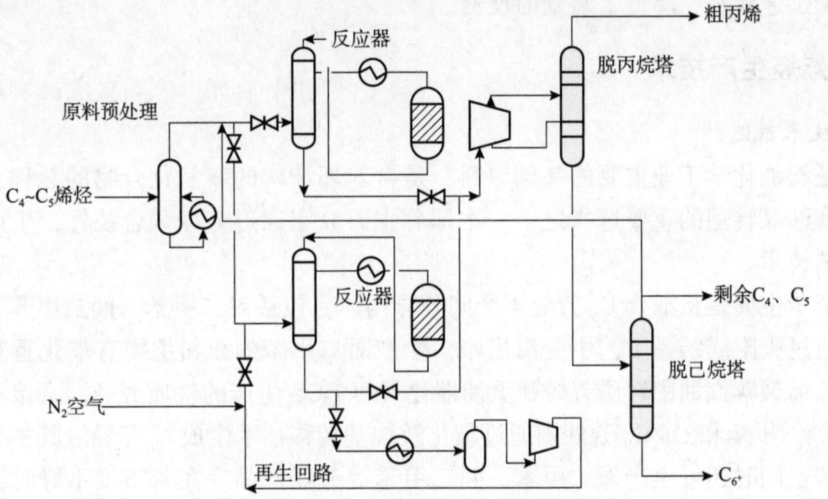

图2-1-28 OCC技术工艺流程简图

2)催化裂解反应/再生单元。

反应单元包括反应器进/出物料换热、反应器进料加热、催化裂解反应器、反应产物冷却以及再生系统等部分。气化后的原料和循环料混合后送至反应产物进/出料换热器与反应器出口物料换热，然后再通过加热器加热到反应所需温度后进入反应器进行催化裂解反应。反应器出口产物和反应进料换热后，利用冷却水冷却至压缩机入口所需的温度，进入压缩单元。

设置反应进/出料换热器，高效回收高温反应产物的热量，降低高品位热的消耗量。预热后的反应进料通过进料加热器调节反应器进料温度。反应过程中不需要添加稀释剂，可以有效减少设备尺寸，降低装置投资和操作费用。OCC技术采用固定床反应工艺，催化剂采用连续切换再生的方式以保持催化剂的反应活性及双烯选择性。

3)压缩单元。

压缩单元主要为反应气体压缩机系统及再生氮气循环压缩机系统。反应气相产物增压送至预分离单元。

本装置催化剂的再生过程中需用氮气作为再生介质并维持一定的空速，因此设置再生氮气循环压缩机系统。

4)预分离单元。

OCC装置的典型流程只对产物进行初步分离，预分离单元包括脱丙烷塔、脱己烷塔和脱丁烷塔。由反应气体压缩机增压后的反应产物先送至脱丙烷塔，脱丙烷塔顶馏出物为粗丙烯，作为本装置的主要产品送往乙烯装置或MTO装置的深冷分离单元，分离出聚合级乙烯丙烯。脱丙烷塔塔釜物料进入脱己烷塔，在脱己烷塔塔釜得到裂解反应产生的重烃，脱己烷塔塔顶气相C_4~C_6烃作为循环物料将未反应的原料返回至OCC反应器继续反应，塔顶外排的液相C_4~C_6烃进入脱丁烷塔分离，脱丁烷塔塔顶得到粗丁烷，塔釜得到C_5、C_6，脱丁烷塔塔釜物料和脱己烷塔塔釜物料可合并送出界区，此物料辛烷值在92以上，可以作为汽油调和组分。

OCC装置流程调整灵活，可与其他乙烯/丙烯生产装置配套，因此分离单元可采取短流程。从脱丙烷塔顶得到的粗丙烯送入乙烯、MTO装置进行分离精制，避免了塔系的重复设置，简化了工艺流程，降低了装置的投资。

三、芳烃生产技术

（一）技术概述

芳烃是石油化学工业重要的基础原料，是含苯环结构的碳氢化合物的总称，生产芳烃产品是实现油品转型的重要选择之一。本部分主要介绍通过芳烃联合装置，生产对二甲苯产品的工艺技术。

对二甲苯主要是从混合 C_8 芳烃 4 个同分异构体，包括对二甲苯、间二甲苯、邻二甲苯和乙苯中通过吸附或结晶工艺中分离出来。生产对二甲苯的原料主要有催化重整装置生产的芳烃、乙烯裂解汽油中轻质芳烃和重油催化裂解 DCC 生产的轻质芳烃。直接利用的是其中的 C_8芳烃，甲苯和 C_9/C_{10}芳烃则通过歧化及烷基转移技术生成 C_8芳烃。其主要产品为对二甲苯及苯，同时还可生产邻二甲苯、间二甲苯等芳烃产品。在苯市场不好时，苯也可以通过与 C_9/C_{10}芳烃烷基转移技术转化为 C_8芳烃资源。

（二）装置组成

受热力学平衡的限制，通常在 C_8芳烃混合物中间二甲苯含量最高，而工业上需求量较大的对二甲苯含量却较低，通常不超过 24%。故通常芳烃联合装置除了配置歧化及烷基转移装置，还需要配有二甲苯异构化装置，将间二甲苯和邻二甲苯，甚至乙苯转化为对二甲苯。

芳烃联合装置构成与原料来源有关。以典型重整脱戊烷油为原料的流程一般含有 5 套主装置，即包括芳烃抽提、歧化、异构化、吸附分离及二甲苯分馏，其加工流程示意图见图 2-1-29。

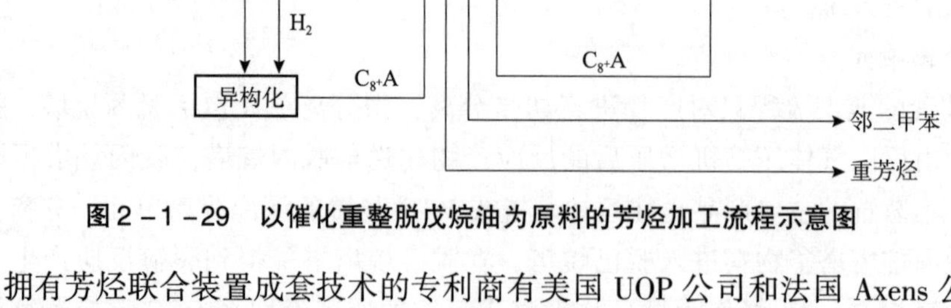

图 2-1-29　以催化重整脱戊烷油为原料的芳烃加工流程示意图

目前，拥有芳烃联合装置成套技术的专利商有美国 UOP 公司和法国 Axens 公司及中国石化。

（三）装置技术特点

1. 芳烃抽提技术

芳烃抽提装置的作用是将 C_6~C_7馏分中的芳烃和非芳烃分开，非芳烃作为抽余油直接送出装置，芳烃则和歧化汽提塔底物一起送至歧化装置的苯-甲苯分馏部分。

按工艺原理芳烃抽提技术划分为两大类，一类为液－液抽提工艺，另一类为抽提蒸馏工艺。液－液抽提工艺原理是利用芳烃和非芳烃在溶剂中溶解度的不同，通过溶剂萃取工艺实现芳烃与非芳烃的分离；抽提蒸馏工艺是利用溶剂对烃类各组分相对挥发度影响的不同，通过萃取精馏工艺，从窄馏分原料中提取高纯度芳烃。与液－液抽提工艺相比，抽提蒸馏工艺苯产品回收率稍低，但其工艺流程简单、投资省、占地少。基于不同的原料组成和产品要求，这两种技术各有所长，单苯抽提通常用抽提蒸馏工艺，苯、甲苯和二甲苯的抽提通常用液－液抽提工艺，苯和甲苯抽提两种技术都适合。

目前，世界上已实现工业化的液－液抽提工艺主要有以下几种：基于二甘醇、三甘醇溶剂的 Udex 工艺，基于四甘醇溶剂的 Tetra 工艺，基于二甲亚砜的 DMSO 工艺，基于 *N*－甲基吡咯烷酮溶剂的 Arosolvan 法工艺，基于 *N*－甲酰基吗啉溶剂的 Formex 工艺和 Morphyex 工艺，基于环丁砜溶剂的 Sulfolane 工艺和中国石化的 SAE 工艺。其中应用最广的是 Sulfolane（环丁砜抽提）工艺，于 1961 年由 UOP 公司和 Shell 公司联合推出。

已经工业化的抽提蒸馏技术主要包括基于 *N*－甲基吡咯烷酮溶剂的 Distapex 工艺、*N*－甲酰基吗啉溶剂的 Morphylane 工艺、环丁砜溶剂的 GT－BTX 工艺、中国石化 SED 工艺和 ED Sulfolane 工艺。这几种抽提蒸馏技术工艺相似，主要是溶剂不同。

两种芳烃抽提技术的工艺流程示意图见图 2－1－30 和图 2－1－31。

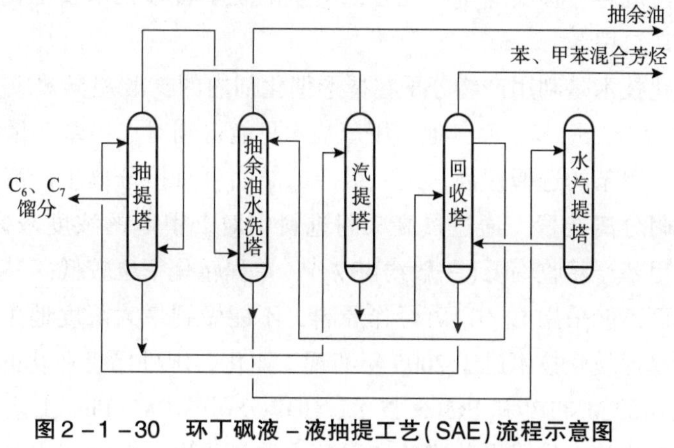

图 2－1－30　环丁砜液－液抽提工艺（SAE）流程示意图

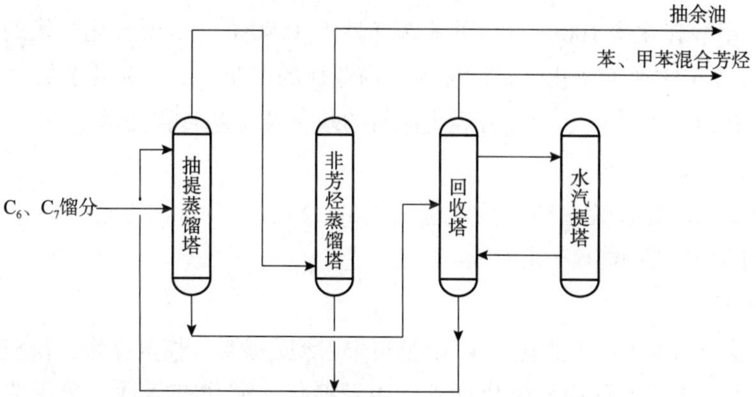

图 2－1－31　环丁砜抽提蒸馏工艺（SED）流程示意图

以环丁砜为溶剂，两种芳烃抽提技术的主要技术指标见表 2－1－15。

表 2－1－15 芳烃抽提工艺主要技术指标

项目	收率/%		纯度/%(质)	
	液－液抽提	抽提蒸馏	液－液抽提	抽提蒸馏
苯	99.95	99.5～99.9	≥99.99	≥99.9
甲苯	99.9	99.7～99.9	≥99.8	≥99.9
二甲苯	99.5		≥99.5	

在国内有超过100套的芳烃抽提装置，其中超过70%的芳烃抽提装置采用环丁砜抽提蒸馏工艺，并且采用中国石化芳烃抽提技术的超过80%。截至2020年年底，国内芳烃抽提装置最大规模为1.5Mt/a，采用的是美国GTC公司的GT－BTX抽提蒸馏技术。

2. 歧化及烷基转移技术

歧化技术主要分为歧化及烷基转移、甲苯择形歧化、甲苯甲醇甲基化及重芳烃轻质化这几种类型。

歧化及烷基转移技术主要以甲苯和C_9/C_{10}芳烃为原料，通过歧化及烷基转移反应生成高附加值的混合二甲苯作为对二甲苯的原料。近年来，中国石化成功开发了以苯和C_9/C_{10}芳烃为原料，通过烷基转移反应生产混合二甲苯的烷基转移技术及催化剂，可使芳烃联合装置最大化生产对二甲苯。

甲苯择形歧化技术是利用产物分子在择形催化剂内的扩散差异效应[25]，得到对二甲苯含量大约90%的混合二甲苯，而其他二甲苯技术只能得到对二甲苯含量约为24%的混合二甲苯。该技术对二甲苯的选择性高，经一级冷冻结晶可直接分离生产高纯度的对二甲苯产品，也可进入吸附分离装置，通过提高吸附进料中对二甲苯的浓度来提高对二甲苯产能；但该技术混合二甲苯产品收率低(一般约40%)，单程转化率也较低(一般约30%)，而且只能用甲苯为原料而不能采用C_9/C_{10}芳烃作原料，不能做到最大限度地生产对二甲苯。中国石化开发的甲苯择形歧化技术已于2005年实现工业化，国外已工业化的甲苯择形歧化技术有ExxonMobil公司的MSTDP和PxMax技术、UOP公司的PX－Plus工艺等。

甲苯甲醇甲基化技术是以甲苯或苯和甲醇为原料，生产混合二甲苯。甲苯或苯的转化率超过40%，甲醇转化率100%，二甲苯选择性大于80%。中国石化开发的甲苯甲醇甲基化技术已于2012年实现工业化，是世界首套商业化的甲苯甲醇甲基化装置。

本节主要介绍以甲苯和C_9/C_{10}芳烃为原料的歧化及烷基转移技术。

(1)主要工艺及催化剂

国内外常见的歧化及烷基转移技术包括UOP公司的Tatoray工艺、Mobil－CPC联合开发的Trans－Plus工艺及中国石化的S－TDT工艺。

1)Tatoray工艺。

Tatoray工艺于1969年工业化，采用绝热固定床反应器，临氢操作，反应原料为甲苯和C_9/C_{10}芳烃。该工艺工业化后，催化剂不断更新换代，催化剂活性、选择性及处理重芳烃能力逐渐提高，操作周期也逐渐延长。新一代催化剂型号为TA－30和TA－32。

2)Trans - Plus 工艺。

Trans - Plus 工艺是 Mobil - CPC 开发的一种芳烃烷基转移技术，于 1997 年首次工业应用。该工艺的主要反应包括芳烃脱烷基、烷基转移和歧化反应。该工艺以 C_{9^+} 芳烃与甲苯或苯为原料，反应生成苯、混合二甲苯或甲苯和混合二甲苯。新一代催化剂型号为 EMI 200。

3)S - TDT 工艺。

中国石化自 20 世纪 80 年代以来就开始进行歧化工艺技术和催化剂的研究。HAT 系列歧化催化剂相继实现了工业化，其发展过程是逐步提高反应空速、降低氢烃比，同时可处理更多的重芳烃原料，以达到最大化增产二甲苯及实现装置节能降耗的目的。新一代催化剂型号为 HAT - 300。

(2)工艺流程

1)歧化反应部分。

歧化装置反应部分通常含有反应和汽提两部分，其典型流程示意图见图 2 - 1 - 32。

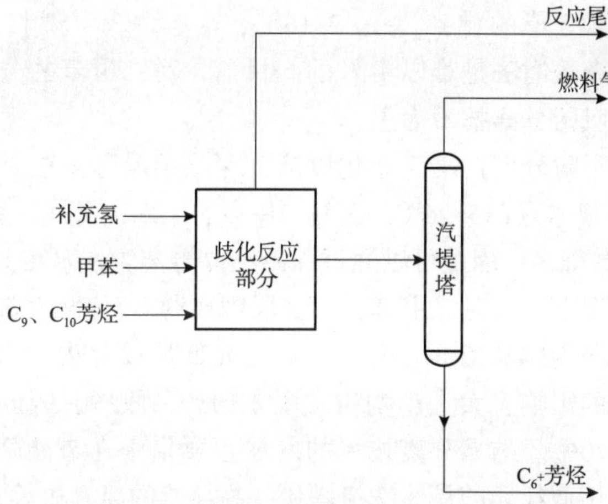

图 2 - 1 - 32　歧化装置反应部分典型流程示意图

2)苯 - 甲苯分馏部分。

苯 - 甲苯分馏部分通常含有脱烯烃精制、苯塔和甲苯塔，其典型流程示意图见图 2 - 1 - 33。

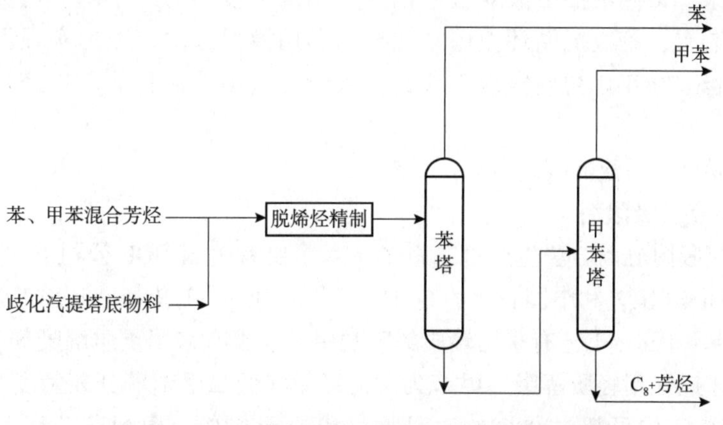

图 2 - 1 - 33　苯 - 甲苯分馏部分典型流程示意图

(3)主要性能指标

歧化及烷基转移技术典型的主要性能指标如下：

总转化率/%(质)	45～48
苯选择性/%(质)	16～22
C_8 芳烃选择性/%(质)	70～74
乙苯/C_8 芳烃/%	1～2
总选择性/%	89～92
再生周期/a	≥4

截至2020年年底，国内在运行的甲苯歧化及烷基转移生产装置共23套，最大装置规模为3.3Mt/a，采用的是中国石化技术。国内大部分甲苯歧化及烷基转移生产装置均采用中国石化研制的HAT－097和HAT－099歧化催化剂。

3. 吸附分离技术

将对二甲苯从C_8芳烃分离是制备对二甲苯的主要方法。C_8芳烃各组分密度接近且沸点差较小，如对二甲苯与乙苯的沸点差是2.18℃，对二甲苯与间二甲苯的沸点差只有0.75℃，采用通常的精密蒸馏法是难以奏效的。目前，对二甲苯的分离技术主要包括结晶分离和吸附分离，并以吸附分离技术为主。

在20世纪70年代吸附分离技术工业化以前，深冷结晶分离法是分离对二甲苯的唯一有效方法。由于对二甲苯冰点(13.26℃)比邻二甲苯(－25.18℃)、间二甲苯(－47.87℃)和乙基苯(－94.98℃)高得多，因此可以通过深冷结晶分离方法从C_8芳烃中分离对二甲苯。其中一段在约－65℃低温下回收对二甲苯，而二段则在约－7℃相对较高的温度下提纯对二甲苯产品。由于二甲苯异构体易形成各种二元或三元低熔混合物，再加上结晶颗粒的大小和母液状态对分离效率的影响，大大影响对二甲苯的产品收率，因此结晶分离法的对二甲苯收率一般只有60%～70%。结晶分离技术的发展主要集中在节能降耗方面，包括低温余热制冷技术的利用、使用低耗能的晶体洗涤塔代替高耗能的离心机等[25]。

吸附分离技术主要利用吸附剂分子筛表面静电场与C_8芳烃4种同分异构体亲合力差异来实现对二甲苯分离，其中对二甲苯具有优先选择吸附能力。C_8芳烃在吸附塔内进行反复多次的传质过程，使对二甲苯在吸附剂上逐步提浓，并利用解吸剂把对二甲苯从吸附剂上解吸出来，得到的抽出液经过精馏生产出高纯度的对二甲苯，把贫对二甲苯的物料送入异构化装置，解吸剂循环使用。此技术利用模拟移动床原理实现固液相连续逆向分离，在20世纪70年代初期实现工业化。吸附分离工艺流程简单，经济效益好，发展十分迅速。

本小节主要介绍主流的吸附分离技术。

(1)技术特点及吸附剂

目前，采用吸附分离方法生产对二甲苯技术主要有美国UOP公司的Parex工艺、法国Axens公司的Eluxyl工艺和中国石化的SorPX工艺。Eluxyl工艺和SorPX工艺均采用重质解吸剂对二乙基苯；Parex工艺有采用轻质解吸剂甲苯，也有采用重质解吸剂对二乙基苯，其最新推出的技术以采用轻质解吸剂甲苯为主，以便降低二甲苯塔分离精度和投资。三家技术的对二甲苯纯度均可超过99.8%，回收率均高于97%，模拟移动床系统的主要区别如下：

1)床层管线的切换方式不同。

Parex 工艺由吸附室控制系统通过旋转阀及其驱动系统来控制吸附室床层线的切换；Eluxyl 工艺和 SorPX 工艺是通过程控开关阀来实现床层线的切换。

2)床层管线冲洗方案不同。

Parex 工艺采用 3 次冲洗，Eluxyl 工艺主要采用旁路冲洗，SorPX 工艺采用 4 次冲洗，三家的各路冲洗介质也不同。

在吸附剂方面，UOP 公司从 1971 年开始先后推出 ADS-3、ADS-4、ADS-7、ADS-27、ADS-40、ADS-37、ADS-47 和 ADS-50 多种牌号吸附剂，其中 ADS-4、ADS-40 和 ADS-50 对应轻质解吸剂，其他吸附剂对应重质解吸剂。Axens 公司从 1995 年开始陆续推出了 SPX-2000、SPX-3000、SPX-3003 及 SPX-5003 牌号吸附剂。中国石化的吸附剂于 2004 年首次实现工业应用，并替代进口吸附剂；2011 年，中国石化推出新一代吸附剂 RAX-3000，用于自主研发的吸附分离技术，单位产能较第一代吸附剂 RAX-2000A 提高 10%；2019 年，中国石化推出 RAX-4000 吸附剂，单位产能大幅提升，较上一代提高 28%。

(2)工艺流程

吸附分离装置通常含有吸附塔、抽余液塔、抽出液塔、成品塔和解吸剂再蒸馏塔。采用重质解吸剂的典型流程示意图见图 2-1-34。

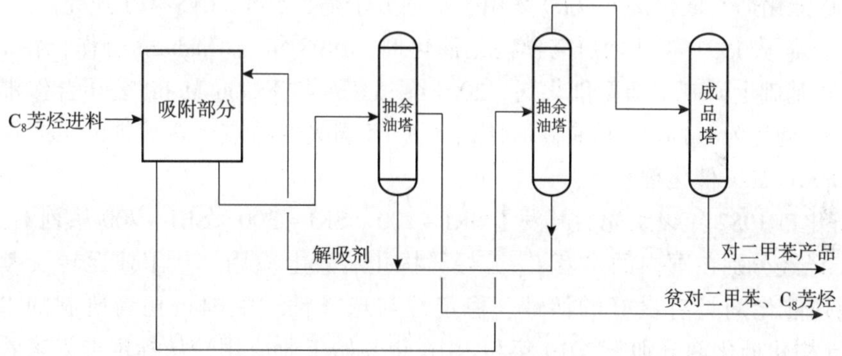

图 2-1-34　采用重质解吸剂吸附分离装置典型流程示意图

Eluxyl 工艺和 SorPX 工艺新近都推出吸附塔单塔工艺，可提高吸附分离效率，降低投资，而且吸附塔压力控制更稳定。

对于采用轻质解吸剂的吸附分离装置，解吸剂从抽余液塔和抽出液塔塔顶分出循环回吸附塔。

(3)主要性能指标

对二甲苯回收率：　　97%

对二甲苯纯度：　　99.8%

截至 2020 年年底，国内在运行的吸附分离装置共 26 套，PX 最大规模为 4.5Mt/a，采用 4 系列吸附塔。PX 最大单系列规模为 2Mt/a。

4. 异构化技术

二甲苯异构化是以基本不含或含少量对二甲苯的 C_8 芳烃为原料，在催化剂作用下四种 C_8 芳烃异构体之间的转化技术。反应使 C_8 芳烃中的对二甲苯浓度达到平衡浓度，从而提高对二甲苯产量。

目前，可供选择的C_8芳烃异构化催化剂主要有两种：脱乙基型（也称乙苯脱烷基型）和乙苯转化型（也称乙苯异构型）。乙苯转化型催化剂的突出特点是将C_8芳烃同分异构体中的乙苯异构化为二甲苯，充分利用C_8芳烃资源，最大限度地生产对二甲苯。在原料来源紧张的情况下，该类催化剂是最佳选择，它的不足是乙苯单程转化率低，只有大约25%，造成乙苯和C_8非芳烃在吸附分离和异构化及二甲苯塔之间的循环量大。脱乙基型的特点是将原料中的乙苯大部分脱烷基生成苯，反应不受平衡限制，单程转化率高达60%～85%，而且反应不需要环烷中间“搭桥”，可降低吸附分离及二甲苯分馏、异构化部分负荷。这类催化剂适用于原料充裕、需要增加苯和对二甲苯产量的装置或者已有装置扩大处理能力的改造项目。对于新设计的装置，脱乙基型与乙苯转化型催化剂相比，可减少工程投资和公用工程消耗，但单位原料生产的对二甲苯产率下降。

（1）工艺技术及催化剂

现已工业化的二甲苯异构化技术约有10种，在芳烃生产上应用较多的有美国UOP公司的Isomar工艺、美国ExxonMobil公司的Xymax脱乙基型工艺、法国Axens公司的Octafining乙苯转化工艺和中国石化的AIIT乙苯转化工艺及AIDT脱乙基工艺。这些工艺的流程基本相同。

1）乙苯转化型异构化催化剂。

UOP公司继I－9系列催化剂后，于1998年开发出了I－210催化剂，之后又开发I－400、I－600催化剂，催化剂I－600采用了新型分子筛，已于2015年工业化。

法国Axens从1991年开始研究异构化催化剂，1993年与Enghard合作，在Enghard催化剂O－750基础上研制出新型催化剂。2001年Axens与Exxon Mobil公司合作推出的乙苯转化型催化剂型号为Oparis，具有高活性、低C_8环损失的特点。之后推出更多选择性和更高活性的Oparis Max催化剂。

中国石化自1982年以来先后开发了SKI－200、SKI－300、SKI－400系列C_8芳烃异构化催化剂，已经分别在国内的多套C_8芳烃异构化装置上应用。从工业运转及考核结果来看，SKI系列催化剂具有良好的活性、稳定性与选择性。中国石化新研制的RIC－200、RIC－270异构化催化剂分别于2010年和2016年开始工业应用，从标定结果来看，该类催化剂在异构化活性、乙苯转化率、C_8芳烃收率等方面明显优于SKI－400。

2）脱乙基型异构化催化剂。

UOP公司的第一代脱乙基型催化剂I－100在20世纪90年代初开始工业应用，1999年UOP公司又推出了第二代脱乙基型催化剂I－300，其活性和选择性均得到一定程度的提高。UOP公司新一代的脱乙基型异构化催化剂为2012年工业化的I－500催化剂。

ExxonMobil公司于1975年推出第一代脱乙基型二甲苯异构化催化剂和工艺技术，1978年还开发出非临氢二甲苯异构化催化剂。之后经过多年发展，开发出在较低温度、高空速、低氢烃比条件下，具备高的乙苯转化率和高的二甲苯异构化活性的EM－4500和EM－4600催化剂，采用轴向反应器。

从20世纪90年代开始，中国石化研究开发了乙苯脱烷基型催化剂，并于2002年在工业装置上应用。之后经过进一步的研究开发，开发出适用于异构化生产对二甲苯的新型催化剂，于2005年实现工业化。2009年推出新一代的SKI－110型催化剂，真正实现了该类型催化剂在高空速、低氢烃比的工艺条件下运行。2014年又推出SKI－210型催化剂，在SKI－110的基础上进一步提高活性和选择性。

(2)工艺流程

异构化装置通常含有反应及分馏两个部分，其典型流程示意图见图2-1-35。

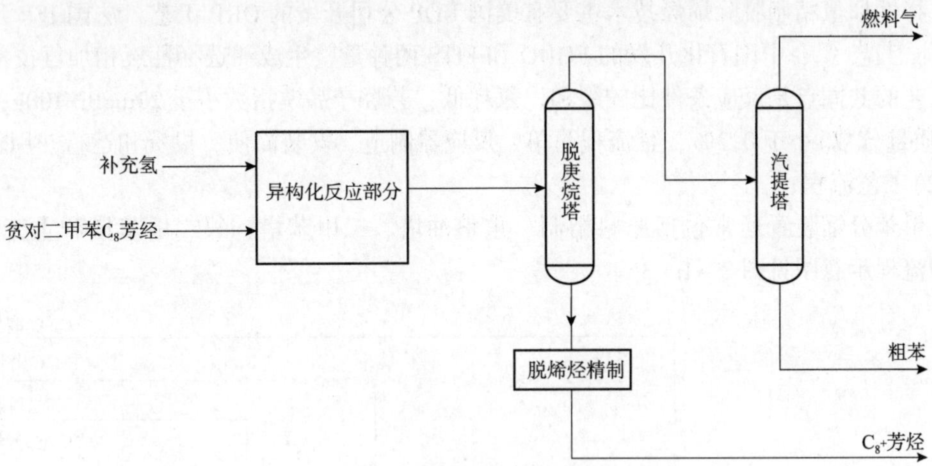

图2-1-35　异构化装置典型流程示意图

(3)主要性能指标

表2-1-16列出了 C_8 芳烃异构化催化剂主要性能指标。

表2-1-16　C_8 芳烃异构化催化剂主要性能指标

催化剂	PX平衡达成率/%	EB平衡达成率/%	EB转化率/%	C_8 损失/%	二甲苯损失/%	乙苯转化选择性/%
转化型	94~98	50~60	25~30	2.0~3.0		转化为二甲苯50~70
脱乙基型	98~103	>100	60~85		1~2	转化为苯85~95

截至2020年年底，国内在运行的 C_8 芳烃异构化装置共26套，最大单系列规模为9.7Mt/a。

5. 二甲苯精制与分馏

二甲苯分馏装置主要是通过脱除烯烃及精馏为芳烃抽提装置、吸附分离装置和歧化及烷基转移装置提供原料。二甲苯分馏装置的原料通常有3个来源，一是来自上游重整装置的脱戊烷油；二是来自异构化脱庚烷塔底料；三是来自歧化装置苯-甲苯部分甲苯塔底物料。产品有作为吸附分离装置原料的混合二甲苯、作为歧化装置原料 C_9/C_{10} 芳烃、作为芳烃抽提装置原料的 C_6~C_7 馏分及主要成分为 C_{11+} 芳烃送至加氢装置处理。

(1)C_{8+} 芳烃精制工艺技术

经重整、歧化和异构化反应后的物料或多或少均含有烯烃，不能满足吸附分离装置吸附剂和歧化及异构化催化剂对烯烃含量的质量要求，需将其中的烯烃除去。脱除烯烃的技术大致分为3种：白土吸附、分子筛催化和选择性加氢技术。异构化脱庚烷塔底料和甲苯塔底物料因烯烃含量低而且已经过流程简单、投资省的白土精制工艺脱除了微量烯烃，二甲苯分馏装置脱烯烃精制是针对重整脱戊烷油。目前普遍采用的方法主要是白土精制，但是由于其烯烃含量高，而且含有胶质，白土操作周期较短，一般几个月，有的甚至1~2周就需要更换白土。白土频繁更换不仅不利于精制工序长期稳定安全生产，而且废弃的白土污染环境，需要填埋处理，填埋费用高，有的填埋费甚至超过新鲜白土价格费用，现已逐渐开始被选择性加氢脱烯烃技术替代。

选择性加氢精制脱除烯烃技术主要有美国 UOP 公司开发的 ORP 工艺、法国 IFP 开发的 Arofining 工艺[26]、中国石化开发的 FHDO 和 FITS 两种重整生成油选择性液相加氢技术。这几种工艺的共同点是反应条件比较缓和，氢耗低，芳烃产品溴指数小于 20mgBr/100g，芳烃损失(质量分数)小于 0.2%，且流程简单、反应器制造、安装简便，投资和运行费用较低。

(2)工艺流程

二甲苯分馏装置通常包括原料精制、重整油塔、二甲苯塔、邻二甲苯塔和重芳烃塔，其典型流程示意图见图 2－1－36。

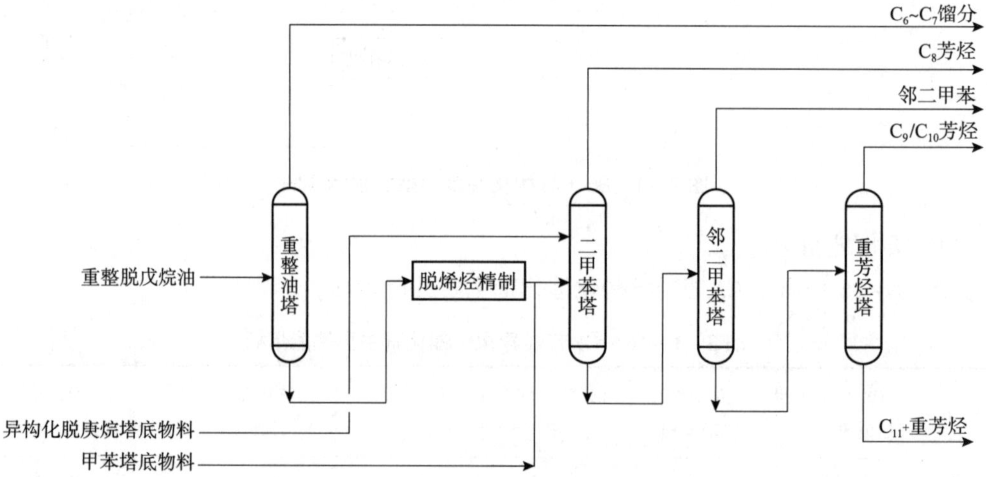

图 2－1－36　二甲苯分馏装置典型流程示意图

四、润滑油生产技术

(一)技术概述

润滑油是一种高附加值的炼油产品。对于润滑油基础油，其理想组分是具有低挥发度、高黏度指数、低硫、低氮、低倾点和极好的抗氧化性能的成分，也就是烃类组成中分支烷烃(通常称异构烷烃)和带有长烷基侧链的单环环烷烃或者长碳链单环环烷烃的组分，非理想组分则是稠环芳烃和稠环环烷烃。

随着社会进步，对高规格润滑油需求量的不断增加，生产润滑油的技术也不断革新。20 世纪 60 年代以前，生产润滑油均采用糠醛精制→溶剂脱蜡→白土精制方法，统称“老三套”。由于适合生产润滑油的原油有限，随着加氢技术的日益成熟，从 70 年代开始逐渐有了先加氢改质、后溶剂脱蜡生产基础油的工艺，典型的是法国石油研究院(IFP)技术。

由于润滑油加氢技术具有产品质量好、收率高、操作灵活性大等优点，在国外发展很快。具有代表性的异构脱蜡生产技术有：Chevron 公司的润滑油异构脱蜡技术(IDW)、ExxonMobil 公司的选择性脱蜡技术(MSDW)和蜡异构化工艺技术(MWI)、壳牌的超高黏度指数生产技术(XHVI)等。

中国石化也开展了润滑油全加氢工艺研究，开发了催化脱蜡工艺、润滑油加氢改质－溶剂精制组合工艺以及润滑油异构脱蜡工艺，并已成功应用到工业装置上。

与“老三套”工艺相比，全加氢工艺具有原料适应范围广、产品质量高等优点。炼油厂可以根据产品要求选择蜡油、糠醛精制油、轻脱沥青油等进料操作，有很强的灵活性。我国未来润滑油基础油必将向高档化和多级化方向发展，因此采用加氢工艺生产润滑油基础油是将来的必然选择。

(二)技术原理

全加氢法润滑油生产工艺，主要目的是脱除原料中的杂质和非理想组分。该工艺通常包括以下三个步骤：第一步加氢处理，目的是脱除杂质和非理想组分，改质的重点是提高黏度指数；第二步异构脱蜡，目的是降低倾点，以改善其低温流动性能；第三步加氢后精制，目的是饱和残留的芳烃，改善油品颜色，提高基础油安定性。因此，全加氢法工艺涉及的反应过程主要有加氢处理/裂化反应、加氢异构脱蜡反应和加氢后精制反应。

1. 加氢处理/裂化反应

加氢处理/裂化反应主要目的是脱除进料中的硫化物、氮化物、氧化物，使烯烃和稠环芳烃饱和，提高油品黏度指数。其中反应的类型与常规加氢处理/裂化工艺类似，主要包括：含硫、含氮、含氧化合物等非烃类的加氢分解反应，烷烃的少量裂化和异构化反应，环烷烃的开环反应，烯烃、芳烃的加氢饱和反应。以上反应进行的深度和反应速率除了与原料的化学组成有关外，还与催化剂的性能和反应条件有密切的关系。

2. 加氢异构脱蜡反应

异构脱蜡反应是在临氢条件下，在双功能催化剂上发生长链正构烷烃异构化为单侧链异构烷烃，以及多环烷烃开环为带长侧链的单环烷烃。烷烃的异构化要控制在一定范围内，避免过高的支链化程度，以保证产物具有较低的倾点和较高的黏温指数。

正构烷烃在贵金属及酸性位组成的双功能催化剂上进行加氢异构化及加氢裂化反应[27]。正构烷烃首先在贵金属活性位上脱氢生成烯烃，烯烃和酸性中心发生质子化反应生成烷基正碳离子，碳正离子形成后进行下列两种反应[28]。

1)异构化反应。通过氢原子或甲基转移进行重排，生成更加稳定的叔正碳离子，接着从催化剂酸性中心上脱附，生成异构烯烃。异构烯烃在贵金属活性位上加氢得到碳数相同的异构烷烃。

2)裂化反应。大的正碳离子不稳定，容易在正碳离子临近的β位处发生C—C键的断裂(一次裂化)，生成一个链长较短的烯烃和一个新的正碳离子。烯烃在金属活性位上饱和得到烷烃，新的正碳离子发生异构化反应生成烷烃。

3. 加氢后精制反应

加氢后精制的作用是饱和残留的芳烃，提高基础油稳定性。影响环烷基润滑油高压加氢装置基础油光热安定性的主要因素为产品中的重质芳烃或部分加氢的多环芳烃[29]。因此，需要通过加氢后精制反应，将异构脱蜡后残留的芳烃进行加氢饱和。

(三)工艺流程

从减压蜡油和光亮油直接生产润滑油基础油的全氢型工艺流程示意图见图2-1-37。

第一步为加氢处理(裂化)段。原料和氢气在催化剂的作用下进行加氢反应，脱除绝大多数硫、氮杂质，同时通过芳烃加氢饱和和开环来降低芳烃的含量。催化剂还有少量的裂化功能，使原料的黏度部分降低但是黏度指数大幅提升。

第二步与第三步为加氢异构脱蜡和后精制段。在一个反应系统中两个反应器串联操作。

第一个反应器为加氢异构脱蜡反应器，加氢处理后的原料油在氢压力和贵金属催化剂的作用下，原料中的正构烷烃发生异构化反应生成异构烷烃而成为优质润滑油基础油组分；第二个反应器为后精制反应器，使油中的残余芳烃饱和以提高基础油的氧化稳定性和色度。

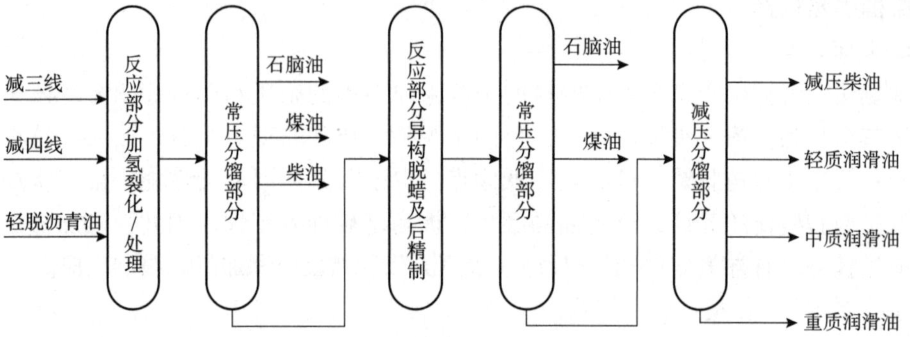

图2-1-37　全加氢润滑油工艺流程示意图

由于异构脱蜡和后精制催化剂中含有贵金属，对进料的硫、氮含量均有严格要求(其指标分别是含氮<2μg/g，含硫<100μg/g)。若异构脱蜡进料硫、氮含量高于上述规定指标，则第一步的加氢裂化、第二步与第三步异构脱蜡/后精制单元均需要设计各自的循环氢系统。

最后，加氢反应产物通过常减压分馏，分馏切割出的产品为润滑油基础油以及同时副产出的优质的煤油和柴油。

可以看到，全加氢工艺是通过一个提高黏度指数的加氢改质反应器、一个脱蜡反应器和一个后精制反应器来完成润滑油基础油生产的三个步骤。它也可以与炼油厂已有的高压加氢裂化结合，利用加氢裂化尾油直接通过新建的加氢异构脱蜡和后精制装置得到最终产品。

(四)特色产品

对于有润滑油生产基础的炼油厂，如果有配套的加氢裂化、加氢处理和异构脱蜡装置，就可以充分利用现有资产，生产变压器油、环保型橡胶填充油、优级品工业白油和SEPS专用白油等市场所需要的高档特种产品。这类产品附加值高，具有较好的市场竞争优势。

例如中国石化某分公司特色产品提质增效方案，就是通过0.55Mt/a润滑油高压加氢装置、0.2Mt/a异构脱蜡装置和0.1Mt/a白油加氢装置，将5#~100#工业白油进行全部升级，大部分白油产品质量满足Ⅱ类工业白油(新标准)要求。同时，提升10#基础油质量，消灭MVI基础油。充分发挥了资源特点和技术优势，生产的特色产品包括变压器油(普通和环烷基两类)、环保型环烷基橡胶填充油(即N系列橡胶填充油或橡胶增塑剂)、SEPS专用白油(料)、重质Ⅱ类白油、重质润滑油基础油等几大类，全产全销，实现产业调整结构，做精做优做大特色产品，获得良好的经济效益。

五、石油焦初级碳材料生产技术

(一)技术概述

石油焦主要包括生焦、煅后焦和针状焦，其中生焦又可分为海绵焦、弹丸焦等。目前市场上供应的石油焦一般指延迟焦化装置所产的海绵焦。

海绵焦通常俗称为生焦，是延迟焦化装置所产的固体产品。海绵焦是一种黑色或暗灰色的蜂窝状焦，焦块内气孔多数呈椭圆形，且一般相互贯通，微观结构不规整，存在着很多缺陷，表现为导电性和抗氧化性很差，密度和机械强度低。

煅后焦是原料石油焦经过高温煅烧处理后的产品，也常称为熟焦。煅后焦的物理化学性质与生焦有很大的不同。生焦通过煅烧后，挥发分气体逸出，石油焦体积高度收缩，提高了真密度和强度。煅后焦用于制备电极阳极后的焙烧制品不会产生裂纹和变形，保证了焙烧制品质量的合格率。

弹丸焦又称球形焦，因外形类似弹丸而得名。弹丸焦粒度可有绿豆至足球大小，在偏光显微镜下能够呈现洋葱状的形貌。常规的分析指标较难区分普通焦和弹丸焦，肉眼观察仍然是最直接有效的方法。弹丸焦表面坚硬少孔，经煅烧后外层光滑，内核密实、孔度少、硬度高、整体密度大，但是它和黏结剂缺少黏结力，焦核外层中间相容易产生表面裂纹，外层松散独立、热膨胀系数高，若用于制造炭阳极，会出现大量冲击裂纹，增大空气的透性和反应性。因此，弹丸焦不宜用于生产炭阳极，一般作为燃料。

针状焦外观呈银灰色，因具有明显的针状或者纤维纹理结构而得名。针状焦作为 21 世纪大力发展的一种优质初级碳材料，具有结晶度好、石墨化性能好、机械强度高、热膨胀系数低等特点，主要应用于锂电池负极材料和制造石墨电极。

炼油厂催化裂化装置副产的催化油浆可作为生产针状焦的原料，但因其密度大、相对分子质量大、黏度高且含有较多的细颗粒催化剂，还存在高硫、高沥青质等问题，必须通过系列的预处理过程才能送至焦化装置生产针状焦。目前，催化油浆的主要出路是直接作为燃料油出售或送至普通延迟焦化装置处理，经济效益较低。针对高硫劣质催化油浆，中国石化开发了劣质催化油浆生产高端碳材料技术，已于 2015 年成功进行工业试验；2021 年，中国石化某 A、某 B 分公司的高端碳材料工业装置先后投产，均产出了优质的针状焦产品。

劣质催化油浆生产高端碳材料技术的成功应用，对提高炼油厂经济效益，以及行业绿色低碳高质量发展具有重要意义。下面主要围绕针状焦生产进行技术原理、工艺流程等方面介绍。

（二）技术原理

针状焦的成焦机理为液相碳化理论和气流拉焦工艺。除原料性质外，针状焦的生焦条件是影响针状焦性能的重要因素。

针状焦的生焦过程为：原料→中间相小球体→堆积中间相→针状焦。炭质中间相是芳烃单体或芳烃类混合物在热处理加工过程中生成的一种列向液晶物质，既具有液体易流动性又具有晶态物质光学各向异性。中间相的形成和性质直接决定了针状焦的质量。

中间相的形成过程主要经历以下复杂的物理化学变化阶段：

1）当加热到 350℃时，原料中的链烷烃开始热分解和脱氢缩合、芳构化形成小分子芳烃。原料中的芳烃侧链断裂形成芳烃自由基和低分子产物。低分子产物以气体形式逸出反应体系，而较为稳定的芳烃自由基在浓度增加到一定值时相互靠拢缩合，形成平面稠环化合物。

2）当逐渐升温到 440～450℃时，这些平面稠环化合物在热扩散、分子间范德华力、分子偶极矩以及外界搅拌的作用下取向缔合，相互平行地以面－面形式堆积在一起，形成胶体颗粒。此时稠环化的沥青中虽然有很多胶体颗粒，但和非胶体颗粒的大分子芳烃和链烃会构成一种连续的分散体系，故稠环沥青仍为一种均相物质，常温时仍属各项同性固体。

3）随着胶体颗粒不断增多和长大（长到5μm以上），为达到体系的最低能量状态，胶体颗粒在表面张力的作用下，会形成既具有各向异性的固体特性，又有能流动、悬浮时呈球体的圆球状液晶新相——中间相小球。从物相角度来看，中间相小球体的生成过程是物系内各向同性液相逐渐变成各向异性小球体的过程。从化学角度看，它是液相反应物系内不断进行着热分解和热缩聚反应达到一定程度的产物。

4）随着温度的不断上升，长大的两个球体相遇碰撞，从处于球体接触点上平面稠环化合物开始相互插入融并，成为一个更大的球体（复球）。复球在体系达到平衡之前，新产生的小球体又将不断地被融并，经过反复碰撞融并后将会形成更大的球体，直到最后不能维持球形状，解体形成流线域。

5）流线域在不断长大的同时，随着温度的不断上升而逐渐固化。同时，在中间相转变过程中，反应体系裂解产生的气体不断地逸出，中间相分子在气流剪切力的作用下，有序排列、固化生成为针状焦。

（三）生产工艺

以催化油浆为原料生产针状焦的工艺流程示意图见图2－1－38所示，主要包括原料预处理、延迟焦化、煅烧三部分。

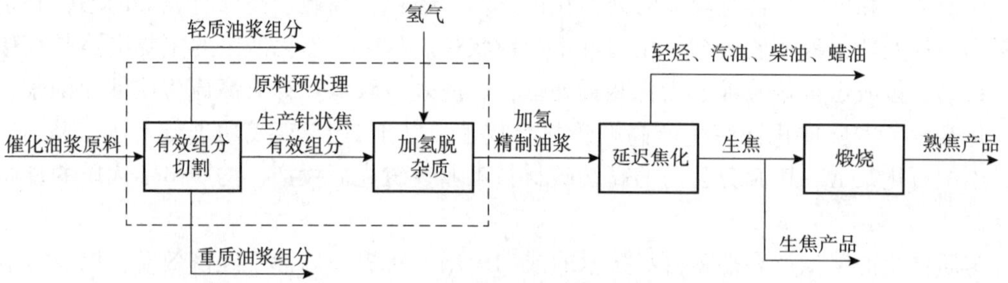

图2－1－38　催化油浆生产针状焦流程示意图

1. 原料预处理

针状焦生产对原料质量有着较高的要求，所以原料预处理是针状焦生产过程中非常重要的一环，目的是除去原料软沥青中的杂质。当以劣质催化油浆为生产针状焦原料时，预处理的主要目的是脱除油浆的灰分和硫；如果油浆质量不稳定，可能严重影响针状焦质量、收率和装置生产稳定性[30]。随着油浆精制技术的进步，一批预处理工艺技术相继开发，包括油浆直接过滤法、减压蒸馏＋加氢精制法、超临界抽提＋加氢精制法等。

由于催化油浆密度大、黏度高且含有较多的细颗粒催化剂，在催化油浆预处理的工程方面需要考虑管线与设备磨蚀、堵塞和结焦的问题，尤其需要解决富集催化剂粉末、胶质、沥青质重催化油浆等的换热和输送等问题。此外，在对催化油浆分离出的有效组分进行加氢精制过程中，一方面要保证较高的硫、氮等杂质的脱除率，另一方面需要降低对三环、四环芳烃的加氢饱和度。

2. 延迟焦化

延迟焦化过程是针状焦生产的关键阶段。把精制针状焦原料在加热炉内快速加热到特定反应温度后，立即送至焦炭塔，利用自身热量进行裂解和缩合，生产出针焦(生焦)。在生焦过程中，控制焦炭塔较高的操作压力，将油品中的小分子以液态的形式存在于生焦体系中，降低体系黏度，促进中间相小球的成长和融并[31]。此外，需要对反应温度、焦炭塔顶压力、焦化循环比、原料等进行精确控制和调整。焦炭塔完成生焦后，后续的冷焦、切焦、焦炭脱水、破碎及转运等过程，需要尽量减少粉焦的产生。

3. 煅烧

煅烧过程是将生焦在1450℃左右高温煅烧，排出其中挥发性的组分和水分，提高针状焦的强度、导电性能和化学稳定性。目前，针状焦煅烧的方法主要有回转窑煅烧法、罐式炉煅烧法、回转床煅烧法等，其中以回转窑煅烧法为主。

六、石油沥青生产技术

(一)技术概述

溶剂脱沥青技术是生产石油沥青的重要技术之一，改变了依赖于原油种类的局面，已成为提高我国道路沥青质量的重要手段。溶剂脱沥青工艺是一个液-液萃取的分离过程，是用低分子链烷烃类作溶剂，利用其对减压渣油中各组分溶解能力的不同，从减压渣油中分离出富含饱和烃和芳烃的脱沥青油，同时得到富含胶质和沥青质的脱油沥青。脱沥青油中的稠环化合物、金属、硫、氮等杂质的含量较少，是生产润滑油质量较好的原料，也可作为催化裂化或加氢处理/裂化的原料。脱油沥青则可以直接或通过调和、氧化等方法生产各种牌号的道路沥青和建筑沥青。

(二)工艺流程

国外的溶剂脱沥青技术主要有美国KBR公司的ROSE工艺、UOP公司的Demex工艺、Foster Wheeler公司的LEDA工艺和法国IFP的Solvahl工艺等。国内的溶剂脱沥青技术有中国石化溶剂脱沥青工艺。

1. ROSE工艺

ROSE超临界溶剂脱沥青工艺最早由科尔-麦吉(Kerr-McGee)公司在1979年开发。该技术以常压渣油或减压渣油为原料，使用丙烷、丁烷或已烷为溶剂，生产光亮润滑油原料、催化裂化原料、加氢裂化原料、胶质和沥青。抽提部分设备采用混合器及多段分离塔，使沥青、胶质、脱沥青油分离，分离塔采用乱堆填料，典型的ROSE工艺流程示意图见图2-1-39。

ROSE工艺主要技术特点：

1)采用单塔一段抽提工艺流程。流程简单，设备少，操作难度较低。

2)沥青分离塔和脱沥青油分离塔使用ROSEMAX规整填料及其内件为KBR公司的专有技术设备。分离效率高，处理能力大，设备尺寸小。

3)采用超临界法回收溶剂。从脱沥青油分离塔顶回收的溶剂量占全部回收溶剂量的90%左右，由于这部分溶剂温度比较高，可以回收利用，从而降低装置能耗。

4)装置内部约10%的溶剂采用中压闪蒸和低压汽提相结合的工艺流程，充分利用压力等级变化来回收溶剂，有利于节能。

5)装置内加热介质采用导热油加热形式，用“一炉顶二炉”，简化流程，节省投资。

6)溶剂消耗量比较低，由产品带出溶剂为0.48kg/t原料。

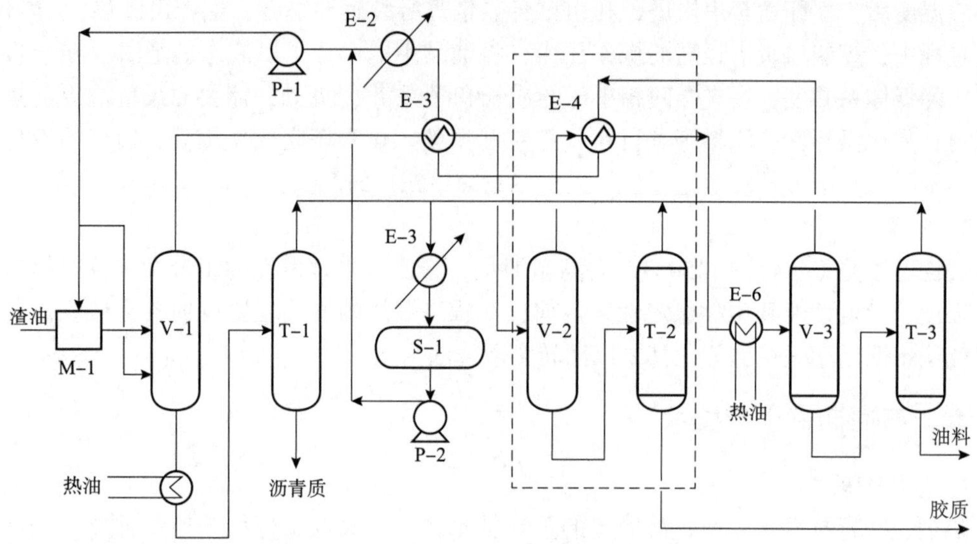

图 2-1-39　ROSE 工艺流程示意图

M—混合器；V—分离器；T—汽提塔；E—换热器；P—泵

7）沥青汽提塔未设置洗涤段，沥青发泡易带到溶剂中去。

2. Demex 工艺

Demex 工艺采用了管道静态混合、两段沉降、溶剂超临界回收技术。高压溶剂闭路循环，溶剂在超临界条件下回收实现高回收率，利用溶剂的高温位热能来降低装置能耗；低压溶剂回收一塔三用，蒸发、汽提、洗涤在一个塔中完成。Demex 工艺流程示意图见图 2-1-40。

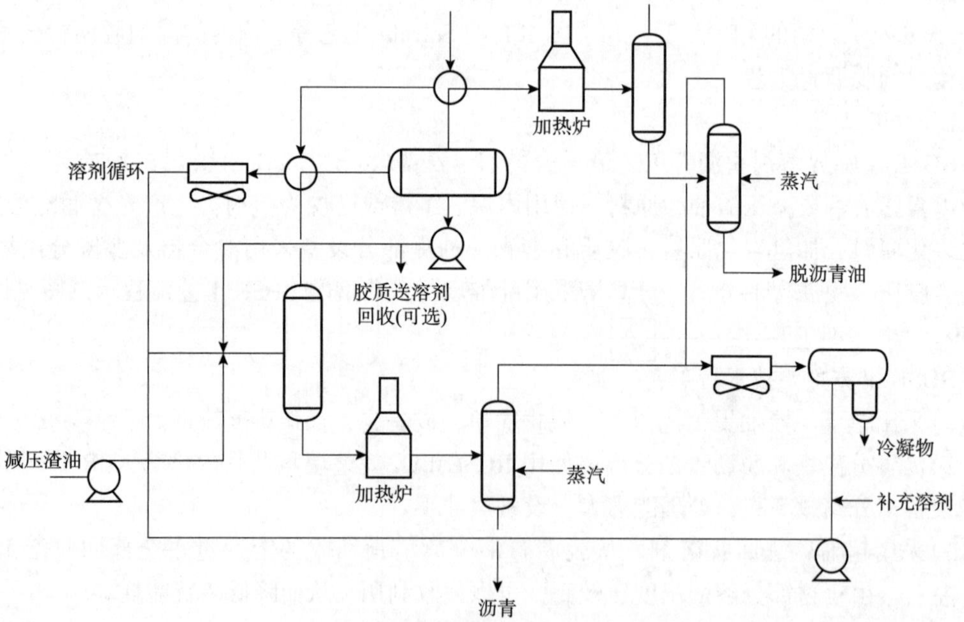

图 2-1-40　Demex 工艺流程示意图

Demex 工艺的主要技术特点如下：

1）采用单塔一段抽提工艺流程。流程简单、设备少、操作难度低。

2)抽提器和脱沥青油分离器使用的规整填料及其内件为UOP公司的专利技术，具有分离效率高、处理能力大、设备尺寸小等特点。

3)采用亚临界法抽提，采用超临界法回收溶剂。从分离器顶回收的溶剂量占全部回收溶剂量的84%左右，由于这部分溶剂温度比较高，可以进行换热回收热量，从而降低装置能耗。

4)装置内约16%的溶剂采用低压闪蒸和水蒸气汽提相结合的工艺流程，回收溶剂，这样有利于节能。

5)装置内加热介质采用导热油加热的形式，用“一炉顶二炉”方法，简化工艺流程，节省投资。

6)溶剂消耗量比较高，由产品带出溶剂为0.7~1.5kg/t原料。

7)沥青汽提塔设置洗涤段，减少沥青在溶剂中的携带。

8)可根据用户需要设置2段抽提，生产胶质产品。

3. LEDA工艺

LEDA工艺利用各种配比的C_2~C_7溶剂进行抽提，以制取优质的光亮油料、催化裂化原料以及沥青等。LEDA工艺流程示意图见图2-1-41，典型操作条件为：压力2.07~3.45MPa，温度49~232℃，剂油比(4∶1)~(13∶1)。

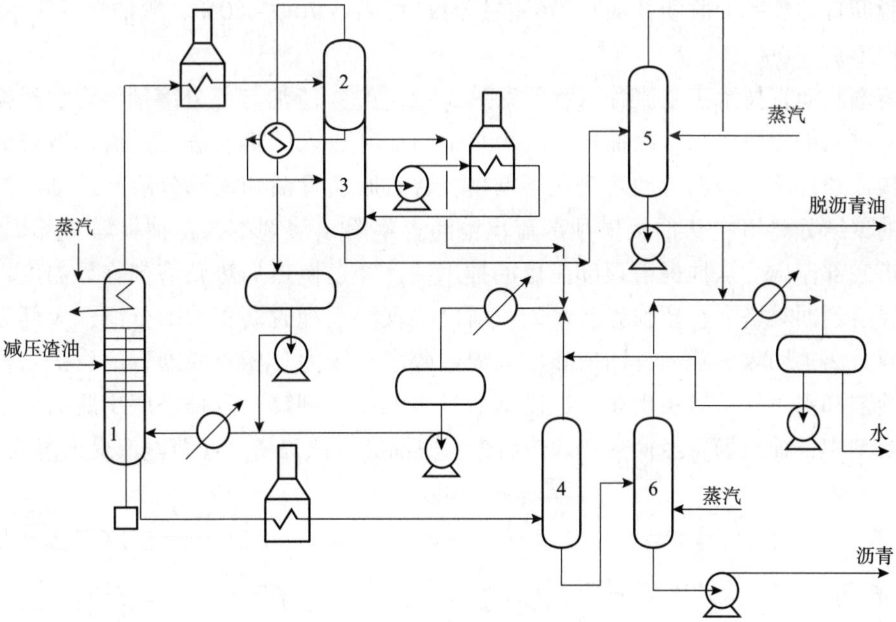

图2-1-41　LEDA工艺流程示意图

1—转盘抽提塔；2—高压闪蒸塔；3—低压闪蒸塔；4—沥青闪蒸塔；5，6—蒸汽汽提塔

4. Solvahl工艺

Solvahl工艺使用C_4或C_5溶剂，采用特殊设计的萃取塔，物料逆流接触，并保持一定的温度梯度，能在高通量和低溶剂下获得较好的萃取选择性，在最佳状态下将DAO与溶剂分离，大大降低溶剂回收系统能耗，其工艺流程示意图如图2-1-42所示。

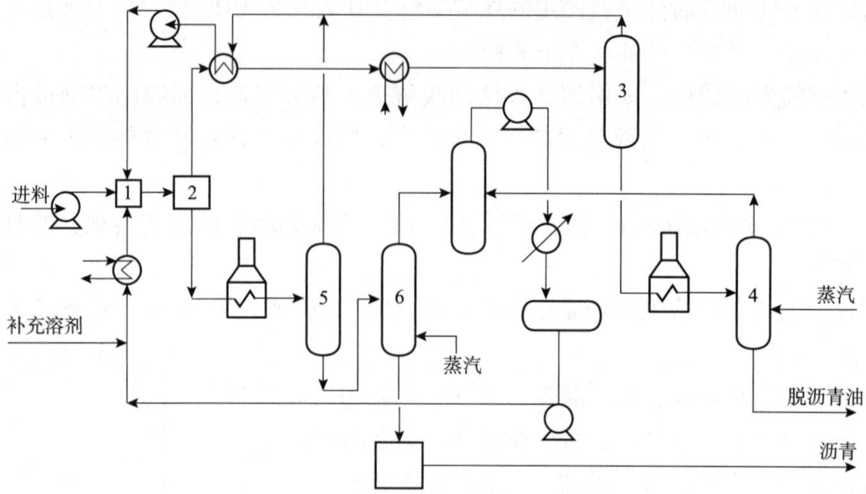

图 2-1-42 Solvahl 工艺流程示意图

1，2—抽提塔；3~6—溶剂回收塔

5. 中国石化溶剂脱沥青技术

中国石化溶剂脱沥青技术以正戊烷为溶剂，在保证脱沥青油产品质量的情况下，最大化提高脱沥青油收率。脱沥青油收率(质量分数)可高达70%~80%，脱油沥青收率(质量分数)低至20%~30%。

该溶剂脱沥青技术工艺流程示意图见图2-1-43。渣油与部分溶剂混合，经换热到指定温度后进入抽提塔中部，在抽提塔的填料上与底部进入的溶剂进行逆流萃取分离。在抽提塔的操作条件下，脱沥青油溶解在溶剂中，含有脱沥青油和大部分溶剂的抽出油经抽提塔上部的聚结分离填料从抽提塔顶部流出，沥青不溶于溶剂中，在抽提塔中部聚结沉降，从抽提塔底部流出。从抽提塔顶部流出的抽出油，经过换热加热到溶剂临界温度以上，进入超临界溶剂回收塔。在超临界溶剂回收塔内实现溶剂和脱沥青油的分离，大部分溶剂通过超临界分离被回收。脱沥青油依靠超临界回收塔底压力自压入脱沥青油汽提塔汽提。汽提出的溶剂和水蒸气从塔顶出来，经冷却后进入低压溶剂罐；汽提塔底出脱沥青油。沥青不溶于溶剂中，抽余沥青经换热、加热后进入脱油沥青汽提塔，经蒸汽汽提出溶剂。

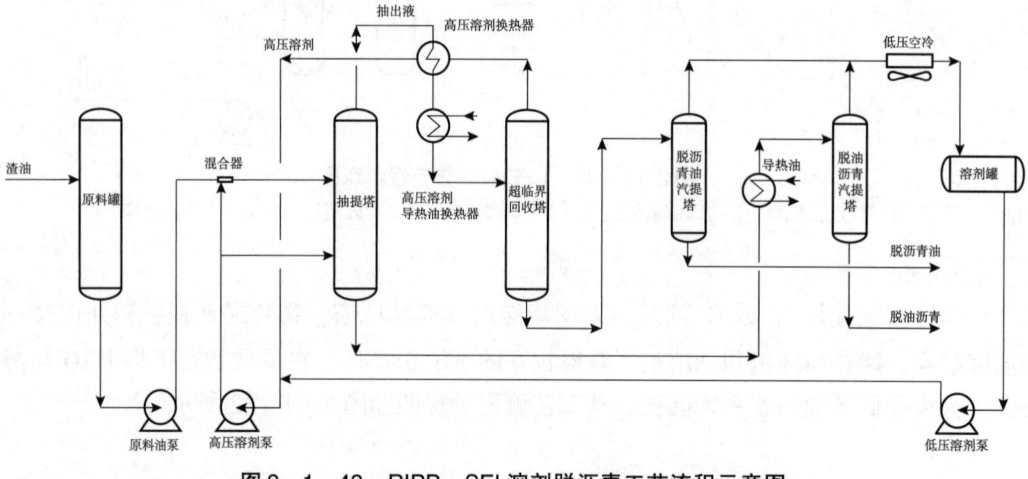

图 2-1-43 RIPP-SEI 溶剂脱沥青工艺流程示意图

中国石化溶剂脱沥青技术主要特点如下：

1)采用单塔一段抽提工艺流程，具有流程简单、设备少、投资低、操作难度小等特点。

2)抽提塔和超临界溶剂回收塔采用专有规整填料及其液体分配器，具有分离效率高、处理能力大、设备尺寸小等特点，实现装置规模大型化和高效抽提。

3)抽提塔采用亚临界抽提，脱沥青油溶液在溶剂回收塔中超临界回收溶剂。由于溶剂回收塔顶回收的溶剂量约占溶剂回收总量的90%，减少了汽提蒸汽的用量，从而降低了装置的能耗。

4)溶剂回收总量的10%采用过热蒸汽汽提回收，充分利用压力等级变化回收溶剂。

5)采用导热油间接加热的形式，避免渣油结焦，保证装置长周期稳定运行。

6)溶剂消耗量较低，溶剂损耗量约为0.50kg/t原料。

7)沥青汽提塔上部设置洗涤段，塔顶部设置高效除雾脱液设施，最大化减少沥青在溶剂中的携带。

8)沥青汽提塔塔盘及内构件采用专有设备，提高汽提效果，降低沥青发泡趋势。

9)采用循环热水冷却技术，避免脱沥青油或脱油沥青采用空冷器冷却导致的温度控制难度大，重油凝固堵塞管束的问题，同时可回收脱沥青装置的余热，降低装置能耗。

第二章 产品结构转型炼油厂资源的利用

第一节 重质馏分资源的利用

一、重质馏分资源的特征分析

(一)重质馏分资源的类型和来源

炼油厂重质馏分包括蜡油馏分和渣油馏分。

蜡油馏分一般是指从原油或二次加工装置的产品中经过分馏得到的馏程范围为350(或360)~500(或540)℃的馏分油。通常分为直馏减压蜡油(VGO)和焦化蜡油(CGO)两类。直馏减压蜡油(VGO)是指原油直接经过减压蒸馏得到的各侧线馏分的统称;焦化蜡油(CGO)是指从延迟焦化装置分馏塔侧线抽出的蜡油馏分,可为一股物料,也可根据原料性质及产品要求分为轻蜡油和重蜡油两股馏分。

渣油馏分一般是指从原油经过分馏得到的常压塔底或减压塔底的重质馏分,馏程范围一般为大于360℃或大于565℃的馏分(馏程可根据需要调整)。

此外,炼油厂油的重质馏分还包括催化裂化和催化裂解装置所生产的油浆、沸腾床渣油加氢和浆态床渣油加氢的未转化油、乙烯装置副产的乙烯焦油等。

(二)重质馏分资源的性质和组成

减压蜡油馏分的性质及组成与原油种类密切相关,表2-2-1列出了几种典型原油减压蜡油的主要性质。表2-2-2列出了几种典型原油减压渣油的主要性质。

表2-2-1 典型原油减压蜡油的主要性质

性质	大庆蜡油	胜利蜡油	沙轻蜡油	巴士拉蜡油
馏程范围/℃	350~520	350~520	375~520	375~520
收率/%(质)	26.98	32.54	22.02	21.95
密度(20℃)/(g/cm^3)	0.8611	0.9185	0.9263	0.9285
黏度(80℃)/(mm^2/s)	7.1	21.7	15.5	16.7
黏度(100℃)/(mm^2/s)	4.7	11.1	8.6	9.3
硫含量/%(质)	0.09	1.64	2.82	3.48
酸值/(mgKOH/g)	0.10	1.65	0.01	0.41
氮含量/(μg/g)	519	2595	933	898
碱性氮/(μg/g)	201	992	245	269
PNA值/%(质)				
P	43.11	20.43	10.93	16.62
N	35.34	46.35	35.92	30.87
A	21.55	33.22	53.14	52.50
康氏残炭/%(质)	0.00	3.63	0.32	0.31

表 2-2-2　典型原油减压渣油的主要性质

项目	大庆减渣	胜利减渣	沙轻减渣	巴士拉减渣
馏程范围/℃	520+	520+	540+	540+
收率/%(质)	42.73	48.05	19.56	25.61
密度(20℃)/(g/cm³)	0.9244	0.9895	1.0229	1.0410
黏度(80℃)/(mm²/s)	254.7	8524	6574	47316
黏度(100℃)/(mm²/s)	109.6	1987	1506	7500
硫含量/%(质)	0.187	2.912	4.170	6.181
酸值/(mgKOH/g)	0.10	1.86	0.01	0.46
氮含量/(μg/g)	3879	8824	3641	4668
碱性氮/(μg/g)	1236	2848	1077	1158
氢含量/%(质)	13.0	11.2	10.7	10.3
沥青质/%(质)	0.08	4.15	6.82	10.11
康氏残炭/%(质)	7.13	15.64	21.14	26.11
PNA 值/%(质)				
P			0.00	0.63
N			27.67	8.85
A			72.33	90.52
Fe 含量/(μg/g)	1.93	50.14	4.92	15.77
V 含量/(μg/g)	0.19	5.50	81.38	187.53
Ni 含量/(μg/g)	6.77	39.98	23.55	49.98
V+Ni 含量/(μg/g)	6.97	45.48	104.93	237.51

二次加工重质馏分的性质及组成与加工工艺密切相关。表 2-2-3 列出了几种二次加工重质馏分的主要性质。

表 2-2-3　几种二次加工重质馏分油的主要性质

原料	焦化蜡油	催化裂解油浆	沸腾床未转化油	浆态床未转化油
密度(20℃)/(g/cm³)	0.9135	1.10	0.998	1.019
黏度(100℃)/(mm²/s)	3.8	20	600	
硫/%(质)	0.52	0.68	0.4	2.2
氮/%(质)	0.55	0.25	1.58	0.53
碱性氮/(μg/g)	1802			
氢/%(质)		7.50	11.4	
金属含量/(μg/g)				
铁	<1	12		
镍	0.1	10	62	
钒	<0.1	13	7	
镍+钒				5500
饱和烃/%(质)	24.8	12.0		3.2

续表

原料	焦化蜡油	催化裂解油浆	沸腾床未转化油	浆态床未转化油
芳烃/%(质)	56.6	76.0		54.2
胶质/%(质)	18.5	11.0		12.9
残炭/%(质)	0.12	10.0	25.7	
沥青质/%(质)	0.1	1.0		29.8

二、重质馏分资源的利用路径

(一)蜡油和渣油的利用路径

蜡油的利用路径一般有两种：催化裂化/催化裂解技术和加氢裂化技术路线。

催化裂化是炼油厂生产燃料油品的核心装置，生产的汽柴油收率高，气体产品中也含有大量的C_3、C_4烯烃。催化裂解技术是当前炼油厂转型的关键技术，丙烯、乙烯收率高，同时富产较多的芳烃资源，因而在炼油厂转型升级中逐渐得到广泛应用。

加氢裂化技术则是一种灵活的加工工艺，由于原料在裂化过程中补入了大量的氢，产物为饱和烃，不含烯烃。作为炼油厂重要的二次加工手段，加氢裂化路线不仅能够生产优质的中间馏分油和润滑油料，而且能够生产重整料和乙烯生产用的裂解原料。加氢裂化轻石脑油通常可以直接用作高辛烷值汽油调和组分和化工溶剂油，并可用作制氢原料和乙烯生产原料。重石脑油芳烃潜含量高，硫、氮含量低，是催化重整生产高辛烷值汽油或轻芳烃的优质进料。尾油BMCI值低，是生产乙烯或高黏度指数润滑油的优质进料。加氢裂化还可以通过改变操作方案来实现炼油厂在燃料、低碳烯烃、芳烃生产之间的切换。

渣油的利用路径分为加氢路线和脱碳路线两大类。加氢路线分为固定床渣油加氢、沸腾床渣油加氢和浆态床渣油加氢三类，脱碳路线则主要包括延迟焦化和溶剂脱沥青两类。此外，催化裂化/催化裂解在某种意义上也应属于脱碳路线。

延迟焦化工艺具有对原料适应性强、投资和操作费用较低、技术成熟可靠等优点。焦化生产的石脑油和柴油馏分经过加氢以后，石脑油是较好的乙烯原料，柴油加氢精制后可作为优质的柴油调和组分，但焦化方案中轻油收率低，生产的高硫焦价格便宜、不易处理。近年来，随着加工手段的进步，特别是汽化技术的出现，解决了高硫焦的出路问题，为延迟焦化工艺的发展提供了新的发展空间。

溶剂脱沥青工艺过程简单，不需要使用催化剂及化学药剂，所用溶剂为炼油产品。溶剂脱沥青能使渣油中的沥青质、金属等浓缩于沥青中，所得到的脱沥青油具有杂质含量低，未经受热化学反应，裂化性能好等特点。同时，溶剂脱沥青装置建设投资少，操作费用低，环境污染小。近年来，溶剂脱沥青路线在含硫渣油加工中的使用日益受到重视。其不足在于溶剂脱沥青的沥青收率较焦化工艺的焦炭收率高，故其轻油收率相对较低，同时生产的硬沥青出路也是需考虑的问题。

加氢路线资源利用率高，生产过程清洁化，具有较好的投资回报率等优势，在我国炼油厂转型升级中得到广泛应用。但是，加氢路线具有氢耗高、装置投资高、操作费用高等问题。

蜡油和渣油的利用路线如图2-2-1所示。

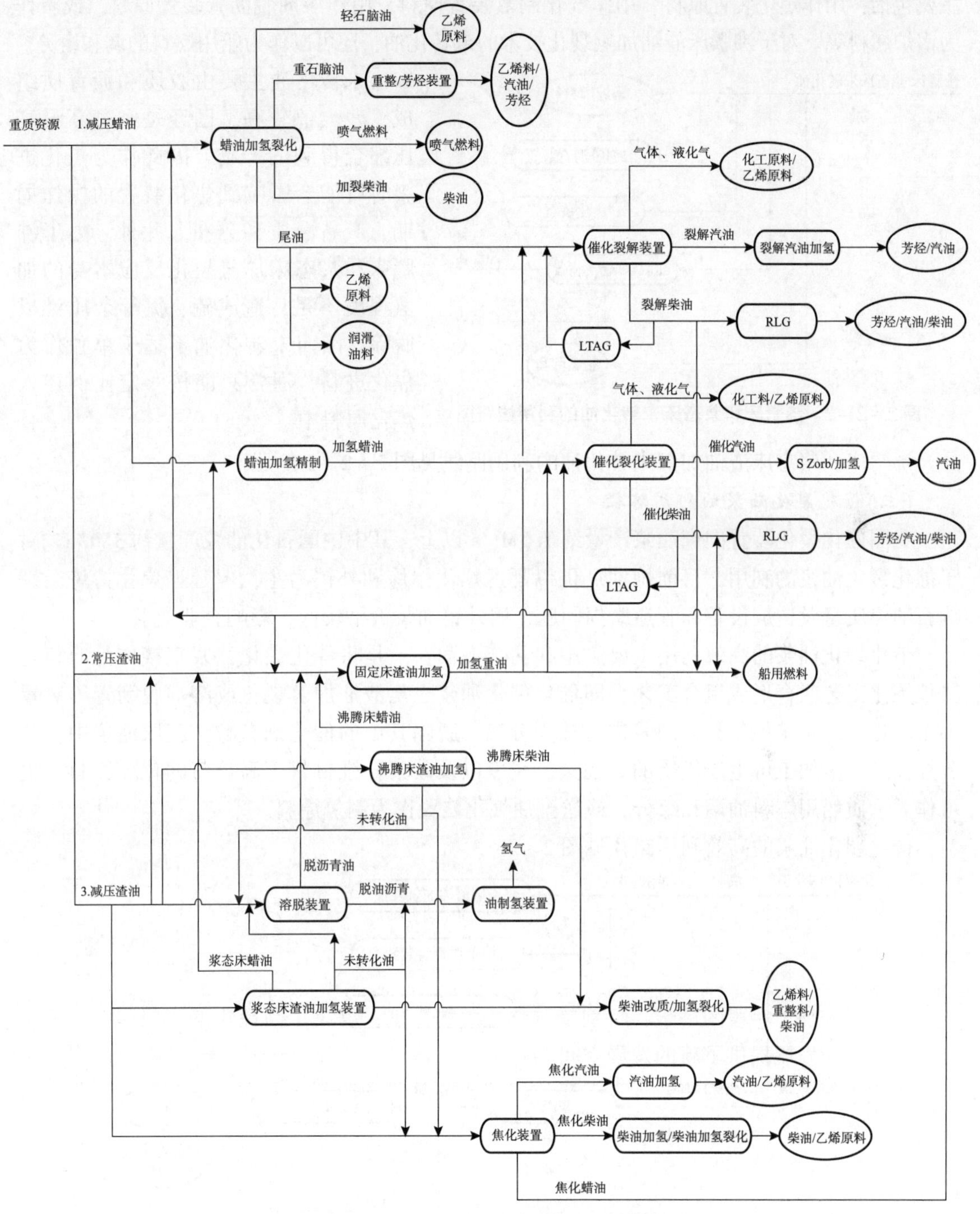

图2-2-1 蜡油和渣油的利用线路图

(二)沸腾床和浆态床未转化油的利用路径

通常情况下，劣质渣油沸腾床加氢裂化装置的未转化油收率(质量分数)在15%~25%，浆态床加氢裂化装置的未转化油收率(质量分数)则约10%。由于未转化油集中了绝大部分原料中的金属、反应过程中缩合产物，浆态床技术的未转化油中还含有催化剂，因此，这些未转化油的金属含量和残炭值都很高，因而其二次加工性能很差。当前，未转化油的处理方法主要包括：用作焦化装置原料、用作气化制氢装置原料、用作溶剂脱沥青装置原料，或者作为锅炉燃料等。对于沸腾床渣油加氢裂化技术的未转化油，还可以作为船用燃料的调和组分。

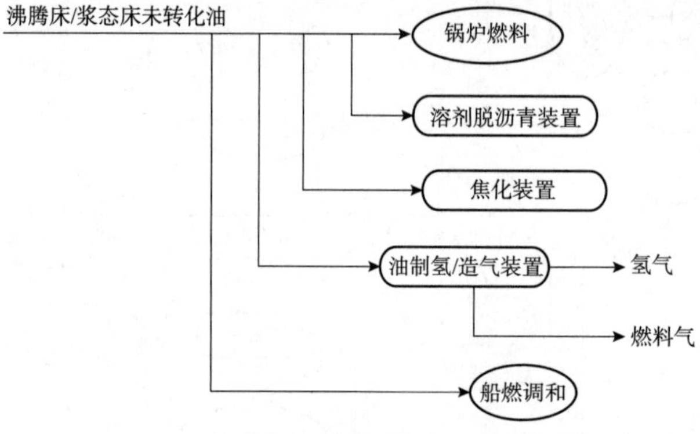

图2-2-2　沸腾床和浆态床未转化油的利用线路图

未转化油主要由胶质和沥青质组成，残炭值较高，已经是经过高温高压缩合得到的产物，因此作为焦化进料时可能会影响到焦化装置的操作周期、产品性质和分布。此外，由于沸腾床和浆态床加氢裂化反应本身的加氢程度不足，造成硫、氮等杂质难以脱除，因而未转化油不适于单独作为焦化进料，通常只能按一定比例掺入焦化原料中。

沸腾床和浆态床渣油加氢未转化油的利用路线见图2-2-2所示。

(三)催化裂化油浆的利用路径

我国催化裂化装置副产油浆产量约7.5Mt/a以上，其中中国石化油浆产量约3Mt/a。对于催化裂化油浆的利用，目前炼油厂仍以延迟焦化掺炼和外销为主，但延迟焦化掺炼会影响石油焦质量及造成设备和管道磨损问题，而外销油浆价格较低，影响企业效益。

催化裂化油浆的高效利用主要集中在两个方面：一是将催化裂化油浆直接作为原料与其他炼化工艺联合形成组合工艺，即催化裂化油浆送至渣油加氢裂化或溶剂脱沥青等装置加工转化；二是将催化裂化油浆进行油固分离，脱除其中的催化剂颗粒，获取油浆中重质芳烃，进一步加工可生产优质的石油焦、炭黑以及碳素纤维材料等高价值的化工原料；也可作为重质船用燃料油调和组分，或送至油气化装置作为制氢原料。

催化裂化油浆的高效利用路径见图2-2-3。

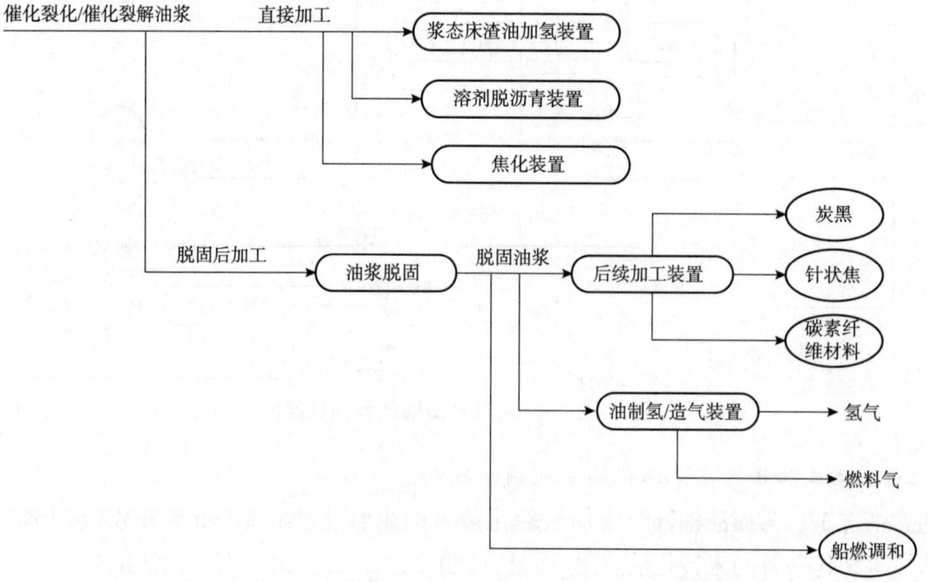

图2-2-3　催化裂化/催化裂解油浆的利用线路图

三、产品结构转型中重质馏分资源的利用案例

(一)A企业的重质馏分利用路线

A企业原油总加工量20Mt/a，其重质资源包括：来自常减压装置的减压蜡油2.46Mt/a，来自常减压装置的常压渣油5.29Mt/a，来自常减压装置的减压渣油2.34Mt/a，来自催化裂化装置的催化油浆0.18Mt/a，来自催化裂解装置的裂解油浆0.17Mt/a。全厂重质资源合计10.44Mt/a。

重质资源的利用途径如图2-2-4所示。

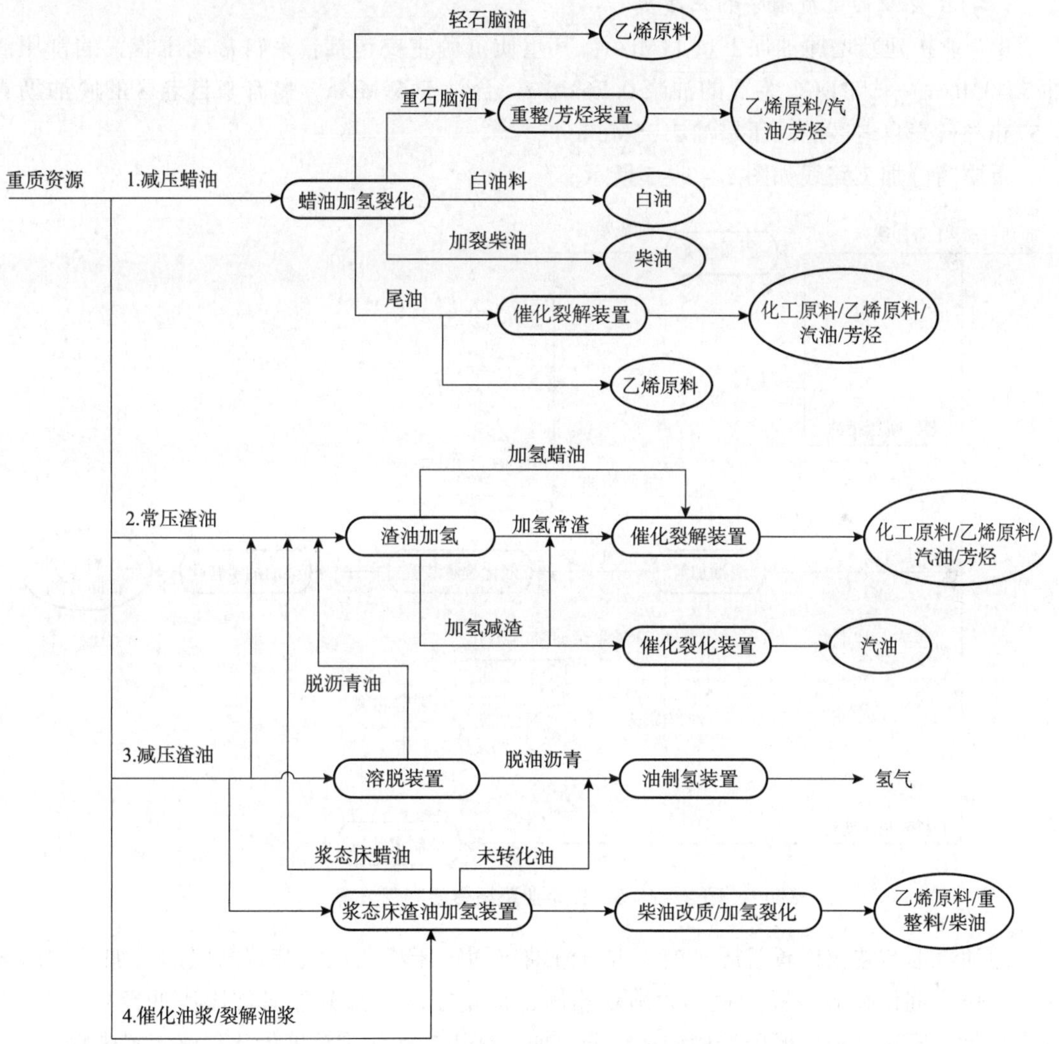

图2-2-4　A企业重质资源利用方案

该项目全厂总工艺加工流程采用“固定床渣油加氢+催化裂解/催化裂化+浆态床渣油加氢”路线组合。这样的重油加工方案一方面可提高炼油厂的轻油收率和资源利用率，另一方面可形成另外一种“劣质原油直接裂化”的新模式，最大化地将重油直接转化为化工原料——烯烃+芳烃。由于实现了重油直接裂化，全厂耗氢量可大幅度降低，对比原油直接裂化更具备原料优势，提高了炼油厂对未来加工原油的适应能力和应对市场变化的灵活性。

蜡油加工方案为：减一线和部分减二线送至蜡油加氢裂化装置主要生产重整原料、白油料、柴油和加裂尾油等，加裂尾油作为催化裂解原料或乙烯原料；减三/减四线和部分减二线作为渣油加氢原料。

渣油加工方案为：1#常压蒸馏装置的常压渣油送至固定床渣油加氢装置处理，生产的加氢重油作为催化裂化和催化裂解的原料；渣油加氢装置分馏部分设置减压分馏设施，加氢减渣可以作为催化裂化原料也可以与加氢后的催化柴油调和生产低硫船用燃料油；2#常减压蒸馏装置的减压渣油部分送至渣油加氢装置、溶剂脱沥青装置和浆态床渣油加氢装置加工。

（二）B 企业的重质馏分利用路线

B 企业扩建新增原油加工量 11Mt/a，其重质资源主要包括：来自常减压装置的常压渣油 5.43Mt/a，来自 DCC 装置的油浆 0.26Mt/a，合计 5.69Mt/a。另有来自老区的脱油沥青 0.57Mt/a，来自老区的减压蜡油 2.35Mt/a。

重质馏分加工路线如图 2－2－5 所示。

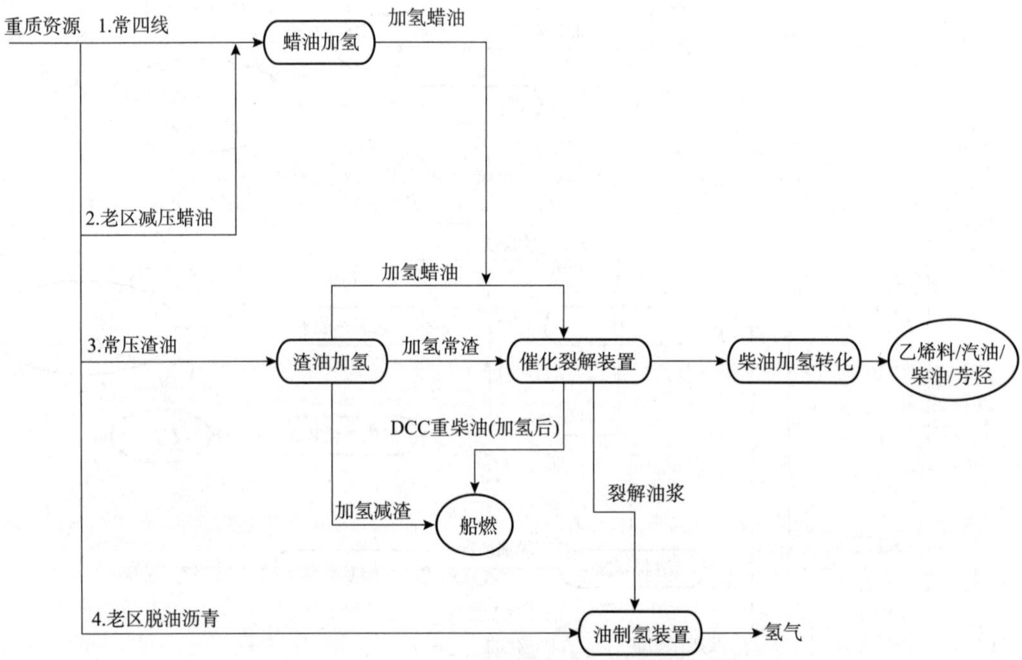

图 2－2－5　B 企业重质资源利用方案

原油蒸馏装置仅设置常压蒸馏，常压渣油进固定床渣油加氢装置加氢后，加氢常压渣油主要作为催化裂解装置进料；为满足船燃出厂量需求，部分加氢常压渣油经减压蒸馏，其中加氢减压渣油作为低硫船燃调和组分，加氢减压蜡油作为深度催化裂解装置进料。

常压装置的常四线和老区来的混合蜡油进蜡油加氢装置加氢后作为催化裂解装置原料。

催化裂解油浆和来自老区的脱油沥青一并作为油制氢装置原料。

（三）C 企业的重质馏分利用路线

C 企业原油总加工量为 10Mt/a，重质油资源包括：减压蜡油 2.14Mt/a，减压渣油 2.48Mt/a，催化裂化油浆 0.15Mt/a，合计 4.77Mt/a。

重质资源利用方案如图2-2-6所示。

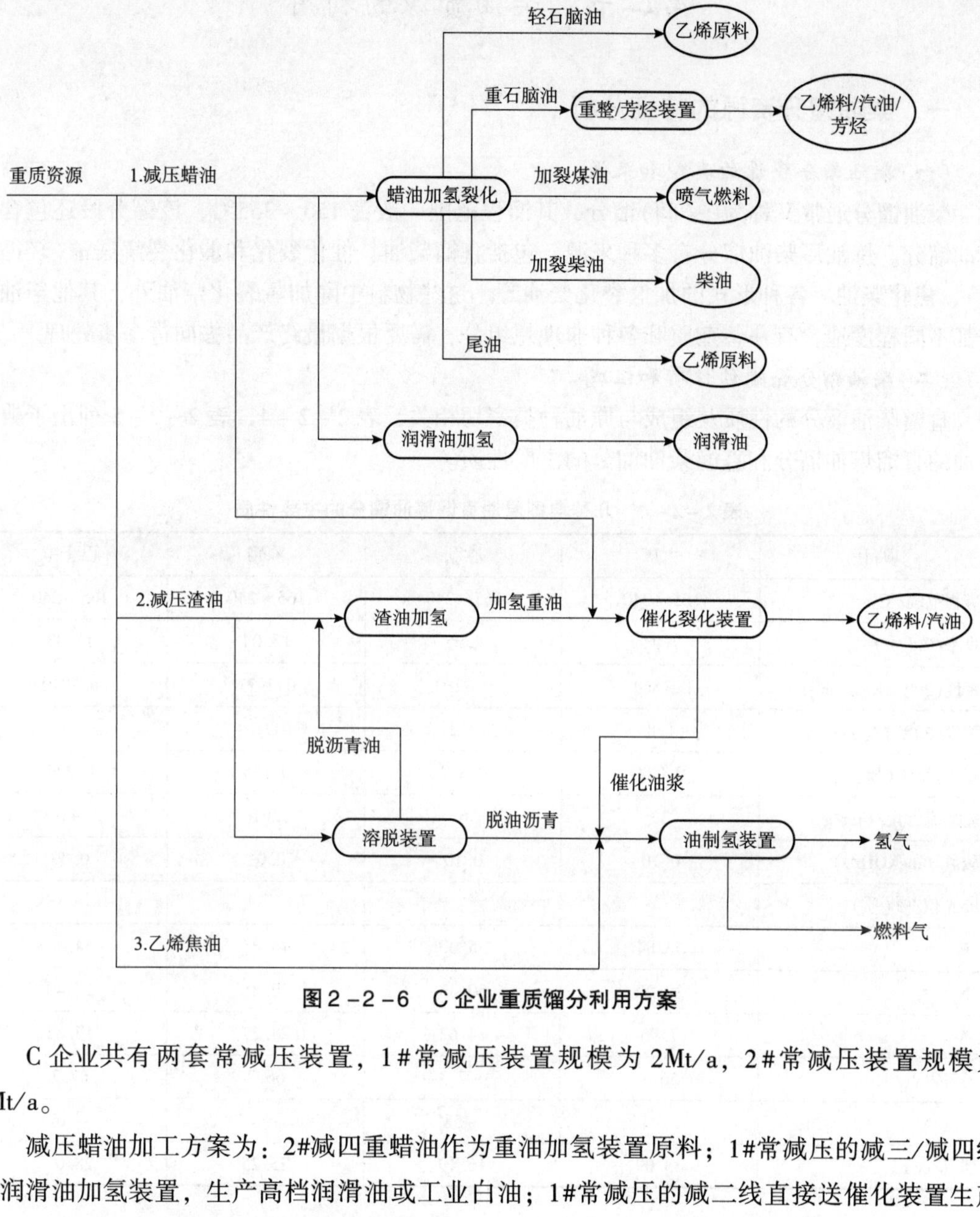

图2-2-6 C企业重质馏分利用方案

C企业共有两套常减压装置，1#常减压装置规模为2Mt/a，2#常减压装置规模为8Mt/a。

减压蜡油加工方案为：2#减四重蜡油作为重油加氢装置原料；1#常减压的减三/减四线送润滑油加氢装置，生产高档润滑油或工业白油；1#常减压的减二线直接送催化装置生产汽油；其余的直馏轻蜡油送高压加氢裂化装置，生产的轻石脑油和尾油作为乙烯原料，重石脑油作为重整原料，喷气燃料作为喷气燃料产品，柴油作为柴油调和组分。

减压渣油的加工方案为：全部2#减压渣油作为溶脱装置原料，生产的脱沥青油(80%收率)送新建重油加氢装置；脱油沥青去POX制氢造气装置，生产氢气和燃料气；1#减压渣油作为重油加氢装置的原料。

催化裂化油浆、乙烯焦油与脱油沥青一起送POX装置生产氢气和燃料气。

第二节　柴油资源的利用

一、柴油馏分资源的特征分析

(一)柴油馏分资源的类型和来源

柴油馏分通常又称为中(间)馏分，其馏程范围一般为150～365℃，该馏分段还包含着煤油馏分。炼油厂柴油馏分有多种来源，包括直馏柴油、催化裂化和催化裂解柴油(轻循环油)、焦化柴油、各种形式的加氢裂化柴油等。这些物料中除加氢裂化柴油外，其他柴油馏分都不同程度地含有一些杂质和各种非理想组分，需要根据最终产品去向进一步处理。

(二)柴油馏分资源的性质和组成

直馏柴油馏分的性质及组成与原油种类密切相关，表2－2－4、表2－2－5列出了典型原油的直馏煤油馏分和直馏柴油馏分的主要性质。

表2－2－4　几种典型原油直馏煤油馏分的主要性质

项目	大庆	胜利	沙轻	巴士拉
馏程范围/℃	165～240	165～240	165～240	165～240
收率/%(质)	7.34	4.05	13.04	11.33
密度(20℃)/(g/cm^3)	0.7864	0.8289	0.7921	0.7849
黏度(20℃)/(mm^2/s)	1.8	2.2	1.6	1.6
硫含量/%(质)	0.023	0.327	0.135	0.229
硫醇硫含量/(μg/g)	39	6	261	43
酸值/(mgKOH/g)	0.10	0.10	0.01	0.09
PNA值/%(质)				
P	53.84	35.00	44.85	54.78
N	38.20	50.38	30.88	27.40
A	7.96	14.62	24.27	17.82
闭口闪点/℃	56.1	－7.3	66.7	67.2
冰点/℃	－41	－58	－47	－46
烟点/mm	33.09	16.49	25.25	28.07

表2－2－5　几种典型原油直馏柴油馏分的主要性质

项目	大庆	胜利	沙轻	巴士拉
馏程范围/℃	240～350	240～350	240～350	240～350
收率/%(质)	15.67	12.89	21.79	19.9
密度(20℃)/(g/cm^3)	0.8246	0.8601	0.8495	0.8547
黏度(20℃)/(mm^2/s)	6.5	7.7	7.99	8.76
硫含量/%(质)	0.045	0.853	1.41	1.90

续表

项目	大庆	胜利	沙轻	巴士拉
硫醇硫含量/(μg/g)	13	7	147	18
氮含量/(μg/g)	51	261	60	105
酸值/(mgKOH/g)	0.10	0.76	0.01	0.22
PNA 值/%(质)				
P	54.48	39.46	32.27	35.94
N	31.04	38.01	34.36	36.13
A	14.48	22.53	33.37	27.94
凝点/℃	9	-3	-6	-4
十六烷值	62.9	49.1	53.2	51.4

表2-2-6列出了不同类型二次柴油的一般性质，表2-2-7列出了几种不同类型柴油的烃类组成[36]。由柴油烃类组成数据可以看出，直馏柴油的烃类以饱和烃为主，其链烷烃和环烷烃的质量分数之和为77.7%，芳烃质量分数22.3%，其中单环芳烃占比超过50%，双环芳烃超过40%，三环芳烃含量较少；催化LCO以芳烃为主要，其中单环芳烃、双环芳烃、三环芳烃的质量分数分别达到15.0%、50.4%和8.9%；焦化柴油和蜡油加氢柴油的烃类组成分布规律介于直馏柴油和催化LCO的烃类组成分布规律之间，芳烃质量分数均在40%左右，但蜡油加氢柴油的芳烃中单环芳烃占比明显高于焦化柴油的芳烃中单环芳烃占比，故蜡油加氢柴油的性质整体优于焦化柴油。

表2-2-6 不同类型二次柴油一般性质

二次柴油	催化裂化柴油	催化裂解柴油	焦化柴油	蜡油加氢柴油
装置柴油收率/%(质)	22.60	11.08	11.43	6.21
密度(20℃)/(g/cm³)	0.930	0.970	0.872	0.862
黏度(20℃)/(mm²/s)	4.4	5.0		2.5
硫含量/(μg/g)	2800	4600	24100	<200
氮含量/(μg/g)	588	1600	600	<20
氢含量/%(质)	10.3	9.0		
凝点/℃	<-5	<-5		
胶质/(mg/100mL)	215	150		
十六烷值	20	<20	29.9	46
PONA/%(质)				
P			38.6	31
O			40.8	
N			9.5	37
A		80	11.1	32

表2-2-7　不同类型柴油烃类组成　%

项目	直馏柴油	催化 LCO	焦化柴油	蜡油加氢柴油
链烷烃	51.1	17.1	31.3	38.1
环烷烃	26.6	8.6	27.4	23.1
芳烃	22.3	74.3	41.3	38.8
单环芳烃	11.9	15.0	19.5	28.9
双环芳烃	9.1	50.4	17.4	9.4
三环芳烃	1.3	8.9	4.4	0.5

在当前的燃料型炼油厂中，柴油馏分多用于生产各种品种的柴油产品，以车用柴油为主，有时还包括铁路机车用柴油、船用柴油，其他非移动式柴油机(矿山、发电等)用柴油、家用燃料油等。

2020年我国新增炼油能力12Mt/a，总炼油能力达到873Mt/a[37]，炼油能力严重持续过剩，而成品油终端消费继续放缓。2020年，我国柴油表观消费量同比下降5.99%，降低柴汽比和解决炼油厂柴油的出路成为产品结构转型中亟待解决的问题之一。

二、柴油馏分资源的利用路径

(一)直馏柴油

在我国的柴油池中，直馏柴油占比达到50%左右。直馏柴油中芳烃含量一般高于直馏石脑油中芳烃含量，除有些石蜡基原油的直馏柴油馏分可以直接作为乙烯裂解的重质原料外，多数直馏柴油不是理想的乙烯原料。在当前“油产化”的重大背景下，一般需要通过物理的或化学的过程，对直馏柴油进一步加工生产具有更高附加值的优质乙烯原料，一方面降低全厂柴汽比，解决炼油厂柴油出路问题，另一方面增加乙烯装置的原料多样性。对直馏柴油进行加工的化学过程一般是采用加氢改质或加氢裂化工艺，将直馏柴油进行改质，使柴油产品的链烷烃含量得到显著提高，芳烃含量，特别是多环芳烃含量明显降低，得到的柴油产品链烷烃质量分数在55%以上，能够作为优质的乙烯原料，可解决炼油厂直馏柴油资源出路问题。对直馏柴油进行加工的物理过程则一般是通过吸附分离或萃取的方法，将柴油中的链烷烃和芳烃进行分离，分离出的链烷烃可作为优质乙烯原料。

(二)催化裂化/裂解柴油

催化裂化柴油在我国柴油池中的比例很高，约占30%，是最主要的二次加工柴油。随着原油日益劣质化，越来越多的减压蜡油和渣油成为催化裂化和催化裂解装置原料，所生产的柴油硫、氮等杂质含量高、芳烃含量高、十六烷值低，尤其是当催化裂化装置采用降烯烃的MIP工艺时，催化裂化柴油中芳烃含量超过80%，从而导致密度显著增大，十六烷值大幅度降低；而以增产丙烯为目标的催化裂解工艺所生产的裂解柴油则因裂化反应进一步加深，其性质比催化裂化柴油更加劣质。这些催化柴油(LCO)的高芳烃含量组成特性与清洁柴油期望的高饱和烃含量、高氢含量、高十六烷值的要求存在较大矛盾，因此通常情况下催化柴油用于生产清洁柴油时需要较高的氢耗，经济上不合适，同时损失潜在的芳烃资源。因此，催化裂化/裂解柴油一般按照如下路线进行加工利用：

（1）生产高辛烷值汽油或 BTX 芳烃料

针对炼油企业中催化裂化/裂解柴油比例高且催化柴油性质差的现状，以及国内柴油质量的快速升级以及降低柴汽比、多产化工料的市场需求，中国石化开发了由催化柴油增产高辛烷值汽油或 BTX 芳烃原料系列技术（如 RLG、FD2G、LTAG 等）。上述技术充分利用了催化裂化/裂解柴油富含芳烃的特性，通过运用催化剂技术及优化工艺参数，控制加氢精制段芳烃的适度加氢饱和，同时促进单环芳烃在加氢裂化段的侧链断裂反应，将 LCO 中富含的多环芳烃有效转化为汽油馏分中的芳烃，以较低的成本、较短的加工流程生产高附加值的高辛烷值汽油或 BTX 芳烃产品，缓解炼油企业柴油过剩问题，同时可提高企业经济效益。

（2）生产化工原料

为满足目前炼油厂转型中最大化生产化工原料的需求，部分催化裂化/裂解柴油常与直馏柴油、焦化柴油、重油加氢柴油等一起，经柴油加氢改质工艺（如中国石化石油化工科学研究院的 MHUG 工艺、中国石化抚顺石油化工研究院的 FDHC 工艺等）进行加氢改质，所生产的加氢尾油可作为乙烯原料。

（3）生产高沸点芳烃

国内多家科研机构开展了从富含芳烃的催化柴油中提取高沸点芳烃的研究，所采用的方法包括萃取法、吸附分离法、离子液法、膜分离法、络合法等[38]。

柴油资源的利用路线见图 2－2－7。根据企业定位和生产目标，选择适合的组合路线来作为柴油加工方案。

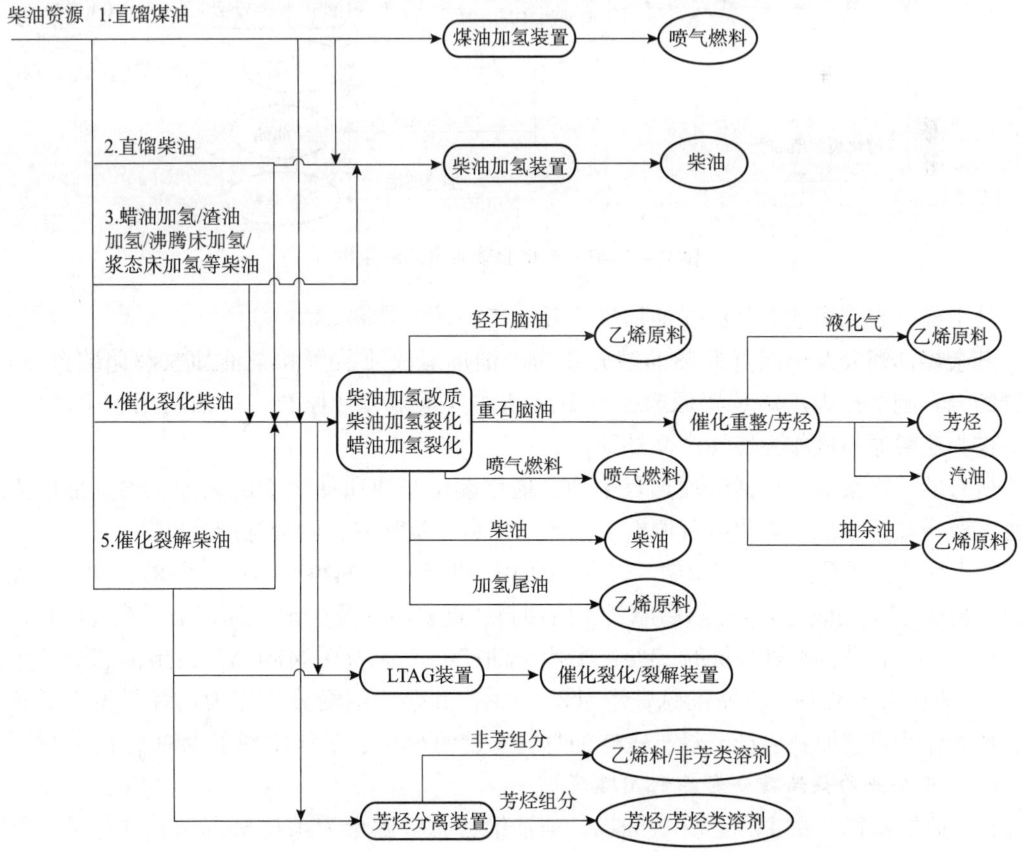

图 2－2－7 柴油资源利用途径

三、产品结构转型中柴油馏分资源的利用案例

(一)A 企业的柴油馏分资源利用路线

A 企业原油总加工量为 20Mt/a，柴油总资源量为 7.48Mt/a，其中包括：直馏煤油馏分 2.53Mt/a，直馏柴油馏分 3.27Mt/a，渣油加氢柴油 0.65Mt/a，催化裂化柴油0.6Mt/a，催化裂解柴油 0.44Mt/a。

各类柴油加工路线如图 2－2－8 所示。

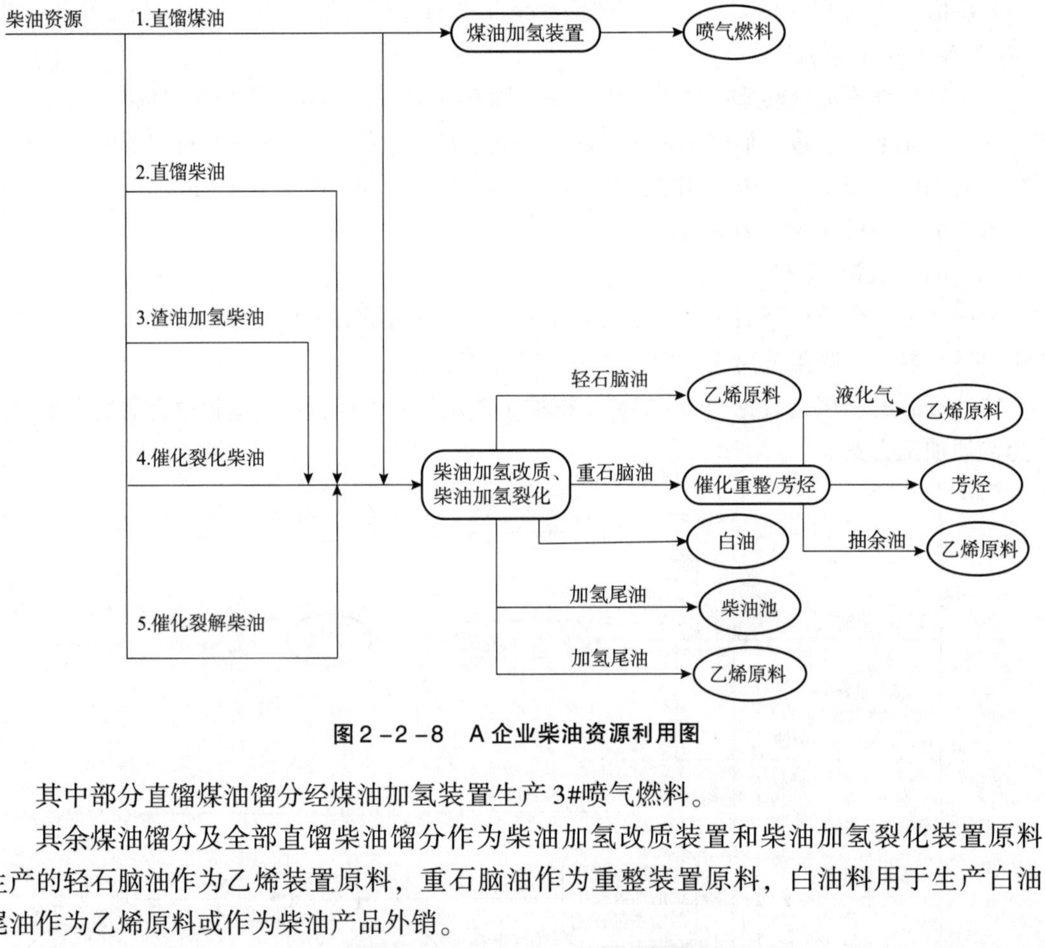

图 2－2－8　A 企业柴油资源利用图

其中部分直馏煤油馏分经煤油加氢装置生产 3#喷气燃料。

其余煤油馏分及全部直馏柴油馏分作为柴油加氢改质装置和柴油加氢裂化装置原料，生产的轻石脑油作为乙烯装置原料，重石脑油作为重整装置原料，白油料用于生产白油，尾油作为乙烯原料或作为柴油产品外销。

所有的二次柴油，包括渣油加氢柴油、催化裂化柴油和催化裂解柴油，均全部作为柴油加氢改质和柴油加氢裂化装置原料，生产乙烯料、重整料、白油等产品。

综上所述，在全部柴油资源中，仅有 13% 用于生产喷气燃料产品；其余 87% 均作为加氢裂化类装置原料，进一步生产乙烯原料、白油料、重整原料及少量柴油。全厂喷气燃料产量为 0.96Mt/a，占柴油总资源量的 13%；车用柴油产品产量为 0.44Mt/a，占柴油总资源量的 6%；白油料 1.27Mt/a，占柴油总资源量的 17%；其余柴油馏分均作为乙烯料生产低碳烯烃，或者作为重整原料生产芳烃，占柴油总资源量的 64%，最终实现了少油多化的目标。

(二)B 企业的柴油馏分资源利用路线

B 企业扩建新增原油加工量 11Mt/a，柴油馏分总资源量为 4.65Mt/a，其中包括：直馏煤油馏分 1.22Mt/a，直馏柴油馏分 2.1Mt/a，渣油加氢柴油 0.43Mt/a，催化裂解轻柴油

0.5Mt/a，催化裂解重柴油0.38Mt/a。

各类柴油加工路线如图2-2-9所示。

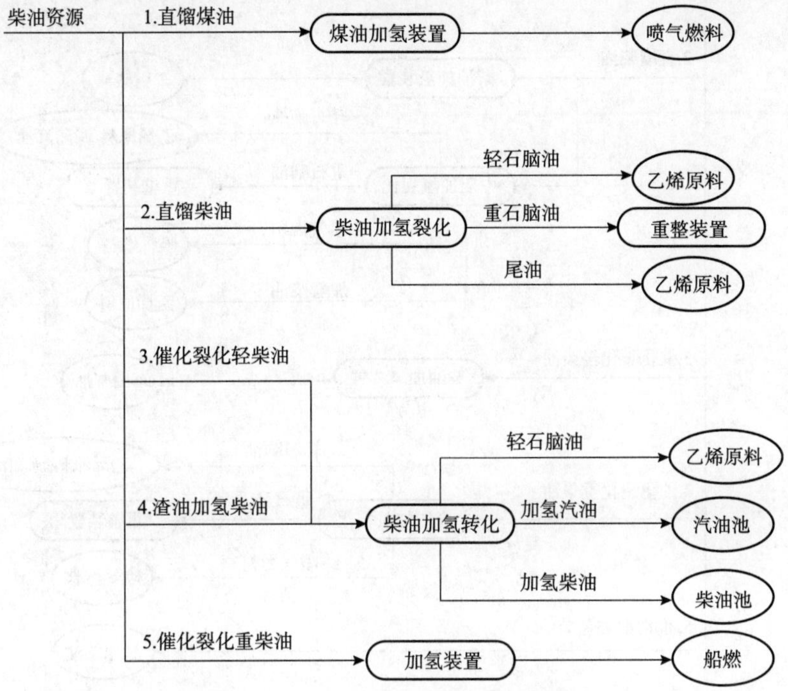

图2-2-9 B企业柴油资源利用图

直馏煤油馏分经煤油加氢装置生产3#喷气燃料。

常压蒸馏装置生产的直馏柴油馏分去老区的柴油加氢裂化装置加工，主要生产重石脑油作为重整原料，以及轻石脑油和尾油作为乙烯原料。

催化裂解轻柴油和渣油加氢柴油一并作为柴油加氢转化装置原料，主要生产汽油作为汽油调和组分，生产柴油作为柴油调和组分。

催化裂解重柴油加氢后作为低硫船燃调和组分。

综上所述，在扩建增产的全部柴油资源中，最终有45%作为加氢裂化装置原料进一步生产乙烯原料和重整原料，有26%生产喷气燃料产品，9%成为汽油调和组分，9%成为柴油调和组分，8%左右成为船用燃料油。

（三）C企业的柴油馏分资源利用路线

C企业原油总加工量为10Mt/a，柴油馏分总资源量为3.74Mt/a，其中包括：直馏煤油1.33Mt/a，直馏柴油1.66Mt/a，催化轻柴油0.27Mt/a，催化重柴油0.24Mt/a，重油加氢柴油0.21Mt/a，润滑油加氢柴油0.03Mt/a。

各类柴油加工路线如图2-2-10所示。

直馏煤油馏分经煤油加氢装置生产3#喷气燃料。

直馏柴油部分去柴油加氢装置生产车用柴油；其余部分去中压加氢裂化装置，生产的轻石脑油作为乙烯原料，生产的重石脑油作为重整原料，生产的喷气燃料作为喷气燃料产品，生产的加氢柴油作为乙烯原料。

催化裂化轻柴油去柴油加氢装置生产车用柴油。

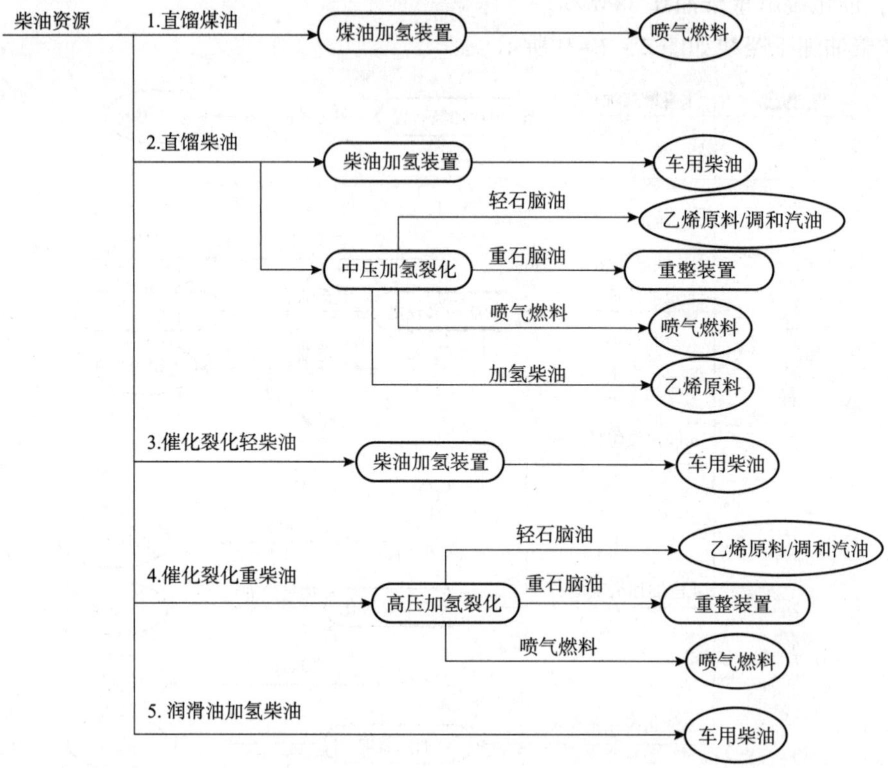

图2－2－10　C企业柴油资源利用图

催化裂化重柴油去高压加氢裂化装置，裂化得到的轻石脑油作为乙烯裂解原料，生产的重石脑油作为重整原料，生产的喷气燃料作为喷气燃料产品。

润滑油加氢装置副产的柴油直接作为车用柴油调和组分。

综上所述，在全部柴油馏分资源中，最终有56.5%成为喷气燃料产品，26%成为车用柴油产品，其余17.5%最终成为乙烯裂解原料、汽油、芳烃类产品。

第三节　石脑油资源的利用

一、石脑油馏分资源的特征分析

（一）石脑油馏分资源类型和来源

炼油厂的石脑油馏分是汽油馏分的潜馏分，其馏分范围比较宽，一般指馏程为≤180℃的馏分，并且将≤65℃馏分称为轻石脑油，65～180℃的馏分称为重石脑油。石脑油馏分的碳数分布范围主要是$C_5 \sim C_{12}$。

炼油厂的石脑油资源包括直馏石脑油和二次加工装置生产的石脑油。

炼油厂一次加工装置生产的石脑油，也叫直馏石脑油，主要是常压蒸馏的初馏塔顶和常压塔顶生产的石脑油，这类石脑油不含烯烃。不同类型原油的直馏石脑油的性质及组成差别很大，大庆石脑油砷含量高，硫氮含量较低；中东石脑油的硫、氮含量比较高，不含砷；而含酸重质原油石脑油的含硫量较低，含氮量和酸值较高。

炼油厂二次加工装置生产的石脑油，主要包括加氢裂化石脑油、催化裂化石脑油、催化裂解石脑油和焦化石脑油等。不同类型的石脑油性质及组成差别很大，其中，催化裂化石脑油、催化裂解石脑油及焦化石脑油中均含有不同量的烯烃，加氢裂化石脑油的硫和氮含量都很低。对于同一种石脑油产品，如催化裂化石脑油，由于加工原料不同，加工工艺或工艺条件选择不同，石脑油性质也会有所差异。

（二）石脑油馏分资源的性质和组成

直馏石脑油的性质及组成与原油种类密切相关，表2-2-8、表2-2-9列出了典型原油的直馏石脑油的主要性质。

表2-2-8　几种典型原油直馏轻石脑油馏分的主要性质

直馏石脑油	大庆轻石脑油	胜利轻石脑油	沙轻轻石脑油	巴士拉轻石脑油
馏程范围/℃	<70	<70	<70	<70
收率/%（质）	1.43	0.37	4.81	3.90
密度(20℃)/(g/cm^3)	0.6508	0.6264	0.6375	0.6377
总硫/(μg/g)	194	29	486	112
硫醇硫/(μg/g)	14	8	23	19
RON	62.4	83.9	68.7	69.8
MON	60.6	82.1	68.0	69.1
PNA/%（质）				
P	82.33	83.92	98.29	98.22
N	16.91	14.62	1.71	1.78
A	0.76	1.46	0.00	0.00

表2-2-9　几种典型原油直馏重石脑油馏分的主要性质

直馏石脑油	大庆重石脑油	胜利重石脑油	沙轻重石脑油	巴士拉重石脑油
馏程范围/℃	70~165	70~165	70~165	70~165
收率/%（质）	5.77	2.11	13.93	12.61
密度(20℃)/(g/cm^3)	0.7422	0.7733	0.7259	0.7223
总硫/(μg/g)	259	881	588	297
硫醇硫/(μg/g)	38	4	209	32
RON	49.6	55.7	43.0	38.9
MON	47.9	53.2	41.0	37.2
PONA/%（质）				
P	54.34	40.77	63.33	68.35
N	36.67	48.85	22.11	20.60
A	8.99	10.38	14.56	11.05

二次加工石脑油的性质与其来源关系密切。表2-2-10列出了几种不同加工工艺所生产石脑油馏分的典型性质。

表 2-2-10　几种二次加工石脑油馏分的主要性质

二次加工石脑油	加氢裂化 轻石脑油	加氢裂化 重石脑油	催化裂化 石脑油	催化裂解 石脑油	焦化 石脑油
馏程范围/℃	C_5~75	75~178	<200	<190	<220
收率/%(质)	10.93	42.35	38.40	26.93	11.43
密度(20℃)/(g/cm^3)	0.660	0.729	0.730	0.805	0.732
硫/(μg/g)	8	≤0.5	160	520	1600
氮/(μg/g)	0.1	≤0.5	86	80	41
溴指数/(gBr/100g)		≤0.1	49	35	
二烯值/(gI/100g)				7	
辛烷值					
RON			92.6	97	
MON			81.6	85	
PONA/%(质)					
P	95	48.5		16.8	38.6
O			24	22.0	40.8
N	4	46		6.9	9.5
A	1	5.5	21	54.3	11.1

二、石脑油馏分资源的利用路径

石脑油的主要用途包括：汽油调和组分、乙烯裂解原料、芳烃生产原料和溶剂油原料。根据用途不同，石脑油可以全馏分出装置，也可进一步切割为轻石脑油和重石脑油。

对于“炼油+芳烃+乙烯”一体化企业，石脑油加工应本着“宜油则油、宜芳则芳、宜烯则烯”的原则处理。随着炼油厂加快转型升级，石脑油作为乙烯原料的比例越来越高。

石脑油的化学组成决定其加工路线的选择。原料越轻，蒸汽裂解的乙烯产率越高；原料越重，燃料油产率越高。

对于裂解反应而言，从族组成的角度来看，烷烃主要是C—C链断裂的分解反应，烷烃的分子量越大、热稳定性越差，分解速度也越快；分子量相同时，异构烷烃分解速度大于正构烷烃，但异构烷烃易生成丙烯；环烷烃的热稳定性比相应的烷烃好，可能产生C—C键的断裂和脱氢反应生成烯烃、二烯烃和芳烃；烯烃裂解生成乙烯、丙烯，也会脱氢生成炔烃、二烯烃进而生成芳烃；芳烃的热稳定性最好，不容易裂解，易于产生缩合反应。因此，正构烷烃是制取乙烯的理想组分，异构烷烃较差，环烷烃裂解不仅产率低，且易转化为芳烃进而结焦，是非理想组分。对于重整反应，正好与之相反，原料中芳烃和环烷烃含量越高，重整效果越好。

石脑油蒸汽裂解性能好坏通常用烷烃(P)、烯烃(O)、环烷烃(N)和芳烃(A)百分含量组成来表示。当P值较高时，乙烯、丙烯、丁烯收率较高，是好的裂解原料；反之，当N、A值较高，则低碳烯烃收率低，裂解汽油和燃料油收率高。一般来讲，裂解原料中芳烃含量大于10%时，乙烯收率就比较低，会有较多的焦和焦油生成，不宜作为裂解原料。以生产芳烃为目的的重整过程，通常以60～165℃馏分为原料，除"芳烃潜含量"外，经常将重石脑油65～165℃馏分链烷烃含量和(N+2A)含量作为依据，将原油分成裂解料型、过渡型和重整料型原油。基于石脑油族组成和芳烃潜含量的原油分类如表2-2-11所示。

表2-2-11　基于石脑油族组成和芳烃潜含量的原油分类

裂解料型原油	过渡型原油	重整料型原油
链烷烃>60%及N+2A<46%	链烷烃≥60%及N+2A≥46%	链烷烃<60%及N+2A>46%

炼油厂石脑油资源在燃油型炼油厂中主要用于生产汽油调和组分，在炼化一体化企业中，除小部分调和汽油外，大部分作为乙烯原料和芳烃原料。

石脑油资源的综合利用途径见图2-2-11。

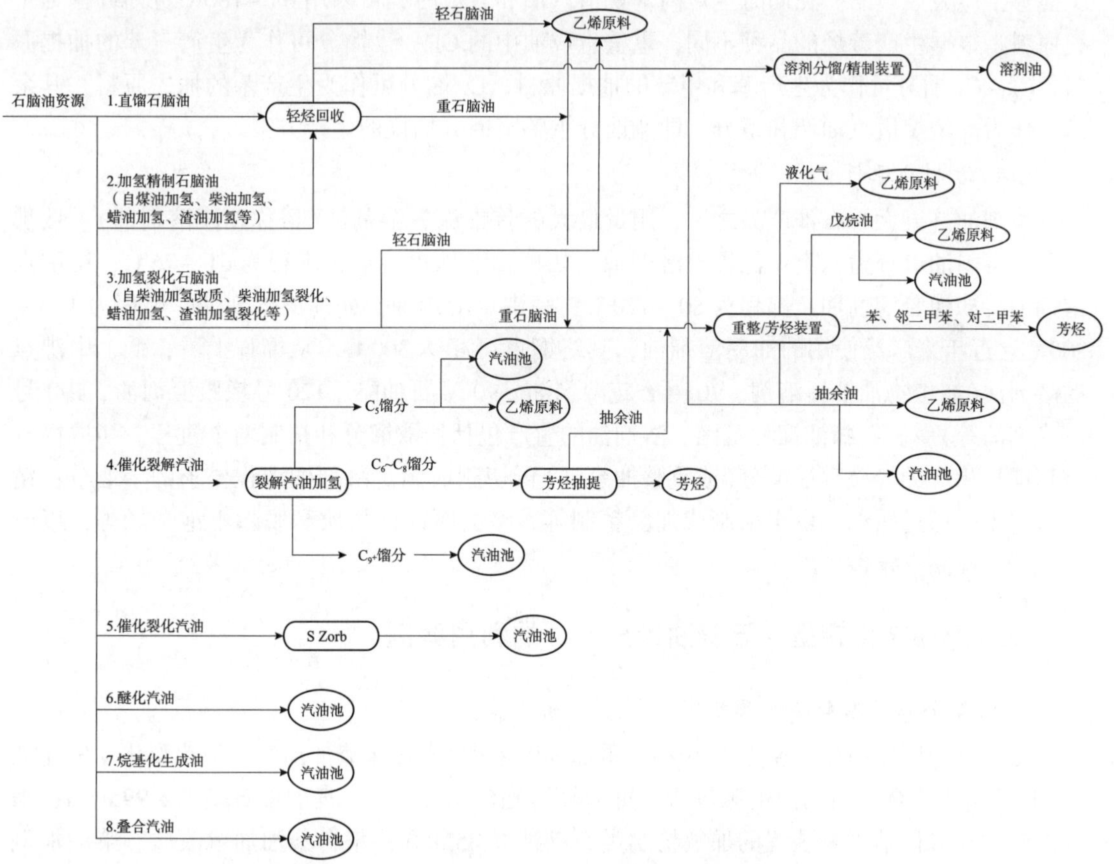

图2-2-11　炼油厂石脑油资源的综合高效利用途径

(一)汽油调和组分

催化裂化石脑油辛烷值高，是主要的汽油调和组分。根据目前全厂汽油调和产品的质量要求中产品对硫等杂质含量的限制，催化裂化石脑油需要经过脱硫处理以满足质量要求。

直馏石脑油辛烷值较低，一般不直接做汽油调和组分，需经过重整等工艺提高辛烷值。直馏轻石脑油辛烷值低，一般 RON 为 65 左右，可采用 C_5/C_6 异构化工艺提高辛烷值，最高可以提高 20 个单位。C_5/C_6 异构化油不含杂质，是非常好的汽油调和组分。加氢裂化轻石脑油异构物含量高，辛烷值高，可直接用作汽油调和组分。当用重整生产高辛烷值汽油组分时，一般采用 80～180℃馏分石脑油做原料。

(二)乙烯裂解原料

《乙烯装置专用石脑油质量标准》一般要求石脑油中的链烷烃含量(质)不低于65%，烯烃含量(质)不大于 1.0%，硫含量(质)不大于 0.08%。石蜡基原油和石蜡－中间基原油(如大庆原油，中东地区的沙轻、沙中等原油)的直馏石脑油一般都可直接做乙烯裂解原料。焦化石脑油烯烃和硫含量高，不能直接做乙烯裂解原料，但加氢精制后的焦化石脑油链烷烃含量(质)超过65%，是优质的乙烯裂解原料。

(三)芳烃生产原料

石脑油经过重整工艺，可以生产高辛烷值的汽油组分，并且重整生成油经过进一步加工能够生产芳烃产品。在同时生产高辛烷值汽油和芳烃时，可采用65～180℃宽馏分作为重整原料。根据生产芳烃的品种不同，重整生成油中的 C_6～C_8 馏分可作为生产三苯的抽提原料，C_6～C_7 馏分可作为生产苯和甲苯的抽提原料，C_6 馏分可作为生产苯的抽提原料，其余部分作为高辛烷值汽油调和组分，即宽馏分重整窄馏分抽提的生产方案。

(四)溶剂油原料

溶剂油是五大类石油产品之一，用量最大的首推涂料溶剂油(俗称油漆溶剂油)。按沸程分，溶剂油可分为三类：低沸点溶剂油，如植物油抽提溶剂，沸程为 61～76℃；中沸点溶剂油，如橡胶溶剂油，沸程为 80～120℃；高沸点溶剂油，如油漆溶剂油，沸程为 140～200℃。近年来广泛使用的油墨溶剂油，其终馏点可高达 300℃。从馏程上看，低、中沸点的溶剂油(如植物油抽提溶剂、70 号香花溶剂油、90 号石油醚、120 号橡胶溶剂油、190 号洗涤剂油等)属于石脑油馏程范围。溶剂油的生产包括切取馏分和精制两个过程。切取馏分过程即将相应的轻质直馏馏分(或重整抽余油)再切割成满足溶剂油沸程要求的窄馏分；精制过程则是通过碱洗、白土精制或加氢精制等，除去腐蚀性物质和脱除不饱和烃等，以改善色泽，提高安定性。

三、产品结构转型中石脑油馏分资源的利用案例

(一)A 企业的石脑油利用路线

A 企业全厂原油加工能力 20Mt/a，重油加工采用“固定床渣油加氢＋催化裂化＋催化裂解”技术路线。全厂石脑油资源包括：直馏轻石脑油 1.2Mt/a，直馏重石脑油2.99Mt/a；来自煤油加氢和渣油加氢装置的加氢精制类石脑油 0.05Mt/a；来自柴油加氢改质、柴油加氢裂化和蜡油加氢裂化的加氢裂化轻石脑油类石脑油 0.83Mt/a 和来自上述三套装置的加氢裂化重石脑油 3.67Mt/a；催化裂化汽油 1.2Mt/a，催化裂解汽油 1.078Mt/a。全厂石脑油资源总计 11.03Mt/a。

各类石脑油加工路线如图 2－2－12 所示。

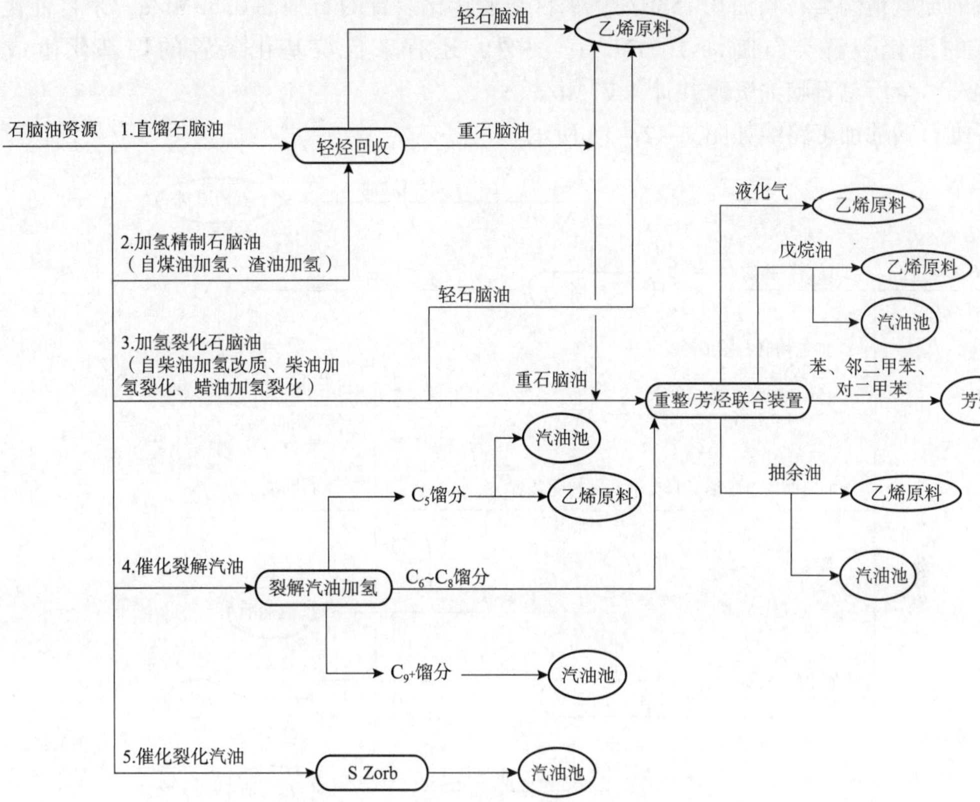

图 2-2-12　A 企业石脑油资源利用方案

1#常压蒸馏常顶油稳定后，经轻、重分离后全部作为乙烯原料。

2#常顶油稳定后部分送至石脑油预加氢装置全馏分加氢“拔”头后，精制重石脑油作为重整料，“拔头”油作为乙烯料或全厂汽油调和组分。剩余稳定全馏分石脑油直接作为乙烯原料。

柴油加氢改质、柴油加氢裂化和蜡油加氢裂化的重石脑油全部作为重整原料生产对二甲苯，轻石脑油全部作为乙烯原料。

全厂加氢精制类装置所生产的粗石脑油(包括渣油加氢石脑油、煤油加氢石脑油)送至常减压装置稳定后作为重整料。

催化裂解装置的裂解石脑油经加氢处理后进行芳烃抽提，分离出苯、甲苯和混合二甲苯。其中苯作为化工原料继续利用，甲苯和 C_{9^+} 芳烃作为汽油调和组分，混合二甲苯作为芳烃原料。裂解抽余油作为石脑油预加氢原料或全厂汽油调和组分。

催化裂化汽油经 S Zorb 装置处理后作为汽油调和组分。

综上所述，A 企业的石脑油资源中，40% 最终成为对二甲苯、苯、邻二甲苯等芳烃类产品，33% 作为乙烯原料生产低碳烯烃，19% 成为车用汽油产品。这是典型的少产油品、多产芳烃和烯烃的“少油多化”类炼化一体化工厂的石脑油资源利用方案。

(二)B 企业的石脑油利用路线

B 企业扩建新增原油加工能力 11Mt/a，重油加工采用“固定床渣油加氢 + 催化裂解”技术路线。全厂石脑油资源包括：直馏石脑油 1. 81Mt/a，来自煤油加氢、蜡油加氢和渣油加氢装置的加氢精制类石脑油 0. 15Mt/a，来自柴油转化装置的石脑油 0. 82Mt/a，来自催化裂解装置的催化裂解类石脑油 1. 71Mt/a；另外，还有来自烷基化装置的烷基化生成油 0. 29Mt/a。全厂总石脑油资源共计 4. 77Mt/a。

各类石脑油加工路线如图 2 - 2 - 13 所示。

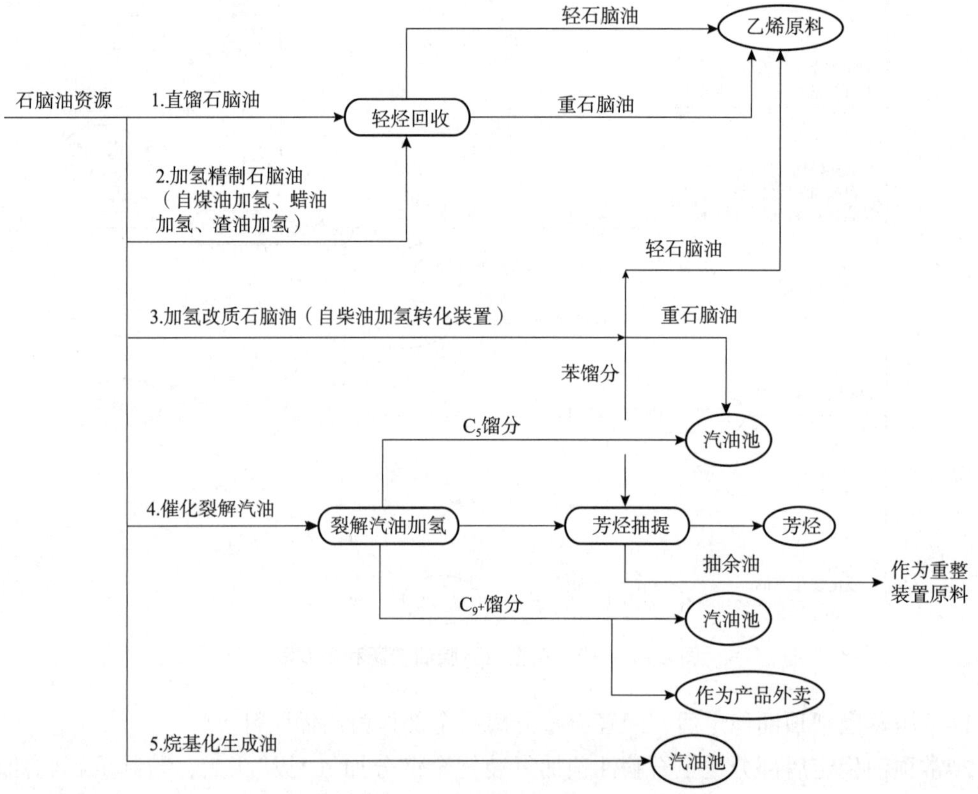

图 2 - 2 - 13　B 企业石脑油资源利用方案

常压装置来的直馏石脑油和来自加氢精制类装置(煤油加氢、蜡油加氢、渣油加氢)的加氢精制石脑油一并在常压装置轻烃分离单元分为轻、重石脑油后分别作为乙烯原料。

来自柴油转化装置的轻石脑油作为乙烯原料；苯馏分进裂解汽油加氢装置处理，重石脑油作为汽油调和组分。

催化裂解汽油经加氢后的 C_6 ~ C_8 馏分抽提出苯作为化工原料，甲苯作为汽油调和组分或作为产品外卖，二甲苯作为企业老区芳烃扩能改造原料；经抽提后的非芳烃抽余油送至老区作为重整料。

催化裂解汽油加氢后的 C_5 馏分和 C_{9+} 芳烃作为汽油调和组分。

综上所述，B 企业的石脑油资源中，43% 作为乙烯原料，35% 作为汽油调和组分，15% 生产 BTX 芳烃，7% 返回老区作为重整装置原料。

(三)C 企业的石脑油利用路线

C 企业全厂原油加工能力 10Mt/a，加工采用“溶剂脱沥青 + 渣油加氢处理 + 重油催化裂化”技术路线。全厂石脑油资源包括：直馏石脑油 1. 45Mt/a；来自煤油加氢、柴油加氢、渣油加氢和润滑油加氢装置的加氢精制类石脑油 0. 08Mt/a，来自高压加氢裂化和中压加氢裂化装置的加氢裂化类石脑油 0. 78Mt/a，来自两套催化裂化装置的催化石脑油 1. 21Mt/a；另外，还有来自烷基化装置的烷基化生成油0.3Mt/a。全厂总石脑油资源共计3.81Mt/a。

各类石脑油加工路线如图2-2-14所示。

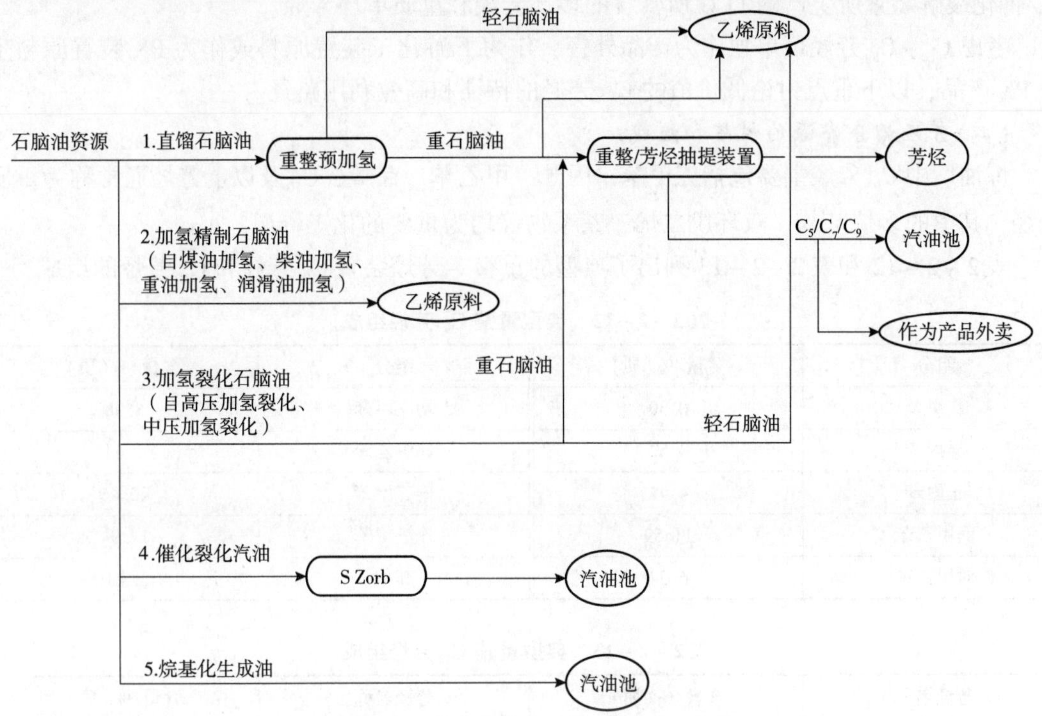

图2-2-14　C企业石脑油资源利用方案

直馏石脑油在重整预加氢单元分离为轻石脑油和重石脑油，轻石脑油作为乙烯料，重石脑油大部分作为重整料，少部分作为乙烯原料。

加氢精制石脑油包括来自煤油加氢、柴油加氢、重油加氢和润滑油加氢的石脑油，均作为乙烯原料。

加氢裂化轻石脑油去正异构分离装置，分离出的正构轻石脑油作为乙烯装置原料，异构轻石脑油作为汽油调和组分。

加氢裂化重石脑油作为重整装置原料。

催化裂化汽油全部进S Zorb装置脱硫处理后作为汽油调和组分。

综上所述，C企业石脑油资源中，61%作为汽油调和组分，28%作为乙烯原料，8%生产苯和二甲苯类芳烃，2%作为混合芳烃外卖。

第四节　芳烃资源的利用

一、芳烃馏分资源的特征分析

（一）芳烃馏分资源的类型和来源

炼油厂转型生产化工原料的同时，也副产了大量的芳烃资源。

这些芳烃资源主要包括：①重整-芳烃抽提装置生产的$C_6 \sim C_8$芳烃和催化裂解装置所

生产的裂解汽油经加氢和芳烃抽提后生产的 $C_6 \sim C_8$ 芳烃；②重整 - 芳烃抽提装置副产的 C_{9^+} 芳烃和催化裂解装置所生产的裂解汽油经加氢及芳烃抽提后副产的 C_{9^+} 芳烃；③催化裂化/催化裂解装置所生产的 LCO 所富含的多环芳烃和重质单环芳烃。

考虑 $C_6 \sim C_8$ 芳烃可单独作为产品外售、作为下游化工装置原料或作为 PX 装置原料生产 PX 产品，以下重点讨论低价值的 C_{9^+} 芳烃的特征和高效利用路径。

（二）芳烃馏分资源的性质和组成

炼油厂中 C_9 芳烃主要包括三甲苯、丙苯、甲乙苯、茚等；C_{10} 及以上芳烃通常称为重质芳烃，其中的多烷基苯、双环戊二烯、萘系物等均为重要的化工资源。

表 2 - 2 - 12 和表 2 - 2 - 13 列出了典型的重整 - 芳烃装置 C_9 芳烃和 C_{10} 芳烃的组成[25]。

表 2 - 2 - 12　典型重整 C_9 芳烃组成

组分	含量/%（质）	组分	含量/%（质）
二甲苯	0.30	均三甲苯	8.98
异丙苯	4.52	邻甲乙苯	6.64
正丙苯	4.42	偏三甲苯	40.46
间甲乙苯	11.59	连三甲苯	12.94
对甲乙苯	6.34	其他	3.81

表 2 - 2 - 13　典型重整 C_{10} 芳烃组成

芳烃名称	含量/%（质）	芳烃名称	含量/%（质）
1，2 - 二乙苯	0.80	萘	16.72
1，4 - 二乙苯	1.14	五甲苯	2.41
1，2 - 二甲基 - 4 - 乙苯	4.81	α - 甲基萘	4.74
均四甲苯	11.26	β - 甲基萘	10.80
偏四甲苯	4.10	苯基环己烷	0.39
连四甲苯	13.76	二甲基萘	7.95
1 - 甲基茚	1.20	未知组分	18.18
2 - 甲基茚	1.74		

裂解汽油是催化裂解装置的主要产品之一，一般产率在 20% ~ 30%。裂解汽油中富含芳烃组分，表 2 - 2 - 14 列出了某厂裂解汽油加氢装置分馏单元的物料组成及收率。

表 2 - 2 - 14　裂解汽油加氢分馏单元物流组成

组分	加氢 DCC 汽油	C_5	$C_6 \sim C_8$	C_{9^+}
质量收率/%（质）	100	7.90	71.19	20.91
质量组成/%（质）				
C_5	7.46	92.66	0.19	0.00
PC_6	10.49	2.03	14.51	0.00
PC_7	5.41	0.00	7.60	0.00
PC_8	5.10	0.00	7.16	0.00

续表

组分	加氢 DCC 汽油	C_5	$C_6 \sim C_8$	C_9+
PC_9	1.91	0.00	2.57	0.40
PC_{10}	1.55	0.00	0.00	7.41
PC_{11}	3.39	0.00	0.00	16.22
PC_{12}	0.91	0.00	0.00	4.35
NC_5	1.25	5.21	1.18	0.00
NC_6	3.77	0.01	5.30	0.00
NC_7	6.33	0.00	8.89	0.00
NC_8	4.59	0.00	6.45	0.00
NC_9	2.70	0.00	3.79	0.02
NC_{10}	0.48	0.00	0.00	2.30
NC_{11}	0.04	0.00	0.00	0.19
BEN	2.78	0.09	3.90	0.00
TOL	11.36	0.00	15.96	0.00
C_8A	16.09	0.00	22.50	0.35
C_9A	11.97	0.00	0.02	57.18
$C_{10}A$	2.18	0.00	0.00	10.43
$C_{11}A$	0.24	0.00	0.00	1.15
合计	100	100	100	100

催化裂化和催化裂解装置中，轻循环油(LCO)是主要的副产品之一。其中催化裂化轻循环油产率(质量分数)在25%左右，催化裂解轻循环油产率(质量分数)在10%左右。表2-2-15列出了几种典型的LCO中的芳烃组成。

表2-2-15　典型的LCO中芳烃组成

项目	中间基原油1的LCO	中间基原油2的LCO	石蜡基原油的LCO
密度(20℃)/(g/cm^3)	0.9374	0.9434	0.9115
族组成/%(质)			
链烷烃	12.6	9.5	20.9
环烷烃	4.5	2.8	10.9
芳烃	82.0	87.7	68.3
单环	27.8	26.7	21.4
双环	46.3	57.0	39.7
多环	7.9	4.0	7.2

二、芳烃馏分资源的利用路径

(一)C_7、C_9、C_{10}芳烃的利用

C_7、C_9、C_{10}等芳烃的高效利用途径主要包括：①作为汽油调和组分。与其他汽油调和组分相比，芳烃组分由于辛烷值较高，能明显提高高辛烷值汽油比例。但基于汽油中芳烃

限制和馏程范围要求，上述组分进入汽油池的调和量有限。②通过歧化、烷基转移等技术继续转化为二甲苯或其他低碳芳烃，提高产品价值。③通过分离获得化工原料。

(二)LCO 中多环芳烃和重质单环芳烃的利用

LCO 富含稠环芳烃和重质单环芳烃，是巨大的芳烃资源库，碳链裂解过程中产生的短链轻质烃类又可作为优质的烯烃原料。其主要利用途径包括：①LCO 通过加氢裂化工艺，实现其中的芳烃最大程度转化为轻芳烃，直接生产高品质 BTX 芳烃或高辛烷值汽油调和组分；②LCO 先进行加氢处理，使稠环芳烃部分饱和为单环芳烃，或将 LCO 分为富含单环芳烃的轻馏分和富含稠环芳烃的重馏分，LCO 重馏分进行加氢处理使稠环芳烃部分饱和，获取富含单环芳烃的加氢 LCO 馏分，再进行催化裂化，充分利用催化裂化工艺裂化和芳构化的反应特性，将单环芳烃上的环烷环或烷基进行裂化，从而最终使重芳烃转化为轻芳烃。③LCO 经加氢处理进行深度脱硫、脱氮反应后，通过溶剂抽提等物理方法分离出其中的烷烃等高十六烷值组分作为清洁柴油，芳烃组分通过加氢裂化工艺生产轻质芳烃。

芳烃资源的利用途径如图 2－2－15 所示。

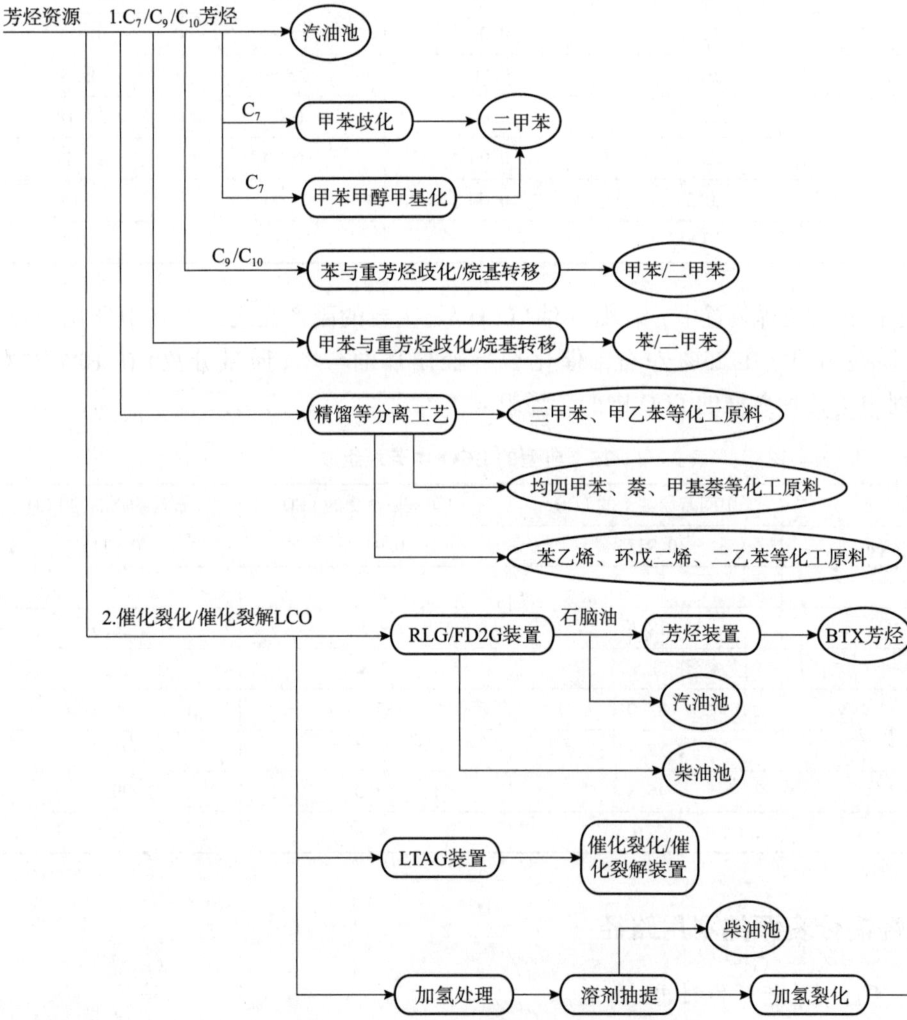

图 2－2－15　芳烃资源的利用途径

三、产品结构转型中芳烃馏分资源的高效利用案例

某企业全厂原油加工能力11.5Mt/a，转型方案中重油加工采用“重油催化裂解+催化裂化”组合技术路线，催化柴油采用LTAG工艺，直馏柴油采用“加氢精制+柴油吸附分离”工艺路线。全厂芳烃资源包括：来自DCC石脑油和LTAG汽油的甲苯0.24Mt/a，混合二甲苯0.27Mt/a，C_9芳烃0.31Mt/a；来自重整抽提装置的甲苯0.17Mt/a，混合二甲苯0.23Mt/a，C_9芳烃0.22Mt/a；来自于柴油吸附分离装置的富芳烃柴油0.56Mt/a；来自催化裂化和催化裂解装置的催化柴油1Mt/a。因此，全厂甲苯、混合二甲苯、C_9资源共计1.44Mt/a，以及富芳烃柴油和催化LCO柴油资源共计1.56Mt/a。

为高效利用C_9芳烃和柴油吸附分离装置的富芳烃柴油，结合汽油调和和苯生产需要，企业上述资源的加工路线如图2-2-16所示。

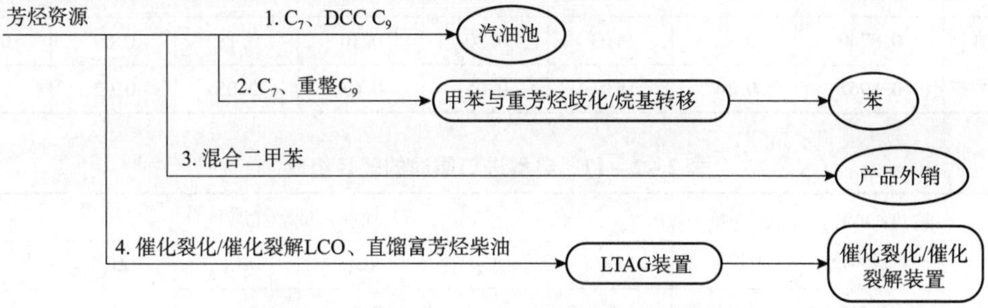

图2-2-16　某企业芳烃资源的利用途径

催化柴油和直馏富芳烃柴油全部采用LTAG工艺，以增产富芳烃汽油；富芳烃汽油后续经加氢工艺和芳烃抽提工艺，生产BTX。

来自催化裂解装置的C_9芳烃和部分甲苯作为全厂汽油调和组分，来自重整抽提装置的C_9芳烃和部分甲苯作为制苯原料。

此外，全厂混合二甲苯资源全部作为产品外销。

第五节　轻烃资源的利用

一、轻烃资源的特征分析

（一）轻烃资源类型和来源

轻烃是原油在炼油装置加工过程中所产生的C_1~C_4烃类的总称。炼油厂气体和轻烃主要产自常减压、催化裂化、延迟焦化、催化重整、加氢精制和加氢裂化等工艺加工过程。由于加工原油的品种、全厂总流程及各装置的工艺条件不尽相同，炼油厂轻烃的组成及数量也有所不同。总体来讲，炼油厂轻烃中一般包含氢气、C_1~C_4烷烃、C_2~C_4烯烃等组分，同时还含有硫化氢、二氧化碳、氮气及硫醇等杂质。

对于典型千万吨级燃油型炼油厂而言，每年炼油厂气体和轻烃（C_4及以下烃类）产量可达到百万吨，约占原油加工量的10%。对于炼化一体化企业或化工型炼油厂，由于原油资源转化深度进一步提高，全厂轻烃及干气资源的产量和比例将会进一步大幅度增加。

(二)轻烃资源的性质和组成

近年来随着国内炼油厂原油加工量的提高，特别是加工进口中东含硫原油的大量增加，原油中 C_5 以下的轻烃含量比国内原油轻烃含量高得多。表 2-2-16 列出了典型国产原油的轻烃组成，表 2-2-17 列出了典型进口原油的轻烃组成[40]。

表 2-2-16　典型国产原油的轻烃组成

项目	密度(20℃)/(g/cm³)	硫含量/%(质)	轻烃含量/%(质)					
			C_2	C_3	iC_4	nC_4	C_5	合计
大庆油	0.8611	0.09	0.01	0.07	0.08	0.19	0	0.35
胜利油	0.9082	1.0	0.01	0.06	0.06	0.15	0	0.28
长庆油	0.8511	0.11	0.05	0.26	0.12	0.21	0.10	0.74
青海油	0.8506	0.24	0.02	0.10	0.05	0.08	0.03	0.28
南疆油	0.8740	0.83	0.03	0.20	0.10	0.18	0.09	0.60
北疆油	0.8962	0.14	0.01	0.05	0.03	0.05	0.02	0.16

表 2-2-17　典型进口原油的轻烃组成

项目	密度(20℃)/(g/cm³)	硫含量/%(质)	轻烃含量/%(质)					
			C_2	C_3	iC_4	nC_4	C_5	合计
阿曼油	0.8518	1.15	0	0.10	0.20	0.60	0	0.90
沙轻油	0.8565	2.07	0	0.20	0.10	0.70	0	1.00
沙中油	0.8664	2.64	0	0.30	0.20	0.70	0	1.20
沙重油	0.8871	2.85	0.08	0.46	0.19	0.86	0	1.59
伊轻油	0.8498	1.56	0	0.40	0.90	0	0	1.30
伊重油	0.8699	1.95	0	0.40	0.20	0.80	0	1.40

炼油厂轻烃资源量、组成和性质还与加工工艺密切相关。由于装置加工规模的增大及加工深度的提高，也会导致炼油厂各二次加工装置产生的炼油厂气和轻烃大量增加。通常，催化裂化装置的气体产率高，其中含有大量的丙烯、丁烯和异丁烯，是炼油厂气中烯烃的主要来源。不同类型的催化裂化装置，由于原料、操作条件和催化剂等的不同，产品产率和组成也不同，气体产率(质量分数)大致为 10%~20%。而对于以增产低碳烯烃为目的的催化裂解技术，其气体产率(质量分数)可以达到 50%左右，其中丙烯的产率可以达到 13%~25%；与其他技术相比，催化裂解以重质油为原料生产丙烯和丁烯等轻烯烃，为化工生产提供原料。延迟焦化装置气体产率(质量分数)一般为 8%~10%，焦化干气中烯烃含量较少，是比较合适的制氢原料。加氢裂化装置气体产率(质量分数)为 8%左右，气体主要是由饱和烷烃和氢气组成，乙烷以下组分极少，异构烷烃含量较高，其中含有大量的异丁烷，而异丁烷是良好的生产烷基化油的原料，另外氢气可以回收。催化重整装置气体产率(质量分数)为 8%~15%，一部分为烃类气体，一部分为含氢气体，后者是炼油厂最重要的氢源。表 2-2-18 列出了几种不同加工工艺所得轻烃的组成。

表 2-2-18　几种二次加工装置所生产的轻烃组成　%(质)

组成	催化裂化(MIP)	催化裂解(DCC)	焦化轻烃	重整氢气	重整液化气	加氢精制分馏塔顶气	加氢精制塔顶轻烃	加氢裂化干气	加氢裂化液化气
H_2	1.59	0.87	1.3	44.09		1.30	0.01	14.48	
H_2S	3.90	0.22				4.88	1.46	29.49	0.0018
CO									
CO_2	7.92		0.2						
N_2	19.79								
O_2									
CH_4	16.88	5.92	39.7	13.53	0.18	1.31	0.06	13.63	
C_2H_4	16.45	8.89	2.0						
C_2H_6	15.09	4.23	23.0	18.33	6.92	4.61	0.98	29.59	
C_3H_6	7.47	40.6	6.3						
C_3H_8	2.56	8.26	17.4	12.44	31.43	37.19	22.65	2.01	18.34
$i-C_4H_{10}$		8.74	2.8	5.97	60.27	40.83	53.55	0.00	47.08
$n-C_4H_{10}$	2.42	2.74	0.6			4.93	8.58		32.5
$i-C_4H_8$	3.99	7.5	6.50						
$n-C_4H_8$		3.24							
$t-C_4H_8$	1.17	4.97							
$c-C_4H_8$	0.76	3.43							
1，3-C_4H_6		0.29							
C_5+				5.63	1.2	4.56	12.67	9.57	2.05

二、轻烃资源的利用路径

(一)干气资源的综合利用路径

炼油厂饱和干气作为石油加工炼制过程中的副产品，一般常作为装置的燃料自用。但随着炼油厂原油加工量的增加和全厂加氢原料比例的提升，饱和气体资源产量也大幅增加。因此，大型炼油厂和新建炼油厂一般配套设置了气体的分离回收装置，如轻烃回收，C_2 回收、PSA 等，回收其中的高价值资源。对于炼油厂不饱和干气资源，如延迟焦化干气和催化裂化干气等，除部分小型炼油企业作为燃料自用外，大部分企业是将其回收利用或作为乙烯原料。

炼油厂干气资源综合利用方案见图 2-2-17。

(二)液化气资源的综合利用路径

我国炼油厂的液化气资源十分丰富，全厂液化气收率约占原油加工总量的 8%~10%。对于大部分炼油厂而言，催化裂化是全厂生产油品的核心装置，催化液化气收率高达 12%~24%，催化裂解(DCC)和催化热裂解(CPP)的液化气收率则更高，可达到 30%~40%。催化裂化液化气中烃类组成较多，以烯烃和异构烃类为主。目前，炼油厂催化裂化液化气基本不作为燃料使用或和商品液化气外卖，而是经脱硫脱硫醇处理后进行 C_3/C_4 分离，并回收其中的高价值丙烯和丙烷。分离出来的碳四资源在不同类型炼制企业中加工路线略有差异。

对于饱和液化气资源，如加氢裂化液化气和重整液化气等，燃油型炼油厂一般作为商品液化气外卖，或作为制氢装置原料。在炼化一体化企业中，饱和液化气资源可作为乙烯原料。

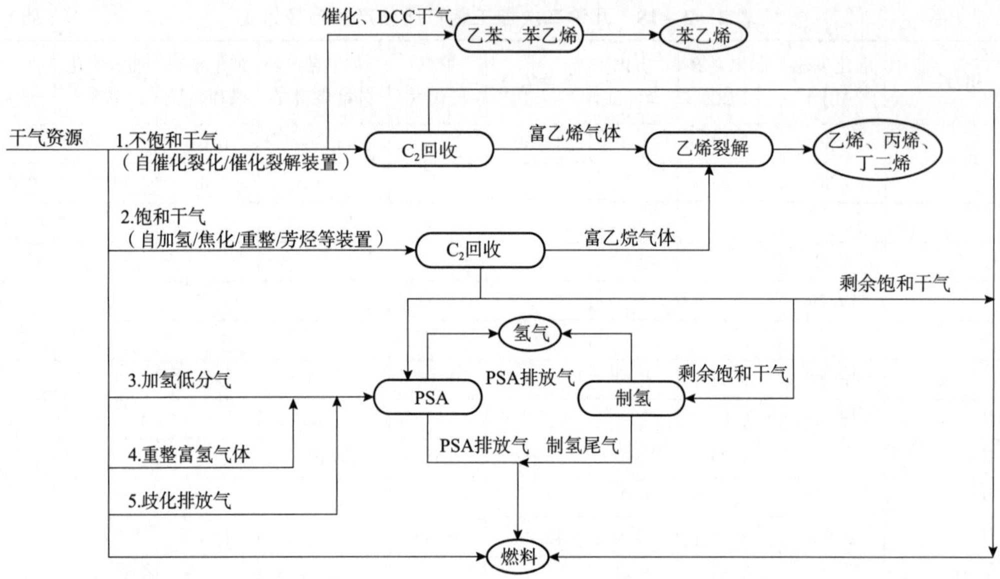

图 2-2-17　炼油厂干气资源综合利用方案简图

炼油厂液化气的综合利用方案见图 2-2-18。

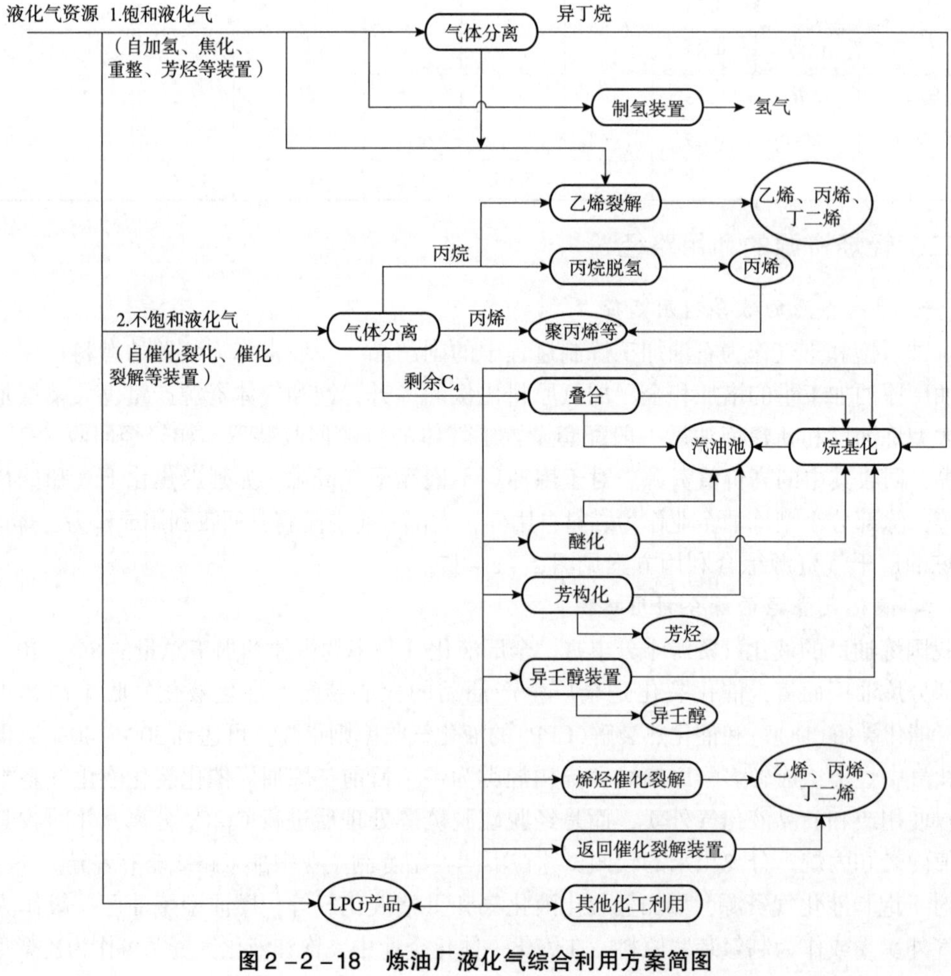

图 2-2-18　炼油厂液化气综合利用方案简图

三、产品结构转型中轻烃资源的利用案例

(一)A企业的轻烃利用路线

A企业原油加工量为20Mt/a，其轻烃资源包括：来自常减压及加氢精制类(包括煤油加氢、渣油加氢等)装置的轻烃0.27Mt/a；来自柴油加氢改质、柴油加氢裂化、蜡油加氢裂化等加氢裂化类装置的干气0.12Mt/a和液化气0.38Mt/a；来自预加氢和重整装置的富氢气体0.43Mt/a；来自乙烯装置的乙烯氢气0.1Mt/a；来自所有加氢类装置的低分气0.12Mt/a；来自催化裂化装置的催化干气0.08Mt/a和液化气0.66Mt/a；来自催化裂解装置的裂解干气0.4Mt/a裂解液化气1.57Mt/a。全部轻烃资源合计为4.14Mt/a。

轻烃资源的利用路线如图2-2-19所示。

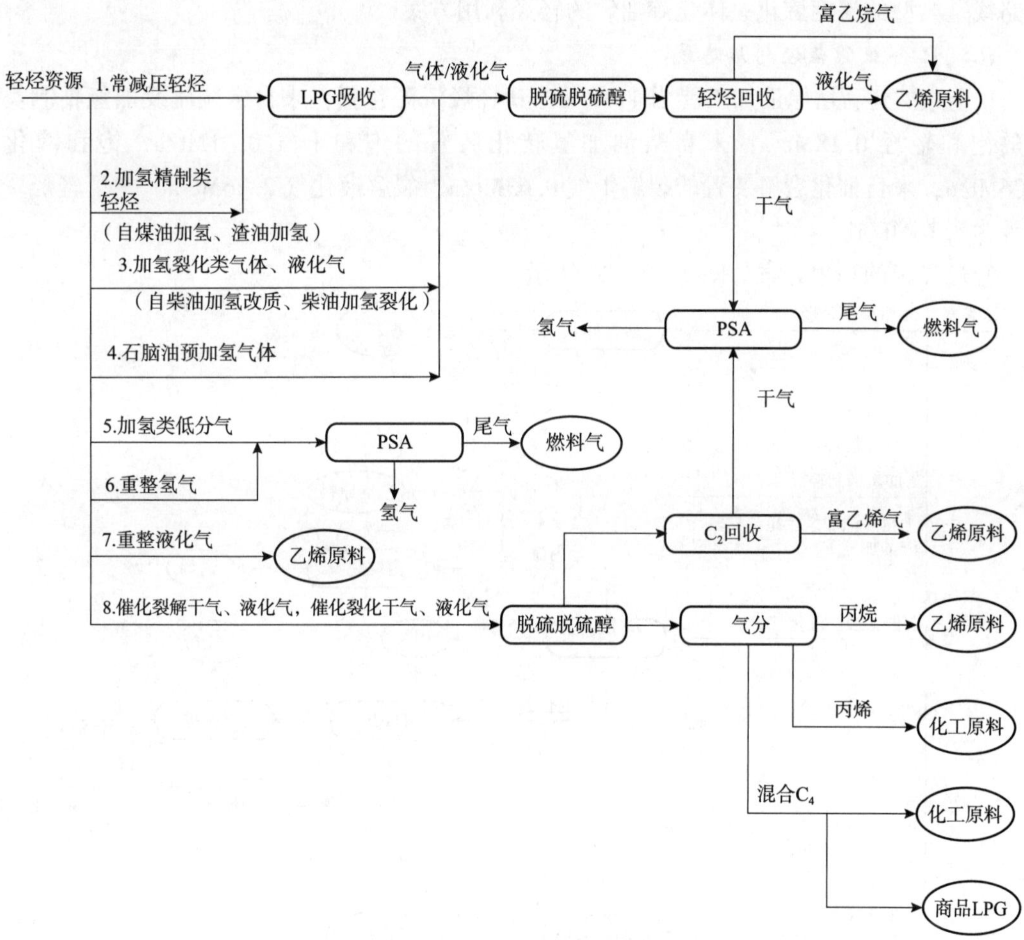

图2-2-19　A企业轻烃资源利用方案

催化裂化干气和催化裂解干气经脱硫处理后，送至轻烃回收装置回收富C_2气体，富C_2气送至乙烯装置生产乙烯。

饱和干气、PSA尾气和液化气送全厂轻烃回收装置，回收的富C_2资源、液化气和稳定的石脑油主要作为乙烯原料。该轻烃回收设施将与吸收稳定相结合，采用一体化轻烃回收工艺，将炼油厂气资源进行优化整合，采用吸收法先将轻烃中的甲烷氢等轻组分与C_2等重

组进行分离，再对 C_2/C_3、C_4、C_5 等组分进行分离，同时回收其中的氢气。

加氢装置的低分气、重整氢和化工乙烯氢均经 PSA 回收氢气。

催化裂解液化气和催化裂化液化气分别经脱硫脱硫醇处理后，进入气体分离装置加工，分离出丙烷、丙烯、气分 C_4。其中丙烷作为乙烯裂解原料，丙烯作为化工原料，气分 C_4 作为化工原料或商品 LPG 外卖。

柴油加氢改质、柴油加氢裂化、蜡油加氢裂化液化气脱硫处理后经"C_{2^+}"回收后作为乙烯原料。

重整液化气直接作为乙烯原料。

综上所述，A 企业轻烃资源的 43% 用作乙烯装置原料生产低碳烯烃，22% 用作化工原料，21% 作为化工原料或商品液化气外卖，8% 作为燃料气，6% 为氢气。该项目的轻烃加工路线是典型的深度炼化一体化炼油厂的轻烃利用方案。

(二)B 企业的轻烃利用路线

B 企业扩建新增原油加工能力 11Mt/a，其轻烃资源包括：来自常减压及加氢精制类装置的饱和轻烃 0.18Mt/a；来自柴油加氢转化装置的饱和干气 0.01Mt/a，饱和液化气 0.06Mt/a；来自催化裂解装置的裂解干气 0.63Mt/a，裂解液化气 2.26Mt/a。全厂轻烃资源合计为 3.16Mt/a。

轻烃资源的利用方案如图 2-2-20 所示。

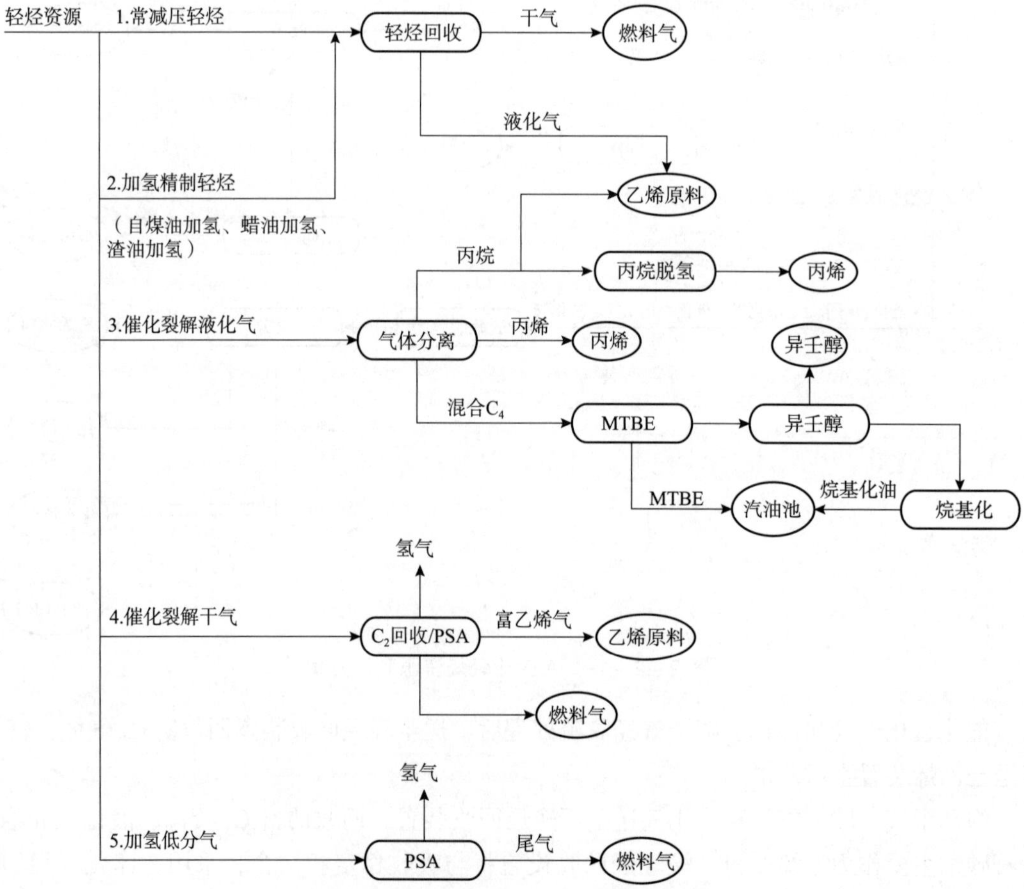

图 2-2-20　B 企业轻烃资源利用方案

来自常压装置、煤油加氢装置、蜡油加氢装置和渣油加氢装置的含硫气体、轻烃和粗石脑油去常压蒸馏装置轻烃回收单元，分离出饱和干气经脱硫处理后作为炼油厂干气使用，脱硫饱和液化气作为乙烯原料。

催化裂解装置中的不饱和干气经脱硫处理后，进 C_2 回收装置回收富含乙烯干气作为乙烯装置原料，尾气回收氢气后进入燃料气管网。脱硫脱硫醇后的不饱和液化气经气分装置分离出丙烷、丙烯、混合 C_4，其中丙烷作为丙烷脱氢装置原料，丙烯作为高端合成新材料装置原料，混合 C_4 作为 MTBE 原料生产 MTBE，醚后 C_4 作为异壬醇装置和烷基化装置原料。

渣油加氢装置、蜡油加氢和柴油加氢转化装置的低分气脱硫后与送往 PSA 装置回收氢气，尾气进入燃料气管网。

综上所述，B 企业轻烃的资源的 9% 用作燃料气，16% 成为汽油产品，22% 用作乙烯原料，其余 53% 为丙烯、丙烷、C_4 等用作化工产品原料。

（三）C 企业的轻烃利用路线

C 企业原油加工量为 10Mt/a，全厂轻烃资源包括：常减压装置轻烃 0.15Mt/a，来自煤油加氢、重油加氢等加氢精制类装置的轻烃 0.06Mt/a，来自高压加氢裂化、中压加氢裂化等加氢裂化类装置的干气 0.01Mt/a 和液化气 0.09Mt/a，来自重整装置的干气 0.02Mt/a、液化气 0.02Mt/a 和富氢气体 0.09Mt/a，来自催化裂化装置的催化干气 0.09Mt/a 和催化裂化液化气 0.5Mt/a。全部轻烃资源合计 1.02Mt/a。

轻烃资源的利用方案如图 2-2-21 所示。

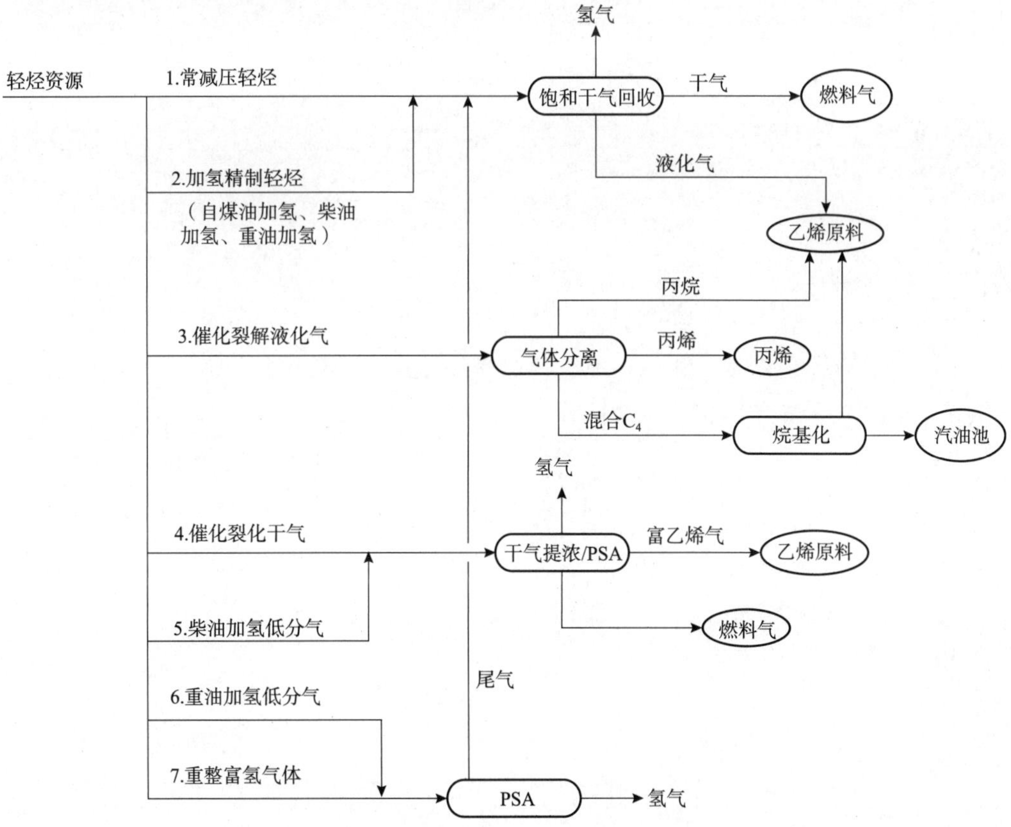

图 2-2-21　C 企业轻烃利用方案

全厂设置了两套干气提浓装置，一套饱和干气提浓装置用于处理常减压轻烃和重整PSA尾气，回收其中的氢气，得到的产品干气用作燃料气，回收的轻烃作为乙烯原料；另一套干气提浓装置用于处理来自柴油加氢装置的干气、低分气及催化裂化干气，回收氢气，得到的产品干气用作燃料气，回收的富 C_2 干气用作乙烯装置原料。

催化裂化液化气在气分装置分离出丙烷作为乙烯原料，丙烯作为化工原料，混合碳四送烷基化装置生产烷基化油作为汽油调和组分，剩余的液化气作为乙烯原料。

加氢装置的低分气和重整装置的重整氢在PSA装置中回收氢气，尾气作为燃料气。

综上所述，C企业轻烃资源的28%用作乙烯装置原料生产低碳烯烃，23%用作生产汽油调和组分，20%用作燃料气，13%作为化工原料，9%作为商品液化气外卖，7%是回收的氢气。

第三章　现有炼油厂产品结构转型案例研究

第一节　大型炼化企业产品结构转型案例研究

一、企业现状简介

A企业是我国大型炼化一体化企业的代表，位于我国沿海石化基地。目前，该企业已具备23Mt/a炼油+1Mt/a乙烯+0.6Mt/a PX能力，主要炼油及化工装置共计50余套。现有炼油部分的重油加工采用“延迟焦化+沸腾床渣油加氢裂化+溶剂脱沥青+催化裂化”组合工艺路线，蜡油加工采用“蜡油加氢处理+催化裂化+蜡油加氢裂化”工艺路线，柴油加工采用柴油加氢和改质工艺路线，部分直馏石脑油和全部的加氢裂化石脑油作为重整装置原料，剩余部分石脑油作为乙烯装置原料。

该企业重油加工路线灵活，但面临柴油产量高和柴油质量升级压力大等问题，全厂柴/汽比高达1.97。此外，与国内大型炼化企业相比，该企业炼油产品结构中化工原料比例偏低，而油品比例偏高。因此，企业亟需调整优化产品结构以更好适应未来市场需求的变化。

二、转型目标和思路

A企业作为国家级石化产业基地的重要企业，区域优势突出，资源优势明显，应充分发挥炼化一体化优势，实施产品结构调整，做强做优产业链，全力保障国家能源安全、引领石化基地产业高质量发展和提升企业核心竞争力。

A企业以“油产化”为转型目标，坚持“市场需求”导向和石化基地“大型化、一体化、集约化”发展原则，实施“两步走”转型策略。第一步，做好现有存量资源，增产化工原料和产品，优化油品结构并提升油品质量；第二步，做大增量，优化乙烯原料结构，发展高端产业链，提升企业竞争力。

三、产品结构转型方案研究

（一）转型方案流程

对于转型第一步，A企业炼油部分采用“蜡油加氢裂化+催化柴油加氢转化”为核心的转型路线，以满足现有1Mt/a乙烯和新建1.2Mt/a乙烯原料需求。一是通过新建4Mt/a加氢裂化装置，将部分减压蜡油和部分柴油转化为乙烯原料和芳烃原料，并降低油品产量；二是改造现有1Mt/a的蜡油加氢裂化装置，用于处理催化柴油和沸腾床蜡油，生产低硫船燃产品并提升柴油质量。A企业转型第一步加工流程简图如图2-3-1所示。

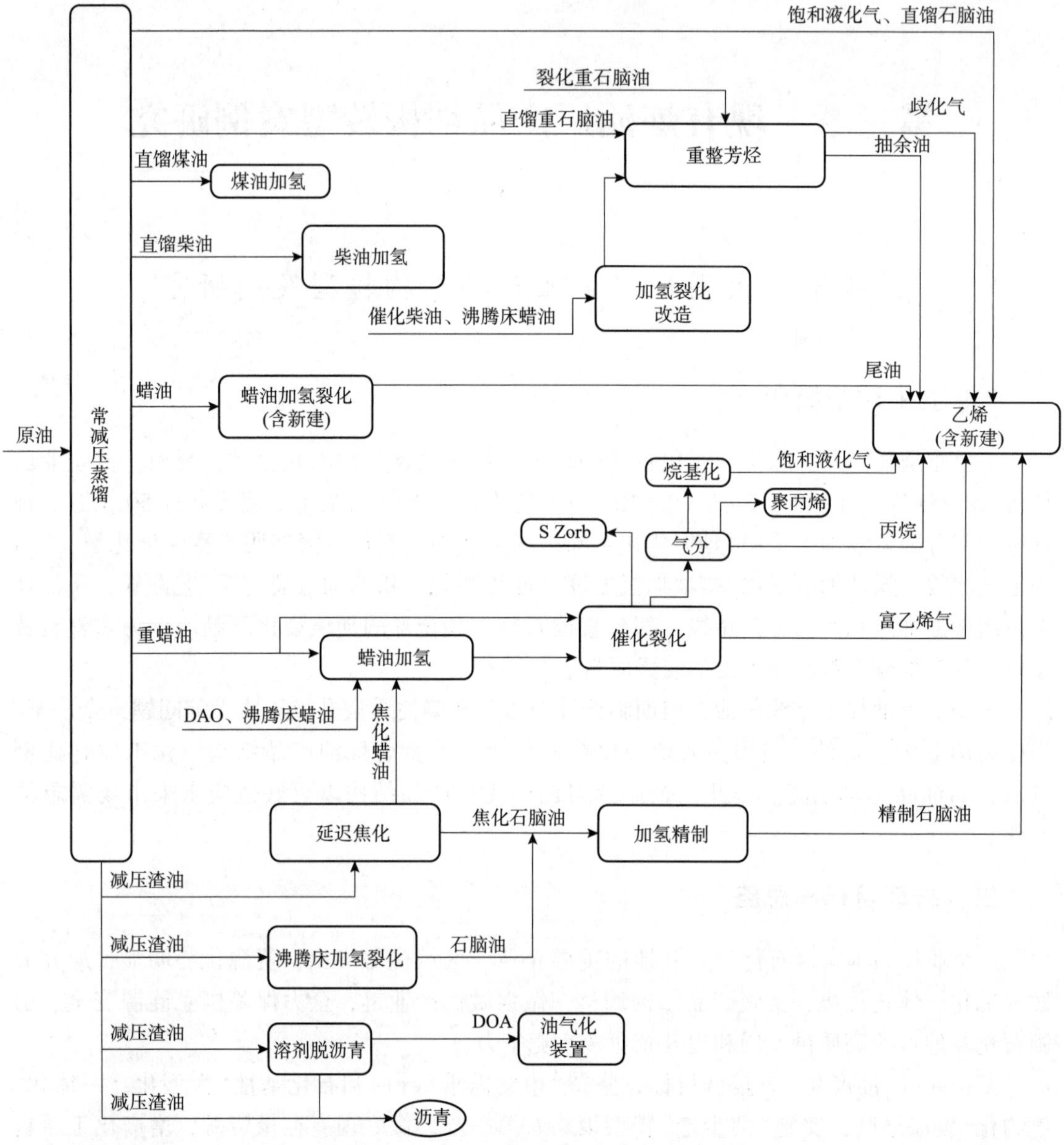

图2-3-1　A企业第一步转型方案流程简图

对于转型第二步，A企业将通过增加炼油能力，采用以“渣油加氢处理+重油催化裂解+加氢裂化”为核心的转型路线，进一步增产低碳烯烃和乙烯原料，以及低硫船用燃料油等，并优化乙烯原料结构和油品结构。

新增炼油部分加工流程简图如图2-3-2所示。新增原油经常压蒸馏后，全部的常压渣油送至渣油加氢装置处理，加氢后的部分重质馏分作为低硫船燃调和组分，轻质馏分作为催化裂解装置原料，保证催化裂解装置进料要求；减压蜡油和柴油采用加氢裂化工艺转化，增产乙烯原料和重整原料，减少柴油产量；直馏石脑油以作为乙烯原料为主，部分送至重整装置加工。为提高企业资源的集约化利用水平，提高整体经济效益，现有炼油和新增炼油的部分物料互供利用。

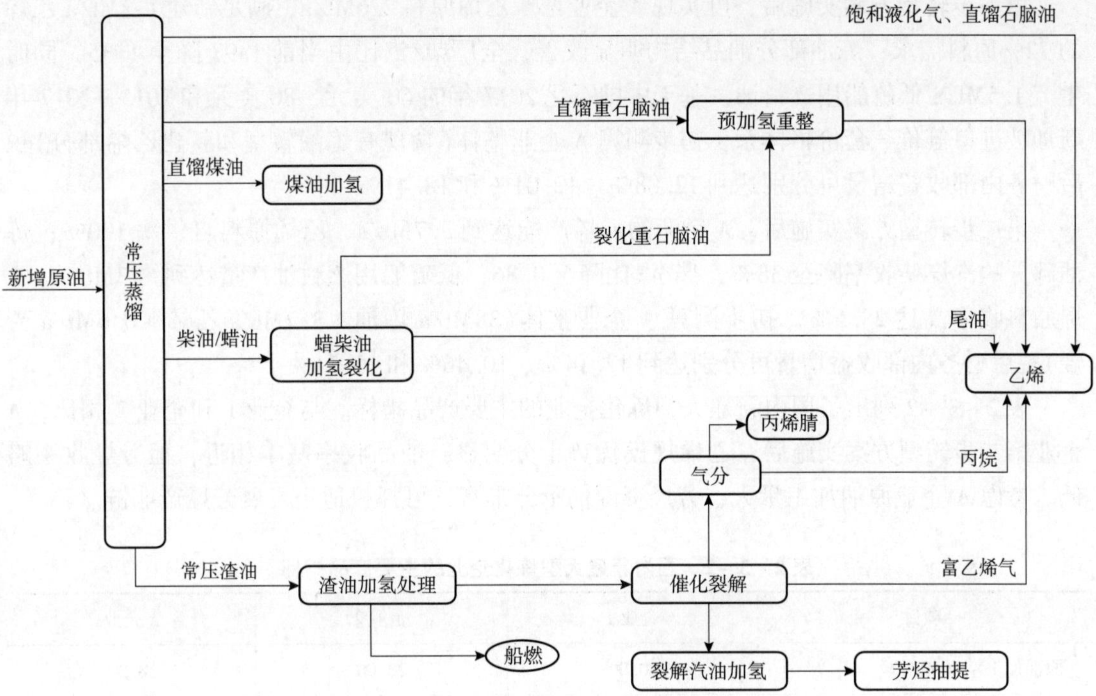

图2-3-2　A企业第二步转型方案流程简图

(二)主要技术经济指标

A企业在不同转型阶段的主要产品指标见表2-3-1。

表2-3-1　A企业在不同转型阶段的主要产品指标

主要指标	企业现状	转型第一步	转型第二步
原油加工量/(Mt/a)	23.00	27.00	38.00
乙烯规模/(Mt/a)	1.00	2.20	3.70
炼油主要产品产量/(Mt/a)			
汽煤柴	12.64	12.33	14.42
低硫船燃	0	1.49	2.86
乙烯原料	4.17	6.74	10.83
BTX	0.97	1.11	2.60
炼油主要产品收率/%			
汽煤柴	54.98	45.65	37.95
低硫船燃	0	5.52	7.53
乙烯原料	18.14	24.97	28.49
BTX	4.21	4.10	6.84
柴/汽比	1.97	1.35	0.86

第一步转型方案实施后，可实现A企业增产乙烯原料2.6Mt/a，满足新建1.2Mt/a乙烯的72%原料需求；炼油部分油品结构明显改善，全厂柴/汽比由当前1.97降至1.35，同时生产1.5Mt/a低硫船用燃料油。基于中国石化2017年的60美元、80美元和2015—2017年新加坡进口等价三套价格体系，初步测算A企业整体(含现有炼油转型和新建乙烯部分)税后财务内部收益增量可分别达到12.88%、12.01%和18.41%。

第二步转型方案实施后，A企业的乙烯产能达到3.7Mt/a，乙烯原料自供率100%；炼油部分的汽煤柴收率降至38%，柴/汽比降至0.86，低硫船用燃料油产量达到约3Mt/a，乙烯原料收率高达28.5%。初步测算A企业整体(38Mt/a炼油+3.7Mt/a乙烯+0.6Mt/a芳烃)税后财务内部收益增量可分别达到12.14%、10.46%和15.11%。

表2-3-2列出了国内新建大型炼化企业的主要产品指标。与企业1和企业2相比，A企业第二步转型方案实施后，乙烯规模优势十分明显，油品收率基本相近，但芳烃收率略低。考虑A企业原油加工量大，芳烃资源仍十分丰富，可择机适当发展芳烃产业链。

表2-3-2　国内新建大型炼化企业的主要产品指标

项目	企业1	企业2	A企业
原油加工量/(Mt/a)	20.00	20.00	38.00
乙烯规模/(Mt/a)	1.50	1.40	3.70
PX规模/(Mt/a)	4.50	4.00	0.60
柴/汽比	0.83	0.56	0.86
汽煤柴收率/%	42.14	45	37.95
乙烯原料收率/%	15.62	20.10	28.49
PX收率/%	22.5	19.45	1.58

四、研究小结

本节以某石化基地大型炼化一体化企业为例，开展了炼油产品结构转型案例研究，主要结论如下：

大型炼化企业具有资源优势突出、装置种类齐全、工艺流程灵活、一体化程度高等特点。因此，炼油产品结构转型一方面可充分依托现有产业基础，集约利用存量资源，增产化工和高价值产品，强化一体化产业链，并适度延链补链，发展高端和特色。另一方面，结合我国石化行业产能布局调整，可将原油等资源向石化基地企业转移，做大做强石化基地企业规模，更好引领我国石化行业高质量发展。

在转型技术路线方面，由于大型炼化企业原料资源十分丰富，可同时采用或分阶段实施以生产乙烯原料为主的“全加氢裂化”技术路线和以生产丙烯为主的“催化裂解”技术路线。两种技术路线组合，加快企业“油产化”转型，实现企业产品目标的同时也能获得较好的经济效益，因而可在其他大型企业推广应用。

第二节 燃油型炼油厂产品结构转型案例研究

一、企业现状简介

B企业是我国典型的燃油型炼油厂，加工流程简图见图2-3-3。企业原油加工能力8Mt/a，重油加工采用“延迟焦化+渣油加氢+蜡油加氢+催化裂化/催化裂解”技术路线，汽煤柴收率高达65%以上；直馏柴油、催化柴油分别采用加氢改质技术和加氢转化RLG技术，全厂柴/汽比较低，约为0.67；直馏石脑油全部作为重整装置原料，生产汽油调和组分和部分芳烃产品。对于催化裂化和催化裂解装置副产的乙烯和丙烯资源，企业下游分别配置乙苯/苯乙烯、丙烯腈/腈纶等装置，实现了低碳烯烃的转化利用。

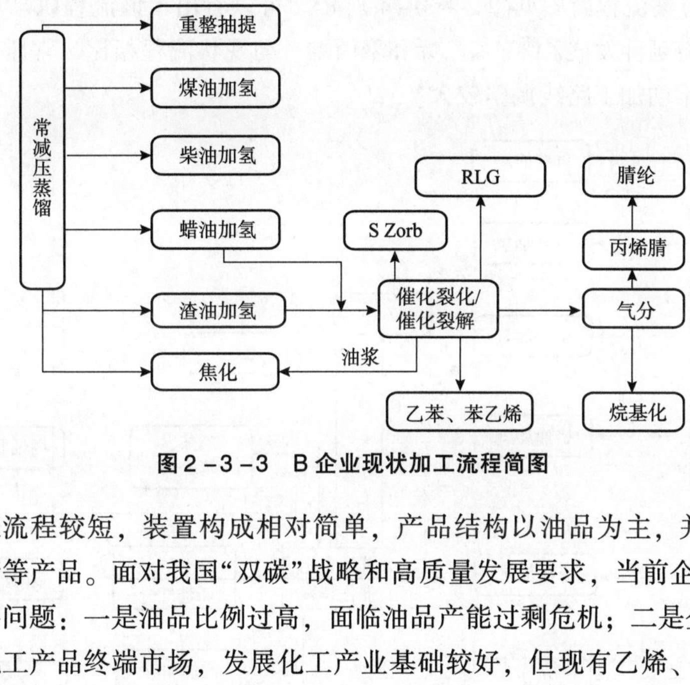

图2-3-3 B企业现状加工流程简图

该企业加工流程较短，装置构成相对简单，产品结构以油品为主，并生产部分芳烃、苯乙烯、丙烯腈等产品。面对我国“双碳”战略和高质量发展要求，当前企业在产品结构方面存在以下主要问题：一是油品比例过高，面临油品产能过剩危机；二是企业地处聚丙烯、苯乙烯等大宗化工产品终端市场，发展化工产业基础较好，但现有乙烯、丙烯加工装置规模较小，利用方向单一，化工产业优势不突出；三是丙烷、液化气、轻质石脑油等资源均作为产品外售，企业资源集约化利用水平待提升。因此，适当降低油品比例，增产聚丙烯、苯乙烯等当地需求的大宗化工产品，集约高效利用丙烷等资源，是该企业产品结构转型的重要方向。

二、转型目标和思路

以市场需求为导向，增产区域市场所需的聚丙烯、苯乙烯等化工产品，是B企业近期产品结构转型的重要目标。

B企业现有炼油能力8Mt/a，在不考虑炼油能力增加的情况下，发展以蒸汽裂解装置为龙头的化工产业链将因原料资源限制、加工路线长、转型投资高，对企业经济效益影响较大。因此，通过调整重油加工结构，以重油催化裂解装置为核心，短流程实现重油向低碳烯烃和芳烃的高效转化，是当前企业较为适宜的转型路线。

围绕企业产品结构转型目标，总流程优化思路主要如下：

①优化全厂重油加工流程，发挥渣油加氢、重油催化裂化和新建催化裂解三套装置的处理重油能力，降低延迟焦化装置加工负荷，提高全厂经济效益。

②优化劣质柴油加工流程，调整企业油品结构，尽可能多增产化工原料。此外，维持生产少量低硫船燃产品，以满足当地市场需求。

③发挥干气制乙苯技术路线生产苯乙烯的低成本优势，继续做大苯乙烯规模；区域聚丙烯市场需求空间大，在保持企业现有丙烯腈－腈纶产业基础上，新增聚丙烯产品链。

三、产品结构转型方案研究

(一)转型方案流程

B企业转型方案流程简图见图2－3－4所示。可以看出，该流程以新建重油催化裂解装置为核心，下游延伸发展乙苯/苯乙烯和聚丙烯。与现状流程相比，常压馏分油的加工路线维持不变，但重油加工路线调整较大。

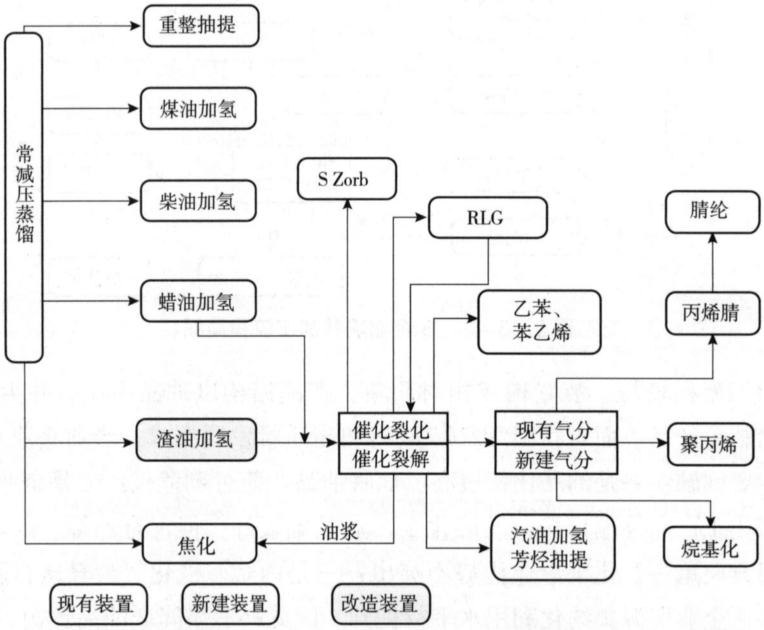

图2－3－4　B企业转型方案加工流程简图

在重油加工方面，转型方案对现有渣油加氢装置进行适应性改造，以提高装置加工减压渣油的比例，并适当降低延迟焦化装置的处理量；该装置的加氢重油作为现有催化裂化装置和新建重油催化裂解装置的原料。此外，为增产乙烯和丙烯，加氢蜡油全部作为新建重油催化裂解装置原料。

表2－3－3列出新建催化裂解装置在加氢重油比例(质量分数)为50%下的DCC产品分布。如果采用高效催化裂解RTC技术，或降低加氢重油加工比例，则丙烯和乙烯收率还会进一步提高。

表 2－3－3　劣质重油深度催化裂解产物分布

原料性质	数据	产品	收率/%（质）
密度（20℃）/（g/cm^3）	0.9159	干气	9.64
残炭值/%（质）	3.35	液化气	36.56
硫含量/%（质）	0.21	裂解汽油	30.53
氮含量/（μg/g）	1704	裂解柴油	8.59
氢含量/%（质）	12.56	油浆	5.09
新鲜原料中加氢重油比例/%（质）	50.00	焦炭	9.59
		产品合计	100.00
		其中：乙烯	4.00
		丙烯	15.59

新建重油催化裂解装置的干气和液化气经脱硫脱硫醇后，进一步转化利用。净化干气作为新建乙苯/苯乙烯装置原料，企业的苯乙烯产能由现有 0.1Mt/a 提高至 0.5Mt/a。净化液化气送新建气体分馏装置回收丙烷和丙烯，其中丙烷作为商品外售，丙烯主要用于生产聚丙烯，部分 C_4 在催化裂解装置内回炼增产低碳烯烃。

催化裂解汽油在装置内切割为轻汽油、中汽油和重汽油。部分轻汽油继续在装置内回炼，剩余轻汽油与裂解重汽油、催化汽油送至 S Zorb 装置进行脱硫，生产优质的汽油调和组分。中汽油送新建裂解汽油加氢装置处理，精制后的 $C_6 \sim C_8$ 馏分进入新建芳烃抽提装置生产 BTX 产品。

催化裂解柴油送往现有的催化柴油加氢裂化 RLG 装置转化。RLG 石脑油送至新建的裂解汽油加氢分馏塔进行馏分切割，并将中间馏分作为新建的芳烃抽提装置原料生产 BTX 产品。RLG 装置的未转化柴油返回催化裂解装置回炼，实现催化柴油的高效转化并降低柴油产品产量。此外，少量的未转化柴油作为轻质船用燃料油产品出厂。

催化裂解油浆全部送往延迟焦化装置处理。焦化石脑油因富含烯烃组分，在转型方案中将返回催化裂解装置回炼，进一步增产低碳烯烃。

B 企业转型方案主要新建/改造装置见表 2－3－4。

表 2－3－4　转型方案主要新建/改造装置规模

装置名称	装置规模/（Mt/a）	备注
重油催化裂解装置	3.0	新建
气体分离装置	1.6	新建
裂解汽油加氢装置	0.7	改造
芳烃抽提装置	0.8	新建
乙苯/苯乙烯装置	0.4	新建
聚丙烯装置	0.3	新建

（二）主要技术经济指标

图 2－3－5 和图 2－3－6 为 B 企业转型前后主要产品收率对比图。可以看出，采用以

重油催化裂解为核心的短流程转型路线，企业汽煤柴收率下降达20个百分点，乙烯和丙烯收率增加6个百分点以上，BTX芳烃收率增加近10个百分点。

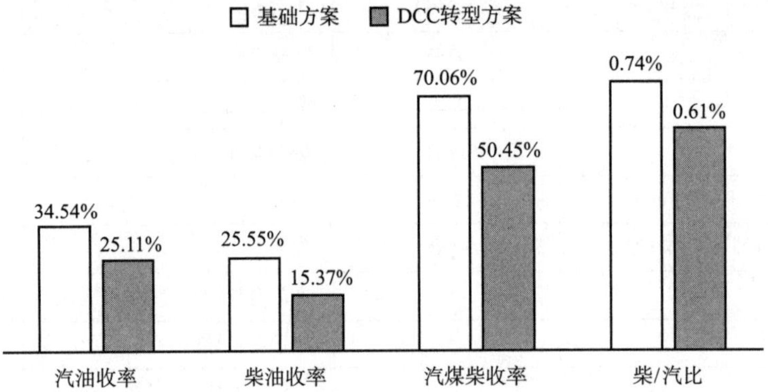

图2-3-5　转型方案实施前后的油品收率对比

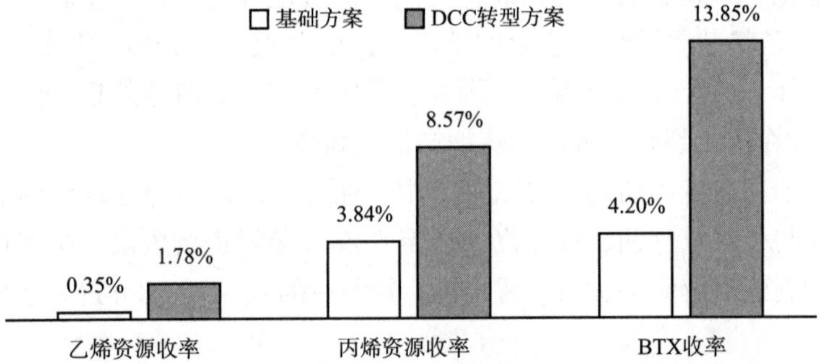

图2-3-6　转型方案实施前后的低碳烯烃和芳烃收率对比

基于中国石化2017年的50美元、60美元、80美元及2015—2017年平均价、2017年平均价五套价格体系，初步测算转型方案的财务内部收益率（税后增量）分别可达到23.66%、21.65%、10.78%、20.19%和25.00%。由此可见，以重油催化裂解为核心的转型路线不仅满足了“油产化”产品目标，而且能获得很好的经济效益。

四、研究小结

本节以我国典型燃油型炼油厂为例，开展了产品结构转型案例研究，主要结论如下：

燃油型炼油厂以“催化裂化”装置为核心，油品收率远远高于炼化一体化企业，工艺装置构成相对简单，资源利用方向较为单一。在不增加原油加工能力的前提下，可通过调整炼油厂重油加工装置结构，构建以重油催化裂解为核心的转型路线，实现多产低碳烯烃和芳烃等产品目标，是当前燃油型炼油厂较为适宜、经济可行的发展路径。

燃油型炼油厂由于加工流程较短，资源集约化利用水平待提升。可通过集成固定床渣油加氢、重油催化裂解、劣质催化柴油加氢裂化、重整抽提等多种关键技术，形成以“重油催化裂解”为核心的集约型转型新工艺，实现最大限度增产低碳烯烃和芳烃，进一步降低成油品产量，从而有效缓解市场供需矛盾，提高企业竞争力。以重油催化裂解为核心的集约型新工艺将为燃油型炼油厂向化工转型提供关键技术支撑。

第三节　城市型炼油厂产品结构转型案例研究

一、企业现状简介

C企业是我国建厂较早、规模较大的城市型石油化工企业。原油加工能力10Mt/a，炼油部分现有二次加工装置主要包括溶剂脱沥青、延迟焦化、蜡油加氢、催化裂化、加氢裂化、连续重整，以及油品生产装置和制氢装置等，润滑油加氢装置暂未运行。目前，企业重油加工采用“延迟焦化+丙烷脱沥青+蜡油加氢+催化裂化”技术路线，其中部分低硫常压渣油直接作为催化裂化装置原料；轻蜡油和部分柴油送至加氢裂化装置转化，主要生产喷气燃料、石脑油和裂化尾油等；部分柴油采用加氢精制/改质技术生产柴油产品；加氢裂化重石脑油和部分直馏石脑油作为连续重整装置原料，剩余部分直馏石脑油作为现有乙烯装置原料。在氢气供应方面，除企业自产的富氢气体外，不足氢气采用天然气制氢补充。

为了改善企业当地大气环境，当地政府印发了《高污染燃料禁燃区划定方案(试行)》的通知，要求在禁燃区内，禁止销售、使用高污染燃料(包括煤、水煤浆、石油焦等)。因此，C企业现有1.4Mt/a延迟焦化装置将面临停产局面。

延迟焦化装置停工后，C企业几乎不具备加工高硫重油的能力，从而带来原油成本大幅上升、原油加工量下降、乙烯原料供应不足、燃料资源紧缺和燃料成本增加等系列问题。

二、转型目标和思路

针对上述发展难题，加快调整重油加工结构，增产清洁低碳产品和特色油品，减少外购燃料需求量，并实现高污染燃料零产出，是C企业近期产品结构转型的主要目标。

目前，可替代延迟焦化装置的主要技术有：固定床渣油加氢处理、浆态床/沸腾床渣油加氢裂化和溶剂脱沥青。固定床渣油加氢和浆态床/沸腾床渣油加氢裂化技术路线加工流程长、氢耗高，导致制氢原料——天然气的需求量大，进一步加剧天然气供应紧张局面，因此，采用“溶剂脱沥青+脱沥青油加氢处理+油制氢(POX)”组合工艺，替代延迟焦化和天然气制氢，能提高原油采购的灵活性并降低原油成本，同时降低制氢成本和减少天然气需求量，有效缓解与民争气的矛盾。此外，该组合工艺实现企业无固体焦产品，避免了延迟焦化出焦过程中VOC气体及出焦废水产生，极大降低了废气、废水对周边环境的影响。

三、产品结构转型方案研究

(一)转型方案流程

C企业转型方案流程简图如图2-3-7所示。与现状相比，常压馏分油的加工路线基本不变，但重油加工路线和制氢路线等均有较大幅度调整。在原油选择方面，转型前后企业原油加工结构可保持不变。

在渣油加工方面，转型方案采用新建溶剂脱沥青装置替代现有延迟焦化装置。脱沥青油全部送至新建渣油加氢装置，脱油沥青全部送至油制氢(POX)装置；催化油浆、乙烯焦油也作为POX原料生产氢气和燃料气。转型方案不再生产石油焦和沥青产品。

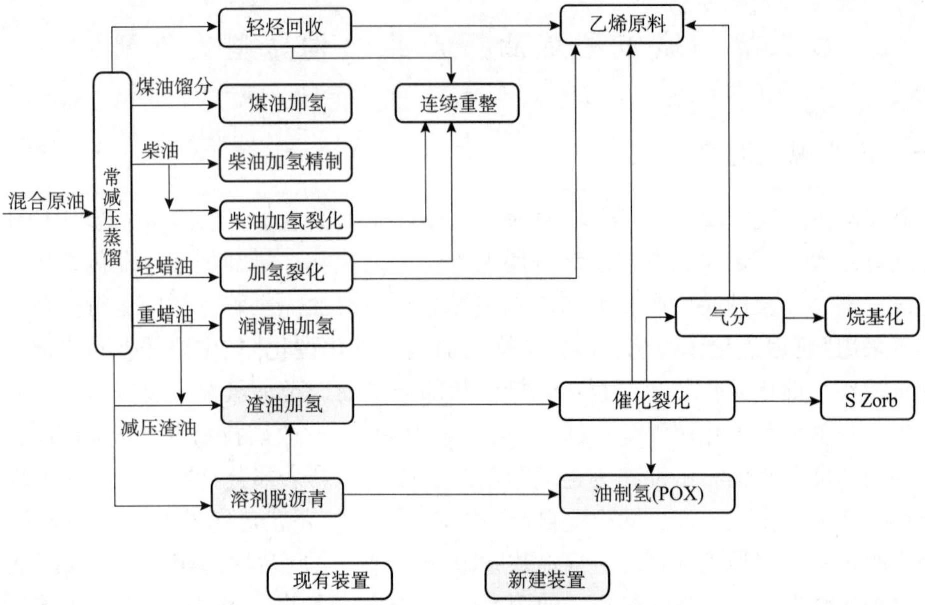

图 2-3-7　C 企业转型方案加工流程简图

在蜡油加工方面，一方面提高蜡油至加氢裂化装置的处理量，增产乙烯原料和重整原料；另一方面，恢复现有润滑油加氢装置功能，生产工业白油产品。

在柴油加工方面，将大部分常二线送至中压加氢裂化装置增产喷气燃料，其余直馏柴油和部分催化柴油送至柴油加氢装置生产柴油产品。

在氢气生产方面，转型方案采用新建的 POX 装置替代全部天然气制氢，现有天然气制氢装置作为备用装置。

转型方案新建/改造工艺装置类型和规模如表 2-3-5 所示。

表 2-3-5　转型方案新建工艺装置及现有装置改造表

装置名称	装置规模/(Mt/a)
新建工艺装置	
渣油加氢	2.60
油制氢(POX)	80000 $Nm^3/h\ H_2$
溶剂脱沥青	2.00
改造工艺装置	
化工老抽提装置	恢复生产
润滑油加氢装置	恢复生产
其他工艺装置	
1#/2#制氢	备用
1#溶剂脱沥青	停役
蜡油加氢	备用
延迟焦化	停役

(二)主要技术经济指标

转型方案实施后，C企业的产品结构进一步优化，增产较多的高附加值产品和特色油品，实现“零”低价值的石油焦和沥青产品。其中增产喷气燃料1.05Mt/a，增产工业白油0.15Mt/a、增产乙烯原料0.67Mt/a、增产混合二甲苯0.22Mt/a；同时减少市场过剩的柴油产品0.51Mt/a。

转型方案通过油制氢POX替代天然气制氢，减少制氢天然气0.05Mt/a，燃料天然气0.003Mt/a；此外，油制氢POX副产部分燃料，可为动力站提供0.21Mt/a标准燃料气。两部分共节省天然气用量0.26Mt/a，可有效缓解“与民争气”的矛盾。

转型方案采用中国石化60美元价格体系的测算结果如表2-3-6所示。

表2-3-6　转型方案效益测算结果

财务指标(所得税后)	无项目	有项目	增量
财务内部收益率/%	-6.77	10.43	33.78
财务净现值/万元($i=10\%$)	-766311	37819	804129
投资回收期/a	-112.60	8.80	4.56
资本金财务内部收益率/%			74.99

基于中国石化2019年50美元、60美元和80美元，以及2019年市场均价、2016—2018年新加坡进口等价五个价格体系，初步测算转型方案税后的增量内部收益率分别为34.87%、33.78%、26.23%、29.53%和38.26%。各项指标好于行业基准值，具有较好的经济效益。

四、研究小结

本节以我国典型城市型炼油厂为例，开展了产品结构转型案例研究。研究结果表明：

采用“溶剂脱沥青+脱沥青油加氢处理+油制氢(POX)”组合工艺，替代延迟焦化和天然气制氢，能提高企业原油采购的灵活性，降低原油采购成本，同时降低制氢成本和减少天然气需求量，有效缓解“与民争气”的矛盾。

该组合工艺具有源头治理，环境友好等特点，避免了延迟焦化出焦过程中VOC气体及出焦废水产生，极大降低了废气、废水对周边环境的影响。在助力环保提升的同时，进一步优化企业产品结构，增产喷气燃料、白油、芳烃和乙烯料等高附加值产品，实现低价值的石油焦和沥青“零”生产。

“溶剂脱沥青+脱沥青油加氢处理+油制氢(POX)”组合工艺具有较好的经济效益，将成为城市型炼油厂清洁化生产和转型发展的重要途径之一。

第四章　新建炼油厂产品结构方案研究及案例

近年来，我国新建炼油厂或炼化一体化企业主要以生产化工原料、低碳烯烃或芳烃为主要产品目标。基于当前炼油转型工艺技术，炼油厂“油产化”技术路线主要分为两种：常规炼化一体化技术路线和原油直接蒸汽裂解制烯烃技术路线。对于常规炼化一体化技术路线，原油首先经常压(减压)蒸馏处理，分离得到的馏分油、渣油等再采用加氢裂化、加氢处理、催化裂解、催化重整等多种技术集成生产优质化工原料、低碳烯烃和芳烃，同时兼产部分油品；对于原油直接蒸汽裂解制烯烃技术路线，原油无须采用炼油厂常压(减压)蒸馏分离，只进行必要的原油预处理，将适合蒸汽裂解的轻质馏分直接送至裂解炉转化生产乙烯、丙烯等，而重质馏分仍采用常规炼油工艺技术进一步加工利用。

本章以新建炼油厂为研究对象，围绕多产化工原料和低碳烯烃为产品目标，开展常规炼化一体化技术路线和原油直接蒸汽裂解制烯烃技术路线的对比研究，分析不同技术路线在产品结构、碳排放、投资效益等方面的特点和差异；在此基础上，以某新建炼化一体化项目为案例，研究分析炼油部分产品结构转型的技术路线，并对未来新型炼油厂的发展趋势和产品结构转型进行初步研究展望。

第一节　新建炼油厂产品结构方案研究

一、方案简介

新建炼油厂按化工型炼油厂规划设计，以多产化工原料、低碳烯烃为产品目标，并适产部分油品，其中汽油、柴油质量均满足国Ⅵ车用标准。

方案中原油加工路线有两种：常规炼化一体化技术路线和原油直接蒸汽裂解制烯烃技术路线。对于采用常规炼化一体化技术路线的方案，原油加工规模拟定10Mt/a，乙烯规模不低于1.6Mt/a；对于采用原油直接蒸汽裂解制烯烃技术路线的方案，原油加工量按照满足1.6Mt/a乙烯所需的最小用量来估算。

具体各方案的重油加工路线和目标产品如表2-4-1所示。此外，在制氢方面，方案1～方案5以沥青或浆态床加氢未转化油为原料采用POX技术制氢，方案6采用炼油厂干气制氢。为减少碳排放，6个方案均采用外购天然气作为动力站燃料和工艺装置补充燃料。

表2-4-1　不同方案的重油加工路线和目标产品

技术路线	方案序号	重油加工路线	目标产品
常规炼化一体化路线	方案1	溶剂脱沥青+渣油加氢处理+催化裂化	低碳烯烃
	方案2	溶剂脱沥青+渣油加氢处理+催化裂解	低碳烯烃
	方案3	浆态床渣油加氢裂化+蜡柴油加氢裂化	低碳烯烃
	方案4	溶剂脱沥青+浆态床渣油加氢裂化+蜡柴油加氢裂化	低碳烯烃
	方案5	浆态床渣油加氢裂化+蜡柴油加氢裂化	低碳烯烃+PX

续表

技术路线	方案序号	重油加工路线	目标产品
原油直接蒸汽裂解制烯烃路线	方案6	渣油加氢处理＋催化裂解	低碳烯烃

为更好地对比不同方案的技术经济指标，方案研究范围包括新建炼油厂、新建乙烯装置及下游丁二烯抽提、MTBE/1－丁烯、裂解汽油加氢和芳烃抽提装置。考虑化工产品方案需结合具体项目的市场需求进行设计，乙烯、丙烯等下游产品链不再延伸。

二、加工流程

（一）加工原油

基于国内外原油资源、我国进口原油的主要来源，方案1～方案5的研究基础原油拟按进口中东原油考虑，并采用混合原油加工形式。对于采用原油直接蒸汽裂解制烯烃技术路线的方案6，为充分发挥原油直接裂解制乙烯技术的优势，并考虑原油资源需具有一定可获得性，该方案的研究基础原油为*API*度40的沙特超轻油。

6个方案的加工原油主要性质见表2－4－2。

表2－4－2　加工原油主要性质

原油性质	方案1～方案5	方案6
*API*度	30.41	40.1
密度(20℃)/(g/cm³)	0.8701	0.8206
硫含量/%(质)	2.40	0.90
酸值/(mgKOH/g)	0.12	0.05
收率/%(质)		
＜165℃	17.27	27.82
165～240℃	11.58	15.22
240～350℃	17.79	21.13
350～465℃	17.88	17.50
465～520℃	7.76	5.87
＞520℃	27.72	12.46

（二）加工总流程

1. 方案1～方案5加工总流程

混合原油经常减压蒸馏后，直馏石脑油全部作为乙烯原料，直馏煤油采用临氢精制工艺生产3#喷气燃料产品，直馏柴油采用加氢裂化工艺生产乙烯原料和重整原料。减压轻蜡油送至加氢裂化装置加工，以生产乙烯原料和重整原料为主，并生产部分高品质燃料油。

5 个方案的加工总流程差异主要体现在重油、渣油等资源的加工。

对于方案 1 和方案 2，减压渣油主要送至渣油加氢处理装置生产催化裂化原料或催化裂解原料，剩余部分减压渣油送至溶剂脱沥青装置处理。溶剂脱沥青装置生产的脱沥青油作为渣油加氢处理装置原料，副产的沥青作为 POX 制氢原料。

对于方案 3 和方案 5，减压渣油采用浆态床渣油加氢裂化工艺处理，浆态床加氢蜡油和加氢柴油送至加氢裂化装置生产乙烯原料和重整原料，浆态床加氢未转化油送至 POX 装置制氢。

对于方案 4，减压渣油采用浆态床渣油加氢裂化和溶剂脱沥青组合工艺加工，浆态床加氢未转化油和沥青均作为 POX 装置制氢原料。

在 5 个方案中，炼油部分饱和液化气全部作为乙烯装置原料；不饱和液化气经气分装置处理后，丙烷送至乙烯装置裂解，丙烯作为产品外卖，气分 C_4 依次采用 OCC 和烷基化技术加工利用，分别增产低碳烯烃和汽油调和组分。化工部分乙烯装置生产的乙烯和丙烯不再延伸产品链；裂解 C_4 经丁二烯抽提后生产丁二烯产品，抽余碳四经 MTBE/1 - 丁烯装置生产 MTBE 和 1 - 丁烯产品；裂解汽油馏分经加氢和芳烃抽提处理，生产的芳烃产品可作为汽油调和组分，也可作为产品外卖；对于方案 5，芳烃抽提装置产出的芳烃(甲苯和二甲苯)和抽余油分别送至炼油部分芳烃联合装置的不同单元作为生产 PX 原料。

方案 1 ~ 方案 5 的加工总流程简图分别见图 2 - 4 - 1 ~ 图 2 - 4 - 5。

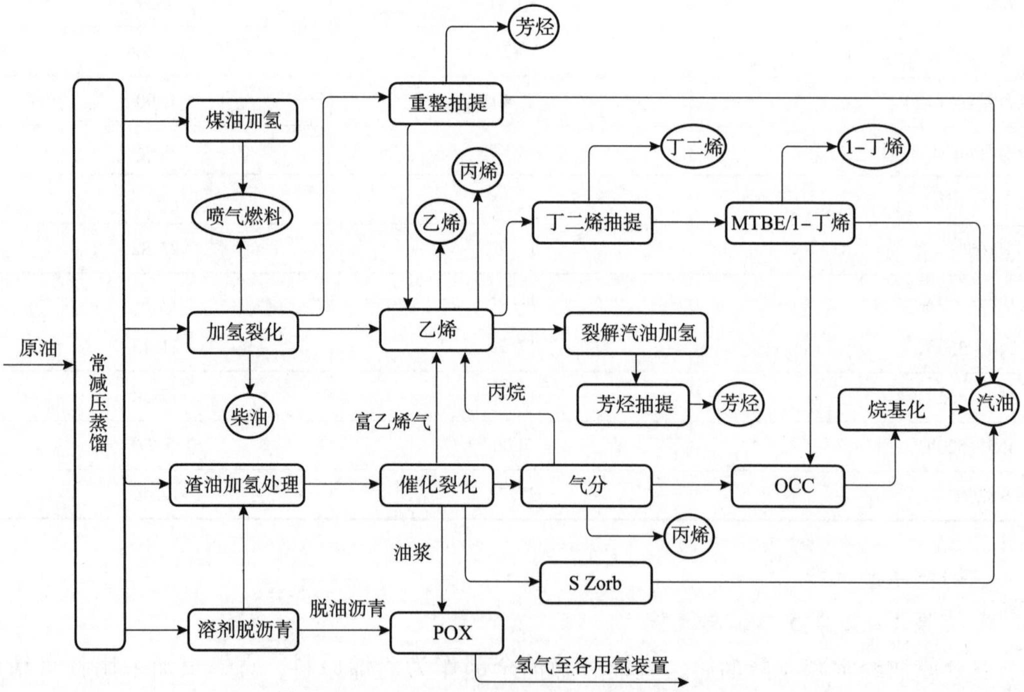

图 2 - 4 - 1　方案 1 加工总流程简图

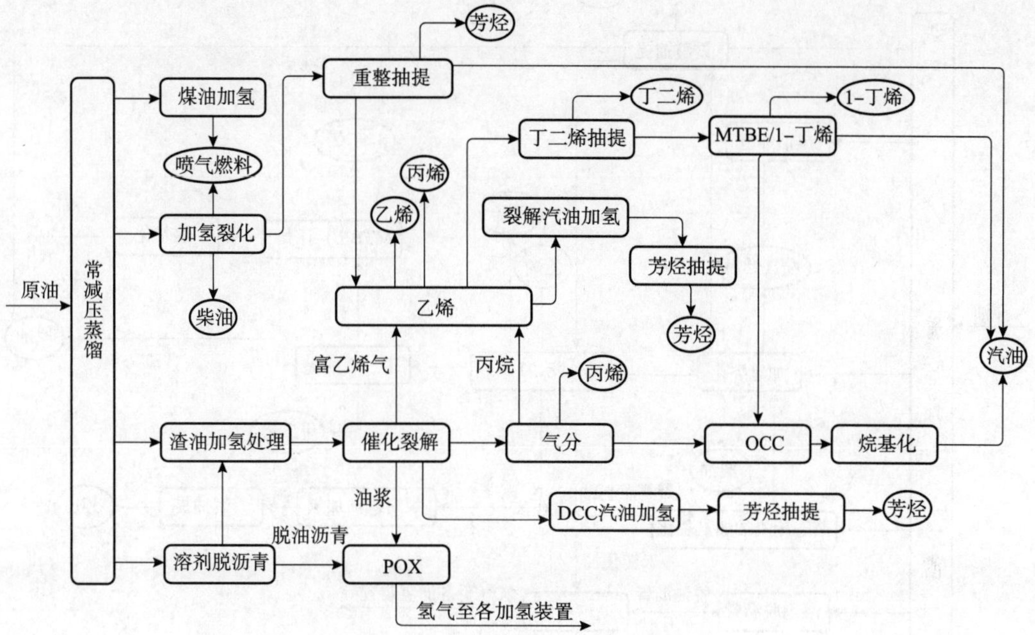

图 2-4-2 方案 2 加工总流程简图

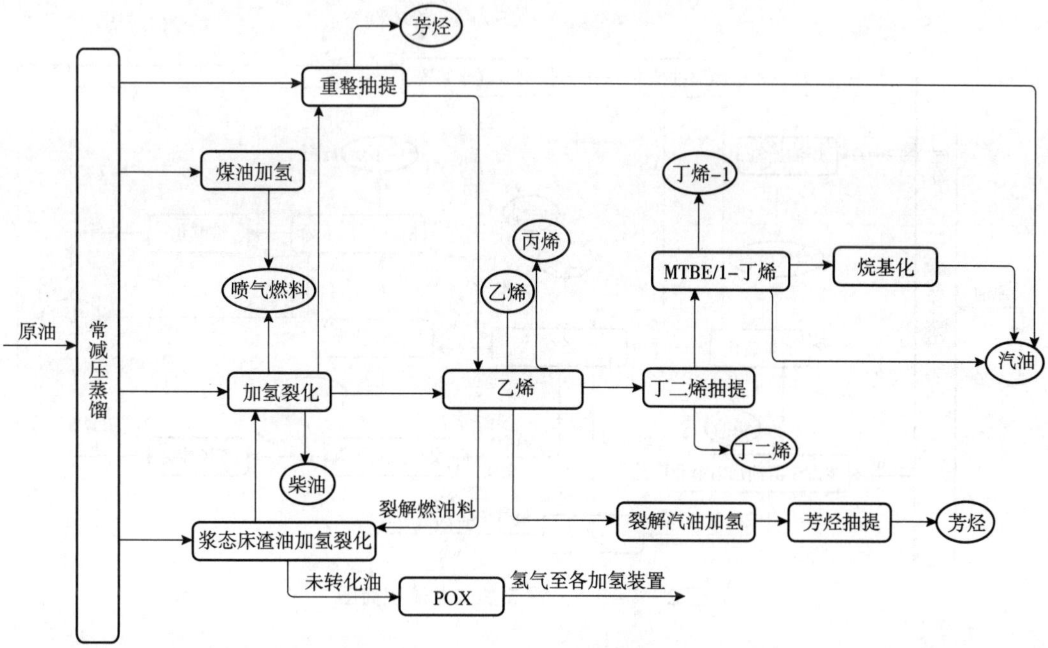

图 2-4-3 方案 3 加工总流程简图

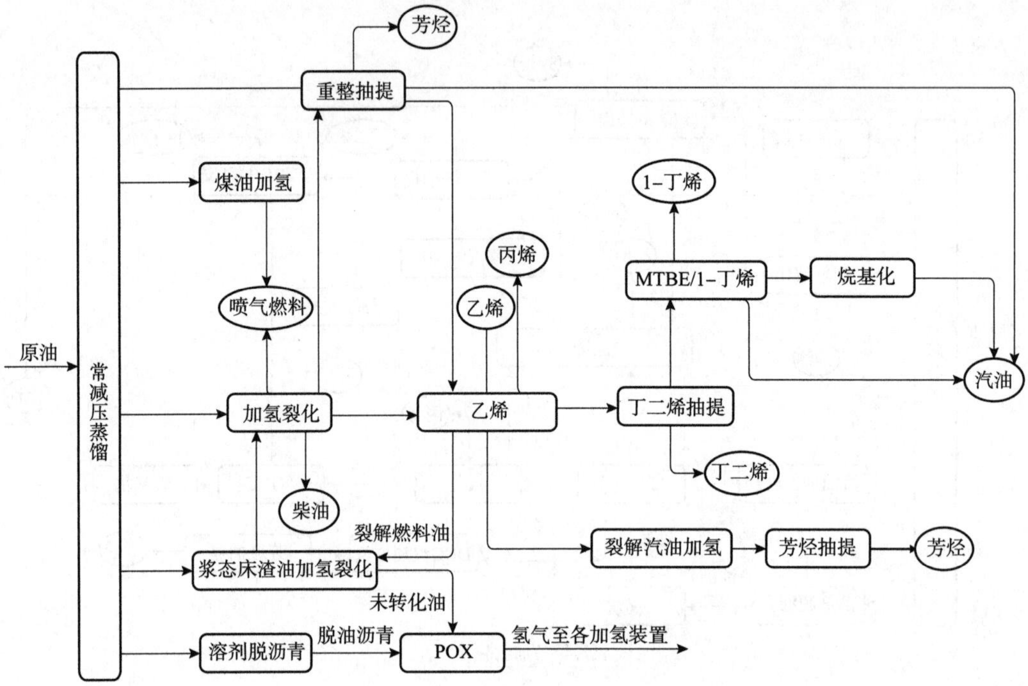

图 2-4-4 方案 4 加工总流程简图

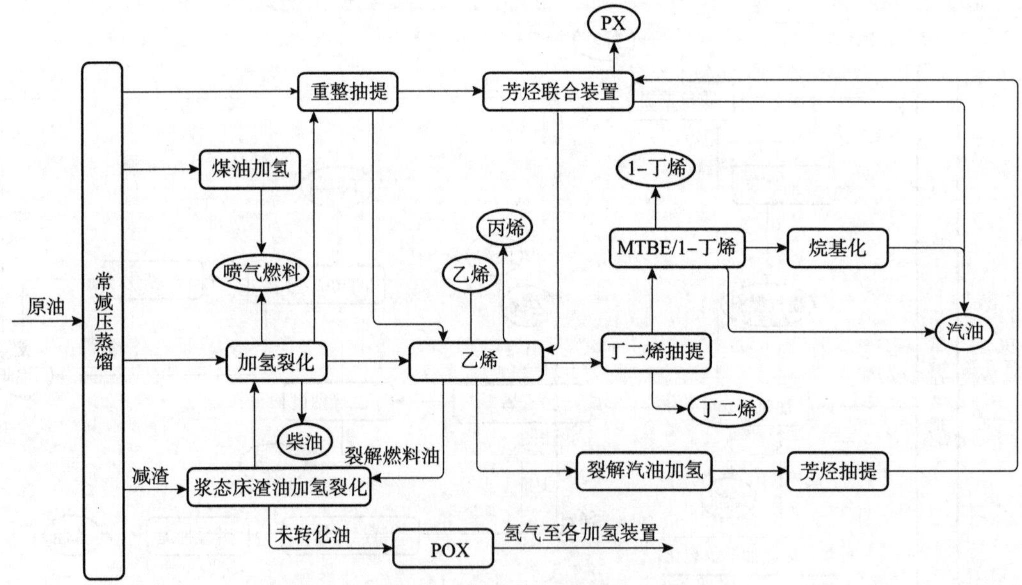

图 2-4-5 方案 5 加工总流程简图

2. 方案 6 加工总流程

轻质原油在乙烯装置内部进行轻重分离，分离后的轻质部分送至裂解炉进行蒸汽裂解，重油部分采用“渣油加氢处理 + 催化裂解”路线增产低碳烯烃。

对于乙烯装置副产的低价值燃料油，采用浆态床渣油加氢裂化技术实现高效转化利用。

化工部分下游的加工路线与上述 5 个方案一致。

方案 6 加工总流程简图见图 2-4-6。

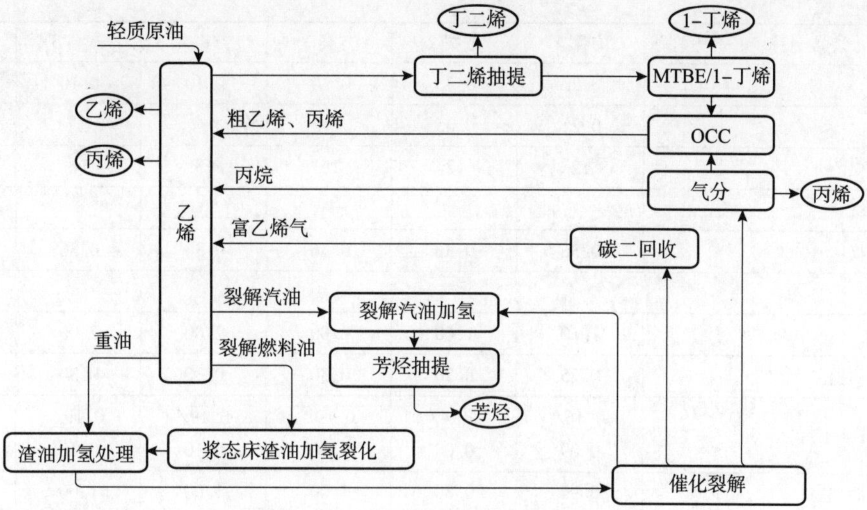

图2-4-6 方案6加工总流程简图

三、结果分析

(一)工艺装置配置

6个方案配置的工艺装置类型及装置规模如表2-4-3所示。可以看出，采用原油直接蒸汽裂解制烯烃技术路线的方案6配置的工艺装置类型最少，并且炼油部分同类型的工艺装置规模也较小。

在采用常规炼化一体化技术路线的5个方案中，与方案1和方案2相比，方案3~方案5的重油和蜡油全部采用加氢裂化技术加工，因此新建的工艺装置类型也较少。

表2-4-3 主要工艺装置规模表 Mt/a

装置名称	方案1	方案2	方案3	方案4	方案5	方案6
炼油部分						
常减压蒸馏	10.00	10.00	10.00	10.00	10.00	
渣油加氢处理	2.40	3.60				2.00
浆态床渣油加氢裂化			3.00	1.80	3.00	0.80
溶剂脱沥青	1.50	1.50		1.20		
加氢裂化	2.40×2	3.60	3.00×2	3.00×2	3.00×2	
催化裂解		3.50				1.50
催化裂化	2.20					
煤油加氢	1.20	1.20	1.20	1.20	1.20	
DCC 汽油加氢		0.90				
DCC 芳烃抽提		0.60				
S Zorb	0.90					
重整抽提	1.40	1.20	1.80	2.00	1.80	
PX					1.10	
气分	0.60	1.60				0.50

续表

装置名称	方案1	方案2	方案3	方案4	方案5	方案6
烷基化	0.20	0.35	0.10	0.10	0.10	
OCC	0.25	0.45				0.35
POX①	12	12	16	15	16	
干气制氢①						7
硫黄回收	0.36	0.36	0.36	0.36	0.36	0.08
化工部分						
乙烯	1.60	1.60	2.00	2.00	2.00	1.60
丁二烯抽提	0.25	0.20	0.30	0.30	0.30	0.30
MTBE/1－丁烯	0.16/0.09	0.14/0.08	0.19/0.10	0.19/0.10	0.19/0.10	0.22/0.10
裂解汽油加氢	0.90	0.80	1.00	1.00	1.00	1.90
芳烃抽提	0.65	0.55	0.70	0.70	0.70	1.30

①单位：$10^4 Nm^3/h$。

(二)原料产品指标

1. 主要原料与产品

6个方案的主要原料和产品见表2－4－4。

表2－4－4　不同方案的主要原料和产品　Mt/a

主要原料和产品	方案1	方案2	方案3	方案4	方案5	方案6
原料						
原油	10.00	10.00	10.00	10.00	10.00	6.74
产品						
油品						
汽油	1.29	0.88	0.30	0.23	0.22	0.57
煤油	1.79	1.66	1.95	1.99	1.95	0
柴油	0.34	0.28	0.41	0.42	0.41	0
油品收率/%(质)	34.25	28.29	26.69	26.48	25.89	8.44
烯烃						
乙烯	1.64	1.64	1.88	1.90	1.95	1.55
丙烯	1.05	1.50	0.95	0.97	0.96	1.23
丁二烯	0.25	0.22	0.30	0.30	0.30	0.30
三烯产量	2.94	3.36	3.13	3.16	3.21	3.07
三烯收率/%(质)	29.42	33.58	31.32	31.64	32.14	45.58
芳烃						
PX					1.08	
混合二甲苯	0.35	0.54	0.52	0.51		0.20
甲苯	0.51	0.59	0.50	0.59	0.04	0.05
苯	0.37	0.36	0.42	0.44	0.67	0.55
芳烃收率(BTX)/%(质)	12.33	14.90	14.47	15.39	17.90	11.89

基于10Mt/a原油加工量和原油性质，采用常规炼化一体化技术路线的5个方案的乙烯产量可达1.6~2Mt/a，其中方案3~方案5的乙烯产量偏高。尤其是方案5，乙烯产量达到1.95Mt/a，PX产量高达1Mt/a以上，因此该方案是实现炼油厂多产乙烯和芳烃的深度转型路线。

在满足乙烯产量要求的前提下，不同方案由于重油加工路线的差异，产品结构存在较大的差别。方案1的重油加工采用“渣油加氢处理+催化裂化”技术路线，油品收率最高，丙烯收率居中，BTX收率最低；方案2的重油加工采用“渣油加氢处理+催化裂解”技术路线，丙烯收率最高，油品和BTX收率居中；方案3~方案5的重油加工采用“浆态床渣油加氢裂化+蜡柴油加氢裂化”技术路线，丙烯收率和油品收率最低，而芳烃收率偏高。

方案6采用原油直接蒸汽裂解制烯烃技术路线，加工流程较短，全厂乙烯收率最高。该方案对原油需求量较少，仅6.74Mt/a沙特超轻油就可满足1.6Mt/a乙烯生产需求，有助于缓解我国原油进口依存度过高的问题。此外，与方案2相比，方案6在乙烯产能基本相近时，三烯收率高约12个百分点，油品收率降低20个百分点。因此，原油直接蒸汽裂解制烯烃技术路线是一条低碳烯烃收率最高的短流程转型路线。

2. 乙烯原料结构

6个方案的乙烯原料构成见表2-4-5。对于单独乙烯装置而言，方案2乙烯收率最高，方案6乙烯收率最低。但对于全厂加工的原油总量而言，方案6乙烯收率则最高，达到22.98%。

表2-4-5　不同方案的乙烯原料构成　Mt/a

乙烯原料	方案1	方案2	方案3	方案4	方案5	方案6
富乙烯气	0.07	0.35	0	0	0.11	0.09
丙烷、液化气	0.48	0.57	0.68	0.61	0.68	0.12
石脑油、抽余油等	2.23	2.13	2.38	2.42	2.39	0.18
裂化尾油	2.05	1.44	2.53	2.62	2.53	
沙特超轻油（<465℃馏分）						5.39
合计	4.84	4.49	5.58	5.65	5.70	5.78
乙烯装置：乙烯收率/%（质）	33.95	36.56	33.72	33.60	34.15	26.82
单位原油：乙烯收率/%（质）	16.43	16.42	18.82	18.97	19.48	22.98

与方案3相比，方案5由于兼产PX，乙烯原料结构得到进一步优化，装置乙烯收率提高0.4个百分点左右。

（三）碳排放分析

在当前碳达峰碳中和背景下，碳排放已成为炼化企业关注重点指标之一。根据中国石油化工企业温室气体排放核算方法与报告指南（试行），初步估算6个方案的CO_2排放结果如表2-4-6所示。

表 2-4-6 不同方案的 CO_2 排放量 Mt CO_2/a

排放源类型	方案 1	方案 2	方案 3	方案 4	方案 5	方案 6
排放合计	5.58	6.44	6.35	6.19	7.64	4.42
直接排放	3.50	3.79	4.36	4.35	5.40	3.44
间接排放	1.22	1.61	1.30	1.25	1.55	0.73
过程排放	0.86	1.04	0.69	0.59	0.69	0.24
单位 CO_2 排放						
单位化学品 CO_2 排放量/(t CO_2/t 化学品)①	1.34	1.33	1.39	1.32	1.53	1.14
单位原油 CO_2 排放量/(t CO_2/t 原油)	0.56	0.64	0.63	0.62	0.76	0.66

①化学品为乙烯、丙烯、丁二烯和 BTX 之和。

由表 2-4-6 可知，不同方案的 CO_2 排放总量差异较大，这主要与催化烧焦量、燃料消耗量、制氢原料类型和制氢总量、以及电力外购量和火炬燃烧等因素密切相关。6 个方案的燃料类型基本一致，但制氢原料有较大差别，其中方案 1 ~ 方案 5 采用沥青、浆态床加氢未转化油作为 POX 制氢原料，方案 6 采用炼油厂干气作为制氢原料。

研究表明[41]，对于采用天然气制氢的炼油厂，燃料燃烧、催化烧焦是企业 CO_2 主要排放源，二者 CO_2 排放之和最大能占 CO_2 排放总量的 80% 左右。在 5 个常规炼化一体化方案中，方案 5 由于乙烯规模最大并年产百万吨 PX，燃料消耗量最高，因此 CO_2 排放总量居首位；方案 2 由于催化裂解装置规模大，催化生焦量偏高，故 CO_2 排放量也较高；方案 3 和 4 虽然没有催化裂解装置，但是乙烯、重整和 POX 等装置规模大，燃料和制氢原料的消耗量高，因此该方案的 CO_2 排放略高于方案 1。

与常规炼化一体化方案 2 相比，采用原油直接蒸汽裂解制烯烃路线的 CO_2 排放总量明显下降。方案 6 由于原油需求量少，催化裂解装置规模小，CO_2 排放总量比方案 2 降低约 30%。

在单位化学品的 CO_2 排放方面，常规炼化一体化路线的方案 1 ~ 方案 4 相差不大，但均高于原油直接蒸汽裂解制烯烃路线方案；方案 5 由于生产了百万吨 PX 产品，因此吨化工品的 CO_2 排放最高。

在加工单位原油的 CO_2 排放方面，6 个方案的 CO_2 排放顺序由高到低依次为：方案 5 > 方案 6、方案 2、方案 3、方案 4 > 方案 1，这与各方案的化学品收率、产品结构、加工流程长短等因素直接相关。化学品收率越高，表明炼油厂"油转化"程度越深，CO_2 排放相对较大；当全厂乙烯收率基本相同时，生产 PX 也会导致燃料等消耗增加，从而增加了 CO_2 排放；此外，原油转化为化学品的流程越短，降碳优势越明显。

（四）投资效益分析

1. 价格体系

6 个方案的建设投资参考近年来已建项目，并采用规模指数法及相关系数初步估算。主要原料和产品价格如表 2-4-7 所示。

表 2-4-7　主要原料和产品价格　元/t

原料、产品	中国石化 2020 年 50 美元效益测算价	中国石化 2016—2018 年三年均价	中国石化 2021 年 50 美元预算价
原油			
沙重原油	2410	2868	2689
沙轻原油	2710	3120	2885
沙特超轻油	2894	3156	3000
主要产品			
国Ⅵ 92#汽油	6183	7350	7070
国Ⅵ 95#汽油	6533	7853	7470
喷气燃料	3949	4089	3160
国Ⅵ柴油	4949	5759	5720
乙烯	7090	8830	6412
丙烯	5399	6956	6987
丁二烯	6026	10369	6628
混合二甲苯	4539	5269	4226
苯	4655	5668	4201
甲苯	4443	5166	4371
重整 C_9+	3029	3763	3040

注：汽柴油价格含消费税。

2. 效益分析

6 个方案的建设投资(已扣除可抵扣增值税)和效益测算结果见表 2-4-8。可以看出，在建设投资方面，6 个方案由高至低排序依次为：方案 5 > 方案 3 > 方案 4 > 方案 2 > 方案 1 > 方案 6，其中原油直接蒸汽裂解制烯烃方案节省投资优势明显。

表 2-4-8　不同方案的投资效益对比

价格体系	方案 1	方案 2	方案 3	方案 4	方案 5	方案 6
建设投资/万元	基准	基准 + 342935	基准 + 454331	基准 + 383955	基准 + 893104	基准 - 579792
财务内部收益率(税后)/%						
中国石化 2020 年 50 美元效益测算价	16.69	14.46	14.39	15.98	13.52	12.83
中国石化 2016—2018 年三年均价	24.54	21.95	21.15	22.82	20.40	26.10
中国石化 2021 年 50 美元预算价	12.92	11.56	8.86	10.56	7.58	14.40

在效益方面，基于中国石化 2020 年 50 美元测算价和 2016—2018 年三年均价，6 个方案财务内部收益率(税后)均高于 10%；基于中国石化 2021 年 50 美元预算价，除方案 3 和方案 5 以外，其他方案财务内部收益率(税后)也均高于 10%。

对于不同的价格体系，6 个方案的效益排序差别也较大。

(1)方案 1 与方案 6 效益对比

在中国石化 2020 年 50 美元测算价下，方案 1 的效益最好，原因在于该方案建设投资相对较低，价格相对较高的油品产量也偏高，而丙烯价格相对较低；方案 6 的效益最差，主要原因在于沙特超轻油与沙轻原油的差价最大，差额达到 184 元/t。

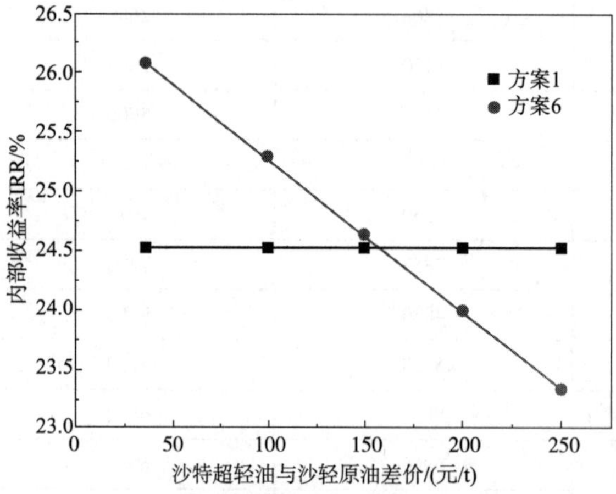

图 2-4-7　特超轻油与沙轻原油差价对方案效益的影响

在中国石化 2016—2018 年三年均价和中国石化 2021 年 50 美元预算价下，方案 6 效益最好，方案 1 效益次之，主要原因在于两种价格体系下的乙烯、丙烯等产品价格相对较高，并且沙特超轻油与沙轻原油的差价小的缘故。

基于中国石化 2016—2018 年三年均价，沙特超轻油与沙轻原油的差价对方案 6 的效益影响结果见图 2-4-7。可以看出，当沙特超轻油与沙轻原油价差小于 157 元/t，方案 6 效益就高于方案 1 效益。两种原油价格差额越小，方案 6 效益就越高。

(2)方案 1 与方案 2 效益对比

在三种价格体系下，方案 1 的效益均高于方案 2 的效益。这主要是由于方案 1 的建设投资低、油品产量高，而方案 2 的建设投资偏高、丙烯产量最高、油品产量偏少。

基于中国石化 2021 年 50 美元预算价，初步分析汽油价格变化对方案 1 和方案 2 效益的影响，结果见图 2-4-8。可以看出，当汽油价格下跌超过 20% 时，方案 2 效益就高于方案 1 效益。

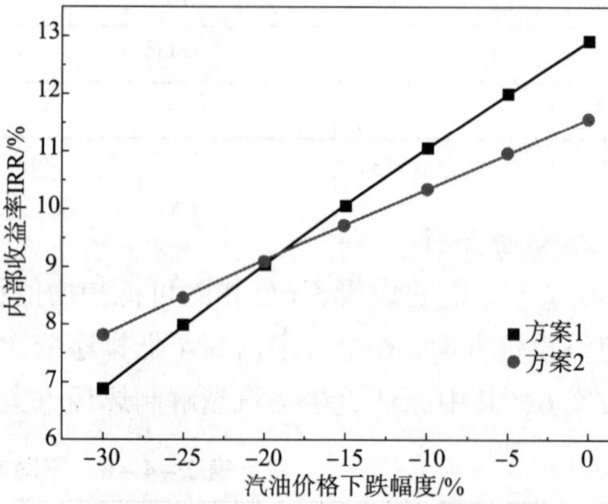

图 2-4-8　汽油价格对方案效益的影响

(3)方案 2 与方案 3、方案 4 效益对比

基于中国石化 2020 年 50 美元测算价和 2016—2018 年三年均价，3 个方案效益排序由高至低排序依次为：方案 4 > 方案 2 > 方案 3，但各方案效益差距相差不大。

基于中国石化 2021 年 50 美元预算价，3 个方案的效益排序由高至低依次为：方案 2 > 方案 4 > 方案 3。这主要是由于该价格体系下丙烯价格相对较高，喷气燃料价格相对偏低，因此采用催化裂解技术路线的方案 2 效益偏高。

与方案 3 相比，方案 4 由于设置了溶剂脱沥青装置，降低了浆态床渣油加氢裂化装置规模，因此建设投资偏低，效益较好。

(4)方案 3 与方案 5 效益对比

在三种价格体系下，方案 3 效益均好于方案 5 效益。一方面在于方案 5 生产百万吨 PX 产品，导致投资增加；另一方面由于 PX 与混合二甲苯、甲苯和重整 C_{9^+} 差价较小。因此，生产 PX 方案的效益低于不生产 PX 方案的效益。

基于中国石化 2016—2018 年三年均价，分析 PX 与混合二甲苯差价对方案 5 效益影响，结果见表 2-4-9。可以看出，在 PX 与混合二甲苯差价大于 2088 元/t 时，方案 5 效益高于方案 3 效益。

表 2-4-9　PX 与混合二甲苯差价对方案 5 效益的影响

PX 与混合二甲苯差价/(元/t)	1514	1600	1700	1800	1900	2000	2100
方案 3 财务内部收益率(税后)/%	21.15	21.15	21.15	21.15	21.15	21.15	21.15
方案 5 财务内部收益率(税后)/%	20.40	20.51	20.64	20.78	20.91	21.04	21.17

(5)碳排放对效益影响

基于中国石化 2020 年 50 美元测算价，表 2-4-10 进一步分析了碳税对 6 个方案效益的影响。可以看出，当对每吨 CO_2 多征收 50 元碳税时，各方案的效益均下降约 0.6~0.7 个百分点，碳税越高，效益下降幅度更明显。

表 2-4-10　碳税对方案效益的影响　%

碳税	方案 1	方案 2	方案 3	方案 4	方案 5	方案 6
0 元/tCO_2	16.69	14.46	14.39	15.98	13.52	12.83
50 元/tCO_2	16.11	13.82	13.78	15.40	12.86	12.20
100 元/tCO_2	15.51	13.17	13.16	14.81	12.18	11.55
150 元/tCO_2	14.91	12.51	12.53	14.21	11.48	10.89

四、研究结论

通过多个新建常规炼化一体化方案和新建原油直接蒸汽裂解制烯烃方案的对比研究，可以得到以下结论：

(一)常规炼化一体化技术路线完全可实现炼油厂多产化工原料目标

当采用常规炼化一体化技术路线时，10Mt/a 炼油厂完全可满足 1.6Mt/a 乙烯的原料需求，同时兼顾油品生产。与"渣油加氢处理+催化裂化/催化裂解"技术路线方案相比，"浆态床渣油加氢裂化+蜡柴油加氢裂化"技术路线可满足近 2Mt/a 乙烯的原料需求，并且同时可生产百万吨 PX。

除乙烯产品外，"渣油加氢处理+催化裂解"技术路线的丙烯和低碳烯烃产量最高，"渣油加氢处理+催化裂化"技术路线的油品产量最高，而"浆态床渣油加氢裂化+蜡柴油加氢裂化"技术路线的油品产量最低。

在中国石化 2020 年 50 美元效益测算价、中国石化 2016—2018 年三年均价下，新建方案的财务内部收益率(税后)均超过行业基准值 10%，都具有较好的经济效益。其中"渣油加氢处理+催化裂化"技术路线的建设投资最低，经济效益最好；"渣油加氢处理+催化裂解"技术路线的经济效益略低，但低碳烯烃收率最高。

(二)原油直接蒸汽裂解制烯烃技术路线可实现短流程多产化工原料

与常规炼化一体化技术路线相比，原油直接蒸汽裂解制烯烃技术路线缩短了原油生产低碳烯烃的流程，单位原油的乙烯收率最高，原油资源化工利用最大化。当加工*API*度约40的沙特超轻油时，原油直接蒸汽裂解制烯烃路线生产1.6Mt/a乙烯所需原油量约6.7Mt/a。随着加工原油*API*度的提高，生产同等规模乙烯所需原油量就越少。

原油直接蒸汽裂解制烯烃路线由于加工流程短，建设投资和CO_2排放总量均最低，是一条具有较好经济效益、较低碳排放的技术路线。在我国炼油产能过剩、油品市场饱和、烯烃资源短缺和日趋严格绿色低碳等背景下，原油直接蒸汽裂解制烯烃技术路线符合我国石油化工行业发展趋势，具有较好的应用前景。但需指出的是，原油直接蒸汽裂解制烯烃技术路线存在的主要问题是轻质原油资源可获得性略低，并且油品产量少，对于油品价格高的情况存在一定的市场风险。

综合而言，未来新建炼油厂或炼化项目应根据可获取的原油资源、产品目标要求、能耗和碳排放约束、投资效益等多因素综合考虑，从而选择最适宜的加工技术路线。

第二节　新建炼化一体化项目产品结构案例分析

一、案例简介

该案例为我国沿海正在规划建设的某新建大型炼化一体化项目。

项目原油加工规模20Mt/a，炼油产品方案以“减油增化”为目标，多产化工原料、低碳烯烃和芳烃产品，并控制成品油收率不高于30%，PX产能3Mt/a；化工部分新建乙烯总产能3Mt/a，产品结构采用“基础+高端”模式，以打造具有完整产业链条的高端石化产业基地。

本节重点介绍新建炼化一体化项目炼油部分的产品结构转型和加工技术路线，化工部分内容在此不详细叙述。

二、加工流程

（一）加工原油

考虑我国进口原油主要来源和核心产品目标，项目设计加工原油为中东沙轻原油和科威特原油，沙特轻质原油加工量为10Mt/a，科威特原油加工量为10Mt/a。两种基础原油主要性质见表2-4-11。

表2-4-11　基础原油主要性质

性质	沙轻原油	科威特原油
*API*度	33.2	30.4
密度(15℃)/(g/cm^3)	0.8587	0.8740
硫含量/%(质)	1.99	2.86
酸值/(mgKOH/g)	0.05	0.13
残炭/%(质)	4.49	6.47
沥青/%(质)	1.60	2.83
镍/(μg/g)	4.029	11.280
钒/(μg/g)	14.422	30.250

续表

性质	沙轻原油	科威特原油
收率/%(质)		
<160℃	16.40	16.70
160~240℃	14.80	11.70
240~350℃	20.40	17.00
350~530℃	24.70	24.80
>530℃	22.80	29.30
>350℃	47.50	54.10

(二)加工思路

根据项目加工原油的性质，对不同类型馏分油拟采用如下加工路线：

直馏轻石脑油辛烷值较低，链烷烃含量较高，将作为优质的乙烯原料；直馏重石脑油芳潜较高，可在满足乙烯原料需求的基础上，将部分重石脑油作为重整原料，一方面生产芳烃组分和高辛烷值汽油组分，另一方面副产的重整氢气为加氢装置提供廉价的氢源。

直馏煤油除硫醇指标较高外，其他指标均满足3#喷气燃料产品质量标准的要求，因此可采用临氢工艺生产3#喷气燃料产品。此外，由于当地喷气燃料市场容量有限，可将部分煤油馏分采用加氢裂化工艺生产重整原料和乙烯原料。

对于柴油馏分，为缓解我国柴油市场过剩压力，本项目的直馏柴油和二次加工柴油分别采用柴油加氢改质技术和柴油加氢裂化技术生产重整原料及乙烯原料，同时生产小部分优质的国Ⅵ车用柴油。

以直馏柴油为原料的柴油加氢改质装置产品性质见表2-4-12。可以看出，柴油加氢改质技术不仅可以生产低硫、高十六烷值的优质柴油，还可以兼产部分低硫、低氮、高芳潜的优质化工石脑油和低BMCI值的优质乙烯原料。

表2-4-12 柴油加氢改质装置的产品性质

产品性质	轻石脑油	重石脑油	煤油馏分	柴油馏分
馏程范围/℃	<65	65~165	165~230	>230
密度(20℃)/(g/cm³)	0.636	0.740	0.805	0.801
硫含量/(μg/g)	<0.5	<0.5	<5	<10
氮含量/(μg/g)	<0.5	<0.5	<0.5	<1
芳潜含量/%(体)		~50		
冰点/℃			≤-47	
烟点/℃			≮25	
萘系烃/%(体)			<3	
多环芳烃含量/%(质)				≯2
链烷烃含量/%(质)				≮65
BMCI值				11.9

对于减压蜡油的加工，目前主要有催化裂化、加氢裂化等技术。催化裂化以生产燃料油为主，在炼油厂中占有举足轻重的地位。加氢裂化产品种类丰富，产品质量好，不仅可以生产优质的燃料油和润滑油料，而且能够生产优质的重整原料和乙烯原料。此外，加氢裂化原料范围宽、操作方案多，加工流程灵活，已成为炼油厂产品结构转型的核心技术之一。结合项目产品目标，炼油部分以生产乙烯原料和芳烃产品为主，因此优选加氢裂化作为减压馏分油的加工工艺。

针对重油馏分的加工，为增产化工原料和低碳烯烃，可新建一套重油催化裂解装置。与催化裂化技术相比，重油催化裂解技术可实现重油高效转化为低碳烯烃和芳烃组分。表2－4－13列出了项目优选原料下催化裂解装置的产品分布。

表2－4－13　催化裂解装置典型产品分布　　%（质）

催化裂解产品	收率
$H_2S + H_2 - C_2$	10.20
$C_3 \sim C_4$	40.16
裂解石脑油	26.84
裂解轻油	10.93
裂解重油	3.91
焦炭	7.96
合计	100.00
其中：	
乙烯	4.5
丙烯	20.27
BTX	9.21

渣油加工路线主要有加氢工艺技术和脱碳工艺技术。加氢家族的浆态床渣油加氢裂化技术对所加工原料的杂质含量几乎没有限制，甚至可以加工沥青和油砂，渣油转化率高，是一种大幅度提高全厂原油加工灵活性和提高全厂轻油收率的重要技术手段。经项目测算，增设浆态床渣油加氢裂化装置，可优化渣油加氢处理装置原料并降低装置操作苛刻度，结果如表2－4－14所示。

表2－4－14　不同方案下渣油加氢处理装置原料的主要性质

性质	增设浆态床方案	无浆态床方案
原料硫含量/%（质）	<4.0	≈ 5.0
原料残炭/%（质）	≈ 9.0	≈ 13.00

此外，增设浆态床渣油加氢裂化装置后，渣油加氢处理装置的重油产品硫含量可控制在0.3%左右，同时将“黑色”产品的出厂数量降到最低。与加氢技术路线相比，脱碳路线的优势在于装置投资和操作费用均较低，对原油的适应性也比较强，不足之处在于全厂轻油收率较低。

为充分利用石油资源，低成本并最大限度生产化工原料和低碳烯烃和芳烃产品，项目将采用“渣油加氢处理+浆态床渣油加氢裂化+溶剂脱沥青+催化裂解+催化裂化”技术路线。该技术路线一方面可提高炼油厂的轻油收率，并灵活调整产品结构以满足市场需求；另一方面可实现劣质资源(如减压渣油、催化油浆、乙烯燃料油等)的高价值转化，提升资源集约化利用水平。

(三)加工总流程

1. 原油加工

项目设置两套10Mt/a常(减)压蒸馏装置。其中1#常压蒸馏装置加工*API*度略高的沙轻原油，2#常减压蒸馏装置用于处理*API*度略低的科威特原油，减压蒸馏采用“减压深拔”方案，保留了直接生产沥青的灵活性，同时为调整优化重质润滑油的质创造条件。

混合原油经两套原油蒸馏装置分出石脑油馏分、煤油馏分、柴油馏分、蜡油馏分、常压渣油和减压渣油。

2. 渣油加工

1#常压蒸馏装置的常压渣油送至渣油加氢处理装置加工，生产的加氢重油作为催化裂解和催化裂化的原料。渣油加氢处理装置分馏部分设置减压分馏设施，分馏得到的重油一方面可作为催化裂化原料，另一方面也可作为低硫船用燃料油的调和组分。

2#常减压蒸馏装置的减压渣油部分送至溶剂脱沥青装置和渣油加氢处理装置加工，剩余减压渣油送至浆态床渣油加氢裂化装置处理。溶剂脱沥青装置的脱油沥青也主要作为浆态床渣油加氢裂化原料，部分作为油制氢装置原料。催化油浆、乙烯焦油PFO/PGO等也均送至浆态床渣油加氢裂化装置处理，浆态床加氢未转化油将作为油制氢装置原料。

3. 蜡油加工

减压轻蜡油送至蜡油加氢裂化装置加工，主要生产重整原料、乙烯原料、白油料和燃料油等。

减压重蜡油、浆态床加氢蜡油均作为渣油加氢处理装置原料。溶剂脱沥青装置生产的轻脱沥青油作为光亮油加高压氢装置原料以生产润滑油和白油料，重脱沥青油则送至渣油加氢处理加工。

4. 煤柴油加工

直馏煤油主要送至煤油加氢装置生产3#喷气燃料产品，剩余部分送至柴油加氢裂化装置生产重整原料。

直馏柴油经加氢改质处理生产重整料、白油料和改质柴油，其中改质柴油可作为乙烯原料或作为柴油池调和组分。

二次柴油(包括渣油加氢柴油、浆态床加氢柴油、催化柴油等)送至柴油加氢裂化装置最大化生产重整原料。

5. 石脑油加工

直馏石脑油主要作为乙烯原料，部分直馏重石脑油作为重整原料。

柴油加氢裂化、蜡油加氢裂化装置的重石脑油全部作为重整原料，裂化轻石脑油主要作为乙烯原料，少部分作为汽油池调和组分。

催化裂解装置的裂解石脑油经加氢处理后进行芳烃抽提，分离出苯、甲苯和混合二甲苯；其中苯作为化工原料继续利用，混合二甲苯、部分甲苯和C_{9+}芳烃作为生产PX原料。

催化裂化汽油经 S Zorb 处理后作为汽油池调和组分。

6. 轻烃加工

催化裂解和催化裂化的液化气经脱硫脱硫醇处理后，送至气体分离装置分离出丙烷、丙烯和气分 C_4，其中丙烷作为乙烯装置原料，丙烯和气分 C_4 作为化工下游原料。

各类加氢处理装置的气体及轻烃通过轻烃回收装置增产乙烯原料，重整液化气直接作为乙烯原料。

催化裂解和催化裂化干气经脱硫处理后，送至轻烃回收装置回收富乙烯气。

项目炼油部分加工流程简图见图 2－4－9。

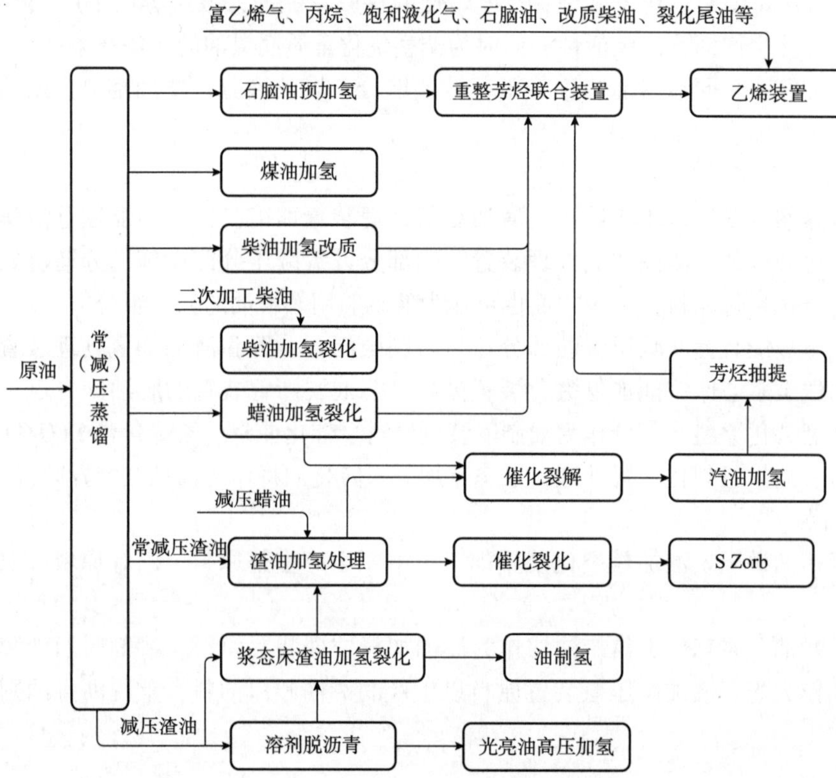

图 2－4－9　项目炼油部分加工流程简图

三、结果分析

（一）产品结构特点

基于图 2－4－9 加工总流程和工艺装置配置，炼油部分的主要产品构成和产量见表 2－4－15。可以看出，该项目炼油产品种类丰富，以乙烯原料、芳烃、丙烯等化工基础原料为主，同时生产部分汽煤柴燃料油以及润滑油基础油和白油等特色油品。

与国内近年来新建投产的大型炼化企业相比，该项目乙烯规模最高，油品收率最低，其中汽煤柴油品收率仅约 18%，柴/汽比低至 0.20，远远低于当前炼油厂的油品收率（50%~60%），因此炼油产品结构转型深度高。主要产品指标对比结果见表 2－4－16。

表 2-4-15　炼油部分主要产品产量　Mt/a

产品名称	数量
国Ⅵ汽油	2.09
喷气燃料	1.01
国Ⅵ柴油	0.57
石油芳烃	4.38
对二甲苯	3.00
苯	1.00
邻二甲苯	0.32
重芳烃	0.06
乙烯原料	8.10
富乙烷气、歧化干气	1.26
富乙烯气	0.30
丙烷	0.23
液化气	0.52
石脑油	4.36
加氢改质柴油	1.44
润滑油/白油	1.36
光亮油	0.13
75N	0.04
150N	0.05
500N	0.08
白油	1.06
其他产品	2.49
丙烯	1.01
气分 C_4	0.99
硫黄	0.49

表 2-4-16　国内新建大型炼化企业的主要产品指标

项目	国内新建企业 A	国内新建企业 B	本项目
原油加工量/(Mt/a)	20.00	20.00	20.00
乙烯规模/(Mt/a)	1.50	1.40	3.00
PX 规模/(Mt/a)	4.50	4.00	3.00
乙烯原料收率/%	15.62	20.10	40.50
PX 收率/%	22.50	20.00	15.00
汽煤柴收率/%	42.14	45.00	18.40
柴/汽比	0.83	0.56	0.20

（二）技术路线特点

项目炼油部分采用“渣油加氢处理＋浆态床渣油加氢裂化＋溶剂脱沥青＋催化裂解＋催化裂化”组合技术路线，不仅实现了多产化工基础原料等产品目标，而且加工总流程具有以下优势和特点：

1. 原料适应性强

项目设置两套常（减）压蒸馏装置，提高了采购原油的灵活性，实现不同品质原油的高效利用。重油加工也设置两条路线，分别为“固定床渣油加氢＋催化裂化”技术路线和“溶剂脱沥青＋浆态床渣油加氢裂化＋催化裂解”技术路线，提高了重油加工装置对原油的适应能力，并优化催化裂化和催化裂解装置的原料性质。

2. 产品灵活性高

项目采用“催化裂解＋催化裂化”组合技术，不仅能够多产化工原料和化工产品，实现“少油多化”的产品目标，同时也能灵活应对未来产品市场需求的变化。

如果成品油需求增加，一方面可以调整催化裂化、催化裂解、重整芳烃、柴油加氢改质、加氢裂化等装置的加工量和产品利用方向，另一方面综合利用 C_4 资源。多举措增加油品调和组分并提升油品质量，成品油产品比例可在15%～50%之间灵活调整。

3. 资源集约化利用

项目采用“渣油加氢处理＋浆态床渣油加氢裂化＋溶剂脱沥青＋催化裂解”耦合工艺，实现了不同原料多途径转化为化工原料和化工产品，并将减压渣油、催化油浆、乙烯燃料油等劣质资源最大化地转化为轻质原料，构建了“劣质原料直接裂化”的新模式。同时，综合利用柴油、石脑油和轻烃等资源，以低成本生产乙烯原料并优化乙烯原料结构，乙烯装置收率高达37%以上。此外，充分利用浆态床加氢未转化油和沥青，并采用油制氢技术补充加氢装置的用氢需求。

该流程在多产化工原料、低碳烯烃和芳烃产品的同时，也兼顾清洁燃料油和特色油品生产，实现资源“宜烯尽烯、宜芳尽芳、宜油则油”的集约化利用。

四、研究结论

对于新建大型炼化一体化项目，采用以催化裂解为核心的常规炼化一体化技术路线，一方面可实现炼油厂减油增化目标，并获得较好的经济效益；另一方面通过耦合多种加氢工艺技术和脱碳工艺技术，提高原油的适应性和加工流程的灵活性。该技术路线特点在于低碳烯烃收率高，减油增化效果显著，也非常适用于现有炼油厂的转型升级。

“渣油脱碳技术＋渣油加氢技术＋油制氢”耦合工艺有助于提高炼油厂轻油收率，提升劣质资源高效利用水平，更好平衡利用全厂氢气资源，在炼油厂产品结构转型中将发挥重要作用。

第三节　新型炼油厂产品结构转型研究展望

一、新型炼油厂概述

新型炼油厂是相对当前传统炼油厂而言，可包括未来新建的化工型炼油厂、转型升级的现有炼油厂等。基于“双碳”目标下的新型炼油厂特点主要体现在：炼油能力规模化、原料产品多元化、工艺流程集约化、炼油用能低碳化、炼油用氢绿色化、管控模式数字化等多个方面。在此仅简要介绍与新型炼油厂产品结构转型相关的特点内容，关于用能结构转型、用氢结构转型和管控模式转型等具体内容请见本书相应篇章。

（一）炼油能力规模化

《中共中央、国务院关于完整准确全面贯彻新发展理念做好碳达峰碳中和工作的意见》提出：到2030年，非化石能源消费比重达到25%左右；到2060年，非化石能源消费比重达到80%以上。据此预测[42]，我国石油需求将在2025年前后进入峰值平台期，约为730Mt/a，2050年石油需求量降至310Mt/a，年均下降3.4%。因此，我国炼油产业将加快淘汰落后产能，提升产能集中度，石油资源将进一步向石化基地集中并集约化利用，优势企业的原油加工能力增加，并向规模化和大型化发展。

（二）原料产品多元化

面向“双碳”战略和市场需求的变化，我国炼油厂加快转型升级，纵向一体化深度融合，横向多产业协同发展，功能更加多元化。在原料结构方面，随着石油需求量的降低，新型炼油厂选择原油的范围更广，轻质原油加工比例提高；氢气来源也更加绿色低碳，除自产的重整氢、乙烯氢、PSA回收氢外，新型炼油厂将不再设置煤制氢等高碳排放装置，所需的氢气将主要来源于绿电制氢。在产品结构方面，为充分发挥石油的物质资源属性，新型炼油厂一方面由生产燃料油为主转变为多产基础化学品、初级碳材料、以及特色油品等；另一方面变废为宝，将CO_2、合成气等进一步转化为含氧衍生物，如醋酸、多元醇、丁辛醇等，以满足其他产业链的原料需求。据估计[42]，2050年石油作为原材料的比重将提升至47.5%。此外，部分炼油企业氢气资源丰富，可为社会提供洁净能源。

（三）工艺流程集约化

为降低石油炼制过程的能源消耗和碳排放，新型炼油厂的加工流程将更简捷，装置配置更集成，资源利用更集约[43]。一方面，原油直接裂解制烯烃等关键转型技术的开发应用，将使原油生产化工品的路径大大缩短；另一方面，多种炼化技术的集成耦合将明显提高石油资源的利用效率，相似功能的工艺过程或相似性质的工艺物流将集约化处理，减少工艺装置配置，如催化裂解与蒸汽裂解技术的集成耦合，不仅能提高低碳烯烃收率，而且可以减少分离过程能耗。

（四）炼油用能低碳化

当前，我国正加紧构建绿色低碳、安全高效的能源体系，积极推进能源结构低碳化转型，为实现“双碳”目标奠定坚实的基础。新型炼油厂用能低碳化就是要逐步实现清洁化替代和电气化替代，一是用天然气和炼油厂干气代油、代煤、代焦，逐步消减煤炭等高碳能源使用数量，用低碳能源进行替代；二是用电代替蒸汽，大幅度提高电气化比例，通过增加“绿电”的使用，实现零碳能源对化石能源的替代。

（五）炼油用氢绿色化

氢气当前是重要的工业原料，未来还将发展成为一种重要的二次洁净能源。随着我国炼油结构调整和环保升级进程的加快，以及部分能源用户无法完全通过电气化实现脱碳，未来炼油厂的氢气需求量仍将维持较高水平。为发挥绿氢减碳功能，炼油厂的氢源将逐步从"灰氢""蓝氢"过渡到"绿氢"，"绿氢替代"将是新型炼油厂用氢结构优化的最终目标。未来炼油厂将大力发展可再生电力制氢，并积极利用边际核电、可再生能源弃电、电网谷电等制氢，利用"绿氢"实现炼油领域碳达峰和碳中和。

(六)管控模式数字化

在低碳转型的道路上，我国炼油厂还需持续优化资源利用水平、强化生产管控能力。随着互联网、云计算、大数据、人工智能等新一代信息技术的迅猛发展，数字化、智能化技术应用成为全面优化企业生产运营的重要支撑。新型炼油厂以价值创造为目标，在"双碳"目标约束下，通过炼油工艺流程的数字化模拟、公用工程和碳资源利用的智能优化，提升炼油厂资源利用效率和生产管控水平，实现炼油全流程效率的提高和炼油厂效益的增值。

二、新型炼油厂产品结构转型案例研究

炼油厂产品结构转型不仅体现在原料产品结构上的差异，而且与企业用能结构、用氢结构密切相关。因此，未来新型炼油厂的产品结构转型路径一方面是通过转型关键技术和集约新工艺的应用，实现从多产油品到多产化工原料、基础化学品、初级碳材料以及特色油品等目标；另一方面与新能源产业协同发展，充分利用太阳能、风能、地热能、核能等新能源为炼油厂提供绿电、绿氢、蒸汽动力等，实现"绿色炼油"。

在"双碳"约束下，未来炼化行业新建大型炼油厂的机会有限，更多在于对现有优势炼油厂进行转型升级，推动其规模化、大型化、一体化发展。考虑千万吨炼油规模可视为典型炼油厂单线系列，在此仅以新建10Mt/a新型炼油厂为例，分析不同转型技术路径的产品结构特征、碳排放水平以及经济效益等指标，为石化基地大型炼化企业的规划设计和现有炼油厂的转型升级提供借鉴参考。

(一)方案简介

新型炼油厂建设规模10Mt/a，以最大化生产化工原料、低碳烯烃为产品目标，充分依托绿电、绿氢打造行业绿色低碳标杆。

方案研究的主要原则如下：

1)炼油厂不生产汽油和柴油产品，可适量生产喷气燃料。

2)化工产品以低碳烯烃为主，可适量生产芳烃原料。

3)重油加工考虑多种路线，包括依托绿氢的重油加氢裂化、固定床加氢处理等加工路线，以及生产石油基碳材料、石油沥青为主的脱碳路线。

4)充分依托外部供应的绿氢资源，以满足炼油厂所需的氢气需求。

5)动力系统最大电气化，其余燃料以天然气为补充，减少动力燃料碳排放。

基于上述原则，针对重油加工路线开展了4个方案的对比研究，见表2-4-17。为更好评估炼油产品结构变化对下游乙烯部分、及企业整体效益等影响，发挥炼化一体化优势，方案研究范围将包括新建炼油厂、新建乙烯装置及下游丁二烯抽提、MTBE/1-丁烯、裂解汽油加氢和芳烃抽提装置。乙烯、丙烯等下游产品链不再延伸。

表 2-4-17　不同方案的重油加工路线

方案序号	重油加工路线
方案 1	浆态床渣油加氢裂化 + 蜡油加氢裂化
方案 2	渣油加氢处理 + 催化裂解
方案 3	延迟焦化 + 蜡油加氢处理 + 催化裂解
方案 4	溶剂脱沥青 + 蜡油加氢处理 + 催化裂解

(二) 加工流程

1. 加工原油

结合未来原油的加工趋势和原油资源的可获得性，选择轻质中东原油作为方案研究的基础原油。目前，该类原油已在国内大型炼化一体化企业以及炼油厂中得到广泛加工，具有较好的代表性。基础原油的主要性质见表 2-4-18。

表 2-4-18　基础原油的主要性质

原油性质	方案 1 ~ 方案 4
API 度	33.21
密度(20℃)/(g/cm^3)	0.8591
硫含量/%(质)	1.88
酸值/(mgKOH/g)	0.03
氢含量/%(质)	12.9
Ni + V/(μg/g)	28.45
残炭/%(质)	4.5
收率/%(质)	
<165℃	18.7
165 ~ 240℃	13.9
240 ~ 350℃	19.3
350 ~ 465℃	18.8
465 ~ 520℃	7.4
>520℃	21.9

2. 加工总流程

4 个方案的总流程差异主要体现在渣油加工方面，其他馏分油的加工路线基本相同。

原油经常减压蒸馏后，轻质馏分油的加工路线如下：

1) 直馏石脑油链烷烃含量较高，BMCI 值较低，将全部作为优质的乙烯原料；加氢裂化重石脑油和裂解抽余油将作为重整原料。

2) 直馏煤油采用临氢工艺生产 3#喷气燃料产品。

3) 直馏柴油、二次加工柴油和部分减压蜡油拟采用加氢裂化技术，最大化转化为化工原料。

对于渣油和重油馏分，4 个方案的加工路线分别如下：

方案 1 的减压渣油采用浆态床渣油加氢裂化技术处理，生成的浆态床蜡油和柴油继续采用加氢裂化工艺转化为乙烯原料和重整原料。

方案 2 的减压渣油采用渣油加氢技术处理，生成的加氢重油继续采用重油催化裂解技术转化为低碳烯烃等产品。

方案 3 的减压渣油采用延迟焦化技术加工，生成的焦化蜡油经加氢精制后作为重油催化裂解原料，进一步转化为低碳烯烃产品。

方案 4 的减压渣油采用溶剂脱沥青技术加工，生成的脱沥青油经加氢精制后作为重油催化裂解原料，进一步转化为低碳烯烃产品。

对于方案 2 ~ 方案 4，为充分利用好 C_4 烯烃资源，3 个方案均采用烯烃催化裂解技术进一步增产乙烯和丙烯。

(三) 结果分析

1. 工艺装置配置

不同方案的工艺装置类型及装置规模如表 2 – 4 – 19 所示。与现有常规炼油工艺流程相比，新型炼油厂采用重油催化裂解一体化新工艺，并以绿氢作为全厂的补充氢源，因此炼油工艺装置数量明显减少。与方案 1 相比，方案 2 ~ 方案 4 的重油采用催化裂解技术路线，工艺装置数量相对偏多。

表 2 – 4 – 19 不同方案的工艺装置配置 Mt/a

装置名称	方案 1	方案 2	方案 3	方案 4
常减压蒸馏	10.00	10.00	10.00	10.00
浆态床渣油加氢裂化	2.60			
渣油加氢处理		3.20		
延迟焦化			2.00	
溶剂脱沥青				1.90
蜡油加氢处理			3.20	3.20
重油催化裂解一体化		3.00	3.00	3.00
蜡柴油加氢裂化	3.80 + 2.60	4.00	3.40	3.40
烯烃催化裂解 OCC		0.70	0.70	0.70
重整抽提	2.20	1.60	1.40	1.30
煤油加氢	1.40	1.40	1.40	1.40
硫黄回收	0.20	0.20	0.16	0.16
乙烯装置	2.40	2.10	2.00	2.00
丁二烯抽提	0.80	0.60	0.60	0.60
MTBE/1 – 丁烯	0.25/0.14	0.20/0.10	0.18/0.10	0.18/0.10
裂解汽油加氢	1.40	1.90	1.80	1.80
芳烃抽提	0.90	1.20	1.20	1.20

2. 原料产品指标

(1) 主要原料与产品

不同方案的主要原料产品指标如表 2 – 4 – 20 所示。可以看出，基于 10Mt/a 原油加工量和原油性质，新型炼油厂 4 个方案的乙烯产量均可达 2Mt/a，其中方案 2 的三烯收率最高，超过40%。此外，4个方案的三烯三苯收率达到55%~60%，均高于表2-4-5中常规一体化路线的三烯三苯收率。

表2-4-20　不同方案的主要原料和产品　Mt/a

主要原料和产品	方案1	方案2	方案3	方案4
原料				
原油	10.00	10.00	10.00	10.00
绿氢	0.109	0.049	0.011	0.018
甲醇	0.088	0.068	0.063	0.062
产品				
煤油	1.34	1.34	1.34	1.34
乙烯	2.36	2.10	2.01	1.97
丙烯	1.21	1.67	1.66	1.64
丁二烯	0.383	0.296	0.272	0.271
1-丁烯	0.133	0.103	0.095	0.094
苯	0.539	0.472	0.442	0.441
甲苯	0.782	0.678	0.630	0.632
混合二甲苯	0.537	0.569	0.541	0.543
浆态床未转化油	0.242			
石油焦			0.515	
沥青				0.598
主要产品收率/%				
油品收率	13.43	13.43	13.43	13.43
三烯收率	39.57	40.61	39.43	38.75
三苯收率	18.58	17.18	16.13	16.16
三烯三苯收率	58.15	57.79	55.56	54.91

(2)乙烯原料结构

不同方案的乙烯原料结构见表2-4-21。与方案1相比，方案2~方案4由于设置3Mt/a重油催化裂解装置，乙烯原料相对轻质化，蒸汽裂解装置的乙烯收率均高达35%以上。

表2-4-21　不同方案的乙烯原料结构和乙烯收率　Mt/a

项目	方案1	方案2	方案3	方案4
乙烯原料				
富乙烯气		0.33	0.40	0.34
丙烷、液化气	0.65	0.70	0.74	0.70
石脑油、抽余油等	2.88	2.53	2.41	2.41
裂化尾油	3.55	2.36	2.05	2.05
合计	7.08	5.92	5.60	5.50
装置乙烯收率/%	33.36	35.43	35.86	35.77

(3)碳排放分析

根据《中国石油化工企业温室气体排放核算方法与报告指南(试行)》，初步估算 4 个方案的 CO_2 排放结果如表 2－4－22～表 2－4－24 所示。

表 2－4－22　炼油部分不同方案的 CO_2 排放量　　Mt CO_2/a

排放源类型	方案 1	方案 2	方案 3	方案 4
排放合计	1.84	2.96	2.52	2.65
直接排放	1.77	1.88	1.73	1.79
间接排放	0.07	0.32	0.25	0.25
过程排放		0.76	0.54	0.61
单位原油加工量的 CO_2 排放/(t CO_2/t 原油)	0.184	0.296	0.252	0.265

注：计算时，动力站划入炼油范围，外供蒸汽至化工，动力站燃料计入炼油排放，同时外供蒸汽量进行扣减。

表 2－4－23　化工部分不同方案的 CO_2 排放量　　Mt CO_2/a

排放源类型	方案 1	方案 2	方案 3	方案 4
排放合计	3.71	3.24	3.10	3.10
直接排放	2.69	2.42	2.30	2.30
间接排放	0.97	0.76	0.75	0.75
过程排放	0.05	0.06	0.05	0.05
单位乙烯产量的 CO_2 排放/(t CO_2/t 乙烯)	1.545	1.541	1.548	1.548

表 2－4－24　不同方案 CO_2 排放总量　　Mt CO_2/a

排放源类型	方案 1	方案 2	方案 3	方案 4
排放合计	5.55	6.20	5.62	5.75
直接排放	4.46	4.30	4.03	4.09
间接排放	1.04	1.08	1.01	1.01
过程排放	0.05	0.82	0.58	0.65
单位原油加工量的 CO_2 排放/(t CO_2/t 原油)	0.555	0.620	0.562	0.575
单位化学品产量的 CO_2 排放量/(t CO_2/t 化学品)①	0.954	1.073	1.012	1.047

①化学品为三烯三苯之和。

对于炼油部分，采用浆态床渣油加氢裂化路线的方案 1 排放总量最小，而采用渣油加氢处理路线的方案 2 排放量最大。方案 2～方案 4 均有催化烧焦，是导致 CO_2 排放量较大的原因。因此，在外部绿氢供应下，全加氢方案在碳排放上有一定优势。

对于化工部分 CO_2 排放而言，方案 1 配套乙烯规模达到 2.4Mt/a，裂解炉燃料用量增大，导致该方案排放总量最高。考虑乙烯规模影响因素后，4 个方案单位乙烯产量的 CO_2 排放强度基本相当。

对于 4 个方案的 CO_2 排放总量而言，仍以方案 2 的排放量最高，这也是与其催化生焦量、工艺加热炉和乙烯规模较大直接相关。在单位化学品产量的 CO_2 排放方面，4 个方案相差不大，即生产每吨化学品所排放 CO_2 约为 1t 左右。与表 2－4－6 常规炼油厂一体化转型方案相比，新型炼油厂一体化转型方案单位化学品产量的 CO_2 排放下降 30% 以上。

(4)投资效益分析

4 个方案的建设投资参考近年来已建项目，并采用规模指数法及相关系数初步估算。主要原料和产品价格见表 2 -4 -25。此外，所有方案均考虑征收 100 元/tCO_2 碳税。

表 2 -4 -25　主要原料、产品价格表　　元/t

主要原料和产品	中国石化 2020 年 50 美元效益测算价	中国石化 2020 年 80 美元效益测算价	中国石化 2016—2018 年三年均价
原料			
沙轻	2710	4349	3120
氢气(绿氢)①	20000	20000	20000
甲醇	1816	2231	2461
产品			
喷气燃料	3949	5872	4089
乙烯	7090	8538	8830
丙烯	5399	7369	6956
丁二烯	6026	8153	10369
1 - 丁烯	5922	9476	5696
苯	4655	5843	5668
甲苯	4443	5505	5166
混合二甲苯	4539	5882	5269
重整 C_9+	3029	4810	3763
石油焦	786	1010	990
沥青	1862	3531	1846

①参考近期相关绿电制氢项目的氢气产品价格。

不同方案的建设投资(已扣除可抵扣增值税)和效益测算结果见表 2 -4 -26。可以看出，在建设投资方面，4 个方案由高至低排序依次为：方案 1 > 方案 2 > 方案 3 > 方案 4，其中方案 3 延迟焦化路线和方案 4 溶剂脱沥青路线的节省投资优势明显。

表 2 -4 -26　不同方案的投资效益对比

序号	价格体系	方案 1	方案 2	方案 3	方案 4
一	建设投资/万元	基准	基准 -35241	基准 -145631	基准 -209678
二	财务内部收益率(税后)/%				
	中国石化 2020 年 50 美元效益测算价	16.41	17.41	18.07	18.39
	中国石化 2020 年 80 美元效益测算价	11.99	13.60	13.04	14.71
	中国石化 2016—2018 年三年均价	25.57	26.05	26.49	26.61

基于 20000 元/t 的外购绿氢价格，3 个价格体系下均以方案 4 效益最高、方案 1 效益最低，而方案 2 和方案 3 在不同价格体系下的效益排序略有差异。4 个方案的效益高低与建设

投资、外购绿氢量、碳排放总量、主要产品价格等因素直接相关。与方案 3 和方案 4 相比，方案 1 和方案 2 的渣油采用加氢技术路线，建设投资略高、外购绿氢量大，因此效益相对偏低；此外，加氢方案在重油转化率和三烯三苯收率等方面优势较为突出，在 80 美元效益测算价下，主要产品与原料的差价较大，因此方案 2 效益高于方案 3。

随着可再生能源产业发展和技术进步，未来绿氢价格将呈下降趋势。根据美国能源局模型预测，2030 年绿氢成本约为 1.9 美元/kg，2050 年绿氢成本降至 1 美元/kg。4 个方案的绿氢需求量差别较大，因此绿氢价格对各方案的效益影响程度也不同，结果见图 2 -4 -10 ~ 图 2 -4 -12。

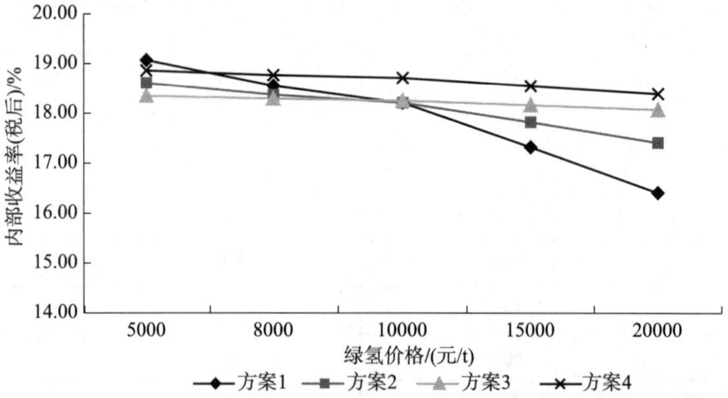

图 2 -4 -10　中国石化 50 美元体系下绿氢价格对方案效益的影响

在中国石化 50 美元价格体系下，随着绿氢价格的下降，绿氢需求量相对较大的方案 1 和方案 2 效益得到大幅度提高，4 个方案的效益差距逐渐缩小；当绿氢价格降至 10000 元/t 时，4 个方案的效益基本相同；当绿氢价格下降至 5000 元/t 时，两个渣油加氢技术路线的效益略高于延迟焦化路线的效益。

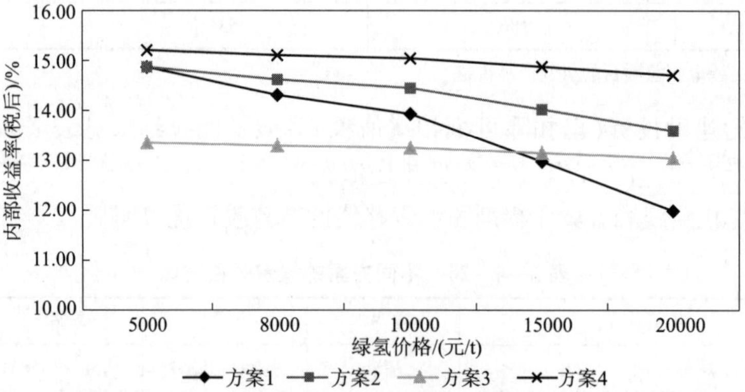

图 2 -4 -11　中国石化 80 美元体系下绿氢价格对方案效益的影响

在中国石化 80 美元价格体系下，当绿氢价格降至 10000 元/t 时，4 个方案效益由高至低依次为：方案 4 > 方案 2 > 方案 1 > 方案 3，即渣油采用加氢技术路线的方案 1、方案 2 效益均已明显高于采用延迟焦化技术路线的方案 3；当绿氢价格继续下降至 5000 元/t 时，两个渣油加氢技术路线的效益与溶剂脱沥青技术路线的效益基本相同。

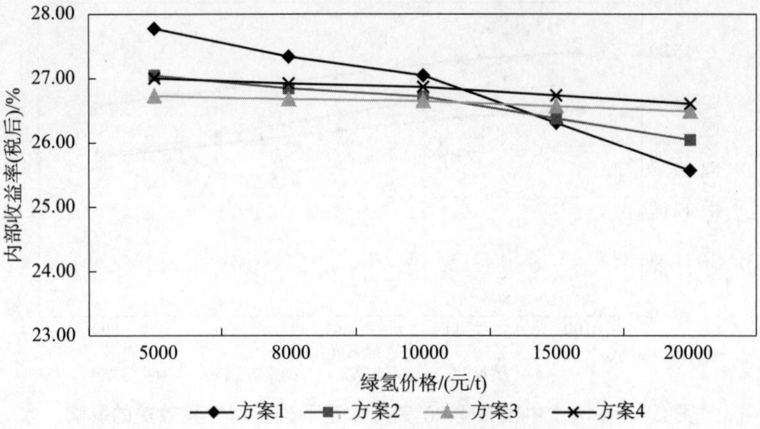

图2-4-12　中国石化2016—2018年三年均价下绿氢价格对方案效益的影响

在中国石化2016—2018年三年均价下，当绿氢价格降至10000元/t时，方案1效益已好于其他3个方案。随着绿氢价格进一步下降，加氢方案效益明显增加，而延迟焦化技术路线和溶剂脱沥青技术路线的效益增加幅度不显著。

近几年，我国天然气价格约为2.5~3.0元/Nm^3，相应的天然气制氢成本约为10855~13061元/t。如果绿氢价格在此范围或进一步下降，则采用加氢路线的方案在重油转化、低碳烯烃收率、碳排放、经济效益等方面具备较好的竞争优势。

与加氢方案相比，延迟焦化方案和溶剂脱沥青方案由于耗氢量较小，绿氢价格对其效益影响较小；因此，当绿氢价格较高时，脱碳路线效益仍能保持较好的水平。

基于10000元/t的外购绿氢价格，图2-4-13~图2-4-15进一步分析碳税对4个方案效益的影响。可以看出，随着碳税从100元/t提高到800元/t，4个方案的效益均呈下降趋势，其中方案2由于CO_2排放总量最高，其效益下降幅度最大。

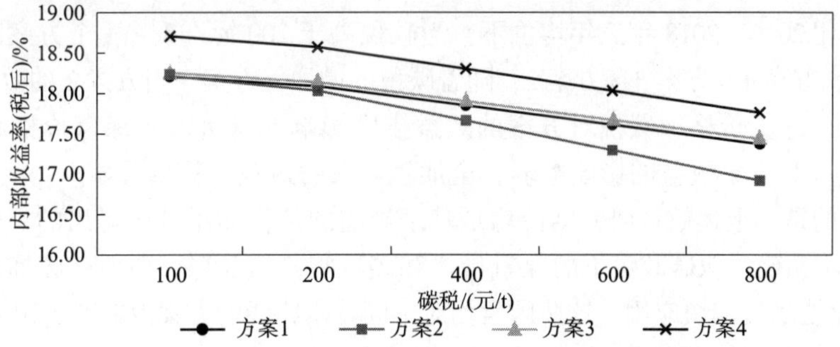

图2-4-13　中国石化50美元体系下碳税对方案效益的影响

（绿氢价格：10000元/t）

在50美元价格体系下，当碳税高于100元/t时，4个方案的效益排序依次为：方案4>方案3≈方案1>方案2；随着碳税的提高，方案2与其他3个方案的效益差距越大，而方案1与方案4的效益差距就越小。

在80美元价格体系下，当碳税低于800元/t时，4个方案的效益排序依次为：方案4>方案2>方案1>方案3；当碳税提高至800元/t时，两个加氢方案的效益基本一致。

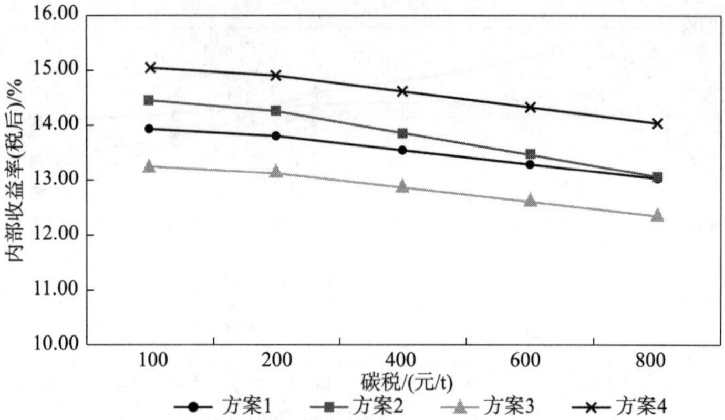

图 2-4-14　中国石化 80 美元体系下碳税对方案效益的影响

（绿氢价格：10000 元/t）

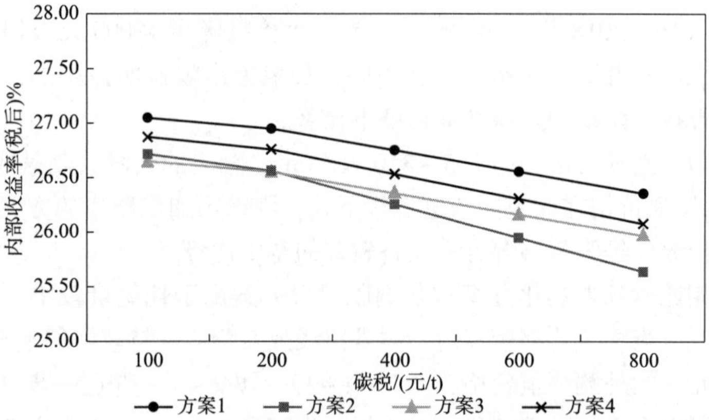

图 2-4-15　中国石化 2016—2018 三年均价下碳税对方案效益的影响

（绿氢价格：10000 元/t）

在中国石化 2016—2018 年三年均价下，当碳税高于 200 元/t 时，4 个方案的效益排序依次为：方案 1 > 方案 4 > 方案 3 > 方案 2；随着碳税的增加，方案 3 与方案 2 的效益差距缩小。

综上分析，绿氢价格和碳税对方案的效益排序影响非常大。当绿氢价格越低、碳税越高时，建设投资对方案效益的影响减弱，全加氢方案的效益优势越明显。

需要指出的是，上述效益研究结论均是基于当前的价格体系分析得出的。未来炼化产品价格变化趋势不明确，双碳政策下的绿氢价格和碳税将持续调整，CCUS（碳捕获、利用与封存）和 CO_2 转化技术将加快应用，这些因素均对不同技术路线的方案效益产生很大的影响。

三、初步结论

基于新型炼油厂的主要特点分析，初步构建了未来新型炼油厂的加工模式，并开展了四种重油路线的对比研究，主要结论如下：

（一）新型炼油厂将以更简捷的流程实现多产化工品的目标

面向双碳战略，新型炼油厂不再生产汽油和柴油，而以生产化工原料、低碳烯烃等为主要目标，“油产化”深度更高。在此产品目标下，新型炼油厂中既无需配置催化裂化类的汽柴油生产装置及下游油品精制装置，也无醚化、烷基化、异构化等洁净油品生产装置。依托“绿氢”资源和转型关键技术，新型炼油厂的加工流程将更简捷，装置配置更集成，资源利用更集约。研究表明，重油无论是采用加氢路线还是脱碳路线，10Mt/a 新型炼油厂完全可满足 2Mt/a 乙烯的原料需求，三烯三苯收率达到 60% 左右。

（二）新型炼油厂与新能源耦合实现更低碳排放目标

随着可再生能源产业发展，新型炼油厂的用能结构更加低碳清洁化，一方面充分利用“绿电”资源，大幅降低全厂的装置燃料消耗和动力燃料消耗；另一方面，充分利用“绿氢”资源，减少炼油厂制氢过程的碳排放。研究结果表明，与常规炼化一体化相比，新型炼油厂一体化转型路线的单位原油碳排放量下降，单位化学品 CO_2 排放可降低 30% 左右；新型炼油厂的碳排放主要来源于重油催化裂解等装置，随着碳捕集技术应用和 CO_2 资源化技术利用，未来炼油厂还有一定的碳减排空间。

（三）不同重油加工路线特点各异，绿氢成本对加氢路线的效益影响较大

在产品结构方面，以渣油加氢裂化、渣油加氢处理为代表的加氢路线在提高原油资源转化率、轻质产品收率等方面具有明显的优势，三烯三苯收率较高。以溶剂脱沥青、延迟焦化为代表的脱碳路线由于副产部分石油焦和沥青类固体产品，轻质产品收率略低。随着可再生能源等产业发展和传统行业需求，脱碳路线生产的石油基初级碳材料具有很好的应用前景，并且实现源头固碳、氢耗较低，是目前低碳转型技术路线之一。

在投资效益方面，加氢方案的投资略高于脱碳方案，其中重油采用浆态床加氢裂化方案投资较高，而采用溶剂脱沥青方案的投资最低；基于中国石化 2020 年 50 美元效益测算价、80 美元效益测算价、2016—2018 年均价三套价格体系和在较高的绿氢价格下（约 20000 元/t），加氢方案效益整体低于脱碳方案的效益。

绿氢价格对重油加氢路线的方案效益影响很大。当绿氢价格较低时（约 10000 元/t），加氢方案效益与脱碳方案效益基本相当或略高；随着绿氢价格的下降，加氢方案效益明显提升，并逐渐高于脱碳方案的效益。未来，随着“绿氢”成本的降低，加氢方案在重油转化、轻质产品收率、碳排放、经济效益等方面优势更突出。

碳税价格对方案效益也有较大的影响。随着碳税价格的提高，所有方案的效益均呈下降趋势，其中 CO_2 排放量高的方案效益下降幅度最大。上述 4 种重油加工路线的效益对比均暂未考虑现有炼油厂工艺装置依托的影响。基于我国现有炼油厂大部分都拥有延迟焦化和渣油加氢装置的现状，未来新型现有炼油厂可充分发挥已有装置资产的优势，利用延迟焦化技术路线和重油加氢装置，以较少的投资实现多元化特色产品生产，提升企业经济效益。

本篇小结

在碳达峰碳中和目标和炼油产能过剩、油品市场饱和等多重因素推动下，我国炼油企业正在加快调结构、促转型，多产国民经济发展所需的洁净能源、化工原料、初级碳材料和特色产品等。与此同时，我国炼化技术也快速发展，现已形成一批“油产化”“油产特”核心技术和耦合新工艺，为炼油产品结构转型提供关键技术支撑。

目前，我国炼油产品结构转型以多产化工原料为主导方向。以渣油加氢处理、渣油加氢裂化、溶剂脱沥青、延迟焦化（灵活焦化）、蜡油加氢裂化等为代表的渣油及蜡油加工技术不断升级，满足多产优质裂解原料、芳烃原料等需求；同时，馏分油的分离转化技术，以及轻烃综合利用技术提升了炼油厂资源的集约化利用水平，助力实现减油增化并优化油品结构，提升油品质量。

在“油产化”技术中，以生产低碳烯烃为主的催化裂解技术和乙烯蒸汽裂解技术在企业产品结构转型中发挥着重要作用。裂解技术的原料不断丰富和多元化，产品结构也更加灵活，其中轻质原油、重油、石脑油和C_4、C_5烯烃等资源均可作为催化裂解或蒸汽裂解的原料；尤其是原油直接裂解制烯烃技术，以短加工流程、高烯烃收率、较少原油需求、较低能耗及排放优势，将有着很好的应用前景。此外，芳烃成套技术的开发应用也有效解决PX进口问题，实现资源自产自用。

基于“油产化”“油产特”技术基础，针对渣油、重油、馏分油、轻烃等组分资源特征差异，构建了炼油厂不同类型资源的集约化利用路径，并研究分析现有典型炼油企业和新建炼化一体化项目的产品结构转型路线。研究表明：现有炼油企业因原油加工规模、重油加工路线、下游产业链、以及目标市场需求等差异，所选择的产品转型方向和技术路线均各不同。大型企业原油加工规模大、加工路线灵活，资源条件突出，可充分发挥资源优势和技术优势，集成耦合催化裂解和蒸汽裂解等多种转型技术，助力企业构建“以化为主”的多元化产品结构；燃油型企业原油加工规模一般偏小，加工路线较为单一，资源条件略有不足，可采用以“催化裂解”为核心的多产丙烯等低碳烯烃的短流程转型技术路线，或采用以加氢裂化为核心的多产化工原料的乙烯型技术路线，助力企业产品结构“油化并举”；对于城市型炼油厂，安全环保要求十分苛刻，应加快绿色清洁化技术应用，实现企业产品洁净化、绿色化和低碳化。

与现有炼油企业转型相比，新建炼化一体化项目具有原油加工规模较大、资源加工制约因素较少等特点，更有利于“油产化”和“油产特”的多种技术集成耦合，充分发挥转型技术优势，实现资源集约化高效利用。当采用常规原油和炼化一体化转型技术路线时，10Mt/a炼油厂完全可满足1.6Mt/a乙烯的原料需求，并且重油加工路线对项目产品结构、投资效益等指标影响较大；在满足乙烯原料需求的前提下，“渣油加氢处理+催化裂化”技术路线的油品收率高，建设投资低，经济效益最好；“渣油加氢处理+催化裂解”技术路线的低碳烯烃收率最高，建设投资略高；“渣油加氢裂化+蜡柴油加氢裂化”技术路线的乙烯和芳烃收率均较高，油品收率最低，但建设投资也略高。与常规炼化一体化技术路线相比，原油直接蒸汽裂解制烯烃技术路线缩短了乙烯原料的生产路径，单位原油的乙烯收率最高，减油增化效果十分显著，建设投资和碳排放总量均较低。因此，对于可获得轻质原油资源的企业，可开展常规原料蒸汽裂解技术和原油直接蒸汽裂解技术的耦合应用，以实现原油资源化工利用最大化。

未来，随着可再生能源产业技术的发展进步，炼化行业与可再生能源产业融合度更高。依托绿电、绿氢等资源，我国新型炼油厂的碳排放水平显著下降，资源高价值利用水平明显提升。10Mt/a新型炼油厂完全可满足2Mt/a乙烯的原料需求，三烯三苯收率高达60%左右，并且也能获得较高的经济效益；与常规炼化一体化相比，新型炼油厂一体化路线的单位原油碳排放量下降，单位化学品CO_2排放可降低30%左右，并且随着碳捕集技术应用和CO_2资源化技术利用，未来炼油厂还有一定的碳减排空间。绿氢价格对重油采用加氢路线的方案影响很大，随着“绿氢”成本的降低，未来加氢方案在重油转化、轻质产品收率、碳排放、经济效益等方面优势可能更突出。

综合而言，不论是现有炼油企业还是新建炼化一体化项目，应充分结合内外部资源条件和发展约束条件，明确企业转型发展方向，调整企业产业布局，选择最适宜转型技术路线优化工艺装置结构，充分利用绿色低碳资源盘活企业资产实现企业资源高效利用，高质量推进我国炼油企业产品结构转型和可持续发展。

参 考 文 献

[1]徐春明，杨朝和．石油炼制工程[M].4版．北京：石油工业出版社，2009.

[2]中国石化集团经济技术研究院有限公司．中国能源化工产业发展报告[M]．北京：中国石化出版社，2021.

[3]孙丽丽．轻烃加工工艺与工程[M]．北京：中国石化出版社，2020.

[4]Kim，S. J.，Kim.，S. C. Separation and Recovery of Dimethylnaphthalene Isomers from Light Cycle Oil by Distillation－Extraction Combination[J]. Separation Science & Technology，2003，38(16)：4095－4116.

[5]齐江，延玉臻，李林，等．溶剂萃取法提高催化裂化柴油十六烷值的研究[J]．石油炼制与化工，1997，(11)：7－9.

[6]谢琼玉，徐斌．催化裂化柴油溶剂抽提降芳烃工艺技术研究[J]．石油炼制与化工，2012，43(4)：10－14.

[7]唐晓东，杨谨，仝保田，等．催化裂化柴油萃取脱芳烃技术研究[J]．石油炼制与化工，2020，51(8)：12－18.

[8]马正飞，刘晓勤，姚虎卿，等．吸附理论与吸附分离技术的进展[J]．南京工业大学学报，2006，28(1)：100－106.

[9]臧甲忠，李滨，范景新，等．一种吸附分离多环芳烃的吸附剂及制备方法[P]. CN105536695B，2019－08－27.

[10]全球首套柴油吸附分离工艺及装备成功实现工业应用[J]．石油化工应用，2021，40(2)：38－38.

[11]郝代军，刘林娇．乙烯生产新技术研究进展[J]．炼油技术与工程，2020，50(12)：1－5.

[12]闫鸿飞．催化裂解多产低碳烯烃工艺技术进展[J]．现代化工，2020，40(12)：73－76.

[13]Stell R. C.，Bancroft J. L.，Dinico lantonio A. R.，et. al. Praess and Apparatus for cracking Hgdrocarbon Feedstock Containing Resid to Improve vapor Yield from VaDorlliquid separation[P]. US 20070160513 Al，2007－7－12.

[14]中国石化石油化工科学研究院科研处．中国石化原油直接制化学品技术取得突破性进展[J]．石油炼制与化，2021，52(07)：100.

[15]杨树林，龚燕，陈洪，等．重油催化裂解制低碳烯烃技术研究进展[J]．石油规划设计，2011，22(1)：34－38.

[16]M，H. J. Market Trends and Opportunities in Petrochemical Propylene Production[A]. In NPR Annual Meeting[C]，San Francisco，2005；1－24.

[17]李剑，孙娜，王海彦，等．不同原料催化裂解制丙烯的技术进展[C]//中国化工学会2008年石油化工学术年会暨北京化工研究院建院50周年学术报告会．中国北京，2008；3.

[18]王巍，谢朝钢．催化裂解(DCC)新技术的开发与应用[J]．石油化工技术经济，2005，1(21)：141－143.

[19]王子宗．乙烯、丙烯生产技术及经济分析[M]．北京：中国石化出版社，2015，26－27.

[20]谢朝钢，汪燮卿，魏强，等．催化热裂解(CPP)制取烯烃技术的开发及其工业试验[J]．石油炼制与化工，2001，32(12)：1－5.

[21]孙丽丽．基于裂解新技术构建高效集约型炼化耦合新工艺[J]．石油炼制与化工，2021，52(10)：94－102.

[22]罗承先．日本开发成功石脑油催化裂解工艺[J]．石油化工动态，2000，8(3)：17.

[23]刘剑，孙淑坤，张永军，等．石脑油催化裂解制低碳烯烃技术进展及其技术经济分析[J]．化学工业，

2011，29(11)：33－36.
[24]滕加伟，谢在库．无黏结剂复合孔分子筛催化烯烃裂解制丙烯技术[J]．中国科学：化学，2015，45(05)：533－540.
[25]戴厚良．芳烃技术[M]．北京：中国石化出版社，2014.
[26]曹祥．重整生成油选择加氢脱烯烃[J]．炼油技术与工程，2010，40(1)：18－21.
[27]凌昊，沈本贤，周敏建．润滑油基础油加氢异构脱蜡研究进展[J]．化工科技，2007(01)：59－63.
[28]柳云骐，田志坚，徐竹生，等．正构烷烃在双功能催化剂上异构化反应研究进展[J]．石油大学学报(自然科学版)，2002，26(1)：123－129.
[29]启升．环烷基润滑油高压加氢装置提温改善基础油光热安定性的研究[J]．石油炼制与化工，2018，49(7)：29－33.
[30]吴甦．原料预处理方法对延迟焦化成焦的影响[J]．碳素技术，2012，31(3)：5－7.
[31]吕杰．形成针状焦的中间相热转化过程中影响因素研究[J]．上海化工，2009，29(2)：20－21.
[32]袁毅夫，王秋萍，等．凝析油加工技术研究[J]．中国石油炼制技术大会论文集．2011：54－60.
[33]李吉春．新疆凝析油资源化工利用探讨[J]．石化技术与应用，1999，17(1)：37－40.
[34]瞿国华．乙烯蒸汽裂解原料优化[J]．乙烯工业，2003，1(2)：55－66.
[35]刘纪昌，沈本贤．凝析油中正构烷烃的分离及优化利用[J]．石油与天然气化工，2008，37(6)：462－465.
[36]赵书娟．催化裂化柴油加工转化过程的经济性分析[J]．石油炼制与化工，2019，50(11)：87－92.
[37]中国石油和化学工业联合会．中国石化市场预警报告(2021)[M]．化学工业出版社，2021.
[38]刘剑．柴油脱芳烃技术研究进展[J]．精细石油化工进展，2018，19(6)：38－41.
[39]郭春垒，万馨，秦培尧，等．全球首创：柴油吸附分离技术实现成功应用让成品油不过剩[J]．中国石油石化，2020，15：56－57.
[40]李国清，侯凯峰．炼油厂总工艺流程设计[M]．北京：中国石化出版社，2017.
[41]祖超，吴群英，赵文忠．高转化率与低碳排放重油加工路线的研究[J]．石油炼制与化工，2015，46(9)：24－29.
[42]王利宁，彭天铎，向征艰．碳中和目标下中国能源转型路径分析[J]．国际石油经济，2021，29(1)2－8.
[43]孙丽丽．基于裂解新技术构建高效集约型炼化耦合新工艺[J]．石油炼制与化工，2021，52(10)54－102.
[44]孙丽丽．新型炼油厂的技术集成与构建[J]．石油学报(石油加工)，2020，36(1)：1－10.

第三篇　炼油用能结构转型

第一章　能效评价与碳排放

炼油厂在原油及原料油加工过程中，实现能源产品的转换和产出，同时需要消耗自产和外供的能源。能源消耗过程中，既有直接排放二氧化碳，也有间接排放二氧化碳，由于能源消耗总量和强度不同，炼油厂的二氧化碳排放总量和强度也有差异，所以能效的高低和能源的绿色品质也直接关系到炼油厂二氧化碳排放水平。

第一节　能效评价指标

为评价炼油厂在生产过程中的用能水平，制定了一系列的评价体系和方法，每个体系和方法的侧重点不同，统计范围不同，计算方法不同，其评价结果也不完全相同。

一、能源消费量

能源消费量是指报告期内企业工业生产消费的各种一次能源和二次能源扣除加工转换产出的二次能源后的实际能源消费量，既包括生产过程中消耗的各种燃料和动力，也包括各种损失和聚丙烯等非能源产品。能源消耗是指在报告期内，实际消耗的各种能源实物量按规定的计算方法和折算系数，折算成一次能源(标准油或标准煤)后的总和，侧重于用于生产过程所消费的能源量总和。

某千万吨级炼油厂2020年能源消费总量183.5×10^4tce，能源介质消耗情况见表3-1-1。表中能源为供入的“一次”能源，包括外购电、煤，自产自用的“二次”能源，包括燃料气、石油焦和催化裂化烧焦，由于该厂有自备电站，锅炉产汽、发电供炼油生产消耗及外销，表3-1-1中没有生产过程中所需的蒸汽，外购电量也大幅度低于实际生产需求量。

表3-1-1　某千万吨级炼油厂能源消耗情况

项目	外购/自产	转供	净耗	折标油	折标煤
电/10^4kW·h	13503.7		13503.7	1.2	1.7
蒸汽/10^4t		85.2	-85.2	-6.8	-9.7
煤/10^4t	2.1		2.1	1.1	1.5
燃料气/10^4t	40.5		40.5	36.2	51.7
催化裂化烧焦/10^4t	17.9		17.9	17.0	24.2
石油焦/10^4t	46.2		46.2	35.1	50.2
燃动小计/10^4t				83.8	119.6
储运损失/10^4t	0.4			0.4	0.6

续表

项目	外购/自产	转供	净耗	折标油	折标煤
加工损失/10^4t	4.2			4.2	6.0
聚丙烯/10^4t	30.3			30.3	43.3
原料天然气/10^4t	8.9			9.8	14.0
损失及转换小计/10^4t				44.7	63.9
合计				128.5	183.5

注：表中折能系数为实测数。

表3－1－1中能源消费183.5×10^4tce，包括加工过程所需能源119.6×10^4tce（占比65%）和损失及加工转换产出非能产品所需能源63.9×10^4tce（占比35%）。通常情况下，加工转换转化的部分能源固定在非能源产品中（如聚丙烯等），与产品结构相关。损失类能源消费含计量偏差，占比少，能通过技术进步和管理提升实现的优化得到降低。降低燃动能耗是炼油厂降低能源消耗的重点，炼油厂的节能降耗基本都是围绕着降低燃动能耗进行的。

炼油生产实际能源消耗情况见表3－1－2。表中燃动能源消费与炼油厂的实际能源消耗并不完全一致，主要受电站烧煤焦产汽、发电供炼油生产使用影响。表3－1－1中煤焦部分转化为表3－1－2中的电和蒸汽，部分为自耗及外销。从表3－1－2可以看出全厂能源消耗主要为燃料、电、催化裂化烧焦和蒸汽，详见“用能比例1#”。考虑到催化裂化烧焦虽为催化裂化装置消耗，但这部分焦炭燃烧后产生的蒸汽和电供本装置及其他装置使用，可将能源工质进一步重排，按烧焦能量80%回收，其中30%发电、70%产汽，将能耗工质重排，全厂能源消耗实际主要为燃料、电和蒸汽，见表3－1－2“用能比例2#”。炼油厂只有明确了真实能源消耗，才能更好地找准节能降耗方向。

表3－1－2　某千万吨级炼油厂实际能源消耗

能源工质	用量/t	用能量/tce	用能比例1#/%	用能比例2#/%
燃料气	404779	299536	40	40
催化裂化烧焦	178546	169619	23	5
新鲜水	3302912	495	0	0
循环水	279257061	16755	2	2
除氧水	3955036	24521	3	3
除盐水	4542845	4543	1	1
电	801416383kW·h	176312	24	29
蒸汽	720028	57602	8	21
合计		749384	100	100

注：受评价方法影响，表3－1－1、表3－1－2中电和燃料折能系数并不相同，用能总量也有所差异。

二、能效评价指标

国内炼油行业常用炼油（单位）综合能耗、炼油单因能耗和炼油万元产值能耗三项指标评价炼油厂能效水平。国外炼油行业普遍应用美国所罗门公司的能源密度指数法和英国KBC公司的“BT”指数法评价炼油厂能效水平。

(一)国内炼油能效评价指标

1. 炼油(单位)综合能耗

炼油(单位)综合能耗指在统计期内，炼油综合能源消耗量与原油及外购原料油加工量的比值，单位是kgEO/t。其中，炼油综合能源消耗量指在报告期内，炼油生产所消耗的各种能源及耗能工质实物量，按规定的计算方法折算为标准油后的总和。详细参见《炼油单位产品能源消耗限额》(GB 30251)、《石油化工设计能耗计算标准》(GB/T 50441)等相关规定。

炼油综合能源消耗量计算通式为：

$$E = \sum M_i R_i + Q \tag{3-1-1}$$

式中　E——炼油综合能耗量，kgEO；

M_i——第i种能源实物消耗量；

R_i——第i种能源折算标油系数；

Q——与非炼油系统交换的热量折算为标油的代数和，向炼油输入的热量计为正值，从炼油输出的热量计为负值，kgEO。

炼油(单位)综合能耗计算通式为：

$$e = E/G \tag{3-1-2}$$

式中　e——炼油(单位)综合能耗，kgEO/t；

E——炼油综合能源消耗量，kgEO；

G——原油及外购原料油加工量，t。

示例：某炼油厂某统计期内各种能源工质消耗量按标准系数折算后，能源消耗量为620715.1t标准燃料油，原料油加工量为11076kt，计算得到炼油综合能耗为56.04kgEO/t，详见表3-1-3。

表3-1-3　某炼油厂炼油综合能耗构成

项目	实物量	换算系数/(kgEO/t)	能耗/(kgEO/t)	耗能量/kgEO
炼油综合能耗			56.04	620715052
水/t	222015191		0.33	3676775
新鲜水	726680	0.1700	0.01	123536
循环水	226381026	0.0393	0.80	8896774
除氧水	-45640	6.50	-0.03	-296661
除盐水	-5046874	1.00	-0.46	-5046874
电/kW·h	632046305	0.23[kgEO/(kW·h)]	13.12	145370650
蒸汽/t	229789		2.81	31170644
3.50MPa	1032939	88.00	8.21	90898588
1.00MPa	-672007	76.00	-4.61	-51072506
0.35MPa	-131143	66.00	-0.78	-8655438
工艺炉燃料/t	393960		26.17	289892550
燃料干气	212085	950	18.19	201480750
脱乙烯干气	86728	800	6.26	69382400
制氢吸附废气	95147	200	1.72	19029400
催化裂化烧焦/t	178546	950	15.31	169618700
外输热量/kgEO	-19014285	1	-1.72	-19014285

2. 炼油单位能量因数能耗

炼油单位能量因数能耗(以下简称炼油单因能耗)指在统计期内，炼油(单位)综合能耗与炼油能量因数的比值，单位为 kgEO/(t · E_f)。其中，炼油能量因数是装置、储运系统、污水处理场、热力损失、输变电损失和其他辅助系统能量因数之和与温度校正因子的乘积；装置的能量因数是装置能量系数(装置能耗定额与常减压能耗定额的比值，目前常减压能耗定额取标准值 10)与装置加工量系数(装置加工量与炼油厂原料油加工量的比值)的乘积之和，储运系统、污水处理场、热力损失、输变电损失等能量因数均有其具体计算方法，详细参见《炼油单位产品能源消耗限额》(GB 30251)、《石油化工设计能耗计算标准》(GB/T 50441)等相关规定。

炼油单因能耗的计算通式为：

$$e_{cf} = e/E_f \tag{3-1-3}$$

式中　e_{cf}——单位能量因数能耗，kgEO/(t · E_f)；

e——炼油(单位)综合能耗，kgEO/t；

E_f——炼油能量因数。

炼油能量因数的计算通式为：

$$E_f = (\sum C_i K_i + E_c + E_w + E_{sl} + E_{el} + E_Q) F_t \tag{3-1-4}$$

式中　$\sum C_i K_i$——炼油生产装置能量因数，C_i 为 i 装置加工量系数，K_i 为 i 装置能量系数；

E_c——储运系统能量因数；

E_w——污水处理场能量因数；

E_{sl}——热力损失能量因数；

E_{el}——输变电损失能量因数；

E_Q——其他辅助系统能量因数；

F_t——温度校正因子。

其中，E_c、E_w、E_{sl}、E_{el}、E_Q和 F_t 相关规定及计算方法详细参见《炼油单位产品能源消耗限额》(GB 30251)。

示例：某炼油厂共有 15 套生产装置，各装置加工量、能耗定额、加工量系数、能量系数和能量因数如表 3-1-4 所示，经计算，该厂单位综合能耗为 60kgEO/t，单因能耗为 6.48kgEO/(t · E_f)。

表 3-1-4　某炼油厂单因能耗

装置名称	装置加工量/t	装置能耗定额/(kgEO/t)	加工量系数/%	能量系数	能量因数
1#常减压蒸馏	730339	10	98.54	1	0.9854
1#重油催化	246154	55	33.21	5.5	1.8266
1#汽油吸附脱硫	108437	9	14.63	0.85	0.1244
1#柴油加氢	159422	12	21.51	1.2	0.2581
2#煤油加氢	68052	8	9.18	0.8	0.0734
1#高压加氢裂化	116953	33	15.78	3.3	0.5207

续表

装置名称	装置加工量/t	装置能耗定额/(kgEO/t)	加工量系数/%	能量系数	能量因数
1#渣油加氢	249309	20	33.64	2	0.6728
石脑油异构化	20752	50	2.8	5	0.1400
3#连续重整	117757	120	15.89	12	1.9068
1#干气制氢	2570	1100	0.35	110	0.3850
1#气体分馏	62150	51	8.39	5.1	0.4279
MTBE	9500	95	1.28	9.5	0.1216
3#硫黄回收	4536	-30	0.61	-3	-0.0183
1#溶剂再生	306161	7	41.31	0.7	0.2892
1#双塔污水汽提	126993	18	17.13	1.8	0.3083
储运、污水等系统能量因数					0.4
合计					8.4219
温度修正系数			1.1		
炼油综合能耗/(kgEO/t)	60				
炼油单因能耗/[kgEO/(t·E_f)]	6.48				

3. 万元产值能耗

万元产值能耗指在统计报告期内，企业的生产经营活动每产生1万元的产值所消耗能源量，即：

$$万元产值能耗=\frac{工业综合能源消费量}{不变价工业总产值} \tag{3-1-5}$$

式中，万元产值能耗的单位为吨标煤/万元。

工业综合能源消费量指报告期内工业企业在工业生产活动中实际消费的各种能源的总和。

根据生产活动的性质，综合能源消费量在不同的企业有不同的计算方法。非能源加工转换企业综合能源消费量是企业工业生产消费的各种一次能源和二次能源的总和；能源加工转换企业综合能源消费量是企业工业生产消费的各种一次能源和二次能源扣除加工转换产出的二次能源后的实际能源消费量。

不变价工业总产值是指以不变价格计算的工业企业在报告期内生产的最终产品或提供工业性劳务活动的价值总量。它是反映一定时间内工业生产总规模和总水平的重要指标，是计算企业生产发展速度和主要比例关系、计算企业节能及其他经济指标的重要依据。

工业企业能源消费统计的内容：

(1)非加工转换投入

非加工转换投入量是指能源产品直接投入到各种加热、动力等设备，或作为生产非能源产品的原材料所消费的能源数量。主要包括：

①作为燃料动力：如油田企业柴油机发电用油，管道运输加热炉自用燃料，汽车运输用油，企业消耗的蒸汽、电(应扣除余热发电、供热量)。

②作为原料：指把能源作为原料使用，生产出非能源产品。如化工企业用燃料油、天然气、原煤为原料生产出合成氨等。

③作为材料：指一些能源的使用，不构成产品的实体，只起辅助作用的消费。如洗涤用的汽油、柴油、煤油，各种设备所使用的润滑油等。

④作为工艺用能：如发电装置的电动机用电、汽轮机消耗的蒸汽、通风设备用电、催化装置烧焦量等。

⑤储运损耗量：指油田炼化企业原油及外购原料油储运损失量。

(2)加工转换投入

加工转换投入量也称中间消费量，指报告期内为生产二次能源作为原料投入到能源加工转换装置的能源数量。如生产焦炭、煤气所用的原料煤，炼油厂所用的原油和其他原料油，火力发电厂的发电锅炉所消耗的燃料都是能源加工转换的投入。

(3)非工业生产能源消费

非工业生产能源消费指在工业企业能源消费中，非工业生产用能和工业企业附属的不从事工业生产活动的非独立核算单位用能。如本企业施工单位进行技术更新改造、维修等过程用能，非生产区的劳动保护用能，科研单位、农场、车队、学校、医院、食堂、托儿所等单位用能。但是必须注意，上述单位如果是独立核算的，其用能既不能包括在“工业企业能源消费”中，亦不能包括在“非工业生产能源消费”中。

(4)能源加工转换的产出

能源加工转换的产出指各种能源加工转换装置产出的各种二次能源产品的数量(包括不作能源使用的其他副产品和联产品)，如热电联产同时产出的电力、蒸汽、热水；炼油装置产出汽油、煤油、柴油、燃料油、液化石油气、炼油厂干气和其他石油制品(石脑油、各种原料油、溶剂油、石蜡、润滑油、沥青等)。

某炼油厂2020年工业总产值6031049万元，工业生产消费能源17789591tce，加工转换产出15955822tce，工业能源消费量为1833769tce，万元产值能耗为0.304tce/万元，见表3-1-5。

表3-1-5　某炼油厂能源消费及加工转换表

能源名称	购入量实物量	工业生产性消费	非加工转换的投入	加工转换的投入	加工转换产出合计	采用自测折标系数
原煤/t	21261	21261		21261		
天然气/10^4m^3	11997	11997		11997		13
原油/t	10738820	10738320	4490	10733831		1.4286
汽油/t					2979341	1.4714
煤油/t					1231708	1.4714
柴油/t		130	130		2719728	1.4571
燃料油/t	2514	2514		2514	176645	1.4286
液化石油气/t					806612	1.7143

续表

能源名称	购入量实物量	工业生产性消费	非加工转换的投入	加工转换的投入	加工转换产出合计	采用自测折标系数
炼油厂干气/t		404779	402362	2417	404779	1.5714
石脑油/t					228626	1.5
石油焦/t		461917		461917	855035	1.0918
石油沥青/t					380683	1.3307
其他石油制品/tce	27292	779267	700511	78756	1299789	1
热力/10^6kJ		7161754	7161754		10065690	0.0341
电力/10^4kW·h	13506	94467	94467		80961	1.229
能源合计/tce	—	17789591	1699701	16089890	15955822	—

(二)国外常用的炼油能效评价指标

1. 能源密度指数EII

所罗门公司开发的能效评价体系，指标为能源密度指数(EII，以下简称EII能耗)，其直接表征企业生产经营维度下的用能水平。该体系将炼油厂分为燃料型炼油厂和润滑油型炼油厂分别评价，其中，燃料型炼油厂因产品、市场和价格差异较大，分欧洲、北美和亚太三个区域分别评价；润滑油型炼油厂不分区域开展评价。评价采用的分析方法主要是排序法、趋势法、层次法、雷达图法和差距法。另外，该体系能效评价结果通常认为，炼油厂能耗高低主要取决于炼油厂装置利用率、炼油厂复杂度等因素，而国内炼油厂催化裂化装置的加工权重和掺渣比较高、炼油厂利用率较低，是区别于国外炼油厂能耗的不利因素。EII能耗指炼油企业实际能耗与按照其装置构成及操作参数计算得出的标准能耗之和的比值。EII能耗计算公式为：

$$\mathrm{EII}_{\text{能耗}}=\frac{\text{炼油实际总能耗}}{\sum \text{装置标准能耗}+\text{非原油显热}+\text{界区外系统耗能}} \tag{3-1-6}$$

式中　炼油实际总能耗——炼油部分实际消耗总能量，由企业所耗电、蒸汽、燃料、催化裂化烧焦等工质按标准热值或折能系数折算后得出；

装置标准能耗——装置加工量×装置标准能量系数；

装置标准能量系数——相当于装置基准能耗，根据装置操作参数等由公式计算得出或给定；

非原油显热——外购原料油带入的能量；

界区外系统能耗——生成燃料油、润滑油公用工程部分能耗。

2. 最佳能量使用效率(BT)指数

KBC公司在20世纪90年代开发出来BT(Best Technology最佳能量使用效率)方法，用于比较某炼油厂的实际能源绩效与最佳技术(BT)设计的能源绩效之间的差距，进而明确企业需要改进的方向。该方法通过对每个工艺装置的操作数据和设计条件进行分析研究，特别是那些影响能耗的主要工艺参数，如：原料性质、转化率和分馏效果等，制定了BT最佳能量使用效率标准。BT效率值为100%的工厂至少要具备3个特点：每套工艺装置的流程和用能结构配置是优化的；所有工艺换热联合是基于经济目标分析方法(夹点法)的分析，并达到优化的窄点；公用工程的蒸汽锅炉都产高压蒸汽，工艺装置所用的中、低压蒸汽均由蒸汽透平的背压排汽供给，而且蒸汽无放空。

BT 指数计算公式为：

$$BT_{指数} = \frac{实际能耗}{BT_{单位能耗配额}} \quad (3-1-7)$$

式中　实际能耗——由炼油厂实际数据计算；

$BT_{单位能耗配额}$——由各种相关性的效率标准计算得出。

（三）各评价指标特点及应用

各评价指标均有其侧重点，表征意义也不完全相同。

1. 炼油(单位)综合能耗

炼油(单位)综合能耗更多地体现了用能总量的概念，与加工成本直接相关；加工流程、装置加工负荷、原料油性质、产品方案等因素对指标影响较大，炼油厂之间不宜直接横向对比。该指标主要用于同一个企业不同时段的能耗对比，也可用于产能规模、生产流程、产品结构相近、辅助系统类似的炼油厂间能耗横向对比。因与成本直接相关，国内炼油企业普遍使用该指标。

2. 炼油单因能耗

炼油单因能耗是国内炼油厂通用的指标之一，常用于企业间能效评比。该指标基本消除了加工流程等不可比因素影响，基本可表征企业用能水平，既可用于不同炼油厂的横向对比，也可用于同一个炼油厂的纵向对比。由于受装置间能耗定额的合理性及尚未消除原油性质、操作条件对能效的影响，炼油单因能耗的可比性也并非绝对。目前，国内石油加工(炼油)行业“能效领跑者”评比以炼油单因能耗指标作为关键评选指标。

3. 万元产值能耗

万元产值能耗用于评价企业生产经营活动在一定时期内的用能水平，其更多受公用工程配置、装置结构影响，含电站和化工类装置较多的炼油企业万元产值能耗要明显高于同规模企业。该指标是国家对地方政府的能耗考核指标之一，也是地方政府对属地石化企业的考核指标之一。

4. 能源密度指数 EII

所罗门公司的 EII 能效指标作为其绩效评价体系中生产经营评价的一项重要指标，在国外大型炼油厂应用较为广泛。由于 EII 能耗计算使用的参数源于国外装置，与国内装置并不完全匹配，同时由于国外能耗统计计算方法与国内并不完全一致等，其结果的可比性受到一定影响。所罗门绩效评价是国内炼化企业参与国际对标的重要方法之一，国内大型石油公司通常选取部分典型炼油企业参加评价。通过评价可以确定企业在所有参评对象中的位置、检查企业绩效指标是否在进步及进步幅度、将差距量化为效益，明确改进方向和可改进空间，同时可以认清与竞争对手的差距潜力等。相对于 BT 指数评价，EII 能效评价更具有通用性，更多应用于国际对标中。

5. 最佳能量使用效率 BT 指数

KBC 公司的 BT 指数能效指标，适用于炼油厂单个工艺装置、公用工程系统，也适用于整个炼油厂，为衡量炼油厂的能源效率提供了一套标准。由于 BT 指数评估存在数据获取难度大、计算复杂等问题，目前在国内应用相对较少。

第二节　碳排放核算

炼油厂在生产过程中，产生了大量的温室气体，主要是二氧化碳，占到了总排放量的99%以上。

一、核算边界

炼油厂核算边界是以法人或视同法人的独立核算单位为边界，核算在运营上受其控制的所有生产设施产生的二氧化碳排放。核算范围通常包括基本生产系统、辅助生产系统，以及直接为生产服务的附属生产系统。基本生产系统包括蒸馏装置、催化裂化装置、连续重整装置、制氢装置、加氢精制装置、沥青装置、煤油加氢装置、加氢裂化装置、延迟焦化装置、汽油吸附脱硫装置、芳烃抽提装置、硫黄回收装置等，辅助生产系统包括厂区内的动力、供电、供水、采暖、制冷、机修、化验、仪表、仓库(原料场)、运输等。附属生产系统包括生产指挥管理系统(厂部)以及厂区内为生产服务的部门和单位(如职工食堂、车间浴室等)。

二、核算方法

在确定了核算边界以后，可采取以下步骤核算炼油厂二氧化碳排放量：识别边界内排放源；收集活动数据；选择和获取排放因子数据；选择相应的二氧化碳排放量计算公式；将收集的数据代入计算公式得到二氧化碳排放量结果。

活动数据是指导致二氧化碳排放的生产或消费活动量的表征。如，各种化石燃料的消耗量、原材料的使用量、购入的电量等。

排放因子是指表征单位生产或消费活动量的二氧化碳排放的系数。如，每单位化石燃料消耗所对应的二氧化碳排放量、购入的每千瓦时电量所对应的二氧化碳排放量等。

(一)总排放量

炼油厂的二氧化碳排放总量等于核算边界内化石燃料燃烧二氧化碳排放量、火炬燃烧二氧化碳排放量、石油产品生产过程二氧化碳排放量、购入电力及热力对应的生产环节二氧化碳排放量汇总后扣除二氧化碳回收利用量、输出电力及热力所对应的二氧化碳排放量，按式(3-1-8)计算：

$$E=E_{燃烧}+E_{火炬}+E_{过程}+E_{购入电}+E_{购入热}-R_{回收}-E_{输出电}-E_{输出热} \tag{3-1-8}$$

式中　E——二氧化碳排放总量，tCO_2；

$E_{燃烧}$——化石燃料燃烧二氧化碳排放量，tCO_2；

$E_{火炬}$——火炬燃烧二氧化碳排放量，tCO_2；

$E_{过程}$——石油产品生产过程的二氧化碳排放量，tCO_2；

$E_{购入电}$——购入电力对应的二氧化碳排放量，tCO_2；

$E_{购入热}$——购入热力对应的二氧化碳排放量，tCO_2；

$R_{回收}$——免于排放到大气中的二氧化碳回收量，tCO_2；

$E_{输出电}$——输出电力对应的二氧化碳排放量，tCO_2；

$E_{输出热}$——输出热力对应的二氧化碳排放量，tCO_2。

(二)化石燃料燃烧排放

1. 计算公式

化石燃料燃烧排放指燃料在氧化燃烧过程中产生的温室气体排放。炼油厂燃烧的化石燃料主要包括炼油厂干气、天然气、煤、石油焦等。

化石燃料燃烧二氧化碳排放量主要基于炼油厂边界内各个燃烧设施分品种的化石燃料燃烧量，乘以相应的燃料含碳量和碳氧化率，再逐层累加汇总得到，按式(3－1－9)计算：

$$E_{燃烧} = \sum_{j=1}^{n}\sum_{i=1}^{n}\left(AD_{i,j} \times CC_{i,j} \times OF_{i,j} \times \frac{44}{12}\right) \tag{3-1-9}$$

式中 i——化石燃料的种类；

j——燃烧设施序号；

$AD_{i,j}$——燃烧设施 j 内燃烧的化石燃料品种 i 燃烧量，对固体或液体燃料以及炼油厂干气以 t 为单位，对气体燃料以 10^4 Nm^3为单位，非标准状况下的体积需转化成标况进行计算；

$CC_{i,j}$——设施 j 内燃烧的化石燃料 i 的含碳量，对固体和液体燃料以 tC/t 为单位，对气体燃料以 tC/10^4 Nm^3为单位；

$OF_{i,j}$——燃烧的化石燃料 i 的碳氧化率,%；

12——碳的摩尔质量，kg/kmol；

44——二氧化碳气体的摩尔质量，kg/kmol。

2. 数据获取

(1)活动数据获取

化石燃料燃烧量指各燃烧设备分品种的化石燃料入炉量，不包括石油化工产品生产过程中作为生产原材料用途的化石燃料消耗量。

(2)排放因子数据获取

化石燃料含碳量，炼油厂应根据自身监测能力和条件，依据以下方法监测获取化石燃料的含碳量。

1)实测化石燃料含碳量。炼油厂如果有满足资质标准的检测单位可自行检测，也可委托有资质的专业机构定期检测燃料的含碳量。煤炭、石油焦等固体燃料，应在每批次入厂时或每月进行检测，并根据入厂量或月消费量加权平均作为该燃料的含碳量；对油品可在每批次入厂时或每季度进行一次检测，取算术平均值作为该油品的含碳量；对天然气等气体燃料可在每批次入厂时或每半年至少检测一次气体组分，然后根据每种气体组分的体积浓度及该组分化学分子式中碳原子的数目按式(3－1－10)计算含碳量，并取算术平均值作为该气体燃料的含碳量。如果某种燃料的含碳率变动范围较大，则应每月至少进行一次检测，并按月消费量加权平均作为该种燃料的含碳量。

$$CC_g = \sum_n\left(\frac{12 \times CN_n \times v\%_n}{22.4} \times 10\right) \tag{3-1-10}$$

式中 CC_g——待测气体 g 的含碳量，tC/10^4 Nm^3；

CN_n——气体组分 n 化学分子式中碳原子的数目；

$v\%_n$——待测气体每种气体组分 n 的体积浓度,%；

22.4——标准状况下理想气体摩尔体积，Nm^3/kmol。

2)定期检测燃料的低位发热量，并按式(3－1－11)计算燃料的含碳率。煤炭、石油焦等固体燃料应在每批次入厂时或每月至少进行一次检测，以入厂量或月消费量加权平均作为该燃料的低位发热量；对油品可在每批次入厂时或每季度进行一次检测，取算术平均值作为该油品的低位发热量；对天然气等气体燃料可在每批次燃料入厂时或每半年进行一次检测，取算术平均值作为低位发热量。如果某种燃料热值变动范围较大，则应每月至少进行一次检测，并按月消费量加权平均作为该种燃料的低位发热量。

$$CC_i = NCV_i \times EF_i \tag{3-1-11}$$

式中　CC_i——化石燃料品种 i 的含碳量，对固体和液体燃料，tC/t；对气体燃料，$tC/10^4\ Nm^3$；

NCV_i——化石燃料品种 i 的低位发热量，对固体和液体燃料，GJ/t；对气体燃料，$GJ/10^4\ Nm^3$；

EF_i——化石燃料品种 i 的单位热值含碳量，见表 3－1－6，tC/GJ。

表 3－1－6　常见化石燃料特性参数缺省值

燃料品种		单位热值含碳量/(tC/GJ)	低位发热量	热值单位
固体燃料	原煤	0.02749②	20.908①	GJ/t
	洗精煤	0.0254②	26.334①	GJ/t
	焦炭	0.02940②	28.447⑤	GJ/t
	石油焦	0.0275②	31.998⑤	GJ/t
液体燃料	原油	0.02008②	41.816①	GJ/t
	燃料油	0.0211②	41.816①	GJ/t
	汽油	0.0189②	43.070①	GJ/t
	煤油	0.0196②	43.070①	GJ/t
	柴油	0.0202②	42.652①	GJ/t
	焦油	0.022②	33.453①	GJ/t
	粗苯	0.0227②	41.816①	GJ/t
气体燃料	炼油厂干气	0.0182②	45.998①	GJ/t
	液化石油气	0.0172③	50.179①	GJ/t
	天然气	0.01532②	389.31①	$GJ/10^4 Nm^3$
	焦炉煤气	0.0121③	179.81①	$GJ/10^4 Nm^3$
	高炉煤气	0.0708③	33.00④	$GJ/10^4 Nm^3$
	转炉煤气	0.0496③	84.00④	$GJ/10^4 Nm^3$
	其他煤气	0.0122③	52.27①	$GJ/10^4 Nm^3$

①数据取值来源为《中国能源统计年鉴 2020》。

②数据取值来源为《省级温室气体清单指南(试行)》。

③数据取值来源为《2006 年 IPCC 国家温室气体清单指南》。

④数据取值来源为《中国温室气体清单研究》。

⑤数据取值来源为《中国能源统计年鉴 2012》。

3）没有条件实测燃料含碳量和燃料热值的炼油厂，低位发热量可参见表 3－1－6 中的数值，然后按式(3－1－11)计算燃料含碳量。

碳氧化率是指燃料中的碳在燃烧过程中被完全氧化的百分比。液体燃料的碳氧化率可取缺省值 98%；气体燃料的碳氧化率可取缺省值 99%；燃煤的碳氧化率不区分煤种取 99%，其他固体燃料可参考表 3－1－7。有条件的炼油厂也可按照《温室气体排放核算与报告要求》(GB/T 32151. 1—2015)中 5. 2. 2. 3. 3 的相关规定检测固体燃料在大型燃烧设备上的碳氧化率。

表 3－1－7　常见化石燃料碳氧化率

燃料品种		燃料碳氧化率/%
固体燃料	燃煤	99①
	焦炭	93②
	石油焦	98②
液体燃料	原油	98②
	燃料油	98②
	汽油	98②
	柴油	98②
	一般煤油	98②
	其他石油制品	98②
	焦油	98②
	粗苯	98②
	炼油厂干气	99②
	液化石油气	99②
	液化天然气	99②
	天然气	99②
	焦炉煤气	99②
	高炉煤气	99②
	转炉煤气	99②
	密闭电石炉炉气	99②
	其他煤气	99②

①数据取值来源为《企业温室气体排放核算方法与报告指南——发电设施》。

②数据取值来源为《省级温室气体清单指南(试行)》。

(三)火炬燃烧排放

火炬燃烧排放是指出于安全等目的将可燃废气在排放前进行焚烧处理而产生的温室气体排放。炼油厂火炬燃烧可分为正常工况下的火炬气燃烧及由于事故导致的火炬气燃烧两种，因两种火炬气的数据监测基础不同，故需分别核算。

炼油厂火炬燃烧排放分为正常工况下的火炬气燃烧排放和由于事故导致的火炬气燃烧排放，两种工况产生的二氧化碳排放量之和，按式(3－1－12)计算：

$$E_{火炬}=E_{正常火炬}+E_{事故火炬} \quad (3-1-12)$$

式中 $E_{正常火炬}$——正常工况下燃烧产生的二氧化碳排放，tCO_2；

$E_{事故火炬}$——由于事故导致燃烧产生的排放，tCO_2。

1. 正常工况燃烧排放

(1)计算公式

正常火炬燃烧所产生的二氧化碳排放量计算方法见式(3－1－13)。

$$E_{正常火炬}=\sum_{i=1}^{n}\left[Q_{正常火炬}\times(CC_{非CO_2}\times OF\times\frac{44}{12}+V_{CO_2}\times 19.77\right]_i \quad (3-1-13)$$

式中 i——火炬序号；

$Q_{正常火炬}$——正常工况第 i 支火炬可燃气体流量，$10^4\ Nm^3$；

$CC_{非CO_2}$——火炬气中除二氧化碳外其他含碳化合物的总含碳量，计算方法见式(3－1－14)，$tC/10^4\ Nm^3$；

OF——第 i 支火炬的碳氧化率，如无实测数据可取缺省值98%；

V_{CO_2}——火炬气中二氧化碳的体积浓度，%；

19.77——二氧化碳气体在标准状况下的密度，$tCO_2/10^4\ Nm^3$。

(2)数据获取

对于正常工况火炬，可根据火炬气流量监测系统、工程计算或流量估算方法获得火炬气流量。式(3－1－13)中火炬气的 CO_2 气体浓度应根据气体组分分或火炬气来源获取，火炬气中除二氧化碳外其他含碳化合物的含碳量 $CC_{非CO_2}$ 应根据每种气体组分的体积浓度及该组分化学分子式中碳原子的数目按式(3－1－7)计算。

$$CC_{非CO_2}=\sum_n\left(\frac{12\times V_n\times CN_n\times 10}{22.4}\right) \quad (3-1-14)$$

式中 n——火炬气的各种气体组分，CO_2 除外；

V_n——火炬气中除 CO_2 外的第 n 种含碳化合物的体积浓度，%；

CN_n——火炬气中第 n 种含碳化合物化学分子式中的碳原子数目。

2. 事故工况燃烧排放

(1)计算公式

事故火炬燃烧所产生的二氧化碳排放量计算方法见式(3－1－15)。

$$E_{事故火炬}=\sum_{j=1}^{n}\left[GF_{事故,j}\times T_{事故,j}\times CN_{n,j}\times OF\times\frac{44}{22.4}\times 10\right] \quad (3-1-15)$$

式中 j——突发事故次数；

$GF_{事故,j}$——第 j 次事故状态时的平均火炬气流速度，$10^4\ Nm^3/h$；

$T_{事故,j}$——核算和报告期内第 j 次事故的持续时间，h；

$CN_{n,j}$——第 j 次事故火炬气气体摩尔组分的平均碳原子数目。

(2)数据的监测与获取

事故火炬的持续时间 $T_{事故,j}$ 及平均气体流速 $GF_{事故,j}$ 应按照事故调查报告取值，如数据难以获取，可取火炬系统设计流量最大值作为事故发生期间火炬系统的平均气流速度。事故火炬气体组分按 C_5 计，即 $CN_{n,j}=5$。

(四)生产过程排放

生产过程排放是指原材料在产品生产过程中除燃烧之外的物理或化学变化产生的温室

气体排放。

炼油厂生产运营边界内涉及的生产过程排放装置主要包括：催化裂化装置，催化重整装置，制氢装置，焦化装置，石油焦煅烧装置，氧化沥青装置，汽油吸附脱硫装置，硫黄回收装置等。炼油厂生产过程二氧化碳排放量应等于各装置的生产过程二氧化碳排放之和，见式(3－1－16)。

$$E_{过程} = \sum_j \sum_i \sum_{i,j} \tag{3-1-16}$$

式中 j——产生过程排放的装置类型；

i——第 j 类装置的装置编号；

$\sum_{i,j}$——第 j 类装置中第 i 套装置产生的二氧化碳排放量，tCO_2。

1. 催化裂化装置过程排放

(1)计算公式

催化裂化是在热和催化剂的作用下使重质油发生裂化反应，转变为裂化气、汽油和柴油等的过程。在催化裂化工艺中，反应的副产物焦炭沉积在催化剂表面上，容易使催化剂失去活性，一般采用连续烧焦的方式来清除催化剂表面的结焦。对连续烧焦而言，烧焦产生的尾气有可能直接排放，也有可能通过 CO 锅炉完全燃烧后再排放。烧焦尾气通入一氧化碳锅炉燃烧产生的排放按式(3－1－9)计算并计入化石燃料燃烧排放；烧焦尾气直接排放按式(3－1－17)计算。

$$E_{连续烧焦} = MC \times CF \times OF \times \frac{44}{12} \tag{3-1-17}$$

式中 $E_{连续烧焦}$——催化裂化装置连续烧焦产生的二氧化碳排放量，tCO_2；

MC——催化裂化装置烧焦量，t；

CF——催化裂化装置催化剂结焦的平均含碳量，tC/t。

(2)数据获取

烧焦量 MC 采用实测数据，无法实测的可从生产记录或统计台账获取；焦炭的含碳量 CF 优先推荐采用实测数据，如无实测数据可默认焦炭含碳量为100%(指南缺省值)，焦炭的碳氧化率 OF 可取缺省值98%。

2. 催化重整装置过程排放

(1)计算公式

催化重整是指在一定的温度和压力及催化剂作用下，烃分子发生重新排列，使环烷烃和烷烃转化成芳烃和异构烷烃，生产高辛烷值汽油及轻芳烃(苯、甲苯、二甲苯)的重要石油加工过程，同时副产氢气、液化气。催化重整工艺中存在催化剂由于结焦失活的情况，需要烧焦再生，烧焦过程存在二氧化碳的排放。

烧焦如果采用连续烧焦方式，按式(3－1－17)对其烧焦过程二氧化碳排放进行核算；如果采用间歇烧焦方式，其二氧化碳排放量按式(3－1－18)计算。

$$E_{间歇烧焦} = MC \times \left(CF_{前} - \frac{1 - CF_{前}}{1 - CF_{后}} \times CF_{后}\right) \times OF \times \frac{44}{12} \tag{3-1-18}$$

式中 $E_{间歇烧焦}$——间歇烧焦产生的二氧化碳排放量，tCO_2；

MC——待烧焦的催化剂量，t；

$CF_{前}$——烧焦前催化剂上的含碳率，%；

$CF_{后}$——烧焦后催化剂上的含碳率,%。

(2)数据获取

待烧焦的催化剂量 MC 由实测获取。炼油厂应在每次烧焦过程中实测催化剂烧焦前及烧焦后的含碳率 $CF_{前}$前及 $CF_{后}$，焦炭的碳氧化率 OF 可取缺省值98%。

3. 制氢装置过程排放

(1)计算公式

炼油厂通常以天然气、炼油厂干气、轻质油、重油或煤为原料通过烃类蒸汽转化法、部分氧化法或变压吸附法制取氢气。通常采用碳质量平衡法核算制氢装置的生产过程二氧化碳排放，见式(3-1-19)。

$$E_{制氢}=[AD_{r}\times CC_{r}-(Q_{sg}\times CC_{sg}\times Q_{w}\times CC_{w})]\times\frac{44}{12} \tag{3-1-19}$$

式中　$E_{制氢}$——制氢装置产生的二氧化碳排放量，tCO_2；

AD_r——原料投入量，t；

CC_r——原料的平均含碳量，tC/t；

Q_{sg}——合成气产量，$10^4\ Nm^3$；

CC_{sg}——合成气含碳量，$tC/10^4\ Nm^3$；

Q_w——残渣产量，t；

CC_w——残渣含碳量，tC/t。

(2)数据获取

制氢装置的原料投入量 AD_r、合成气产量 Q_{sg}及残渣产量 Q_w 优先采用实测数据，无法取得实测数据时可根据生产记录或统计台账获取相关数据，原料的含碳量 CC_r、合成气含碳量 CC_{sg}及残渣含碳量 CC_w 采用实测数据。

4. 石油焦煅烧装置过程排放

(1)计算公式

石油焦煅烧装置，是将含油焦转化成具有一定结构的近乎纯碳产品，煅烧的焦炭通常用来生产电解铝工业的阳极。该装置采用碳质量平衡法计算生产过程二氧化碳排放量，见式(3-1-20)。

$$E_{煅烧}=[M_{rc}\times CC_{rc}-(M_{pc}+M_{ds})\times CC_{pc}]\times\frac{44}{12} \tag{3-1-20}$$

式中　$E_{煅烧}$——石油焦煅烧装置二氧化碳排放量，tCO_2；

M_{rc}——生焦的质量，t；

CC_{rc}——生焦的平均含碳量，tC/t；

M_{pc}——石油焦成品产量，t；

M_{ds}——粉尘收集系统收集的石油焦粉尘量，t；

CC_{pc}——石油焦成品的平均含碳量，tC/t。

(2)数据获取

生焦量 M_{rc}、石油焦成品量 M_{pc}及石油焦粉尘量 M_{ds}优先采用实测数据，无法取得实测数据时可根据生产记录或统计台账获取相关数据，含碳量 CC_{rc}及 CC_{pc}采用企业实测数据。

5. 氧化沥青装置过程排放

(1)计算公式

沥青氧化是生产道路沥青、建筑沥青及水工沥青等的重要方法之一。氧化沥青工艺CH_4排放量很小，因为蒸馏过程已经脱除了大部分的轻质烃。该工艺过程中的二氧化碳排放量可以采用连续监测，或按式(3－1－21)计算。

$$E_{沥青} = M_{oa} \times EF_{oa} \quad (3-1-21)$$

式中 $E_{沥青}$——沥青氧化装置二氧化碳排放量，tCO_2；

M_{oa}——氧化沥青产量，t；

EF_{oa}——沥青氧化过程二氧化碳排放因子，tCO_2/t。

(2)数据获取

氧化沥青产量M_{oa}根据生产记录或台账记录获取，沥青氧化过程二氧化碳排放因子优先采用企业实测值，无实测条件的可取缺省值0.03tCO_2/t。

6. 焦化装置过程排放

焦化装置包括延迟焦化装置、流化焦化装置和灵活焦化装置三种形式。其中流化焦化装置中流化床燃烧器烧除附着在焦炭粒子上的多余焦炭所产生的二氧化碳排放，按式(3－2－17)连续烧焦排放的方法进行核算，并计入过程排放。延迟焦化装置和灵活焦化装置不计算过程排放，灵活焦化装置产生的低热值燃料气在燃烧设备中燃烧产生的排放量按式(3－1－9)计算，并计入化石燃料燃烧排放。

7. 硫黄回收过程排放

硫黄回收装置的作用就是对炼油过程中产生的含有硫化氢的酸性气，采用适当的工艺方法回收硫黄，实现清洁生产，达到化害为利、变废为宝、降低污染、保护环境的目的。该过程产生的二氧化碳按式(3－1－22)计算。

$$E_{硫黄} = Q_{酸性气} \times D \times \frac{44}{22.4} \times 10 \quad (3-1-22)$$

式中 $E_{硫黄}$——硫黄回收工艺过程的二氧化碳排放量，tCO_2；

$Q_{酸性气}$——酸性气体数量，$10^4 Nm^3$；

D——酸性气体二氧化碳含量，%(体)。

8. 燃煤燃焦锅炉过程排放

燃煤燃焦锅炉为降低烟气中二氧化硫含量，通常在燃烧过程加入石灰石，此过程产生的二氧化碳排放按式(3－1－23)计算。

$$E_{石灰石} = Q_{石灰石} \times 0.44 \quad (3-1-23)$$

式中 $E_{石灰石}$——石灰石工艺过程中的二氧化碳排放量，tCO_2；

$Q_{石灰石}$——石灰石用量，t。

9. 其他生产装置过程排放

炼油厂生产过程还存在其他需要用到催化剂并进行烧焦再生的装置。如这些烧焦过程发生在炼油厂内部则需计算烧焦过程二氧化碳的排放量。连续烧焦过程，按式(3－1－16)及相关数据获取方法进行核算；间歇烧焦再生过程，按式(3－1－17)及相关数据获取方法进行核算。

(五)二氧化碳回收利用量

二氧化碳回收利用，指炼油厂产生的，但又被回收作为生产原料自用或作为产品外供给其他单位从而免于排放到大气中的二氧化碳。

1. 计算公式

炼油厂回收且免于排放到大气中的二氧化碳量，其中气体形态的按式(3-1-24)计算，液体形态的按式(3-1-25)计算。

$$R_{CO_2回收} = Q_{CO_2} \times PUR_{CO_2} \times 19.77 \tag{3-1-24}$$

$$R_{CO_2回收} = M_{CO_2} \times PUR_{CO_2} \tag{3-1-25}$$

式中　Q_{CO_2}——回收利用的二氧化碳气体体积，10^4Nm^3；

M_{CO_2}——回收利用的二氧化碳液体质量，t；

PUR_{CO_2}——二氧化碳纯度，气体形态，%(体)；液体形态，%(质)。

2. 数据获取

炼油厂如果存在二氧化碳回收利用活动，则应区分二氧化碳回收利用的各种形式分别监测它们的回收利用量，定期检测二氧化碳回收气体的浓度。

(六)购入和输出的电力、热力对应的排放

购入的电力、热力对应的排放，指炼油厂消费的购入电力、热力所对应的电力、热力生产环节产生的二氧化碳排放。

输出的电力、热力对应的排放，指企业输出的电力、热力所对应的电力、热力生产环节产生的二氧化碳排放。

绿电指在生产电力的过程中，二氧化碳排放量为零或趋近于零，因相较于其他方式(如火力发电)所生产的电力，对环境的冲击影响较低。绿电的主要来源为太阳能、风能、生物质能、地热能等，中国主要以太阳能及风能为主。

绿证，即绿色电力证书，是国家对发电企业所生产的每1000kW·h绿色电力颁发的具有唯一代码标识的电子凭证。

1. 计算公式

购入电力对应的二氧化碳排放量，按式(3-1-26)计算。

$$E_{购入电} = (AD_{购入电} - AD_{购入绿电}) \times EF_{电} \tag{3-1-26}$$

式中　$E_{购入电}$——购入电力所对应的二氧化碳排放量，tCO_2；

$AD_{购入电}$——购入总电力量，MW·h；

$AD_{购入绿电}$——购入电力中的绿电量，MW·h；

$EF_{电}$——炼油厂所在区域电网年平均供电排放因子，$tCO_2/(MW·h)$。

购入热力对应的二氧化碳排放量，按式(3-1-27)计算。

$$E_{购入热} = AD_{购入热} \times EF_{热} \tag{3-1-27}$$

式中　$E_{购入热}$——购入热力所对应的二氧化碳排放量，tCO_2；

$AD_{购入热}$——购入热力量，GJ；

$EF_{热}$——炼油厂所在区域的供热二氧化碳排放因子，tCO_2/GJ。

输出电力对应的二氧化碳排放量，按式(3-1-28)计算。

$$E_{输出电} = AD_{输出电} \times EF_{电} \tag{3-1-28}$$

式中　$E_{输出电}$——输出电力所对应的二氧化碳排放量，tCO_2；

$AD_{输出电}$——输出电力量，MW·h；

$EF_{电}$——炼油厂所在区域电网年平均供电排放因子，$tCO_2/(MW·h)$。

输出热力对应的二氧化碳排放量，按式(3－1－29)计算。

$$E_{输出热} = AD_{输出热} \times EF_{热} \qquad (3-1-29)$$

式中 $E_{输出热}$——输出热力所对应的二氧化碳排放量，tCO_2；

$AD_{输出热}$——输出热力量，GJ；

$EF_{热}$——炼油厂所在区域的供热二氧化碳排放因子，tCO_2/GJ。

2. 数据获取

电力活动数据，以炼油厂和电网公司结算的电表读数或炼油厂能源消费台账或统计报表以及购买绿电(绿证)的相关凭证为据。热力活动数据以热力购售结算凭证或炼油厂能源消费台账或统计报表为据。

以质量单位计量的热水，按式(3－1－30)转换为热量单位。

$$AD_{热水} = Ma_{w} \times (T_{w} - 20) \times 4.1868 \times 10^{3} \qquad (3-1-30)$$

式中 $AD_{热水}$——热水的热量，GJ；

Ma_{w}——热水的质量，t；

T_{w}——热水温度，℃；

4.1868——水在常温常压下的比热容，kJ/(kg·℃)。

以质量单位计量的蒸汽，按式(3－1－31)转换为热量单位。

$$AD_{蒸汽} = Ma_{st} \times (En_{st} - 83.74) \times 10^{3} \qquad (3-1-31)$$

式中 $AD_{蒸汽}$——蒸汽的热量，GJ；

Ma_{st}——蒸汽的质量，t；

En_{st}——蒸汽对应温度、压力下的热焓，kJ/kg。

电网排放因子采用 0.6101tCO_2/(MW·h)，或生态环境部发布的最新数值。热力消费的排放因子取缺省值 0.11tCO_2/GJ。

第三节 用能与碳排放分析

对炼油厂开展全方位、多角度用能分析和碳排放分析，有利于节能减排工作的深入开展。

一、用能构成

炼油厂生产过程所需能源主要为热能和动力能，辅以部分过剩热能转移所需的冷能、为保安全及驱动仪表的氮气和工业风等，这两部分也可认为是热能和动力能的一部分。热能主要用于提供物料反应和分离过程所需的热量；动力能主要用于提供物料反应和分离过程所需的压力能或为物料输送至下游装置、罐区提供驱动力。热能主要来源于燃料(含催化焦炭)燃烧和反应放热。典型的热能利用途径是燃料燃烧放热，热量直接或间接传递给工艺热用户，供反应或分离过程用能，此为热能首次利用。热能首次利用后能级降低成为余热，部分通过换热网络回收二次甚至三次利用，如加热物料、转换为蒸汽、热联合或热媒水取热再次利用等。动力能主要来源于电和蒸汽，其中电可直接驱动机泵为工艺物流提供压力能及势能，蒸汽通过蒸汽透平等设备转换为动力能。炼油厂能量联动示意图见图 3－1－1。

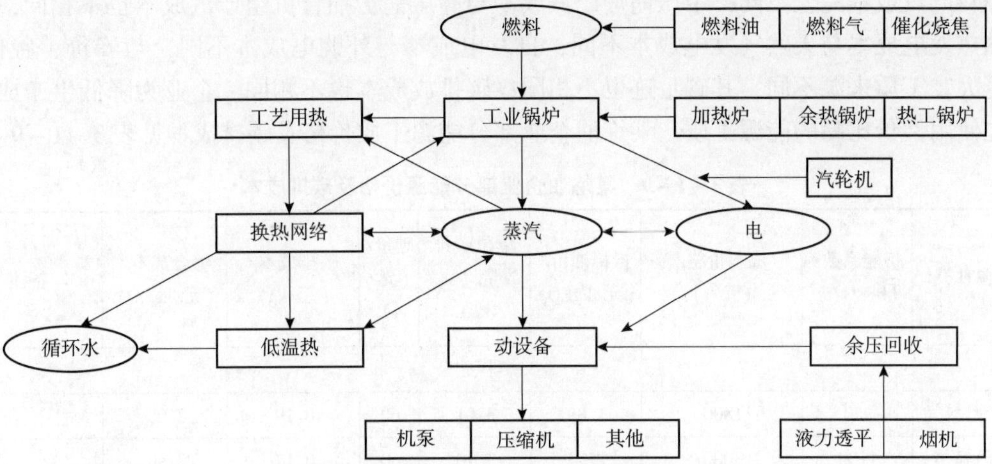

图3-1-1　炼油厂能量联动示意图

炼油厂内装置、储运系统和公用工程用能涉及多种能量，部分情况下互相替代甚至转化。如物料冷却时，循环水与空冷可相互替代；加热时，燃料和蒸汽可以相互替代，电和蒸汽甚至燃料也可相互替代；驱动机组时，蒸汽和电可以相互替代。受工艺流程及能源供给方式不同，炼油厂能源结构也完全不同。表3-1-8为部分企业能源构成。

表3-1-8　部分炼油厂能源构成

企业	燃料/(kgEO/t)	烧焦/(kgEO/t)	蒸汽/(kgEO/t)	电/(kgEO/t)
1#炼油厂	19.39	4.63	19.19	13.86
2#炼油厂	26.17	39.93	-10.09	18.37
3#炼油厂	25.39	—	14.20	14.49
4#炼油厂	24.12	19.69	13.30	17.50
5#炼油厂	24.68	33.12	-2.14	24.63
6#炼油厂	26.64	10.73	11.12	17.80

从表3-1-8中可以看出，燃料消耗差异不大，烧焦、蒸汽和电能耗差异较大。一般情况下，烧焦能耗越高，蒸汽能耗越低，原因是约50%的烧焦能量转化成为蒸汽，能耗统计计算过程中将这部分蒸汽能耗统计归类为烧焦能耗了。电和蒸汽也有一定相关性，蒸汽能耗越高，电能耗相对越低，主要原因是部分蒸汽凝汽透平替代了电机驱动大机组，降低了电能耗。

炼油厂能源构成主要受工艺流程影响，能源供给和价格的变化也会推动企业改变能源结构，如在蒸汽供应紧张、价格偏高情况下，将大机组由凝汽透平驱动改为电驱动，节能的同时降低成本；在燃料(气)不足或价格偏高时，企业可将部分物料加热由加热炉改为蒸汽，降低燃料消耗。在“双碳”条件下，企业会更大规模的以绿电代蒸汽、燃料。

二、能耗成本分析

能耗工质不同，来源不同，工质价格也不同。如煤、石油焦产蒸汽成本与天然气和自用燃料产汽成本完全不同，中压锅炉产汽成本与高压锅炉抽背机组产汽成本也不相同，煤、石油焦发电成本与天然气发电成本不同，自发电成本与外购电成本不同，与峰价、谷价差异更大。工质来源不同，其碳足迹也不相同，碳排放成本也不相同，企业为降低生产成本，优先使用性价比高的能源工质。某炼油企业部分能源工质价格及碳排成本见表3－1－9。

表3－1－9　某炼油企业部分能源价格及碳排成本

能源种类	折能系数/(kgEO/t)	成本价格/(元/t)	折标油价/(元/kgEO)	单位碳排放量/(kg/kg)	碳价/(元/t)	碳排成本/(元/kg)	综合成本/(元/kgEO)	备注
燃料								
自产燃料气	950	1800	1.89	3.01	60	0.19	2.08	
丙烷	1100	3000	2.73	3.10	60	0.17	2.90	
天然气	1100	3200	2.91	2.86	60	0.16	3.07	基准价
蒸汽								
工艺自产汽	80	150	1.88	0.279	60	0.21	2.09	运行成本
燃煤产汽	80	100	1.25	0.309	60	0.23	1.48	运行成本
外购蒸汽	80	150	1.88	0.279	60	0.21	2.09	外购不含税
天然气产汽	80	280	3.50	0.229	60	0.17	3.67	运行成本
电								
煤焦发电	0.23	0.35元/kW·h	1.52	0.78①	60	0.20元/kgEO	1.72	运行成本
天然气发电	0.23	0.85元/kW·h	3.70	0.60①	60	0.16元/kgEO	3.86	运行成本
外购电	0.23	0.52元/kW·h	2.26	0.85①	60	0.22元/kgEO	2.48	均价，不含税
外购电	0.23	1.1元/kW·h	4.78	0.85①	60	0.22元/kgEO	5.00	峰价，不含税
外购电	0.23	0.25元/kW·h	1.09	0.85①	60	0.22元/kgEO	1.31	谷价，不含税
外购绿电	0.23	0.55元/kW·h	2.39	0①	60	0.00元/kgEO	2.39	预估

①单位：kg当量二氧化碳/kW·h。

从表3－1－9中可以看出，煤焦产汽折标油成本（以下简称成本）最低，其次是煤焦自发电，这主要受燃料价格相对低的影响。目前的碳价对同类及不同类别能源工质选择影响不大，当碳价超过100元/t时，碳排放对不同类别间能源工质的经济性开始产生影响，当碳价超过300元/t时，碳排放对不同类别能源工质的经济性产生较大影响。另外，从表中也可看出，目前电网电的碳排放系数高于自发电，与实际情况不符，对能源结构调整也不利。根据电力联合会相关报表，2019年全国6000kW及以上火电厂供电标煤耗306.4gce/(kW·h)，其供电量占整个火电的99.8%，火电占整个电网供电比例约69%，电网输变电损失约5.93%。水电、核电、光电和风电基本不产生碳排放，按供电标煤耗306.4gce/(kW·h)计，火电每供一度电排放二氧化碳0.754kg。结合电网输电损失及非化石能源供电比例，电网电二氧化碳排放量不应高于0.754kg/(kW·h)，只有电网电二氧化碳排放量低于自发电时，炼油厂才有更多的动力去增加外购电。

三、碳排放

炼油厂产品结构不同、加工流程不同，消耗的能源结构不同，造成了加工每吨原油产生的碳排放量差异较大，通常吨油碳排放量在0.20~0.55之间。主要影响因素：一是受氢气来源影响，天然气、干气制氢和煤制氢占比较大的炼油厂吨油碳排放量高，其中煤制氢排放高于天然气、干气制氢，不同制氢工艺吨氢气碳排放量见表3-1-10；二是受能源结构影响，燃料结构中煤炭、石油焦等含碳量高能源占比较大的炼油厂吨油碳排放量高，不同耗能工质碳排放量见表3-1-11；三是催化裂化烧焦量占比较大的炼油厂吨油碳排放量较大；四是能源利用效率较低的炼油厂，吨油碳排放量较高。

表3-1-10　不同制氢工艺碳排放量

产氢工艺	吨氢气碳排放量/(tCO_2/tH_2)
煤制氢	24.33
天然气制氢	10.06
干气制氢	9.55
氯碱副产氢	1.77
苯乙烯副产氢	1.64
重整副产氢	0.23

表3-1-11　某炼油厂主要能源工质二氧化碳排放量

种类	数量	二氧化碳排放量/t
天然气	1	2.88
干气	1	2.65
石油焦	1	3.18
燃煤	1	1.92
标煤	1	2.6
液化气	1	3.17
催化裂化烧焦	1	3.59
电网电	1①	6.1
石灰石	1	0.44
外购蒸汽	1②	0.11

①单位为10^4kW·h；
②单位为GJ。

某燃料型炼油厂2020年原油加工量11.08Mt，产生二氧化碳排放量3865.4kt，加工每吨原油二氧化碳排放量为0.35t，其中燃烧排放占65.8%，生产过程排放占30.5%。各类型二氧化碳排放量见表3-1-12。

国家“双碳”目标驱动炼油厂生产过程朝低碳化方向转型，对炼油生产过程低碳清洁化提出了更高的要求，急需通过提高能源利用效率和用能结构调整以及末端治理等措施来降低碳排放量。

表 3-1-12　某企业 2020 年各类型二氧化碳排放量

排放类型		排放量/kt
燃烧排放(含火炬排放)	气体、液体燃料	1074.2
	煤	44.3
	石油焦	1423.4
生产过程排放	催化裂化	641.6
	天然气制氢	388.8
	连续重整	01.9
	汽油吸附脱硫	00.1
	硫黄	58.1
	石灰石	89.4
二氧化碳回收利用	回收利用	00.0
购入和输出电力、热力	外购电	143.7
	外购蒸汽	00.0
合计		3865.4

第四节　碳排放权交易

排放权交易作为应对气候变化的市场机制，为社会管理者和企业提供了低成本、多方共赢的节能减排市场机制途径。相比行政指令式的、经济补贴式的做法，碳排放权交易对发挥交易主体积极性有其独特的优势。

一、概念

碳排放权是指参与碳排放权交易的单位和个人依法取得向大气排放温室气体的权利。碳排放权交易也称为“总量控制与排放交易”机制，简称“限额－交易”机制，是指在一定管辖区域内，确立一定时限内的碳排放配额总量，并将总量以配额的形式分配到个体或组织，使其拥有合法的碳(温室气体)排放权利，并允许这种权利像商品一样在交易市场的参与者之间进行交易，确保碳实际排放不超过限定的排放总量，以成本效益最优的方式实现碳排放控制目标的市场机制。碳排放权交易的实质是允许减排成本低的企业多减排，进而以相对高的价格出售省下来的碳排放配额而获利；同时允许减排成本高的企业少减排，转而以相对低的价格购买碳排放配额，从而降低实现目标的减排成本。

碳排放权交易的基本要素有：交易对象及组织边界、时间尺度、总量目标、企业(组织)配额、交易、核算、配额清缴(履约)，以及围绕上述要素所建立的支持体系。

碳排放权交易国际实践具体做法一般是：在一个碳排放权交易体系下，由政府机构在一个或多个行业中设定排放总量，并在总量范围内发放一定数量的可交易配额，一般每个配额对应 1t 二氧化碳排放当量。

碳排放权交易体系中控排企业要为其承担责任的排放量上缴碳配额。初始配额可能会免费获得或有偿向政府购买。控排企业及其他主体还可选择交易配额或跨期存储配额，以供未来使用。根据不同规则，还可使用从其他渠道获取的合法排放量单位，如国内碳抵消机制(来自总量控制范围之外的行业)、国际碳抵消机制或其他碳排放权交易体系。

控制配额总量可以通过市场影响配额价格，以形成鼓励减排的激励机制。如更严格的总量控制转化为更少的配额供应，在其他条件完全相同的情况下，配额价格往往较高，从而起到强有力的减排激励作用。此外，通过市场交易，使配额的价格趋同形成价格信号，有利于发展低碳商品与服务。政府制定配额总量预期目标可形成长期市场信号，以指导控排对象相应调整规划与投资策略。

配额可免费分配或予以出售(通常以拍卖形式)，免费配额分配应综合考虑历史排放量、产量和能效标准等因素。配额交易不仅有助于形成透明的价格，还能增加政府的财政收入。政府可将此收入用于各类用途，例如资助气候行动、支持创新或帮助低收入家庭等。此外，碳排放权交易体系还可运用其他机制为价格可预测性、成本控制及市场有效运作提供支持。配额出售应充分考虑各种碳减排政策和产业政策的协同效应，使碳减排政策与碳市场所要达到的价值目的相一致。

通过落实监测、报告、核查体系和执行违规处罚等举措，可确保碳排放权交易体系的完整性。其中，建立登记制度有助于营造碳排放权交易体系的诚信环境。在向登记处发放配额时会对应唯一的序列号，允许在注销配额或配额在不同参与者之间交易时进行跟踪。市场监管规定保障交易活动具有更广泛的可信度。

碳排放权交易体系分为两类，一是根据是否具有强制性分类，二是根据市场类型分类。

根据是否具有强制性，碳排放权交易市场可分为强制性(或称履约型)碳排放权交易市场和自愿性碳排放权交易市场。强制性碳排放权交易市场是目前国际上运用最为普遍的碳排放权交易市场。强制性碳排放权交易市场已经为《京都议定书》中强制规定温室气体排放标准的国家或企业有效提供碳排放权交易平台，通过市场交易实现减排，其中较为典型或影响力较大的有欧盟排放交易体系、美国区域温室气体减排行动、美国加州总量控制与交易体系等。自愿性碳排放权交易市场，多出于企业履行社会责任、强化品牌建设、扩大社会效益等非履约目标，或是具有社会责任感的个人为抵消个人碳排放、实现碳中和生活，而主动采取碳排放权交易行为以实现减排。

根据碳排放权交易的市场类型分为一级市场、二级市场。一级市场是对碳排放权进行初始分配的市场体系。政府对碳排放空间使用权的完全垄断，使用一级市场的卖方只有政府一家，买方包括下级政府和履约企业，交易标的仅包括碳排放权一种，政府对碳排放权的价格有着极强的控制力。二级市场是碳排放权的持有者(下级政府和企业)开展现货交易的市场体系。获得碳排放权的下级政府和履约企业的数量是有限的，下级政府和履约企业获得碳排放权后将同时获得对碳排放权的支配权，因此二级市场的卖方也是有限的。

二、监测报告核查

构建完整的碳市场监测报告核查(MRV)体系是碳排放权交易的前提和保障，同时也是碳市场建设的重要内容。

(一)MRV 的概念

MRV 是指碳排放的量化与数据质量保证的过程，包括监测(Monitoring)、报告(Reporing)、核查(Verification)。监测，指对温室气体排放或其他有关温室气体的数据的连续性的或周期性的评价。报告，指向相关部门或机构提交有关温室气体排放的数据以及相关文件。核查，指相关机构根据约定的核查准则对温室气体声明进行系统的、独立的评价，并形成文件的过程。

(二)MRV 的工作要求

监测、报告、核查体系主要包括选择适用的核算和报告指南、制定监测计划、监测计划审核、排放报告第三方核查及抽查等工作。

1. 监测计划内容

监测、报告、核查体系需要使用明确与碳排放配额分配及履约相关的量化核算标准或指南。在全国碳市场建设过程中，已经发布或应用的核算指南主要采用两种核算方法：排放因子法、物料平衡法，同时也提及了在线监测的方法。核算方法的制定考虑不同规模企业的数据基础、知识基础、经济性及数据可获得性等因素。依据给定的核算方法，需要对不同的活动水平数据、排放因子等开展监测工作。对于同一行业制定适合的符合核算方法并满足配额分配与纳入控排企业履约等的监测计划，可以使同类企业获得相应公平的机会。

为更好满足《核算指南》的要求，确保监测能够为配额分配和企业履约提供高质量数据和保障，根据国家政府主管部门的要求，纳入全国碳排放权交易控排企业要建立监测计划并执行。纳入控排企业的监测计划包括 5 部分内容，分别为监测计划的版本及修改、报告主体描述、核算边界和主要排放设施描述、活动水平数据和排放因子的确定方式以及数据内部质量控制和质量保证相关规定。在制定监测计划过程中，需要特别注意核算边界的确认、排放源的识别等内容。

2. 监测计划审核

监测计划需要第三方审核机构的审核。审核机构应按照规定的程序对企业(或者其他经济组织)监测计划的符合性和可行性进行审核。审核机构对监测计划审核具体要求见表 3-1-13。

表 3-1-13 审核机构对监测计划审核要求及内容

序号	审核要求	审核内容
1	监测计划版本的审核	对于初次发布的监测计划，审核机构应确认其发布时间与实际情况符合。如对监测计划实施了修订，审核机构应确认修订的时间和版本与实际情况符合； 对于根据自身需要对监测计划的修改，审核机构应确认其修改时间和实际情况符合，修改内容满足《核算指南》的要求
2	报告主体描述的审核	包括企业(或者其他经济组织)的基本信息、主营产品、生产设施信息、组织机构图、厂区平面分布图、工艺流程图进行审核
3	核算边界和主要排放设施描述的审核	包括法人边界的核算范围、补充数据表的核算范围以及主要排放设施
4	各个活动数据和排放因子获取方式的审核	对核算所需要的所有活动数据和排放因子以及这些数据的计算方法涉及参数的单位、数据获取方式、相关监测测量设备信息以及数据缺失时的处理方式进行审核
5	数据内部质量控制和质量保证相关规定的审核	包括负责监测计划制定和排放报告专门人员的指定情况；监测计划的制定、修订、审批以及执行等管理程序；温室气体排放报告的编写、内部评估以及审批等管理程序；温室气体数据文件的归档管理程序等内容

温室气体排放报告是企业作为报告主体根据政府主管部门发布的核算指南和报告要求编写的年度排放报告，并提交给政府主管部门。排放报告以二氧化碳当量进行统计。《核算指南》中报告主体填报项目与内容见表3－1－14。

表3－1－14　《核算指南》中报告主体填报项目与内容

填报项目	具体内容
报告主体基本信息	报告主体基本信息应包括企业名称、单位性质、报告年度、所属行业、组织机构代码、法定代表人、填报负责人和联系人信息
温室气体排放量	报告主体应报告在核算和报告期内温室气体排放总量，并分别报告化石燃料燃烧排放量、脱硫过程排放量、净购入使用的电力产生的排放量
活动水平及其来源	如果企业生产其他产品，则应按照相关行业的企业温室气体排放核算和报告指南的要求报告期活动水平数据及来源
排放因子及其来源	报告主体应报告消耗的各种化石燃料的单位热值含碳量和碳氧化率，脱硫剂的排放因子，净购入使用电力的排放因子 如果企业生产其他产品，则应按照相关行业的企业温室气体排放核算和报告指南的要求报告其排放因子数据及来源

核查内容主要包括基本情况、核算边界、核算方法、核算数据、质量保证和文件存档等5方面核查，排放报告核查指南对各方面都提出了具体要求。核查机构核查的内容及要求见表3－1－15。

表3－1－15　核查机构核查的内容及要求

序号	核查内容		核查要求
1	基本情况		企业(或者其他经济组织)名称、单位性质、所属行业领域、统一社会信用代码、法定代表人、地理位置、排放报告联系人等基本信息； 企业(或者其他经济组织)内部组织结构、主要产品或服务、生产工艺、使用的能源品种及年度能源统计报告情况
2	核算边界		是否以独立法人或视同法人的独立核算单位为边界进行核算； 核算边界是否与相应行业的核算指南一致； 纳入核算和报告边界的排放设施和排放源是否完整； 与上年度相比，核算边界是否存在变更
3	核算方法		确定核算方法符合相应行业的核算指南的要求，对任何偏离指南要求的核算都应在核查报告中予以详细的说明
4	核算数据	活动数据及来源	对每一个活动数据的来源计数值进行核查； 核查的内容包括活动数据的单位、数据来源、检测方法、监测频次、记录频次、数据缺失处理(如适用)等内容、对每个活动数据的符合进行报告
		排放因子及来源	对排放报告中的每个排放因子和计算系数的来源及数值进行核查
		温室气体排放量	对法人边界范围内分类排放量和汇总排放量的核算结果进行核查； 对排放报告中的排放量的核算结果进行核查
		配额分配补充数据	核查的内容至少应包括数据的单位、数据来源、监测方法、监测频次、记录频次、数据缺失处理(如适用)等内容，并对每一个数据的符合性进行报告； 应将每个数据与其他数据来源进行交叉核对

续表

序号	核查内容	核查要求
5	质量保证和文件存档	是否指定了专门人员进行温室气体排放核算和报告工作； 是否制定了温室气体排放和能源消耗台账记录，台账记录是否与实际情况一致； 是否建立了温室气体排放数据文件保存和归档管理制度，并遵照执行； 是否建立了温室气体排放报告内部评审制度，并遵照执行

三、配额分配

碳排放权配额简称“配额”，是指政府分配的碳排放权凭证和载体，是参与碳排放权交易的单位和个人依法取得，可用于交易和控排企业温室气体排放量抵扣的指标。1 个单位配额代表持有的控排企业被允许向大气中排放 1t 二氧化碳当量的温室气体的权利，是碳排放权市场交易的主要标的物。

碳排放权配额分配是指根据所设定的排放目标，由政府主管部门对纳入体系内的控排企业分配碳排放配额。配额分配是构建碳排放体系的前提和关键环节，其主要目的是明确相关主体的履约责任。

（一）总量设定

碳排放权交易体系排放总量限定了在一段指定时间内可供发放的配额总量，从而限定了排放对象的排放总量。根据总排放目标调整配额总量，在排放对象中分配减排责任。

碳排放权交易体系设定了配额总量，因此每个配额均具有价值(即“碳价”)。总量设定越“严格”，发放配额的绝对数量越少，配额越稀缺，在其他条件不变的情况下碳价越高。

1. 覆盖范围

建立碳排放权交易体系，首先要确立覆盖范围。覆盖范围是排放目标设置和排放权分配的先决条件。所谓覆盖范围，是指将哪些排放源纳入到碳排放权交易体系中，以及交易所涉及的温室气体类型，一般重点考虑覆盖行业、覆盖气体和纳入标准。理论上来说，为实现环境效益与经济效益最大化，所有排放源、排放部门及气体类型均应纳入碳排放权交易体系范畴。因受测算排放量所涉及的能力与成本、履约控制手段的可用性、体系管理的行政负担等诸多因素影响，目前现行的碳排放权交易体系其覆盖范围主要包括数据统计基础较好的、减排潜力较大的大型排放源。

2. 配额总量

全国碳排放体系采取“自上而下”和“自下而上”相结合的方式确定体系排放上限。“自上而下”和“自下而上”是碳市场中确定配额总量和配额分配的过程，“自上而下”是根据社会总体排放目标和纳入行业特点，确定体系配额总量；“自下而上”是根据配额分配规则确定控排对象配额，然后加和得到体系的配额总量上限。

（二）配额分配方法

碳排放权交易体系中，由政府主管部门对纳入体系内的控排企业分配碳排放配额，碳排放权分配类型大体分为免费分配和有偿分配两种，其中免费分配方法包括基准线法、历史强度法和历史排放总量法，有偿分配可以采用拍卖或者固定价格出售方式进行。

1. 免费分配

免费分配是政府主管部门将碳排放权免费发放给控排对象，可根据基准线、历史强度和历史排放总量三种不同方式划分为三种分配方法。

(1)基准线法

基准线即“碳排放强度行业基准值”，是某行业的代表某一生产水平的单位活动水平碳排放量，主要用于碳排放权交易机制中的配额分配，是基准线法的主要依据。

基准线法又称为标杆法，指基于行业碳排放强度基准值分配配额。行业碳排放强度基准值一般是根据行业内纳入企业的历史碳排放强度水平、技术水平、减排潜力以及与该行业有关的产业政策、能耗目标等综合确定。基准线法对历史数据质量的要求较高，一般根据重点排放单位的实物产出量(活动水平)、所属行业基准、年度减排系数和调整系数四个要素计算重点排放单位配额。基准线法有利于激励技术水平高、碳排放强度低的先进企业。凡是在基准线以上的企业，生产得越多配额的富余就越多，就可以通过碳市场获取更多利益。相反，经营管理不好、技术装备水平低的企业，若是多生产，就会带来更多的配额购买负担。

(2)历史强度法

历史强度法是指根据排放单位的产品产量、历史强度值、减排系数等分配配额的一种方法。市场主体获得的配额总量以其历史数据为基础，根据排放单位的实物产出量(活动水平)、历史强度值、年度减排系数和调整系数四个要素计算重点排放单位配额的方法。如中国部分试点采用的是以前几个年度的二氧化碳平均排放强度作为基准值，该方法介于基准线法和历史总量法之间，是在碳市场建设初期，行业和产品标杆数据缺乏的情况下确定碳配额的过渡性方法。

(3)历史排放总量法

历史排放总量法也称为“祖父法”，是不考虑排放对象的产品产量，只根据历史排放值分配配额的一种方法，以纳入配额管理的对象在过去一定年度的碳排放数据为主要依据，确定其未来年度碳排放配额。

2. 有偿分配

(1)拍卖

碳配额拍卖是指政府主管部门通过公开或者密封竞价的方式将碳排放配额分配给出价最高的买方。碳配额拍卖是一种同质拍卖，即竞拍者对同一种商品(配额)在不同价格水平上提出购买意愿，最终以某种机制确定成交价格。配额拍卖的来源主要是除免费配额之外的部分以及储备配额。

(2)固定价格出售

固定价格出售是政府主管部门综合考虑温室气体排放活动的外部成本，温室气体减排的平均成本、行业企业的减排潜力、温室气体减排目标、经济和社会发展规划以及碳排放权交易的行政成本等因素，制定碳排放配额的价格并公开出售给纳入碳体系的控排主体。

四、碳交易机制

碳排放权交易由交易主体、交易产品、交易规则、交易机构、交易行为等要素构成，需要建立有效防范价格异常波动的调节机制和防止市场操纵的风险防控机制，确保市场要素完整、公开透明、运行有序。

1. 交易主体

全国碳市场交易主体明确规定为：初期交易主体为发电行业重点排放单位。条件成熟后，扩大至其他高耗能、高污染和资源性行业。适时增加符合交易规则的其他机构和个人参与交易。碳市场一级市场的交易标的仅包括了碳排放配额，是中央政府向地方政府和履约企业分配配额的市场，所以一级市场的交易主体皆为履约交易主体。从各碳排放权交易试点的实践来看，碳排放权交易二级市场的交易主体主要包括履约交易主体和自愿交易主体两大类。中国碳排放权交易试点的交易主体包括重点排放单位及符合规定条件的企业、社会组织和个人。

相对交易主体，碳市场的参与主体众多，包括负责分配配额的政府主管部门、具有履约责任的企业、没有履约责任的企业、银行、投资机构、个人等，以及市场服务机构，如第三方核查机构、节能服务企业、碳资产开发企业等。

2. 交易产品

碳排放权交易产品可以分为现货和衍生品两种。所谓现货交易，即常规传统的商品交易模式，“一手交钱、一手交货”，这里的“货”指碳配额或抵消量。衍生品是从现货派生出来，价值由现货的价格和交割日期决定，主要的衍生品包括期货、期权、远期、互换等。

全国碳市场明确规定初期交易产品为配额现货，条件成熟后增加符合交易规则的国家核证自愿减排量及其他交易产品。中国碳排放权交易试点的交易产品主要包括两类，即碳配额现货和碳抵消量现货，碳配额由各试点政府主管部门签发，碳抵消量绝大部分来自政府主管部门签发的中国核证自愿减排量。

3. 交易规则

全国碳市场交易规则制定的目标是保证碳市场价格平稳和流动性充足，通过市场机制为企业碳排放成本提供价格信号，充分发挥碳市场优化资源配置的功能，引导全社会低成本减排，促进社会经济结构和能源结构低碳转型。

中国开展碳排放权交易试点，目的在于探索利用市场化手段实现减排目标，为建立全国性碳市场积累经验，因此全国碳市场交易规则将在吸取试点地区的交易规则和运行经验的基础上编制，在兼顾全国碳市场整体性特征的同时，注意与试点碳市场规则相协调，以利于地区性碳市场向全国碳市场的顺利过渡。

交易规则通常会明确交易参与人、交易品种、交易方式、交易设施、交易时间等内容，同时还会对账户开立、交易申报、异常处理、交易结算、风险管理、市场信息披露、市场监督等具体环节进行详细说明。

碳排放权交易市场常见的交易方式有挂牌交易、协议转让、有偿竞价三种。挂牌交易是指在规定的时间内，会员或客户通过交易系统进行买卖申报，交易系统按照“价格优先、时间优先”原则对买卖申报进行逐笔配对成交的公开竞价交易方式。协议转让是指交易双方通过交易系统进行报价、询价达成一致意见并确认成交的交易方式。交易所可以根据市场需要，调整单笔协议转让交易的最低数量限额。有偿竞价是指由交易所统一组织的以公开竞价的形式将配额出售的交易方式。

4. 履约清缴

履约是每一个“碳排放权交易履约周期”的最后一个环节，也是最重要的环节之一。履约是确保碳市场对排放企业具有约束力的基础，基本原理是将企业在履约周期末所上缴的履约工具(碳配额或抵消量)数量与其在该履约周期的经核查排放量进行核对，前者大于或者等于后者则为合规。

履约期是指从配额分配到控排企业向政府主管部门上缴配额的时间，通常为一年或几年。

清缴是指清理应缴未缴配额的过程。控排企业应在规定的时间向政府主管部门提交与其上年度核定的温室气体排放量相等的配额，以完成其配额清缴义务。

5. 抵消机制

抵消机制是指碳排放权交易体系允许被覆盖重点排放单位使用除配额之外的“抵消”额度履约，抵消量可源自未被碳排放权交易体系覆盖的行业或地区中的实体企业。抵消机制的合理应用有助于支持和鼓励未被覆盖行业排放源参与减排行动，可产生积极的协同效应，大幅降低交易体系的整体履约成本。抵消量可由国内或国际开发的项目产生。

国际抵消机制是由多个国家承认的机构(例如国际组织或非营利组织内部的机构)管理的体系。管理机构为所有参与国制定明确规则，抵消量可在多个国家产生，并在国际市场上出售。《京都议定书》基于项目的机制——清洁发展机制(CDM)是国际抵消机制的范例。《巴黎协定》第六条介绍了未来新的抵消机制，该机制的规则和指导准则还有待制定。国内抵消机制一般由国家或地方机构管理，主管部门针对特定司法管辖区制定规则，规则制定过程中可参考国际指导准则。

中国核证自愿减排量作为碳排放权交易市场的补充机制，是具有国家公信力的碳资产，可作为国内碳排放权交易试点内控排企业的履约用途，也可以作为企业和个人的自愿减排用途。配额不足时，控排企业可以购买其他企业出售的配额进行履约，也可以购买中国核证自愿减排量(CCER)进行抵消，1t中国核证自愿减排量(CCER)等同于1t碳排放配额。健康、有序的中国核证自愿减排量(CCER)交易可一定程度调控配额交易需求和价格，并且是配额交易的重要补充。中国碳排放权交易试点均对可用于达到履约目的的抵消量的类型、产生日期、地理范围及数量设定了限制。

6. 风险控制

宏观经济、能源价格、配额分配规则、抵消规则、投机行为等因素都会对碳市场的价格走势造成影响，良性的价格波动有助于反应碳市场真实的配额供需关系，但过度投机导致的价格大幅波动将增大交易风险，甚至会影响到碳市场的稳定运行。

为防止市场大幅波动，抑制过度投机行为，碳排放权交易所制定了抑制碳排放权交易风险的控制措施。通行的风险控制措施包括涨跌幅限制、最大持仓量限制、大户报告制度、风险警示制度和风险准备金制度，部分试点还明确了全额交易资金、强制平仓等措施。

7. 碳金融

狭义的碳金融，指企业间就政府分配的温室气体排放权进行市场交易所导致的金融活动；广义的碳金融，泛指服务于限制碳排放的所有金融活动，既包括碳排放权配额及其金融衍生品交易，也包括基于碳减排的直接投融资活动以及相关金融中介等服务。

碳金融市场即金融化的碳市场，它是欧美碳市场的发展主流。碳金融市场的层次结构体现在宏观框架和微观结构两个层面。宏观层面主要指由政府政策规章制度下的碳排放权交易体系(ETS)；微观层面具体包括二级交易市场、融资服务市场和支持服务市场，二级交易市场是其核心，它又分为场内交易和场外交易；而宏观框架和微观结构的过渡衔接部分，则是一级市场。

碳金融产品是依托碳配额及项目减排量两种基础碳资产开发出来的各类金融工具，从功能角度主要包括交易工具、融资工具和支持工具三类。这些金融工具可以帮助市场参与者降低减排成本，拓宽融资渠道，增强碳排放权资产属性，帮助企业达到碳资产保值增值的目的。

第二章 节能与能效提升

节能与能效提升是炼油厂绿色低碳转型的基础，是从源头上减少化石能源使用和二氧化碳排放。

第一节 能量平衡与㶲平衡

能量平衡和㶲平衡分析，一是确定过程中能量损失或㶲损失的大小、原因及其分布；二是确定过程的效率，为制定节能措施、改进操作和工艺条件，以及为不同过程的评价、实现生产和设计的最佳化提供依据。

一、能量平衡与㶲平衡模型

炼油用能存在三大环节，即将一次能源转换为工艺过程能够直接利用的能量形式的能量转换环节、完成工艺核心过程的能量利用环节以及从工艺利用环节排出能量中进一步回收再利用的能量回收环节，即用能分析三环节，如图 3-2-1 所示。

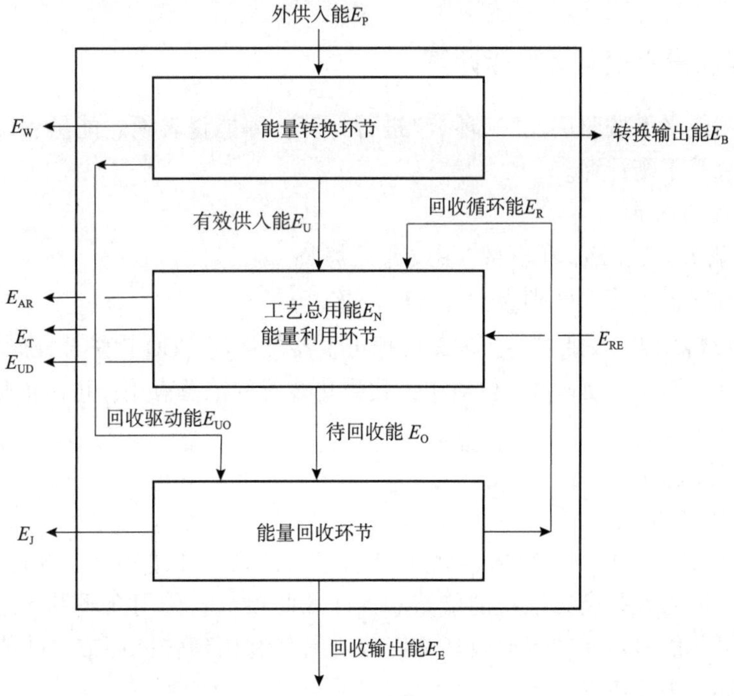

图 3-2-1 炼油过程三环节能量平衡模型

基于三环节能量结构模型的三环节㶲分析模型见图 3-2-2。

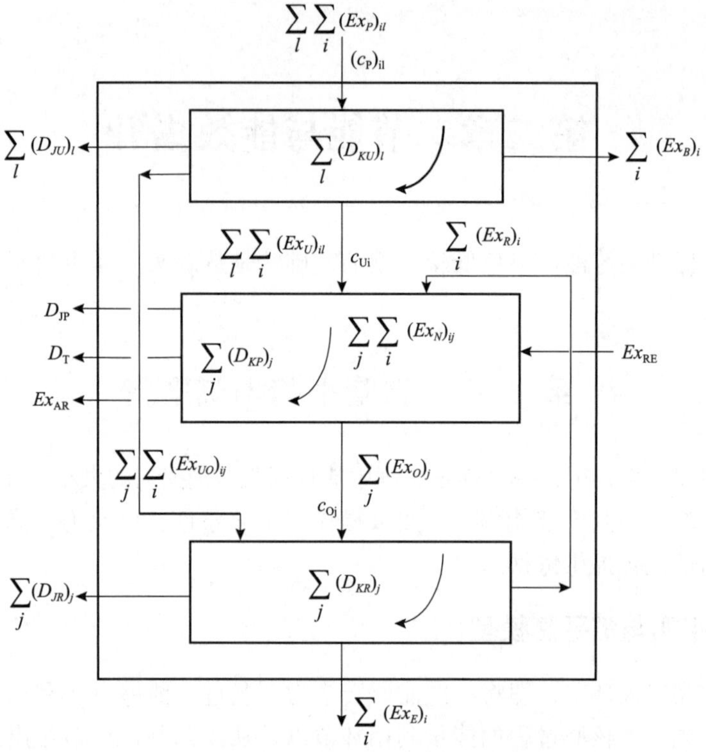

图 3-2-2　炼油过程㶲平衡分析模型

二、装置能量平衡与㶲平衡计算

工艺装置用能平衡按照用能“三环节”进行计算，即能量转换、能量利用和能量回收三个环节进行汇总及平衡计算。

(一) 能量转换环节

1. 总供入能 E_P 及㶲 Ex_P 和净供入能 E'_P 及㶲 Ex'_P

总供入能和净供入能的区别为：$E_P = E'_P + E_B$

1) 加热炉燃料能 E_{PF} 及㶲 Ex_{PF}，注意应把再生器燃烧油、CO 锅炉补充燃料归入此项；

2) 催化裂化烧焦 $E_{PG}(Ex_{PG})$，仅对于催化裂化装置的汇总有用，可由催化裂化再生器计算结果得出；

3) 供入蒸汽 $E_{PS}(Ex_{PS})$；

4) 供入电 $E_{PE}(Ex_{PE})$；

5) 供入热 $E_{PH}(Ex_{PH})$，装置供入热由以下几部分组成：①进料高出规定温度部分的热；②装置间换热，原料在外装置取得的能量和㶲计入此项；③公用介质带入的能量，如装置用除氧水带入的热能等；④装置回收环节回收又循环利用到转换环节去的能量，也称为供入热，在出方亦计为供出热。

总供入能：$E_P = E_{PF} + E_{PG} + E_{PS} + E_{PE} + E_{PH}$

总供入㶲：$Ex_P = Ex_{PF} + Ex_{PG} + Ex_{PS} + Ex_{PE} + Ex_{PH}$

6) 转换环节供出能 E_B 和 Ex_B：

主要包括：汽轮机抽出或背压蒸汽；加热炉等加热外装置物料等的热量；转换环节热电联产供装置外电量。

7)净供入能 E'_P 和㶲 Ex'_P：

$$E'_P = E_P - E_B$$

$$Ex'_P = Ex_P - Ex_B$$

2. 直接损失能 E_W 和㶲 Ex_W

在供入能中，一部分能量在转换和输送过程中直接损失于环境，这部分损失能量，在进入工艺能量利用环节之前已损失掉，与工艺用能无关。大体包括三个方面：

1)物流排弃损失能 E_{WX} 和㶲 Ex_{WX}：

主要包括排烟的显热损失、废锅炉排污、加热炉雾化用蒸汽随烟气排掉的能量、蒸汽传输泄漏、不完全燃烧产物的颗粒及可燃气体(CO 等)，可由转换环节设备计算结果汇总。

2)直接散热损失 E_{WD} 和 Ex_{WD}：

指在能量转换环节中，设备和管线的表面散热损失。包括：加热炉、再生器等表面散热；外供热的传输过程散热；主要受热流体或烟气中间传输管线的散热，该部分散热在炉效率中一般不体现，但由于这部分散热损失使得进入工艺设备的能量减少，应在转换环节予以核定。

3)无效动力 E_{WP}：

指在动力转换环节中，供入能量与输出有效功之差。分为两部分：一是电动机泵的无效动力，包括机泵的效率损失和电机的效率损失，也等于机泵的过程㶲损失。二是蒸汽驱动机泵的无效动力，为供入能量与有效功之差。供入能量也应以蒸汽的实际焓值(差)计算。

直接损失能：$E_W = E_{WX} + E_{WD} + E_{WP}$

直接损失㶲：$Ex_W = Ex_{WX} + Ex_{WD}$

3. 非工艺流体的有效动力 E_{UO} 和㶲 Ex_{UO}

指没有进入工艺物流的能量，因而也不能作为有效动力带入工艺设备。主要包括用水、用风折电的有效动力、炉用空冷风机的有效动力、照明用电等。非工艺流体有效动力，亦属转换环节有效供㶲。

4. 转换环节供出有效能 E_U 和有效㶲 Ex_U

指供入能量在转换环节中经过外部损失和内部不可逆损失后扣除供转换输出和非工艺物流有效动力后，可向工艺能量利用环节中供入的能量和㶲。

由转换环节供出的能量(㶲)主要包括：①加热炉或催化裂化主要加热各物流的有效能量(㶲)；②各机泵输出的有效动力(扣除非工艺流体有效动力)；③进入利用环节的蒸汽携带的能量和㶲；④热进料或外供入热携带的能量和㶲等。

转换环节供出的有效转换能：$E_U = E_P - E_B - E_{UO} - E_W$

转换环节的过程㶲损耗为 D_{KU}，可由各转换设备的过程㶲损加和得到。主要是燃料(焦炭)化学能转换为工艺物流热能的加热炉的燃烧和传热不可逆㶲损、电动机泵的无效动力和蒸汽驱动机泵无效动力中的㶲损。

转换环节供出的有效转换㶲：$Ex_U = Ex_P - Ex_B - Ex_{UO} - Ex_W - D_{KU}$

5. 能量转换效率

能量转换效率：$\eta = \dfrac{(E_U + E_{UO} + E_B)}{E_P} \times 100\%$

烟转换效率：$\eta_X = \frac{(Ex_U + Ex_{UO} + Ex_B)}{Ex_P} \times 100\%$

（二）能量利用环节

1. 回收循环能（㶲）

指的是从待回收能（㶲）中被回收并循环用于工艺利用环节的能量（㶲）。主要包括两部分：

1）换热循环能（㶲），指具有待回收的热能物流通过换热设备、预热原料或发生蒸汽进入工艺利用环节的能量；

2）循环物流回收能（㶲），指物流直接由下游设备带回到上游设备的能量（㶲）。

2. 工艺总用能 E_N 和㶲 Ex_N

工艺总用能 E_N 是反映工艺设备在其操作和设备条件下所利用能量的数量，体现了设计和操作水平，按其用能形式可分为蒸汽工艺总用能 E_{NS}、工艺总用热 E_{NH} 和动力工艺总用能 E_{NP} 三类。一般在平衡条件下可先由总有效供入能、回收循环能及反应过程放热三项求出工艺总用能 E_N：

$$E_N = E_U + E_R + E_{RE}$$

再由蒸汽和电平衡确定出的蒸汽总用能 E_{NS} 和动力总用能 E_{NP} 进而反求出工艺总用热 E_{NH}：

$$E_{NH} = E_N - E_{NS} - E_{NP}$$

工艺总用㶲：$Ex_N = Ex_U + Ex_R + Ex_{RE}$

工艺总用热㶲：$Ex_{NH} = Ex_N - Ex_{NS} - Ex_{NP}$

3. 热力学能耗 E_T 和㶲耗 D_T

当原料带入热大于产品带出热时，物理能差 E_{TT} 为负，反之为正。

当反应过程为放热时热效应为负值，吸热则为正。因此，对于原料温度较高，出装置产品温度较低，而过程又为放热时，热力学能耗为负，相应的热力学㶲耗亦为负值。反之亦然。

4. 工艺利用环节的散热 E_D、㶲 Ex_D 及过程㶲损 D_{KP}

工艺利用环节的能量损失主要是设备的散热损失。实际工艺过程的不可逆性㶲损，按其类型可分为塔设备的传热和传质㶲损及反应设备的传热与反应过程㶲损。大量㶲损失于过程的不可逆性，从而降低了待回收㶲的量。工艺利用环节的过程㶲损可由核心工艺设备的㶲损加和求得。

5. 待回收能 E_O 和㶲 Ex_O

指离开工艺利用环节进入回收环节中"等待"进一步回收利用的能量，可由离开工艺设备各产品及取热物流携带的能量（热、动力、蒸汽）汇总得出。其中物流携带能量计算至产品出装置温度。也可由工艺能量利用环节的能量参数平衡求得：

$$E_O = E_N - E_T - E_{UD} - E_{RE}$$

$$Ex_O = Ex_N - D_T - D_{JP} - D_{KP} - Ex_{RE}$$

6. 能量利用环节的效率

能量利用环节的能量效率仅为散热一项引起。相对于工艺总用能，散热所占的比例较小，能量效率接近 1。对于放热反应热 E_{RE}（Ex_{RE}），则作为供入环节的能量，已计入 E_N 中。因此，E_T 和 E_O 均为有效供出利用环节的能量，能量效率为：

$$\eta = \frac{(E_T + E_O)}{E_N} \times 100\%$$

㶲效率：

$$\eta x = \frac{(D_T + Ex_O)}{Ex_N} \times 100\% = \left\{1 - \frac{(D_{KP} + Ex_D)}{Ex_N}\right\} \times 100\%$$

（三）能量回收环节

自能量利用环节排出的待回收能(㶲)进入能量回收环节，一般以四种形式回收和排弃，即回收循环、回收输出、排弃损失于环境和回收过程引起的不可逆㶲损。

1. 回收循环能(㶲)E_R(Ex_R)

详见能量利用环节的汇总。

2. 回收输出能 E_E和 Ex_E

指从待回收能(㶲)中回收，而用于能量利用环节以外的热量(㶲)。包括两类：

1)换热输出，指用于加热能量利用环节以外的物料，回收热量发生蒸汽并送到装置外或转换环节的，也属于换热回收输出类。

2)热出料，包括向外装置输送高于规定温度的热原料，炉用燃料等。

3. 排弃能 E_J和㶲 D_J

指待回收能(㶲)中以各种不同方式排入环境的能量(㶲)。在待回收能中，除回收循环和回收输出外的能量均进入排弃能。而排弃㶲则在待回收㶲中除回收循环和回收输出外，还应扣除回收环节过程㶲损。包括以下四项：

1)冷却排弃能，通过冷却介质(水或空气)携带的能量(㶲)间接或直接排入环境的能量。冷却介质的流动㶲损不在设备内体现，统一计入其他㶲损。

2)散热排弃能，指离开工艺能量利用环节的物流携带的待回收能，在输送和回收的过程中通过设备表面散失到环境中的能量，不包括转换和工艺利用环节的散热损失。

3)物流排弃能，指以物流形式携带到环境中的能量。

4)其他排弃能，流体的有效动力进入体系后，在工艺利用和回收环节中流动造成㶲损，能量平衡中归为其他排弃能。但在㶲平衡中没有其他排弃㶲项。

4. 回收环节过程㶲损

指能量回收环节中，回收设备和过程的不可逆损失。包括两项：

1)冷换设备的传热和流动过程㶲损失。

2)其他过程㶲损，包括非工艺流体的有效动力、照明用电和其他过程㶲损，在数值上等于能量平衡中的其他有效动力。

5. 能量回收效率

能量回收率：

$$\eta = (E_R + E_E)/(E_O + E_{UO}) \times 100\%$$

㶲回收率：

$$\eta_x = (Ex_R + Ex_E)/(Ex_O + Ex_{UO}) \times 100\%$$

（四）全装置平衡汇总

工艺装置能量(㶲)平衡分析汇总见表 3－2－1。

在进行全厂的能量平衡时，由于测量和计算的误差，可能出现不平衡项。平衡计算应允许有不平衡项的存在，但不能太大，应小于能耗或㶲损的2%。能量不平衡项并入其他排弃能，㶲不平衡项并入排弃㶲中。

表 3-2-1　工艺装置能量(㶲)平衡分析汇总

环节	项目		能量/(MJ/t)		㶲/(MJ/t)		备注
能量转换	总供入	炉燃料	E_{PF}		Ex_{PF}		
		焦炭	E_{PG}		Ex_{PG}		
		供入汽	E_{PS}		Ex_{PS}		
		供入电	E_{PE}		Ex_{PE}		
		供入热	E_{PH}		Ex_{PH}		
		合计	E_{P}		Ex_{P}		
	转换供出		E_{B}		Ex_{B}		
	直接损失	不完全燃烧	E_{WC}		Ex_{WC}		
		排烟	E_{WX}		Ex_{WX}		
		散热	E_{WD}		Ex_{WD}		
		无效动力	E_{WP}				
		转换排弃	E_{W}		D_{JU}		
	过程㶲损				D_{KU}		
	有效利用		E_{U}		Ex_{U}		
	非工艺流体有效动力		E_{UO}		Ex_{UO}		
工艺利用	反应放热		E_{RE}		Ex_{RE}		
	回收循环		E_{R}		Ex_{R}		
	工艺总用能		E_{N}		Ex_{N}		
	热力学能(㶲)耗		E_{T}		Ex_{T}		
	设备散热		E_{UD}		Ex_{UD}		
	过程㶲损				D_{KP}		
能量回收	待回收		E_{O}		Ex_{O}		
	非工艺流体有效动力		E_{UO}		Ex_{UO}		
	回收循环		E_{R}		Ex_{R}		
	回收输出		E_{E}		Ex_{E}		
	排弃	冷却	E_{JC}		D_{JC}		
		物流	E_{JM}		D_{JM}		
		散热	E_{JD}		D_{JD}		
		其他	E_{JO}				
		小计	E_{J}		D_{JR}		
	过程㶲耗				D_{KR}		

续表

环节	项目	能量/(MJ/t)		㶲/(MJ/t)		备注
汇总指标	净能(㶲)耗	E_A		D_A		
	折合一次能(㶲)	E_C		Ex_C		
	能量转换效率/%	η_U		η_{XU}		
	能量利用效率/%	η_P		η_{XP}		
	能量回收率/%	η_R		η_{XR}		
	总排弃㶲			DJ		
	过程㶲损			DK		

三、能流图与㶲流图

配合三环节模型进行过程用能分析、评价及改进，通常采用能流图和㶲流图的形式来直观反映用能过程中能量和㶲的变化。能流图和㶲流图是按照用能三环节的次序，由上至下表示能流及㶲流的供入、排出、损耗和循环，注明各类能量和㶲流的数值，数值大小对应于能流和㶲流的宽度，从而直观清晰地展示用能情况及相互关系。现以某原油蒸馏装置为例，根据三环节能量流结构和㶲分析模型，绘制出装置的能流图和㶲流图，分别见图3-2-3、图3-2-4。

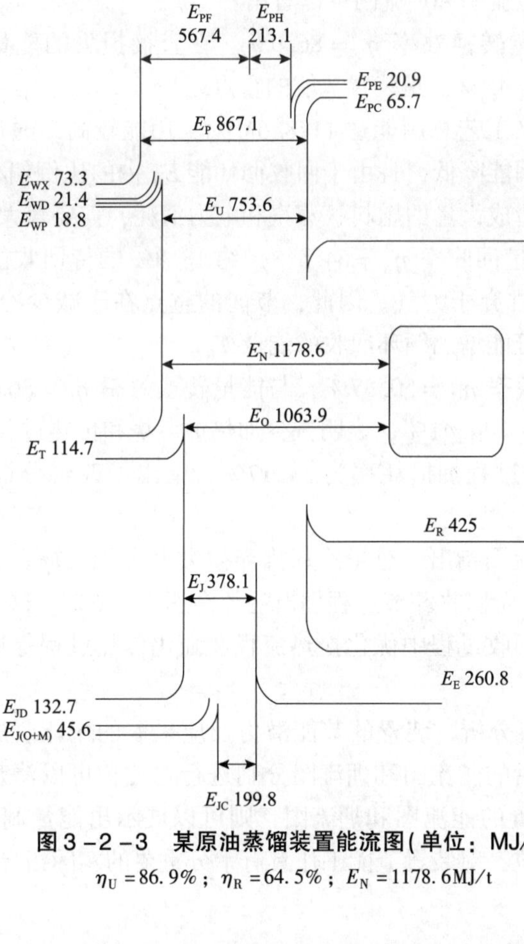

图3-2-3 某原油蒸馏装置能流图(单位：MJ/t)

$\eta_U=86.9\%$；$\eta_R=64.5\%$；$E_N=1178.6$MJ/t

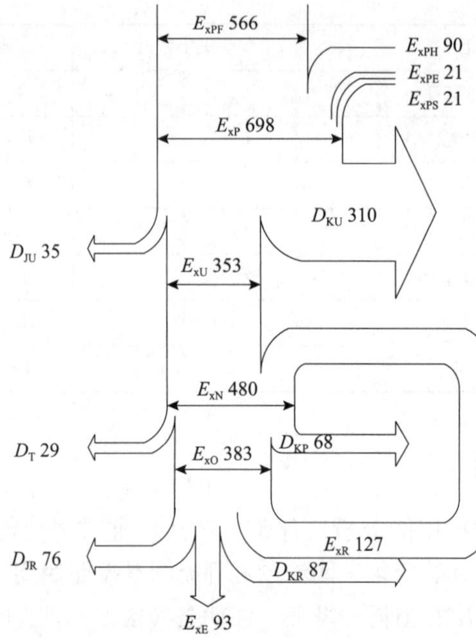

图 3-2-4　某原油蒸馏装置㶲流图(单位：MJ/t)

$\eta_{xU}=50.57\%$；$\eta_{xR}=57.4\%$；$Ex_N=480$ MJ/t

从以上原油蒸馏装置能流图和㶲流图可以看出：

1)能量转换环节的能量转换效率 $\eta_U=86.9\%$。在直接损失的能量中，排烟热损失为73.3MJ/t，占供入能量的8.45%，是装置节能的重点之一。

2)在工艺利用环节中，工艺总用能达1178.6MJ/t，用能较高，通过工艺过程和操作条件的改进可以使得工艺总用能降低，且由于回收循环能 E_R 占的比例偏小，约63.9%工艺总用能要由转换环节提供，造成大量的燃料、蒸汽和电力消耗，需要较大的外供入能 E_P。

3)能量回收环节的能量回收率 $\eta_R=64.5\%$，约18.8%的待回收能量由冷却水冷却排弃，约12.5%以散热形式排弃于大气。因此，节能的重点在于减少冷却负荷，加强保温，通过换热流程优化调整尽可能增加循环回收的能量 E_R。

4)能量转换环节的㶲效率 $\eta_{xU}=50.57\%$，与能量转换效率 $\eta_U=86.9\%$ 相比低得多，其中转换环节过程㶲损耗 $D_{KU}=44.41\%$，表明减少加热炉燃烧和传热过程㶲损耗的必要性。

5)工艺利用环节中的过程㶲损耗率为14.17%，指出了改善分馏塔操作条件的节能潜力。

6)在回收环节中，能流图指出了热量冷却排弃损失率为31.3%，但㶲分析结果表明该部分㶲损失仅占19.84%，而回收环节过程㶲损耗却高达33.16%。这表明不仅要减少冷却负荷，而且更应重视热量回收过程中优化换热流程和强化传热过程等措施，这些措施的节能潜力更具吸引力。

通过以上能量分析和㶲分析，装置的节能潜力及应采取的用能改进方向和措施则相对较为清晰。将节能改造前后的能流图和㶲流图分别进行对比，可以清楚表明节能措施的效果。对比不同企业同类装置的能流图和㶲流图，则可以展示出能量利用水平的具体差异，指出造成差别的原因和部位，对装置节能工作具有十分重要的实际指导意义。

四、全厂能量平衡

全厂能量平衡是工艺装置及辅助系统的汇总表示，炼油厂能量平衡范围及其各部分能耗之间的关系见图3-2-5。

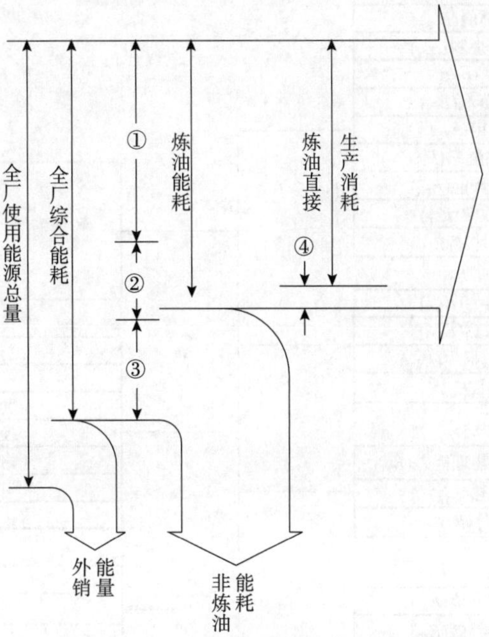

图3-2-5 炼油厂能耗统计范围示意图

①—炼油装置能耗；②—非炼油装置能耗；③—辅助系统能耗；④—非直接生产的辅助能耗

炼油厂能量平衡体系包括厂区范围内工艺装置、公用工程(供热、供汽、供电、供水、供风)和辅助系统(储运和污水处理场及厂区内化验、科研、三修、仓库和消防)三部分。

完成装置、公用工程及辅助系统的能量平衡后，可以对全厂进行能量平衡汇总。将整个炼油厂看作一个体系，对组成各个装置和系统的单元过程设备，按其能量利用功能划分为转换、工艺利用和回收三个环节进行汇总。

进行全厂能量平衡汇总时，如装置的汇总基准不同于全厂的汇总基准，应予以修正。

1)工艺装置、公用工程及辅助系统的能量平衡结果汇总为企业能量平衡时，须乘以处理量或产品量折算系统，计算公式如下：

$$\delta_i = G_i/G$$

式中 G_i——某装置或系统作为计算基准的处理量或产品量，t/h；

G——全厂计算基准的处理量或产品量，t/h。

2)全厂的能量平衡测试，要求各装置的产品量(或加工量)应与全厂的物料平衡(生产流程)一致。如不满足，应该对各单元水、电、汽和燃料测试消耗量及能平参数乘以修正系数，计算公式如下：

$$\alpha_i = \frac{G_i}{G_{io}}$$

式中 α_i——i单元的水、电、汽、燃料耗量修正系数；

G_{io}——测试期 i 单元全厂平衡的处理量或产品量，t/h。

根据各工艺装置、公用工程、辅助系统的能量平衡结果，将其用能乘以处理量或产品量修正系数后进行汇总。

全厂能量按照“三环节”模型对各项指标进行汇总，主要指标见图3－2－6。

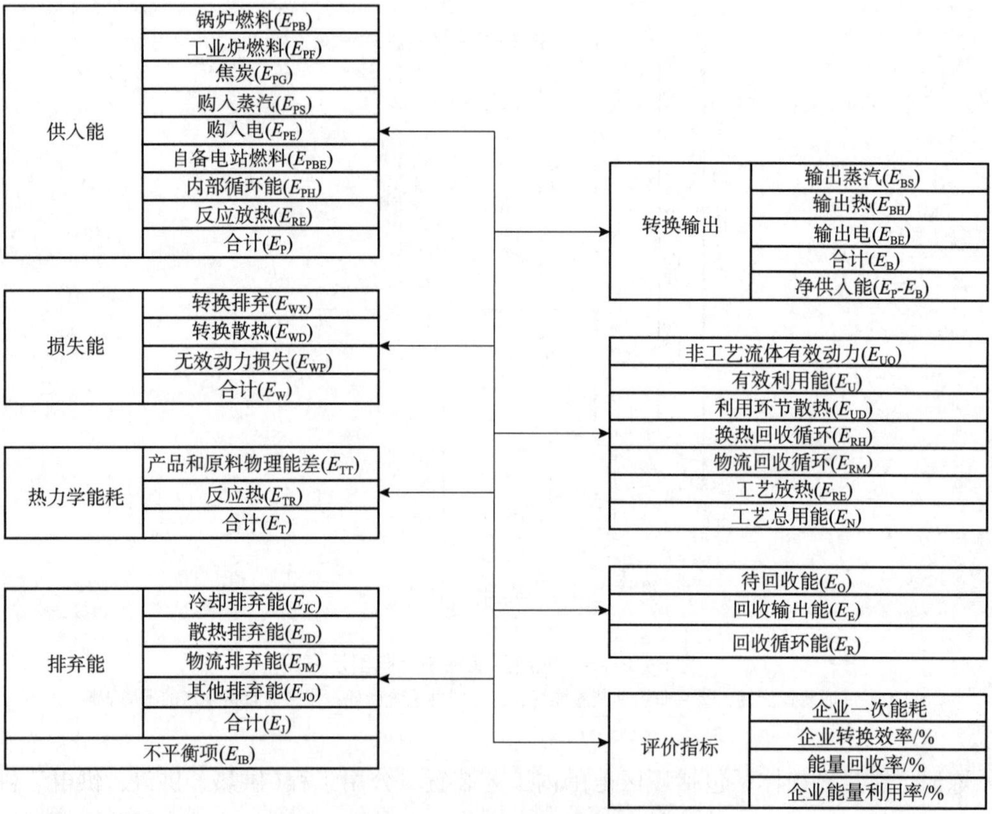

图3－2－6　全厂能量平衡汇总指标

1. 总供入能 E_P

1)锅炉燃料 E_{PB}。

2)加热炉燃料 E_{PF}，由各单元的 E_{PF} 项乘以 δ_i 后累加求得。

3)催化裂化烧焦 E_{PG}，由催化裂化单元的数据乘以 δ_i，进行汇总。

4)购入蒸汽 E_{PS}，按照炼油厂与供汽单位(如电厂)签订的协议，购入蒸汽能量若不是从管线进厂区起算而是从离开供方厂区起算，则在统计全厂蒸汽管网损失时须加上进厂前这一段管网损失。

5)购入电 E_{PE}，对于购入水的应按实际折电计算。

6)内部循环能 E_{PR}，作全厂平衡时，只须由各单元数据乘以相应的折算系数 δ_i 累加求和即可。

2. 转换输出 E_B

炼油厂向能量平衡体系以外输出的能量，大多是从转换环节和公用工程单元供出的，称为转换输出能，可归结为汽、电、热三类。在能量平衡中，均以当量热值进行，不折算为一次能源，即以实际参数下的焓值或能量计算。

3. 净供入能 E_A

$$E_A = E_P - E_B$$

4. 直接损失 E_W

包括转换物流排弃能 E_{WX}、散热排弃能 E_{WD}和动力转换损失 E_{WP}。

5. 非工艺流体的有效动力

指在转换环节是有效的，但在平衡中未进入工艺利用环节直接进入回收环节的水、风等有效动力。供水、供风系统的有效动力均属此项。

6. 有效转换能 E_U

指由转换环节提供进入能量利用环节的能量，可由转换环节平衡求出：

$$E_U = E_P - E_B - E_W - E_{UO}$$

7. 工艺总用能 E_N

$$E_N = E_U + E_R + E_{RE}$$

并按下式进行校核：

$$E_N = \sum (E_{Ni})\delta_i$$

由于空压站、供水系统提供的有效动力，不进入工艺利用环节，不属于工艺总用能，故无此项校核。

8. 热力学能耗 E_T

E_{TR}为各装置的基准温度反应热的代数和(吸热为正，放热为负)：

$$E_{TR} = \sum (E_{TT})_i\delta_i$$

E_{TT}为全部出厂产品(包括自用燃料加工损失)和进厂所有原料的物理能差。

9. 工艺利用环节散热 E_{UD}

指在工艺设备中散失到环境中的能量。

10. 待回收能 E_O

指离开工艺利用环节进入回收环节中“等待”进一步回收利用的能量。

$$E_O = E_N - E_T - E_{UD} - E_{RE}$$

11. 回收输出能 E_E

指从待回收能中回收用于工艺能量利用环节以外有效利用的能量，包括两部分：一是输出到能量平衡体系以外的有效能量；二是从待回收能中回收又循环用于体系转换环节设备的能量。

12. 回收循环能 E_R

$$E_R = \sum \delta_i(E_{Ri} + E_{Ei}) - E_E$$

式中　E_E——体系回收输出能；

E_{Ri}——装置或单元的循环回收能；

E_{Ei}——装置或单元的回收输出能。

注意：公用工程系统均属于转换环节，因而没有回收循环能等问题。

13. 排弃能 E_J

$$E_J = E_O - E_R - E_E + E_{UO}$$

用下式校核：

$$E_{J}=E_{JC}+E_{JD}+E_{JM}+E_{JO}$$

式中　E_{JC}——冷却排弃能；

E_{JD}——散热排弃能；

E_{JM}——物流排弃能；

E_{JO}——其他排弃能。

14. 全厂能量平衡评价指标

(1)能量转换效率

$$\eta=\frac{E_{U}+E_{UO}+E_{B}}{E_{P}}\times 100\%$$

(2)能量回收效率

$$\eta=\frac{E_{R}+E_{E}}{E_{O}+E_{UO}}\times 100\%$$

(3)全厂工艺总用能

$$E_{N}=E_{U}+E_{R}+E_{RE}$$

(4)全厂有效利用能

$$E_{有效}=E_{U}+E_{UO}+E_{B}$$

(5)全厂一次能耗

$$E_{C}=E_{A}+\Delta E_{m}+E_{IC}$$

$$\Delta E_{m}=\sum_{i=1}^{m}(\pm E_{i}\xi_{i})$$

$$\xi_{i}=(\text{生产能源 } i \text{ 的一次能耗/实际焓值})-1$$

$$E_{A}=E_{W}+E_{J}+E_{UD}+E_{T}$$

$$E_{A}=E_{P}-E_{B}-E_{E}$$

式中　E_{IC}——原料在基准温度下的化学能，不计化学能的企业，则视 $E_{IC}\approx 0$；

E_{i}——i 种能源或载能工质供入能量；

ξ_{i}——i 种能源或载能工质折算系数。

E_{A}——全厂净能耗。

(6)企业能源利用率

$$\eta=\frac{E_{U}+E_{B}+E_{UO}}{E_{PC}}\times 100\%$$

企业综合能耗为总供入能加上折一次能源修正值：

$$E_{PC}=E_{P}+\Delta E_{m}$$

第二节　全厂节能方法

炼油厂节能是从源头减少碳排放实现绿色发展、提升企业综合竞争力的首要途径。传统节能从单元过程优化开始，单元优化结束后将结果输入子系统(工艺装置、公用工程系统)并进行优化，子系统优化结果输入全局层次再开展全局优化，最后按照全局优化结果对子系统、单元进行反馈调节，如图3－2－7(a)所示。炼油过程采用这种优化策略会更加注重单元、子系统自身的优化，弱化全厂优化对单元、子系统的约束，使得单元、工艺过程能源消耗需求基本按照“给齐补足”进行配置，公用工程系统在全厂能源配置中处于被动服从地位，在新形势下不利于实现炼油节能全厂优化。

顶层设计导向的炼油全厂节能优化策略逻辑图见图3－2－7(b)和图3－2－7(c)。从全局优化开始，基于知识、经验与既有信息，开展初步优化，优化结果输出到子系统、单元层次，子系统优化与单元优化的需要结合全局优化和自身优化的双目标，并结合工程实际向全局反馈，进而实现全局优化。按照炼油全厂节能优化策略，通过提升公用工程系统在能源配置中影响力，更易实现炼油全厂优化节能。

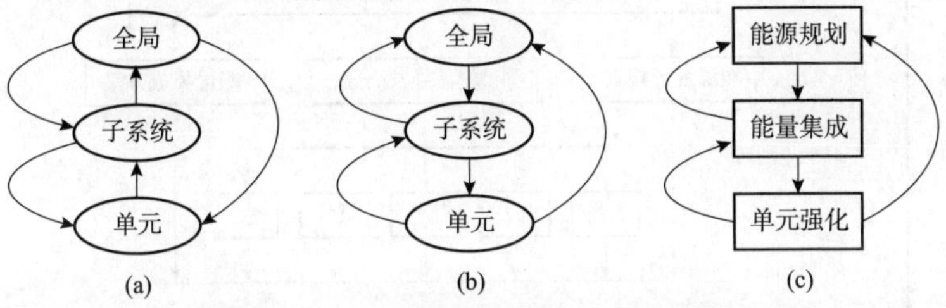

图3－2－7　炼油全厂节能优化策略逻辑图

一、节能方法

炼油厂节能方法包含能源规划、能量集成、单元强化三个层次，相关内容及相互关系如图3－2－8所示。能源规划层次主要基于总加工工艺流程优化和外部能源供给情况等开展节能顶层设计，提出企业能源配置规划、能量集成方案、能源消耗建议、关键设备能效建议等，明确节能工作的方向与目标，指导、约束能量集成层次和单元强化层次开展工作，并根据下两个层次的反馈优化调整相关规划、方案和建议。能量集成层次，主要以第一层次的能源配置规划、能量集成方案、能源消耗建议为指导，开展工艺装置、公用工程系统及附属、辅助生产系统用能优化，并在全厂层次开展热能、压力能等的集成协调优化，以减缓能量降质，提高能量利用效率，降低能源消耗成本。同时，根据工程实际要求对能源规划层次进行反馈协调，并根据能量集成需要，对关键耗能单元提出能效提升要求，指导单元强化层次开展工作。单元强化层次主要通过采用满足技术经济要求的节能技术，实现能源规划层次提出的关键耗能设备能效建议，以及能量集成层次提出的关键耗能单元能效提升要求，并根据工程实际目标，对能源规划、能量集成层次进行反馈协调。

1．能源规划实施策略

能源规划层次主要包含四部分工作，一是优化炼油总加工工艺流程；二是测算既定总加工工艺流程的能源消耗；三是制定能源配置规划、能量集成方案、能源消耗建议、关键设备能效建议等；四是根据能量集成、单元强化层次的反馈，协调优化能源配置规划、能量集成方案、能源消耗建议、关键设备能效建议等。

2．能量集成实施策略

能量集成主要包含五部分工作，一是基于能源配置规划、能量集成方案、能源消耗建议开展工艺装置、储运系统、氢气系统、循环水系统、燃动系统等的用能优化以及装置间

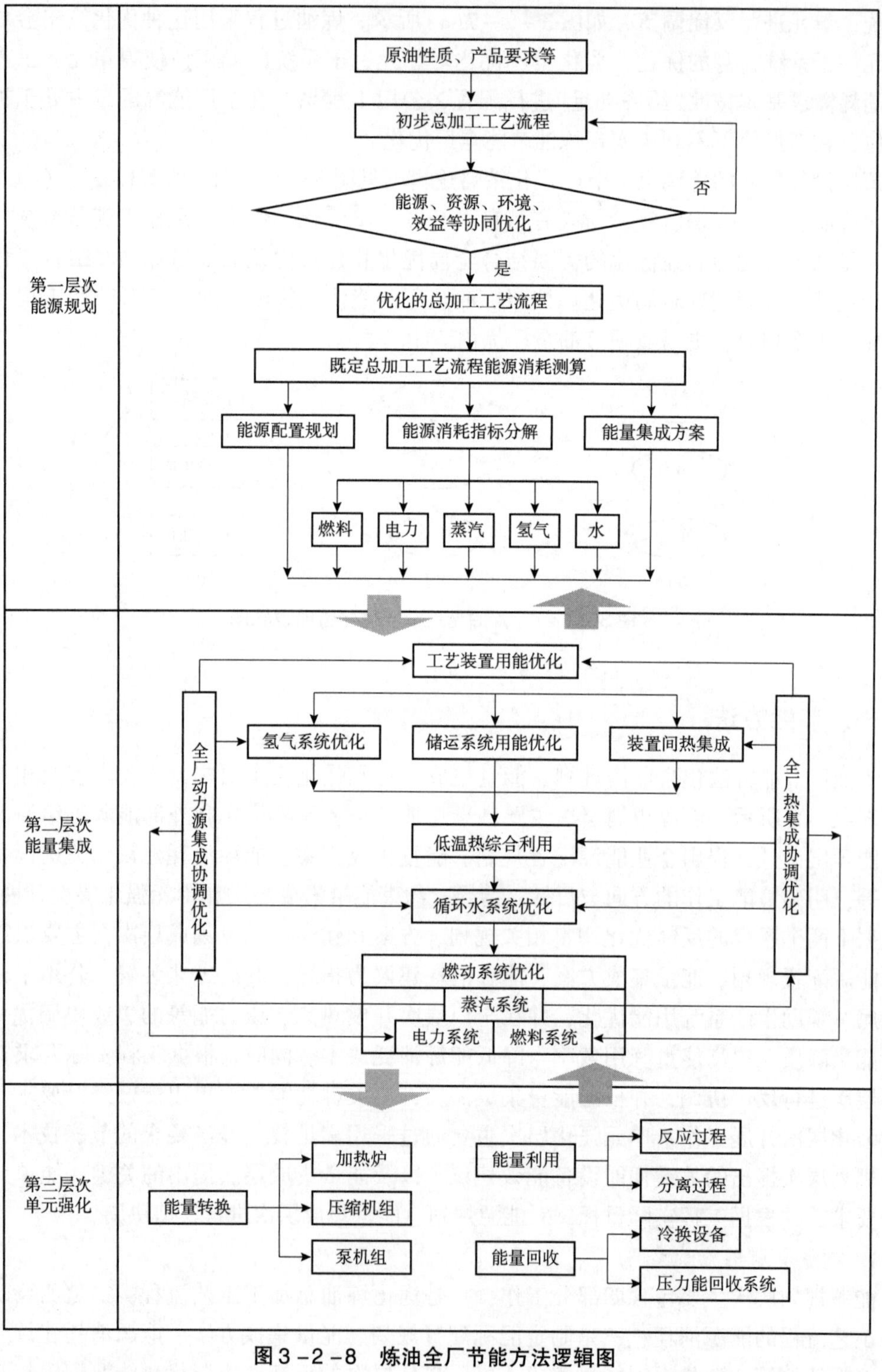

图 3-2-8　炼油全厂节能方法逻辑图

热集成、低温热综合利用；二是基于工艺装置、装置间热集成、低温热综合利用、蒸汽系统等的用能优化情况开展全厂热集成协调优化；三是基于氢气系统、循环水系统、蒸汽系统用能优化情况开展全厂动力源协调优化；四是基于全厂热集成、全厂动力源协调优化结果完善工艺装置、储运系统、氢气系统、循环水系统、燃动系统等的用能优化以及装置间热集成、低温热综合利用；五是对能源配置规划、能量集成方案、能源消耗建议形成反馈，根据能源消耗建议完成情况及工程经验提出关键耗能单元提出能效提升要求。

3. 单元强化实施策略

单元强化主要包含三部分工作，一是基于关键设备能效情况，建议对功率高于 10MW 的加热炉、轴功率高于 1000kW 的压缩机组、轴功率高于 160kW 的泵机组等开展用能优化，在满足技术经济条件的前提下，合理提升关键设备能效；二是基于关键耗能单元能效提升要求，积极关注应用反应耦合、微界面强化、超重力、分壁塔、高效换热器等过程强化技术及装备，合理提升反应过程、分离过程、冷换设备、压力能回收过程能效；三是根据单元强化效果与工程实际向能源规划、能量集成层次反馈，确保关键设备能效、关键耗能单元能效的合理性。

二、方法应用

（一）能源规划

1. 炼油厂概况与用能问题分析

某炼油厂地处环境敏感区域，原油加工能力 10Mt/a，主要产品包括液化气、喷气燃料、汽油、柴油、乙烯原料、沥青、焦炭等，车用燃料油品执行京Ⅵ标准，总加工工艺流程如图 3－2－9所示。

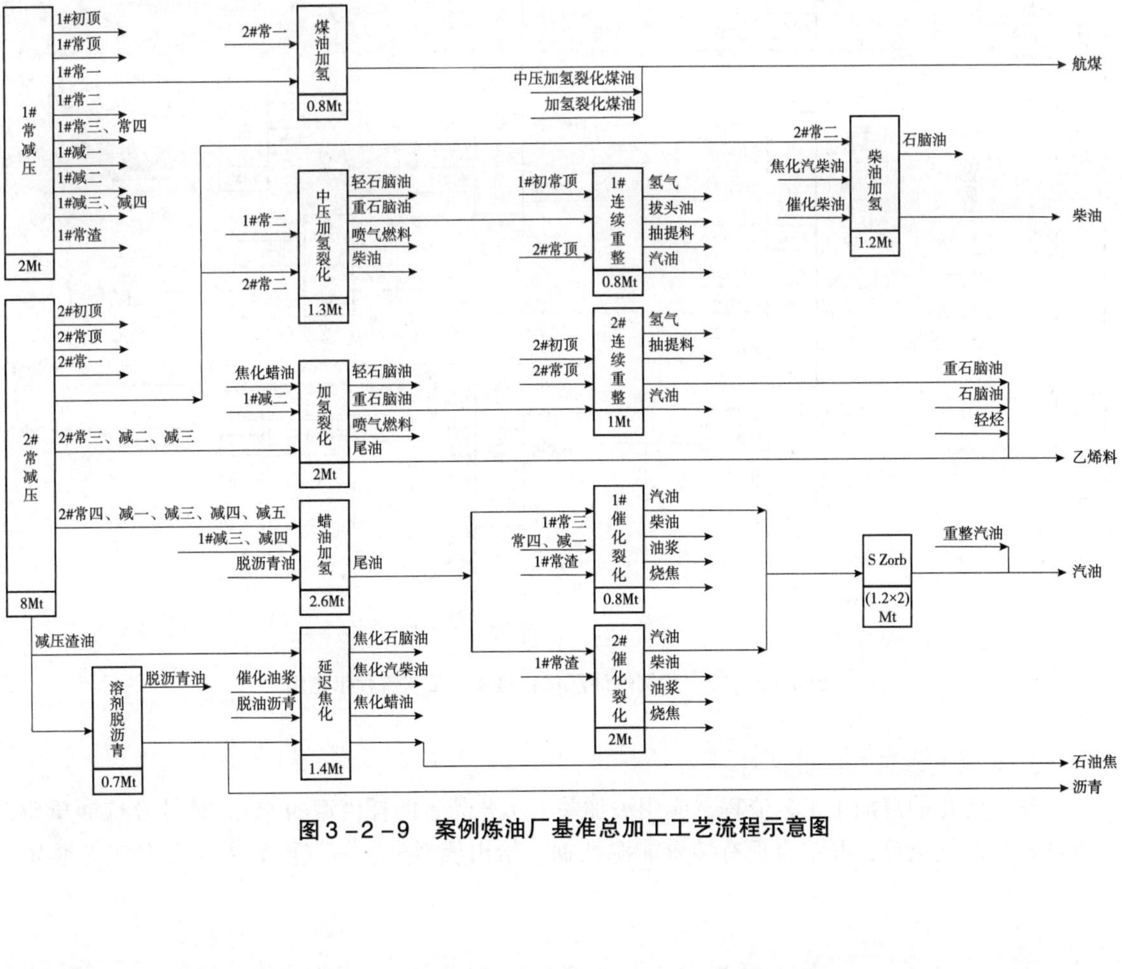

图3－2－9　案例炼油厂基准总加工工艺流程示意图

案例炼油厂所在区域到2020年年底将被规划为高污染燃料禁燃区，区域内禁止销售、使用高污染燃料，包括原煤、煤矸石、粉煤、煤泥、水煤浆、型煤、燃料油、石油焦等以及国家规定的其他高污染燃料。高污染燃料禁燃区的界定，将对企业生存带来巨大挑战，一方面，企业燃料平衡受到重大影响，当前使用的燃料如煤炭、石油焦、燃料油均将受限，实现能源清洁化需要将燃料全部改为天然气，但短期内天然气并不具备供应条件，特别是耗用天然气将使得企业燃料成本大幅上升；另一方面，石油焦禁止销售和使用后，延迟焦化装置必须关停，延迟焦化装置加工的渣油需要加氢处理，而企业近年完成车用油品质量升级后，氢气资源供应紧张，所在区域不鼓励新建天然气制氢，氢气资源将成为企业发展新的巨大约束。企业能源供应、资源利用均处于受限状态，迫切需要结合全厂能源规划开展“能源供应受限”状态下的总加工工艺流程优化，同时，结合能源成本升高的约束，开展炼油全厂节能优化工作。

2.“能源供应受限”状态下的总加工工艺流程优化

案例炼油厂存在两个“受限”，一是燃料气，二是氢气资源，两者的获取只能通过优化总加工工艺流程解决。针对现有加工流程，应用添加关键工艺装置能耗模型的PIMS软件进行优化、对比，提出应用“减压渣油高拔出率溶剂脱沥青+脱沥青油加氢+沥青造气组合工艺”，总加工工艺流程如图3-2-10所示。

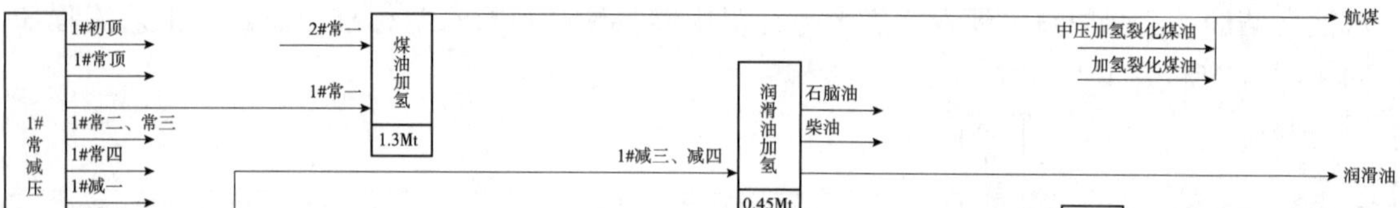

图3-2-10　案例炼油厂优化总加工工艺流程示意图

3. 燃料气、氢气配置规划

基于优化的总加工工艺流程，应用添加关键工艺装置能耗模型的PIMS软件及炼油单位能耗建模系统测算，并结合现有装置能源数据，给出燃料气、氢气配置方案及各工艺装置指标分解，见图3－2－11和图3－2－12。由图可知，基于“减压渣油高拔出率溶剂脱沥青＋脱沥青油加氢＋沥青造气组合工艺”替代现有延迟焦化工艺路线，可同时满足炼油部分自用氢气和燃料气，并可为动力站提供部分燃料气，减少企业议价天然气的用量，降低燃料成本。

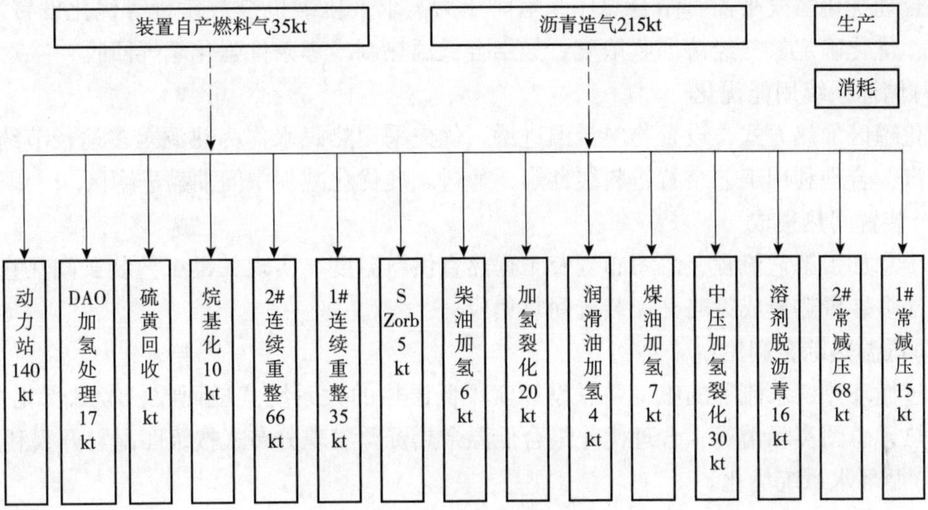

图3－2－11　燃料气配置方案

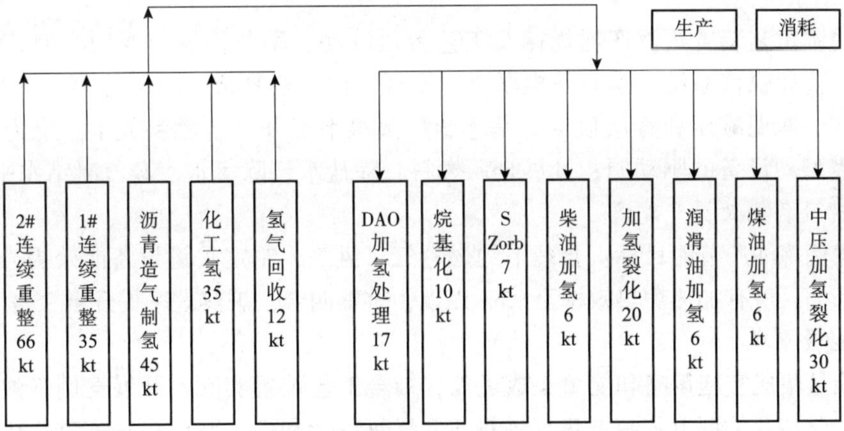

图3－2－12　氢气配置方案

4. 能量集成方案与关键设备能效提升建议

燃料气、氢气是案例炼油厂能源消耗的主要约束，通过设置沥青造气制氢装置满足了炼油部分自用氢气和燃料气，但动力站仍然需要购买一定量的天然气。对于沥青造气装置，多产氢气则少产燃料气。因此，案例炼油厂节能目标是：合理节约燃料气、氢气。

围绕这一目标，制定案例炼油厂能量集成方案：

(1)工艺装置用能优化

对主要工艺装置换热网络进行优化，如常减压装置综合权衡原油性质、产品分布、总加工工艺流程优化改进换热网络，合理降低燃料气消耗；通过开发、优选新型高效催化剂和新工艺技术，从全流程角度优化产品反应深度，合理降低加氢类工艺装置反应苛刻度及氢气消耗。

(2)氢气系统优化

考虑总图布局优化利用氢气资源，结合总图布置、管网压力、区域加氢装置氢气消耗特点等合理优化氢气平衡；结合总图、氢阱压力需求、压缩机级数设置等优化设置氢气管网压力；优化确定氢气经济回收浓度，如结合低温热制冷等条件强化氢气回收。

(3)储运系统用能优化

优化罐区加热方式，设置物料带温进罐，优先采用热媒水作为热源等多途径节约伴热、维温蒸汽；合理利用工艺装置进料缓冲罐，通过调度优化减少中间油品进罐区。

(4)装置间热集成

基于总加工工艺流程、总图布置及工程热直供料温度，实现关键工艺装置间热直供料；按照炼油多装置热集成策略开展装置间热集成。

(5)低温热综合利用

通过循环热媒水流程的串、并联设计实现低温热的大系统集成回收；考虑炼化企业用能、用热、总图实际情况，合理优化组合低温余热资源实现分布式按级匹配与升级利用。

(6)循环水系统优化

按照全厂工艺物流冷却温度需求，合理设置循环水串级利用，降低循环水总量；统筹水冷台位设置高度及压力需求，通过分压供水、局部增压等合理降低循环水系统运行压力。

(7)燃动系统优化

考虑关键工艺装置蒸汽产耗规律及工艺参数波动、季节性温差等因素对蒸汽动力系统的影响，优化供汽系统，实行热电联供，实现炼油厂在复杂工况下的蒸汽平衡与优化，避免不必要的减温减压和蒸汽放空；基于全厂蒸汽平衡并结合燃料成本、电力成本优化协调全厂大型动设备的驱动源；开展全厂燃料、除盐水、除氧水、蒸汽凝结水平衡优化。

5. 关键设备能效提升建议

根据案例炼油厂节能目标：合理节约燃料气、氢气，制定关键设备能效提升建议，如优化提升炼油厂所有加热炉热效率至93%以上，重整四合一炉热效率提升至95%以上。

(二)能量集成

按照能量集成实施策略和能量集成建议，结合工艺装置实际，开展案例炼油厂能量集成工作，主要涉及关键工艺装置热直供料、低温热综合利用、循环水系统节能优化等节能措施。能量集成工作开展过程中，考虑到成熟的节能技术大多已应用，建议重点关注强化反应、分离过程的新催化剂、新技术和新装备等单元强化措施，以进一步降低工艺过程总用能。

1. 多装置热集成

案例炼油厂常减压蒸馏－溶剂脱沥青－固定床加氢－催化裂化装置间的热量集成关联关系见图3－2－13。减压渣油热出料至溶剂脱沥青装置，脱沥青油热出料至固定床加氢装置，加氢重油取消发生1.0MPa、0.5MPa蒸汽，热出料至催化裂化装置，在不影响常减压蒸馏换热终温的前提下，降低溶剂脱沥青、固定床加氢装置燃料消耗，催化裂化装置多产3.5MPa蒸汽。

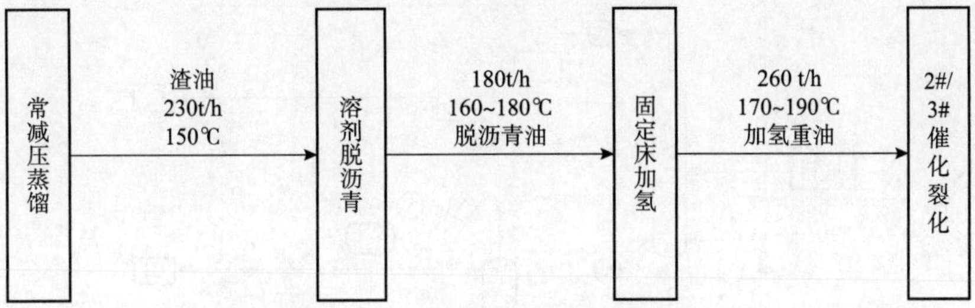

图3-2-13　多装置热量集成示意图

2. 低温热综合利用的“集成回收与分布利用”

低温热综合利用过程应采用“集成回收、分布利用”原则，首先通过串、并联设计设置一个或多个全厂性的低温热回收利用系统，大系统回收全厂低温余热资源。其次，在保证统计利用低温热后，分布式设置 ORC 发电、溴化锂制冷、第二类热泵制蒸汽等低温热升级利用技术，如图 3-2-14 所示。

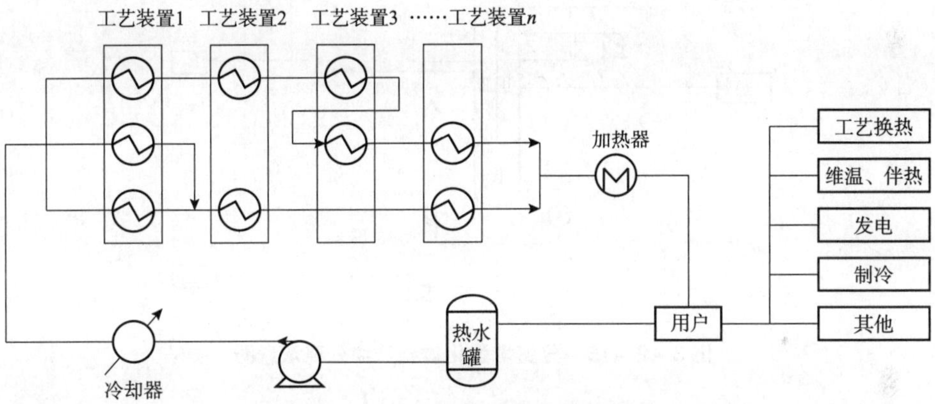

图3-2-14　低温热综合利用示意图

案例炼油厂规划 3 个低温热回收利用系统，一是现有的催化裂化-气体分馏低温热回收利用系统；二是炼油厂南部低温热回收利用系统，用于余热锅炉给水和设置溴化锂制冷，回收炼油厂轻烃中的 C_3 组分；三是设置炼油厂北部低温热回收利用系统，采暖季为居民区提供采暖热源，非采暖季，高温位工艺物流设置 ORC 发电。在北部低温热回收利用系统中，设置煤油加氢装置、S Zorb 装置的 ORC 发电。项目实施后全厂增加回收利用低温余热资源约 42MW，炼油厂能耗降低约 kgEO/t 原油。

（三）单元强化

按照单元强化实施策略，关键设备能效提升建议、关键耗能单元能效提升要求，结合工艺装置实际，开展案例炼油厂单元强化工作，主要是分壁塔强化连续重整产物分离。分壁塔是在塔内部增设一块或多块一定长度竖立的隔板，采用一套汽化冷凝系统，同时分离得到三种以上产品的精馏技术。案例炼油厂连续重整装置设计时将以分壁塔替代脱 C_6 塔和脱 C_7 塔，应用分壁塔技术强化重整产物分离，如图 3-2-15 所示。与脱 C_6 塔和脱 C_7 塔流程相比，分壁塔流程在保证分离精度的前提下，实现投资总额降低约 20%，能耗降低约 20%。

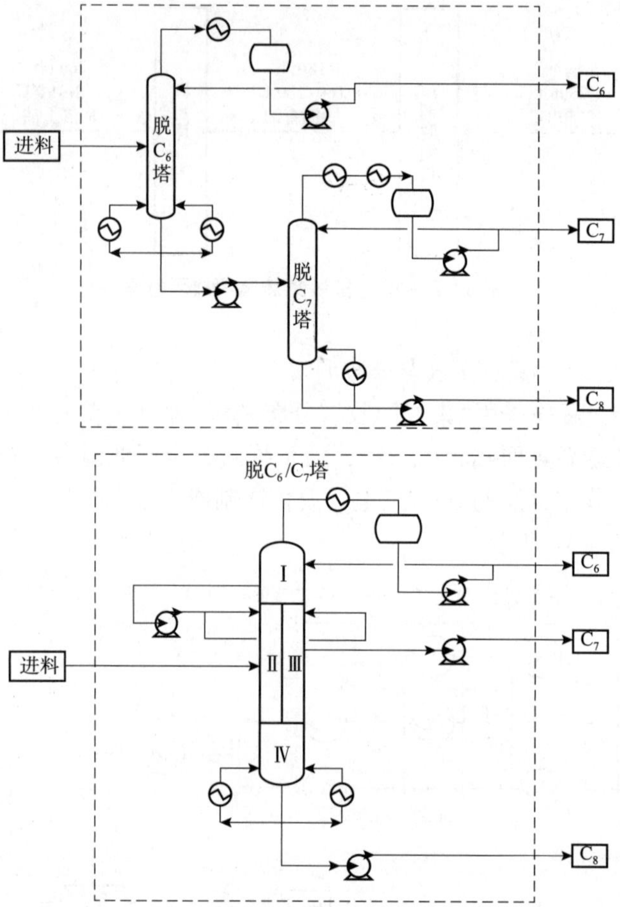

图3-2-15　分壁塔强化重整产物分离示意图

（四）效果测算

以基准工况炼油厂（单位）综合能耗为基准，对比分析总加工工艺流程优化及开展全厂节能后炼油厂关键指标的变化，见表3-2-2。

表3-2-2　案例炼油厂关键指标汇总

指标名称	基准工况	改进工况
原油/（Mt/a）	10	10
外购原料天然气/（kt/a）	200	—
汽油/（kt/a）	2500	2400
柴油/（kt/a）	950	950
航空煤油/（kt/a）	2700	2800
乙烯原料/（kt/a）	2100	2200
沥青/（kt/a）	200	—
焦炭/（kt/a）	500	—
沥青造气（标准燃料气）/（kt/a）	—	200

续表

指标名称	基准工况	改进工况
综合商品率/%	94.0	92.0
高附加值商品收率/%	87.0	90.0
氢气消耗总量/(kt/a)	120	150
催化裂化烧焦/(kt/a)	250	230
炼油自产燃料气/(kt/a)	270	230
炼油外购燃料天然气/(kt/a)	40	—
炼油用燃料气/(kt/a)	300	300
炼油(单位)综合能耗/(kgEO/t)	62.2	67.8
炼油单位能量因数能耗/(kgEO/t·$E_f f$)	7.8	7.4

实施总加工工艺流程优化及全厂节能改进后，案例炼油厂“能源供应受限”得以缓解和消除，一是沥青造气装置生产大量燃料气，满足炼油生产需要外，还可以供应动力站一部分燃料气，有效缓解天然气外购引起的能源成本上升问题和短期内天然气不能供应问题；二是顺利关停延迟焦化装置不再生产焦炭，沥青造气装置制氢有效解决氢气资源的约束。与基准工况相比，炼油(单位)综合能耗由62.2kgEO/t增加至67.8kgEO/t，但炼油单位能量因数能耗从7.8kgEO/(t·$E_f f$)降低至7.4kgEO/(t·$E_f f$)。炼油(单位)综合能耗的增加与炼油厂二次加工装置的复杂程度有关，如总加工工艺流程优化后，全厂氢气消耗总量上升30.3kt/a，折合全厂炼油(单位)综合能耗增加约3.3kgEO/t。炼油单位能量因数能耗可以更为科学的评价企业能源消耗和能量利用水平，炼油单位能量因数能耗降低至7.4kgEO/(t·$E_f f$)，表明企业能源消耗和能量利用水平水平有所提高，已经进入国内先进序列。

第三节　工艺与系统节能

炼油行业作为流程工业典型代表，在其生产管理过程中，突出体现系统性和整体性的特点。炼油厂需采用系统集成的方法，在流程优化中综合权衡资源、能源、环境和经济效益等因素，在生产过程中需克服既有生产组织习惯和固有加工流程模式，系统性评估与诊断存在的问题，通过优化加工流程、应用反应分离单元过程强化技术、集成优化改造全厂公用工程系统等途径，助力节能减排工作的有效开展。

一、加工流程节能

优化设计加工流程，减少重复二次加工、先分离后混合等不合理过程，避免过度加工以及低效分离耗能，可以有效助力企业节能降耗。

(一)原油性质与能耗

原油最重要的两个指标是原油的性质和硫含量，原油的选择对能耗和碳排放有较大影响，因此炼油厂从全厂加工优化角度平衡原油的采购。

原油的轻重最直接的表现是原油蒸馏装置各侧线的收率和性质，各侧线的收率和性质也直接影响二次加工装置的能耗和碳排放，尤其是重油加工路线的能耗和碳排放。重油加工路线可分为重油脱碳型和重油加氢型两种，在硫含量确定的情况下，下面对两种重油加工路线加工不同轻重原油的能耗及碳排放进行分析。

以某重油脱碳型炼油厂为例，该炼油厂以延迟焦化装置加工全部减压渣油，所产焦化蜡油和直馏减压蜡油作为催化裂化装置原料，直馏柴油经柴油加氢精制后作为车用柴油调和组分，直馏煤油馏分精制后作为喷气燃料产品，石脑油主要以预加氢－连续重整－苯抽提路线生产汽油调和组分，流程见图 3－2－16。通过调整该炼油厂所加工原油比例，以 *API* 度分别为 28.7、30.1 和 31.5 混合原油作为该厂原油蒸馏装置原料，对全厂总流程、能耗及碳排放进行研究，结果见表 3－2－3，加工原油由重变轻时，全厂吨原油能耗和吨原油碳排放均提高，这是因为当加工较轻原油时，原油蒸馏所产减压渣油收率下降，延迟焦化装置负荷降低，重油中难转化组分通过生焦固化为焦炭的总量减少，同时减压蜡油收率提高，导致催化裂化装置负荷提高，更多的蜡油馏分转化为轻质产品的同时也导致催化裂化烧焦总量提高，这是导致全厂碳排放提高的主要因素之一，加之轻质原油通过原油蒸馏所产直馏石脑油和直馏柴油等轻端产品收率提高，连续重整和产品精制装置负荷提高，全厂能耗和碳排放(以排放因子法计算碳排放，下同)总量随之提高，综合影响下导致该重油脱碳型炼油厂的全厂能耗和碳排放总量随加工原油从重到轻逐渐增大。

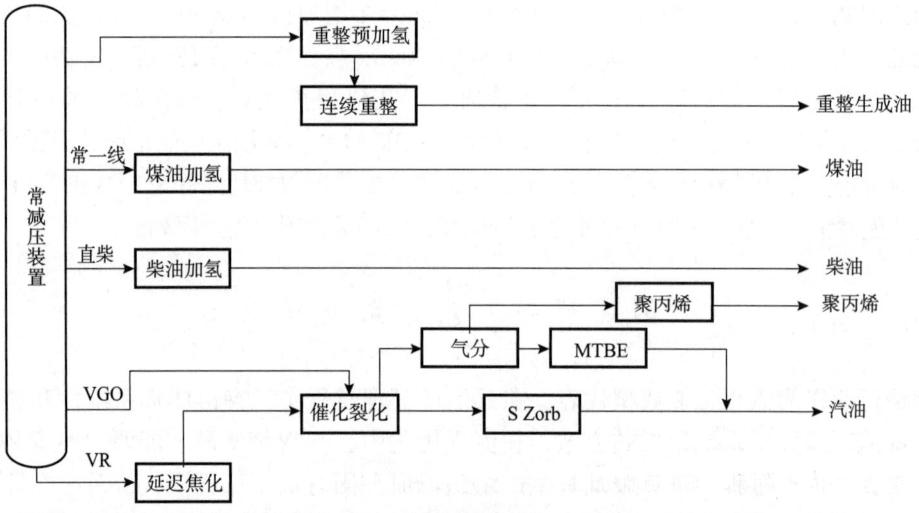

图 3－2－16　重油脱碳型炼油厂流程图

表 3－2－3　重油脱碳型炼油厂加工不同 *API* 度原油全厂能耗及碳排放对比

指标名称	*API* 度 28.7	*API* 度 30.1	*API* 度 31.5
吨原油能耗/(kgEO/t)	基准	基准 +1.78	基准 +2.35
吨原油碳排放/($kgCO_2$/t)	基准	基准 +5.54	基准 +7.16

加氢型路线与脱碳型路线对能耗和碳排放的影响表现出不同的规律。以某重油加氢型炼油厂为例，重油加氢型炼油厂一般指直馏减压蜡油和直馏减压渣油馏分经渣油加氢装置精制后作为催化裂化原料的重油加工路线炼油厂。该炼油厂以渣油加氢装置加工全部减压渣油及部分减压重蜡油，所产精制重油作为催化裂化装置原料，减压轻蜡油作为加氢裂化

装置的原料，直馏柴油经柴油加氢精制后作为车用柴油调和组分，直馏煤油馏分精制后作为喷气燃料产品，石脑油主要以预加氢－连续重整－苯抽提路线生产汽油调和组分，流程见图3－2－17。通过调整该炼油厂所加工原油比例，以*API*度分别为33.2、34.1和35.0混合原油作为该厂原油蒸馏装置原料，对全厂总流程、能耗及碳排放进行研究，结果见表3－2－4。随着加工原油*API*度增加，全厂吨原油能耗和吨原油碳排放均降低，这主要是因为随着原油变轻，减压渣油的收率降低，渣油加氢装置的处理量和耗氢量降低，导致全厂能耗和碳排放强度降低。

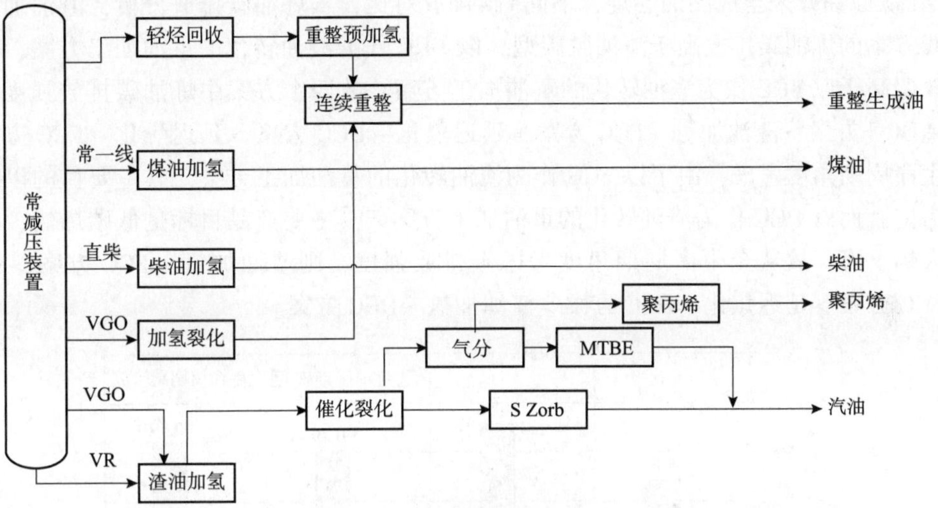

图3－2－17 重油加氢型炼油厂流程图

表3－2－4 重油加氢型炼油厂加工不同*API*度原油全厂能耗及碳排放对比

指标名称	*API*度33.2	*API*度34.1	*API*度35.0
能耗/(kgEO/t)	基准	基准－2.49	基准－4.96
碳排放强度/($kgCO_2$/t)	基准	基准－10.74	基准－21.42

炼油厂加工较高硫含量的原油时，需要对原油各馏分进行更深度的精制以生产硫含量合格的清洁产品，炼油厂的二次加工装置及产品精制装置付出更多的氢耗成本。

以上案例可以看出，炼油厂加工不同种类原油时全厂能耗和碳排放总量也将随之变化，炼油厂在进行原油优化时，不仅要考虑原油采购成本以及全厂产品产值对效益的影响，也要考虑不同种类原油加工时的能源消耗及碳排放。

（二）加工流程优化

随着炼油行业的不断发展以及市场对炼油产品质量要求的不断提升，炼油厂加工流程变得越来越复杂，总加工流程优化对炼油厂的重要性也愈发突显，炼油厂总流程优化以全厂经济效益为总目标，作为全厂协同优化的总抓手，可为炼油厂各运行单元及相关部门协同合作提出总要求，为炼油厂经营决策提供支撑，炼油厂总流程优化是投入较小而增效最为明显的优化方式。全厂节能降碳是炼油厂总流程优化最重要的议题之一，因炼油总流程不优化导致全厂能耗上升在实际生产中并非罕见的问题，炼油厂若缺少原油设施，将会导致原油蒸馏装置分离效率下降以及能耗的提高，缺少产品调和设置将会导致产品调和过程中指标过剩或产品调和合格率低，造成加工过程能耗浪费及碳排放的提高；馏分分离不优化，应当分离清晰的馏分，存在馏分重叠导致后续加工装置原料不优化，进而造成能耗增加，而过度的分离也将导致能耗和碳排放的浪费；氢气系统不优化，未做到氢气的梯级利用，高纯氢供煤油加氢装置亦或低纯度氢气作为加氢裂化和渣油加氢的氢源等都会导致氢气资源的浪费，增加全厂能耗。

炼油厂总流程很大程度上决定全厂能耗及碳排放强度，尤其是重油加工路线的选择对全厂总能耗与碳排放影响较大。如图 3 – 2 – 18 所示为四种重油加工流程炼油碳排放和全生命周期(从原油开采至成品油燃烧，下同)碳排放对比，从炼油碳排放分析，渣油加氢型加工路线方案的炼油碳排放高于渣油脱碳型，以 DCC 作为渣油转化的重油加工方案，其炼油碳排放要高于以 FCC 作为渣油转化的重油加工方案，故四个方案中炼油碳排放强度：渣油加氢 – DCC 方案 > 渣油加氢 – FCC 方案 > 延迟焦化 – DCC 方案 > 延迟焦化 – FCC 方案。但从全生命周期角度考虑，由于以 FCC 作为渣油转化的重油加工方案，其主要目的以生产成品油为主，而以 DCC 作为渣油转化的重油加工方案，其主要产品目标是低碳烯烃，成品油产量大幅下降，故从全生命周期角度考虑碳排放强度，则渣油加氢 – FCC 方案 > 延迟焦化 – FCC 方案 > 延迟焦化 – DCC 方案 > 渣油加氢 – DCC 方案。

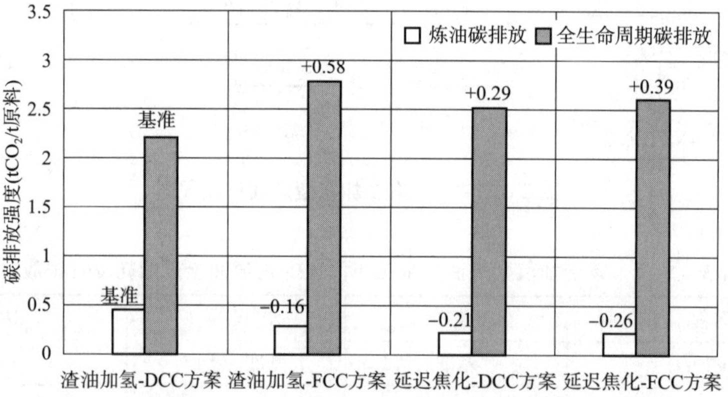

图 3 – 2 – 18　四种重油加工流程炼油碳排放和全生命周期碳排放对比

未来，最大化化工品的炼油厂运营模式，分别是以加氢裂化 – 蒸汽裂解和催化裂解为核心的总流程，两个流程如图 3 – 2 – 19 所示。以加工 10Mt/a 沙中原油为例，对比两种加工路线下主要产品结构，催化裂解路线烯烃产量可达 3. 57Mt/a，化工品收率可达 43% 。根据全厂碳排放量测算，催化裂解方案中乙烯主要是由裂解干气中分离而来，由于能耗的降低使得碳排放较低。此外，由于蒸汽裂解原料一定程度上需要来自于加氢裂化尾油，因此由制氢产生的碳排放较高；相反，催化裂解方案对氢气的需求量则会大幅度降低，因此由制氢产生的碳排放也大幅度降低。综合能耗降低与制氢减排，使得催化裂解路线全厂 CO_2 排放总量较蒸汽裂解路线低约 3. 35Mt/a，碳减排幅度达 32. 3% ，碳减排效果显著。与前述单装置碳排放比较可以看出，催化裂解技术在炼油总流程中所发挥的碳减排效果更加显著。当分别采用 60 美元/bbl、80 美元/bbl 价格体系测算时，催化裂解路线的万元产值碳排放量分别较蒸汽裂解路线降低 35% 和 33% 左右。

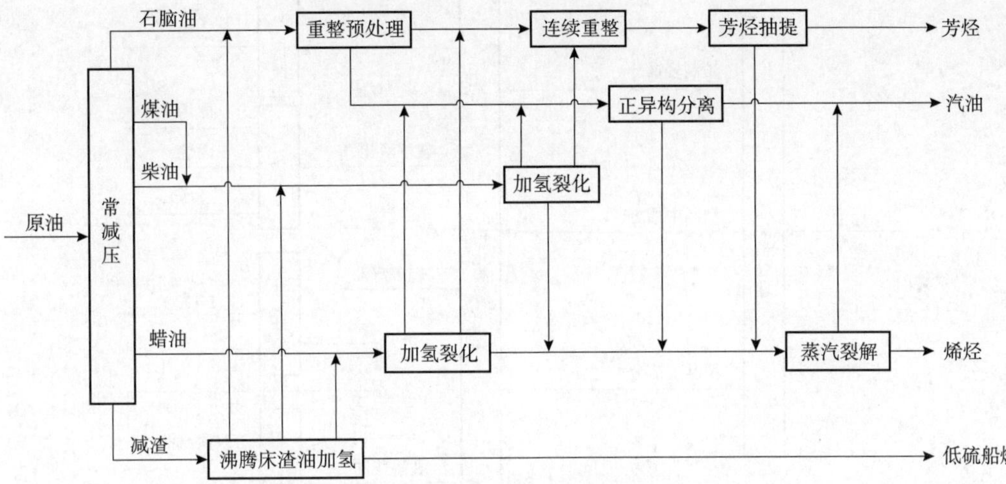

(a)蒸汽裂解路线流程简图

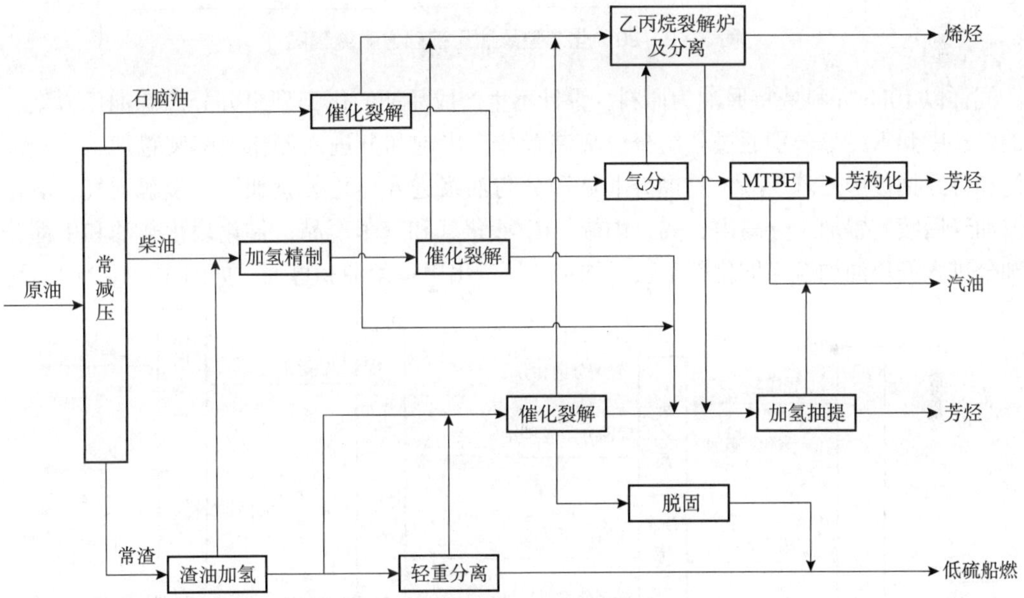

(b)催化裂解路线流程简图

图 3－2－19　蒸汽裂解路线流程简图与催化裂解路线流程简图

组分炼油是提升石油炼制效率、降低炼油能耗的可行路线，其核心是采用先进的分离技术对原油或其不同馏分进行烃组分分离，然后对分离后的组分进行炼制。

以 10Mt/a 科威特原油为原料设计不生产成品油流程化工型炼油厂基础方案，如图 3－3－20所示，原油经原油预处理装置分为轻、中和重馏分后进入催化裂解装置加工，裂解干气、液化气和汽油经后续装置加工分离出乙烯、丙烯、C_4 液化气和三苯产品，裂解柴油经柴油芳烃型改质(RLA)装置加工后，改质汽油经芳烃抽提分离出三苯产品，改质柴油回炼至催化裂解装置。

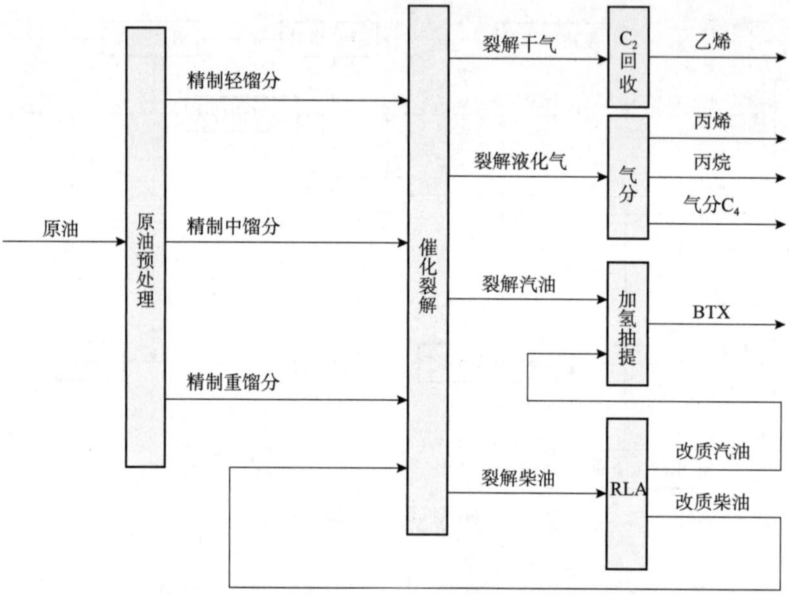

图3-2-20　化工型炼油厂基础方案流程图

同样以10Mt/a科威特原油为原料，设计不生产成品油的化工型组分分离炼油厂方案，原油的轻、中和重馏分分别通过各组分分离装置分离出饱和分进入催化裂解装置加工，轻馏分非饱和分经抽提产三苯产品，重馏分非饱和分与油浆进入焦化装置加工，裂解干气、液化气和汽油经后续装置加工分离出乙烯、丙烯、C_4液化气和三苯产品，催化裂化柴油和中馏分非饱和分进入循环油加氢-催化裂解装置加工，可产出甲基萘油和蒽油。如图3-2-21所示。

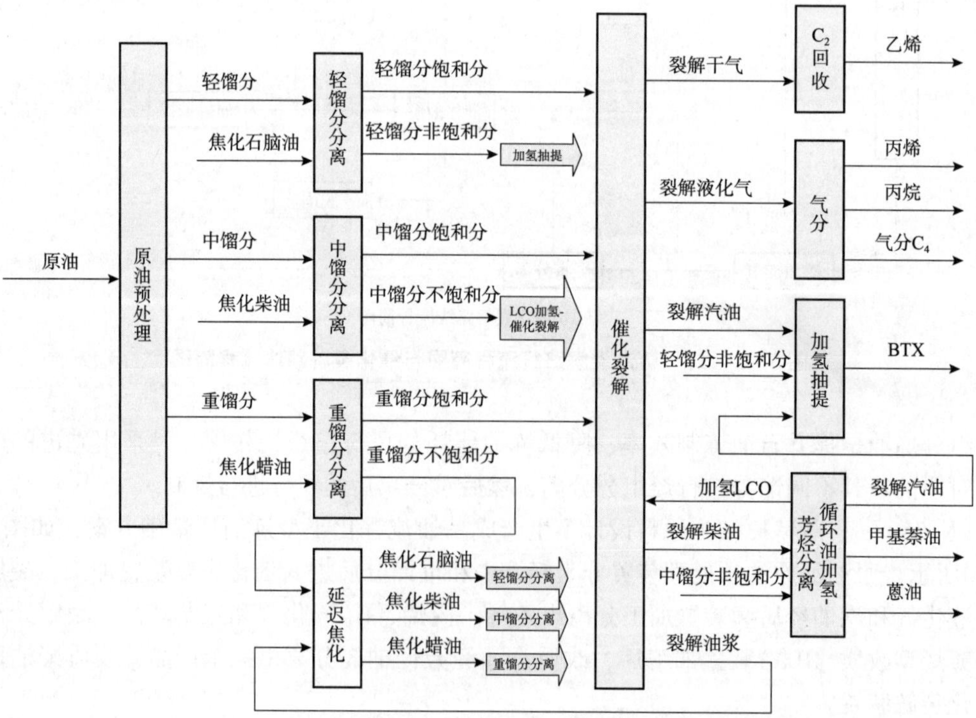

图3-2-21　组分分离化工型炼油厂方案流程图

对化工型炼油厂基础方案及组分分离化工型炼油厂方案进行总流程分析，如图 3－2－22 所示，通过对原油轻、中、重进行组分分离后，催化裂解装置的转化效率提高，乙烯、丙烯和三苯产品的产量提高，同时通过将难转化组分从催化裂解装置的原料分离出来，组分分离方案的裂解烧焦总量低于基础方案。组分分离方案的总碳排放量较基础方案降低 445.7ktCO_2/a，同时由于组分分离方案产品产值的提高，组分分离方案的万元产值碳排放较基础方案降低 0.26tCO_2/万元。

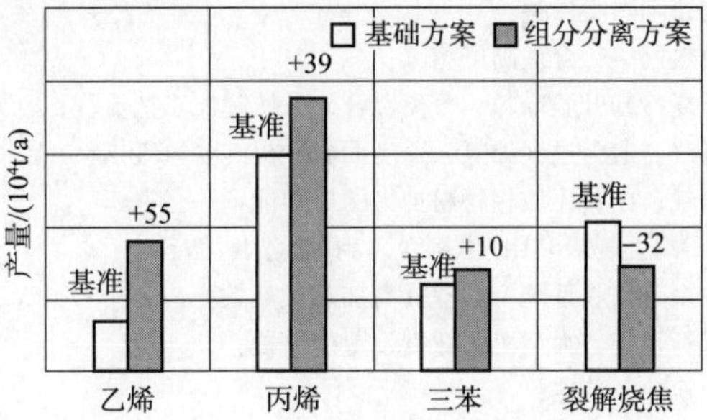

图 3－2－22　化工产品产量及裂解烧焦量方案对比

（三）装置整合

对于炼油厂双系列、多套装置同时生产运行的现状，优化调整运行能耗低的一次生产装置、少开同类装置、合理整合二次生产装置，实现装置整合节能。

某炼油厂现有流程主要装置中含有 2 套延迟焦化装置，劣质减压渣油加工以延迟焦化为主。随着环保要求的不断提高和炼油行业的持续发展，延迟焦化目前面临严峻挑战，一是延迟焦化装置的焦炭产量通常在 30% 左右，较高的焦炭产量使得石油资源利用率较低；二是延迟焦化装置面临越来越大的环保压力，国家对高硫石油焦（高硫石油焦硫含量指标可能会被限定为 3%）的生产和使用要求进一步提高，使得产出高硫石油焦的延迟焦化装置受到越来越多的限制。针对该炼油厂现状，某研究院对其总流程进行优化，新建浆态床渣油加氢装置，使常压渣油进入浆态床加工，浆态床蜡油及剩余常渣通过延迟焦化加工，优化后只开一套延迟焦化装置即可满足重油加工需求。采用浆态床渣油加氢与延迟焦化相结合加工劣质渣油在提高高附加值产品收率的同时，降低石油焦的产量，解决尾渣问题，达到装置节能减排的目的。

某炼油厂为避免装置出现低负荷低效率运行，将常减压、催化、加氢裂化、重整、柴油加氢等 12 套装置停工待料，其余同类能效较高的装置满负荷运行。同时，在保证安全的前提下，严格控制停工待料装置用能。停工待料期间气温在 0℃以上，要求所有停工装置停用伴热蒸汽（包括仪表伴热），重油部分置换柴油以防止管线堵塞；循环水停用，冷却器内循环水排净防止腐蚀；除大机组润滑油泵单台运行外，其余用电设备全部停运。减少能源消耗 6184kgEO/h，减少低负荷下公司能耗 4.85kgEO/t。

二、工艺技术节能

合理降低工艺总用能，实现工艺装置节能是实现炼油厂节能的关键基础。表 3－2－5 分两个方面进行归纳、概述，一是工艺装置通用的节能技术与措施，二是典型工艺装置的节能技术与措施。

表 3-2-5　工艺装置节能技术

装置	节能技术与措施
通用技术	①优选节能工艺技术，优选高效催化剂，合理降低反应苛刻度； ②优化反应-分离、分离-反应顺序； ③优化多组分物料分离序列； ④优化回流比、进料位置、进料状态，合理设置中间再沸器与冷凝器，降低分馏过程能耗； ⑤优化复杂分馏塔取热； ⑥强化工艺装置间热直供料； ⑦优化装置换热网络，合理副产蒸汽； ⑧合理消除重复冷却升温冷却、分离混合、升压降压工艺流程； ⑨合理消耗氢气，避免过度加氢，适度回收、提纯含氢气体； ⑩优化回收烟气、中高压液相物料携带的压力能； ⑪按照“温度对口，梯级利用”原则合理利用蒸汽、循环水； ⑫设置加热炉余热回收系统，合理提高加热炉热效率； ⑬优化机泵运行性能，大型机泵适度设置变频器； ⑭合理强化冷换热备传热； ⑮大系统、合理回收利用低温余热等
原油蒸馏装置	①初馏塔提压回收轻烃技术； ②馏分切割优化； ③常压塔过气化率优化； ④减压深拔技术； ⑤节能高效型分壁塔精馏技术； ⑥抽真空方式优化等
催化裂化装置	①填料式汽提器技术； ②主风机-烟机-汽轮机-发电机动力平衡优化； ③反应油气-分馏塔操作压力-富气压缩机功率协同优化； ④余热锅炉补燃量优化； ⑤内外取热器发生蒸汽等级与数量优化； ⑥催化裂化油浆热量合理利用优化； ⑦汽提、雾化、分馏塔吹气量优化； ⑧主分馏塔与吸收稳定热集成优化； ⑨吸收稳定系统节能优化，合理降低干气中 C_3 含量； ⑩与气分装置热联合优化等
加氢类装置	①原料性质、产品质量、反应深度、氢气浓度与压力需求协同优化； ②反应温度、氢分压、空速、氢油比等反应条件优化； ③冷、热高分分离方式优化； ④氢、油混合方式优化； ⑤反应流出物热量优化利用； ⑥循环氢、新氢压缩机驱动源优化等
连续重整装置	①原料性质、产品质量、反应深度、氢气浓度与压力需求协同优化； ②反应温度、氢分压、空速、氢油比等反应条件优化； ③四合一炉发生蒸汽压力等级与数量优化； ④再接触冷能合理优化与利用； ⑤汽提塔、分馏塔、稳定塔再沸器热源方式优化； ⑥预加氢反应产物多级冷凝分离优化； ⑦反应流出物热量优化利用等

（一）初馏塔提压回收轻烃技术

初馏塔提压无压缩机回收轻烃技术通过初馏塔适当提压操作（操作压力一般约为0.3MPa左右），液化石油气等成分可在此较高压力下几乎全部被吸收并溶解于初顶油中，进而以液体形态简单地通过机泵送至轻烃回收系统，某厂轻烃回收的主要设计和操作参数见表3-2-6。该技术的实现在不需要压缩机的情况下对液化石油气进行回收，避开由于压缩机带来的流程复杂、操作不便、投资高、噪声大、机械故障多、设备维修困难而难以长周期运行等问题，可以为常减压装置节省部分电耗，同时减少由于压缩机故障带来的能耗增加和经济损失。

表3-2-6　提压操作法回收轻烃主要工艺参数

设备	项目	设计值	实际操作值
初馏塔	塔顶压力/MPa	0.38	0.474
	塔顶温度/℃	170	132.5
	进料温度/℃	245	224
	顶分液罐压力/MPa	0.3	276
	顶分液罐温度/℃	78.7	61.8
常压塔	塔顶压力/MPa	0.11	0.158
	塔顶温度/℃	230	215.9
	进料温度/℃	363	359.6
稳定塔	塔顶压力/MPa	1.2	0.9
	塔顶温度/℃	80.2	58.7
	进料温度/℃	146	133.3

通常，初馏塔提压操作所需原料应符合以下条件：

1）原油含轻组分较多：一般来说，原油中含汽油组分（实沸点小于180℃）≥20%。

2）原油含硫、含盐量较高：设置初馏塔流程后，将大部分腐蚀移至温度较低的初馏塔系统，减轻常压塔顶的腐蚀。

3）原油含砷量较高：随着原油温度升高，大部分砷化物被分解并随轻质馏分进入常压塔塔顶，致使塔顶产品的砷含量增高，而初顶油的砷含量远小于常顶油。

某炼油厂8Mt/a常减压装置采用初馏塔提压操作无压缩机回收轻烃技术，与常规压缩机回收轻烃方案相比，实现节电约200kW·h。

（二）馏分切割优化技术

在分馏过程中，侧线产品切割不清或切割过度，常会造成装置能源过度消耗或高价值产品效益流失等，如常减压装置常一线中有15%~30%的石脑油馏分造成连续重整装置优质原料不足、常二线含有10%~50%的煤油馏分；加氢裂化轻石脑油和重石脑油馏分部分重叠、煤油馏分含有10%~20%的重石脑油；重整预加氢石脑油切割温位不合理造成二甲苯装置分离能耗增加，汽油组分芳烃增多；催化裂化柴油初馏点低，只有170~185℃等。

针对常减压装置常一线与石脑油的重叠度较大情况，在常一中处增加一侧线抽出，可有效降低常一中以上塔盘的负荷，改善常一线与石脑油的分离效果。常一中的馏程与常一线接近，符合喷气燃料标准，因此增加常一中抽出既可以提高喷气燃料原料产量，又可改善常一线与石脑油的分离效果，此外常一中抽出温度比常一线高，进入汽提塔后可以使常一线汽提塔塔底温度升高，进一步达到节省汽提蒸汽的目的。

某炼油厂 12Mt/a 常减压蒸馏装置实施馏分切割优化技术后喷气燃料原料增产了 20t/h，常一线与石脑油的分离精度由改造前的重叠 8.5℃变成脱空 4℃，分离效果得到明显改善，常一线汽提蒸汽用量减少 3.5t/h。

1. 常减压装置

常减压装置常一线一般从第 14 层(塔顶为第 1 层)塔板抽出，建议新设计的装置，抽出口下移至第 16 层塔板，提高石脑油和常一线的分离精度。常二线一般从第 24 层塔板抽出，建议新设计的常减压装置可以取消常二线抽出，或者抽出口下移至第 28 ~ 30 层塔板。目前正在运行的装置，建议降低常二中取热、常二线抽出量，增加一中、顶循取热，增加常三线抽出和常二线、常三线汽提蒸汽流量。虽然常减压装置能耗增加，但全厂制氢负荷降低、煤油产量增加、柴油产量下降，不仅增效而且综合能耗降低。

2. 催化裂化装置

催化裂化汽柴油重叠度大，可以通过提高催化裂化柴油汽提蒸汽流量、用顶循代替催化裂化柴油做补充吸收剂、降低一中和顶循负荷，增加冷回流。这样虽然会增加催化裂化装置能耗，但可以避免催化裂化柴油夹带汽油组分进入下游柴油加氢装置，避免柴油加氢装置氢气过度消耗，切实降低炼油综合能耗。

此外，基于蜡油加氢、渣油加氢处理装置副产石脑油、柴油量较少以及柴油回炼等原因，反应产物无预先分离的必要性，为降低装置能耗，进一步改善催化裂化装置进料的性质，蜡油加氢和渣油加氢可以根据装置加工情况取消分馏系统以实现节能。

3. 重油加氢装置

实行分馏系统深度优化运行，原料油经加氢处理后，反应生成油脱除硫化氢后直接进入催化裂化装置作为进料，并实现装置间的深度热联合，催化裂化回炼油和油浆不直接回炼，先进行加氢处理后再循环至催化裂化装置继续裂化；由于原料切割较清晰，分馏塔除蜡油外的其他产品较少，通过对装置分馏系统进行优化调整，降低分馏系统操作温度，停运分馏系统加热炉，主烧嘴全部熄灭，只点长明灯；装置不分馏出柴油，与蜡油组分一起进入催化裂化装置加工，降低蒸汽发生器产汽量，停运分馏系统部分机泵和空冷器。

某炼油厂蜡油加氢处理取消分馏系统后，蜡油加氢处理装置经过分馏系统深度优化，装置能耗大幅下降，最大降幅为 3.89kgEO/t。

某炼油厂 2Mt/a 渣油加氢装置根据实际生产情况，优化操作参数及指标，在热低分油液位控制阀处增加一条分馏炉跨线及相应仪表控制，实现停用分馏炉的工况维持生产，有效降低装置燃料气消耗，装置能耗下降 1.22kgEO/t。

(三)减压深拔技术

减压深拔旨在将减压蜡油的实沸点蒸馏切割温度达到 565℃或以上，因避免或减少蜡油馏分的重复加工和分离，降低了能源消耗。减压深拔技术要根据炼油厂加工总流程、减压馏分油和减压渣油的加工方案进行选择，对于全厂含有延迟焦化装置的加工流程，可以按照二次加工装置对原料性质的要求进行适度深拔，对于全厂全加氢工艺加工流程则不适宜进行深拔。

某炼油厂采用大型蒸馏装置高轻收深总拔低能耗成套技术，综合利用相关工艺技术、塔器技术、换热网络优化技术、高真空优化技术等，实现产品清晰分割和深度拔出，保证减压切割点温度达到 560～575℃，减压渣油 500℃之前馏出 ≤2.5%，538℃之前馏出 ≤4.0%～6.0%。

(四)分壁塔精馏技术

分壁塔被认为是在热力学上最理想的塔结构，对于多组分精馏具有巨大优势，是目前国内外在设备集成和节能降耗方面的研究热点。分壁塔是指在精馏塔内部设置一垂直隔板，将精馏塔分割成具有不同功能的四个主要部分，有效避免两个常规塔分离流程中中间组分的浓度返混问题。分壁塔结构如图 3－2－23 所示，上部为公共精馏段，下部为公共提馏段，中部左侧为预分离段，右侧为主分离段，外部物料从预分离段进入塔内，侧线产品从主分离段采出塔外。

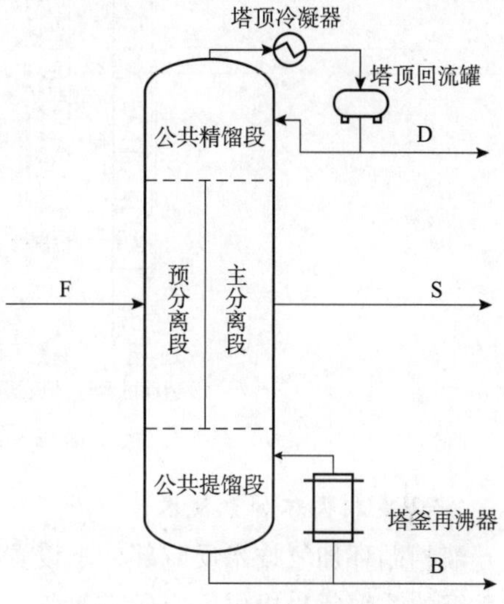

图 3－2－23　分壁塔结构示意图

该技术主要具有以下特点：

1) 节约占地和投资：常规两塔流程变为一塔流程，减少一个塔器、一个冷凝器和一个再沸器。

2) 节能降耗：有效避免中间组分的浓度返混问题，减少一个冷凝器和一个再沸器的负荷。

3) 与传统的两个常规塔序列流程相比，采用分壁精馏技术可节能 30%～50%，节省设备投资 20%～30%。

某炼油厂特种油装置采用分壁塔精馏技术进行溶剂油分离，实现 120#、150#和 180#溶剂油的精细分离，改造后减少一个再沸器、一个冷凝器和一个精馏塔，塔顶冷却水耗量减少 40%，塔底能耗降低 30%。

(五) 填料式汽提器技术

催化剂汽提器是催化裂化装置中重要组成部分，直接影响整个装置的经济效益和稳定操作。在常规催化裂化中，催化剂经过提升管进入到汽提器时，会夹带和吸附一定量油气，这部分油气约占产品总量的 2%～4%。在这些催化剂进入再生器之前需要汽提出颗粒夹带的油气，否则不仅造成轻质油品的损失，还会因油气进入增加再生器烧焦负荷。

传统的催化裂化汽提器多为人字挡板或盘环形挡板结构，这类结构汽提效率低，在操作上还存在着汽提蒸汽分布不均、催化剂严重偏流、局部存在流化死区以及由此引起的架桥或淹流等诸多问题。随着催化剂循环量的不断增大，这些现象更容易发生，将极大影响装置运行的平稳性和经济性。

一种高性能规整填料式汽提构件，具有通量大、传质效率高、使用蒸汽量少等优点，在只有人字挡板或盘环形挡板高度 1/3 和较少的汽提蒸汽用量的情况下，可将催化裂化汽油和液化气的总收率提高了 0.7 个百分点。

国内某炼油厂采用规整填料式汽提器，如图 3－2－24 所示，汽提蒸汽用量平均由改造前的 5.6kg/t 下降至 4.0kg/t。再生剂的焦中氢含量由改造前的 6%～8% 下降至 4%～7%。

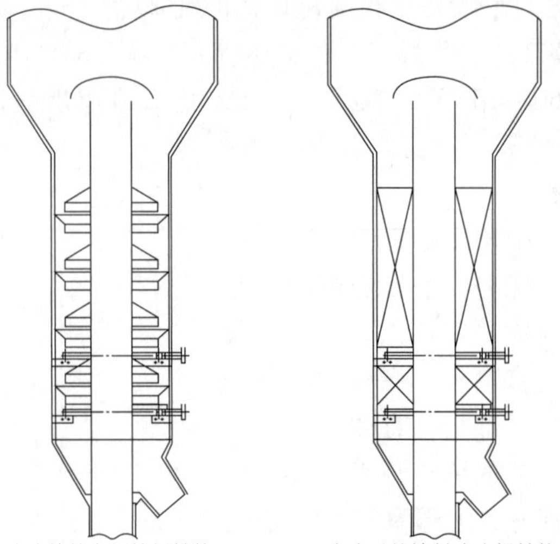

图 3 -2 -24　汽提器示意图

(六)液相循环加氢技术

液相循环加氢技术反应部分不设置氢气循环系统，依靠液相产品大量循环时携带进反应系统的溶解氢来提供反应所需氢气，反应器采用与滴流床反应器相近结构。传统滴流床反应器的液体流速相对较低，容易在流动过程中造成偏流，导致部分催化剂处于干燥状态，催化剂利用率偏低。与传统滴流床加氢技术相比，液相加氢是将反应所需的氢气通过混氢设备在进入反应器前溶解于油品中，将加氢反应减少为液、固两相反应，氢气无需再通过液膜外扩散步骤就能直接接触催化剂表面，消除催化反应过程中速控步骤的限制。

液相循环加氢技术用液体溶氢循环取代庞大的氢气循环系统，具有投资更小、能耗更低、氢资源利用率更高的优势。针对煤油加氢装置，典型滴流床加氢工艺流程、典型下行式 SRH 液相加氢工艺流程和典型上行式 SLHT 液相加氢工艺流程如图 3 -2 -25、图 3 -2 -26 和图 3 -2 -27 所示。

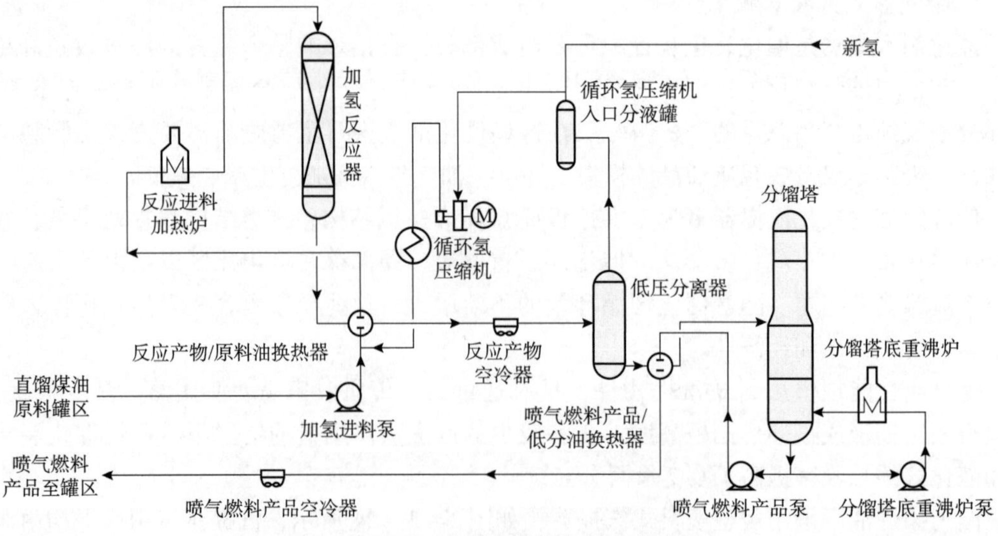

图 3 -2 -25　典型滴流床加氢工艺流程

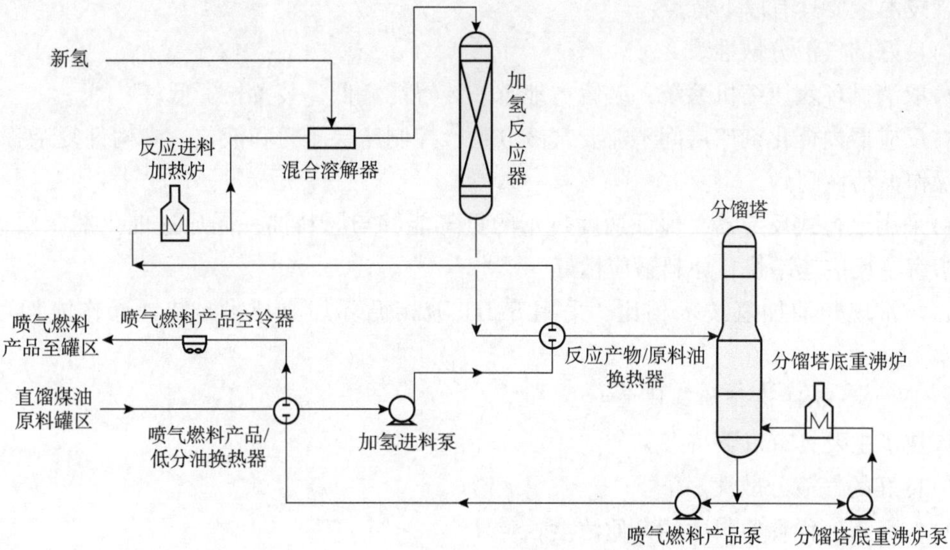

图 3-2-26 典型 SRH 液相加氢工艺流程

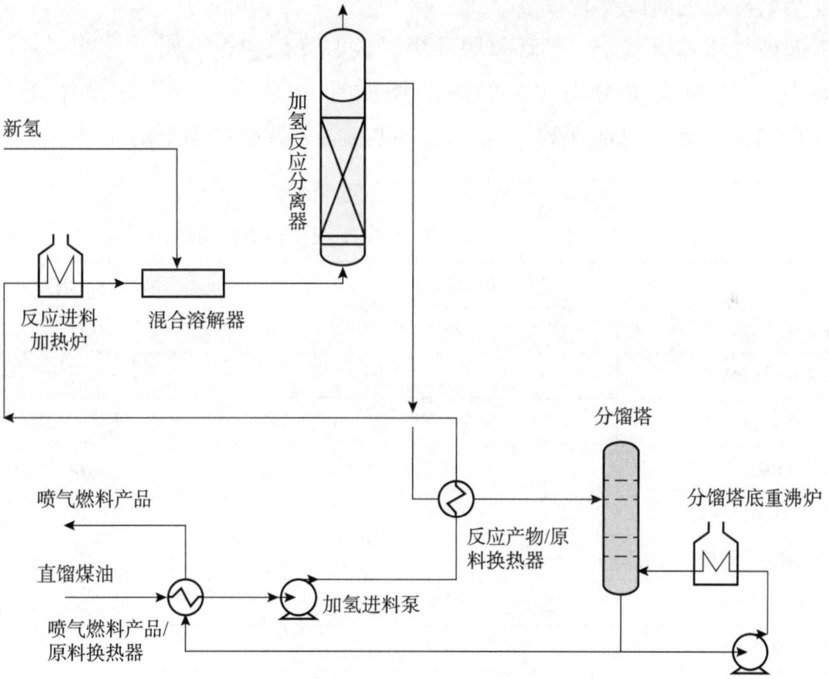

图 3-2-27 典型上行式 SLHT 液相加氢工艺流程

1. 上行式 SLHT 液相加氢技术

SLHT 液相循环加氢技术的优点是采用上行式反应器，保证适度过量的氢气能够与原料油一同通过催化剂床层，维持较高的反应速率，上行式反应器有效避免下行式反应器床层压降较大、床层间需设置排气设施以维持液位稳定等缺点，操作简单稳定，节省空间。具有装置高压设备少，温升小、无热点，副反应少、氢耗低，无氢气循环，投资费用和操作费用低等优点。SLHT 液相循环加氢技术是低成本实现油品质量升级的优选技术。

该技术主要具有以下特点：

1) 良好的气液分散性。

2) 取消循环氢压缩机系统，装置占地省、装置能耗低、装置投资低。

3) 反应器内催化剂床层间不需要气液分离，控制床层压力和液位，内构件复杂程度低、装置操作灵活性高。

4) 采用上行式反应器，保证适度过量的氢气能够与原料油一同通过催化剂床层，氢气持续溶解，反应速率快，原料适应性好。

5) 与常规柴油加氢技术相比，采用 SLHT 液相循环加氢技术，装置操作能耗可以降低 42%。

2. 下行式 SRH 液相加氢技术

该技术主要具有以下特点：

1) 良好的气液分散性。

2) 较大程度稀释原料中的杂质浓度。

3) 催化剂利用率高。

4) 对复杂结构硫的脱除率较高。

5) 取消循环氢压缩机系统、循环氢脱硫塔，大幅降低装置能耗。

6) 与常规柴油加氢技术相比，采用液相循环加氢技术，装置操作能耗可以降低 4.15kgEO/t 原料油，装置总能耗约为现阶段柴油加氢装置操作能耗的 40%~50%，如表3-2-7 所示。

表 3-2-7 常规滴流床和典型 SRH 液相加氢能量利用对比

项目	常规滴流床	典型 SRH 液相加氢
原料进料温度/℃	45	45
产品热量利用情况		
换热流程特点	换热+空冷	换热+空冷
典型出料温度/℃	45	45
能量利用率	低	低
反应产物热量利用		
能量利用率	低	低
燃料消耗量	有	有
外部工艺热源	无	无
能耗	基准	基准(40%~50%)

SRH 液相循环加氢技术对原料适应性强，以直馏煤油为原料可以生产符合标准要求的喷气燃料；以直馏柴油或掺入少量二次加工柴油的直馏柴油为原料可以生产满足质量标准的清洁柴油，实现柴油超深度加氢脱硫。

某炼油厂新建 1.5Mt/a 柴油加氢装置与某炼油厂 2Mt/a 柴油加氢等装置均采用该技术。相比于常规气相循环加氢流程而言，新建液相循环加氢装置中只有加热炉、反应器、氢气混合器等设备，不设循环氢压缩机、高压分离器等高压设备，1.5Mt/a 柴油加氢装置综合能耗约为 5kgEO/t 原料油。

（七）新型加氢裂化技术

加氢裂化是炼油企业当前最重要的重油轻质转化技术之一，即在较高的压力和温度下，氢气经催化剂作用使重质油发生加氢、裂化和异构化反应，转化为汽油、煤油、柴油或催化裂化、裂解制烯烃的原料的加工过程。加氢裂化具有轻质油收率高、产品质量好的突出特点，但是装置一次性投资大，操作费用高、能耗高，世界各大研究公司都在积极降低加氢裂化的成本和能耗。

在加氢裂化、加氢改质装置设计（或改造）中，通过加氢裂化催化剂、工艺和工程的开发、耦合，将高效缠绕式换热器、操作条件优化、器外预硫化催化剂有机结合，成功开发节能降耗的 SHEER（Sinopec Hydrocracking Efficient Energy Reduction）加氢裂化成套技术，如图 3-2-28 所示。

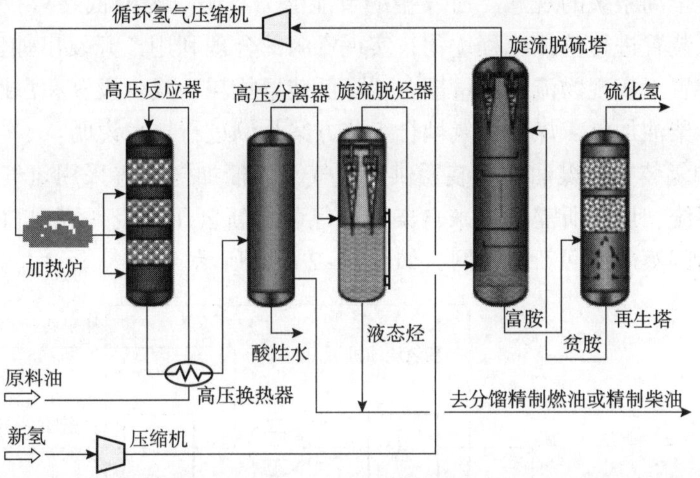

图 3-2-28　低投资、低能耗的加氢裂化（改质）SHEER 成套技术流程

该技术主要有以下特点：

1）提高反应产物温位的催化剂级配方法，提高反应热利用率，大幅减少冷氢用量，降低动力消耗。

2）首次在炼油装置集成应用高温高压逆流传热技术、非直接接触在线防除垢技术、微旋流分离技术和反应器内构件技术。

3）以同规模（2Mt/a）柴油加氢改质装置能耗为基准，SHEER 加氢装置能耗可以降低 20%～50%。

某炼油厂柴油改质使用 SHEER 加氢裂化技术建成世界首套低能耗、低投资、只设置小功率开工加热炉的 2Mt/a 柴油加氢改质装置，实现只设反应开工炉的目标，完成高温高压逆流传热技术、非直接接触在线除垢技术、微旋流分离技术和新型反应器内构件技术的高效集成应用。图 3-2-29 为 2012 年 5 月至 2013 年 3 月装置综合能耗变化。由图可见，除因统计及新氢气压缩机的原因导致 2012 年 5 月和 2012 年 10 月能耗相对较高外，装置能耗基本在 6～8kgEO/t 原料。

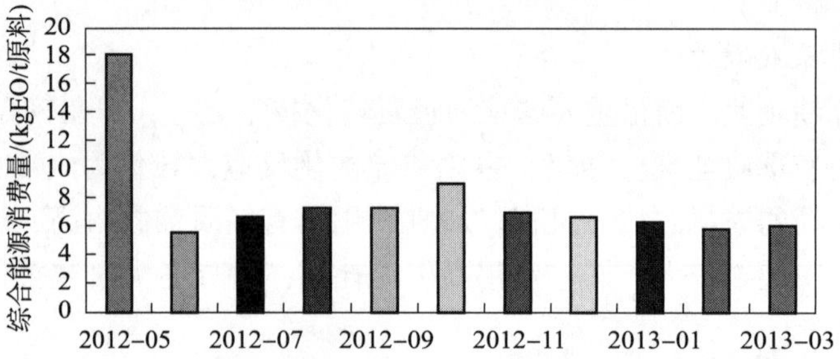

图3-2-29　2012年5月至2013年3月装置综合能耗变化

(八)加氢耦合技术

虽然各炼油厂均在一定程度上对各自的加氢精制装置设计进行用能优化，但大多仅限于装置内，缺乏全局系统的观念，所发掘的节能潜力有限。为降低装置投资成本和生产能耗，通过对加氢装置进行整体流程优化，实现资源的合理利用，开发出加氢耦合工艺技术。通过建设联合装置，实现物流和能量耦合，降低装置能耗、减少投资和占地。

以某炼油厂柴油加氢-煤油加氢耦合工艺方案为例进行技术说明：

1)由柴油加氢装置为煤油加氢装置供应氢气，煤油加氢装置采用氢气一次通过方案而不设置循环氢系统，反应所需氢气来自柴油加氢装置新氢压缩机一级出口，加氢反应后的气体经过分离器闪蒸后返回新氢管网，如图3-2-30所示。

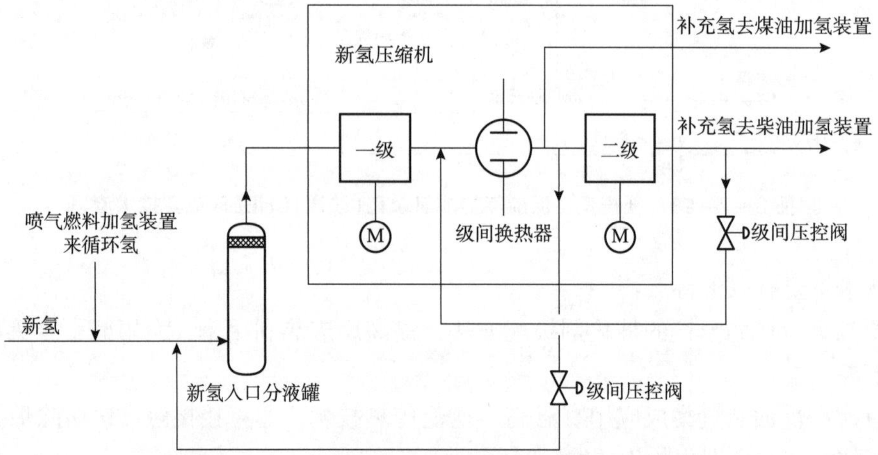

图3-2-30　煤油、柴油加氢装置补充氢气流程

2)由柴油加氢装置精制柴油为煤油加氢汽提塔提供重沸热量。

3)柴油加氢装置为煤油加氢装置脱硫塔提供贫胺液，脱硫后的富胺液返回柴油加氢富胺液罐，煤油加氢装置不设置贫胺液泵，降低装置电耗。

4)煤油加氢装置的水、电、汽、风均由柴油加氢装置公用工程管网供应，实现公用工程系统共用。

5)共用烟气余热回收系统，煤油加氢反应炉所需空气由柴油加氢装置余热进行预热后供给，提高煤油加氢装置反应加热炉效率。

6)与加氢装置分别设计、运行相比，采用加氢耦合工艺技术，联合设计的加氢装置总能耗可以降低0.5~1.0kgEO/t。

加氢耦合工艺技术的应用要根据企业的装置位置等实际情况，以加氢装置部分单元独立设计，公用工程、循环氢系统、DCS 等设施共用的形式，通过选取最佳组合工艺，实现装置部分设备联合共用，达到联合装置灵活操作、能耗最低目的。

某炼油厂 2.4Mt/a 加氢裂化装置与 1.7Mt/a 渣油加氢装置实现联合供氢。在联合供氢的情况下，运行 2 台压缩机即可满足生产，相比初始设计，节省 1 台压缩机的耗电量 5000kW，降低装置电耗 2.5kgEO/t。同时，与原设计相比减少 1 台压缩机的投资，实现降低投资和节能降耗的目的。

（九）加氢裂化催化剂级配技术

加氢裂化反应属于强放热反应，反应过程中会产生较大的温升，然而对于催化剂而言，保证相同的反应温度，才可以发挥其目的产品选择性的优势。通常在裂化反应器中从上至下设置不同的催化剂床层，在生产过程中打入冷氢，就可以调节使催化剂床层入口温度相同，控制每床层的温升相当，如图 3－2－31 中的设计模式。炼油厂在实际的装置生产操作过程中，通常会采用如图 3－2－31 中的实际操作模式，控制每个催化床层处于不同的入口温度，但是该操作模式仍然不能完全发挥催化剂的选择性优势，装置的耗氢量也会随之增大。

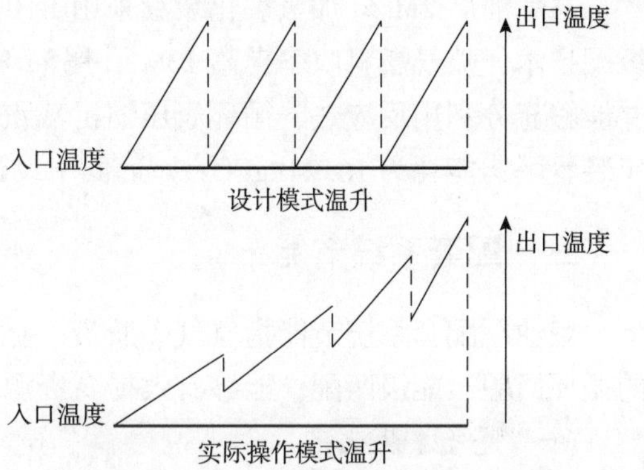

图 3－2－31 设计和实际操作模式温升

催化剂级配技术应用于加氢裂化装置内，主要是以反应过程机理为基础，考虑到原料油内烃不同的类型、催化剂活性中心反应发生顺序以及竞争吸附，通过对催化剂种类、次序及比例的合理级配，可以充分利用加氢反应放热，促进不同催化剂之间的协同作用，进而激发出各种类型催化剂级配的特殊应用性能，实现优势互补，促进目标产品内不同烃类组分的有效富集，最大程度上提升产品质量，提高加氢裂化装置的技术水平。

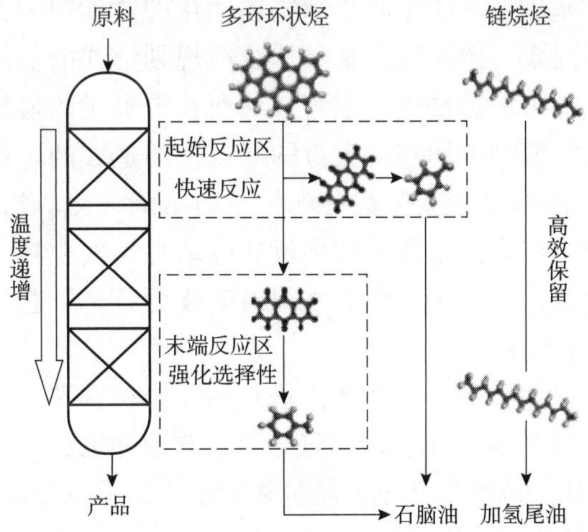

图 3－2－32 分区强化分子选择性反应调控方法示意图

某研究院深入研究烃类组成与结构随反应进程动态变化的规律，发明分区强化分子选择性反应调控理念（见图 3－2－32），创制与之匹配的催化材料、催化剂体系及工艺调控方法，开发成功新的催化剂级配技术。某研究院开发成功基于加氢裂化反应过程烃分子转化规律的功能性加氢裂化催化剂梯级级配技术，在强化分子转化选择性和灵活性的基础上实现节能降耗的目的，并相继应用在中压加氢裂化、蜡油加氢裂化等装置上，取得良好的应用效果。

该技术主要具有以下特点：

1）高性能加氢裂化预处理催化剂，加氢脱氮活性高，能有效降低精制反应器入口温度，相应降低精制反应器出口与裂化反应器入口的温差，从而降低反应加热炉负荷以及减少裂化反应器入口冷氢量；

2)优化加氢裂化催化剂级配和裂化反应器各床层的温升分配，减少裂化床层冷氢量，提高裂化反应器出口温度，有利于提高原料换热效果，降低加热炉负荷；

3)采用加氢裂化原料及催化剂优化节能技术，加氢裂化装置能耗可以降低 1kgEO/t 以上。

某炼油厂 1.5Mt/a 加氢裂化装置标定结果表明，采用加氢裂化催化剂级配技术后，能耗降低约 1kgEO/t 原料油。

某炼油厂 2Mt/a 加氢裂化装置采用 RHC－3、RHC－133 和 RHC－131 加氢裂化催化剂级配技术，喷气燃料收率提高 13%，尾油 BMCI 值降低 2 个单位以上，级配体系节约冷氢并能够充分利用反应热，循环氢压缩机蒸汽量降低 10% 以上，燃料气降低 20% 以上。2020 年装置平均能耗为 16.24kgEO/t，远低于设计能耗 33.1kgEO/t。

三、配套系统节能

炼油厂配套系统节能指氢气、胺液、循环水等系统节能。通过系统复杂网络之间资源的循环回用、能级匹配，能够有效提高资源和能源的利用效率。

(一)氢气系统优化

在环保要求日趋严格、油品质量不断升级的大背景下，其地位显得愈加重要。近年来，进口原油重质化、劣质化趋势加剧，节能环保、油品清洁化指标日益严格，加氢工艺在炼油厂中得到广泛应用，加氢深度不断增加，耗氢量增大，能耗和碳排放量大幅上升，对炼油厂氢气系统进行集成设计、优化改造以提高氢气利用率。

氢气系统集成技术主要分为基于夹点分析的图解法和基于超结构优化的数学规划法。利用氢夹点分析技术，可以计算氢气网络系统理论最小氢公用工程消耗量，探寻氢气系统优化的潜力及瓶颈。夹点分析在设计优化氢气系统中，提供了指导性的优化匹配规则，如：夹点之上的氢源只能与氢阱匹配，不能送至燃气系统；夹点之下的氢阱不能消耗新氢，只能与夹点之下的氢源匹配。在夹点分析的理论基础上，应用基于超结构优化的数学规划方法，综合考虑经济成本、综合能耗与碳排放等因素，建立混合整数非线性规划形式的氢网络数学优化模型，利用商用求解器或开发先进的求解算法进行求解，从而获得最优的氢气网络系统拓扑结构及最佳操作方案。针对氢网络模型中因包含大量的双线性项造成的难以收敛至全局最优的问题，开发了分段线性化方法和基于多参数分解技术的全局优化算法，可以大幅提高氢网络模型的计算求解效率。进一步将各个装置的加氢反应动力学模型耦合于氢网络优化模型之中，将氢气网络与用氢装置协同优化，考虑氢网络变化对各个工艺单元的影响，集成优化加氢装置最佳操作条件和最优氢网络。

某炼油厂为生产国 V 油品，制订油品质量升级计划，同时考虑进行油品结构调整，降低柴汽比，增产航空煤油。该炼油厂对现有的 1#加氢裂化、2#加氢裂化、柴油加氢、润滑油加氢等装置实施改造，新建一套连续重整装置。炼油厂产氢、耗氢装置发生了重大变化，迫切需要对改造后的炼油厂氢气平衡、氢气管网进行系统优化。

该炼油厂有高纯氢(99.9%，2.1MPa)、重整氢(92.0%，2.1MPa)、乙烯氢(95.0%，3.0MPa)三种氢源。高纯氢主要来自新建重整 PSA 供氢、1#制氢 PSA 供氢、2#制氢装置 PSA 供氢；重整氢主要来自 1#连续重整供氢；乙烯氢来自乙烯厂。氢阱主要包括：1#加氢裂化、2#加氢裂化、蜡油加氢、柴油加氢、煤油加氢、S Zorb、润滑油加氢、烷基化、三废等。经全厂优化，有两种氢气平衡方案可供选择。

方案 1，氢气管网改造具体情况如图 3－2－33(a)所示。具体改造内容包括：

1)由重整氢管线向柴油加氢装置铺设一条管线，图中编号为 1，长度 1500m，管径 *DN*200。

2)由 2#连续重整装置向高纯氢连接线铺设一条管线，图中编号为 2，长度 200m，管径 *DN*200。

3)由乙烯氢管线向润滑油加氢装置铺设一条管线，图中编号为 3，长度 500m，管径 *DN*150。

4)由乙烯氢管线向 2#三废装置铺设一条管线，图中编号为 4，长度 700m，管径 *DN*150。

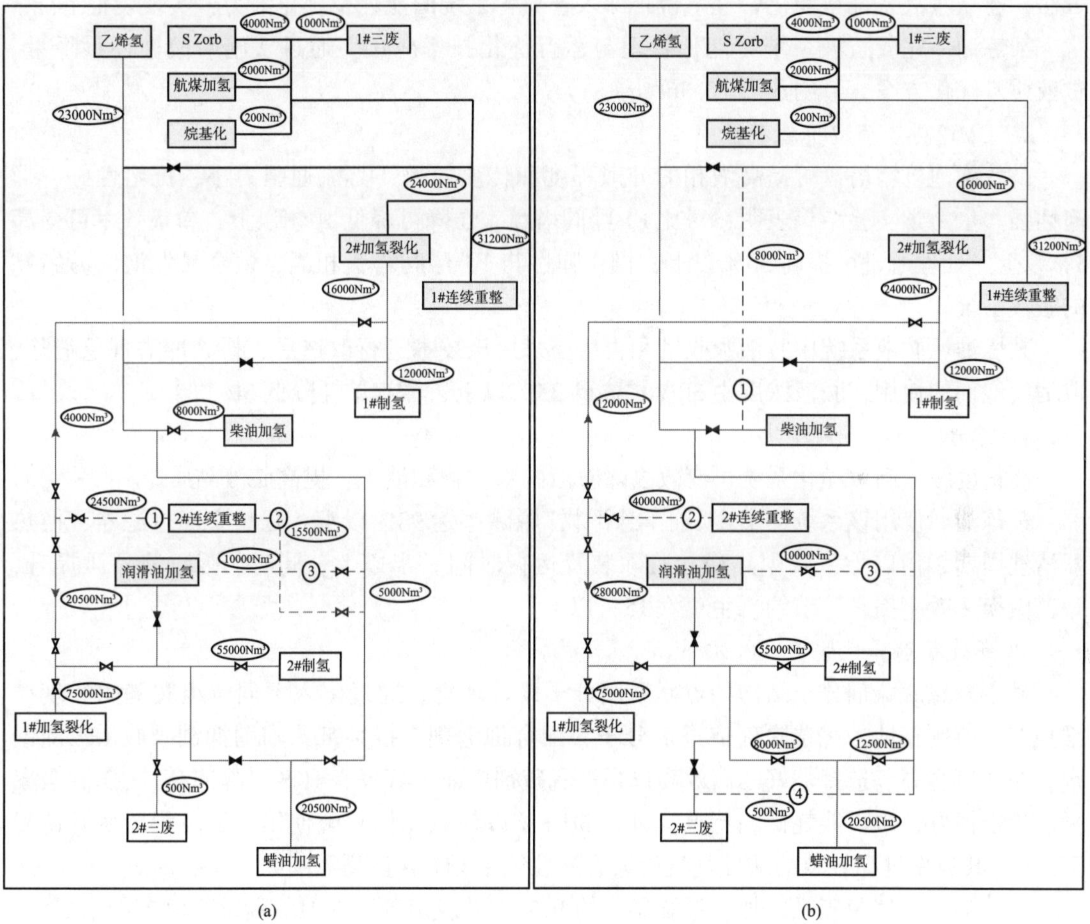

图 3－2－33　氢气管网示意图

方案 2，氢气管网需要的改造情况如图 3－2－33(b)所示。具体改造内容包括：

1)由 2#连续重整装置向高纯氢连接线铺设一条管线，图中编号为 1，长度 400m，管径 *DN*200。

2)由 2#连续重整装置向乙烯氢管线铺设一条管线，图中编号为 2，长度 400m，管径 *DN*200。

3)由乙烯氢管线向润滑油加氢装置铺设一条管线，图中编号为3，长度500m，管径*DN*150。

相对于方案1，方案2工程费用降低60%，从降低工程投资角度，选择方案2更优。

(二)胺液系统优化

胺液脱硫系统运行过程中通常存在以下共性问题：一是再生能耗高，胺液使用浓度偏低，循环量大，其能耗约占炼油能耗的8%；二是存在塔器拦液冲塔现象，影响装置的长周期稳定运行；三是智能化管理水平低，胺液系统相关数据的统计、监控、管理方式较为简单，生产信息传递效率低，造成胺液系统能耗高，可采取以下优化措施。

1. 智能化管理

通过构建胺液系统能耗与运行数据的关联模型，采用多指标胺液系统整体运行评价的方法，建立胺液系统智能化管理平台，深入查找各系统的能耗及优化潜力，实现装置节能。

某炼油厂完成胺液系统智能化管理与运行优化技术应用，通过实施胺液循环量降量、贫液质量优化方案，节约蒸汽15.36t/h。

2. SDMP高效抑泡抗堵塔盘

高效抑泡抗堵塔盘可提高液相的分散程度和传质效率，其流通阻力小、抗堵性好、抑泡性强。水力学实验结果表明，对比F1浮阀塔盘，压降可降低10%以上，单板效率可提高5%以上，处理通量可提高30%以上，操作弹性与F1浮阀塔盘相当，适合易发泡、易堵塞的胺液系统。

某炼油厂胺液系统中胺液吸收塔和再生塔采用该技术进行改造后，拦液冲塔现象消除，取消消泡剂的使用，胺液浓度由30%提高到35%以上，蒸汽单耗降低5%以上。

3. 高精度胺液高效净化

高精度胺液高效净化系统可有效去除胺液中颗粒物和油类，提高胺液品质。

某炼油厂使用该系统，实现“油+悬浮物”脱除率达98%以上；延长富液过滤器、换热器清洗周期3倍以上，减少热稳盐脱除装置运行时间一半以上。同时，因胺液品质提升，贫富液换热效率提高，节约再生蒸汽15%以上。

4. 高效高选择性脱硫剂技术

基于理想脱硫剂分子结构特点，采用分子设计理念，通过引入不同位组胺基团实现精准控制脱硫剂碱性，优选脱硫促进剂分子，配合抑泡剂、抗蚀剂，辅助抑制吸收CO_2的助剂，制备硫容高、选择性好的高效高选择性脱硫剂产品。其具有H_2S脱除率高、CO_2共吸率低、稳定性好、再生能耗低的特点，可与MDEA以任意比例复配使用，解决脱硫率有待提高、CO_2共吸率过高导致的酸性气气量大、酸性气中CO_2含量高等问题。

某炼油厂干气脱硫系统加注系统藏量的10%高效脱硫剂，在H_2S脱除率稳定的情况下，降低对CO_2的吸收20%以上，再生后溶剂质量稳定，胺液循环量自130t/h降低至115t/h，蒸汽耗量自15.8t/h降低至11.6t/h，节省蒸汽量4.2t/h。

(三)循环水系统优化

循环冷却水系统如图3-2-34所示，运行能耗、水耗和剂耗大，利用行之有效的优化节能技术能够提高循环水系统的能源利用效率。

循环冷却水系统存在的主要问题如下：一是管网复杂、耦合度高，手动阀门难以保证冷却终端之间水力平衡，不能按照终端需求进行水量合理输配；二是柔性设计不足，导致操作可调性差，现场工况变化情况下，水泵开机台数、运行效率和供水量节能优化控制不足，导致能耗增加；三是未结合气温和循环水量变化，优化冷却塔开机台数及单台冷却塔效率；四是循环水质变差，导致循环水结垢加剧，降低了换热效果，导致重要工艺参数控制发生偏离；五是系统集成设计考虑不足，系统内单元不匹配及网络结构柔性不足。

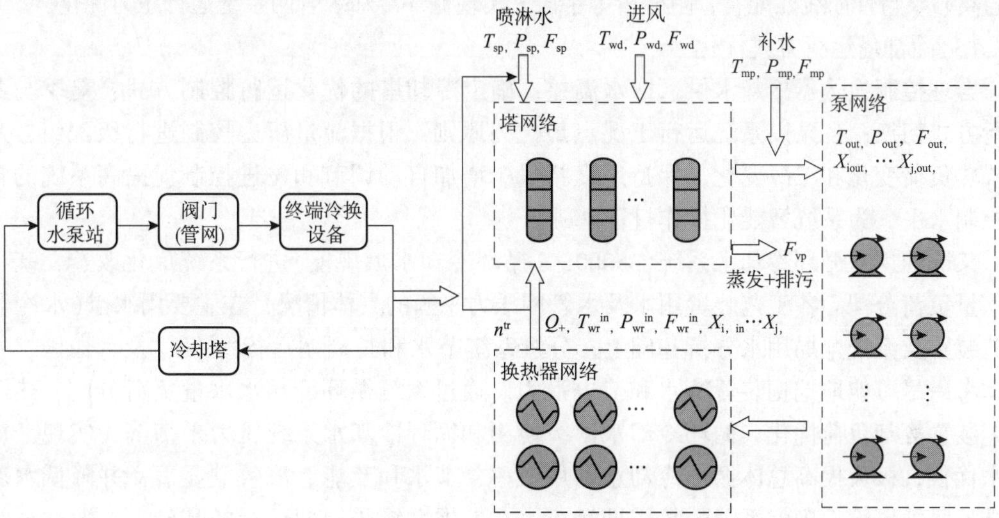

图3-2-34　炼油循环冷却水系统

针对循环冷却水系统的节能节水和长周期运行优化改造技术，主要包括单元设备优化改造和系统优化两个层次，通常系统优化需要在局部单元设备优化的基础上进行。

1. 单元设备层面

(1)循环水泵提效

根据系统运行的压力与整个循环水系统实际所需的流量，对系统中的所有泵进行量身定做，以满足系统实际运行的需要。一是对循环水系统的水泵叶轮边缘进行切削，降低水泵出力，实现扬程和流量的降低，水泵在运行过程中能耗会有所降低，实现节能效果；二是定制高效水泵，匹配系统运行。

(2)调速技术的应用

循环水系统在设计之初就可能存在循环水量大于实际用量。以冷量“按需供应”的原则通过变频、永磁调速、液力耦合等方式调整运行水泵的转速，实现经济运行。

(3)冷却塔水蒸气回收技术

利用高效冷却塔蒸发水汽回收装置进行蒸发水汽回收。该技术在缺水或工业水价格较高地区应用意义较大。更换高效风叶组件，可在同风量的情况下，降低运行电流。

(4)优选管力阀，减少阻力损失

管力阀通过对阀门的流体设计，形成直线型流道，能耗低、运行稳，密封效果好；能更好地消除水锤危害，保护水泵及管网系统安全。

2. 系统层面

(1)热源端冷却负荷优化

强化热量集成改善热量利用，从源头降低水冷负荷；协同考虑空冷器和水冷器的使用。对水冷器流量进行优化调整，减弱系统内部偏流、消除局部阻力过大现象，实现了流量和压力的优化。

(2)循环冷却水网络优化

综合考虑循环冷却水流量及压力匹配，装置加工方案、平面布置、季节周期变化等因素，通过循环冷却水串级使用或升级利用手段，提高循环冷却水温差。通过合理设置管道泵、管路与离心泵特性曲线匹配、管阻分析等手段，实现循环冷却水管网系统运行压力优化。

(3)冷却塔运行方式优化

合理控制换热器冷却水供、回水温差；确定冷却塔的优化运行控制方式，夏季与冬季运行方式切换；各泵以系统运行工况点最优为原则，根据流量压力控制进行级配组；考虑系统热负荷变化和工况变化，保持适度裕量。增加自动调节和先进控制。提高系统的自动化控制水平，为系统智能化操作打下基础。

某炼油厂对循环冷却水系统(35000t/h 循环冷却水量规模)进行系统优化改造，基于系统水量负荷分配、各工艺装置用水及水管网压力平衡的具体情况，在主要用水点(水冷器)、工艺装置及系统全局用水分析基础上，分析系统节水和长周期运行“瓶颈”及其原因，并从整体考虑尽可能地挖掘装置节水和节电潜力。通过系统循环冷却水水量负荷分配、热源端工艺装置冷却负荷优化、循环冷却水串级使用和循环冷却水系统压力平衡等，实现全局的用水优化，极大提高总体循环冷却水利用效率，节水和节能经济效益显著，并降低水冷器的结垢腐蚀风险，确保系统的长周期运行。在考虑系统长周期运行的基础下，通过系统优化，减少循环水量 6847t/h 及电消耗 572kW。

(4)闭路循环水系统应用

闭路循环水系统的冷却水不与外界接触，进而避免空气中的杂质进入到循化水系统。循环水使用除盐水或软化水，降低换热器的结垢，很大程度提高整个系统的换热效率，同时能够节省大量的助剂投入。

第四节　降低燃料动力消耗

炼油厂消耗能源介质主要为电力、蒸汽、燃料(煤炭、天然气、石油焦、炼化干气、液化气等)，这三大能源消耗占炼油厂能耗的70%以上，加上催化裂化烧焦可以达到92%以上。因此，通过降低燃料、电及蒸汽消耗，提高催化裂化烧焦能量利用来节约燃料动力能源。

一、降低燃料消耗

(一)提升加热炉能效

加热炉一般由辐射室、对流室、燃烧器、余热回收系统以及通风系统组成。其结构主要包括炉管、炉管连接件及支承件、钢结构、炉衬、吹灰器、烟囱、烟囱挡板、各种蝶阀、门类(看火门、人孔门和防爆门)和仪表接管(热电偶套管、测压管、灭火蒸汽管、氧分析仪接管和烟气采样口接管等)。

1. 加热炉热效率及影响因素

根据能量守恒定律，在稳定状态下加热炉的热平衡有下列关系式：

$$\text{输入能量} = \text{输出能量}$$

$$Q_{GG} = Q_{YX} + Q_{SS}$$

式中　Q_{GG}——供给能量，kJ；

Q_{YX}——有效能量，kJ；

Q_{SS}——损失能量，kJ。

加热炉通常采用正平衡和反平衡计算热效率，平常分析通常采用简化热效率计算方法。

正平衡计算式：

$$\eta = \frac{Q_{YX}}{Q_{GG}} \times 100\%$$

反平衡计算式：

$$\eta = \left(1 - \frac{Q_{SS}}{Q_{GG}}\right) \times 100\% = 100 - (q'_1 + q'_2 + q'_3)$$

式中　η——简化计算热效率,%；

q'_1——排烟损失热量占供给能量的百分数,%；

q'_2——不完全燃烧损失热量占供给能量的百分数,%；

q'_3——表面散热损失热量占供给能量的百分数,%。

根据上述加热炉热效率反平衡计算过程，分析影响炉效的因素：

1)排烟热损失 q_1，是影响加热炉热效率的最重要因素，通常占供入热量比例为≥3%，排烟热损失主要和排烟温度、排烟氧含量有关。

2)不完全燃烧损失 q_2，主要和外排烟气中一氧化碳含量有关，一氧化碳含量为2000mg/L时，热效率下降约为1个百分点。现在加热炉通常采用气体燃料，烟气中一氧化碳含量较低(基本在100mg/L以下)，因此不完全燃烧损失相对前两项因素，所占的比例非常少，可忽略不计。

3)炉体散热损失 q_3，通常占供入热量的1%~4%。

因此通过节能改造的手段，降低排烟温度、降低排烟氧含量、降低炉体表面散热损失，可有效提高加热炉热效率。

2. 加热炉节能措施

(1)降低排烟温度

1)更换高效烟气余热回收设施。采用高效烟气余热回收设备，降低加热炉排烟温度，是提升炉效的最重要手段。烟气余热回收最常用的设备是空气预热器，它是利用烟气余热来加热燃料燃烧所需空气的一种热交换器。

常用的空气预热器主要有扰流子-翅片管空气预热器、热管式空气预热器、板式空气预热器、水热媒空气预热器等。为进一步降低排烟温度及解决烟气露点腐蚀的问题，新型的空气预热器也开始被使用，如不锈钢板式空气预热器、钢板+铸铁板复合式空气预热器、陶瓷板式空气预热器、氟塑料管烟气换热器、玻璃板空气预热器、玻璃管空气预热器等。

应用案例：某炼油厂重整装置四合一炉节能改造。

该连续重整装置四合一加热炉为U形管方箱侧烧炉，原设计未设置烟气余热回收系统，烟气由各炉汇入总烟道后直接排入独立烟囱，排烟温度较高，设计为185℃，扩能改造后2015年大检修前为190℃，甚至一度达到249℃，加热炉效率偏低。

为提高加热炉热效率，降低装置能耗，对该加热炉增设烟气余热回收系统。设计排烟温度为90℃，预热器分为高、低温两段式，高温段采用换热效率高的钢板式换热器，低温段采用耐露点腐蚀的铸铁换热器，引风机放置在高、低温预热器之间。改造后的效果较为显著，加热炉标定工况下的运行参数见表3-2-8。

表 3-2-8　改造余热回收数据对比

序号	操作参数		改造前	改造后
1	蒸汽/(t/h)		40.86	42.95
2	重整四合一炉 F201/202/203/204	排烟温度/℃	180/208	80.5
3		氧含量/%(体)	3.4	3.32
4		CO_2/%(体)	7.86	7.94
5		CO/%(体)	<0.01	<0.01
6		SO_2/(mg/m^3)	3	3
7		NO_x/(mg/m^3)	78	36
8		热效率/%	89.1	95.1

对标定的数据进行分析，烟气余热回收系统运行情况良好，高温端烟气出口温度150℃，低温端烟气出口温度80℃，加热炉热效率95.1%，平均节约燃料气量为0.49t/h，年节省燃料气4100t。对流段进行清洗，排烟温度从250℃降至180℃和208℃，产汽量增加2～3t/h。

2)对流段炉管及余热回收系统化学清洗。加热炉经过一个运行周期后，对流段外表面会存在积灰结垢、余热回收系统会出现表面积灰结垢等现象，严重影响换热效果，导致排烟温度升高，热效率下降。针对这些可能出现的现象，检修过程中，对余热回收系统、对流段的炉管外表面进行化学清洗，去灰除垢，增强换热效果。近年来，许多炼油厂在检修时对对流段炉管进行化学清洗，换热效果提高。

应用案例：某炼油厂加热炉对流段炉管外表面化学清洗。

某炼油厂加热炉设计排烟温度130℃，经过长周期运行后，排烟温度达到142℃，远大于设计值。经数据分析，对流段换热效果下降，对流段炉管外表面积灰结垢严重，利用停工检修对对流段炉管外表面进行化学清洗，清洗前后对流段炉管外表面见图3-2-35。

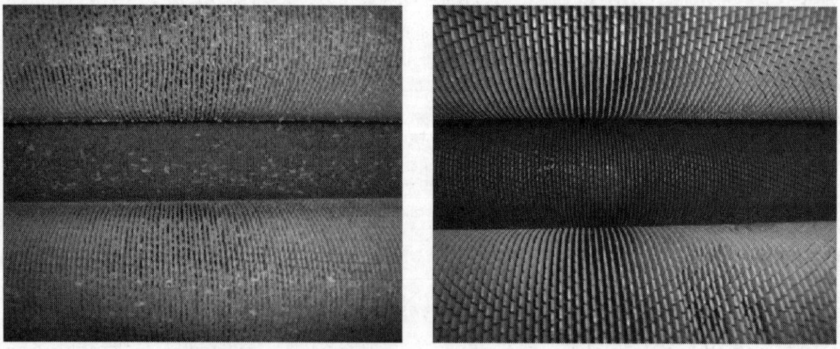

(a)清洗前　(b)清洗后

图3-2-35　对流段炉管化学清洗对比图

对流段炉管外表面经过清洗后，有效去除灰垢，增强换热效果。排烟温度降低16℃，热效率提升0.8%。

(2)降低烟气氧含量

目前加热炉实际控制氧含量在2%～3%，许多炼油厂也尝试降低氧含量，氧含量能控制在1.5%~2%，甚至更低，但很难长期保持，操作难度较大。一般情况下，加热炉负压运行，当加热炉出现漏点时，空气会进入负压系统，氧含量增加。因此，降低排烟氧含量，主要是采用低氧燃烧优化控制和进行加热炉检漏堵漏，也可通过更换加热炉烟道挡板密封、更换新型看火门及防爆门、对流段物料管采用新型封堵技术、增设热风道盲板等措施降低加热炉氧含量。

1)低氧燃烧优化控制。加热炉低氧燃烧优化控制技术是使用CO在线分析仪控制供风系统，将烟气中的CO控制在微量水平，实现燃料和空气的理论配比，使燃烧处于不完全燃烧和完全燃烧的临界状态，最大程度减少炉膛氧含量。将CO浓度作为鼓风机变频或者风门挡板的控制变量，通过把CO浓度控制在微量状态，使实际燃烧接近理论配比。CO在线分析仪采用中红外光源，可在烟道上实时在线分析，反应灵敏、精度高、测量快速，每秒7次，仪器正常使用寿命为5~7年。CO分析原理图见图3-2-36。加热炉低氧燃烧优化控制见图3-2-37。

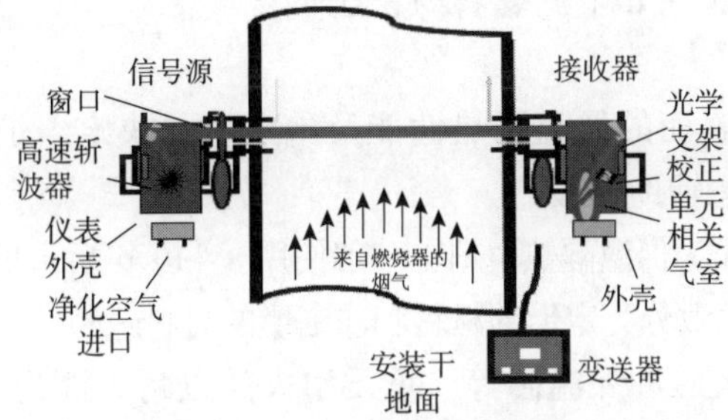

图3-2-36　分析仪原理图

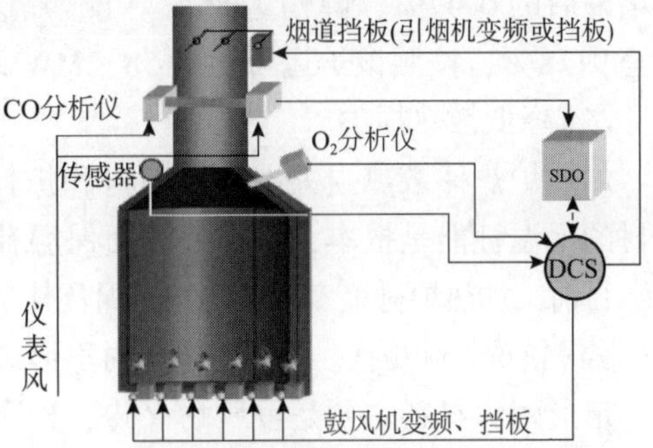

图3-2-37　加热炉低氧燃烧优化控制原理图

应用案例：某炼油厂加热炉低氧燃烧优化控制

改造前加热炉热效率92.1%(2013年平均)，排烟温度偏高，烟气中的NO_x含量偏高。通过增设加热炉低氧燃烧优化控制系统，使加热炉的运行发挥到接近极致的状态，加热炉热效率提高0.8%，降低瓦斯消耗296m^3/h，NO_x减排29.2t/a，CO_2减排17312t/a。具体参数对比见表3-2-9。

表3-2-9　某炼油厂加热炉采用低氧燃烧技术前后参数对比

参数	标定(无低氧自控)	标定(低氧自控)
氧含量/%	3.37	0.87
排烟温度/℃	128	120
热效率/%	92.4	93.2
瓦斯/(Nm^3/h)	11412	11116
电流/A	25	17
NO_x/(mg/L)	23	13
CO_2/(Nm^3/h)	13419	12320

2)加热炉在线检漏堵漏。正常操作条件下加热炉为负压状态运行，加热炉存在漏点时，多余的空气会进入加热炉系统，且这些空气不参与燃烧，导致排烟氧含量偏高。

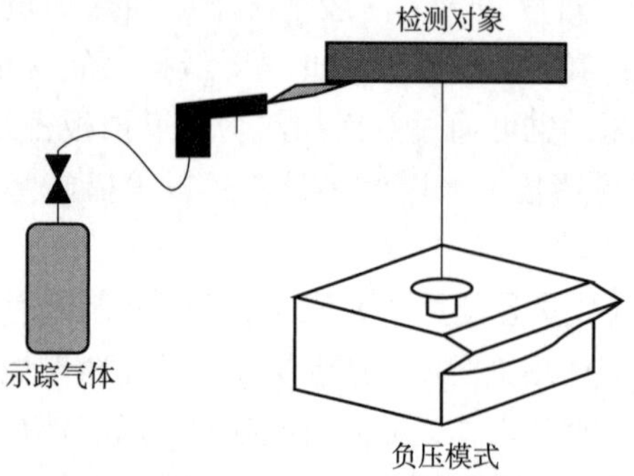

图 3-2-38 加热炉检漏原理图

加热炉在线检漏堵漏是选用惰性气体氦气作为示踪气体，氦质谱检漏仪对其接收到的烟气进行分析是否含有氦气，来判断喷入氦气点处是否存在泄漏。加热炉捡漏见图 3-2-38。

应用案例：某炼油厂制氢炉在线检漏堵漏

某炼油厂制氢转化炉对流段入口处氧含量为 3.75%，空气预热器入口处氧含量为 6.62%，两者间漏风量为 2.87%。但利用常规手段无法查找出具体漏风部位，利用氦质谱示踪气体检漏原理对其进行了全面的检漏，查找出 5 个漏风部位，并根据漏风部位的现场条件、表面温度进行相应的堵漏处理，漏风量由堵漏前的 2.87% 降至堵漏后的 0.47%，降幅达 85%。排烟氧含量由 6.66% 降至 4.26%，热效率由 89.9% 提高至 91.8%，按照该炉运行负荷 58.2MW 计算，每年节约燃料约 350t。

(3)降低散热损失

加热炉炉体散热损失由炉体内衬和炉体外表面的保温隔热性能及施工质量决定，炉体内衬的保温性能是根本，炉体外表面保温补偿是辅助手段。

目前，加热炉衬里多采用硅酸铝棉及其制品作为保温隔热材料，一般使用 8～10 年后，根据衬里实际情况拆除更换。加热炉隔热衬里形式，大致分为定形的材料和非定形的材料两种。

定形耐火材料主要是重质耐火砖、轻质耐火砖和保温砖等。重质耐火砖以耐火性为主，用于燃烧器的燃烧道、温度较高加热炉辐射室迎火面衬里；轻质耐火砖兼具有耐火性和保温性，多用于炉的侧壁和炉顶；保温砖的耐热性很低，多用于炉底和侧壁的内衬里，用量不多。非定形耐火材料也称作浇注料，分为以耐火性为主、且具有一定保温性的浇注料(重质)和保温型的浇注料(轻质)，浇注料施工方法有注入、涂抹和喷抹三种。管式加热炉的炉顶、侧壁和炉底使用重质可塑浇注料，烟道和烟囱衬里及侧壁的内衬里使用轻质可塑浇注料。另外，陶纤块、岩棉毡、陶纤喷涂也属于非定型耐火材料。

某炼油厂加热炉使用一种复合材料衬里进行改造，即在两层喷涂耐火材料中间加入隔绝空气的金属板，金属板中间可填充纳米绝热材料，这种填充的纳米绝热材料是利用废旧保温材料和加热炉衬里材料制备的陶瓷纳米衬里，可将 90% 以上的废旧硅酸铝棉制品进行转化和利用。在环境温度 29℃时，外壁平均温度 46.42℃，炉膛温度 767℃，风速0.18m/s，温差 17.42℃，平均散热强度 167.8W/m^2；减压炉外壁平均温度 45.04℃，炉膛温度 759℃，风速 0.34m/s，温差 16.04℃，平均散热强度 161.6W/m^2，所有人孔门、看火门、泄压门周边超温部位基本消失。

加热炉外表面散热也是一项不容忽视的损失项，可以考虑采用中空陶瓷微粒水性保温涂料，导热系数低至 0.03W/(m·K)。在加热炉外表面喷涂一层 2000～2500μm 的纳米保温涂料，即可降低加热炉散热损失 30%～50%，可提高加热炉热效率 0.5%～1.5%。一般情况下，要求在加热炉外壁温度不高于 160℃左右的条件下进行喷涂。

某炼油厂焦化装置加热炉外表面温度偏高，影响加热炉热效率，在排烟温度达标的情况下(115℃)，炉效仅为 89%，炉体散热损失超过 4%。在装置不停工的前提下，对该加热炉喷涂新型纳米保温涂料，改造后的散热损失量大幅下降，散热损失减少折合年节省天然

气 $59 \times 10^4 Nm^3$，具体数据见表 3-2-10、表 3-2-11。

表 3-2-10　某炼油厂焦化加热炉外喷涂保温涂料的保温效果

平台	外表面温度/℃		散热强度/(W/m^2)	
	涂料前	涂料后	涂料前	涂料后
一层	66.3	46	1564	470
	60.2	39.7	742	372
	71.3	51	1745	660
	75.6	53	2180	857
二层	71.5	50	1299	730
	73.9	52	1154	621
	77.7	54	1300	712
四层	68.5	46	960	495
	65.8	44	858	453
平均值	70.09	48.41	1311.33	596.67

表 3-2-11　某炼油厂焦化加热炉外喷涂保温涂料的节能效益

项目	涂料前	涂料后	下降值
面积(不含钢结构)/m^2	1623.6		—
环境温度/℃	24	24	—
实测表面平均温度/℃	70.09	48.41	21.68
表面散热强度/(W/m^2)	1311.33	596.67	714.66
总散热量/MW	2.12	0.97	1.15
年节约天然气量/Nm^3	—	—	591699

(二)提升锅炉能效

锅炉是全炼油厂蒸汽的主要来源，也是燃料消耗大户，其能效直接影响全厂的能效。

1. 优化锅炉燃烧

锅炉燃烧过程是一个集化学反应与物理传热的复杂过程，锅炉燃料量、送风量、引风量等参数控制具有强耦合、非线性、多变性、大滞后等特点，实际运行中锅炉时常存在监控参数偏差、设备缺陷、负荷频繁大幅度变化等问题，难以达到最佳工况，运行能耗高。在对锅炉运行状态进行诊断分析的基础上，通过调整优化燃烧系统运行参数，保证锅炉负荷、压力、温度、氧量、负压的稳定，实现锅炉低能耗、低碳排放运行。

锅炉燃烧优化调整系统集成多变量自适应控制器、预测控制、模糊控制、自动寻优、智能仿人工控制策略等技术，实现动态或稳态解耦和动态模型预测以及滚动反馈校正，通过组态形成不同的先进控制器及各种单回路、串级、前馈和多变量的控制系统，满足锅炉燃烧不同工况的控制要求，实现锅炉的全自动运行。通过先进建模、优化、控制技术的应用，直接提高锅炉运行效率，降低 NO_x 排放。

某炼油厂电站 2 台 CFB 锅炉实施燃烧调整优化，锅炉飞灰含碳量平均下降 0.24%，主汽温度提高 0.64℃，吨汽耗燃料量降低 1.6kg，折算成锅炉热效率提高 1% 以上。

2. 尾部烟气梯级利用

采用低(低)温省煤器、相变式换热器、热泵等技术，对锅炉尾部烟气与锅炉本体烟风系统、汽机热力系统等进行综合集成优化。合理利用锅炉排烟余热，用于加热凝结水、入炉冷风、原煤干燥、采暖和制冷等，提升锅炉热效率和装置整体用能水平，达到节能降碳的目的。低(低)温省煤器、相变式换热器可采用不锈钢或氟塑料等材料，采用一级、两级及以上布置，将锅炉排烟温度大幅降至烟气酸露点以下，甚至回收烟气的潜热。通常排烟温度每降低20℃，锅炉热效率可提升0.5%~1%，供电标煤耗下降1.5g/(kW·h)。

某炼油厂3台360t/hCFB锅炉通过增设低(低)温省煤器用于预热脱盐水，换热后排烟温度降至100℃左右，节约2.984×10^4tce/a，减排CO_2约71.6kt/a。

某炼油厂动力站一台420t/hCFB锅炉增设复合相变换热器预热脱盐水至95℃再进入除氧器，回收热量5700kW，节约0.6×10^4tce/a，减排CO_2约14.4kt/a。

某炼油厂在3台CFB锅炉上采用集中式低温空预器和低(低)温省煤器余热回收技术，加热机组凝结水，节约除氧器加热用蒸汽，降低供电标煤耗20g/(kW·h)以上。

3. 空气预热器在线清堵

锅炉运行一段时间后空气预热器发生硫酸氢铵灰垢堵塞，造成换热能力下降，排烟温度升高；空气预热器憋压，烟气阻力增大；引风机电流增加等问题。利用硫酸氢铵温度高于某临界温度时硫酸氢铵会从固态变为气态的特性，对锅炉甲、乙两侧联络风道进行改造，实现空气预热器两侧空气通道风量可调，通过调整两侧送风机风量的偏差，提高单侧空气预热器管壁温度高于临界温度，使硫酸氢铵再次被气化从灰垢中析出，并通过烟气带走，同时灰垢层附着强度降低而脱落。通过空气预热器在线干烧清堵，可使锅炉在不停运的情况下清除硫酸氢铵灰垢，提升锅炉效率，降低能耗。

某炼油厂锅炉实施在线干烧清堵改造后，锅炉实现连续运行，未再发生因空预器堵塞被迫停炉清灰情况。

4. 空气预热器密封改造

空气预热器漏风对锅炉能耗的影响主要体现在对风机耗电率和空气预热器热回收的影响，通常漏风率降低1%，供电标煤耗下降0.1g/(kW·h)。当回转式空气预热器漏风率达到10%以上要进行密封改造，可使用多重固定密封、柔性接触式密封对泄漏点进行改造。

多重固定密封相对简单、可靠性好、维护量小，改造完后漏风率可降至6%左右。多重密封技术是通过分析和计算，核算空气预热器设计参数，确定热态运行中转子及壳体各部位的变形量，设计各部密封间隙，检修时冷态调整将各间隙设定到位，使其适应转子及壳体热态变形，机组满负荷运行时密封间隙自动变化最小，密封效果达到最佳，改造内容主要包括径向、轴向双密封改造、扇形板静密封改造、转子找正及扇形板水平度调整、冷端径向密封片调成V形等。

柔性接触式密封改造费用相对较高，长时间运行存在柔性密封刷或弹簧滑块出现磨损、疲劳失效等问题，改造后漏风率一般可达到4%~5%。柔性接触式密封技术是在不改变原有设备结构的前提下，对冷热端径向、轴向和旁路密封等全向加装接触式柔性密封，使其完全覆盖动、静间的漏风间隙，并自动补偿空气预热器转子变形与漏风间隙的非线性变化，实现全方位密封。将扇形板固定在某一合理位置，柔性接触式密封系统安装在径向转子格仓板上，在未进入扇形板时，柔性接触式密封刷或滑块高出扇形板5~8mm，当柔性接触式密封刷或滑块运动到扇形板下面时，连接簧片发生变形，密封刷或滑块与扇形板柔性接触，形成严密无间隙的密封系统；当密封滑块离开扇形板后，连接簧片将密封刷或滑块自动弹起，以此循环进行。

多重固定密封和柔性接触式密封均有一定的优、缺点，炼油厂宜根据锅炉配备空气预热器结构特点、运行状况、存在问题等情况选择最适宜的密封技术，达到密封效果佳。

某炼油厂1#、2#锅炉配备两分仓空气预热器进行密封改造，包括将内部可调式密封改为固定式密封，同时径向、轴向形成三密封结构(原有的24分仓相应改为48分仓)，扇形板及轴向密封板一并更换。改造完成后满负荷平均漏风率A侧为4.55%，B侧为4.41%，漏风率显著下降。

二、提高供用电效率

炼油厂提高供用电效率、降低变配电网损失是降低电力消耗的有效手段。

(一)提高供电设备效率

1. 汽轮机通流改造

现有汽轮机普遍存在经济性差、通流部分效率低等状况，汽轮机通流改造以提高汽轮机通流效率、减少或消除汽轮机内漏提高机组的整体经济性能为目标，降低机组实际运行能耗，实现节能减碳。

该改造技术以三维气动热力分析计算为核心，重新选择通流形式，充分发挥冲动式和反动式优势，调整各级反动度大小，减少内部泄漏损失，提高机组效率；选择高效叶型，动静叶片采用先进叶型、后加载叶型、复合弯扭叶片等，改善参数沿叶高的分布，减少端部二次流损失；采用新型汽封，降低汽封漏汽损失；低压缸整体优化，包括低压缸结构优化、低压缸分缸压力优化、低压缸排汽优化，提高末级根部反动度，利于变工况运行，提高低负荷运行能力和安全性，改善机组调峰性能。

某炼油厂电站对国产汽轮机组实施整机通流部分节能改造，改造后机组效率提升2.5%~3.5%，机组热耗率下降195kJ/kW·h以上，发电负荷增加10%~15%。

某炼油厂对一台60MW抽凝汽机进行通流改造，汽机发电效率明显增加，增加发电量约5.5MW，节约1.56×10^4tce/a，减排CO_2约3.744×10^4t/a。

2. 汽轮机冷端优化

凝汽机组因冷端系统运行状况不佳，会严重影响机组运行效率，特别是凝汽器漏空气和冷却水管结垢等问题严重影响机组的真空度。因此，冷端系统的节能诊断和优化是降低机组供电煤耗的关键。

汽轮机冷端优化主要就是在软、硬件上。在软件上，以汽轮机微增功率、凝汽器热阻、循环冷却水水阻、循环冷却水泵效率、冷端凝汽器清洁度等为基础，建立函数数学模型，通过科学计算达到最佳运行工况。在硬件上，采用胶球清洗技术提升冷却管清洁程度，[一般冷却管清洁度每下降0.1，机组发电煤耗会增加0.2~0.4g/(kW·h)]；消除汽侧和凝结水系统空气泄漏，开展真空系统严密性治理，使真空下降率保证在150Pa/min以内，有效降低空气热阻对凝汽器换热的不利影响；提升抽气设备性能，采用水环真空泵代替射汽抽气器等，提升抽气能力，降低蒸汽消耗，提高发电量。

某电厂300MW机组通过开展冷端优化，在不改变其他参数的前提下，20℃工况优化后供电功率增加2100kW。

3. 提高自备热电站效率

炼油厂自备热电站多采用燃煤电站锅炉产生高压蒸汽，驱动汽轮机旋转并抽汽供热，带动大型发电机输出电力。与大型发电厂不同，自备热电站需要为炼油生产过程提供不同等级的中低压蒸汽，由于锅炉、汽轮机数量和检修周期可能不匹配，为了保证安全可靠供汽，通常设置主蒸汽母管，采用高压参数，总体效率偏低。

(1)降低主蒸汽能量损失

自备热电站主蒸汽母管制系统主要优点是既有足够的可靠性，又有一定的灵活性，不仅可以充分利用锅炉的富裕容量，也可以进行锅炉、汽轮机之间的负荷分配。缺点是管道长、阀门多，导致运行中存在较多的压力损失和散热损失。大型发电厂单元制系统由一台或两台锅炉直接向配用的汽轮机供汽，组成一个单元，各单元之间无横向联系的母管。主蒸汽系统简单，便于机、炉集中控制，管道短，管道附件少，同时管道的压力损失及散热损失也小。从表3-2-7可以看出，主蒸汽系统锅炉和汽轮机之间的压力损失接近1MPa，影响能量转化效率10%；而表3-2-8中大型发电厂锅炉和汽轮机之间压力损失只占3.5%。因此，在保证热电站安全运行和调整能力的条件下，降低主蒸汽母管压降是自备热电厂节能提效的重要方向之一。

(2)采用深度背压机组

提高蒸汽参数并与发展大容量机组相结合是提高常规火电厂效率及降低单位容量造价最有效的途径。蒸汽参数提高后，汽轮机效率显著提高，发电效率整体提高。据统计，一套相同容量的超临界机组(工作压力24.12MPa)比亚临界机组(工作压力18.14MPa)供电效率可以提高1.5%~2.0%。表3-2-12、表3-2-13分别为某炼油厂和某大型发电厂设备参数和运行参数，通过对比可知，自备热电站锅炉和汽轮机效率比发电厂分别低2%和8%，说明主蒸汽参数是影响热电机组效率的关键因素之一。

表3-2-12　某炼油厂自备热电站设备参数和运行参数

项目	蒸汽压力	产汽量	功率(折)	效率	型号	制造厂
锅炉	9.81MPa	310t/h	223MW	92%	FWEOY-310/9.81-540	Foster wheeler
项目	蒸汽压力	用汽量	功率(折)	效率	型号	制造厂
汽轮机	8.83MPa	310t/h	60MW	85%	CC60-8.83/3.9/1.2	杭州汽轮机厂
项目	电压等级	额定电流	功率	效率	型号	制造厂
发电机	10.5kV	4124A	60MW	≥99%	WX18Z-054LLT	山东济南发电设备厂

表3-2-13　某大型发电厂设备参数和运行参数

项目	蒸汽压力	产汽量	功率(折)	效率	型号	制造厂
锅炉	27.18MPa	3044t/h	2200MW	94%	SG3040-27.56-M538	上海锅炉厂
项目	蒸汽压力	用汽量	功率(折)	效率	型号	制造厂
汽轮机	26.25MPa	3044t/h	1000MW	93%	N1023-26.25/600/600	上海汽轮机厂
项目	电压等级	额定电流	功率	效率	型号	制造厂
发电机	27kV	24306A	1000MW	≥99%	THDF125/67	上海电机厂

炼油厂采用高参数、一次再热和深度背压机组将是提升新建热电项目效能水平的重要发展方向。

深度背压机组技术主要包括：提高蒸汽初参数，一般每提高1MPa进汽压力，可降低汽轮机热耗0.1%；实施蒸汽再热，一次再热蒸汽温度每提高10℃，可降低热耗0.15%；在常规一次再热的基础上实施二次再热，可比一次再热机组热效率提升2%~3%，进一步降低供电标煤耗8~10g/(kW·h)；建设深度背压机组，有单抽和双抽背压机两种方案，汽轮机高、中压抽汽满足高、中压用户需求，同时排汽(0.15MPa)接入大气式除氧器，满足除氧用汽需求。

某炼油厂由于供热能力不足，计划扩建3台单元制机组，采用一次再热可调抽汽深度背压机组，设计容量由30MW提升至60MW。该机组于2020年初并网发电，机组发电负荷为40~50MW，与常规机组相比增加发电功率20~30MW。

（二）提高用电设备能效

数据资料显示，中大型电机的效率普遍在90%以上，电力机械的能量损失集中于压力调节设备——调节或回流阀门的节流损失。由于工艺和安全的需要，电力机械设计出口压力大于实际需求。采用调速技术(变频、机械、无级气量调节技术等)消除节流损失，可以降低20%~50%的电能消耗。

1. 变频调速

变频调速是通过改变电源输入频率来改变电动机输出转速，变频调速在调速性能、效率等多方面均优于机械调速，在低负荷区仍能保持高效运行，达到节能降耗的目的，(见表3-2-14，图3-2-39)。

表3-2-14　变频调速优缺点对照表

优点	①变频调速是通过调整输入能源的方式来调整输出功率的，能源损耗少。 ②变频调速范围宽，且在低负荷工况下仍然具有很高的调速效率。所以变频调速适用于运行工况经常处于低负荷状态下的调速场合。 ③变频调速时电动机输出机械特性稳定，手动控制输出转速变化率可以保持在5%以下；自动控制在0.5%~1%。 ④当变频装置发生故障时，可以切换成原工作电源(工频)供电，保证输出设备的正常运行。 ⑤作为大功率电动机的启动电源，实现电动机软启动，减少系统电压波动、提高电动机使用寿命
缺点	①变频装置成本高。 ②低压变频器电源和电动机侧都有谐波产生。 ③高压变频器元器件多，故障率高

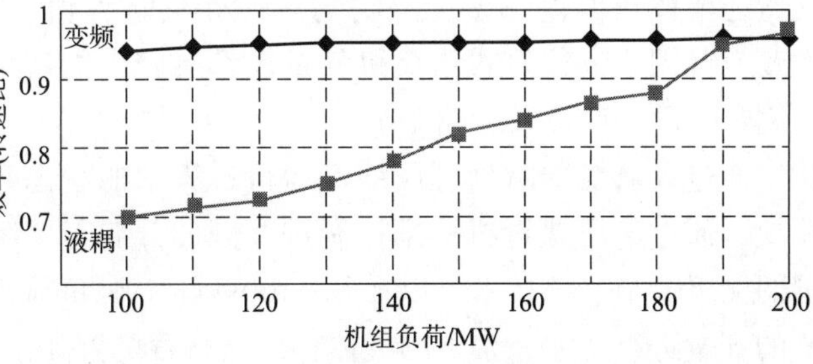

图3-2-39　变频调速与液力耦合器调速效率比较

某炼油厂溶剂脱沥青装置3台脱沥青油溶液泵P105(1台运行、2台备用)进行变频优化节能改造。投入运行后工艺控制平稳，每小时节电150kW·h以上，泵出口至加热炉进料流量稳定，且控制精度提高，大大降低加热炉出口温度的波动，超临界溶剂回收效果提高，装置能耗下降0.6kgEO/t。

2. 机械调速

机械调速器常用液力耦合调速器和永磁调速器，通过在电动机和机械负载间增设调速设备，可以减少节流或回流损失，提高总体效率。

液力耦合调速器是以液体为介质传递功率的传动装置，通过改变耦合器工作腔液体的充满度来改变输出转速及力矩，即所谓的容积式调节。该技术可以在电机转速不变的条件下实现工作机的无极调速，提高效率，具有过载保护性能和起动性能好的特点。液力耦合器正常工况的转速比在0.95以上时，可获得较高的效率。采用液力耦合调速节能技术，电机运行电流可降低约20%，节能约20%。

某炼油厂动力运行部两台220t/h循环流化床锅炉由于原设计风机选型余量偏大，在实际运行过程中，一次风机进口挡板开度维持在20%左右，引风机进口挡板开度35%左右，风机节流的问题严重，造成很大的节流损失及设备安全运行风险。引风机、一次风机增加液力耦合器后，风烟系统设备运行稳定性提高。

永磁调速器是应用永磁材料产生的磁力作用，实现力或者力矩无接触传递的一种新技术。永磁调速技术可以实现平滑无级调速，调速范围0~98%，实现高效节能，相比传统调速方式，节电率约为10%~50%。

某炼油厂鼓风机上使用MGD延迟型永磁耦合器，驱动电机功率220kW，额定转速1480r/min，节能15%。

某炼油厂循环水场Ⅰ系统设计规模为$Q=18000m^3/h$，Ⅱ系统设计规模$Q=9000m^3/h$，2017年7月Ⅱ系统新增$4500m^3/h$冷却塔1间。循环水Ⅰ系统原设置7台卧式双吸型离心循环水泵，其中流量为$4200m^3/h$、扬程为55m的700S-65B型水泵5台，流量为$2100m^3/h$、扬程为55m的500S-59TJ型水泵2台，每间冷却塔设置$248\times10^4m^3/h$风机1台。在更换高效水泵、高效管力阀、换热器流量优化调整等措施外，将P101G泵、冷却塔T101D风机改造为永磁调速后，水泵功率由70%提高到80%，风机能耗节约30%，全年节电20×10^4 kW·h。

3. 往复式压缩机无级气量调节技术

炼油装置所需往复式压缩机的气量一般根据装置最大所需气量来选择压缩机，同时往复式压缩机设计时气量还要按正偏差(3%~5%，分子量小的选大值)来确定，再加上装置负荷变化、入口条件改变等因素，往复式压缩机气量大都有较大的富余量。传统的气量调节方法有顶开气阀、固定余隙调节以及旁路调节。

无级气量调节技术通过计算机即时处理压缩机运行过程中的状态数据，并将信号反馈至执行机构内电子模块，通过液压执行机构来控制进气阀的开启与关闭时间，实现压缩机排气量在全行程范围的无级调节。该技术可以在0~100%压缩机负荷范围内进行气量无级调节；只对实际需要的气量进行压缩，余下的气体在压缩行程的开始阶段回流到进气腔内，进行回流省功，达到降低能耗的效果；对压缩机总入口或出口压力进行自动控制，仅需输入要求的压力值，系统即可自动跟踪并稳定此压力；对压缩机级间压力进行自动控制，维持压缩机各级的正常压比；当系统自身故障时，可自动切除无级气量调节系统，采用原控制系统，旁通阀打开，压缩机进入100%负荷运行；压缩机能平稳启动、加载、切换和停机。

某炼油厂4.1Mt/a柴油加氢装置的新氢压缩机和3.2Mt/a加氢处理装置的氢气压缩机各增上一套无级气量调节系统。柴油加氢装置新氢压缩机工作电流由412A下降了100A，全年实现节电740×10^4kW·h，折合标准煤约2789t；加氢处理装置新氢压缩机工作电流由310A下降了90A，全年实现节电668×10^4kW·h，折合标准煤约2518t。

某炼油厂干气提浓压缩机组B机进行改造，运行电流从160A降至100A左右，功率从1700kW降低至1100kW，年可节电4.8×10^6kW·h。

4. 绿色照明

在全球能源短缺的背景下，LED照明将逐渐成为照明领域的主流产品。绿色智能照明为附带微波感应的LED照明灯具，LED被称为第四代节能照明产品。随着LED照明技术的迅速发展，LED照明产品的光效、使用寿命、稳定性、智能化等性能指标逐步保持稳定，产品市场应用持续提高。在环保方面，对人体不会产生危害和自然环境的汞，辅助改善周边环境，无紫外线。在节能方面，LED照明用较小的用电量可获得较高的有效光通量，目前量产技术可以达到160lm/W，灯具效率比传统金卤灯提高20%~50%。在使用寿命方面，70%光通维持率寿命达36000h，正常工作寿命大于50000h，远高于HID，降低换灯成本。在稳定性方面，产生热量少，减少爆炸风险，无闪烁，增强安全性，辅助提高劳动生产率。在智能化方面，除消防灯具外，所有灯具均可接入智能系统，实现智慧控制，可配合多种传感器实现光照度控制，微波控制、红外控制等，可达到二次节能的效果。

某炼油厂各装置7046盏照明灯具比较陈旧，光衰严重，耗电量大。在满足照明需求的前提下，更换为效率高的绿色智能照明灯具。项目改造前能耗为416.21×10^4kW·h/a，改造实施后能耗为60.77×10^4kW·h/a，项目节电量为355.44×10^4kW·h，折合节省标煤量436.83t/a，项目节电率为85.40%，年降碳量达2267.67t。

(三)降低电网损耗

炼油厂配电网络功率密度高，双电源供电，但仍存在电网损耗(见表3-2-15)。

表3-2-15　某千万吨炼油厂2020年度电网损耗

季度	电网损耗/%
2020年第一季度	0.7
2020年第二季度	0.6
2020年第三季度	0.2
2020年第四季度	0.2

对于炼油厂来说，电网降损措施主要有以下几种：

1. 优化配电电压等级

提高母线运行电压水平可以降低网络损耗，损耗计算公式见式(3-2-1)。

$$\Delta P=\frac{P^2+Q^2}{U^2}R \qquad (3-2-1)$$

式中　ΔP——有功损耗；

P、Q——电网传输的有功、无功功率；

R——网络电阻；

U——电网运行电压。

由式(3－2－1)可知，网络损耗随母线电压升高而降低。

以某炼油厂调整电压等级进行网损优化分析为例，将原有4台分裂变压器换成2台容量90MW的三绕组变压器，电压等级为110/35/6kV，另设置10台35/6kV双绕组装置变压器，采用就地补偿技术，经仿真计算网损由0.568MW减少为0.450MW，减少了0.118MW，占原电网损耗的1.2%，每年节省102×10^4kW·h。当负荷供电距离大于1km时，宜选用35kV线变组供电，且负荷越大，35kV线变组供电方式节电效果越明显。此外，已有变电站通过调节变压器档位，适当提高母线电压，变压器损耗和线路损耗也将降低，但应将母线电压控制在标准规定的电压允许波动范围内。

2. 增设无功补偿

电网中的电力负荷如异步电动机、变压器等，大部分属于感性负荷，在运行过程中需向这些设备提供相应的无功功率。无功补偿应就地补偿，避免产生跨区越级流动，增加网损。在电网中安装并联电容器等无功补偿设备后，提供感性负载所消耗的无功功率，减少电网中变压器和线路的总电流，从而降低线路和变压器的电能损耗。

无功补偿设备一般有同步调相机、并联电容器组、静止补偿器(SVC)、静止无功发生器(SVG)。炼油厂大量应用的同步电动机不产生无功，并可提供一定的无功补偿作用，起到同步调相机的作用。并联电容器增加相关调节控制设备，完善为能够动态补偿无功的静止补偿器。静止无功发生器采用电力电子技术，可以实现感性和容性无功的快速补偿，成本也逐步接近电容器组或静止补偿器。

以某炼油厂为例，设置各区域变电站补偿电容器总容量分别为：区变一3600kVar，区变二13600kVar，区变三3000kVar，区变四9000kVar；总变电站电容器分四组，每组容量为12000kVar，总容量为48000kVar；按照联络线功率因数进行补偿合格。

3. 治理谐波

电网中的谐波来源主要是电力电子设备(变频器、电子镇流器)、非线性负荷(荧光灯、钠灯、金卤灯等)等。

谐波危害主要有：①导致线路损耗增加。②降低供电的可靠性，谐波导致变压器、电容器等电气设备的磁滞及涡流损耗增加，而且使绝缘材料承受的电应力增大。③对继电保护及自动装置造成不良影响，利用负序电流或电压、零序电流或电压、差动电流或电压启动的保护装置会受到谐波的影响。随着变频器等电力电子设备使用量不断加大，谐波在变压器及低压配电网中引起的损耗不应忽略。

考虑谐波因素后，变压器铜耗与1、2次绕组阻抗相关，与负载率平方成正比。谐波使线路、变压器等值电阻增大，并且随着谐波次数增加集肤效应更加明显，谐波损耗均随着谐波含量增加而增加，且谐波次数越高，所增加的损耗也越多。

整体计算谐波网损较困难，现有谐波网损计算一般针对单个设备、单条线路计算谐波损耗，采用修正等值电阻法方式估算，即用谐波畸变率和集肤效应系数修正基波网损，公式为：

$$\Delta P = THD_1^2 P_{L1} + \sum_{h=2} \left(\frac{I_h}{I_1}\right)^2 (P_{L1}\gamma_{sh} + P_{T1}\sqrt{h}) \qquad (3-2-2)$$

其中：

$$P_{L1} = I_1^2 (R_{DC} + R_{T1}) \qquad (3-2-3)$$

$$P_{Lh} = I_h^2 R_{DC} (1 + \gamma_{sh}) \qquad (3-2-4)$$

$$P_{Th} = I_h^2 \sqrt{h} \qquad (3-2-5)$$

$$P = P_{L1} \sum_{h=1} \left(\frac{I_h}{I_1}\right)^2 (1 + \gamma_{sh}) + P_{T1} \sum_{h=1} \left(\frac{I_h}{I_1}\right)^2 \sqrt{h} \qquad (3-2-6)$$

其中，P_{L1}为线路和变压器在基波下线路的损耗，P_{Lh}为线路谐波修正损耗，P_{Th}为变压器谐波修正损耗，P为线路总损耗，R_{DC}为线路直流电阻，R_{T1}为变压器基波电阻，I_1为基波电流，I_h为谐波电流，THD为谐波畸变率，γ_{sh}为集肤效应系数，h为谐波次数，ΔP为谐波损耗。

谐波治理宜采取无源滤波与有源滤波相结合方式，降低谐波网损。目前采用电力电子技术的有源滤波器(APF)得到广泛应用，用于补偿工频无功的静止无功发生器(SVG)通常配置有源滤波功能。

4. 采用节能型变压器

节能型变压器是国家强制推广的产品。相比于S7、S9系列变压器，S11系列变压器负载损耗与空载损耗均下降30%～40%；与S9系列相比，S11系列变压器空载损耗下降8%，负载损耗下降25%。以变压器容量200kVA、负载系数0.35进行估算，S7、S9、S11系列变压器年电能损耗分别为8379kW·h、6995kW·h、5681kW·h，而SH15系列非晶体铁心变压器损耗更低，空载损失仅为S9系列的25%～30%。因此通过变压器更新换代是提高能效的有效措施。

三、降低蒸汽消耗

蒸汽是炼油六大能源工质之一，实际消耗占用能总量的20%左右，低于燃料，与电基本持平。蒸汽来源有两个方面，一是装置自产，二是动力锅炉、热电站或外购补充。蒸汽作为能源工质，几乎用于每个工艺过程，包括作为热源加热、汽提分离工艺物料，为动力源驱动泵和压缩机、抽真空等，甚至还有部分直接参与工艺反应过程。降低蒸汽系统能耗措施主要有提高装置自产汽，降低装置及各系统用汽。

蒸汽平衡是蒸汽系统高效运行的基础，是一个动态过程，要求不同压力等级间蒸汽均要产耗平衡，且级间调节灵活，避免装置过度用汽或蒸汽过剩放空。通过蒸汽平衡，可以发现系统的节能潜力，包括装置产汽、用汽是否合理，蒸汽输送是否存在问题等。正常情况下，炼油厂应产的蒸汽全部产出，没有过度用汽，蒸汽无过剩放空，不同压力等级间蒸汽调节没有减温减压量或减温减压量很低，可以认为这个企业的蒸汽系统处于最佳运行状态，效率最高。

(一)产汽优化

装置是耗汽大户，同时也是产汽大户。原则上，工艺物流优先用于换热，降低装置燃料消耗，剩下的热量先用于产不同压力等级蒸汽，最后以热媒水方式回收可回收热量，无法回收的通过空冷或水冷排放。加热炉烟气优先加热空气，降低燃料消耗，过剩热量用于产汽。装置产汽压力等级应与产汽热源温位匹配，优化提高产汽压力、增加产汽量。

1. 优化装置产汽压力

蒸汽压力等级越高，其做功能力越强。正常情况下，1t/h高压蒸汽经背压透平至中压蒸汽可发电56kW。同等温位热量，产汽压力越高，蒸汽能效越高，催化裂化装置再生器烟气温度超650℃，制氢装置加热炉炉膛出口温度超700℃，其产高压蒸汽能效要远高于中压蒸汽。

某炼油厂2.8Mt/a催化裂化装置外取热器设计产10.0MPa蒸汽，油浆蒸发器、余热锅炉设计产3.8MPa蒸汽，装置机组用3.8MPa蒸汽驱动。外取热器实际产10.0MPa蒸汽203t/h，经背压透平机组降压至3.8MPa，回收电能11.3MW。

某炼油厂催化裂化装置通过油浆蒸发器材质升级等措施，装置改产中压蒸汽，装置蒸汽能耗降低2kgEO/t。

2. 优化装置操作

分馏塔内热量呈梯度分布，塔底温度高，塔顶温位低。正常情况下，塔底高温位热量用于加热物料及产汽，塔顶低温位热量部分回收余热，部分经空冷、水冷排放，全塔的热量可优化利用，即增加塔底高温位热量取热，减少塔顶余热及排放热量。

某催化裂化装置通过优化分馏塔取热，提高油浆循环量及取热量，将分馏塔热量整体下移，油浆蒸发器产汽增加4t/h，塔顶余热及排放热量降低，装置能耗降低2.6kgEO/t。

3. 强化烟气能量回收

催化裂化装置余热锅炉烟气用于产汽及余热锅炉上水，受烟气露点腐蚀及省煤器结垢影响，排烟温度大部分超180℃，部分企业通过提高省煤器上水温度避免露点腐蚀及强化省煤器换热，将余热锅炉排烟温度降低至150℃。

某炼油厂催化裂化装置通过更换高温段省煤器，低温段省煤器材质升级和强化传热，提高省煤器上水温度至135℃，同时加强吹灰管理，余热锅炉排烟温度稳定在155℃左右，装置产汽增加3t/h。

4. 提高汽包上水温度

大部分装置汽包上水为除氧水，温度102℃。汽包上水温度越高，产汽量越大。部分企业存在装置140℃左右的工艺余热热量过剩排放情况。这部分热量完全可用于加热102℃的汽包上水，提高上水温度，增加产汽量，同时有利于降低空冷及循环水负荷。

某炼油厂柴油加氢装置145℃精制柴油与热媒水换热，换至106℃进空冷，空冷负荷大，同时全厂热媒水系统热量过剩排放。企业拟在热媒水换热前增加精制柴油预热除氧水流程，将装置产0.35MPa及1.0MPa蒸汽汽包上水温度提高至120℃左右，预计装置产汽增加1t/h，同时物料进空冷温度可降低至90℃左右，降低精制柴油和热媒水系统过剩热量冷却负荷。

5. 高温凝结水直接给水

同等情况下，锅炉上水温度越高，产汽量越大。1.0MPa及以下压力锅炉(蒸发器)对水质要求不高，装置凝结水可用做上水，尤其是硫黄等装置低压汽包产汽全部做溶剂再生、污水汽提装置汽提蒸汽，其对蒸汽品质要求不高，装置产高温凝结水完全可直接回用于本装置。

某炼油厂硫黄三级冷凝器产0.35MPa蒸汽用水全部改为装置自产160℃高温凝结水，

0.35MPa 蒸汽增产 3t/h。

6. 降低排污率

汽包排污是调节炉水水质、确保蒸汽质量合格的重要手段。排污率根据炉水水质及蒸汽质量确定，一般不超过2%。汽包每增加1t排污，产汽减少约0.2t。部分装置汽包排污量过大，一方面导致产汽量降低，另一方面也增加了除氧水和药剂消耗，可优化降低。

某炼油厂根据装置汽包上水水质情况、炉水质量和蒸汽质量确定不同汽包的水质质量，加强了水质管理，汽包平均排污率降低至2%以下，全厂增产蒸汽约5t/h。

（二）用汽优化

蒸汽基本参与到炼油生产的全过程，包括直接汽提、间接汽提、雾化、抽真空、加热、伴热等。每个用汽点的用汽量均与工艺参数和产品质量相关，存在能源替代或优化降低的潜力。

1. 气分装置取消蒸汽加热

气分装置各分馏塔塔底温度均不高，是很好的余热利用热阱。脱丙烷塔塔底温度约103℃，可采取热联合方式替代蒸汽加热；脱乙烷塔及丙烯精馏塔塔底温可控制在60℃以下，可采取热水加热，由此，全装置可取消蒸汽加热。

某炼油厂气分装置取消蒸汽后，装置能耗降低至25kgEO/t左右，较同类装置低15kgEO/t以上。

2. 原油罐区取消加热蒸汽

受原油输转量大影响，原油罐区加热维温热量大，如用蒸汽加热维温，蒸汽耗量大，能耗高，冬季更为明显。原油储存温度一般不超过40℃，其加热维温完全可用热水，也是很好的余热利用热阱。

某炼油厂全面推广原油罐区取消加热蒸汽工作，通过热水升温进罐、罐内热水维温、罐体保温及罐顶喷涂隔热涂料等措施，原油罐区全面取消蒸汽加热，年均节约蒸汽10t/h以上。

3. 降低除氧蒸汽

除氧器用蒸汽主要有两个作用，一是将上水加热到运行温度，二是将水中溶解氧汽提带出除氧器。低压除氧器操作温度一般为104℃，中压除氧器操作温度约为140℃、高压除氧器操作温度约为160℃。除氧器上水为除盐水，除盐水正常温度约30℃左右。除氧蒸汽耗量与上水温度密切相关，上水温度越低，耗蒸汽量越大。根据除氧器蒸汽用途，我们可利用余热提高除盐水进除氧器温度，降低除氧蒸汽耗量。

某炼油厂电站锅炉除氧器补水通过与炼油装置余热换热，上水温度由30℃提高至120℃，除氧蒸汽耗量降低约60t/h。

某炼油厂催化裂化装置通过优化除盐水换热流程，除氧器进水温度由60℃提高至85℃，除氧蒸汽消耗降低约12t/h。

4. 优化操作降低蒸汽消耗

塔馏出口产品质量除与汽提用蒸汽量有关外，还与塔压、底温和塔顶回流比有关。汽提蒸汽量与塔温、塔压和冷回流量直接相关，可优化调整。如在保证产品质量不变情况下，降压、降低冷回流量可降低汽提蒸汽量。流程模拟技术可以更好地体现这个过程。

某炼油厂采用流程模拟技术精确模拟溶剂再生、污水汽提装置塔顶冷回流量、塔压与贫液、脱硫净化水质量关系，通过降压、降低塔顶冷回流量等措施，装置蒸汽量降低约

20t/h，贫液、脱硫净化水质量满足工艺卡片要求。

某炼油厂催化裂化装置操作优化将稳定塔顶压力从 1.05MPa 降至 0.87MPa 时，塔底重沸器用热量从 22MW 降至 20MW，装置蒸汽消耗降低 3t/h。

5. 脱硫溶剂、含硫污水系统节汽

溶剂再生、污水汽提装置蒸汽耗量与溶剂循环量、含硫污水处理量直接相关，降低溶剂循环量、含硫污水处理量有利于降低装置蒸汽。部分企业脱硫溶剂富液硫化氢含量低，含硫污水硫化氢、氨氮含量低，均存在优化降低处理量节能潜力。

某炼油厂溶剂再生装置富液硫化氢含量约 12g/L，较先进值低 10g/L 左右，含硫污水氨氮含量约 2000mg/L，较先进值低 4000mg/L 左右。通过优化上游操作，溶剂循环量降低约 100t/h，含硫污水量降低 30t/h，溶剂再生、污水汽提装置蒸汽消耗共降低 15t/h。

6. 中间再沸技术

中间再沸技术是一项高效节能技术，采取中间再沸技术，一方面可充分利用低温位热源，减少余热排放导致的能耗，另一方面可降低塔底热负荷，减少高温位能源消耗。

某炼油厂催化裂化装置稳定塔采用中间再沸器技术，塔底蒸汽消耗降低约 5t/h；某烷基化装置分馏塔采用中间再沸器技术，用装置凝结水及热媒水做热源，装置蒸汽消耗降低 8t/h，循环水消耗降低 100t/h。

（三）蒸汽管网优化

1. 优化控制蒸汽流速

老炼油厂均存在蒸汽管网配置与实际需求不匹配、管网随着装置增加而增加的情况，这导致蒸汽管网压力等级多、管线长、流程复杂、调控难度大。部分管线蒸汽流速过高、压降大、蒸汽质量难以满足用户需求；部分管线蒸汽流速过低、散热量大、蒸汽温度低、蒸汽损耗大。蒸汽管网需要做适应性改造以提高运行效果并降低损耗。

某炼油厂采用蒸汽管网模拟优化软件对全厂蒸汽管网进行模拟优化测算，计算得到管线表面散热损失，线内蒸汽流速、管网主要节点蒸汽压力、温度等参数，据此对蒸汽管网提出适应性的改造和调控方案。方案实施后共停用蒸汽线约 5000m，保温改进 7500m，损失量降低 5t/h，部分装置边界压力提高 0.2MPa。

2. 保温提效

炼油厂部分高温管道和设备保温效果差，散热损失大，如某北方企业，冬季蒸汽消耗较夏季增加约 80t/h；某炼油厂雨天蒸汽消耗较晴天增加约 30t/h。保温强化节能技术通过使用新型保温材料和优化保温结构，可大幅减少散热损失，并延长保温使用寿命。

某炼油厂自备电站至装置的 3.5MPa 蒸汽管线管径为 *DN*400、输送距离约 2km。该管线保温效果较差，表面温度多处超过 100℃，蒸汽送至边界处的温度经常不足 390℃，对装置的安全生产造成一定的影响。对管线进行普查并整改。整改完成后，边界处蒸汽的温度由 389℃提高到 398℃，每小时减少热量损失 1.68GJ。

某炼油厂的炼油装置部分高温管线、设备、阀门和管件存在保温缺失和破损现象。如常压蒸馏装置除氧器及与其相连的蒸汽、热水管线均没有保温设施；公用工程部管带伴热总阀保温设施破损、减温减压阀及出入口高温阀门法兰无保温；两套催化裂化装置部分高温阀门法兰、控制阀、换热器浮头大法兰均没有任何保温措施。对保温整改后全厂蒸汽消耗降低 15t/h。

（四）蒸汽平衡调节

装置产、用汽优化后，全厂蒸汽平衡将出现较大变化，中压、低压甚至0.35MPa蒸汽均有可能出现过剩情况，这需要提高级间蒸汽调节的灵活性。原则上，每个压力等级蒸汽都应耗大于产，不足部分由上一级蒸汽调节，最高压力等级蒸汽由锅炉产汽或外购调节。在蒸汽平衡优化过程中要以调节供汽为主，避免增加凝汽透平等低效应用。对于蒸汽整体过剩企业来说，双抽凝透平为最佳调节手段，低压汽、0.35MPa蒸汽可通过抽汽抽节，其他过剩蒸汽凝汽发电回收能量。对于全厂蒸汽整体不过剩，单一压力等级蒸汽过剩企业来说，抽汽背压透平为最佳调节手段。

某炼油厂全厂蒸汽产耗基本平衡，夏季略有富余，冬季不足，全厂燃料气过剩，动力锅炉产汽平衡全厂燃料兼顾平衡蒸汽，全厂设置一台双抽凝透平，冬季低压汽不足部分由透平抽汽调节，夏季过剩蒸汽全部凝汽发电，全厂无蒸汽过剩放空。

四、提高烧焦能量利用

催化裂化烧焦是影响炼油厂能耗的主要因素之一，某炼油厂催化裂化装置能耗组成如表3-2-16。催化裂化烧焦能量主要用于反应系统需热、再生器取热、烟气轮机做功、余热锅炉产汽。提高催化裂化烧焦能量利用应重点关注取热器发汽量、提高产汽压力等级、采用高效烟机等。

表3-2-16　某催化裂化装置能耗组成表

序号	项目	能耗	
		数值/（kgEO/t）	百分比/%
1	新鲜水	0.027	0.07
2	循环水	1.422	3.46
3	除盐水	1.442	3.51
4	除氧水	-0.092	-0.22
5	电	4.43	10.79
6	3.5MPa（g）蒸汽输出	-30.825	-75.10
7	1.0MPa（g）蒸汽输出	-8.246	-20.09
8	燃料气	0.541	1.32
9	催化裂化烧焦	78.212	190.56
10	低温热	-3.002	-7.31
11	顶循热输出	-3.442	-8.39
12	原料油热输入	0.577	1.41
合计		41.044	

（一）提高取热器发汽量

再生器烧焦过程放出的热量远大于反应所需要的热量，过剩的热量必须被转移出去，否则将影响反应的转化率、产品分布。通常在再生器内部或外部设置换热管束控制催化剂的温度，用以调节催化剂温度，前者称为内取热器，后者称为外取热器。

内取热器是在再生器内部安装冷却盘管，给水通过盘管吸收催化剂的热量而转化为水蒸气，催化剂得到冷却，主要包括垂直盘管式和水平盘管式 2 种。内取热器投资少，结构简单，但维修困难，操作调节弹性小。外取热器是在再生器外部设置一个单独的设备，通过催化剂循环管线与再生器连通。外取热器的内部通常设置有多组垂直管束，由再生器引入的高温再生催化剂与换热管束接触后，将热量传递给换热管内的流体，被冷却的催化剂再通过循环管线返回再生器。相比内取热器，外取热器具有取热负荷调节灵活、操作弹性大、可靠性高且维修方便等优点。

某炼油厂 1.2Mt/a 催化裂化装置对外取热器及产汽系统进行优化改造，外取热器管束采用大管径，在原内取热盘管不做变动的基础上，再生器内取热器新增 8 组立式中压蒸发管束，布置在再生器密相床层，新增管束与汽水分离器相连接，并相应更换部分汽水管线及设备。通过以上技改措施，装置中压蒸汽发汽量比改造前增加 15t/h 以上。

(二)提高产汽压力等级

烧焦过程产生的热量大部分用于发生 3.5MPa 等级蒸汽。根据热力学第二定律，为减少换热过程不可逆损失，对于炼油工艺生产装置，应尽可能发生高压力等级蒸汽，提高烧焦高温位热量回收效率，实现热量和蒸汽梯级利用。

某炼油厂 2.8Mt/a 重油催化裂化装置在国内首次利用重油催化裂化产汽负荷大、热能温位高的特点，在外取热器和余热锅炉发生 10.0MPa 高压蒸汽，用油浆发生 3.5MPa 中压蒸汽，并利用余热锅炉进行高压和中压蒸汽的过热。通过对蒸汽系统的平衡，停运两台 130t/h 的 CFB 燃煤动力锅炉，装置副产 260t/h 高压蒸汽驱动汽轮发电机组(25MW)发电，汽轮机中压抽气抽出 3.5MPa 供系统中压蒸汽，额定负荷 120t/h，低压抽气抽出 1.0MPa 蒸汽供系统低压汽管网，中压汽和低压汽品质满足全厂生产装置工艺需求，每年可减少煤炭约 200kt/a。

(三)采用高效烟机

1. 单级高效烟机

目前，烟气轮机主要可分为单级和双级，双级烟机虽然效率较高，但是容易因为转子不平衡造成烟机震动大，且易形成催化剂沉积，故障率高、运行周期短、维修费用高。因此，催化裂化装置可采用高效单级烟机进行烟气的能量回收。采用单级高效烟机，设备效率可达到 82% 以上，能有效回收烟气能量。

单级烟机典型特点如下：结构简单，无二级动静叶和二级静叶叶环体，易损件减少，故障率低；设备安全性高，维修方便，可满足长周期运行需求，运行经济性好；催化剂不易在叶片上沉积，烟机磨损和腐蚀减少；随着烟机设计技术的发展，通过采用大焓降叶片，可有效提高单级烟机的效率。

某炼油厂催化裂化装置采用 YLII6000A 型双级型式烟气轮机回收再生器烧焦烟气能量，运行过程中由于双级结构上的制约，催化剂细粉极易堆积在一级轮盘后侧台肩的密封处，造成动静之间有摩擦，导致烟机转子振动增高，振动值超过报警值时烟机主风机组将被迫停机，采取解体检修或不解体吹扫的方式处理。对此，装置将双极型式的烟机更换为 YL7000I 型单级烟机。改造完成后，烟机运行状况一直很好，主风机电机的电流较改造前 190A 降低到 160A，烟机多做功 784kW。

2. 马刀叶型新型烟机

新型烟机采用新开发的马刀叶型，具有更好的气动效率。马刀叶型综合运用变截面、扭曲和弯曲三项技术，能有效调整等压线的分布形状，控制径向压力梯度和横向压力梯度，抑制根部附面层分离现象，减少二次流损失，提高烟气回收效率。

采用动叶叶根保护技术，提高叶根的强度。优化动静叶流道围带扩张角，根据烟气轮机单级的焓降，优化动、静叶流道围带扩张角。在新设计中将原来静叶平顶围带，改变成与动叶围带扩张角相当的角度，取消防冲蚀台阶，这样更改后烟机叶顶的气流不会在静叶出口产生径向偏折，更不会由于防冲蚀台阶产生涡流扰动。

采用带有导流板的高效排气机壳，对于和烟气轮机类似的燃气轮机动力透平，一般都采用无导流板的长扩压段。但是由于烟机的悬臂结构限制，在轴向不方便采用长的轴向扩压段，且烟气轮机的单级焓降一般比燃气轮机大，开发带有导流板的高效排气机壳，减小排气机壳的扩压损失，用以提高烟机的效率。

某炼油厂催化裂化装置烟机采用马刀叶型新型烟机改造后，烟机热效率在79.7%～83%，烟机做功增大，主电机耗功明显降低。改造后烟机轴承振动幅值明显减小。轴承和轴瓦温度没有明显变化。整体烟机机械运行状态明显向好。烟机改造后烟机回收功率提升2921kW，节能效果明显。

第五节　余热余压利用

余热余压回收利用，是炼油用能三环节中的重要环节之一，对炼油厂的节能降耗具有重要意义。

一、余热利用策略

余热产生于生产过程，但分布不均衡，温度差异大，且各企业的具体情况均不同。因此，余热利用没有适用于所有场合的通用技术，需要具体问题具体分析，根据不同的场景采用最合理的利用方式。图3－2－40所示的是余热利用策略，原则上按效率从高到低综合利用。

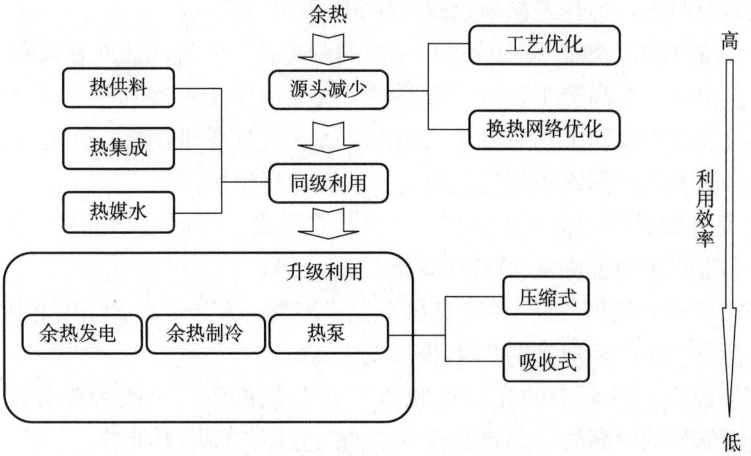

图3－2－40　炼油厂余热利用策略

二、余热源头利用

通过工艺和换热网络优化，将余热直接从生产源头减少，是最高效的优化利用方式。如精馏塔的回流比工艺参数优化，装置换热网络优化，装置间热直供料等。

(一)工艺参数优化

分馏过程是装置余热产生的主要来源之一，分馏过程的余热主要产生于塔顶气的冷却，以及部分塔顶、塔釜产品物料或中段循环物料。塔顶回流比的参数是影响塔顶气冷却余热量的关键，对回流比操作参数进行优化调整，可直接减少塔顶余热产生。

某炼油厂碳四装置精馏塔操作优化。碳四装置为保产品质量达标，两台精馏塔回流比过高。在满负荷生产的情况下，回流量均为40m³/h左右。通过模拟计算，塔一回流量仅需13m³/h(体积回流比为13)可达到分离要求，塔二回流量仅需22m³/h(体积回流比为14)可达到分离要求。以模拟分析的结论指导优化精馏塔的回流量，通过工艺调整，逐步降低塔一和塔二的回流量，产品质量合格。优化后，两塔总共减少再沸器30%的蒸汽用量，同时也大幅减少了塔顶低温热的产生。图3-2-41、图3-2-42为上述两塔优化操作过程的变化。

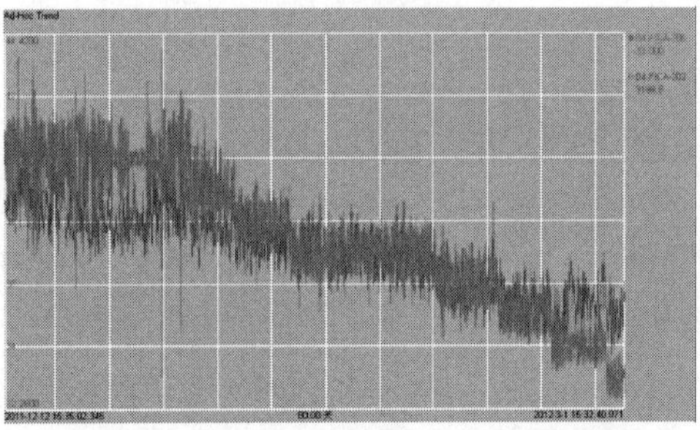

图3-2-41 塔一回流量操作优化对蒸汽的影响

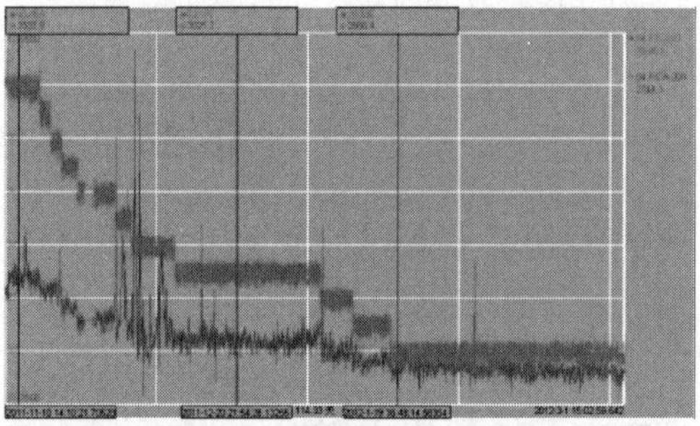

图3-2-42 塔二回流量操作优化对蒸汽的影响

(二)工艺流程优化

工艺流程包括工艺过程和换热网络，工艺过程是用能的核心，换热网络是余热回收的关键。工艺过程优化可以通过减少重复的降温升温过程等措施来节能；换热网络优化主要是降低夹点温差及跨夹点传热来减少余热产生量。

某炼油厂2#柴油加氢装置采用冷进料+冷高分工艺，装置间热联合操作受限于冷进料，使上游产品余热浪费；冷高分工艺由于需要将反应流出物全部冷却至40℃左右再进行气液分离，液相部分又需要重新加热后再进入精馏系统，重复冷却升温，造成能量浪费。

对装置的工艺及换热网络进行优化改进，改造内容包括：

1)将2#加氢装置进料与常减压蒸馏装置进行热联合，界区改冷进料为热进料，提高直馏柴油的进料温度，进料温度从49℃提高至130~150℃。

2)反应部分热高分流程改造，第二反应器后增设热高压分离器、热低压分离器、热低分气换热器，低分油温度从原来的35℃提高至250℃。

3)分馏部分改造，将原来的先汽提脱H_2S后分馏的流程，改为先分馏，后脱汽提脱H_2S流程，利用低分油的高温位余热实现汽柴油的分离，停用重沸炉。

改造后减少反应炉约30%的燃料气消耗，产品分馏部分停用分馏重沸炉和重沸炉循环泵。对比改造前后能耗变化，装置能耗下降41%。具体能耗变化见表3－2－17。

表3－2－17　某炼油厂2#柴油加氢改造前后能耗变化表

序号	处理量/t	能耗合计/(kgEO/t)	电/(kgEO/t)	燃料/(kgEO/t)	蒸汽/(kgEO/t)	新鲜水/(kgEO/t)	循环水/(kgEO/t)	除氧水/(kgEO/t)
改造前								
1	4015	16.274	3.155	7.321	5.009	0.002	0.717	0.07
2	4399	15.887	2.607	7.994	4.568	0.002	0.655	0.062
3	4794	12.924	2.395	5.81	4.06	0.001	0.601	0.056
4	4372	14.487	2.664	6.643	4.457	0.001	0.659	0.062
5	4309	14.831	2.744	6.795	4.56	0.002	0.668	0.062
6	5089	12.567	2.289	5.785	3.874	0.001	0.566	0.052
7	4415	13.882	2.604	6.227	4.335	0.002	0.652	0.062
累计值	31395	14.404	2.637	5.343	4.409	0.002	0.642	0.061
改造后								
1	4390	10.406	2.774	1.624	5.282	0.001	0.656	0.069
2	4358	10.185	2.681	1.319	5.454	0.001	0.661	0.069
3	4954	8.901	2.422	1.059	4.779	0.001	0.581	0.058
4	5540	6.228	2.233	0.991	2.430	0.001	0.520	0.054
5	6158	8.803	2.184	0.785	5.313	0.001	0.468	0.051
6	6248	7.331	2.123	0.914	3.784	0.001	0.461	0.049
7	5731	8.215	2.331	1.179	4.150	0.001	0.502	0.051
8	6159	7.597	2.182	1.036	3.861	0.001	0.468	0.049
9	4952	9.206	2.713	1.056	4.793	0.001	0.581	0.062
累计值	48495	8.417	2.375	1.083	4.367	0.001	0.534	0.056
与改造前比节约值		5.99	0.26	4.26	0.04	0.00	0.11	0.01
节能比例/%		41.57	9.92	79.73	0.95		17.1	

（三）装置间热供料优化

热供料可将上游装置的余热通过高温物料直接带入下游装置，如常减压－渣油/蜡油加氢－催化裂化－S Zorb/柴油加氢，常减压－煤油加氢，常减压－柴油加氢，常减压－焦化－加氢裂化/汽柴油加氢，上述装置在原油生产加工过程中是上下游关系，热供料对于减少上游装置的冷却负荷，减少下游装置的加热负荷具有显著的成效。

对催化裂化装置进料温度与装置的油浆产汽量进行对比分析，发掘出高温热供料对减少上游装置冷却负荷，提高下游装置的产汽量具有明显节能效果。

催化裂化装置原料油通常与油浆换热至200℃左右后，再进入提升管反应器，因此原料油进料温度越高，与油浆的换热量就会越少，油浆的产汽量就会越多。对两套催化裂化装置的进料温度和装置油浆产汽量进行对比分析，结果见表3－2－18。

表 3－2－18 催化裂化装置的进料温度对装置油浆产汽量对比分析表

项目	A 催化		B 催化		B 催化提高进料温度	
	油浆	原料油	油浆	原料油	油浆	原料油
流量/(t/h)	745	241	451	209	451	209
起始温度/℃	331	166	325	101	325	165
终止温度/℃	273	221	266	201	266	201
产汽量/(t/h)	40. 8		8. 4		28. 1	
油浆热量/MW	35. 1		21. 6		21. 6	
原料油升温用热/MW	10. 8		16. 9		6. 1	
产汽用热/MW	24. 3		4. 7		15. 5	

注：原料油直接与催化油浆换热。

从表中的数据可以看出，A 装置原料油从上游装置来热供料温度较高，油浆用于产汽的热量较多，产汽量大；B 装置原料油进料温度偏低，油浆大部分热量用于原料油升温，极大影响了油浆产汽量。若 B 装置原料油进料温度提高至 A 装置的温度，油浆运行参数不变，则油浆的产汽量可大幅增加。

催化裂化装置上游装置通常为蜡油加氢、渣油加氢等装置，而且根据催化裂化装置的特点，进料的温度提高至 200℃ 更为合适，对于蜡油加氢/渣油加氢装置而言，减少 0. 35MPa 蒸汽产量即可提高热出料温度，加氢蜡油/渣油的余热通过热出料输送至催化裂化装置，可增加催化裂化装置 3. 5MPa 蒸汽产量。

三、热联合利用

热联合利用的主要方式有装置间热联合、热媒水直接换热等方式。

(一) 装置间热联合

相邻的两套装置热源与热阱存在合理温差，两者的换热网络可考虑热联合。

某炼油厂 3#三废装置存在大量凝结水低温热未回收利用，3#催化裂化锅炉给水换热流程存在大温差跨夹点传热，3#催化裂化原料油温度偏低，直接与油浆换热，换热温差大造成能量损失等问题。通过一系列的换热流程优化调整，回收 3#三废凝结水和 3#催化裂化稳定汽油两股物料冷却排弃的余热，油浆多产 3. 5MPa 蒸汽 15t/h，3#催化裂化除盐水换热量有所降低，除氧蒸汽多消耗 1. 0MPa 蒸汽约 8t/h，降低空冷负荷实现节电 150kW。节能效果具体见表 3－2－19。

表 3－2－19 某炼油厂 3#催化裂化与 3#三废热集成后的节能效果

项目	消耗量	备注
3. 5MPa 蒸汽/(t/h)	－15	油浆多产汽
1. 0MPa 蒸汽/(t/h)	8	3#催化裂化除氧器增加消耗
空冷器节电/kW	－150	稳定汽油空冷、凝结水空冷

三废凝结水换热流程优化调整见图 3－2－43、图 3－2－44。

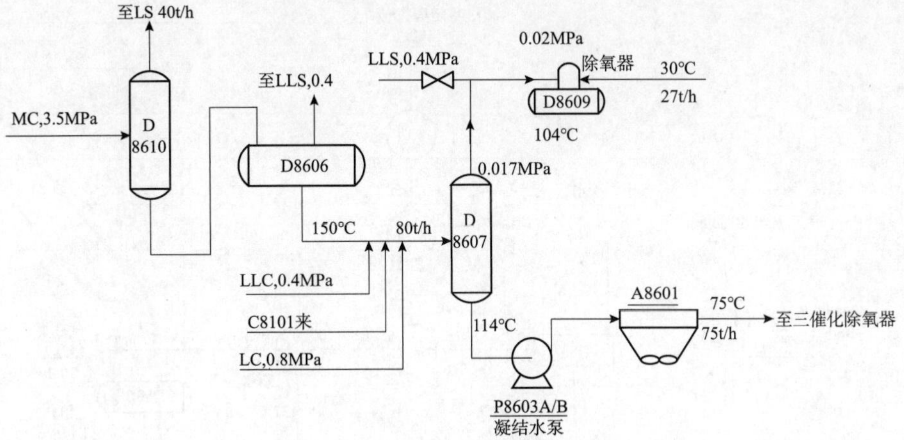

图 3-2-43　3#三废原凝结水流程

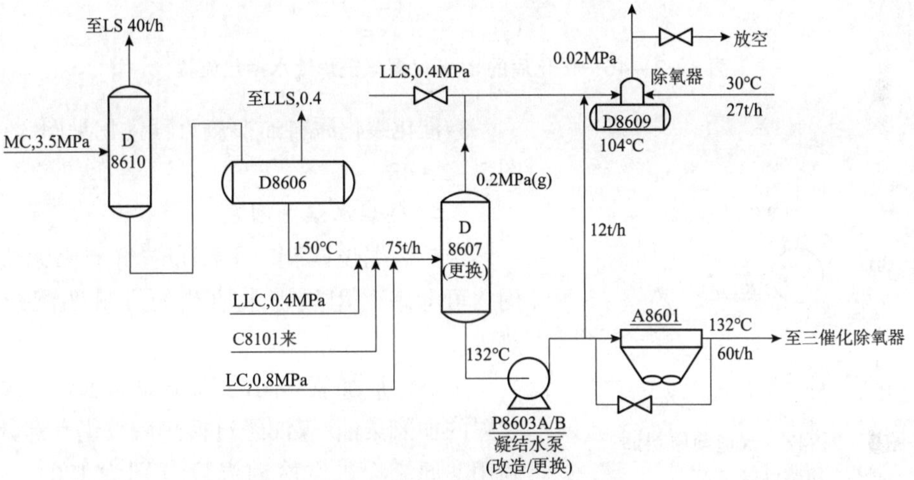

图 3-2-44　3#三废凝结水优化流程

3#催化裂化锅炉换热流程优化见图 3-2-45、图 3-2-46。

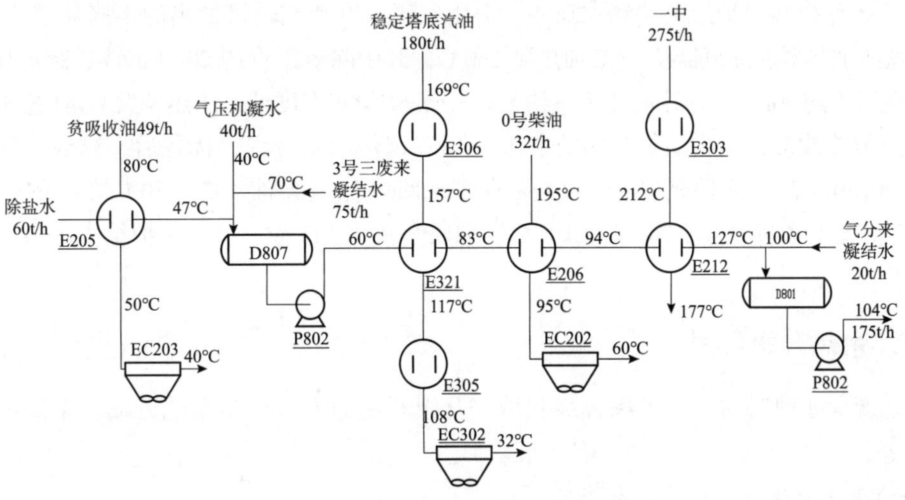

图 3-2-45　3#催化裂化锅炉换热流程

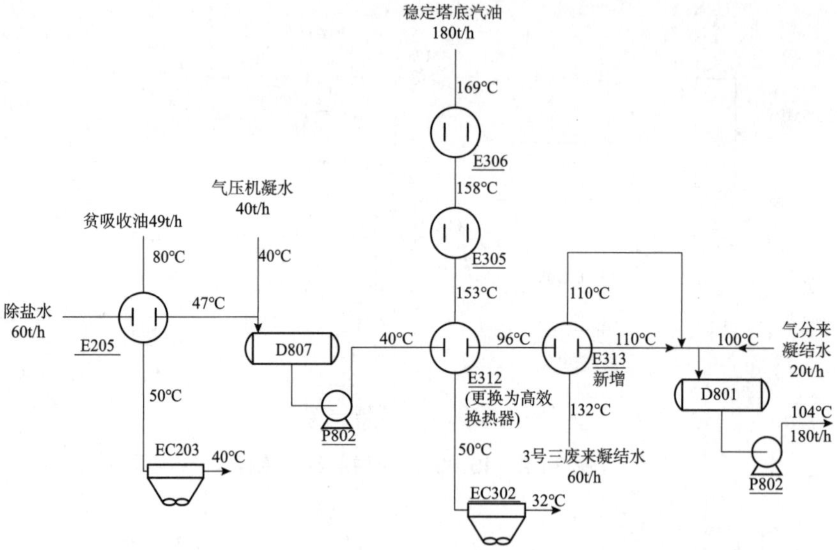

图 3-2-46　优化后的 3#催化裂化锅炉给水换热流程

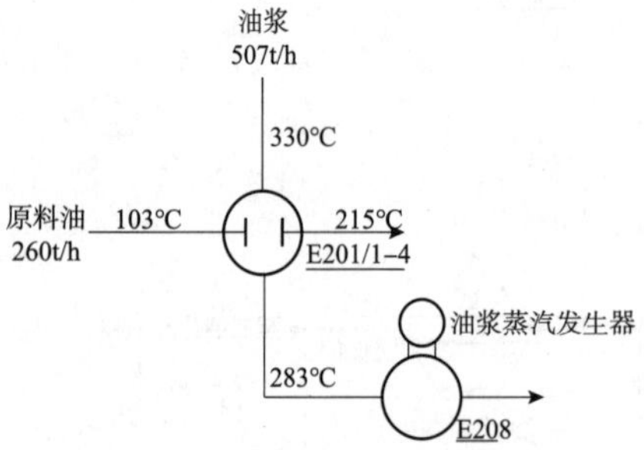

图 3-2-47　改造前原料油/油浆换热流程

3#催化裂化原料油换热流程优化见图 3-2-47、图 3-2-48。

（二）热媒水换热利用

余热因温位匹配、平面布置等原因无法直接利用，可考虑采用热媒水取热的方式匹配全厂热源热阱。

某炼油厂加氢车间的 3#柴油加氢、2#煤油加氢装置的加氢柴油/煤油经过换热后，仍有部分余热未利用，原流程进空冷前温度分别为 170℃、132℃，流量分别约为 200t/h、170t/h，冷却至 50℃后送至罐区。

该厂动力 CFB 锅炉给水共约 420t/h，需用低压蒸汽和汽轮机抽出的不同品质蒸汽经1#、2#、3#低压加热器和除氧器从 41℃加热到 160℃，其中除氧蒸汽约 20t/h，1#、2#、3#低压加热器消耗蒸汽约 30t/h，合计消耗蒸汽约 50t/h。锅炉给水温度低，用热量大，是优质的热阱。

通过节能改造，回收加氢车间的余热为 CFB 锅炉给水升温，优化后，3#柴油加氢回收加氢柴油 170～70℃之间的热量，2#煤油加氢回收加氢煤油 132～70℃之间的热量，把 200t/h锅炉给水温度从 41℃提升至 101℃，回收余热约 14MW，节省锅炉给水加热蒸汽消耗约 26t/h。

四、余热升级利用

当热源大于热阱时，可考虑升级利用，升级利用的方式包括余热升温、余热制冷、余热发电等。

（一）余热升温

热泵为余热升温通常有两种方式：一类是压缩式热泵，另一类是吸收式热泵。

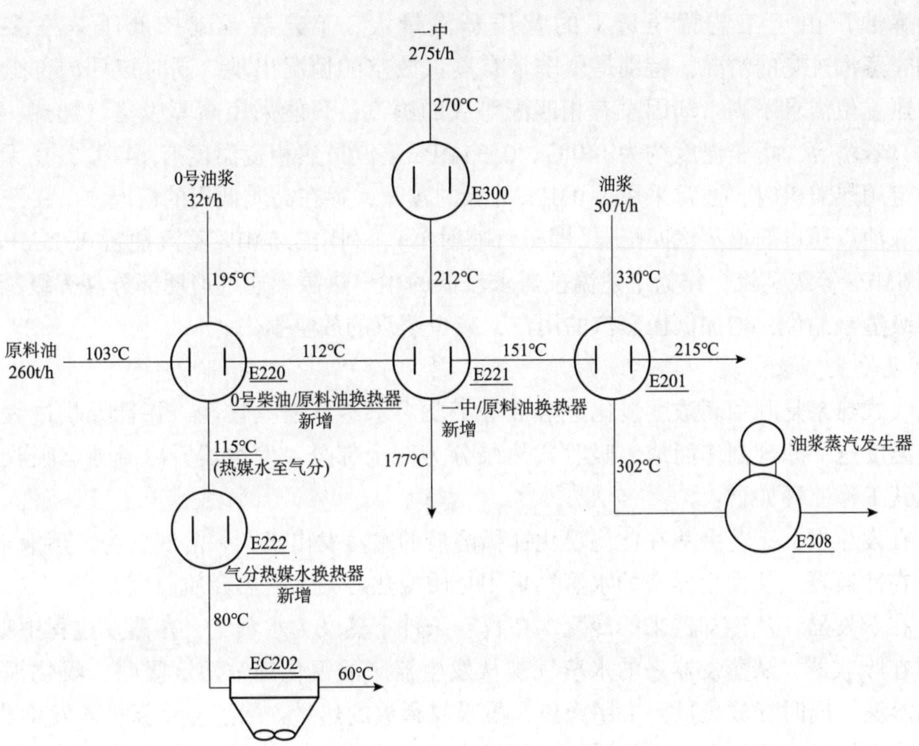

图 3－2－48　优化后3#催化裂化原料油换热流程示意图

1. 压缩式热泵

压缩式热泵一类是采用机械压缩机对工质进行升压，压缩机的类型可根据实际工况的不同进行选择，如离心式、螺杆式、罗茨式等，适用范围较广，工艺物料或水蒸气均可适用；另一类是采用蒸汽喷射泵对低压蒸汽进行提压，适用范围较窄，一般情况适用于低压蒸汽的提压。

某炼油厂 0. 55Mt/a 芳烃抽提装置是 1. 5Mt/a 连续重整装置配套的下游装置，芳烃抽提装置由抽提蒸馏和芳烃精馏两部分组成。芳烃精馏部分的苯塔由 1. 0MPa 蒸汽加热，甲苯塔顶由空冷器冷凝冷却，该流程没有利用甲苯塔顶气给苯塔提供热量，造成能量浪费。

通过新增一套凝结水＋蒸汽循环系统，用水做热载体，从甲苯塔顶取热，再经压缩机加压送至苯塔底供热。采用压缩式热泵提升余热品位，虽然消耗一定代价的电能，但更多的余热得到回收，具有较好的节能效果。改造节能效见表 3－2－20。需要注意的是消耗电能与提升余热温位的程度关系很大，因此采用压缩式热泵应尽可能选择热源与热阱温位相差较小的场合。

表 3－2－20　某炼油厂芳烃抽提装置苯/甲苯塔自回热集成改造节能效果

序号	项目	消耗量		年总耗量		备注
		单位	数量	单位	数量	
1	1. 0MPa 蒸汽	t/h	－11	kt	－92. 4	节约
2	耗电	kW	400	10^4kW · h	336	消耗
3	仪表空气	Nm^3/h	6	10^4Nm^3	5. 04	消耗

某炼油厂由于工艺背压透平的背压蒸汽量大、工艺装置副产低压蒸汽多，存在0.35MPa蒸汽过剩的情况，特别是夏季常有蒸汽放空的情况出现。同时该厂内部分蒸汽用户的用热温位需求不高，却因没有相匹配等级的蒸汽，只能采用高等级蒸汽加热，如碳六分离塔、苯塔等，塔釜温度约为140℃，0.35MPa蒸汽虽然相变温度有147℃，在无法保证用户稳定用热需求时，通常采用1.0MPa等级的蒸汽，存在高质低用的情况。

该炼油厂通过新增蒸汽匹配器(即蒸汽喷射泵)，利用3.5MPa蒸汽抽射0.35MPa蒸汽，产生0.6MPa等级蒸汽，作为上述温位需求较低的用户热源。通过消耗部分高等级蒸汽，提升低等级蒸汽品位，增加低压蒸汽的用户，减少蒸汽的放空损失。

2. 吸收式热泵

吸收式热泵是利用高浓度溴化锂溶液等工质对水蒸气强吸收性，并且吸收过程释放热量提高温度这一原理制作而成。吸收式热泵分为四个部分：发生器、冷凝器、吸收器和蒸发器。其工作原理如下：

1)在发生器，工艺余热在此将溴化锂稀溶液的水蒸发出来，稀溶液变为浓溶液。

2)在冷凝器，从发生器来的水蒸气采用介质换热冷凝，换热介质温度升高。

3)在蒸发器，从冷却器来的冷凝水在真空条件下蒸发为水蒸气，在蒸发过程中吸热。

4)在吸收器，从蒸发器来的水蒸气被从发生器来的溴化锂浓溶液吸收，溴化锂浓溶液变为稀溶液，同时释放热量，采用换热介质吸收释放的热量，稀溶液重新进入发生器。

根据不同的应用场合，将各器件内的压力参数进行相应的优化匹配，水蒸气在不同的压力下相变温度不同，就可以获得相应温位的热量。目前在市场应用比较成熟的有两种吸收式热泵技术。分别见图3-2-49、图3-2-50。

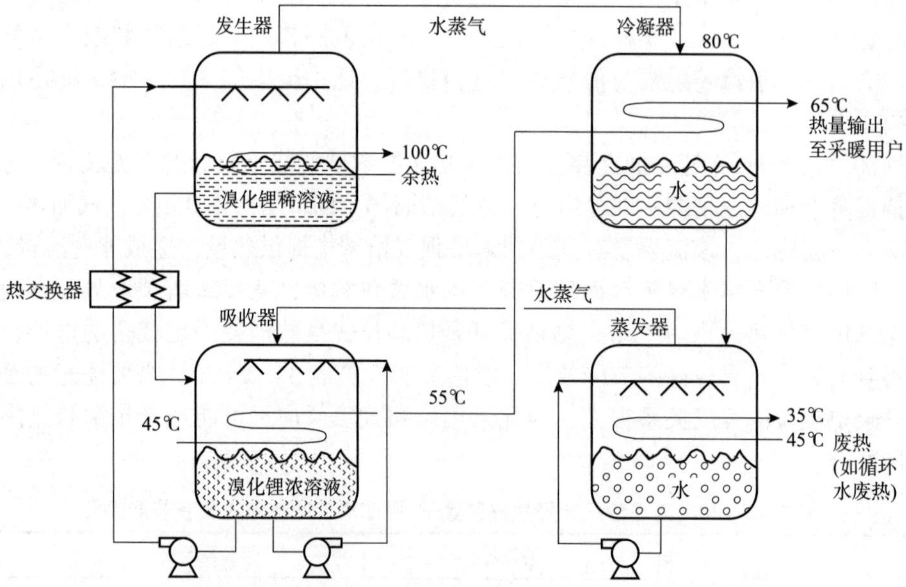

图3-2-49　第一类吸收式热泵工艺原理示意图

(1)某炼油厂余热供暖改造

炼油厂余热量较大，周边生活区冬季供暖采用燃煤锅炉，使用炼油厂的余热，为生活区供暖，降低供热煤耗。在炼油厂的2#催化裂化、煤油加氢、S Zorb装置新增换热器，从

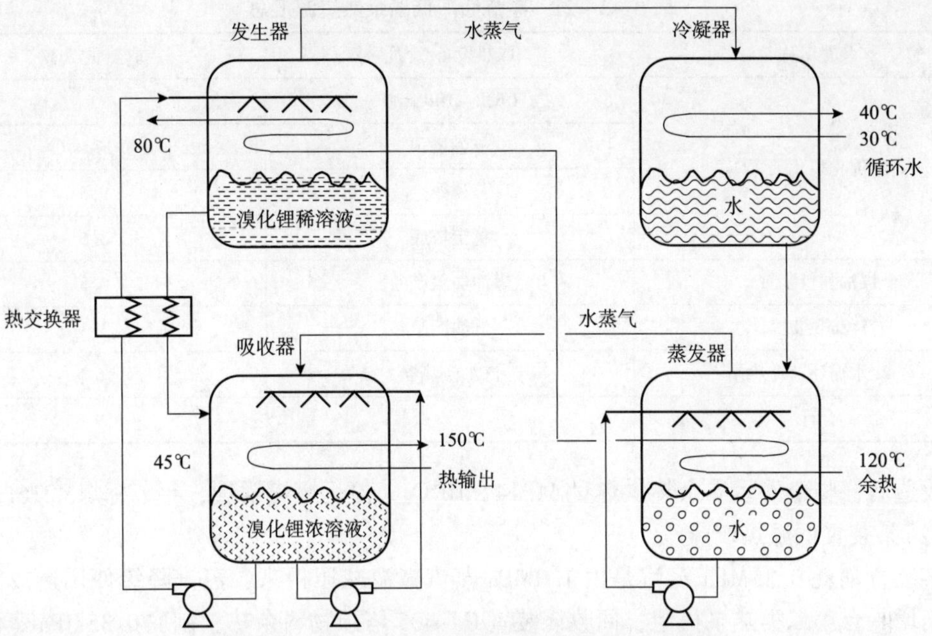

图3-2-50　第二类吸收式热泵工艺原理示意图

各物料中取热，产生101℃热媒水。生活区新增热泵机组(如图3-2-51所示)，采用第一类吸收式热泵，将炼油厂来的101℃热媒水分三段利用，高温段在热泵的发生器换热，中温段在热泵外的板换进行换热，低温热在热泵的蒸发器换热。换热后的炼油厂热媒水可降低至31℃，再返回炼油厂取热。由于热媒水的温差较大，因此可以从炼油厂换取的低温热比较多。取热热源如表3-2-21所示。

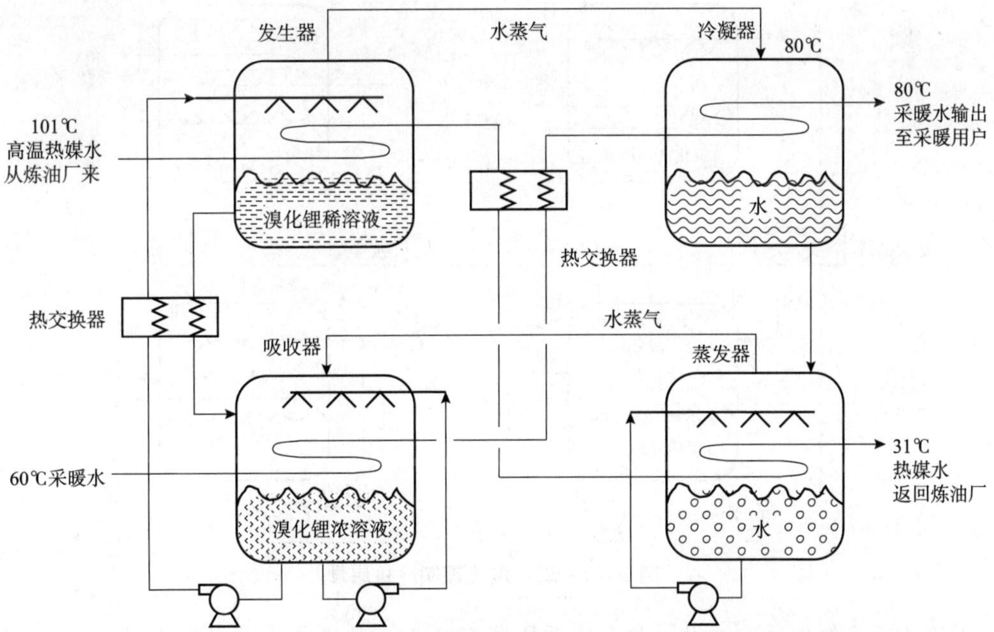

图3-2-51　某炼油厂余热供暖项目新增的第一类热泵工艺流程图

表 3-2-21　某炼油厂低温余热资源汇总

装置名称	取热设备/介质	取热量/MW
2#催化裂化装置	0#和 -10#柴油	1
	分馏塔顶	17.1
	顶循	9.3
	稳定塔底	3.6
煤油加氢装置	煤油加氢产品	8.5
S Zorb 装置	汽油产品	3.3
一次水循环及补热站	汽水换热器	16.8
合计		59.6

改造后，整个采暖季余热供热量 41.14×10^4GJ，停运燃煤锅炉，年节标煤 4216t。

(2)某装置低温热产蒸汽

某装置消耗 0.35MPa 蒸汽是由 1.0MPa 蒸汽减温减压得来，蒸汽降级使用造成能源浪费。新增一台第二类热泵机组，回收该装置 C-405 塔顶物料余热，制取 0.35MPa 蒸汽替代原 1.0MPa 减温减压蒸汽量 8t/h。

(二)余热制冷

余热制冷技术的工艺原理与上述的吸收式热泵一致，只是操作压力不同。余热制浅冷(>7℃)通常采用溴化锂-水作为循环工质，制冷机原理见图 3-2-52。溴化锂低温制冷技术已广应用于炼油厂，具有较好的节能效果。

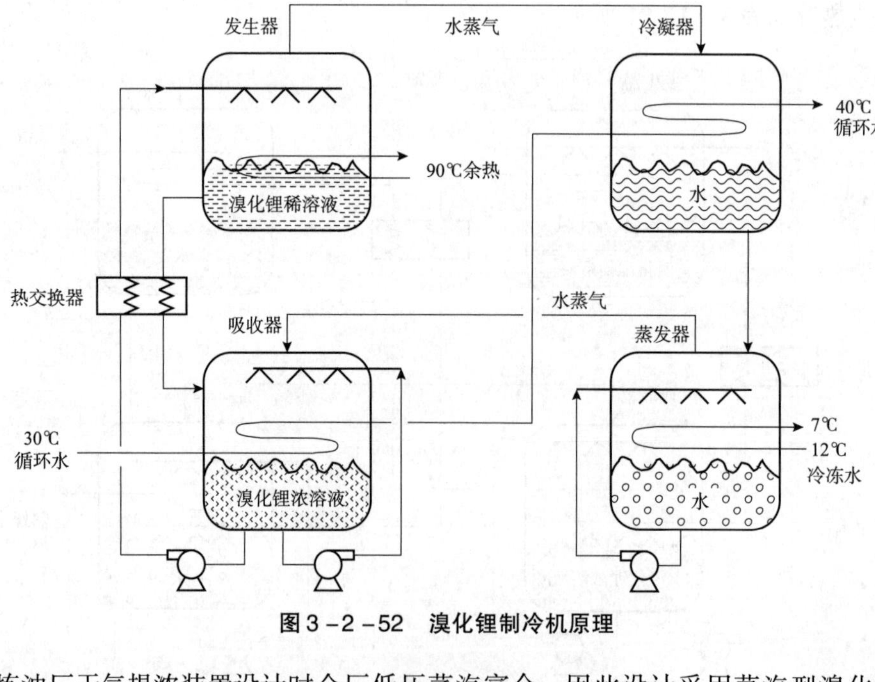

图 3-2-52　溴化锂制冷机原理

某炼油厂干气提浓装置设计时全厂低压蒸汽富余，因此设计采用蒸汽型溴化锂制冷机组，消耗 12~13t/h 的低压蒸汽作为溴化锂制冷机组的驱动热源，需要约 7MW 的热量。与之相邻的两套 S Zorb 装置存在低温热冷却排弃的情况，改造建立两套 S Zorb 装置与干气提浓装置之间的热媒水系统，热媒水直接与 S Zorb 汽油产品换热，回收全部 7.77MW 热量用于溴化锂机组制冷。改造后停用蒸汽，干气提浓装置制冷蒸汽减少消耗 12t/h。

（三）余热发电

余热发电可利用余热在较高压力下蒸发低沸点的有机工质，利用高压有机工质推动透平发电，背压出来的有机工质再用循环水冷凝，重新用泵提压，形成朗肯循环过程。因此余热发电通常称为有机朗肯（ORC）发电，其原理见图 3-2-53。

某炼油厂 1.2Mt/a S Zorb 装置的汽油产品余热未利用，流量为 140t/h，温度为 135℃，70℃以上的余热量为 5800MW。新增一套有机朗肯（ORC）发电机组，利用上述余热进行发电，机组扣除自耗电后的净发电功率为 540kW，热效率为 9.3%。具体数据见表 3-2-22。

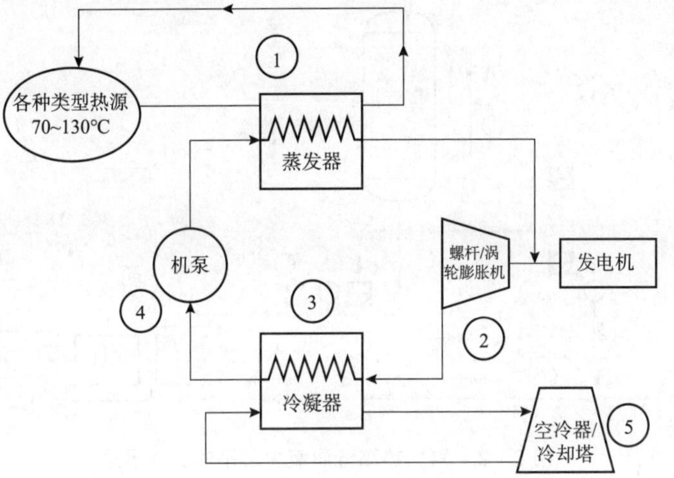

图 3-2-53　有机朗肯发电原理示意图

表 3-2-22　低温热水发电机组设计数据表

项目	设计工况
热源：稳定汽油	
流量/(t/h)	140
进/出机组温度/℃	135
ORC 机组输出电功率/kW	652
ORC 机组自耗电功率/kW	112
ORC 机组净发电功率/kW	540
净发电热效率/%	9.3

五、余压利用

工艺余压指工艺过程的操作压力高于流股进入装置下一单元操作或出界区的压力时，该流股潜在可回收的压力能。工艺流股大多通过泵或压缩机输出机械功来实现增压，因此对余压进行回收利用相当于提高机械功利用效率。装置内流股的余压回收可以降低装置的机械功消耗，或可利用余压制取高品位的冷量，强化装置的工艺过程；出界区流股的余压回收或压力等级的合理匹配可降低下游装置的动力能消耗。

（一）高压液相的余压回收

加氢工艺是炼油领域中典型的加压操作过程，其中压力要求较高的加氢装置反应压力可高于7.0MPa，与下游分馏单元压差较大，且加氢装置的处理量通常较大，故其高压液相具备余压回收潜力。

加氢工艺中热高分油以较高的压力送入热低压分离器，如不加以回收则压力能损失较大，可考虑通过设置液力透平来进行回收。液力透平与普通离心泵的结构基本相同，但其介质流向是由叶轮轮缘进入，从叶轮中心流出，推动叶轮和主轴旋转输出机械功。对于加氢工艺而言，液力透平与电机一起驱动反应进料泵，从而降低进料泵的功耗，其流程如图 3－2－54 所示。

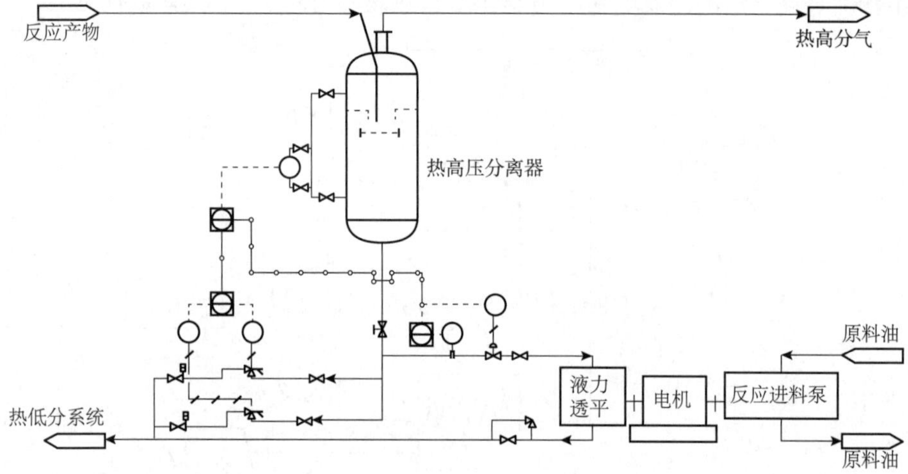

图3－2－54　热高分油液力透平的流程示意

装置运行平稳后才有稳定可靠的高压液相，此时液力透平才可投入，因此主电机应能启动并独立驱动整台泵组，液力透平只能作为辅助的驱动机。为方便液力透平检修同时减轻主电机的负荷，应在透平与被驱动设备之间设置单向离合器。当液力透平启动并升速到泵的正常转速后，离合器自动啮合，透平开始输出功率。

某炼油厂渣油加氢装置投用液力透平前后的相关参数见表3－2－23，投用液力透平后，回收16.5MPa热高分油至2.3MPa热低分的压力能，节省电机功率为440.9kW，显著降低装置的能耗。通常该类型液力透平及其配套的成套设备投资约为200万元，结合上述效益，投资回收期低于2年。

表3－2－23　某渣油加氢装置液力透平投用前后相关参数对比

项目	透平投用前	透平投用后
入口流量/(m^3/h)	0	165
入口压力/MPa	—	16.5
透平出口压力/MPa	—	2.3
出入口压差/MPa	—	14.2
电机电压/V	6180	6175
电机电流/A	275.5	232.0
电机功率/kW	2648.2	2208.3

加氢工艺中循环氢胺液脱硫的富胺液与热高分油类似，同样具有回收潜能。但受限于液力透平的高效工作区间较窄，胺液量实际波动又较大，因此液力透平在胺液系统中应用较少。通常，液力透平实际流量下降到最佳效率点流量的40%时，输出功率和效率均降为零，当流量更低时，透平运转反而是耗功的。由于加氢装置设计时通常按高硫含量考虑，设计胺液量较大，而实际加工原料及其中硫含量变化，其胺液量随之波动也较大，导致贫胺液泵液力透平的能量回收效率极低，甚至为零。

(二)高压气相的余压回收

炼油厂部分生产装置工艺需求的蒸汽压力低于管网的蒸汽压力，管网蒸汽需要降压后才能符合工艺需求，降压蒸汽的余压可回收利用。

某炼油厂芳烃抽提装置重沸器消耗的蒸汽压力为2.2MPa，而管网的蒸汽压力为3.5MPa，原流程采用减温减压器对蒸汽降压，蒸汽流量约55t/h，压力能未利用。新增背压透平发电机组，替代减温减压器，回收蒸汽余压发电约1400kW。

第六节　生产运行节能管理

加强节能管理，不断提高能源利用效率，实现节能减排、绿色低碳，有利于提高炼油厂的竞争力和可持续发展。

一、节能管理原则

节能管理通常依据以下原则进行：

坚持依法合规的原则。严格遵守国家能源相关法律法规以及相关要求、标准和上级公司节能管理规章制度，依法、合规管理用能。

坚持节约优先的原则。把资源节约放在首位，着力推进资源节约高效利用，提高资源利用率和生产率，降低单位产出消耗，减少损失，杜绝浪费。

坚持统一管理原则。节能工作实行节能工作领导小组的统一管理，各级组织明确管理组织机构，落实职责，建立管理机制，实行节能目标责任制和节能过程考核评价制度，把节能目标完成情况和节能工作开展情况作为绩效考核内容。

坚持存量优化与增量控制的原则。加快淘汰落后产能和设备，精细节能过程管理，实施节能挖潜改造，优化用能结构；强化源头控制，落实投资项目节能审查，提高新建(改扩建)固定资产投资项目能效水平，合理控制能源消费增量。

坚持节能专业主管和专业节能管理相结合的原则。节能专业主管部门对全厂节能工作统筹管理，其他各相关部门、车间负责本专业、本单位具体节能工作。

二、节能管理主要内容

(一)能源目标管理

1. 节能计划管理

节能管理牵头部门根据政府能源双控责任目标考核及上级、全厂节能相关要求，每年组织制定全厂能源目标计划。每年组织编制、下达节能项目计划及能效测试计划，并组织制定实施计划，检查、考核计划完成情况。

计划管理部门统筹制定年度、月度生产计划，做好装置开停优化工作，统筹考虑装置长时间满负荷运行优化，减少装置长时间低负荷运行增加单耗用能指标。

投资和科研管理部门每年组织编制、下达节能技术研发、节能技术项目改造、能源计量完善、能源信息化建设等相关资金计划，并组织制定实施计划，检查、考核计划完成情况。

设备管理部门每年组织编制、落实设备设施节能投资、淘汰更新等设备设施的能效提升计划。

生产单位或车间定期提出节能工作计划、检查节能工作效果，及时向节能管理部门反馈。节能管理部门落实通报奖惩，激励节能工作持续提升。

2. 能源消耗定额

节能管理部门按照国家、地方下达的能源消费总量、能耗强度目标任务以及上级部门下达的年度单位产品能耗指标，分解制定各部门、各生产单位年度单位产品能耗指标；各装置将单位产品能耗指标细化分解到班组开展小指标竞赛评比，制定主要耗能设备、工序能耗定额指标，实行生产经营全过程能源消耗逐层定额把控管理。生产相关单位、各装置每月进行能源消耗统计与分析，并对定额指标完成情况纳入绩效考核。

负责投资和科研部门开展新、改、扩建固定资产投资项目可行性研究要确保能源消耗指标符合国家、行业相关限额准入标准规范，并达到同类项目先进水平。

3. 能源指标管理

能源指标是可测量的。指标可分为厂级、二级单位、装置等层次，各相关层次要建立、实施和保持形成文件的能源指标。在建立、评审能源指标时，要考虑上级部门及政府下达的指标，节能项目还应考虑技术、财务、运行和经营要求。设定的能源指标要定期更新或调整能源指标。

炼油厂各层级应根据能源管理基准与标杆建立能源指标，将能源指标纳入年度绩效考核。

4. 能效对标管理

节能管理部门要组织开展能效对标工作，积极参加国家、行业协会组织的能效“领跑者”活动，争当本行业能效“领跑者”及装置设施的能效“领跑者”。定期组织重点用能装置能效对标评比及通报，督促落后装置查找原因、落实量化节能措施，持续提升用能水平。组织建立全厂、各生产单位的能源绩效参数、能源指标和能源标杆，通过对历史最佳数据进行分析，实施内部对标管理；组织与同行业的技术交流，进行外部对标管理。通过对标管理不断降低能源消耗和提升能源利用效率。对标管理使用线性回归等统计方法进行归一化建模对能耗数据进行修正，实现指标“同等可比”的对标。

各生产单位每年制定更新能效对标方案并组织实施，通过与行业先进、同类装置先进、同类设备先进开展全面的对比分析，查找差异原因，落实能效管理与技术改造等措施，持续提升单位产品能耗、设备设施能效等各项指标，赶超行业领先水平。组织车间建立装置能源绩效参数、能源指标和能源标杆，实施内部历史最佳数据的对标管理及外部同行业、同类装置的先进数据对标管理。

某炼油厂创新并实践“渐进追赶能源管理模式”。以领先企业(工段、装置、系统)的指标作为目标，通过资料收集、分析比较、不断更新目标的渐进式跟踪学习等方法，遵循指标分解、明确责任、对标分析、制定追赶措施、渐进实施的思路，全方位、多角度的定期开展装置能效对标，不断改进公司能源绩效，该炼油厂连续9年被评为“能效领跑者标杆企业”。

（二）能源运行控制

1. 合理用能管理

各生产单位按照合理用能的原则，加强节能管理，制定节能计划，组织实施节能项目和节能技术改造，落实节能优化调整措施，在生产经营全过程全环节努力降低能源消费，坚持以热定电的用能原则，防止和减少能源损失和浪费，提高能源利用效率、转换效率和输送效率，节约非生产用能。

节能管理部门组织各生产单位建立节能行为规范，指导、规范各单位做好日常节燃料、节蒸汽、节电、节水、节风氮及办公场所节电节水的操作，杜绝浪费，合理、高效使用能源。规范用能计量和缴费管理，建立市场化收费机制，实行按户用能计量收费制度。

各生产单位加强用能设备、保温保冷等设备设施和生产工艺规范管理，禁止购置、使用国家明令淘汰的用能设备、生产工艺。采用高效、节能的电动机、锅炉、风机、泵类等设备，采用热电联产、余热余压利用、能量系统优化、洁净煤以及先进的用能监测和控制等技术，提高能源利用效率。积极组织开展节能合理化建议活动，不断对现有工艺和设备进行节能改进，优化操作，提高用能水平。积极优化调整低负荷工况操作，优化各装置开停，能停运装置不循环；循环水系统能够停运的风机、水泵安排停运；蒸汽系统能够停运锅炉安排停运，能够停用伴热的安排停用；各公用工程系统能降压运行的安排降压运行；杜绝任何物料放空。

办公场所节能低碳管理。制定相关管理部门负责的办公场所节电节水管理制度，对全体员工提出具体要求，厉行节约，践行节能低碳办公。

2. 错峰用电管理

根据地方政府相关管理规定，企业定期动设备切换、产品调和、物料转送等工作选择错峰用电，如消防泵试运，安排在用电低谷时段进行。在生产许可的情况下，非大型机组、非重要机泵正常切换安排在用电低谷时段进行；大型机组、重要机泵正常切换安排在非波峰时段进行。在不影响正常生产和产品交库、外运、不堵库的情况下，临时性的转油、倒油和物料的输送、外送，安排在用电低谷时段进行。

各车间及时做好装置错峰用电记录台账记录，节能管理部门不定期对错峰用电效果进行检查、评估并考核奖励，提高基层主动实施错峰用电积极性。

3. 生产过程控制

节能管理部门、生产单位、车间应确定和控制对能源使用、能源消耗、能源利用效率有重要影响的过程，使其在受控状态下运行。

节能管理部门组织评价生产工艺流程的耗能状况，淘汰落后的工艺，包括：定期组织全厂、装置的能量平衡测试，定期组织能源审计。

各车间组织识别能源管理的最佳可行技术和操作规范并予以实施，包括：优化工艺参数、优化工艺操作、优化设备运行、优化工艺流程、优化运行负荷、优化公用系统运行、优化热集成、优化储运系统、定期组织操作工的应知应会技能和素质素养的教育与培训。

优化生产工艺、优化用能控制应做到：单装置精馏塔回流低于设计值，根据气温与工况变化及时停用空冷或水冷器及热供料时停用空冷器或水冷器，杜绝“乱排放、长流水、长冒汽、长明灯”现象，停用不必要的伴热管线；优化提高富吸收剂浓度、含硫污水浓度，减少下游装置负荷；深化推进热联合、热直供，优化换热网络，提高物料余热回收能力。

各项节能优化措施和实施结果应形成记录，通过实施前后的能源管理绩效评价优化措施。

4. 项目节能审查

节能管理部门要按照国家及地方要求，组织对全厂新改扩建的固定资产投资项目开展节能审查，按相关要求获得政府有关部门批复文件。项目基础设计、详细设计及建设要严格落实政府节能审查意见。

节能项目管理部门在全厂新改扩建的固定资产投资项目开展可行性研究报告中，应根据相关要求编制节能专篇，内容包括但不限于项目概述、能耗计算与评价分析、主要节能措施、能源计量器具配备、碳排放计算及评价分析等。

固定资产投资项目的可研行报告及详细设计，必须采用先进、成熟、合理用能的工艺、材料和设备，单位能耗指标优于国家限额标准，达到国家或行业先进水平，禁止采用国家明令淘汰以及不符合国家能效标准的落后生产工艺和耗能设备。

固定资产投资项目所属单位要严格执行“三同时”“四到位”制度，即节能减排设施必须与主体工程同时设计、同时施工、同时投入运行；全厂要做到用能计划到位、节能目标到位、节能减排措施到位、节能管理制度到位。在项目竣工投用后及时组织标定验收，项目节能措施及单位能耗指标、主要工序和设备设施用能水平达不到要求的，要限期整改。负责项目全过程管理，确保实施过程安全，质量和进度受控。

（三）能源计量统计

1. 能源计量管理

计量管理部门应按照《重点用能单位能源计量审查规范》（JJF 1356—2012）等有关规定加强能源计量管理，组织建立健全能源计量管理制度，完善能源计量体系，确定能源计量目标，并接受质量技术监督部门开展的能源计量审查等监督检查。

计量管理部门应按照《用能单位能源计量器具配备和管理通则》（GB 17167—2006）、《石油石化行业能源计量器具配备和管理要求》（GB/T 20901—2007）等有关规定，完善配备和使用经依法检定或校准合格的能源计量器具。组织建立并及时更新能源计量器具台账，每年对能源计量器具分级统计配备率。

2. 能源统计管理

节能管理部门要按照国家有关统计的制度、规定，定期开展能源消费统计、分析、对标、核查等工作，并将统计数据和分析报告报送对应上级相关主管部门；各生产单位要按照全厂要求及时完成能源消费统计、分析、对标、核查等工作，并将统计数据和分析报送节能管理部门。

节能管理部门按照地方政府要求每季、年填报能源利用状况报告，按照政府、上级管理部门要求报送月度节能工作报告、单位能耗分析报告、工业综合能源消费量、万元产值综合能耗等相关统计报表。

各生产单位、各装置（作业区）监控生产过程的能源消耗、能源利用效率，编制能源计量报表，每月（季、年）统计本单位能源消耗及总结分析，对异常情况进行分析，查找原因。

各车间每月应对本车间装置能源消耗情况进行统计，并通过当月、年累计分别与环比、同比的数据对比分析差异原因，以及与装置能源基准、能源目标、能源标杆和系统内同类装置先进水平的差距分析，全面多方位开展能效对标分析，总结月度工作开展情况，进一步挖掘装置节能潜力，提出持续改进的可量化、可操作节能措施，报送上级节能管理部门。

（四）用能设备（服务）采购

用能设备采购是指采购对全厂能源绩效产生重大影响的用能设备、服务。

用能设备设施的采购：用能设备设施需求单位在提报需求计划及物资供应中心在采购用能设备设施时，在符合生产工况下要采用《国家工业节能技术装备推荐目录》《工业和信息化部节能机电设备（产品）推荐目录》及地方主管部门推荐目录的节能技术、节能设备，或者是已获得节能产品认证以及新能源、新技术、行业中已经获得最佳实践的设备设施进行采购。采购的设备设施要与现有用能系统相匹配。

能源服务的采购：能源服务一般包括能源系统和主要耗能设备设施的清洗、检测、维修维护、合同能源管理、能源监测、能源审计等。企业有关单位在开展能源服务采购时应明确能源服务采购的合约形式和有关能效、时间等要求。

供应商评价：采购的用能设备、服务对全厂能源使用和消耗有重要影响时，应对供应商是否开展了能源管理体系认证、能耗水平在行业中的先进性进行评价，在这个过程中应考虑能源使用、能源消耗和能源效率的要求，并告知供应商。

物资采购部门要按相关要求，明确绿色采购要求细则，在采购预案、评标办法、供应商资格审查标准和合同文本等环节体现绿色采购的具体要求，对采购过程、质量、评价进行控制，保证采购符合生产需要，达到节能降耗目的。

物资采购部门在采购对全厂能源绩效产生重大影响的用能设备和服务时，应首先评价采购需求。制定的采购规程、招标和合同文件应包括能源消耗标准，必要时还应分析采购的生命周期成本。适宜时应将能效产品和服务作为采购行为的优先选择。在采购煤炭应明确热值、水分、硫含量等指标，确保煤炭质量供应，对于不合格原料煤转为动力煤，应组织评审、会签、审批等。

三、能源管理信息化平台

炼油厂通过信息化手段，建立能源管理平台，有利于提高用能管理体系运行效率，使炼油厂用能管理实现“说得清”“说得准”“管得住”“管得好”到“省得下”“省得多”的目标。

（一）基本功能

1. 能源计划

实现能源计划闭环管理。通过制定优化的用能计划、产能计划、二者结合，这三个部分实现优化的能源计划编制和发布工作，同时做到计划可跟踪。

2. 能源运行

实现能源数据收集、确认。能源运行是能源管理系统的最基础应用，实现企业范围内，所有供、产、输、转、耗全能源业务流程范围内能源相关数据的收集、确认，以及对日常能源产耗过程的监控和管理，为能源优化提供数据支撑。

3. 能源统计

实现管网平衡。能源统计是基于装置投入产出量值、管网（区域）节点计量量值、外部结算的量值为基础，以能源管网为企业能源平衡的核心，按照一定的平衡规则，对管网的外购、外售、供入、供出、自产、消耗、自用、损失、不平衡量的数据进行平衡，并按照制定进行指标核算、产耗统计，最终生成能源产耗统计报表，给 ERP 及管理部门提供数据支撑。

4. 能源优化

实现能源生产的在线开环优化。通过动力在线优化技术和蒸汽管网优化技术构建热电系统能源优化模型，以能源生产主要单元为核心、能源成本最低化为目标，优化燃料选择、动力锅炉负荷、汽机负荷、发电发汽热电联产、蒸汽管网运行等能源生产操作策略，指导、评定生产优化操作的过程及结果，以此来实现能源生产的在线开环优化，达到安全生产、节能减排的目标。

5. 能源评价

实现能源产耗问题评价。在能源统计数据的基础上，多维度反映企业能源的消耗状况、计量情况、损失状况、指标波动、碳排放情况，通过行业间、同类装置及自身历史对比，发现不足与差距，从而明确企业的能源产耗状况，分析找出能源产耗存在的问题和可优化的空间，并支持地方能源数据报送等相关应用。

建立完善的能源管理体系，有助于炼油厂树立良好的社会形象，为国家节能减排做出贡献；有助于企业能源的节约和合理利用，降低企业生产经营成本，有利于企业经济效益的增长，在能源资源价格不断上涨时保持竞争力。

（二）系统应用

1. 细化生产消耗数据

系统将能源运行数据最小支撑粒度细化到班，数据收集边界细化到装置甚至主要耗能设备边界，能源统计支撑“班跟踪、日归并、旬平衡、月结算”的管理维度，实现公司、工厂、车间、装置能源产、存、转、输、耗数据说得清，能源计量说得清，能源指标说得清，能源不平衡量说得清等，支持能源统计、财务结算应用，满足能源生产和消耗说得清、说得细的要求，同时提高能源统计和计算效率。

某炼油厂通过能流管理（计划、运行、统计和分析）构建能源工厂模型，对企业各类能源介质的生产、存储、转换、输送、消耗全过程数据的量值进行采集、归并和统计，利用能源管理系统将能源管理的触角延伸到了热电厂和水厂的装置边界，延伸到了班组，实现对能源全过程量值说得清、说得细，同时，月度结算时间由原来的2d 缩短到 4 ~ 8h。

2. 提高能源监管能力

以炼油厂实际能源运行流程图为基础，结合实时数据和优化数据，构造能源运行的企业级全局监控和预警流程图，实现能源运行一个环节有异常、相关环节有响应的联动机制，提高企业能源运行监管能力，满足政府重点耗能企业能耗在线监测的要求。同时，系统实现炼化生产、热电生产和水务运行相关指标的核算，将以前旬、月维度的考核指标监控粒度细化到日维度，使企业能够及时根据指标趋势进行能源产耗评价和分析，为企业能源监管和考核提供依据。

某炼油厂通过在能源管理系统能源运行监控图上设置各关键监控位置的阈值，对全公司蒸汽运行异常预警，将事故防范于未然；将能源管理系统蒸汽系统图作为调度室的监控屏，根据实际运行和优化建议情况及时进行装置运行方案的调整。某企业通过氢气和瓦斯系统监测与优化调度管理平台，实现企业对氢气瓦斯系统的实时监测和科学调度，提升氢气和瓦斯的监管能力。

3. 提升优化增效空间

一是系统提供在线优化功能。在线优化是以企业实际热电生产流程为依据，构建热电生产在线优化模型，以热电生产的运行参数、工艺参数等实时数据为基础，在保证安全生产的基础上，以热电生产效益最大化为目标，及时提供热电运行的最佳方案。

某炼油厂优化炼油区域 CFB 锅炉燃料结构，依据燃料价格、锅炉效率优化燃料的煤焦比，降低燃料运行费用，根据冬季低压汽用量多的特点优化汽轮机组各级抽汽，提高机组效率及发电量。

某炼油厂优化主厂区、乙烯站、炼油站供汽负荷，降低蒸汽损失率，提高蒸汽利用率，同时开展锅炉运行参数优化，优化锅炉给水温度、煤风比、氧含量等运行参数，提高锅炉运行效率。

二是系统提供管网优化功能。管网优化是通过评估优化企业蒸汽管网运行，提高输送效率减少蒸汽用量，逐步改善保温减少损耗，并对蒸汽管网的扩能改造进行合理规划，从而实现蒸汽运行节能降耗。

某炼油厂通过搭建中低压蒸汽管网数学模型，利用管网优化平台进行热损评估，发现动力站至1#催化裂化、动力站至聚丙烯等管线保温效率差，企业及时更换保温材料，获得了可观的经济效益；通过多组工况模拟计算，分析3#加氢汽轮机用汽温度低原因，企业切换供汽方案，提高3#加氢汽轮机做功能力。

4. 梳理固化业务流程

结合炼油厂的能源管理实际业务对业务流程进行梳理和优化，固化相关流程，涉及装置、车间、工厂和公司等多个层面，涵盖装置操作、能源计量、能源统计、能源优化等20多个岗位。企业通过系统将能源管理业务深入到车间班组，并制定了能源管理系统运行管理制度，按照业务流程对各岗位的职责进行明确，使企业的能源管理业务更加规范、顺畅、快捷。通过动力的在线优化，热电生产过程从“凭经验、凭直觉”提升到了“靠系统、靠数据”，全局优化的效益可观。建议企业成立能源优化小组，以动力优化数据为指导，对全厂的调度运行进行全局的把控，实现了“真用、真优化”，同时，通过系统提供的优化效益展示，提高热电生产调度人员和装置运行人员的节能降耗的意识。加快了企业能源管理中心的建设，助推企业能源管理体系变革。

第三章　用能结构低碳化

炼油厂用能结构低碳化转型方向主要是使用低碳燃料替代高碳燃料、提高电气化率、外购低碳能源替代自产高碳能源等。

第一节　低碳燃料替代

在我国碳达峰碳中和目标背景下，炼油厂具备天然气及生物质燃料等替代煤(焦)供热和发电的应用场景。

一、天然气供热发电

天然气供热发电分为三类，分别为燃气纯发电，产品为电；热电联产，产品为热和电联供；分布式能源站，产品为冷、热和电三联供。由于天然气纯发电目前主要用于电网调峰，是电力行业业务，本节主要关注天然气热电联产和分布式能源站模式。

(一)天然气热电联产

热电联产是既产电又产热的能源利用形式，与热电分产相比主要优点是热效率高，可以降低能源消耗。我国对热电联产的政策要求是“以热定电”，即以最小的装机容量满足热负荷需求。

目前炼油厂天然气热电联产主要是燃气锅炉＋抽汽式汽轮发电机组热电联产(以下简称锅炉热电联产)和燃气轮机＋余热锅炉＋抽汽式汽轮发电机组热电联产(以下简称燃机热电联产)。

1. 锅炉热电联产

用天然气(炼油厂干气、POX合成气、液化气)作燃料，在锅炉内燃烧释放热量，加热锅炉内的水，并使其汽化成所需压力等级的蒸汽，蒸汽驱动汽轮机做功发电并通过级间抽汽供热。目前由于国家提出2030年前实现碳达峰以及限煤政策的日益严格，新建炼化项目供汽一般均采用燃气锅炉热电联产方式(见图3－3－1)。

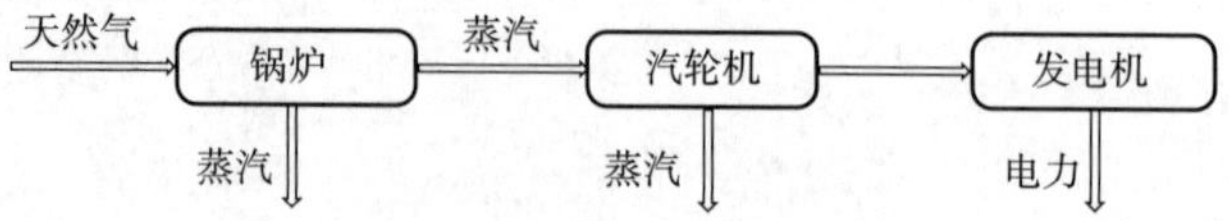

图3－3－1　锅炉热电联产流程示意

(1)工业燃气锅炉技术进展

火力发电是我国主要的发电方式，根据中国电力企业联合会统计数据，2020年我国发电总装机容量22×10^8kW，其中火电装机12.45×10^8kW，占比达到56.6%；发电总量为76236×10^8kW·h，其中火力发电达到51743×10^8kW·h，占比达67.9%。电站锅炉作为火力电站的三大主机设备之一，伴随着我国火电行业的发展而不断发展，已经形成一系列大型电站锅炉和中型电站锅炉制造和研发基地。

近几年，我国电站锅炉行业获得长足的发展，电站锅炉产量大幅增长，同时我国通过自主研发和创新，大型火电机组的国产化率不断提高，具有世界先进水平的设计开发应用体系已具规模。随着我国节能减排政策的实施，国内火电行业在“上大压小”的政策驱动下加快火电设备的更新换代，也推动电站锅炉向高参数、大容量、清洁化方向发展，截至2020年年底，我国已投产1000MW超超临界机组超过100台。

我国电站锅炉的参数系列见表3－3－1。从表中可看出，小容量锅炉一般采用较低的参数，中型锅炉采用中、高参数，大型锅炉采用亚临界甚至超临界参数。

表3－3－1　我国电站锅炉参数系列

分类	蒸汽压力/MPa	蒸汽温度/℃	额定蒸发量/(t/h)	配套发电机组功率/MWe	供电标煤耗②/[gce/(kW·h)]	电厂效率/%
中压锅炉	3.8	440	35，65，130	6，12，25	450	27.3
高压锅炉	9.8	540	220，410	50，100	375	32.8
超高压锅炉	13.7	540/540①	420，670	135，200	352	35.0
亚临界锅炉	17.5	541/541①	1025，2003	300，600	314	39.2
超临界锅炉	25.4	571/569	1900	350，600，660	300	41.0
超超临界锅炉	27.5	605/603	1900	600，1000	285	43.2

①过热蒸汽/再热蒸汽。

②《常规燃煤发电机组单位产品能源消耗限额》(GB 21258—2017)，3级指标。

目前国内电站锅炉技术已达到世界先进水平。国内燃气锅炉技术成熟，拥有丰富运行经验，可以满足所有煤改气锅炉选型需要。

(2)某炼油厂锅炉系统清洁化改造案例

某炼油厂所在区域被列为高污染燃料禁燃区，要求停止燃用煤、石油焦、炭黑、燃料油等高污染燃料。为适应更加严格的动力锅炉排放标准，该炼油厂实施自备热电站锅炉系统清洁化改造，方案为新建2台220t/h和260t/h燃气锅炉，同时对1台310t/h CFB锅炉以及1台410t/h CFB锅炉进行燃气改造。2台CFB锅炉燃气改造，1台CFB锅炉于2020年11月30日中交投用，另1台正在加快进行清洁化燃气改造。初步测算，煤(焦)改气方案除增加新建锅炉投资外，生产蒸汽用天然气量将增加超过$5\times10^8Nm^3/a$，减少石油焦用量约$50\times10^4t/a$。

(3)燃煤锅炉改造为燃气锅炉

燃煤锅炉改造为燃气锅炉需要在原锅炉各柱子间距、炉膛截面尺寸、顶棚管标高不变的前提下，对燃煤锅炉进行改造，把煤粉炉改造为燃气炉。锅炉本体主要改造水冷壁、过热器、省煤器、空气预热器、炉膛四角部分密封以及炉墙保温等。由于受到原煤粉锅炉的使用寿命、炉膛大小、受热面布置及辅机等各方面因素的影响，项目的实施也受到原有空间布置等因素的限制，改造后锅炉热效率受到一定程度的影响，低于新建锅炉热效率。燃煤锅炉煤改气方案比选见表3－3－2。

表 3－3－2　某 410t/h 燃煤锅炉煤改气方案比选

名称	改造燃气锅炉	新建燃气锅炉	备注
锅炉参数	410t/h，9.81MPa/540℃	410t/h，9.81MPa/540℃	
排烟温度/℃	150	140	
热空气温度/℃	129	135	
锅炉效率/%	90	92	
投资/万元	7244	13694	差值 6450
经营成本/万元	99756	97915	差值－1841
寿命/a	30－已运行年限	30	

2. 燃机热电联产

燃机热电联产主要由燃气轮机、余热锅炉、发电机组三大部分组成。空气经压气机升压后送入燃气轮机燃烧室，在燃烧室中与喷入的天然气等燃料混合燃烧产生高温高压烟气，烟气进入燃机透平做功，带动发电机发电。燃机排气进入余热锅炉，回收排气余热产生蒸汽，蒸汽进入汽轮发电机组发电或供汽。燃机热电联产流程示意图见图 3－3－2。

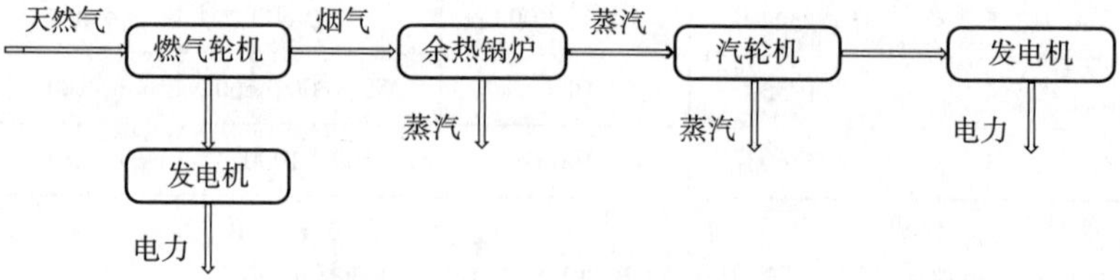

图 3－3－2　燃机热电联产流程示意

目前随着燃气轮机技术的日趋成熟，世界上一些发达国家的燃气轮机制造厂的生产趋势都是向大型化、高压比（即压缩机的进出口气压比）、高气温（即燃烧室出口的燃气温度）方向发展，以提高机组效率、降低单位容量的造价。

从 20 世纪 80 年代后期开始，性能优越的 200MW 等级（F 级）机组相继投入运行，F 级燃气轮机的最大容量为 299MW，燃烧室出口燃气温度最高为达 1427℃，效率为 35%～38.7%，组成联合循环的效率为 55%～60%，见表 3－3－3 和表 3－3－4。到 20 世纪 90 年代中期，又相继研制出 G 级、H 级机组，燃烧室出口燃气温度达到 1430℃，单轴联合循环机组容量达 480MW，效率达 60%。

表 3－3－3　重型燃气轮机主要产品性能

机型		功率/kW	效率/%	压比	转速/(r/min)	频率/Hz	燃气温度/℃	排气温度/℃
GE 公司	PG6581B	42100	32.04	12.2	5163	50	1120	548
	PG9171E	126100	33.76	12.6	3000	50	1120	543
	PG9351FA	255600	36.86	17.0	3000	50	1327	602

续表

机型		功率/kW	效率/%	压比	转速/(r/min)	频率/Hz	燃气温度/℃	排气温度/℃
西门子公司	SGT6-3000E	120500	34.65	14.2	3600	60	1177	530
	SGT5-2000E	168000	34.70	11.7	3000	50	1177	537
	SGT6-5000E	198300	37.95	17.4	3600	60	1316	577
	SGT5-3000E	191000	36.73	13.3	3000	50	1177	576
	SGT6-6000E	267500	39.12	19.9	3600	60	1416	613
	SGT5-4000E	286600	39.47	17.9	3000	50	1316	577
三菱公司	M501F	185400	36.94	16.0	3600	60		613
	M501G	267500	39.06	20.0	3600	60		601
	M701	144090	34.76	14	3000	50		542
	M701F	278300	38.70	17	3000	50		592
	M701G	334000	39.51	21	3000	50		587

表3-3-4　部分燃机联合循环参考指标

机型		功率/kW	燃机功率/kW	汽机功率/kW	频率/Hz	联合循环效率/%	热耗率/[kJ/(kW·h)]
GE公司	MS6001B	64300	41600	23800	50	49.0	7341
	MS9001EA	193200	124300	71800	50	52.0	6930
	MS9001FA	390800	254100	141800	50	56.7	6350
	MS9001H	520000			50	60	6000
西门子公司	SGT5-2000E	251000	163800	91100	50	52.2	6895
	SGT5-3000E	290000			50	56.5	6368
	SGT5-4000E	416000			50	58.2	6182
三菱公司	M701	212500	142100	70400	50	54.1	7000
	M701F	416400	273800	142600	50	59.0	6120
	M701G	498000	325700	172300	50	59.3	6071

目前国产燃机技术规模在50MW水平，可以满足小型煤改气热电项目机组选型需要。为加快推进燃气轮机产业创新发展，国家发展改革委和国家能源局联合印发《依托能源工程推进燃气轮机创新发展的若干意见》，提出在消化吸收引进技术基础上，加快发展自主知识产权的300MW等级、F级燃机。在开展F级燃机技术研究的同时，推动G/H级先进高效燃机自主研制。国家能源局组织燃气轮机创新发展示范项目，提出力争在2022年前完成技术装备攻关和项目建设，届时，我国燃气轮机关键核心技术将逐步实现国产化。同时，重型燃气轮机透平、燃烧室等高温部件制造技术将取得突破，F级燃气轮机国产化率预期可望达到90%，首次引进技术的H级燃气轮机国产化率预期可望达到50%；中小型燃气轮机将基本实现自主化制造。

由于燃机热电联产燃料能量大部分(约三分之二)用于燃机发电，少部分用于余热锅炉供汽，单位燃料可供热量较少，目前国内采用此种技术炼化企业较少。

某炼油厂自备电厂为蒸汽-燃气联合循环电厂，于2004年9月25日投入生产运行。规模为3台41.49MW(GE6581B)燃机发电机组，3台可补燃的余热锅炉，1台60MW汽轮发电机组，装机总容量184.47MW。电厂设计年运行8760h。燃气联合循环电厂在余热锅炉不助燃的情况下提供184.47MW的电力输出(包括5MW厂用电)，以及180t/h的蒸汽输出，最大蒸汽量可达250t/h。

考虑到节能和结合检修周期和使用寿命，进一步提升燃机的发电效率，该炼油厂正在对现有燃气轮机进行升级，见表3-3-5。将原3台GE6581B型燃机发电机组(3×41.49MW)更换为3台GE6F.01型燃机发电机组(3×52MW)。通过升级改造，燃机单循环发电效率由31.7%提高到37.4%，全厂联合循环发电效率提高约5%。基础方案测算，项目税后投资内部收益率20.36%。

表3-3-5 某炼油厂燃机热电项目情况

名称	数量	备注
机组容量/MW	216	
年发电量/GW·h	1404	
年售电量/GW·h	1372	
年供热量/10^4GJ	409.16	
发电标气耗/[Nm^3/(MW·h)]	187.11	
供热标气耗/(Nm^3/GJ)	29.58	
工程总投资/万元	91958	含利旧资产
用水量/10^4t	372.48	水价2.27元/t，含税
天然气消耗/10^8Nm^3	3.29	
天然气价格/(元/Nm^3)	1.86	不含税
售热价/(元/GJ)	53.78	不含税，含税59.7
售电价/[元/(MW·h)]	635	不含税，含税741.77
所得税后内部收益率/%	20.36	

(二)天然气热电冷三联供(含天然气分布式)

我国对分布式能源的定义是利用小型设备向用户提供能源供应的能源利用方式。与集中式能源系统相比，分布式能源接近负荷，可大大减少线损。由于兼具发电、供热等多种能源服务功能，可以有效地实现能源的梯级利用，达到更高能源综合利用效率，且由于各系统相互独立，系统的可靠性和安全性较高。天然气热电冷三联供流程示意图见图3-3-3。

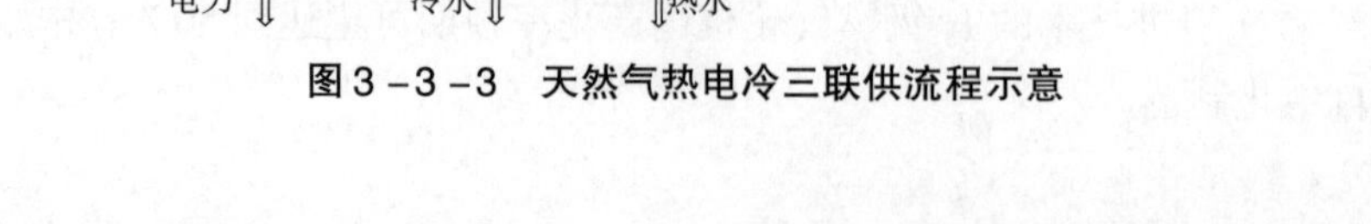

图3-3-3 天然气热电冷三联供流程示意

1. 上海某燃气热电冷三联供项目

为缓解地区电力峰谷差，减少环境污染，上海市某工业区投资建设燃气热电冷三联供项目，该项目建设热电冷三联供工程，主要工程量包括2×60MW级燃气－蒸汽联合循环机组、热网和能源站(制冷、制热)。2020年上海地区最新发电、化工园区气价2.44～3.03元/Nm^3，供热、供电成本差距更大，见表3－3－6和表3－3－7。

表3－3－6　上海某燃气热电冷三联供项目情况

名称	数量	备注
机组容量/MW	2×60	
工程总投资/万元	99830	2011年价格水平
年发电量/(GW·h)	555	
年供热量/10^4GJ	89.9	
年供冷量/10^4GJ	26.89	
全厂热效率/%	71.64	
机组利用小时数/h	5500	
计算年限/a	20	
折旧年限/a	15	
发电标气耗/[Nm^3/(MW·h)]	0.149	
供热标气耗/(Nm^3/GJ)	32.89	
天然气价格/(元/Nm^3)	2.3	含税
发电厂用电率/%	1.57	
供热厂用电率/(kW·h/GJ)	6.94	
成本电价/[元/(MW·h)]	480	
成本热价/(元/GJ)	98	
销售电价/[元/(MW·h)]	755.68	含税
销售热价/(元/t)	252	含税
税后投资内部收益率/%	8.11	

表3－3－7　上海地区热电项目供热、供电成本比较

名称	上海某企业	三联供	差价
供热成本/(元/GJ)	42.27	98	55.73
供电成本/[元/(MW·h)]	360	480	120

2. 上海某机场分布式能源站

上海某机场出于对机场供电的可靠性、环境保护、能源综合利用、降低运行成本等各种因素考虑，在其能源中心配置1台4000kW燃气轮机发电机组，配套1台9.7t/h余热锅炉和蒸汽制冷的溴化锂吸收式制冷机组和电力制冷的离心式制冷机组。见表3－3－8。

表 3-3-8　上海某机场燃气分布式能源项目情况

名称	数量	备注
机组容量/MW	4	
设备投资/万美元	309	1998 年价格水平
发电功率/kW	4003	
供热量/(t/h)	11	0.1MPa 饱和蒸汽
热耗/[kJ/(kW·h)]	12607	折 0.363Nm³/kW·h
天然气消耗/(Nm³/h)	1376	柴油备用
热电联供效率/%	80.1	
天然气价格/(元/Nm³)	1.90	
供电成本/[元/(MW·h)]	505	
供汽成本/(元/t)	206	

(三)天然气供热发电利用方式比较

6 种天然气发电利用方式简单比较情况见表 3-3-9。从表中可看出：

锅炉热电联产方案天然气几乎全部转化为蒸汽，热电比最高，适用于天然气供应紧张，外购电价便宜地区炼油厂选用。

燃机热电联产方案发电量较高，单位供汽量天然气消耗大，适用于天然气供应富裕且价格便宜、当地外购电价较高地区炼油厂选用。

燃机三联供方案可以利用冷负荷减轻夏季热负荷降低设备利用率低的问题，提高投资利用效率和总体热效率，适合天然气供应有保障，冷热负荷落实且搭配合理，其他供热、供电、供冷方案成本高的地区炼油厂采用。

分布式能源站规模较小，单位投资较高，适合当地其他供热、供电、供冷方案成本高且没有可靠保障的地区炼油厂采用。

表 3-3-9　6 种天然气发电利用方式比较

名称	锅炉热电联产	大型燃机发电	大型燃机热电联供	燃机热电联产	热电冷三联供	分布式能源站
热电比	10.66	0	0.54	0.83	0.65	2.04
供热气耗/(Nm³/GJ)	28.78	—	29.3	29.58	32.89	33.15
供电气耗/[Nm³/(kW·h)]	0.139	0.180	0.146	0.190	0.151	0.123
综合热效率/%	87.5	61.1	83.5	68.3	71.6	80.1
备注	某炼油厂项目设计值	400MW 机组定额	400MW 机组定额	某炼油厂项目设计值	上海某燃气热电冷三联供项目设计值	上海某机场分布式能源站设计值

总的来看，煤改气项目无论是原有燃煤锅炉改燃气锅炉，还是新建燃气锅炉或者燃机+余热锅炉方案，技术上都是可行的。不需要配套燃煤锅炉的煤储运、灰渣处理系统，占地面积大大减少，环保设施也得到简化，系统运行可靠性提高。

尽管天然气发电具有环保和可靠性高的优点，但从经济性测算结果看，目前还不是最优方案。主要是在现行气价下，“煤改气”后燃料成本增加过高，还大大增加对天然气资源的需求。

二、生物质燃料

生物质燃料主要特点是可再生、硫含量低，能有效降低烟气中SO_2浓度，且实现CO_2零排放，是一种清洁的低碳燃料。生物质发电兼具经济、生态与社会等综合效益，可缓解日益突出的能源短缺与环境恶化问题。我国颁布生物质发电优惠上网电价以及燃煤机组掺烧生物质补贴电价等相关配套政策，发布《关于开展燃煤耦合生物质发电技改试点工作的通知》，要求依托现役煤电高效发电系统和污染物集中治理设施，兜底消纳生物质资源，促进煤电的低碳清洁发展。

近年，国内纯燃生物质发电迅速发展，目前主要分为间接掺烧和直接掺烧两种。间接掺烧技术是将生物质气化后的燃气送入煤粉锅炉燃烧，该技术的原料适应性较广，能避免炉内结渣和腐蚀等现象，但新建设备较多、投资相对较高。直接掺烧即在燃烧侧实现混烧，将生物质燃料处理成可与煤粉混烧的状态直接送入炉膛混烧。在大容量高参数的煤粉锅炉上直接掺烧生物质具有投资和占地面积少、设备改造少或无、热效率高、掺烧不受季节影响等优势，是近期大力推广的技术。掺烧流程示意见图3－3－4和图3－3－5。

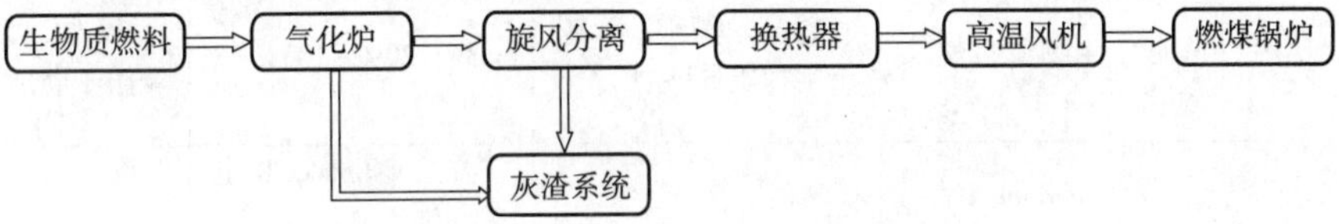

图3－3－4　生物质燃料间接掺烧流程示意

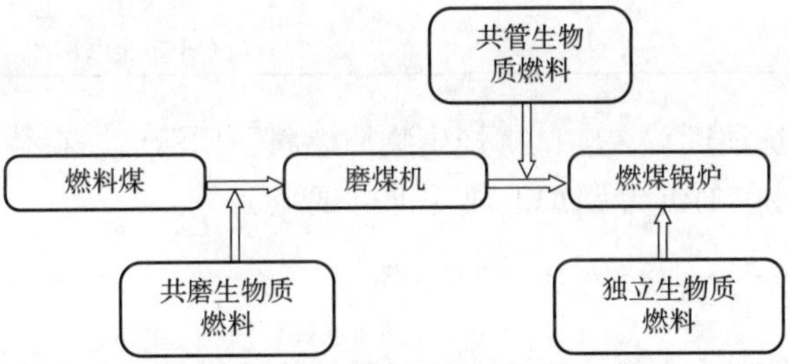

图3－3－5　生物质燃料直接掺烧流程示意

目前生物质直接掺烧技术在现行的混燃电站中占绝大多数。国外统计的200多家生物质掺烧电厂中，直接掺烧发电占比达到80%以上。直接掺烧技术主要包括：

1）共磨工艺。将生物质与燃煤按照一定掺烧比例进入磨煤机，在磨煤机内共同磨制，然后进入对应的燃烧器，该方案最为简单。

2）共管工艺。先将生物质燃料单独破碎，然后将破碎后生物质燃料输入原磨煤机出口的粉管道中，与煤粉混合后进入锅炉原燃煤燃烧器，该方案管道布置及切换控制系统复杂，实际应用较少。

3）独立喷燃工艺。生物质单独粉碎后进入纯烧生物质的燃烧器后入炉燃烧。该种工艺可分为两类，一类是建立独立的生物质粉碎机和独立的生物质燃烧器，燃烧器位于原锅炉主燃烧器区，即独立喷燃工艺一；另一类是利用电厂备用的磨煤机和对应的燃烧器燃用生物质，即独立喷燃工艺二。

4)再燃工艺。类似独立喷燃工艺，只是生物质喷入位置不同，生物质经粉碎机粉碎后送入锅炉炉膛上部燃尽区的再燃燃烧器，可进一步降低炉内 NO_x 生成浓度。

四种掺烧方案的工艺流程及技术特点的比对分析参见表 3－3－10。

表 3－3－10　不同生物质掺烧工艺对比

名称	共磨工艺	共管工艺	独立喷燃工艺一	独立喷燃工艺二
工艺流程	生物质在给煤机上游与煤预混，在磨煤机中与煤共同磨制后送至对应的燃烧器	先将生物质燃料单独破碎，然后将破碎后生物质燃料输入原磨煤机出口的粉管道中，与煤粉混合后进入锅炉原燃煤燃烧器	需要配置专用的生物质粉碎机和燃烧器，生物质经粉碎机粉碎后，送入生物质燃烧器入炉燃烧	利用锅炉备用给煤机、磨煤机、一次风管道及燃烧器实现生物质的磨制、输送及燃烧
技术特点	工艺简单，对机组设备无影响	管道布置及切换控制系统复杂，实际应用较少	独立的管道布置及切换控制系统，系统更为复杂	利用锅炉备用系统，对机组设备无影响
改造范围及成本	无改造	改造较小，设备投资低	改造大，设备投资成本高	无改造
生物质掺烧比例	较低，5%～10%，受限于生物质自燃及磨出力	较高，20%，受限于生物质自燃	高，20%～100%	较低，5%～10%，受限于磨出力
代表电厂	芬兰 Fortum 电厂、英国 Ferry－bridge C 电厂、英国 Fiddlers Ferry 电厂	西班牙 Enel 电厂	波兰 Ostroleka B 电厂、荷兰 Epon 电厂、英国 Ferrybridge C 电厂、英国 Drax 电厂、山东十里泉电厂	宝鸡第二发电公司

2021 年 5 月，某炼油厂首次尝试掺烧生物质燃料，用清洁燃料替代部分常规能源消耗，利用 1500t 生物质燃料在 310t/h 锅炉上成功进行试烧。

三、氢燃料

在可持续发展情景下，全球的氢气产量和需求快速增长，到 2070 年，电解水制氢和结合二氧化碳捕集、利用与封存技术(CCUS 技术)从化石燃料中产生的低碳氢都将发挥重要作用，电力行业的氢使用量会占到总量的 15%，用于支持灵活发电，使用氢气、生物甲烷和天然气的燃气轮机和联合循环发电厂将成为电力灵活调节和备用容量的主要来源(见 IEA《能源技术展望 2020》)。作为可再生能源的补充，氢价值链在未来行业耦合中将扮演重要角色。

20 世纪 80 年代开始，多个国家和国际机构制定氢燃气轮机和氢能相关研究计划。2005 年美国能源部(DOE) 同时启动为期 6 年的“先进整体煤气化联合循环发电系统($IGCC/H_2$)燃气轮机”项目和“先进燃氢透平的发展”项目，这 2 个项目以 NO_x 排放小于 $3mg/m^3$ 的燃气轮机为目标，主要研究内容包括富氢燃料/氢燃料的燃烧、透平及其冷却、高温材料、系统优化等。2007 年欧盟在其第七框架协议(FP7) 中启动“高效低排放燃气轮机和联合循环”重大项目，以氢燃料燃气轮机为主要研究对象。2008 年欧盟第七框架又把“发展高效富氢燃料燃气轮机”作为一项重大项目，旨在加强针对富氢燃料燃气轮机的研究。日本将高效富氢燃料 IGCC 系统的研究作为未来基于氢的清洁能源系统的一部分列入其为期 28 年的“新日光计划”中世界能源网计划（WE－NET），以效率大于 60% 的低污染煤基 IGCC 系统为目标展开研究。如今世界上富氢燃料燃气轮机已有较多的应用业绩，主要是以合成气扩散燃烧模式的 IGCC 电厂系统。

日本三菱日立自 1970 年开始研发含氢燃料的燃气轮机，早期扩散燃烧器已被证实能在含氢 0%～100% 的燃料中安全稳定运行，截至 2018 年含氢燃料的燃气轮机业绩已达 29 台，运行小时数超过 3.57×10^6h，以 M 系列和 H 系列机型为主。2018 年三菱日立在 700MW 输出功率的 J 系列重型燃气轮机上使用含氢 30% 的混合燃料测试成功，测试结果证实该公司最新研发的新型预混燃烧器可实现 30% 氢气和天然气混合气体的稳定燃烧，二氧化碳排放可降低 10%，NO_x 排放在可接受范围内。

美国 GE 公司的燃氢燃机开发是在 7FA 燃机基础上进行的，20 世纪 90 年代，以合成气扩散燃烧＋N_2/水蒸气稀释为主的 7FB 机组已完成开发并广泛应用，随后也推广到 6B 机组中。在小型机中，澳大利亚领先的氢气基础设施开发商 H2U 与 GE 贝克休斯签署协议，将部署 NovaLT 燃机为 PortLincoln 项目提供 100% 的氢气运行，打造绿色氢能发电厂。

德国西门子能源公司在工业燃气轮机领域加快研发和工业应用氢燃机，提高燃气轮机绿色燃料使用能力，2020 年底已经完成掺烧 70% H_2 的燃烧试验，力争 2030 年达到掺烧 100% H_2 的燃烧试验并工业应用。

氢燃机基本设计思路是通过燃气流量优化分配、合理预混，辅助于对燃烧过程的精确控制，实现燃料的广泛适应性。一是充分预混，即空气经过导流板后进入燃烧器，通过旋流片与燃气充分掺混。二是对燃气合理分流，将燃料气分成主燃气、中心气、先导气三路气流，各路燃料气可连续调整，不存在阶跃变化或分级燃烧，负荷变化时燃烧稳定、波动小。三是设计环形燃烧室，确保点火成功率更高，温度场更均匀，实现火焰实时监测。四是燃料气与压气机出口空气按设计比例充分预混后喷入燃烧室充分燃烧，控制燃烧温度始终在 NO_x 和 CO 低排放范围边界内，确保污染物排放低。

清洁能源氢燃料替代天然气用于燃气轮机发电以减少大量的碳排放，这是未来的一个趋势，氢燃料燃气轮机的发展除开发全新的机型，常规燃机上氢燃料替代天然气的改造也是重要研究方向。就目前而言，需重点解决几个基础条件：富氢甚至纯氢干式低氮燃烧器的开发应用，先进的低氮技术替代传统的添加稀释剂低氮技术，能使氢燃料燃气轮机有更高的效率和更低的排放；大规模的可再生能源制氢技术有突破性提高并形成规模化效应，大幅降低氢燃料生产、运输、储存成本，从源头上降低氢燃料发电综合成本；制氢产能能支撑全社会氢气燃机发电需求；输送氢气的管网等其他配套系统必须得到充分的升级更新，符合安全要求。

西门子在德国莱比锡市政公共事业公司实施联合循环热电联产项目，计划于 2022 年年底开始调试。项目通过新建燃气电厂替代现有用于供热的褐煤电厂，发电容量 125MW，产热 163MW，区域供热效率达到 93%（41% 的电效率），实现从天然气到氢气的转换，预计在商业运营期间，使用 30%～50% 的绿色氢，长期目标是用 100% 的绿色氢气来运行该电厂。

四、氨燃料

近年来，人们开始从两个角度关注氨：通过过渡到纯氢社会实现碳中和，以及现有能源模式对环境影响的最小化。氨是由氢和氮组成的化合物，是一种高效的氢载体，也可以直接作为燃料燃烧。

目前，三菱发电公司正在开发一种40MW的燃气轮机，将可以使用100%的含氨燃料。希望到2025年将氨燃烧技术引导到商业化阶段。如果取得成功，它将成为世界上第一台仅使用氨作为燃料的商业化燃气轮机。氨的直接燃烧需要解决的挑战是由燃料的氮成分燃烧产生的氮氧化物(NO_x)。三菱发电的目标是通过将选择性催化还原(SCR)与最新开发的燃烧室相结合，以减少NO_x排放，并安装在公司的H－25系列燃气轮机中。

第二节　再电气化

驱动设备电气化的能源效率要比常规使用化石燃料的设备高，且维护成本低、启停响应速度快。另外，未来70%的用能场景将被电力替代，炼油厂再电气化是大趋势。

一、电驱动替代汽轮机驱动

(一)电机驱动的优势

1. 运行效率高

电机驱动的效率远高于燃气轮机及蒸汽轮机驱动，在满载时，同步电机驱动效率>96%、异步电机驱动效率>86%，远高于燃气轮机驱动效率<35%及蒸汽轮机驱动效率<25%。考虑到实际工况70%额定转速，同步电机驱动效率>92%，异步电机驱动效率>82%，也远高于燃气轮机<25%及蒸汽轮机<20%的指标。

2. 调速范围宽、精度高

电机驱动调速范围为10%~100%，且精度高，燃气轮机及蒸汽轮机驱动调速范围在70%~100%，精度低。

3. 停机再启动和加载时间短

电机驱动停机后可以立即再启动和加载。燃气轮机驱动停机后再启动一般需要间隔约3h、加载需要约30min。蒸汽轮机驱动停机后再启动一般需要间隔约3h、加载需要约1h。

4. 维修频率低、检修时间短

电机驱动维修频率低，停机检修时间约1d/a。燃气轮机及蒸汽轮机驱动维修频率高，停机检修时间平均7d/a，如图3－3－11所示。

表3－3－11　电驱动与燃气轮机驱动、蒸汽轮机驱动的比较

项目	电驱动	燃气轮机驱动	蒸汽轮机驱动
辅助设备	相对简单 机械增速器 部分配套变频或调速 变配电设施增容 部分需滤波器 降噪措施	复杂 进气和排气滑阀 空气过滤器及隔音罩 火灾及气体检测及消防设施 排放控制和调节 额外的润滑系统	复杂 燃煤锅炉 脱硫除尘 辅助设备 排放控制和调节 额外的润滑系统
维修频率	非常低	非常高	非常高

续表

项目	电驱动	燃气轮机驱动	蒸汽轮机驱动
检修停机时间	约 1d/a	平均 7d/a	平均 7d/a
保险费用	低	高(涉及火灾风险)	高(涉及火灾风险)
备品备件	低	高	高
污染及排放	低	高	非常高
输出功率	与环境关系不大	高度依赖于温度，海拔，湿度等	高度依赖于温度，海拔，湿度等
满负载效率	>98%(同步电机)	<35%	<25%
	>86%(异步电动机)		
部分负载效率	>92%(同步电机)	<25%	<20%
	>82%(异步电动机)	70%速度	70%速度
	70%速度		
启动可靠性	约 100%	约 90%（10%启动失败）	约 100%
可靠性	高	中等	中等
可用行	高	中等	中等
停机再启动	立即	间隔约 3h	间隔约 3h
速度调节范围	10%～100%	70%～100%	70%～100%
速度调节精度	高	中等	低
设计灵活性	高	低	低
启动时间	短(秒级)	中等	长
加载时间	立即	启动后～30min	启动后～60min
电源影响	电源波动及谐波治理	无	无

(二)电驱动技术可行性

电驱动改造技术路线有两种：一是使用普通工频电动机配套机械增速箱，需要调速时增加机械调速；二是使用中频电动机直驱，中频电动机转速与被替代的工业汽轮机相同，取消机械升速箱，但需要配套相应的中频电源，提高电机绕组的电流频率，从而提高电机同步转速 2～5 倍，设备数量和体积少，可靠性高，中频电源同步实现变频调速功能。

工频电机替代方面，大功率电机和机械升速箱技术和设备已经基本成熟，最大功率可达 60MW。国内某电机厂同步电机 70MW 已应用并具备 120MW 生产能力，异步电机已有 34.5MW 业绩且在试制 38MW。其中，大容量电流型变频器驱动同步电机方案，采用电流源型变频器和无刷励磁高速同步电机，在西气东输管线、钢厂轧机、矿井提升机、大型风洞均有成功案例。调速方面，液耦调速器技术和设备已经基本成熟，管道输送行业应用较多；国产大功率变频器通常采用多电平技术，最大功率达 26MVA，配套多绕组变压器移相，对电网基本没有谐波影响。

中频电动机直驱替代方面，国内首台套采用 4800r/min/20MW 变频调速正压型无刷励磁同步电动机的高速直联电驱压缩机组已在西气东输管道得到应用。同时，国内公司正在研发 10000r/min/5MW 级永磁电机。在多电平大功率高压变频器方面，国内具备 250Hz/

5MVA 研发制造能力。

1. 现场安装条件

工频电机驱动可能需要增加增速箱，甚至需要增加机械调速或高压变频器，所需空间远较汽轮机本体要大，因此，需要设计确认现场有足够空间安装电机及附属设备。为适应长周期运行和防爆要求，高压变频器仍需建设变频器室。

2. 长周期运行可靠性

高压电机在企业应用非常普遍，可靠程度优势也很明显。但是，当电机超过 5MW 时，需谨慎考虑，选用可靠性更高、品质更优的设备；对于电气启动等条件，需要进一步开展电力负荷分析。

针对工频高压变频器故障率高问题，部分企业采用双变频切换、变频切工频等方式，取得一定效果。电网电压波动(晃电)对变频器有很大影响，动能缓冲、储能电池等抗晃电技术在低压变频器上得到应用。

3. 电网安全性

工业汽轮机改电机驱动将大量提高电力用量，炼油厂全部改电机驱动需要增加电力负荷 20% 以上，大电机直接启动对电网电压波动也有很大影响。因此，实施改造前，企业需要扩大电网容量、优化电网结构提高安全性，配置高可靠性用电设备，减少电气事故的发生。针对具体应用场合，一是可增加变频启动、软启动等设施，减少大电机启动对电网的影响；二是在工艺装置及设备可行的范围内，对工艺连锁进行调整，对电气设备进行抗晃电改造，减少停电损失。

大量变频器的应用会对电网产生谐波污染、影响功率因数。一方面，谐波使电能的生产、传输和利用的效率降低，设备过热，绝缘老化，使用寿命降低，严重时会使设备因谐波发生故障或烧毁；也可能引起电力系统的局部串联式或并联式谐振，引起保护系统误动作。另一方面，谐波对电力电子器件以及电力电子装置本身会造成很大损伤，也会造成装置过电流、过电压等问题，影响系统的可靠性。按照 GB/14549 的要求，6kV 等级电网谐波电压不允许超过协议容量的 4%。因此，在改造时，需要充分考虑电网的匹配性及可靠性。

4. 蒸汽管网调节能力

当凝汽式汽轮机改电驱后，会减少蒸汽用量，因此需统筹考虑全厂蒸汽平衡，以防止出现蒸汽过剩放空的现象。

正常工况下，全厂中压、低压蒸汽平衡均由热电站汽轮机抽汽来调节和平衡。此时，如汽轮机有足够的调节能力，节约的蒸汽可通过减少汽轮机抽汽、增加发电量来平衡。

如果炼油厂低压蒸汽调节能力不足，热电站汽轮机低压抽汽量很低，低压蒸汽主要由装置余热、背压透平产汽得到。此时，如将低压凝汽式机组改电驱式，会造成低压蒸汽富余放空，带来能源资源的浪费。

(三)电驱动改造案例

1. 空分压缩机电驱动改造

空分装置压缩机的主要特点为：功率较大、运行较为稳定、基本没有调速需求。电动机运行方案比较成熟，需解决的主要问题为大功率电动机启动问题。目前主流的启动方案为：变压器 - 电动机组启动、自耦变压器降压启动、变频器启动。

某炼油厂 $8\times10^4 Nm^3/h$ 空分装置，主空压机功率 31400kW、转速 4200r/min；电机功率

34500kW、转速1500r/min；配套联轴器和齿轮增速箱功率35000kW。电源由63MVA、110/10kV专用变压器提供，采用变频器一拖二启动方式。电气一次系统图见图3-3-6。

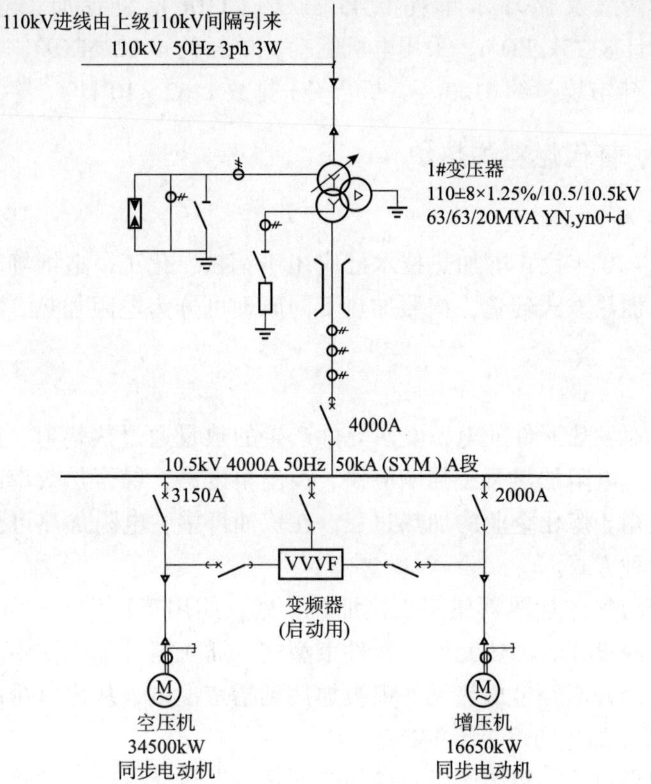

图3-3-6　变频器一拖二电气一次系统图

2. 催化裂化富气压缩机电驱动改造

炼油厂催化裂化富气压缩机组，采用工频电机+机械增速箱方案，调速采用变频调速，为保证变频器故障后电机正常启动运行，增加工频软启动装置，见图3-3-7。

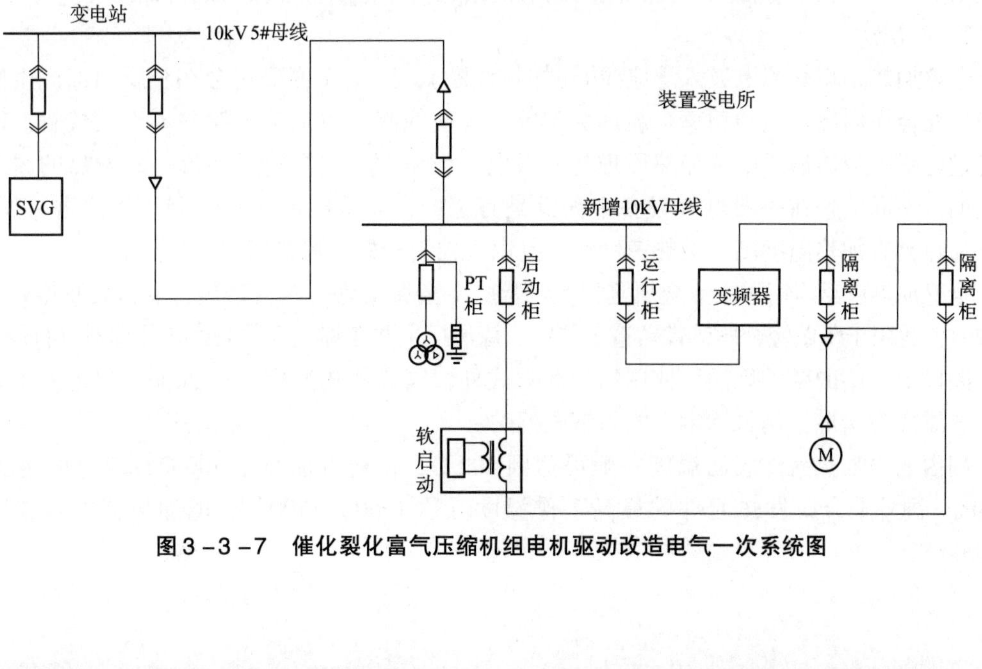

图3-3-7　催化裂化富气压缩机组电机驱动改造电气一次系统图

汽轮机额定功率为2494kW，装置100%负荷生产时耗低压蒸汽12.5t/h，凝结水产量10.5t/h，耗循环水约900t/h。将汽轮机更换为用电机驱动，耗电量2162kW·h。采用凝汽式汽轮机驱动，蒸汽及循环水单耗9.45kgEO/t（110t/h装置加工量），凝结水单耗-0.70kgEO/t，合计8.75kgEO/t。采用电机驱动，单耗约4.12kgEO/t，比蒸汽驱动能耗降低约4.63kgEO/t，年节能量约6100tce，折合CO_2排放1.62×10^4t。

二、电加热炉替代燃料加热炉

（一）电加热技术

在20世纪60~70年代，电加热技术已应用于钢铁、化工、造纸等行业。电能转化为热能主要是通过电加热方式转化，按照加热不同原理可分为电阻加热、电感加热、电弧加热、电子束加热等。

1. 电阻加热

电阻加热是指对发热元件通电，发热元件产生的热量通过热辐射、热传导、对流等方式传递至加热对象。电阻加热具有热响应快、控温精度高、综合热效率高、占地面积小等优点，因而更加适用于炼化企业的加热过程。在炼油厂中，电阻加热可分为直接电阻加热和间接电阻加热两种方式。

重整装置使用的气体加热器属于直接加热方式，应用于再生空气加热和还原气加热。该气体加热器采用浸没式，加热元件为元件束型式，插入至外部壳体中。壳体上设置气体进口和气体出口，冷气流经过加热元件束被加热到指定温度，从出口排出。出口气体温度可达到500~600℃，加热功率小于1MW。

挤压造粒机组导热油加热器属于间接加热方式，发热元件产生的热量先加导热油，再通导热油传给被加热介质。

电加热集输是指用电能补充被伴热物体在输送工艺过程中的热损失，其工作原理是缠绕在管道外壁上的电热带或电热管发热，热量通过管壁传导使管内介质均匀受热，达到介质管输的温度要求，一般需要维持温度70~80℃。炼油厂主要在需要维温的重油、原油管线使用电阻加热，在炼油厂一些机组的润滑油站也使用电阻加热维持润滑油温度。

2. 电感加热

电感加热是将交流电通入感应线圈（加热线圈），产生交变磁场会在金属内部产生感应电流，在金属内部产生的功率损耗即为热能。感应线圈与被加热金属并不直接接触，能量是通过电磁感应传递。电感加热原理与一般电气设备中产生涡流及涡流引起发热的原理是相同的，不同的是在一般电气设备中涡流是有害的，而感应加热却是利用涡流进行加热。电感加热具有加热温度高、加热速度快、且温度控制较好、可进行局部加热等优点。

电感加热广泛应用于工业金属零件表面淬火、金属熔炼、棒料透热、金属表面热处理等领域，也适用于薄壁轻金属铸件铸造工艺中。炼油厂主要在焊接金属表面热处理时进行应用。

除以上介绍的两种炼油厂使用的加热方式外，电弧加热温度可达3000℃以上，主要使用在金属高温冶炼，例如炼钢厂的炼钢电弧炉。

国内的电加热元件表面温度一般可达到800℃，物料可加热至700℃，压力可达20~30MPa。国外非金属发热元件的最高工作温度可达1500~1700℃，电加热器加热物料可达1000℃。

（二）未来发展应用方向

未来电加热在炼油领域的应用需进行深入研究：

1）精准的电加热器的计算模型，准确的计算是设计、优化电加热设备的基础和关键。

2）电加热器的智能控制，精准的控制既能降低能耗节约成本，又可防止超温，延长元件寿命。

3）大功率电加热设备研究，提高供电侧电压，降低变电、配电成本。

4）加热元件材料研究，提高加热元件的寿命和可靠性。

此外，用电加热炉替代炼油厂化石燃料加热炉正加速工程研发，研发方向主要是，通过对比分析研究电阻加热炉、红外加热炉、微波加热炉、电磁加热炉的组成结构、特点以及适用范围，研究开发不同类型电加热炉温度控制系统，建立更加先进、有效的控制方法；根据电加热的不同形式，研发与之配套的炉管、炉衬和炉体钢结构；开展不同装置电加热炉的工程设计方法的研究，包括设备选型、传热计算、材料设计等。

按当期(2020—2021年)工业用电平均电价0.50元/(kW·h)、天然气平均价格2.5元/m^3，同等热值条件下，用电代替天然气后，动力成本提高约1倍。但是，随着天然气价格的攀升、电价的降低以及电力清洁化(风、光、核电)进程加速，未来电动化优势会越来越明显。

三、电伴热替代蒸汽伴热

在炼油生产过程中，蒸汽伴热是一种传统的伴热形式，将蒸汽作为加热介质，保持被加热工质的温度。蒸汽伴热主要优点包括：蒸汽作为一种携能工质，较强的热携带能力，在保持被加热工质温度过程中，主要利用的是蒸汽的冷凝潜热，单位工质释放热量大，伴热效果好；具有较好的可靠性及安全性。蒸汽伴热主要缺点包括：由于散热损失、蒸汽疏水器的损坏造成蒸汽泄漏、无温度控制手段等原因，使得蒸汽伴热系统总能量消耗远超于保持伴管在所需温度实际能量，能源利用率不高；若蒸汽伴热管冷凝水管保温维护不好，时有冻结而影响生产。

电伴热是指在维持管道温度的时候，利用电能产生热量，来保持被加热介质温度。在该工艺的运行中，通过直接在化工管道系统中，设置功率调节装置与加热回路就可以实现化工工程管道的按需伴热。电伴热主要优点包括：维修费用低，自控电伴热几乎不需要修理，按规定每年只需要摇表测绝缘即可；通过自调加热器、无机矿物绝缘电缆的应用，消除了大多数聚合绝缘及恒定功率加热器的常见故障，可以提高电伴热的可靠性，不会被其自身放热损坏；如果带有热动开关或控制系统，可以达到精确的温度控制，进而可向每个需加热的用户提供精确的加热，无需使用过量的热量。

以某装置1000m长工艺管道伴热为例，对采用蒸汽伴热和电伴热方案进行分析比较。对于蒸汽伴热，能耗仅为低压蒸汽消耗，折合标油为19.8kgEO/h。对于电伴热，能耗仅为电消耗，折合标油为10.7kgEO/h。因此，同等条件下，电伴热较蒸汽伴热能耗降低约9.1kgEO/h，年节能量约42.1tce，折合CO_2排放112t。

第三节　外购低碳能源

炼油厂的电力、蒸汽一部分来自自产，另一部分来自外购。在周边有大型热电站、冷能和市政中水等资源的企业，可以采用外购替代自产，降低碳排放量。

一、外购蒸汽

炼油厂蒸汽主要由自备锅炉产汽供全厂蒸汽管网，因产用平衡的因素，自备锅炉规模小，锅炉效率与化工园区或电厂集中供热锅炉相比效率较低，产汽成本较高，碳排放远高于大型热电联产锅炉。因此，紧邻化工园区热电厂的炼油厂可以选择外购高效蒸汽替代自产蒸汽，提高蒸汽利用效率，降低炼油厂碳排放。

(一)外购高效蒸汽替代自产蒸汽

目前，炼油厂主要的供能模式分为集中供热、分散供热两种：

(1)集中供热、发电模式：由集中开发的大型热电项目负责园区的集中供热、发电。

(2)分散供热、发电模式：用热企业建自备热电厂供热、供电，不足电量、电力从大电网购入。

在上述供热模式中，目前大部分炼油厂采用第二种模式。但随着工业园区大型化发展，电厂替代自备电厂为生产企业集中供热成为可能。电厂参数高、规模大、效率高等优势得到体现，与此同时，解决电厂大量冷源损失等问题，成为生产企业降本增效、提高整体效益的重要手段。

某炼油厂是某园区主要热需求用户，具有热负荷体量大、压力参数高、分布区域广的特点。为了满足炼油厂热需求，园区内拟配建的热电联产工程选型为3台超超临界抽凝机组(配2030t/h超超临界燃煤锅炉)+3台50MW超高压抽背机组(配600t/h超高压燃煤锅炉)+4台600t/h高温高压直供锅炉。主机选型采用超超临界抽凝机组与超高压抽背机组的组合，供热效率和热电比高，发电单位千瓦的标煤耗低、污染物排放少，主机选型符合国家关于热电联产发展规定的政策。

在相同的发电量和供热量情况下，集中、分散两种供热模式热电联产煤耗指标对比详见表3-3-12。集中模式耗煤量为552.84×10^4t，要比分散模式节约35.7×10^4tce/a，减少碳排放94.9×10^4t/a。

表3-3-12 热电联产机组供热模式煤耗对比分析

序号	项目	集中模式	分散模式	
			自备热电厂	用电缺口
1	发电标准煤耗/[g/(kW·h)]	232	253	267.3
2	供电标准煤耗/[g/(kW·h)]	251.6	267.3	277.41
3	供热标准煤耗/(kg/GJ)	39.47	40.77	
4	年供热量/GJ	65164441	65164441	
5	年总供电量/(MW·h)	11748803	3057641	8691162
6	年耗煤量/10^4t	552.84	347.41	241.1

注：1. 集中模式数据引用经评审通过的该热电工程初步可行性研究报告。

2. 国家节能中心编制的《火电行业能效评价技术依据》表1和表2中的设计值。

对比集中供热、分散供热两种模式的主要污染物排放。其中，自备电厂小型热电联产机组供热标煤耗按40.8kg/GJ、供电标煤耗按267.3gce/(kW·h)；由于企业自备热电厂供电能力不足，还需要电网的供电，扣除自备电厂发电量后外购电量煤耗，按新建的百万级纯凝机组供电煤耗277.4gce/(kW·h)测算，相同年总供热量、年发电量条件下，年耗标煤5885kt/a。假设两种模式排放均达到超净排放标准，两种供热模式相比较，由于集中供热发电、供热效率较高，将分别减少烟尘、SO_2、NO_x灰渣及脱硫石膏及CO_2排放量38t/a、133t/a、191t/a、130kt/a、970kt/a。实际上，大型热电项目易于采用先进低氮燃烧技术，从源头上控制SO_2和NO_x的产生和排放；自备电厂则要花更大的单位装机投资才能达到同样的排放效果，见表3-3-13。

表3-3-13　主要污染物排放对比

项目	排放量		
	集中供热	分散供热	差值
烟尘年排放量/(t/a)	592	630	-38
SO_2年排放量/(t/a)	2071	2204	-133
NO_x年排放量/(t/a)	2958	3149	-191
灰渣及脱硫石膏年排放量/(kt/a)	2200	2330	-130
CO_2年排放量/(kt/a)	15800	16770	-970

(二)蒸汽替代燃料

炼油生产中，蒸汽和燃料作为重要的供能介质，为装置供应所需的动力或热量。其中，蒸汽来源包括动力站汽轮发电机组背压或抽汽、装置产汽、工艺透平背压等等，燃料主要来源为装置自产干气，不足部分由天然气或液化气补充。一些用能场合，如塔底重沸器等，可以用蒸汽作为加热热源，也可以采用重沸炉加热炉，与此同时，蒸汽、燃料这两种供能介质的碳排放、能耗等有较大的差距，因此，通过供能介质选择的优化，可以有效降低系统碳排与能耗。

假设动力站的燃料为动力煤，锅炉产高压蒸汽，经进入汽轮发电机组做功发电之后，抽汽或背压蒸汽供应全厂，此时，锅炉燃料燃烧释放的碳排放由两部分组成，一部分是汽轮发电机组的发电，另一部分为汽轮发电机组抽汽，因此，蒸汽所对应的碳排放会大幅降低。

为减少全厂的碳排放，在全厂燃料气平衡不富裕以及蒸汽平衡允许的条件下，对于一些可相互替换的场合，可以采用蒸汽替代燃料的方法，降低全厂碳排放。

某炼油厂1#重整脱C_6塔塔底温度150℃，采用重沸炉加热，耗燃料约414Nm^3/h，塔底温度低，0.8MPa等级的低压蒸汽完全可满足要求。将1#重整脱C_6塔塔底重沸器热源改为低压蒸汽后，可实现燃料消耗降低414Nm^3/h，低压蒸汽消耗增加约4t/h，降低能耗10.1kgEO/h，碳排放6495t。产生4t/h的10.0MPa等级蒸汽碳排放约1144t，经做功产生电能，分走一部分碳排后，折合0.8t/h的0.8MPa等级蒸汽碳排放约4349t，年减少碳排放2146t。

某炼油厂3#污水汽提装置塔釜设置两台重沸器，其热源一个采用导热油，另一个采用0.8MPa蒸汽，导热油供热约5MW，蒸汽供热约3MW。导热油炉供热存在能量的高质低用的问题。通过取消导热油炉，多用蒸汽，降低燃料消耗量约0.375t/h，增加0.8MPa(g)蒸汽用量约 8.5t/h。

二、外购绿电

随着实现“双碳”目标的举措不断深化，外购绿色电力是未来发展方向。

1. 绿色电力交易

绿色电力市场化交易，主要是指准入的电力用户与并网可再生能源发电企业，通过双边协商、集中竞价、挂牌等市场化方式进行的中长期电量交易。通过开展绿色电力交易，将有意愿承担更多社会责任的一部分用户区分出来，与风电、光伏发电等项目直接交易，以市场化方式引导绿色电力消费，体现出绿色电力的环境价值。

2. 绿色电力交易政策

2019 年 5 月 10 日，国家发展改革委、国家能源局分别印发《关于建立健全可再生能源电力消纳保障机制的通知》《可再生能源电力消纳责任权重确定和消纳量核算方法(试行)》，明确各省(自治区、直辖市)可再生能源电力总量消纳责任权重、各省(自治区、直辖市)非水电可再生能源电力消纳责任权重，把可再生能源电力消纳责任落实到各省(自治区、直辖市)，提升绿色电力消纳水平。

2021 年 9 月，国家发展改革委、国家能源局批复国家电网、南方电网《绿色电力交易试点工作方案》后，进行首次绿色电力交易，共 17 个省份 259 家市场主体参与，达成交易电量 79.35×10^8kW · h。交易电量预计减少标煤燃烧 243.60×10^4t，减排二氧化碳 607.18×10^4t。

3. 绿色电力交易形式

绿色电力交易是在现有中长期交易框架下，设立独立的绿色电力交易品种，引导有绿色电力需求的用户直接与发电企业开展交易。绿色电力在电力市场交易和电网调度运行中，优先组织、优先安排、优先执行、优先结算，通过相关政策措施，激励用电侧购买绿色电力的积极性。参与绿色电力交易的市场主体，近期以风电和光伏发电为主，以后逐步扩大到水电等其他可再生能源。

绿色电力交易试点工作是在国家发展改革委、国家能源局指导下，由国家电网公司、南方电网公司组织北京电力交易中心、广州电力交易中心具体开展，编制绿色电力交易实施细则，进一步完善技术平台功能，组织开展市场主体注册及绿色电力交易。试点初期拟选取绿色电力消费意愿较强的地区，待绿色电力交易试点工作启动后，其他有意愿地区后续也给予积极支持。

为方便市场主体参与绿电交易，使用“e－交易”电力市场统一服务平台进行交易，覆盖省内与省间、批发与零售全业务范围，涵盖多年、年度、月度等全绿电交易品种，为市场主体提供免重复注册、免交易手续费、免费提供绿色消费认证的绿电交易服务。

三、外购非常规水

使用淡化海水、城市中水等非常规水资源，可以降低新鲜水使用量、优化区域水资源利用结构、缓解水资源短缺问题。

(一)淡化海水

淡化海水又称脱盐海水，是将海水中的盐和水分离，从海水中获取淡水资源。海水淡化是通过物理、化学或物理化学方法等从海水中取出水，或除去海水中的盐，从而达到海水淡化的目的。

1. 海水淡化技术

主要技术路线有两条：一是通过蒸馏法、反渗透法、冰冻法、水合物法和溶剂萃取法等从海水中取出水的方法；二是通过离子交换法、电渗析法、电容吸附法和渗透压法等从海水中取出盐的方法。

在上述方法中，反渗透、低温多效蒸馏和多级闪蒸海水淡化技术是国际上已商业化应用的主流海水淡化技术。

(1)反渗透技术(RO)

反渗透的原理是在浓液一边加上比自然渗透压更高的压力，改变渗透方向，把浓溶液中的溶剂压到半透膜的另一边稀溶液中，与自然渗透过程相反，因此称为反渗透。

反渗透技术适用范围较广，无论海水、苦咸水，无论大型、中型、小型淡化规模都适合，其工艺流程一般都包括：预处理、膜处理和后处理三大步骤。反渗透海水淡化技术具有设备投资省、能量消耗低、建造周期短等特点。

(2)多级闪蒸海水淡化技术(MSF)

多级闪蒸淡化是利用闪蒸原理，在多个有序串联排列的容器内，将海水加热闪蒸产生的蒸汽冷凝成产品水。多级闪蒸技术适应于结合火电厂或核电厂背压透平低温位热源的大型海水淡化工程。

(3)低温多效蒸馏法(MED)

低温多效蒸发是指盐水的最高蒸发温度低于70℃的淡化技术，是将一系列的水平管喷淋降膜蒸发器串联起来，用一定量的蒸汽输入通过多次的蒸发和冷凝，后面一效的温度均低于前面一效，从而得到多倍于输入蒸汽量的蒸馏水的淡化过程。

2. 淡化海水利用案例

某炼油厂建设海水淡化工程，生产淡化海水，并根据淡化海水水质，结合装置对水质的要求，综合施策，充分利用淡化海水。

(1)海水淡化工艺

海水淡化工程包括多个处理系统，具体工艺由以下几部分组成：

1)海水取水系统。海水经取水管道至粗格栅，用于阻止水生植物和鱼类进入管道中，然后经海水取水泵将海水提升至预处理系统。

2)预处理系统。海水经混凝、絮凝、沉淀后有效地从海水中去除悬浮物和色度后进入预处理系统产品水池。

3)超滤（UF)系统。预处理系统产品水池中的水经超滤进水泵进入超滤机组，去除悬浮固体、胶体、细菌和病毒等。

4)海水反渗透(SWRO）系统。超滤产水由海水反渗透系统进水泵和高压泵增压后，输送入海水反渗透系统。海水反渗透单元为单段，系统的回收率为45%。由于海水反渗透系统浓水量大而且压力高，可以通过能量回收系统(ERS)从中回收能量以节省大量的能源。

5)苦咸水反渗透(BWRO）系统。海水反渗透系统的出水由泵输送到苦咸水反渗透系统。苦咸水反渗透单元为二段，回收率为90%。

6)后处理和产品水存储系统。氯接触池将对反渗透系统产水进行消毒和pH值调节，加氯消毒后的水溢流入产品水储存池、产水由产品水输送泵输送到用户。

7）化学药剂储存和投加系统。化学药剂投加系统用来调节水质以保证工艺中每一阶段出水水质达到预期的要求。所有化学药剂通过投加系统依情况进行控制和调整。

8）辅助系统。包括废水处理系统、污泥处理系统、浓盐水排放系统、空气压缩系统等。具体工艺步骤如图3-3-8所示。

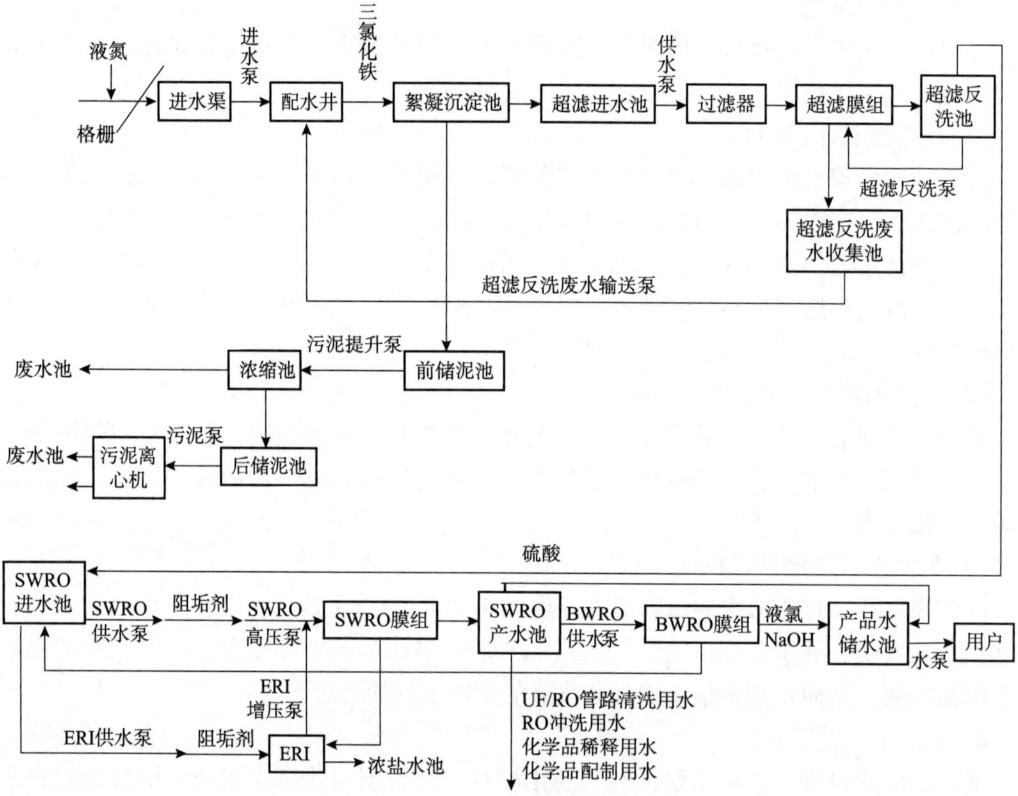

图3-3-8 某海水淡化工程工艺流程图

（2）淡化海水水质

该海水淡化工艺设计充分考虑了海水水质较差及最终用户的用水水质要求高等因素，产水水质完全满足用户的要求，具体水质见表3-3-14。

表3-3-14 某海水淡化工程成品水水质

序号	分析项目	水质2	备注
1	水温/℃	0~40	
2	色度/度	≤5	通常用铂钴比色法
3	浊度/NTU	≤1	
4	溶解性总固体/(mg/L)	≤470	
5	电导率/(μS/cm)	≤915	25℃
6	总硬度(以 $CaCO_3$ 计)/(mg/L)	≤50	
7	总碱度(以 $CaCO_3$ 计)/(mg/L)	≤200	

续表

序号	分析项目	水质2	备注
8	pH值	6.5~8.5	
9	化学耗氧量/(mg/L)	≤3	高锰酸钾法
10	游离CO_2/(mg/L)	≤88	
11	含油量/(mg/L)	≤1	
12	游离氯/(mg/L)	0.05~1.0	
13	总硅/(mg/L)	≤0.1	
14	钾/(mg/L)	≤18	
15	钠/(mg/L)	≤190	
16	钙/(mg/L)	≤2.8	
17	镁/(mg/L)	≤9	
18	总铁/(mg/L)	≤0.1	
19	铝/(mg/L)	≤0.2	
20	锰/(mg/L)	≤0.1	
21	砷/(mg/L)	≤0.05	
22	氨氮/(mg/L)	≤0.18	
23	氟/(mg/L)	≤1.0	
24	氯根/(mg/L)	≤180	
25	硝酸根/(mg/L)	≤3.9	
26	硫酸根/(mg/L)	≤19	
27	磷酸根/(mg/L)	≤0.1	
28	亚硝酸根/(mg/L)	≤0.2	
29	SDI_{15}	5.5~6.0	
30	硼/(mg/L)	≤3.5	

(3)淡化海水利用

淡化海水主要用于循环水场补充水和化学水站补充水。

用作循环水场补充水。由于循环水场补充水对氯离子浓度要求在68mg/L以下，淡化水中氯离子为180mg/L，远远超出其要求。为解决这个问题，将海水淡化水与地下水混合，其中淡化水给水为195~497m^3/h，地下水351~897m^3/h，混合水546~1394m^3/h，达到要求的水质标准后由混合水泵供给第二循环水场。

用作化学水站补充水。因淡化水同时用于循环水场补水，造成供水量波动较大，而化学水站工艺要求供水压力稳定，故将淡化水供水路由分为淡化水系统管路和供化水站淡化水系统管路，专线供化学水站作为补充水。

(二)市政中水

市政中水相对其他非常规水资源，具有水量大、相对集中、分布区域广阔、水质较为稳定的特点，便于就地取材。在"水十条"等政策要求下，全国城市污水厂出水标准都在不断地提高，个别地区城市污水厂的提标改造工程执行要求更高的地方标准，更利于处理回用。作为城市可替代的新的水源，它不受气候、季节、距离等条件的限制，比地下水再生能力强，比跨区域、跨流域的远程调水工程更经济，可以满足我国高速发展的城市化进程中生产用水量需求。

1. 市政中水处理技术

目前国内用于再生水利用的主要技术如下：

(1)超滤技术

超滤过滤精度在0.001～0.1μm，是一种利用压差的膜法分离技术，可滤除水中的铁锈、泥沙、悬浮物、胶体、细菌、大分子有机物等有害物质。超滤工艺中水的回收率高达95%以上，并且可方便地实现冲洗与反冲洗，不易堵塞，使用寿命相对较长。

(2)反渗透技术

反渗透过滤精度为0.0001μm左右，一般用于纯净水、工业超纯水、医药超纯水的制造。

(3)电渗析技术

电渗析过程是一种电驱动过程，以选择性离子交换膜为分离介质，以直流电场作为驱动力，可将电解质离子组分从水溶液和其他不带电组分中分离出来。在电渗析过程中，仅有离子通过交换膜，而溶剂是不通过膜的。

频繁倒极电渗析指每隔10～30min自动倒换电极极性，并同时自动改变浓、淡水水流流向的电渗析。EDR通过运行时不断地倒极，在去除水中的污染离子的同时降低二价离子对膜的污染，延长离子交换膜的使用寿命。

2. 市政中水应用案例

某炼油厂引入市政中水制备二级除盐水用于热电高压锅炉。

(1)水质参数

水源采用达到《城镇污水处理厂污染物排放标准》(GB 18918)一级A的市政污水处理场排放水，为使高压锅炉水制备设备运行负荷降低，再生周期延长，节省能耗物耗，出水水质指标要求见表3－3－15。

表3－3－15　市政中水水质

序号	项目名称	要求数值	实际数值	水质测定方法
1	浊度/NTU	≤1	0	DL/T 809
2	游离余氯/(mg/L)	≤0.1	0	HANNA仪器法
3	COD_{Mn}/(mg/L)	≤2	0	DL/T 502.22
4	水温/℃	5～35	20	
5	Fe^{3+}/(μg/L)	≤50	0	GB/T 14427
6	Cu^{2+}/(μg/L)	≤10	0	GB/T 13689
7	油/(mg/L)	0	0	GB/T 16488
8	Na^{+}/(μg/L)	≤300	平均值：15	GB/T 14640
9	SiO_2/(μg/L)	≤100	平均值：12	GB/T 12149
10	电导率/(μS/cm)	≤5	平均值：0.25	GB/T 6908

(2)制水工艺流程

工艺包括多介质过滤、超滤、反渗透、离子交换系统(阳床+阴床)等处理工艺过程，具体工艺流程见图3-3-9。

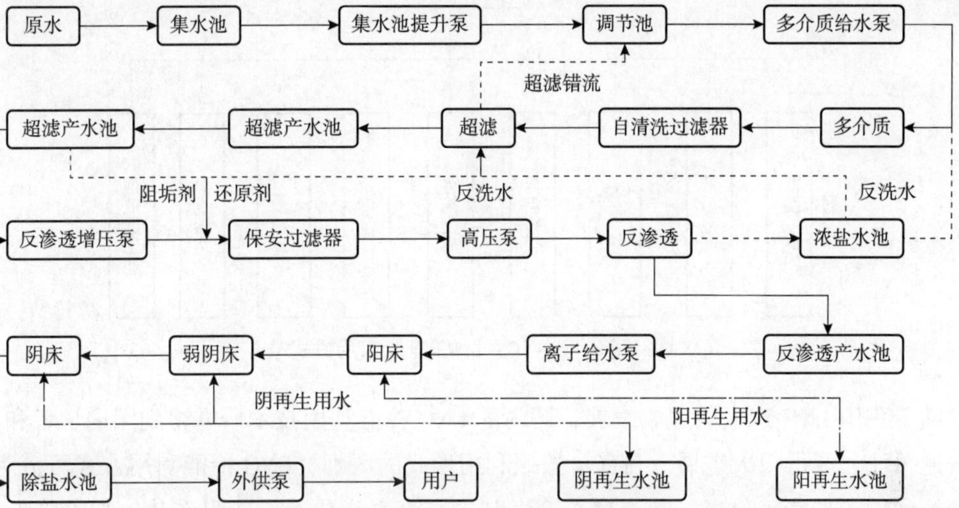

图3-3-9　市政中水制备工艺流程图

多介质过滤器利用一种或几种过滤介质，可以有效地除去悬浮杂质使水澄清。该系统共设置12台多介质过滤器装置，单台出力$90m^3/h$。

超滤装置是该工艺的重要装置，过滤精度可达到0.3μm，有效去除水中的悬浮物、胶体、大分子有机物、微生物等污染物。该系统共设置6套超滤系统，5用1备，单套出力$175m^3/h$，出水浊度小于0.2NTU，SDI小于3。

反渗透系统是该工艺最主要的脱盐设施，为保证系统运行的安全性和灵活性，反渗透系统采用二段配置。该系统共设置6套反渗透系统，5用1备，单套出力$125m^3/h$。

离子交换剂是一种多孔网状固体，不溶于水，也不溶于电解质溶液，但能从溶液中吸取离子而进行离子交换。所以，离子交换作用实质上是一种溶液中的电解质和不溶性电解质的固、液两相接触时所进行的复分解反应。离子交换是可逆的，逆反应称之为再生。因此，离子交换剂再生后可反复使用。

离子交换装置共设置7座阳床、7座弱阴床、7座阴床，5用1备，并且阳床、弱阴床、阴床各设置1座空罐，作为检修罐。每台离子交换器设计出力$125m^3/h$，离子交换出水要求电导率$<5\mu S/cm$、Na^+含量$<300\mu g/L$、O_2含量$<100\mu g/L$。

四、外购冷能

LNG在常压下的液化温度为-162℃，每千克LNG在气化过程中理论上约释放冷量830kJ，若能够充分利用这部分冷能，可以创造巨大的经济效益，达到节能减排的目的。以我国2020年LNG进口量62.5Mt为例，连续均匀气化可以释放冷能约16153MW，按20%电能转化效率计算，则年发电量可达$288.7\times10^8kW\cdot h$。另外，将LNG冷能用于空分装置，不仅原料廉价易得，而且将冷能储存于液氮和液氧中，拓宽了LNG冷能的利用范围，具有很好经济效益和社会效益。

目前，LNG 冷能主流的利用方式主要有如下几种，见图 3－3－10。

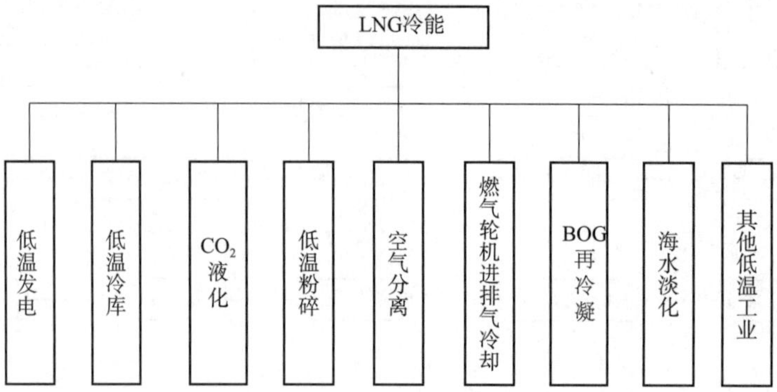

图 3－3－10　LNG 冷能利用方式

随着我国 LNG 产业的蓬勃发展，国内的 LNG 冷能利用技术研究得到国内学者和工业界的普遍关注，取得很大进展。目前，按照利用形式的区别，LNG 冷能利用方式可分为三类：热交换利用，如空气分离、制干冰、冷库制冷、海水淡化等；能量转化，如冷能发电；热质交换综合利用，如轻烃分离。考虑到炼油厂的物流和能流情况，空分、发电、轻烃分离是较好的结合方式。

（一）LNG 冷能空分

目前，炼油厂使用的空气产品主要采用机械制冷的方法从空气中获得，需要消耗大量的电能。传统的空分精馏是由节流阀和膨胀机制冷提供冷量对空气进行冷却。现代典型的冷能空分装置以 N_2作为循环载冷剂，利用 LNG 的冷量是对循环氮气进行制冷，省去透平膨胀机和制冷机组，从而达到节约能耗的目的。

LNG 冷能用于空气分离的技术已经很成熟。按照“温度对口、梯级利用”的原则，空分技术是最能科学利用 LNG 冷能的回收方法。LNG 冷能的品质很高，利用冷能的温度越低则所得到的冷能的水平也越高。因此对其冷能利用时，低温的冷量应尽可能低温利用，才能达到提高经济效益的目的。采用 LNG 作为冷源冷却循环氮气可以省去氟利昂制冷机以及氮透平膨胀机组，使产品能耗平均降低 0.5kW · h/m^3，装置的投资费用与传统设备相比可减少 10% 左右，生产成本降低 20%～30%。

某 LNG 冷能空气分离项目采用中国首套具有自主知识产权利用 LNG 冷能的空气分离装置，其主要包括空气过滤及压缩系统、空气纯化系统、氧氮氩精馏系统、LNG－氮换热系统、乙二醇循环冷却系统、低温液体储存气化系统等，主要设备如表 3－3－16 所示。采用循环氮气吸收 LNG 的低温端冷量，采用乙二醇水溶液吸收 LNG 的高温端冷量，该装置日产液氧 300t、液氮 300t、液氩 10t，实现了空气分离运行机组小型化，使运行耗电量降低约 56%，工艺耗水量降低 99% 以上，节能降耗效果显著，其投资、建设、运行经验对于其他同类项目具有重要的借鉴意义。

表 3-3-16　某厂 LNG 空分主要设备

空气压缩设备	空气预处理设备	空气分离设备	液化设备	产品储存器
①主空气压缩机及其内部冷却器、进口过滤器 ②主空气压缩机后的过冷换热器 ③冷冻水泵	①空气预冷换热器 ②空气过滤器 ③分子筛吸附器 ④电加热器 ⑤分子筛	①主换热器、冷凝蒸发器、高压分离塔 ②低压分离器塔、粗氩分离塔、氩塔冷凝蒸发器 ③精氩分离塔及相关设备、液氩泵	①氮压缩机 ②LNG 换热器 ③过冷器、节流阀	①液氧储罐 ②液氮储罐 ③液氩储罐

(二)LNG 冷能发电

在目前回收 LNG 冷能的诸多方法中，利用 LNG 冷能发电是应用较多、技术较为成熟的方法。目前，世界上已有多套 LNG 冷能发电装置在运行。利用 LNG 冷能发电技术，将 LNG 冷能转换成电力，此部分电力一般有以下用途：一是供 LNG 接收站自身用电，如 LNG 升压泵、照明等用途。二是 LNG 冷能发电的电力除供接收站自用外，多余电力通过电网输送给用户使用，可以缓解沿海接收站周边地区存在的电力供应紧张的状况。现有的利用 LNG 冷能发电的方式有多种：包括直接膨胀发电、中间媒体的朗肯循环发电、联合循环发电和燃气轮机进气冷却发电。

(1)间接发电

间接发电主要是利用 LNG 冷却燃气轮机的入口空气来改善燃气轮机循环的效率，是目前较为成熟有效的 LNG 冷能利用方式，具有易实现、附加投资少等优点。国外某燃气轮机电厂实际应用中，输出电功率增大 25%，效率提高约 4%。但该方式受空气湿度影响较大，在中国北纬 22°以北的沿海地区，对其输出电功率、效率的提升度不足 1%。

(2)直接发电

LNG 冷能直接发电技术包括直接膨胀法发电、低温有机朗肯循环发电、联合循环发电等方式。

直接膨胀发电是将 LNG 在低温下经泵加压，进入换热器中吸热气化后送入膨胀机做功发电。采用多级膨胀可以提升系统冷能回收效率，获得较优的经济性。由于该方法效率低，发电功率也较小，LNG 的发电量仅为 20kW·h/t 左右，故一般将该方法与其他低温动力循环联合，实现对 LNG 冷能的高效利用。

低温有机朗肯循环发电一般以海水、空气、地热能、太阳能、工业余热等为热源，以 LNG 为冷源。由于循环过程中所采用的热源差异大，工质的选取对循环系统性能的影响至关重要。分析亚临界饱和循环发电系统参数，存在最佳蒸发温度使系统净发电量达到最大，当冷凝温度低于 -45℃时，可选择 R1150、R170 等作为备选工质；当冷凝温度高于 -25℃时，可选择 R152a、R407C 等作为备选质；当冷凝温度介于二者之间时，可选择 R1270、R290 等作为备选工质。

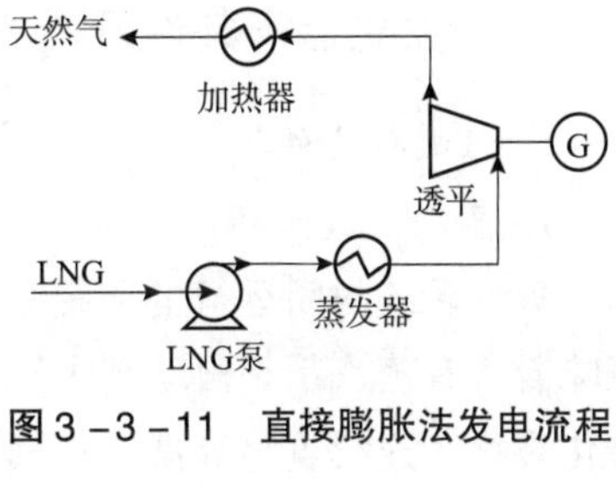

图 3-3-11　直接膨胀法发电流程

由于单独的直接膨胀循环、有机朗肯循环等方式的 LNG 冷能利用效率不高，为实现综合高效利用，宜采用多种或多级发电循环的联合循环发电方式。图 3-3-11～图 3-3-13 是典型的联合循环发电流程。

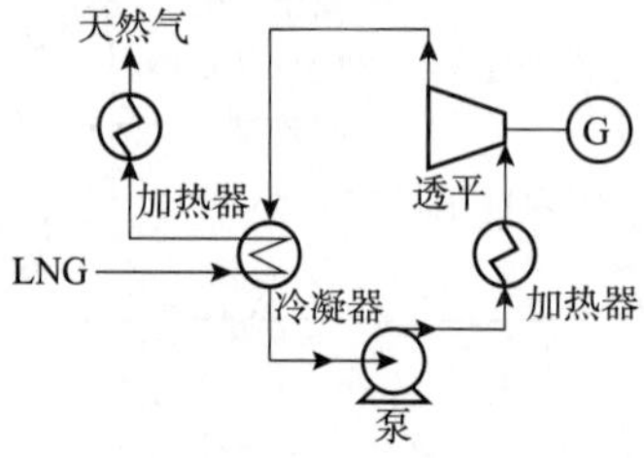

图3-3-12　中间媒体朗肯循环发电法流程

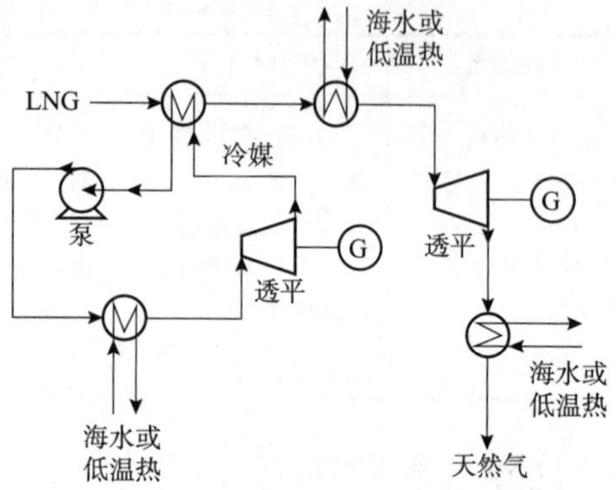

图3-3-13　联合法发电工艺流程

以某临港LNG接收站拟采用的单工质朗肯循环工艺进行冷能发电为例，方案如下：LNG与经过透平膨胀后的低压冷媒蒸汽在冷凝器中换热，冷媒凝结成液体；低压冷媒液体经泵提高压力，加热变成高压蒸汽；高压冷媒蒸汽经透平膨胀成低压蒸汽，对外输出动力，带动发电机发电。该项目单套发电装置的规模按照200t/h LNG用量考虑，发电量为4306kW，扣除发电装置自用116kW，净发电量为4190kW。

第四节　蒸汽系统封闭运行

一般情况下，炼油厂均配备公用工程系统，包括电站锅炉及配套辅机、燃料系统和烟气处理系统，发电透平及配套蒸汽系统、循环水系统，化学水制水系统等，还配备不同压力等级的蒸汽管网，流程复杂、投资高，碳排放量大，运行费用高。部分企业装置结构调整及用能水平提升后，装置产汽增加，用汽减少，全厂蒸汽甚至出现过剩情况，原庞大的热电站仅起开工锅炉及凝汽发电作用，与外购电相比，能效低，碳排放量大。在碳达峰碳中和及限煤限焦背景下，部分炼油企业停运燃煤锅炉，蒸汽系统实行封闭运行。

蒸汽系统封闭运行指装置正常生产期间，全厂蒸汽产耗达到平衡，且具一定程度的自主调节功能，不会因装置流程正常调整或异常生产需要大量外部蒸汽补充，也不会因此出现蒸汽过剩放空的情况。炼油厂仅设置开工锅炉，开停工期间短时间运行，正常生产期间停用，蒸汽自我平衡，电全部外购。蒸汽系统封闭运行，公用工程配置简单、能效高，投资也大幅度降低。

一、独立运行条件及措施

（一）运行条件

1. 蒸汽产大于耗

蒸汽系统封闭运行的前提条件是全厂蒸汽品位和数量产大于耗。蒸汽系统封闭运行，意味着所有蒸汽都是被动产生，调节性差。系统封闭运行后的蒸汽来源于两个方面，一是催化裂化、连续重整等富产蒸汽装置产生，二是动力锅炉为平衡燃料气产汽。这要求催化裂化等富产蒸汽装置规模大，其加工量占一次加工量比例高，运行稳定。过剩燃料气产蒸汽工况不稳定，过剩时产生，不过剩时不产生。装置产汽与耗汽均随装置负荷变化，当产、耗汽装置负荷变化相反时，全厂蒸汽产耗差将会成倍增加。为确保蒸汽系统封闭运行情况下，装置负荷变化时全厂蒸汽产耗仍能形成平衡，正常情况下，全厂蒸汽产量要较用量高30t/h以上。这也要求尽量降低装置用汽，一方面大机组以电驱动替代凝汽透平驱动，另一方面是优化操作，避免过度用汽。

2. 系统调节灵活可靠

蒸汽系统封闭运行，装置产、用汽不仅随加工负荷变化，部分还随原料性质变化，准确预测难度大。当产、用汽变化趋势相反时，将会出现叠加作用导致蒸汽系统波动幅度更大，平衡更加困难。蒸汽系统封闭运行的特殊性要求系统调节灵活且幅度大。正常情况下，蒸汽系统封闭运行时，全厂产汽量较用汽量高30t/h左右时即可满足调节要求，这部分蒸汽外销调节能效最高，但也可能增加调节难度；如内部调节，抽背透平+纯凝透平发电是较好的调节手段。实际运行表明，纯凝透平蒸汽负荷率30%~100%，部分甚至可达20%~110%。额定进汽量40t/h的纯凝透平，蒸汽负荷范围10~45t/h，可满足绝大多数炼油厂的调节需求。

(二)可采取的措施

措施主要是强化达到独立运行条件，即蒸汽产大于耗、调节灵活。

1. 降低蒸汽消耗

措施包括加强余热利用，气分、原油罐区取消加热蒸汽，提高除氧器上水温度降低除氧蒸汽消耗，装置操作优化降低冷回流量、塔压降低蒸汽消耗，优化脱硫溶剂循环量、装置注水量降低溶剂再生、污水汽提装置负荷降低蒸汽消耗等。

2. 增加装置产汽

措施包括优化分馏塔取热比例，增加催化裂化循环油浆产汽量；强化催化裂化装置余热锅炉能量回收，增加产汽量；利用余热提高各汽包上水温度，增加产汽量等，此外，过剩余热还可升级利用产蒸汽。

3. 降低燃料隐性产汽

重整、制氢等装置产中压蒸汽，其蒸汽产自于加热炉烟气热量，属于燃料气产汽。常减压、焦化等装置产低压及低低压蒸汽，该部分蒸汽以降低换热终温、增加燃料消耗为代价，也为燃料气产汽。催化裂化装置油浆产中压蒸汽或低压蒸汽，高温位、易利用热量可用于加热物料，降低燃料消耗，如该部分热量用于产汽，也可认为是燃料产汽。燃料隐性产汽，与工艺结合紧，产汽量基本不可主动调节，如全厂用汽量降低，易出现蒸汽过剩情况。燃料隐性产汽减少后，过剩燃料集中于动力锅炉平衡产汽，提高能效及增加可调节性。

4. 加强蒸汽平衡调节

(1)优化蒸汽管网运行压力

中压蒸汽管网运行压力过低，低压蒸汽管网运行压力过高，背压透平做功能力降低，增加了透平中压蒸汽消耗及低压蒸汽产量，导致或加重了低压蒸汽过剩。一般企业中压蒸汽压力控制在3.5MPa左右，低压蒸汽0.9MPa左右，先进企业中压蒸汽压力控制在

3.7MPa 左右，低压蒸汽控制在 0.7MPa 左右，汽机做功相同情况下，蒸汽消耗相差约 15%，意味着低压蒸汽产量相差 15%。

将系统中压蒸汽压力提高至 3.7MPa 以上，低压蒸汽压力降低至 0.8MPa 以下，可大幅度降低背压蒸汽透平中压蒸汽耗量及排汽量，缓解低压蒸汽过剩情况。对蒸汽压力等级有特殊要求的工艺用汽点和设备，可采取针对性措施解决，如更换为低蒸汽压力要求的设备、采取蒸汽喷射提压等。蒸汽管网运行压力优化，可降低 5%～15% 的低压汽产生量。

(2)采用高效可靠的措施调节系统蒸汽平衡

蒸汽系统平衡原则为压力等级低一级的蒸汽产汽不足，需要上一级补充，能效高的是通过透平抽汽或背压补充，能效低的是通过减温减压器进行补充。对于蒸汽过剩的企业，过剩蒸汽外销是最佳利用途径，凝汽发电是有效途径。蒸汽凝汽发电优点是电用途广泛，缺口大，不会出现过剩情况，缺点是能效低。蒸汽系统封闭运行的企业，抽背透平 + 纯凝透平发电是最佳调节手段，抽凝透平及备用机组较多的用能单元配置凝汽透平驱动泵和压缩机组也是比较好的调节手段。

抽背透平 + 纯凝透平发电调节的优点是高效且调节范围大，缺点是投资偏高。单独抽凝透平的优点是兼顾了投资和调节灵活性，缺点是负荷调节范围偏小，有最低凝汽量及最低发电负荷要求，冬季蒸汽过剩量不足时，机组不能运行，大量蒸汽只能减温减压，能耗高。备用机组较多的用能单元配置凝汽透平驱动泵和压缩机组的优点是基本没有额外的投资，缺点是调节幅度小，且对系统有一定影响。

(3)采用燃气联合循环提高燃料气利用效率

对于燃料气过剩较多的企业，可采取燃气联合循环发电提高燃料能效、降低燃料产汽量。约 2.1t/h 燃料气通过燃气联合循环发电后产汽情况如表 3－3－17 所示，与直接进锅炉产汽发电相比，产汽量减少 45%，能效提高约 49%。

表 3－3－17　燃气联合循环发电

项目	产量	项目	产量
燃机功率/kW	5560	燃机燃料量/(kg/h)	1735
燃机效率/%	31	锅炉补燃燃料量/(kg/h)	406
燃机排烟温度/℃	510	基本蒸汽量/(kg/h)	9762
工艺蒸汽量/(kg/h)	15000	总蒸汽量/(kg/h)	15000
锅炉给水温度/℃	104	燃料不经燃机产汽/(kg/h)	27635
出口蒸汽压力/MPa	3.5	产汽降低率/%	46
出口蒸汽温度/℃	400		

二、封闭运行实例

某南方炼油厂催化裂化装置投用后，全厂蒸汽和燃料气产量均大幅度增加，催化裂化装置主产高压蒸汽，利旧电站发电，燃煤锅炉改烧燃料气平衡全厂燃料。夏季，蒸汽及燃料气过剩，动力锅炉产汽平衡燃料气，背压透平及抽凝透发电平衡蒸汽压力和流量；冬季用汽增加，燃料气产量降低，动力锅炉继续产汽平衡燃料气，根据全厂蒸汽情况及时调节凝汽透平负荷或停用以平衡蒸汽，异常情况下少量轻烃补燃料以调节蒸汽平衡。

某北方炼油厂因环保要求停运3台煤粉炉，通过节能改造及生产调整，全厂蒸汽系统基本独立运行，夏季过剩蒸汽供化工部分及利用原煤粉炉机组凝汽发电，冬季停凝汽发电机组，降低外销蒸汽量，年度全厂蒸汽能耗为负值。

某北方炼油厂催化裂化装置改造后，装置加工量、蒸汽产量和燃料气产量均大幅度增加，夏季蒸汽过剩，动力锅炉低负荷运行或停运平衡瓦斯，中压背压透平发电调节中、低压蒸汽压力，低压凝汽发电调节低压蒸汽平衡。冬季凝汽透平停运，异常情况下外购天然气产汽平衡全厂蒸汽。

第四章　绿色能源技术及应用

炼油厂在做好节能降耗、能源低碳替代的前提下，传统能源与绿色能源耦合利用以及碳捕集、利用和封存对炼油加工碳近零排放十分重要。

第一节　太阳能的利用

太阳能因具有清洁、丰富的特点，成为当前新能源发展的主要方向之一。太阳能的主要利用形式为太阳能光伏发电。

截至 2020 年，我国光伏市场累计装机量为 253GW，2020 年新增装机量为 48.2GW，同比增长 60%。我国光伏行业保持并延续多项世界第一，光伏产业规模持续扩大。其中，多晶硅产量 392kt，同比增长 14.6%；硅片产量 161.3GW，同比增长 19.7%；电池片产量 134.8GW，同比增长 22.2%；组件产量 124.6GW，同比增长 26.4%。产业化技术方面，晶硅电池，先进企业转换效率已达到 23%；组件，210mm、72 片单晶 PERC 组件主流功率为 550W。

一、光伏发电技术

光伏发电是利用半导体界面的光生伏特效应而将光能直接转变为电能的一种技术。光子照射到半导体(导电能力介于导体和绝缘体之间的材料)上时，它的能量可以被半导体中某个电子全部吸收，电子吸收的能量足够大，能克服半导体内部引力做功，离开半导体表面逃逸出来，成为光电子。当 P 型(在本征半导体硅中掺入微量的三价元素硼等)和 N 型(在本征半导体硅中掺入微量的五价元素磷等)半导体结合在一起时，接触面就会形成电势差，成为太阳能电池。太阳光照射到 P－N 结后形成电流，许多个电池串联或并联起来就成为太阳能电池方阵(见图 3－4－1)。目前，国内主流太阳能发电电池为 TOPCon 电池和 HJT 电池。光伏发电系统主要为并网光伏发电系统和独立光伏发电系统。

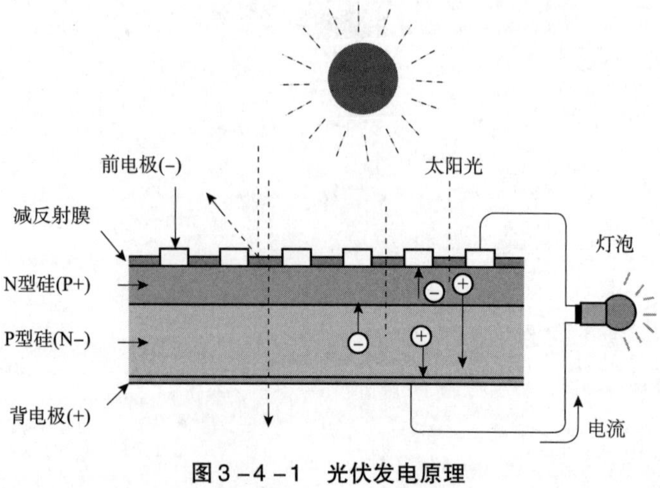

图 3－4－1　光伏发电原理

(一)TOPCon 电池

TOPCon 是一种基于选择性载流子原理的隧穿氧化层钝化接触(Tunnel Oxide Passivated Contact)太阳能电池技术，其电池结构为 N 型硅衬底电池，在电池背面制备一层超薄氧化硅，然后再沉积一层掺杂硅薄层，二者共同形成钝化接触结构，有效降低表面复合和金属接触复合，为 N－PERT 电池转换效率进一步提升提供更大的空间。

TOPCon 正面与常规 N 型太阳能电池或 N－PERT 太阳能电池没有本质区别，电池核心技术是背面钝化接触，硅片背面由一层超薄氧化硅(1～2nm)与一层磷掺杂的微晶非晶混合 Si 薄膜组成。钝化性能通过退火过程进行激活，Si 薄膜在该退火过程中结晶性发生变化，由微晶非晶混合相转变为多晶。在 850℃ 的退火温度下退火，隐含开路电压(iVoc)＞710mV，单面饱和电流密度(J_0)在 9～13 fA/cm^2，显示了钝化接触结构优异的钝化性能，所制备的电池效率超过 23%。TOPCon 电池的优点是电池转换效率高，具有优越的界面钝化和载流子输运能力，较高的 Uoc 和 FF，工艺设备产线兼容性高，可与 PERC、N－PERT 双面电池的高温制备工艺产线相兼容，N 型 TOPCon 电池可与 SE、IBC、多主栅、半片、叠片技术相结合，显著提高电池效率及组件功率。

HJT 是 Heterojunction Technology 的缩写，是一种 N 型单晶双面电池，具有工艺简单、发电量高、度电成本低的优势，可能会成为继 PERC 电池之后的行业热点。

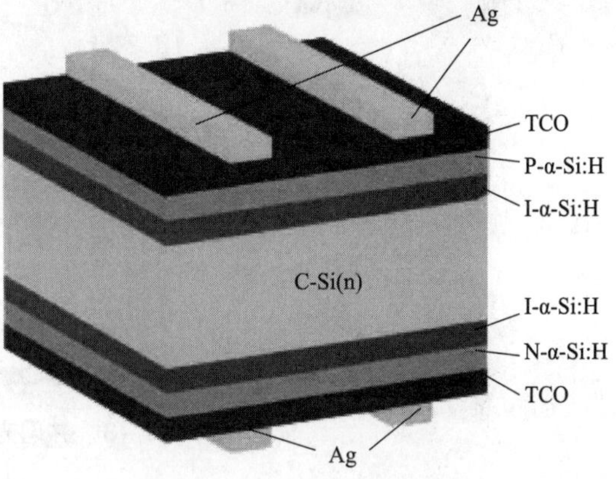

图 3－4－2 HJT 电池的结构

HJT 电池结构示意图如图 3－4－2 所示，首先在 N 型单晶硅片(C－Si)的正面沉积很薄的本征非晶硅薄膜(I－α[J_3]－Si：H)和 P 型非晶硅薄膜(P－α－Si：H)，然后在硅片的背面沉积很薄的本征非晶硅薄膜(I－α－Si：H)和 N 型非晶硅薄膜(N－α－Si：H)形成背表面场；再在电池的两面沉积透明氧化物导电薄膜(TCO)，TCO 不仅可以减少收集电流时的串联电阻，还能起到像晶硅电池上氮化硅层那样的减反作用；最后在 TCO 上制作金属电极。

(二)PERC、TOPCon 和 HJT 电池技术路线对比分析

从效率角度看，TOPCon 电池的极限理论效率达到 28.7%，高于 HJT 的 27.5% 和 PERC 的 24.5%，从目前量产效率看，PERC 已经达到 23% 附近，TOPCon 和 HJT 已经超过 24%，但 PERC 距极限效率仍有一定差距，效率提升的空间更大。

从成本角度看，PERC 产业化最快成本低，TOPCon 电池兼容性最高，可从 PERC/PERT 产线升级，IBC 次之，HJT 电池完全不兼容现有设备，需要新建产线，较 PERC 成本高 2.5 亿元，较 TOPCon 成本高 2 亿元。

TOPCon 电池：延长 PERC 产线周期，具备性价比的路线，量产效率提升明显，2021 年产业化发展提速。从目前 TOPCon 量产的情况看，平均量产效率主要在 24% 左右，最高效率达到 24.5%～25%，主流电池厂商 2021 年的规划产能已经达 15GW。目前最高效率的电池研发中心的 25.09%，单晶硅片商业化尺寸 TOPCon 电池效率首次突破 25%，创下最新的

世界纪录。

HJT 电池：国产化降本空间大，有望成下一代主流技术，据 Solarzoom 数据显示，HJT 电池生产成本 0.9 元/W，高于 PERC 成本的 0.7 元/W，短期看成本竞争力不足，核心因素在于 HJT 单 GW 设备投资成本在 4.5 亿元，相较于 PERC(1.5 亿 ~2 亿元) 和 TOPCon (2 亿 ~2.5 亿元)，有很大的成本劣势。材料成本偏高，硅片、浆料、设备折旧和靶材成本占比中分别为 47%、25%、12% 和 4%。HJT 技术需要用的 N 型硅片整体价格偏高，低温银浆单片用量超 200mg，是目前 PERC 用量的 2 倍以上，TCO 进口材料价格偏高等多个因素共同推升成本。截至目前，全球 HJT 规划产能已经超过 80GW 的级别。

(三) 并网光伏发电系统

并网光伏发电系统分为集中式光伏发电系统、分布式光伏发电系统以及光伏建筑一体化系统。并网光伏发电系统见图 3－4－3。

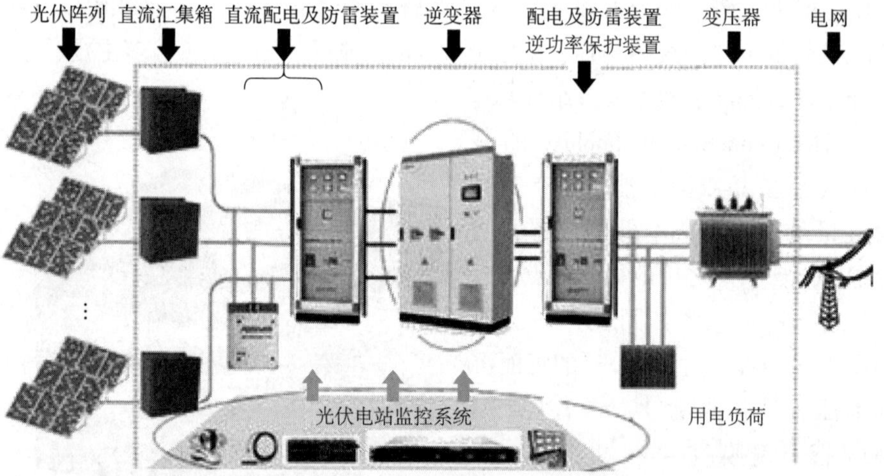

图 3－4－3　并网光伏发电系统原理图

1. 集中式光伏发电系统

集中式光伏发电系统是指太阳能组件产生的直流电经过并网逆变器、变压器等转换成符合市电电网要求的交流电之后直接接入公共电网。基本设备包括光伏电池组件、光伏方阵支架、直流汇流箱、并网逆变器、升压变压器、交流配电柜等设备，另外还有供电系统监控装置、调度通信装置和环境监测装置。集中式光伏发电系统关键特征是将所发电能直接输送到电网，由电网统一调配，电站投资成本较高，对接入条件要求较高，占地面积较大。

2. 分布式光伏发电系统

分布式光伏发电特指在用户场地附近建设，运行方式以用户侧自发自用、多余电量上网，且在配电系统平衡调节为特征的光伏发电设施。分布式光伏发电遵循因地制宜、清洁高效、分散布局、就近利用的原则，充分利用当地太阳能资源，替代和减少化石能源消费。分布式光伏发电系统见图 3－4－4。

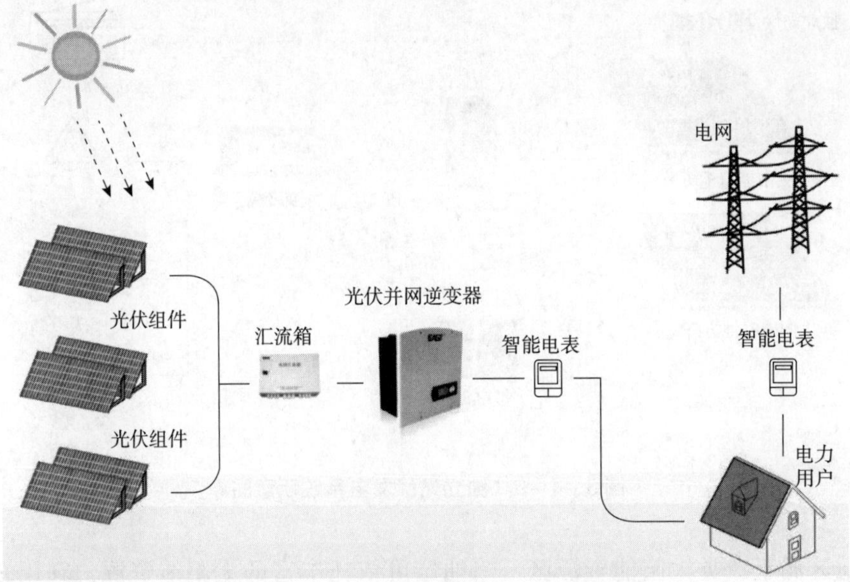

图3-4-4　分布式光伏发电系统概要图

3. 光伏建筑一体化发电系统

光伏建筑一体化发电系统(BIPV)，是应用太阳能发电的一种新概念，简单地讲就是将太阳能光伏发电方阵安装在建筑的围护结构外表面来提供电力。根据光伏方阵与建筑结合的方式不同，光伏建筑一体化可分为两大类：一类是光伏方阵与建筑的结合。另一类是光伏方阵与建筑的集成，如光电瓦屋顶、光电幕墙和光电采光顶等。在这两种方式中，光伏方阵与建筑的结合是一种常用的形式，特别是与建筑屋面的结合。由于光伏方阵与建筑的结合不占用额外的地面空间，是光伏发电系统在城市中广泛应用的最佳安装方式，因而备受关注。光伏方阵与建筑的集成是BIPV的一种高级形式，它对光伏组件的要求较高。光伏组件不仅要满足光伏发电的功能要求，还要兼顾建筑的基本功能要求。BIPV作为庞大的建筑市场和潜力巨大的光伏市场的结合点，必将存在着无限广阔的发展前景。可以预计，光伏与建筑相结合是未来光伏应用中最重要的领域之一，其发展前景十分广阔，并且有着巨大的市场潜力。

(四)独立光伏发电系统

独立光伏发电系统是相对于并网发电系统而言的，属于孤立的发电系统。独立光伏发电系统主要由太阳能电池组件、控制器、蓄电池组成，若要为交流负载供电，还需要配置交流逆变器。独立光伏电站可用于边远地区的村庄供电系统、太阳能户用电源系统、通信信号电源、阴极保护、太阳能路灯等各种带有蓄电池的可以独立运行的光伏发电系统。独立光伏发电系统见图3-4-5。

二、光伏发电应用

炼油厂用电量大，电力主要来自外购市电和自备电厂发电，自备电厂中火电厂占98%以上。火电厂多采用煤炭、天然气或石油焦等作为燃料，二氧化碳排放量大。炼油厂利用光伏发电技术，增加清洁能源电力比重，减少化石能源电力消耗，是完成减碳任务的有效途径。

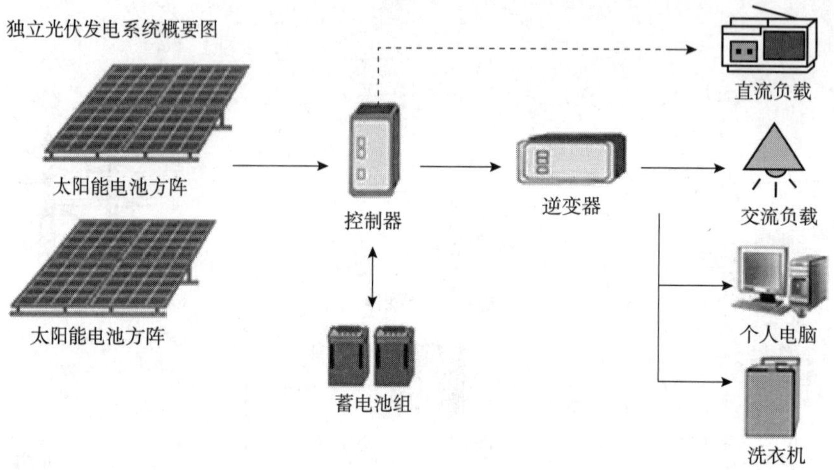

图3-4-5 独立光伏发电系统示意图

华北地区属于二类太阳能资源区，炼油厂可依托丰富的太阳能资源，利用企业仓库、办公楼、配电室等建筑屋面、污水处理装置水面、闲置空地等，建设分布式光伏发电项目。采用“自发自用”模式，光伏系统接入工厂内部电网，光伏电力全部由工厂内部消纳。也可以利用海面、滩涂、山地等集中连片场地建设大规模光伏发电项目、探索海上漂浮光伏电站等开发方式。华东沿海地区属于三类光伏资源区，炼油厂可综合考虑太阳能资源与电价因素，利用建筑屋面、厂区空地发展分布式光伏。拥有水库，或沿海、沿江，滩涂面积较大的炼油厂，可利用水库、滩涂等建设集中式光伏发电项目。

华北某炼油厂拟建海上光伏项目，使用海域滩涂面积 $3.4km^2$，水深 2～4m，采用漂浮式方式建设，装机容量 264MWp，发电量 $3.07\times10^8kW\cdot h/a$。

华南某炼油厂，计划利用厂内厂房、办公楼楼顶等建筑屋面安装分布式光伏电站，计划装机容量 118MWp，年可发电 $8365\times10^4kW\cdot h$。

华南某炼油厂利用已建建筑屋面 $58500m^2$ 安装分布式光伏电站，计划装机容量 3.8MWp，年可发电量 $480\times10^4kW\cdot h$。

长江中游某炼油厂充分利用厂区屋顶、空地等场地约 $7.86\times10^4m^2$ 进行建设，光伏发电装机容量 7.86MWp，建成后预计年发电量近 $860\times10^4kW\cdot h$，可节约标准煤 1057t，减少二氧化碳排放 8570t。

东南沿海某炼油厂与某能源集团热电有限公司利用公司堆场及附属区域约 $16\times10^4m^2$ 合作开发的光伏项目，规划建设装机容量约 21MWp 的光伏发电站。每年可发电 $2200\times10^4kW\cdot h$，节约标准煤约 6700t，减少二氧化碳排放 14kt。

北部湾某炼油厂在厂区内，采用地面固定桩式分布式光伏并网发电，设计总装机容量 35.5MWp，一期建设规模直流侧 19.45MWp，年发电量 $2300\times10^4kW\cdot h$，节约标准煤 7175t，减排二氧化碳 19118t。

华东某炼油厂利用自备水库以出租形式与浙江某公司投资建设渔光互补光伏发电项目，装机容量 190MWp，年节约 5.98×10^4tce。

西部某炼油厂与某公司合作，利用沙漠建设 1000MWp 光伏电站，首期装机容量 300MWp，利用光伏发电水电解制氢，年产 20000t 氢气。新建炼化一体化项目可在产业规划期同步规划分布式或集中式光伏发电、光伏制氢等项目。例如某炼油厂拟规划利用附近海域建设47MWp海上光伏发电制氢系统，工程首年发电量约为5824.20×10^4kW·h，氢气产能1000t/a，可满足该企业每年的绿氢需求。

第二节　风能的利用

风能是空气流动所产生的动能，属于太阳能的一种转化形式。截至2020年年底，全国风电累计装机2.81×10^8kW，其中陆上风电累计装机2.71×10^8kW、海上风电累计装机约900×10^4kW。从新增装机分布看，中东部和南方地区占比约40%，“三北”地区占60%。见图3-4-6、图3-4-7。

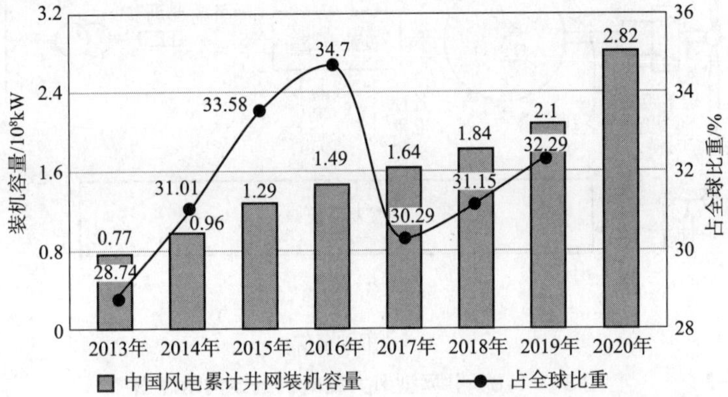

图3-4-6　2013—2020年中国风电累计并网装机容量及占全球比重变化情况

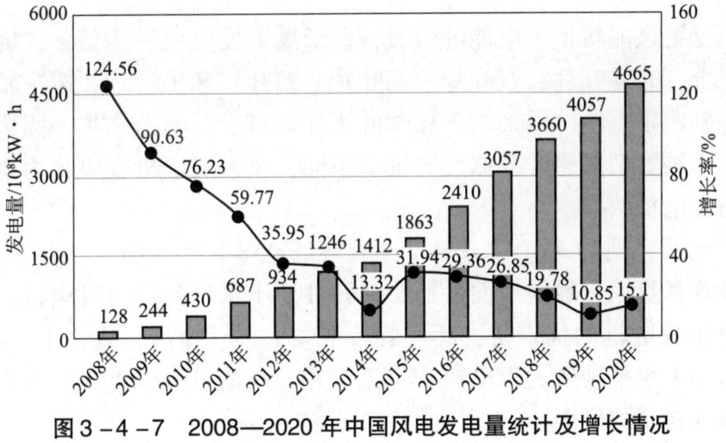

图3-4-7　2008—2020年中国风电发电量统计及增长情况

2020年10月14日，来自全球400余家风能企业的代表通过《风能北京宣言》，提出综合考虑资源潜力、技术进步趋势、并网消纳条件等现实可行性，为达到与碳中和目标实现起步衔接的目的，在“十四五”规划中，年均新增装机5000×10^4kW以上。

一、风力发电技术

目前，风力发电已经成为新能源利用的主要方式之一，风力发电是综合性的工程技术，通过风力机组将风的动能转化成机械能、电能等。

(一)风力发电原理

风力发电是将风能转换为机械能进而将机械能转换为电能的过程。风吹动风力机叶片旋转，转速通常较低，需要齿轮箱增速，将高速转轴连接到发电机转子并带动发电机发电，发电机输出端接一个升压变压器后连接到电网中。典型的风力发电系统包括风力机(叶片、轮毂等部分)及其控制器、转轴、换流器、发电机及其控制器等。风速作为风力机及其控制器的输入信号，风力机控制器将风速与参考值进行比较，向风力机输出桨距角信号，调整输出机械转矩 T 和机械功率。转轴输出的机械功率输入到发电机中，发电机的输出功率经过换流器输送到变压器中，最终输送至电网，其结构如图 3－4－8 所示。

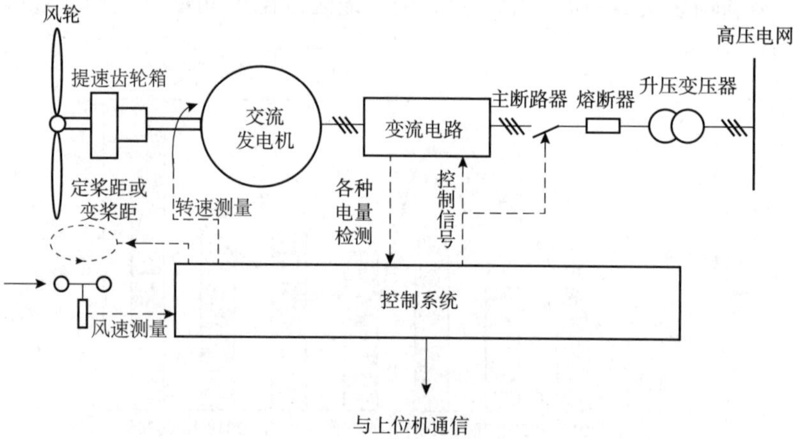

图 3－4－8　并网型风力发电机组结构示意图

(二)风力发电机组分类

风力发电机是把风能转换为电能的装置，鉴于风力发电机种类繁多，因此分类法也多种：按叶片数量分，有单叶片、双叶片、三叶片、四叶片和多叶片；按主轴与地面的相对位置分，有水平轴、垂直轴(立轴式)；按桨叶工作原理分，有升力型、阻力型。目前风力发电机三叶片水平轴类型居多。根据旋转轴的不同，风力发电机主要分为水平轴风力发电机和垂直轴风力发电机两类。

1. 水平轴风力发电机

旋转轴与叶片垂直，一般与地面平行，旋转轴处于水平的风力发电机。水平轴风力发电机相对于垂直轴发电机的优点是：叶片旋转空间大，转速高，适合于大型风力发电厂。目前风电行业市场上水平轴风力发电机占主流位置，双馈风电机组和永磁直驱机组是水平轴风电机组中最为典型的代表。

双馈式变速恒频风力发电系统在实际运行中所使用的是转子交流励磁双馈发电机，这种发电机结构与绕线式异步发电机结构基本相似，发电机内部定转子三相对称，发电机在产生电流之后转子跟随电流与滑环相接触。转子在转动过程中如果速度发生了改变，同时对于功率没有任何需求的情况下，可以通过变频器对转子电流方向及频率等参数进行调整，进而保证定子实际运行速度能够稳定，不需要对功率进行调整。

永磁直驱机组中将增速齿轮箱取消，风轮轴直接与发电机进行连接，进而发电机通过永磁式结构让转子转动速度与发电机一致，转子在实际运行中并不需要额外提供励磁电源。转子转动速度会受到风速的影响，根据风速的改变进行改变，进而发电机交流电频率也会发生改变。

2. 垂直轴风力发电机

旋转轴与叶片平行，一般与地面垂直，旋转轴处于垂直的风力发电机。垂直轴风力发电机相对于水平轴发电机的优点在于：对风的转向没有要求，叶片转动空间小，抗风能力强(可抗12～14级台风)，启动风速小维修保养简单。

二、风力发电应用

风力发电在应用上主要分为陆上风力发电系统和海上风力发电系统。

1. 陆上集中式风力发电系统

陆上集中式风电项目是指位于风资源较好区域，大规模建设风电设施，通过升高电压等级并入电网的风电项目。其发电规模较大，所产生的电力通常不能就近进行消纳，需通过电网大范围调度进行跨区域消纳。由于集中式风电项目具有选址条件要求较高、占地面积大、需要特定输送通道及消纳空间等特点，目前集中式风电项目不适合用于炼油厂区建设。

2. 陆上分散式风力发电系统

陆上分散式风电项目是指位于负荷中心附近，不以大规模远距离输送电力为目的，所产生的电力就近接入当地电网进行消纳的风电项目。由于其具有规模小、环境适应能力强、输配电损耗低、对接入条件要求不高等特点，比较适合于炼化企业建设。

3. 海上风力发电系统

海上风电是可再生能源发展的重要领域，是近年来全球风电发展的重要方向之一。随着技术发展趋于成熟，利用沿海潮间带、近海、滩涂等地区建设海上风电系统，将成为一个迅速发展的风电市场。我国东部沿海水深50m以内的海域面积辽阔，而且距离电力负荷中心(沿海经济发达电力紧缺区)很近，随着海上风电场技术的发展成熟，风电将会成为我国东南部沿海地区可持续发展的重要能源来源。随着近海海上风电的饱和，全球海上风电迎来漂浮式时代，考虑到输电成本及电力消纳的因素，海上风电制氢成为另一种新的应用场景。大型风电基地为高耗能产业直接供电，发挥风电与高耗能产业之间耦合特性，把高耗能产业转变为调峰产业。利用大型海上风电基地直接规模化电解水制氢，获得无碳、可储存、可运输和分散的“绿氢”，使得海上风电开发跨越电力输送的渠道，而成为一种绿色，优质战略能源。

西北地区具备条件的炼油厂，所在地风能资源丰富，周边可利用土地较多，价格相对较低，结合自身电力消纳能力及经济效益，可开发分散式风电项目，合理控制装机规模。

位于环渤海、长江三角洲、东南沿海、西南沿海等炼油厂，充分考虑企业自备发电机组面临的环保压力，及时调整供电形式，结合企业自身建设布局及周边海域开发条件，充分进行海上风电开发评估，在评估的基础上选择性的开发分散式风电或海上风电建设，用以填补自备机组发电不足或机组关停的电力缺额。

某炼油厂计划在南海海边发展风电，装机容量16MW。某炼油厂计划在北部湾海边规划3个风场，1#风电场规划面积70km^2，计划装机450MW；2#风场规划面积69km^2，计划装机450MW；3#风场规划面积45 km^2，计划装机300MW。

第三节　地热能的利用

地热能是蕴藏在地球内部的热能，具有储量大、分布广、绿色低碳、可循环利用、稳定可靠等特点，是一种现实可行且具有竞争力的清洁能源。地热能开发利用可减少温室气体排放，改善生态环境，有望成为能源结构转型的新方向。

2021 年 4 月，国家能源局发布《关于促进地热能开发利用的若干意见(征求意见稿)》。征求意见稿提出，到 2025 年，各地基本建立起完善规范的地热能开发利用管理流程，全国地热能开发利用信息统计和监测体系基本完善，地热能供暖(制冷)面积比 2020 年增加 50%，在资源条件好的地区建设一批地热能发电示范项目，到 2035 年，地热能供暖(制冷)面积比 2025 年翻一番。

一、地热能利用技术

按照空间分布和赋存状态，地热资源可以分为浅层地热资源、水热型地热资源、干热岩地热资源。其中，水热型地热资源又分为高温和中低温地热资源。不同类型地热资源利用可分为直接利用和发电利用两类，热泵技术在地热利用技术中较为成熟，已进入商业化发展阶段。国际上地热能研究的热点是干热岩地热资源开发与地热发电技术，经济高效的干热岩开发利用是地热技术未来重要的攻关方向之一。

(一)地热发电技术

地热发电基本原理与火力发电类似，也是根据能量转换原理，把地下的热能转变为机械能，然后再将机械能转变为电能的能量转变过程。针对温度不同的地热资源，地热发电有 4 种基本发电方式，即直接蒸汽发电、扩容闪蒸发电、二元循环发电和全流循环发电。

1. 直接蒸汽发电

直接蒸汽发电是由地热井产出的蒸汽直接驱动涡轮机发电，适用于 160℃以上的高温地热田，热效率约 10%～15%。直接蒸汽发电工作原理见图 3－4－9。

2. 扩容闪蒸发电

扩容闪蒸发电是根据热水的汽化温度与压力有关的原理而设计。通过降低地热水压力，使热水沸腾变为蒸汽，以推动汽轮发电机转动发电。该方法适用于中温(90～160℃)地热田，二次扩容地热发电热利用率可达 6%左右。当热水温度低于 100℃时，热效率较低，约为 3.5%。扩容闪蒸发电工作原理见图 3－4－10。

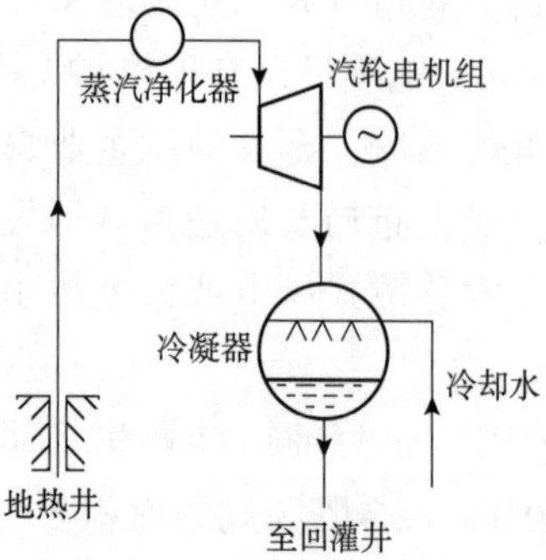

图 3－4－9　直接蒸汽发电

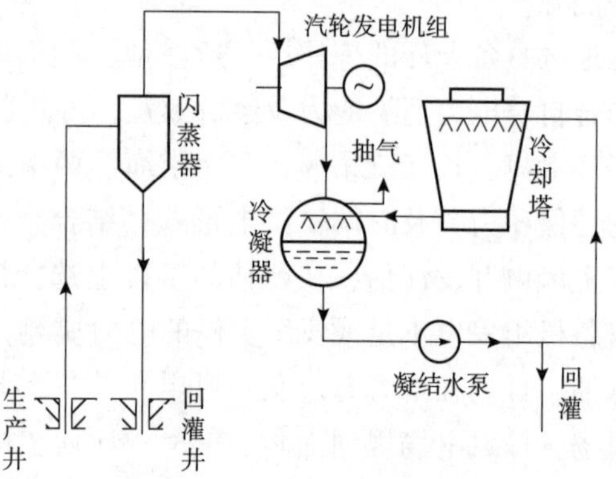

图 3－4－10　扩容闪蒸发电

3. 二元循环发电

二元循环发电采用双循环系统，即利用地下热水间接加热低沸点的有机工质(如R123、R245fa、R152a、氯乙烷、丙烷、正丁烷、异丁烷等)来推动汽轮机做功的发电方式。由于有机工质在较低的温度下就能气化产生较高的压力，推动涡轮机(透平机)做功，故有机工质循环发电系统可以在80℃左右实现有利用价值的发电，适用80～160℃的中温地热田，热利用率最高可达12%左右。二元循环发电工作原理图见图3-4-11。

西藏某电站2019年2月建成发电，利用已钻凿的3口地热井(2采1灌，总流量620t/h，总蒸汽量50t/h，井口温度155～171℃)，配套奥玛特OEC水-异戊烷双工质机组，装机规模16MW，年发电量约1.2×10^8kW·h，热电转换效率达12%。

4. 全流循环发电

全流循环发电是将地热井口的全部流体，包括所有的蒸汽、热水、不凝气体及化学物质等，不经处理直接送进全流动力机械中膨胀做功，其后排放或收集到凝汽器中。这种形式可以充分利用地热流体的全部能量，但技术上有一定的难度，目前还未进入商业应用阶段。全流循环发电见图3-4-12。

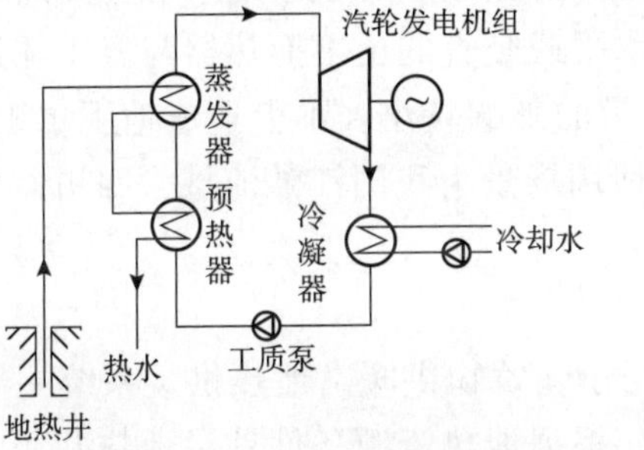

图3-4-11　二元循环发电

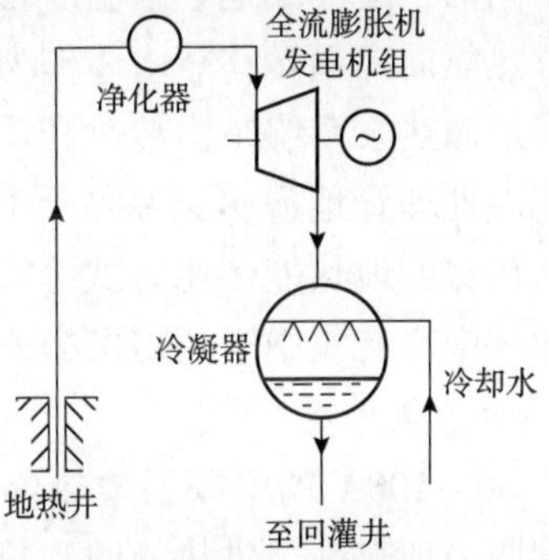

图3-4-12　全流循环发电

(二)地热直接利用技术

全球地热能直接利用方式包括浅层地热供暖供冷和中深层地热供暖。

1. 浅层地热供暖供冷

浅层地热能利用方式主要有两种：一种是利用地表水进行生产冷却，即江(海)水冷却技术；另一种是通过地源热泵技术进行建筑供暖制冷。

(1)江(海)水冷却技术

江(海)水冷却技术是利用江(海)水等地表水热容量大、蓄冷能力强、表层水温呈季节性稳定分布的特点，运用江(海)水流场及温度场模拟技术，通过取退水管线，将江(海)水引入生产企业的冷却系统进行工艺冷却。此技术适用场景主要为沿江沿海火电、石化、钢铁等生产企业的循环水冷却系统。根据工艺流程的不同，江(海)水冷却可分为江(海)水直流冷却和江(海)水循环冷却。

直流冷却是将循环水系统中的开式冷却塔改由闭式换热装置替代，直接引入江(海)水对循环水进行密闭换热冷却，可有效改善开式循环导致的循环水蒸发及漂水损耗。这种冷却方式需建设取退水管线，工程一次性投资大，且温排水会对水体环境造成一定的影响，需征得水利、海事部门的批准方可进行。

东北地区某大型炼化一体化项目采用海水直流冷却取代冷水塔，通过冷却、海水淡化等综合集成利用，年可节约标煤达 120×10^4t，节约淡水 4000×10^4t，增产淡水 1600×10^4t。

江(海)水循环冷却是指取用江(海)水作为循环水，流经热交换设备与物料进行换热后，携带废热的江(海)水被送至冷却塔降温后再次循环使用的冷却技术。这种方式工程投资较低，但因蒸发和漂水损耗，补水量较大，运行费用高。海水循环冷却还要考虑海水浓缩结垢和冷却塔盐雾飞溅问题。

环渤海地区某化工厂采用海水循环冷却技术，以海水作为冷却介质，替代淡水对工艺装置降温，年节约淡水资源 $100\times10^4m^3$。

(2)地源热泵技术

地源热泵可将赋存在地表水、地下水或岩土体中的低品位热源转化为可利用的高品位热源，用于供热制冷。热泵的节能水平一般用能效比 COP(用户获得的能量与热泵消耗的驱动能量之比)来表征，COP 越大节能效果越明显。通常地源热泵 COP 为 3.5～6。根据低位热源的种类和热交换系统形式的不同，地源热泵系统分为地表水地源热泵系统、地下水地源热泵系统和地埋管地源热泵系统。地表水、地下水地源热泵系统是利用地球表面浅层水源如河流、湖泊、海洋或地下水温度较为稳定的特性，通过输入少量高品位能源(如电力)，实现低温位热能向高温转移。水体作为冬季热泵供暖的热源和夏季空调的冷源。

地埋管地源热泵系统是由传热介质通过水平或竖直的土壤换热器与岩土体进行热交换的热泵系统。地埋管地源热泵系统受地下水量的影响较小，不会造成地下水破坏和污染，是一种绿色环保的地热能利用方式。该技术适用场景为我国江淮流域、四川盆地、华北地区、东北地区南部有集中空调需求的公共建筑。

2. 中深层地热供暖

温度在 50～100℃的中深层地热资源多用于建筑物供暖。地热供暖系统一般包含地热井、地热管网、地热站、供热管网和热用户。根据地热资源条件钻凿地热井，由地热井泵提取地热水，经地热管网输送至地热站，在地热站内进行换热，将地热水热量传递给供暖循环水，或通过热泵提升为更高品位热量传递给供暖循环水。温度升高的供暖循环水经供热管网输送至热用户。温度降低的地热尾水送至回灌井进行同层回灌或外排。因采用双循环间接换热技术，地热水系统和供暖水系统通过换热器进行热量交换，互不接触，“取热不耗水”，实现能源可持续利用，见图 3－4－13。

3. 中深层地热供冷

中深层地热供冷一般通过溴化锂吸收式制冷技术来实现，由水和溴化锂溶液组成工质对，水作为制冷剂用来产生冷效应，溴化锂溶液作为吸收剂用来吸收产生冷效应后的制冷剂蒸汽。热水型溴化锂制冷技术是以高温热源(70℃以上的地热水)为驱动热源，提取低温热源(空调冷却水)的热量，制取温度高于低温热源的中温热量。其中空调冷却水被提取热量，温度可降低至 7～8℃，供建筑物制冷；制取出的 35～38℃中温热量也可用于生产预热、洗浴加热。但由于热水型溴化锂制冷机能效比小于 1，所需驱动能源量较大，而地热尾水排放温度目前最低仅能做到 55℃，单井可提取能量偏小，地热井数量明显增加，工程投资偏大，项目经济性不太理想。

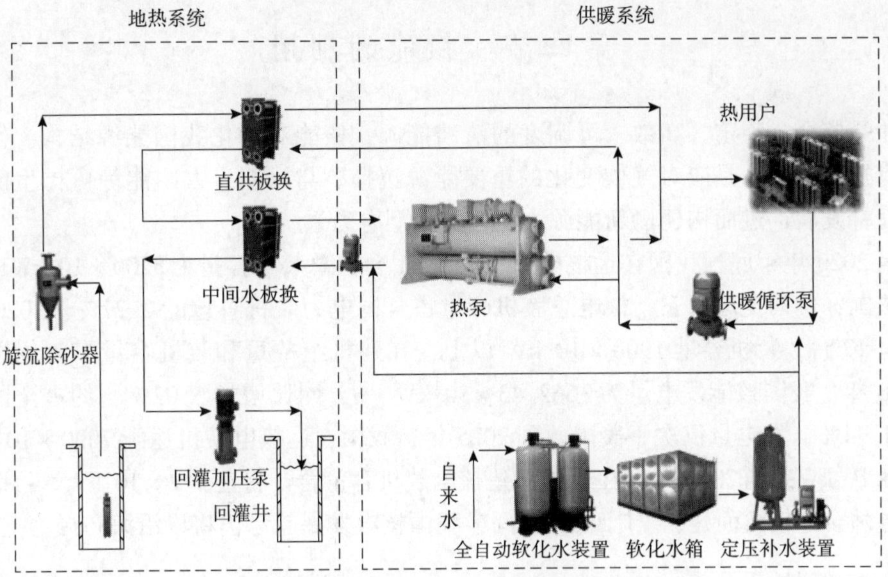

图 3－4－13　双循环间接换热技术

4. 中深层井下换热

中深层井下换热又称无干扰换热或干式换热。主要有两种技术路线，一种是同轴套管换热技术，即在井中安装一同轴套管，运行时冷水从套管环腔注入井下，冷水下降过程中被周边的岩石(土)加热升温，当水流到套管底部之后，通过内部中心管再向上运移，热水回到地面用于供暖。井身结构一般为二开或三开结构，套管采用表层套管，套管与地层之间设置保温层。中心管采用双层油管，中间充满空气进行保温，保温长度一般为井口至井下深度 2/3 处。

二、地热能应用

地热能具有发电、产热、供冷的供能特性，炼油厂可依托所在地区的地热资源，开展中高温地热发电＋生产供热或建筑采暖梯级利用、中高温地热制冷、低温地热供暖、江(海)水冷却，或以地表水、土壤为低品位能源，制取夏季冷水和冬季热水，为集中空调提供冷热源，减少碳排放。

位于华南的炼油厂可依托当地较丰富的干热岩型地热资源，开展地热发电＋生产供热梯级利用，或地热制冷利用。依托沿海地理优势，开展海水冷却利用。

位于华北地区和环渤海地区的炼油厂适宜开展二元循环发电＋生产预热或建筑采暖梯级利用，或中深层地热直接供建筑采暖、生产加热，以及浅层地热供暖制冷利用。近海炼油厂可开展海水直流冷却利用。

华北某炼油厂对办公楼、餐厅和更衣室、中央化验室及中央控制室采用地源热泵技术供暖制冷，共计 $4.55\times10^4 m^2$。使用地源热泵系统及“地埋管换热器＋地热源热泵”为冬季热源，承担冬季全部热负荷和夏季大部分冷负荷；“闭式冷却塔＋水冷机组”为夏季辅助冷源，承担夏季剩余小部分冷负荷。

位于华东、长江沿岸等的炼油厂可开展江(海)水冷却利用、浅层地热供暖制冷利用。

第四节　核能的利用

核能是安全、稳定、高效、可调度的清洁能源，核能对优化我国能源结构、保障能源安全具有重要意义，是应对气候变化的重要能源选择。与风能、太阳能等可再生能源协同发展、互补发展，进而构建以新能源为主体的新型电力系统。

截至2020年年底，我国在运核电机组达到51台，总装机容量为5200×10^4kW，仅次于美国、法国，位列全球第三，核电总装机容量占全国电力装机总量的2.27%。2020年在建核电机组17台，装机容量1900×10^4kW以上，在建机组数量和装机容量多年位居全球首位。2020年，我国核能发电量为3662.43×10^4kW·h，同比增加5.02%，约占全国累计发电量的4.94%，发电量仅次于美国。到2025年，我国在运核电装机达到7000×10^4kW，在建3000×10^4kW；到2035年，在运和在建核电装机容量合计将达到2×10^8kW。目前，我国现有核电站全部依海而建，“十四五”期间，我国核电发展趋势仍将以沿海布局为主。

一、核能技术

近年来，核能技术发展比较好的是高温气冷堆、铅冷或钠冷快堆，熔盐堆。中国华龙一号、国和一号自主三代核电技术完成研发，高温气冷堆核电站示范工程取得重大进展，小型堆、第四代核能技术、聚变堆研发基本与国际水平同步。2020年，AP1000、EPR三代核电技术全球首堆相继在我国建成投产，并完成首炉燃料循环运行。第四代核电技术商业化的示范项目在山东荣成建成，该高温气冷堆示范工程装机容量20×10^4kW，将于2021年底实现首次并网发电。小型反应堆方面，海南昌江多用途模块式小型堆科技示范工程在稳步推进建设。

池式低温供热堆由于是常压低温运行，以及非能动余热排出方式，在正常运行和事故工况下，堆本体均不会出现超压、失冷和堆芯的裸露，堆芯熔化几率基本为零，具有很高的固有安全性，可做到不需要厂外应急。低温供热堆系统简单，堆芯和设备易拆除和处置、且水池屏蔽效果显著，放射性源项小、乏燃料可统一处理，同时易于退役，厂址很容易恢复重复使用，民众担忧的安全性可以得到保障。在建设投资上，与其他的化石能源供热相比，池式低温供热堆建设投资约是同规模燃煤锅炉的2～3倍，但运行成本远低于燃煤锅炉，使用寿命达到60年，是燃煤锅炉的2～4倍，根据初步计算表明，如果每年供暖的时间是4个月，池式供热堆的经济性可以和燃煤锅炉相当。

（一）压水堆核电站工作原理

由于反应前后存在质量亏损，根据爱因斯坦相对论所确定的质量和能量之间的关系，质量的亏损相当于系统的能量变化，即$\Delta E = \Delta mc^2$。对铀－235来说，每次裂变释放出的能量大约为200Mev（$1\text{Mev} = 1.6 \times 10^{-13}$J）。这些能量除了极少数（约2%）随裂变产物泄漏出反应堆外，其余（约98%）全部在燃料元件内转化成热能，由此完成核能向热能的转化。

水作为冷却剂，用于在反应堆中吸收核裂变产生的热能。高温高压的一回路水由反应堆冷却剂泵送到反应堆，由下至上流动，吸收堆内裂变反应放出的热量后流出反应堆，流进蒸汽发生器，通过蒸汽发生器的传热管将热量传递给管外的二回路主给水，使二回路水变成蒸汽，而一回路水流出蒸汽发生器后再由反应堆冷却剂泵重新送到反应堆。

蒸汽发生器产生的饱和蒸汽经汽轮机的高压阀组调节进入高压缸的蒸汽量膨胀做功，将蒸汽的热能转变为汽轮机转子旋转的机械能，汽轮机直接带动发电机发电，把机械能转换为电能。高压缸的排气一部分送往低压加热器用于加热凝结水，大部分排往汽水分离再热器进行汽水分离。从汽水分离再热器出来的过热蒸汽在低压缸内膨胀做功，低压缸的排气排入凝汽器，并被海水冷却为凝结水。

（二）沸水堆核电站工作原理

沸水堆是以沸腾轻水为慢化剂和冷却剂并在反应堆压力容器内直接产生饱和蒸汽的动力堆。沸水堆与压水堆同属轻水堆，都有结构紧凑、安全可靠、建造费用低和负荷跟随能力强等优点，使用低浓铀，须停堆换料。

来自汽轮机系统的给水进入反应堆压力容器后，沿堆芯围筒与容器内壁之间的环形空间下降，在喷射泵的作用下进入堆下腔室，再折而向上流过堆芯，受热并部分汽化。汽水混合物经汽水分离器分离后，水分沿环形空间下降，与给水混合；蒸汽则经干燥器后出堆，通往汽轮发电机做功发电。蒸汽压力约为7MPa，干度不小于99.75%。汽轮机乏汽冷凝后经净化、加热再由给水泵送入反应堆压力容器，形成一闭合循环。

沸水堆的控制棒从堆底引入，但控制棒自堆底引入后就不能在控制动力源丧失后靠重力自动插进堆芯，因此沸水堆的控制棒驱动机构需非常可靠，通常都采用液压驱动，也有采用机械/液压或电气/液压驱动。

反应堆的功率调节除用控制棒外，还可用改变再循环流量来实现。再循环流量提高，气泡带出率就提高，堆芯空泡减少，使反应性增加，功率上升，气泡增多，直至达到新的平衡。这种功率调节比单独用控制棒更方便灵活。仅用再循环流量调节就可使功率改变25%满功率而不需控制棒任何运动。

沸水堆不用化学补偿（反应性）。燃耗反应性亏损除用控制棒外，还用燃料棒内加Gd203可燃毒物进行补偿。沸水堆蒸汽直接由堆内产生，故不可避免地要挟带出由水中16O原子核经快中子（n，p）反应所产生的16N。16N有很强的辐射，因此汽轮机系统在正常运行时都带有强放射性，运行人员不能接近，还需有适当的屏蔽，但16N的半衰期仅7.13s，故停机后不久就可完全衰变，不影响设备检修。

（三）高温气冷核反应堆

高温气冷核反应堆是由普通的石墨气冷堆发展而来的反应堆。用石墨作为慢化剂，用气体氦作为冷却剂，氦气的温度高达900℃。反应堆内的核燃料进行核反应时，放出中子，速度太快的中子经过石墨碰撞变慢下来（在此堆里只有慢中子才能与铀燃料发生有效反应）以维持核反应。核反应放出大量的热量用氦气流经堆芯带到热交换器，由另一路冷剂把氦气冷却，降温后的氦气又回到堆芯继续冷却反应堆，形成闭路循环回路。高温气冷堆核电厂采用了氦气透平直接循环方式，由一回路出口的高温氦气冷却剂直接驱动氦气透平发电，反应堆压力为7MPa，氦气出口温度为900℃，高温氦气首先驱动高压氦气透平，带动同轴的压缩机，再驱动低压氦气透平，带动另一台同轴的压缩机，最后驱动主氦气透平，输出电力。

经过整个循环，氦气的压力将降到2.9MPa，温度降为571℃。为了将氦气加压到反应堆一回路的入口压力，需先经过回热器和预热器冷却到27℃后，再经两级压缩机后升压到7MPa，而后回到加热器的另一侧加热到558℃，回到堆芯的入口。该循环方式发电效率可达到47%。

高温气冷堆的蒸发器能达到560℃，发电效率大大提升，高温气冷堆核电站具有良好的固有安全性，它能保证反应堆在任何事故下不发生堆芯熔化和放射性大量释放。高温气冷堆具有热效率高(40%~41%)、燃耗深(最大高达20MWd/t铀)、转换比高(0.7~0.8)等优点，由于氦气化学稳定性好，传热性能好，而且诱生放射性小，停堆后能将余热安全带出，安全性能好。

高温气冷核反应堆的优势：

1)模块式高温气冷堆由于采用非能动余热载出方式，其单堆的输出功率受到限制，最大热功率只能达到200~260MW。其输出电功率只能达到100MW规模容量，相比压水堆核电厂，其容量规模较小。

2)与大容量的压水堆核电厂相比，其发电成本有很好的竞争力，而且可以与当地廉价的煤电成本相比较，高的发电效率：其发电效率比压水堆核电厂高出约25%。

3)建造周期短，100MW容量高温气冷堆采用模块化建造方式，建造周期可缩短到两年，与压水堆核电厂5~6年的建造周期相比，降低建造期的利息，可使建造比投资减少20%左右。

4)系统简单，高温气冷堆具有的非能动安全特性使系统大为简单，不必设置压水堆核电厂中的堆芯应急冷却系统和安全壳等工程安全设施，节省建造投资。

二、核能应用

"和美五号"与"和海五号"可以做到"一堆多用"，可实现工业供气、热能驱动制冷、并网供电、核能制氢、集中供热等多能利用。"和美一号"(200MW·h)核能供热堆将兼顾工业供热带来的经济性，可全年运行，提高核电站的效率。一个核能供热1GJ相当于40tce烧出来的量，目前核能热价为30~40元/GJ，远低于燃气的80~90元/GJ。

1. 替代落后火电产能

现阶段，国内采用小堆技术原址替代小型火电技术基本成熟。小堆对边远地区供电、大中型企业、工业园区热电联供具有优势。适用堆型包括ACP100("玲龙一号")、HTR-PM-200等。目前，海南昌江多用途模块化小型堆科技示范工程ACP100正在建设施工中，该堆型功率为125MWe，建设工期58个月，可作发电、热电联供等。

2. 工业供热

2019年，我国蒸汽供热总量约为6.51×10^8GJ，较2018增长12.71%；热水供热总量约为32.75×10^8GJ，同比2018年上涨1.18%。核能供热技术成熟，在低碳供热领域有广大的应用前景。适用堆型包括"和美一号"、NHR200-Ⅱ、DHR-400等。

山东省海阳市于2019年率先在全国施行核能供暖，验证了使用清洁能源供暖的方式。海阳核电"水热同产同送"科技示范工程利用核电机组抽汽和余热作为动力，每小时生产5t满足饮用水标准的95℃高品质淡水，供能面积10000m^2。二期$450\times10^4m^2$核能供热项目已建成投用，海阳市成为全国首个零碳供暖城市。据测算，一座百万千瓦级的核电机组在完成发电"主业"的情况下，采用水热同产同送技术供热供水，一个供暖季能在为$3000\times10^4m^2$居民"零碳"供热的同时，可"零能耗"生产高品质淡水30Mt。

2021年7月28日，海盐县核能供暖节能工程示范项目开工建设。该项目实现海盐县三个生活区 45.9 × 10^4m^2 和老年公寓 0.5 × 10^4m^2 的核能集中供暖，至 2025 年核能供暖面积将达到 400 × 10^4m^2。

贵州某经济开发区使用低温供热堆 NHR200 - Ⅱ为园区提供工业蒸汽(500t/h)，首台计划于 2022 年 12 月开工，是我国核能综合利用以及低温供热技术首次商业应用。

燕龙(DHR - 400)泳池式低温供热堆(400MW)目前正在积极推进，单堆可供热面积约 1000 × 10^4m^2，计划 2024 年建成投产。数据测算显示，一座 40 × 10^4kW 的"燕龙"低温供热堆，供暖建筑面积可达约 2000 × 10^4m^2，相当于 20 万户三居室；运行过程中二氧化碳排放为零，相比燃煤供暖可以显著降低二氧化碳和污染物的大气排放。

3. 海水淡化制氢

我国北方和部分沿海地区水资源严重不足，有 300 多座城市不同程度缺水，每年缺水量 58 × 10^8m^3，主要集中在华北、部分沿海和省会城市以及工业型城市；有 6 个省、区人均水资源低于 $500m^3$。海水淡化的市场很大，由于反渗透海水淡化技术成熟，以及南水北调有效缓解，国内核能海水淡化的行业发展受到一定制约。

制氢在国外(尤其中东国家)有发展前景，氢气在未来的能源市场有广泛应用，高温堆在此方面有优势。适用堆型包括 HTR - PM - 200、ACP100、"和美一号"等。

小堆最大的市场优势是它的灵活性，可随用户需求决定容量大小，可以在那些有小电网系统不能支持大型核电站建造的地区建造。相比大堆，小堆的应急计划区大大减小，如 ACP100 所需要的疏散半径仅为 300m，它的厂区就有 300m，这就意味着它可以大大简化应急计划，让"贴近城市、靠近用户"成为可能。表 3 - 4 - 1 为内陆河滨海地区不同功率的模块化小堆的非居住区与规划限制区最小半径。

表 3 - 4 - 1 内陆和滨海厂址不同功率模块化小型反应堆核动力厂的非居住区与规划限制区最小半径

单堆热功率/MW	内陆厂址		滨海厂址	
	非居住区/m	规划限制区/m	非居住区/m	规划限制区/m
160	189	413	99	203
200	215	507	113	248
300	273	738	141	353
400	324	974	171	455
530	382	1254	202	582
600	410	1407	217	646
900	548	2038	277	922

海上浮动式小型堆 ACP100S 为一体化压水堆，单堆热功率 310MW，建造周期为 3 年，电站寿命为 40 年，平均上网电价 0.92 元/(kW · h)。示范工程投资固定价估算为 35 × 10^8 元，单位投资 35000 元/kW，建成价 37.8 亿人民币，单位投资 37856 元/kW。某公司渤海油田使用，单位发电成本 0.92 元/(kW · h)，单位发电造价 25000 元/kW(不含平台等配套设施)或 45000 元/kW(含平台等配套设施)。

4. 炼油厂应用方向

未来全球能源发展面临双重挑战，即更多的能源供应与更少的碳排放，能源结构进一步呈现清洁低碳化。国家发布的《能源生产和消费革命战略(2016—2030)》提出了实施非化石能源跨越发展行动，到2030年，非化石能源发电量占全部发电量的比重力争达到50%，电力结构将更加清洁低碳。核电作为未来新增非化石能源中最具竞争力的重要组成部分，是积极应对气候变化、兑现减排承诺和清洁低碳发展的一种选择。

核能供热供电可取代炼油厂自备燃煤电厂，保证工业蒸汽、电力供应的同时压减化石能源消耗，高温气冷堆就可以探索供应高品位工业蒸汽，在电力之外拓展新的发展空间。现役炼油厂自备燃煤电厂在政策不断变严的情况下，必将到期关闭，炼油厂需要考虑蒸汽及电力的替代问题，小堆核能技术可以作为企业供热、供电的选择方向，解决未来碳减排问题。

未来新建大型炼化一体化，可以考虑采用小堆核能技术替代燃煤、燃气锅炉，既可降低一次性投资，也为工厂提供清洁电力和高效蒸汽，降低碳排放。

第五节　固体氧化物燃料电池的利用

燃料电池是一种把燃料所具有的化学能转换成电能的化学装置，又称电化学发电器，由于燃料电池是通过电化学反应把燃料的化学能转换成电能，不受卡诺循环效应的限制，因此效率较高。燃料电池以燃料和氧气作为原料，没有机械传动部件，故排放出的有害气体极少，使用寿命长。目前，实际运行的各种燃料电池，由于种种技术因素的限制，再考虑整个装置系统的耗能，总的转换效率多在45%~60%范围内，如考虑排热利用可达80%以上。由此可见，从节约能源和保护生态环境的角度来看，燃料电池是最有发展前途的发电技术。

固体氧化物燃料电池(Solid Oxide Fuel Cell，简称SOFC)的开发始于20世纪40年代，以其全固态结构、更高的能量效率和对煤气、天然气、混合气体等多种燃料气体的广泛适应性等突出特点，在20世纪90年代形成研究热潮。SOFC电池的发电效率可达到60%以上，工作温度在750~1000℃时，电极反应过程相当迅速，无须采用贵金属电极，同时高温工作电池排出的高质量余热可充分利用，可与蒸汽轮机联用循环发电，能量综合利用效率达到80%以上，在大型发电装置的应用方面取得较大进展，成为第三代燃料电池。

一、SOFC技术

SOFC是一种在中高温下直接将储存在燃料和氧化剂中的化学能高效、环境友好地转化成电能的全固态化学发电装置。固态氧化物燃料电池工作温度比溶化的碳酸盐燃料电池的温度还要高，使用诸如用氧化钇稳定的氧化锆等固态陶瓷电解质，而不使用液体电解质。其工作温度位于750~1000℃，SOFC工作原理见图3-5-14。

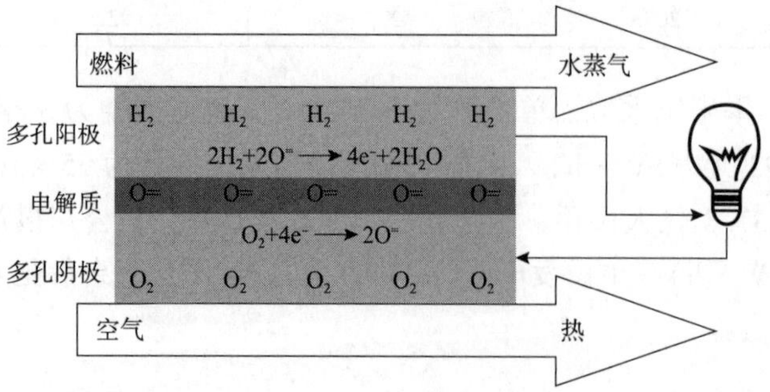

图3-4-14　SOFC原理图

当氧离子从阴极移动到阳极氧

化燃料气体（主要是氢和一氧化碳的混合物）产生能量。阳极生成的电子通过外部电路移动返回到阴极上，减少进入的氧，从而完成循环。

阳极反应：$H_2 + O_2^- \longrightarrow H_2O + 2e^-$

$CO + O_2^- \longrightarrow CO_2 + 2e^-$

阴极反应：$O_2 + 4e^- \longrightarrow 2O_2^-$

SOFC 系统可分为电堆（Stack）和外围 BOP（Balance of Plant）辅助单元。电堆是燃料电池核心，是将化学能直接转化电能的装置。围绕着电堆的外围辅助单元有空气供给预热单元、燃料供给（重整）单元、尾气回收单元、电管理单元以及控制单元，SOFC 发电系统见图 3－4－15 所示。

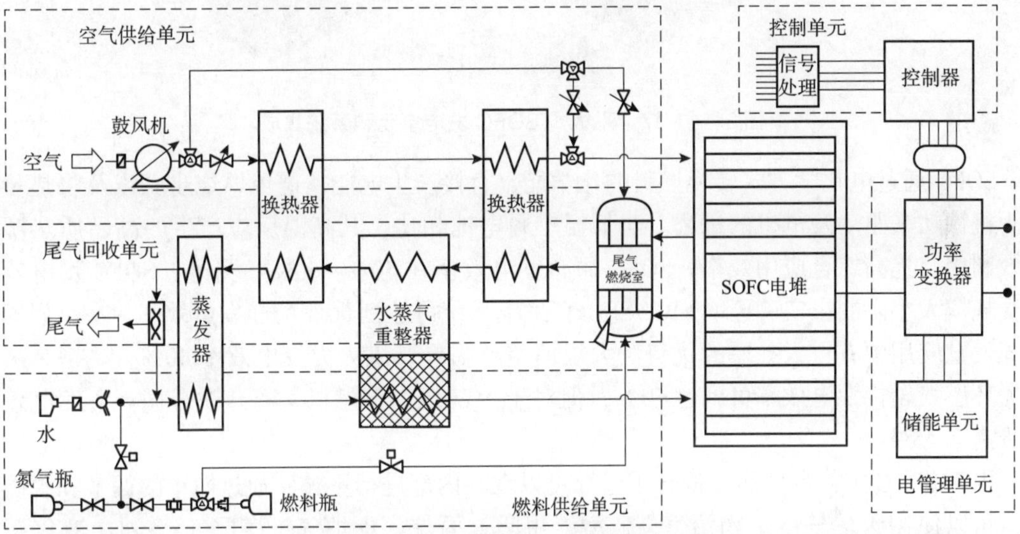

图 3－4－15　SOFC 发电系统示意图

SOFC 的单元组件设计形式大体分为两类，即管式结构和平板式结构。管式结构密封性能好，具有长期运行稳定的特点；平板式结构电流路径短，具有高的功率密度。可根据不同的应用场景选择 SOFC 的结构类型，见图 3－4－16、图 3－4－17。

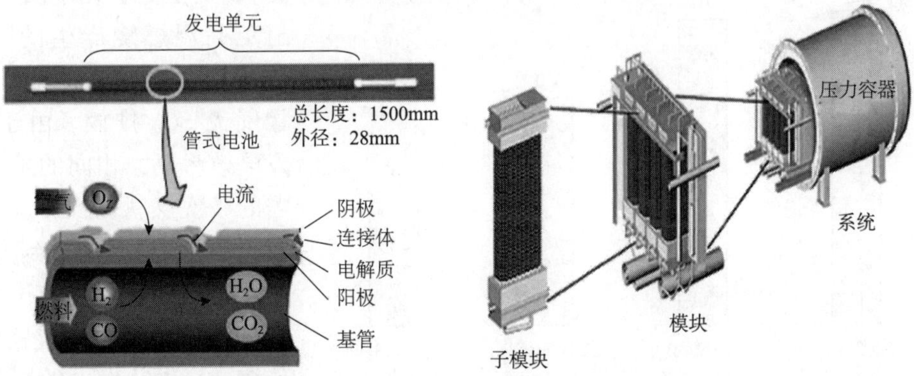

图 3－4－16　管式 SOFC 发电单元和系统集成

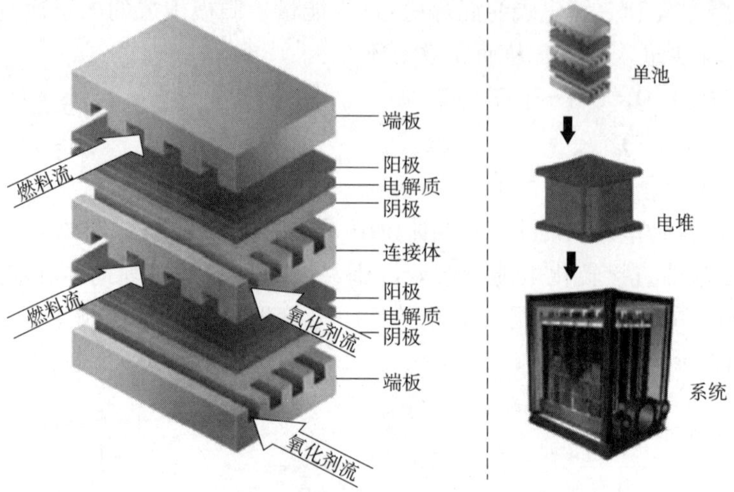

图 3 -4 -17　平板式 SOFC 发电单元和系统集成

SOFC 通过电化学方式转换燃料的化学能，直接产生电能，避免燃烧步骤以及将热量转化为机械功来驱动发电机的过程。与低温燃料电池相比，其高温反应产生的高品质热源可有效利用，提高综合应用效率，SOFC 的净发电效率在 50%~60%。另外，SOFC 发电效率不受规模大小限制，实验证明 kW 级 SOFC 发电系统可达到 60% 的净发电效率，在小规模分布式发电应用中有得天独厚的优势。大规模超超临界燃煤火力发电效率 40% 左右，F 级联合循环燃气轮机发电效率可到达 60%，但对于 MW 级小型燃机，离开联合循环，发电效率很难高于 45%。

由于 SOFC 工作温度高，低分子量烃可以在其内部进行重整，通过简单的调节和脱硫处理，可以使用天然气、生物沼气、乙醇、甲醇、丙烷、焦炉气、煤层气、LPG(液化石油气)等作为燃料。SOFC 发电是基于电化学原理，除风机、泵等 BOP 辅助系统设备的运行轻微噪声外，无大功率发电转动设备，可以安装在工作、生活和休闲等区域，基本上无振动和无噪声污染。SOFC 是以固体氧化物(陶瓷)作为电解质，不需要贵金属作催化剂，无液态熔盐介质的热腐蚀。预计当 SOFC 年产量规模到达 2.5GW/a 时，建设成本约 5680 元/kW。SOFC 发电是电化学反应过程，避免高温燃烧产生的 NO_x 排放，燃料是反应前脱硫，反应尾气无 SO_x 排放。由于 SOFC 发电效率高，相同的发电量所需的一次燃料更少，这意味着更少的二氧化碳排放到大气中，图 3 -4 -18 给出了单位 kW · h 发电量，SOFC 发电过程相对于传统燃烧做功发电的二氧化碳排放量对比。

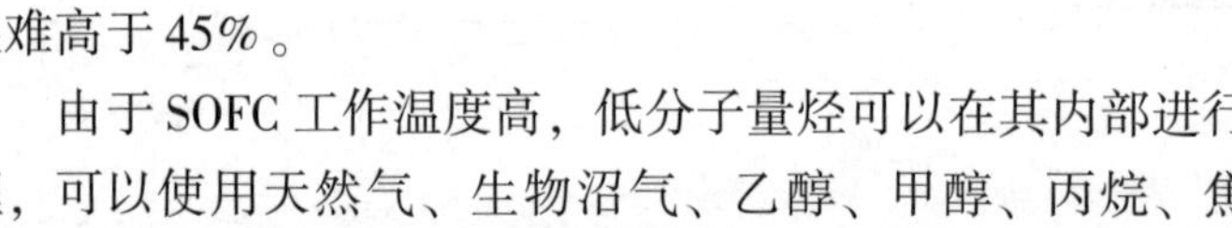

图 3 -4 -18　单位发电量 CO_2 排放量对比

1. 氢燃料电池

氢燃料电池是使用氢元素，制造成储存能量的电池。基本原理是电解水的逆反应，把氢和氧分别供给阴极和阳极，氢通过阴极向外扩散和电解质发生反应，放出电子通过外部的负载到达阳极。氢燃料电池原理见图3-4-19。

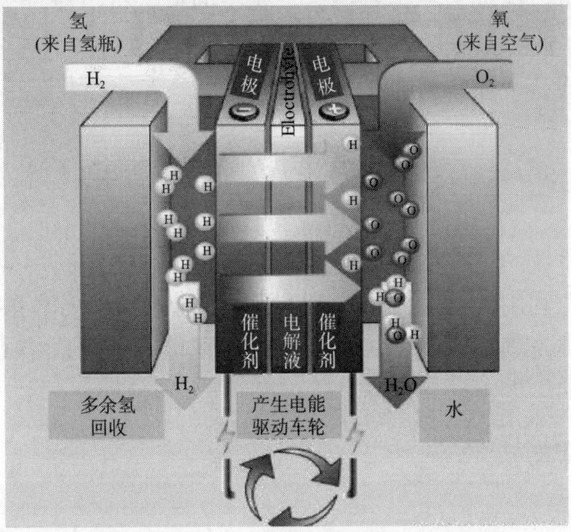

图3-4-19 氢燃料电池原理图

2. 甲烷燃料电池

甲烷燃料电池是以甲烷和氧气为原料的化学电源，用金属铂片插入KOH溶液中作电极，在两极上分别通甲烷和氧气，将反应产生的化学能转变为电能的装置。通常情况下，甲烷燃料电池的能量率大于甲烷燃烧的能量利用率。其反应式如下：

负极：$CH_4 + 10OH^- - 8\ e^- \longrightarrow CO_3{}^{2-} + 7H_2O$

正极：$O^2 + 4e^- + 2H_2O \longrightarrow 4OH^-$

离子方程式为：$CH_4 + 2O_2 + 2OH^- \longrightarrow CO_3{}^{2-} + 3H_2O$

总反应方程式为：$CH_4 + 2O_2 + 2KOH \longrightarrow K_2CO_3 + 3H_2O$

3. 甲醇燃料电池

甲醇燃料电池使用液态的甲醇作燃料。其发电核心是所谓的膜电极组(MEA，Membrane Electrode Assembly)。MEA包括阳极、阴极与隔离阴阳两极的高分子薄膜。甲醇在阳极因电化学反应，氧化产生氢离子与电子。产生的氢离子透过具离子传导功能的高分子薄膜传递到阴极，产生的电子流经外部电路传到阴极。在阴极，空气中的氧气与传递到阴极的氢离子与电子反应，还原成水。总反应是甲醇与氧反应生成水与二氧化碳。其反应式如下：

阳极反应：$CH_3OH + H_2O \longrightarrow CO_2 + 6H^+ + 6e^-$

阴极反应：$\frac{3}{2}O_2 + 6H^+ + 6e^- \longrightarrow 3H_2O$

总反应：$CH_3OH + \frac{3}{2}O_2 \longrightarrow CO_2 + 2H_2O$

二、SOFC应用

基于SOFC的发电技术可突破常规发电遇到的技术瓶颈，高效灵活的分布式发电，解决发电效率瓶颈和余热利用问题，能量综合利用率大幅提高。IGFC大规模发电站提高发电效率的同时，由于尾气排放具有二氧化碳富集优势，减少捕集成本。

炼油厂对电和热都有很大的需求，SOFC 电池可在高温条件下运行，可以实现热电联供，并且供热和供电可以根据需要进行调节，多余的热量可以驱动涡轮机系统，能量利用率一般可以达到70%～80%以上，功率范围可达250kW～25MW，因此，非常有希望开发成大规模的发电装置来代替现在使用的火力发电。

第六节　二氧化碳捕集利用技术

炼油厂实现净零排放的过程中，首先，需要不断提高能源利用效率以及不断优化用能结构，而且要贯穿能源利用的全过程；其次，随着新能源利用技术和核能利用技术的进步，炼油过程中需要加快提高其应用比例；最后，还要积极推进低成本 CCUS 技术的不断进步和应用，才能实现炼油厂零碳排放目标。

一、二氧化碳捕集技术

1. 捕集技术分类

二氧化碳捕集根据二氧化碳分离过程在系统中的位置和不同的循环方式可以分为燃烧前捕集、富氧燃烧技术和燃烧后捕集。燃烧前捕集主要运用于 IGCC 系统中。燃烧后捕集包括吸附法、吸收法、膜分离法，其中吸附法分为变温吸附法（TSA）、变压吸附法（PSA）、变电吸附法（ESA），吸收法包括物理吸收法和化学吸收法。燃烧后捕集技术具有适用范围广、处理效率高且技术成熟的优点，可以直接加在装置后面，不用改变工厂流程，因此，燃烧后捕集是应用最广泛的二氧化碳捕集技术。二氧化碳捕集与封存技术的分类及优缺点见表3－4－2。

表3－4－2　二氧化碳捕集技术分类及优缺点

名称	分类		优点	缺点
捕集位置分类	燃烧前捕集技术		效率高、能耗低	设备投资大
	富氧燃烧技术		提高二氧化碳的浓度和燃烧炉内传热效率	制氧设备投资大、分离纯氧能耗高、燃烧器材质要求高和燃烧过程控制难
	燃烧后捕集技术		适用范围广、处理效率高并且技术成熟	捕集成本高、捕集困难
捕集方法分类	吸收法	物理吸收	适用性广，对二氧化碳分压较低烟气也适用	运行成本较高
		化学吸收		
	吸附法	变温吸附（TSA）	能耗小、无腐蚀，并且操作简单，能够自动化控制	吸附容量较小
		变压吸附（PSA）		
		变电吸附（ESA）		
	膜分离法		无废水、废渣污染	对膜和杂质要求高

吸收法分为物理吸收和化学吸收。物理吸收法通过物理溶解的作用，在加压或降温条件下实现 CO_2 的捕集，再通过降压或升温实现 CO_2 的释放。代表性工艺有低温甲醇法（rectisol）、碳酸丙烯酯法、聚乙二醇二甲醚法（NHD 法）和 *N*－甲基吡咯烷酮工艺（purisol）等。

化学吸收法则是利用 CO_2 酸性气体的特征，使用碱性溶液对其进行吸收，后续再通过加热等方法实现 CO_2 的释放。目前工业中常用的化学吸收剂主要是醇胺溶液和热钾碱溶液。

吸附法是利用吸附剂在不同条件下与气体相互作用的不同，来实现气体的捕集和释放，工业中常使用变压吸附。变压吸附是在加压时实现混合气体的某一组分的选择性吸附分离，而在降压条件下实现被吸附组分的富集和吸附剂的再生。

膜分离法 CO_2 捕集是利用膜两侧压力差作为推动力，根据各组分在膜中渗透速率的不同而实现气体分离的过程。气体分子在膜中的传质机理通常可以分为溶解－扩散、促进传递和分子筛分机理。气体分离膜的分离能力取决于膜材料的结构及膜材料对不同气体的选择性。CO_2 分离膜有机膜，如聚氧乙烯、聚碱、聚酯等，也有无机膜，如金属、沸石、碳膜等和混合基质膜。

2. 炼油厂碳捕集技术选择

炼油厂的 CO_2 排放源多且分散，可分为燃烧排放、工艺排放和逃逸排放。燃烧排放包括锅炉、加热炉、火炬等固定源的 CO_2 排放；工艺排放包括催化裂化、催化重整、制氢等装置生产过程中的 CO_2 排放；逃逸排放主要指生产过程中因泄漏导致的排放。从排放量来看以燃烧排放为主，工艺排放中，以催化剂烧焦排放、制氢装置工艺排放为主，逃逸排放因其量较小且难以统计，常可忽略。

由排放源的分析可知，炼油厂 CO_2 主要来自燃料燃烧和工艺排放，表 3－4－3 为我国炼油厂典型烟道气组成。总体来讲，我国炼油厂烟道气特点主要表现为：①燃烧后排放；②气流量大；③CO_2 分压低，除制氢装置尾气中 CO_2 体积分数较高外，其他气源的体积分数均小于 20%；④含有 N_2、O_2、SO_2 等气体。

表 3－4－3　炼油厂典型烟道气组成　%

组成	CO_2	N_2	O_2	H_2	CO	$SO_2(10^{-6})$	烃类
催化裂化尾气	16.6	82	0.8	—	0.6	20	—
制氢尾气	50	—	—	30	—	—	20

针对炼油厂不同气源的 CO_2 回收需要采用不同的回收方法，对于大流量的制氢变换气，主要采用低温甲醇洗对混合气中的酸性气如 CO_2，H_2S 进行物理吸收分离。对于炼油厂制氢尾气中高浓度的 CO_2 的回收，主要采用 PSA 法，炼油厂中的制氢单元通常采用 PSA 法从合成气中回收 H_2，且只能回收 75%～90% 质量分数的 H_2，具有相对能耗低及易于操作的优点。对于炼油厂的催化燃烧过程、锅炉等大流量低浓度的二氧化碳回收，可采用醇胺化学吸收法。某化工研究院研制出的 MA 溶剂用于低分压 CO_2 回收技术，已成功应用于 50 多套不同类型的烟道气 CO_2 回收，包括电厂、水泥厂、化工厂、炼油厂等烟道气。

二、二氧化碳利用技术

二氧化碳的捕集与封存只是把二氧化碳封存起来，不能实现再利用，投资大，收益甚微。CO_2 的资源化利用分为物理利用、化学利用、生物利用和矿化利用。

1. 物理利用

CO_2 用于油田驱油（EOR），是一种能够较大规模利用 CO_2 的技术。该技术不仅能满足油田开发的需求，也能解决 CO_2 封存的问题，保护大气环境，是当前最可靠，用量最大的 CO_2 利用方式。与其他驱油技术相比，CO_2 驱油具有适用范围大、成本低、采收率提高显著等优点。该技术不仅适用于常规油藏，尤其对低渗、特低渗透油藏，可以明显提高原油采收率。

2. 化学利用

CO_2 的化学利用是将 CO_2 转化为大宗基础化学品、有机燃料或者直接固定为高分子材料。图 3－4－20 是 CO_2 化工利用的示意图。

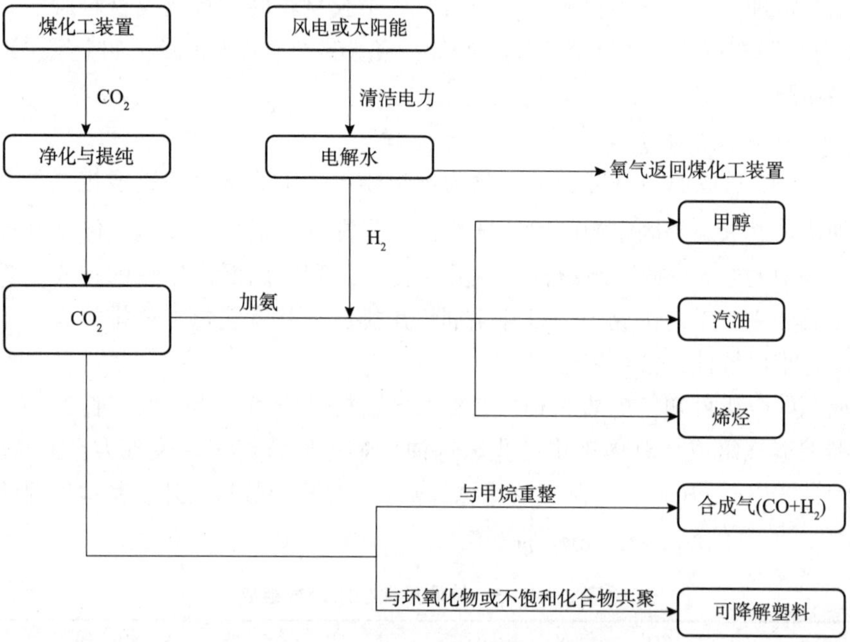

图 3－4－20　CO_2 高附加值下游产品路线图

(1) CO_2 制甲醇

近年来甲醇生产技术不断改进，以 CO_2 为原料的合成甲醇的新工艺开发也得到快速发展。CO_2 催化加氢制甲醇反应方程式如下所示：

$$CO_2 + 3H_2 \longrightarrow CH_3OH + H_2O \quad \Delta H = -49kJ/mol$$

该反应是分子数减少的放热反应，较高的体系压力和较低的反应温度有利于甲醇的生成。2020 年，国外某公司与河南某集团建设一套 CO_2 加氢制绿色甲醇工业化生产装置，生产 110kt 甲醇同时联产 70kt LNG。上海某研院、某石油公司合作的 5000t/aCO_2 加氢制甲醇工业试验装置在 2020 年 9 月实现稳定运行并通过考核评估。2020 年 10 月由某化物所建设的全球首个千吨级液态太阳燃料合成示范工程项目顺利通过连续 72h 现场考核，项目由太阳能光伏发电、电解水制氢、二氧化碳加氢合成甲醇三个项目构成，年生产甲醇 1440t。山西某新能源有限公司计划投资 1.4 亿元建设 CO_2 重整利用工业废气生物发酵法生产 200kt/a 燃料乙醇(一期 20kt/a 示范项目)。由某石化公司研究院开发的二氧化碳加氢制甲醇技术通过高效催化过程，将温室气体 CO_2 转变为重要的碳一化工产品甲醇，实现变废为宝，符合循环经济要求，其醇收率可达 20%，该技术已完成模试研究和百吨级工艺包编制，正在寻求工业试验研究。

(2)CO_2制聚碳酸酯

聚碳酸酯(Polycarbonate，PC)是分子链中含有碳酸酯基的高分子聚合物。根据酯基结构的不同可分为脂肪族、芳香族、脂肪族-芳香族等多种类型。美国、韩国、日本、德国、俄罗斯和中国等国家的企业在CO_2基聚碳酸酯领域进行了大量的研发工作，产品主要包括CO_2基双酚A聚碳酸酯(CO_2-BPA聚碳酸酯)和脂肪族聚碳酸酯(APC)。其中，APC包括聚碳酸亚乙酯(PEC)、聚碳酸亚丙酯(PPC)和三元共聚物(环氧丙烷、环氧环己烷和CO_2的共聚物)等。某公司投资30亿元建设300kt/a的CO_2制PPC的项目，目前该项目已建城投产。江苏某新材料有限公司使用某化学所技术建成年产能21kt的PPC生产线。2018年7月，某化学公司万吨级碳酸乙烯酯中试装置投料试车成功，该项目以环氧乙烷和二氧化碳为原料，生产高纯级的碳酸乙烯酯。惠州大亚湾某精细化工公司2019年建设年产40ktCO_2基高性能聚碳酸酯多元醇项目，并计划在2022年前后提升至100kt/a。某石化公司研究院以环氧乙烷为原料，先与CO_2非均相催化酯化合成碳酸乙烯酯(EC)，碳酸乙烯酯再与甲醇酯交换生产碳酸二甲酯副产等摩尔的乙二醇，碳酸二甲酯进而合成聚碳酸酯，已完成中试，计划进行3kt/a的工业试验研究。

(3)甲烷CO_2重整制合成气

甲烷和CO_2是自然界中廉价且资源丰富的C_1资源。将其同时转化为具有较高价值的化工原料，对于高效利用C_1资源、解决日益严重的环境问题、实现可持续发展等有着重要的意义。

早在1928年，Fiswcher和Tropsch就提出了甲烷CO_2重整的概念，并在900~1170℃温度范围内对多种碱性金属催化剂进行研究，发现以CO和Ni为活性组分，Al_2O_3为助剂的催化剂对甲烷和CO_2重整制合成气具有较好活性。方程式如下所示：

$$CO_4 + CO_2 \longrightarrow 2CO + 2H_2 \quad \Delta H = +247\text{kJ/mol}$$

国外化工公司和国内高校、科研院所都对这一课题进行过深入研究。2017年，中科院某研究院、国外公司和山西某矿业集团进行甲烷二氧化碳自热重整制合成气工业试验，日产低H_2/CO摩尔比产品气高达20×10^4Nm^3，日转化利用CO_2高达60t。某石化公司研究院研发甲烷重整制合成气技术，完成百公斤级镍基催化剂(SDR-01)的扩试，完成5m^3/h(合成气)规模的1000 h中试试验。

(4)CO_2制烯烃

低碳烯烃(乙烯、丙烯、丁烯)是有机材料合成的最重要和最基本的化工原料，利用CO_2和H_2在催化的条件下，生成低碳烯烃的技术。该技术国内研究所及大学进行过试验的探索，现处于实验室阶段。其中某化物所开发乙烷-CO_2耦合转化生产高附加值化学品乙烯/CO/H_2铁基催化剂工艺技术，并进行1kt/a试验。

(5)CO_2制其他

CO_2还可以用于合成气和甲烷、甲酸、芳烃/汽油、CO和聚氨酯等化合物的合成。考虑到CO_2的电催化、光催化和光电催化还原，CO_2可以合成大部分含C、H和O的基础原料，如甲醇、乙醇、甲烷、乙烯、汽油等。

(6)矿化利用

CO_2矿化利用技术是使CO_2与碱土金属氧化物作用形成能够长期稳定存在的碳酸盐，从而实现CO_2与大气的隔绝，是高效的CO_2转化技术之一。与常规的CCS技术相比，CO_2矿化技术同样具有长期稳定、安全大量固碳的能力，同时固碳产物碳酸盐具有一定的附加值，能够补偿一定的技术花费，被视为 CCS 技术与 CCU 技术的桥梁，有望发展成为未来规模化应用的 CO_2控制利用技术。

某公司研究院在 CO_2 矿化方面进行过深入的研究，取得一定的进展。2013 年开展 $100Nm^3/h$ 烟气处理规模的 CO_2矿化磷石膏中试试验，烟气 CO_2利用率达到 75% 以上，磷石膏转化率超过 92%，2017 年完成该项目的验收。2019 年，研发烟气 CO_2矿化减排协同半干法脱硫渣废弃物综合利用的关键技术，工业验证反应装置数据达到 CO_2 的矿化固定率≥100kg CO_2/t 脱硫渣，CO_2的封存利用率≥50%。

对于炼油厂 PSA 驰放气，由于还有大量的氢气成分，且 CO_2浓度在 40%～60%，可以采用醇胺吸收法将 CO_2捕集下来，使驰放气中的 H_2得到利用，并得到高浓度的 CO_2原料。某些天然气制甲醇生产装置，由于天然气碳少氢多，可以利用回收的 CO_2 补碳，既增产甲醇，又减少 CO_2排放。

3. 生物利用

生物固碳是自养生物吸收无机碳转化为有机物的过程。CO_2生物固定的代谢通路已经历了上亿年的进化，通过各种不同的酶和机制催化 C—H、C—C 或 C—O 键之间的连接或断裂的生化代谢，将 CO_2生物转化为有机碳化合物。CO_2生物固定是自然界最重要的生物合成过程，目前已发现有 6 条 CO_2生物固定相关的代谢通路。包括：卡尔文循环、还原三羧酸循环、还原乙酰辅酶 A 途径、3 - 羟基丙酸双循环、3 - 羟基丙酸/4 - 羟基丁酸循环、二羧酸/4 - 羟基丁酸循环。其中，卡尔文循环是最普遍的 CO_2固定途径，广泛存在于植物、藻类、蓝细菌等生物中。

微藻被认为是一种优良的生物柴油生产系统。微藻通过光合作用，生产大量的脂类和碳水化合物，可进一步加工为各种生物燃料和有价值的产品。微藻种类约有 50000 种，某些 FAME 含量高的微藻通常作为生物柴油的生产品种。藻类生长周期短，相较于油料种子作物产油量更高。微藻油含量最高可达 80%，一般微藻都可以达到 20%～50% 的水平，大约每年每英亩可产生物柴油 5000～15000gal（1gal = 3.785L，1acre = 4046.856m^2），因此微藻被称为可循环的绿色油田。

2010 年，某公司在内蒙古建设 600kt/a 煤制甲醇生产基地微藻生物固碳示范项目，通过煤制甲醇装置产生的废气二氧化碳、高盐废水和蒸汽余热来养殖微藻，生产生物质柴油、β - 胡萝卜素和蛋白质等多种高附加值产品，该项目每年可利用二氧化碳 20kt。2021 年深圳深汕合作区首个碳中和示范基地微藻固碳暨干冰转化开工，此次微藻固碳项目投资约 500 万元，建设一个 $300m^2$的封闭玻璃实验室及高达 5m 的光生物反应器等设备系统，通过微藻养殖优选微藻品种及养藻技术。

三、炼油厂净零碳排放技术措施

原油加工过程，二氧化碳排放主要来自燃料燃烧、催化剂烧焦、部分产品生产的过程排放，以及购入电、热产生的间接排放，可考虑如下路径措施，实现碳中和目标。炼油厂碳中和路径见图 3 - 4 - 21。

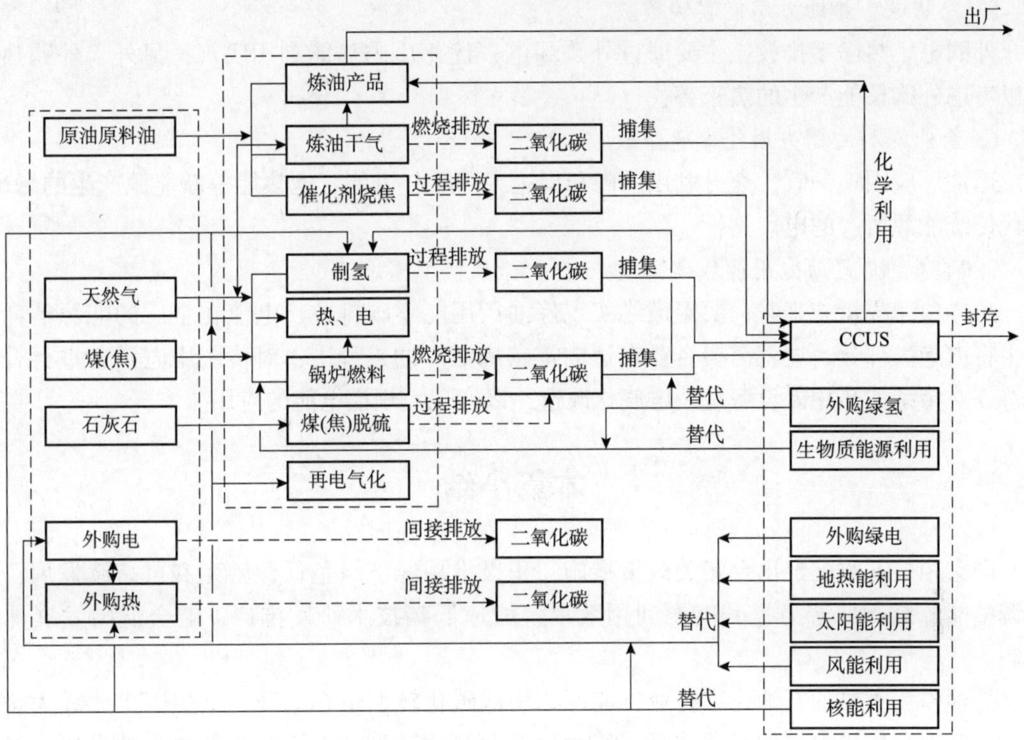

图 3-4-21　炼油厂零碳路径

1. 干气燃烧零碳排放

干气燃烧产生的二氧化碳，可通过 CCUS 技术实现净零排放。为减少这部分捕集量：一是将炼油厂干气替代天然气作为制氢装置原料，减少天然气做制氢装置原料的消耗；二是根据经济性将干气转化成炼油产品或直接作为产品出厂；三是应用绿电或核能转化为热能，替代炼油厂干气燃烧热能，减少干气燃烧量，替换出的干气作产品出厂或做制氢原料。

2. 催化剂烧焦零碳排放

催化剂烧焦排放，主要集中在催化裂化装置烧焦过程的排放，可通过 CCUS 技术实现净零排放。为减少这部分捕集量，需要积极优化全厂装置结构，或利用放空的空分氧气和电解水氧气进行富氧再生烧焦，以及优化催化装置操作条件和催化剂配方，减少烧焦量。

3. 锅炉燃料燃烧零碳排放

锅炉燃烧煤、石油焦、天然气、干气产生的排放，可通过 CCUS 技术实现净零排放。为减少这部分捕集量：一是优化燃料结构，减少煤、石油焦消耗；二是应用生物质燃料替代传统化石燃料；三是应用绿氢替代传统化石燃料；四是加快全厂的电气化改造，降低蒸汽消耗，增加外购电(绿电)。

4. 制氢过程零碳排放

煤、天然气、干气制氢过程排放，可通过 CCUS 技术实现净零排放。为减少这部分 CCUS 量：一是提高全厂氢气资源利用率；二是优化煤、天然气、干气制氢原料结构，尽量减少煤制氢比例；三是应用绿氢替代化石能源产生的氢气；四是适时应用核能制氢技术，减少或替代化石能源产生的氢气。

5. 外购电、热助力用能零碳排放

外购电、热净零排放，主要通过外购绿电、优化厂内热能利用实现；另外，外购热也可以考虑外购核能产生的热来替代。

6. 新能源利用助力用能零碳排放

炼油厂应因地制宜，充分利用厂内和周边太阳能、风能、地热能等新能源产生的绿电，替代传统能源所产的电。

7. “再电气化”助力用能零碳排放

从各项净零措施来看，要想最终实现炼油厂用能零碳排放，电能在全厂的能源消耗比例中将占绝大部分，这就需要企业在迈向零碳炼油厂的进程中，对传统用电设备进行升级改造，对传统加热用能设备进行电气化改造，以实现大规模电能的应用。

本篇小结

国家相关部委已经出台相关政策措施，积极推动经济绿色低碳转型和可持续发展，大力调整能源结构，着力提升能源利用效率，加速低碳技术研发推广，健全低碳发展体制机制。

炼油作为重要的石油化工行业，能源结构低碳化转型迫在眉睫，减少碳排放成为企业生存和实现高质量发展的必然选择。炼油厂能源结构转型的关键在于新技术的发展、新能源的使用以及技术装备的国产化。

近期，炼油厂可利用新技术、新材料、新催化剂等进行炼油能源结构调整。一方面在油转化上科学合理地选择工艺路线、催化剂配置、加热炉技术、高效换热流程等降低能源消耗；有条件的炼油厂可以与化工园区的热电厂合作，外购蒸汽与电，提高蒸汽利用效率，降低投资。另一方面在炼油厂检修时采用新技术、高效换热设备，提高加热炉热效率至94%以上；采用循环水系统节能技术，提升循环水的利用；电网增设无功补偿、治理谐波、采用节能型变压器等降低电力消耗；对蒸汽系统优化，降低全厂蒸汽消耗；对全厂余热进行合理应用，提升能源利用效率。

中期，煤炭、石油焦等高碳化石能源将受到严控，炼油厂应加快能源消费低碳化转型步伐，实现能源清洁化替代和电气化替代。光伏资源好的炼油厂利用闲置土地、屋顶大力发展光伏发电；沿海的炼油厂争取近海风场发展风力发电，接入炼油厂电网，提高非化石能源电力使用；使用SOFC/GT联合循环电站发电替代燃煤电站；有条件的炼油厂可以与核电公司合作利用小堆为企业供汽和供电；与化工园区内企业开展能源互供合作等实现低碳能源对化石能源的替代。

远期，在碳中和大背景下，二氧化碳捕集、利用、封存技术研发和应用会越来越得到重视，是末端减排和实现碳中和不可或缺的手段。需要大力发展二氧化碳化学利用技术制能源和化学产品，实现碳的循环利用。

参 考 文 献

[1]龚维，张瑜. 炼油企业能耗评价方法及对比[J]. 化工管理，2015，381(22)：167 - 168.

[2]张崇伟，王志刚，田慧．国内外炼油厂能耗评价方法概述[J]．当代化工，2011，40(10)：1062－1065.

[3]张福琴，刘志红，刘蜀敏．国内外炼油厂绩效评估指标的对比分析[J]．国际石油经济，2002，10(9)：35－37.

[4]孟宪玲．炼油厂二氧化碳排放估算与分析[J]．当代石油石化，2010，18(02)：13－16，49.

[5]魏志强．炼油项目节能审查潜在问题分析及对策[J]．炼油技术与工程，2021，51(01)：55－60.

[6]牛亚群，董康银，姜洪殿，等．炼油企业碳排放估算模型及应用[J]．环境工程，2017，35(03)：163－167.

[7]张典元，汤志刚，魏翔．常减压蒸馏装置节能问题剖析与技改实践[J]．石油石化绿色低碳，2018，3(5)：50－58.

[8]夏洪亮，李春晓．常减压装置节能改造效果分析[J]．石油石化节能，2019，9(8)：30－32.

[9]李立权，陈崇刚．Sheer加氢裂化技术——第一代Sheer加氢裂化技术开发[J]．炼油技术与工程，2013，43(2)：1－5.

[10]李立权，陈崇刚，裘峰．Sheer加氢裂化技术——第二代Sheer加氢裂化工程化技术[J]．炼油技术与工程，2019，49(9)：1－4.

[11]李银行．高效、节能、环保的"绿色加热炉"技术[J]．工业炉，2019，41(4)：1－4.

[12]逯红江．玻璃板管式空气预热器在延迟焦化装置加热炉上的应用[J]．齐鲁石油化工，2019，47(2)：129－132.

[13]牛继光，金宏伟，刘荣博．95＋高效超净加热炉节能技术[J]．石化技术与应用，2020，38(3)：178－181.

[14]杨根长．一种用于燃料气深度净化脱硫的工艺装置：中国，CN110684576A[P]．2019－01－14.

[15]刘海峰．电站燃煤锅炉燃烧优化系统研究[D]．北京：华北电力大学，2013.

[16]张立华，谭德宽，王兵．加热炉基于CO控制的燃烧优化技术的应用[J]．石油化工安全环保技术，2013，29(3)：1－4.

[17]李微，吴红梅，史朋飞．120Mt/年催化裂化装置内外取热系统优化改造技术总结[J]．化学工程与装备，2018，257(6)：140－144.

[18]张贺强．催化裂化烟气余热锅炉积灰及应对措施[J]．能源与节能，2017，142(7)：153－154.

[19]叶发强，樊帆，郑军如，等．催化裂化装置德尔塔型余热锅炉技术改造[J]．石油化工设备，2016，45(6)：77－81.

[20]王瑞，张杨，彭国峰，等．催化裂化装置余热锅炉的节能技术改造[J]．石化技术与应用，2015，33(4)：336－340.

[21]赵丙昆．催化裂解余热锅炉低温段与炉体露点腐蚀原因与防治[J]．化工管理，2019，526(19)：173－175.

[22]刘晓敏．炼油厂中余热锅炉省煤器损坏原因分析及对策[J]．炼油技术与工程，2018，48(6)：49－52.

[23]李超，王楷，王志强，等．余热锅炉省煤器结盐原因分析及对策[J]．石化技术与应用，2017，35(3)：225－228.

[24]徐渐平．催化裂化装置双级烟气轮机技术改造[J]．炼油与化工，2018，29(5)：41－44.

[25]S. Srikanth，B. Ravikumar，Swapan K. et al. Analysis of Failures in Boiler Tubes Due to Fireside Corrosion in a Waste Heat Recovery Boiler[J]. Engineering Failure Analysis，2003，(10)：59－66.

[26]彭冲，黄新露，牛世坤，等．中国炼油加氢催化过程强化技术进展[J]．化工进展，2020，39(12)：4837－4844.

[27]PENG Chong，DU Yanze，FENG Xiang，et al. Research and development of hydrocracking catalysts and technologies in China[J]. Frontiers of Chemical Science and Engineering，2018，12(4)：867－877.

[28]李立权，陈崇刚，裘峰. Sheer 加氢裂化技术——第二代 Sheer 加氢裂化工程化技术[J]. 炼油技术与工程，2019，49(9)：1-4，9.
[29]彭冲，方向晨，曾榕辉，等. 高能效 SHEER 加氢成套技术开发及工业应用[J]. 石油学报(石油加工)，2015，31(3)：657-662.
[30]宋永一，方向晨，刘继华. SRH 液相循环加氢技术的开发及工业应用[J]. 化工进展，2012，31(1)：240-245.
[31]郭守权，代萌. 低能耗航煤液相加氢装置改造总结[J]. 炼油技术与工程，2021，51(6)：1-4.
[32]王鹏翔. 馏分油液相加氢技术工业应用前景展望[J]. 炼油技术与工程，2019，49(8)：10-13.
[33]马守涛，梁宇，郭见芳，等. 液相加氢技术进展[J]. 石化技术与应用，2019，37(6)：428-432.
[34]Schmitz C，Datsevitch L，Jess A. Deep desulfurization of diesel oil：Kinetic studies and process-improvement by the use of a two-phase reactor with pre-saturator[J]. Chemical Engineering Science，2004. 59(14)：2821-2829.
[35]高明，王兵，高景山，等. 分壁塔控制方法研究进展[J]. 当代化工，2016，45(12)：2901-2904.
[36]何桂春，张英，伍祥，等. 分壁塔替代两塔分离芳烃流程改造的研究[J]. 石油炼制与化工，2018，49(2)：95-99.
[37]周国君，冯晓奇，吴胜波. 隔壁塔在芳烃生产预分离中的应用及模拟[J]. 天津化工，2017，31(2)：11-15，23.
[38]张英，高景山，薄德臣. 分壁精馏技术进展[J]. 节能技术，2016，34(6)：521-526.
[39]Dejanovic I，Matijasevic L，Olujic Z. Dividing wallcolumn—A breakthrough towards sustainable distilling[J]. Chem Eng Pro，2010，49(6)：559-580.
[40]叶剑云，王北星，张冰剑，等. 加氢精制装置热联合优化[J]. 石油石化节能与减排，2011，1(1)：10-13.
[41]沈文丽. 联合装置设计—航煤加氢装置和蜡油加氢装置[J]. 石化技术，2020，27(9)：69-70.
[42]张汉民. 煤柴油加氢联合装置扩能升级瓶颈问题探讨[J]. 山东化工，2018，47(10)：57-59.
[43]王军，张岳峰，赵国栋，等. 煤油和柴油加氢联合装置长周期运行的瓶颈及对策[J]. 炼油技术与工程，2018，48(8)：33-37.
[44]赖全昌，刘昶. 催化剂级配技术在海南炼化加氢裂化装置的应用[J]. 当代化工，2020，49(6)：1123-1126.
[45]任倩. 催化剂级配在加氢裂化装置中的应用[J]. 化学工程与装备，2021(2)：25-26.
[46]赵阳，赵广乐，莫昌艺，等. 中压加氢裂化生产合格喷气燃料技术的开发与应用[J]. 石油炼制与化工，2020，51(5)：1-6.
[47]童军，黎臣麟，武宝平，等. 催化剂级配在加氢裂化装置中的应用[J]. 石油化工，2019，48(11)：1174-1179.
[48]VANNAUKER D. Premium products and upgrades using hydro-cracking catalyst systems[C]. AFPM Annual Meeting，AM-16-02，San Francisco，USA，2016.
[49]黄波林. 进口原油蒸馏过程中轻烃回收方法的探讨[J]. 炼油与化工，2006(4)：13-16，57.
[50]张伟，王红涛，张英. 初馏塔提压操作的适用性和经济性分析[J]. 现代化工，2016，36(8)：186-189.
[51]M. J. Rosetta，B. C. Price，L. Himmelberger. Optimize energy consumption for LNG vaporization[J]. Hydrocarbon Processing，2006，85(1)：57-64.
[52]S. Dharmadhikari. Optimize LNG Vaporizers[J]. Hydrocarbon Processing，2004，83(10)：95-99.
[53]S. P. B. Lemmers. LNG Receiving and Regasification Termincal Operations[J]. Hydrocarbon Processing，2005，84(7)：55-61.

[54] W. S. Worthington, B. S. Hubbard. Improved Regasification Methods Reduce Emissions[J]. Hydrocarbon Processing, 2005, 84(7): 51-54.
[55]陈则韶，程文龙．利用液化天然气冷能的空气分离装置：中国，CN1407303[P]，2004-12-1.
[56]薛鲁，江楚标．一种利用液化天然气的空气分离方法：中国，CN1789868[P]，2005-12-16.
[57]林福粦．回收液化天然气冷能的空气分离装置：中国，CN2766203[P]，2005-4-15.
[58]徐文东，钱宇，边海军，等．一种利用液化天然气冷能液相粉碎橡胶的方法及装置[P]，中国：CN101579651，2009.
[59]聂江华，徐文东，等．利用液化天然气冷能空分新流程及模拟分析[J]．节能技术．2011，29(3)：211-218.
[60]熊永强，李亚军，华贲．液化天然气冷能利用的集成优化[J]．华南理工大学学报，2008，26(3)：20-25.
[61]郑学鹏．炼油装置液力透平的设计探析[J]．石油化工设计，2012，29(02)：1-4+67.
[62]李伟．液力透平在渣油加氢装置的应用[J]．化学工程与装备，2019(08)：259-262.
[63]邹余敏，王淇汶，孙晶磊，等．乙烯装置中尾气膨胀制冷及对深冷分离的影响[J]．石油化工，2000(09)：686-688.
[64]巫小元，崔仁鲜，化国．浅析空气分离方法和工艺流程的选择[J]．低温与特气，2016，34(03)：1-5.
[65]孙盛华．空分装置启动双膨胀机增加液体产量实践[J]．化工管理，2019(29)：137-138.
[66]王璐瑶，张英，薄德臣．胺液循环系统长周期稳定运行管理技术[J]．石油化工设备技术，2019，40(05)：1-4.
[67]王璐瑶，张英，薄德臣．SDMP 塔盘在胺液系统中的应用[J]．炼油技术与工程，2019，49(05)：1-4.
[68]陈玉石，张振远，李峰，等．炼油企业胺液循环系统模拟及优化[J]．中外能源，2017，22(07)：1-6.
[69]华贲．炼油厂能量系统优化技术研究和应用[M]．北京：中国石化出版社，2009.
[70]魏志强．炼油厂节能设计方法与技术[M]．北京：中国石化出版社，2018.
[71]孙丽丽，蒋荣兴，魏志强．创新系统化节能方法与应用方案研究[J]．石油石化节能与减排，2015，5(4)：1-5.
[72]孙丽丽．创新强化传热策略与应用提升炼化企业竞争力[J]．化工进展，2019，38(2)：709-707.
[73]魏志强．顶层设计导向的炼油全局节能研究与应用实践[J]．石油学报(石油加工)，2021，37(5)：974-982.
[74]张立新．提高蒸汽参数对火电机组经济性的影响[J]．建筑工程技术与设计，2016，000(019)：2427.
[75]张晓卫．浅析火力发电厂的节能减排策略[J]．科技创新与应用，2014，000(007)：128-128.
[76]张战敏．提高油田地面注水系统效率技术研究与应用[D]．北京：中国石油大学，2010.
[77]郭昀朋．液力耦合器电动给水泵变频改造技术应用研究[D]．广州：华南理工大学，2018.
[78]高宁．大型液力耦合器专用工具优化改进[J]．科技风，2018，000(019)：145.
[79]赖通荣，游碧龙．采用可变余隙容积调节往复压缩机气量及节能效果[C]//中国石油学会石油炼制学术年会，2010.
[80]程龙．无级气量调节系统在新氢压缩机上的应用[J]．中文科技期刊数据库(全文版)工程技术，2017：00067-00068.
[81]王健，曹蕊蕊．HydroCOM 气量无级调节系统在重整压缩机上的应用[J]．广州化工，2011，39(018)：124-126.
[82]赵庆林．气量无级调节系统与 DCS 及 CCS 集成控制的实现[J]．石油化工自动化，2012，048(004)：

37 -40.
[83]吕海浦. 无级调量系统在重油加氢装置的应用[J]. 齐鲁石油化工，2016，44(2)：151 -154.
[84]何开钧. LED 如何引领现代照明新潮流[C]. 中国城市及建筑照明技术应用论坛暨中国照明学会室外照明专业委员会年会. 中国照明学会，2011.
[85]邵唯唯. 普通照明发光二极管寿命评估测试方法研究[D]. 上海：复旦大学，2015.
[86]曹庆，朱俊，谢荣斌，等. 谐波标准下的配电网理论线损研究[J]. 电气传动，2021，378(04)：56 -62.
[87]毕新忠，牛军，顾永强. S11 型变压器提高配电效率降低损耗[J]. 石油与装备，2011，000(005)：87 -88.
[88]乔明，李雪静. 新形势下中国炼油行业低碳可持续发展建议[J]. 世界石油工业，2021，28(02)：36 -40.
[89]左前明. 能源结构调整是碳中和重中之重[N]. 中国能源报，2021 -06 -07(004).
[90]黄格省. 能源转型背景下炼油厂生产运营模式如何变化[N]. 中国石油报，2021 -06 -22(006).
[91]许红星. 我国能源利用现状与对策[J]. 中外能源，2010，15(01)：3 -14.
[92]于立宏，贺媛. 能源替代弹性与中国经济结构调整[J]. 中国工业经济，2013，04：30 -42.
[93]何盛宝，乔明，李雪静. 世界炼油行业低碳发展路径分析[J]. 国际石油经济，2021，29(05)：19 -2.
[94]新时代的中国能源发展白皮书[R]. 北京：中华人民共和国国务院，2020.
[95]冯成海，魏生海，谢欣馨等. 煤油共炼残渣资源化处理技术研究[J]. 当代化工，2019，48(5)：1065 -1068，1073.
[96]任轶凌，徐瑞萍，刘秋红. 煤炭中微生物脱硫技术的研究概述[J]. 化工管理，2018，10：119 -120.
[97]柳青，王燕，许谷任，等. 洁净煤发电技术综述[J]. 节能与环保，2005，8：26 -28.
[98]国家能源局. 2021 年能源工作指导意见[R]. 北京：国家能源局，2021.
[99]王晓庆，刘伟，罗慧慧. “双碳”目标下中国天然气行业发展机遇与挑战[J]. 国际石油经济，2021，29(06)：35 -42.
[100]中华人民共和国商务部. 国民经济和社会发展第十四个五年规划和 2035 年远景目标纲要[R]. 北京：中华人民共和国国务院，2021.
[101]胡鞍钢，周绍杰，鄢一龙. “十四五”大战略与 2035 远景[M]. 北京：东方出版社，2020.
[102]王金玲. 高硫石油焦清洁利用的实现及技术探索[J]. 当代化工研究，2021，03：20 -21.
[103]薛杰华. 对比分析蒸汽伴热与电伴热在化工工程中的应用[J]. 化工管理，2020，17：173 -174.
[104]胡惠芳. 机械抽真空技术在大型蒸馏装置上的应用[J]. 石油和化工节能，2008，002：22 -23.
[105]毛爱民. 蒸汽喷射器在节能领域中的应用[J]. 节能与环保，2020，317(12)：84 -86.
[106]中国石化有机原料科技情报中心站. 巴斯夫、SABIC 和林德合作开发电加热蒸汽裂解炉[J]. 石油化工技术与经济，2021，37(2)：48.
[107]刘峻，王素娟，何忠，等. 以供给侧结构性改革引领能源转型与创新——第十三届长三角能源论坛论文集[C]. 2016：315 -321.
[108]V R Dhole，Linnhoff B. Overall design of low temperature process[J]. Computers Chem Eng，1994，18(Suppl)：105 -111.
[109]华贲. 中国炼油企业节能降耗——从装置到全局能量系统优化[J]. 石油学报(石油加工)，2009，25(04)：463 -471.
[110]Ian. C. Kemp. Pinch analysis and process integration：a user guide on process integration for the effcient use of energy[M]. 北京：化学工业出版社，2010.
[111]韩志忠，樊希山，姚平经. 炼油厂气体分馏装置用能的集成和优化[J]. 石油学报(石油加工)，2009，25(05)：607 -613.
[112]蒋世威. 炼油厂热媒水系统的优化[D]. 大连：大连理工大学，2020.

[113]刘磊，金晶，赵庆庆，等．中国及世界一次能源消费结构现状分析[J]．能源研究与信息，2014，30(001)：7-11.

[114]程露．安凯加速推进新能源汽车发展[J]．驾驶园，2011，12(12)：44-44.

[115]郑方能，封颖．确立清洁能源国际科技合作国家战略的思考与建议[J]．中国软科学，2011(04)：125-129.

[116]高颜儒．电加热管流动性改进方法研究[D]．大庆：东北石油大学，2014.

[117]李春莲．蒸汽伴热管线合理传热及相关设备维护维修[J]．化工管理，2018，499(28)：148-148.

[118]薛杰华．蒸汽伴热与电伴热在化工工程中的应用对比分析[J]．化工管理，2020，000(017)：173-174.

[119]黄振中．中国燃料电池技术[J]．世界科技研究与发展，2001，13(4)：36-69.

[120]IRIE H，MIYAMOTO K，TERAMOTO Y，et al. Efforts toward introduction of SOFC-MGT hybrid system to the market[J]. Mitsubishi Heavy Ind Tech Rev，2017，54.

[121]Alessandra Beretta，Gianpiero Groppi，Chiara Ribani et al. Development of a Catalytic Fuel Processor for a 10kW Combined Heat and Power System：Experimental and Modeling Analysis of the Steam Reforming Unit [J]. ChemEngineering，2018，2：5.

[122]Wen-Tien Tsai. Regulatory Compliance and Environmental Benefit Analysis of Combined Heat and Power (CHP) Systems in Taiwan[J]. Energies 2013，6.

[123]José Luis Viviente，Sylvie Escribano，Giampaolo Manzolini. Process Intensification in Fuel Cell CHP Systems，the ReforCELL Project[J]. Processes，2016，4：37.

第四篇 炼油用氢结构转型

第一章 氢气制备

氢气是炼油厂重要的加工原料，广泛应用于各类临氢过程和装置。随着炼油厂加工深度的提高和对油品质量要求的提升，氢气的需求不断增大，氢气在炼油厂总成本中的占比不断提高。由于氢气生产过程原料和燃料所含的碳元素都转化为二氧化碳向外排放，氢气需求的增加也加大了炼油厂的碳排量。因此，如何获得廉价、低碳排放的氢气，是炼油企业低碳转型的一个重要课题。

第一节 副产氢回收与精制

炼油厂获取氢气有4个主要途径，即生产装置工艺副产、富氢气体提纯回收、制氢及外购氢气。重整装置和乙烯裂解装置的副产氢是炼油厂工艺副产氢气的代表，作为工艺装置的副产品，其成本无疑是最低的，特别是重整氢气。无论是燃料型还是化工型炼油厂，都建有重整装置生产汽油池的调和组分或芳烃原料。如何做好全厂的氢气平衡、提高重整氢气的利用效能，对于炼油企业的经济性有较大影响[1]。

炼油企业的部分工艺装置正常运行时会产生一定数量的富氢气体，如加氢装置的低分气和催化裂化装置的催化干气，这部分富氢气体中氢气含量(体积分数)有时可达到70%以上[2]，这些气体直接作为燃料使用降低了其中氢气资源的价值。通过选择不同的提纯工艺回收其中的氢气，成本低于制氢，因此也是炼油企业廉价氢气的来源。

对于现代大型炼油厂，有效利用工艺副产氢气和回收富氢气体中的氢气后，如仍然不能满足企业对于氢气的需求，又没有经济的外购氢气资源，则须建设制氢装置。目前在炼油企业广泛应用的制氢工艺包括以轻烃为原料的水蒸气转化制氢工艺、以煤或石油焦为原料的煤焦气化制氢工艺、以渣油或脱油沥青为原料的重油气化制氢工艺和以甲醇为原料的甲醇水蒸气转化制氢工艺。

一、炼油厂副产氢和富氢气体资源

炼油企业中的生产装置，或多或少都会产生一定数量的气体组分成为气相产物送出。按照这些气相组分的资源特点，一般可以分成干气、富氢气体和液化气。炼油厂干气数量最大的是催化裂化干气和焦化干气，其组分以甲烷和碳二为主，还有少量的氢气和碳三组分，是炼油厂加热炉燃料气的主要来源。除催化裂化和延迟焦化外，加氢装置和常减压装置也有少量的干气产生，但与催化裂化和延迟焦化装置相比，其数量要少得多，大多数企业作为燃料气使用[3]。

炼油企业的富氢气体主要指重整氢气、加氢低分气。重整氢气是在重整原料芳构化过

程中产生的，是重整装置的副产物。除了上述两种富氢气体外，加氢干气中的氢气含量也比较高，但是数量较少。催化裂化装置的干气比较特殊，有些催化裂化工艺中干气的氢气体积含量可以达到50%左右，可以提取氢气后再作为燃料气使用。因此，炼油企业的副产氢气资源主要有重整氢气、加氢低分气、加氢干气和催化裂化干气。炼油企业典型的富氢气体组分参见表4－1－1。

表4－1－1　炼油企业典型富氢气体的组成[4]　%(体)

组分	连续重整氢气	半再生重整氢	加氢裂化干气	加氢裂化低分气	催化裂化干气
H_2	93.15	88.08	55.21	84.38	27.83
CH_4	2.13	4.41	7.03	3.98	27.92
C_2H_6	2.34	3.76	12.31	2.03	12.54
C_2H_4					13.41
C_3H_8	1.50	2.53	20.00	8.36	0.57
C_3H_6					1.82
C_4H_{10}	0.69	1.08	5.45	1.25	0.34
C_4H_8					0.20
C_5H_{12}	0.18	0.13			0.05
CO					0.54
CO_2					1.12
N_2					13.13
O_2					0.54

此外，一体化炼油厂乙烯装置的乙烯氢、乙苯制苯乙烯副产氢、建有丙烷脱氢装置(PDH)的副产氢和临近炼油厂建设的焦化厂、钢铁企业、氯碱厂的富氢气体，也可以提纯后作为炼油厂的氢气资源。如乙烯裂解装置，以乙烷为原料时，其氢气产率(相对原料)达到了1.86%(质)[5]，作为乙烯氢送出。丙烷脱氢装置每加工1t丙烷可副产47kg氢气[6]。氯碱装置采用电解工艺生产氢氧化钠(钾)，并副产氢气，每生产1 t烧碱，可以副产25kg的氢气[7]。钢铁企业和炼焦企业在生产焦炭的同时，副产富含氢气的焦炉气，通常每生产1t焦炭会产生大约430Nm^3的焦炉煤气[8]。这些富氢气体的典型组成参见表4－1－2[9,10]。

表4－1－2　常见工业副产氢气的典型组成　%(体)

组分	乙烯氢	PDH副产氢	焦炉气	氯碱副产氢
H_2	95.56	85.06	55.0～60.0	97.48
CO	0.21	1.94	6.6	0.01
CO_2		0.11	3.2	0.02
N_2		1.26	3.9	0.50
O_2			0.3	1.02
Cl				0.02
CH_4	4.13	7.87	25.5	0.01
C_2H_6	<0.1(C_{2+})	1.06	2.5(C_{2+})	
C_2H_4		1.85(总烯烃)		
C_3H_8		0.85		
H_2O				0.94

表4－1－2中的副产氢中，甲烷氢和PDH副产氢中的微量杂质相对较少，焦炉气除含有上表中的成分外，还有少量的硫化氢、焦油、萘和氨。

和炼油厂的富氢气体主要杂质为轻烃不同，上述装置的富氢气体，还含有较难去除的微量成分，如焦炉煤气中的焦油、萘和氨，氯碱副产氢气中的氯，都需要根据其特点，在提纯过程加以关注。

二、低碳烃产氢技术

近年来，随着页岩气的开发利用，轻烃资源的供给量增多，促进了乙烷蒸汽裂解及丙烷丁烷脱氢等工艺技术的应用。炼油厂干气、液化气和轻石脑油等组分也是轻烃资源的重要组成，在原有炼油工艺的基础上，耦合轻烃资源的高价值转化技术，将有利于实现资源的最大化利用，满足当下碳减排的时代要求。

（一）甲烷制氢

1. 甲烷重整

甲烷蒸汽重整自巴斯夫在1926年将其工业化应用以来，研究人员对该工艺及催化剂进行了多方面的改进，目前已是制氢和合成气较成熟的工艺，是合成氨所需氢气的重要来源。受甲烷蒸汽重整反应产物中H_2/CO的限制，用于甲醇合成、羰基合成、二甲醚合成和F－T合成时，需将合成气中的H_2/CO的摩尔比进一步调低。而用二氧化碳替代水蒸气，可用于调整蒸汽重整产物中的H_2/CO比，可使产物中的H_2/CO的理论摩尔比降至1。另外，可用于处理含有CH_4与CO_2的焦炉气和弛放气等工业尾气，也适用于富含CO_2的气田气和海洋天然气等资源的转化利用。当前，在碳达峰碳中和背景下，能实现CO_2的有效利用的干气重整过程也备受关注。

如图4－1－1所示，在甲烷超干重整过程中会产生H_2O，同时就会发生水煤气变换反应，重新生成CO_2，导致CO产率较低。比利时根特大学Buelens等[11]发明了一种甲烷超干重整技术，以$Ni/MgAl_2O_4$作为CH_4重整催化剂，将CO_2和CH_4转化为合成气，Fe_3O_4被合成气还原成Fe，并生成CO_2和H_2O，其中CO_2被CaO/Al_2O_3原位吸收生成$CaCO_3$。之后在相同温度下通入惰性吹扫气，$CaCO_3$发生分解放出的CO_2被Fe还原得到了一氧化碳，同时生成Fe_3O_4。该技术利用中学化学知识勒夏特列原理，通过三种反应过程的等温偶联极大抑制了CO和H_2O的副反应，提高了二氧化碳的转化率和一氧化碳收率。

甲烷二氧化碳重整反应过程特别容易积炭，抗积炭催化剂和专用反应器被公认为是其技术实现工业化的核心难题。中国科学院上海高等研究院成功解决了纳米金属的稳定性难题，其开发的纳米介孔催化剂具有抗积炭和抗烧结双功能，配合专项研发的反应器其催化剂在模拟的工况下可稳定运行5000h以上。中国科学院上海高等研究院与山西潞安矿业（集团）有限责任公司和荷兰壳牌石油工业公司合作，在山西潞安开展了万方级工业侧线试验装置的建设与运行，并通过了中国石油和化学工业联合会组织的现场标定。

2. 甲烷裂解

相较于传统的甲烷蒸汽重整，甲烷可通过直接裂解生产氢气而不产生二氧化碳，且生成氢气的能量消耗为37.8kJ/mol，低于甲烷蒸汽重整生成氢气的能量消耗63.3kJ/mol，其副产物炭黑可广泛应用于橡胶、塑料、钢铁、锂电池等领域。由于该反应生成的积炭会使催化剂失活，如何实现催化剂连续运行成为该技术工业化的难点和关键。

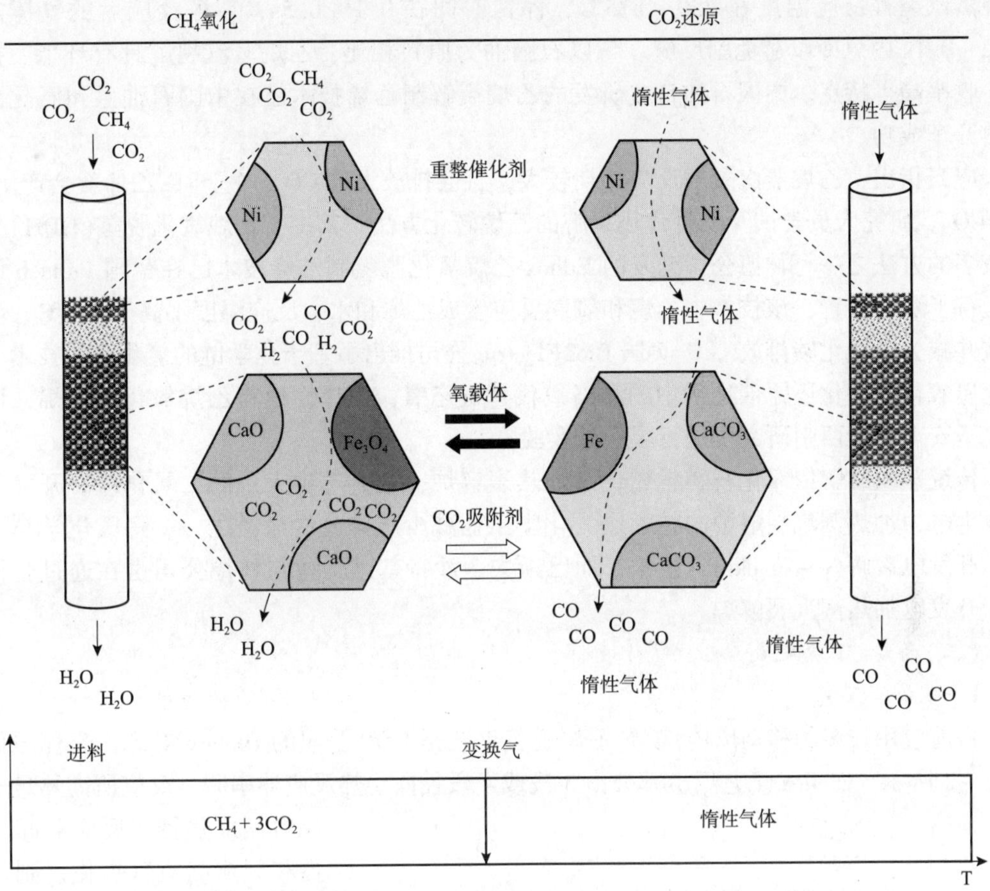

图 4－1－1　甲烷超干重整原理[11]

近年来，研究者发现采用液态金属催化剂体系可避免积炭对催化剂活性的影响，实现甲烷裂解反应的连续进行。2015 年，德国先进可持续性研究院（IASS）与卡尔斯鲁厄理工学院（KIT）的研究人员设计了基于液态金属的反应器，他们将细小的甲烷气泡从充满熔融锡的反应器底部注入，裂解反应产生的炭在反应器顶端作为粉末被沉积。该反应器可抗腐蚀、可避免堵塞，更容易地实现微细粒碳粉的分离，可以满足工业规模反应器连续操作所需的技术条件。加州大学圣塔芭芭拉分校的研究团队将 Pd、Pt、Ni 等将具有甲烷裂解活性的金属分散在较低熔点的惰性金属 In、Bi、Ga、Sn、Pb 中，考察了所制得稳定的熔融态金属催化剂的甲烷裂解性能，发现在 1065℃下，27% Ni ~ 73% Bi 组成的催化剂可实现 95% 的甲烷转化率，生产纯氢产物，其积炭会浮于催化剂表面利于分离[12]。加州大学圣塔芭芭拉分校之后初创企业 C－ZERO 公司，开发天然气转化制氢和固体碳的工艺和示范装置的工程设计。

等离子体是极活泼的反应物种，采用等离子技术实现甲烷裂解也受到越来越多的重视。Monolith 材料公司公开的甲烷裂解专利工艺中，采用电等离子体技术将天然气加热到 1500 ~ 2000℃，可实现甲烷裂解，获得氢气和固体碳。Monolith 材料公司于 2014—2018 年对该技术进行了中试。

（二）乙烷脱氢

乙烷热裂解是目前比较成熟的乙烷转化为乙烯技术，其关键核心技术是乙烷裂解炉。

乙烷蒸汽裂解反应温度在750～875℃，停留时间在0.1～0.5s，裂解反应后的气体需在0.02～0.1s内急冷以避免副反应。与以石脑油为原料相比，乙烷蒸汽裂解具有环保、投资小、收率高等特点。中国石油自主研发的乙烷裂解制乙烯技术已在中国石油兰州石化公司投料开车成功。

应当指出，乙烷蒸汽裂解反应能耗较大，且会排放大量CO_2，每产1t乙烯就会产生1～1.6tCO_2。研究人员尝试开发替代热裂解的乙烷转化方法。其中，乙烷氧化脱氢(ODH)是研究较多的方法之一。林德公司开发的Edhox乙烷氧化脱氢制乙烯技术已在德国Pullach建立并运行了示范装置，该技术中乙烷和氧气反应生成乙烯和水，反应温度不高于400℃，副产乙酸并减少二氧化碳排放[13]。美国Bio2Electric公司推出了基于化学链的氧化脱氢技术，采用金属氧化物氧化还原催化剂中的晶格氧代替气态氧，选择性地将乙烷氧化成乙烯，该技术在圣安东尼奥西南研究所进行了中试实验。

传统蒸汽裂解依靠化石燃料燃烧来加热裂解炉，这会产生大量的二氧化碳。开发利用可再生电力加热蒸汽裂解炉的技术成为化学工业减少碳排放的途径之一。陶氏化学与壳牌合作开发电裂解(e－cracking)技术，而巴斯夫、沙特基础工业与林德公司也在通过合作致力于开发电加热蒸汽裂解炉。

(三)丙烷/丁烷脱氢

1. 移动床工艺

目前应用较多的移动床丙烷/异丁烷脱氢工艺是UOP公司的Oleflex工艺，流程图如图4－1－2所示。Oleflex工艺反应部分由3段或4段径向绝热反应器串联，反应所需热量通过原料预加热器、反应器间加热器和副产品氢气提供。副产品氢气作为循环气有助于抑制积炭的同时，也可推动催化剂依次进入串联的反应器参与反应。反应之后的催化剂进入CCR连续再生器，通入含有Cl元素的空气清除催化剂表面的积炭并实现Pt的再分散，催化剂经过再生后，返回第一个反应器。Oleflex工艺可以连续运行，催化剂再生时或者更换催化剂而无需中断生产，催化剂在反应器和再生器的循环周期为5～7天。

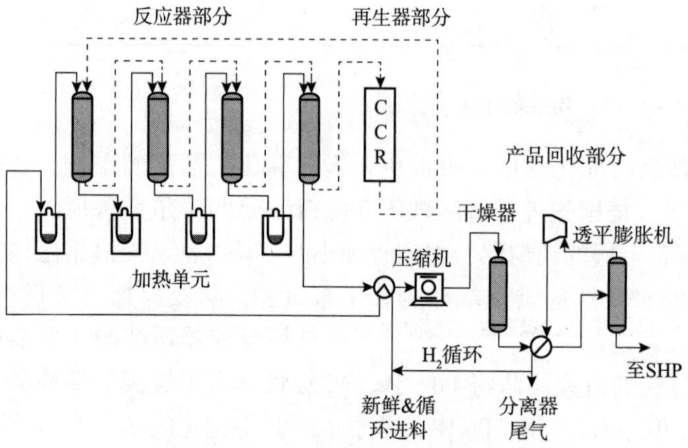

图4－1－2　Oleflex工艺概览

由于Oleflex工艺采用贵金属Pt为活性组分，催化剂经过多次改进降低了Pt含量并获得了更优异的性能。早期的催化剂(DeH－6，DeH－8)中Pt含量(质量分数)在0.75%，后来的改进催化剂DeH－14将Pt含量(质量分数)降低至0.45%，同时将催化剂寿命由早期的1年延长到4年。UOP的催化剂DeH－16中Pt含量(质量分数)进一步降至0.3%，活性和选择性与上一代DeH－14催化剂相同的同时，DeH－16的积炭速率降低，活性提高了30%。最新一代DeH－26催化剂颗粒直径更大，预计催化剂寿命可以达到4年。DeH－26可在较低的H_2/HC使用，使得在较低的反应温度下仍然可以获得相同的转化率，大幅降低反应器温度和反应器器壁积炭速率。

中国石化石油化工科学研究院(以下简称：石科院)的研发人员在原有的连续重整催化剂技术基础之上，经过10余年的研究成功推出了具有自主知识产权的移动床丙烷/异丁烷脱氢催化剂PST－100，在国内多家企业获得应用。PST－100采用了新型氧化铝载体，具有特定的孔结构和孔分布，对载体的比表面积及表面性质进行了优化，提高了催化剂的活性和稳定性，降低了积炭速率。通过对载体微观晶相结构的合理控制，使得催化剂具有了更高的持氯能力，可以维持铂金属的高度分散，降低再生过程的注氯量，实现装置运行更加绿色环保。PST－100催化剂的催化剂强度和抗磨性能优异，运转过程产生的粉尘量较少，具有较长的使用寿命。由中国石化洛阳工程公司(以下简称：LPEC&GPEC)与石科院联合开发的0.6Mt/a移动床丙烷脱氢制丙烯工艺包也已通过中国石化集团公司组织的审查。

2. 固定床工艺

(1)Catofin工艺

Lummus公司的Catofin工艺是目前应用较多的固定床脱氢工艺，其流程如图4－1－3所示。Catofin工艺由4～8个循环绝热固定床反应器组成，反应所需的热量由热空气加热催化剂床层、原料预加热和催化剂积炭燃烧所产生的热量提供。这其中催化剂床层的温度对脱氢反应的时间有重要影响，为其提供足够的热量，催化剂床层中会加入具有热量储存功能的惰性物质，受制于催化剂床层温度的下降，每个反应器按照脱氢反应、蒸汽吹扫、空气烧焦再生、抽空和还原这5个步骤不断循环操作，多个反应器切换进行反应、再生和吹扫过程，使得整个工艺能够连续生产丙烯。为提高丙烷转化率和丙烯选择性脱氢过程采用负压操作，在真空度0.5atm、593～649℃温度操作，单程转化率为45%左右，生成的丙烯选择性大于85%。

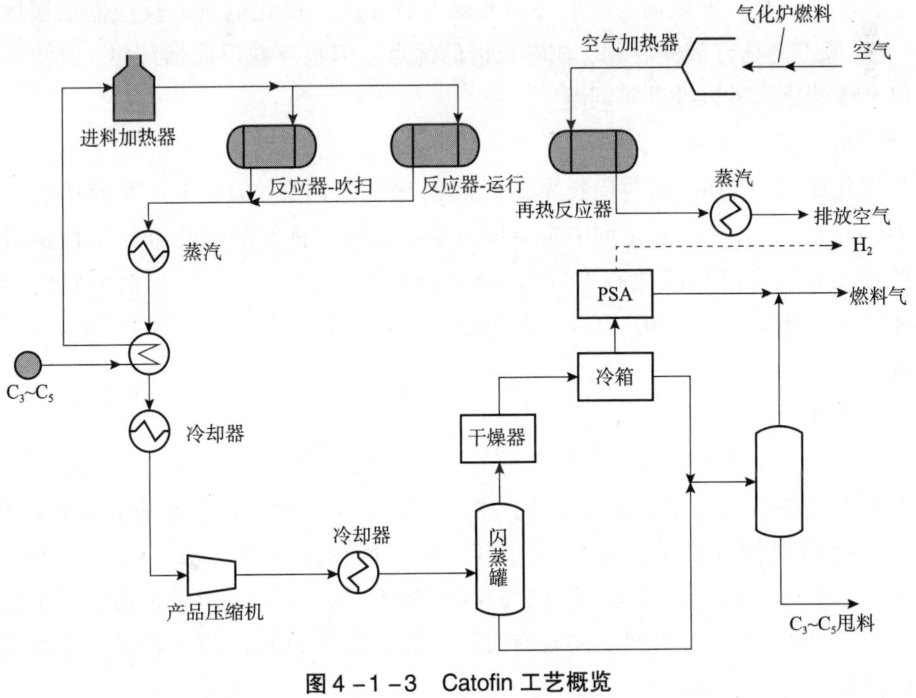

图4－1－3　Catofin工艺概览

Catofin 工艺采用 Cr_2O_3/Al_2O_3 催化剂，目前推出了最新型的丙烷脱氢催化剂 Catofin 311，可提供更高的选择性和更长的使用寿命。为改善催化剂床层的热量供应，最近 CLARIANT 将发热材料(HGM)应用于反应器系统，使过程能耗进一步降低。HGM 是一种新型的金属氧化物材料，与催化剂一同装入反应器床层，在循环操作周期中经历氧化和还原过程，产生热量，从而促进脱氢反应。2012 年，Catofin/HGM 概念在工业 Catofin 装置上获商业规模验证，首次应用于宁波海越新材料有限公司的丙烷脱氢装置上，并体现出卓越性能。

(2)STAR 工艺

STAR 工艺由 Phillips Petroleum 公司开发，于 1992 年成功实现工业化应用。STAR 工艺包括两个串联的固定床反应器，将丙烷脱氢反应与氢的选择燃烧反应耦合起来。热量主要由第一个反应器的顶烧炉提供，反应气氛中会通入蒸汽降低烷烃分压，提高烷烃转化率，并抑制结焦失活。采用的是在氧气和水蒸气气氛中都很稳定的 $Pt/ZnAl_2O_4$ 催化剂。反应气氛离开第一个反应器经过冷却后进入第二个反应器，在第二个反应器中，在氧和蒸汽气氛中选择氧化产物中的部分氢气，从而拉动反应向脱氢方向进行，获得更高的烷烃转化率和烯烃时空收率，也有利于减少催化剂的总用量。STAR 工艺的一个反应再生周期包括 7 h 的反应和 1 h 的再生。

3. 流化床工艺

(1)FBD 工艺

FBD 工艺是目前唯一获得应用的低碳烷烃流化床脱氢工艺，采用 Cr_2O_3/Al_2O_3 微球催化剂，整个反应系统与 FCC 类似。再生器中通过烧焦和补燃将催化剂加热到 700℃以上，与 Catofin 工艺不同的是，催化剂再生后不需要氢气预还原，催化剂进入反应器后温度会降至 560℃以下。该工艺具有条件温和、成本较低的优点，但也存在反应器结焦、油气水洗产生的污水以及废催化剂难以处理等问题。

(2)FCDh 工艺

流化催化脱氢(FCDh)制丙烯技术是由陶氏化学公司在 2016 年开发成功的。催化剂为微球 Ga_2O_3-Pt/Al_2O_3；催化剂中贵金属负载量较低，良好的催化剂稳定性也对进料中杂质去除要求较低，而且流化技术的应用也使得 FCDh 技术初始催化剂负载较小。反应时间小于 2min，反应压力 130.91～172.25kPa，丙烷转化率 43%～48%(摩尔)，选择性 92%～96%(摩尔)。

(3)K－PRO 工艺

如图 4－1－4 所示，K－PRO™是一项基于工业化验证的 K－COT™，并结合 KBR 公司多年的 FCC 反应器设计经验的创新技术同轴式 FCC，采用再生高活性和稳定性的催化剂，实现最少催化剂损耗及补给，转化率可达 45%，选择性可达 87%～90%，反应压力为 0.15MPa。高转化率和选择性保证了更少的丙烷循环。K－PRO™相对于其他商业化技术资本支出可节省 20%～30%，此外，与现有设计相比，基于 FCC 的设计将提供更高的在线率和更好的能效。

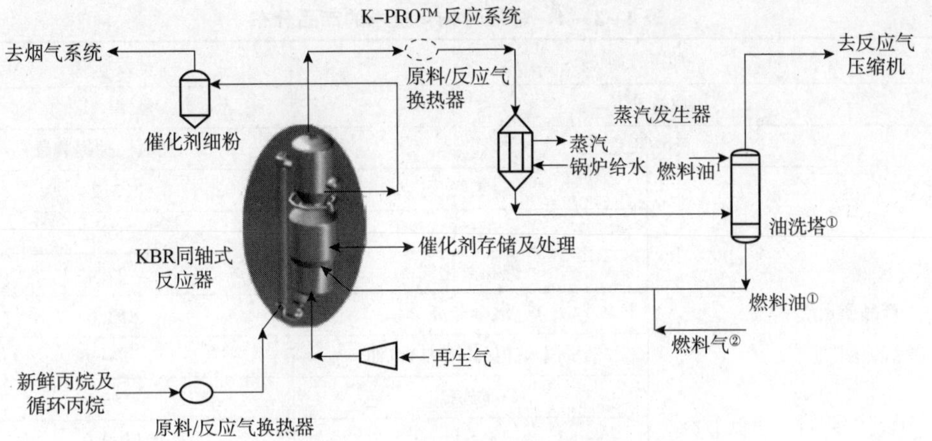

图 4 -1 -4　K - PRO 工艺概览

①如果主要燃料来源是燃料气，则 可以用急冷水塔代替油洗塔；

②燃料气来源可以是单一产品 C_{2^-}，C_{4^+} 或 其他可用燃料气或者以上几种组合

(4) ADHO 工艺

中国石油大学(华东)重质油国家重点实验室开发出了丙烷/丁烷脱氢(ADHO)技术。ADHO 技术采用循环流化床反应器，催化剂采用无毒无腐蚀性的非贵金属氧化物，进料不需要脱硫、脱砷、脱铅等预处理。该技术反应热量可由催化剂再生热量提供，无需循环氢气稀释进料，降低了能耗提高了传热效率。在山东恒源石油化工股份有限公司工业化试验结果表明，烷烃的单程转化率、烯烃的收率和选择性与国内引进较多的俄罗斯 Snamprogetti 技术相当。

(四) 轻烃芳构化脱氢

轻烃芳构化是在改性 ZSM - 5 分子筛催化剂的作用下，遵循正碳离子和择形催化反应机理，使轻烃分子经过裂解、齐聚、异构化、环化脱氢和氢转移等一系列反应，转化生成以 BTX 为主的混合芳烃，同时副产富氢干气和饱和液化气。

轻烃芳构化技术具有以下优点：一是芳烃型方案纯氢产率高，其干气产品中富含氢气、可作为加氢或 PSA 装置的氢源；二是使用的催化剂具有优良的抗硫、氮等杂质能力，原料无需精制；三是原料加工范围广，可为各类炼油、煤化工及油田开采伴生的低价值 C_3 ~ C_8 饱和烃和不饱和烃组分(典型原料见表 4 - 1 - 3)；四是装置建设投资少，反应工况低压、非临氢，操作费用低，加工流程简单，可根据投资与处理量分为固定床和移动床工艺；五是产品方案灵活，通过改变催化剂配方和反应工艺条件，可调整产品分布以适应市场需要(不同产品方案见表 4 - 1 - 4)。

近年来，国内外多家机构均开展了轻烃芳构化的研究，石科院开发的 LHAT - F 固定床和 LHAT - M 移动床连续轻烃芳构化技术已在 30 余套装置上实现工业应用。因能有效解决企业低价值轻烃利用的困难，使产品结构向高价值化工品转型，轻烃芳构化技术正受到越来越多炼化企业的关注，具有广阔的工业应用前景。

表 4 -1 -3　典型醚后 C_4 原料组成

组分	丙烷	异丁烷	正丁烯	正丁烷	反丁烯	顺丁烯	碳五	合计
质量分数/%	1.5	31.8	16.8	13.5	19.1	14.7	2.6	100.0

表 4-1-4　轻烃芳构化技术的产品分布

加工方案		芳烃型
目标产品		氢气、芳烃
下游用途		加氢、抽提装置
产品质量产率/%	氢气	3.2
	干气	15.8
	饱和液化气	27.4
	混合芳烃	53.6
	高辛烷值(RON93)汽油	—
	丙烷	—
	合计	100.0

(五)C_6、C_7烷烃芳构化脱氢

C_6、C_7烷烃芳构化技术是基于 Pt/KL 分子筛催化剂开发的直链烷烃生产芳烃和氢气的平台技术。它能够将轻石脑油、重整抽余油、费托合成油等原料中的 C_6、C_7链烷烃高选择性地转化为轻质芳烃(以苯、甲苯为主)和氢气等高价值产品，C_6、C_7烷烃的芳构化活性及芳烃选择性是传统重整的 2~4 倍。

Pt/KL 分子筛催化剂为单功能催化剂，与传统双功能催化剂上烷烃转化反应机理不同。在 Pt/KL 分子筛催化剂上，占主导地位的反应是烷烃直接环化脱氢生成芳烃，主要生成碳数与原料相对应的芳烃与异构烷烃，裂解产物较少，极少生成碳数高于原料的重芳烃类产物。

C_6、C_7烷烃芳构化技术的工艺装置主要采用固定床反应流程，主要操作条件及产品分布见表 4-1-5。C_6、C_7烷烃芳构化技术为满足炼化企业转型发展和绿色发展对芳烃原料和氢气资源的需求提供了新的技术路径，有利于企业发挥油化结合优势，促进企业转型发展。

表 4-1-5　C_6、C_7烷烃芳构化技术主要操作条件及产品分布

项目	数值
反应条件	
反应温度/℃	450~520
反应压力/MPa	0.3~1.0
质量空速/h^{-1}	1.0~1.5
氢油体积比	400~800
反应器数量/个	5~6
产品质量产率/%	
氢气	4~6
干气($H_2+C_1+C_2$)	4~8
饱和液化气($C_3+C_{4^+}$)	4~8
液相产品(C_{5^+})	80~90
其中芳烃(苯、甲苯)	40~60
非芳烃	20~50
合计	100

(六)催化重整

催化重整是以石脑油为原料，在一定温度、压力、临氢气氛和催化剂存在的条件下，进行烃类分子重排反应，生成富含芳烃的重整生成油，同时副产氢气的工艺过程，是石油炼制和石油化工最重要的加工工艺之一[14]。催化重整生成油具有辛烷值高(95~106)并可调节、烯烃含量低(0.1%~2.0%)、基本不含硫氮(小于0.5μg/g)、安定性好的特点，是理想的车用汽油调和组分；富含芳烃[芳含55%~85%(质)]的催化重整生成油经芳烃抽提或抽提蒸馏分离出BTX以及C_9、C_{10}芳烃，为芳烃装置提供原料，催化重整单元是芳烃联合装置的龙头；装置副产的氢气[产率2.5%~4.1%(质)]是炼油厂加氢装置的主要氢气来源之一。因此，催化重整在炼化一体化中占有重要的地位，并起着承上启下的作用。

三、副产氢气和富氢气体的氢回收技术

工业应用的副产氢气提纯技术包括深冷分离、膜分离和变压吸附三种工艺以及他们之间的组合。三种工艺基于不同的原理，具有不同的工艺特性，其中变压吸附工艺生产的氢气纯度最高，膜分离工艺的氢气侧压力损失最大，深冷分离工艺的氢气回收率最高，参见表4-1-6。

表4-1-6　三种氢气提纯工艺的特点

项目	膜分离	变压吸附	深冷分离
规模/(Nm^3/h)	100~10000	100~100000	5000~100000
氢纯度/%(体)	80~99	>99.9	90~99
氢回收率/%	达到98	达到95	达到98
操作压力/MPa	3.0~15.0	1.0~5.2	1.0~8.0
压力降/MPa	很高、原料/产品=2~6	0.1	0.2
尾气压力影响	不影响	影响很大	有一定影响
原料中最小氢含量/%(体)	30	40~50	>15
原料气的预处理	预处理	不预处理	预处理
操作弹性/%	20~100	30~100	50~100
扩建的可能性	很容易	较容易	较难

(一)深冷分离氢气提纯技术

深冷分离是采用蒸馏的方法，利用原料气中杂质组分的常压沸点远高于氢气常压沸点(-252.6℃)的特性，在较高压力下[2.0~4.0MPa(g)]实现氢气与杂质分离、获取高纯度氢气的提纯工艺。炼油企业富氢气体氢气提纯过程常见的气体常压沸点见表4-1-7。

表4-1-7　典型气体的常压沸点数据

气体	H_2	N_2	CO	CH_4	C_2H_6	CO_2	C_3H_8	$i-C_4H_{10}$	$n-C_4H_{10}$
沸点/℃	-252.9	-195.9	-191.5	-161.6	-88.6	-78.5	-42.1	-11.8	-0.5

深冷分离是最早在工业上采用的氢气提纯工艺，用于含氢量30%~70%(体)、含甲烷较高的气体中的氢气回收和提纯。深冷分离工艺的氢气回收率较高，可以达到98%。但该工艺的操作条件苛刻，需要在超低温下操作，分离过程的能耗高、投资高，且氢气的纯度

在比较经济的条件下通常只能达到92%~95%(体)，操作弹性较小[15]，现在很少用于单纯的氢气提纯过程，通常用在获取高纯度聚合物单体组分，同时副产氢气的场合，如乙烯裂解气中的氢气获取[16]。

深冷分离工艺具有技术成熟、回收率高、处理量大、对原料气中氢含量要求不高等优点，但投资较高，装置启动时间长，而且原料气在进入冷箱前需将水分及二氧化碳等高凝固点的杂质脱除，以免在低温下堵塞设备。当含氢原料气量较小时采用深冷分离工艺变得很不经济。

(二)膜分离氢气提纯技术

1. 膜分离的原理和膜分离器

膜分离是利用不同大小的气体分子在氢膜中的渗透速率不同来实现氢气的分离和回收的。渗透速率高的气体在膜的渗透侧富集，渗透速率较低的气体则在未渗透侧富集。膜材料的分离能力与获得的产品氢气的纯度与介质在膜两侧的压差有关，压差越大，分离效率越高，产品氢气的浓度也越高。

通常将膜材料做成中空纤维丝，由若干中空纤维丝与耐压钢壳一起组成了膜分离器，参见图4-1-5。

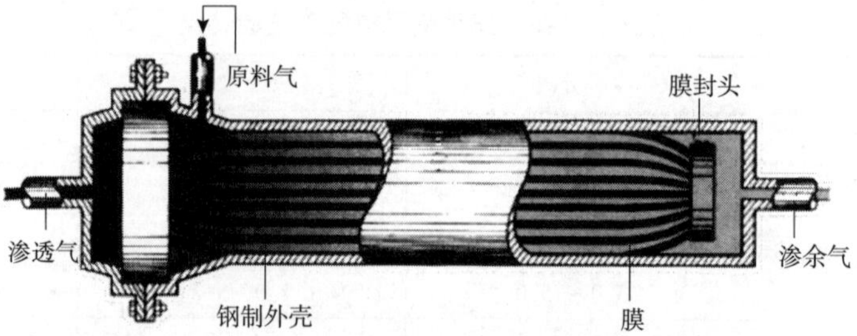

图4-1-5　膜分离器示意图

原料气从耐压外壳侧壁的管口进入膜分离器，利用压力差，易于渗透膜的介质如氢气通过中空纤维膜进入管内，耐压外壳端部的收集设施将壳内所有中空纤维膜内的渗透气汇集后从端部开口送出。未渗透气也称作渗余气则在耐压外壳内汇集通过另一端的开口离开膜分离器。

膜分离器对于原料气中的液滴非常敏感，通常要求操作温度要高于膜分离器未渗透气露点11℃以上，避免生成液体堵塞薄膜。温度过高会降低膜分离的选择性，甚至损伤末端材料，因此操作温度也不能太高。

2. 膜分离设施

用于提纯氢气的膜设施一般由原料预处理、预热、膜分离器三部分组成，如图4-1-6所示。设置原料预处理是为保护膜的正常使用，去除原料富氢气体可能携带的液体颗粒和固体颗粒，避免这些物质堵塞膜内的微孔，损害膜的性能。另外，预处理过程还需要将原料富氢气体预热，高于原料气的露点，最好是高于原料富氢气体操作压力下露点20℃以上，防止原料富氢气体在膜表面凝结。

预处理后的富氢气体进入膜分离器，穿透膜的渗透气中氢气浓度提高，氢气得以提纯。离开膜分离器的未渗透气中的氢气含量会减少许多，作为尾气送出。

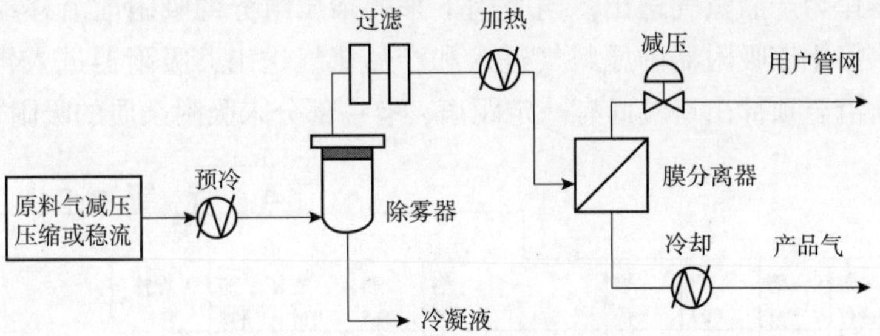

图4-1-6 膜分离设施示意流程

膜分离的原理决定其与变压吸附氢气提纯相比的两个主要特点：

1)膜分离氢气提纯过程中，氢气穿透膜作为渗透气而被提纯，提纯过程中压力损失大，产品氢气压力低，不利于提纯氢气的使用。

2)膜分离是根据不同气体穿过膜的速率“快”“慢”来实现氢气提纯，这决定了产品渗透气中很难实现某个组分完全脱除，获得高纯度的氢气相对困难。

基于这些特点，膜分离一般用于原料富氢气压力较高，气量较小，回收氢纯度要求不高，并且原料气较为洁净的场合。炼油企业高、中压加氢装置排放氢回收较多的选择膜分离工艺。

(三)变压吸附氢气提纯技术

1. 变压吸附原理

变压吸附(PSA)氢气提纯的原理是利用不同气体在吸附剂表面吸附能力不同的特性，吸附能力小的气体穿透吸附剂床层得以富集和分离。利用吸附剂在高压下对气体的吸附能力强，在低压下对气体吸附能力弱的特点，在高压下吸附，在低压下解吸，实现吸附剂的再生。利用多个处于不同吸附、解吸操作步序阶段的吸附器组合，实现连续运行。常见气体在分子筛吸附剂上吸附力由强到弱的顺序见下：

水>苯>硫化氢>丙烯>丙烷>乙烯>乙烷>二氧化碳>甲烷>一氧化碳>氮气>氩气>氧气>氢气>氦气

变压吸附氢气提纯装置设置多个吸附罐，每个吸附罐依次经历吸附(A)、均压降(ED)、顺放(P)、逆放(D)、冲洗(PP)、均压升(ER)、终充压(FR)若干步序，实现从吸附到再生再到准备再次进入吸附步骤的完整过程。多个处于不同步序的吸附罐在顺控程序的控制下，实现装置对氢气提纯的连续操作。

吸附床达到吸附饱和后，吸附床除吸附了杂质气体外，也吸附了相当数量的氢气，如果吸附床内吸附的气体全部在解吸后排放，会有较多的氢气损失。因此在变压吸附装置每个吸附罐的吸附和解吸操作之间，设置了若干次均压，包括均压降和均压升，利用降压过程的吸附罐排出的氢气为升压过程的吸附罐进行充压，减少解吸过程的氢气损失。

2. 变压吸附的工艺过程

图4-1-7是一个典型的10床10-2-3操作(10台吸附器、2台同时吸附、3次均压)的变压吸附设施示意流程，每台吸附器经历吸附、均压降、顺放、逆放、冲洗、均压升和终充几个步骤，实现一个完整的吸附-解吸循环。

(1)吸附步骤

原料富氢气在一定压力和温度下进入吸附器，氢气以外的组分被吸附剂吸附，氢气从顶部离开吸附器作为产品氢气送出。当吸附下来的杂质组分的吸附前沿移动到吸附器出口端一定位置时，停止该吸附器的原料气进入和产品氢气送出，吸附器进入再生过程。此时吸附器中吸附前沿至顶部出口端尚有一定距离，有一部分未吸附杂质的吸附剂。

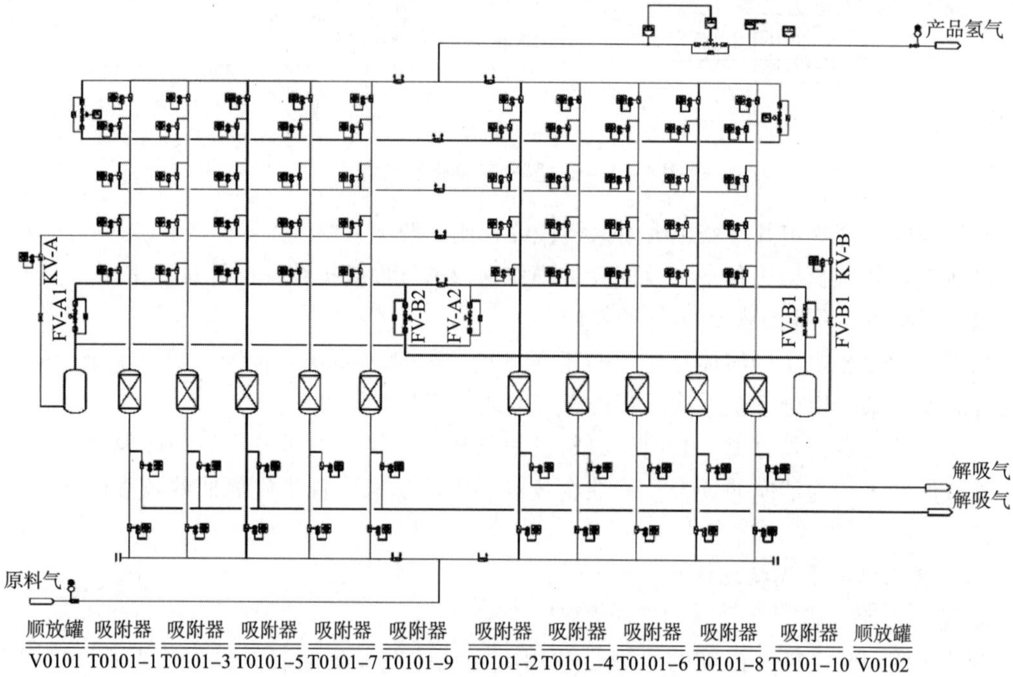

图 4-1-7　典型的 10 床变压吸附示意流程

(2)压力均降步骤(均压降)

吸附过程结束后，顺着吸附方向将吸附器内留存的氢气放入其他已完成再生的压力较低的吸附器。这个过程不仅降压，更重要的是回收了床层死空间的氢气。通过多次均压过程可以保证床层死空间中氢气的充分回收。

(3)顺放步骤

均压降结束后，吸附前沿还没有到床层出口。这时，顺着吸附方向继续降低吸附器压力，这部分顺放气作为处于再生步骤的吸附器的冲洗气使用。

(4)逆放步骤

吸附器结束顺放后，吸附前沿已达到吸附器内床层的出口位置，沿吸附过程气体流向相反的方向进行降压，吸附器内的杂质气体经吸附器入口离开吸附器作为尾气送出。在逆放步骤，吸附剂中的大部分杂质得到解吸脱除。当塔内压力降到常压时，逆放结束。

(5)冲洗步骤

逆放过程结束后，用处于逆放步骤的吸附器送来的顺放气逆着吸附方向从上至下对吸附器进行冲洗，进一步降低压力，使被吸附的杂质完全解吸。

(6)压力均升步骤(均压升)

吸附器再生完成后，用来自其他处于均压降步骤的吸附器内的氢气对该吸附器进行升压。这一过程与均压降过程相对应，不仅是升压过程，而且更是回收其他吸附器的床层死空间氢气的过程，可以提高氢气的回收率。

(7)最终升压步骤

经均压升步骤后，吸附器内压力与吸附压力相比还有一定差距，为了使其可以平稳地切换至下一次吸附，并保证系统在这一过程中不发生波动，通过充压调节阀缓慢而平稳地用产品氢气将吸附器压力升至吸附压力。

经过以上步骤，吸附器便完成了一个完整的“吸附－再生”循环，为下一次吸附做好了准备。

3. 影响变压吸附性能的主要因素

温度、压力、均压次数是除原料气组成及吸附剂性能外影响变压吸附性能的主要因素。

(1)温度

低温下气体在吸附剂上的吸附容量增加，利于吸附。升高温度吸附容量下降，有利于吸附剂的再生。综合吸附和解吸过程，考虑运行过程的经济性，变压吸附单元都是在(40℃)左右的常温下运行。吸附过程吸附热比较小，吸附时床层温度虽有上升，但在再生过程由于气体压力降低，膨胀降温，因此变压吸附过程中床层温度基本不变。

(2)压力

压力对变压吸附的影响包括进气压力和解吸压力(也就是尾气压力)两种。通常进气压力升高，吸附剂的吸附容量增加，同样的吸附剂用量可以吸附更多的杂质气体，对变压吸附更有利。但是，进气压力提高，会造成设备和管道阀门的设计压力升高，增加装置的建设投资。

如图4－1－8所示，吸附剂的吸附容量随着吸附压力的提高而增加，但是这种特性不是呈直线上升的。随着压力的提高，吸附容量的增加会越来越缓慢，到一定压力后再提高吸附压力，吸附容量增加很小。综合考虑吸附容量和建设投资，变压吸附氢气提纯的适宜进气压力在1.3～3.1MPa范围内。

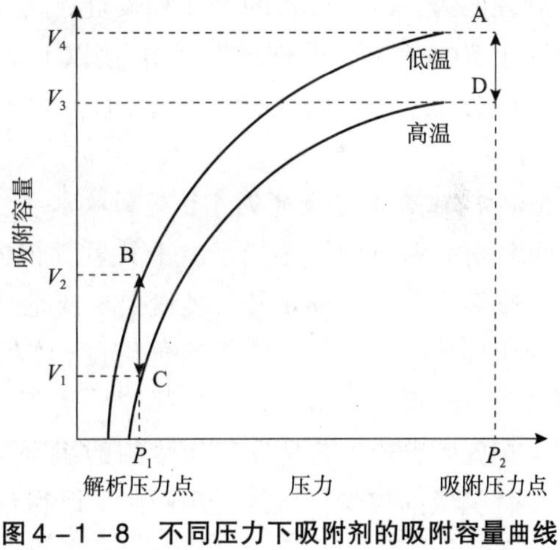

图4－1－8　不同压力下吸附剂的吸附容量曲线

降低解吸压力，有利于吸附剂的再生，还可以减少逆排和冲洗步骤的排放气量，进而减少氢气损失。但是，变压吸附的尾气中含有氢气和一些其他可燃气体，如甲烷和一氧化碳，这部分气体需要升压后重新利用，过低的压力会造成压缩功耗的迅速增加。基于这种考虑，变压吸附尾气的压力一般在0.13～0.15MPa之间。

(3)均压次数

均压是对完成吸附的吸附器在进入解吸阶段的降压过程中，将其死空间中的氢气向需要升压的、处于不同压力阶段的吸附床充压的过程。降压解吸吸附器的压力逐级下降，待升压的吸附器的压力得到逐级升高，吸附床降压排出的氢气得到有效利用。

增加均压次数，可回收更多的有用气体，产品氢气的回收率提高。均压次数与吸附(进料气)压力和解吸气(尾气)压力有关，两者压力差越大，可能的均压次数越多。但增加均压次数需要通过增加程控阀门的数量，甚至增加吸附器的数量来实现，从而增加建设投资，因此，单纯追逐均压次数不一定能带来最佳的综合经济效益。

一般说来，从1次均压增加到2次均压，氢气回收率的提高非常明显。从4次均压增加到5次均压，氢气回收率的提高就不十分明显了。因此产氢压力在2.0MPa左右的变压吸附氢气提纯装置通常选择3～4次均压。

4. 变压吸附氢气提纯技术的进展

除吸附剂和阀门、控制系统的不断改进外，传统变压吸附氢气提纯技术在工艺上的发展主要包括抽真空变压吸附、2段变压吸附、顺放罐的设置和快速变压吸附技术。

抽真空变压吸附工艺采用抽真空的方法进一步降低逆放和冲洗步骤的压力，减少这两个步骤的氢气损失，进而提高氢气的收率。

两段变压吸附是在1段变压吸附的基础上，再设置2段变压吸附，通过合理的分配两个变压吸附间的氢气浓度，进一步提高氢气的收率，同时可以获得一部分纯度较高的二氧化碳。

顺放罐是在传统变压吸附基础上增加的2个罐，用于储存顺放过程排放的氢气。通过增设顺放罐，处于顺放步骤的吸附罐，在满足对其他处于冲洗步骤的吸附罐吹扫的前提下，将一部分顺放氢气暂存在顺放罐中。这样，通过减少顺放步骤的时间和氢气损失，提高变压吸附的氢气收率。通常增加两台顺放罐可以提高约1%的氢气收率。

快速变压吸附基于高传质系数的规整结构吸附剂和多通道旋转阀技术，实现吸附周期大大缩短，使得在同样的时间段内较传统变压吸附完成更多的吸附循环周期，进而提高装置处理能力，减少设备的尺寸和投资。相对于常规变压吸附装置，快速变压吸附装置压力降减小50%左右，处理量提高10倍以上，循环速度提高数十倍，设备占地面积只有常规设备的四分之一左右。但是，由于时间和动力学的限制，快速变压吸附的产品氢气收率稍低[17]。

（四）组合工艺提升氢气资源回收水平

针对一些炼油厂尾气，由于其氢气组成、压力、产品流量，以及纯度要求，采用一种氢气提纯工艺很难满足氢气纯度要求或是经济性不佳，可以将两种氢气提纯工艺组合使用。如对于催化裂化干气，由于氢气纯度（体积分数）通常在30%～40%之间，采用变压吸附，氢气收率很低，经济性差。选择膜分离工艺，又无法达到产品氢气的纯度要求。这时，可以采用先膜分离、再串联变压吸附的组合工艺。通过膜分离增浓催化裂化干气中的氢气浓度，且氢气损失少，再经变压吸附，既保证了氢气的纯度，又有较高的氢气回收率。

四、高纯氢精制技术

（一）背景概况

近年来，随着电子信息、半导体、LED照明、氢燃料电池等产业的迅速发展，氢的用途越来越广，用量越来越大，对氢纯度的要求也越来越高。高纯氢的氢纯度要求达到5N以上，氧、氮、水等杂质在10^{-6}级。高纯氢用途广泛，其用量随着科技的发展逐年增加。

1. 质子膜氢燃料电池用氢

氢氧燃料电池工作原理：将高纯氢气送到电池的阳极区，通过催化剂的作用，氢原子变成一个正电荷的氢离子和一个负电荷的电子，其中氢离子通过电解质到达阴极区，而电子通过外部电路到达阴极区后，与氧原子和氢离子结合为水。

工业副产氢产量大、经济性好、分布广，可以解决目前电子工业、燃料电池用氢面临的价格昂贵、运输距离远、储运成本高的问题。如果能将工业副产氢充分利用，制取高纯氢气供电子工业、燃料电池汽车使用，就能大幅降低燃料氢气的成本，助力氢能源产业的市场化进程。

2. 电子工业用氢

(1)半导体工业

当今，微电子技术已成为世界上各项尖端技术和新兴产业发展的基础，发展十分迅速，其对高纯氢的需求也迅速增加。

在电真空材料如钨钼生产过程中，用氢气还原氧化物成粉末，再加工成线材和带材。氢气纯度越高，特别是水含量越低，还原温度就越低，所得钨钼粉末的粒度就越细。同时，微量 O_2、N_2、C 等杂质也会混入晶格影响材料性能。

又如在制备电子管的阳极、阴极、栅极等器件时，必须进行专门的烧氢处理，对氢气纯度要求较高。而氢闸管、离子管、激光管等各种充气电子管的填充氢气纯度要求更高。

(2)非晶硅太阳能电池

非晶硅太阳能电池在近十年来迅速发展，在通信、交通、农业、畜牧业、油田、铁路、医疗、军事等方面得到广泛应用。高效的 a－Si 太阳能电池均采用射频辉光放电法制造。在沉积大面积、高质量、均匀的 a－Si 膜时采用氢与硅烷的混合气，要求氢气纯度在 5N 以上。

(3)光导纤维

光导纤维的应用和开发是新技术革命的重要标志之一。石英玻璃纤维是光导纤维的主要类型，在制造过程中，需采用氢氧焰加热(1200～1500℃)，历经数十次沉积。对氢气纯度和洁净度都有很高要求。

(4)LED 照明

LED 芯片制备过程中，需要在衬底上制作氮化镓(GaN)基的外延片，外延片的制备就需要材料源(碳化硅 SiC)和各种高纯的气体(如氢气、氩气等)作为载体。

(二)氢气质量要求

1. 燃料电池用氢质量要求

《质子交换膜燃料电池汽车用燃料氢气》(GB/T 37244—2018)于 2019 年 7 月 1 日起开始实施，该标准规定了质子交换膜燃料电池(PEMFC)汽车用燃料氢气的术语和定义、氢气纯度、氢气中杂质含量要求及其分析试验方法等，适用于全氟磺酸类质子交换膜燃料电池汽车用燃料氢气的品质要求。

对比炼化氢源，燃料电池用氢对烃类、CO_x、硫化物、卤化物等杂质脱除提出了更高要求，如表 4－1－8 所示。

表 4－1－8　燃料电池车用氢标准与炼化氢源对比

序号	项目名称	燃料电池氢气 GB/T 37244—2018	化工氢	重整氢	制氢中变气
1	氢含量/%(体)≥	99.97	94.66	91	75
单类非氢组分最大浓度/(μmol/mol)					
2	氧	5	—	—	—

续表

序号	项目名称		燃料电池氢气 GB/T 37244—2018	化工氢	重整氢	制氢中变气
3	水		5	—	—	—
4	总硫含量		0.004	~1	~3	—
5~7	甲醛/甲酸/氨		0.01/0.2/0.1	—	—	—
8	一氧化碳		0.2	—	—	60000
9	二氧化碳		2	—	—	150000
10	总烃（以 CH_4 计）	CH_4	2	53400	10000	40000
		C_2		—	30000	—
		C_{3+}		—	50000	—
11~13	氦/总氮和氩		300/100	—	—	—
14	卤化物（以 Cl 计）		0.05	—	~3	—
15	颗粒物/（mg/kg）		1	—	—	—

2. 电子工业用氢质量要求

《电子工业用气体氢》（GB/T 16942—2009）规定了电子工业用氢的技术要求，试验方法及包装、标志、储运及安全。电子工业用气体氢的质量应符合表 4－1－9 的要求。

表 4－1－9　技术指标

项目		指标		
氢（H_2）纯度（体积分数）/10^{-2}	⩾	99.9999	99.9997	99.9995
氢（N_2）纯度（体积分数）/10^{-6}	<	0.5	2.0	2
氢（O_2）纯度（体积分数）/10^{-6}	<	0.2	0.2	0.5
一氧化碳（CO）纯度（体积分数）/10^{-6}	<	0.05	0.2	0.5
一氧化碳（CO_2）纯度（体积分数）/10^{-6}	<	0.05		0.5
总烃（以甲烷计）纯度（体积分数）/10^{-6}	<	0.05	0.2	0.5
水分（H_2O）纯度（体积分数）/10^{-6}	<	0.2	0.2	0.5
总杂质含量（体积分数）/10^{-6}	⩽	1.0	2.8	4.5
颗粒		供需双方商定	供需双方商定	供需双方商定

注：质量保证期为 24 个月。

（三）副产氢精制技术

1. PSA 技术

（1）快速 PSA

快速变压吸附工艺是由 QuestAir 技术公司研发的一种新技术，可以解决常规变压吸附技术存在的问题，快速 PSA 技术主要特点有：一是制备更小粒径的吸附剂或者规整化的吸附剂模块，提高吸附剂的传质性能与解吸再生性能；二是采用单个旋转阀控制，阀面慢速旋转，代替目前的程序多阀组控制；三是通过吸附分离材料与旋转阀控制技术的匹配，在工艺上实现了缩短吸附分离循环时间的目标，快速 PSA 技术的总循环时间可减少至 30s，在同样的气源条件下，以更少的吸附剂用量实现同样的提纯目标，同时大大减少了设备投资与装置占地面积。

快速变压吸附的快就在于它的吸附周期较普通变压吸附的吸附周期明显缩短，从而增强了过程的生产力，加快传统工艺的循环时间。弃用已往变压吸附的电磁阀，采用旋转阀代替，通过改变旋转阀的旋转周期来改变吸附周期，灵活性强。

制取高纯氢气快速 PSA 技术的关键是吸附剂的性能以及配套的工艺与专用设备。吸附剂性能(吸附容量、选择性、脱附性能)的提升，可以有效减少吸附剂用量，进而减小装置体积与占地，提升经济效益；先进的生产工艺与配套控制程序可以提高装置操作灵活性，开工负荷可以在 35%~110% 之间调整；高度集成阀门的开发与应用，则可以进一步提升装置集约化水平，特别是在站内制氢时，集成阀门的应用与撬装化设计可以实现快速 PSA 和制氢装置的高度集成，有利于减小装置投资与占地，可以有效提升分布式站内制氢系统的场景适用性与经济性。

常规变压吸附通常采用粒径为 2mm 左右的吸附剂，在模拟计算中通常假设大孔扩散阻力是主要的，而轴向扩散及液膜扩散阻力认为较小或可以忽略。而快速变压吸附中通常采用粒径在 0.3~0.7mm 的吸附剂。采用小粒径的吸附剂是为了减少吸附剂的大孔扩散阻力，原因在于其可以提供更大的用于气流扩散的表面积以及吸附剂内更短的扩散路径。

在快速 PSA 吸附体系中，高的空速条件对分子筛的强度和耐磨性能提出了更高的要求。此外，高空速对需要分子筛具备优异的传质性能才能充分利用分子筛中的有效吸附活性位点。虽然减小分子筛的粒径可以在一定程度上提高分子筛的传质性能，但是过小的分子筛粒径会造成体系压降，并进一步对吸附过程产生重要影响。因此，还需通过分子筛孔径的调节增加分子筛的传质性能。

以美国 QuestAir 技术公司单个模块的 H-6200 装置为例，处理能力一般为 10000~20000Nm^3/h，装置的整体尺寸为 30×15×14ft^3($1ft^3 = 2.831685\times10^{-2}m^3$)。重整氢在柴油加氢处理装置梯级利用后，于循环氢压缩机吸入口装上快速变压吸附装置，可以脱除循环氢中的杂质，提高循环氢的纯度。装置进料气量约 20000Nm^3/h，含氢 55%，操作压力为 1.6~3.5MPa(g)，操作温度为 43℃，输出氢气纯度为 90%，氢气回收率在 71%~85% 之间。由于时间和动力学的限制产品纯度和收率稍低[18]。

(2) 中国石化 S-PSA

变压吸附分离技术(PSA)能够获得高纯度的氢气，是炼化企业高纯度(≥99.5%)氢气最主要的来源。但是常规 PSA 也存在着自身的缺陷：多吸附塔投资大、占地面积大，管线布置复杂；吸附周期长，目前国内采用的多吸附塔变压吸附分离流程，从吸附、均压、逆放、吹扫至升压一个周期为 10 min；庞大的阀组布置，时序控制系统复杂。

S-PSA 技术采用高效专用吸附剂和旋转阀设备，同时配套模块化的工艺流程、控制系统以及氢气品质分析系统。通过对工艺、设备、吸附剂和控制系统的有机结合，利用炼化氢源，可生产纯度(体积分数)不小于 99.999%，杂质含量满足 GB/T 37244—2018 要求的燃料电池用氢气。

S-PSA 技术优势：

1) 专用吸附剂：单位体积利用效率高，为常规吸附剂的 3~5 倍；吸附容量更大；传质效率更高；可满足快速吸附/解吸的工况条件。

2) 快周期变压吸附技术：缩短变压吸附循环周期；采用更少的吸附剂用量，即可实现同样的提纯目标。

3) 工艺流程模块化配置：针对不同的氢源可灵活设置调整不同的工艺流程。

4) 氢气品质分析平台：具备《质子交换膜燃料电池汽车用燃料氢气》(GB/T 37244—2018) 全项资质认定检测能力；可实现 GB/T 37244—2018 要求的 14 种痕量杂质的分析检测；在线监测技术；离线检测技术。

S－PSA 技术适用于不同炼化氢源的提纯，既满足燃料电池车用氢气的国家标准，同时较常规 PSA 技术，减少装置占地面积，实现资源的高值利用。目前，正在开展多家企业的应用推广工作。

案例一：某石化企业重整氢制备燃料电池车用氢气

以重整氢为氢源，采用 S－PSA 技术，建立 500Nm^3/h 高纯氢装置，可稳定生产纯度（体积分数）为 99.999% 的高纯氢气，氢气品质满足 GB/T 37244—2018 相关要求，回收率在 80% 以上。S－PSA 装置示意图如图 4－1－9所示。

图 4－1－9　S－PSA 装置示意图

2. 钯膜提纯

变压吸附 PSA、深冷分离和膜分离技术在大规模氢气分离上获得广泛应用，但由于受吸附平衡和相平衡的限制，导致 10^{-6} 级的杂质很难进一步有效去除，因此难以获得超高纯度的氢气。

由于金属钯及钯合金膜对氢气具有独特的选择渗透性，良好的机械和热稳定性等特点，使其在氢气分离应用中备受青睐，且理论上非氢气体无法透过钯膜，因此采用钯膜分离技术可以获得只含 10^{-9} 级杂质的超高纯度氢气，是目前制备超高纯度氢气的最佳方案。

金属钯膜对 H_2 具有选择透过性能，其机理是 H_2 分子首先在 Pd 表面化学吸附，被相邻的两个 Pd 原子解离为两个 H 原子，进而溶解在 Pd 体相内。如果膜两侧 H_2 的压力不同，膜两侧就存在着 H/Pd 浓度梯度，由浓度梯度引起的化学势梯度使 H 原子从高化学势向低化学势侧扩散，然后两个 H 原子在低压侧钯膜表面再耦合为氢分子 H_2。通常认为，氢气透过钯膜遵循溶解－扩散机理，它包含以下几个过程，如图 4－1－10 所示。

1) 扩散过程：在浓度差的推动下，高压侧气相中的氢分子越过边界层向钯膜表面扩散。

2) 吸附解离过程：氢分子在钯膜表面发生化学吸附并迅速解离成两个氢原子。

3) 溶解－扩散过程：膜表面吸附的氢原子溶解到钯晶格内并迅速解离为 H^+ 和电子，穿过体相后扩散到低压侧的膜表面并迅速结合成氢原子。

4) 结合脱附过程：低压侧钯膜表面的氢原子结合成氢分子后脱离钯膜的表面并扩散到边界层。

5) 扩散过程：边界层内的氢分子向低压侧气体体相中的扩散。

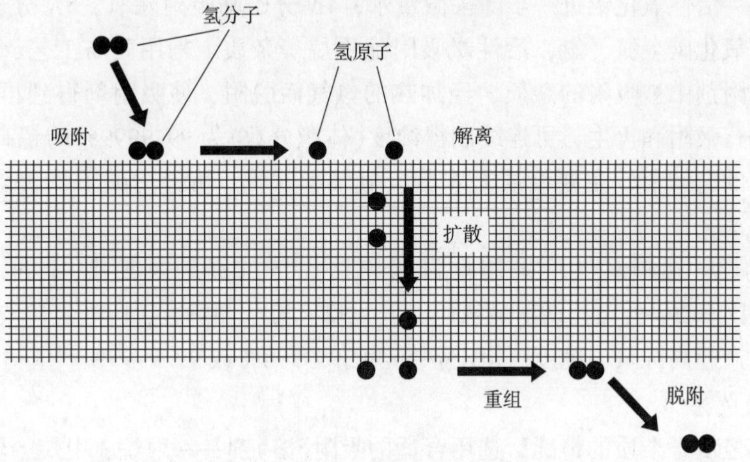

图 4-1-10　钯膜的透氢机理

由大连华海制氢有限公司[19]研发的多通道钯复合膜 $Pd/ZrO_2/Al_2O_3$ 的透氢速率达到 $2.73e^{-6}mol/(m^2 \cdot s \cdot Pa)$，尤其是其透氢选择性达到 50000 以上，是目前文献报道的最好水平。首次完成了 $800Nm^3/h$ 规模超纯氢气纯化装置的技术示范(见图 4-2-11)，实现了纯度(体积分数)大于 99.9999% 超纯氢气的生产，氢气回收率达到 91.2%，氢气产量达到 $847Nm^3/h$。

图 4-1-11　$800Nm^3/h$ 规模超纯氢气纯化装置

虽然钯膜表现出良好的氢气渗透率与选择性，但在实际应用中还存在一系列问题亟待解决[20]：一是钯膜容易发生氢脆，与氢气长时间接触会使钯膜失去延展性，造成膜碎裂；二是 CO、CO_2、C_xH_y、H_2S 等杂质气体易在膜表面发生化学反应，生成金属碳化物或者硫化物，导致膜的透氢性能明显下降，或与体相金属的晶格参数存在差异，造成晶格发生膨胀，导致膜结构发生不可逆的破坏，降低膜的氢气通量；三是钯膜制备成本较高。

3. 冷凝-低温吸附法

当原料氢中杂质含量高时，纯化方法分为两步：首先，采用低温冷凝法(干燥器)进行预处理，以清除氢中的杂质水和二氧化碳。处理过程应针对粗氢中杂质的组分和含量，在不同温度下进行二次或多次冷凝分离。第二步，采用传统的低温吸附法，经预处理的氢在换热器中预冷，然后进入吸附塔，在液氮蒸发温度下(-196℃)，用有选择吸附氢中杂质性能的吸附剂——活性氧化铝进一步除去微量水，4A 分子筛吸附除氧，5A 分子筛吸附除氮，硅胶吸附除一氧化碳、氮、氩，活性炭吸附除甲烷等杂质。采用两塔工艺，当一塔在吸附时，另一塔吸附剂中被吸附的杂质，经加热的氢气而脱附，使吸附剂得到再生。两个吸附塔循环交替进行吸附和再生，可连续制得纯度(体积分数)为99.9999%的超高纯氢。

纯度较高的电解氢，主要杂质是水分、氧气和氮气。可经冷凝干燥器除水和除氧后，采用低温吸附法。

北京氧气厂、抚顺氧气厂采用低温吸附法生产的高纯氢纯度(体积分数)为大于99.999%。美国 UCIG 公司托朗斯液氢厂、安大略液氢厂和萨克拉门液氢厂均采用冷凝——低温吸附法生产超高纯氢，纯度(体积分数)为99.9998%或99.9999%[21]。

4. 低温吸收法

根据原料氢所含杂质的情况，选用合适的吸附(溶)剂——丙烷、甲烷、丙烯和乙烯等，在低温下循环吸收(氢中杂质被溶解于液体吸附剂的过程)和解吸(被溶解的气体从溶液中释放出来的过程)氢中杂质。此方法要求粗氢纯度应大于95%，用液体甲烷在低温下吸收氢中的一氧化碳等杂质，然后用丙烷吸收其中的甲烷，可得到99.99%以上的高纯氢，再经低温吸附法把关，用分子筛、硅胶、活性炭吸附除去其中的微量杂质，使总杂质含量小于1×10^{-6}，可制得纯度(体积分数)为99.9999%的超高纯氢。

5. 金属氢化物分离法

利用储氢合金对氢进行选择性化学吸收，生成金属氢化物，氢气中的其他杂质气体则浓缩于氢化物之外，随着废氢排出，金属氢化物再发生分解反应放氢，从而使氢得到纯化。氢气纯化装置由预处理器(可除去大部分水、氧、氮和一氧化碳等杂质)和装有储氢合金的纯化器组成。通常采用两个或四个纯化器联合起来，当一个纯化器降温到20℃，升压到15MPa时，吸氢放热；另一个纯化器在升温到60℃，减压到10MPa时，则脱氢吸热。两个纯化器就能互相进行换热，不需外加热源。这种装置能连续生产纯度(体积分数)为99.9999%以上的超高纯氢。

储氢合金主要有镧镍合金、铈镍合金等稀土族；钛铁合金、钛锰合金、钛钴合金等钛族；及锆、铍、镁、钙等族的贮氢合金。因粉末储氢合金在反复吸氢、放氢的过程中会逐渐粉化，所以，必须在生产装置终端装有高效过滤器，以保证具有高纯度、高洁净度的氢气产品。国外有的公司对储氢材料做了改进，采用真空蒸镀法、喷镀法或离子束蒸镀法将稀土金属——镍合金附在金属(或石英)基板上，制成薄膜型储氢材料，以延长储氢合金的使用寿命。

第二节 化石能源制氢

目前，炼油企业制氢装置的原料基本上都是化石能源，广泛应用的制氢路线包括煤气化制氢、天然气水蒸气转化制氢、甲醇水蒸气转化制氢。采用的原料种类需要根据企业的资源情况和产品构成、制氢装置的规模以及一些其他因素综合分析后确定。

无论是煤气化制氢、天然气水蒸气转化制氢还是甲醇水蒸气转化制氢，总的来说都是由生产富氢气体的造气部分和氢气提纯两个部分组成。

一、煤气化制氢

煤气化制氢是基于煤的部分氧化反应，获得富含氢气和一氧化碳的合成气，再经过下游的变换、酸性气脱除和氢气提纯，最终获得工业氢气。

（一）煤气化制氢装置的组成和生产原理

煤气化制氢装置由气化、变换、酸性气脱除、氢气提纯、制冷和空分几个单元组成，如图 4－1－12 所示。几个单元的主要功能简述如下。

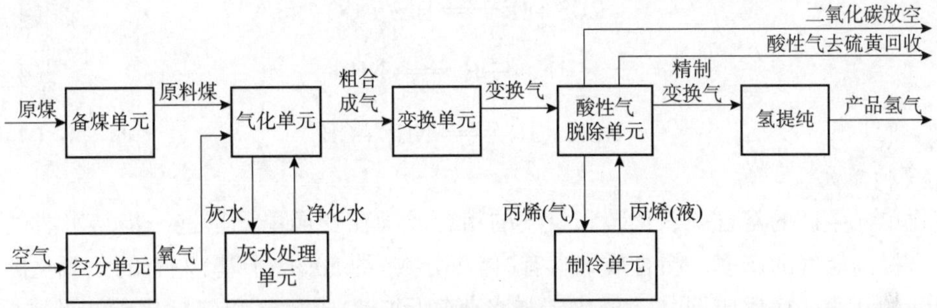

图 4－1－12　煤气化制氢装置示意流程

1. 气化单元

气化单元是煤气化制氢的核心装置。根据气化技术的不同，在备煤部分制成水煤浆或煤粉的原料煤送入气化单元的气化炉，与来自空分单元的氧气在气化炉内发生部分氧化反应，生成富含氢气和一氧化碳的合成气。温度在 1300～1450℃ 左右的高温合成气有两种冷却流程回收其中的高温热：

激冷流程：高温合成气直接与激冷水接触，在自身冷却的同时，气化部分激冷水，增加了合成气中的汽/气比（蒸气与干基合成气之摩尔比）。再经过文丘里洗涤和水洗塔洗涤，去除合成气携带的大部分固体颗粒和盐类后，作为产品粗合成气送到下游变换单元。

余热锅炉流程：高温合成气在余热锅炉内与锅炉给水间接换热，发生高压或次高压蒸气，自身冷却后经过反冲洗过滤器，去除合成气携带的固体颗粒后，再经文丘里洗涤和水洗塔洗涤去除携带的盐分后，作为产品粗合成气送出到下游变换单元。高温合成气中含有大量的气化飞灰，会造成对余热锅炉的高温腐蚀、磨蚀和堵塞，导致非计划停工的风险上升，影响气化装置的连续运行可靠性。

从能量回收角度而言，余热锅炉流程的能量利用更为合理。但就生产氢气角度来看，在下游的变换单元，需要将粗合成气中一氧化碳继续与水蒸气反应提高氢气的产率。这样在变换单元需要调整汽/气比，达到一定数量的蒸气过剩，对于余热锅炉流程的产品合成气，通常在变换单元需要补充一定数量的蒸气来满足变换过程的需求，这样，余热锅炉流程的高能效优势不能充分发挥。因此，从国内外的气化技术应用情况来看，余热锅炉流程多用在生产动力的工厂中，如 2000 年前后国内外建设的 IGCC 电厂。用于生产化学品的项目，大多选择了激冷流程。

气化单元的原料条件复杂、操作条件苛刻，存在固体的磨蚀和堵塞问题，单气化系列无法满足炼化企业对于氢气连续、可靠供应的要求，不得不建设备用气化系列。

气化单元的反应过程非常复杂，包括煤的燃烧、裂解及其产物之间的化学反应。不过气化过程的反应可以用煤中碳的部分氧化反应和产物之间的化学反应来表征：

$$2C + O_2 = 2CO \qquad (4-1-1)$$

$$CH_4 + H_2O = CO + 3H_2 \qquad (4-1-2)$$

$$CO + H_2O = CO_2 + H_2 \qquad (4-1-3)$$

还有碳的完全燃烧反应补充反应热的步骤。

$$C + O_2 = CO_2 \qquad (4-1-4)$$

以及微量元素的反应

$$COS + H_2 = H_2S + CO \qquad (4-1-5)$$

$$\frac{1}{2}N_2 + \frac{3}{2}H_2 = NH_3 \qquad (4-1-6)$$

$$HCN + 3H_2 = NH_3 + CH_4 \qquad (4-1-7)$$

2. 变换单元

气化单元生产的富含一氧化碳和氢气的粗合成气在变换单元里进一步与水蒸气反应获得氢气，提高氢气的产率。粗合成气含有(体积分数)约50%(干基)左右的一氧化碳，通过变换单元的几段变换反应器，一氧化碳与水蒸气反应生成氢气和二氧化碳，见式(4-1-3)。变换过程所获得的氢气全部来自水蒸气，同时变换单元是煤气化制氢二氧化碳生成的主要单元。进入变换单元的粗合成气需要调整其中的汽/气比，提供变换反应所需的水蒸气。通常可通过上游气化单元直接带入足够的水蒸气或在变换单元补充反应所需的水蒸气来实现。对于激冷流程，由于高温粗合成气经激冷冷却，其高温热所发生的蒸气全部进入合成气，使得合成气携带的水蒸气数量能够满足变换反应的需要。对于余热锅炉流程，高温合成气通过间接换热回收了一部分产品蒸气，进入合成气中的水蒸气数量减少，不能满足变换反应的需要，在变换装置中不得不配入水蒸气。

与水蒸气转化制氢路线的变换过程不同，煤气化制氢路线，为了充分利用粗合成气中的水蒸气，一般不经过冷却和脱硫，而是换热升温后直接进入变换反应器。因此不能使用水蒸气转化制氢装置广泛使用的铁系催化剂，需要使用以钴、钼为活性元素的耐硫变换催化剂，因此这种变换过程也被称作耐硫变换。

3. 酸性气脱除单元

变换单元送出的变换气除含有氢气和少量一氧化碳外，还含有气化所生成的硫化氢和少量羰基硫以及大量的二氧化碳。酸洗气脱除单元采用溶剂吸收-解吸的方法脱除变换气中的硫化氢、二氧化碳和其他杂质。

常用的吸附工艺包括以*N*-甲基二乙醇胺为主要溶剂的MDEA工艺、以聚乙二醇二甲醚为溶剂的NHD工艺(国外对应的工艺为Selexol)和以甲醇为溶剂的低温甲醇洗工艺。针对煤气化制氢装置，由于需要脱除大量的二氧化碳，因此对脱除二氧化碳能耗相对较低的低温甲醇洗工艺更为适合，广泛应用于煤气化制氢装置的酸性气脱除单元。

酸性气脱除单元还可以将脱除的二氧化碳富集，浓度(体积分数)达到99%以上，可以为碳捕集提供条件。

4. 氢气提纯单元

氢气提纯单元是将酸性气脱除单元的产品净化变换气近一步提纯，获得符合用户需要的工业氢气。对于炼化企业的氢气用户，工业氢气的要求除氢气浓度外，主要关注氢气中

$CO + CO_2$的含量。因此煤气化制氢装置的氢气提纯单元主要有两种提纯技术，即变压吸附氢气提纯和甲烷化氢气提纯。

5. 制冷单元

酸性气脱除单元都是在低温下运行的，其所需的冷量来自制冷单元。煤气化制氢装置的酸性气脱除单元所需的冷量较大，一般采用压缩制冷工艺。选择的冷媒主要是丙烯或氨。在低温甲醇洗工艺所需的冷量温位下，选择丙烯制冷和氨制冷的综合经济性相近。炼油厂的丙烯较易获得，且可利用炼油厂内的丙烯储运设施，还可以免去建设专门的氨火炬，因此炼油厂的煤气化制氢装置大都选择丙烯压缩制冷工艺。

6. 空分单元

气化反应所需的氧气和低温甲醇洗酸性气脱除所需的低压氮气都是由空分单元提供的。空分制氧主要有深冷分离和变压吸附两种工艺，煤气化制氢装置所需的氧气用量较大，压力也较高，因此煤气化制氢装置的空分单元选择深冷分离工艺。

(二)煤气化制氢装置的煤气化技术

煤气化技术是煤化工行业最重要的技术之一，也是许多大型煤化企业的龙头装置。根据原料煤的不同、目标产品要求，开发了许多煤气化技术。按照煤在炉内的流动方式可分为固定床(又称移动床)气化技术、流化床气化技术和气流床气化技术；按照进料方式可以分成粉煤进料技术和水煤浆进料技术；按照热回收方式可分成余热锅炉流程和激冷流程。煤气化技术是一个重要的技术门类，有大量的专著进行介绍和论述。本部分仅对在煤气化制氢装置中广泛应用、有代表性的气流床水煤浆气化技术和气流床粉煤气化技术进行分析和介绍，国内已经建成的煤气化制氢装置基本上都选择了这两类技术。

水煤浆气化技术和粉煤气化技术都属于气流床气化技术。气流床气化技术的特点是物料在气化炉内停留时间短和液态排渣。为此需将煤磨成很小的颗粒，保证煤的颗粒能在气化炉内完成反应。液态排渣要求气化温度高于煤的灰熔点，只有气化温度在灰熔点以上，才能保证煤中的渣成为可流动的液体从气化炉内排出。

1. 水煤浆气化技术

水煤浆气化技术是将煤和水一道磨制成一定浓度的水煤浆，利用煤浆泵将水煤浆升压后通过煤浆烧嘴的煤浆通道送入气化炉。氧气则通过煤浆烧嘴的氧气通道进入气化炉，利用高速喷出的氧气雾化高速喷入的煤浆并流混合在气化炉的高温下完成气化反应。煤中的灰分在气化炉内熔化为熔融态的渣，落入气化炉底部的渣池遇水固化再经过破渣机破碎后经锁斗排出气化炉。

与粉煤气化相比，水煤浆气化技术的进料方式较为简单。但受水煤浆制备过程的限制，水煤浆中的水含量，远超气化反应化学计量所需的水蒸气量，因此水煤浆气化技术的反应效率不如粉煤气化，需要消耗更多的煤和氧气完全燃烧，提供达到气化温度所需的热量。

(1)水煤浆气化装置的关键操作参数

影响水煤浆气化单元运行的操作参数主要有氧煤比、煤浆浓度、气化压力和气化温度。

1)氧煤比。

氧煤比是最重要的操作参数，气化炉的反应温度主要靠氧煤比控制。增加氧煤比可以提高气化温度，碳转化率随之提高。氧煤比是影响气化过程、碳转化率以及出口粗合成气成分的关键因素。

氧煤比不仅影响气化炉的工艺性能，也影响气化炉的排渣性能。气流床气化炉的操作温度要高于灰熔点50℃以上以利于排渣，但过高的气化温度会影响高温隔热砖的寿命。提高氧煤比，气化炉温度升高，碳转化率升高，在升高至一定温度后，有效成分 $CO + H_2$ 下降。因此，在保证经济性的前提下，需要根据煤种的特性确定最佳的氧煤比。

2）水煤浆浓度。

气化温度根据原料煤灰熔点确定，不受水煤浆浓度的影响。水煤浆中的水含量远高于气化所需的理论水蒸气量，提高煤浆浓度，不仅氧耗和煤耗降低，而且有效成分的占比也会提高，因此，应尽量提高水煤浆的浓度。

3）气化温度。

气化温度是气化炉最重要的控制目标参数，直接受氧煤比影响。操作中，气化温度根据气化炉排渣情况决定，在保证顺利排渣的前提下，应尽量降低气化温度。

4）压力。

气化是体积增大的反应，提高气化压力不利于反应平衡向反应产物方向移动。但提高反应压力可以提高反应速度。因此，对于气化本身而言，提高压力总体是有利的。对于煤气化单元下游的变换和酸性气脱除单元，气化压力的提高可以提高这些单元的操作压力，有利于这些单元的操作。水煤浆气化压力有 4.0MPa、6.5MPa、8.7MPa 几个等级，可以根据煤气化制氢装置的需要进行选择。

（2）典型的水煤浆气化技术的工艺流程

以国内煤气化制氢装置使用较多的对置喷嘴水煤浆气化技术为例，介绍水煤浆气化技术的工艺流程。对置喷嘴水煤浆气化技术由华东理工大学与山东兖矿集团有限公司合作开发，是目前国内应用实例最多的气化技术之一[22]，如图 4－1－13 所示。

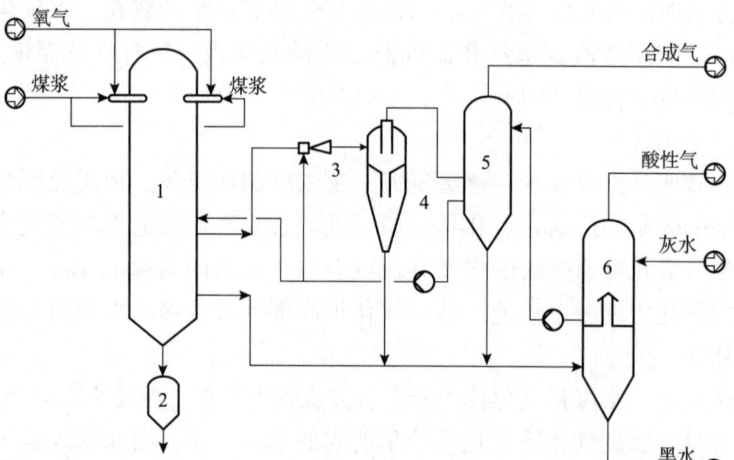

图 4－1－13　多喷嘴对置式水煤浆气化示意工艺流程

1—气化炉；2—锁斗；3—混合器；4—旋风分离器；5—洗涤塔；6—蒸发热水塔

从制浆部分送来的水煤浆经两台高压煤浆泵送入气化炉工艺烧嘴，每台高压煤浆泵为两台对置的工艺烧嘴输送原料煤浆。流经喷嘴不同通道的氧气与煤浆一起通过四台对称布置在同一水平面的工艺烧嘴同轴射流进入气化炉内，在气化炉燃烧室内进行气化反应。气化炉燃烧室排出的高温气体和灰渣并流向下，穿过洗涤冷却水分布环，沿洗涤冷却管进入洗涤冷却室的水浴中，粗合成气经多层横向分隔器破泡洗涤后流出洗涤冷却室。经洗涤冷却室洗涤的饱和合成气进入混合器，与高温热水泵送来的灰水混合，润湿合成气夹带的固体颗粒后进入旋风分离器。离开旋风分离器的合成气进入水洗塔的中部，合成气向上穿过多层塔板，依次与循环灰水、高温变换冷凝液或锅炉给水逆流直接接触，洗涤剩余的固体颗粒后送入下游单元。气化炉洗涤冷却室下方连接锁斗，粗渣通过锁斗定期排出气化炉。洗涤冷却室、旋风分离器、水洗塔的高温黑水经调节阀连续排出，送入渣水处理单元。渣水处理单元再生的灰水，经蒸发热水塔预热后返回水洗塔循环使用。

表4-1-10列出了对置喷嘴水煤浆气化技术针对神华煤的气化指标。

表4-1-10　多喷嘴对置式气化炉气化指标

项目	指标
比氧耗①/(Nm^3/kNm^3)(一氧化碳+氢气)	~360
比标煤耗①/(kg/kNm^3)(一氧化碳+氢气)	~566
粗合成气干基组成	
二氧化碳/%(体，干基)	17~20
一氧化碳/%(体，干基)	~46
氢气/%(体，干基)	~36
甲烷/%(体，干基)	~0.1
飞灰/底渣比	4:6~3:7
碳转化率/%	~98.5

①采用典型神华煤，指标与煤质有关。

(3)水煤浆气化技术的主要操作条件

以神府煤为例，6.5MPa压力等级的水煤浆气化技术的主要操作条件如下：

气化温度：1355℃；

气化炉压力：6.5MPa(g)；

合成气离开洗涤塔顶温度：240℃；

合成气离开洗涤塔顶压力：6.2MPa(g)。

2. 粉煤气化技术

原料煤干燥并磨制成一定粒度分布的煤粉，送入气化炉与氧气发生气化反应生成富含氢气和一氧化碳的粗合成气。进入气化炉的煤粉基本不含水，气化反应所需的水蒸气直接送入气化炉，可较好的控制反应的水蒸气量，避免反应过程水蒸气的大量过剩。因此，对于同样的原料煤，通常情况下粉煤气化的比氧耗和比煤耗都低于水煤浆气化。

(1)粉煤气化工艺的关键技术

粉煤加压进料技术和“以渣抗渣”的水冷壁气化炉隔热技术是粉煤气化工艺的两个关键技术。

采用锁斗系统实现粉煤进料。所谓锁斗系统，是在常压操作的粉煤储仓和高压操作的粉煤给料罐之间设置一台压力变化的粉煤锁斗。当粉煤锁斗接受常压操作的粉煤储仓中的煤粉时，粉煤锁斗泄压，锁斗与常压粉煤储仓处于同一压力，粉煤靠重力自流落入粉煤锁斗。当锁斗向高压粉煤给料罐送煤时，关闭锁斗进煤阀，开始用氮气或二氧化碳为锁斗充压，达到高压操作的粉煤给料罐的压力后，停止充压，开启粉煤锁斗和粉煤给料罐之间的切断阀，煤粉依靠重力落入高压操作的粉煤给料罐，实现了粉煤从常压到高压的输送过程。

粉煤气化技术的气化炉都采用水冷壁隔热结构。为保证气化产生的飞灰和渣不损坏水冷壁，气化炉开工阶段需要在水冷壁向火的内表面形成保护渣层。让气化过程熔融的液态渣接触水冷壁后凝结固化，形成一层固态渣层，后面再接触的熔渣沿着水冷壁的固体渣层向下流动，构成一层流动的渣层。这样，在水冷壁的内表面建立了一层"自修复"的保护渣层，气化产生的渣首先接触流动渣层，即便渣层损坏，也会被流动下来的渣修补，实现"以渣抗渣"的水冷壁保护模式。

(2)粉煤气化工艺的关键操作参数

影响粉煤气化的主要工艺参数包括氧煤比、汽煤比、气化温度和气化压力。

1)氧煤比。

氧煤比是粉煤气化最重要的控制参数，和水煤浆气化技术类似，气化炉的温度主要靠控制氧煤比实现。由于粉煤气化不像水煤浆气化有超过化学反应计量较多的过剩水蒸气，因此氧煤比对气化炉温度的控制更为灵敏。

2)汽煤比

汽煤比是进入气化炉的蒸气质量流量与进入气化炉的煤的质量流量之比。水蒸气在粉煤气化炉中最重要的作用是抑制燃烧、降低气化炉的温度，防止气化炉温度过高。

3)气化温度。

气化温度是粉煤气化最重要的控制目标参数，同时受氧煤比和汽煤比的影响，但氧煤比对气化温度的影响远大于汽煤比。气化温度首先保证气化炉能够顺利排渣，还要避免温度过高，造成水冷壁表面不能维持稳定的渣层。

4)气化压力。

对粉煤气化炉而言，气化操作压力无论对煤的碳转化率还是对气化效率的影响都非常小。提高气化压力，可以增加同样尺寸气化炉的处理能力，对于降低建设投资有利。粉煤气化技术的气化压力一般都是4.0MPa等级。

(三)典型的粉煤气化技术工艺流程

本部分以国内应用最广泛的北京航天煤化工公司开发的HT-L航天加压粉煤气化技术为例，介绍典型的粉煤气化技术工艺流程[23]，如图4-1-14所示。

在备煤部分制备的煤粉通过锁斗系统输入高压的煤粉给料罐。利用给料罐与气化炉间的压差将煤粉通过顶烧单喷嘴送入气化炉内。

粉煤在气化炉内与氧气和蒸气发生部分氧化反应生成富含一氧化碳和氢气的粗合成气、飞灰和液态渣。离开气化炉反应室的高温合成气和熔渣经激冷环及下降管被水激冷后，沿下降管导入激冷室的水浴，熔渣迅速固化，合成气被水饱和。出气化炉的粗合成气经文丘里洗涤器与水混合润湿后进入合成气洗涤塔洗涤，除去残余的飞灰后作气化单元的产品粗合成气送出。激冷后固化的渣大部分迅速沉淀并通过渣锁斗系统定期排至捞渣机中。激冷产生的黑水在渣水处理部分去除大部分固体后循环使用。

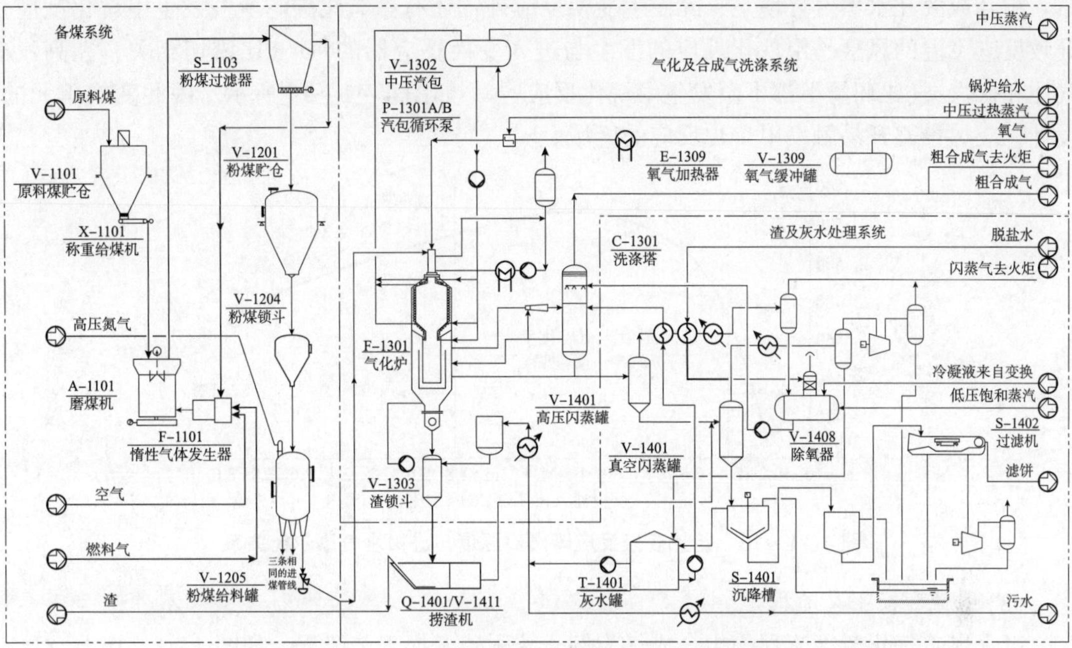

图 4－1－14　HT－L 航天加压粉煤气化技术示意流程

HT－L 航天加压粉煤气化技术的典型运行指标见表 4－1－11。

表 4－1－11　HT－L 航天加压粉煤气化技术的典型运行指标

技术指标名称	数值
比氧耗/(Nm^3/kNm^3)(一氧化碳＋氢气)	330～360
比煤耗/(kg/kNm^3)(一氧化碳＋氢气)	～610
有效气含量/%	89～91
CH_4 含量/(μL/L)	≤130
碳转化率/%	＞98

粉煤气化的主要操作参数：

针对神府煤，4.0MPa 压力等级气化炉的主要操作参数：

气化温度：1450℃；

气化炉压力：4.0MPa(g)；

合成气离开洗涤塔顶温度：209℃；

合成气离开洗涤塔顶压力：3.7MPa(g)。

4. 耐硫变换单元

变换单元是煤气化制氢装置的重要组成部分，其作用是将气化单元获得的粗合成气继续与水蒸气反应，降低合成气中的一氧化碳碳含量，提高氢气产率。

(1)耐硫变换工艺的原理

如式(4－1－4)，变换是强放热可逆反应。粗合成气中的一氧化碳干基含量(体积分数)往往在 50% 左右，单纯的一段变换很难将一氧化碳含量降低到合理的浓度以下。因此变换单元大都设置二段或三段变换反应器串联。

粗合成气在水蒸气环境下，除发生变换反应外，还有一氧化碳与氢气发生甲烷化反应、导致反应飞温的风险。甲烷化反应的发生与进入变换反应器的汽/气比密切相关，在高汽/气比和低汽/气比环境下都不会发生甲烷化反应[24]，如图 4 - 1 - 15 所示。因此变换单元的设计，应尽量避开易触发甲烷化反应的区域。

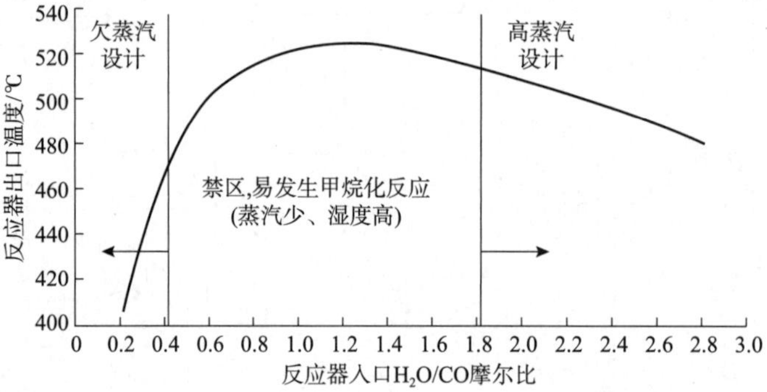

图 4 - 1 - 15　绝热变换反应器出口温度与进口水气摩尔比关系

(2)耐硫变换工艺流程

以水煤浆气化激冷流程的粗合成气为例介绍耐硫变换工艺流程，如图 4 - 1 - 16 所示。

粗合成气进入变换单元，与一变反应器气出口变换气换热后进入一变反应器。一变反应器出口的高温变换气依次用作过热饱和蒸汽、预热一变入口原料气后，在蒸汽发生器中发生中压蒸汽，调整进入二变反应器的进料温度。经过二变反应器后变换气中一氧化碳的干基含量(体积分数)在 1% 以内。二变出口气体经发生蒸汽和预热锅炉给水和除盐水回收热量后，空冷和水冷到 40℃送到下游酸性气脱除单元[25]。

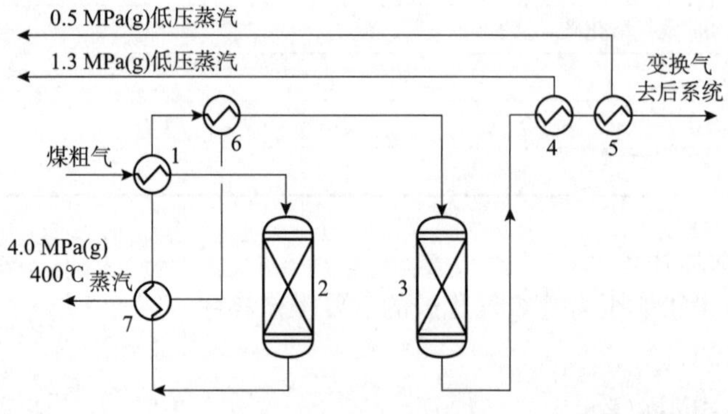

图 4 - 1 - 16　针对水煤浆气化激冷流程的两段绝热变换示意流程

1—原料气预热器；2— 一变换炉；3—二变反应器；4、5—1#、2#低压蒸汽发生器；6—中压蒸汽发生器；7—中压蒸汽过热器

(四)酸性气脱除单元

离开变换单元富含氢气的变换气，除带有粗合成气中的硫化物及微量氨、氢氰酸和金属羰基化合物外，还含有大量的二氧化碳，需要在酸性气脱除单元中去除。如前所述，煤气化制氢酸性气脱除单元大多选择低温甲醇洗工艺。

(1)低温甲醇洗工艺的原理

低温甲醇洗是一种典型的物理吸收过程，溶液中被吸收组分的含量基本上与其在气相中的分压成正比，吸收剂的吸收容量随酸性组分分压的提高而增加，溶液循环量与原料气量及操作条件有关。操作压力提高，温度降低，溶液循环量减少。

低温对甲醇选择吸收酸性气体组分有利。在低温下 H_2S、COS 和 CO_2 在甲醇中的溶解度与 H_2、CO 相比，至少要大 100 倍，为通过吸收从变换气中脱除酸性组分提供了条件。当温度从 20℃降到 -40℃时，CO_2 的溶解度约增加 6 倍；当温度在 -40 ~ -50℃时，H_2S 的溶解度约比 CO_2 大 6 倍，这样就有可能选择性地从原料气中脱除 H_2S，而在溶液再生时先解吸回收 CO_2。

因此，采用分级减压、惰性气体(氮气)气提和加热再生解吸的方法，可以依次回收溶解的有用气体(一氧化碳 + 氢气)，获得较纯的二氧化碳产品气、硫化氢酸性气体和放空尾气。

根据以上工艺原理，低温甲醇洗系统包括原料气的洗涤分离(吸收)、有效气体的中压解吸、低压解吸及氮气提、热再生等部分。

(2)低温甲醇洗工艺的示意流程

图 4-1-17 是典型的低温甲醇洗示意流程[26]。

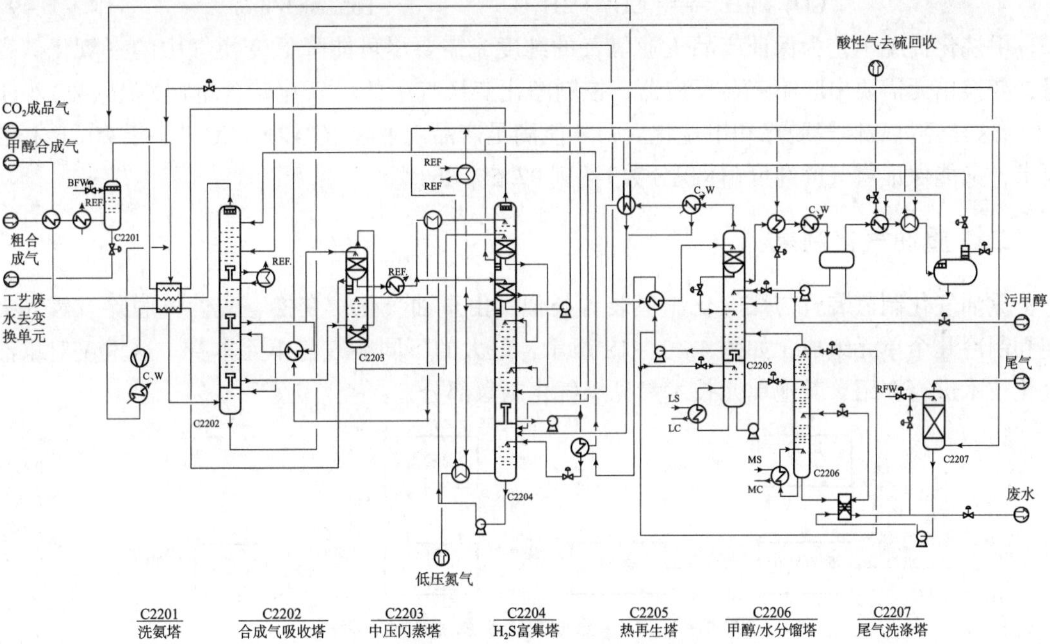

图 4-1-17　典型的低温甲醇洗示意流程

进入低温甲醇洗单元的粗合成气经锅炉给水洗涤携带的氨后，经过换热冷却进入合成气洗涤塔。粗合成气自下而上依次洗涤合成气中的微量杂质，硫化氢，二氧化碳。离开洗涤塔顶的合成气满足对于硫化氢和二氧化碳的限制指标要求，作为产品净化变换气送出。

合成气洗涤塔送出三股富甲醇，底部富甲醇直接送到热再生塔解吸，中部抽出的富甲醇与顶部抽出的富甲醇一道送入中压闪蒸塔回收其中溶解的有效气体一氧化碳 + 氢。

脱除有效气体的富甲醇送到硫化氢富集塔。在塔顶的解吸罐减压闪蒸，获得一部分纯度(体积分数)在 98.5% 以上的二氧化碳产品后，富甲醇送入下部的氮气气提段，脱除甲醇中的大部分二氧化碳，与气提氮气一道成为尾气，经尾气洗涤塔脱除携带的甲醇后放散。

硫化氢富集塔底的富甲醇送到热再生塔，首先在塔顶的闪蒸罐闪蒸，进一步脱除甲醇中的二氧化碳后进入下部的热再生塔，利用重沸器的热量实现甲醇的彻底再生。再生后的甲醇大部分作为贫甲醇循环使用，少部分送到醇水分馏塔，脱除甲醇中来自粗合成气的水后返回热再生塔。热再生塔顶酸性气作为副产品送到硫黄装置处理。

(五)氢气提纯

离开酸性气脱除单元的净化变换气的氢体积含量一般在95%以上，含有较高浓度(体积分数)一氧化碳(1%左右)和微量的二氧化碳(20μL/L左右)，无法满足加氢装置所要求的一氧化碳+二氧化碳小于20μL/L的要求，需要在氢气提纯单元进一步提纯。

煤气化制氢装置的氢气提纯有变压吸附和甲烷化两种工艺。变压吸附氢气提纯已在本章第一节介绍，可以直接获得纯度(体积分数)99.9%以上、$CO+CO_2$小于20μL/L的工业氢气。但有约8%左右的氢气进入尾气，没有充分利用其中的氢气资源。

甲烷化提纯工艺是将一氧化碳和二氧化碳通过与氢气反应生成甲烷而实现工业氢气对一氧化碳+二氧化碳含量的要求。见式(4-1-8)和式(4-1-9)。

$$CO+3H_2 = CH_4+H_2O \qquad +206kJ/mol \tag{4-1-8}$$

$$CO_2+4H_2 = CH_4+2H_2O \qquad +165.4kJ/mol \tag{4-1-9}$$

甲烷化提纯工艺为保证产品工业氢气的纯度，需要尽可能降低变换气中的一氧化碳含量，变换单元需要串联第三台反应器，控制净化变换气中的一氧化碳含量(体积分数)小于1%。这样经过酸性气脱除和甲烷化后，才能满足产品工业氢气“$CO+CO_2$”小于20μL/L的要求，又能保证氢气的纯度(体积分数)达到97.5%以上。

二、重油气化制氢

重油气化制氢装置与煤气化制氢装置类似，由重油气化、变换、酸性气脱除、氢气提纯和制冷几个单元组成，如图4-1-18所示，最大的不同在气化单元本身。这里仅对重油气化技术进行介绍，其他单元技术参见煤气化制氢部分。

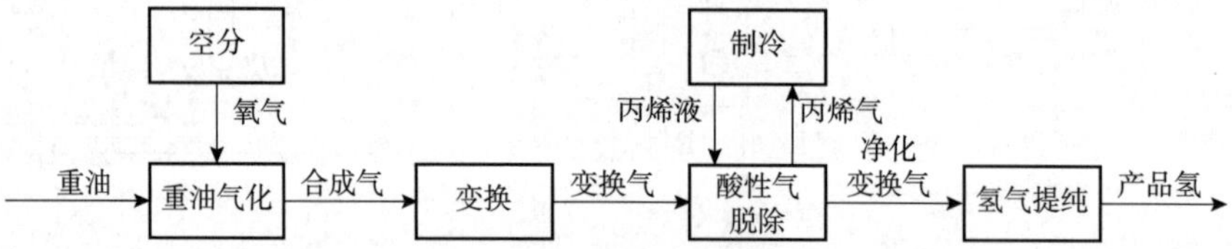

图4-1-18　重油气化制氢装置示意流程

(一)重油气化技术原理

在重油气化单元内，重油与纯氧在高温(1300℃左右)和水蒸气存在的条件下发生以部分氧化反应和转化反应为主的化学反应，获得富含一氧化碳和氢气的粗合成气，主要化学反应包括：

部分氧化反应：

$$C_nH_m+\frac{n}{2}O_2 \longrightarrow nCO+\frac{m}{2}H_2 \tag{4-1-10}$$

完全燃烧反应，提供反应所需要的热量：

$$C_nH_m+\left(n+\frac{m}{4}\right)O_2 \longrightarrow nCO_2+\frac{m}{2}H_2O \tag{4-1-11}$$

水蒸气转化反应：

$$C_nH_m + nH_2O = nCO + \left(\frac{m}{2} + n\right)H_2 \quad (4-1-12)$$

变换反应：

$$CO + H_2O = CO_2 + H_2 \quad (4-1-13)$$

(二)重油气化工艺流程

重油部分氧化法制合成气的生产流程可概括为：原料供应、气化反应、高温粗合成气热量回收、粗合成气洗涤、黑水处理几个部分[27,28]。按照高温粗合成气余热回收方式的不同，重油气化可分为余热锅炉流程和激冷流程两类。目前有商业运行业绩的重油气化技术包括 GE(GE 气化技术已被 Air Product 公司收购)和 Shell 的重油气化技术，都有各自的余热锅炉流程和激冷流程。

1. 激冷流程

激冷流程中，气化所产生的高温粗合成气直接与热水接触激冷，进行热量和质量交换，合成气的温度瞬间降低，同时热水被气化成蒸气，使合成气中的水蒸气含量迅速增加，接近相应温度下的饱和湿含量。激冷流程有利于生产氢气，在下游变换过程中可以不添加蒸汽即满足一氧化碳变换反应所需要的蒸汽比例，但是高温位能没有得到充分利用。

图 4-1-19 是 GE 重油气化激冷流程示意图[29]。

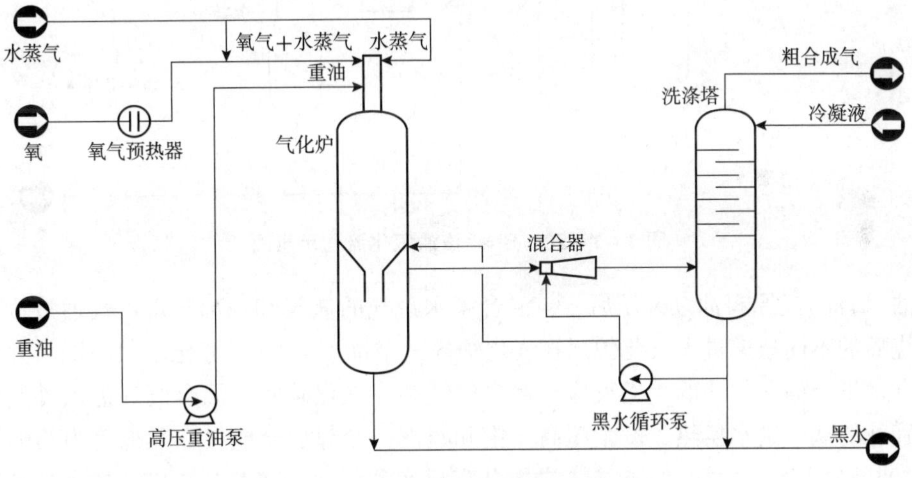

图 4-1-19 GE 重油气化激冷流程示意图

GE 重油气化技术的气化炉有三股进料：经高压重油泵升压后的重油，预热后并混合部分蒸汽的氧气以及蒸汽。三股进料经过位于气化炉顶的气化烧嘴的不同通道进入气化炉内，发生部分氧化反应生成富含氢气和一氧化碳的合成气。高温合成气离开气化室进入气化炉下部的激冷段与激冷水混合换热，气化一部分激冷水，自身被冷却后离开气化炉。经过文丘里混合气和洗涤塔两级洗涤后的粗合成气作为本单元的产品送出。离开气化炉底和洗涤塔底的黑水含有重油携带的固体成分，如镍和钒的氧化物，以及未气化的炭黑，送到黑水处理设施去除大部分固体颗粒后成为灰水送回气化炉循环使用。

2. 余热锅炉流程

高温合成气通过余热锅炉与水间接换热发生超高压蒸气，高温合成气自身冷却的同时副产蒸汽。这部分超高压蒸气是饱和蒸汽，需要在装置外过热后供炼油厂使用。通常可使用变压吸附的尾气作为燃料在蒸气过热炉过热这部分饱和蒸汽。余热锅炉流程充分利用了合成气的能位，能量利用更为合理。但余热锅炉本身费用高，装置的建设投资增加许多，还增加了非计划停工的风险。用于气化制氢，由于余热锅炉流程回收了合成气中的大部分热量，所生产的粗合成中的蒸汽比例低，需要在变换单元添加相当数量的水蒸气，有时还需要将少量气化部分所生产的超高压蒸气与气化合成气混合，达到变换过程所需要的水气比，部分抵消了余热锅炉流程的能量利用率较的优势。

以 Shell 余热锅流程重油气化装置示意流程图 4 – 1 – 20[30] 为例，简述重油气化流程。

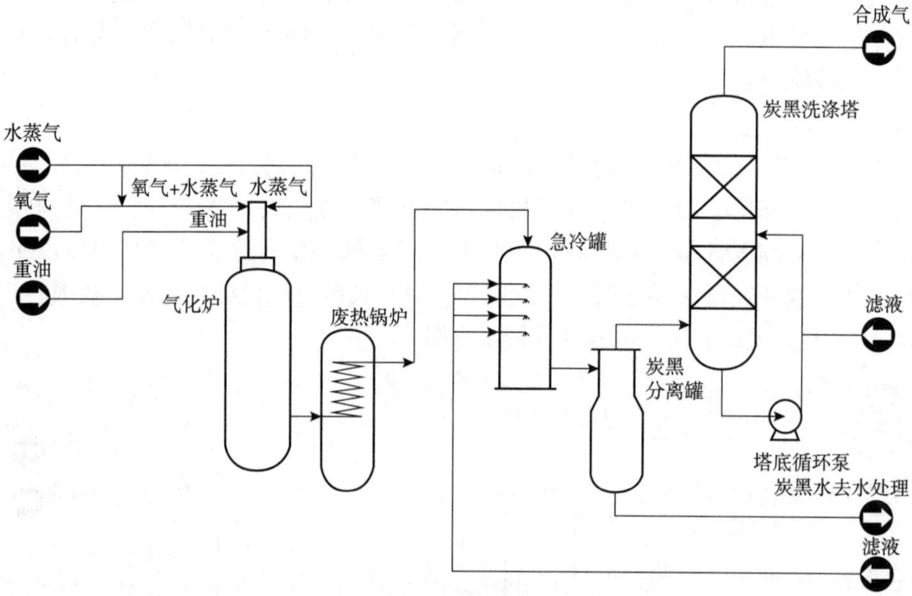

图 4 – 1 – 20　Shell 渣油气化流程示意图

重油(渣油)经原料油泵升压后，与混合了水蒸气的氧气和一部分水蒸气通过位于气化炉顶的烧嘴的不同通道进入气化炉。在气化炉内，重油(渣油)被雾化成微小颗粒并与氧气充分混合发生上面所叙述的 4 类反应。富含氢气和一氧化碳的高温合成气进入废热锅炉管程，与管外的锅炉给水换热，发生超高压饱和蒸汽。冷却后合成气在激冷管内与喷淋的灰水(或称滤液)混合、洗涤，一起流入炭黑分离罐实现气水分离。分离出的黑水送到黑水处理设施脱除固体后成为灰水循环使用，离开炭黑分离罐的合成气进入炭黑洗涤塔，用灰水(或称滤液)和工艺水蒸气凝液进一步洗涤其中所携带的固体颗粒和盐类后，离开塔顶，作为气化装置的产品合成气送到下游变换单元。

(三)重油气化制氢装置的原料与重油加工路线的结合

商业运行的重油气化制氢装置的原料包括常压渣油、减压渣油、脱油沥青以及乙烯裂解焦油和浆态床未转化油。实际上，重油气化的原料也是随着重油加工深度的提高而不断的劣质化。

重油气化装置，将炼油厂重油加工后的最劣质的物料进行加工，获得了富含一氧化碳和氢气的合成气，同时副产超高压蒸气，提升了这部分最劣质物料的价值。由于气化装置是用纯氧通过部分氧化反应过程实现重油气化的，操作条件苛刻，装置的建设投资高，氧气费用高。因此，在炼油企业选择重油气化技术时，应该首先考虑余热回收流程，获得高附加值的超高压蒸气，提升装置的经济性。

为提高重油气化制氢装置的经济性，采用的一种方法是尽可能使用劣质低成本的重油，如将减压渣油进一步通过溶剂脱沥青工艺获得一部分脱沥青油后，将脱油沥青用作气化原料。另一种方法是选择余热锅炉流程，副产超高压蒸气，改善装置的经济性。

随着重油加工深度的提高，一些炼油厂开始选择浆态床加氢工艺。浆态床加氢装置排出的携带加氢催化剂的未转化油如何处置成为面临的新课题。选择重油气化工艺，将未转化油气化是其中的一种选择。通过未转化油与氧气的气化反应过程，未转化油中可燃烧的碳和氢元素转化为富含一氧化碳和氢气的合成气，在这个过程中，未转化油中的催化剂与未转化油中的其他重金属，如镍和钒一道，作为固体滤饼排出。这些滤饼除了含有重金属和残炭外，基本不含有其他的固体杂质，而且处于细小颗粒形态，有利于包括浆态床加氢催化剂在内的重金属的回收与再利用。

但是，如果浆态床加氢催化剂选择钼为主要活性组分，以金属钼为主要活性元素的多种氧化态钼的混合物，在升温到600℃以上时，多种钼氧化物不经过液态，直接升华为气态。同样，在冷却过程中，气化所生成的气态钼的混合物，在600℃左右的温度下，会直接凝华为固体钼的氧化物，吸附在换热管表面。因此，浆态床未转化油不能选择余热锅炉流程，只能采用激冷流。

在激冷流程中，气化炉燃烧室生成的高温（1300℃左右）的合成气直接进入下部的激冷室与热水接触冷却到220～250℃。合成气中携带的催化剂钼在激冷过程全部凝华，与其他重金属如镍和钒及未转化的碳一道进入黑水系统，经过几级闪蒸、沉淀和最终过滤后，成为滤饼，其数量远小于原料未转化油。滤饼可送到冶金厂回收其中的重金属钼、镍和钒。

三、天然气及炼油厂干气制氢

天然气和炼油厂干气是制氢装置的另一类重要原料，可以采用轻烃水蒸气转化工艺将天然气和炼油厂干气中的甲烷和其他轻烃组分在催化剂的作用下与水蒸气反应生成氢气和一氧化碳，再经变换获得富氢气，最后经过氢气提纯获得满足炼油厂规格要求的工业氢气。

水蒸气转化制氢工艺流程短、操作相对简单、技术成熟广泛应用在炼油厂的制氢装置中。实际上，除了我国以外，欧美和中东地区炼油厂的制氢装置基本上都采用水蒸气转化工艺。这些国家和地区有着较为丰富的天然气资源，天然气价格低，所以采用水蒸气转化制氢的氢气成本也低，与我国“缺油、少气、富煤”的能源禀赋导致的天然气价格高、煤炭价格低的实际情况有着较大差异。

（一）天然气及炼油厂气水蒸气转化制氢原理

天然气及炼油厂气水蒸气转化制氢基于轻烃的水蒸气转化反应见式（4－1－14）、式（4－2－15）、式（4－1－16），一氧化碳与水蒸气的变换反应见式（4－1－17）。

$$CH_4 + H_2O \longrightarrow CO + 3H_2 \qquad +206kJ/mol \qquad (4-1-14)$$

$$C_nH_{2n} + (2+n)H_2O = nCO + (2n+1)H_2 \qquad +Q(\text{吸热}) \qquad (4-1-15)$$

$$C_nH_{2n} + nH_2O = nCO + 2nH_2 \qquad +Q(\text{吸热}) \qquad (4-1-16)$$

$$CO + H_2O \longrightarrow CO_2 + H_2 \qquad -41.2kJ/mol \qquad (4-1-17)$$

上述反应中的水蒸气转化反应是强吸热反应，变换反应是放热反应，反应总热效应是吸热，为维持反应的进行需要不断地补充反应所需的热量。

在没有催化剂存在的条件下，即使在相当高的温度下，转化反应的速度也是很缓慢的，工业上无法接受。当有催化剂存在，600～800℃的温度下就可以获得很高的反应速度，达到较高的转化率。工业应用的天然气和炼油厂气制氢装置的转化反应都是在转化炉管内的催化剂床层上进行的，高温烟气提供反应所需的热量。

与煤气化制氢和重油制氢不同，水蒸气转化制氢的造气部分是在以镍为主要活性元素的转化催化剂作用下进行的。转化催化剂对硫、氯、砷杂质非常敏感，即便原料只含有微量的这些物质也会导致转化催化剂和下游的常规变换催化剂的失活。水蒸气转化制氢技术的一个关键是原料的预处理部分，需要将上述微量杂质脱除到转化催化剂可以接收的范围。实际上炼油厂干气制氢与天然气制氢的主要差别就在原料预处理部分。

经过广大科技人员的不断努力，除天然气外，炼油厂的焦化干气、催化干气、重整拔头油、重整氢变压吸附尾气、饱和液化气和轻石脑油，在我国都已成功用作水蒸气转化制氢装置的原料。

（二）工艺流程

水蒸气转化制氢装置由原料预处理、水蒸气转化、变换、热量回收和氢气提纯几个部分组成。

1. 原料预处理

水蒸气转化制氢装置使用了多种催化剂，化学反应是在催化剂床层上进行的，这些催化剂具有较高的活性和选择性，同时对于原料中携带的毒物杂质非常敏感。为实现装置正常和长周期运转，需要严格控制制氢原料中的毒性杂质。

含硫、氯的组分常导致制氢催化剂的失活，它们被吸附于催化剂的活性中心上，导致催化剂的性能下降和失活。通过加氢＋吸附可以脱除这些有毒组分，即通过加氢的方法，首先将原料中的硫化物转化为硫化氢，将氯化物转化为氯化氢，最后在吸附剂上吸附脱除。

天然气原料基本不含有机硫和氯，预处理流程比较简单，可以直接设置吸附反应器，利用吸附脱除天然气中的硫化氢和氯化氢。对于炼油厂干气，情况略为复杂。来自不同工艺装置的炼油厂干气，除了含有包括羰基硫、硫醇、硫醚甚至噻吩以外，还含有一定数量的烯烃。

有烯烃存在时，在有机硫化物加氢反应前，首先发生烯烃加成反应，并放出大量的热，导致反应器床层升温。如果烯烃含量较高，反应温升会超过加氢催化剂所能接受的最高温度。因此，针对不同的炼油厂干气，应用了不同的原料预处理流程[31]。

延迟焦化干气所含硫的形态较为复杂，同时还含有(体积分数)7%左右的烯烃。针对延迟焦化干气的脱硫，开发的催化剂具有起活温度低、可耐受温度高的特点，焦化干气可以在较低的起活温度下进入加氢反应器、通过烯烃饱和放热不断提高温度，同时开始促进有机硫的转化。在反应器出口实现完全的烯烃饱和和有机硫转化，其温度仍然在催化剂可接受的最高操作温度以内。加氢后的气体进入下游的吸附反应器完成硫和氯的脱除。这种一次通过加氢脱硫流程，充分利用了烯烃饱和过程所放出的热量，流程简单、操作方便。

催化干气的烯烃含量(体积分数)在10%以上，加氢饱和所产生的温升超出加氢催化剂可接受的最高温度。为此需要采用等温＋绝热加氢脱硫流程，如图4－1－21所示。

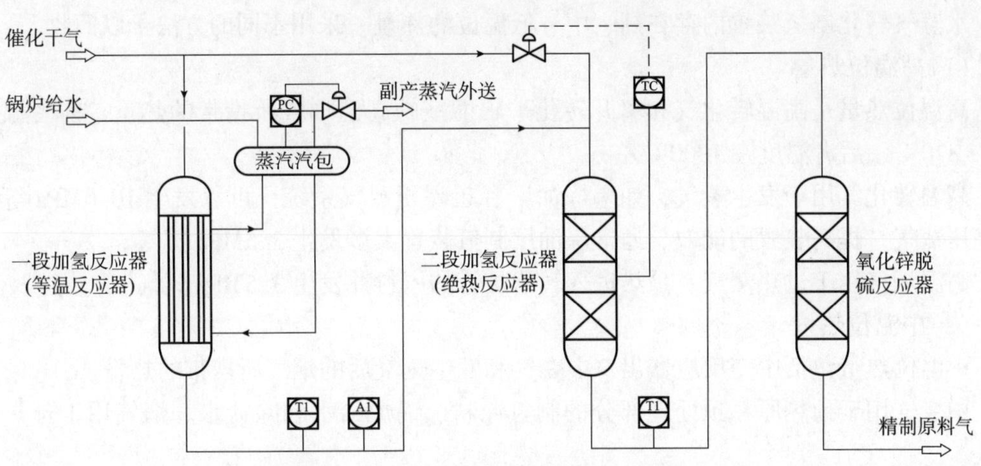

图 4-1-21　等温+绝热加氢脱硫流程

催化干气经过预热后分成两部分，主要的一部分进入等温加氢反应器，催化剂装填在反应管内，管外是锅炉给水。锅炉给水发生蒸气取走烯烃饱和所释放的热量，通过控制汽包压力，控制等温加氢反应器的反应温度。由于蒸气压力的限制，等温反应器的操作温度较低，在 250～270℃之间。在这个温度下，无论烯烃还是有机硫都无法完全转化。为此，在等温反应器的下游串联了绝热加氢反应器，等温反应器出口气体与不经过等温反应器的催化干气混合后进入绝热加氢反应器，通过调节不经等温反应器的催化干气量控制进入绝热加氢反应器的烯烃量，进而控制绝热反应器的最终温度，保证烯烃和有机硫的完全转化。

2. 水蒸气转化

水蒸气转化是天然气和炼油厂干气制氢装置的核心。经过预处理精制后的原料气，与水蒸气按照一定的水碳比(水的分子摩尔数与原料中碳的原子摩尔数之比)混合后进入转化炉对流室预热到 520～630℃后送入转化炉管。轻烃原料和水蒸气在转化炉管内的催化剂床层发生水蒸气转化反应，获得富含氢气和一氧化碳的转化气，在 820～870℃下离开转化炉管进入转化器蒸气发生器回收热量。转化反应所需要的热量由转化炉管外燃料燃烧产生的高温烟气提供。

3. 变换

离开转化炉的高温转化气在转化气余热锅炉内发生蒸气，自身冷却后进入变换反应器，在反应器内的催化化剂床层上，转化气中的一氧化碳和水蒸气发生变换反应器生成氢气和二氧化碳，提高氢气的收率。变换反应是放热过程，离开变换反应器的中变气温度升高进入下游热量回收部分。

与煤气化制氢装置的变换不同，天然气和炼油厂气制氢装置的转化气中不含硫和其他杂质，可以采用铁系常规转化催化剂，不仅使催化剂的费用降低，而且不会引发甲烷化反应。和煤气化制氢耐硫变换的原料气相比，水蒸气转化制氢的变换原料中的一氧化碳含量(体积分数)较低，只有 15% 左右，只需要一级变换就可以将中变气中的一氧化碳干基含量(体积分数)降低到 2% 以内。

4. 热量回收

热量回收部分用于回收高温烟气、高温转化气、中温变换气的热量，提高水蒸气转化装置的能量利用效率，进而减少碳排放强度。

水蒸气转化制氢装置内存在高、中、低温位的热量。采用不同的方法予以回收。

(1) 高温位热量

高温位热量是高温转化气和离开转化炉辐射室的高温烟气所携带的热量，前者温度在 820 ~ 870℃，后者温度在 1000℃左右。

高温转化气用于发生蒸气，如果炼油厂有超高压蒸气系统，可以发生 10.0MPa 等级的超高压蒸气，提高装置的能效。通常炼油厂制氢装置大多发生 3.5MPa 蒸气。

高温烟气用于过热蒸气、预热进入转化炉管的原料并发生 3.5MPa 蒸气。

(2) 中温位热量

中温位热量包括中变反应器出口中变气和发生蒸气后的烟气所携带的热量。

中变气用于预热原料预处理部分的制氢原料、锅炉给水和除盐水。烟气用于预热燃烧空气。

(3) 低温位热量

低温位热量指预热了锅炉给水和除盐水后的中变气，一般直接进入空冷和水冷冷却到 40℃送到氢气提纯部分。

水蒸气转化制氢装置的中变气的水蒸气含量高，在 160 ~ 170℃范围内达到了露点，开始有水蒸气冷凝，也就是有大量的潜热放出。直接送到空冷和水冷，大量的低温热都损失了。只要装置规模较大，可选择低温热发电回收这部分低温热，回收了低温热的中变气温度在 80℃左右，再送入空冷和水冷冷却。

5. 氢气提纯

与煤气化制氢类似，水蒸气转化制氢装置的氢气提纯有变压吸附和甲烷化两种工艺。变压吸附氢气提纯应用的广泛，2000 年后新建的天然气和炼油厂气制氢装置大都选择了变压吸附工艺。原因是水蒸气转化制氢装置的转化炉需要消耗燃料，变压吸附尾气可以直接作为转化炉燃料，在此基础上还需要补充部分外来燃料，变压吸附尾气基本没有浪费。

采用甲烷化提纯工艺，为了保证产品工业氢气的浓度，需要增设低变反应器获得一氧化碳更低的低变气。与煤气化制氢略有不同的是，低变气中不含硫、而且其中的二氧化碳含量相对较低，干基含量(体积分数)通常在 20% 以内。因此可以直接选择 MDEA 工艺进行二氧化碳的脱除，避免了建设能耗高的制冷单元。

需要指出的是，随着碳减排要求的提升，甲烷化工艺更有利于实现碳的捕集。采用变压吸附工艺，变换气组分中的甲烷、一氧化碳、二氧化碳和少量氢气进入转化炉作为燃料燃烧后放散。如果要对其中的二氧化碳进行捕集，和进入变压吸附前脱碳方案相比，不论是操作压力、温度，还是含有燃烧空气中携带的氮气和过剩的氧气，都不利于碳的捕集。

反观甲烷化工艺，为保证氢气的纯度，不得不通过降低操作压力、增设低温变换反应器，减少进入氢气提纯部分的变换气中的一氧化碳、甲烷含量。而且低变气压力较转化炉烟气高、温度只有 40℃，非常有利于二氧化碳的捕集。脱除二氧化碳后的净化变换气中的一氧化碳和二氧化碳全部转化为甲烷进入产品氢气，在整个工艺物流中基本没有二氧化碳的排放，装置的二氧化碳排放主要源于转化炉的烟气排放。

天然气和炼油厂干气水蒸气转化制氢的工艺流程如图 4 - 1 - 22 所示，简述如下。

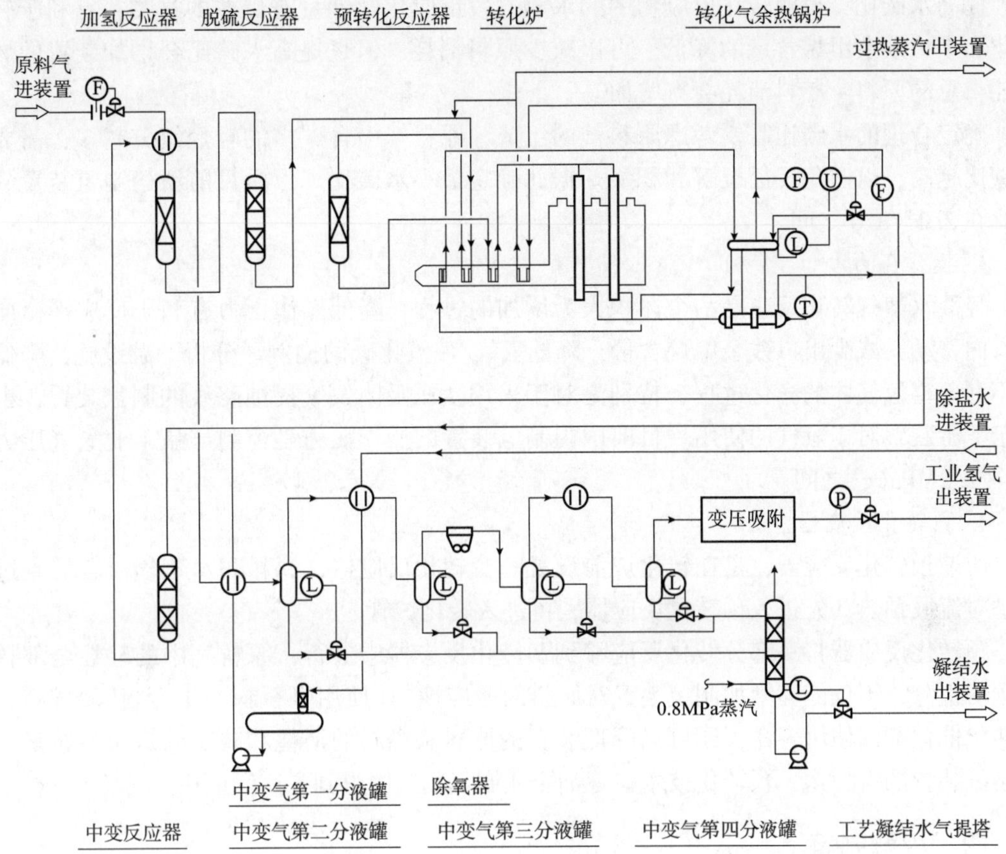

图4－1－22　天然气和炼油厂干气水蒸气转化制氢示意工艺流程

原料天然气/炼油厂干气进入装置与中变气换热后，依次通过加氢反应器和脱硫反应器，脱除原料气中的硫化物和氯化物。净化后的原料气与装置内自产过热蒸气混合，经过转化炉对流室预热后送入转化炉管。原料气中的轻烃和水蒸气在转化炉管内的催化剂床层上发生转化反应，获得富含氢气和一氧化碳的高温转化气离开转化炉进入转化气余热锅炉冷却，同时产生蒸气。冷却后的转化气进入中变反应器进行变换反应，经过换热冷冷却到40℃后，送入变压吸附氢气提纯单元，提纯后的氢气作为产品工业氢气送出，变压吸附尾气与来自装置外的燃气作为转化炉的燃料在转化炉内燃烧，为转化反应提供所需的热量。

（三）水蒸气转化制氢装置的主要影响参数

1. 转化炉管出口温度

转化炉管内发生的转化反应是强吸热过程，提高反应温度有利于反应平衡向反应产物方向移动，可以降低转化炉管出口的残余甲烷含量。同时，提高反应温度，有利于加快反应温度。因此，水蒸气转化制氢装置希望在较高的温度下操作，提高转化反应的转化率，降低原料消耗。但是，提高反应温度受到反应炉管的使用温度和催化剂的使用温度限制，现阶段国内水蒸气转化制氢转化炉的炉管出口温度一般在820～870℃之间。

2. 水碳比

水碳比是转化炉管进料中的水蒸气分子的摩尔数与碳原子的摩尔数之比，是影响转化炉操作性能的一个主要因素。

提高水碳比，说明转化反应物中的水蒸气较反应化学计量有更多的过剩，有利于轻烃转化和出口残余甲烷含量的降低，可以减少原料消耗。但是提高水碳比会增加装置的燃料消耗，总的原料 + 燃料消耗会有增加。

确定合理的水碳比需要考虑原料气的组成，原料气中含碳多的轻烃组分越多，需要的水碳比越高，以避免轻烃裂解和积炭。据此确定最小水碳比。国内目前新建制氢装置的水碳比在 2.2 ~ 3.0 之间。

3. 操作压力

轻烃水蒸气转化反应是一个体积大为增加的过程，降低操作压力有利于反应平衡向产物方向移动，减少出口残余甲烷含量，降低氢气/一氧化碳的比例。分析下游设施，降低压力不利于富氢气体的净化过程，特别是对于采用变压吸附氢气提纯路线的制氢装置，也不利于下游装置对于氢气的使用。目前国内制氢装置的操作压力是控制产品工业氢气压力在 2.0 ~ 2.2MPa(g)之间。

4. 预转化反应器

所谓预转化反应器，是在转化炉前设置一台转化反应器，原料和水蒸气混合后经过转化炉对流段预热，先进入预转化反应器，再进入转化炉管。

预转化反应器将一部分转化反应移到预转化反应器中进行，原料气中的轻烃全部转化为碳一组分，不仅能够增加制氢装置对原料的适应性(如使用轻石脑油作为制氢原料)，延长转化催化剂的使用寿命，还可以降低装置的原料和燃料的消耗和减少外送蒸汽数量。随着制氢装置的大型化，预转化技术在炼油企业制氢装置中得到了广泛应用。

四、甲醇制氢

大规模甲醇的生产基本上都是先生产富含氢气和一氧化碳的合成气，再经变换调整氢气/一氧化碳比例、脱除有害杂质，最后经一氧化碳和氢气的合成反应，获得甲醇气。这个过程和氢气生产的路线非常相似，实际上甲醇的生产首先要获得富含氢气的合成气，也就是甲醇是氢气进一步合成反应后的产物。

自然界基本没有天然甲醇，因此，以甲醇为原料生产氢气可以认为都是上述甲醇合成过程的逆过程。此过程无论从能量利用，还是全生命链的生产过程和成本来看都是不合适的，因此国外少有大型甲醇制氢装置。但是，甲醇制氢工艺流程简单、操作条件缓和，在氢气用量少且氢气成本对项目效益影响甚微的地方，也可能建设甲醇制氢装置。我国的甲醇大部分来自煤炭，成本相对低廉，在没有价格合理的天然气资源，且限制煤炭使用或制氢规模偏小，不适合建设煤气化制氢的地方，甲醇制氢尚有一定的竞争力。

(一)甲醇制氢原理

甲醇制氢有三种方法，即甲醇裂解、甲醇蒸气转化和甲醇部分氧化。已建成的甲醇制氢装置基本上都是采用甲醇水蒸气转化工艺，其化学反应方程见式(4 - 1 - 18)。

$$CH_3OH + H_2O \xlongequal{\quad} CO_2 + 3H_2 \qquad +49.5\ kJ/mol \qquad (4-1-18)$$

该过程的原料为甲醇和水蒸气，可以看作是甲醇裂解反应和一氧化碳变换反应的总反应。1mol 甲醇可以直接获得 3mol 氢气。甲醇水蒸气转化反应是吸热过程，需要外界提供反应所需的热量。

甲醇水蒸气转化过程，转化气中只有少量的一氧化碳作为副反应生成，数量(体积分数)不超过1%，因此甲醇水蒸气转化装置，不需设置变换反应器，转换气可冷却后直接送变压吸附提纯生产工业氢气。

(二)工艺流程

甲醇水蒸气转化制氢工艺有几个特点：

1)没有原料精制设施。原料甲醇不含对催化剂有毒害作用硫和氯，不需要设置原料精制设施。

2)不需要变换反应器。

3)甲醇水蒸气转化反应温度在270℃左右，较为缓和，不需设置专门的加热炉，可以采用导热油系统或电伴热提供反应所需的热量。

4)为保证甲醇的完全转化，进入转化反应器的水蒸气数量大于化学反应计量所需的水蒸气。过剩的蒸气在换热冷却部分分离后可全部与甲醇混合后作为原料使用，没有工艺凝结水外排。

甲醇水蒸气转化制氢装置的示意流程如图4－1－23所示。与水蒸气转化制氢流程相比，流程简单，流程简述如下。

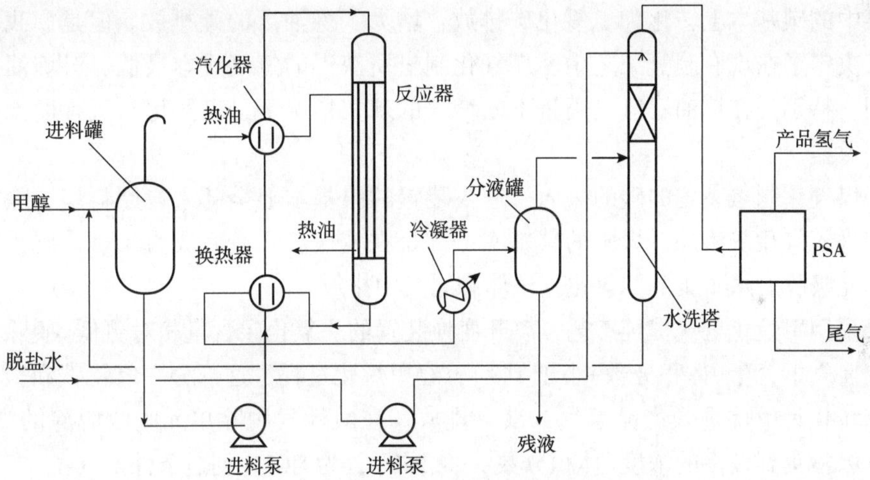

图4－1－23　甲醇水蒸气转化制氢示意流程

进入装置的原料甲醇与除盐水和循环凝液混合，经与离开甲醇转化反应器的合成气换热后，再与导热油换热到230～280℃成为过热的气相进入转化反应器，导热油提供转化反应所需的热量。离开转化反应器的合成气与原料换热和冷却后，在分液罐分出凝液进入水洗塔去除少量未反应的甲醇后进入变压吸附部分提纯氢气。

(三)主要操作条件

1. 反应温度

甲醇水蒸气转化反应是吸热反应，温度升高有利于甲醇的转化和反应物的生成。随着反应温度的升高，甲醇的转化率提高但合成气中的一氧化碳的数量增加。通常转化催化剂采用用铜系催化剂，温度高会引起晶粒的长大。因此反应温度在230～280℃之间。

2. 水醇比

水醇比是进入转化反应器的水的摩尔数和醇的摩尔数之比，操作时的水醇比高于化学反应计量所需的水醇比，且水醇比越高，越有利于醇的完全转化，并且降低合成气中的一氧化碳含量。但是过高的水醇比会造成装置能耗的提高。通常工业装置采用的水醇比在1.5～2.0之间。

五、绿色低碳转型环境下的化石能源制氢

本节所介绍的各种化石能源制氢技术在炼油厂广泛应用，有的技术已有超过50年的应用历史，如轻烃水蒸气转化制氢技术。随着全球气候变暖，温室气体特别是二氧化碳的排放引起全社会日益增强的关注，绿色低碳转型成为当下经济可持续发展的重要主题。

各种化石能源制氢，无论是原料，还是燃料，其中的碳元素都没有作为氢气产品的一部分得到利用，它们都转化成二氧化碳排放了。因此，化石能源制氢的碳排放在炼油厂绿色低碳转型的背景下成为必须加以研究的课题。

1. 煤气化制氢和重油气化制氢

在碳减排呼声下首当其冲的是煤气化制氢，还包括重油气化制氢。煤中的主要成分是碳，制氢装置的产品是氢，煤气化制氢所获得的氢气大部分来自水，只有很少一部分来自煤中的氢元素，因此，从元素利用角度分析煤制氢是不合适的。而且，煤引进炼油厂生产氢气，煤中的碳基本上转化为二氧化碳排放，增大了炼油厂的碳排放。但是，我国能源禀赋的特点决定了在现有制氢工艺中，煤气化制氢所获得的氢气成本最低，对炼油厂的经济效益有利，特别是在炼油厂氢气用量不断增大的现实情况下，煤气化制氢有助于提高炼油厂的经济效益。

关于煤气化制氢装置的碳的去向，进入装置的碳基本上全部来自原料煤，除极少数未转化的碳进入气化灰渣外，煤中的碳基本上都是在变换单元最后成为二氧化碳，并在酸性气脱除单元吸收后从富集的二氧化碳气体和尾气中排放。

如果采用甲烷化氢气提纯工艺，离开变换装置的一氧化碳含量相对更低[脱除二氧化碳的净化变换气中含量(体积分数)小于1%]，经甲烷化过程，这部分一氧化碳和微量的二氧化碳全部转化为甲烷进入产品氢气，没有排放。在酸性气脱除单元吸收脱除的二氧化碳，大部分可以富集到较高的浓度(体积分数>98.5%)，为CCUS创造条件。

因此，对于煤气化制氢，也包括重油气化制氢，面对绿色低碳转型，可以采用下面的方法，最大限度地将原料煤中的碳以二氧化碳的方式富集，为生产蓝氢创造条件。

1)选择甲烷化氢气提纯工艺，同时提高变换单元的反应深度，降低净化变换气中的一氧化碳含量。

离开变换单元的一氧化碳，最终在氢气提纯单元从产品氢气中脱除。如果选择变压吸附提纯工艺，这部分一氧化碳进入尾气，作为燃烧气使用后成为二氧化碳排放。由于变压吸附氢气收率的限制，为生产同样数量的氢气不得不增加原料煤的用量，也就增加了装置的二氧化碳排放量。

因此，从减少碳排放而言，煤气化制氢(包括重油气化制氢)更适合选择甲烷化氢气提纯路线。这样，为保证产品氢气的浓度，需要增加变换的深度，降低变换气中的一氧化碳含量。

2)酸性气脱除单元尽可能将变换单元送来的变换气中的二氧化碳脱除后富集。

采用低温甲醇洗工艺的酸性气脱除单元脱除变换气中的二氧化碳后，经过闪蒸、氮气

气提、蒸汽汽提几次解吸，获得贫甲醇循环使用，其中闪蒸解吸的二氧化碳浓度(体积分数)达到98.5%以上。氮气气提的目的是富集送到硫黄回收装置的酸性气中的硫化氢浓度，同时用氮气气提可以节省能耗。但这样一来，排放尾气带有大量的氮气，不利于二氧化碳的富集与提纯。因此为最大限度地获得较高浓度的二氧化碳，可以用蒸汽汽提替代硫化氢富集部分的气提氮气，获得较高浓度的二氧化碳，为CCUS做好准备。

2. 天然气和炼油厂气制氢

天然气和炼油厂气中的碳含量远小于煤和重油中的碳含量，但是这些碳也没有充分利用，而是在生产氢气的过程中以二氧化碳的形式排放了。

分析天然气制氢装置的碳去向可以发现，其中的碳一部分用作原料，其余部分用作燃料。用作原料部分的碳，最后在变换后基本上都以未转化的甲烷、一氧化碳和产生的二氧化碳的方式存在，如果采用变压吸附氢气提纯，这部分碳进入尾气与燃料气混合后在转化炉燃烧为烟气，全部转化为二氧化碳排放了。

从二氧化碳捕集分析，在进入氢气提纯之前，变换气的压力较高，温度为常温，与从转化炉烟气中分离二氧化碳相比要容易得多。因此，天然气和水蒸气转化制氢装置可以采用下面的措施最大限度地获得较高纯度的二氧化碳，为CCUS做好准备。

1)增加低温变换，提高变换的深度，降低进入氢气提纯部分的一氧化碳含量。

在中温变换下游串联低温变换，可以将进入氢气提纯部分的变换气中的一氧化碳含量(体积分数)降低到0.3%以内。

2)在进入变压吸附前增加脱碳设施。

通过增加脱碳设施，如MDEA吸收-解吸设施，可以将变换气中的二氧化碳全部捕集并获得浓度(体积分数)大于99%以上的二氧化碳，有利于二氧化碳的利用。这样进入变压吸附尾气中的碳只有未转化的残余甲烷和少量的一氧化碳，原料中的碳大部分被捕集。

通过上面的分析可以看出，化石能源制氢无法获得没有碳排放的绿氢，但是可以采用不同的方法，将原料中的碳大部分捕集并获得较高浓度的二氧化碳。这些二氧化碳如果有合适的用途或存储方式，可以将所生产的“灰氢”转变成“蓝氢”。但前提是有合适的二氧化碳用户或储存方式，二氧化碳的利用和储存才是CCUS过程中最为困难的。从目前的技术水平分析，要生产绿氢，只能选择非化石能源制氢。

第三节　非化石能源制氢

氢气作为二次能源，无论是通过燃烧发电，还是通过燃料电池发电，在使用过程中都没有碳排放，而受到人们的青睐，氢能也成为未来能源发展的重要领域。虽然氢气使用过程没有碳排放，但氢气生产过程不都是没有碳排放的。为此，根据生产过程二氧化碳的排放和去向，氢气被分成灰氢、蓝氢和绿氢。显然绿氢才是氢能发展追求的目标。

利用可再生能源发电，通过电解水制取氢气，是目前绿氢生产的一个最重要途径。可再生能源发电包括水电、潮汐发电、地热发电、光伏发电和风力发电，其中光伏、风电耦合电解水绿氢制取技术最受关注。

一、光伏、风电耦合电解水制氢

（一）电解水制氢技术

与采用化石能源为原料生产氢气的方式不同，电解水制氢通过电化学反应，将水进行分解，获得氢气和氧气。

1. 电解水制氢的原理

电解水制氢是在电极两端施加足够大的电压，水分子在阴极发生析氢反应产生氢气，同时阳极发生析氧反应产生氧气。以碱水电解反应为例，电解过程在阴、阳极的反应见式(4－1－19)和式(4－1－20)，电解过程示意图如图4－1－24所示。

阴极反应　$$2H_2O + 2e^- = 2OH^- + H_2 \quad (4-1-19)$$

阳极反应　$$2OH^- - 2e^- = H_2O + 1/2\ O_2 \quad (4-1-20)$$

总反应为　$$2H_2O = 2H_2 + O_2 \quad (4-1-21)$$

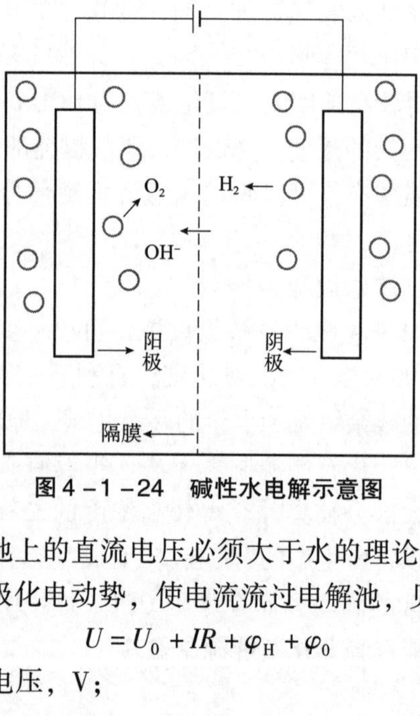

图4－1－24　碱性水电解示意图

电解水过程，加在电解池上的直流电压必须大于水的理论分解电压，还需要克服电解池的各种电阻电压降和电极极化电动势，使电流流过电解池，见式(4－1－22)[32]。

$$U = U_0 + IR + \varphi_H + \varphi_0 \quad (4-1-22)$$

式中　U_0——水的理论分解电压，V；

I——电解电流，A；

R——电解池的总电阻，Ω；

φ_H——阴极氢析出超电位，V；

φ_0——阳极氧析出超电位，V。

水的理论分解电压可以根据水电解过程的吉布斯自由能计算。在一个大气压和25℃状态下，计算得到的理论分解电压为1.23V。从能量消耗的角度看，应该尽可能地降低电解电压，这样可以降低电解过程的电耗。

电解水制氢设施除了电解池外，还需要配套氢气纯化设施。在电解过程中，难免有氧气穿过隔膜进入氢气侧、氢气穿过隔膜进入氧气侧，对于碱性水电解槽，会有液滴携带在氢气、氧气物流中。纯化设施包括脱氧和脱水干燥两个部分，通常使用催化氧化将氢气中的微量氧气转化为水蒸气，再经过干燥脱除携带的液滴和水蒸气，获得产品氢气。

电解水制氢技术根据电解质的不同主要分作三类，碱性水电解水制氢技术(ALK)、质子交换膜电解水技术(PEM)和固体氧化物高温电解水制氢技术(SOEC)。三类电解水制氢技术的性能对比见表4-1-12。

表4-1-12　三类电解水制氢技术的性能对比

电解池类型	碱性电解池(ALK)	质子交换膜电解池(PEM)	固体氧化物电解池(SOEC)
电解质	20%~30% KOH或NaOH	PEM(常用Nafion)	Y_2O_3/ZrO_2
工作温度/℃	70~90	70~80	700~1000
电耗/(kW·h/Nm^3)	4.5~5.5	4.2~5.5	2.6~3.6
电堆寿命/h	可达到15年	已达到10000	—
电解槽成本/(美元/kW)	850~1500	约2000	1000~1500
特点	最为成熟，商业化程度高，成本低	可再生能源适应性较好，成本高，产业化程度低	部分电能被热能取代，转化效率高，高温限制材料选择，尚未实现产业化

2. 碱性电解水制氢

碱性电解水制氢是最为成熟的电解水制氢技术。

(1)碱性水电解水制氢设施的构成

碱性水电解水制氢设施由电解槽、碱液循环和纯化三个部分组成。碱性水电解槽是核心，主要由电极、隔膜、电解质溶液和电解池四个部分组成。见图4-1-25[32]。

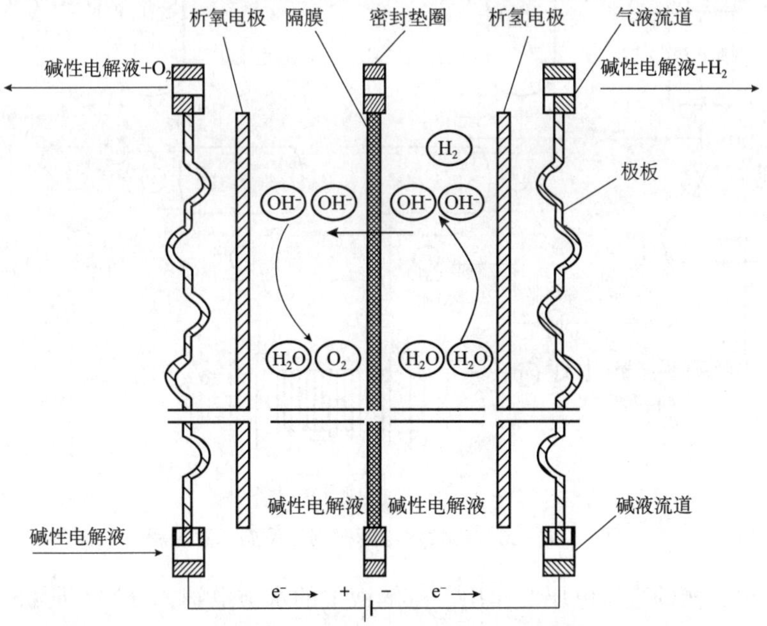

图4-1-25　碱性电解槽示意图

电解质溶液置于电解池内，整个电解池由隔膜分隔为两部分。阴极电极和阳极电极分别浸没在阴极侧和阳极侧电解质溶液中。电解液通常是氢氧化钾或者氢氧化钠的水溶液，以补偿纯水极低的导电性能，提高电解效率，电解是在碱性水环境中完成的。

碱水电解池的隔膜要允许电解液通过，同时隔断气体在隔膜两侧的相互扩散，还要具备较强的耐碱腐蚀能力，是碱性水电解池重点材料之一。经过多年的技术进步，隔膜从最早使用的石棉材料逐渐发展为高分子材料(聚四氟乙烯、聚砜、聚亚苯基硫醚)和特定无机材料交联形成以聚合物为骨架，无机材料为亲水基团的复合隔膜，如聚四氟乙烯 - K_2TiO_3，聚砜 - ZrO_2。

电极是决定碱性水电解槽产氢效率的最关键部件。电极需要具备快速的析氢、析氧能力和良好的导电性能，电极还要具有高的比表面积，增大有效表观电解面积和电流密度。电极的表面的催化剂的性能也是决定电极性能的重要因素，是碱性水电解水技术的核心[33]。

水的电解过程是在电解池内进行的。在外部电压作用下，阴极表面的水分子的氢氧键被打断，得到 H^+ 和 OH^-，H^+ 得到外部电子后生成 H 原子，进而产生 H_2。OH^- 迁移，穿过隔膜达到阳极，每 2 个 OH^- 离子中有一个 O^{2-} 被外部电路夺走两个电子，生成氧原子和水分子，进而产生 O_2。

(2)工艺流程

碱性电解槽制氢设施的流程如图 4 - 1 - 26 所示。

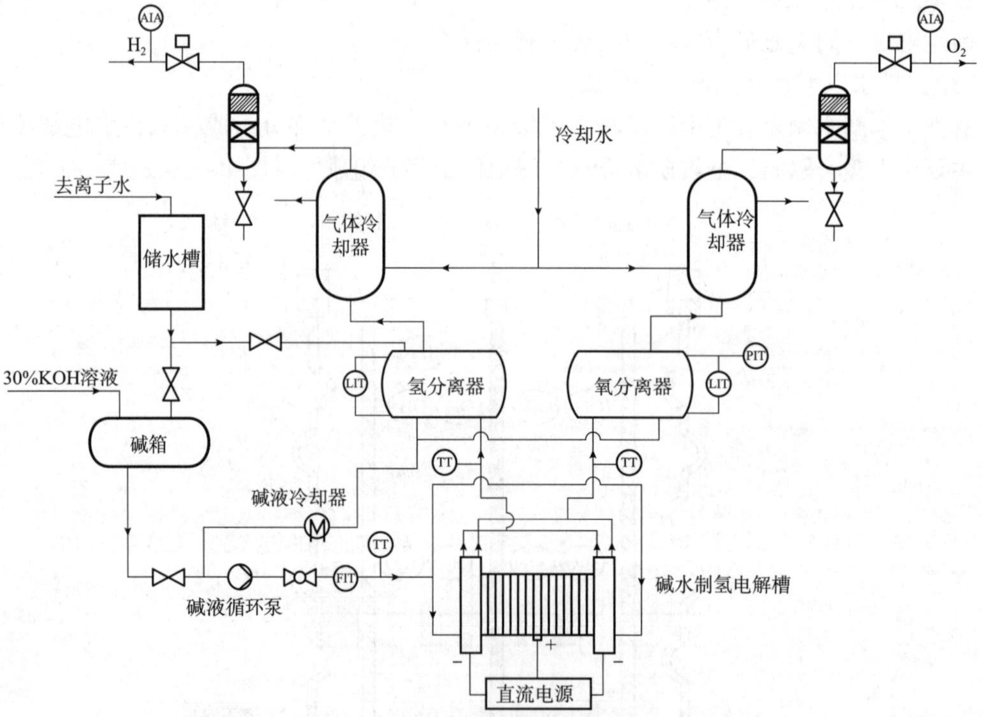

图 4 - 1 - 26　碱性水电解槽制氢设施示意流程

受施加在电解槽的直流电压的作用，电解液中的水被电解，分别在阴极和阳极获得氢气和氧气，阴极获得的氢气与电解液一道进入氢分离器进行气液分离。氢气进入气体冷却器冷却后进入纯化设施，通过催化氧化将氢气中的少量氧气转化为水，进而在吸附床中脱除，获得产品氢气。氢分离器分出的电解液与氧分离器分出的电解液混合后经碱液循环泵升压循环返回电解槽。储水罐中的去离子水定量送入氢分离器，补充电解过程的水消耗。

碱性水电解池制氢设施的性能除了与直流电压和电流分布有关外，从工艺角度分析，电解槽的操作压力和电解槽内电解质的操作温度也对电解水制氢设施的性能有一定的影响。

电解槽在高工作压力下运行时，电解液含气度降低，从而使电解液电阻减小。因此，在一定范围内，提高压力有利于提高电解槽的性能，但工作压力不宜过高，否则会增大氢气和氧气在电解液中的溶解度，导致它们通过隔膜重新生成水，从而降低电流效率。国内用于制氢的碱性水电解槽的操作压力在1.9MPa(g)左右。

提高工作温度同样可以使电解液电阻降低，为维持电解反应效率，电解液需要维持一定的温度，但过高的电解质温度会导致电解液对电解槽的腐蚀加剧，碱式系统的工作温度在100℃以下[34]。工业应用的碱性水电解槽的操作温度通常在50~80℃之间。

(3)碱性水电解槽的进展和未来研究方向

碱性水电解槽技术最为成熟，应用最为广泛，碱水电解槽的单系列规模不断增大，目前1000Nm^3/h产氢能力的电解槽已经成为采用碱水电解槽的大型电解水制氢装置的标准配置。除此之外，对碱性水电解制氢的研究主要是围绕提高电解效率进行，最有效的思路就是降低过电位，隔膜材料、析氧和析氢电极技术也在不断地进步。采用钙态矿型氧化物、尖晶石型氧化物覆盖常规的镍阳极表面，形成活性涂层，析氧能力提高，降低了析氧过电位。多孔析氢电极的发明显著降低了析氢过电位，促进了碱水电解技术的发展。实际上碱水电解制氢技术的缺陷主要是固体碱性电解质和隔膜造成的，用固体碱性氢氧根阴离子交换膜的(AEM)碱性电解水制氢技术是其发展方向[35]。

3. 质子交换膜电解水制氢

(1)质子交换膜电解槽简介

与碱性电解池不同，在质子膜(PEM)电解池的阳极，水分解生成氧气和质子，质子穿过质子交换膜迁移到阴极，然后在阴极还原生成氢气[36]。

质子膜(PEM)电解槽由多个电解单元组成，每个电解单元由中心到外依次是质子交换膜、阴阳极催化层、阴阳极气体扩散层、阴阳极端板(见图4-1-27)。其中扩散层、催化层与质子交换膜组成膜电极(MEA)，是整个水电解槽物料传输以及电化学反应的重要场所，膜电极特性与结构直接影响PEM水电解槽的性能和寿命[37]。

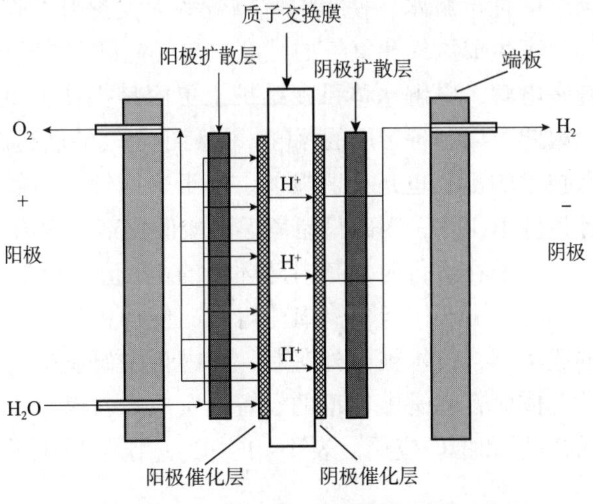

图4-1-27 质子膜电解槽电解单元示意图

质子交换膜充当固体电解质作用，在电解时，水在阳极分解产生的质子需要通过膜迁徙到阴极后被还原，完成整个电解过程。在保证质子迁徙的过程中，膜还要作为隔离电解过程中阴阳极产生的氢、氧气体的隔膜。商业化的质子膜主要有美国杜邦公司生产的Nafion膜、陶氏化学生成的 Dow 膜、日本旭硝子(Aashi)公司生产的 Flemion 膜[38]。其中 Nafion 膜的应用最为广泛。

阴阳催化层上发生析氢和析氧反应，这两个反应都是在催化剂的作用下实现的。析氧反应涉及 4 个电子转移，过电位比析氢高出许多，对催化剂的活性要求高。析出的氧气有强氧化性，对阳极侧的催化剂及载体与电解池材料产生强烈的氧化腐蚀作用。目前，析氧催化剂主要是 IrO_2 和 RuO_2。在阴极催化层析出的氢原子容易对这一侧的催化层材料发生氢脆[35]。析氢反应包含两步质子 - 电子传递，催化剂的性质决定析氢反应经历的过程[39]。工业上应用的析氢催化剂为 Pt 基催化剂，使用最多的是 Pt/C 催化剂，催化层上 Pt 的用量为 0.4 ~ 0.6 mg/cm^2。

扩散层是置于两侧催化层和双极板之间的多孔介质，在电极与双极板之间起到导电作用，同时，能有效地在电极和流道之间进行气体传输。扩散层不仅具有支撑催化剂覆膜电极、均匀分配反应水、及时排出生成气的作用，还实现传导电流的功能。扩散层需要选择高耐腐蚀性、高导电性以及良好气液传输的多孔钛材料，同时再进行表面处理，进一步提高其稳定性[40]。

端板在 PEM 电解槽中主要起传导电子、分隔阳极及阴极产物、支撑膜电极的作用。用作端板的材料必须具有满足本体电导率高、与膜电极接触电阻低、抗腐蚀性能好的要求。在端板上设计的微流道，以及板材的自身性质，可以使膜电极均匀通电，电解液及气体能良好地流通和扩散，有利于氧气和氢气的收集。

(2) 质子膜电解槽的特点

质子膜电解水技术的出现和发展与质子交换膜或者说固体聚合物电解质的出现密切相关。PEM 的应用使得阴阳极间的距离缩减到几百毫米至几十微米，显著减少了由离子迁徙引起的这部分能耗，这种电解水方式的运行槽压在 2.0V 左右，虽然槽压并没有显著降低，但其运行电流密度远高于碱性电解水，使得电解槽效率大大提升。作为隔膜，又能减少阴阳极气体的互串，从而提高生成氢气和氧气的纯度，氢气纯度(体积分数)可达到 99.5% 以上。此外，由于采用纯水电解，电解水体系在维护上更容易操作，也更安全。质子膜电解槽可承受一定的压力，因此可以制备带压的氢气，有利于氢气的储运。

质子膜电解水制氢技术的不足也是很明显的。由于采用纯水电解，其本质为酸性电解水，催化剂需要在酸性条件下工作，因此只能考虑耐酸催化剂，仅有一些贵金属如 Pt 系金属能够作为电催化剂。电解槽在运行时，其内部环境的 pH 值可以低至 2 ~ 4，电解槽的组件只能选择耐酸材料。同时，由于阳极的高氧化电位，使得析氧的电催化剂的选择范围更少。另外，电解质膜的成本高，技术被国外垄断，国内自主研制的质子交换膜的性能还不能达到国外先进水平。总体而言就是电解槽的设备投资成本较碱性电解槽高出许多，大大制约了 PEM 电解技术的发展和推广应用。表 4 - 1 - 13 对比了质子膜水电解槽和碱性水电解槽[37]。

表 4-1-13　质子膜电解槽和碱性水电解槽的对比

经济技术指标	碱性水电解		PEM 水电解	
	现状	未来目标	现状	未来目标
电流密度/(A/cm^2)	0.2~0.4	<0.8	1~2	1.5~3
压力/MPa	<0.3	6	<3	10
H_2电耗/($kW\cdot h/m^3$)	4.5~6.5	4.3~5.7	4.5~5.5	4.1~4.8
电解系统额定功率/MW	150	—	10~20	100
单堆产氢量/(m^3/h)	760~1000	1500	30	250
堆寿命/h	90000	90000	<50000	<60000
系统寿命/a	20~30	30	10~20	20~30
氢气纯度/%(体)	99.90	—	>99.99	—
动态响应速度/s	<60	—	数秒	—
投资/(美元/kW)	850~1500	800	2000~3000	800~1300

(3)质子膜电解水制氢设施工艺流程

质子膜电解水制氢技术，直接用纯水电解，不需要碱性水溶液作为电解液，PEM 膜能直接将氢气和氧气阻隔在阴阳两侧，膜可以承受两侧较大的压差，因此，即可提高氢气侧的氢气纯度，又使系统结构大为简化。示意流程如图 4-1-28 所示[41]。

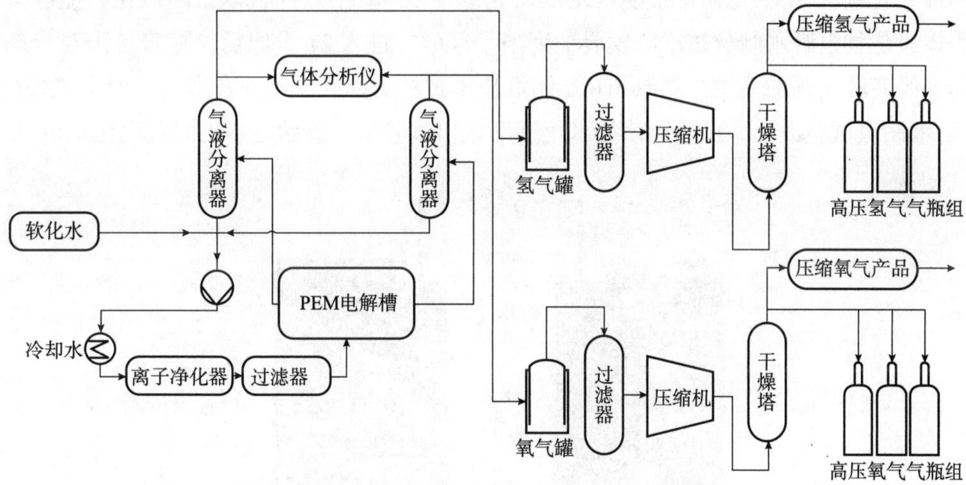

图 4-1-28　质子膜电解水制氢设施示意流程

除盐水经过升压、净化和过滤后送入 PEM 电解槽，电解产生的氢气和一部分除盐水进入气液分离器进行分离，气体氢气进入下游的纯化设施脱除其中的微量氧气和水蒸气后作为产品送出。气液分离器分离得到的水与补充软化水一道，经过加压后返回 PEM 电解槽。

(4)质子膜电解水技术的进展

由于在电极处使用铂等贵重金属，另外，Nafion 价格也较贵，PEM 电解槽的价格昂贵。为了进一步降低成本，研究工作集中在如何降低电极中贵金属的使用量以及寻找其他的质子交换膜材料。有机材料比如 Poly[bis(3-methyl-phenoxy)phosphazene]和无机材料如 SPS

都已经经过实验证明具有和 Nafion 很接近的特性[42]。随着研究的进一步深入，将可能找到更合适的质子交换膜，并且随着电极贵金属用量的减小，PEM 电解槽的成本将会大大降低，成为主要的制氢装置之一[43]。

对膜的改性研究主要有三个方面[44]：

1）用聚合物改性 PEM：用聚合物改性 PEM 后，膜的成本会有一定程度的降低，同时，膜的力学特性和尺寸稳定性也会有所提升。比如将聚偏氟乙烯纳米纤维浸入 Nafion 树脂，这种膜是一种三维的纤维网状结构，不仅有良好的力学性能，还有效地避免了复合膜的溶胀。

2）用贵金属催化剂沉积在表面改性：在氢气在阴极生成的时候，会有少量的氢气透过膜渗透到阳极侧，这会使阳极产生的氧气有部分氢气混杂在其中，使得阳极有安全隐患。通过在膜中沉积大量的微小铂颗粒作为消氢催化剂后，氧气就可以和氢气反应生成水以消除氢气。

3）用刻蚀在表面处理改性：这样可以极大增加电极的活性面积与膜的结合力，同时改变膜的湿润性，可以降低阻抗。但是过度的蚀刻会造成膜的机械强度降低，应该避免这种情况。

膜电极的催化剂的研发一般是开发低贵金属催化剂和研发新型的无贵金属催化剂[45,56]。

4. 固体氧化物电解水制氢

固体氧化物(SOEC)电解水制氢技术的研究源于 20 世纪 60 年代末，随后化石能源价格走低，固体氧化物电解水制氢技术的发展一度陷于停顿。进入 21 世纪后，随着各国对全球温室效应和气候变暖问题的关注，高温 SOEC 制氢技术重新受到关注，并开发出实验室规模的 SOEC 电解水制氢试验设施。目前，该技术正逐渐走出试验室，开始逐步走向规模化示范[47]。

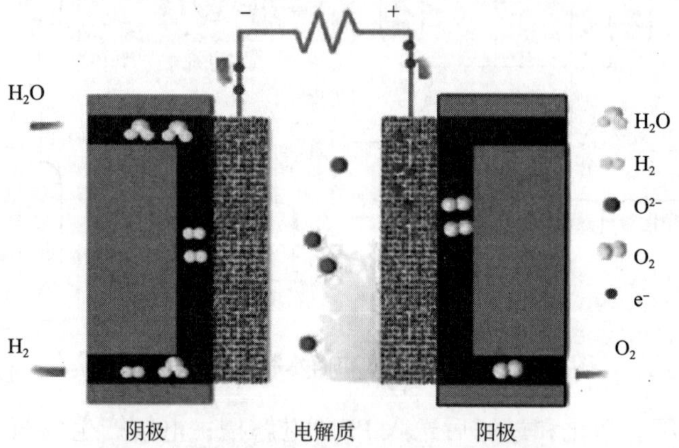

图 4-1-29　固体氧化物电解池原理图

(1) 固体氧化物电解槽概述

与碱性水电解槽和质子膜电解槽相比，固体氧化物电解槽的电解原料不是液态的水，而是高温水蒸气，电解温度高达 500～1000℃。图 4-1-29 是固体氧化物电解池的基本结构和原理示意图[48]。

电解池中间是致密的电解质层，用于隔开两侧的气体和传输氧离子。两侧是多孔的氢电极和氧电极，多孔的结构有利于气体的扩散和传输。氢电极和氧电极分别连接直流电源的负极和正极，通过电极反应将电能转化为化学能。

SOEC在电解水蒸气时，进入电解池的水蒸气要带有少量的氢气，保证阴极的还原气氛，防止阴极金属在高温下被氧化。水蒸气进入阴极，发生电解生成H_2和O^{2-}，O^{2-}通过电解质层的传送到达阳极侧，在阳极失去电子生成O_2。阴极和阳极的反应如下：

$$\text{阴极反应：} H_2O + 2e^- = H_2 + O^{2-} \quad (4-1-23)$$

$$\text{阳极反应：} O^{2-} = 2e^- + 1/2O_2 \quad (4-1-24)$$

电解质的主要作用是在阴极和阳极之间传递氧离子，同时起到分隔两级的氧化性气体和还原性气体的作用。因此，电解质材料除需具有高温稳定性外，还要具有较高的离子导电率和足够低的电子导电率，而且应该结构致密，氧化还原稳定性好。电解质的电阻率比电极材料高几个数量级，因此，电解质是电解池欧姆阻抗的主要来源。为减小电解质的欧姆阻抗，电解质层应尽量薄膜化，并研发低阻抗材料。目前的高温固体氧化物电解池通常使用8%(摩尔分数)的Y_2O_3稳定的ZrO_2作为电解质，具有比较高的离子电导。

阳极是氧气产生的场所，也称作氧电极。除了要具有高温条件下的稳定性和与电解质材料的良好兼容性外，阳极材料还要具有高的电子、离子导电率以及氧离子表面交换系数，具有多孔结构以利于氧气的通过。阳电极的组成是典型的电子导体、电子/离子导体或混合电子离子导体，主流阳电极材料是基于MICE的高温导电陶瓷材料。

阴极的反应是水蒸气分解产生氢气，因此阴极又称作氢电极。其主要作用是为水蒸气分解反应提供场所，为电子、离子传输提供通道。阴极材料在高温高湿条件下结构和组成必须稳定，还要具有良好的电子电导和较高的氧离子电导率以保证电子及氧离子的传输，同时对于水蒸气的分解具有较好的催化活性。另外，阴极材料应具有较高的孔隙率，多孔结构可以保证电解所需水蒸气的供应及产物的输出，提供电子从电解质/阴极界面到连接体材料的传输路径。

(2)固体氧化物电解槽特点

进入固体氧化物电解槽的是高温的水蒸气，因此，电解的能量除了电能外，还有水蒸气带入的高温热能。所以利用SOEC高温下电解水蒸气制氢与常规的碱性电解槽制氢和质子膜电解槽制氢相比，耗电量减少。

从热力学角度分析，SOEC电解的能量由电能和热能两部分构成：

$$\Delta H = \Delta G + T\Delta S \quad (4-1-25)$$

式中　ΔH——电解过程反应的焓变；

ΔG——电解反应的吉布斯自由能；

T——电解温度；

ΔS——反应的熵变。

电解水的理论电解电压可用下式计算：

$$E = -\Delta G/(N \times F) \quad (4-1-26)$$

式中　E——指定温度下电解水的理论电压；

N——1mol H_2O电解时参与电极反应的电子数量；

F——法拉第常数。

结合式(4-1-25)和式(4-1-26)，可以计算不同电解温度下电解水的理论电解电压和所需要的电能。其与电解温度的关键如图4-1-30所示。

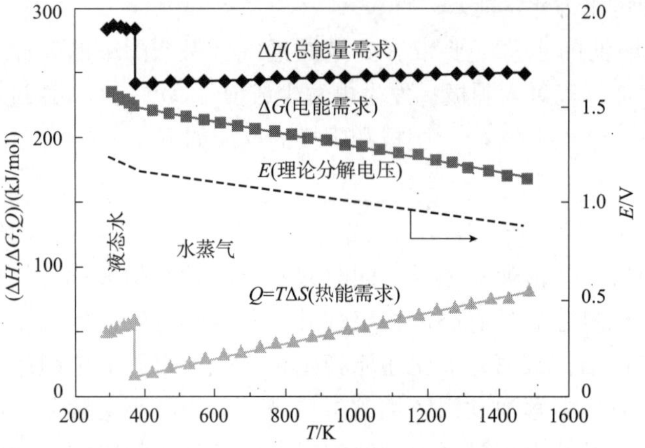

图 4-1-30　高温水蒸气电解能量需求图

分析图 4-1-30 可以看出，随着电解温度的提高，电解水的理论电压和电解电能需要均下降，但总能的能量需求增加，原因是高温热能提供了一部分电解所需能量。

从动力学角度，提高操作温度可以加快电极反应速率，使阴极和阳极的过电位显著降低，有效地减少了电解过程的能量损失。SOEC 采用氧离子导体材料作为电解质，其离子电导率随着温度的升高而增加，进一步降低了其欧姆损失，实验室 SOEC 电解制氢的电解效率可以接近 100%。因此，从热力学和动力学角度考虑，高温电解水制氢可以得到更高的能量转化效率。三种电解槽技术的对比见表 4-2-14 和图 4-1-31[47]。

表 4-1-14　三种水电解技术典型制氢系统主要性能对照表

技术参数	碱性电解槽	质子膜电解槽	固体氧化物电解槽
电耗/(kW·h/Nm^3)	4.3~5.5	5	3.6
装置公称能力/MW	6	1.5	0.15
操作弹性/%	25~100	1~100	-100~100
启动时间/min	1~5	<1	>60
运行 1000h 性能衰减率/%	0.25~1.5	0.5~2.5	0.6
装置使用寿命/h	55000~96000	60000~100000	16000

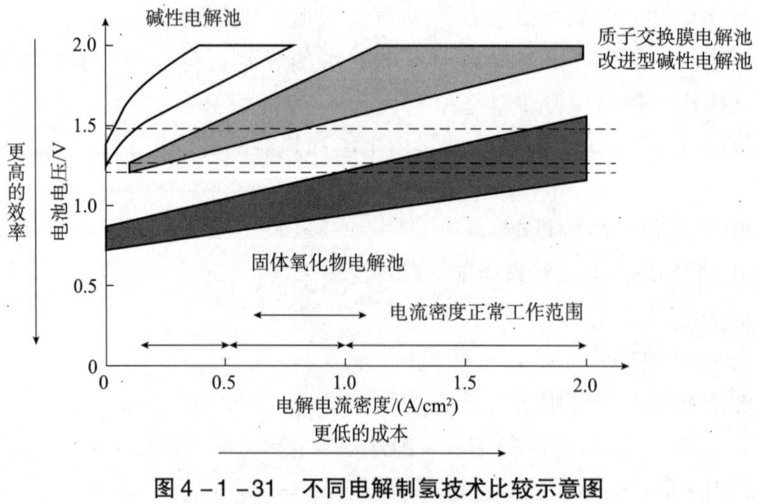

图 4-1-31　不同电解制氢技术比较示意图

从三种技术比较来看，SOEC 电解制氢具有更高的效率，但是其研究工作尚未成熟，正在逐步走向规模示范阶段。

(3)固体氧化物电解制氢流程

固体氧化物电解制氢设施，使用水蒸气作为电解原料，为防止阴极高温氧化，还要在水蒸气中加入少量的氢气，一种固体氧化物制氢设施的示意流程如图4－1－32所示。

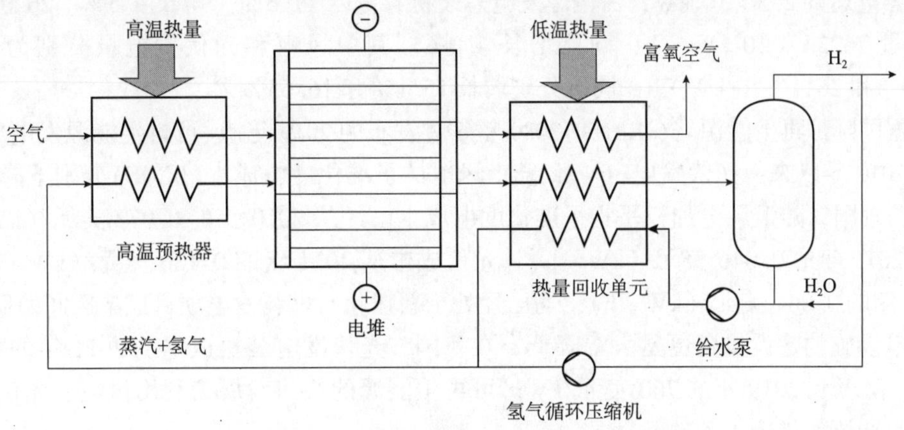

图4－1－32　固体氧化物电解制氢示意流程

蒸汽和少量氢气经过原料高温热预器预热后进入固体电解槽的阴极侧，预热后的空气进入阳极侧。电解后阳极的富氧空气经换热冷却后排放，阴极生成的氢气和水蒸气进入阴极产物换热器冷却，同时预热和气化用作电解原料的脱氧水。冷却后的阴极产物进入分液罐分液，气态氢气作为产品氢气送出，分离下的凝结水与补充除氧水混合，经泵升压后在阴极产物换热器预热和汽化，并与一部分压缩后的循环产品氢气混合，进入原料高温预热器，完成循环。

(4)固体氧化物电解水技术发展

固体氧化物电解水技术已经开始小规模的工业示范，但是其成熟度不高，需要进一步解决材料、组件和系统集成的技术问题[47]。

固体氧化物电解槽在高温下操作，要求组成材料有较好的热稳定性和化学稳定性。针对起传导氧离子作用的电解质，基于氧化锆基的电解质材料是首选，优化工作侧重于电解质的薄膜化，进一步减少电解的欧姆损失，提高电解性能。析氢阴极材料目前常用的Ni/YSZ复合电极具有内在的氧化/还原循环稳定性差的问题，开展的研究是具有混合离子－电子电导的钙钛矿类材料，这些材料具有良好的氧化/还原稳定性，但和Ni/YSZ材料相比，电流密度较低。相对阴极，阳极(氧电极)有更大的过电位要求，是主要的极化损失来源。研究较多的MIEC材料主要有钙钛矿型氧化物、Ruddlesden－Popper(RP)型层状氧化物、双钙钛型氧化物。

电堆是高温固体氧化物电解水技术的核心，在工作模式下，进入的氢气和水蒸气混合物经过电堆得到纯氢和纯氧的产物。进料其中一般有少量的氢气，防止Ni－YSZ电极在高温高湿条件下的氧化，进气中需要有足够高含量的水蒸气保证电解的顺利进行，电解槽的开路电压与进气中氢气和水蒸气分压密切相关，需要精确控制系统中水蒸气组成稳定。电解槽不断产生高温的氢气和氧气还需要冷却和热交换以保证热能的有效利用。

(二)光伏、风电耦合电解水制氢

风力发电和光伏发电近年来得到快速发展，在本书第三篇对风力、光伏发电技术及其进展进行了介绍。实际上，光伏、风电发展带来的绿电发电量的增加和成本的持续降低，为可再生能源生产绿氢创造了条件。

2020 年全国风电新增装机 7167×10^4kW，累计装机容量达到 2.8×10^8kW，占全国发电总装机(22×10^8kW)的 12.8%，增长 9.5%；全国光伏发电新增装机 4.82×10^7kW，累计并网装机容量达到 2.5×10^8kW，占全国发电总装机容量的 11.5%，增长 9.5%。2020 年，全国发电量 76236×10^8kW · h，同比增长 4.0%。其中风电和光伏发电量分别为 4665×10^8kW · h和 2611×10^8kW · h，同比分别增长 15.1% 和 16.65%[49]。

根据国际可再生能源署(IRENA)2020 年 6 月发布的 2019 年版《可再生能源发电成本》报告，自 2010 年以来，光伏发电(PV)，陆上风电的平准化度电成本(LCOE)分别下降 82% 和 39%。在我国，陆上风电加权平均平准化度电成本已经从 2010 年的 0.072 美元/(kW · h)，降低到 2019 年的 0.046 美元/(kW · h)，光伏成本从 2011 年的 0.180 美元/(kW · h)降低到 2019 年的 0.064 美元/(kW · h)，均已经处于新建化石燃料发电项目成本区间的低端[50]。光伏发电设施的建设投资更是大幅降低，在我国，光伏发电装机成本从 2011 年的 3193 美元/kW，降低到 2019 年的 760 美元/kW。可再生能源的快速发展为利用风电、光伏，通过电解水生产绿氢创造了条件。

利用绿电通过电解水获得的氢气，是近年的研究热点。如 2019 年在河北沽源建成的风电制氢综合利用示范项目，年产纯氢 1752×10^4Nm^3，以及在河北张家口规划的氢能一体化示范基地建设项目[51]。这些示范项目，在示范光伏风电耦合生产绿氢的同时，示范作为储能方式的绿氢生产和存储蓄能。

1. 光伏、风电的特点

传统化石能源可以稳定控制发电量和根据使用要求在一定范围内通过调整原料用量对发电量进行适当调整。与之不同，光伏、风电的发电过程没有如同化石能源发电所需的原料消耗，发电来自风能和光能，这些能量的供给是人力所不能控制、随着时间不断变化的。虽然从较长一段时间来看，有一定的规律可循，但从短期和瞬时分析，很难准确预计下一时刻的风能和光伏能的准确变化。

(1)风力发电

风力发电的原理是把风能转化为机械能，再将机械能转化为电能进行输出。具体过程是风带动风机叶片转动，从而使发电机内部线圈旋转切割磁场，最终产生感应电流，再经过风电变流器通过整流、逆变将不稳定的风电变换成电压、频率和相位符合并网要求的电能后上网。图 4-1-33 是并网型风力发电系统的结构图[52]。

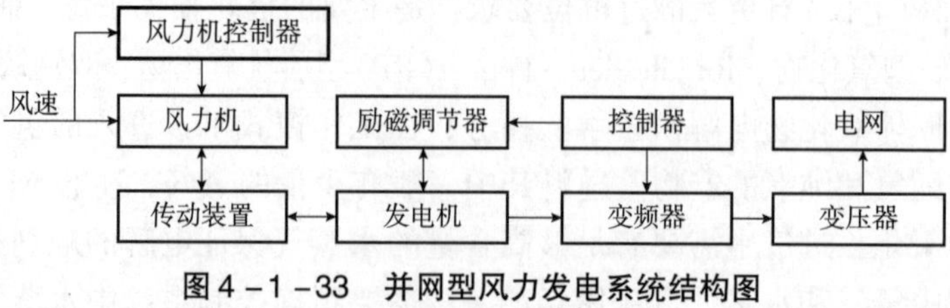

图 4-1-33 并网型风力发电系统结构图

风力发电直接受风资源的影响，由于风资源的随机性、间歇性及无规律性，导致风电电能品质差，且高渗透率对于电网冲击较大，具体体现在风能随着时间的波动大，风电出功波动大，很多情况下不得不弃风。图 4-1-34 的仿真风速序列图显示了风速随着时间的变化情况[53]。

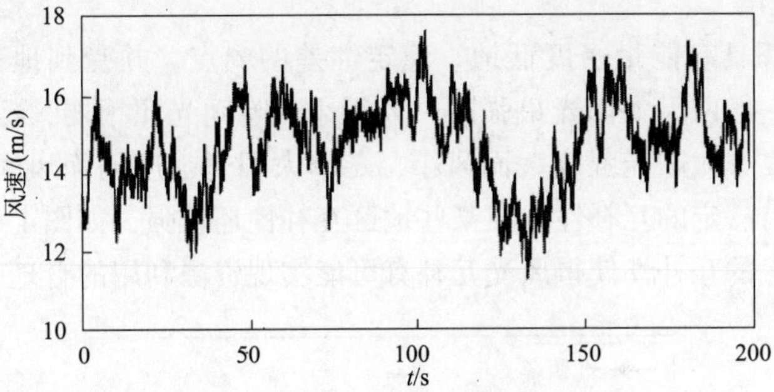

图 4-1-34　仿真风速序列图

(2)光伏发电

光伏发电系统是利用太阳能电池的光伏效应，将太阳光辐射能直接转化成电能的发电系统。图 4-1-35 是典型的并网光伏发电系统结构示意图，由太阳能光伏阵列(光伏板)，逆变器和控制器 3 部分组成。

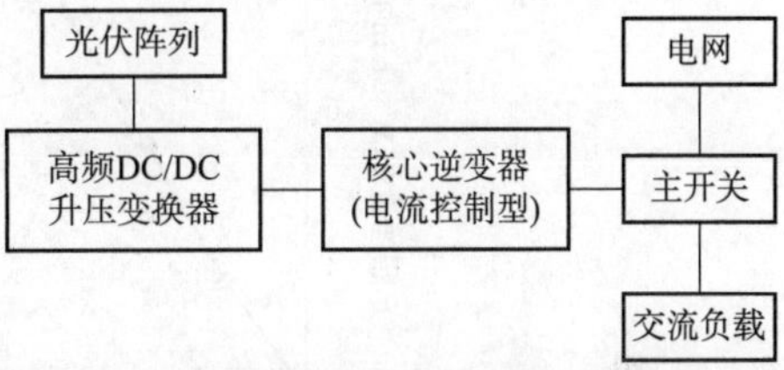

图 4-1-35　并网光伏发电系统结构示意图

太阳能光伏板(光伏电池)是太阳能发电系统的最主要组成部分，其原理是利用太阳光照射在半导体材料的 p-n 结上，形成新的空穴-电子对，在 p-n 结电场的作用下，空穴由 n 区流向 p 区，电子由 p 区流向 n 区，形成电势差，接通电路后形成电流。在光伏发电系统应用的光伏板(光伏电池)包括单晶硅太阳能电池板、多晶硅太阳能电池板、非晶硅太阳能电池和多元化合物太阳能电池，其主要特点见表 4-1-15，其中多晶硅太阳能电池的综合性价比最高，是市场占有率最高的光伏组件[54]。

表 4-1-15　光伏组件的种类

种类	光电转换效率/%	使用寿命/a	成本	市场占有率/%
单晶硅太阳能电池	20~26	15~25	较高	20
多晶硅太阳能电池	17.6~18.4	25	最低	70
非晶硅太阳能电池	6~12	2~5	昂贵	7
多元化合物太阳能电池	12~22	2~5	参差不齐	3

光伏发电作为一种典型的可再生清洁能源，环境温度、太阳能光照强度以及天气条件对光伏发电系统的影响十分强烈，由此造成了光伏发电系统的最大特点——随机波动性。图 4-1-36 是某光伏发电系统输出的有功功率曲线。可以看出随着光照等气象条件的变化，光伏发电系统的输出有功功率曲线呈随机波动的特点[55]。

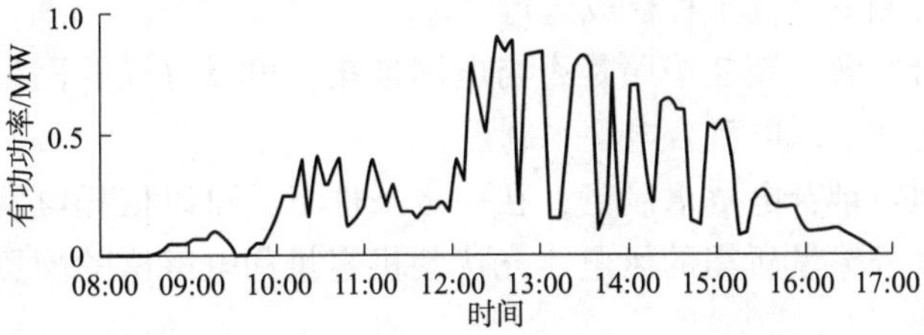

图 4-1-36　某光伏发电输出有功功率曲线

(3)风光互补发电

风能和太阳能都具有能量密度低地、稳定性差的弱点，并受到地理分布、季节变化、昼夜交替等影响。一般白天太阳光最强时，风很小，晚间光照很弱，但由于地表温差变化大而风有所加强。夏季太阳光强度大而风小，冬季太阳光强度弱而风大。太阳能和风能的强度在时间分布上有一定的互补性，在某些地区互补性还较强，如图4－1－37所示[56]。太阳能和风能在时间上的互补性使得风光互补有可能实现资源利用的合理匹配。

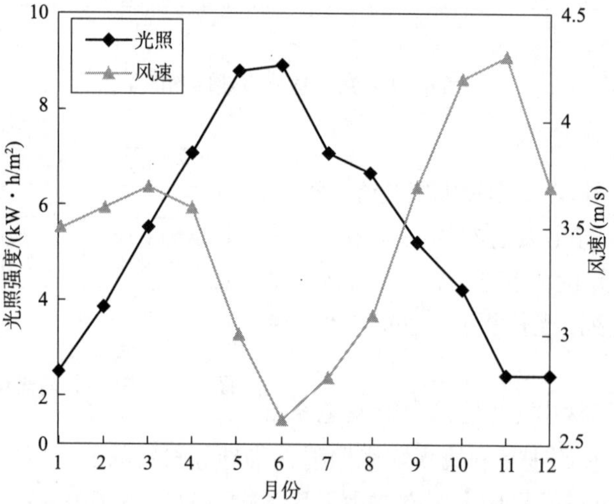

图4－1－37　某地各月光照与风速对比

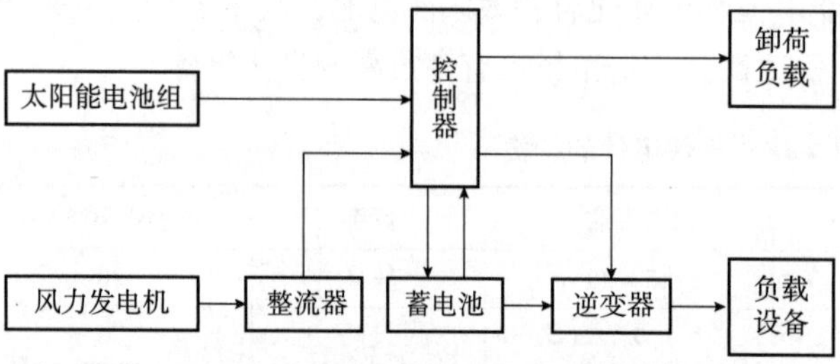

图4－1－38　风光互补发电系统的设备构成示意图

风电系统发电量较高，但系统造价较高，可靠性较差。光电系统供电可靠性高。光电互补可以降低两者共同的运行维护成本。

利用风电和光伏发电的互补性，在一些合适的场合建设风光互补发电系统可以充分利用当地的风光资源，提高发电设施的利用效率。图4－1－38是某风光互补发电系统的设备构成示意图[57]。

2. 光伏、风电耦合电解水制氢的技术方案

光伏、风电耦合电解水制氢是利用光伏和/或风电获得的绿电与电解水设施耦合获得绿氢的一种氢气生产方式。可以是风力发电与电解水设施耦合制氢、也可以是光伏发电与电解水设施耦合制氢，还可以风光互补发电与电解水设施耦合制氢。自21世纪以来，国际上已有数十套风电耦合制氢示范工程建成运行[58]。

光伏、风电耦合电解水制氢按照是否与电网连接，可以分成并网型光伏、风电耦合电解水制氢和离网型光伏、风电耦合电解水制氢。

并网型光伏、风电耦合电解水制氢，在一定条件下，可以依托电网的绿电资源，减少制氢工厂为稳定氢气外输量所需的风电、光伏装机容量和电解槽的配置负荷，明显降低绿氢成本。

并网性光伏、风电耦合电解水制氢，作为一种储能方式，还可以利用氢气储能的灵活

性，提高光伏、风电并网的友好性。就是在用电低谷时段，利用绿电制氢，储存氢气。在用电高峰时段，利用燃料电池或燃氢燃气轮机发电，提高光伏、风电对电网的出力。这也为光伏、风电并网发电提供了一种思路，解决风、光资源的随机性、间歇性和无规律性导致的电能品质差，很多情况下不得不弃风和弃光的问题。也可以解决电能储存难，传统的电化学储能、电磁储能及物理储能无法满足能量大量储存的问题。

离网型光伏、风电耦合制氢比较适合偏远地区和生产化学品的场合。挪威的 Utsira 岛建成的世界上第一套离网型风电耦合制氢示范工程，成功地为当地的一个社区提供用能需求，如图 4-1-39 所示。整个系统包括风电系统(600kW)，电解制氢($10Nm^3/h$)，高压储氢设施($2400Nm^3$，20MPa)，氢气发动机(55kW)。4 年多的运行数据表明整套系统的效率可达到 53%[58]。

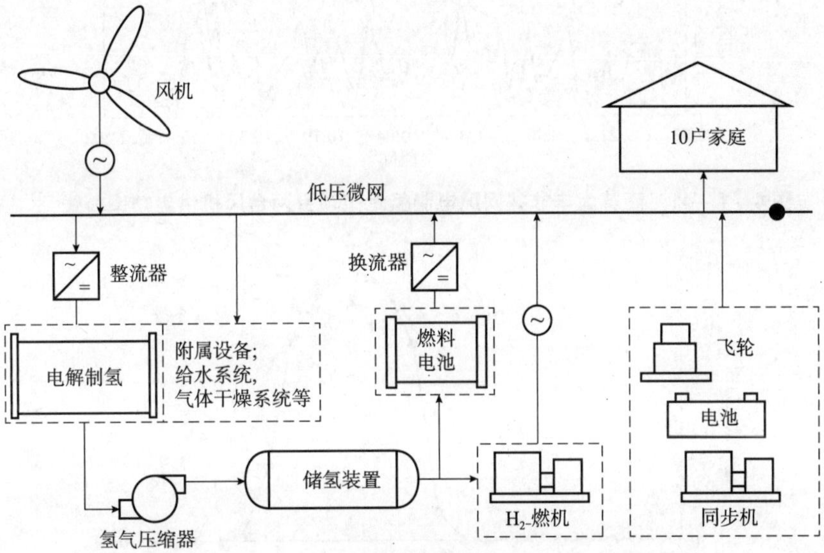

图 4-1-39　Utsira 风电耦合制氢工程示范流程图

离网型光伏、风电耦合制氢可以实现非并网光伏、风电耦合制氢，采用这种方式，利用光伏、风电通过电解水制取绿氢，不对电网产生冲击，实现光伏、风电的高效、低成本利用，这对于炼油企业绿色低碳转型、获取绿氢极具吸引力。2010 年在江苏大丰建成了我国第一个非并网风电电解水制氢示范工程，日产氢 $120Nm^3$，系统运行稳定。该系统利用一台 30kW 和一台 10kW 风机同时为新型电解水制氢装置供电[59]。

光伏、风电耦合电解水制氢系统通常由发电设施、控制转化单元、电解水制氢设施、储氢设施组成，如图 4-1-40 所示。

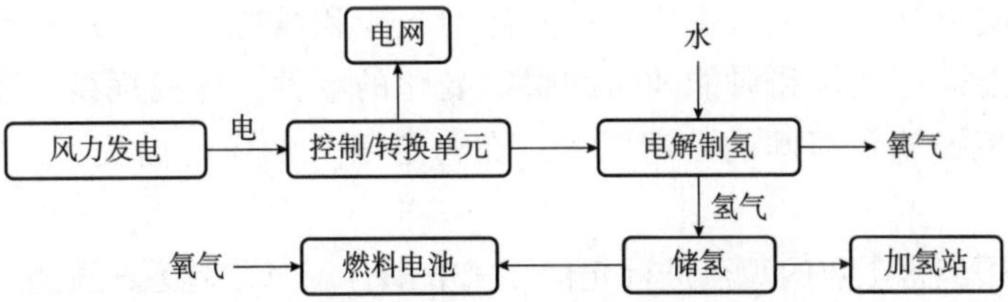

图 4-1-40　风电耦合制氢技术配置示意图

这套系统的关键是发电设施、电解水设施和储运设施的系统匹配和控制集成。

(1)光伏、风电耦合电解水制氢系统的发电、电解水和储氢负荷匹配技术

与炼油厂工艺装置投产后的平稳运行不同，光伏、风力发电具有很强的瞬时性和波动性(见图4-1-41)，光伏发电还展现了较强的周期性：每天中午发电能力最强，达到光伏设施的设计能力，夜晚基本没有电力输出(见图4-1-42)。如果按照产氢需求量确定电解制氢设施的规模和风力发电设施的能力，显然在风力向下波动时，系统的产氢量无法满足产氢要求，产氢量不足。同样，在风力向上波动时，系统的产氢量会高于产氢需求，如果系统无法消纳，不得不弃电或弃氢。

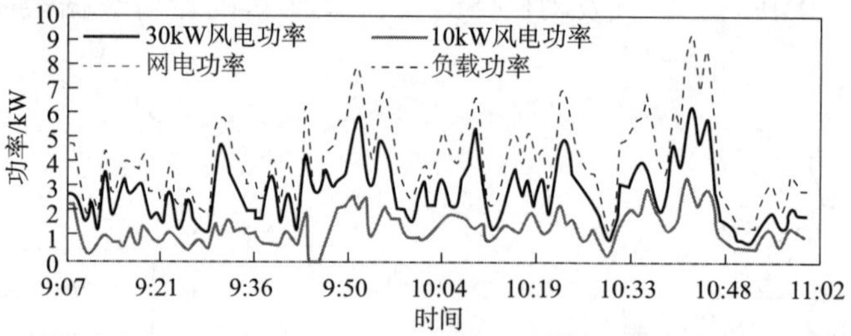

图4-1-41　江苏大丰非并网风电制氢示范项目两台风机供电功率曲线[59]

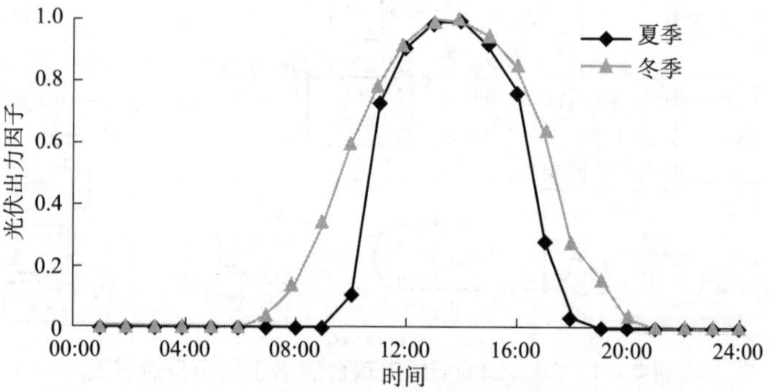

图4-1-42　青海典型光伏出力情况[60]

这样，光伏、风电装机容量和电解水制氢设施的能力不能按照下游氢气用户的小时稳定需求量来确定，这是光伏、风电耦合电解水制氢系统与炼油厂的化石能源制氢在装置建设和操作运行上的最大不同，甚至和常规的电解水制氢装置也不同。

为补偿光伏、风电这种瞬时波动的特性，保证整个系统产氢量稳定，满足下游用户对稳定氢气供应的需要，一个方法是设置储氢设施。风、光强度强时，多发电制氢，过剩的氢气暂存；风、光强度不足时，利用储罐补充外供氢气数量的差距，根据下游用氢装置对氢气量的需要，提供稳定的氢气供应。自然界的光能和风能，目前还没有直接储存方法，以此生产氢气只能适应光能和风能随时间瞬时变化的特性，寻找规律，通过风电和光伏，电解水制氢、储氢设施负荷间的合理配置，在稳定氢气供应的前提下，实现氢气的成本最低。

如上所述，用流程工业的观点进行光伏、风电耦合制氢装置系统配置显然不完全适用。光伏、风电耦合电解水制氢装置的系统配置需要考虑如下几个要素。

1)光伏、风电的发电设施的最小能力，至少应满足以1年为计算周期的下游用户所需

氢气总量折算的对光伏、风电能力的需要。

简而言之，就是按照1年为单位，光伏、风电的发电总量通过电解水设施生产的氢气总量，与氢气用户1年的用氢总量相同。这里不需要瞬时产氢和用氢量的匹配，而是要求以1年为单位的产氢总量和用氢总量的一致。正如光伏、风电设施，配置设备的发电能力远高于平均实际发电量。

2)电解水设施的产氢能力与光伏、风电设施的发电能力的匹配。

由于电力储存的困难，一般认为光伏、风电瞬时发出的电力最好能为电解水设施全部消纳，避免弃电。如果这样设置，考虑到光伏、风电的瞬时峰值发电数据会远高于平均发电数据，其结果是电解水设施配置能力过大，能力的闲置率过高。光伏、风电的成本主要来自设备投资，这必将增加氢气的成本。

因此，配置电解水设施的能力，不能简单地考虑涵盖光伏、风电的瞬时峰值，需要以氢气成本为目标，优化计算后确定。

3)设置储氢设施，保证系统内有一定的氢气储存能力。

由于产氢量随着光伏、风电产能的变化而波动，为避免产氢能力大于氢气用户需求时出现"弃氢"，瞬时光伏、风电能力不足时又无法满足这一时刻氢气用户对于氢气数量的需求，光伏、风电偶合电解水制氢系统需要提供一定的氢气储存能力，存储瞬时过剩的氢气，用于补偿光伏、风能不足时供氢量的差值。

从上面的分析可以看出，为提供稳定的氢气，在光伏、风电耦合电解水制氢系统中，光伏、风电设施发电能力、电解水设施产氢能力、氢气储存设施的储存能力之间有一个最优匹配。针对稳定的氢气产量，如果配置的发电能力和电解水能力偏大，配置的储氢能力可以适当降低，但最终的氢气成本不一定最低。因此，需要以氢气成本作为目标，以发电设施能力、电解水设施能力、储氢能力为变量，综合计算投资和消耗的成本后，获得最优配置。由于风电、光伏的瞬时性，优化的基础需要以1年为单位，1年总产氢量的费用最低才是所需要的最低氢气成本。这种优化配置策略及计算方法是光伏、风电耦合电解水制氢系统的重要技术。

(2)光伏、风电耦合制氢系统的优化控制技术

完成光伏、风电耦合制氢系统的优化配置后，由于供电量的瞬时波动性，电解水设施实际操作负荷不得不随之波动。图4-1-43和图4-1-44是江苏大丰非并网风电制氢示范项目的电解槽接受电力曲线和实际产氢曲线。

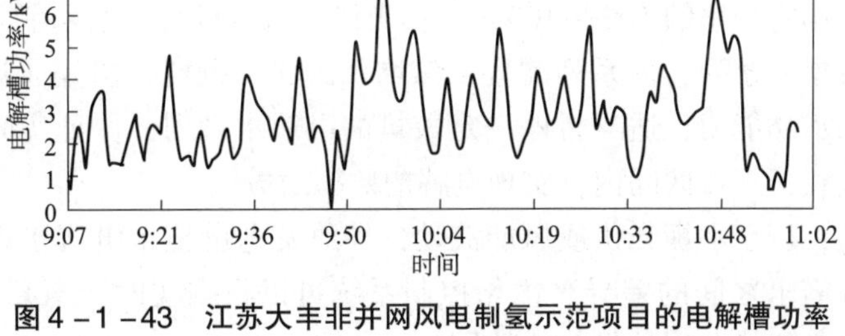

图4-1-43 江苏大丰非并网风电制氢示范项目的电解槽功率

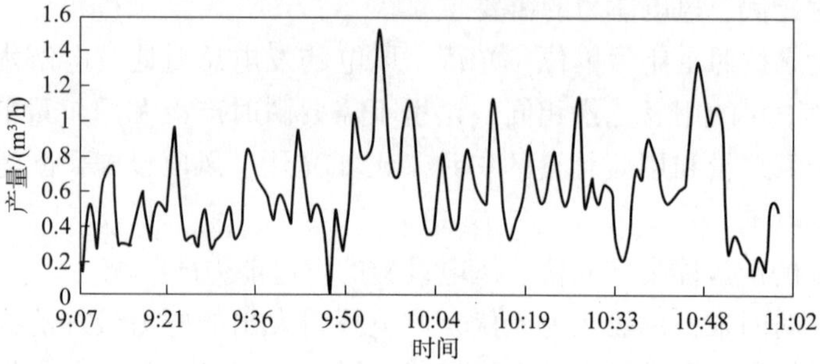

图 4－1－44　江苏大丰非并网风电制氢示范项目氢气产量曲线

电解槽的氢气产量跟随上游风电的产量瞬时波动，电解槽的特性要能适应这种功率波动的特点，对于功率波动的响应时间应当尽可能短。分析表 4－1－9 中的几种电解槽技术，PEM 质子膜电解池的响应时间只有数秒，非常适合与光伏、风电相耦合。因此光伏、风电耦合电解水制氢系统的发展，要求 PEM 质子膜电解水制氢技术同步发展，降低目前高昂的设备费用。

与常规电解水制氢不同，光伏、风电耦合电解水制氢的电解槽负荷变化很大，需要分析电解槽输入功率对电解槽效率的影响。电解槽的效率是在恒定温度和压强下水分解反应的效率，与输入功率有关，随输入功率而变，如图 4－1－45 所示[61]。

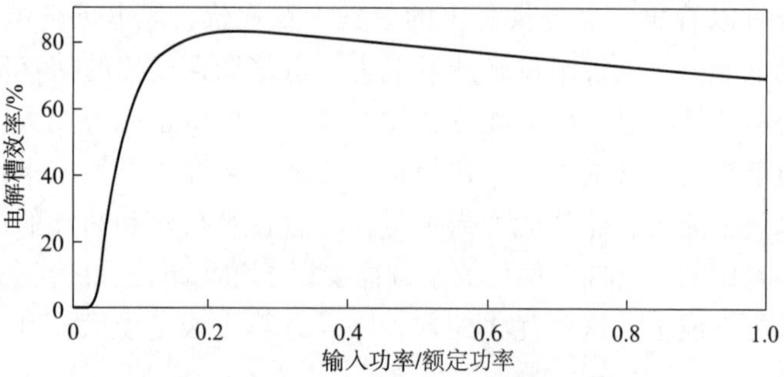

图 4－1－45　电解槽制氢效率特性曲线

随着输入功率的增加，电解槽的效率提高，在额定功率的 31% 附近达到效率的峰值 83.42%，然后电解槽效率缓慢下降。达到电解槽额定功率时，电解槽效率为 71%。当电解槽处于 0～20% 的低负荷时，电解效率低，氢气产量小；当电解槽负载率为 20%～50% 时，电解槽的效率高，但制氢量少。当负载率大于 50% 时，虽然电解槽效率逐步降低，但其电解效率仍较高，且制氢量增加。因此，综合考虑电解槽效率、制氢量及氢气纯度，电解槽的最优工作区间为额定功率的 50%～100%。在光伏、风电耦合电解水制氢系统中，通常电解水设施不能配置单一系列，多系列配置虽然增加了建设投资，但是通过控制系统，根据实时光伏、风电的出功能力，适当暂停一定数量的电解水系列，保证实时运行的若干台电解水系列均在最优负荷工作区间内，实现电解槽效率的最优。

氢气储存设施，用于平衡光伏或风能波动，导致发电设施＋电解水设施的实时产氢量与氢气用户的氢气需求之间的差异。优化控制系统可以根据实时产氢量与实时氢气用量，调整储氢设施接纳氢气或向用外供氢的数量。

以上分析可以看出，对于光伏、风电耦合电解水制氢系统而言，操作优化控制系统尤为重要，通过优化控制，可以实现在随机波动的光伏、风电出力条件下，保证为氢气用户提供稳定的氢气，同时保证制氢系统内的设施在最优工作区间内运行，提高整个系统的运行效率。

图4-1-46是一个构想的大型光伏、风电耦合电解水制氢系统的示意流程。在这个系统中，优化控制系统可以根据实时的光伏、风电出功能力，优化和调整运行的电解槽数量，保证运行的电解槽均在其最优负荷操作区间内运行；同时，通过对于储氢设施的氢气吞、吐量的控制，平衡瞬时发电设施出功与稳定供氢要求之间的差异，保证整个系统按照用户的实时用氢需求供氢。

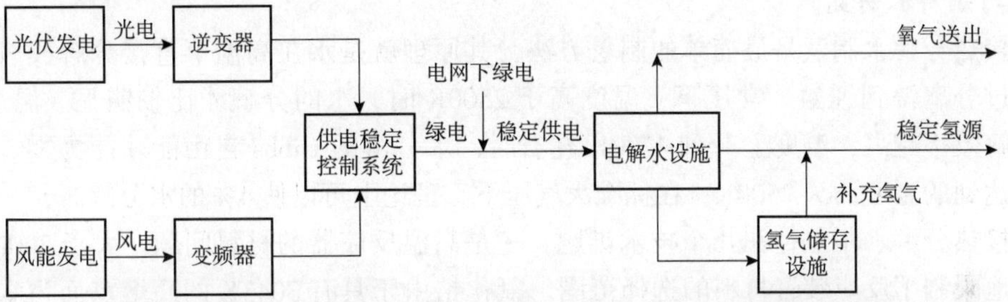

图4-1-46　大型光伏、风电耦合电解水制氢系统方案示意流程图

二、新型制氢技术

本章前述各节介绍了化石能源制氢技术和电解水制氢技术，在此之外，尚有多种制氢技术处于不同的研发阶段。本节介绍研究工作较为广泛的光解水制氢、热解水制氢、生物制氢、核能制氢、化学环制氢技术和硫化氢甲烷重整制氢技术。这些技术还没有实现工业应用。

(一)光解水制氢

光解水制氢是在作为催化剂的半导体材料上，通过光照实现水的分解从而获得氢气的方法。这项技术是1972年在日本的Fujishima和Honda首先发现的[62]。作为催化剂的半导体，受到能量相当或高于其半导体禁带宽度的光线照射时，半导体内的电子受激发从价带跃迁到导带，从而在价带和导带上分别产生电子空穴和自由电子，水分子在电子-空穴的作用下发生电解，生成H_2和O_2，如图4-1-47所示[63]。

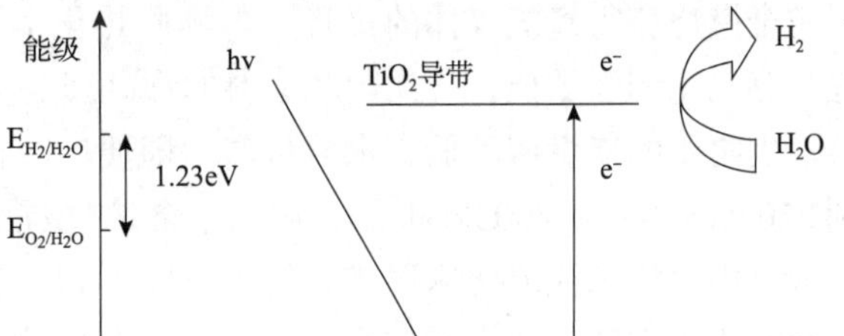

图4-1-47　半导体光催化制氢机理示意图

半导体光解水制氢需满足两个基本要求：一是要求材料的禁带宽度大于水的电解电压；二是要求材料的导带位在H_2/H_2O之上，即电位更负，价带位在H_2O/O_2之下，即电位更正[64]。

光解水制氢主要有三个过程：一是产生光生载流子。半导体材料被光照射后会吸收能量大于或等于自身带隙的光子，光子从半导体的价带激发至导带中，形成光生电子-空穴对，即光生载流子。二是光生电子-空穴对的分离。一部分光生电子-空穴对留在内部，另一部分迁移至材料表面。在此分离过程中，受热振动等因素影响，大部分光生电子－空穴对会迅速复合，将其吸收的能量以光或热的形式释放。三是光生电子－空穴对的表面反应。迁移至材料表面且没有发生复合反应的光生电子－空穴对被水分子捕获后，空穴与水反应产生氧气，电子与水反应产生氢气。

光解水制氢技术虽然1972年就已经发现，但由于受到材料体系、技术手段的影响，至今尚处于实验室研究阶段。这项技术直接利用太阳能光电化学分解水制氢，不需要中间的发电过渡过程，是一项非常有吸引力的制氢技术，有可能成为解决能源问题和环境问题的一条途径。

（二）热解水制氢

直接热分解水制氢是最简单的制氢方法，其原理就是水在高温下直接分解成氢气和氧气，经过分离得到纯氢。常压下，温度高于2500K时，水的分解才比较明显。温度越高，水的分解效率越高，温度上升到4700K左右时，水分解的Gibbs自由能才能为零。目前技术上能达到的温度约为2500K，在标准大气压下，理论上可以使4%的水分解。

直接热分解水制氢存在几个技术难题：一是高温反应器的材料问题。大于2000K的高温极大地限制了反应装置材料的选择范围。氧化锆由于具有3043K的高熔点而为水分解制氢反应器中选用。二是高温下氢气和氧气的分离。由于水直接高温下分解获得的产品是氢气和氧气的混合物，直接降温易引发氢气和氧气之间的化学反应导致爆炸，所以必须在高温下对氢气和氧气进行分离。

到目前为止，直接的热解水制氢虽然理论相对简单，但由于超高的分解温度，这项技术仍然处于实验室阶段，没有实现工业应用。

（三）生物制氢

生物质制氢主要有生物法制氢和热化学制氢两类。

（1）生物质热化学制氢

生物质热化学制氢是生物质的碳氢化合物组分通过热解转化为富含一氧化碳和氢气的合成气，再经下游一系列处理获取氢气的方法。其实质还是利用生物质自身的热值，通过不完全燃烧获得富氢气体的过程。生物质热化学制氢，也称作生物质气化制氢，其系统配置与煤气化制氢类似，气化炉和原料的预处理是关键。

生物质的能量密度低、水含量高，即便广泛使用的秸秆和木屑，晾干后的低热值也不到3500kcal/kg和4000kcal/kg，游离水含量（质量分数）在15%左右。因此，生物质气化炉一般采用固定床或流化床形式，气化温度也相对较低，炉内最高温度在1000℃上下，这样气化合成气中的焦油含量较高，会与水、灰结合，沉积在气化炉内、下游管道、阀门、设备中，造成堵塞和磨损，影响运行周期。生物质原料的不稳定性，特别是水含量的波动较大，对于气化炉操作不利，容易导致气化温度的波动，造成气化效率的低下和炉内结渣。

近年来生物质气化在国内外得到了快速发展，建设了多套工业装置，这些装置将生物质转化为合成气用作燃料或生产化学品[65]。生物质气化制氢的一个优势是可以将有机废弃物通过高温气化，在生产燃料和化学品的过程的同时实现废气物的处理，具有很好的环境效益，这也是这项技术得以快速发展的重要推动力之一。

（2）生物法制氢

生物法制氢的氢气来源于微生物自身的新陈代谢，在常温、常压和接近中性的温和条件下，利用工农业废弃物为制氢原料，既实现废弃物资源化，又可获得绿氢。

根据微生物种类、产氢底物及产氢机理，生物法制氢可以分成暗发酵制氢、光生物制氢(光解水制氢和光发酵制氢)和暗－光发酵耦合制氢三类技术。

1)暗发酵生物制氢。

暗发酵生物制氢利用厌氧发酵产氢细菌在厌氧条件下将有机物分解转化为氢气[66]，此过程不需要光能供应。能够进行暗发酵产氢的微生物种类繁多，包括一些专性厌氧细菌、兼性厌氧细菌及少量好氧细菌。

已知的暗发酵产氢过程主要包括甲酸分解产氢、丙酮酸脱羧产氢以及NADH/NAD平衡调节产氢三种途径。这种生物制氢技术的优点是有较多的厌氧细菌种类可供选择，且不会受到光照的影响，有无光照都可产氢。缺点是底物分解不彻底，需要进一步处理才能达到环境排放要求。

2005年我国建成了采用暗发酵生物制氢技术的“废水发酵生物制氢示范工程”[67]，日产氢能力350Nm^3，所产氢气用在与氢燃料电池耦合发电。

2)光生物制氢。

光生物制氢有光解水生物制氢技术和光发酵生物制氢技术两类。

光解水生物制氢是绿藻和蓝细菌，在厌氧光照条件下，利用自身特有的产氢酶系，将水分解为氢气和氧气的过程，此过程没有CO_2的产生。这两种微生物生长的营养需求较低，只需空气(CO_2和N_2分别作为碳源和氮源)、水(电子和质子)、简单的无机盐和光，能直接光解水产生氢气，将太阳能转化为氢能。绿藻在光照和厌氧条件下的产氢由氢酶催化，而蓝细菌的产氢则由固氮酶和氢酶的共同催化下完成，两种生物所需的电子和质子均来自于水的裂解。

光发酵生物制氢是在厌氧、光照条件下，光发酵细菌利用小分子有机物、还原态无机硫化物或氢气做供氢体，光驱动产氢，产氢过程没有氧气的释放。同绿藻和蓝细菌相比，在产氢的同时不产生氧气，不存在氧气对产氢酶的抑制，产氢纯度和产氢效率高，可以简化工艺过程。

3)暗－光发酵耦合制氢。

利用厌氧暗发酵产氢细菌和光发酵产氢细菌的优势和互补协同作用，将两者联合起来组成的产氢系统称为光－暗发酵耦合生物制氢技术，包括暗－光发酵细菌两步法产氢和混合培养产氢两种方法。

暗－光发酵细菌混合培养生物制氢技术，利用暗发酵细菌能够将大分子有机物分解成小分子有机酸和醇，以获得维持自身生长所需的能量和还原力，解除电子积累而快速释放部分氢气。由于产生的有机酸不能被暗发酵细菌继续分解而大量积累，导致暗发酵细菌产氢效率低下，成为暗发酵细菌产氢大规模应用面临的瓶颈问题。光发酵细菌能够利用暗发酵产生的小分子有机酸，消除有机酸对暗发酵制氢的抑制作用，进一步释放氢气。同时光发酵细菌是不能直接利用纤维素和淀粉等大分子的复杂有机物，对廉价的废弃的有机资源的直接利用能力和产氢能力较差。所以，充分结合暗－光发酵两种细菌各自的优势，将两者耦合到一起形成一个高效产氢体系，不仅可以减少光能需求，而且可以提高体系的产氢效率，同时扩大底物的利用范围。

相对于混合培养产氢技术，暗－光发酵两步法生物制氢技术更容易实现。两种细菌在各自的环境中发挥作用，第一步是暗发酵细菌发酵产生氢气，同时产生大量的可溶性小分子有机代谢物；第二步是光发酵细菌依赖光能进一步的利用这些小分子代谢物，释放氢气。暗－光发酵的两步法氢气生产过程可以结合一定的预处理方法实现难降解大分子有机物的产氢，降低产氢原料成本，增加底物转化效率，为实现生物制氢的商业化生产打下基础。然而，两步法产氢过程中，需要 2 台反应器，增加了占地面积和处理步骤，而且光发酵过程的氢气生产速率和细菌生长速率同暗发酵相比较低，是规模化生产的限制因素。

就生物法制氢技术而言，光发酵生物制氢技术的研究程度和规模还处于实验室阶段，暗发酵生物制氢已经开展工业示范。但是这两种技术距离工业应用还有一段距离。

（四）核能制氢

核能技术的进步，推动了核能的和平利用。2019 年核电在我国一次能源的比例是 2% 左右，预计到 2040 年这个比例将提高到 4%[68]。随着核电技术的发展，反应堆的出口温度也在不断提高。这样，在反应堆提供电力的同时也具备了提供高温热的能力，如高温气冷堆可以达到 750～950℃的出口温度。利用核能制氢的技术主要分为三类，即利用核能的产电通过电解水制氢，利用核能送出的高温热与甲烷水蒸气转化工艺集成制氢，以及同样利用核能的高温热的热化学循环制氢。核电与电解水结合的制氢是直接利用电能，与常规电解水类似，本部分主要介绍核能与甲烷水蒸气转化集成的制氢技术和利用核能高温热的碘硫循环制氢技术。

(1) 核能与甲烷水蒸气转化集成制氢

核能与甲烷水蒸气转化结合制氢实质上是利用反应堆提供的高温热量，替代甲烷水蒸气转化制氢反应过程所需要的高温热，如图 4－1－48 所示[69]。

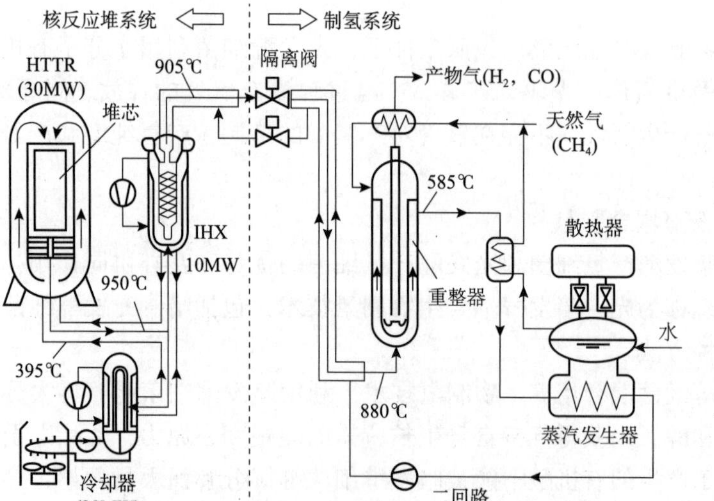

图 4－1－48　核能与甲烷水蒸气转化集成制氢示意图

反应堆通过热载体（如氦气）送出的高温热在重整反应器内提供甲烷水蒸气转化反应所需的热量，再发生蒸气后循环返回反应堆系统。这个过程只是替代了常规甲烷水蒸气转化制氢的燃料消耗，甲烷仍然是生产氢气的原料，整个过程并没有实现零碳排放。在甲烷水蒸气转化制氢工艺中，原料甲烷的消耗是燃料甲烷消耗的数倍，仅仅替代作为燃料的甲烷，制氢原料在制氢过程中产生的碳没有减少。虽然可以利用采用溶剂吸收工艺捕集进入氢气提纯部分的二氧化碳，但这样生产的氢气至多归为“蓝氢”。

核能与甲烷水蒸气转化集成制氢工艺尚停留在方案研究阶段，也没有小型试验研究的报道，距离工业应用尚有距离。

(2)碘硫循环制氢技术

如本节第(二)部分介绍，高温热解水制氢是制氢技术的一个研究方向。但是水的直接分解非常困难，需要相当高的分解温度，分解产物是氢气和氧气的混合物，进一步分离存在危险。所以，将水的分解反应分成若干个反应，每个反应都在较低的温度下进行，可以实现水在较低的温度下的分解。这个过程称作热化学循环分解水制氢，有多个热循环方法在开展研究，其中碘硫循环被认为是最适宜与高温气冷堆耦合的制氢方法[70,71]。图4-1-49是高温气冷堆与碘硫循环制氢耦合的示意图。

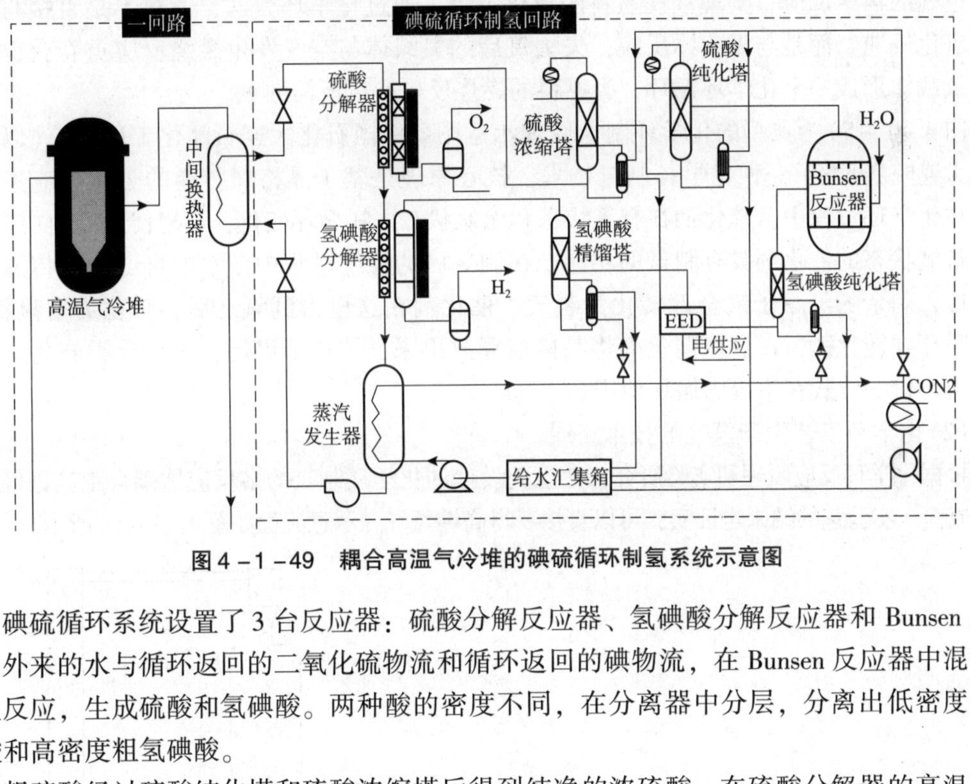

图4-1-49　耦合高温气冷堆的碘硫循环制氢系统示意图

碘硫循环系统设置了3台反应器：硫酸分解反应器、氢碘酸分解反应器和Bunsen反应器。外来的水与循环返回的二氧化硫物流和循环返回的碘物流，在Bunsen反应器中混合并发生反应，生成硫酸和氢碘酸。两种酸的密度不同，在分离器中分层，分离出低密度的粗硫酸和高密度粗氢碘酸。

粗硫酸经过硫酸纯化塔和硫酸浓缩塔后得到纯净的浓硫酸，在硫酸分解器的高温下分解成水、氧气和二氧化硫。氧气送出，二氧化硫和水循环返回Bunsen反应器。粗氢碘酸经过纯化塔、精馏塔获得高纯度的氢碘酸，在氢碘酸分解器的高温下分解为氢气和碘，氢气作为产品送出，碘循环返回Bunsen反应器。

通过碘硫热循环过程，水直接热分解转化为硫酸和氢碘酸作为载体的热循环分解。硫酸分解塔的操作温度在880℃左右，氢碘酸分解塔的操作温度在770℃左右。这样就将水直接热分解的温位从1200℃降低到770～880℃之间。这个温位与高温气冷堆所提供的750～950℃热量正好契合，可以使用氦气作为热载体，利用反应堆送出的热量，提供硫酸分解和氢碘酸分解所需要的高温位热。

核能制氢是核能领域研究的一个方向，利用核能高温位热的集成甲烷化水蒸气制氢技术和碘硫循环制氢技术还停留在研究阶段，距离工业应用尚有不小的距离。

（五）化学环制氢

目前，化石能源制氢仍是最主要的制氢来源，在我国占制氢总量的95%以上。在绿色低碳转型的环境下，化石能源制氢存在两方面的问题。

第一，制氢过程会伴随大量二氧化碳的排放，不符合低碳可持续发展的愿景。第二，需要配备相应的提纯装置进一步处理，才能满足所需的纯度要求，增加了氢气的生产成本。

化学环燃烧技术早在20世纪50年代就已经提出，用于为饮料行业生产二氧化碳。到20世纪80年代，其作为新型的能源转化工艺，化学环燃烧技术再次得到关注，旨在降低燃料燃烧产热发电过程的不可逆性[72]。

(1)技术原理

化学环过程将常规燃料氧化过程分解为两步进行，即氧载体与燃料的氧化反应和氧载体与空气的再生反应，实现常规燃料的氧化过程。通过化学环方法，燃料不是直接与空气发生氧化反应，而是与氧载体反应，失去氧后的氧载体与空气发生燃烧反应重新获得氧原子。氧载体形成一个化学环循环，为燃料的燃烧反应提供所需的氧。

图4-1-50为典型的化学环制氢原理示意图。中国石化大连石油化工研究院(以下简称：大连院)开发了一种化学环制氢技术，核心原理是基于晶格氧传递的分区反应集成过程。在化学环过程中，催化剂在有氧状态和无氧状态之间循环变化，承担传递氧的功能。

贫氧状态的催化剂具有制氢的功能，在制氢区的反应过程中，水把自己的氧传递给催化剂后，剩余的氢原子就全部转化为氢气。催化剂在这里得到氧之后，转化为富氧状态，继续循环到转化区，在这里催化剂将晶格氧释放出来，传递给甲烷，进行烃类转化。催化剂以流态化的方式在系统内循环使用。

(2)化学环工艺生产氢气的技术路线

根据化学环反应原理和实验研究，大连院设计的化学环制氢的多反应器耦合工艺已经打通了全流程，实验室的结果也证实，可以直接获得高纯氢气。示意流程如图4-1-51所示。

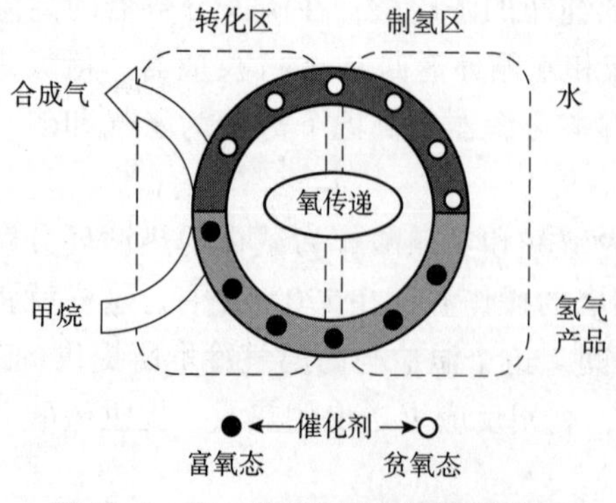

图4-1-50　化学环制氢原理示意图

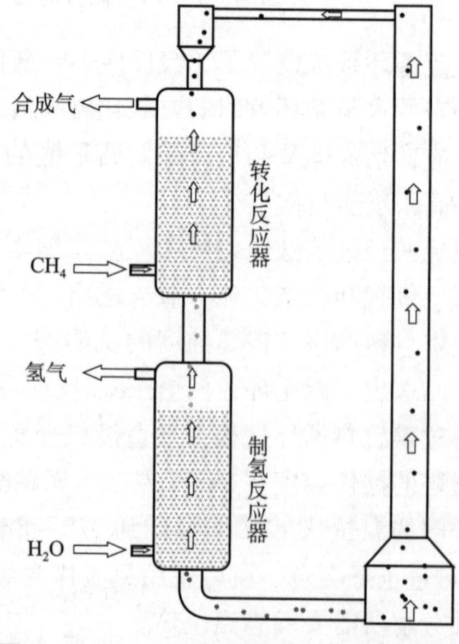

图4-1-51　化学环制氢工艺路线示意图

以 CH_4 为例，在转化反应器中，金属氧化物被 CH_4 还原，同时生成合成气：

$$CH_4 + M_xO_y \longrightarrow M_xO_{y-1} + CO + 2H_2 \quad (4-1-27)$$

制氢反应器中，低价态的金属氧化物被水氧化，同时生成氢气：

$$H_2O + M_xO_{y-1} \longrightarrow M_xO_y + H_2 \quad (4-1-28)$$

式(4－1－27)和式(4－1－28)构成一个集成了氧化－还原的化学环过程。在转化反应器中，烃类通过晶格氧部分氧化得到 H_2/CO 摩尔比为 2 的合成气，可用于费托合成、甲醇合成等过程，生产石油化工产品。制氢反应器中，产物仅有 H_2，对出口的产物采用冷凝即可得到高纯氢气，大大缩减了氢气提纯的投资费用。

(3)化学环制氢技术特点

第一，基于原子经济导向的理念，实现了 C、H、O 的高效利用。从 C、H、O 的原子利用路径可以看出，这个技术具有非常高的原子利用率。

第二，根据分区反应原理，采用化学环技术，可以直接生产高纯氢气，能大幅度降低生产成本。在获得氢气的同时，可以直接获得高浓度的二氧化碳。这是化学环制氢技术一个非常独特的优势。

第三，在烃类转化过程中，通过反应路径的调控，改变 C 原子的存在形式，将 C 原子转化为合成气，根据市场需要，选用成熟的技术，将合成气定向转化为石油化工产品，如图 4－1－52 所示。这就实现了制氢过程的零碳排放，对于绿色低碳转型具有显著的社会效益。

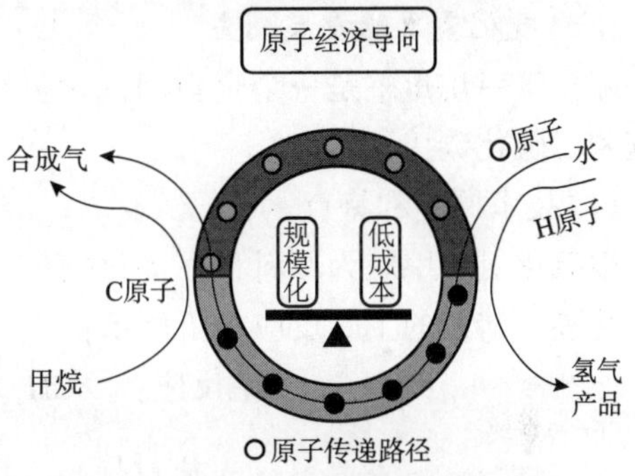

图 4－1－52　化学环制氢过程原子利用路径示意图

化学环制氢的核心技术包括催化材料、能量优化和工艺工程。目前大连院在这三个方面都已经取得了进展。

第一，在催化材料方面，成功开发了一系列催化剂，并完成了工业放大，具备量产能力。第二，构建了全流程的能量系统模型，实现能量的优化利用。第三，成功建成了国内最大的化学环制氢冷模系统，完成了一系列工业试验，掌握了大量的工业数据，为工程技术的开发奠定了良好的基础。

(4)化学环制氢技术进展与应用前景

化学环制氢技术经过多年的研究，取得了一系列的进展，俄亥俄大学的研究团队已经建成两套 25kW 级试实验装置，分别实现合成气化学链与煤直接化学链。其中合成气化学链装置可在 100% 捕集二氧化碳条件下联产 99.99% 以上纯度(体积分数)的氢气[73]。

与常规天然气制氢技术相比，化学环制氢在 CO_2 处理、原子利用、提纯方面也都具有非常显著的优势，如图 4－1－53 所示。

在成本方面，化学环制氢技术与常规天然气制氢也具有优势。在相同规模下，对原料价格、设备投资、公用工程等方面进行综合评估，化学环制氢的成本低于天然气制氢的成本。

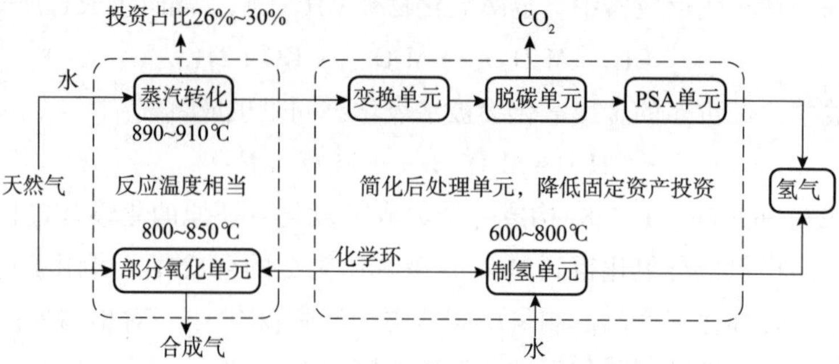

图 4-1-53　化学环制氢与天然气制氢技术路线对比

综合而言，从以上优势可以看出，化学环制氢技术是一种可能同时兼顾零碳排放和低成本的制氢技术，在低碳绿色转型过程中，将是一个非常有效的提供氢气的解决方案。化学环制氢装置的氧载体在几个反应器中循环，用于不断提供反应所需要的氧原子，同时传送反应过程所需的高温热量。整个过程的操作温度高，固体氧载体循环流量大，对工程实现存在一定的难度，另外，氧载体在循环过程中的磨损、高温下的使用寿命也还没有完成详尽的测试研究。这是到目前为止国内尚无工业示范装置的重要原因。

（六）硫化氢甲烷重整制氢

硫化氢甲烷重整是一个全新的硫化氢高效利用工艺，以酸性气和燃料气为原料，生产氢气和二硫化碳。

（1）技术原理和特点

以硫化氢和甲烷为原料，在催化剂作用下，通过路径调控，实现高选择性生产氢气和二硫化碳。涉及的主副反应如下所示：

$$\text{主反应：}\quad CH_4 + 2H_2S \longrightarrow CS_2 + 4H_2 \qquad (4-1-29)$$

$$\text{副反应：}\quad H_2S \longrightarrow H_2 + \frac{1}{2}S_2 \qquad (4-1-30)$$

$$\text{副反应：}\quad CH_4 \longrightarrow C + 2H_2 \qquad (4-1-31)$$

与劳斯硫回收工艺相比，该技术具有极高的原子利用率，对 H、C、S 三种元素均实现了高效利用。从 H_2S 和 CH_4 中回收 H 元素生产高纯氢气，回收 C 元素和 S 元素转化为 CS_2。与硫化氢直接分解相比，通过甲烷的加入，大大提高了硫化氢的转化率，具有很高的产氢率。此外，通过催化剂的选择性调控，也有效抑制了生成硫黄的副反应。

（2）技术路线

硫化氢甲烷重整制氢工艺包括反应单元、分离单元的硫化氢甲烷重整工艺，主要流程示意图如图 4-1-54 所示。

（3）技术现状和应用前景

在国内，大连院率先开展了硫化氢甲烷重整制氢新技术的研究，已在催化材料开发、工艺设计优化方面取得了研究进展：成功开发了耐高温、适用于高浓度 H_2S 反应体系的催化剂，在硫化氢甲烷重整反应中表现出较好的活性和稳定性。同时，开展了硫化氢甲烷重整的反应热力学、反应过程、分离工艺研究；进行了流程的基础设计和模拟计算。已完成小试技术开发，正在开展工业侧线试验。

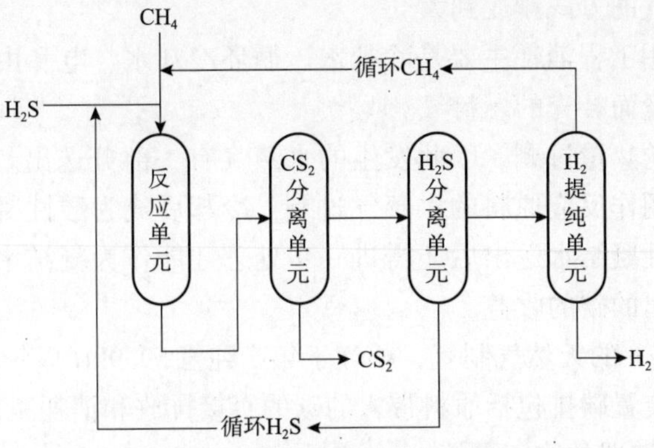

图4-1-54　硫化氢甲烷重整制氢工艺路线示意图

硫化氢重整制氢技术可以单独使用，也可以与炼油厂的硫黄回收装置形成联合装置，将大量的低附加值酸性气生成氢气并联产 CS_2，实现变废为宝。

本节所介绍的6种制氢技术，尚处研究阶段，近期很难与炼油企业结合，提供炼化企业所需要的低碳氢。

第四节　制氢过程碳排放分析

本书的第三篇对炼油厂碳排放的定义和计算方法进行了详细介绍。针对氢气制备过程，碳排放量计算中的燃料燃烧过程的碳排放以及火炬碳排放都可以准确计算，并归入过程碳排放量中。因此，氢气制备过程的碳排放包括生成过程的碳排放和生产过程购入、输出(主要是电力和蒸气)工质的碳排放(也称作间接能源碳排放)两部分。

由于氢气制备过程原料和燃料中的碳迁移的准确性，生产过程的碳排放可以准确计算。生产过程购入、输入工质的碳排放可以用工质的实际数量结合工质对应的排放因子计算。其中，外购蒸汽、电力 CO_2 排放因子按各年度国家公布的数据为准。2014年国家发改委发布《中国石油化工生产企业温室气体核算方法与报告指南》(发改办气候〔2014〕2920号)，规定“热力供应的 CO_2 排放因子应优先采用供热单位提供的 CO_2 排放因子，不能提供则按0.11t CO_2/GJ计”。

根据以上原则，本节对化石能源制氢过程的天然气制氢、煤气化制氢；富氢气体回收过程的氯碱氢气回收、重整氢气回收，乙烯裂解氢回收电解水制氢过程的碳排放进行测算，并对上述各种氢气制备过程的碳排放强度进行比较。

一、化石能源制氢过程碳排放

化石能源制氢过程的碳排放包括原料中的碳在生产过程中转化为 CO_2 后的直接排放，以及生产过程所必须的公用工程消耗折算的碳排放两部分。

(一)天然气制氢

如第二节所述，天然气制氢采用轻烃水蒸汽转化工艺，反应原料包括天然气和水蒸气，其中水蒸气是进入装置的除盐水回收生产过程的余热后自产的，因此不需要折算后计入装置碳排放量。原料中的碳伴随生产过程的物流，经过变压吸附氢气提纯后进入尾气用作转化炉燃料，最后以烟气的方式排放到大气。

生产过程中的公用工程消耗主要是除盐水、循环冷却水、电和由于变压吸附尾气不足以提供转化炉所需热量而补充的燃料气。

天然气制氢装置的热量过剩，因此发生的水蒸气有一部分送出。同时，为尽可能提高原料天然气转化率，用作反应原料的水蒸气过剩，冷却后成为酸性凝结水、在装置内汽提后送出。汽提后的酸性凝结水送出后还需进一步处理才能作为凝结水，因此本部分的碳排计算没有扣除其所带出的碳的收益。

以规模 75000Nm^3/h 的天然气制氢，相当于年产纯氢 59.9kt(以年运行 8400h 计)为例计算装置的碳排强度。装置碳排包括原料带入的碳的直接排放和消耗工质折算的碳排两部分。表 4－1－16 列出了该装置的物流平衡。

表 4－1－16　某 75000Nm^3/h 制氢装置物料平衡

物流名称	kg/h	kt/a	备注
	入方		
天然气	21208	169.7	
水蒸汽	69080	552.6	装置自产
配氢	128	1.0	装置自产后循环
低分气	2012	16.1	自全馏分加氢装置来
合计	92428	739.4	
	出方		
工业氢	7483	59.9	
PSA 尾气	49069	392.6	用作装置自用燃料
工艺凝水	35876	287.0	汽提后送出装置
合计	92428	739.4	

装置原料带入的碳来自天然气和低分气，产品没有碳输出。装置原料产生的直接排放量为 56378kg 的 CO_2。

该制氢装置的公用工程工质消耗和折算的碳排放计算见表 4－1－17。其中 3.5MPa 水蒸气为装置自产后外送，成为装置的碳收益。

表 4－1－17　某 75000Nm^3/h 天然气制氢装置公用工程消耗折算 CO_2 排放量

工质名称	消耗量/(t/h)	排放因子/($kgCO_2$/t)	CO_2 排放量/(kg/h)	备注
燃料气	1.52	2649.48	4024.56	
脱盐水	112.70	6.86	773.12	
循环水	224.50	0.3	67.35	
电	2072.15kW	1.04/[$kgCO_2$/(kW · h)]	2155.04	
3.5Mpa 蒸气	－46.80	262.64	－12291.55	送出装置
1.0MPa 蒸汽	2.00	226.82	453.64	
0.5MPa 蒸汽	6.00	196.98	1181.88	

续表

工质名称	消耗量/(t/h)	排放因子/($kgCO_2$/t)	CO_2排放量/(kg/h)	备注
净化风	0.78	0.11	0.09	
氮气	0.03	0.45	0.01	
合计			-3635.87kg/h	

综合装置原料引起的直接碳排放量和公用工程工质折算后碳排放量，这套天然气制氢装置的单位氢气产量的碳排量强度为10.13tCO_2/t氢气。

(二)煤制氢

如第二节所述，煤气化制氢采用部分氧化反应原理，将煤炭在高温下与氧气和水蒸气反应生成富含(H_2+CO)合成气，再经变换转、酸性气脱除和氢气提纯获得工业氢气。

以采用对置喷嘴水煤浆气化工艺的煤气化装置为例，计算煤气化制氢装置的CO_2排放强度。装置的原料为神府煤，氢气生产能力201740Nm^3/h，相当于年产氢气145.3kt，同时生产相当于36.9t/h标油的低热值燃料气。装置采用变压吸附提纯工艺。

表4-1-18列该煤气化制氢装置的物料平衡。原料中的氧气没有统一的折算因子，按照产氧空分的规模换算成电耗和循环水消耗，计入公用工程的工质消耗。进入装置、参与工艺过程的新鲜水(用于制浆)、除氧水(用于调整变换反应的汽/气比)、除盐水(用于补充气化单元洗涤塔用水)，计入公用工程消耗，按照折算系数计算碳排。

表4-1-18 某$10\times10^4Nm^3/h$煤制氢装置物料平衡表

物流名称	kg/h	kt/a	备注
入方			
煤	219800	1758.4	
氧气	180082	1440.7	
新鲜水	50600	404.8	
除氧水	117489	939.9	
除盐水	137860	1102.9	
合计	705831	5646.6	
出方			
氢气	18157	145.3	201740Nm^3/h
PSA尾气	8140	65.1	
低热值燃料气	96404	771.2	
CO_2产品气	13606	108.8	
酸性气	7204	57.6	
排放尾气	382114	3056.9	
灰水	156785	1254.3	
煤渣	16305	130.4	
滤饼	7116	56.9	
合计	705831	5646.6	

生产过程的直接碳排量包括低温甲醇洗单元的排放尾气和来自气化、变换和低温甲醇洗的酸性气，以及可以作为产品外售的 CO_2 产品气。总碳排放量为 383.7t/h 的 CO_2，相当于年排放 CO_2 总量为 3109kt(按照年运行 8400h 计算)。

该装置公用工程工质消耗产生的 CO_2 排放量可以依据装置公用工程消耗量与对应碳排放因子计算。公用工程消耗及碳排放量的计算见表 4-1-19。

表 4-1-19　煤气化制氢装置公用工程消耗及 CO_2 排放量折算

介质	消耗量/(t/h)	排放因子/($kgCO_2$/t)	CO_2 排放量/(kg/h)
氧气	125340.0	—	并入电和循环
净化风	4.3/(Nm^3/h)	0.11	0.5
氮气	17.6/(Nm^3/h)	0.45	7.9
除氧水	437.8	27.46	12021.7
除盐水	137.8	6.86	945.3
新鲜水	50.6	0.45	22.8
循环水	18288.8	0.3	5486.6
电	102398.6/kW	1.04$kgCO_2$/(kW·h)	106494.6
0.45MPa 蒸汽	-124.5	196.98	-24527.9
1.3MPa 蒸汽	-21.4	226.82	-4853.9
合计	95597.5		

合计装置直接碳排放量和公用工程碳排放折算量，装置的计算 CO_2 排放总量为 479.3t/h，计算的单位氢气碳排放强度为 26.39tCO_2/tH_2。

二、工业副产氢碳排放

(一) 氯碱副产氢

氯碱生产过程以食盐水为原料，采用离子膜技术生产烧碱和氯气与氢气。

在阳极室发生如下反应：

$$2Cl^- - 2e^- \longrightarrow Cl_2\uparrow (\text{主反应}) \tag{4-1-32}$$

$$4OH^- - 4e^- \longrightarrow O_2\uparrow + 2H_2O(\text{副反应}) \tag{4-1-33}$$

在阴极室发生如下反应：

$$2H_2O + 2e^- \longrightarrow H_2\uparrow + 2OH^- \tag{4-1-34}$$

电解直接产生的 H_2 纯度约为 98.5%，含有少量氯气、氧气、氯化氢、氮气以及水蒸气等杂质。在氯碱工业中，每生产 1t 烧碱可副产氢气 280Nm^3。氯碱副产氢的净化回收成本低、环保性能好、氢气纯度高，经 PSA 等工艺净化回收后，适用于氢质子膜燃料电池车用所需。

以某离子膜烧碱装置为例，计算氯碱副产氢气的碳排放量，该装置一年的物料平衡如表 4-1-20 所示。

表4－1－20　某离子膜烧碱装置物料平衡

原料	投入量/t	产品	产量/t	备注
原盐	300000	烧碱	200000	NaOH 100%
脱氧触媒	50	氢气	5000	
干燥剂	1000	氯气	177500	
螯合树脂	2200	次氯酸钠	4000	有效氯≥10%
亚硫酸钠	320	稀硫酸	4400	≥75%(质)
α－纤维素	60			
浓硫酸	3000			
高纯盐酸	35000			
氢氧化钠	8800			
合计	350430	合计	390900	

氯碱装置的产品包括烧碱、氢气、氯气、次氯酸钠和稀硫酸，合计年产390900t。氯碱装置的CO_2排放量可由能源消耗量和碳排放因子计算，结果为年排放CO_2量693754.31t，如表4－1－21所示。

表4－1－21　某企业离子膜烧碱装置CO_2排放量

能耗工质	消耗量/(t/a)	碳排放因子/($kgCO_2$/t)	碳排放量/t
直流电耗	427000000kW·h/a	1.04	444080.00
中压蒸汽	224400	236.76	53128.94
发热蒸汽	736000	196.98	144976
循环水	28860000	0.30	8613.33
交流电	38000000kW·h/a	1.04	39520.00
氮气	4800000m^3/a	0.45	2160.00
仪表风	6800000m^3/a	0.11	748.00
装置风	4800000m^3/a	0.11	528.00
合计			693754.31

则按照质量分配法，可计算氯碱装置副产氢的碳排放强度：

$$693754.31 \div 390900 = 1.77tCO_2/t\text{产品}$$

折算为产氢的碳排强度为：

$$693754.31 \div 5000 = 138.75.77tCO_2/t\text{产品}$$

由于氯碱装置不是专门用于生产氢气，装置排放的碳应该由所有产品平摊，所以氯碱装置副产氢气的碳排强度采用1.77tCO_2/t氢更为合理。

由上可知，氯碱副产氢的碳排放强度为1.77tCO_2/tH_2，该装置碳排放来源为能源消耗排放，其中能源消耗排放为693754.31tCO_2，装置产品总量为390900t。

氯碱副产制氢成本较低，在氢能产业发展导入期，可优先考虑利用周边氯碱企业副产氢气，降低氢能原料成本和运输成本，提高项目竞争力。

(二)重整副产氢

催化重整是炼油和石油化工工业生产高辛烷值汽油组分和轻质芳烃的主要工艺过程，它将$C_6 \sim C_8$石脑油馏分，在一定操作条件和催化剂作用下，进行环烷脱氢、异构化、烷烃脱氢环化、加氢裂化、脱甲基、芳烃脱烷基等多种反应，使环烷烃和部分烷烃主要转化成芳烃，同时副产氢气。催化重整副产氢气的纯度高，是加氢过程的主要氢气来源。

以某石化企业重整装置为例计算重整副产氢过程的碳排放量。其年物料平衡如表4-2-22所示。

表4-1-22　某重整装置物料平衡

入方/t		出方/t	
石脑油组分	745655.7	干气	1459.7
加裂重石脑油	278404.7	液化气	20548.3
重整氢气	2800.1	戊烷油	23751.6
		重整汽油	570363.6
		重整氢气	60178
		C_6 馏分油	175403
		重污油	2613
		燃料气	21
		C11 芳烃	6597
		C_9、C_{10}芳烃	163895
合计	1026860.4	合计	1026860.4

该重整装置投入的原料包括石脑油组分、加裂重石脑油和重整氢气。该重整装置的CO_2排放量主要由能源消耗所致，其计算如表4-1-23所示。

表4-1-23　某重整装置CO_2排放量

能耗工质	消耗量/t	CO_2排放量/t
循环水	8708144	2598.96
除盐水	247029	1695.71
电	67709031kW·h	70525.73
39kg蒸汽	-115138	-30239.59
10kg蒸汽	-115919	-26293.16
燃料干气	47767	126557.71
热进(出)料(kgEO)	-826482	-3008.39
合计		141836.97

该重整装置的原料获取过程排放可以由炼油厂总加工流程计算，石脑油组分主要来源于1#蒸馏、3#蒸馏装置，初常顶油和加裂重石脑油主要来源于加氢裂化装置，分别计算相应装置出料的碳排放强度：石脑油组分的碳排放强度为0.031tCO_2/t，加裂重石脑油的碳排放强度为0.256tCO_2/t。

由原料获取过程和该重整生产过程的碳排放总量，采用质量分配法，可计算重整副产氢气碳排放强度：

$$(745655.7\times0.031+278404.7\times0.256+141836.97)\div1026860.4=0.23tCO_2/tH_2。$$

由上可知，重整副产氢的碳排放强度为0.23tCO_2/tH_2，该装置碳排放来源包括原料带入排放和能源消耗排放，其中原料来自于1#蒸馏、3#蒸馏装置，加氢裂化装置，按照这些装置的碳排放强度，计算得出重整装置原料带入排放为94386.93tCO_2，能源消耗排放为141836.97tCO_2，装置产品量1026860.4t。

（三）乙烯裂解副产氢

烃类裂解生产乙烯的过程会副产一定数量的氢气，是炼油厂重要的氢源。副产氢气馏分的规格取决于深冷分离系统的操作条件和回收工艺流程，表4－1－24列出典型烃类裂解装置富氢馏分的规格。通过采用变压吸附（PSA）方法净化氢气，取代甲烷化脱CO，可获得的氢气产品纯度可达99.99%。

表4－1－24　乙烯裂解过程副产氢规格

项目	规格
H_2	95%
CO_2+CO	5μL/L
O_2	1μL/L
C_2S	0.1%
S（按H_2S计）	1μL/L
H_2O	5μL/L
CH_4	平衡

以某石化企业乙烯裂解装置为例计算乙烯副产氢的碳排放。其物料平衡如表4－1－25所示。

表4－1－25　某石化企业半年度乙烯裂解装置物料平衡表

进料	原料量/t	出料	产量/t
轻裂解料	344373	乙烯	400168.743
加氢尾油	223820	丙烯	186013
轻烃裂解料	53392	碳四	118453
轻石脑油	515342	乙烯裂解汽油	212446
其他	52672	甲烷氢	139460
		氢气	18670
		其他	114388
合计	1189599	合计	1189599

乙烯裂解装置原料生产过程碳足迹如表4－1－26所示，裂解原料生产流程图如图4－1－55所示。

表4－1－26　乙烯裂解装置原料碳足迹

进料	原料量/t	碳足迹/（kgCO_2/t）	CO_2排放量/t
轻裂解料	344373	27.18	9360058.14
加氢尾油	223820	101.27	22666251.4
轻烃裂解料	53392	243.99	13027114.08
轻石脑油	515342	46.55	23989170.1
其他	52672	46.55	2451881.6
合计			71494475.32

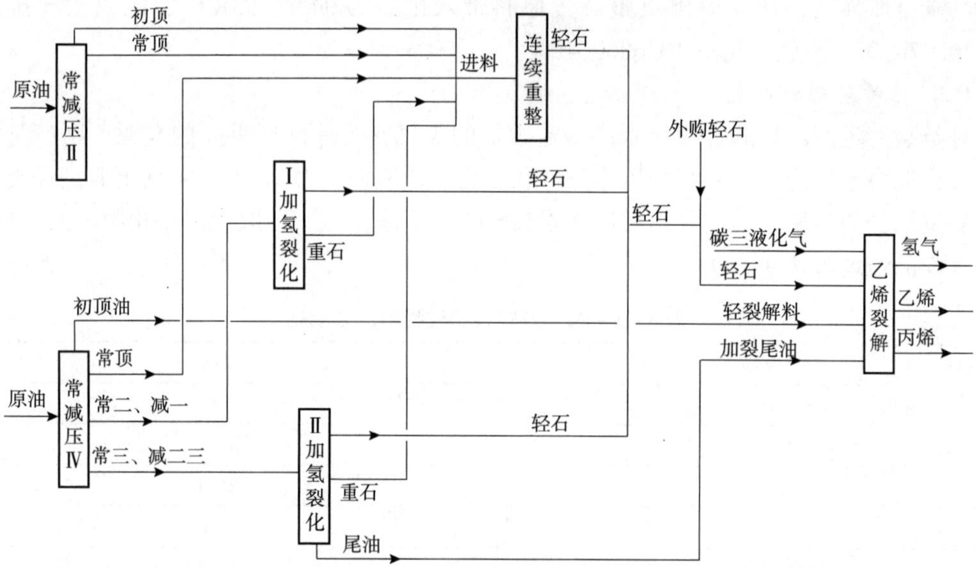

图 4－1－55　裂解原料生产流程图

乙烯裂解装置能源消耗排放如表 4－1－27 所示。

表 4－1－27　乙烯装置碳排放量

能耗工质	消耗量/t	排放因子/($kgCO_2$/t)	CO_2 排放量/kg
新鲜水	31446	0.45	14077.68
除盐水	106011	6.86	727701.48
除氧水	1719787	27.46	47221196.01
循环水	189065887	0.30	56427092.11
裂解凝汽机凝结水	1184440	10.89	12902694.77
加热设备凝结水	414852	10.89	4519189.43
电	44060156kW · h	0.84	36865132.53
高压蒸汽	744266	273.91	203861223.45
0.3MPa 蒸汽	143350	196.98	28236842.17
1.0MPa 蒸汽	764	226.82	173293.17
1.5MPa 蒸汽	－600263	226.82	－136153766.59
氮气	16892	0.45	7562.18
净化风	$4344\times10^4Nm^3$	0.11	492.66
非净化风	$18100\times10^4Nm^3$	0.08	1512.55
燃料气	170121	2649.48	450733003.66
制苯尾气	9427	2649.48	24976693.21
合计			730513940.49

按照质量分配法计算乙烯裂解装置副产氢气二氧化碳排放强度：

(730513940.49＋71495223)÷1189599＝674.18kgCO_2/t。

三、电解水制氢

电解水制氢制备 $1Nm^3$ 氢气同时副和 $0.5Nm^3$ 氧气。目前商业化的水电解制氢设施操作压力为 0.3～1.6MPa，操作温度为 80～90℃，制氢纯度(体积分数)达到 99.7% 以上，每制取 $1Nm^3$ 氢气的耗电量约 5.0～6.0kW·h。

(1) 火力发电+电解水制氢碳排放计算

2018 年，我国火电机组(净效率为 39.9%)平均供电煤耗为 308g/(kW·h)，二氧化碳排放强度约 841kgCO_2/MW·h。制取 $1m^3$ 氢气按耗电量约 5.5kW·h 计算，氢气密度按 89.9g/m^3 计算，则采用电解水制氢的碳排放强度为 51.5kgCO_2/kgH_2。

(2) 光伏发电+电解水制氢碳排放计算

周祥[74]等研究了我国西部某光伏电站电解水制氢碳足迹，以 33°固定倾角、年满负荷运行时间 1498h 为例，计算 25 年内总发电量的碳足迹为 16.59kgCO_2/MWh，仅为网电 700kgCO_2/MW·h 的 2.3%。由此计算氢气碳足迹，光伏电站电解水制氢，氢气液化并运输 1000km，终端接收到的每公斤液氢的二氧化碳排放量为 1.78kg。加拿大安大略理工大学的 CETNKAKA 团队[75]研究了 8kW 的综合屋顶式光伏制氢系统，计算能耗 33.5MJ/kgH_2 和温室气体释放当量 2.4kgCO_2eq/kgH_2。

(3) 风电+电解水制氢碳排放

Reiter 等利用 GaBi 软件进行制氢过程的生命周期评价研究，得出了风电制氢的温室气体排放水平为 0.6kgCO_2eq/kgH_2，能耗 12MJ/kgH_2。

四、结果与讨论

通过对 5 种制氢及副产氢生产过程碳排放量进行核算，可得出天然气制氢、干气制氢、煤制氢、氯碱副产氢、重整副产氢 5 种不同制氢过程的碳排放强度，见表 4－1－28 所示。

表 4－1－28　不同制氢路线的碳排放强度

制氢工艺	碳排放强度/(tCO_2/t)	备注
天然气制氢	10.13	
煤制氢	25.64	包含已售出 CO_2 的排放
氯碱副产氢	1.77	
重整副产氢	0.23	

可以看出，化石能源制氢比工业过程副产氢的碳排放强度高出许多，其中煤制氢碳排放强度最高，重整副产氢碳排放强度最低，天然气制氢和干气制氢碳排放强度近似，低于煤制氢碳排放强度。

电解水制氢的碳排放与电的来源关系密切，火电制氢的碳排放强度高于煤气化制氢，而采用绿电制氢的碳排放强度远低于传统化石能源制氢，与副产氢气回收氢气的碳排放相当。参见表 4－1－29。

表 4-1-29 不同电来源的电解水制氢路线的碳排放强度

制氢工艺	碳排放强度/(tCO_2/t)	备注
火电电解水制氢	51.5	
光伏电解水制氢	2.4	
风电电解水制氢	0.6	

从以上对比结果可以看出，氢气制备过程中回收富氢气中的氢气的碳排强度最低。因此无论从减少碳排还是降低氢气成本，都要首先选择回收富氢气体中的氢气。

第五节 制氢经济性分析

我国“缺油、少气、富煤”的能源禀赋决定了我国化石能源中的天然气价格高、煤炭价格低的特点，并对不同制氢路线的氢气成本产生了重要影响。

工业上广泛应用的天然气水蒸气转化制氢、煤气化制氢、甲醇制氢和电解水制氢，其氢气成本由原料费用、操作费用(即运行公用工程和辅助材料费用)、制造和财务成本(包括投资的分摊和维修费用的分摊)几个部分构成。四种制氢路线的氢气成本构成有很大的不同。从投资分析，单位产氢能力下，煤气化制氢 > 天然气水蒸气转化制氢 > 甲醇制氢；从单位产氢量的原料成本分析，排序与投资恰恰相反，甲醇制氢 > 天然气制氢 > 煤气化制氢。这样，最终的氢气成本需要根据项目的情况，综合考虑操作成本和投资成本决定。

相比而言，电解水制氢的成本比较特殊，一方面，电解水制氢采用电化学方法，而不是传统的化学方法生产氢气，因此电的费用在氢气成本中占比大。另一方面，电解水设施的单系列规模较小，广泛商业应用的最大电解槽产氢能力 1000Nm^3/h，更大规模的电解水制氢装置选择多系列电解槽并联运行。

1. 制氢装置规模对不同氢气生产路线的成本影响

电解水制氢设施由于单系列规模受限(目前工业应用最大规模为 1000Nm^3/h)，较大规模(大于 5000Nm^3/h)的制氢装置都是由若干个系列组合而成，不存在规模效应规律，通过增大规模降低投资的占比，其消耗也是与规模基本上成正比例，因此氢气的成本与规模的关联度小。大型电解水制氢与小型电解水制氢(均大于 1000Nm^3/h)的氢气成本相近。

对于煤气化制氢、天然气制氢和甲醇制氢，由于单系列可以达到较大规模，因此，规模越大氢气成本越低。这三种制氢路线，煤气化制氢的投资最高、原料成本最低，甲醇制氢的投资最低、原料成本最高。因此，规模大于 90000Nm^3/h 的制氢装置，煤气化制氢具有氢气成本的优势。甲醇制氢随着规模增大，原料成本占比加大，氢气成本增加很快，因此一般用于规模小于 5000Nm^3/h 的制氢装置。天然气制氢的氢气成本的投资成本和原料成本均较为适中，比较适合规模在 10000 ~ 100000Nm^3/h 的制氢装置。

绝大多数甲醇来自于氢气与一氧化碳合成过程，因此，利用甲醇制氢是不合理的，但是在一些场合，如没有煤炭指标、天然气价格高的地区，甲醇制氢有一定的价格优势。由于我国生产的甲醇的原料大部分来自煤炭，因此，虽然从物质转化过程来看是不合适的，但是如能获得价格较低的甲醇，甲醇制氢路线还是有一定的竞争力。

2. 不同制氢装置的氢气成本

针对规模 90000Nm^3/h 的制氢装置，假定天然气不含税价格 2.5 元/Nm^3（相当于 10.8 \$/MMBTU），煤炭不含税价格 450 元/t，氧气不含税 0.5 元/Nm^3，电价 0.56 元/(kW·h)，3.5MPa 蒸气价格 100 元/t。采用水煤浆气化路线，两种工艺路线的氢气成本构成见表 4-1-30[76]。为了比较，补充了甲醇制氢、电解水制氢的成本构成[77]。

表 4-1-30　天然气水蒸气转化制氢和煤气化制氢、甲醇制氢、电解水制氢的成本构成

项目	天然气制氢	煤气化制氢	甲醇制氢	电解水制氢
原料成本/%	73.4	36.9	82.7	—
燃料气成本/%	13.7	—		—
氧气成本/%	—	25.9	—	—
燃动成本/%	2.4	7.9		74.90①
制造及财务费用/%	9.3	22.6	9.4	17.60
其他/%	1.2	6.7	7.8	7.49
合计/%	100.0	100.0		
氢气价格/(元/t)	12831	9903	14187	29900

①该项为电的成本占比（以 1000Nm^3/h 规模的碱水电解槽计算）。

分析氢气的成本构成，天然气制氢路线的氢气成本占比最大的是天然气的费用，如计入原料和燃料之和（大部分天然气制氢的燃料也是天然气），天然气费用占氢气成本的 87% 以上，甲醇制氢的甲醇成本占比 82.7%（甲醇价格 2200 元/t），电解水制氢只有水的消耗，由于占比极低，没有列入，其成本主要来自电，占比 74.9%。煤气化制氢的原料占比最低，只有 36.9%。

和煤气化制氢相比，只要有价格合理的天然气资源，天气制氢的氢气成本将非常具有竞争力。对于煤气化制氢，煤炭的费用、操作费用（燃动费用 + 氧气费用）、制造和财务费用各占氢气成本的 1/3 左右，也就是要降低煤气化制氢的成本，不仅要找到价格合理的煤炭来源，还需要有价格低廉的氧气来源和降低装置的建设投资。

随着全社会对碳排放的重视，特别是对于碳税的收取逐步进入实施阶段。碳税也将对氢气的成本产生影响。对于上述规模的两种路线的制氢装置，天然气制氢每年的直接排放的二氧化碳约 0.68Mt/a，水煤浆气化制氢每年直接排放的二氧化碳约 1.35Mt/a，是同规模天然气制氢的 2 倍。

实际上对于制氢装置，产品中没有碳，原料和燃料中的元素碳基本上全部转化为二氧化碳排放了。与天然气中氢元素占比（质量分数）25% 相比，煤中的氢元素占比（质量分数）约 4% 左右，煤气化制氢产品氢气中的氢元素基本来自水。因此，从元素利用来看，煤气化制氢不是一个好的选择。作为比较列出了几种制氢路线征收碳税前后的氢气成本比较[78]，见表 4-1-31（征收碳税前）和表 4-1-32 征收碳税（碳税 170 元/t 二氧化碳）后氢气成本。

表 4 -1 -31 征收碳税前几条制氢路线的氢气成本[78]

技术路线	氢气成本/(元/kg)
煤制氢	10
天然气制氢	13.44
水电解制氢 - 火电(谷电/工业平均电价)	40.7/87.9
水电解制氢 - 可再生电力	82(2020 年美国中间价位)

注：上表计算基于：(1)粉煤制氢；(2)火电按照二氧化碳排放量 1.12kg/kW/h；(3)可再生能源电力制氢的中位价和低位价数据来自全球氢能网 2020 年的数据。

表 4 -1 -32 征收 170 吨/二氧化碳后几条制氢路线的氢气成本[78]

技术路线	氢气成本/(元/kg)	碳税折算/(元/kg 氢气)	总成本/(元/kg)
煤制氢	10	4.59	14.59
天然气制氢	13.44	1.05	14.05
可再生电解制氢(2020 中位值)	82	0	82
可再生电解制氢(2025 低位值)	41	0	41

注：上表计算基于：(1)粉煤制氢；(2)碳税按照 175 元/t 二氧化碳计算；(3)火电按照二氧化碳排放量 1.12kg/(kW · h)；(4)可再生能源电力制氢的中位价和低位价数据来自全球氢能网 2020 年的数据。

分析出上表可以看到征收碳税对煤气制氢的成本影响较大。

把煤炭和天然气作为能源比较价格，天然气的价格折算为标油吨相当于每吨标油热值价格 2930 元，煤炭的价格折算为吨标油相当于每吨标油热值价格 775 元，是天然气等价能源价格的 1/4 左右。我国能源构成中天然气价格高、煤炭价格低的实际情况造成我国煤气化制氢得到快速推广。随着碳达峰和碳中和目标的设立，以及天然气供应量的逐渐提高，煤气化制氢在国内发展的势头将会放缓。

3. 绿电制氢的氢气成本

光伏、风电结合电解水制氢，除了水、少量仪表压缩空气、氮气外，基本上没有其他物料，氢气成本主要取决于建设投资。

以某光伏、风电生产绿氢项目前作为例，产氢量 10kt/a，风电场设备能力：风电装机 59.5MW，光伏装机 270MW 光伏为例，氢气 21.02 元/kg 的成本中，折旧修理和摊销总计折算为氢气的成本为 12.1 元/kg，财务费用成本 3.89 元/kg 氢气，占据了氢气成本的绝大部分。

第二章　氢气储运

第一节　氢气的储运特性

氢的储运特性是以氢的物化特性为基础，氢的储运特性尤其与氢的相图密切相关，如图4－2－1所示。

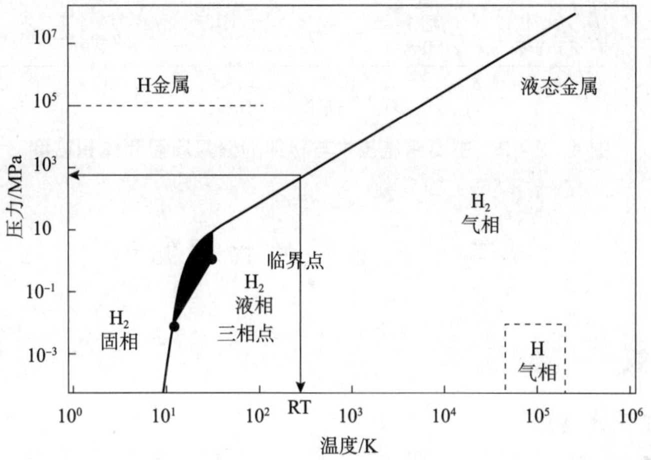

图4－2－1　氢的相图

在0℃和1atm下，氢是密度为0.089882kg/m³的气体，是标准状态下密度最小的气体，不利于储存和使用。在三相点和临界点之间很小的范围内，氢在－253℃下是密度为70.9kg/m³的液体。氢的临界温度是－239.96℃(32.97K)，因此如果将氢液化需要降低至极低的温度。对于车用氢存储系统，国际能源署(IEA)提出的目标是质量储氢密度大于5%、体积储氢密度大于50kg/m³，并且放氢温度低于423K，循环寿命超过1000次；而美国能源部(DOE)提出的目标是质量储氢密度不低于6.5%，体积储氢密度不低于62kg/m³，车用储氢系统的实际储氢能力应大于3.1kg。

氢运输过程的储氢方法分为物理法和化学法。物理法包括压缩气体储氢、低温液态储氢和吸附储氢等，化学法包括有机液体储氢和金属氢化物储氢等，以及物理法和化学法的结合法。图4－2－2给出了目前研究的主要储氢技术与材料的储氢质量和体积密度。

由图4－2－2可知，液氢的质量密度在70.9kg/m³，可以较好地达到IEA和DOE的目标，但是氢液化温度较低、能耗高，可以应用于大规模商业运输，不适用于家用车辆。随储氢罐的技术进步，高压气体储氢可以在高压下满足IEA和DOE提出的质量储氢密度的目标，但无法满足体积储氢密度的目标，可以应用于家用车辆，不适用于大规模商业运输。烷烃、芳烃等有机化合物具有较高的质量储氢密度和体积储氢密度，但在实际应用时，无法利用有机化合物中全部的氢，需要专门的加氢和脱氢的工艺，很难应用于家用车辆。金属氢化物可以达到较高的体积储氢密度，但质量储氢密度普遍偏低，且氢气释放速度较慢。

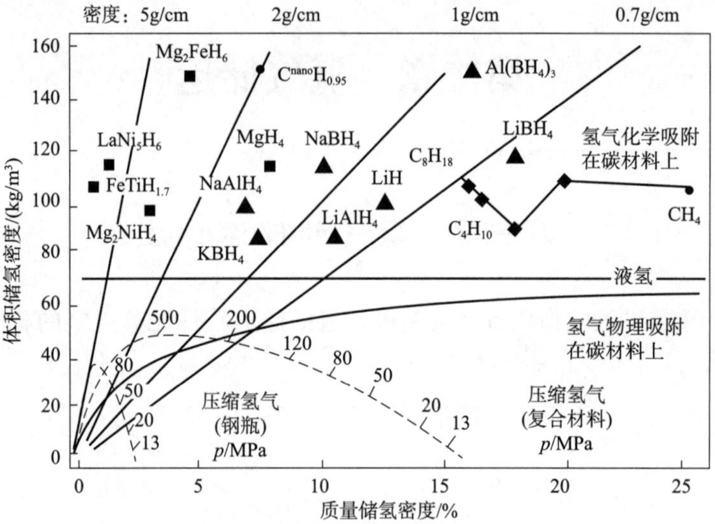

图4-2-2　主要储氢技术与材料的储氢质量和体积密度

第二节　氢气的物理储运

一、气态储氢

(一)商用高压气体储氢

1. 小型储氢钢瓶

目前少量使用氢气的工业和民用用户采用40L氢气瓶的方式，储氢密度不到1%，采用单瓶或16个钢瓶集装的方式。Ⅰ型瓶的生产难度小，门槛低，我国有大量生产企业。但是Ⅰ型瓶的最高使用压力在20MPa，占地大，质量储氢密度和体积储氢密度都非常小，无法应用于燃料电池车车载或规模化运氢。

2. 氢气运输车用钢瓶

国内氢气运输通常采用长管拖车，长管拖车由车头和拖车组成，长管拖车到达加氢站后，车头和管束拖车可分离，所以管束也可用作辅助储氢容器。目前常用的管束一般由9个直径约为0.5m，长约10m的钢瓶组成，自重25t左右，其设计工作压力为26MPa，约可充装氢气3500Nm^3。管束内氢气利用率与压缩机的吸入压力有关，大约为75%~85%。长管拖车运输技术成熟，规范完善，因此国内较多加氢站都采用长管拖车运输氢气。国内气态氢气运输需严格按照中华人民共和国交通运输行业标准《危险货物道路运输规则》(JT/T 617.1—2018)，按照《移动式压力容器安全技术监察规程》(TSG R0005—2016)定期进行气瓶检验。国内石家庄安瑞科气体机械、鲁西化工、上海南亮、浦江气体、山东滨华氢能源等均具有长管拖车的生产能力。

3. 固定式储氢设备

固定式储氢设备主要用于在固定场所储存氢气，一般为Ⅰ型瓶，例如加氢站内储氢罐、制氢站内储氢罐、电厂等其他用氢区域的固定式储氢罐，如图4-2-3所示。固定式储氢设备与运输用储氢设备通用，但在固定使用时，无需遵守《移动式压力容器安全技术监察规程》(TSG R0005—2016)，可以充压至35MPa。

图4－2－3　35MPa固定式储氢长管集束罐

部分储氢设备也可以采用Ⅱ型瓶标准，遵守《固定式高压储氢用钢带错绕式容器》(GB/T 26466—2011)要求，但应用较少。

国内固定式储氢罐生产厂家主要有：石家庄安瑞科气体机械公司、北京海德利森科技公司等。

由同济大学牵头，联合北京天高隔膜压缩机有限公司、石家庄安瑞科气体机械有限公司和上海舜华新能源系统有限公司共同承担的“十二五”期间国家“863”计划中先进技术能源领域“基于可再生能源制/储氢的70MPa加氢站研发及示范”项目，研制出了风光互补发电耦合电解制氢系统、90MPa隔膜式氢气压缩机、87.5MPa钢质碳纤维缠绕大容积储氢容器(见图4－2－4)、70MPa加氢机系统等加氢站用关键装备。

图4－2－4　石家庄安瑞科87.5MPa缠绕储氢容器

4. 地下储氢设备

地下储氢是指深埋在地下、使用专用材料制作而成的氢气储存地埋井，具有安全系数高、占地面积小等特点。储氢井的设计和建设规范遵循《高压气地下储气井》(SY/T 6535—2002)和《储气井工程技术规范》(SH/T 3216—2020)。

储氢井竖直安放、深埋地下，安全系数高。因此，与同等级的地面储氢设备相比，储气井与建筑的安全距离更小，叠加储氢井地面占地面积小的特点，在现有加油站改造为油氢合建站时，储气井受现有加氢站占地影响跟小，具有在更多站改造的可能性。

中国石化在重庆半山环道综合加能站建成中国首座应用储氢井技术的加氢站。该站储氢井深 154m，单管储氢 $5m^3$，共 3 管设计加注能力 1000kg/d(见图 4 -2 -5)。

图 4 -2 -5　重庆半山环道加氢站地下储氢井

(二) 车用高压气体储氢

对于车载储氢瓶，增加内压、减小罐体质量、提高储氢容量是储氢容器的发展方向。铝内胆纤维缠绕瓶(Ⅲ型)及塑料内胆纤维缠绕瓶(Ⅳ型)由内胆、碳纤维强化树脂层及玻璃纤维强化树脂层组成，明显减少了气瓶质量，提高了单位质量储氢密度，多作为车载储氢瓶使用。Ⅲ型瓶使用压力主要有 35MPa、70MPa 两种。中国车载储氢中主要使用是 35MPa 的Ⅲ型瓶，70MPa 瓶也已研发成功并小范围应用。

我国已经实施了《车用压缩氢气铝合金内胆碳纤维全缠绕气瓶》(GB/T 35544—2017)。该标准规定了车用压缩氢气铝内胆碳纤维全缠绕气瓶的型式和参数、技术要求、试验方法、检验规则、标志、包装、运输和储存等要求，适用于设计制造公称工作压力不超过 70MPa、公称水容积不大于 450L、储存介质为压缩氢气、工作温度 -40 ~ 85℃、固定在道路车辆上用作燃料箱的可重复充装气瓶。

2010 年，浙江大学成功研制 70MPa 轻质铝内胆纤维缠绕储氢瓶，解决了高抗疲劳性能的缠绕线形匹配、超薄(0.5mm)铝内胆成型等关键技术，其单位质量储氢密度达 5.7%，实现了铝内胆纤维缠绕储氢瓶的轻量化。

中国主要Ⅲ型车用气瓶生产厂家为：科泰克、天海工业、中材科技、富瑞氢能、斯林达等。

Ⅳ型瓶是轻质高压储氢容器的发展方向，美国 Quantum 公司、Hexagon Lincoln 公司、通用汽车公司、丰田汽车公司等国外多家知名企业，已成功研制多种规格的纤维全缠绕高压储氢气瓶。

丰田汽车 Mirai 的高压储气瓶采用Ⅳ型瓶(见图 4 -2 -6)，其由 3 层结构组成：内层为高密度聚合物，中层为耐压的碳纤维缠绕层，表层则是保护气瓶和碳纤维树脂表面的玻璃纤维强化树脂层。Ⅳ型瓶的使用压力为 70MPa，质量储存密度为 5.7%。

图4－2－6　丰田70MPa车载储气瓶

二、液态储氢

低温液态氢是将氢气冷却至－240℃以下经压缩液化并存放于绝热真空容器中的液体。与高压气态储氢相比，低温液态储氢的储氢质量、体积储氢能量密度均有大幅度提高。如果从储氢体积密度角度分析，低温液态储氢是较理想的储氢技术。但是，绝热液氢容器制造和氢液化能耗是制约液氢发展的最大障碍。

（一）商用低温液态储氢系统

液氢罐车运输是将氢气深冷至21K液化，再将液氢装在压力通常为0.6MPa的圆筒形专用低温绝热槽罐内进行运输的方法。由于液氢的体积能量密度达到10.1MJ/L，液氢槽罐车的容量大约为65m^3，每次可净运输约4000kg氢气，是气氢长管拖车单车运量的10倍多，提高了运输效率。但制取液氢的能耗较大，液化相同热值的氢气耗电量是压缩氢气(20MPa)的11倍以上，并且液氢储存、输送过程均有一定的蒸发损耗。

国外加氢站采用槽车液氢运输的方式已经实现商业化，液氢储槽都采用真空夹套绝热，由内外两个等截面同心套管组成，两个套管之间抽成高度的真空。液氢也可以利用铁路和轮船进行长距离或跨洲际输送。深冷铁路槽车常用水平放置的圆筒形杜瓦槽罐，其储存液氢的容量可达到100m^3，特殊大容量的铁路槽车甚至可以运输120～200m^3的液氢。目前仅有非常少量的液氢采用铁路运输。

在国外尤其是欧、美、日等国家，液氢技术发展已经相对较为成熟，某些地区液氢槽车运输超过了气氢运输规模。国内目前仅用于航天及军事领域。2021年《氢能汽车用燃料液氢》《液氢生产系统技术规范》和《液氢储存和运输安全技术要求》三项国家标准已经发布实施，对促进低温液态储氢技术发展将起到积极作用。

国内相关企业已着手研发相应的液氢储罐、液氢槽车，如北京特种工程研究院(见图4－3－7)、中集圣达因、富瑞氢能等公司已开发出国产液氢储运产品。

图4－2－7　北京特种工程研究院45m³液氢储槽车

针对燃料电池汽车用氢主要还是以高压气氢的形式装载，所以运输至加氢站的液氢需要经过气化和加压后，才可以进行加注。气化过程需要在气化器中进行液氢的站内气化装置。液氢与液化天然气都是低温液体，而LNG的气化器技术已经有广泛的应用，因此，液氢站内气化装置可以采用与LNG气化器相似的技术路径。但是与天然气相比，由于液氢的沸点极低，气化时需要较大的热量；液氢气化器体积约增大53倍，会出现严重的两相流问题；氢气的爆炸极限范围很广，要严格防止泄漏并注意防爆；由于氢脆特性对气化器材质有较高要求。同时在设计气化器时，还需要考虑以下问题：气化器的设备耐低温性能；对液氢气化过程的适应性和可靠性等。除此之外，液氢在气化过程中会释放更多的冷量，所以对液氢冷能的利用也是将来重要的发展方向。液氢冷能可以利用在发电、空气液化分离、制取液态CO_2和干冰、冷冻仓库等方面，但必须上规模才具有经济效益。

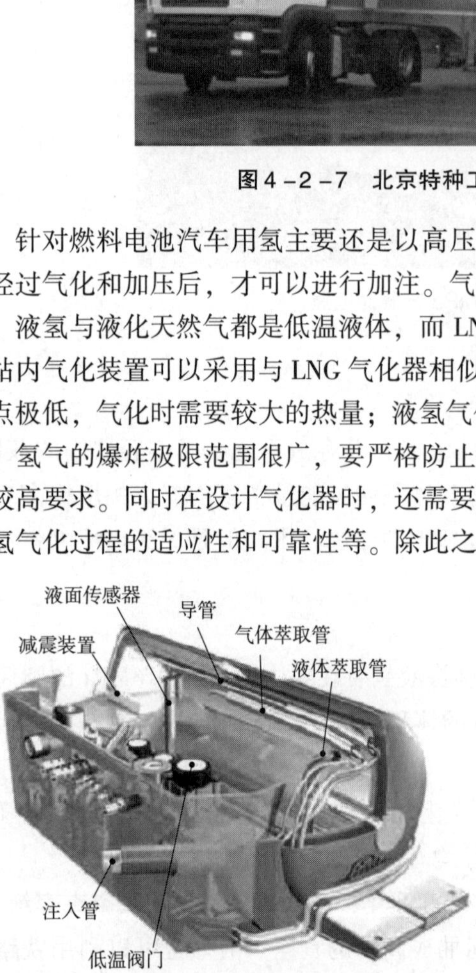

图4－2－8　通用公司家用轿车车载低温液氢罐

（二）车载低温液态储氢系统

低温液态储氢已应用于车载系统中，如2000年美国通用公司已在轿车上使用了长为1m、直径为0.14m的液体储气罐（见图4－3－8），其总质量为90kg，可储氢4.6kg，质量储氢密度、体积储氢密度分别为5.1%、36.6kg/m³。但液态储氢技术存在成本高、易挥发、运行过程中安全隐患多等问题，商业化难度大。

三、管道输运

（一）纯氢输氢管道

管道气态输氢，一般压力在4MPa左右，每立方米可储氢5～9kg。欧洲大约有1500km的低压氢气管道，美国现有的氢气管道超过1400km。世界最长的氢气管道位于法国和比利时之间，长约400km。2014年，中国建成的最长氢气长输管道——巴陵长岭输氢管道，全长42km，其主要功能是为石化行业加氢反应提供氢气原料。国内的氢气管道运输的经济性见表4－2－1[79]。

表 4-2-1　国内纯氢输氢管道

线路	设计压力/MPa	长度/km	输送能力/(kt/a)
济源—洛阳输氢管线	4	25	100.5
巴陵—长岭输氢管线	4	42	50
金陵—扬子输氢管线	4	32.4	40
赛科—金山输氢管线	4	16.5	20

管道运输对运输规模非常敏感，输氢量在 50000Nm³/h 以上有比较好的经济性。管道输氢适合大规模、长距离、连续运氢，但初始投资较大，每公里管道投资约 584 万元。

纯氢的输氢管道可以用于分布式制氢中心供应数个加氢站的模式。在加氢站较为密集的区域，建设分布式供氢中心，再用管道输氢至数公里之内的加氢站内，具有较好的经济效益和较低的安全风险。

(二)天然气管道掺氢

当前国内氢气管网数量有限，将氢气混入天然气管道中进行运输可解决基础设施不足的问题，德、法、西班牙等国家已有应用。《天然气》(GB 17820—2018)规定了天然气的质量要求，见表 4-2-2。天然气产品若满足天然气标准要求的一类气要求，其 CH_4 含量的最低阈值为 95.9%~97.2%，满足二类气要求，其 $\varphi(CH_4)$ 的最低阈值为 77.6%~74.8%。

表 4-2-2　GB 17820—2018 天然气质量要求

项目	一类	二类
高位热值/(MJ/m^3)	≥34.0	≥31.4
总硫(以硫计)/(mg/m^3)	≤20	≤100
硫化氢/(mg/m^3)	≤6	≤20
CO_2 摩尔分数/%	≤3.0	≤4.0

根据中国石油天然气股份有限公司企业标准(Q/SY30—2002)，天然气长输管道气质技术指标见表 4-2-3。

表 4-2-3　Q/SY30—2002 长输管道天然气质量指标

性质参数	质量指标
高位热值/(MJ/m^3)	>31.4
硫/(mg/m^3)	≤200
H_2S/(mg/m^3)	≤20
CO_2/%(体)	≤3.0
O_2/%(体)	≤0.5
水露点/℃	在最高操作压力下，水露点应比最低输送环境温度低 5℃
烃露点/℃	在最高操作压力下，烃露点应不大于最低输送环境温度

注：本标准中气体体积的标准参比条件是 101.325 kPa，20℃。

受管道天然气热值的限制，传统含氢的天然气(例如煤制天然气)一般要将 H_2 体积分数降低至小于5%进入管道。但是，使用可再生能源制取的氢气进入管网，不仅可以降低我国对外能源依赖，也有利于降低氢气的运输成本，推动西部的可再生能源发展。应充分论证，出台新的管道天然气掺氢方案和标准，推动天然气管道掺氢的发展。

国内研究人员[80]研究了H_2对长输管道线用X－70钢和城市内网用20#钢氢致开裂情况，并评估了两种钢材的安全性，表明天然气掺氢有较好的应用前景。

虽然天然气是不可再生能源，但其也有清洁能源的属性，且担负着重要的民生职责，我国将在较长的一段时期内继续大力发展天然气的生产和外购，天然气管道将继续建设和发展。因此，天然气管道掺氢作为运氢方式在技术和政策层面上都具有可行性。

第三节　氢气的化学储运

一、甲醇氢载体储运

（一）载体特点

甲醇是氢含量较高的氢载体，以分子式CH_3OH计，质量氢含量在12.5%，高于DOE公布的氢载体终极储氢质量密度7.5%。而且与一般的液态有机氢载体储氢（LOHC）相比，甲醇储氢还有无需氢载体返回的运费，可以在储氢地利用副产CO_2等优点。

在甲醇蒸汽裂解制氢的真实反应条件下，甲醇的储氢量甚至比理论值更高，其化学反应式为：

$$CH_3OH + H_2O \longrightarrow 3H_2 + CO_2 \tag{4-2-1}$$

此时，甲醇的理论产氢质量为其自身质量的18.75%。

在真实的工业生产过程中，产物气为75%的氢气和25%的CO_2，需要PSA分离，含氢的解析气外排或燃烧供热，因此甲醇蒸汽裂解生产1Nm^3工业氢的消耗在0.55kg。如果考虑燃烧部分甲醇为反应供热及生产高纯氢气需要，生产1Nm^3高纯氢的消耗在0.67kg甲醇。此时，甲醇的质量储氢量在13.7%，仍然为相对高效的储氢方式。

（二）技术现状

甲醇分布式制氢是直接在加氢站内制氢，或在制氢母站内制氢再短途运输的制氢方式，具有降低氢气成本、减少运输安全风险的技术特点，是近中期加氢站氢源解决方案之一。在氢气供应体系中，甲醇制氢作为现有可大规模获取的价格低廉的制氢原料，在氢能的起步阶段能提供较廉价的氢源。并且随着电解水制氢成本的快速下降，进一步地以“液态阳光”为代表的新一代绿色甲醇能源可作为清洁的绿色氢载体。

合成气制甲醇（CO加氢制甲醇）是煤制甲醇的成熟大规模生产方式，也是大型MTO的主要原料来源。以煤基甲醇为原料，蒸汽裂解生产氢气是小型化工厂常规的制氢方式。但在洁净能源背景下，不能以煤基甲醇作为原料生产氢气。

CO_2加氢制甲醇则是近年才实现突破的技术。丹麦托普索公司和德国鲁奇公司均完成了CO_2加氢制甲醇的中试和工业装置设计。日本关西电力公司和三菱重工也开发了以CO_2为原料生产甲醇所用的铜锌铝氧化物催化剂，在247℃、9.0MPa条件下反应，甲醇收率为95%。日本三井化学株式会社2009年斥资1600万美元建成全球首套100t/a二氧化碳制甲醇中试装置并获得成功。这是已有公布的消息中二氧化碳制甲醇最为领先的成果。冰岛碳循环利用公司开发的 ETL 技术是目前全球唯一工业在产的二氧化碳加氢制甲醇项目，2012 年甲醇产能 1300t，2014 年甲醇产能扩展到 4000t。碳循环国际公司的可再生甲醇面向欧洲市场，注册名称为 Vulcanol，可同汽油混合用于生物燃油制品。

中国科学院上海高等研究院、中科院化物所[81]、中国石化等企业也进行了不同规模示范项目的探索。综上所述，国内外已开发出多种 CO_2 制甲醇催化体系，并且已有一些工业示范实例。

因此，在未来电解水制氢－CO_2制甲醇－甲醇运输－分布式甲醇制氢的技术路线可提供以绿色甲醇能源为媒介的绿色氢能路线。

二、液氨氢载体储运

(一)载体特点

液氨是高氢含量的氢载体，以分子式 NH_3计，质量氢含量在 17.6%，远高于 DOE 公布的氢载体储氢质量密度 7.5%。

液氨分解时，没有副反应产生。氨分解制氢的操作温度一般在 800℃左右，为保证 PSA 操作，操作压力一般在 0.5MPa，氨的裂解效率可在 99.9%以上。其化学反应式为：

$$2NH_3 \longrightarrow N_2 + 3H_2 + 92.7\ kJ/mol \qquad (4-2-2)$$

在氨分解制氢过程中，产物气为 75%的氢气和 25%的 N_2，以及微量残余氨，需要进一步精制分离。一般而言，在 PSA 分离过程中，燃料电池级氢气的回收效率一般在 70%～80%之间。

(二)技术现状

合成氨是现代化工行业的鼻祖，合成氨及其衍生的化肥行业是现代农业的基础，发展成熟。液氨的生产和运输都已经有成熟的经验。大规模合成氨一般以煤化工或天然气化工制氢，空分制氮，以 Haber 法在高压、400～550℃和 Fe 催化剂的条件下合成氨，高压合成氨操作压力在 25～32MPa，低压合成氨在 15MPa。

近年来，科学家开始研究电化学合成氨，以氮气或硝酸盐为原料，在电化学条件下直接将氮氧化物或氮气还原为氨，但是离工业化较为遥远。近中期，以绿电为原料生产氨仍将通过电解水和 Haber 合成，其发展方向为低压(0.2MPa，200℃；7MPa，400℃)合成氨。

但是，液氨也有运输要求高，不适于现有加油站改造等问题。尤其氨有刺激性较大的气味，在加氢站内应用时，很难保证装卸车过程完全不泄露，在人口稠密区应用时，容易造成周边居民的反感，可以考虑在地区性“供氢母站”中应用。

三、液态有机化合物(LOHC)氢载体储运

(一)LOHC 储氢特点

有机液体氢载体(LOHC)储氢技术是借助某些烯烃、炔烃或芳香烃等储氢剂和氢气的可逆反应来实现加氢和脱氢。其可逆储放氢系统是一个封闭的循环系统，由储氢剂的加氢反应、氢载体的储存、运输及氢载体的脱氢反应等 3 个过程组成。常见的氢载体有：环己烷、甲基环已烷、正辛烷、十氢萘、*N*－乙基咔唑及连环已烷等。从反应的可逆性和储氢量等角度来看，甲基环已烷和 *N*－乙基咔唑是比较理想的储氢载体。储氢过程中，利用催化加氢装置，将氢储存在氢载体中。由于氢载体在常温、常压下呈液体状态，其储存和运输简单

易行。将氢载体输送到目的地后，再通过催化脱氢装置，释放出被储存的氢能，供用户使用，储氢剂则经过冷却后储存、运输、循环再利用。

与传统的储氢方法相比，有机液体储氢技术具有以下优点：一是加氢和脱氢反应可逆，成本低廉且可以循环使用；二是加氢反应是放热反应，反应过程中放出的热量可作为废热再次利用；三是液态有机氢载体的储存和运输可以利用现有的油品储存和运输设备，节约相关的基础建设成本，适合长时间储存和长距离输送；四是储氢量大、储氢密度高，苯和甲苯的理论储氢量(质量分数)分别为7.19%和6.18%，高于金属氢化物等传统储氢方式的理论储氢量。

(二)LOHC储氢技术现状

目前，有机液体储氢技术研究较多的公司主要有德国的Hydrogenious公司、日本的Chiyoda公司、中国的氢阳能源公司和中国石化上海研究院。日本的Chiyoda公司采用甲基环己烷作为有机液体开发了SPERAHydrogen ©技术，利用此技术将日本文莱制氢厂的氢气以船舶形式运送到日本川崎，并建立了基于此技术的氢能社会－大型氢能技术开发项目，年最高产氢量达210t，可供40000辆燃料电池车使用。德国的Hydrogenious Technologies公司开发了基于二苄基甲苯的LOHC技术，此技术获得了德国工业创新奖。2016年，United Hydrogen Group向美国市场引入LOHC技术，用于氢能储存及配送系统。2017年，Hydrogenious Technologies公司和MAN Diesel&Turbo SE(M&T)签订了工业规模反应器联合开发的协议。2019年位于深圳的大洋电机购买了一套LOHC技术。2020年，南非某矿山购买了400多套储氢装置，作为移动电源。

中国地质大学(武汉)教授程寒松团队开发了基于N－乙基咔唑的液体储氢技术，在温和条件下加氢产物即可释放氢气供用户使用。目前地质大学与武汉氢阳能源有限公司已经签订了投资合作协议来规模化开发此技术，已经完成模型车的试运，正在进行工业级试验。中国石化上海研究院围绕有机液体种类的选择、脱氢催化材料研究及成套技术开发进行了系列研究，开发了150L/h的模块化储氢样机，目前正在进行20kW及200kW燃料电池供氢系统研制。石科院开发了*N*－乙基咔唑的液体储氢技术，主要特点为充放氢条件温和，可在加氢站内结合固态储氢技术，直接生产70MPa级高压氢气。

四、固体氢载体储运

(一)轻元素氢化物储氢

氢能够以原子、氢化物或质子态的化学形态储存在物质中，而氢形态取决于与氢键合元素的性质。氢化物的研究开始于20世纪，当时大多数的研究都集中在以镁和过渡金属为基础的氢化物上，即氢原子停留在金属框架内。1997年，Bogdanović[82]开创性地研发了铝氢化物作为储氢材料。随后，硼氢化物(氢与硼原子之间存在共价键)作为储氢材料逐渐进入人们的视野[83]。简单的硼、氮、碳基氢化物，如B_2H_6、NH_3、C_6H_{12}、NH_3BH_3的含氢量高(见图4－2－9)[84]。但是，单纯的氨基硼氢化物结构中存在较强的B—N键，造成释放H_2的过程不可逆。而且脱氢过程中H_2选择性且需要一定的活化能。对氢化物的催化改性是改善其脱氢动力学和H_2选择性的关键。为了调整反应过程的热力学倾向，目前一般通过金属化、复合和络合的手段把硼、氮、碳基氢化物扩展到更复杂的硼、氮、碳衍生物。

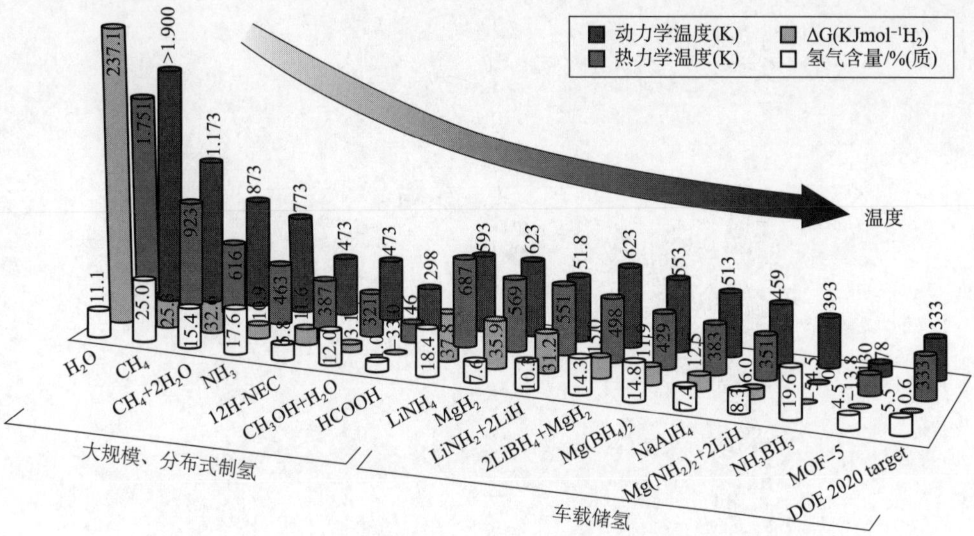

图4-2-9　用于大规模、分布式制氢和车载储氢的代表性材料特性

轻元素氢化物拥有优秀的质量和体积氢容量，具有优秀的车载氢动力系统应用前景。但是，它们表现出缓慢的动力学、不可逆性、生成副产品以及较高的操作温度或不稳定性。因此一种理想的材料，不仅具有高的氢容量，而且还要拥有恰当的稳定性和氢吸收/解吸的可逆性，到目前为止仍然是难以获得的，需要重大的突破。而无机和有机氢化物的混合体系或许就是一种可行的方法。

理想的混合体系应该包括一个稳定的、原子薄的纳米孔骨架，其上接有多功能反应基团，以及孔隙内的有机或无机氢化物簇和催化剂(见图4-2-10)。反应基团具有可进行氢化和脱氢的功能，可与客体氢化物发生可逆的化学相互作用，容纳催化剂可以促进客体氢化物的脱氢和加氢。在小空隙内，客体氢化物的脱氢路径会受到周围官能团的影响，并可以由生成特定产物的生成热调节。此外，由于反应物质之间的密切接触、较短的迁移路径和催化剂的存在，反应动力学可能在纳米尺度的宿主内得到增强。实现这一目标的关键步骤是合成这种稳定的多功能纳米孔基质，并设计和开发合适的客体氢化物与基质配对，以获得材料最佳的热力学和动力学。

(二)纳米金属氢化物储氢

目前，纳米金属氢化物是一类具有应用潜力的储能材料，正在稳步发展。相比于体相金属氢化物，纳米金属氢化物具有许多优点，包括可逆的氢吸收解吸过程，可调节的氢的吸收/解吸焓变，高反应速率的纳米界面反应途径等。许多成果表明，与体相金属氢化物相比，纳米金属氢化物具有显著突变的热力学和动力学变化。例如：纳米级Li-N-H体系储氢材料由于其存在纳米级的固体界面接触，从根本上改变了其动力学和热力学特性[85]。

一般的金属氢化物，特别是纳米结构的金属氢化物，可分为三大类：一是二元金属氢化物MH_x，如LiH、MgH_2、$PdH_{0.6}$、TiH_2；二是金属间氢化物，AB_xH_y，如$TiFeH_x$、$TiMn_2H_x$、$LaNi_5H_x$；三是复合金属氢化物，如$LiBH_4$、$Mg(BH_4)_2$、$LiNH_2$、$Mg(NH_2)_2$、$NaAlH_4$、$Mg(AlH_4)_2$。

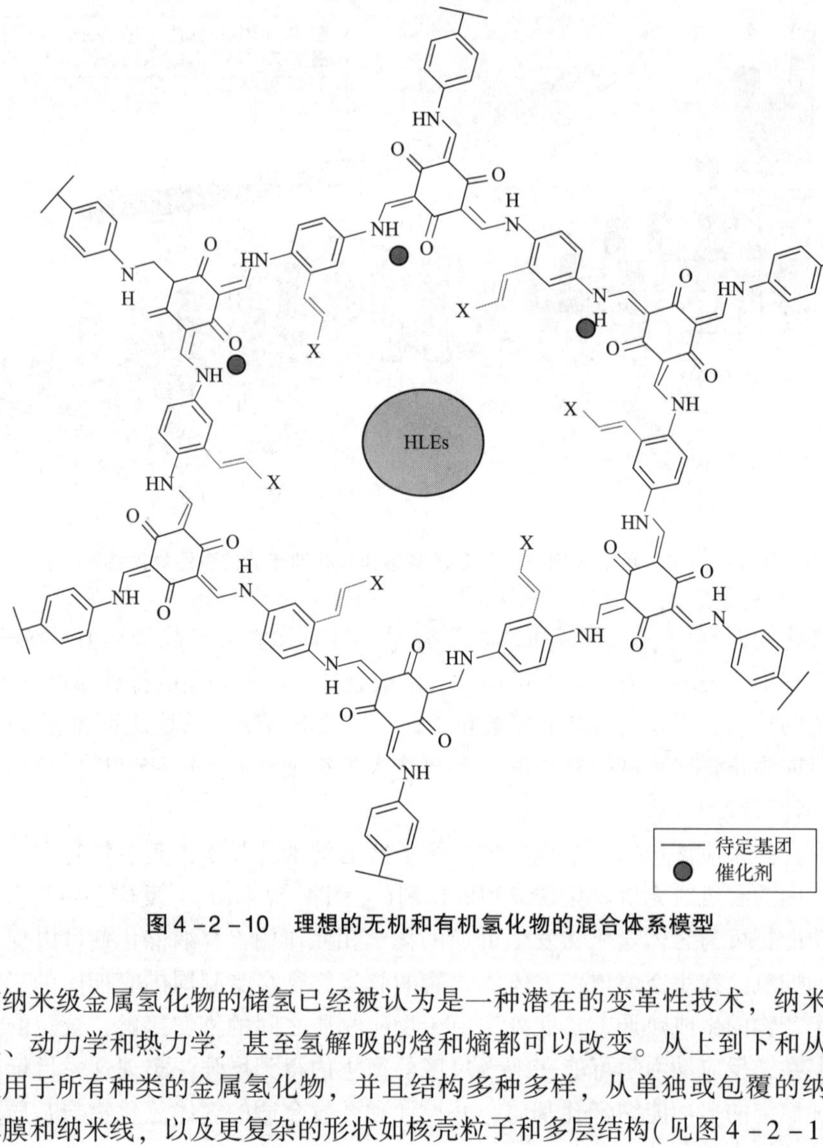

图 4-2-10　理想的无机和有机氢化物的混合体系模型

目前纳米级金属氢化物的储氢已经被认为是一种潜在的变革性技术，纳米尺寸会影响反应途径、动力学和热力学，甚至氢解吸的焓和熵都可以改变。从上到下和从下到上的合成方法适用于所有种类的金属氢化物，并且结构多种多样，从单独或包覆的纳米颗粒或团簇，到薄膜和纳米线，以及更复杂的形状如核壳粒子和多层结构(见图 4-2-11)。

在过去 10 年里，纳米氢化物快速进展为其在未来特定场合的实际应用提供了难得的机会。虽然纳米级的现象与大规模的应用(如车载储氢)似乎相差甚远，但其最近的进展是如此显著，因此不难想象纳米氢化物最终可以满足美国能源部的一些最具挑战性的技术目标。众多结果证明纳米氢化物是一个有价值的科学方向，对未来的能源储存系统有着深远的影响。

(三)物理吸附材料储氢技术

采用合适的吸附储氢技术，既可以克服气体压缩储氢的高成本，又可以克服氢气液化过程中产生的巨大损失。因此，氢气在多孔材料上发生物理吸附是一种替代压缩或液化的存储方式，也是最有前途的存储方法之一。相比于金属氢化物形式的反应储氢，物理吸附法在吸附/脱附动力学及其可逆性方面有明显的优势。

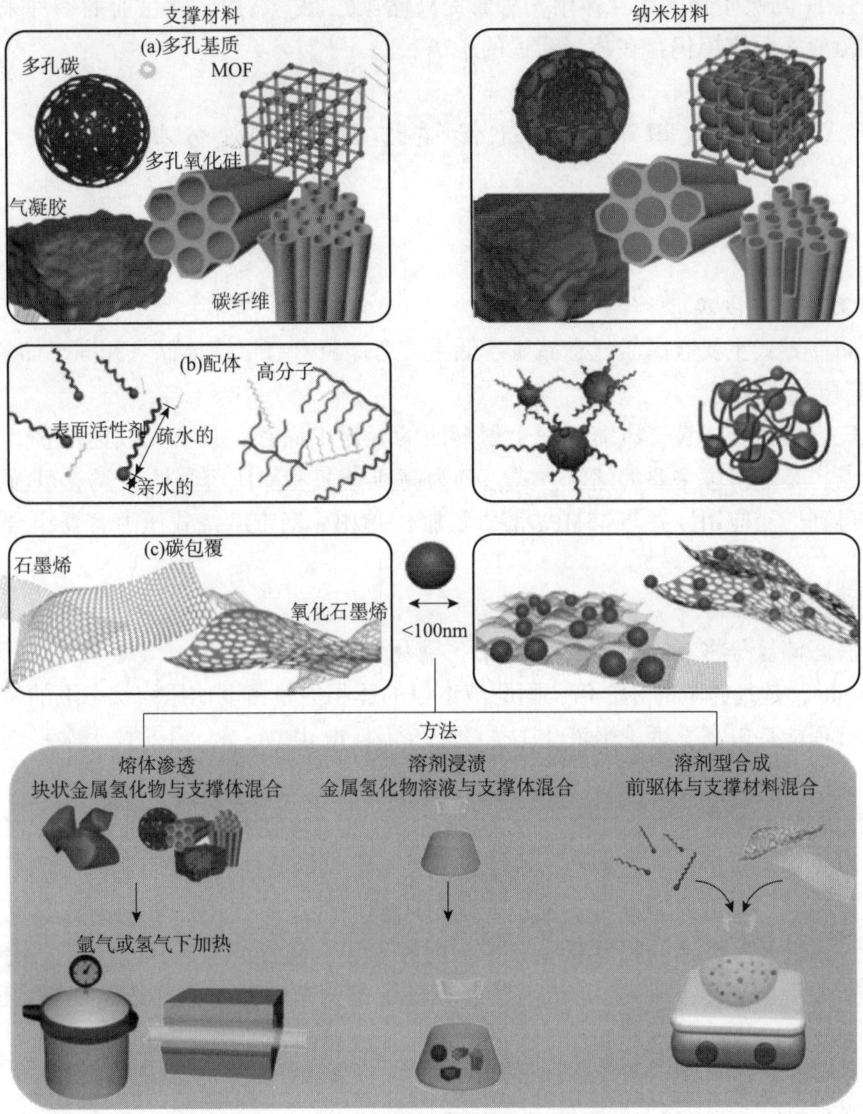

图4-2-11　纳米约束的支撑材料

为了获得高效的氢吸附过程，多孔介质内部的气体密度必须达到相当高的密度。金属有机框架材料(MOFs)因其极高的比表面积(达到7100m^2/g)、多功能特性和纳米尺寸孔结构，因此拥有潜在储氢应该前景[86,87]。除了金属有机框架，多孔聚合物[88]、共价有机框架(COFs)[89]和碳质材料也都具有较高的表面积和大小可调的孔隙，因此有利于H_2的吸收。大多数多孔材料都非常轻，其密度小于1g/cm^3，这导致在低温和高压条件下可以拥有具有很高的质量氢含量。同样具有很大的储氢潜能。然而，由于氢分子与大多数多孔材料表面的相互作用较弱，目前为止高存储密度只能在80K以下的温度下达到。因此，识别和合理设计新型多孔材料，使其在常温低压条件下具有很强的氢吸附位点，对吸附技术的可行性具有根本性的重要意义。除了调整骨架的表面积、孔径或结构外，对骨架进行化学修饰(包括配位不饱和金属位点、功能化连接物和杂原子物种)可能会增强骨架与H_2分子之间的相互作用，从而增加H_2的吸收。目前该领域研究致力于是在开发具有更大表面积的多孔材料同时，增强 H_2 与吸附物的相互作用，从而提高储氢性能。然而，就目前的条件来看，物理吸附材料距离实际应用仍存在相当遥远的距离。

第四节 氢气储运过程碳排放分析

一、氢储运过程特点分析

（一）氢的储存方式

氢的储存方式主要有高压气态储氢、低温液态储氢、有机液体储氢和固态储氢等。

（1）高压气态储氢

高压气态储氢是将氢气压缩到一个耐高压的容器中储存，具有充放速度快、容器结构简单等优点，是现阶段主要的储氢方式，分为高压氢瓶和高压容器两大类。目前20MPa钢质氢瓶已得到广泛应用，并与45MPa钢质氢瓶、98MPa钢带缠绕式压力容器组合应用于加氢站中。

（2）低温液态储氢

低温液态储氢是将氢气冷却至 -253℃，液化储存于低温绝热液氢罐中，储氢密度可达到70.6kg/m³，是气体氢的845倍，因此液态氢的体积能量密度比压缩状态下的氢气高出数倍。液化过程能耗较高，理论上液化1kg的氢气需耗电4kW·h，目前技术水平则需要10～15kW·h。

（3）有机液体储氢

有机液体储氢是借助某些烯烃、炔烃或芳香烃等储氢载体（LOHC）和氢气的可逆反应来实现加氢和脱氢。其可逆储放氢系统是一个封闭的循环系统，由储氢剂的加氢反应、氢载体的储存、运输及氢载体的脱氢反应等3个过程组成。常见的氢载体有：环己烷、甲基环己烷、正辛烷、十氢萘、*N*-乙基咔唑及连环己烷等。苯和甲苯的理论储氢量（质量分数）分别为7.19%和6.18%。

（4）固态储氢

固态储氢是以金属氢化物、化学氢化物或纳米材料等作为储氢载体，通过化学吸附和物理吸附的方式实现氢的存储。固态储氢具有储氢密度高、储氢压力低、安全性好、放氢纯度高等优势，其体积储氢密度高于液氢。但主流金属储氢材料质量储氢率（质量分数）仍低于3.8%，质量储氢率（质量分数）大于7%的轻质储氢材料还需解决吸放氢温度偏高、循环性能较差的问题。

高压气态储氢已经广泛应用，低温液态储氢主要应用在航天领域，有机液态储氢处于示范阶段，固态储氢处于研发阶段。

（二）氢气的运输方式

可根据氢气的存储形态选择不同的交通种类，包括公路运输、管道运输、铁路或船舶运输等；按照运输过程氢气的存储状态可分为气态运输、液态运输和固体运输，可根据输送距离、输送量和输送路线进行选择。

（1）公路运输

公路运输分为高压气态运输、低温液态运输和固态运输。一是公路高压气态运输主要采用长管拖车，由车头和拖车管束组成，管束作为储氢容器，目前公路长管拖车储氢容器通常由9个直径约为0.5m、长约为10m的钢瓶组成，设计工作压力为20MPa，环境温度为-40~60℃，充装体积为3500~4000m^3，卸载率约为80%，单车运氢质量约为230~340kg。二是公路低温液氢运输主要采用低温槽车，容积约为45~65m^3。按单车单罐65m^3、充装率以80%~85%计，单车单次可运输液氢约为3.7~4.0t。军工、航天领域采用低温铁路槽车长距离运输液氢，常用水平放置的圆筒形低温绝热槽罐，运氢量可达到8.4t以上。三是公路固态运输是以轻质储氢材料为运氢载体，将低压高密度固态储罐作为随车输氢的容器，加热装置放置于充氢和用氢现场，可实现氢的快速充装及其高密度安全输运，提高单车运氢量和安全性。

对于公路气态储氢，由于气氢长管拖车的储运成本(包括车辆费用，燃料费用等)较高，适用于运输距离较短(<200km)，输送量较小(<10t/d)的场景。公路液态运输可减少车辆运输频次，提高加氢站单站供应能力，其经济的距离约500km，运输成本约6.3元/kg，是中长距离氢气储运的理想运输方式，目前多应用于航天及军事领域。

(2)管道运输

管道运输是实现氢气大规模、长距离运输的重要方式，管道运行压力一般为1.0~4.0MPa，具有输氢量大、能耗小和成本低等优势，但建造管道一次性投资较大。美国已有2500km的输氢管道，欧洲已有1598km的输氢管道，我国则仅有100km的输氢管道。管道运输的单位成本最低、但投入成本高(约500万元/km)，建设难度大，短期内尚无法实现规模化应用。

(3)铁路或船舶运输

对于长距离的低温液态运氢可采用火车槽罐或运输船槽罐，专用液氢驳船的运氢量可达70t。

二、不同储运方式碳排放

管道运输、铁路运输、船舶运输目前尚未形成大规模应用，本文以炼油厂副产氢运输到加氢站为假定场景，对比了公路运输中高压气态、低温液态和有机液体储运环节碳排放，其中公路运输油耗按1.01kg/(t·100km)计。

(一)高压气态公路运输

高压气态公路运氢包括氢气压缩、公路运输和再压缩等环节，其碳排放主要为压缩过程、运输过程能源消耗导致。以500 km运输距离为例，氢气由炼油厂经加压至20 MPa储存进长管拖车，典型集束式长管拖车的技术指标如表4-2-4所示。

表4-2-4 某高压氢气运输长管拖车指标

项目	指标
充装介质	氢气
公称工作压力/MPa	20
总容积/m^3	26
单瓶容积/m^3	3.714
气瓶数量/支	7
空箱质量/kg	33950
充装质量/kg	413

长管拖车自重34t，运送氢气413kg，长管拖车运送到加油站后氢气加压至45MPa。

1)炼油厂压缩能耗及排放：由炼油厂运行数据可知，800m^3/h 氢气由2.0MPa压缩至20MPa耗电160kW，则413kg氢气加压至20MPa能耗为928/kW·h，碳排放量为780.5kgCO_2。

2)运输能耗及排放：34.4t卡车运输距离100km消耗燃油173.7kg，CO_2排放量为548.9kg。

3)站内压缩能耗及排放：由加氢站运行数据可知500m^3/h 氢气压力由20MPa加压到45MPa，能耗55kW。则413kg氢气由20MPa压缩至45MPa，能耗为510.4kW·h，CO_2排放量为429.3kg。

则高压气体公路运输过程碳排放约为4.26kgCO_2/kgH_2。

(二)低温液态公路运输

低温液态公路运输氢气包括氢气液化、公路运输、氢气气化和压缩等环节，其碳排放主要包括液化过程、运输过程能耗导致，以运送距离500km为例，氢气液化装置每生产1kg液氢消耗电力10kW·h，采用50m^3、0.6MPa液氢低温罐车，单车运力在3.5t液氢，车辆自重按34t计。

1)氢气液化能耗及排放：氢气液化的碳排放29435kgCO_2。

2)运输能耗及排放：液氢运输过程的碳排放598.43kgCO_2。

3)氢气压缩能耗：气氢加压至45MPa的碳排放量=10250kgCO_2。

则低温液态公路运氢的碳排放为11.5kgCO_2/kgH_2。

(三)有机液体公路运输

有机液体氢气运输包括贫氢载体加氢、富氢载体运输、富氢载体放氢和压缩等环节。采用50m^3罐车，单车运力为40tLOHC，车自重34t，储氢效率按6.5%计算，则运输氢气量为2600kg，采用37.4t甲苯加氢制取40t甲基环己烷，运输距离500km。富氢载体放氢环节是吸热反应，燃料消耗主要为热力学吸热，一般1kg氢气H_2消耗天然气1m^3，考虑热效率90%，则需要1.1m^3。

(1)贫氢载体加氢能耗及排放

本文按照某苯加氢装置能耗近似计算甲苯加氢过程碳排放，如表4-2-5所示。

表4-2-5 某苯加氢装置单位能耗及单位碳排放

能耗工质	单耗/(t/t)	碳排放量/(kgCO_2/t)
电	74.25kW·h/t	62.44
3.5MPa蒸汽	0.47	123.42
1.0MPa蒸汽	-0.90	-176.60
除盐水	1.95	13.35
循环水	154.50	46.35
总计		68.97

由表4-2-5可知，贫氢载体加氢碳排放为2758.8kgCO_2。

(2)富氢载体运输能耗及排放

运输过程燃油消耗=500×74×1.01÷100=373.7kg，碳排放量为1180.9kgCO_2。

富氢载体放氢为 5435kgCO_2。

(3)压缩能耗及排放

气氢加压至 45MPa 的碳排放量为 7615kgCO_2。

则有机液体储运氢气的碳排放量为 6.53kgCO_2/kgH_2。

由上述分析可知，低温液态氢气的储运碳排放最高，达到 11.5kgCO_2/kgH_2，不同氢气储运过程的碳排放对比如表 4-2-6 所示。

表 4-2-6 不同氢气储运过程碳排放对比

排放环节	公路气态	低温液态	有机液体
压缩	780.5		
液化		29435	
加氢			2758.8
运输	548.9	598.43	1180.9
脱氢			5435
压缩	429.3	10250	7615
合计	1758.7	40283.43	16989.7

上述低温液态氢气储运过程未考虑液氢运送到加氢站环节后的气化，该气化过程的冷能若得以利用，可以降低低温热液态氢气储运过程碳排放。

第五节 氢气储运经济性分析

一、高压气态储氢经济性

高压气态储氢主要成本构成为压缩费用和运输费用。运氢车投资按 20MPa、单管体积 0.5m^3、9 组/车长管运氢车报价 150 万元/辆计算。以 1000kg/d 加氢站，100km 运输距离为例，典型情况下至少需要 3 辆车循环运输供氢，每车需配置 2 名司机/安全员。

1000kg/d 加氢站高压气态运氢项目主要经济指标随距离变化情况见表 4-2-7(假设 200km 以内车辆均为当天往返)。

表 4-2-7 运输距离对高压气态氢气运输成本的影响

运输距离/km	高压气态氢气运输成本/(元/kg)
200	16~20
100	8~12
50	6~8

二、低温液态储氢经济性

液氢用于长距离燃料电池用氢的运输时，成本主要包括两大部分：氢气的液化和氢气的运输；主要装备包括氢液化装置和液氢槽车。

1. 氢气液化成本

氢气的液化成本主要包括：一是液化装置投资。二是液化电耗。10t/d 氢气液化装置的投资约为5.5亿元。每生产1kg液氢，消耗电力10～15kW·h。在电价0.3元/kW·h时，每生产1kg液氢的成本在25元。设备投资和电力消耗是氢气液化最大的成本来源。当其他价格不变，电价变动时，主要经济指标变化情况见表4-2-8。

表4-2-8 电价对成本的影响

电价/[元/(kW·h)]	氢气液化成本/(元/kg)	价格说明
1.0	32	工业用电高位
0.7	29	工业用电
0.5	27	民用电价
0.3	25	火电上网价/可再生电力盈利价
0.1	22	风/光弃电

根据U Cardella氢气液化成本预测，见图4-2-12，随着技术进步，电耗有望从10kW·h/kg LH_2降低到6kW·h/kg LH_2。氢气液化装备的国产化较低，与国外的技术水平和能耗指标仍有一定差距。

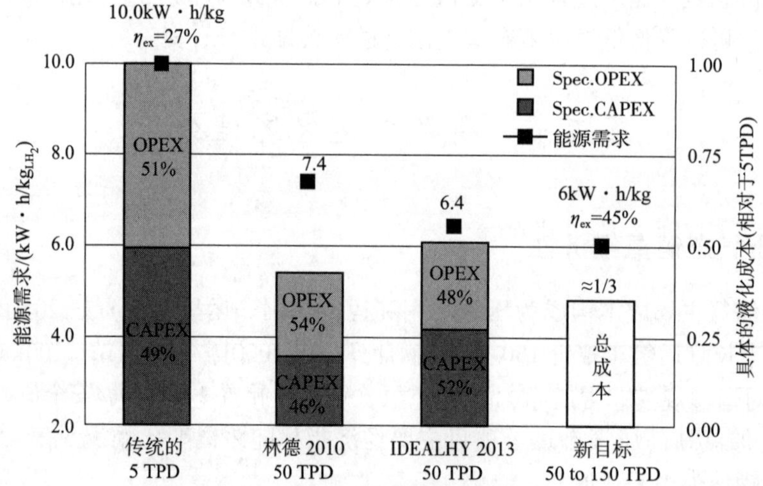

图4-2-12 氢气液化电耗预测

2. 液氢运输成本

根据我国液氢应用环境为西部可再生电力以水电解方式生产的氢气液化运输至东部使用，液氢运输应为汽车运输或铁路运输。

根据报价，50m³、0.6MPa液氢低温罐车板交货价在250万元/辆，100m³、0.6MPa液氢储罐车板交货价在370万元/辆。如采用50m³、0.6MPa液氢低温罐车，单车运力在3.5t液氢。

运输距离是成本最大的影响因素，并间接决定了车辆的投资、配置的人员数量等因素，运输距离对成本影响见表4-2-9。在1000km范围内，液氢运输成本在2.5元/kg。

表4-2-9　运输距离对成本的影响

运输距离/km	运输成本/(元/kg LH_2)	说明
1000	2.6	北京—西安
1500	3.8	北京—兰州/西宁
3000	7.5	北京—乌鲁木齐
4000	10.1	上海—乌鲁木齐

如使用铁路运输，运输费用可降低至汽车运输的1/4~1/2。此外，液氢还有每天0.3%~1%的蒸发损失，在长距离运输时，在移动式运输槽车上加装主动回收装置不太现实。按照汽车和铁路运输1500km/d计，包含液氢生产和销售存储的时间，在5天左右。因此，氢气蒸发损失对成本影响较小，可以暂不计入总成本，或简算增加成本1~1.5元/kg LH_2。

综上，液氢综合运输成本在30元/kg。

三、天然气管道掺氢经济性

1. 纯氢管道运输成本

管道气态高压输氢成本与制氢方式、输送管道直径与流量、供应地段状况、劳动力价格等因素有关。管道输氢包括固定成本和可变成本两部分，其中固定成本中包括氢气的加压设备、运输过程中需要管道和增压设备。可变成本中主要包括储氢端的加压设备能耗、运氢端的管道加压运费。国内的氢气管道运输的经济性见表4-2-10。

表4-2-10　国内纯氢输氢管道经济性

线路	压力/MPa	长度/km	输送能力/(kt/a)	总投资/亿元	成本/(元/Nm^3)	损耗/%
济源洛阳输氢管线	4	25	100.5	1.54	0.08	0.2
巴陵长岭输氢管线	4	42	50	1.96	0.12	0.2

管道运输对运输规模非常敏感，输氢量在50000m^3/h以上有比较好的经济性。管道输氢适合大规模、长距离、连续运氢，但初始投资较大，每公里管道投资约584万元。

2. 长输管道运氢成本

2003年9月，国务院通过了西气东输工程，颁布了项目资源定价方案，将“西气”项目价格具体划分为全国天然气资源出厂价、天然气资源输送利用价。出厂价为0.48元/m^3，运费平均价格为0.79元/m^3。按照燃料输送点远近，天然气到达各地的价格不同。河南平均价格大约为1.14元，上海的平均价格大约为1.32元，江苏平均价格为1.27元，浙江平均价格大约为1.31元。

按西气东输的运气价格，气体的运输起步价在约0.4元/m^3，每1000km运输价在约0.2元/m^3。折合输氢起步价在4.4元/kg，运输价在2.2元/1000km。运输距离对成本影响见表4-2-11。

表 4-2-11　运输距离对长输管道运氢成本的影响

运输距离/km	运输成本/(元/kg H_2)	说明
1000	6.6	北京—西安
1500	7.7	北京—兰州/西宁
3000	11.0	北京—乌鲁木齐
4000	13.2	上海—乌鲁木齐

目前，天然气管道掺氢在20%左右。传统PSA很难回收，一般应采用膜分离和PSA结合的方案提纯，提纯成本需要进一步研究。

目前的氢气管道压力低、管径小、输送规模小，成本较高，40km纯氢管道成本约为0.12元/m^3，但随着管道输送氢气的技术发展，压力等级的提高和规模增加，预计将在未来接近天然气能量输送成本。

天然气管道掺氢在20%以内时技术可行性，作为燃料使用时，西部氢气运输至东部成本在约1元/m^3，或约10元/kg，经济性较好。需要进一步研究天然气管道掺氢超过20%以后对管道材质的影响，以及低浓度氢气的提纯方案和成本。

四、甲醇氢载体储运经济性

以甲醇作为氢载体的产业链包括甲醇的生产、甲醇的运输和甲醇裂解制氢。其应用场景限定为绿氢生产后的甲醇生产、运输和站内分布式制氢。

1. 甲醇生产成本

CO_2加氢制甲醇为近年开发的技术，CO_2加氢单程转化率在10%~20%。在运行的仅有千吨到数千吨中试规模的装置，设备投资和能耗都未达到稳定状态。

以电解水产氢量10t/d的光电厂为例。需建设17.8kt/a甲醇合成装置，消耗CO_2 24.4kt/a。17.8kt/a CO_2加氢制甲醇的投资估算为2亿元。

按照每7kg甲醇生产1kg氢气为计算基准，每在加氢站内生产1kg氢气，7kg甲醇的合成成本在15元/kg H_2，折合2150元/t。

2. 甲醇运输成本

根据我国液氢应用环境为西部可再生电力以水电解方式生产的氢气，生产甲醇后运输至东部使用，甲醇运输一般为汽车运输或铁路运输。

运输距离是成本最大的影响因素，并间接决定了车辆的投资、配置的人员数量等因素，运输距离对成本影响见表4-2-12。在1000km范围内，每7kg甲醇的运输成本在1.4元。

表 4-2-12　运输距离对成本的影响

运输距离/km	运输成本/(元/kg H_2)	说明
1000	1.4	北京—西安
1500	2.1	北京—兰州/西宁
3000	4.2	北京—乌鲁木齐
4000	5.6	上海—乌鲁木齐

3. 甲醇制氢成本

甲醇裂解是最容易在站内实现的反应，500Nm³/h(1t/d)甲醇裂解装置的投资在500万元。由于生产和运输甲醇的过程已考虑了生产氢气的燃料消耗，站内制氢仅考虑投资和维护等成本。

对于1000kg/d的加氢站，制氢成本在4元/kg。对于更小型的站，成本可能会增加。

综上，以 CO_2 加氢制绿色甲醇为氢载体时，总成本在20元/kg H_2。

甲醇站内制氢有设备简单和操作温和的特点，能充分利用现有罐车和地下储罐等基础设施，适合已有基础设置的能源公司发展。但是，CO_2 加氢生产甲醇的技术水平刚刚起步，需进一步待其技术稳定。

五、液氨氢载体储运经济性

以液氨作为氢载体的产业链包括液氨的生产、液氨的运输和液氨裂解制氢。

1. 氨合成成本

合成氨的规模按照1套绿氢合成氨装置对应100个1t/d的加氢站规模考虑，规模在189kt/a，与现有合成氨基本具有可比性。耗氢量在42kt/a，对应2000MW超大型光伏发电厂的电解水制氢规模。

为方便比较，以加氢站内生产1kg氢气消耗7kg合成氨(合成氨的理论消耗量在5.7kg/kg H_2，考虑燃料电池级氢气的回收率在80%)为成本折算基准。每在加氢站内生产1kg氢气，液氨的合成成本在14元/kg H_2，折合合成氨价格2000元/t。

2. 液氨运输成本

根据我国氢能应用环境为西部可再生电力以水电解方式生产的氢气，生产液氨后运输至东部使用，液氨运输一般为汽车运输或铁路运输。

运输距离是成本最大的影响因素，并间接决定了车辆的投资、配置的人员数量等因素，汽车运输距离对成本影响见表4－2－13。

表4－2－13　运输距离对成本的影响

运输距离/km	运输成本/(元/kg H_2)	说明
1000	1.3	北京—西安
1500	2.0	北京—兰州/西宁
3000	3.9	北京—乌鲁木齐
4000	5.2	上海—乌鲁木齐

3. 液氨制氢成本

液氨制氢的反应温度较高，500Nm³/h(1t/d)液氨裂解装置的投资在800万元。液氨分解的供热由燃烧管道天然气提供，能效按80%考虑，500Nm³/h液氨站内制氢主要经济指标，每生产1kg氢气的成本在4元。

站内制氢的主要成本在于设备折旧和燃烧供热，对于1t/d的加氢站，制氢成本在8元/kg。对于更小型的站，成本可能会增加。

综上，以合成液氨为氢载体时，全产业链的综合运输成本约为28元/kg H_2。

六、LOHC 氢载体储氢经济性

以液态有机化合物体作为氢载体的产业链包括贫氢氢载体的加氢、富氢有机氢载体的运输和富氢氢载体放氢。其应用场景限定为以绿氢为原料的氢载体加氢、运输和站内放氢。

1. LOHC 生产成本

以光伏 200～300MW，电解水产氢量 100t/d 的光电厂为例。

需建设 544kt/a 甲苯加氢制甲基环己烷装置。544kt/a 甲苯加氢制甲基环己烷的投资估算为 5 亿元。为方便比较，以加氢站内生产 1kg 氢气消耗 15.3kg 甲基环己烷为成本折算基准。

经测算，每在加氢站内生产 1kg 氢气，甲基环己烷的加氢成本在 8.5 元/kg H_2。

2. LOHC 运输成本

根据我国液氢应用环境为西部可再生电力以水电解方式生产的氢气，LOHC 加氢后后运输至东部使用，LOHC 运输一般为汽车运输或铁路运输。

运输距离对成本影响见表 4-2-14。

表 4-2-14　运输距离对成本的影响

运输距离/km	运输成本/(元/kg H_2)	说明
1000	3.0	北京—西安
1500	4.5	北京—兰州/西宁
3000	9.0	北京—乌鲁木齐
4000	12.0	上海—乌鲁木齐

3. LOHC 制氢成本

1000kg/d LOHC 放氢装置的投资在 500 万元。LOHC 放氢是吸热反应，燃料消耗主要为热力学吸热，一般每摩尔 H_2 吸热 50～70 kJ。燃烧天然气供热，热值 34 kJ/m^3，以热效率 80% 计算。

经测算，1000kg/d LOHC 站内放氢主要经济指标，每生产 1kg 氢气的成本在 7 元。

综上，LOHC 全产业链的运氢成本在 18～20 元/kg H_2。

第三章　用氢结构转型

氢气是重要的石油化工原料，作为烃类化合物中两大组成元素之一，氢元素在炼油化工过程中，起到改善组分分子结构、替换杂质分子的重要作用。

近年来，随着石油资源重质化、环保要求提高等，石油炼制行业面临系列挑战：一是油品质量升级要求提高、加快。我国石油炼制企业加工原油明显变重，原油中氢元素含量降低，硫和重金属含量增加，加之国家对环境保护立法的日益严格，对我国油品中族组成和杂质组分要求更加严苛。二是“油产化”“油产特”等产品结构调整要求提高。根据市场预测，我国柴油需求已经达峰，汽油需求即将达峰，化工产品市场具有较大潜力，因而炼油结构调整迫在眉睫。三是石油加工过程污染物排放环保标准不断提高。四是“双碳”目标倒逼炼油生产采用更低碳、更绿色的技术路线。

在油品质量升级、环保排放达标、炼油结构调整等过程中，氢气需求量增大，氢气成本占比增高，因而提升工艺过程节氢水平，提高系统氢气综合利用效率，统筹优化利用新能源资源，成为炼油厂用氢结构优化必然面临的重要课题。

依靠工艺及催化剂进步，提升临氢装置的节氢水平，是炼油厂用氢结构优化的重点工作。生产结构优化过程中，采用新工艺、新技术提升临氢装置的节氢水平，进一步降低装置氢耗，能从本质上实现氢气系统的降本减排。

加强氢气系统集成优化管理，提升氢气资源综合利用效率，是炼油厂用氢结构优化的基础保障。氢气系统涉及面广，从系统角度，提升氢气“产－输－用－回收”各环节的协同优化水平，能最大化氢气资源利用效率，减少氢气浪费。

逐步从灰氢蓝氢过渡到绿氢，绿氢替代是炼油厂用氢结构转型的发展方向。需统筹优化，科学布局，从技术层面、实施层面不断改进完善，努力提高炼油厂用氢绿氢替代的可行性、稳定性、经济性。

第一节　炼油厂用氢分析

氢气成本已成为炼油企业原料成本中仅次于原油成本的第二成本要素，而且氢气不易大量储存，如果富余将排入燃料气管网，如果不足则将影响加工装置的正常运行。因此，氢气平衡优化是炼油厂运行管理中的重要内容，优化氢气系统、合理利用氢气资源，对企业的节能降耗、降本增效具有重要意义[90]。

一、氢气系统基本构成

炼油厂氢气网络主要由供氢单元、用氢单元、氢回收单元及氢气管网构成。

1. 供氢单元

按氢气获取途径的不同，可将炼油厂氢源分为制氢装置提供的纯氢、重整装置副产重整氢及化工装置副产氢、尾气回收供氢：

制氢装置生产纯氢，如天然气蒸汽裂解制氢、炼油厂干气蒸汽裂解制氢、煤制氢等，这类氢源 H_2纯度(体积分数)一般 98%～99.99%，其余主要成分是 CH_4等，它们是炼油厂耗氢装置的理想原料，但由于制氢装置能耗高、CO_2排放量大，这类氢源也是氢气资源优化研究重点关注对象之一。

重整装置副产 H_2纯度(体积分数)一般在 88%～93%，CH_4含量一般小于 3%，其余主要为 C_{2+}组分，尽管其 H_2纯度较低，但由于 C_{2+}组分在耗氢装置反应产物液态烃中溶解性较好，对循环氢纯度影响较小，因此重整氢也是炼油厂耗氢装置比较理想的氢源。异常工况时，会出现重整氢带氯状况，因而应尽量避免其与带氨的物流接触，防止铵盐结晶堵塞管道或装置。

化工副产氢主要是指乙烯装置副产的乙烯氢，H_2纯度(体积分数)一般在 93%～95%，CH_4含量(体积分数)一般在 5%左右，CH_4极易在循环氢中累积，造成循环氢 H_2纯度迅速下降，测算表明，对于高压加氢装置，新氢中 CH_4含量每升高 1 个百分点，其循环氢纯度下降约 6 个百分点。此外，乙烯氢中还含有微量的 H_2O、H_2S、NH_3等杂质，因而应尽量避免与带氯的重整氢混合使用。

尾气回收供氢是指富氢的炼油厂排放气经氢提纯装置提浓后所得氢气物流，根据回收措施不同，这类氢源的氢纯度略有差别，其他成分主要为 C_1～C_3轻烃，可以直接并入氢气管网或送至耗氢装置使用。

2. 用氢单元

理论上说耗氢装置补充氢的氢纯度越高越好，但实际生产中很难做到，并且有些装置没有必要利用高纯度氢气：一方面，对重整氢、化工氢等低纯度氢源进一步提纯，不但会增加能耗，还会造成一部分氢气经解吸气排放而损失；另一方面，部分加氢精制装置直接利用重整氢或化工氢就能满足工艺要求。

一般来说，氢纯度(体积分数)小于 95%的重整氢、化工氢等低纯氢多用于加氢精制装置，较少用于加氢裂化、渣油加氢等装置[91]，因为使用纯度低的新氢(尤其是 CH_4含量较高的低纯氢)后必然会造成循环氢纯度下降，氢气分压降低，循环氢压缩机负荷增大，必要时还需通过排放尾氢的方法来提高循环氢纯度，这样会对反应、操作、能耗及安全生产带来影响。

来自氢管网的新氢直接进入反应器，新氢中的杂质组成、含量对加氢反应也有不良影响[92]：CO 在烃类和水中溶解较小，极易在循环氢中累积，但 CO_2的溶解性较大，易通过高压分离器的液体物流从系统中移除，此外新氢中 CO、CO_2含量过高，会在反应器中发生甲烷化反应，造成催化剂床层超温，因而实际生产中严格限定新氢中 CO + CO_2含量小于等于 30mL/m^3；利用重整氢作为氢源时，需注意新氢中氯的含量，防止氯可能引起奥氏体不锈钢的氯应力腐蚀及可能氨反应带来的铵盐堵塞。

3. 氢回收单元

氢气回收单元优化研究的主要内容包括炼油厂含氢尾气氢气资源回收潜力评估、氢气回收技术路线优选与设计、氢气回收装置运行优化与性能提升等，从系统角度分析 H_2回收对供氢、耗氢单元的影响。

炼油厂常见的具有回收价值的含氢物流主要有以下几类[93,94]：耗氢装置排放氢、低分气中 H_2 含量较高，一般可直接通过氢提浓装置回收其中的 H_2；耗氢装置外排干气、PSA 提纯重整氢后的解吸气等这类含氢物流中 H_2 含量相对较低，但 C_{3+} 轻烃含量较多，因而可先进行轻烃回收，再进行氢气提浓回收 H_2；有的炼化一体化企业将 FCC 干气中 C_{2+} 组分分离，用作化工料，剩余的富 H_2 物流再通过氢提浓装置回收其中的 H_2，也有部分企业直接对 FCC 干气中的 H_2 进行提浓回收[95]。

氢提浓措施主要有 PSA、膜分离、深冷分离。PSA 装置提浓的高纯氢可供大多数耗氢装置使用，能将杂质脱除到理想程度，在炼油厂氢提浓领域，PSA 应用最为广泛；膜分离装置依据渗透速率差别提浓 H_2，特点是进料与产品之间压降大，H_2 回收率随产品 H_2 纯度要求提高而降低，此外膜分离装置不能脱除 CO、CO_2，因而不适宜用于含有 CO 等杂质的含氢物流提浓；深冷分离操作费用较高，仅当可以同时回收高价值副产品时才具有氢提浓的经济性，在炼油厂氢回收领域应用较少。

4. 氢气管网

炼油厂氢气管道主要为无缝碳钢管，特殊场合采用无缝不锈钢管。若管道内氢气流速太大，与管壁摩擦增强，特别是当管道内有铁锈等杂物时，易形成静电火花，进而引起氢气爆炸等事故。《氢气站设计规范》(GB50177—2005)对管道内氢气最大流速作了规定，如表 4－3－1 所示。此外，氢气管道输送湿氢时，因有积水、排水问题，管道须有一定坡度，且需在最低点设排水设施，对于我国北方企业，有条件的可以在输送湿氢管道上增加保温设施。

表 4－3－1 碳钢管中氢气最大流速

设计压力/MPa	最大流速/(m/s)
>3.0	10
0.1～3.0	15
<0.1	按允许压力降确定

注：氢气设计压力为 0.1～3.0MPa，在不锈钢管中最大流速可为 25m/s。

二、氢气系统现状分析

炼油厂氢气系统尚待优化，主要表现在以下几方面。

1. 氢气利用水平有待进一步提升，瓦斯气中氢含量提高

可以采用氢气利用率、吨油耗氢、瓦斯气中氢气含量三个指标表征炼油厂氢资源利用水平。氢气利用效率定义为炼油厂用氢单元装置耗氢占系统总供氢量的百分比，其中装置耗氢包括化学耗氢，按照式(4－3－1)计算，氢气利用效率数值越大，表明炼油厂氢气资源利用程度越好；吨油耗氢定义为炼油厂加工单位原油所消耗的氢气量，按照式(4－3－2)计算，吨油耗氢数值越大，表明炼油厂加工单位原油消耗的氢气资源越多；瓦斯气中氢气含量可以间接表征炼油厂氢气资源优化管理水平，瓦斯气中氢气含量越大，表明炼油厂未回收的含氢尾气资源越多，或炼油厂含氢尾气资源放空排放、泄漏等现象越多。

$$\text{氢气利用效率} = \frac{\sum(\text{各装置补充纯氢量} - \text{各装置排放氢的纯氢量})}{\text{全厂净供应总补氢量(折纯氢)}} \quad (4-3-1)$$

$$吨油耗氢=\frac{全厂净供应总补氢量(折纯氢)}{炼油厂原油加工量} \tag{4-3-2}$$

国内炼油厂氢气利用水平差别较大，通常千万吨级以上规模炼油厂氢气利用效率整体好于规模相对小的企业，新建炼油厂的氢气利用效率整体优于老企业。相同原油，相近加工流程的不同企业，由于氢气资源管理水平的差异，其氢气利用效率也有较大差别。如表4-3-2所示，T炼油厂、S炼油厂加工原料相近，加工路线相近，均采用进口管输原油，但两者氢气利用效率、吨油耗氢、瓦斯中氢气含量偏差较大。

表4-3-2　典型炼油厂氢气利用水平比较

项目	T炼油厂	S炼油厂
炼油厂规模/(Mt/a)	12.5	8
加工原油	进口原油	进口原油
主要流程	常减压-焦化-催化-加氢裂化	常减压-焦化-催化-渣油加氢
氢气利用效率/%	93.01	76.08
吨油氢耗/(Nm^3/t)	110	127
低压气柜中 H_2/%(体)	43.35	49.20

2. 氢源和氢阱有待优化匹配

氢气系统优化的原则是氢源和氢阱要根据流量、压力和纯度情况，按照压力、纯度梯级利用的要求进行匹配。炼油厂受限于装置逐步改造，并没有根据这些原则从整体上很好地优化氢气系统，表现是氢气“高质低用”或“低质高用”，如柴油加氢、汽油加氢、航空煤油加氢使用99%的纯氢；乙烯氢含有较高浓度的甲烷，却作为渣油加氢、加氢裂化等高压加氢装置的补充氢。航空煤油、汽油、柴油、蜡油、渣油加氢以及加氢裂化装置循环氢纯度和氢油比普遍控制较高，造成装置氢气物流能耗高，运行成本增加。

3. 含氢资源未充分有效回收利用

根据氢气夹点理论，如果把夹点之上的氢气回收提纯，那么氢回收装置不仅没有必要，而且还造成浪费。如连续重整氢气进PSA回收提纯，而一般企业的氢气夹点纯度都小于92%，因此，不仅没有必要，而且还造成PSA尾气氢排放损失。而把夹点之下的氢气回收提纯，则可节约氢气，如部分炼化一体化企业，催化干气回收了富乙烯气后返回炼油厂做燃料，在经济合理的情况下，可考虑回收这部分干气中的氢气。

4. 氢气资源管理系统化、信息化支撑不足

当前炼油厂氢气系统管理主要通过氢气平衡表，依赖生产经验进行氢气调度管理。现有的氢气平衡表是简单的产耗平衡表，从中很难发现深层次问题，不能及时指导氢气系统的优化调整。炼油厂在氢气资源管理上还存在以下问题[96]：氢气系统无可视化监测工具，很难快速掌握氢气系统的运行动态；缺乏专门的决策系统来支撑氢气系统的优化工作。

第二节　炼油厂用氢效率提升

一、节氢型工艺技术

炼油厂加氢技术为我国能源安全、油品质量升级做出了重要贡献，随着能源结构调整、“双碳”目标提出，传统的加氢工艺技术中部分面临变革性核心技术替代。节氢型工艺技术可以是依靠催化剂或工艺进步，提升传统加氢工艺氢气利用效率，减少氢耗；也可以是采用变革性替代工艺，大幅降低氢耗甚至不消耗氢气。开发和推广节氢型工艺技术，提高加氢工艺技术氢气利用效率、降低用氢成本已日益重要。

(一)石脑油吸附分离工艺

石脑油主要由正构烷烃、异构烷烃、环烷烃和芳香烃构成，如何高效利用有限的石脑油资源，使其在生产中发挥最大效益，实现“宜芳则芳、宜烯则烯”，已成为炼油化工一体化企业面临的重要课题。正异构烷烃分离技术能将石脑油中丰富的正构烷烃资源分离作为优质乙烯料，一定程度上减缓了炼油厂通过加氢途径获取乙烯料的压力，减少全厂氢气消耗。

正异构烷烃分离技术具有代表性的有美国UOP公司的MaxEne工艺，Isosiv工艺，中国石化汽油轻馏分优化利用工艺华东理工大学的固定床双塔并联石脑油吸附分离工艺等。

1. 主要工艺技术

(1)MaxEne工艺

MaxEne工艺是全馏分石脑油($C_6 \sim C_{12}$)的分离工艺，该工艺通过采用吸附分离装置从全馏程石脑油中分离出正构烷烃，从而提高裂解装置进料中正构烷烃浓度来提高乙烯收率。工艺中采用定型选择吸附剂，在模拟移动床中进行吸附分离，正构烷烃先从石脑油中选择性吸附，然后用烷烃类解吸剂解吸，解吸剂用分馏法回收并循环使用。该工艺有两股产物物流，“抽出物”为浓缩的正构烷烃，送入石脑油裂解装置中，可以使乙烯质量收率提高超过30%，丙烯收率基本不变；“抽余物”为芳香烃、环烷烃、异构烷烃组分，辛烷值提高超过6%，可直接调和汽油或去重整装置进一步加工。美国UOP公司与中国石化合作，在扬子石化建设1.2Mt/a石脑油吸附分离装置，已于2012年投产。MaxEne工艺的流程见图4-3-1。

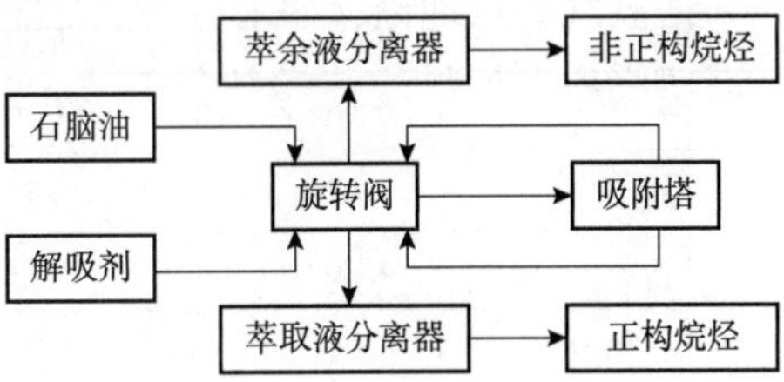

图4-3-1　MaxEne工艺流程

(2)Isosiv工艺

Isosiv工艺是美国UOP公司以轻石脑油馏分为原料的正构烷烃吸附分离的工艺。Isosiv工艺采用分子筛作为吸附剂，分离轻石脑油($C_4 \sim C_7$)中的正构烷烃。最初，该工艺的开发是为了获取化工原料，分离所得到的正构烷烃的质量分数为95%~98%，再经过精馏，获取单体正构烷烃作为特殊的溶剂，其他组分直接调和汽油。最近，由于该工艺吸余油的辛烷值与原料相比可提高超过15个单位(RON)，许多企业采用Isosiv工艺装置用来生产高辛烷值汽油调和组分，而正构烷烃作为副产品给化工厂或异构化装置作为原料。

(3) 中国石化汽油轻馏分优化利用工艺

中国石化开发了模拟移动床吸附分离工艺，将 C_5/C_6 饱和烃进行分离，已经在其旗下 JL 企业应用，所得异构烃辛烷值(RON)可达 87 以上，正构烃经分馏后，已得到纯度 99.5% 以上的医药级正己烷溶剂。

(4) 双塔并联石脑油吸附分离工艺

华东理工大学利用 5A 分子筛的择形吸附原理，采用 5A 分子筛固定床双塔并联吸附过程，分离石脑油(C_5~C_{11})中的正异构组分，并耦合乙烯裂解和催化重整工艺，以达到乙烯和芳香烃收率的双目标优化。该工艺采用双塔并联，由吸附阶段和脱附阶段构成，气相等时间吸附和脱附。原料经加热呈气相进入两组并联的吸附器中的一组进行吸附(另一组吸附器处于脱附阶段)，原料中的正构烷烃被吸附在 5A 分子筛上，脱附油从吸附器流出，经换热、冷凝、冷却后作为成品送出装置。床层吸附饱和后，将原料切换到另一组吸附器(由脱附阶段改为吸附阶段)。吸附正构烷烃的分子筛用氮气将分子筛孔道内吸附的正构烷烃置换冲洗出来，经冷凝、冷却后进脱附油储罐。在常压、温度 250~300℃ 的条件下操作，可实现石脑油组分的高效分离，脱附油中正构烷烃的质量分数大于 95%，吸余油中非正构烷烃的质量分数大于 95%。目前，该工艺已完成千吨级中试，尚未进行工业应用。双塔并联石脑油吸附分离工艺见图 4-3-2。

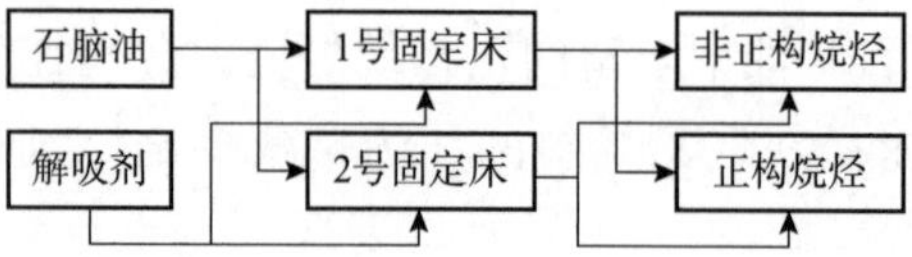

图 4-3-2　双塔并联石脑油吸附分离工艺

2. 技术应用前景

国内某典型原油的直馏石脑油的性质见表 4-3-3。传统的轻重切割的石脑油利用方式未能实现石脑油的充分利用，一是乙烯原料(轻石脑油 C_3~C_6)中含量有部分的环烷烃和芳香烃，影响三烯质量收率，且易生焦。二是重整原料(重石脑油 C_7~C_{11})中含量有部分正构烷烃，影响重整装置操作及液体质量收率。

表 4-3-3　国内典型原油直馏石脑油的烃族构成

原料	初馏~180℃烃族质量组成/%				
	正构烷烃	异构烷烃	环烷烃	芳香烃	合计
C_3	0.02	0.00	0.00	0.00	0.02
C_4	0.56	0.10	0.00	0.00	0.66
C_5	2.27	1.36	0.49	0.00	4.12
C_6	4.20	4.41	5.29	0.11	14.01
C_7	4.21	5.79	9.60	0.73	20.33
C_8	4.01	5.21	12.65	3.72	25.59
C_9	4.01	6.33	7.26	2.64	20.24
C_{10}	3.36	6.31	2.35	0.28	12.30
C_{11}	0.26	2.42	0.02	0.00	2.70
合计	22.90	31.93	37.66	7.48	99.97

石脑油分离技术对炼油化工一体化企业具有提高三烯收率、提高重整的液体收率及产

品辛烷值、降低操作苛刻度等诸多优点，对于增加炼油化工一体企业的经济效益，提升整体竞争力具有重要的意义。但是，目前全馏分石脑油分离技术还不十分成熟，仅有美国UOP公司MaxEne工艺和中国石化汽油轻组分优化利用工艺实现了工业化，其工业运行的情况还有待进一步的验证。如果其工业数据及经济性得到工业验证后，该类技术在国内将有广阔的应用前景[97]。

（二）S Zorb 汽油脱硫工艺

1. 工艺流程

S Zorb 工艺流程如图4－3－3所示，S Zorb 工艺采用了流化床反应器、连续再生系统，反应器的压力为3.1MPa，反应器的温度为440℃，设计空速为3～6h^{-1}。在临氢条件下，原料油首先经过换热器和加热炉汽化后进入反应器，在流化床反应器中气体上行，与催化剂充分接触发生脱硫反应；反应后失活的吸附剂进入装置的再生系统，在空气气氛中完成再生，再生的操作温度为510℃。吸附剂经过再生处理后，进入还原系统进行还原，还原得到酸活性的吸附剂再次进入反应器中反应。S Zorb 工业装置可以连续运转多年，在此期间吸附剂可以保持较高的活性，可以在线置换。

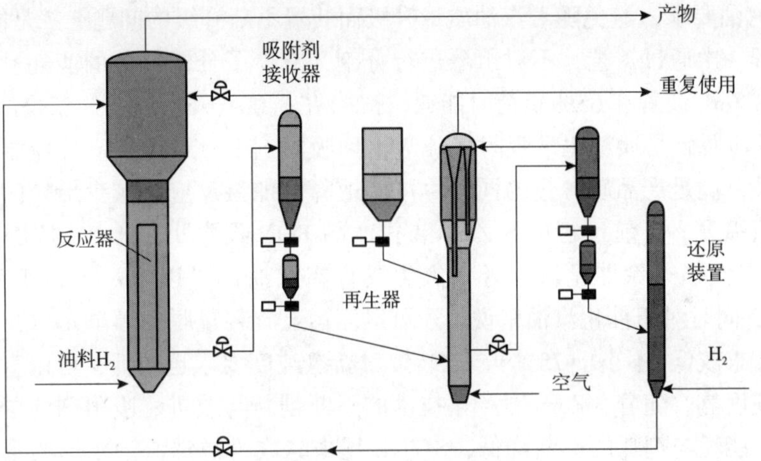

图4－3－3　S Zorb 工艺流程

2. 技术原理

S Zorb 脱硫技术依据反应吸附脱硫机理，不同于加氢反应脱硫的机理。对于加氢脱硫来说，硫化物中的C—S键在催化剂的作用下被破坏后，硫原子被释放出来，然后与H_2结合生成H_2S。而在反应吸附脱硫的过程中，虽然也有H_2参与，但反应途径不同于加氢脱硫过程。

根据较为公认的S Zorb 吸附剂的吸附机理，可以明确吸附剂各成分的作用：ZnO提供了高硫容量，是吸附剂的主要成分；镍促进了硫化物的分解；Al_2O_3和SiO_2可用于提高机械强度和耐磨性。但是在反应机理的讨论中仍存在许多争议：活性组分Ni^0硫化后生成了NiS、Ni_3S_2还是其他镍的硫化物。I. V. Babich 等提出，NiO在H_2作用下被预还原为Ni^0，Ni^0与硫化物反应生成NiS，然后NiS在H_2作用下释放出H_2S，释放出的H_2S与ZnO作用，使ZnO生成ZnS，而NiS转化为Ni^0完成“自再生”，在此过程中ZnO是容硫物质，其反应机理如图4－3－4所示[98]。

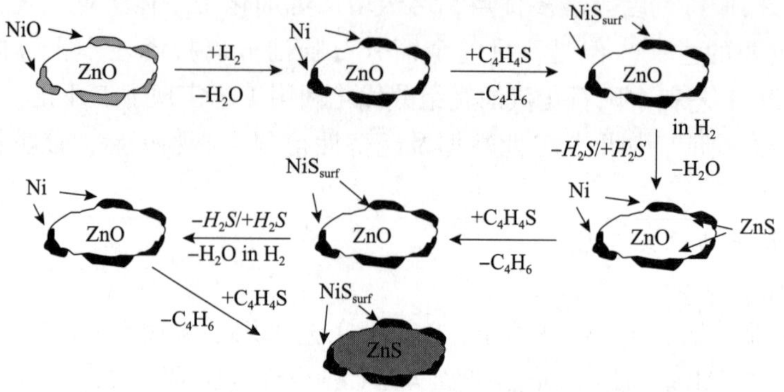

图 4-3-4　Babich 提出的 Ni/ZnO 反应吸附脱硫机理

3. 优势与前景

目前汽油脱硫技术主要有 3 种：选择性加氢脱硫技术、加氢脱硫及 RON 恢复技术和吸附法脱硫(S Zorb)。与加氢技术相比，S Zorb 技术具有以下优势：一是脱硫率高。对于通过加氢难以脱除的噻吩类硫的脱除率更加有效，直接将催化汽油硫含量降至 10μg/g 以下，达到生产欧Ⅴ汽油要求，避免随着汽油质量升级而装置不断升级的问题。二是能耗低。S Zorb 反应为全馏程一次通过工艺，不对组分进行分割，减少了分馏部分的能耗，故装置能耗较低。某企业 S Zorb 装置在 65% 负荷时能耗(标油)在 6.0～6.5kgEO/t。三是产品辛烷值损失小。S Zorb 反应脱硫是通过化学吸附将硫吸附到吸附剂上，通过提高反应温度、控制吸附剂合适的活性，满足产品硫含量的同时尽可能地降低加氢反应，减少烯烃的饱和程度，减少产品辛烷值损失。目前运行的 S Zorb 装置产品 RON 损失小于 1.0，抗爆指数损失小于 0.6。四是适应性强。除催化汽油外，焦化或直馏汽油都可以通过 S Zorb 装置将硫脱至 10μg/g 以下，同时对于催化汽油来说，还可以停运上游装置脱硫醇单元。五是 S Zorb 对循环氢的纯度要求较低(不小于 75%)，故装置对新氢纯度要求也较低，可以直接使用重整产氢，节约高纯度氢。随着 S Zorb 国产化技术的不断创新与改进、吸附剂的国产化、关键设备的国产化、能耗与剂耗的不断降低，S Zorb 越来越成为清洁汽油生产的重要工艺，也必定在国内汽油质量升级进程中发挥越来越大的作用[99]。

(三)煤油节氢加工工艺

1. 工艺技术

(1)煤油液相加氢

早期煤油加氢装置为滴流床加氢形式，近年来，基于柴油液相循环加氢技术投资低、能耗低的显著优势，国内相关研究院结合煤油加氢技术氢耗低、反应条件缓和的特点，开发了煤油液相加氢技术，得到了广泛应用。传统滴流床加氢技术需要设置循环氢系统，循环氢的主要作用是维持较高氢分压、控制床层温升、稀释杂质浓度等。所需主要设备为循环氢压缩机，在整套技术投资中占比较高，增加装置建设投资费用。另外，循环氢系统的气体流量大，为高压系统，相关流程如图 4-3-5 虚线中所示。为保证循环氢压缩机安全使用，氢气在进入压缩机前要冷凝至合适温度，造成装置能耗较高。液相加氢技术无需氢气循环使用，可以省去循环氢系统，大幅降低了装置投资及能耗。

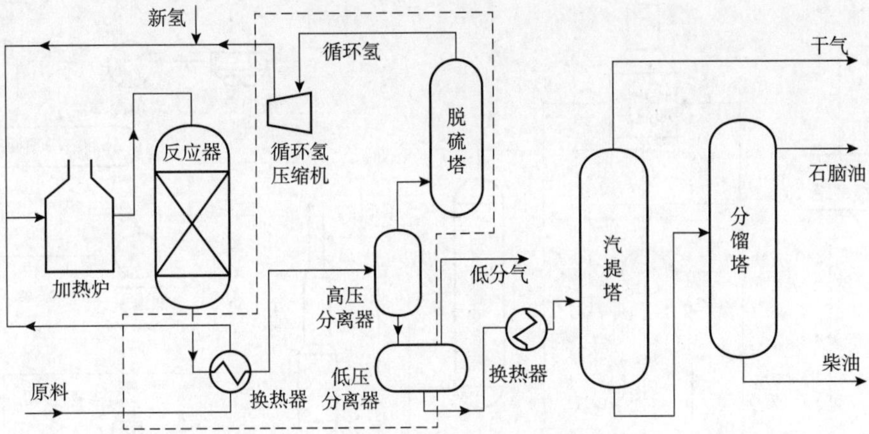

图4-3-5　滴流床加氢流程中的高压系统

2012年，中国石化镇海炼化公司(以下简称：镇海炼化)采用大连院开发的煤油液相加氢技术将600kt/a柴油加氢装置改造为煤油液相加氢装置，实现了长周期稳定运行。2017年初，镇海炼化新建的3Mt/a柴油加氢装置建成投产，原有压力等级低于5.0MPa的2Mt/a柴油加氢装置(Ⅲ加氢)停用。为了满足喷气燃料市场增长需求、提高装置的利用率，将其改造为2.3Mt/a煤油液相加氢装置。该装置于2017年8月中交，9月6日一次投料试车成功。装置设计年开工时间为8400 h，设计操作弹性为60%~100%。装置自2017年9月投产以来，一直运行至今，稳定生产3号喷气燃料[100]。

(2)管式煤油液相加氢技术

中国石化长岭炼化公司采用煤油管式液相加氢技术建成了国内首套管式液相煤油加氢装置(产能为6Mt/a)。由于依托现有常减压装置，减少了传统加热炉、压缩机及相关流程。该装置以含硫直馏煤油为原料，在空速为$6h^{-1}$，氢气/原料油(以下简称：氢油比，为体积比)为8~10，高压分离器压力为2.4MPa的条件下，采用石科院开发的煤油加氢催化剂(牌号为RSS-2)，可生产出满足《3号喷气燃料》(GB 6537—2006)的要求。该技术在中国石化北海炼化公司、中国石油青海油田格尔木炼油厂和中国石油大庆炼化公司进行了工业推广应用[101]。

(3)无循环上流式液相煤油加氢技术(C-NUM)

1)工艺流程。

C-NUM技术的工艺流程如图4-3-6所示[102]，包括两部分：

①反应部分。直馏煤油自常压装置进入原料缓冲罐，经原料泵升压后与新氢混合进入反应进料加热炉加热，温度升至反应所需温度后进入加氢精制反应器底部混合段；混氢原料油自下而上流经反应器进行加氢精制反应，脱除原料油中的硫醇、有机酸杂质。

②分馏部分。反应产物经减压阀减压后直接进入分馏塔，塔顶油气经冷却后进入分馏塔塔顶回流罐进行油、气、水三相分离；分离出的酸性气排送至催化裂化装置，油相经回流泵升压后作为塔顶回流；塔底油自塔底流出后分为两路，一路产品进入重沸炉重沸后返回分馏塔，另一路经产品泵升压后送出装置。

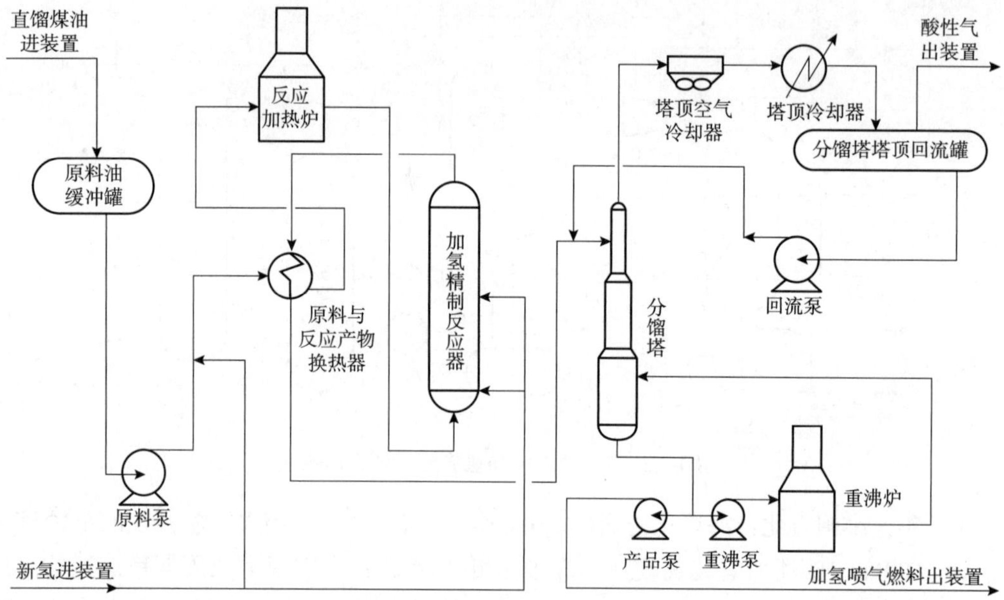

图4－3－6　C－NUM技术工艺流程示意

2）工业应用及效果。

2019年，中国石油庆阳石化公司采用C－NUM技术建成国内首套400kt/a煤油加氢装置，已累计生产加氢精制喷气燃料678kt。处理后的加氢精制喷气燃料平均收率可达到99.75%，比设计值高了0.03个百分点，综合能耗为4.38kgEO/t。经过处理后，加氢精制喷气燃料初馏点平均升高5.41℃，终馏点平均降低0.30℃，含硫量平均降低183.69μg/g，酸值平均降低0.4μg/g，冰点平均降低0.56℃，闪点平均升高4.41℃。加氢精制喷气燃料产品各项指标，满足3号喷气燃料指标。C－NUM技术煤油加氢装置设计与实际应用效果对比如表4－3－4所示。

表4－3－4　C－NUM技术煤油加氢装置设计与实际应用效果对比

项目	设计值			实际值	
	原料	产品初期	产品末期	原料	产品
密度（20℃）/（kg/m^3）	784.30	784.00	783.00	786.18	722.60
馏程/℃					
初馏点	151.90	152.00	152.00	146.72	152.13
终馏点	216.90	217.00	218.00	215.72	215.42
总含硫量/（μg/g）	186.00	≤100.00	≤20.00	180.80	2.31
含硫醇硫量/（μg/g）	15.2	≤7.0	≤5.0	12.1	≤3.0
含氮量/（μg/g）	42.8				
酸值（KOH）/（mg/g）	0.005 0	≤0.001 0	≤0.001 0	0.001 2	0.000 8
冰点/℃	－59.10	≤－55.00	≤－55.00	－58.20	－58.76
闪点/℃	44.00			40.56	44.97
烟点/mm	28.6	≥25.0	≥25.0	28.3	28.0

续表

项目	设计值			实际值	
	原料	产品初期	产品末期	原料	产品
银片腐蚀(50℃, 4 h)		≤1	≤1		0
铜片腐蚀(100℃, 2 h)	1 b	≤1	≤1	1 b	1 b
颜色(赛氏比色)		≥25	≥25		>30

2. 技术经济性比较

夏国富等以1.9Mt/a煤油加氢装置为例，对液相煤油加氢技术和传统滴流床技术进行了反应条件和经济效益对比。

(1)氢气消耗对比

由于常规煤油加氢技术较液相技术氢气利用率低，造成氢气消耗多，而液相技术除去溶解氢气仅有少量过剩的氢气，1.9Mt/a常规煤油加氢装置与1.9Mt/a常规煤油加氢装置氢气消耗见表4-3-5。

表4-3-5 氢气消耗对比

项目	常规滴流床	液相床
新氢(纯度99%)/(m^3/h)	4000	2900
氢耗/(m^3/t)	18.6	12.8
氢油体积比	100	
氢气利用率/%	19	26.2
氢气消耗成本/(万元/a)	基准	基准-1033

通过表4-3-5可知，常规煤油加氢技术氢气利用率只有19%，利用率较低。液相加氢工艺较常规滴流床工艺每吨原料油节省氢气5.8m^3，氢气按10500元/t计，每吨原料油氢气消耗成本降低约5.4元。液相煤油加氢少消耗纯氢11.02hm^3/a，每年氢气消耗成本低1033万元。

(2)电消耗对比

由于液相煤油加氢技术取消了循环氢压缩机系统，需要冷却的反应产物中气量显著减少，反应产物空冷器设备规模较常规煤油加氢减少，因此压缩机和反应产物空冷器的设备投资和占地降低，节省循环氢压缩机设备造价210万元；由于气量减少，所以反应产物空冷器规格减小，节省反应产物空冷器设备造价14万元。取消循环氢压缩机系统后，节省了整个装置大概7%的占地，大大降低了装置建设用地面积。由于液相煤油加氢技术取消了循环氢压缩机系统，反应产物空冷器设备规模较常规煤油加氢减少，因此大量节省了电耗，液相加氢技术与滴流床技术相比较，节省压缩机轴功率的电消耗量401(kW·h)/h，反应产物空冷器电机轴功率较常规滴流床技术节省85(kW·h)/h。工业用电价格按照0.7元/(kW·h)，电费减少276万元/a。

(3)燃料气消耗对比

常规煤油加氢装置的反应产物与原料油/混合氢换热器，管、壳程均是两相流，降低了传热效率；而液相技术中该换热器为纯液相换热器，传热效率更高，回收热量多。常规煤油加氢装置的反应进料加热炉介质中存在较大比例的氢气，而液相技术的反应进料加热炉中需要加热的氢气量明显减少，燃料消耗较常规技术降低。燃料气量按照模拟中反应进料加热炉正常操作热负荷和反应产物/混合氢换热器中热量损失部分计算，按年操作 8400h 计，燃料气的低热值为 41680kJ/kg，加热炉效率按 92% 计，燃料气价格按 2500 元/t 计算，煤油液相加氢技术较滴流床技术年节约燃料费 422 万元，经济效益非常可观[103]。

(四)柴油节氢加工工艺

1. 柴油液相加氢

柴油加氢通常采用三相反应(气－液－固催化剂)的滴流床反应器，反应中需要大量氢气以维持反应器中气相始终为连续相；富余的氢气经循环氢压缩机增压后，与新氢混合继续作为原料氢进料。该加氢工艺因床层温升高、径向温差大、能耗高，投资及运行成本较高。液相加氢技术采用原料油携带溶解氢(为反应供氢)，在反应器内液相始终为连续相，氢气为分散相；由于取消了循环氢系统，具有投资和运行费用较低，催化剂利用率高，床层温差小，能耗低等特点，在国内得到了快速发展。

IsoTherming 技术采用反应器顶部进料，催化剂床层补氢，产品循环辅助供氢的工艺流程。循环油泵选用屏蔽泵，无器外溶氢器。自 2011 年起，该技术分别在置中化泉州石化有限公司[104]、金澳科技(湖北)化工有限公司[105]和中国石油长庆石化公司进行了工业化应用。

目前，国内已实现工业化液相加氢的有以下技术[101]：中国石化洛阳石油化工工程公司开发的液相循环加氢(SRH)技术；中国石化工程建设公司开发的连续柴油液相加氢(SLHT)技术；中国石化长岭炼化公司和湖南长岭石化科技开发有限公司联合开发的煤油管式液相加氢(CLTH)技术。

以 SRH 技术为例进行技术介绍，液相循环加氢技术反应部分不设置氢气循环系统，依靠液相产品大量循环时携带进反应系统的溶解氢来提供反应所需氢气，反应器采用与滴流床反应器相近结构。液相循环加氢技术的优点是消除了催化剂的润湿因子影响，由于循环油的比热容大，从而大大降低反应器的温升，提高催化剂的利用效率，并降低裂化等副反应。装置高压设备少，热量损失小，投资费用和操作费用低，液相循环加氢技术是低成本实现油品质量升级的优选技术。

技术特点如下：一是良好的气液分散性；二是较大程度稀释原料中的杂质浓度；三是催化剂利用率高；四是对复杂结构硫的脱除率较高；五是取消循环氢压缩机系统、循环氢脱硫塔，大幅降低装置能耗。

与常规柴油加氢技术相比，采用液相循环加氢技术，装置操作能耗降低了 4.15kgEO/t 原料油。

中国石化九江石化公司新建 1.5Mt/a 柴油加氢装置、湛江东兴石化 2Mt/a 柴油加氢等装置均采用该技术。相比于常规气相循环加氢流程而言，新建液相循环加氢装置中只有加热炉、反应器、氢气混合器等设备，不设循环氢压缩机、高压分离器等高压设备，中国石化九江分公司 1.5Mt/a 柴油加氢装置综合能耗约为 5kgEO/t 原料油。

2. 柴油吸附脱硫

(1)柴油吸附脱硫原理

柴油中的含硫化合物有元素硫、硫化物、多硫化物、硫醇、硫醚、噻吩、苯并噻吩和二苯并噻吩等。吸附脱硫的基本原理是利用吸附剂对柴油中的含硫化合物进行吸附，从而将硫化物从柴油中脱除，因此吸附脱硫的关键在于吸附剂的选择和制备。很多吸附剂都具有从油品中脱除含硫、氧或氮等有机化合物的能力，特别是活性炭、分子筛、各种金属氧化物如氧化铝能选择性吸附一系列含硫化合物，如硫醇、硫醚、噻吩类化合物等。

(2)吸附剂及其发展

最早的吸附脱硫技术主要用于气体脱硫，目前使用各种吸附材料脱除气体中的SO_2、H_2S等非理想组分的技术在国内已经得到广泛的应用，国外也有很多类似报道。如氧化铝、分子筛、碳分子筛、活性炭、活性碳纤维、树脂等都可作为气体脱硫的吸附剂。很多吸附剂都具有从汽油和柴油中脱除含硫、含氧和含氮等极性有机化合物的能力，如分子筛、活性炭、氧化铝及一些复合氧化物等，都能从汽油和柴油中有选择性地吸附一系列含硫化合物，如硫醇、噻吩等。由于芳烃和硫化物极性很相近，因而使用一般的吸附剂在脱硫的同时也吸附了大量的芳烃。为此，用于汽油和柴油脱硫的吸附剂通常需要进行改性处理，据报道用Ni交换的X型沸石、用$CuSO_4$交换的NaX型沸石、经处理的红泥、用$FeCl_3$处理的白土、用HCl处理的斜方冰积岩、丝光沸石、含季铵离子由氧化铁、氧化铝和氧化硅组成的固体以及碱金属硅酸盐等都对硫化物有较好的选择性。相对于硫元素含量而言，柴油中含硫化合物的含量，尤其是大分子的含硫化合物的含量较高，如苯并噻吩、二苯并噻吩等。因而，用于柴油吸附脱硫的吸附剂通常需有较高的硫容量及较合理的孔分布，并能再生循环使用。吸附剂的研制及再生技术是该类技术发展的关键。从近期吸附剂的研制发展来看，多以氧化铝、氧化硅、氧化锌等氧化物中的一种或几种的混合物作为吸附剂的担体，有的吸附剂还载有金属组分，如IRVAD技术、S Zorb硫脱除技术使用的吸附剂。也有使用活性炭为基质，通过改性改善活性炭的孔结构，增加吸附剂的容硫量，以适于脱除大分子的含硫化合物。如柴油深度脱硫技术所使用的吸附剂。吸附剂基质的选择应考虑各吸附材料的特点及吸附脱硫工艺过程等因素[106]。

(3)吸附脱硫技术及其发展

柴油吸附脱硫(ADS)技术是通过物理吸附或者化学反应吸附，选择性地把含硫化合物从柴油中脱除，主要的吸附剂有活性炭、分子筛、金属氧化物等。吸附脱硫主要利用吸附剂的选择性、可再生性、吸附容量以及相配套的操作工艺发挥功效。目前围绕吸附的脱硫的影响因素开展的研究主要有吸附剂的再生能力及吸附能力、选择性；吸附剂的载体容量；设备的设计与加工工艺的简化；吸附系统的综合优化。

与传统的加氢脱氢技术相比，ADS技术具有设备投资少、操作简单、耗氢量极低等优点。随着新型吸附剂不断的开发及研制，ADS技术已经取得了一定进步。如Liu等利用稀土与新型金属有机骨架的配合成的新型吸附剂，具有良好的脱硫吸附能力，脱硫率高达80.7%，吸附容量为30.7mgS/g(Y－OFs)；如Ln－MOFs吸附剂具有良好的可重复使用性能，经济型较高；如王淑波等[107]以FCC柴油为原料，以硅胶、氧化铝及两种方法改性过后的活性炭为吸附剂，采用吸附的方法进行脱硫，结果表明在60℃温度，吸附剂为氧化铝的条件下，脱硫效果最佳，FCC柴油的硫含量从933.2μg/g最低可降至15.9μg/g；如杨林等[108]以硝酸活化后的活性炭负载为脱硫剂，在固定床反应器中，对催化裂化柴油进行吸附脱硫，采用未再生和再生脱硫剂后，试样脱硫率均随脱硫时间及再生次数增加而降低，但下降速度较为缓慢，且二者脱硫后产品收率和油品总收率分别大于84%和92%。ADS技术具有自己的优势，但是自身缺陷限制了其从实验室走上工业化生产，比如吸附容量低、吸附强度不足、脱硫精度不高、对柴油十六烷值提升非常有限等。吸附式脱硫现在难以解决的头号问题是如何从大量芳烃和极性化合物中选择性地吸附硫化物。

非加氢脱硫技术虽然已经取得很大进展，但是距实际工业运用还有一定的探索之路要走。吸附脱硫具备低污染、不需要耗费大量氢气、脱硫成本低、设备投资少等众多优点，但由于发展较晚，大多数该方面的技术均处于实验室阶段，较多关键性的问题还亟待研究。为了柴油深度或超深度脱硫，单一的吸附脱硫技术难以实现理想的深度脱硫程度，与其他的分离技术相结合是未来发展的趋势。

3. 催化柴油多环芳烃分离

催化裂化柴油萃取脱芳烃技术是用溶剂从催柴中提取芳烃的液－液萃取工艺方法。原理是基于烃类各组分在溶剂中的溶解度不同，即当溶剂与抽提原料在抽提塔中进行液－液混合接触时，溶剂会对原料中的芳烃、非芳烃物系进行选择性地溶解，经沉降分层为组成和密度不同的两相，从而能把所需抽提的芳烃组分从原料中分离。以环丁砜作为溶剂的芳烃抽提为例，其工业流程为：环丁砜可以选择性地溶解芳烃，抽提原料在液相状态下送往抽提塔中段，而溶剂从抽提顶端送入，在抽提塔内，芳烃与非芳烃被选择性分离，得到抽出相。抽出相被送往带压操作的汽提塔，随芳烃同时抽出的少量轻烷烃从汽提塔顶流出，成为回流循环回抽提塔；汽提塔底产物被送至减压蒸馏的回收塔，在回收塔中芳烃与溶剂完全被分离，溶剂分离后再返至抽提塔顶。在芳烃抽提工艺中，有时将原料进行蒸馏预切割处理得到富含芳烃的窄馏分，再选取选择性高的溶剂对窄馏分进行抽提。这种预处理方法对于沸点差较大，芳烃与非芳烃物系无共沸物系生成，蒸馏效果明显的混合物系较为适用，可以有效减少溶剂使用量，大大提高抽提率，分离出纯度较高的芳烃产品。但对于那些共沸物系较多，成分较为复杂的物系，通过预蒸馏难以将芳烃富集。尤其是对于催化裂化柴油来说，各馏分段芳烃含量变化不大，其不同环数的芳烃含量在窄馏分段的分布规律为：随着馏分段沸点的升高，单环芳烃含量逐步降低，双环芳烃先升高后下降，而多环芳烃含量随沸点升高而升高。因此，催化裂化柴油通过实沸点蒸馏进行切割预处理，各馏分的烷烃和芳烃含量差别不大，很难采用该方法将芳烃富集。芳烃抽提法在催柴精制方面应用较广，由于其能够得到芳烃副产品，有效应对了国内外市场对芳烃需求量较大的现状，具有广阔的应用前景[109]。

国外研究者针对催柴芳烃抽提展开了一系列的研究。Sujinkim 通过采用萃取精馏技术对催化裂化柴油中 2，6－二甲基萘(DMNA)异构体进行分离，分离纯度达到较高水平。该工艺首先通过精馏预处理操作从催化裂化柴油中切割出富含 DMNA 的同分异构体馏分，在 225～278℃的条件下，精馏出浓度为 30.65% 的 DMNA 异构体；筛选出一种单一溶剂，同时在混合馏分中加入少量正庚烷以提高溶剂对二甲基萘的选择性，并通过加水及调节温度的方法对两相的分配系数进行调解，最终得到了纯度较高的 DMNA，对催化裂化柴油芳烃抽提工艺具有较高的指导意义。Tomic 采用抽提与反抽提工艺技术对催化裂化油浆中的芳烃进行提取，首先选取一种对芳烃具有高选择性的溶剂作为主溶剂，另优选出第二种对烷烃具有高选择性的溶剂，对抽提体系中抽提相中的烷烃进行反抽提。利用这种抽提与反抽提工艺可使溶剂与原料自身两相形成逆向接触，使芳烃与烷烃达到传质平衡，抽提效果良好。经抽提后的油品质量远高于原油减压馏分油，可作为一种理想的催化裂化柴油原料。国内也有一些研究者对芳烃抽提进行研究，谢琼玉等针对催化柴油芳烃含量高、十六烷值低的问题，对催化柴油进行溶剂抽提降芳烃工艺技术研究，既改善柴油质量，又对抽提的芳烃进行分离和利用。他们采用了多种溶剂，考察了不同反应条件下的芳烃抽提效果。试验结果显示，在130～150℃及剂油比1.5～6.0的条件下，抽余油的芳烃质量分数降至38.4%～63.3%，十六烷值大于45，较原料提高了20个单位以上。抽出的芳烃混合物组分中单环芳烃含量高，可以作为芳烃溶剂油。目前该工艺还处于实验室研究阶段。葛晓蓉等开发了一种液液抽提分离柴油中芳烃的装置并设计分离流程。该装置包括液液抽提塔、抽余油水洗塔和溶剂回收塔。液液抽提塔下部设置原料进料管线，上部设置抽提溶剂进料管线，底部的抽出液管线与溶剂回收塔相连，顶部的抽余油管线与抽余油水洗塔的底部相连，抽余油水洗塔顶部设有产品排出管线，底部设有排水管线。该装置用于液－液抽提分离柴油中的芳烃，配合适当溶剂和助剂，可以生产高十六烷值柴油，并得到不高于5%的低烷烃含量的芳烃，且抽提溶剂易于回收。芳烃抽提具有脱芳效率高、操作条件温和、芳烃可回收等优点，但原料适应性差，对芳烃含量小于20%的芳烃/非芳烃混合物，该工艺在经济上不具有优势。另外，对于柴油这种组分复杂的体系脱芳烃，研究报道还很少。芳烃抽提研究重点是要提高芳烃分离效率，简化工艺流程，降低能耗，并拓宽抽提工艺的原料范围，提高原料的适应性[110]。

4. 柴油多环芳烃选择性加氢饱和开环不断链最大量增产乙烯原料技术

近年来我国柴油市场消费疲软，柴油加氢装置开工率低，而化工原料需求旺盛，炼油向化工转型迫在眉睫。柴油加氢裂化技术可以将过剩柴油转化为重整及乙烯等化工原料，是炼油向化工转型的重要手段。基于烃类分子渐次裂化的理念，大连院开发了高活性加氢精制催化剂以及高环状烃选择性加氢裂化催化剂，级配装填于现有中压柴油加氢装置，可以将柴油馏分转化为优质乙烯裂解原料。

以直馏柴油为原料，选用单段串联工艺流程和适宜加氢精制及加氢裂化级配催化剂体系，对直馏柴油原料适度加氢裂化并且对芳烃进行加氢饱和靶向开环，可最大量生产优质的蒸汽裂解制乙烯原料。

(1)转化率对产品质量的影响

选用常二线为原料，在FHUDS－8/FC－50催化剂级配体系下，反应压力为8.0MPa，考察了转化率分别为5%、10%、15%对石脑油以及柴油性质的影响。如图4－3－7所示，结果显示，随着转化率的提高石脑油芳潜由47.2降低制45.6，而柴油BMCI值由18.3降低至14.4，柴油十六烷值由54.2提高至56.8。因此，所选用的催化剂级配体系，可以有效将柴油组分中的多环芳烃转化至石脑油中，而将链烷烃富集在未转化柴油中，以生产90%左右的蒸汽裂解制乙烯原料。

(2)反应压力对产品质量的影响

以常二线为原料，在FHUDS－8/FC－50催化剂级配体系下，石脑油收率控制为10%，考察了反应压力为6～9MPa对反应压力对石脑油以及柴油性质的影响。如图4－3－8所示。结果显示，随着反应压力的提高，石脑油芳潜由48降低至45.2，而柴油BMCI值由18.2降低至15.4，柴油十六烷值由54.2升高至56.8。因此，在中压条件下，就可以将柴油原料转化为优质的蒸汽裂解制乙烯原料，而且随着反应压力的提高，未转化柴油作为乙烯裂解原料的质量逐渐升高。

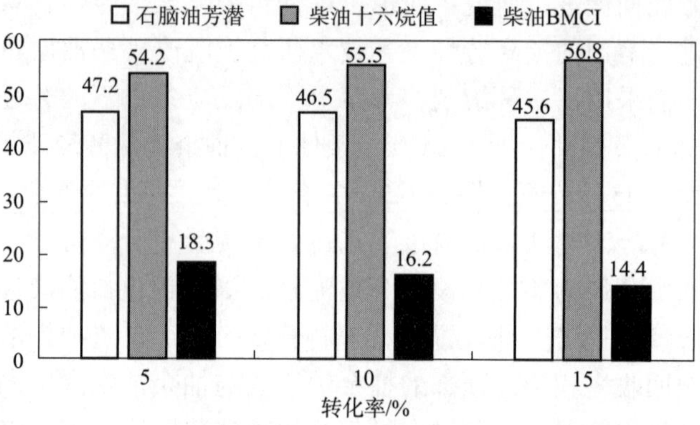

图 4 -3 -7　以直馏柴油为原料，转化率对产品性质的影响

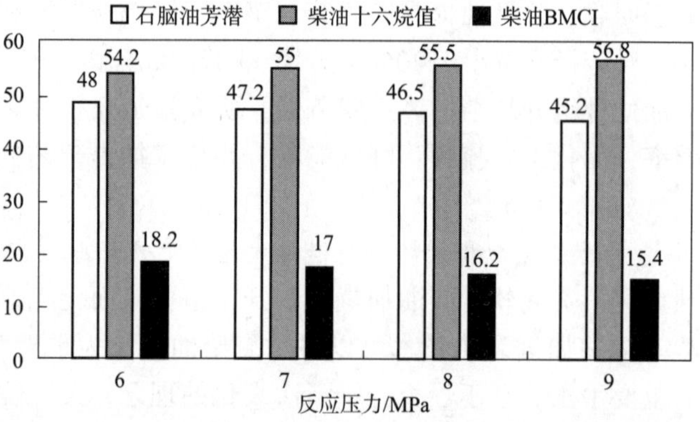

图 4 -3 -8　以直馏柴油为原料，反应压力对产品性质的影响

(3) 工业应用结果

柴油原料择环转化增产乙烯原料技术已于某公司成功工业应用。工业应用结果如表4 -3 -6 及图4 -3 -9 所示。

表 4 -3 -6　某 120Mt/a 柴油加氢装置运行结果

主要工艺条件				
反应温度/℃	345.1			
压力/MPa	7.6			
催化剂体系	FHUDS -8/FC -50A/FHUDS -8			
精制/裂化空速/h^{-1}	1.4/6.9			
生产结果	原料油	轻石	重石	未转化油
收率/%				90.97
密度(20℃)/(g/cm^3)	0.814	0.675	0.733	0.801
馏程范围/℃	186.5 ~345.0	46.5 ~101.0	76.0 ~159.5	188.0 ~338.5
硫/(mg/kg)	591.9	0.9	0.9	0.1
氮/(mg/kg)	26.4	8.3	0.8	1.2
BMCI 值	20			15

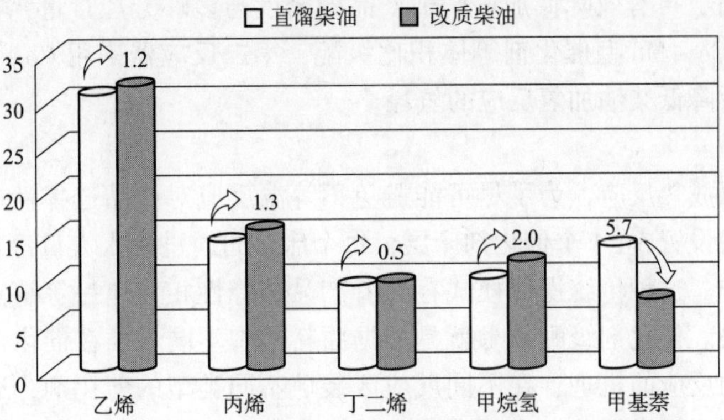

图4-3-9　某公司50t/h乙烯裂解装置工业应用结果

从表4-3-6结果可见，采用FHUDS-8/FC-50A/FHUDS-8催化剂级配体系，在精制1.4h^{-1}，裂化空速6.9h^{-1}，反应温度345℃，转化率为10%的条件下，化学氢耗0.7%，未转化柴油的BMCI值较原料降低5个单位。未转化柴油作为蒸汽裂解制乙烯原料时，乙烯收率增加1.2个百分点，丙烯收率增加1.3个百分点，而甲基萘收率则降低5.7个百分点。该技术满足了炼油厂对于增产乙烯原料、压降柴油的生产需求。

与常规加氢裂化生产乙烯料技术相比，本技术化学氢耗可降低20%以上。

(五)催化剂级配技术

炼油加氢处理、加氢裂化过程是将宽馏分的石油组分，在催化剂作用下加工成目的产物，催化剂是重要核心之一。若加氢过程采用单一催化剂，会导致产品选择性相对单一、氢耗高等缺点，同时也会造成大量的反应热损失。为更好发挥不同类型催化剂优势，提高目的产品选择性，减少装置氢气消耗及节省能耗，基于不同加氢反应过程原理开发了催化剂级配技术，考虑原料油中不同组分在催化剂活性中心上的竞争吸附及反应的先后，在不同的反应区，设计装填不同催化剂，发挥不同类型催化剂性能的优势互补，最大限度提高产品质量。

1. 柴油加氢

Albemarle公司为优化加氢处理反应器提出的Stax催化剂装填技术可使反应空速比全部装填KF-767催化剂时提高一倍[111]。先进炼油技术公司(ART)开发的SmART Catalyst SystemTM级配技术将常规Ni-Mo和Co-Mo型催化剂级配装填，在生产超低硫柴油(ULSD)时不仅可以提高加氢脱硫活性、降低氢耗，而且可以大幅降低催化剂的失活速率[112]。

大连院开发了适合不同原料、分别以Ni-Mo-W(Ni-Mo)及Co-Mo为活性金属的FHUDS系列催化剂，并根据加氢反应器内催化剂床层不同的工况条件和反应特点，结合不同类型催化剂的超深度脱硫反应机理，开发了SRASSG柴油超深度脱硫级配技术[113]，已在国内多套柴油加氢装置成功应用。

石科院[114]为更好发挥柴油超深度加氢脱硫(RTS)不同反应区域内不同类型催化剂的优势，在中型试验装置上考察了加氢反应活性高的Ni-Mo-W型催化剂、直接脱硫反应活性高的Co-Mo型催化剂和具有轻微加氢改质活性的Ni-W型催化剂的不同级配方式对柴油超深度加氢脱硫反应的影响。结果表明：采用催化剂级配时与单独使用Ni-Mo-W催化剂时的超深度加氢脱硫效果相当；在第一反应器采用Ni-Mo-W型催化剂、第二反应器采用

Ni－W 型催化剂时，可有效降低加氢柴油产品的密度与多环芳烃含量；在第一反应器采用 Ni－Mo－W 型与 Co－Mo 型催化剂等体积比级配、第二反应器采用 Co－Mo 型催化剂的级配方案时，可有效降低柴油加氢反应的氢耗。

2. 加氢裂化

加氢裂化属强放热反应，为了尽可能避免不等温反应对产品选择性造成不利影响，加氢裂化反应器一般设置 3～4 个催化剂床层，每个床层间通过注入大量冷氢来控制入口温度以实现等温升操作。这种传统操作模式存在着产品选择性相对单一等缺点，同时也会造成大量的反应热损失。催化剂级配技术就是根据原料油中不同烃类在催化剂活性中心上发生竞争吸附及不同的反应的机理，在不同反应区装填不同类型的催化剂，通过发挥不同功能催化剂的优势，实现烃类组分在目标产品中的富集，从而最大限度提高目的产品的收率和质量，同时，该技术还能够减少裂化反应器床层间的冷氢量并提高后续物料的换热温度，降低装置的操作能耗。

某公司[115]采用大连院加氢裂化级配技术，三个周期运行数据如表 4－3－7 及表 4－3－8 所示，在相同的新氢性质、反应转化率以及相近的反应总温升情况下，第一周期反应氢耗最大，第三周期次之，第二周期氢耗最小，说明第一周期全部装填 FC－24 催化剂的加氢裂化反应最剧烈、耗氢最大；第二周期标定原料中硫、氮含量较低，同时 R1002 采用两种催化剂级配方案后降低了裂化反应苛刻度，再加上 FC－24 再生催化剂活性有所下降，因此耗氢量最小；第三周期采用三种催化剂级配后虽然加氢活性增强，但裂化反应活性下降较多，因此总体耗氢要较第一周期减少，氢气有效利用率提高。

表 4－3－7　装置标定期间原料油性质

项目	设计值	第一周期标定 2007－11	第二周期标定 2011－01	第三周期标定 2014－12
密度/(kg/m³)	915	911	909.9	913.7
馏程/℃				
初馏点/10%	336/384	—/390	—/387	—/368
50%/90%	446/515	449/518	436/511	412/466
终馏点	550	550	545	499
w(总硫)/%	1.80	1.76	1.36	2.20
w(总氮)/(μg/g)	2000	1590	978	1121
w(残炭)/%	<0.8	0.21	0.23	0.10
w(铁)/(μg/g)	<2	0.70	0.21	0.64

表 4－3－8　装置标定期间主要操作参数

项目	设计值	第一周期标定 2007－11	第二周期标定 2011－01	第三周期标定 2014－12
VGO 进料量/(t/h)	178.6	179.8	178.4	180.0
新氢补入量/(Nm³/h)	49600	55500	44845	50211
循环氢量/(Nm³/h)	280000	328600	263550	281986

续表

项目	设计值	第一周期标定 2007－11	第二周期标定 2011－01	第三周期标定 2014－12
冷高分 V1002 压力/MPa	13.5	13.5	13.5	13.5
R1001				
第一床层温度（入口/出口）/℃	348/392	361.2/406.0	358.2/388.6	350.8/388.9
第二床层温度（入口/出口）/℃	374/392	375.4/391.7	386.8/405.1	373.8/395.6
R1002				
第一床层温度（入口/出口）/℃	377/386	373.1/379.8	380.3/385.9	387.6/394.0
第二床层温度（入口/出口）/℃	377/387	375.6/383.8	380.6/387.4	391.0/398.4
第三床层温度（入口/出口）/℃	377/388	376.0/383.0	382.0/392.0	389.0/397.3
第四床层温度（入口/出口）/℃	377/390	378.2/382.5	380.8/391.3	389.8/391.0
总温升 R1001/R1002/℃	72/43	54.5/32.2	48.5/30.1	54.2/29.3
平均反应温度 R1001/R1002/℃	378/382	388.0/379.7	389.5/384.8	382.5/392.5
R1001 入口气油体积比	750	849	818	919
w（R1001 出口精制油）/（μg/g）	<20	10	11	15
反应床层总冷氢流量/（m^3/h）	—	155300	119800	100800
氢耗/（m^3/t）	278	308.7	251.4	279.0
单程转化率/%	75	75	75	75

某公司[116]采用加氢裂化催化剂级配技术后，如表4－3－9所示，标定期间进料量相比上周期有所降低，在相当的入口压力下，为满足精制油氮质量分数小于等于15μg/g的指标要求，本周期精制反应器平均反应温度提高了5℃，表明精制催化剂经再生后活性损失较小，反应器仍具有较高的提温空间，可以满足装置长周期运转。两周期的裂化反应器平均反应温度相当，同时反应器总温升相当，各床层温度分配比较平均，催化剂活性整体发挥较好，级配方案总体合理。本周期的补充氢量较上周期降低了5000Nm^3/h以上，由于进料量相差并不大，因此装置耗氢量有所减少。

表4－3－9　装置标定期间主要操作参数

装置	项目	上周期	本周期
	进料量/（t/h）	175	165
精制反应器	入口压力/MPa	14.2	14.6
	平均反应温度/℃	基准1	基准1＋5
	总温升/℃	35	29
	精制油氮质量分数/（μg/g）	9.6	5.4
裂化反应器	平均反应温度/℃	基准2	基准2
	总温升/℃	38	36
	补充氢/（Nm^3/h）	基准3	基准3－5450

3. 渣油加氢

渣油加氢处理难度较大，在反应过程中易生焦，因此要求催化剂具备加氢脱金属、脱硫、脱氮、脱残炭及部分加氢转化等多种功能，但目前还难以开发集上述功能于一体的单一品种催化剂。

目前渣油固定床加氢处理催化剂级配装填遵循的一般原则是，沿着反应物流的方向，催化剂的粒度从大到小，活性由低而高，使得整个催化剂床层保持催化剂物理性质和化学性质的平稳过渡。然而在现实渣油加氢反应器中，沿反应物流的方向，随着加氢反应的进行，氢纯度会逐渐降低，反应温度逐渐升高，渣油缩合生焦反应加快，而催化剂活性逐渐升高会加剧这种现象，导致反应效率降低，产品性质劣化，催化剂床层热点加速形成。

基于对反应机理和反应环境的分析，SHIFT－G 反向催化剂级配技术[117]即在结焦风险较高，对装置操作周期影响较大的反应区域，颠倒普遍遵循的催化剂级配规则，将高活性催化剂适当替换成活性(主要是脱硫活性)较低的催化剂，在这种情况下，既可不损失催化剂的脱金属活性，又能有效防止床层温升过高，从而降低床层产生热点的风险。中型试验和工业应用结果表明，采用 SHIFT－G 技术优化催化剂级配达到了预期的目的，有效地改善了加氢产品性质，延长了工业装置运转周期，提高了经济效益。

石科院[118]基于对原料反应特性和催化剂性能的认识以及构建的反应动力学和催化剂失活模型，结合 RHT 系列催化剂，开发了为炼油企业“量体裁衣”的催化剂级配技术。

(六) 钠法脱硫

钠法脱硫技术可将重质原料油中硫质量分数降低至 0.1% 以下，其经济性及操作方式都具有其独特的优势，已引起业界的广泛关注。已完成中试实验，相关企业亦投入资金对其开展技术攻关，是较有前景的重质原料油脱硫技术[119]。

钠法脱硫技术使用熔融态的钠，在临氢条件下，与重质原料油中有机硫化物进行反应。钠法脱硫的主要反应为：

脱硫反应：

$$R'-S-R+2Na+H_2 \longrightarrow R'-H+R-H+Na_2S \quad (4-3-4)$$

钠再生反应：

$$Na_2S+H_2S \longrightarrow 2NaSH \quad (4-3-5)$$

$$2NaSH+3S \longrightarrow Na_2S_4+H_2S \quad (4-3-6)$$

$$5Na_2S_4 \longrightarrow 2Na+4Na_2S_5 \quad (4-3-7)$$

$$Na_2S_5 \longrightarrow Na_2S_4+S \quad (4-3-8)$$

R. Bearden 使用熔融态的钠，在温度为 400℃、H_2分压为 10～20MPa 的条件下，将萨法尼亚原油的硫质量分数由 3.91% 降低至 0.20%。Field Upgrading 公司在加拿大萨斯喀彻温堡建设了处理量为 1590L/d 的 De Sulphurization Upgrading (DSU) 钠法脱硫工艺中试装置。J. Gordon 等使用 DSU 工艺将混合渣油、阿尔伯塔混合底油和阿尔伯塔沥青中硫质量分数从 2.10%、2.50% 和 4.50% 分别降至 0.06%、0.08% 和 0.05%。

单质钠与重质原料油中有机硫化物反应，可将重质原料油中硫质量分数降低至 0.1% 以下，满足 IMO 排放控制区内的船用残渣型燃料油硫质量分数小于等于 0.1% 的控制指标。钠法脱硫技术如欲大规模工业应用，钠再生是关键技术“瓶颈”，需要着力完善。

(七)微界面强化传质技术

"微界面强化反应技术"主要利用微米级高能气、液涡流能量转换原理，将气液、气液液、气液固界面的几何尺度由毫-厘米级高效调控为微米级，在数量级上大幅度提高了相界面积(传统技术：50～600m^2/m^3，微界面强化技术：5000～20000m^2/m^3)和质能传递效率，使化学生产过程的效率成倍提升、能耗物耗大幅下降、安全环保性能得到本质改善[120]。普通鼓泡反应器与微界面强化反应器对比如图4-3-10。典型工程应用案例如表4-3-10所示。

图4-3-10 普通鼓泡反应器(左)与微界面强化反应器(右)对比

表4-3-10 典型工程应用案例

微界面强化间二甲苯氧化制间甲基苯基酸改造案例效果对比							
参数 反应器	产品能耗/(kW·h/t)	原料消耗/(t/t)	空气中氧利用率/%	反应时间/h	选择性/%	温度/℃	压力/MPa
鼓泡反应器	2351	1.3	62.8	16	59	140	0.5
微界面强化反应器	2086	1.1	91	7～8	83.3	135	0.35
强化效果	↓11.3%	↓15.4%	↑45%	↓1倍	↑41%	↓5℃	↓0.15MPa

注：生产运行成本降低17%，固定资产投资大幅度节省，年创效0.5亿元以上；导致同类产品线相继宣布关闭。

微界面强化传质技术用于柴油加氢精制反应系统[121]，特点是通过破碎氢气气体使其形成微米尺度的微气泡，微气泡与柴油混合形成乳化液，以增大气液两相的相间面积，并达到在较低预设范围内强化传质的效果，在保证反应效率的同时，能够使反应过程的压力降低。某公司与四家石化企业签署项目合作合同与协议，其中包括将该技术推广应用于柴油加氢精制[122,123]。

二、氢气系统优化提升技术

(一)理论基础

1. 氢夹点技术原理

夹点分析法由英国学者Linnhoff等[124]于20世纪80年代初提出，最早应用于热交换网络优化问题。在该问题中热流体的温度比冷流体的温度高，则可回收热流体的热量用于加热冷流体。如果考虑 2 种过程流体，即可在温焓图上绘出代表 2 种流体的线段；对某一流体的曲线进行适当的平移，两曲线的重叠程度就表明了允许热回收的范围。氢气的夹点分析与热交换的夹点分析类似。氢气的浓度类似于流体的温度，可以推动高浓度的氢气从过程源流向过程阱[125]。

1998 年，Alvess[126]在 UMIST PIRC 氢联盟会议上提出了根据剩余氢量来确定氢气网络夹点和最小公用工程氢耗的方法，随后对该方法进行了详细的阐述。该方法比较接近于换热网络的夹点分析法，以不同温度的热源和热阱对应不同浓度的氢源和氢阱，根据流体的温度与热焓的关系得出氢气浓度与流量的关系，并绘制氢气组合曲线；比较相同浓度下氢源与氢阱组合曲线的面积，可得到不同浓度下氢气的剩余量，所得曲线即氢气剩余曲线。这种方法虽然能得到夹点位置和最小公用工程的氢耗量，但需要反复迭代，计算效率较低。鉴于之前在固定流量单元回收重用的设计中，尚无一项技术能提供一种系统的非迭代图解方法，以确定新产生能源的最小值，2003 年，El – Halwagi 等[127]利用隔离、混合、直接回收重用等策略，提出了一种可严格确定资源利用率最大化的系统的非迭代图形化技术。通过动态编程技术得到最优解策略的数学条件和特点，再将这些条件和特征进行图形化处理，可以精确定位资源回收重用的夹点，进而提出了新的氢夹点图解法。2006 年，Foo 等[128]引入代数方法建立资源回收重用的网络，结合性质级联分析和图解法消除了计算中的迭代，确定系统的回收夹点，以达到优化新能源使用最小化、回收重用最大化和资源排放最小化等目标。

氢夹点分析法以图形法为基础，物理意义明确，每种装置生产和消耗何种纯度的氢气一目了然。通过对夹点图的分析可以得到氢气系统公用工程耗氢量的最小值。该方法简单易懂，易于操作和执行，经过优化后的氢气系统其经济效益显著。但夹点分析法也存在一些问题[129]。一是夹点分析法主要以氢阱和氢源的纯度与流量为依据，个别考虑了杂质、压力、提纯装置等实际因素，但无法从实际出发统一考虑尽量多的实际约束条件；二是对于提纯装置和压缩机的增加，需要考虑许多实际因素，例如投资回收期、系统平面布置、提纯或压缩效率等问题；三是夹点技术主要是使系统的公用工程的氢耗量最小化，并不能做到多目标同时优化，如最小成本、最大收益、最少废气氢排放量和最少设备配置数目等多个目标的同时优化问题。

2. *超结构数学规划算法*

超结构法是系统工程中分析过程合成的一种重要的研究方法，在换热网络、反应器网络和水网络等的建模和优化方面得到了广泛的应用。数学规划法的原理在于将氢气系统优化过程转化成数学建模方程的求解过程。数学规划法将优化目的转化为目标函数，根据炼油厂实际情况设定约束条件，比如，可根据年度运行和投资的总费用或部分关键费用，在氢气系统模型中添加氢气年度成本、压缩机年度成本、作为燃料的废气年度收益以及压缩机、提纯装置和管道的投资等众多约束条件，最后利用易于收敛的求算方法求取目标函数的最优解，实现全厂效益的最大化或氢气消耗的最小化。但是模型越严格，包含的变量、约束就越多，使用和求解越复杂，甚至可能得不到最优解。所以，根据目的和要求的不同，数学规划法要选择不同数量和范围的变量与约束条件。

2001 年，Hallale 等[130]首先提出将超结构法应用于氢气系统优化问题上，所建立的系统超结构包括了所有可能有连接关系的初始网络结构，将各台压缩机和提纯装置作为氢源、氢阱，即进口为氢阱，出口为氢源；再考虑实际生产过程中的各种约束条件，如物料守恒、浓度守恒、压力条件和设备配置等，最后建立的数学规划模型中包含了所有现有的以及潜在的网络连接；再结合实际工程要求约束，通过优化算法对所有连接方案进行筛选，找到满足所有约束条件，使目标函数最优的网络结构。该方法比同一时期氢夹点分析法不但较早地考虑了压力条件和设备的匹配问题，还可以通过确定不同的目标函数，得到多目标优化的结果。

(二)技术现状

1. PIL 氢资源优化技术

英国曼彻斯特大学过程集成研究中心 CPI 是炼油和石化节能优化领域的夹点技术诞生地，自 2001 年以来，已经在来自欧洲的 29 个国家的 156 合作伙伴完成了 22 个项目，在过程工业领域的节能优化方面有着突出的贡献。

英国过程集成有限公司(Process Integration Ltd.，PIL)最早由 CPI 中的几名老师共同建立，后从曼彻斯特大学分拆，主要致力于工业企业中节能技术的开发，其氢气 & 瓦斯资源优化技术主要包括氢夹点理论、超结构数学规划算法、在线优化管理系统等[131]。北京宜能高科科技有限公司是英国曼彻斯特大学投资创办的商业化机构，起源于 CPI，在中国大陆地区推广氢资源优化技术、蒸汽优化、换热网络优化等[132]，在中国石油克拉玛依石化、锦州石化等企业推广应用。PIL 对独山子石化、克拉玛依石化、锦州石化全厂氢气网络中包括压缩机在内的临氢装置进行调研，针对全厂氢气资源进行优化分析，给出氢气系统的回收利用方案，炼油厂可以通过系统管线改造及增加氢气回收装置使排放到燃料气管网的氢含量(体积分数)降低到 10% 以下，降低制氢负荷 15% 以上，从而提高炼油厂的氢资源的利用效率，降低成品油的加工成本，为炼油厂带来可观的经济效益和利润空间[133]。

2. KBC 公司 Hydrogen Management 氢气管理方法

Hydrogen Management 氢气管理方法在消除氢气利用的瓶颈制约、提高炼油厂经济效益等方面具有较好的成功经验。KBC 开发了专门用于氢气优化管理的软件 Hydrogen Pinch，它与 PetroSIM 软件结合，能有效提高炼油厂氢气系统的模拟、核算、优化分析能力，能进行氢夹点分析，评估每个产氢、耗氢单元的氢气压力、纯度和流量；能确定为每个产/耗氢装置进行的每一个参数调整所需的投入与产出。

KBC 氢气资源优化技术实施主要可分为三个阶段：

论证阶段——分析氢气系统构成，确定整个系统和各氢气子系统的瓶颈，并找到消除瓶颈的办法，以提高炼油厂的氢气利用率。

评价阶段——采用单个或相互关联的工具进一步研究和优化，确定解决方法对炼油厂的价值及实施成本，典型的解决方案既可以简单地对回路流股进行重新分布而不必考虑其他装置，以实现单个装置利润最大化，也可以综合考虑或较高的投资方案，如建设氢气回收装置、消除水蒸汽重整制氢 SMR 装置瓶颈或增设压缩机等。

实施阶段——将确定的解决方案应用到工艺装置中去，最终实现改善炼油厂盈利能力的目标。

3. UOP 公司 Hydrogen Management Services 氢优化管理方法

Hydrogen Management Services 氢优化管理方法，通过详细的加氢装置模型、线性经济分析模型等开展氢气的优化利用分析，实现氢气平衡优化使用和炼油厂效益的最大化，通过建立炼油厂氢平衡，计算最小公用工程氢气用量，识别优化机会；改进/增加氢气提纯装置；计算氢网络变化对工艺单元影响，尤其是氢分压对装置的影响；评估经济效益。

如图4-3-11所示，在UOP的7个氢网络优化研究项目中，三分之一的优化来自零投资或低投资的改进，其他一些投资的回收期都在两年以内，已确认有38%的项目需要增加或提高氢气提纯能力[134]。

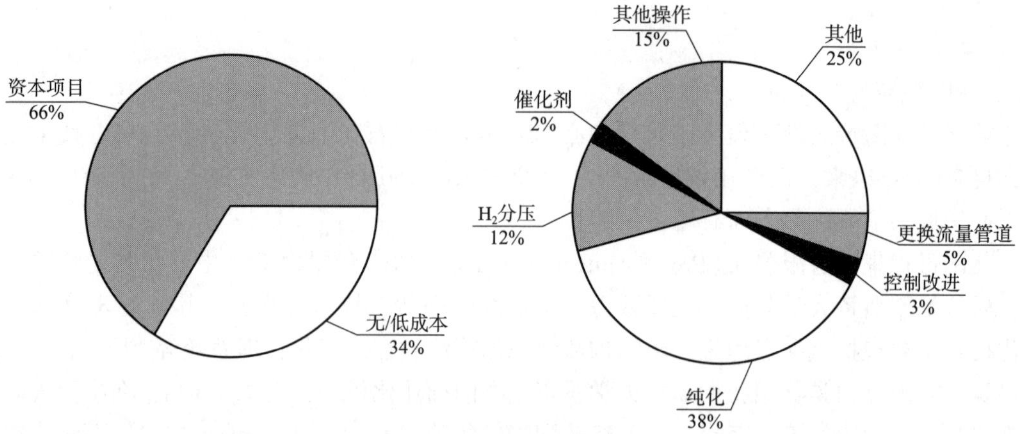

图4-3-11　UOP在七个氢网络优化案例中的方案效益汇总

UOP以往案例中主要优化方法或思路总结如下：调整PSA容量因子，以改进氢气回收水平；新增提纯设备；将异构化单元的尾氢串联作为其他装置的补充氢；在满足最低目标氢分压前提下，降低加氢裂化单元补充氢的纯度，以减少氢气提纯过程的氢损失；提高柴油加氢处理单元补充氢的纯度以改善装置性能；改善现有膜分离装置进料性质，获得更好的净化效果；将含适当纯度氢气的物流送到制氢厂作原料，而不是将这些气体作为燃料气，从而有效降低制氢厂的运行成本；对压缩机进行检修，避免由于压缩机密封泄露，导致氢气排放到火炬气；将压力安全阀换为导阀控制阀，能够将反应器操作压力提高5%，有利于提高氢分压。

4. Air Liquide公司氢资源优化技术

Air Liquide公司与Aspen公司一起，提供PRO-EN服务，帮助炼油厂控制和优化H_2的供应与使用，主要技术路线如下：氢气夹点技术用于开发气体回收和再利用的最优网络；采用严格的反应器模型定义最优的加氢操作和氢纯度；采用LP planning评估全厂经济性；优化确定最佳供应方案。

Air Liquide公司对美国一家炼油厂进行氢资源优化，将加氢裂化装置补充氢纯度由89%提高到99%以上，使馏分油收率由52.8%提高至54.6%，重石脑油收率从16.6%提高至19.4%，未转化油从17.8%降至11.3%。

5. Axens公司氢气管理技术

Axens公司两阶段方法氢气管理技术，可为炼油厂节省5~10美分/bbl，主要内容包括：利用氢夹点分析技术、动力学计算模型、线性规划模型等分析当前氢气网络，确定改进方案的可行性；采用LP planning和工艺建模技术，为炼油厂提供系列实施项目。

印度一炼油厂想要升级为超低硫柴油生产，避免现场建设新的氢气生产设备。Axens为其提供氢气管理服务，建议进行如下工艺改造：将装置尾气送入PSA用于H_2回收；升级转化炉催化剂；改变切割点提高超低硫柴油收率；优化加氢过程操作条件，使公用工程消耗最小化；将加氢和氢气生产与炼油厂的其他装置（如 FCC）整合；两个厂间气体资源互供。

6. Foster Wheeler 公司氢气管理方法

开发了 Foster Wheeler 氢气管理方法，主要技术内容包括：利用氢气夹点技术进行现状分析，确定几个改造方案；利用工艺模拟软件、LP 建模等手段，评估这些方案的可行性和经济性；推进项目实施。

Foster Wheeler 公司对中东一家炼油厂进行氢气资源优化研究，主要优化方案如下：采用吹扫氢、尾气作为异构化装置补充氢，降低 H_2 总需求；建造一套新的制氢装置；对炼油厂的吹扫氢、尾气进行 PSA 回收，但评估后认为，低压尾气增压再回收氢气经济性较差，因而排放至瓦斯系统。

7. Technip 公司氢气管理技术

开发了 HyN－DT™ 氢气管理技术基于完整的 H_2 回收、炼油厂尾气利用、H_2 夹点分析技术，以及利用 PIMS 平台进行先进的 LP 程序设计，主要技术内容如下：定义炼油厂 H_2 平衡；鉴定和选择潜在的尾气用于氢气回收；为改造或升级现有 H_2 生产设备研究可行方案；对用于生产额外氢气而安装的新装置进行分析；评估现有的 H_2 分配系统，确保能处理多增的 H_2；炼油厂能量集成；优化成本以便将来能增加碳捕集技术。

8. 浙江中控氢气在线管理系统

浙江中控始创于 1993 年，是中国领先的自动化与信息化技术、产品与解决方案供应商。炼油厂氢气系统全局优化技术研究与应用是浙江中控近几年拓展的业务领域，该技术目前已在多家企业得到推广应用。技术内容主要包括：首先，构建氢耗过程定量评价指标，通过关联分析获得耗氢装置的最佳操作条件；然后，基于氢夹点分析获得氢气系统最佳匹配网络，通过氢气管网优化改造，实现氢气资源的优化分级利用；最后，以临氢装置耗氢需求及氢管网运行状态为约束、以系统运行总成本最低为目标构建调度优化模型，并开发氢气系统调度优化平台，以指导氢气系统进行优化调度。

浙江中控开发的氢气在线系统已在中国石化齐鲁石化公司、中国石化洛阳石化公司等单位得到应用。

9. 西安交通大学氢资源优化技术

西安交通大学的刘永忠教授、冯霄教授团队开发的氢气系统集成与优化技术，从全系统出发，优化氢气资源分配，采用过程系统分析的方法对氢气系统进行优化与集成，进而达到提高氢气利用效率的目的。技术内容主要包括：以氢夹点理论为基础，探寻系统优化潜力及瓶颈；应用数学规划方法结合商业优化求解器，构建氢气系统超结构数学模型，提出两步优化数学模型，以获得在氢气分配网络最小氢气公用工程消耗量条件下氢气分配网络流股匹配优化的分析方法；形成氢气网络结构简化方法、多周期氢气网络优化、加氢过程氢耗分析、基于加氢反应动力学及加氢系统的氢气系统集成策略研究、加氢过程对环境影响分析等工作优化方法。

西安交通大学研究团队于 2005 年开展了中国石化洛阳石化公司氢气优化工作，2007 年结合国内外研究的成果，集中开发了氢气网络优化软件——氢气分配网络的系统集成分析，2009 年于中国石化金陵石化公司开展了以低浓度氢气优化回收为核心的氢资源优化研究。

10. 中国石化氢气资源集成优化技术

大连院针对石化企业氢气系统特点，开发了 H_2 - STAR 氢资源优化技术，技术基本原理如下：以氢夹点理论为基础，各类耗氢装置反应动力学模型及各类加氢装置专家数据库为依托，合理评估、优化耗氢装置用氢，综合优化回收排放至瓦斯系统的低浓度氢气，并采用数学规划算法优化系统含氢物流的匹配，实现氢气资源的梯级利用，提高系统氢气利用效率，减少产氢装置供氢，节省燃料消耗及电耗，减少 CO_2 排放。

H_2 - STAR 氢资源优化技术主要内容及特点如下：一是氢夹点分析技术。应用氢夹点分析方法能系统分析不同氢气纯度级别的氢气用量，并能迅速确定整个氢气网络优化瓶颈所在，得到氢气公用工程最小需求目标。二是加氢装置反应动力学模型。利用加氢反应动力学模型，可进行加氢装置原料优化、操作条件优化、用氢优化、用氢条件改变后产品质量及分布预测等分析，实现炼油厂收益最大化。三是氢气梯级利用。根据氢气品质不同，分别制定合适的应用方案，实现氢气“高质高用、低质优用”；通过对耗氢装置用氢特点分析，根据企业实际情况，实施耗氢装置间氢气梯级利用技术，进一步提高氢气利用效率。四是氢回收系统综合优化技术。对各类氢回收技术进行优选，进行氢回收技术组合设计，充分、经济地回收排放至瓦斯系统的低浓度氢气；轻烃 - 氢气综合回收优化技术，进一步提高企业经济效益。五是数学优化算法。采用数学优化算法，快速求解氢网络数学模型，获得满足企业实际约束条件的优化结果。六是实时优化技术。借用信息化手段，实现氢气在线监测与运行优化，避免或减少氢气损失的发生，提高氢气系统的精细化操作水平，实现氢气计量数据的准确可靠、量值统一和管理质量的改进，保证氢气系统和系统的安全、平稳运行。

H_2 - STAR 氢资源优化技术已在中国石化燕山石化公司、中国石化广州石化公司、中国石油宁夏石化公司等 20 余家企业得到推广应用。

（三）氢气系统主要优化提升方向

1. 供氢单元产氢优化

（1）优化原料，降低制氢成本

水蒸气重整制氢 SMR 装置是炼油厂常用的制氢装置，优化方向主要是降低制氢装置产氢成本及能耗。蒸汽转化制氢的成本主要取决于原料费用、燃料费用和外输蒸汽的价值。企业应根据自身实际的原料构成、燃料价格及平衡、蒸汽价格和需求等情况，控制好原料中的烯烃和硫含量，优化转化炉进口温度、出口温度、水碳比、压力等参数，适当选用预转化和变换工艺，降低氢气成本。

为了降低制氢成本，采用以干气为原料的制氢方案是炼油厂优先考虑的，如焦化干气、甲烷氢等，但是由此带来了制氢原料与全厂燃料平衡之间的矛盾。如果大量炼油厂气（如焦化、常减压蒸馏、重整、加氢裂化等工艺产气）用于制氢，有的炼油厂会出现燃料不平衡问题，被迫补充液化气等作自用燃料，需要全厂资源统筹优化。可以采用线性规划方法[135]测算不同原料制氢的使用成本，优化资源配置，实现制氢原料低成本化。

某炼油厂制氢装置[136]采用催化干气为原料，由于催化干气中含有较多的惰性气体及氢气，产氢率较低，同样的产氢量，使用催化干气作原料时较使用焦化干气作原料时进入 PSA 系统多，造成系统差压大。为避免系统压力超设计值，只能降低 PSA 系统吸附压力，不利于工业氢的提纯，也限制了装置的处理能力。

(2)优化石脑油资源，增产低成本氢气

选择原油品种应充分考虑石脑油的收率和品质，体现石脑油“宜烯则烯，宜芳则芳”的原则，不同品质的原油分储、分炼。在原油加工方面，根据原油直馏石脑油烷烃含量，及时调整石脑油生产方案。在确定主原则后，根据不同原油品种及时调整石脑油调和方案，在优化重整装置原料的同时，也优化了乙烯原料[137]。

1)重整装置高负荷高苛刻度运行，增产廉价氢气。

重整氢气是重整装置的副产品，因此重整是石化行业中大规模产氢工艺中最经济的产氢装置之一。催化重整主要反应是环烷烃脱氢生成芳烃，在生成高附加值的芳烃产品同时，副产大量纯度约92%的氢气，可再通过费用较低的变压吸附工序即可得到高纯度的氢气。

日常生产运行中，可通过实施重整四合一加热炉火嘴改造、更换高活性低积炭重整催化剂、提高装置负荷和反应苛刻度等措施，增产廉价氢气，降低炼油厂用氢成本。

2)优化乙烯原料，增加乙烯装置副产氢气。

乙烯装置提供廉价氢气是炼化一体化企业的核心竞争力之一。优化全厂石脑油资源、轻烃资源，提升蒸汽裂解制乙烯的原料品质，增加原料中富乙烷气和液化气比例，既可增加乙烯装置的乙烯和丙烯收率，又可大幅提升廉价的副产氢气产量。

(3)区域氢气资源联合优化，降低氢气成本。

1)区域内炼化企业氢气资源集成。

在我国，根据加工流程与深度的不同，千万吨级的炼化企业对制氢量的需求在 $1.0\times10^5\sim3.0\times10^5$ Nm^3/h，主要采用的制氢方式为煤制氢与天然气制氢。作为独立的公用工程装置，在多数千万吨级的炼化企业，一般同时建有煤制氢与天然气制氢装置，而在经济发达的地区，又建有多个炼化企业。如果使同一地区内、不同企业间的制氢装置协同生产，实现氢气资源的优化供应，则能达到资源利用效率与经济性最优化的目的，同时也符合区域产业协同发展的趋势[138]。

2)外购化工园区氢源，减少炼油厂生产运行成本。

炼油厂周边化工园区若有煤制氢、钢厂焦炉煤气提纯氢等，可以考虑园区资源优化利用，购买其他企业的氢气副产品，进而减少炼油厂产氢成本。

2. 用氢单元优化

(1)不同品质氢气梯级利用

根据加氢装置对氢气纯度要求不同和管网流程设置，梯级利用氢气资源，不仅能实现物尽其用，减少废氢排放，而且还能降低生产成本[139]，如表4-3-11所示。PSA氢气纯度达到98%以上，供加氢裂化、柴油加氢等装置，有利于提高反应氢分压，避免惰性气体在系统中累积，减少废氢排放。乙烯氢纯度约为95.5%，但甲烷含量高达4.3%，易在反应系统累积，优先供应对氢纯度要求较低的歧化、焦化气体加氢等装置，充分利用乙烯氢的能级，还可停运歧化装置新氢机，达到节能降耗的效果。膜分离氢气纯度约94%，供应对氢纯度要求较低的加氢精制、煤油加氢等装置，避免膜分离产品氢进入加氢裂化。聚丙烯、聚乙烯装置对氢气纯度、一氧化碳、水等杂质含量要求较高，全厂氢源中仅乙烯氢、PSA氢能满足其使用要求。

表 4－3－11 按纯度利用氢气分配

装置	改进前氢源	改进后氢源
加氢裂化	膜氢、PSA 氢	PSA 氢、煤焦制氢
加氢精制	膜氢、重油制氢	膜氢
歧化	PSA 氢	乙烯氢
焦化气体加氢	重油制氢	乙烯氢
柴油、蜡油加氢	2/3 乙烯氢、1/3 PSA 氢	1/5 乙烯氢、4/5 PSA 氢

(2)加氢装置废氢排放优化

新氢纯度对循环氢纯度的影响很大，当加氢装置新氢纯度提高 2%，循环氢纯度增加约 3.5%；降低冷高分温度后，由于氢气在油中的溶解度减小，气态烃在油中的溶解度增大，使平衡状态下气体组分中氢气含量增多，气态烃减少，即提高了循环氢纯度，冷高分温度每降低 5℃，循环氢纯度增加约 1%；当冷高分温度有冷却余量时，热高分温度每提高 40℃，循环氢纯度增加约 0.5%。经降低冷高分温度、提高热高分温度，增强冷高分油对甲烷等组分的溶解度，提高循环氢纯度。通过氢气网络在线监控系统，实时关注加氢装置废氢排放阀开度，根据循环氢纯度及时调整废氢排放，降低加氢装置氢耗。废氢排放优化前后对比如表 4－3－12 所示。

表 4－3－12 废氢排放优化前后对比

工况参数		Ⅳ加氢	Ⅴ加氢	Ⅶ加氢
冷高分温度/℃	优化前	39.0	38.5	47.5
	优化后	33.0	33.0	32.5
热高分温度/℃	优化前	215.0	223.0	205.5
	优化后	228	238	210
循环氢纯度/%(体)	优化前	85.2	82.5	85.2
	优化后	85.3	82.5	85.2
废氢阀开度/%	优化前	10～28	20～30	28～33
	优化后	0～3	0～5	17～21

(3)氢气梯级利用

根据不同的加氢工艺对氢气质量的要求不同，可以将某些加氢装置排放氢送至氢气品质要求低的下游用户。例如，加氢处理装置的循环氢纯度要求在 95% 左右，而加氢脱酸装置氢气纯度仅要求不小于 85% 即能满足生产工艺的需要。因此，加氢处理装置的循环氢可以直接排到加氢脱酸装置，作为新氢使用。这样，既节约了加氢处理装置循环氢的回收成本和加氢脱酸装置新氢压缩机的运行成本，又简化了工艺流程，可谓一举多得[94]。

3. 氢回收单元优化

(1)氢气－轻烃集成优化回收

目前，炼油厂加氢装置的低分气、排放氢等物流一般已通过氢气回收装置进行回收利用，但是对于加氢装置干气、催化装置干气、气柜气等这类氢含量浓度相对较低的物流，仍排放至瓦斯系统作为燃料。

以东北某炼油厂为例[140]，该企业一年产生近33.3kt净化瓦斯气，其中H_2摩尔分数约为54%（质量分数为7.03%），轻烃摩尔分数约为10%（质量分数为34.09%）。通过膜分离与吸收耦合的新工艺回收瓦斯气中的氢气和轻烃，充分发挥两种工艺的优势，以较小的投资同时回收氢气和轻烃，取得较好经济效益。

膜分离与吸收耦合分离回收氢气和轻烃工艺的原则流程如图4-3-12所示。

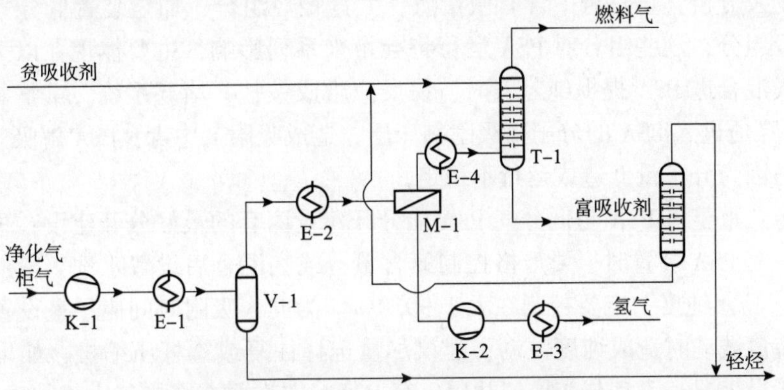

图4-3-12　膜分离与吸收耦合分离回收氢气和轻烃工艺的原则流程

K-1、K-2—压缩机；E-1—冷凝器；V-1—气液分离罐；E-2—预热器；M-1—膜分离单元；E-3、E-4—冷却器；T-1—吸收器

J公司[141]基础工况排往燃料气系统的纯氢量为35910m³/h，其中，催焦干气中纯氢量约18891m³/h，耗氢装置外排和PSA解吸气17019m³/h。总计排放纯氢15870m³/h，排放C_{3^+}轻烃量为15.5t/h，其中，PSA解吸气中的纯氢量和轻烃含量都较高。通过对现有系统进行分析，在尽量利用现有回收设施的前提下，通过新建一套轻烃回收装置，并与现有系统进行有效集成，可实现对气体中的氢气和轻烃做最大程度的回收，如图4-3-13所示。

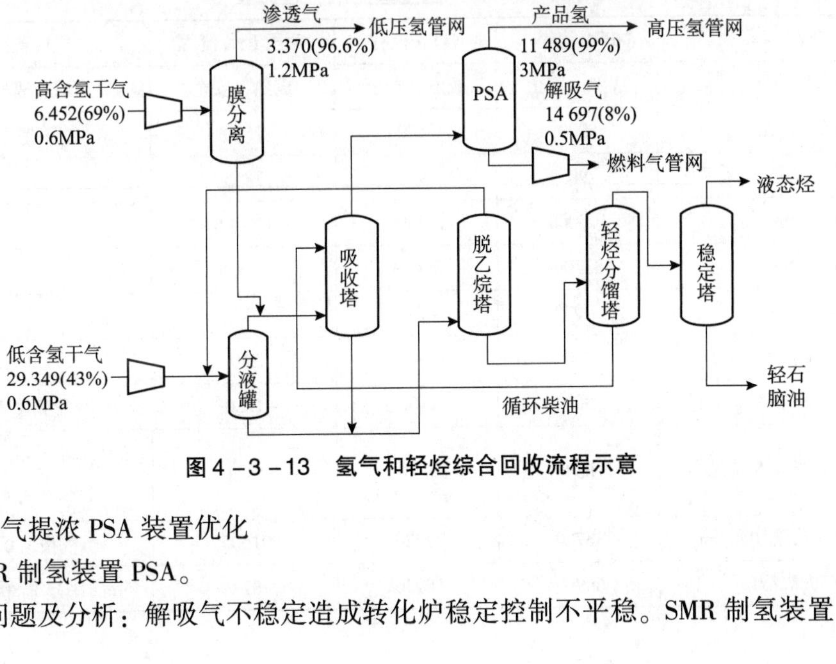

图4-3-13　氢气和轻烃综合回收流程示意

(2)氢气提浓PSA装置优化

1)SMR制氢装置PSA。

常见问题及分析：解吸气不稳定造成转化炉稳定控制不平稳。SMR制氢装置PSA解吸

气压力低，常规流程是送至SMR转化炉燃烧器作为燃料。与其他类型加热炉燃烧器不同，SMR转化炉燃烧器对燃料气稳定性要求更高，若SMR制氢装置PSA解吸气不稳定，则易造成转化炉燃烧器脱火等事故发生。

优化措施：流程设计中应注意将逆放气设计为连续逆放，减少波动源；解吸气设计成容积足够的缓冲罐和多级压力、流量自动调节系统；操作时应尽量将解吸气调节系统设为自动。

2)重整氢 & 低分气 PSA。

常见问题及分析：重整氢中含有微量氯、大量轻烃组分，加氢装置低分气中含有微量氨、大量轻烃组分，这些组分对PSA运行将会带来系列影响，主要体现在以下几方面，重整氢与低分气混合进PSA提提纯氢气时，易反应生成铵盐，堵塞系统；重整氢、低分气中的C_{2+}轻烃易穿透进入PSA的分子筛吸附剂床层，造成吸附剂中毒；PSA解吸气压缩机选用离心机时容易因为分子量低造成运行不稳定。

优化措施：重整氢PSA与低分气PSA能分开建设两套的最好分开建设；重整氢、低分气混合设计一套PSA装置时，要严格控制氯含量，或在混合后设置水洗工段；重整氢、低分气PSA的产品氢纯度一定要控制在大于99.8%。为此，吸附时间应尽量设置为自动调节模式，避免流量波动时造成纯度波动；建议尽量选择往复或螺杆压缩机，如果选离心机必须考虑低分子量工况；不宜与变换气共用一套PSA，实在要在变换气中增加重整氢原料时，混入量不能超过15%。

重整氢PSA解吸气中氢气含量(体积分数)一般40%~60%，有的企业直接将其排放至瓦斯系统作燃料，根据重整氢PSA解吸气利用流程区别，可将重整氢提纯流程分为以下几类，从表4-4-13可知，如果重整氢PSA装置的解吸气作为SMR制氢的原料，或者全厂氢气过剩，则重整氢可以采用PSA流程进行提纯；全厂氢气不足且没有SMR装置时，重整氢提纯流程建议采用VPSA或两段PSA流程；有炼油厂干气PSA氢回收装置的，重整氢提纯流程采用PSA流程，其解吸气送至炼油厂干气PSA进行回收。

表4-3-13　重整氢提浓流程比较

项目	PSA流程	VPSA流程	两段PSA流程	备注
技术成熟性	成熟、安全	成熟、安全	成熟、安全	均有成功经验
投资/万元	5000	5500	7500	含解吸气压缩机
氢气回收率/%	90	94	98.5	
处理量/(Nm^3/h)	100000	100000	100000	
产氢量/(Nm^3/h)	83700	87420	91605	
电耗/kW	~990	~1350	~2225	
冷却水耗/(t/h)	100	140	240	
占地/m^2	660	1100	1250	不含解吸气压缩机
每小时直接生产成本/(元/h)	634	866	1431	电价按0.6元计，冷却水价按0.4元/t计
每小时氢气效益/(元/h)	83700	87420	91605	氢气按1.0元/Nm^3
氢气年价值/万元	66960	69936	73284	年开工8000h计

3) POX 煤制氢 PSA。

常见问题及分析：POX 煤制氢 PSA 处理原料气流量大，氢气含量高，CO_2 含量变化大，日常运行中易出现程控阀故障概率大、吸附剂粉化、氢气收率低等问题。

优化措施：应选用高性能的高压程控阀；设计时应严格控制好均压速度，避免吸附剂流化导致的粉化；POX 煤制氢脱碳工段采用精脱碳工艺，以提高 PSA 氢气回收率；POX 煤制氢选择两段 PSA 工艺时，单位体积氢气生产成本最低。POX 煤制氢 PSA 提浓流程如表 4-3-14 所示。

表 4-3-14 POX 煤制氢 PSA 提浓流程

项目	甲烷化流程	一段 PSA 流程	二段 PSA 流程
氢气产量(折纯量)/(Nm^3/h)	140000	140000	140000
氢气纯度/%	97.1553	99.95	99.95
氢气回收率/%	93.68	94	99.4
原料气消耗/(Nm^3/h)	153560	153005	144693
投资/万元	约 2500	约 4000	约 6500
电耗/kW	~200	~5	~1990
冷却水耗/(t/h)	~200	~1	~200
每年催化剂、吸附剂消耗费用/万元	~220	0	0
每小时氢气成本(原料气按 1 元/Nm^3 计)/元	154301.3	153008.0	146759.8
每标方氢气(折纯)成本/(元/Nm^3)	1.134	1.094	1.049

4) 低压炼油厂干气 PSA。

炼油厂低压干气特点是，氢气含量低，原料气压力低，杂质组分复杂。炼油厂低压干气通过 PSA 进行氢气提浓，直接成本是 0.2~0.4 元/Nm^3，考虑氢气燃烧价值时，成本为 0.8~1.2 元。通常来说，干气中氢气含量大于 40% 以上时，该含氢物流就具有回收价值。炼油厂典型低压干气组成如表 4-3-15 所示。

表 4-3-15 炼油厂典型低压干气组成

名称	流量/(Nm^3/h)	压力/MPa	组成/%(体)							
			N_2	H_2	CH_4	C_2	C_3	≥C_4	H_2S(μL/L)	其他
混合干气	6000	0.65	12.7	41.68	25.01	15.36	1.75	0.29	3	3.26
烃尾气	18000	0.55	19.8	37.61	25.14	14.18	0.39	0.04	0	2.81
气柜干气	3300	0.6	17.1	41.42	5.53	9.92	2.83	5.1	25	18.1
异构化尾氢	1183	0.5		84.67	5.97	2.76	4.53	2.07	0	
乙苯脱氢尾气	2430	0.06	6.74	88.56	0.49	0.22	0.02			3.97
合计	30913		16.35	44.63	20.35	12.42	1.04	0.70	3.3	4.51

(3) 氢气提浓膜分离装置优化

1) 减少轻烃组分进入氢气膜分离装置。

氢气分离膜是有机膜，有机分子进入组件后易造成膜丝溶胀，影响氢气分离效果。部分炼油厂膜分离装置未投用自动控制系统，操作人员常疏于或难以精细化管理，因而运行一段时间后，膜分离装置回收效率损失严重。

建议：加强原料分析管理，避免轻烃较多的气体进入膜分离装置；优化 PID 参数设定，平稳投用自动控制。在膜分离装置进口气液分离器内可安装液态烃分离效果更好的内构件，如旋流器、叶片式分离器等。例如某煤化工企业，在甲醇分离器内原丝网除沫器的基础上增设了叶片式分离器，使循环气中甲醇体积分数平均值由改造前的 0.59% 降至 0.39%，有效降低了弛放气中的甲醇含量。

2）膜分离产品氢利用注意事项。

目前的氢气膜分离装置不能实现 CO、CO_2的脱除，因而含有上述两种组分的原料经过膜分离装置后，不宜直接送至加氢装置作为补充氢，例如催化干气经过多级膜分离装置提纯。

加氢装置低分气含有微量氨，氢气膜分离装置不能有效脱除，因而这类气体的膜产品氢不宜与重整氢混合进装置使用。

4. 氢气系统集成优化

（1）基于氢夹点理念的系统集成优化

氢气网络优化的目标是提高氢气利用率，同时减少公用工程消耗，夹点技术的应用为氢气网络优化提供了重要的理论和实践基础。

某公司[142]现有氢气氢源和氢阱数据见表 4－3－16，氢气网络图见图 4－3－14。从图 4－3－14 可以看出，该公司还有两股富含氢气 PSA 的驰放气没有利用，氢气网络存在优化的可能。根据全厂氢气网络数据进行氢气夹点计算，如图 4－3－15 所示，现有氢气网络夹点为 92.0%。

依据氢夹点理论，将现有的两股 PSA 驰放气应用夹点技术提高氢气的利用率，通过提纯夹点之下的氢气产出纯度高于夹点的氢气，把低品质存有余量的氢气（0.6Mt/a 重整装置 PSA 驰放气）输送至氢气网络，可以减少新氢供应。通过综合比较多种提纯驰放气的方案可知，利用膜分离方法进行提纯是最经济可行和安全可靠的。经过膜处理后，提纯氢气纯度为 92.1%，大于氢气网络夹点的 92%，可以直接供应至氢阱装置，同时渗余气可以进入至燃料气管网。

表 4－3－16　公司氢源氢阱数据表

氢源			氢阱		
装置名称	氢量（标准）/（m^3/h）	氢纯度/%（体）	装置名称	氢量（标准）/（m^3/h）	氢纯度/%（体）
制氢装置	33000	99.0	一套高压加氢	8000	98.0
连续重整装置 PSA	20000	96.0	二套高压加氢	8000	98.0
0.3Mt/a 重整 PSA	4000	96.0	1.2Mt/a 柴油加氢改质	20000	92.0
			0.9Mt/a 柴油加氢改质	9000	92.0
			0.45Mt/a 汽油加氢	5000	92.0
			0.4Mt/a 催化汽油加氢	2000	95.0
			其他装置	5000	92.0
合计	57000		合计	57000	

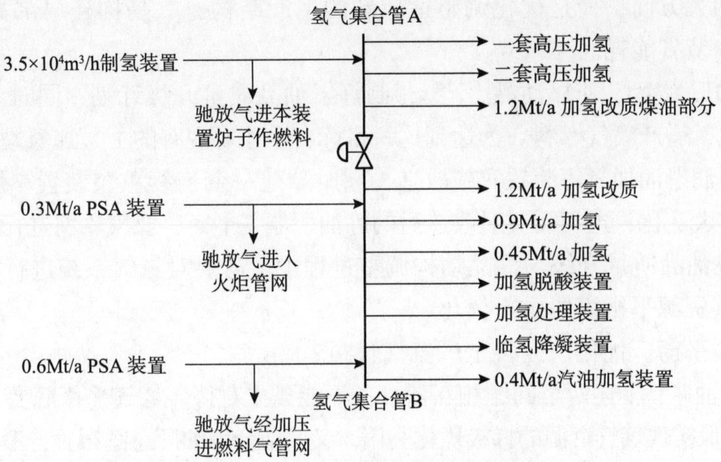

图4-3-14 公司现有氢气网络图

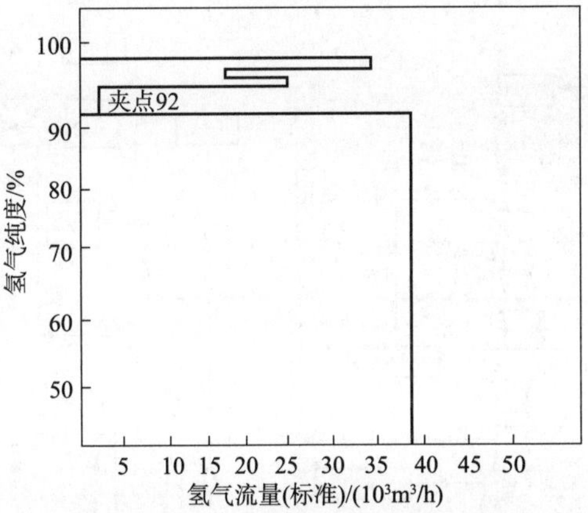

图4-3-15 公司氢气夹点计算图

(2)集成计划优化模型的炼油厂氢气网络优化

采用氢气夹点分析方法，得到炼油厂氢气流股基本分配方案，然后与计划优化模型联合进行优化，确定优化的氢气管网方案，并对方案的经济技术指标进行分析，评价方案的有效性[143]。以国内某炼油厂为例，采用上述方案对氢气系统进行优化。结果表明：采用夹点分析技术可以使氢气纯度满足炼油厂加工工艺要求，结合计划优化模型可以有效地根据炼油厂生产状况优化氢气网络结构，达到节氢及优化炼油厂原油加工方案的目的；氢气系统优化后可节约氢气 16.6%，并可加工劣质原油、降低原油采购成本，提高炼油厂经济效益。

采用夹点分析与炼油厂计划优化模型相结合，利用夹点分析所得出的节氢量变化曲线、氢源变化曲线与计划优化模型绘制的利润曲线，分析加氢装置氢气的最优纯度。通过以 5 个月为周期实例计算，分析节氢量、氢源曲线与利润曲线的关系，可确定加氢装置最优氢气质量分数为 0.28，日节氢量为 46.3t，利润为 15988 万元。此方法[144]在保证装置平稳运行的情况下，可优化单装置氢气质量分数，节氢量与炼油厂利润达到最优。

(3)氢气管网优化提升

为适应炼油厂扩能改造、转型发展及节能降耗，有必要对炼油厂氢气管网进行系统优化，主要包括两大方向，一是优化调整适应新的生产结构，二是构建局部高压氢管网，整合压缩机资源，节省能耗。

国内某炼油厂为生产国Ⅴ油品[145,146]，制订了油品质量升级计划，同时考虑油品结构调整，降低柴汽比，增产喷气燃料。为达到这一目标，企业对现有的1号加氢裂化、2号加氢裂化、柴油加氢、润滑油加氢等装置实施改造，同时新建一套连续重整装置。炼油厂产氢、耗氢装置发生了重大变化，迫切需要对改造后的炼油厂氢气平衡、氢气管网进行系统优化。

该炼油厂在油品质量升级与油品结构调整过程中，需要对氢气系统进行：

1)全厂氢气资源平衡需要重新优化。

2)根据氢气平衡，优化、完善全厂氢气管网。

对于现有炼油厂，上述两个问题相互依存，不能孤立对待。氢气平衡既要采用氢夹点技术进行优化，以确保实现氢气资源的梯级优化利用，又要结合炼油厂总图布置，考虑管网压力、区域加氢装置氢气消耗特点等因素，充分依托现有氢气管网，尽量节约工程投资，实现氢气系统、氢气资源在现有技术、经济条件下的合理优化。氢气管网改造示意图如图4-3-16所示。

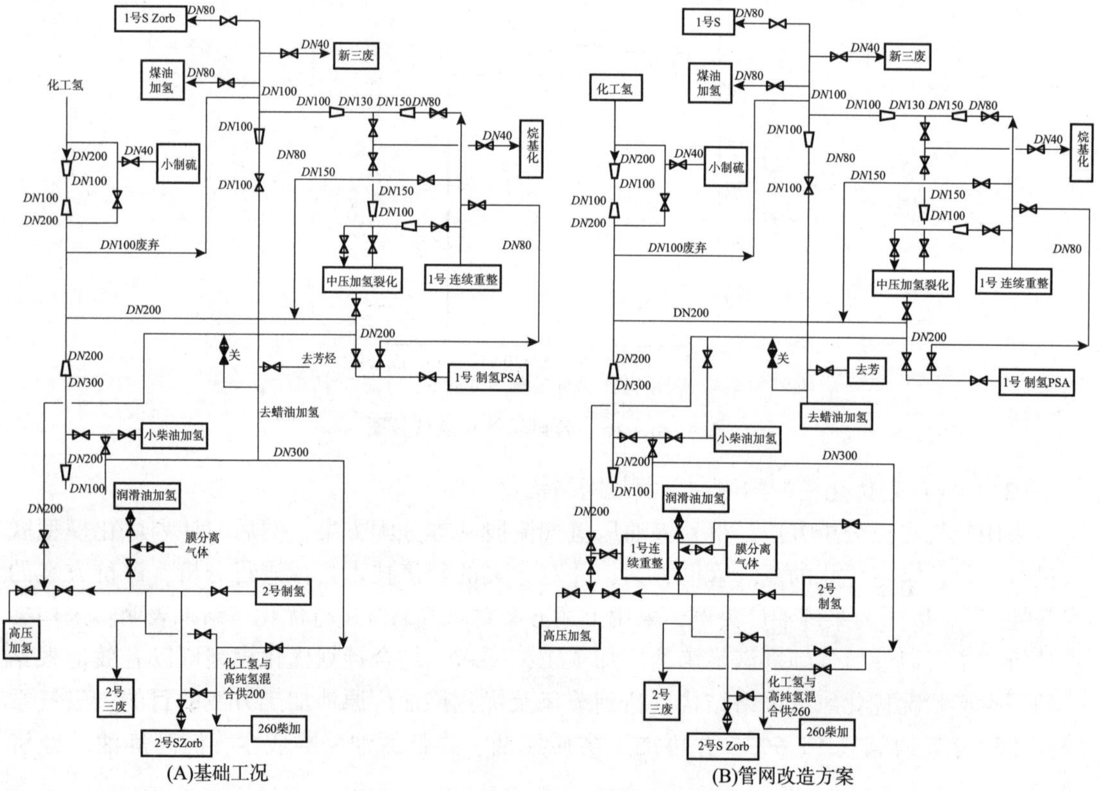

图4-3-16　氢气管网改造示意图

氢气作为决定加氢装置产品质量的重要原料，是炼油厂产品升级换代的关键，但用氢成本过高是影响该公司炼油板块经济效益提升的一个重要因素，因此，合理利用氢气资源，降低用氢成本，是生产经营活动的长期方向[147]。2号、3号和4号加氢三套装置系统压力均为7.2MPa，装置地理位置相对集中，为邻近装置；装置所用新氢氢源基本相同，为重整氢+制氢氢(4号加氢装置另有一路膜氢)；装置均配备两台新氢增压机，正常生产时一开一备，根据装置实际运行情况，每套装置的新氢增压机均有一定的富余量，长期靠调节增压机出口返回量控制反应的耗氢量，造成一定的电能浪费。由于三套装置氢源基本相同、系统压力相同和增压机有余量，并同属一个作业部管理，据此提出新建 8.0MPa 氢网设想，如图 4－3－17 所示。

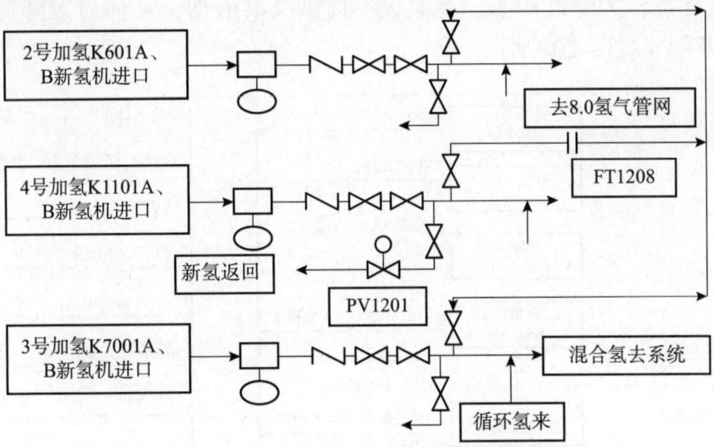

图 4－3－17　8.0MPa 氢网流程示意图

该优化改造投资金额为 150 万元，改造后，管网长期投用，停开 2 号加氢新氢压缩机，该新氢机功率 1500kW 计算，每天可以节电 3.6×10^4kW·h，按内部核算价 0.35 元/(kW·h)计算，每年可以节约电费 459.9 万元。

5. 氢气在线管理系统

当前炼油厂对氢气系统的管理多以离线优化为主，即站在当前时间节点下对当前工况进行优化，对未来一段时间的氢气运行工况进行大致预测，优化缺乏连续性和即时性。同时，炼油厂在氢气资源管理上还存在以下问题：针对氢气系统无可视化监测工具，很难快速掌握氢气系统的运行动态；缺乏专门的决策系统来支撑氢气系统的优化工作。

采用数学规划法并结合某炼油厂基础和现状，借用信息化手段，通过氢气系统建模开发了一套氢气系统在线监测和优化系统[148]。监控平台界面如图 4－3－18 所示，包括在线监测、用氢平衡、性能分析、在线优化等核心功能模块，可实现全厂氢气管网、产耗氢装置、提纯装置等的实时监测，实时分析和计算氢气产耗装置的运行成本，并针对多种工况条件提出相应的运行优化措施和建议。

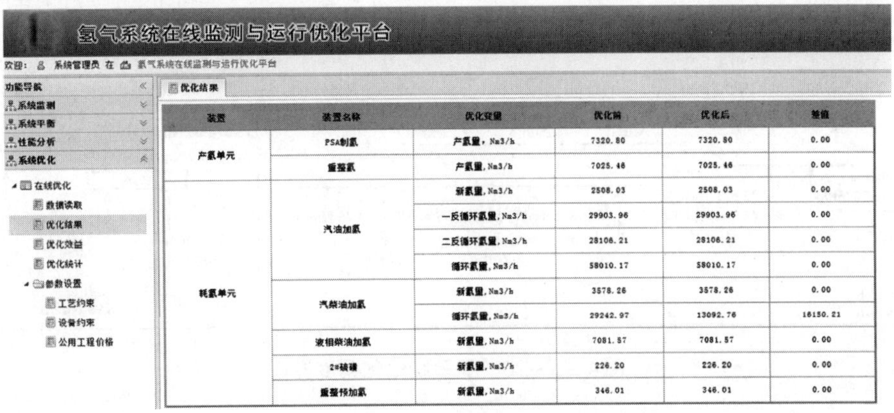

图 4－3－18　氢气在线系统

某公司[149]不断推进信息化和工业化深度融合，开发建设氢气平衡与优化系统，对氢气生产、输送及消耗过程进行全面管控。通过集成原料成本、辅助消耗等数据，实现在线计算出产氢、耗氢成本，结合氢夹点理论分析开展供用网络优化，以用氢成本最低为目标给出实时优化调度方案，为降低产氢、耗氢成本提供决策依据，从而有效降低氢气运行成本，如图 4 –3 –19 及图 4 –3 –20 所示。

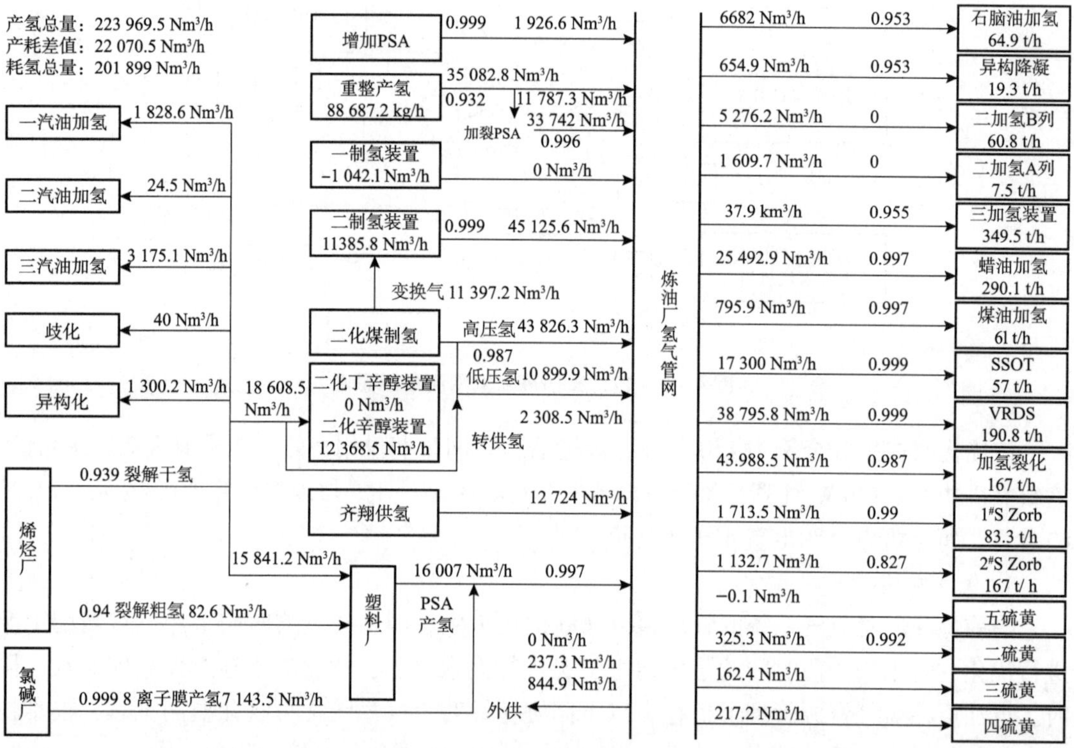

图 4 –3 –19　氢气产耗平衡监控

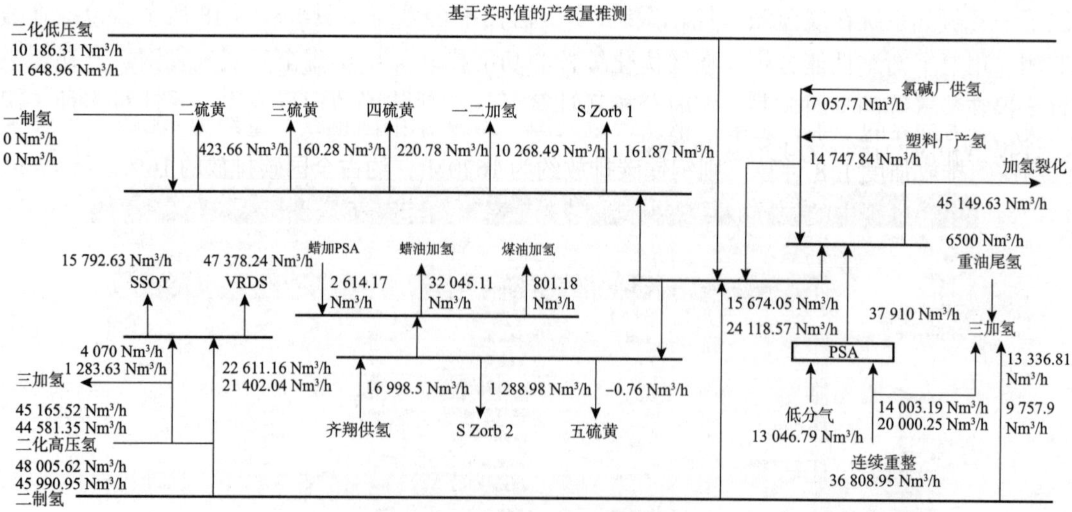

图 4 –3 –20　氢系统优化调度界面

第三节　炼油厂绿氢应用

一、绿氢发展趋势

可再生能源制氢被称作绿氢。发展氢能实现能源的“去碳化”，通过无碳能源生产“绿色的氢”，整个氢能链条才属于清洁技术。

可再生能源制氢，也是解决可再生能源发展瓶颈的重要方向，通过氢储能的开发，可以有效消纳间歇性和不稳定性的太阳能和风能发电，与此同时，可再生能源也为氢能制备提供了充足的能量来源。

我国可再生能源资源开发潜力巨大。近年来，由于政策的不断发力和技术的快速提升，我国风电、光伏发电等新型电力发展迅速，正在成为世界可再生能源新的“动力站”。随着我国可再生能源在能源消费中占比的不断提升，氢能的发展潜力也将日益凸显。

预计下一个十年，中国将迎来光伏与风电大规模建设高峰，到2050年，风能和太阳能将成为我国能源系统的绝对主力。由于可再生能源成本的不断下降，具有价格竞争力的“绿氢时代”也将随之到来[150]。

二、“工业+绿氢”生产示范

石化工业和钢铁工业是氢气最大的应用领域，现在是，未来也是。绿氢促进工业脱碳意义重大，效果也将更加明显。随着我国光伏发电和风力发电成本不断下降，西北绿电发电成本已低于0.2元/(kW·h)，初步具备提供工业绿氢的经济性。西北地区落实“碳减排、碳中和”使命，率先开展“绿氢+煤化工”示范具有积极意义。当前已有煤化工项目以绿氢作为原料开展示范应用、降低二氧化碳排放，还有绿氢制合成氨、绿氢制甲醇等也在开展工业试验。预计未来10年，上述技术示范将获得突破[151]。

(一)绿氢冶金

据国际钢铁协会估计，每生产1t钢坯会导致平均1.8t的CO_2排放，2019年全球钢铁产量达到1869Mt，意味着钢铁行业的碳排放达到3364Mt，占比全球碳排放约为6.1%。中国钢铁产量为世界的一半，是第一钢铁产量大国，2019年中国钢铁产量约为900Mt，按照单位钢铁碳排放强度1.8计算，则钢铁碳排放约为1620Mt，约占全国碳排放的16%。

钢铁生产过程中的碳排放主要来自3个过程：一是将铁矿石还原成铁；二是生铁进一步脱碳生成粗钢；三是粗钢成型做成不同钢材；其中还原过程产生了占整个炼钢过程高达90%的碳排放量，因此降低还原过程的碳排放对钢铁行业的低碳发展至关重要。

基于氢气的直接还原技术是用氢替换碳作为炼铁还原剂，使炼铁工序中产生水，而不是二氧化碳，从而大幅减少温室气体排放，被视为钢铁工业的绿色生产方法。氢还原炼铁法有以下的4项核心技术：①氢气增幅技术。通过焦炉煤气(COG)改质，提高COG中氢含量，使其达到高炉氢还原要求。②实际操作中的全新技术开发。氢气吹入技术、炉内化学反应最佳化技术、难还原矿及低品位矿石还原技术、焦炭\烧结矿\炉渣品质设计技术等等实际操作中需要的全新技术开发非常重要。③超耐热\超耐腐蚀原材料开发。需要先行开发可以储藏高温、高压氢气和在900℃以上高温下的超耐腐蚀高温材料。④利用氢气的直接还原铁(DRI)生产技术。开发利用氢气，将铁矿石在固体状态下直接还原成DRI的生产技术，从而使用DRI替代在电炉中使用的高级废钢。

目前欧洲有3个项目是基于氢能炼钢的，即HY-BRIT、SALCOS和H_2 Future/Susteel，前两个项目主要是基于目前现有的还原技术，而最后一个是要利用等离子熔融还原技术。这些技术均不需要再利用碳捕集与封存(CCS)、碳捕集与利用(CCUS)等技术。根据目前全球现有的技术实践项目来看，预计2030年之前不会有大规模的商业推广潜力。而2019年底德国蒂森克虏伯公司宣布已经通过一个风口将氢气注入到该厂的一个高炉中，是全球首次在商业运行的生产现场开展试验，标志钢铁行业低碳转型发展新阶段的到来[152]。

据公开资料显示，2019年，河钢集团与意大利特诺恩集团(Tenova)签署谅解备忘录，并与中冶京诚共同研发、建设全球首例1.2Mt规模的氢冶金示范工程；2020年，中国钢研科技集团与京华日钢控股集团共同签署《年产0.50kt氢冶金及高端钢材制造项目合作协议》，标志着开展具有中国自主知识产权的首套年产0.5kt氢冶金及高端钢材制造项目建设的启动。此外，中核集团与清华大学、宝武集团等国内主要相关单位开展核能制氢与氢能冶金结合的前期合作，多位专家认为，核能制氢与氢能冶金已经具备基础条件[153]，预计未来钢铁行业将联合核能制氢开展行业融合示范。

(二)绿氢煤化工

当前中国面临煤炭消费压减和CO_2减排的巨大压力，这对煤化工产业的发展带来新的挑战，迫使传统煤化工产业转型升级，在确保煤炭资源高效、清洁利用的基础上走低碳化、集约化发展的道路。而将氢能产业与煤化工产业融合发展，构建绿氢煤化工产业，则是实现上述发展目标的有力措施。绿氢煤化工是指利用绿氢(可再生能源制氢)代替灰氢(煤炭制氢)作为原料，从而大幅度减少能源产品(如甲醇[154]、二甲醚)生产过程中的CO_2排放和煤炭用量，实现煤炭资源高效、清洁利用的新型化工产业。

煤基甲醇及下游MTO产业是我国化工材料产业中可以自给自足的部分，但是有碳排放高的特点，CO_2排放在约10.5t/t烯烃。按MTO聚烯烃产量15Mt计算，每年CO_2排放在约160Mt。国内大型煤化工MTO一般采用干粉气流床，出口气中氢碳比($H_2/(CO+CO_2)$)在0.3~0.4，需要通过水煤气变换单元调节氢碳比至约2.1，才能满足甲醇合成单元进料要求。

研究发现，在不改变煤气化气头产能的前提下，通过在甲醇合成单元入口气中注入绿氢，降低水煤气变换单元负荷，直至完全取代变换单元，可起到减少变换单元入口气、降低碳排放，以及提高甲醇产量的作用。绿氢应用于煤基MTO可增产烯烃，并直接减少了低温甲醇洗的CO_2排放。如煤气化规模维持不变，绿氢加入可使烯烃产能最大提升至原产能的2.5倍，终端聚烯烃产品的碳排放降低至3.4tCO_2/t聚烯烃。

2020年4月17日，宝丰能源正式开工建设太阳能电解水制氢储能及综合应用示范项目[155]。该项目计划总投资14亿元，氢气产量将达$2\times10^4 Nm^3/h$，同时配套建设光伏电站及下游加氢站(第一期已经投产)。该项目是中国煤制烯烃行业首个引入绿氢的项目，将实现制氢与现代煤化工有效整合，综合实现降本增效和节能减排。宝丰能源电解水制氢项目预计每年可减少煤炭消耗254kt、减少CO_2排放445kt。该示范项目顺应国际、国内能源市场的发展趋势，推动煤炭资源的综合利用，促进现代煤化工行业与新能源的融合发展。

中国石化内蒙古鄂尔多斯绿电制氢项目[156]，总投资约26亿元，规划年制氢产能20kt，主要包括两部分，分别为电解水制氢工程和新能源发电工程。其中，鄂尔多斯10kt/a绿电制氢项目为该项目一期工程，将配套建设270MW光伏发电和50MW风力发电工程。且制氢储氢项目将在鄂尔多斯乌审旗图克镇图克工业园内建设制氢厂1座，设计制氢产能20kt/a。所制绿氢供中天合创煤化工项目使用，该项目是电力源网荷储一体化和多能互补项目，有利于中天合创降碳减排，提高生产效率。

(三)绿氢炼化

积极利用绿氢，是实现炼油化工领域碳减排及碳中和的有效途径。绿氢炼化，顾名思义，就是利用可再生能源制氢替代炼化企业化石能源制氢，进一步替代炼化企业高温加热用燃料，再进一步作为炼化原料生产合成燃料和合成材料，最终实现企业净零排放的炼化。图4-3-21是绿氢炼化的实施路径。

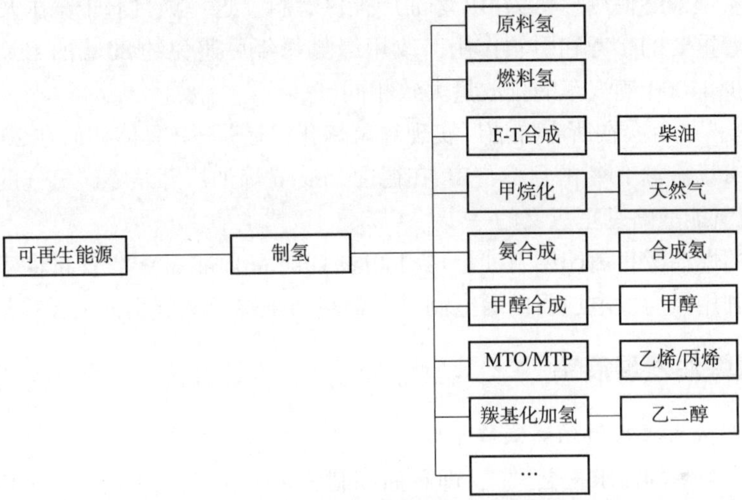

图4-3-21　绿氢炼化的实施路径

(1)国内示范项目

在我国西北地区，利用风、光资源丰富等优势，可以集中布局风电、光伏产业，绿电制氢，通过管道供应当地炼化企业；在沿海地区，可以利用大型海上风电、弃核电等制氢，供应附近炼化基地。

中国石化新星公司在新疆库车建设光伏制造绿氢项目，该项目规划建设1000MW光伏发电(一期建设装机容量300MW，远期规划容量700MW)，配套建设年产20kt绿电制氢厂，绿氢供附近的炼化企业使用，项目建成后将成为全球最大的绿氢生产项目[157]。项目采用光伏发电、电解水制氢，将太阳能、电能、氢能有机结合，实现光、电、氢系统多能互补，探索能源发展的新路径，有利于提高新疆地区能源资源综合利用效率。以制氢等新技术为突破口，推动新能源发电的可控性和可预测性，同时推动新疆地区绿氢能源的发展，带动氢能交通、氢能冶金、电热气三联供、天然气掺氢等领域发展，加快新疆能源、新材料产业创新发展步伐，增强地区能源利用效率和能源低碳化。

海上风电资源开发利用项目附近的炼化企业可以统筹成本和效益，充分利用风电资源，宜电则电、宜氢则氢，近期以绿电代替企业外购电为主，远期根据海上风电制氢技术发展，绿电制氢供炼化企业。

(2)国外示范项目

英国政府表示[158]，Orsted 的 1.4GW Hornsea 2 海上风电场将与 Gigastack 项目连接生产绿色氢气，为英格兰东北部的一家石油和天然气精炼油厂提供动力，该风电场计划于 2022 年建成投产，成为世界上最大的海上风电场。

2020 年 11 月 10 日[159]，BP 官网发布信息表示，BP 与丹麦可再生能源集团 Orsted 开展合作，将在 BP 位于德国西北部的 Lingen 炼油厂开发零碳氢气。Orsted 是当前全球最大的海上风电开发商，该项目现处于初期阶段，初步的目标是建造一个 50MW 的电解槽，利用北海的海上风电，通过电解水来生产绿色氢气，以替代该工厂 20% 的天然气制氢产能。该项目预计于 2024 年正式生产。此外，该项目后期电解槽产能可能扩大至 500MW，从而以取代 Lingen 炼油厂所有的化石燃料制氢产能。BP 首席执行官 Bernard Looney 表示："达到净零是可能的，我们希望最终使用绿氢为 BP 炼油厂提供燃料。这一项目对于德国及其他地区的氢能经济发展有着重要的参考和引领作用，改用绿氢每年可避免约 80kt 的 CO_2 当量排放，这与德国每年减少 45000 辆汽车的排放量大致相同。"

不管 BP 未来是否会在所有炼油厂实现绿氢炼化，还是 BP 具体如何在 2030 年完成其氢能业务在核心市场份额 10% 的目标，BP 在德国 Lingen 炼油厂开发零碳氢气的项目，代表着 BP 走出了实现氢能战略真正意义的一步。

印度最大的燃油零售商印度石油公司(Indian Oil Corporation)[160]宣布将建造印度第一座绿色制氢厂，利用风力发电项目的绿电制氢，最终将把绿色氢气引入马图拉炼油厂。

三、绿氢炼油发展展望

(一)炼油厂是大规模消纳绿氢的平台

绿氢有 7 个关键的需求机会[161]，即石油炼制、化肥制造、钢铁生产、甲醇生产、天然气掺氢、重型长途运输和季节性能源储存，但是：

①化肥和甲醇生产，将需要额外的投资来引进必要的化学物质(如二氧化碳)，才能与绿氢反应生成目的产品。

②绿氢用于天然气混合和运输等应用时，除了支付昂贵的绿氢成本外，还需要大量额外的基础设施投资。

③尽管钢铁行业前景看好，但它需要向(Direct Reduced Iron，DRI)直接还原铁技术过渡，才能开始大规模使用绿氢。

石油炼制提供了可靠的氢气需求，由于全球各地更严格的硫管制，这种需求在短期内肯定会扩大。印度等国家预计将显著扩大其炼油能力，为基于绿氢的炼油厂设计提供机会，更重要的是，氢虽然只占最终精炼产品成本的不到 5%，但制氢却贡献了全厂碳排放的 30%。

在炼油厂使用 20% 的绿氢只会增加最终产品成本的 1% ~ 5%，这可以通过符合 ESG(Environment，Social and Governance)利益和潜在的碳信用机会抵消。因此，对于大多数主要经济体，如美国、欧盟、印度和中国，炼油厂是一个低成本的平台，为大规模采用绿氢提供了一个成本最低的途径。

(二)绿氢资源跨区域优化调度，支撑绿氢炼化发展

1."一纵一横"两大潜在绿氢经济带

根据相关研究院的研究[162]，目前，国内风电和光伏呈现"一纵一横"的发展格局。东

西横向风光兼备，由西北地区和华北地区构成，涵盖新疆、甘肃、内蒙古、山西和河北等地；南北纵向以光伏为主，由华北、华东和华中组成，即内蒙古、山西、河北、河南、山东、安徽、江苏和浙江。

基于此格局，我国可构建"一纵一横"两大绿氢经济带，内蒙古、山西和河北构成的三角区处于两大绿氢经济带的汇集地，相信这一三角区将成为绿氢重镇，可在满足自身需求的基础上，通过氢管网、低温液态储氢、有机液体储氢等多种氢气储运方式辐射周边地区。

2. 海上风电势头火热，可再生能源制氢又将新添一途径

2019 年，我国陆上风电装机量占总体比重为 97.14%，但是，海上风电呈现出良好的发展势头。根据全球风能理事会(GWEC)发布的《2019 年全球海上风能报告》，2019 年，中国海上风电新增装机量占全球的 40%，达到创纪录的 2.4GW，同比增长了近 51%，超越了英国(1.8GW)和德国(1.1GW)，位居世界第一。

据中国可再生能源学会风能专业委员会(CWEA)统计，截至 2020 年 6 月底，中国在建海上风电项目约 11GW，此外，广东、福建、浙江已将总规模达 14GW 的海上风电项目列为了省重点建设项目。此外，国内能源巨头中海油集团已开始提前布局海上风电制氢项目，于 2020 年 7 月和德国气体企业巨头林德集团签署战略合作协议。

(三)绿氢对炼油厂的重要作用

1. 助力炼油厂脱碳减排

炼油行业加工过程的二氧化碳排放占全国总量的 5% 左右[163]。在"双碳"目标下，绿氢炼化是炼化业务达成碳达峰碳中和目标的战略抓手，是实现炼化业务与新能源一体化协同发展的重要途径。

(1)绿氢参与炼油厂脱碳的必要性

目前氢能产业存在的主要问题有[164]：绿氢在整个氢产业链中占比较少(仅为 4% 左右)；绿氢成本较高，其受制于电解水制氢高昂的投资和电价。尽管氢气的发展存在各种各样的问题，但是各国仍努力发展绿氢产业，以求最终降低其成本，因为在实现碳中和目标以后仍有 30% 左右的能源用户无法通过电气化满足，比如冶金行业、炼油化工行业就无法完全通过电气化实现脱碳，除使用可再生能源外，还需通过氢能来实现脱碳。

炼油厂工业用热等领域较难实现电气化的场合，这些领域实现脱碳的另一个途径就是使用绿氢。例如，燃烧过程掺氢[165]可以在一定程度上减少工业燃烧过程碳排放，此外，结合氢气储能特性，绿氢可通过固体氧化物燃料电池技术进行热电联产，满足部分工业电力、热力的需求，甚至可以利用绿氢替代煤炭等提供高品位热能，实现深度脱碳。

(2)绿氢参与炼油厂脱碳的可行性分析

根据氢能产业发展阶段可以把氢能的发展过程大致分为 3 个阶段：初期阶段(灰氢阶段)、中期阶段(蓝氢阶段)和最终阶段(绿氢阶段)。最终阶段的氢气被称为绿氢阶段，此阶段氢气是通过可再生能源电解水获得。

目前新能源电解水制氢的发展瓶颈主要是电解水制氢设备成本和度电成本较高，如图 4-3-22所示。随着电解槽、电极、双极板成本的下降和新能源发电成本的降低，绿氢经济性将逐渐改善。

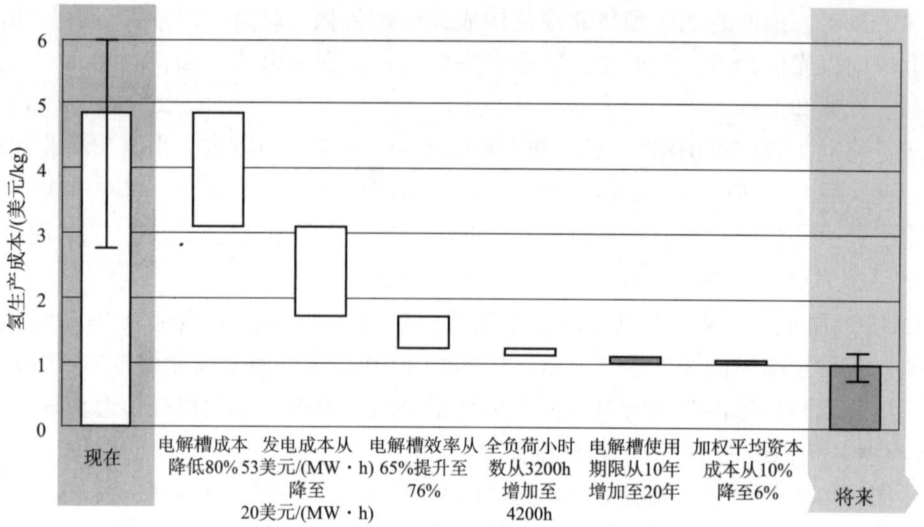

图4－3－22　绿氢竞争力的阶跃式变化图

2. “补氢”实现碳资源高效利用

如图4－3－23所示，传统石油公司的生产模式是将原油、天然气中C、H资源进行重构，产品主要包括：大部分的交通运输燃料、民用燃料、化学品、基础材料等。绿氢作为炼油厂补氢的一个重要应用是在催化剂作用下，脱除石油各馏分油中的硫、氮等杂质组分，使石油产品满足相应的质量要求。随着炼油结构转型及绿氢资源利用的普及，绿氢作为补氢，还可实现原油资源的更高效充分利用。

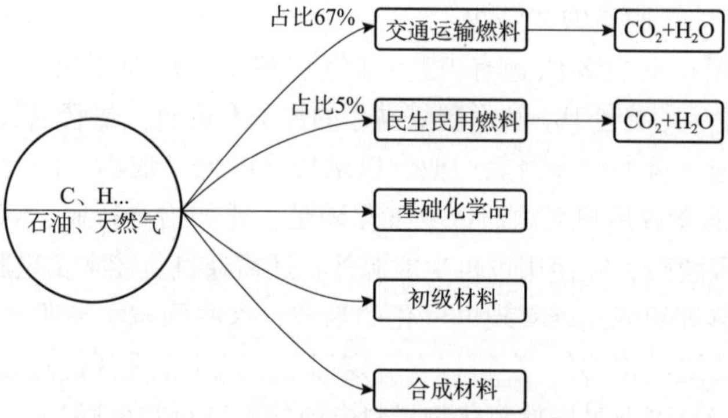

图4－3－23　传统石油公司生产模式

成品油需求未来几年将达峰，但化工品需求仍保持稳定增长。根据《中国能源化工产业发展报告》预计，国内乙烯、丙烯需求在“十四五”期间将保持5.7%和6.5%的年化增速。未来几年“油产化”将是国内炼化行业的主旋律，但实际过程中还存在一些结构性问题，将对炼油厂的长期竞争力造成很大影响。

化工型炼油厂相对燃油型炼油厂增加的装置主要就是石脑油裂解(生产三烯)和连续重整和芳烃联合(生产三苯)以及为了获得裂解和重整装置所需原料的适应性改造装置。根据现代石化“宜烯则烯、宜芳则芳”的原则，应当将轻石脑油用于裂解，重石脑油用于重整。由于原油一次加工无法获得足够的石脑油原料，所以需要对原料进行加氢处理，而其中氢气主要就来自连续重整装置。可以说理想情况下的“油产化”就是一个芳烃将氢交给烯烃的过程，芳烃装置规模越大，烯烃装置也越容易做大。反过来说，芳烃生产会限制烯烃生产，如果芳烃装置规模较小，要把烯烃装置规模做大就只能依靠一些经济性上不理想的手段。

以前国内芳烃限制烯烃的情况并没有发生，主要是由于整体产品结构中化工体量较小。但现在烯烃的相对规模越来越大，已经有多套15Mt炼油甚至10Mt炼油配套1.5Mt乙烯的项目。这种情况下，生产裂解原料的氢气用量就比较大，理论上就需要很大规模的重整装置来匹配氢气需求，但实际操作中并没有那么容易，其中一个原因是芳烃需求不如烯烃范围广。

针对上述"油产化"过程面临的问题，可以在不扩大重整规模的前提下，通过采用绿氢扩大加氢裂化的规模就能推进炼油厂结构转型，实现原油中碳资源的高效利用。2020年中国石化和中国石油的原油加工量分别为240Mt和160Mt，假设400Mt炼油均按照额外补充氢气进行"油产化"，需4Mt氢气。若这些氢气全部采用煤制氢，则将造成88Mt二氧化碳排放，若全部采用天然气制氢，则将造成44Mt二氧化碳排放，若全部采用绿氢，则能通过"零碳"途径实现"油产化"过程。

3. 促进炼油厂转型为能源集散中心

未来，炼油厂将从以加工石油为主生产各种石油产品的企业，逐渐发展成为一个能够加工包括化石原料、生物质、废弃化工产品、回收的二氧化碳等在内更多元原料，采用短流程、高效率、低排放加工流程，生产运营能耗多数来自太阳能、风能等零碳电力，工艺过程排放的二氧化碳实现高效捕集，生产氢能、电力、石化原料、高端材料和少量运输燃料等多样化产品的综合性能源企业，同时具备氢储能的功能，与周边其他工业企业和能源企业协同发展，成为能源集散中心[166]。其中，绿氢制备及转化是炼油厂转型为能源集散中心的重要支撑之一。

通过电解水制氢技术及氢气与其他能源品种之间的转化，可提高可再生能源的消纳、提供长时间储能、优化区域物质流和能量流，进而建立多能互补的能源发展新模式。围绕氢能的多能互补模式如图4－3－24所示[167]，可以看出，在区域电力冗余时，可通过电解水制氢将多余电力转化为氢气并储存起来；在电力和热力供应不足时，氢气可以通过电化学反应发电、热电联供、直接燃烧等方式来实现电网和热网供需平衡；氢气可以以5%～20%的比例掺入天然气管网，成为天然气的替代能源，还可与二氧化碳发生烷基化反应制成甲烷；发展为氢能交通绿氢供应基地，为周边氢燃料电池汽车提供绿氢动力；除此之外，电解水制氢可以协同生产氢气和氧气，后者是很好的化工原料和燃烧介质。

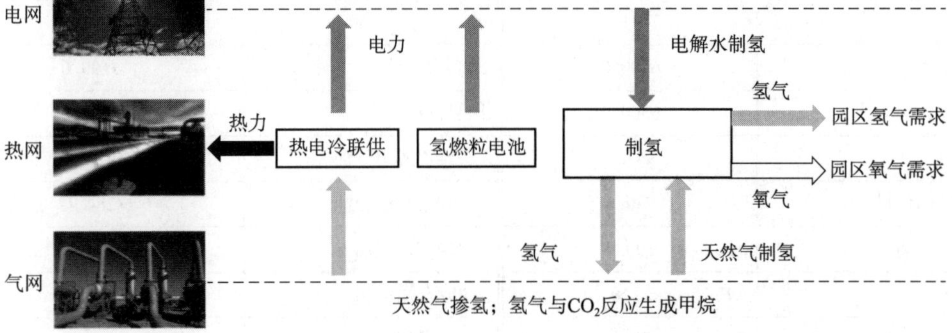

图4－3－24 围绕氢能的多能互补模式

第四节　用氢结构转型案例

(一)案例1　采用节氢型工艺技术，降低氢气消耗

1. 生产现状

以M炼油厂为例，全厂一次加工能力6.5Mt/a，采用常减压蒸馏－延迟焦化的重油加工路线，主要生产汽油、柴油、喷气燃料、苯、混合二甲苯、聚丙烯、液化气等产品，加工流程如图4－3－25所示。

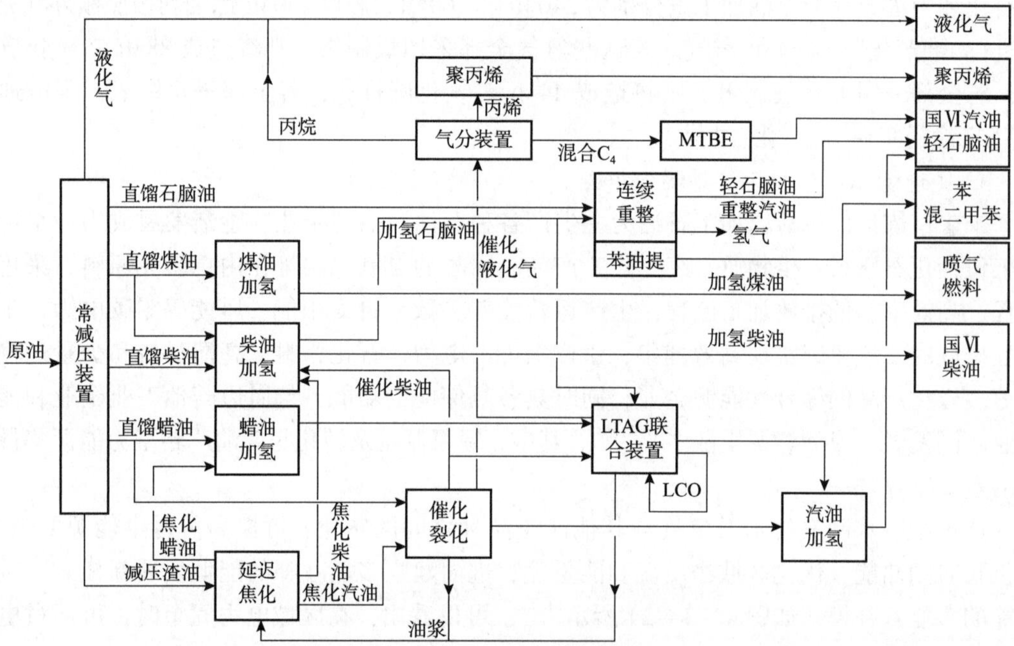

图4－3－25　某炼油厂加工流程

以含硫原油为主要加工原料进行测算，炼油厂物料平衡与产品分布如表4－3－17所示。

表4－3－17　全厂物料平衡与产品分布

原料汇总		产品汇总	
原(料)油名称	加工量/kt	产品名称	生产量/kt
合计	7441.6	合计	7441.6
原油小计	6500.0	汽煤柴小计	5199.0
混合含硫原油	6500.0	国Ⅵ汽油	2487.2
外购料小计	941.6	92#乙醇组分油	426.1
外购催化料	730.5	95#乙醇组分油	284.1
烷基化油	100.0	92#车用汽油	994.2
MTBE	73.0	95#车用汽油	662.8
甲醇	38.1	98#车用汽油	120.0
		喷气燃料	300.0

续表

原料汇总		产品汇总	
原(料)油名称	加工量/kt	产品名称	生产量/kt
		国Ⅵ车柴	2411.8
		化工轻油	87.0
		化工产品	401.1
		聚丙烯	212.4
		苯	42.2
		混二甲苯	146.5
		其他产品	1291.8
		商品干气	26.6
		液化气	498.4
		沥青	200.0
		石油焦	483.1
		硫黄	83.8
		自用小计	457.2
		催化烧焦	232.4
		装置用燃料气	178.3
		动力站用燃料气	18.4
		制氢尾气	28.1
		损失	5.3

在氢气利用方面，该炼油厂以制氢装置产氢和重整氢气为主要氢气来源，辅助以氢气回收装置，主要用氢装置有：柴油加氢精制装置、柴油加氢改质装置、蜡油加氢处理装置、汽油选择性加氢装置、煤油加氢装置、重整预加氢装置等，全厂氢气资源平衡如表4-3-18所示。

表4-3-18　全厂氢气资源平衡(采用催化汽油选择性加氢技术)

产氢装置		用氢装置		
装置名称	供氢量/kt	装置名称	油品加工量/kt	用氢量/kt
制氢	12.80	煤油加氢	300.9	0.24
连续重整	31.00	柴油加氢精制	2461.1	19.69
氢回收	5.50	蜡油加氢处理	800.0	12.00
		柴油加氢改质	440.9	5.29
		汽油选择性加氢	1571.7	9.43
		重整预加氢	1035.7	0.62
		苯抽提	143.0	2.03
总计	49.3	总计		49.30

2. 采用节氢型工艺后生产工况

在此加工流程基础上，以中国石化 S Zorb 专利技术替代企业原有的催化汽油选择性加氢技术，降低汽油辛烷值损失和氢气消耗，全厂加工流程如图 4－3－26 所示。全厂新的氢气资源平衡如表 4－3－19 所示。

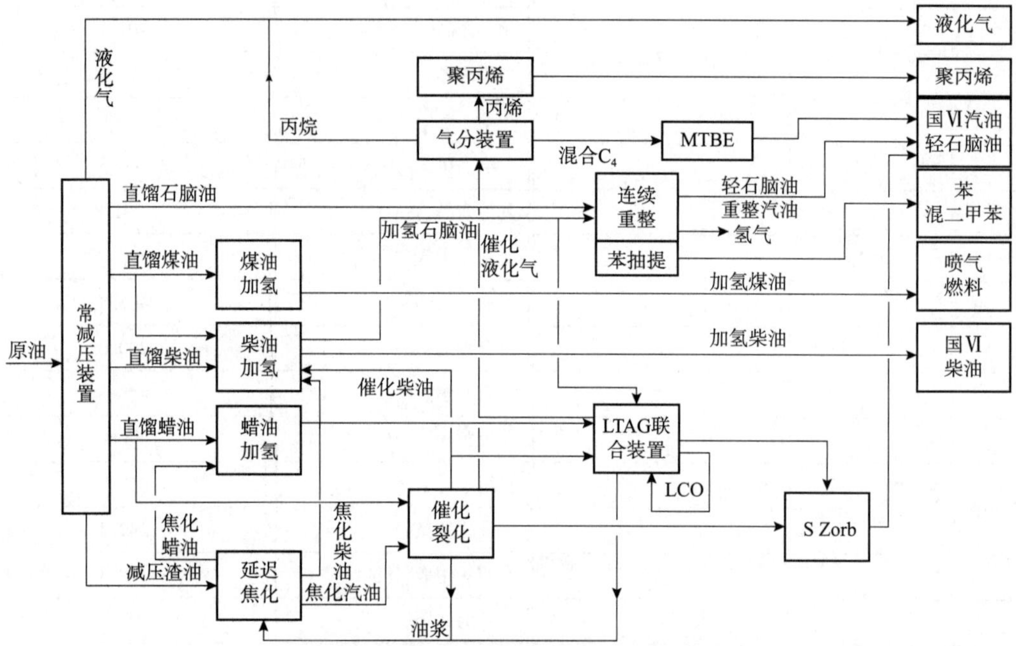

图 4－3－26　采用 S Zorb 技术的加工流程

表 4－3－19　全厂氢气资源平衡（采用 S Zorb 技术）

产氢装置		用氢装置		
装置名称	供氢量/kt	装置名称	油品加工量/kt	用氢量/kt
制氢	5.73	煤油加氢	300.9	0.24
连续重整	31.00	柴油加氢精制	2461.1	196.9
氢回收	5.50	蜡油加氢处理	800.0	12.00
		柴油加氢改质	440.9	5.29
		S Zorb	1571.7	2.36
		重整预加氢	1035.7	0.62
		苯抽提	143.0	2.03
总计	42.23	总计		42.23

与汽油加氢技术相比，采用 S Zorb 技术后，催化汽油加氢处理用氢量可降低，全厂制氢装置产氢负荷下降。

（二）案例 2　新建丙烷脱氢装置，增加低成本副产氢资源

M 炼油厂生产现状如图 4－3－25、表 4－3－17、表 4－3－18 所示，为加强企业可持续发展能力、提高企业经济效益和综合竞争力，在当前丙烯资源短缺的市场环境下，根据企

业丙烷资源富裕的现状，规划增上丙烷脱氢制丙烯装置。在增产丙烯创效的情况下，丙烷脱氢副产氢气对全厂氢气资源平衡也将产生一定影响。在全厂主体加工流程和原油加工负荷主不变、增上丙烷脱氢装置、配套改造轻烃制丙烷并扩能聚丙烯装置后，全厂加工流程如图 4 - 3 - 27 所示。改造后，全厂的物料平衡和产品分布如表 4 - 3 - 20 所示。

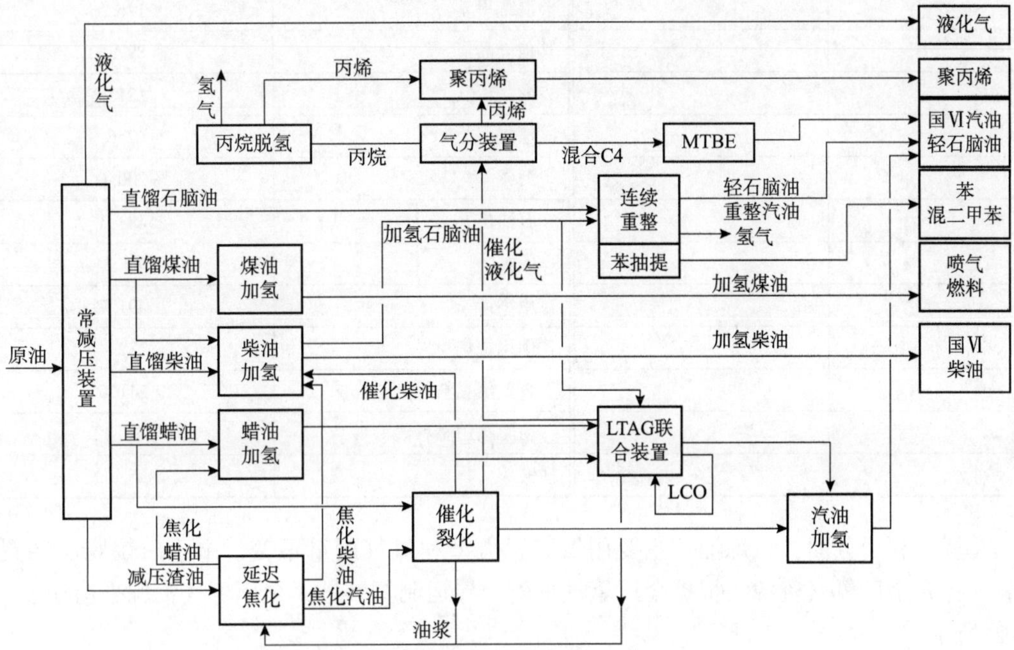

图 4 - 3 - 27　增上丙烷脱氢的加工流程

表 4 - 3 - 20　增上丙烷脱氢装置后物料平衡与产品分布

原料汇总		产品汇总	
原(料)油名称	加工量/kt	产品名称	生产量/kt
合计	7773.3	合计	7773.3
原油小计	6500.0	汽煤柴小计	5199.0
混合含硫原油	6500.0	国Ⅵ汽油	2487.2
外购料小计	1273.3	92#乙醇组分油	426.1
外购催化料	730.5	95#乙醇组分油	284.1
烷基化油	100.0	92#车用汽油	994.2
MTBE	80.6	95#车用汽油	662.8
甲醇	38.1	98#车用汽油	120.0
外购丙烷	293.6	喷气燃料	300.0
乙烯	30.5	国Ⅵ车柴	2411.8
		化工轻油	34.6
		化工产品	1145.3
		聚丙烯	805.2
		C_{4+} 组分	151.5

续表

原料汇总		产品汇总	
原(料)油名称	加工量/kt	产品名称	生产量/kt
		苯	42.2
		混二甲苯	146.5
		其他产品	897.3
		商品干气	121.5
		氢气	7.6
		沥青	200.0
		石油焦	483.1
		硫黄	84.2
		自用小计	491.7
		催化烧焦	232.4
		装置用燃料气	241.0
		动力站用燃料气	18.4
		损失	5.4

在氢气利用方面，该炼油厂主要用氢装置类型和氢气用量不变，由于丙烷脱氢装置副产氢气补充全厂氢气资源，根据全厂氢气平衡，停运制氢装置，全厂氢气资源平衡如表4－4－21所示。

表4－3－21　增上丙烷脱氢装置后全厂氢气资源平衡(采用催化汽油选择性加氢技术)

产氢装置		用氢装置		
装置名称	供氢量/kt	装置名称	油品加工量/kt	用氢量/kt
制氢	0.00	煤油加氢	300.9	0.24
连续重整	31.00	柴油加氢精制	2461.1	19.69
氢回收	5.50	蜡油加氢处理	800.0	12.00
丙烷脱氢	21.40	柴油加氢改质	440.9	5.29
		汽油选择性加氢	1571.7	9.43
		重整预加氢	1035.7	0.62
		苯抽提	143.0	2.03
总计	56.90	总计		49.30

(三)案例3　氢气系统优化，提升用氢水平

1. 氢气系统现状及问题分析

某公司[168]氢气系统主要由供氢单元、耗氢单元、氢回收单元及氢气管网构成：供氢单元包括1#天然气制氢装置、2#天然气制氢装置、1.2Mt/a连续重整装置及外购氢；耗氢单元包括1Mt/a柴油加氢装置、0.6Mt/a煤油加氢装置、2.6Mt/a柴油加氢装置、1.5Mt/a渣油加氢装置、1.8Mt/a蜡油加氢装置、1.5Mt/a S Zorb、硫黄回收装置及聚丙烯装置；氢回收单元包括一套PSA；氢气管网为2.0MPa氢管网及1.0MPa氢管网。

如表4－3－22所示，全厂氢气需求量74050Nm^3/h，其中需要外购氢20000Nm^3/h才能满足氢气供需平衡。外购氢成本高、不稳定是企业氢气系统当前最大问题，如何设计优化方案减小外购氢对企业用氢安全性影响是研究重点。

表4－3－22　氢气管网平衡

项目	流量/(m^3/h)	纯度
供氢		
1号装置	6000	0.9999
2号装置	11507	0.9999
重整氢①	4 500	0.937 0
PSA	32 043	0.9999
外购氢	20 000	0.9999
合计	74 050	
耗氢		
1Mt/a 柴油加氢	10800	0.9854
0.6Mt/a 煤油加氢	500	0.9999
2.6Mt/a 柴油加氢	10700	0.9999
1.5Mt/a 渣油加氢	20000	0.9999
1.8Mt/a 蜡油加氢	27600	0.9999
1.5Mt/a S Zorb	2000	0.9370
硫黄回收	650	0.9999
损失	1800	
合计	74050	

①大部分重整氢进PSA提浓，少部分重整氢直供耗氢装置。

耗氢装置用氢情况如表4－3－23所示，1Mt/a加氢装置、煤油加氢及蜡油加氢装置氢油比、循环氢纯度等均高于控制指标，存在节氢、节能优化潜力；2.6Mt/a柴油加氢装置反应器入口氢纯度小于要求指标，从确保装置长周期运转、产品质量角度看，该装置存在优化空间；从延长催化剂运转周期、高分外排氢梯级利用角度看，渣油加氢装置还存在优化节氢、确保装置长周期运转的潜力。

表4－3－23　耗氢装置用氢现状

装置	氢油比(体积比)		氢气纯度(工况)/%			氢气纯度(设计值)/%	
	工况	设计值	新氢	循环氢	反应器入口氢	循环氢	反应器入口氢
1Mt/a 柴油加氢	538	≥440	98.54	93.96	94.56	≥88	≥92.2
煤油加氢	111	≥60	99.99	99.19	99.23		≥90
蜡油加氢	852	≥500	99.99	94.94	96.11	≥80	≥94
2.6Mt/a 柴油加氢	118		99.99	84.69	92.23	≥80	≥94
S Zorb	0.32①	≥0.28①	93.70	84.39	85.98	≥80	
渣油加氢	1 139	≥600	99.99	91.55	92.32	≥88	≥88

①氢油摩尔比。

从表 4 - 3 - 24 可看出：炼油厂排放至瓦斯系统的含氢流股中含有大量氢气资源；催化干气氢含量相对较低，但总量大；轻烃回收装置脱硫后干气、加氢装置排放气、PSA 解吸气的氢含量(体积分数)均超过 50%。

表 4 - 3 - 24　排氢流股信息

项目	总流量/(m^3/h)	压力/MPa	氢纯度/%	氢流量/(t/h)	去向
1 号 FCC 脱硫干气	4 650	0. 8	42. 48	0. 177 8	瓦斯管网
3 号 FCC 脱硫干气	14 000	0. 8	39. 43	0. 496 8	瓦斯管网
S Zorb 排放气	1 178	0. 7	44. 21	0. 046 9	瓦斯管网
轻烃回收脱硫后干气	2 157	0. 5	57. 00	0. 110 6	瓦斯管网
1Mt/a 柴油加氢及煤油加氢排放气	3 381	1. 1	76. 07	0. 231 4	瓦斯管网
PSA 解吸气	6 302	0. 8	56. 61	0. 321 1	瓦斯管网

通过模型计算可得氢剩余曲线图及系统用氢状况，如图 4 - 3 - 28 所示，基础数据中氢源包括了催化干气和气柜瓦斯中氢气，夹点氢浓度为 S Zorb 装置的反应器入口氢纯度为 85. 98%[169]。根据氢夹点理论，在不考虑压力条件及实际可行性约束条件下，理论上氢纯度位于夹点纯度上方的氢气流股可直接被相关装置直接利用，不宜送至氢提纯装置或燃气管网。

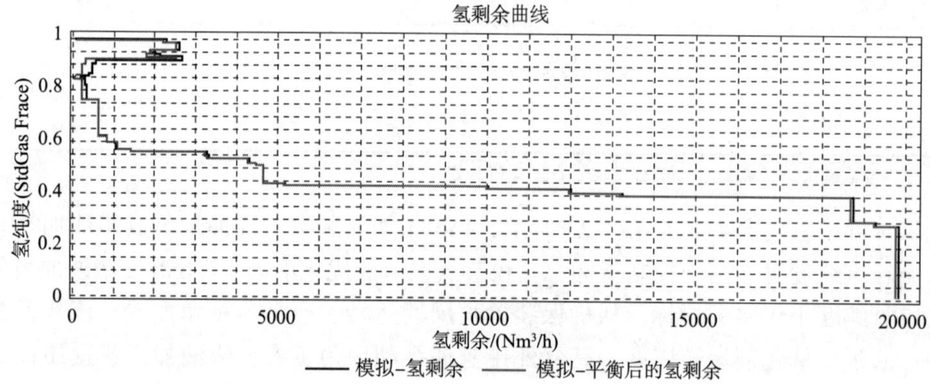

图 4 - 3 - 28　系统氢夹点图

2. 氢气系统集成优化

设计了制氢装置运行负荷优化、H_2 梯级利用优化、H_2 - 轻烃综合回收优化、集成优化等四个方案，其中，集成优化方案测算结果如表 4 - 3 - 25 所示。

表 4 - 3 - 25　集成优化方案实施后氢源构成变化

项目	价格/(元/t)	现状		优化方案	
		流量/(Nm^3/h)	负荷/%	流量/(Nm^3/h)	负荷/%
外购氢	13500	20000	—	0	—
1 号制氢	12000	6000	46. 15	13000	100. 00
2 号制氢	12000	11507	76. 71	13058	87. 05

续表

项目	价格/(元/t)	现状		优化方案	
		流量/(Nm^3/h)	负荷/%	流量/(Nm^3/h)	负荷/%
PSA 氢	11000	32043	64.09	32204	64.41
重整氢(直供)	6600	4500	—	5527	—
新建 PSA 氢	10500			10908	—
总计		74050		74697	

通过释放制氢装置负荷产能、氢气梯级利用、氢气资源回收等措施，当1号制氢装置满负荷运行、2号制氢装置负荷提高至87.05%时，无需外购氢就能满足系统用氢需求，从根本上保障了氢气系统的安全、稳定运行。

(四)案例4－绿氢炼化，停用化石能源制氢

1. 项目背景

某公司当前一次原油加工量5Mt/a，主要加工塔河原油及顺北原油，如表4－3－26所示，全厂氢气系统供氢装置主要包括天然气制氢、连续重整副产氢，其中天然气制氢装置2019年、2020年分别为18.13kt、15.55kt。

表4－3－26　某公司氢气系统平衡表

项目	产氢(用氢)/t	
产氢装置	2019年	2020年
制氢装置产氢	18130.2	15552.8
重整装置产氢	25799.2	28178.7
合计	43929.4	43731.5
用氢装置		
1号加氢装置	18159.5	16720.7
2号加氢装置	23306.6	25144.8
煤油加氢装置	301.4	336.3
预加氢装置	130.2	178.8
异构化	2031.7	1350.9
合计	43929.4	43731.5

该公司地处欧亚大陆腹地塔里木盆地北缘，属北温带典型大陆性沙漠干旱气候。该地区日照丰富，是全国平均晴天最多的县市，平均水平面总辐射年总量为1636.3kW·h/m^2，根据《太阳能资源等级总辐射》(GB/T 31155—2014)，该地区属于我国太阳能资源B类很丰富区，适宜建设大型光伏电站。在所有的人工制氢途径中，电解水制氢可以有效地消纳风电、光伏发电等不稳定电力，以及其他富余波谷电力。随着电解水制氢技术的不断发展和成本的逐渐降低，电解水制氢将能逐渐满足商业化的要求，实现分布式制氢。

2. 绿氢项目建设

在深入调研、论证基础上，该公司建设 1000MW 光伏发电站，一期建设装机容量 300MW，二期规划容量 700MW，建设输配电设施、电解水制氢工厂、氢气储存及外输管网，利用光伏发电电解水制氢，最大年产绿氢 20kt，氢气供应炼化装置使用。项目示意如图 4 – 3 – 29 所示。

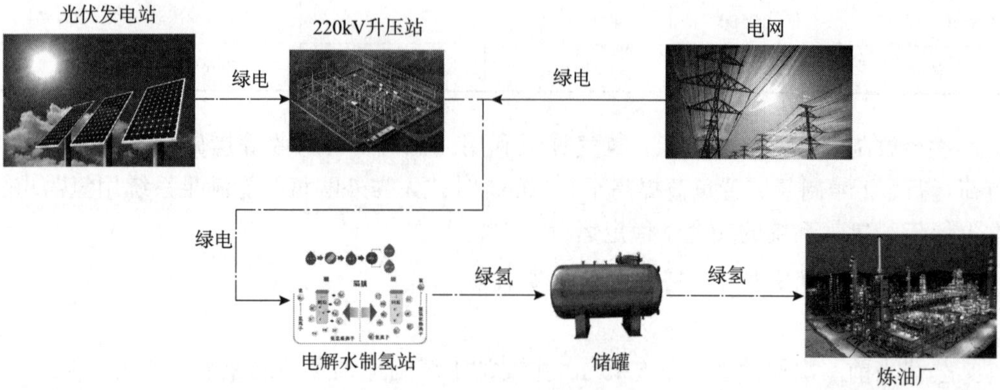

图 4 – 3 – 29　项目示意图

3. 绿氢替代效果分析

(1)炼油厂氢气平衡

预计氢气系统结构变化情况如表 4 – 3 – 27 所示，届时将逐步停用天然气制氢装置。可消纳绿氢为 15.5kt/a；按照该公司规划，乙烯项目投产后，炼油厂氢气消耗量为 45.7kt/a，其中乙烯氢自用后外供炼油厂纯氢为 15.1kt/a、连续重整装置(60% 负荷运行)供氢为 15.7kt/a，可消纳绿氢为 14.9kt/a。"若实施炼油结构调整并增加加氢装置，绿氢消纳将增加至 20kt/a。

表 4 – 3 – 27　供氢结构变化表　kt/a

供氢	现状(2020 年)	工况一	工况二
天然气制氢装置产氢	15.55	0	0
重整装置产氢	28.18	28.18	15.70
乙烯装置产氢			15.10
绿氢		15.55	14.90
合计	43.73	43.73	45.70

(2)能源及碳排放

平均年发电量 6.180067×10^8 kW · h，按火电每千瓦时电量消耗 307.6g 标准煤计算，每年共可节约标准煤 190346.0636t。按照火电站各项废气、废渣的排放标准：烟尘为 0.04g/(kW · h)、二氧化硫 0.2g/(kW · h)、二氧化碳 841g/(kW · h)、灰渣 119.45g/(kW · h)，本项目每年可减少排放烟尘约 24.72t、二氧化硫约 123.6t、二氧化碳约 519743.6t，灰渣约 738209.36t，还可节省水资源，同时还避免产生噪声影响。产生的绿氢替代天然气制氢装置产氢，每年可减排二氧化碳约 159576t。

(3)经济及社会效益

项目建成后，每年可实现净利润2936万元。光伏发电制氢属于鼓励类新能源产业，项目建设能够有效推动地区相关产业发展，促进地方经济发展及就业，有较好的社会效益。

为应对能源安全战略和“双碳”目标的挑战，致力于绿色发展和近零排放的低碳转型，是传统炼化企业谋求生存发展的必由之路。低碳转型过程将持续数十年，并贯穿能源生产、加工和下游消费整个价值链。

氢能作为一种二次能源，在碳达峰碳中和背景下，氢能将成为重要的储能载体，助力双碳目标的实现。预计到2050年，氢能在中国能源消费终端占比超过10%，消费量超过87Mt，其中工业领域用氢42Mt。

炼化企业具有发展、利用氢能的先天优势，氢气用量大且成本低，目前是以化石能源制氢作为主要供应方式，未来发展中，绿氢对促进工业脱碳将会具有更加积极的作用。在炼油结构绿色低碳转型过程中，加强对产用氢结构优化与管理，有助于降低企业生产成本，减少碳排放，主要途径包括以下几方面：

1)“开源”。加强工艺副产氢的优化利用，优选技术路线低成本回收含氢资源，最大化炼化企业低成本供氢保障。

2)“节流”。依托技术创新，开发利用节约型加氢工艺，提升催化效能，减少氢气、能源消耗，实现本质上节氢、节能。

3)“降本”。提高思想认识，加强氢气资源管理，从系统思维角度出发，优化管理，最大程度减少不合理用氢、浪费排氢等，提高氢气资源利用效率，降低氢气系统运行成本。

4)“增绿”。重视并推进绿电绿氢进厂，提前谋划，解决其进厂带来的各项技术问题，实现企业用氢零碳排放。

本篇小结

近年来，我国氢能产业受到国家相关部门及地方政府的高度重视，产业政策及标准、法规体系逐步完善。“十三五”以来，国家层面相继出台了《国家创新驱动发展战略纲要》《“十三五”国家科技创新规划》《“十三五”国家战略性新兴产业发展规划》《能源技术革命创新行动计划(2016—2030年)》等多项政策，推动形成了氢能“制－储－运－加－用”完整产业链，初步具备规模化发展的基础。京津冀、长三角、珠三角、成渝、山东及环武汉等地区先发优势明显，辐射带动作用和对优势企业的吸引力逐步凸显，集聚效应初步显现。以中国石化为代表的能源央企纷纷布局氢能业务，依托自身技术基础和资源优势，积极创新发展模式，推动我国氢能产业又快又好发展。

氢能产业高质量发展的关键在于氢能技术自主化和关键材料和装备的国产化。近年来，随着国家高度重视，氢能产业相关的关键技术取得较大突破，技术成果转化成效显著。制氢方面，我国大型煤制氢、天然气制氢技术及装备世界领先；碱性电解槽技术并跑国际先进水平；质子交换膜电解槽(PEM)技术紧跟国际先进水平。储运方面，车载储氢三型瓶技术成熟已实现国产化，四型瓶初步具备量产水平，掌握了20MPa压缩氢气、液氢等运输技术，装备制造实现自主，但与国际一流水平还存在较大差距；98MPa固定储氢容器和

45MPa 固定储氢瓶组性能指标基本达到国际先进水平。加氢站技术及装备方面，45MPa 氢气压缩机已具备产业化能力，90MPa 氢气压缩机核心技术取得突破，加氢机整机开发实现国产化，但阀门、流量计等关键部件仍依赖进口。氢能终端应用环节，城市公交和物流燃料电池车独具特色，续航一般 300～500km；重型卡车、备用电源等终端应用车辆正快速发展。这些技术进步为绿氢发展，低碳交通奠定了技术基础，氢能作为二次能源，已对碳排放强度高、脱碳难度大的能源和工业领域的转型发展形成了影响。

当然，我国氢能产业还处在起步阶段，存在的问题也比较多，将可能制约氢能产业高质量、可持续发展。一方面，由于媒体对氢能源和氢经济夸大分析报道的影响，地方政府对氢能产业大规模发展寄予厚望，特别是把氢能作为带动地方经济转型升级的新引擎，但是忽略了氢能产业链基础薄弱、整体能效偏低、发展成本较高等痼疾短期内难以改善。然而各地通过短期刺激来发展氢能，导致各类企业蜂拥而至，盲目抢跑、恶性竞争、低端重复建设，这些问题不仅不利于技术实质性突破，而且不利于产业健康有序发展。另一方面，氢能发展坚持低碳原则不够。发展氢能的初衷是降低二氧化碳排放，缓解因温室气体排放导致的气候变化问题。因此，氢能起步发展必须坚持低碳原则，在氢源上科学合理地选择制氢工艺路径，重视发展绿电制氢。但是，国内发展氢能过分强调传统高炉煤气、氯碱和乙/丙烷脱氢装置副产氢的经济性和可靠性，对过程温室气体排放视之不见，客观上将带来大量非必要二氧化碳排放增量，从而丢失氢能发展的价值。

为此，建议：一是国家统筹建立氢能管理机制，引导各地区因地制宜、协同布局；二是发挥新型举国体制优势，组织氢能领域关键材料、部件和装备技术攻关，推进氢能车产学研深度融合，推动氢能核心关键技术自主可控；三是尽快建立绿氢认证体系，扫除绿氢的市场化、规模化发展障碍；四是建设差别化的氢能产业示范区，同等支持氢能交通、氢储能、绿氢工业、氢能建筑等领域的应用拓展，创新体制机制、探索新商业模式和盈利模式。

参考文献

[1]赵书娟．炼油厂产氢资源的优化利用[J]．中外能源，2018.23(01)：75－77.

[2]田进军，王绪远，杨学敏，等．从炼油厂含氢气体中回收氢气的研究[J]．炼油技术与工程，2018.46(05)：6－10.

[3]周鸿．炼油厂干气与氢气的综合利用[J]．齐鲁石油化工，2019.47(1)：75－80.

[4]王阳峰，张英，陈春凤，等．炼油厂含氢尾气优化利用研究[J]．炼油技术与工程，2020，50(4)：59－64.

[5]王洲晖．乙烯装置裂解乙烷原料氢气回收的可行性研究[J]．乙烯工业，2020，32(2)：7－10.

[6]郭万冬，张瑜．PSA 技术在丙烷脱氢尾气精制氢气过程中的应用[J]．天津化工，2019，33(2)：27－29.

[7]李宁，赵国良，王志元，等．氯碱企业副产氢气用于氢燃料电池现状及前景分析[J]．中国氯碱，2019，(8)：1－3.

[8]郭明钢，卞冰，米盼盼，等．钢铁厂富氢尾气综合利用工艺开发[J]．有色冶金节能，2021，(4)：5－10.

[9]焦伍金，汤佳香，刘圣刚．国产甲烷化低温催化剂在乙烯装置上的应用[J]．乙烯工业，2012，24(2)：

62 - 64.

[10]陈飞，胡伟，熊晓烽，等．氯碱尾气副产氢示范项目运行与经济分析[J]．能源科技，2020，18(10)：72 - 78.

[11]Lukas C. Buelens，Vladimir V. Galvita，Guy B. Marin et al. Super-dry reforming of methane intensifies CO_2 utilization via Le Chatelier's principle[J]. Science，2016，354(6311)：449.

[12]Upham，D. C.；Agarwal，V.；Khechfe，A.；Snodgrass，Z. R.；Gordon，M. J.；Metiu，H.；McFarland，E. W.，Catalytic Molten Metals for the Direct Conversion of Methane to Hydrogen and Separable Carbon [J]. Science 2017，358，917.

[13]Alex Tullo，The search for greener ethylene[J]. C&EN Global Enterprise. 2021，99，20.

[14]徐承恩．催化重整工艺与工程[M]. 2 版．北京：中国石化出版社，2014.

[15]于泳洋，景毓秀，赵静涛．膜分离和 PSA 耦合工艺在某千万吨炼油厂氢气回收装置的应用及运行情况分析[J]．化工技术与开发，2018，47(10)：55 - 59.

[16]高斌，赵百仁．乙烯装置提高氢气回收率的研究[J]．乙烯工业，2017，29(3)：12 - 16.

[17]纽朝阳，江南，沈圆辉，等．快速变压吸附制氢工艺的模拟与分析[J]．化工学报，2021，72(2)：1036 - 1046.

[18]张志刚，姜锐，张月胜，等．浅谈我国变压吸附技术的进展[J]．气体分离，2011，(2)：14 - 20.

[19]林定标，唐春华，李慧，等．多通道型高效钯复合膜在超高纯氢气提纯的应用[J]．低温与特气，2018，36(2)：41 - 47.

[20]魏昕，丁黎明，郦和生，等．膜法氢气分离技术及其在化工领域的应用进展[J]．石油化工，2021，50(5)：472 - 477.

[21]李义良．超高纯氢的制备[J]．低温与特气，1996，(3)：38 - 40.

[22]郭庆华，王亦飞，陈雪莉，等．多喷嘴对置式水煤浆气化技术进展及工艺应用[J]．氮肥与合成气，2019(47)，1：1 - 11.

[23]姜从斌，刘晓军，葛超伟．HT - L 航天煤粉加压气化装置运行情况[J]．化工设计通讯，2011(37)，4：24 - 28.

[24]闫志者．耐硫变换技术的现状及展望[J]．炼油技术与工程，2018(48)，9：5 - 9.

[25]贺鑫平，余涛，王炫，等．水煤浆气化生产合成氨装置变换炉及变换工艺分析[J]．煤化工，2017，45(6)：6 - 11.

[26]王显炎，郑明峰，张俊驰．Linde 与 Lurgi 低温甲醇洗工艺流程分析[J]．煤化工，2010，(2)：34 - 37.

[27]李琼玖．大型渣油制氨厂德士古与谢尔气化技术的比较[J]. 1991，6：31 - 39.

[28]齐亚平．德士古与谢尔渣油气化工艺设计与应用比较[J]. 2005，28(2)：98 - 101.

[29]王建中．渣油气化炉改烧天然气工艺分析[J]．大氮肥，2002. 25(2)：138 - 140.

[30]李君．谢尔气化技术在甲醇装置上的应用[J]．大氮肥，1994，1：50 - 56.

[31]戴文松．炼油厂制氢原料预处理流程的选择[J]．炼油技术与工程，2004，34(4)：14 - 17.

[32]郭育菁，慕秀松，周俊波，等．中小型工业化碱性的水溶液制氢电解槽设计[J]．化学工程，2020，48(9)：70 - 73.

[33]刘太楷，邓春明，张亚鹏．电解水制氢发展概况之一：碱性电解水[J]．材料研究与应用，2019，13(4)：339 - 346.

[34]Dohyung Jang，Wonjae Choi，Hyun-Seok Cho etc. Numerical modeling and analysis of the temperature effect on the performance of an alkaline water electrolysis system[J]. Journal of Power Sources，2021，506(6)：1 - 9.

[35]杜泽学，穆旭宏．水电解技术发展及在绿氢生产中的应用[J]．石油炼制与化工，2021，52(2)：102 - 110.

[36] S. Shiva Kumar, V. Himabindu. Hydrogen Production by PEM water electrolysis-A review[J]. Materials Science for Energy Technologies. 2019, 3: 442 - 454.
[37] 纪钦洪，徐庆虎，于航，等．质子交换膜水电解制氢技术现状与展望[J]．现代化工，2021，41(4)：72 - 81.
[38] 俞红梅，邵志刚，侯明，等．电解水制氢技术研究进展与发展建议[J]．中国工程科学，2021，23(2)：146 - 152.
[39] 何泽兴，史成香，陈志超，等．质子交换膜电解水制氢技术的发展现状及展望[J]．化工进展，2021，40(9)：4762 - 4773.
[40] 张萍俊，孙树成，俞红梅，等．不同材料作为阳极扩散层对质子交换膜水电解池性能的影响[J]．可再生能源，2019，(37)10：1429 - 1433.
[41] 瞿丽莉，郭俊文，史亚丽，等．质子交换膜电解水制氢技术在电厂的应用[J]．热能动力工程，2019，34(2)：150 - 156.
[42] Audichon T, Mamaca N, Morais C, et al. Synthesis of RuxIr1-xO_2 Anode Electrocatalysts for Proton Exchange Membrane Water Electrolysis[J]. Ecs Transactions, 2013, 45(21): 47 - 58.
[43] 李佳坤．质子交换膜(PEM)水电解制氢用新型析氧电极研究[D]．长沙：湖南大学，2019.
[44] 林才顺．质子交换膜水电解技术研究现状[J]．湿法冶金，2010(02)：13 - 16.
[45] 孙岳涛，任航星，李黎明，等．PEM 电解水析氧催化剂研究进展[J]．电镀与精饰，2020(8).
[46] Sui S, Ma L, Zhai Y. Investigation on the proton exchange membrane water electrolyzer using supported anode catalyst[J]. Asia - Pacific Journal of Chemical Engineering, 2009.
[47] 张文强，于波．高温固体氧化物电解制氢技术发展现状与展望[J]．电化学，2020，26(2)：212 - 229.
[48] 赵晨欢，张文强，余波，等．固体氧化物电解池[J]．化学进展，2016，28(8)：1265 - 1288.
[49] 张蓉．“十四五”新能源消纳的思考[J]．中国电力气液管理，2021，(02)：23 - 25.
[50] 孙一琳．2019 全球风电成本概况[J]．风能，2020，(7)：46 - 51.
[51] 李建林，李光辉，马速良，等．碳中和目标下制氢关键技术进展及发展前景综述[J]．热力发电，2021，50(6)：1 - 8.
[52] 程启明，程伊曼，王映雯，等．风力发电系统技术的发展综述[J]．自动化仪表，2012，33(1)：1 - 8.
[53] 吴天霞，王欣，田盛华．风力发电系统故障建模与仿真[J]．分布式能源，2019，4(4)：24 - 29.
[54] 韩婷婷，吴宏洪坤，张瑾，等．并网光伏发电系统的发电原理及设计[J]．轻工科技，2014，30(07)：72 - 74.
[55] 陈炜，艾欣，吴涛，等．光伏并网发电系统对电网的影响研究综述[J]．电力自动化设备，2013，33(2)：26 - 33.
[56] 赵星虎，张会林．计及风光出力相关性的风光互补发电系统优化[J]．软件导刊，2021，20(5)：82 - 85.
[57] 陈松利，闫彩霞，李明，等．中小功率分布式风光互补发电系统的匹配研究[J]．现代电子技术，2021，44(15)：94 - 98.
[58] 曹蕃，郭婷婷，陈坤洋，等．风电耦合制氢技术进展与发展前景[J]．中国电机工程学报，2021，41(6)：2187 - 2200.
[59] 颜卓勇，孔祥威．非并网风电电解水制氢系统及应用研究[J]．中国工程科学，2015，17(3)：30 - 34.
[60] 熊宇峰，司杨，郑天文，等．考虑热点综合利用的光伏储氢独立功能系统容量优化配置[J]．中国电力，2020，53(10)：66 - 73.

[61]邓智宏，江岳温．考虑制氢效率特性的风氢系统容量优化[J]．可再生能源，2020，38(2)：259-266.

[62]Fujishima A，Honda K. Electrochemical photolysis of water at a semiconductor electrode[J]. nature，1972，238(5358)：37.

[63]常乐．非化石能源制氢技术综述[J]．能源研究与信息，2011，27(3)：130-137.

[64]胡亚平，龙飞，莫淑一，等．太阳能光解水制氢的发展现状[J]．新材料产业，2015，(4)：51-53.

[65]吴创之，刘华财，阴秀丽．生物质气化技术发展分析[J]．燃料化学学报，2013，42(7)：798-804.

[66]Kalinci Y，Hepbasli A，Dincer I. Biomass-based hydrogen production：a review and analysis[J]. International journal of hydrogen energy，2009，34(21)：8799-8817.

[67]任南琪，郭婉茜，刘冰峰．生物制氢技术的发展及应用前景[J]．哈尔滨工业大学学报，2010，42(6)：855-863.

[68]赵琛，王一帆，李思颖，等．中国未来核电发展趋势及关键技术[J]．能源与节能，2020，(11)：46-50.

[69]银华强．高温堆甲烷蒸气重整制氢系统的研究[D]．北京：清华大学核能与新能源技术设计研究院，2006.

[70]曲新鹤，赵钢，王捷，等．基于核能制氢的氢电联产系统能量梯级利用研究[J]．原子能科学技术，2021，55(6)增刊：37-44：

[71]Gorensek M B，Summers W A. Hybrid sulfur flowsheets using PEM electrolysis and a bayonet decomposition reactor[J]. International Journal of Hydrogen Energy，2009，34(9)：4097-4114.

[72]曾亮，罗四维，李繁星，等．化学链技术及其在化石能源转化与二氧化碳捕集领域的应用[J]．中国科学，2012，42(3)：260-281.

[73]许迪恺，Tong Andrew，曾亮，等．铁基移动床化学链技术进展[J]．化工学报，2014，65(7)：2410-2416.

[74]周祥，李涛，李小勇，等．基于不同支架方案的并网[J]．光伏电站发电量研究·电力勘察设计，2020(12)：60-65.

[75]郭敏晓．风力、光伏及生物质发电的生命周期 CO_2 排放核算[D]．北京：清华大学，2012.

[76]张彩丽．煤制氢与天然气制氢成本分析及发展建议[J]．石油炼制与化工，2018，49(1)：94-98.

[77]王周．天然气制氢、甲醇制氢与水电解制氢的经济性对比探讨[J]．天然气技术与经济，2016，10(6)：47-49.

[78]殷雨田，刘颖，章刚，等．煤制氢在氢能产业中的低温及其低碳化道路[J]．煤炭加工与综合利用，2020，(12)：56-58.

[79]黄宣旭，练继建，沈威，马超．中国规模化氢能供应链的经济性分析[J]．南方能源建设，2020，7(02)：1-13.

[80]黄明，吴勇，文习之，等．利用天然气管道掺混输送氢气的可行性分析[J]．煤气与热力，2013，33(004)：39-42.

[81]Wang J，Li G，Li Z，et al. A highly selective and stable ZnO-ZrO_2 solid solution catalyst for CO_2 hydrogenation to methanol[J]. Science Advances，2017，3(10)：e1701290.

[82]Bogdanović B，Schwickardi M. Ti-doped alkali metal aluminium hydrides as potential novel reversible hydrogen storage materials[J]. Journal of Alloys and Compounds，1997，253-254：1-9.

[83]Züttel A，Wenger P，Rentsch S，et al. LiBH4 a new hydrogen storage material[J]. Journal of Power Sources，2003，118(1-2)：1-7.

[84]He T，Pachfule P，Wu H，et al. Hydrogen carriers[J]. Nature Reviews Materials，2016，1：16059.

[85]Chen J，Wu H，Wu G，et al. Lithiated primary amine-A new material for hydrogen storage[J]. Chemistry A

European Journal, 2014, 20(22): 6632 - 6635.

[86]Farha O K, Eryazici I, Jeong N C, et al. Metal-organic framework materials with ultrahigh surface areas: Is the sky the limit[J]. Journal of the American Chemical Society, 2012, 134(36): 15016 - 15021.

[87]Desgranges C, Delhommelle J. Ensemble Learning of Partition Functions for the Prediction of Thermodynamic Properties of Adsorption in Metal-Organic and Covalent Organic Frameworks[J]. The Journal of Physical Chemistry C, American Chemical Society, 2019, 124: 1907 - 1917.

[88]Yuan D, Lu W, Zhao D, et al. Highly stable porous polymer networks with exceptionally high gas-uptake capacities[J]. Advanced Materials, 2011, 23(32): 3723 - 3725..

[89]Furukawa H, Yaghi O M. Storage of hydrogen, methane, and carbon dioxide in highly porous covalent organic frameworks for clean energy applications[J]. Journal of the American Chemical Society, 2009, 131(25): 8875 - 8883.

[90]王献军，田涛，王北星．炼油企业氢气系统优化研究[J]．石油石化节能与减排，2015，5(1)：22 - 28.

[91]孙建怀．加氢裂化装置技术问答[M].2 版．北京：中国石化出版社，2014：50 - 51.

[92]尤百玲，赵乐平，庞宏，等．循环氢中杂质含量对汽油选择性加氢脱硫的影响[J]．炼油技术与工程，2012，42(5)：12 - 16.

[93]吴振华，张金河．干气和氢气资源优化利用[J]．石油石化节能，2012，(4)：37 - 38.

[94]宁德臣，尹洪．克拉玛依石化公司氢气系统优化运行实践[J]．中外能源，2010，15(1)：104 - 106.

[95]张清新，杨兴，于思江．炼油厂氢气网络的夹点分析及优化[J]．炼油技术与工程，2012，42(11)：1 - 4.

[96]孟凡忠，李飞，张英，等．炼油厂氢气网络在线监测与优化平台开发[J]．当代化工，2021，50(7)：1716 - 1719.

[97]朱厚兴，宋爱萍，王新平．石脑油分离技术进展与应用前景探讨[J]．石油规划设计，2014，25(06)：9 - 12 + 51.

[98]李双林，魏民，王海彦．S - Zorb 反应吸附脱硫技术的研究进展[J]．石油化工高等学校学报，2020，33(06)：19 - 25.

[99]刘传勤．S Zorb 清洁汽油生产新技术[J]．齐鲁石油化工，2012，40(01)：14 - 17.

[100]郭守权，代萌．低能耗航煤液相加氢装置改造总结[J]．炼油技术与工程，2021，51(06)：1 - 4.

[101]马守涛，梁宇，郭见芳，等．液相加氢技术进展[J]．石化技术与应用，2019，37(06)：428 - 432.

[102]李天明，李俊奎，高青松，等．无循环上流式液相航空煤油加氢技术工业应用[J]．石化技术与应用，2021，39(05)：342 - 347.

[103]沈文丽，张旭，范传宏，等．液相加氢技术在航煤装置中应用探讨[J]．炼油技术与工程，2020，50(12)：18—20.

[104]纪怀玺．3.75Mt/a 柴油液相加氢精制装置运行问题及对策[J]．炼油技术与工程，2017，47(10)：30 - 33.

[105]谢海群，冯忠伟．液相加氢技术应用现状分析[J]．炼油与化工，2015，26(5)：5 - 7.

[106]李宝忠，张忠清，王凤秀．汽油与柴油吸附脱硫技术研究与开发(I)——国内外发展现状[J]．石油化工高等学校学报，2002(03)：31 - 35.

[107]王淑波，敖红伟．FCC 柴油吸附脱硫技术研究[J]．广州化工，2015，43(04)：126 - 127 + 144.

[108]杨林，李春虎，翟正，等．吸附脱除催化裂化柴油中硫化物[J]．石化技术与应用，2007(03)：225 - 228.

[109]边超．催化裂化柴油抽提芳烃工艺研究[D]．天津：河北工业大学，2016.

[110]刘剑．柴油脱芳烃技术研究进展[J]．精细石油化工进展，2018，19(06)：38 - 41.

[111]方向晨，郭蓉，刘继华，等．生产超低硫柴油的加氢脱硫催化剂级配技术[J]．化学反应工程与工艺，2014，30(5)：432－439.

[112]Olsen C. The SmART catalyst system：Meeting the challenges of ultra low sulfur dissel[C]//Advanced Refining Technologies：Ultra Low Sulfur Diesel. Chicago，IL，USA 2010：8－14.

[113]宋永一，方向晨，郭蓉，等．生产超低硫柴油的 S－RASSG 催化剂级配技术的工业应用[J]．炼油技术与工程，2012，49(9)：1－4.

[114]葛泮珠，丁石，鞠雪艳，等．柴油超深度加氢脱硫催化剂级配技术的研究[J]．石油炼制与化工，2019，50(8)：27－32.

[115]孙建怀．加氢裂化催化剂级配技术的首次工业实践[J]．炼油技术与工程，2018，48(4)：45－51.

[116]赖全昌，刘昶．催化剂级配技术在海南炼化加氢裂化装置的应用[J]．当代化工，2020，49(6)：1123－1126.

[117]韩照明，刘长厚，蒋立敬．固定床渣油加氢过程催化剂级配优化研究及工业应用[J]．当代化工，2006，35(5)：333－335.

[118]邵志才，刘涛，邓中活，等．RHT 固定床渣油加氢装置高效运行的整体解决方案[J]．石油炼制与化工，2020，51(2)：31－37.

[119]马锐，宋永一，张庆军，等．船用残渣型燃料油脱硫技术进展[J]．石油化工高等学校学报，2021，34(1)：15—20.

[120]成果推广：精细化工领域“微界面强化反应技术”应用[EB/OL]．(2020－02－17)[2022－01－27]．https：//www. sohu. com/a/373738836_99896823

[121]张志炳，周政，王宝荣，等．一种微界面强化柴油加氢精制反应系统及方法[P]. CN111359542A.

[122]江苏省科技厅．“微界面强化反应技术”助力我省化工产业转型升级[EB/OL]．(2020－10－12)[2022－01－27]. http：//kxjst. jiangsu. gov. cn/art/2020/10/12/art_7525_9533374. html.

[123]南京市栖霞区人民政府．金陵分公司Ⅱ柴油加氢装置微界面反应强化技术工业试验征求意见稿公示[EB/OL]．(2021－06－09)[2022－01－27]．http：//www. njqxq. gov. cn/sjb2018/qxzx/gsgg/202106/t20210609_2964497. html.

[124]LINNHOFF B，HINDMARSH E. The pinch design method for heat exchanger networks[J]. Chemical Engineering Science，1984，38(5)：745－763.

[125]邱若磐，尹洪超．应用夹点技术优化炼油厂氢气网络[J]．齐鲁石油化工，2008，36(2)：120－123.

[126]ALVESS J J. Design of Refinery Hydrogen Network[M]. Manchester：UMIST PIRC Hydrogen Consortium Meeting，1998.

[127]El－HALWAGI M M，GABRIEL F，HARELL D. Rigorous graphical targeting for resource conservation via Material Recycle / Reuse Networks[J]. Industrial & Engineering Chemistry Research，2003，42(19)：4319－4328.

[128]FOO D C Y，KAZANTZI V，EL－HALAWAGI M M，et al. Surplus diagram and cascade analysis technique for targeting property-based material reuse network[J]. Chemical Engineering Science，2006，61(8)：2626－2642.

[129]郭亚逢，郭宏新，张楠，等．炼油厂氢气网络优化的工程设计应用[J]．石油学报(石油加工)，2012，28(1)：107－114.

[130]HALLALE N，LIU F. Refinery hydrogen management for clean fuels production[J]. Advances in Environmental Research，2006，6(1)：81－98.

[131]Process Integration limited. Hydrogen & Fuel Gas Management[EB/OL]. [2022－01－27]. https：//www. processint. com/process－improvement/hydrogen－and－fuel－gas－management/.

[132]顺企网．北京宜能高科科技有限公司[EB/OL]．(2017－01－04)[2022－01－27]. https：//www.

11467. com/qiye/30309443. htm

[133]中凯新闻．中凯化学与中国石油合作开发《全厂氢气综合利用优化方案研究》项目[EB/OL].(2011-12-28)[2022-01-27]. http：//www. cathaychem. com/20111228. asp.

[134]RONALD LONG, etc. Knowledge of hydrogen producing and consuming process technologies, systems analyses and process controls can be leveraged to optimise hydrogen use[EB/OL].(2011-08-30)[2022-01-27]. https：//www. honeywell-uop. cn/wp-content/uploads/2011/08/PTQ_Q311_Hydrogen_Optimization_Paper. pdf.

[135]孔令健．利用Excel软件优化氢气使用成本[J]．石油化工技术经济，2004，20(5)：52-57.

[136]姜维波．优化制氢原料，提高装置负荷及氢气收率[J]．山东化工，2018，47(12)：98-100.

[137]寿建祥．炼化一体化裂解原料和氢气资源优化的探索[J]．石油炼制与化工，2013，44(12)：11-14.

[138]张胜中，秦丽娇，黄志壮，等．地区氢气资源协同优化供应方法研究[J]．现代化工，2018，38(10)：226-230.

[139]徐敏．大型炼化企业氢气系统优化探索[J]．石油石化绿色低碳，2019，4(5)：8-13.

[140]杨晓航，郭明钢，代岩，等．净化瓦斯气中氢气和轻烃回收工艺模拟与优化[J]．现代化工，2021，41(2)：235-240.

[141]张龙，方向晨，张英，等．炼油厂氢气系统与轻烃回收系统的集成优化[J]．石油与天然气化工，2015，44(6)：43-49.

[142]张士元．夹点技术在氢气网络优化中的应用研究[J]．中外能源，2019，24(8)：80-85.

[143]孙鹏，房韡，郭锦标，等．基于炼油厂计划优化模型的氢气系统优化研究[J]．石油炼制与化工，2017，48(9)：84-88.

[144]马永林，孙鹏，房韡．炼油厂单装置氢气优化研究[J]．石油炼制与化工，2017，48(12)：97-101.

[145]李海军，李宏茂，王阳峰，等．千万吨级炼油厂氢气管网优化方案的研究[J]．石化技术，2016，(7)：204-207.

[146]张青，魏志强．炼油厂油品质量升级过程中氢气系统优化与改进[J]．石油石化绿色低碳，2017，2(3)：6-8.

[147]郭诗锋，孙福林．高桥石化炼油厂8.0MPa氢气管网改造优化与应用[J]．中外能源，2014，19(8)：101-104.

[148]孟凡忠，李飞，张英，等．炼油厂氢气网络在线监测与优化平台开发[J]．当代化工，2021，50(7)：1716-1719.

[149]王海龙．氢气平衡与优化系统的应用[J]．石油石化节能，2017，7(8)：1-5.

[150]绿氢时代大势所趋 深刻改变我国能源格局[J]．乙醛醋酸化工，2020，(2)：44-45.

[151]韩红梅，杨铮，王敏，等．我国氢气生产和利用现状及展望[J]．中国煤炭，2021，47(5)：59-63.

[152]孟翔宇，顾阿伦，乌新国，等．中国氢能产业高质量发展前景[J]．科技导报，2020，38(14)：77-93.

[153]新华社新媒体．中核集团：加快发展核能制氢与氢能冶金已具备基础条件[DB/OL]. https：//baijiahao. baidu. com/s？id=1627436791110924559&wfr=spider&for=pc.

[154]全球首套规模化太阳燃料合成示范项目试车成功[EB/OL].(2020-01-17)[2020-01-17]. https://www. sohu. com/a/367559353_655817.

[155]瞄准“终极能源”低碳市场宝丰能源14亿元投建“绿氢”项目[EB/OL].(2020-04-21)[2020-04-21]. https：//tech. sina. com. cn/roll/2020-04-21/doc-iirczymi7446387. shtml.

[156]天天化工网．中石化将于鄂尔多斯推出首个绿氢炼化项目 年产1万吨规划2022年投产[EB/OL].(2021-05-26)[2022-01-27]. http：//pu. chem366. com/News_v2/2021-05-26/1271842.

[157]李刚．年产2万吨氢气！全球最大绿氢项目新疆库车光伏制氢进入可研编制[EB/OL].(2021-03-01)[2022-01-27]. https://chuneng. bjx. com. cn/news/20210301/1138814. shtml.
[158]全国能源信息平台．风电制氢项目汇总[EB/OL].(2020-03-25)[2022-01-27]. https://baijiahao. baidu. com/s? id=1662089852113303531&wfr=spider&for=pc.
[159]华夏能源网．石油巨头BP的氢能战略[EB/OL].(2020-11-12)[2022-01-27]. http://www. hxny. com/nd-50799-0-17. html.
[160]全国能源信息平台．印度第一座绿色制氢厂将在马图拉炼油厂建造[EB/OL].(2021-07-25)[2022-01-27]. https://baijiahao. baidu. com/s? id=1706214301367321287&wfr=spider&for=pc.
[161]全球氢能网．深入分析：为什么石油炼化业应该引领这场绿色氢革命[EB/OL].(2021-06-22)[2022-01-27]. http://h2. china-nengyuan. com/news/170599. html.
[162]黄弈."一氢二楚"！中国绿氢分布地图轮廓初现：两大绿氢经济带！[EB/OL].(2020-12-21)[2022-01-27]. https://newenergy. in-en. com/html/newenergy-2397963. shtml.
[163]柯晓明，乞孟迪，吕晓东，等."双碳"目标下中国炼化行业"十四五"发展新特点分析与展望[J]. 国际石油经济，2021，29(5)：33-38.
[164]田江南，安源，蒋晶，等．碳中和背景下的脱碳方案[J]. 分布式能源，2021，6(3)：63-69.
[165]徐硕，余碧莹．中国氢能技术发展现状与未来展望[J]. 北京理工大学学报(社会科学版)，2021，23(6)：1-12.
[166]何盛宝，乔明，李雪静．世界炼油行业低碳发展路径分析[J]. 国际石油经济，2021，29(5)：19-25.
[167]符冠云．氢能在我国能源转型中的地位和作用[J]. 中国煤炭，2019，45(10)：15-21.
[168]王阳峰，张英，陈春凤，等．炼油厂氢气网络集成优化研究[J]. 炼油技术与工程，2020，50(3)：30-35.
[169]陈春凤．炼化企业氢气系统优化方案[J]. 石化技术，2016，(9)：3-5.

第五篇 炼油数字化转型

第一章 数字化转型基础

在经济增长方式由投资驱动型增长转向创新驱动型增长的宏观背景之下，我国做出加快制造业数字化转型的重大战略部署，要求充分发挥新一代信息技术优势，对传统产业进行全方位、全角度、全链条的改造，推动产业转型升级发展，提高全要素生产率，释放数字对经济发展的放大、叠加、倍增作用，实现发展方式转变、经济结构优化、增长动力转换，有效应对当前国内外产业变革发展的机遇与挑战，实现国民经济的高质量发展。

数字经济浪潮下，制造业竞争力从成本优势转向效率优势，数字化转型成为推动制造业发展的重要动力。世界各国纷纷制定数字经济发展战略，调整产业结构，力争在新一轮工业革命中占领先机。近期我国做出一系列加快制造业数字化转型的重大战略部署，有效应对当前国内外产业变革发展的机遇与挑战，加速数字技术与实体经济集成融合，推进经济持续快速发展。

新一代信息技术与先进制造业深度融合，正在引发世界石化产业格局的重大变化与调整。石化行业正在积极推动数字化转型，加速一体化整合、高效化管理、市场化运作、开放式创新，强化金融支持，发展智能制造、绿色制造、服务型制造等新模式、新业态，形成新的创新体系、生产方式和产业形态，提升应对变化的快速适应能力、互联协作能力、高效运营能力，推动产业提质增效、转型升级。

目前，我国炼油行业碳减排压力持续增加，炼油产业节能降碳难度不断上升。随着碳达峰碳中和目标的正式提出，炼油产业低碳发展面临着更高的要求，当前飞速进步的数字技术给构建可持续的未来带来发展契机。低碳转型的关键是数字化转型，炼油数字化转型过程中应将低碳化的数字技术应用嵌入企业的核心业务及全产业链，从能源生产、能源供给、能源管理、能源服务等方面进行全方位的数字化转型，建立包括碳资产盘查、碳目标设定、碳交易、碳管理平台、碳数据整合、长期运营等在内的一系列低碳转型资产与能力，同时积极转型新能源，借助生态的力量形成合力，促进数字化和绿色化的产业融合，推动能源绿色生态建设，充分释放减碳价值，推进能源绿色转型，引领和带动我国能源行业在这轮转型变革中抢占国际竞争制高点，助力双碳目标的实现。

第一节 数字化转型概念

一、数字化转型的提出

经过信息化建设和数字化发展的积累，数据已成为企业核心生产要素之一，数字技术加速与业务融合，驱动业务模式、商业模式的根本性转变。

早在1996年，《数字化生存》就预言到了数字化时代，新一轮科技革命和产业变革引起生产力要素的数字化渗透和生产关系的数字化重构，经济活动走向全面数字化。2011年，美国麻省理工斯隆管理学院第一次提出了数字化转型的概念，提出数字化转型(Digital Transformation，DT)的核心是使用数字化技术从根本上提高企业的绩效或提高企业绩效可以达到的高度，此后这一概念被不断充实丰富[1]。

相比信息化、数字化，数字化转型强调以打造新的利润增长点为目标，基于数字化能力，创造新产品、新服务、新业务，拓展数字化支撑的全新业务领域，形成数字化驱动的新商业模式，创新企业发展模式，为企业带来全新的发展空间[2]。

二、数字化转型的概念

当前，新一轮科技革命和产业变革席卷全球，数字经济成为经济增长新引擎，全球数字经济领跑GDP。数字经济浪潮下，数字化转型成为推动各行业发展的重要动力。世界各国纷纷制定数字经济发展战略，我国加快数字化转型的重大战略部署，各部委近年来密集发布了一系列数字化转型重要政策。

数字化转型作为全球企业核心竞争要素之一，各机构和企业也纷纷加入到对数字化转型的研究和探索中。但各单位和机构对于“什么是数字化转型”还没有统一认识，关于数字化转型的概念尚处于百家争鸣的状态，各机构和企业对于数字化转型的视角和理解不同，导致其对数字化转型的定义也各不相同。下面列出了研究机构、咨询公司、ICT厂商和企业四类单位和机构对于数字化转型概念的理解[5]。

(一)研究机构对数字化转型的定义

中国信息通信研究院：数字化企业必将以客户为中心，且具备敏锐、创先、高效、流水线化的数据和流程分析能力[6]。数字化转型将会对企业的商业模式产生巨大影响，并将触及所有的生产活动、部门、职能以及组织流程的变革[7]。

中国信息化百人会：数字化转型的本质是在数据+算法定义的世界中，以数据的自动流动化解复杂系统的不确定性，优化资源配置效率，构建企业新型竞争优势[8]。

(二)咨询公司对数字化转型的定义

麦肯锡：数字化转型包括战略与创新、客户决策旅程、流程自动化、组织变革、技术发展、数据与分析，全面可持续的数字化转型需要业务转型、技术转型和组织转型相互配合，并辅以变革管理支持转型的落地，缺一不可[9]。

高德纳：数字业务优化是通过提高生产率、增加营收和改善客户体验来改进现有业务模式的过程，数字业务转型是寻求创造净收益、产品/服务和业务模式的过程[10]。

(三)ICT厂商对数字化转型的定义

微软：数字化转型路径和四大核心能力可以概括为：客户交互、赋能员工、优化业务流程、产品与服务转型。[11]

华为：数字化转型是通过新一代数字技术的深入运用，构建一个全感知、全联接、全场景、全智能的数字世界，进而优化再造物理世界的业务，对传统管理模式、业务模式、商业模式进行创新和重塑，实现业务成功[3]。

（四）企业对数字化转型的定义

西门子：数字化转型的目的是创造并传递价值，数字化的手段能更好地研发并生产有价值的产品，再通过商业行为将价值传递给客户[4]。

GE：把“卓越工厂”和“数字化服务”作为数字化转型的战略目标，提高自身数字化设计生产效率的同时，为全球用户提供能够实现数字化转型的物联网 PaaS 平台[5]。

以上四类单位和机构以不同的立场和视角对数字化转型进行了阐述，研究机构注重理论研究，强调数据作为关键要素的作用，充分发挥数据的创新驱动潜能；咨询公司强调“一把手”挂帅，发挥好领导的核心作用，将数字化转型提升到战略高度；ICT 厂商侧重 IT 架构的重塑，提升数字化基础支撑能力，为业务赋能；企业注重价值创造，希望通过数字化转型降本增效，拓展新的增长空间，实现高质量发展。

这些阐述对炼油企业的数字化转型都具有很强的借鉴价值。首先，要重视数据作为关键生产要素的价值，挖掘利用全产业链、全域数据价值，发挥数据的创新驱动潜能；其次，要将数字化转型提升到战略高度，并与企业的发展战略协调一致；再次，构建敏捷的技术架构，以更低的成本和更便捷的方式满足业务需求，数字技术与实体经济深度融合，推动行业向数字化、网络化、智能化发展；最后，注重价值创造，推动企业高质量发展。

炼油企业实施数字化转型，实质是重构价值体系，聚合竞争优势，以客户为中心，改造优化供应链、生产、销售、服务等价值创造和传递环节，提升客户体验，盘活存量价值。同时，企业业务需要不断沿价值链延伸，积极向为客户提供高附加值的产品服务和解决方案转型，打造新模式、新业态，推动产业数字化向数字产业化、业务数字化向数字业务化转变，不断挖掘新的价值增长。

综上所述，对于炼油企业来说，数字化转型的定义是以价值创造为目标，以提升效率和效益为导向，用数字技术驱动业务变革的过程，见图 5 - 1 - 1。

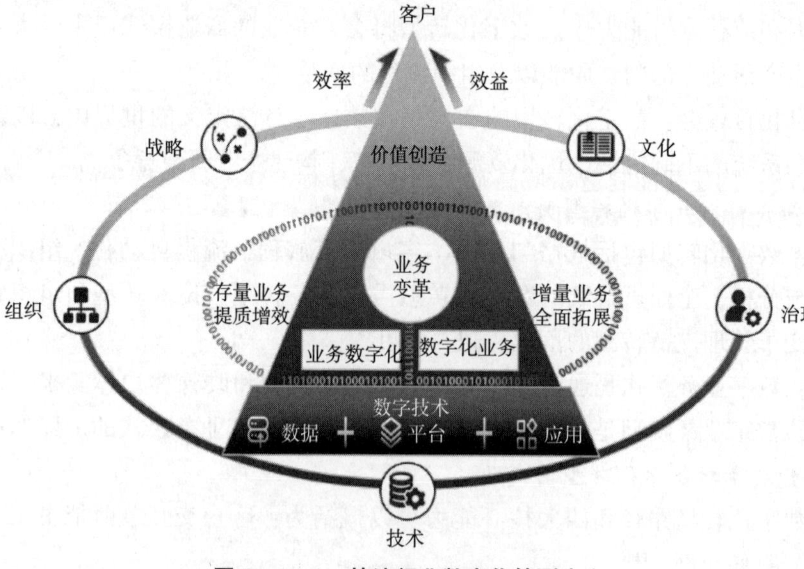

图 5 - 1 - 1　炼油行业数字化转型定义

炼油企业数字化转型要着力培育壮大数字生产力，打破层级化、职能化的生产关系，从供应链、产业链、价值链的角度，构建与数字生产力相适应的组织与运行机制，实现模式再造。在转型推进中，内容、范围不断扩大，由局部优化渐至全局优化和全面变革，效率效益随之逐步提升。企业数字化基础不同，可以同步推进，也可以循序渐进。转型的终极目标是重新定义客户价值，开拓全新业务模式，颠覆固有的工作方式。

一般来说，通过业务赋能、运营优化、模式再造三个阶段，最终实现全面转型。

1)业务赋能阶段的核心目标是加强业务协同，提升业务运行效率。关注重点实质是技术转型，打造数字化基础能力，实现业务数字化，为产品、工具、员工、团队赋能；统筹推进数据融通，加快数据资源共享，提升数据的管理和运用能力。

2)运营优化阶段的核心目标是动态响应内外环境变化，提高资源优化能力。关注重点为优化管理模式、运营模式、产品服务模式、生产模式；挖掘数据价值，形成数据洞察，以数据自动流转带动资金流、人才流、物资流的合理配置，实现智能决策。

3)模式再造阶段的核心目标是创造新的效益增长点，实现业务转型升级。关注重点为再造组织、流程，打造全新的业务模式，重构融合产业要素，形成商业新业态、业务新环节、产业新组织、价值新链条，从业务数字化向数字化业务转变；形成数字化生态，适应竞争环境的快速变化。

第二节 炼油数字化转型基础

国内外炼油企业高度重视信息化建设，近年来取得了良好的成效，为数字化转型奠定了良好的基础。根据数字化转型的程度，炼油企业智能工厂建设可以归纳为五个阶段：

1)智能工厂1.0："集中集成+专项创新"阶段。工厂具有相对完备的自动化基础，初步实现三条主线(生产管控一体化、供应链一体化、资产设计运营一体化)工作流程集成和优化，并实现局部创新；工厂实现通信融合，主要装置实现先进控制，关键装置实现在线优化。在这一阶段，数字化转型的主要特征是赋能和优化。在部分业务，如供应链管理、生产管理实现了优化。

2)智能工厂2.0："平台服务+局部智能"阶段。这一阶段初步形成了智能制造平台，将各类业务的数据、规则、知识、模型等进行有机融合；基于物联感知的工厂环境，初步建立工厂级CPS；构建智能制造领域高端人才体系和标准体系。在这一阶段，数字化转型的主要特征是个别业务进行了优化和数字化转型。如计划调度协同转型，内外操实现了协同与信息共享，管理模式发生变化，初步实现了数字化转型；能源管理初步实现了数字化转型，某些企业成立了能源管理中心，某些企业对整个能源进行了统一集中管理。

3)智能工厂3.0：泛在智能阶段。基于CPS建成了高度自动化工厂，实现产品、设备、人和服务的互联互通；实现业务环节的上下集成和全局优化；实现泛在的智能服务。在这一阶段，数字化转型的主要特征是在经营管理、生产管控、设备管理、安全环保等主要业务实现了数字化转型。

4)智能工厂4.0：协同智能阶段。实现跨企业的，具有较为完善的CPS系统，实现工业系统的自组织、自适应和自优化；创新驱动产业升级，面向市场的业务协同模式。在这一阶段，数字化转型的主要特征是在整个业务实现了数字化转型。数字化转型覆盖业务更为广泛，转型程度更深。

5)智能工厂5.0：认知智能阶段。在自组织、自适应和自优化的基础上，可实现无人干预决策；可动态响应生产过程中的任何变化，实时对变更、资产质量等问题进行自动化配置。在这一阶段，数字化转型的主要特征是智能化水平更高。

一、国际炼油企业数字化转型现状

国际石油公司的信息化历程大致可分为三个阶段：从20世纪80年代开始，以个人计算机和以太网技术为代表，企业开始利用信息技术支持其单项业务发展，企业信息化建设进入了“各自建设独立信息系统”的第一阶段。从20世纪90年代中期开始，以互联网和跨平台技术为代表，开始利用信息技术支持企业整体业务发展，进入了“建设全局性信息系统”的企业信息化第二阶段。从21世纪初开始，由于信息技术与企业业务的全面融合，使信息技术能够为企业战略实施、业务模式优化和各种创新提供全方位支撑，进入了“持续提升信息系统应用水平”的企业信息化第三阶段[6]。

“智能工厂”的概念随着炼化企业信息化的建设而逐渐被提出。ASPEN公司提出了智能工厂解决方案，首次提及“智能工厂”的概念，并在英国BP公司、荷兰皇家壳牌集团等实施。随着炼油企业信息化建设的发展，企业功能架构图也随之固定，经典的“三层次构架”模式被广泛采纳，即底层的生产执行层(DCS等)、中间的生产管理层(MES等)及顶层的经营管理层(ERP等)。此时提出了炼油企业的横向供应链和纵向生产链的概念，前者指炼油企业的原油生产、运输、仓储到炼油生产、产品仓储、物流、销售的整个业务，后者指炼油企业的生产管理、生产执行等全部业务[7]。

(一)荷兰皇家壳牌集团

壳牌通过数字技术开展核心业务数字化，构建数据模型，在纵向及横向方面的深度应用，衍生非油业务，提升价值效益、实现企业可持续发展。通过标准化工作推动业务流程标准化自动化，提升管理效率，创新运营模式，释放员工生产力[8]。

1. 制定数字化转型目标及路径

壳牌在集团层面制定了成为“数字化领域最具创新力的能源公司”的转型目标，并通过构建、探索、执行、推广4个主要阶段逐步开展集团内的数字化转型，基于循序渐进的方式验证方法与总结经验，分步推进数字化转型。

在战略层面，壳牌致力于由传统油气公司向综合能源供应商转变，以一体化天然气和石化产品为基石引领能源转型，探索电气化转型。通过数字化转型，加速价值获取，打造数字化领域最具创新力的能源公司。

在数字化转型的实施方法层面，壳牌实行试点先行原则，优选比较成熟、要素比较齐备、见效快的领域作为数字化转型试点，试点推进过程中随时评价工作成效，并规模化推广数字化转型技术与经验。例如，壳牌在澳洲尝试利用人工智能技术预测大型复杂设备的保养周期，实现在24～48h前预测到压缩机故障风险，减少作业停工时间，在试点取得成效后这项技术被应用到全球数以千计的设备管理中，取得良好的经济效益，实现设备维护人工智能化。

2. 提高组织与业务敏捷性

在数字化转型的组织结构调整方面，壳牌设置首席数字官以及数字化卓越中心以驱动组织转型。首席数字官负责制定转型目标，统筹数字化项目与数字化投资，为业务部门提供数字化服务，培养数字化人才，建立内部数字化生态，保障数字化转型。数字化卓越中心由业务人员和专业工程师团队组成，敏捷的产品小组着力促进数字化用例的快速开发，推动与业务结合的实施和部署，实现了开发和实施方式从瀑布式向敏捷式的转变。

在业务流程标准化方面，壳牌通过实施业务流程标准化和自动化，快速实现业务价值，提升组织敏捷程度。由于炼油业务80%的流程是通用的，壳牌着眼于引入"市场标准"技术方案以支撑这些业务流程，使员工精力聚焦于打造独特的客户体验以超越竞争对手，并与自身能源解决方案相结合，形成独特竞争优势。

在数据治理层面，壳牌通过打造快速迭代的数据管控平台加快业务响应，提升客户体验。在业务部门牵头，IT部门支持下，壳牌通过建设一体化数据分析中心，基于数据标准整合核心基础数据，统一数据源，建立分析型人才队伍，满足各类数据分析需求。通过建设数据管控平台，建立数据管理团队，动态把握数据质量及时改进，支持全球共享与集成。同时从指标定义入手，通过对指标数据的层层拆解和溯源，实现基于"原子数据"驱动集团各类报表和报告的动态构建，以"原子数据"为最细粒度，抽象业务需求，实现动态支撑各类指标、报表、报告。

3. 围绕价值链开展业态创新

壳牌在全价值链开展数字化转型，以优化赋能为主要目标，促进高质量发展。

在炼油方面，壳牌基于大数据，实施预测性维护。壳牌公司运用物联网和微软的端到端云端Azure机器学习技术，对压缩机、阀门和其他设备进行预测性维护，通过预测性维护提高设备的可靠性。

在物流方面，壳牌引入区块链等数字技术，创新智能合约新模式。壳牌公司加入Consurgo组建的石油天然气财团组织，运用物联网和区块链技术，实时进行供需分析，减少石油物流中的摩擦，减少未清销售额。智能合同减少了人工检查频次，改善了提单、票据和电子文档的工作流程，提高了工作效率。区块链通过减少付款时间，可显著提高负载的安全性，降低运营资金成本。

在销售方面，壳牌打造个性化服务体验，促进零售场景智能升级。移动技术与视觉识别技术是未来零售场景的基础。壳牌公司与捷豹路虎(Jaguar Land Rover)合作推出全球首个车内支付系统，并在2015年推出了首个移动支付燃料服务Fill Up&Go；部署车牌识别系统，缩短用户等候时间；基于加油站便利店提供餐饮+住宿+娱乐、汽车服务、金融服务和零售服务等不同业态的服务组合，实现业态模式创新和服务多元化。

在企业管理方面，壳牌依托数字化运营，打造数字化供应链。壳牌与横河电机(Yokogawa)合作研发了高级控制和评估平台(PACE)，部署和维护高级过程控制应用，用以加速和简化设计过程。

(二)美国埃克森美孚公司

埃克森美孚一直秉承"大石油"战略，在应对能源转型的策略上偏保守，坚定油气业务不动摇。近年来通过优化重组上游资产，打造"大炼化"项目，发力高性能产品，攻关生物质能，着力提升生产效益，拓展业务领域，打造一体化竞争优势。

1. 业务单元探索数字化转型

埃克森美孚牢牢把握石化行业的发展趋势，其数字化转型目前主要侧重于应用数字技术提升改造重点业务环节，因此由业务单元负责推进数字化业务，选择重点业务开展数字化转型试点，作为世界先进炼油厂的代表，埃克森美孚打造出了领先的智能炼化工厂。

在推进供应链横向贯通方面，埃克森美孚启动了全球油品移动(Global Oil Movement，GOM)项目建设，以应对来自原油贸易与运输、炼化生产、一次物流、油库管理到终端销售等各个环节的挑战。通过建立专业的智能优化团队，基于调度平台支撑炼油厂、油库、加油站油品移动的动态监控和调度管理，提升需求预测一致性、调度及时性，优化产品库存，提高供应链上下游一体化业务协同运营能力，在全球范围内实现分层次、分地区的库存可视化和优化，支持在任何给定时间内管理约3.3亿桶化工品库存。

在加快纵向生产链智能优化方面，埃克森美孚首先提出了“分子管理”理念，并于2002年启动了“分子管理”项目(“分子炼油”)。通过开发“分子管理”技术，建立了众多炼油装置的反应动力学模型，进而开发了实时优化模型，结合先进控制系统(Advanced Process Control，APC)实现了炼油装置的实时优化(Real-time Optimization，RTO)，进一步提高了炼油生产效率。公司宣称2007年取得了7.5亿美元的效益，2002—2008年间每年平均增加5亿美元的效益，“分子炼油”成为公司整个炼化技术框架中最为重要的环节。

2. 增强数字技术沉淀与融合

埃克森美孚将数字化视为制胜未来的关键。重点发力数字化技术，增强技术沉淀，运用人工智能、虚拟现实、量子计算等数字技术，适应新的业务模式。例如，埃克森美孚通过人工智能程序管控旗下分散在全球炼油厂和化工厂的数百万个传感器，监测石油流量等重要数据和信息。

埃克森美孚拥有分工明确的研发体系，既保证了新技术开发与企业战略发展方向的紧密结合，提升技术研发项目的价值，也为现有业务提供了强有力的技术支持和服务，保证了生产运营的稳定和高效。在具体研发模式上，埃克森美孚以自主研发为主、合作发展为辅。公司高度重视自主知识产权，对一些投资大、风险高的项目或新兴技术，与高等院校、专业研究机构等共同组成联合项目小组，在保证主导地位的前提下，实现风险共担、成果共享。除了自主研发，埃克森美孚在全球范围内与12个国家的高校和组织建立了专业合作伙伴关系，为公司提供新理念和新平台。2000年开始与SAP合作搭建企业级大数据平台，向数字化转型；建设合作式可视化中心，以实现“全球互联”的企业目标。2019年与微软建立了合作伙伴关系，通过微软的“数据湖”平台改善上游生产活动，并计划每年投入约10亿美元用于机器学习的研究。

3. 积极构建产业新生态

2019年2月，埃克森美孚同7家全球油气公司合作组建了首个行业区块链联盟，搭建合作网络，建设区块链应用生态，推动区块链技术在油气勘探、生产、财务、IT、矿权管理及供应链等领域的应用。在油气贸易业务中，跨境贸易各个环节均可通过各方的参与接入区块链平台，通过智能合约的应用实现数字化资产与智能资产的转型，提升贸易方式和贸易效率。

(三)英国石油公司

目前，英国石油公司以推动全集团现代化进程，通过数字化技术实现业务目标为数字化转型战略。未来，英国石油公司的转型重点聚焦于高级移动出行、生物及低碳产品、碳管理、数字技术以及电力与储能五大领域，计划每年共投入10亿美元左右的资金。由此可见，数字化技术在英国石油公司的转型全局中占据重要的位置。

1. 推动业务变革

英国石油公司数字化转型整体处于起步阶段。基于数字化和创新，以新方式与客户构建联系，提高效率，并支持便利零售和移动出行等新业务。

2019 年 10 月，英国石油公司携手戴姆勒中国打造的开放式创新平台“星创高速”，聚焦电动化与高级移动出行领域，侧重颠覆性技术与商业模式革新。英国石油公司基于高级移动出行业务单元，为快速发展的出行变革创造新的解决方案，包括电动化综合服务、车队管理服务、最后一公里便利服务及配送、按需出行服务以及移动城市综合服务等。

业务转型需要公司组织和机制的推动和保障。英国石油公司成立数字创新机构(DIO)，通过自主研发，确定数字化前沿技术布局方向，建设组织、制度、流程、考核、系统等从战略到技术支撑的数据管控体系。

2. 多元化探索

英国石油公司通过打造数字创新营，助力下游业务及跨业务单元数字化转型的创新技术，成立创业孵化器布局新型业态。英国石油公司通过并购或投资具有颠覆性技术的企业，并成为最终用户，加速整个能源领域的低碳与创新进程。

2018 年 5 月，英国石油公司收购爱尔兰物联网专业公司 Ubiworx，构建更多互联、智能、高效和可持续的能源系统。通过此次交易，Ubiworx 公司的机器学习和人工智能与英国石油公司可再生能源和储能领域的现有实力相辅相成。

2020 年 1 月，英国石油公司宣布投资能源管理专家 R&B，这是英国石油公司在中国人工智能(AI)技术领域的首次投资。R&B 的能源管理系统可以实现建筑能耗的预测、管理和改进，将极大支持英国石油公司在可替代能源领域的关注重点，助力发展低碳电力、存储和数字化能源价值链。

2021 年 1 月，英国石油公司旗下的风投部门 BP Ventures 领投了中国电动车充电平台初创公司“电享科技”的 A 轮融资。电享科技的主要业务是提供联接电动汽车车主、充电服务运营商和电力供应商的物联网云平台，基于此云端系统，电力供应商可以监控和预测电网状态，以优化和避免电网区域过载充电。

英国石油公司将数字技术及配套的工作流程应用到多个业务领域，创造了数十亿美元的成本节余和新的收入机会。未来不断培养和发掘数字化人才，将前沿技术应用在更多的业务场景中。

3. 打造数字生态

数字技术一直是英国石油公司大幅度斥资的创新领域。

通过投资前沿技术，助力业务发展。在北海(North Sea)和特立尼达和多巴哥共和国的项目中，Return to Scene 公司利用原本为犯罪现场调查开发的技术，为英国石油公司海上平台进行数字重建。

加强外部合作，打造创新生态。英国石油公司积极与科技公司进行合作，借助数据服务和云计算提高盈利能力。2020 年 9 月，英国石油公司与微软达成战略合作，使用微软 Azure云端解决方案，推进能源系统的数字化转型。2020 年 12 月，英国石油公司和亚马逊双方达成协议，展开深度合作，亚马逊云服务(AWS)将助力英国石油公司加速其基础设施和运营的数字化进程。

(四)美国雪佛龙公司

在全球能源结构变革与行业转型升级的背景下，雪佛龙以数据为核心，聚焦业务，利用新兴技术推动业务线转型，改变企业员工思维方式和节奏，提升业务价值创造，实现业务线全贯通与运营模式创新。雪佛龙数字化战略涵盖业务、科技和文化三方面，通过业务转型、数字技术赋能、树立创新思维加速进入数字时代。雪佛龙数字化转型战略如图 5 - 1 - 2所示。

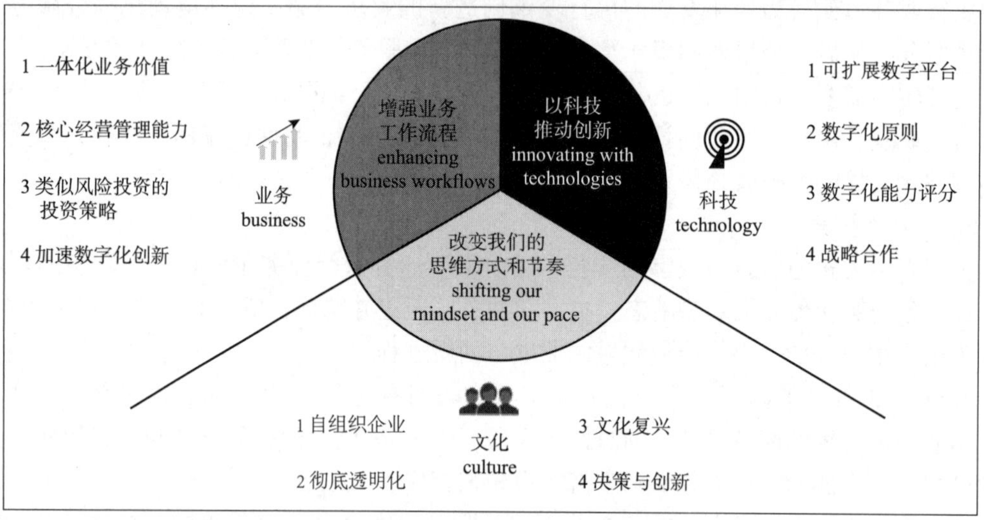

图 5 - 1 - 2　雪佛龙数字化转型战略

1. 驱动业务转型

雪佛龙数字化转型以提升业务价值及创造业务价值为目标，由公司业务单元牵头，业务单元领导担任数字化负责人，由某业务单元的运营部门，应用数字技术赋能生产操作、设备管理、物流和营销等业务。推动数字化发展，关注特定的痛点及机遇，将独立的资产整合。

雪佛龙重视一体化业务的整体价值，聚焦综合业务场景，发挥一体化端到端业务竞争力。通过优化生产、设备维修、端到端物资与物流管理、赋能现场员工生产力、实时大修技改项目管理等业务场景，实现过程控制、生产营运、经营管理、决策支持的纵向贯通，提高管理效益，提升产品质量。

雪佛龙采用风险投资思维，强调业务数字化建设的投资回报，必须产生改善现金和收益、降本增效等可量化的实际业务价值，从而平衡长期可扩展性以及短期价值创造。例如，公司对关键设备进行预测性分析，实现价值约 0.4 亿美元；全集团传感器数量已高达 100 万件，并以每年 10 万件不断增长；澳洲 Gorgon LNG 基地通过先进过程控制系统（APC）实现价值约 2.4 亿美元。

2. 数字技术为新动能

雪佛龙坚持六大数字化原则，包括数据为资产、数字平台、安全设计等，并且重视通过战略合作建立生态系统。

通过构造大业务数字平台实现运营模式创新：在数据治理方面，建设统一的主数据标准和平台，实现全集团集中的主数据管理，推进业务操作统一规范；建设数据中心，促进经营管理、炼化销售数据的统一管理，积累分析知识。公司借助大业务数字平台，简化复杂的系统及数据架构，以安全及敏捷的方式共享并利用数据，快速响应全球业务变化，实现运营模式创新。

高度重视通过战略合作建立生态系统：公司与微软建立为期 7 年的合作伙伴关系，计划组建一家公司作为雪佛龙公司主要的云服务提供商，加快先进技术应用，促进公司的绩效和提高效率。与微软的战略伙伴关系是雪佛龙整体数字化战略的一部分，也是雪佛龙公司多年简化信息技术操作的成果。采用微软的 Azure 平台将使雪佛龙公司的 IT 人员从支持基础设施演变为应用更多先进技术优化炼油生产、物流运输和客户营销等业务，通过灵活的分析和提高自动化操作的方式在公司的工程师和操作之间建立起数字核心连接。

3. 树立创新思维

雪佛龙建立透明及可持续创新的企业文化。通过树立创新思维，建立创新生态圈，推动全员创新文化，鼓励每个员工都参与创新。雪佛龙创新思维树立路径如图 5－1－3 所示。

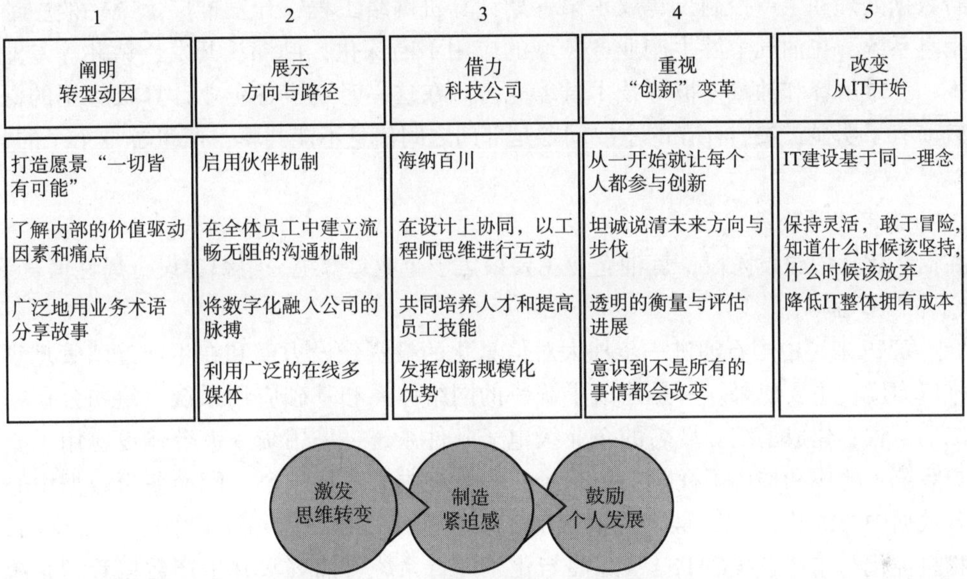

图 5－1－3　雪佛龙创新思维树立路径

雪佛龙于 1999 年成立科技风险投资公司（CTV），致力于推动新兴技术创新，改善雪佛龙基础业务运营。截至 2018 年 6 月，雪佛龙已投资 5 家数字化技术公司，分别是 Maana、MoBlize、Nsslabs、PanzurA、VErossystEMS。其中，Maana 公司开发了 Maana 知识管理平台，利用其专有的 AI 算法，将专家知识和各个孤岛的数据相结合，帮助企业员工更好更快做出决策，从而达到优化客户资产和决策程序、降低成本并提高效率的目的。

雪佛龙大力鼓励员工创新。公司自主开发了用于检查内部压力容器的机械蛇臂系统 P100 蛇臂机器人检查系统，此系统只有手臂本身被部署在工作空间中作为主要的驱动马达，电子和控制系统远离检查区，支持在狭窄、危险和混乱的环境中导航和移动，提高检查效率，减少人力。

二、国内炼油企业数字化转型基础

炼油企业长期以来非常重视信息化建设，信息化发展大概经历了五个阶段，从最初开发单个信息系统的分散建设阶段到构建覆盖全局的系统集中建设阶段，在集中建设的基础上逐步集成和深化应用，支撑业务发展，进入集中集成、深化应用阶段，逐步建立起“智能制造”和“互联网＋新业态”两大主线，进入集成共享、协同创新阶段，未来炼油企业将进一步通过搭建工业互联网平台，加速数字化转型，进入平台赋能、数智创新阶段。

（一）分散建设阶段

在建设初期，炼油企业信息化主要聚焦于企业内部，各部门、各下属单位分散建设自用信息系统。以中国石化为例，2000 年之前，主要在经营管理领域推进计算机应用，开发建设了大大小小的管理信息系统，部分企业还开展了全厂性的管理信息系统（MIS）建设；后期在集团公司范围内，部分业务管理部门还建立了一些贯穿于集团总部到下属企业的信息管理系统，如使用财务管理系统对集团和下属企业的财务进行统一管理、使用物资管理系统统筹集团和下属公司的物资采购等。总体来说，这些系统在业务管理中发挥了较好的作用，工作效率较之前有了大幅提高。中国石油在勘探开发和炼化生产领域引入计算机技术进行数据处理和生产控制，建成了第一期计算机网络工程，开发推广了统一的中油财务管理信息系统，在油气上游生产业务领域的应用不断深化，勘探、开发、钻井等专业生产数据库、三维解释和油藏模拟等技术日臻完善。在这一时期，各企业计算机应用的深度和广度较前有了明显扩展，存在的主要问题是部门之间信息不能共享，产生了一个个的“信息孤岛”[15]。

（二）集中建设阶段

在信息化集中建设阶段，炼油企业主要聚焦于企业总部统一组织建设全局性信息系统。

1. 中国石油

“十五”以来，中国石油进一步加大对信息化的投资建设力度和在生产经营管理领域的应用推广力度，主要成果：一是建成了统一的网络体系和基础应用系统。集团公司完成了网络二期工程；建成了统一域名的企业级电子邮件系统；采用统一平台建设应用了企业信息门户系统；建成和推广了视频会议系统；积极推进主数据中心、同城备份数据中心和异地灾备数据中心的建设。二是大规模推广了专业应用系统。管道生产管理系统全面建成，炼化物料优化与排产系统（APS）、炼油与化工运行系统、油气水井生产数据管理系统上线运行，建立了数据管理和应用平台，勘探与生产技术数据管理系统上线应用。地理信息系统、加油站管理系统、工程技术生产运行管理系统等正在进行试点实施。三是管理信息系统建设取得重要成果。建成“能源一号”的电子商务平台并实现有效运行。第一次将财务与采购、销售、库存、生产等业务管理集成在一个信息系统平台上操作。人力资源管理系统、健康安全环保等系统上线运行[15]。

2. 中国石化

从 2000 年开始，中国石化推进集团整体的 ERP 建设，并以此为核心，打造集中统一的经营管理平台，建设了集团层面的办公系统、视频会议系统、合同系统、资金集中系统等一系列业务应用，提供了强有力的集团管控手段，大幅度提升了集团管控能力。在生产层面，建设了油田企业的勘探开发数据库系统、炼化企业的生产执行系统（MES）、销售企业的加油卡系统等。这些系统在生产业务中发挥了巨大作用，如中国石化的加油卡，基本上实现了“一卡在手全国加油”的目标。到“十一五”后期，集团经营管理层面的信息化建设基本完成，ERP 覆盖股份公司所有企业，集团报表实现统一出具，基础网络、OA 系统、邮件系统、视频会议系统、集团网站群等实现集团及下属企业全覆盖，中国石化信息化基本实现规模化。这一阶段，中国石化信息化建设逐步走向规范化，并实现了快速发展。

3. 中国海油

2000 年，中海油的信息化应用的作业开始凸显。随着基础设施的完善，财务系统、钻井系统等相继上线，并大规模使用，信息系统对生产带来的价值越来越明显。2002 年，中海油总部成立了信息管理部和信息技术中心。2003 年启动 IT 服务管理项目，梳理了集团范围内 ITSM 的流程，形成了总公司流程化的三级运维管理架构，搭建了 ITSM 统一信息平台，建立了集团内统一的 IT 服务呼叫中心，并于 2006 年 11 月底通过 ISO20000 认证[12]。

（三）集中集成、深化应用阶段

在信息化集中集成、深化应用阶段，炼油企业主要聚焦于让信息系统持续集成、深化应用、全面支撑业务发展。

1. 中国石油

中国石油的信息化建设进入了重要的转变时期，即由分散组织信息系统建设转变为集中统一组织信息系统建设；由建设部分信息系统转变为全面实施信息技术总体规划；由以基础设施建设为主转变为基础设施与应用系统建设并重；由以信息系统试点实施为主转变为信息系统试点和推广实施并重；由以信息系统建设为主转变为信息系统建设和运行维护并重的转变期。

中国石油集团公司“十三五”信息化建设总体规划覆盖 7 大类 70 余个项目，如图 5－1－4 所示。

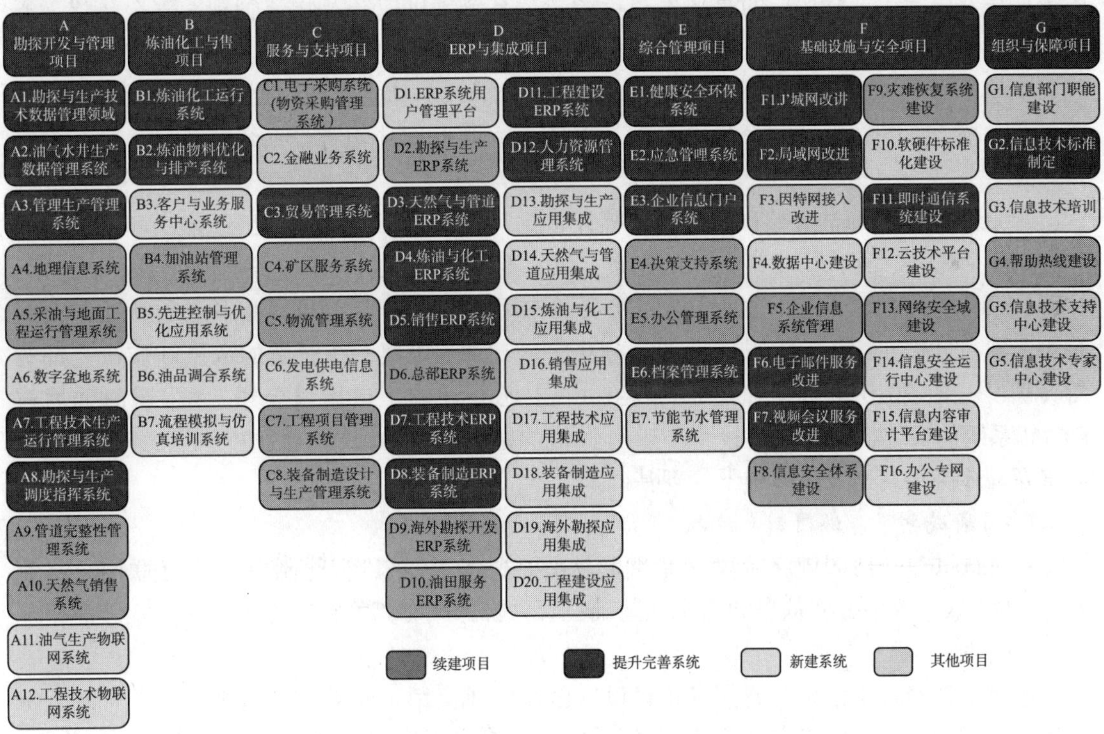

图 5－1－4　中国石油“十三五”信息化建设总体规划图

其中在炼油与化工方面信息化建设取得显著提升：一是炼油与化工运行、炼化物料优化与排产、炼油与化工 ERP 和销售与市场 ERP 四个系统基本建设完成，覆盖了炼油与化工的主要业务领域，大大增加了业务系统的覆盖范围，从整体上提高了公司的信息化水平，改变了炼油与化工分公司众多地区公司应用不统一和部分地区公司没有主要业务系统支持的情况。二是 ERP 系统为精细化管理提供有效手段。通过财务与销售、采购、库存、设备、项目管理模块集成，实现项目概算的事前计划、事中监督和以生产装置为单元的成本费用自动核算，促进经营活动全过程财务监控，有效控制价格、销量及信用额度，堵塞管理漏洞，加强了管控力度。三是炼油与化工运行系统为监督、管理和优化生产运行提供有效的技术支撑。通过集成所有生产控制系统信息，整合生产单元的物料计量信息和实验室信息，实现生产运行的实时生产监控，保证装置平稳运行，通过对生产制约因素的分析，协助管理人员及时调整生产运行计划，合理配置资源，挖潜增效生产运营平台。四是炼化物料优化与排产系统在支持炼化生产计划优化方面发挥积极作用。系统在各炼化企业得到应用，帮助制定月度、季度、年度生产计划，优化了加工方案。

2. 中国石化

“十一五”后半期到“十二五”时期，中国石化的信息化建设进入集中集成、深化应用阶段，这一阶段是信息化向数字化迈进的升级换挡期，也是智能化建设的试点探索期。该时期信息化建设节奏加快，系统集中集成要求提高，信息化应用水平提高，注重升级发展、提质增效，企业效果显现。主要建设成果体现在建成了经营管理、生产营运、信息基础设施与运维三大平台，基本完成了 ERP 大集中建设。经营管理层的合同管理、全面预算、电子商务、客户关系管理、审计集成、业务公开、综合办公、共享服务、远程教育、数据仓库等系统，以及生产营运层的总部生产运营指挥系统、供应链及物流管理、安全环保、源头数据采集、油气生产指挥、勘探开发业务协同平台、炼化生产执行、能源管理、设备管理、加油卡、物流等系统全部建成投用或得到集成升级。信息系统贯通全产业链上中下游，覆盖了各核心业务领域，成为公司生产运营和经营管理的“中枢神经系统”。

3. 中国海油

2008 年，中国海油开始试行通过考核评价提高信息化工作水平，已经建立起常规性的年度总结、考核、评优、年报的评估体系，以及重点项目结束后的非常规性的后评估体系，在促进系统建设和深化应用方面发挥了重要的作用。中国海油 2009 年度科技进步奖中，共有 4 个项目凭借在信息技术方面的创新分获一、二、三等奖，在获奖的数量和质量上都有所突破[21]。在 2010 年初，中国海油成立了“中海石油化工进出口公司”。中国海油通过 ETRM 系统的实施，并在项目过程中进行大量的培训，帮助公司重新梳理了业务流程，为后来贸易业务的高速发展奠定了管理基础。

（四）集成共享、协同创新阶段

在集成共享、协同创新阶段，炼油企业主要聚焦于围绕“智能制造”和“互联网 + 新业态”两大主线，大力夯实信息和数字化基础，着力打造产业竞争新优势。

1. 中国石油

中国石油经过集中统一的信息化建设，已经建成应用了涵盖生产管理、经营管理、综合管理、基础设施和网络安全的 80 个集中统一的信息系统，实现了信息化从分散向集中、从集中向集成的跨越。一是在集团层面建成应用了集中统一的经营管理和办公管理平台，在业务板块层面建成应用了覆盖油气产业链上、中、下游集中统一的生产运行管理平台。二是信息技术网络、数据中心、安全防护等方面扎实推进。骨干网络全面覆盖 158 家所属企业和 353 家国内外分支机构，总业务传输带宽 31.6 万兆。“三地四中心”云数据中心形成 18 万核计算能力和 25PB 存储能力。三是建立了比较完备的信息化管理组织、制度和流程，形成了一支规模较大的信息化建设和应用维护队伍。

这一阶段，中国石油搭建了梦想云平台，该平台搭建了统一的数据湖和通用底台面向能源行业、流程工业，更通用；服务中台和应用前台与上游业务融合，更专业；梦想云全面融合 AI 技术，更智能。基于梦想云平台，扩展管道、炼化、销售等油气中下游业务数字化应用，实现油气全业务链、全要素的数字化，构建全联接的智慧油气。中国石油勘探开发梦想云总体架构如图 5－1－5 所示。

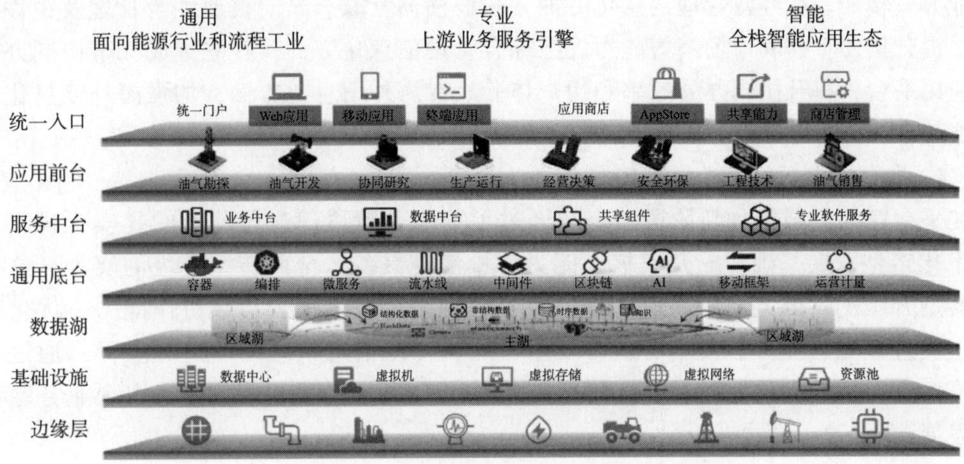

图 5－1－5　中国石油勘探开发梦想云总体架构

2. 中国石化

进入“十三五”，中国石化制定实施了“价值引领、创新驱动、资源统筹、开放合作、绿色低碳”五大战略，信息化建设进入了集成共享、协同创新阶段。信息化工作重心由支撑内部运营管理，向“对内支撑卓越运营、对外推进开放互联”转变，全面支撑公司战略实施，推进生产方式、管理方式、商业模式变革。对内支撑卓越运营就是要持续提升经营管理集约化、一体化水平，积极推进智能工厂、智能油田等建设，构建数字化、网络化、智能化的生产营运管理新模式，促进传统产业转型升级，提质增效；对外推进开放互联就是要积极推进电子商务、客户关系管理、支付与金融等统一平台建设，构建以客户为中心、互联网为载体的石化商业新业态，形成从生产制造、产品销售到市场反馈的闭环，着力打造石化商业生态圈，促进跨界经营、创新发展，如图 5－1－6 所示。

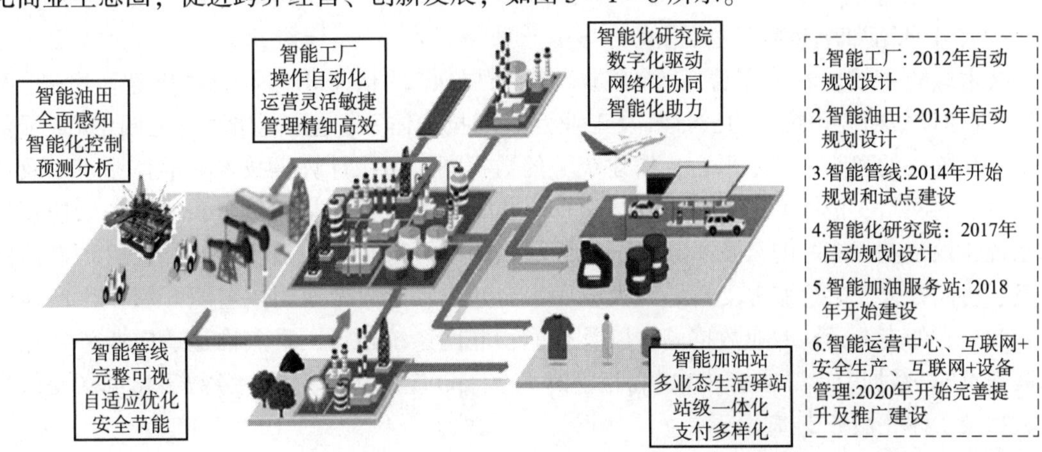

图 5－1－6　中国石化以智能制造为主攻方向，推动企业转型升级、提质增效

3. 中国海油

中国海油积极开展数字化转型探索和实践，不断推进新一代信息数字技术和业务深度融合，助力公司降本增效和高质量发展。

在IT基础设施方面，构建高速可靠通信网络环境和稳敏双态基础架构，夯实数字化转型基础。在生产信息化方面，搭建上、中、下游生产智能化运营支撑环境，促进生产运营和作业方式转变。在经营管理信息化方面，建设横向互联、纵向贯通经营管理及销售创新平台，提升集团管控和市场销售能力。在综合管理信息化方面，建立集成共享协同办公和移动应用平台，提升协同办公效率和用户体验。在海外信息化方面，加强海外信息化建设和集成整合，助力海外业务发展。

（五）平台赋能、数智创新阶段

在平台赋能、数智创新阶段，企业经过了前四个阶段信息化建设的扎实推进，夯实了数字化转型发展基础，提升了核心能力，价值链具备了全面转型升级的实力。这一阶段，转型升级的重要方向是通过搭建工业互联网平台，发挥云边端协作能力，优化生产流程，促进数据、业务、技术的能力复用，加快传统信息系统的改造和上云；通过科学控制高污染、高危险的业务环节，降低能耗强度和提示资源利用效率，实现业务绿色可持续发展。

1. 中国石油

中国石油数字化转型的总体目标是利用自动感知实时采集油气产业链运行数据，利用全面互联广泛获取内外部数据，运用数字化技术持续优化业务执行和运营效率，“十四五”末初步建成“数字中国石油”。构建物理中国石油与数字孪生体融合交互的闭环系统，推进实体业务与数字化世界的双向连接运行，形成内外部连接、共享、协同机制，实现降本增效、协同共享、持续创新、风险预控和智慧决策，不断提高全员劳动生产率和资产创效能力。

(1)“十四五”数字化转型方向

将数字技术融入到油气产业链的产品、服务和流程中，推动公司发展理念、工作模式、运营管理、科技研发、管理体制机制等方面的变革，打造智能化生产、网络化协同、个性化服务等新能力，开创基于用户、数据、创新驱动的新商业模式、新生产方式和新产业生态。

(2)“十四五”IT转型的主要措施

技术赋能主线。着力完善“一个整体、两个层次”的信息化建设总体框架。“一个整体”，即建设集团公司统一的云计算及工业互联网技术体系，包括总部“三地四中心”云数据中心和统一的智能云技术平台，构建统一的数据湖、边缘计算等技术标准体系、以及适应云生态的网络安全体系；“两个层次”，即支撑总部和专业板块两级分工协作的云应用生态系统建设，基于统一的云技术架构，集团层面组织开展包括决策支持、经营管理、协同研发、协同办公、共享服务支持等五大应用平台建设；十大专业领域组织开展以生产运营平台为核心的专业云、专业数据湖、以及智能物联网系统建设，重点构建适应业务特点和发展需求的“数据中台”“业务中台”和相应的工业App应用体系，为业务数字化创新提供高效数据及一体化服务支撑。

2. 中国石化

“十四五”期间，中国石化将按照“数据+平台+应用”的新模式，统筹推进数据中心、人工智能、工业互联网等新型信息基础设施建设，夯实公司数字化转型、智能化发展的战略基石。全面推进业务应用上云上平台，支撑公司科学决策、风险管控、管理变革、业务创新，提升安全环保、运营优化、协同制造、精准营销、提质增效水平。强化数据治理，大力推动各领域大数据应用，发挥数据驱动产业升级、创新发展的核心要素作用，为支撑“一基两翼三新”赋智赋能。

(1)“十四五”数字化转型方向

中国石化将围绕“打造世界领先洁净能源化工公司”愿景目标，按照“一基两翼三新”产业格局的战略部署，以石化工业互联网(石化智云)为支撑，聚焦集团一体化管控能力、板块创新创效能力、专业化统筹管理能力和新经济价值创造能力的提升，围绕全产业链开展数字化转型，重点开展15项转型工作任务(1个支撑、4大能力、15项任务，简称“1+4+15工程”)，以数字技术驱动管理创新、业务创新和商业模式创新，打造世界一流、行业领先的卓越运营新能力，实现集团公司高质量发展。

(2)“十四五”IT转型的主要措施

传统的信息化建设应用模式已经无法满足业务协同、数据共享的新需求。亟需解决各业务领域信息化发展不平衡、信息孤岛、重复建设、应用分散、数据共享受阻等问题，构建通用的业务、技术、数据服务能力，打造更敏捷、高效、安全的信息架构，建立以业务为驱动的信息和数字化发展新模式势在必行[22]。

业务部门要从“要我信息化”向“我要信息化”转变，充分发挥业务应用的主体责任，落实域长负责制，按照业务域开展数据治理和应用顶层设计，依托石化智云平台建设信息化应用，实现业务与信息化的高效协同，促进和引领技术创新、产业创新和商业模式创新，助力集团公司数字化转型。

以数为基、智为擎、云为翼打造中国石化“石化智云”，形成完善的数字化服务能力，如图5-1-7所示。信息化部门组织统一建设石化智云基础架构，形成全局技术能力，按照“数据+平台+应用”的开发新模式，建设三中台、三中心，构建数据湖，提供数据汇聚和共享服务能力，以及技术、基础设施资源的支撑能力。应用层由各业务部门分工负责，围绕业务域，结合本领域的业务实际开展信息化建设。

“十四五”期间，中国石化将加大“石化智云”平台建设力度，加强与各大央企、合作伙伴和科研机构合作。以平台为支撑，促进内外协同、跨界融合，实现跨行业、跨企业的研、产、供、销、融等各环节资源汇集、数据共享、协同创新，构建开放、共享、共创的中国石化“石化智云”工业互联网生态，带动供应链、产业链、价值链、创新链完善优化，提高能源行业智能制造水平，为构建经济“双循环”新格局赋智赋能。

(3)集团数字化智能化转型

1)集中管控。

中国石化经营管理平台，以ERP为核心，集成投资组合管理、预算管理、共享服务、人力资源管理、资金集中、会计集中核算等系统，历经10余年的建设和持续提升，成为企业经营管理集中管控的核心平台，全面提升公司战略管理和经营管理水平，形成集约化、一体化的经营管理新模式，规范管理提升效率，为业务发展和创新提供有力支撑。随着数字化、智能化等新技术的发展和逐步深入应用，以及受新技术所引领的内外部商业模式变化等影响，中国石化经营管理平台从一体化、集约化、服务化逐步向智能化发展，支撑集团公司的可持续、高质量发展，如图5－1－8所示。

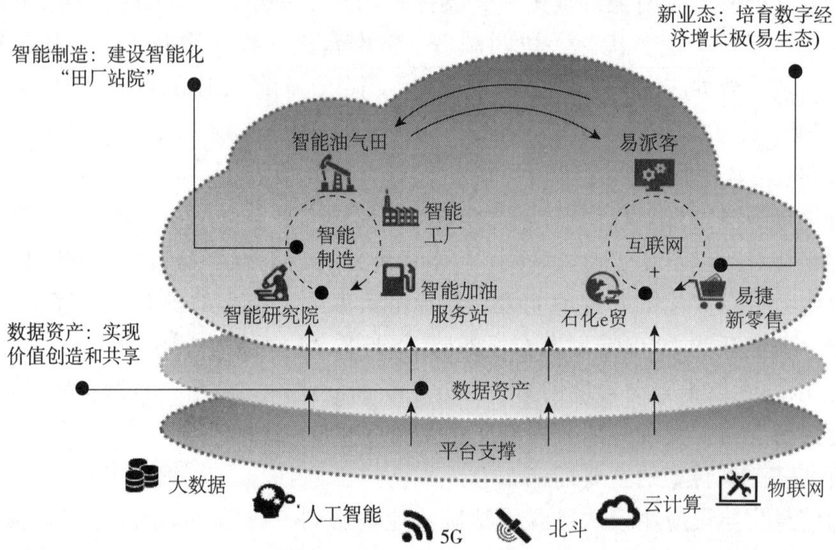

图5－1－7　以数为基、智为擎、云为翼打造中国石化“石化智云”

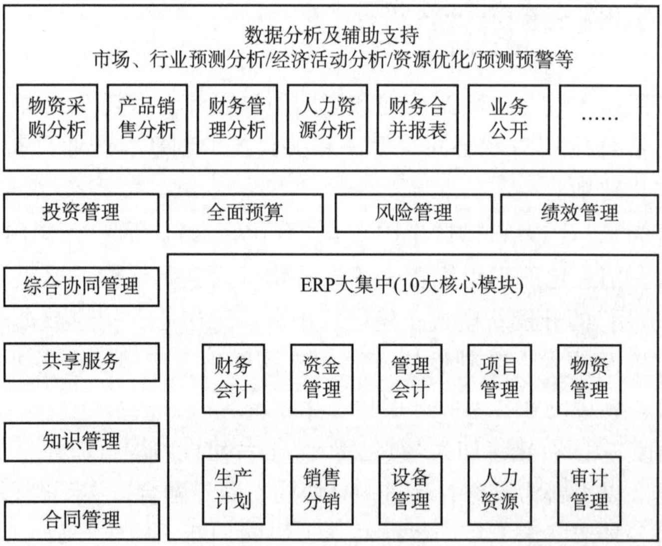

图5－1－8　经营管理平台提升专业化、一体化管理水平

应用效果：以集团总部和下属企业统一的业务标准、数据和信息标准体系的建设和完善为基础，持续地完善和提升经营管理平台，推动企业管理不断向业务深入，帮助集团在战略与投资、风险防范等方面实现一体化、集约化管控。

2)共享服务。

中国石化已经初步形成了较为规范高效的集团管理体系，但在政策执行、风险管控、工作效率和资源整合方面仍存在一些不足，亟需通过管理创新予以解决。主要体现：政策执行需要强化，由于管理层级多，日常事务多，企业执行总部制度和要求存在偏差；经营管理需要加强，企业大量精力投入到事务性工作，难以集中精力进行经营管理和决策支持，未充分发挥价值引领的职能；运行效率需要提高，业务标准、业务流程和职能管控需要优化，整体运行效率不高；业务风险需要防范，管办不分离，管理和执行职责交叉，存在违规风险；服务意识需要提升，对员工服务没有建立统一的服务体系，重管理、轻服务现象普遍存在，员工服务满意度不高；人力资源需要整合，部分职能人员基数大、结构不合理，分布不均衡，工作饱和程度差别较大；部分职能人员整体不足，分布分散，水平参差不齐，难以发挥整体优势。共享服务正是解决这些问题的有效途径。共享服务中心坚决执行总部制度和要求进行业务处理，不受企业影响，能够有效解决执行偏差的问题，统筹集团人力资源，集中处理业务，能够有效解决分布不均衡、结构不合理的问题。另外，共享服务中心专心致力于优化业务流程、提升操作自动化，有效解决效率不高的问题，共享模式下，事务型业务从企业分离出来，促使企业专心搞经营搞管理，创造价值。共享服务实现了部分职能的管办分离，为企业内部客户提供高效的服务，提升了内部服务水平。

应用效果：①推进了多专业一体化共享服务体系建设，支撑了共享服务公司业务运营。构建了专业化分工、标准化操作、流水线作业、智能化处理的一体化共享服务体系。

②推动管理创新，支撑业务转型。利用云计算、大数据、人工智能等新技术开展数字化、智能化应用，提升集团运营效率。开发应用替代人工作业的流程自动化机器人，提高业务处理效率和准确率，工作效率提升10倍。发票识别与校验总用时由1.5h缩短到6min以内；月结程序执行时间由25min缩短至15min。主要优势：一是可全天候工作，工作容忍度高，峰值处理能力强，整体操作过程都是根据固定规则执行，不受人为因素干预，通常可以承担2~5人的工作量。二是基于规则化的流程和任务，在一定程度上消除了输出不一致性，操作正确率接近100%，极大地保障了工作质量。三是智能机器人(RPA)的应用促进了业务的标准化，提高了业务处理质量，提升了客户满意度。共享公司上线RPA94个，开发业务流程151个，月替代人工作业超过11000h，相当于节约了62.5个人工，取得了良好的经济效益。智能机器人(RPA)应用监控平台如图5-1-9所示。

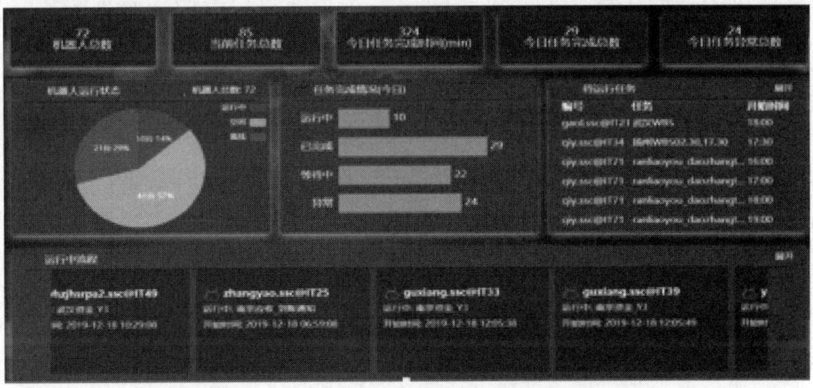

图5-1-9　智能机器人(RPA)应用监控平台

3)集团商业模式创新。

以统一电商和客户管理为核心的客户服务平台建设，促进了精准营销和客户资源共享，为构建以客户为中心、互联网为载体的服务新模式、商业新业态提供有效支撑，如图5-1-10所示。

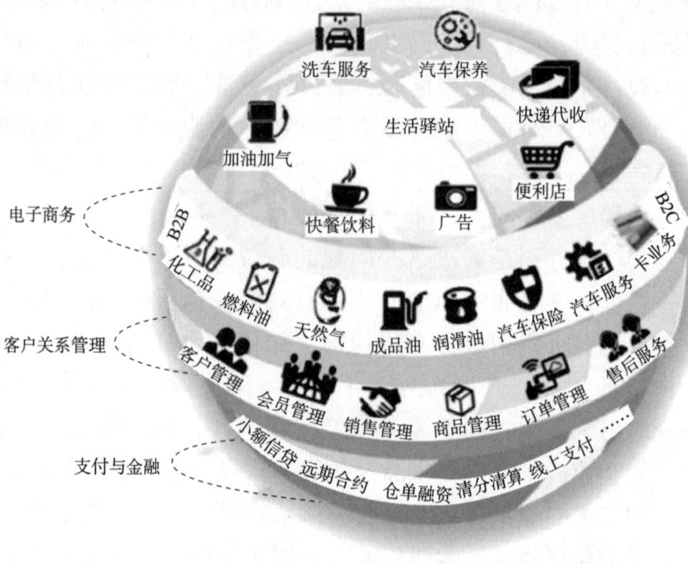

图 5 -1 -10　构建互联网服务平台，促进商业新业态发展

①易派客。中国石化物资采购业务经过 10 多年的持续建设与发展，基本满足了中国石化物资供应管理和集中采购、保供降本的需要，依靠中国石化内部庞大的供需总量，涉及 56 个大类、100 万种商品，并且仍在继续稳步增长。然而，在全球经济复苏乏力和国际持续低油价等因素的影响下，中国石化面对的市场环境和产业格局都发生了深刻变化，生产经营形势愈加严峻。

为适应新一轮的物资供应管理改革及转型发展需要，中国石化积极推进业务创新、流程再造，推动采购业务需要从仅面向中国石化内部各级企业及供应商，转为向外开放的石油化工物资采购交易平台。

中国石化顺应信息经济大潮，采用平台架构建设易派客平台，以“互联网 + ”思维创新发展理念，扩大供应管理外延，发挥供应链核心企业作用，应用大数据、云计算等现代信息化手段，创新采购管理手段和商业运营模式。2016 年“易派客”正式上线运行，为中国石化以及社会企业提供物资采购、销售、金融和综合服务，被列为金砖国家 2017 年八项核心成果之一。如图 5 -1 -11 所示。

应用效果：通过易派客平台的建设，形成了统一数据标准、技术标准、集成标准及安全标准，积累多种可复用的平台化组件产品，通过“平台 + 应用”架构模式的探索推进了信息化建设组织模式的创新，实现了跨平台代码复用，降低了各类电商及客户管理应用建设的技术门槛，目前实现多家国企电商平台快速部署、快速应用。2018 年推出国内首个工业品企业及产品评价标准——易派客标准(ES)，对企业及工业品精确评价、精准画像。2019 年 4 月 9 日获批国内工业品电商领域首个“国家技术标准创新基地”。2019 年 4 月 18 日启动供应链阳光行动：倡导关联方采购标准化、制造数字化、物流透明化、信息互联化，已与 900 余家供应商及关联方企业实现一体化连接。打造了易采购、易物流、易支付、易保险、易保理、易招标、易商旅等“易”系列服务产品，业务遍及 104 个国家和地区，平台运营 5 年累计交易额突破 1. 41 万亿元。

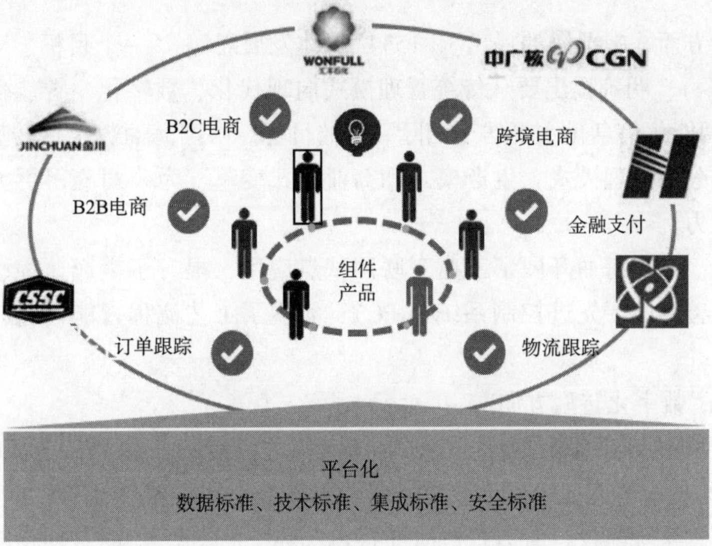

图5－1－11　“平台＋应用”架构模式实现多家国企电商平台快速部署、快速应用

②石化e贸。石化e贸电商平台是以中国石化化工产品、炼油产品、润滑油、燃料油等产品为主的销售电子商务平台，是中国石化落实国家“互联网＋”战略、大力发展平台经济、推动营销模式创新、提高石化产品销售效益的重要举措，致力于实现中国石化内部上下游一体化、生产运营销售一体化、物流资金流一体化，不断提升企业的经营创效能力和市场影响力，打造成为国际一流石化产品电商平台。

石化e贸于2014年11月开始建设，2015年9月22日该平台开始试点上线运营。2016年6月20日中国石化对外正式推出石化e贸电子商务平台，逐步实现了化工产品、炼油产品、天然气、润滑油、燃料油等销售业务推广上线以及第三方商家推广上线。

应用效果：石化e贸形成“合约＋现货”“服务＋产品”“线上＋线下”“平台＋支撑”的化工品电商营销模式，已成为集研发、生产、营销、交易、支付、物流、服务于一体的石化产品垂直电商平台，整合中国石化上下游间的纵向产业链和企业间互融互通的横向供应链，实现工厂到客户端的高效对接，构建石化行业电商生态圈。推出了无接触提货，如在中韩乙烯等企业通过建立统一技术标准，实现石化e贸与物联网及企业智能发货多系统互联互通，提高发货效率，减少运输工具等待时间，提升用户体验。托盘资源共享：打通托盘上下游信息共享，通过第三方服务公司租赁托盘，实现带托盘运输出厂，实现物流模式转型升级。

在新模式的成效下，通过石化e贸化工销售2020年合约成交量达60.42Mt，年交易额达3293亿元；现货成交量达350kt，成交金额20亿元；竞价成交量达320kt，成交金额22亿元，实现加价25118万元。去年新冠肺炎疫情期间，通过石化e贸平台，化工销售公司投放了142家企业生产的产品，涉及6大产品条线106大类产品2271个产品牌号，有效满足了市场需求和疫区物资供应。石化e贸在做实中国石化对外销售的基础上，持续探索供应链金融、保险、广告、物流等增值业务，在为社会企业提供采购、销售、物流等各种共享服务的同时获取收益，实现国有资产增值，打造中国石化新业态。

3. 中国海油

数字化转型方面，中国海油提出了“1534”总体发展思路(“一个目标、五个战略、三个作用、四个跨越”)，明确提出要从传统管理模式向现代化、数字化、智能化跨越，并提出到2035年公司智能化信息化水平居于国际一流的目标。中国海油数字化转型进程的加快推进，将有力助推公司管理模式、生产模式和商业模式变革，为公司赢得更大的竞争优势和更持久的赢利能力。

在炼油领域，中国海油开展了工业互联网试点应用，提升了生产监控、决策支持及风险预警能力；完善推广了先进控制系统(APC)，实现了工艺流程智能优化，提高装置运行稳定性。

(1)“十四五”数字化转型方向

其数字化转型的方向和路径，一是加强IT基础设施建设，着力打造新时代海油“信息高速公路”。二是加快智能油田建设步伐，着力打造海上油气勘探开发“智慧大脑”。三是加强经营管理信息系统建设，着力打造海油特色“营销生态圈”。四是加强网络信息安全防护，着力打造守护海油平稳发展的“防火墙”。

(2)“十四五”IT转型的主要措施

未来一段时间，中国海油将突出抓好数字化转型的6项重点工作：一是突出抓好“十四五”信息化规划和2021年度工作计划编制，以中国海油数字化转型顶层设计为指导，确保信息化各项工作的落地。二是突出抓好生产信息化建设，围绕勘探开发生产等核心业务，加大5G、北斗导航、人工智能等新技术的应用力度，提高生产作业时效和安全保障能力。三是突出抓好渤海湾新一代融合通信基础设施，加快推动“新基建”，持续提高海上通信链路的覆盖范围、带宽和保障能力。四是突出抓好数据标准建设，加强数据集成共享，构建一体化经营管理平台和共享服务平台。五是突出抓好海外信息化能力建设，加大海外IT共享服务支持力度，为集团海外业务发展提供有效管控手段。六是突出抓好业务系统应用，充分发挥电商平台等现有系统的应用实效。

第三节　炼油数字化转型的机遇与挑战

国家制定了加快制造业数字化转型的重大战略部署，要求充分发挥新一代信息技术优势，对传统产业进行全方位、全角度、全链条的改造，推动产业高端化、高效化发展，提高全要素生产率，释放数字对经济发展的放大、叠加、倍增作用，有效应对当前国内外产业变革发展的机遇与挑战，实现国民经济的高质量发展。党的十九大作出了贯彻新发展理念，发展先进制造业、现代服务业，建设制造强国、网络强国、数字中国等一系列战略部署。十九届五中全会提出，坚定不移建设制造强国、质量强国、网络强国、数字中国。国家各部委也纷纷出台政策通知指导数字化转型稳步推进，如国资委发布《关于加快推进国有企业数字化转型工作的通知》《关于发布2020年国有企业数字化转型典型案例的通知》；工信部、应急管理部发布《“工业互联网+安全生产”行动计划(2021—2023年)》。我国炼油企业数字化转型正面临着千载难逢的发展机遇。

从炼油行业来看，面对炼油产能过剩及环境保护压力，炼油行业亟需开拓新能源业务实现自身业务转型，数字化转型为整个行业的高质量发展提供有力工具。从炼油企业自身业务来看，多数企业数字化、智能化水平不高，制约了其发展的步伐，亟需借助新一代信息和数字化技术发展的机遇，优化生产和管理模式，提升业务增值和增效。

炼油企业在生产运行、产品销售、物资采购、工程建设、科技研发等各领域的数字化转型取得了显著进展，一些领域形成了新的增长点，增强了企业创新能力，具有良好的数字化转型基础，但仍存在着差距和不足：

一是对数字化转型的认识有待进一步提高。对数字化转型的内涵及必要性、重要性认识不够，尚未产生强烈的危机感，数字化转型尚未融入企业整体发展战略；一些企业对数字化转型的重视程度不够、决心不强，资金投入不足。

二是企业间、专业间数字化发展水平不均衡。数字化进程不一致，油品销售已进入模式再造阶段，其他业务领域以业务赋能为主，仅在部分领域开展了运营优化，数字化转型给企业带来的价值效益体现不充分；同一企业内不同专业之间信息化水平差别也较大，智能化应用覆盖广度和应用深度不够；热电、水务、环保和物流等领域设备的数字化水平相比主装置仍有较大差距；关键领域创新有待突破，存在“卡脖子”现象。

三是数据标准化和共享水平不足。业务流程化、流程标准化基础薄弱，企业各类数据的标准不统一，存在着数据不全、质量不高、共享水平低等突出问题；缺乏数据资产的管理机制，数据确权和安全等问题亟待解决。

四是自动化数采基础设施有待加强。企业装置、设施的自动化水平不高，物联网基础设施薄弱，已成为数据感知和分析的瓶颈；设备数据不开放、通信协议不统一，造成自动化数采率低，数据不可见、不贯通、不可管、不可用。

五是数字化组织和人才资源配套不足。协同推进水平有待提升，未建立推进数字化转型的组织和长效机制，资源整合程度不高；业务部门缺乏两化融合人才，内部培养的机制、渠道尚未完善；信息化部门缺乏人工智能、大数据、网络安全等领域的技术人才，引入成本高。

上述这些差距和不足是数字化转型中面临的现实挑战，但是不足也是潜力、差距也是动力。对于炼油企业来说，数字化转型已经不是选择题，而是“生存题”和“必答题”，当下已处于数字化转型的关键期。炼油企业必须抓住全球新一轮科技革命与产业变革的机遇，实施创新驱动发展战略，增强企业的科技创新能力，加速炼油企业数字技术升级，提高企业韧性，实现敏捷、高效运营。

数字化转型需要分阶段、分层次推动，不断提升业务能力，开辟新的发展空间，找到增量发展的新模式、新路径。对于我国的炼油企业来说，数字化转型应当从以下几个方面予以考虑。

一是加强数字化转型的组织管理，统筹推进转型快速落地见效。坚持数字化转型“一把手”工程，建立健全企业数字化转型组织管理体系；明确数字化转型工作责任分工，完善配套机制，形成跨部门、跨层级的数字化转型协同推进模式；实现业务流程化，流程标准化，夯实数字化基础，加强管理体系融合，打造敏捷组织，全面推动管理变革。

二是加快“数据＋平台＋应用”的落地，支持快速应用开发部署。按照“数据＋平台＋应用”模式，建设数据中台，沉淀业务中台，丰富技术中台，灵活支撑各业务领域应用需求；重视数据资产的管理和挖掘应用。构建数据治理体系，梳理数据资源，形成数据资产。

加强跨平台跨系统互联，开发和挖掘数据资产。

三是加大数字化基础设施投入，加快推进炼油业务转型升级。扩大新一代信息技术应用覆盖面，推动新一代信息技术与供应链、生产管控、设备管理、安全环保、热电水务等业务深度融合；提高热电、水务、环保和物流等领域设备的数字化水平，对现有仪表、计量等进行数字化、自动化改造，提升基础设施物联接入能力，实现人、物、工艺、设备、环境互通互联，提升现场作业自动化水平和作业效率；加强自动化数采基础设施配套，提高企业装置、设施的自动化水平；加大信创工程投入，加快推进工程设计、施工管理、实时数据库、实时在线优化、流程模拟等专业软件的研发和国产化替代，提升自主可控水平。

四是加强数字化人才队伍建设，发挥人才的引领和支撑作用。加强数字化人才与复合型人才引进培养，采取交叉培养、轮岗锻炼等措施，促进数字化人才与业务人才的流动，实现数字人才专业化、专业人才数字化的融合发展；培育一批信息和数字化领域的领军人才、专家人才、骨干人才，提升专家比例，发挥数字化专家的技术把关和参谋作用；加强信息和数字化高端人才与复合型人才引进，与先进企业打造联合体，加强技术合作、联合创新。

第二章　数字化转型重点方向

炼油业务数字化转型应着力从经营管理、生产营运、产销衔接、专业化管理和信息化支撑五大领域开展工作，围绕核心业务开展数字化转型，以数字技术驱动管理创新、业务创新和商业模式创新，实现炼油业务高质量发展，如图5－2－1所示。

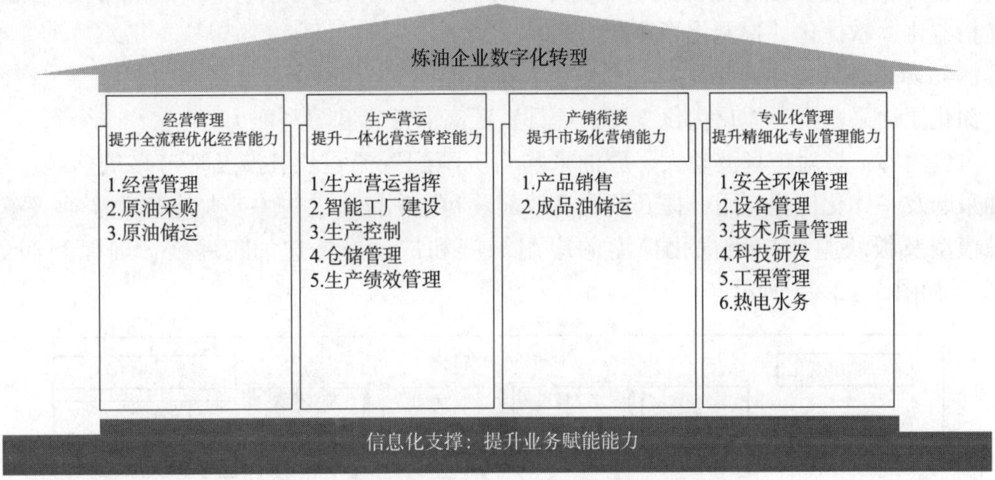

图5－2－1　炼油业务数字化转型的重点任务

第一节　数字化转型目标

数字化转型是数字时代背景下，企业经营战略、治理体系、组织形态、生产方式、运营模式等全方位的改造、变革和重构过程，需要聚焦价值链整合、产业链优化、资源优化配置、安全环保节能减排、设备完整性管理等场景，形成智能制造新模式。这是一项长期复杂的系统工程。

数字化转型的目标是以数字技术为驱动、以数据资源为核心生产要素、以融合创新为基本形式、以数字生态为赋能手段、推动产业高端化、高效化发展，提高全要素生产率，释放数字经济发展的放大、叠加、倍增作用，实现发展方式转变、经济结构优化、增长动力转换，提升企业全流程优化经营能力、一体化营运管控能力、市场化营销能力、精细化专业管理能力和业务赋能能力，推动业务数字化转型，促进质量变革、效率变革、动力变革，为炼油业务升级、业态创新、服务拓展及生态构建注入新动能，实现炼油业务高质量发展。

第二节　数字化转型重点培育的能力

一、经营管理：提升全流程优化经营能力

（一）经营管理数字化转型

开展经营管理数字化转型，打造精益化、敏捷化、智能化管理新模式。

主要内容：聚焦战略管理、业财融合和资源优化，采用云计算、人工智能、大数据、区块链等信息技术，打造经营管理数据的共建、共享、共用能力，深度挖掘数据价值，提升精细管理、智能管控、敏捷组织和科学决策能力，提升企业管理效率，降低运营成本，打造精益化、敏捷化、智能化管理新模式。

（二）原油采购数字化转型

深化原油采购及一体化优化应用，提升资源高效配置和盈利能力。

主要内容：针对市场波动大、原油采购与资源配置流程长、涉及环节多等问题，深化原油采购及一体化优化应用，提升资源高效配置和盈利能力。进一步加强炼化企业级模型、区域模型及板块整体三级优化模型的应用深度和广度，精选加工路线、确保利润最大化[24]，如图 5－2－2 所示。

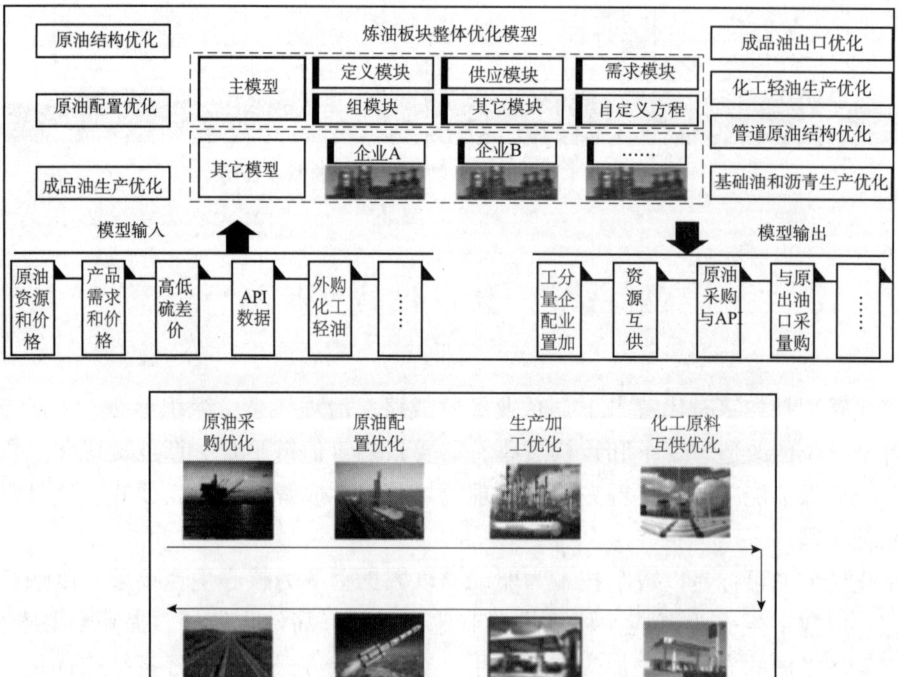

图 5－2－2　原油采购数字化转型

（三）原油储运数字化转型

开展原油智能油库建设，提升原油战略资源储备和保障能力。

主要内容：利用北斗、智能视频以及机器人等技术，围绕原油输送、原油仓储和管线

等配套设施，重点开展现场收发油作业、原油计量、安全应急、节能环保和生产保障等业务应用建设，提高现场作业的自动化和安全节能水平。

二、生产营运：提升一体化营运管控能力

以“效益最大化”为目标，建设企业计划、调度、操作和控制优化一体化闭环管理体系，提升企业多业务协同优化，装置精准控制和实时优化能力，实现从局部优化向区域优化、全局优化转变，实现生产全过程效益最大化。

（一）生产营运指挥数字化转型

开展企业智能运营中心建设，打造实时监测、智能分析、智能运营的生产运营指挥新模式。

主要内容：聚焦炼油企业效益最大化和资源利用最大化，采用人工智能、大数据、增强现实、机器人等新技术，提升智能化运营分析、协同优化、监测预警、调度指挥、科学决策等方面的支撑能力，推进组织变革、优化创效，提升实时化、可视化、协同化、精益化管理水平，支持炼油业务一体化、智能化、精细化、可视化、实时化的智能运营，充分发挥态势监测、应急指挥、展示汇报、流程管理、辅助决策等多重作用，有效提升跨部门决策和资源协调指挥效率。

某能源化工集团生产完成情况预测如图 5－2－3 所示。

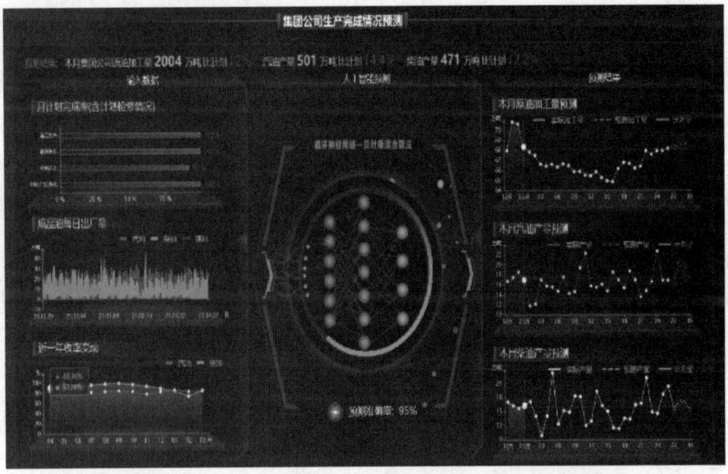

图 5－2－3　某能源化工集团生产完成情况预测

（二）智能工厂建设

开展智能工厂建设，打造协同优化、实时优化、全局优化的炼化生产新模式。

主要内容：聚焦一体化计划、指挥、分析、资源统筹、异常捕捉、预警预测，提升全产业链资源优化能力、生产集成管控能力、安全预警能力和应急响应能力。从效益最大化角度，实现计划、调度、操作、控制多级协同优化，提升劳动生产率；从生产管控精细协同角度，提高生产管理效率、实现业务高效协同；从供应链全过程增值角度，通过计划、调度、装置、控制四个层面的一体化优化实现生产全过程效益最大化。开展智能调度、智能化检测、智能巡检、智能报警、智能故障诊断系统建设，打造一体化生产管控中心，促进分散式的生产管理转变为集中、协同式管理，实现生产运行、调度指挥、全流程优化、

安全管控、环保监测、DCS 控制、视频监控等一体化管控，强化公司、部门、现场的协同与响应能力，实现业务协同高效有序、生产优化动态调整，提高资源配置优化水平。开展实时在线优化、原油在线调和、智能油品调合等技术应用。发展无人值守、无人巡检、生产过程无人干预等替代程序化操作，提升现场生产自动化水平和生产效率；利用无人机、AGV 小车、巡检机器人等石化专有机器人，实现在外操巡检、安防、应急、工程建设、化验分析检测，推进生产执行层面的智能化和生产组织模式转型。智能工厂建设如图 5-2-4 所示。

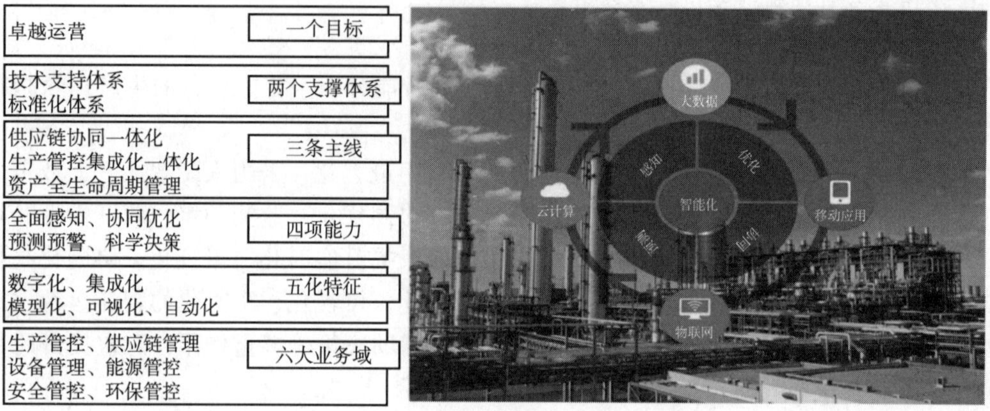

图 5-2-4　智能工厂建设

（三）生产控制数字化转型

实现从原油到装置操作参数的炼油全流程一体化智能协同优化的闭环管理，提升敏捷生产能力和企业经济效益。

主要内容：通过建立一体化生产管控中心，新一代生产调度指挥中心，促进传统的分散式的相互独立的生产管理转变为集中、协同式管理的新模式，实现车间生产运行、调度指挥、安全管控、环保监测、DCS 控制、视频监控等一体化管控，在信息高度集中、资源高度集中、决策高度集中的基础上，强化公司、部门、现场的协同与响应能力，最终实现生产效率提高、生产控制力提高、生产优化决策能力提高。多变量智能建模原理图如图 5-2-5 所示。

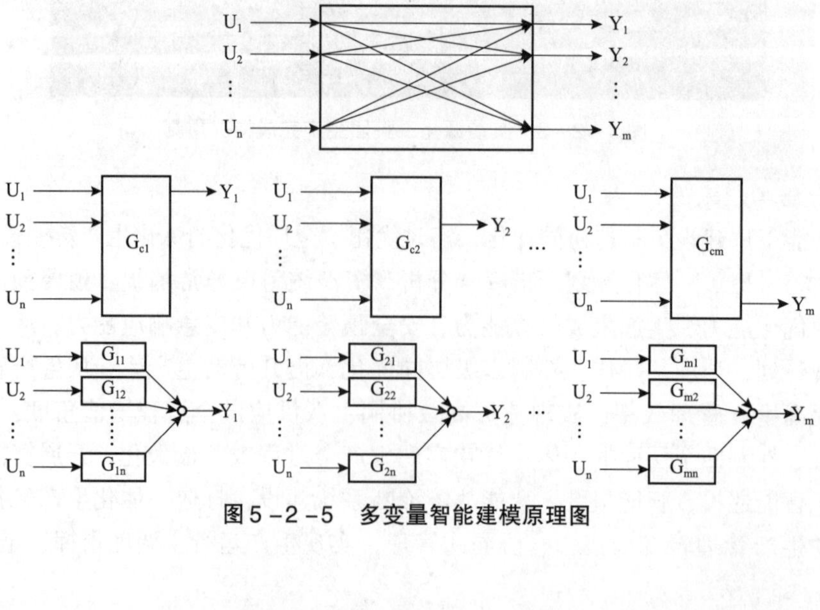

图 5-2-5　多变量智能建模原理图

(四)仓储管理数字化转型

实现传统仓库的数字化改造升级，打造企业智能仓储(无人或少人)新模式。

主要内容：聚焦5G、工业机器人(无人叉车、AGV小车、立体库机器人)、机器视觉等多种数字技术与企业物资仓库和固体仓库的深度融合，实现传统仓库的数字化改造升级，实现现场作业环境的无人化或少人化，全面提升仓库的自动化管理水平，提高仓库管理的效率和吞吐能力。智能立体仓库如图5-2-6所示。

图5-2-6　智能立体仓库

(五)生产绩效管理数字化转型

用数字化手段实现班组级、装置级、公司级生产绩效的优化，实现炼油业务运营管理向价值型转变。

主要内容：以效益最大化为导向，建立面向炼油业务的装置级、公司级价格模型，效益测算模型、滚动平衡优化等模型，开展班组级、装置级、公司级效益日评价、日优化，准确把握市场动态，增产高附加值产品，增强企业盈利分析能力，持续推动炼油业务运营管理向价值型转变。某炼油企业日优化系统如图5-2-7所示。

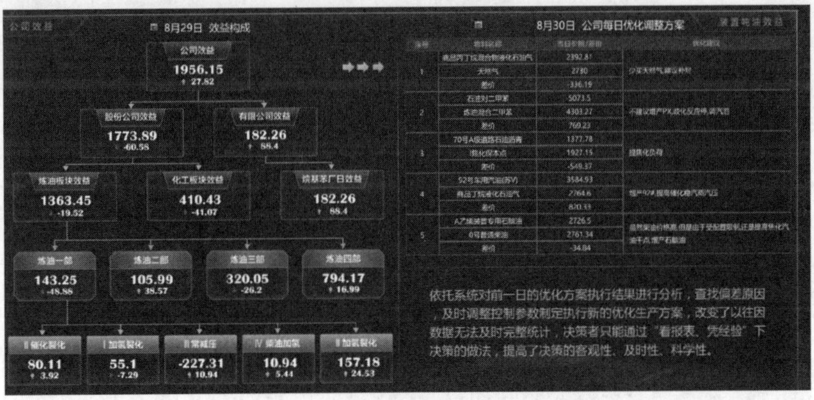

图5-2-7　某炼油企业日优化系统

三、产销衔接：提升市场化营销能力

(一)产品销售数字化转型

坚持炼销一体化，提升资源统筹能力。实现产销一体化，提升差异化产品的市场竞争力。开展市场走势分析研判，把信息及时精确传导给生产系统，将市场需求作为生产的调度令，促进资源和市场有效对接，巩固市场竞争优势。

主要内容：根据市场要求，建立供应链的需求预测管理模型，优化生产计划。根据加油站每天零售数据和直分销数据，预测消费需求，实现供应链货源精准供应。

加强供应链管理，精准地从需求侧开始推到生产端实现销售单位与炼油厂的数据互通，动态调整库存资源进行生产计划的优化。

(二)成品油储运数字化转型

开展智能油库建设，实现资源全覆盖、过程全掌握、信息及时传递、兼顾效益与效率的经营型智慧物流体系。

主要内容：通过大数据技术、北斗卫星定位技术，基于油库、油站、液位仪、车辆、管道、油库、轮船等多维度数据，建设成品油储运及物流优化，实现油库管理、油站脱销预警、主动补货、智能调度的全过程可视化管理新模式。智能油库如图 5－2－8 所示。

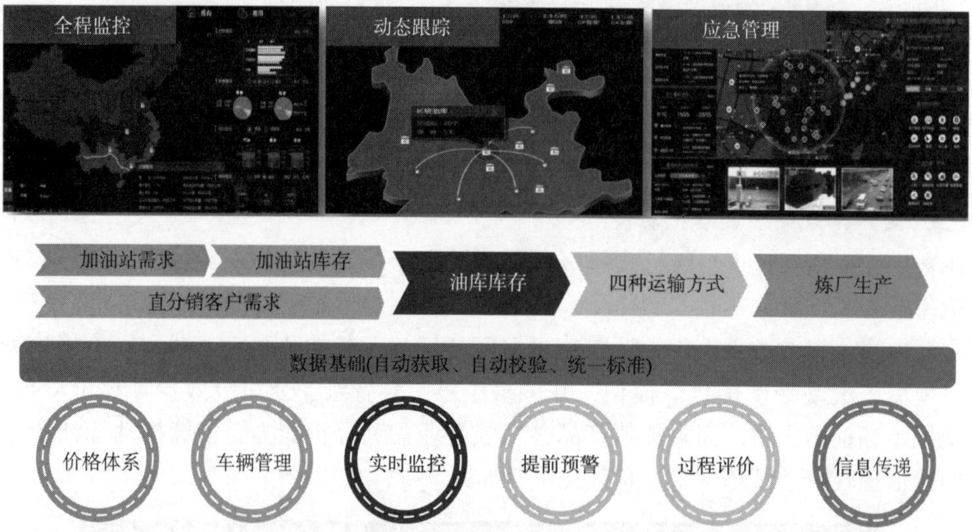

图5－2－8　智能油库

四、专业化管理：提升精细化专业管理能力

(一)安全环保管理数字化转型

开展安全环保管理数字化转型，打造本质安全、绿色发展的低碳新模式。

主要内容：聚焦本质安全，采用5G、北斗、传感器、智能分析识别等技术，探索安全生产管理新方式，提升风险防控、隐患治理能力，实现企业生产、工艺、设备设施安全异常的实时报警，促进 HSSE 管理体系高效运行。建立与数字化智能化发展相适应的安全管理组织体系，打造集中监测、集中管控的安全管理新模式。三维联动事故推演如图 5－2－9 所示。

图5－2－9　三维联动事故推演

聚焦绿色发展，采用云计算、大数据、物联网、人工智能等新技术，推进能源环境一体化管理，加强源头

治理，实现污染源在线监测，强化废水、废气和固体废弃物的排放过程管控，提升重大环境风险管控与预测预警能力。建立与数字化智能化发展相适应的环保管理组织体系，打造智能感知、智能预警、智能决策的智慧环保新模式。环保地图如图5-2-10所示。

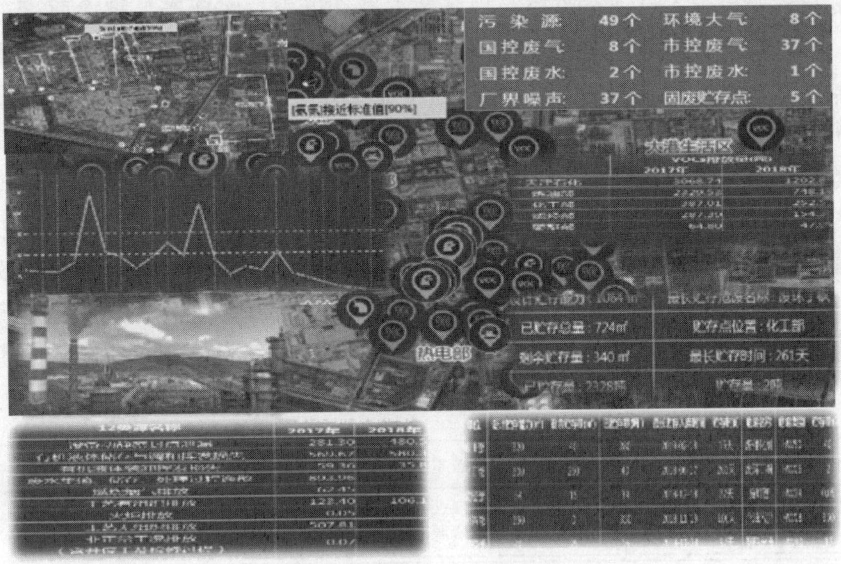

图5-2-10 环保地图

(二)设备管理数字化转型

开展设备管理数字化转型，打造设备智能诊断、预知维修新模式。

主要内容：聚焦设备资产全生命周期管理，采用物联网、大数据、人工智能等技术，提升设备运行状态的实时感知能力，实现设备全要素管理。建设设备管理运营中心，落实动、静、电、仪设备的预知性维修策略，开展统一的设备远程监测和运维支持服务，打造智能诊断、预知维修新模式。三维可视化大型机组培训如图5-2-11所示。

图5-2-11 三维可视化大型机组培训

(三)技术质量管理数字化转型

推进质量管理和实验室智能化建设，持续提升产品质量。

主要内容：加强实验室全要素智能管控，提升实验室现场的有害气体监测、采样移动终端、试剂材料监控、人员动态监控等现场数据感知能力，实现产品批次质量正向追踪和逆向追溯；在采样、化验等作业环节采用实验室机器人，实现作业环境的无人化操作，提高作业的效率。

(四)科技研发数字化转型

开展智能化研究院建设(见图5-2-12)，打造开放、融合、协同的科研新模式。

主要内容：聚焦科研管理、科研创新和技术服务三条主线，采用大数据、人工智能、高性能计算等技术，实现科研项目精细管理、科研资源灵活调度、科研手段持续升级、技术市场快速响应，打造高水平联合创新平台，提升科研项目管理、实验室智能管控和技术服务三大能力。建立健全技术服务专家团队，创新技术服务模式，打造扁平化的科研组织机构，提升科研资源的利用效率，打造开放、融合、协同的科研新模式。

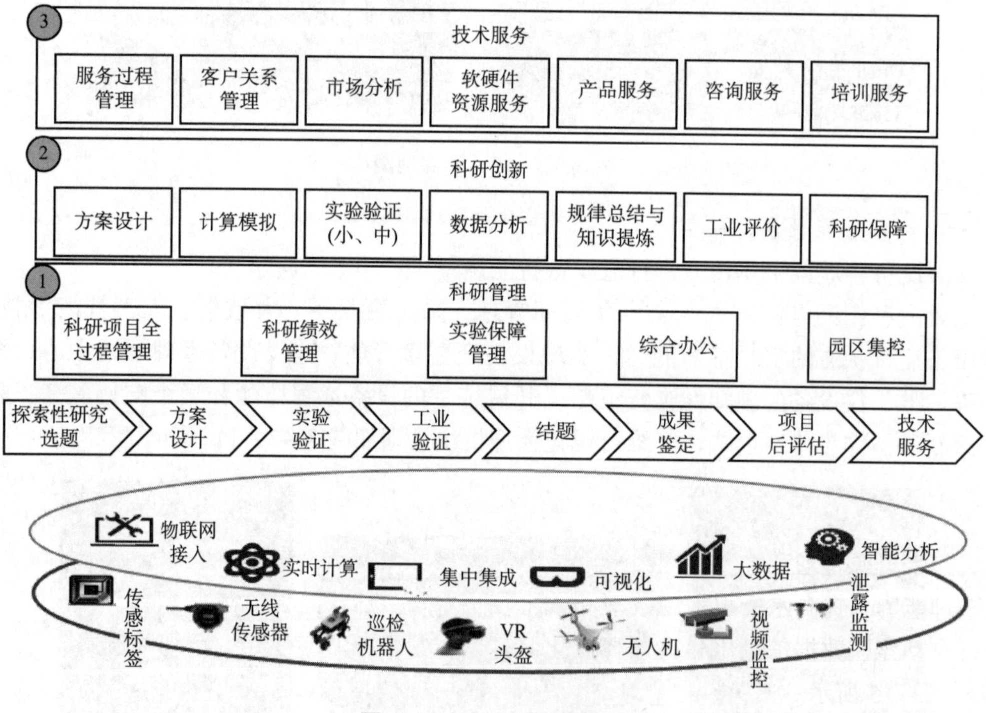

图5-2-12　智能研究院

(五)工程管理数字化转型

开展数字化工程建设(见图5-2-13)，打造协同设计、数字交付和智能服务新模式。

主要内容：聚焦项目全生命周期管理，采用边缘计算、大数据、机器学习等新技术，提升工程设计及生产工具数字化应用能力和国际化运营管理能力，实现集成化工程设计与可视化现场施工一体化、模块化工厂设计与智能制造一体化、数字化工程建设与智能工厂运营一体化，建立一体化工程设计与数字化创新中心，打造协同设计、数字交付和智能服务新模式。

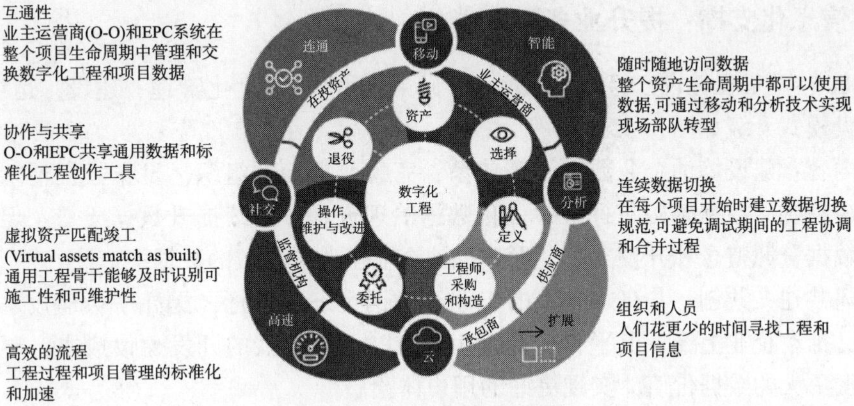

图5－2－13　数字化工程[25]

(六)热电水务数字化转型

开展公用工程数字化转型，打造一体化、集约化、共享化管理新模式。

主要内容：聚焦节能减排，采用智能传感、大数据、高性能计算和智能优化控制等技术，完成热电机组生产运行管控和自备电厂信息化建设，提升电厂一体化优化、机组优化和热电联产优化水平，建立健全能源优化组织体系，实现热电生产过程一体化管控，打造现代化的热电生产、供应新模式。基于深度数据分析的热电管理应用如图5－2－14所示。

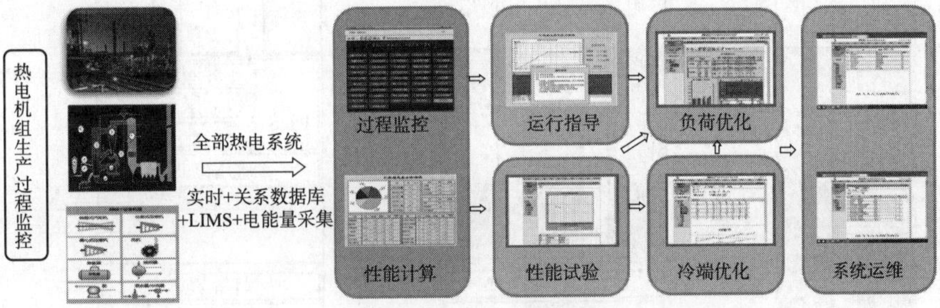

图5－2－14　基于深度数据分析的热电管理应用

聚焦水资源管理和水质管理，采用传感器、物联网、数据挖掘等技术，提升水务专业能效管理能力，提高水资源利用效率和技术装备水平。加快建设标准化水场，实现水务业务运行自动化、数据信息化和决策智能化，打造智慧水务。专业化、精细化的水资源管理如图5－2－15所示。

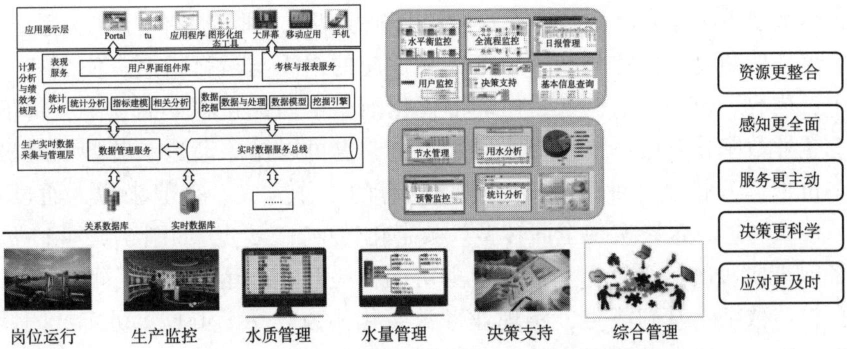

图5－2－15　专业化、精细化的水资源管理

五、信息化支撑：提升业务赋能能力

完成 IT 转型工程建设，打造“数据 + 平台 + 应用”的信息化管理、建设、运维新模式。信息化建设模式升级如图 5 – 2 – 16 所示。

主要内容：建设炼油企业数据治理体系，完善数据治理组织，发布数据治理相关管理制度和办法，统一数据架构与标准，优化数据治理流程，持续提升数据质量，保障数据安全，推动数据资源整合和开发共享，形成炼油企业全业务领域的数据资产。

以构建共建、共创、共享、共赢的工业互联网生态为目标，提高平台建设水平，提高运维效率，推动企业上云、上平台，开发工业 APP，以更低的开发建设成本、更快的响应速度，挖掘更大的数据价值，实现更好的用户体验。

加强网络安全体系化规划建设，夯实网络安全防御基础。以体系化的安全规划为牵引，通过科学、高质的项目建设快速补齐短板，持续提高能力建设，以整体化、集中化、规模化的方式规划建设“安全基础设施”，形成具备“精细化安全管控、体系化安全防御、实战化安全运行”的综合网络安全防御能力。

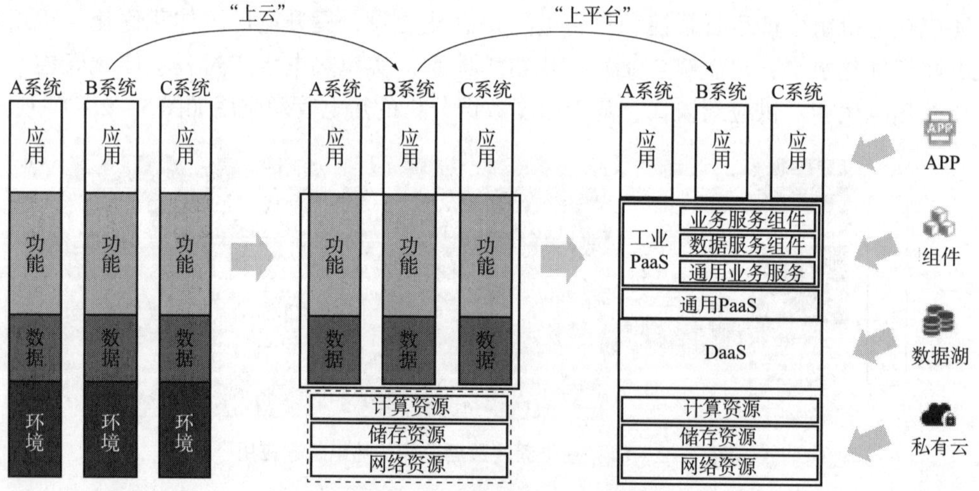

图 5 – 2 – 16　信息化建设模式升级

第三节　数字化转型路径

数字化转型要着力培育壮大数字生产力，打破层级化、职能化的生产关系，从供应链、产业链、价值链的角度，构建与数字生产力相适应的组织与运行机制，实现模式再造。在转型推进中，内容、范围不断扩大，由局部优化渐至全局优化和全面变革，价值效益随之逐步提升。企业数字化基础不同，可以同步推进，也可以循序渐进。转型的终极目标是重新定义客户价值，开拓全新业务模式，颠覆固有的工作方式。一般来说，通过业务赋能、运营优化、模式再造，最终实现全面转型。数字化转型“三步走”如图 5 – 2 – 17 所示。

1）业务赋能阶段的核心目标是加强业务协同，提升业务运行效率。其关注重点实质是技术转型，打造数字化基础能力，实现业务数字化，为产品、工具、员工、团队赋能；统筹推进数据融通，加快数据资源共享，提升数据的管理和运用能力。

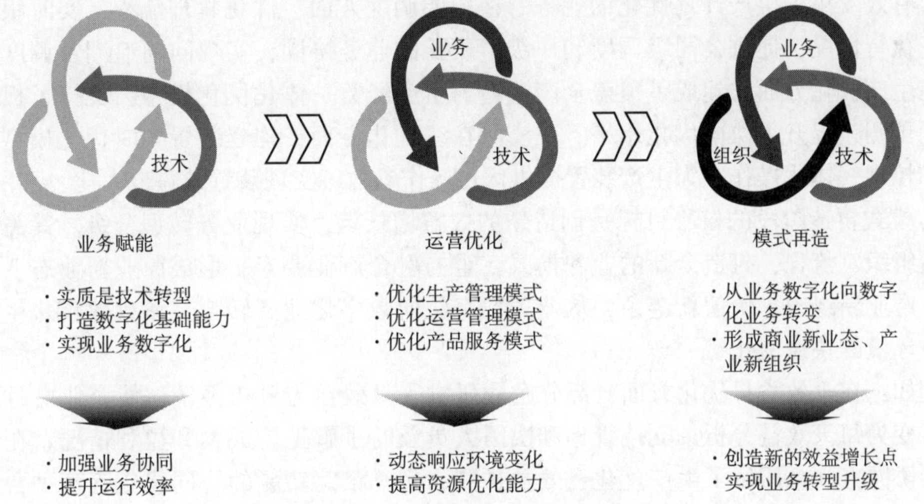

图5－2－17　数字化转型“三步走”

例如：在MES的应用方面，生产执行系统支撑生产业务精细化、规范化管理和调度指挥协同。在设备管理方面，整合关键机组、机泵、腐蚀回路等设备监控，设备故障进行智能诊断及预测预警，制定合理的维修策略。在质量管理方面，LES与LIMS集成，提高了质量管理水平。LES对实验步骤进行量化，规范分析方法，形成标准模型。LIMS应用于生产、质管、质检等环节，支持原材料、产品、过程分析等质量管理相关业务，满足了企业对产品质量监管的需求。在安全管理方面，建设安全管理、应急指挥等系统，实现报警信息的集中管理，提升了企业应急响应能力和本质安全水平。在环保管控方面，搭建了一体化环保管理平台，支撑环保管控体系运行及泄漏检测与修复技术在炼化企业全面建设，降低挥发性有机物排放及加工损失。

2)运营优化阶段的核心目标是动态响应内外环境变化，提高资源优化能力。关注重点为优化管理模式、运营模式、产品服务模式、生产模式；挖掘数据价值，形成数据洞察，以数据自动流转带动资金流、人才流、物资流的合理配置，实现智能决策。生产经营一体化优化模型如图5－2－18所示。

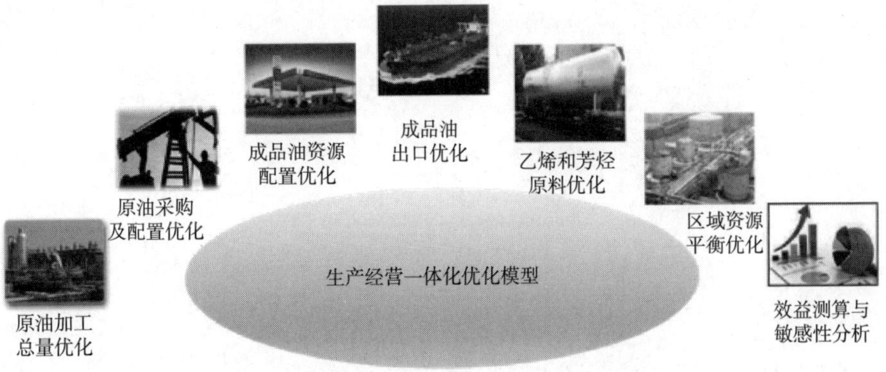

图5－2－18　生产经营一体化优化模型

例如：在计划优化方面，构建计划优化模型，充分发挥模型测算作用，合理安排企业生产计划，推进产品结构调整，实现了油－炼－化－销上中下游全产业链的生产计划优化功能，有效支撑了生产计划优化的业务。在智能调度方面，优化管理流程，实时跟踪物流及指令执行情况，促进公司级调度和厂级值班长的业务协同，实现问题追溯及调度指令管理。在生产优化方面，建成了覆盖全产业链的生产经营一体化优化模型，支持了板块现金流准确预测，提升了协同优化水平。在实时在线优化方面，构建装置实时优化模型，实现优化和控制一体化操作，为生产装置提供优化操作参数，实现装置效益最大化。

3）模式再造阶段的核心目标是创造新的效益增长点，实现业务转型升级。其关注重点为再造组织、流程，打造全新的业务模式，重构融合产业要素，形成商业新业态、业务新环节、产业新组织、价值新链条，从业务数字化向数字化业务转变，形成数字化生态，适应竞争环境的快速变化。

例如：在日效益日优化方面，部分企业研发了日效益与分析系统，使企业由月度效益分析转变为每天效益分析，支持管理和决策人员及时了解工厂成本和盈利情况。在计划调度生产协同方面，研发了生产优化、效益预测、实时跟踪功能的协同优化管理平台，持续开展加工路线比选、装置优化等工作，改善产品结构，增产高附加值产品。在无人值守方面，开创“黑屏操作”方式，屏蔽无效报警，实现生产正常状态下操控台黑屏，生产异常状态下系统自动精准警示。在智能立体仓库方面，建成国内石化行业首个超大型全封闭、全自动、无人操作聚丙烯立体仓库，实现了固体产品包装、仓库作业的自动化管理和无人装车发货。在远程技术诊断方面，变设备现场故障诊断为现场远程协同诊断，发挥行业、科技、专家优势，开展设备远程诊断服务，保障了设备长周期稳定运行。

第三章　数字化转型主要应用技术

经历了蒸汽革命、电力革命以及以自动化应用为代表的第三次工业革命，目前，以大数据、云计算、物联网、区块链、人工智能等技术为驱动力的第四次工业革命正以前所未有的态势席卷全球。第四次工业革命的核心是数字化、网络化与智能化的深度融合。在这场技术革命中，工厂内外的生产设备、产品及人员之间将连接在一起，收集分析相关信息，预判错误，不断进行自我调整，以适应不断变化的环境。越来越多的技术系统或产品能够在无人介入的情况下自主执行某些功能[26]。比如，装载了GPS的汽车能够"知道"自己在哪里；通过内置微型相机和传感器，一个系统可以"辨认出"另一个系统；通过优秀的程序化控制，一个系统能够独立地对外界条件作出反应，在一定程度上优化自己的行为。

在每一次的工业革命中，技术的创新和应用至关重要，数字孪生、大数据、物联网、工业互联网、人工智能等技术在炼油行业的数字化转型实践中初见成效，在生产、工艺、设备、安全、环保等多个领域实现了成功的应用，帮助炼油企业实现了信息世界与物理世界的融合，对业务进行了高效的分析优化，对生产环节多维信息进行全面感知、高度共享，提高了生产效率、降低了运营成本，未来必将成为炼油行业数字化转型的重要技术引擎，支撑炼油企业业务转型发展，应引起企业的重点关注。

第一节　数字孪生

数字孪生(Digital Twin，DT)是一种实现物理系统向信息空间数字化模型映射的关键技术，它通过充分利用布置在系统各部分的传感器，对物理实体进行数据分析与建模，形成多学科、多物理量、多时间尺度、多概率的仿真过程，将物理系统在不同真实场景中的全生命周期过程反映出来。数字孪生示意图如图5-3-1所示。

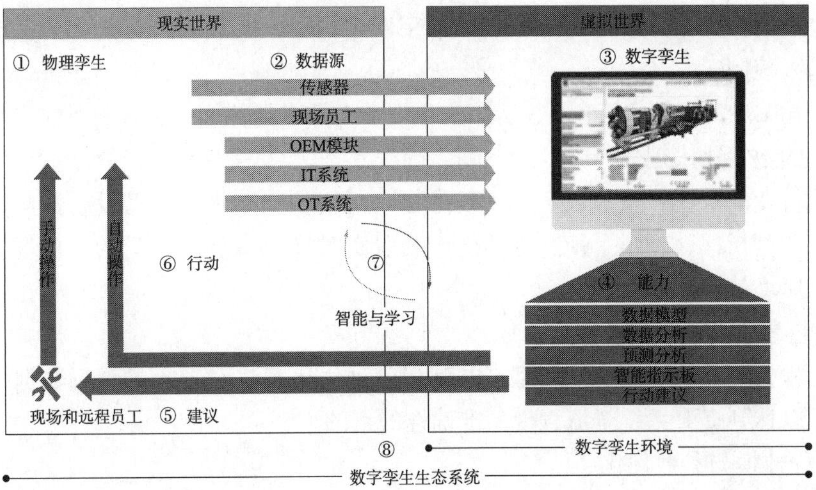

图5-3-1　数字孪生示意图

通常，与数字孪生同时被提到的还有信息物理系统(CPS)，二者都是为了描述信息空间与物理世界融合的状态，但两个概念并不完全相同。

CPS 构筑信息空间与物理空间数据交互的闭环通道，能够实现信息虚体与物理实体之间的交互联动。以物理实体建模产生的静态模型为基础，通过实时数据采集、数据集成和监控，动态跟踪物理实体的工作状态和工作进展(如采集测量结果、追溯信息等)，将物理空间中的物理实体在信息空间进行全要素重建，形成具有感知、分析、决策、执行能力的数字孪生(亦称为数字化映射、数字镜像、数字双胞胎)。同时借助信息空间对数据综合分析处理的能力，形成对外部复杂环境变化的有效决策，并通过以虚控实的方式作用到物理实体。

CPS 技术体系主要分为 CPS 总体技术、CPS 支撑技术、CPS 核心技术。数字孪生属于 CPS 核心技术的重要一环。CPS 的技术体系如图 5 - 3 - 2 所示。

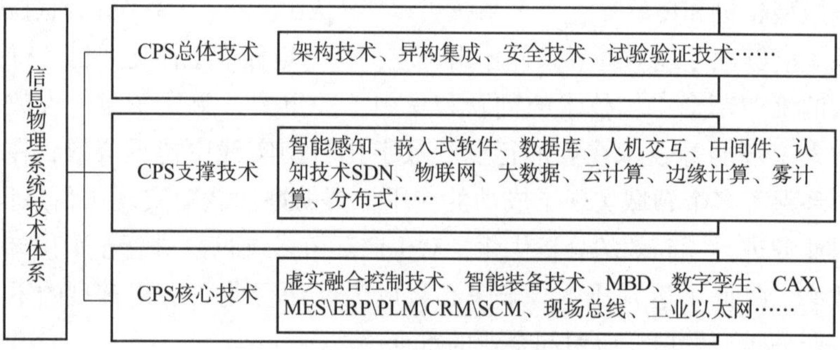

图 5 - 3 - 2　CPS 的技术体系

数字孪生的发展趋势：未来数字孪生将进一步与人工智能、大数据、物联网等技术进行融合，构建一个高效、健壮的数字孪生系统。

在技术层面的发展趋势：构建涵盖产品全生命周期、制造执行和运营管理的数字孪生模型；将大数据分析融入到数字孪生模型中，实现智能分析和预测；实现基于孪生模型的虚拟调试；基于数字孪生的最优反馈控制及数字孪生的安全性能。

在应用层面的发展趋势：利用数字孪生模型构建新型仿真系统，实现产品状态信息与数字孪生模型同步更新；构建工厂级别的数字孪生模型，实现生产全过程的实时监控、过程优化和远程控制。

咨询公司 Gartner 连续多年将数字孪生列为十大技术趋势之一，并将其定义为现实世界实体或系统的数字化表现。

在炼油行业的应用：目前数字孪生技术在大机组仿真培训、大型设备健康分析、生产运行监控、调度指挥、物料平衡、炼油生产装置实时优化中具有广泛的应用场景，促进生产优化和提质增效。

(1)工艺参数设计与仿真

采用流程模拟软件构建机理模型，并利用各种优化算法对导入的现场数据进行处理以校正模型，以达到提升系统全流程模型准确性的目的。

(2)过程建模与参数优化

构造目标函数、开发出合适的优化器，然后根据目标函数和约束条件求解模型最优值，并给出所需要的操作条件，以达到能够在最优操作条件下实时指导生产过程并且优化控制目标的目的。

(3)生产协同优化

炼油生产时涉及多项优化过程，包括物料配方优化、工艺参数优化、以及生产过程的优化控制，其涉及各种模型且产生过程中操作成本均不一样，因此需要对生产原料等进行优化。物料配方优化可以保证企业合理地选择、利用原油，确保各个环节产品质量的同时降低炼油生产成本、降低污染物排放，从而增强企业竞争力。

(4)设备故障诊断与远程运维

为保证设备能够安全可靠地运行，利用各种算法和模型，基于数字孪生技术构建设备孪生体，实现设备异常/故障预警、诊断溯源，能够降低设备诊断难度，提高诊断的准确性与可靠性，保障设备可靠运行，例如设备故障诊断模型、维修策略模型以及参数预测算法等，对设备运行状况和生产过程实施在线监控与健康评估，并自动给出诊断报告、提供解决方案。

(5)信息和物理融合

构建模拟的石油化工物理实体状态的虚拟模型，再利用各种传感器等基础设施，采集石油化工领域生产流程可能涉及到的所有数据，实现信息和物理的融合，最终将石油化工的物理实体完全映射到虚拟实体上，同时利用各种优化算法改进与优化模型参数。

第二节　大数据

随着数字经济在全球的加速推进，以及5G、人工智能、物联网等相关技术的快速发展，数据已成为影响全球竞争的关键战略性资源。

一、大数据的发展趋势

2020年以来，大数据技术环境发生了一些变化，一些新的技术趋势应运而生，重点呈现出以下几点趋势。

(1)基础技术：控制成本按需索取成为主要理念

大数据技术自诞生以来始终沿袭着基于Hadoop或者MPP的分布式框架，利用可扩展的特性通过资源的水平扩展来适应更大的数据量和更高的计算需求，并形成了具备存储计算处理分析等能力的完整平台。以往，为了应对网络速度不足、数据在各节点间交换时间较长的问题，大数据分布式框架设计采用存储与计算耦合，使数据在自身存储的节点上完成计算，以降低交互。同时，无论是私有化部署还是云化服务，大数据平台始终以具备数据存储计算处理分析等完整能力的形态提供服务。

(2)数据管理：自动化智能化数据管理需求紧迫

近年来数据管理相关的概念和方法论备受关注，在大数据浪潮下越来越多的政府、企业等组织开始关注如何管理好、使用好数据，从而使数据能够藉由应用和服务转化为额外价值。

(3)分析应用：分析需求旺盛引导数据分析新方向

随着深度学习的迅速发展，传统的针对以独立数据集合为对象的分析技术不断成熟。相对的，对于存在关联关系的数据进行关联分析的需求愈加旺盛。关联分析最早始于由20世纪90年代，由“购物篮分析”问题，即通过从顾客交易列表中发掘其购物行为模式引申而来。早期机器学习领域中也有Apriori、FP - growth等经典频繁模式挖掘算法实现对于关联规则的挖掘分析。

(4)安全流通：隐私计算技术稳步发展热度持续上升

除了对数据进行分析挖掘以外，数据的共享及流通是另一个实现数据价值释放的方向。无论是直接对外提供数据查询服务，还是与外部数据进行融合分析应用，都是实现数据价值变现的重要方式。在数据安全事件频发的当下，如何在不同组织间进行安全可控的数据流通始终缺乏有效的技术保障。同时，随着相关法律的逐步完善，数据的对外流通面临更加严格的规范限制，合规问题进一步对多个组织间的数据流通产生制约。

二、在炼油行业的应用

炼油行业的大数据应用主要应用于优化业务链、设备运营状态诊断、市场营销分析、能源管理分析等领域。

1)实现炼油物流优化与排产决策等，提高生产运行效率、降低生产成本并实现节能降耗。

2)基于广泛实时采集自动控制和物联网数据分析各类重要设备的运行参数，根据预置及通过学习获取的各类分析模型对设备故障进行预警，通过预防性维护有效降低设备运维成本，避免不必要的停工损失。

3)针对行业内的成品油、天然气、化工等产品进行市场及客户分析，帮助制定有针对性的营销方案，更好满足不同类型的客户需求。

4)通过自动采集并汇总分析各类型用能、用水数据分析，查找存在的“跑冒滴漏”等异常问题，结合用能设备类型开展能耗分析评价，实现节能降耗。

第三节　物联网

物联网，即万物相连的互联网，是指通过信息传感设备，按约定的协议，将任何物体与网络相连接，物体通过信息传播媒介进行信息交换和通信，以实现智能化识别、定位、跟踪、监管等功能。

一、物联网的发展趋势

近些年，随着物联网技术的不断发展，该技术正加速渗透到生产的各个方面，物联网开始呈现出如下发展趋势：

(1)物联网的进一步工业应用

尽管不太可能很快看到全自动的“熄灯”工厂，但在未来十年中，工业物联网设备可能会变得越来越广泛。诸如预测性维护、协作机器人和远程访问之类的工业应用将进一步推动工业物联网设备的广泛采用。工厂将寻找方法来实施新的物联网技术，并扩展现有智能数据收集方法。

(2)物联网设备将更智能

与其他技术类型相比，物联网设备通常获得更多关于设备和用户的数据和信息。2020年，全球已有约310亿台物联网设备。物联网通常获取或收集大量的数据，而人工智能会提取这些必不可少的数据。不久，我们将能看到物联网设备的分析行为，它们将协助技术人员提供实用的建议。

(3)边缘计算成为关键

边缘计算是云计算的一种替代方法，在边缘计算中，数据由网络边缘的设备处理。随着5G等技术使连接更加可靠，将处理功能分发到物联网边缘将变得更加实用。依赖物联网的企业可以分散其计算功能，并利用边缘设备的处理能力。随着主要行业找到将技术应用于其特定需求的新方法，物联网的采用率会在未来十年大幅增加。在更好的数据收集和分析以及预测性维护等应用的推动下，重工业、城市规划和医疗领域都有可能继续采用物联网技术。

(4)扩展大数据收集方案

大多数行业使用物联网的核心是数据。集成物联网的城市、工厂和医院都在使用智能设备和传感器来收集海量数据，并分分秒秒提供更新，这些数据可用于决策制定和优化工作流程。数据量的增加对收集、储存和分析这些数据提出了严峻的挑战。这需要新的、先进的分析工具来处理这些系统收集的大量数据。在未来十年，我们会看到大数据和人工智能分析平台采用率的大幅增加。

(5)更好的数据分析

现在，如何将世界与物联网和人工智能相结合，成为所有企业和个人的决策助手。人工智能是一种可以快速识别趋势的机器学习系统。物联网技术趋势将带来更好的数据分析，并使其更易于维护。它还从大量数据中收集见解，以便为我们的生活更好地作出决策。

二、在炼油行业的应用

炼油行业可以通过构建物流领域的物联网，实现对油轮、车辆、管输、装置、产品等终端感知对象多维信息跨地域的全面感知、高度共享。基于物联网与现有应用系统的集成，利用数据挖掘和深度分析，逐步实现智能能源生产管理。

1)利用5G+物联网、融合通信等新技术，全面、动态实现“人防+技防”全方位监测检查，确保风险、隐患生命周期过程受控。

2)通过建设统一的监测预警系统，接入当地政府应急管理部门物联网管理平台，全面管控公司油库油品安全风险。

3)通过物联网采集炼油厂装置数据，并将数据运算和可视化，进行实时在线诊断，使炼油厂运营更安全、更可靠和更高效。

第四节　工业互联网

工业互联网是新一代信息技术与工业系统全方位深度融合所形成的产业和应用生态，通过人、机、物的全面互联，全要素、全产业链、全价值链地全面连接，对各类数据进行采集、传输、存储、分析并形成智能反馈，提高企业生产效率，创造差异化的产品并提供增值服务。工业互联网图谱如图 5 – 3 – 3 所示。

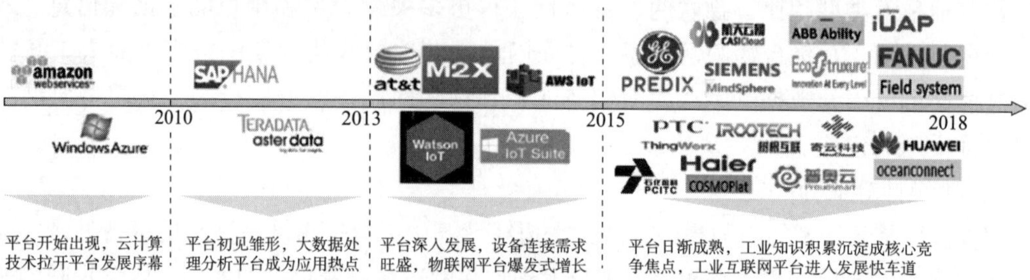

图 5 – 3 – 3　工业互联网图谱

一、工业互联网的发展趋势

目前，我国工业互联网发展仍处于初级阶段，在工业互联网推广过程中，基本的盈利方式是将平台作为一种软件成品或集成系统进行销售以获得。在此基础上，针对平台进行深度开发，依托特色功能进行收费，以及提供专业的运营优化服务是盈利的重要途径。我国工业互联网发展趋势可以概括为如下三个方面：

1）工业互联网平台将加快向细分垂直领域延伸。我国工业互联网已经得到较为广泛的应用和推广，未来在盈利模式多元化创新发展的趋势下，工业也将加速向细分垂直领域延伸，深度解决行业发展的痛点、难点。

2）工业互联网与新技术的融合将持续加深。在 5G、人工智能、区块链等技术的加速成熟和应用推广下，工业互联网将加快与新技术的融合发展，在数备安全、模型构建迭代、新型网络架构等方面不断创新，并涌现出新发展模式、应用场景。

3）工业互联网将成为产业升级的重要途径。工业互联网平台在整合企业数据、产业资源方面具备极大优势，未来在系统平台不断完善及网络架构全的趋势下，工业互联网将发挥其技术协同创新、产业资源配置、信息聚合共享的能力，助力区域产业转型升级和高质量发展。

二、在炼油行业的应用

炼油行业存在设备管理不透明、工艺知识传承难、产业链上下游协同水平不高、安全生产压力大等痛点，工业互联网平台可以在如下方面帮助炼油企业：

1）产品、设备监控：将传感技术、自动化技术融合，实现对产品、生产设备实时监控；记录使用情况，实现产品、设备远程调试、维修、保养、故障诊断，降低企业差旅、用工等费用，降低生产停工风险，提高企业服务速度、质量。

2）生产过程工艺优化：利用物联网相关技术，实现生产线过程检测、实时参数采集、生产设备监控、材料消耗监测，规范产品生产工艺，提高产品质量，优化生产流程。

3）企业原料采购、库存、销售：利用物联网、大数据、人工智能技术，实现采购、库存、销售实时联动，原料供应链管理体系可以应用传感网络技术，提高供应链效率，降低成本。

4)工业安全生产管理：将物联网技术实时监控安全源、危险区域，工作人员进入相应场所工作时可以实时监控工作人员的安全状态，实时感知，如有突发意外，可以第一时间解救。

5)环保监测：炼油生产过程中会产生各种污染源，在企业排污口安装无线传感设备，实时监控排污情况，并且可以远程关闭排污口，防止突发性环境污染事故发生。

第五节　人工智能

人工智能(Artificial Intelligence，AI)是研究、开发用于模拟、延伸和扩展人的智能的理论、方法、技术及应用系统的一门新的技术科学。

一、人工智能的发展趋势

1)AI将呈现多平台多系统协同态势，以实现更为广泛的赋能。具体可分为两个路径，一是通用平台向行业平台分化。立足于传统产业各自的行业业务逻辑，实现融合行业基础应用，深耕行业应用场景。二是端侧系统向协同系统发展。端侧系统目前功能单一且能力固化、应用场景有限且缺乏系统协同，现有的端侧应用无论是功能还是可扩展性上都远远达不到实际的泛化应用需求。因此要实现通用平台、行业平台和端侧应用的协同组合，以软硬一体的方式实现具体应用的功能定制和扩展。

2)聚焦于“端侧AI”。作为云计算的补充和优化，边缘计算可以在云上靠深度学习生成数据，而在设备本身执行模型的推断和预测，这样能够改善信号延迟问题，提高实时处理速率，具备更高的可靠性和安全性，同时在新旧设备之间灵活部署，实现信息互联互通。具体而言，端侧AI目前具有三个方面的发展方向。首先，未来巨量的多维数据集中处理与边缘式分布计算的需求，必将进一步挑战AI底层支持硬件，也就是芯片的计算能力。因此，覆盖端、边、云的AI芯片将有助于打造全场景AI解决方案，实现万物互联。其次，人工智能领域上下游企纷纷加快延伸拓展，致力于成为集成芯片、系统、终端的AI平台。最后，AI平台开源赋能，许多大型互联网企业已经推出了各自的AI高层开发框架，提供AI赋能产业的一站式解决方案，让其他企业和开发者能够更轻松的进行AI研发、应用和创新。

3)AI与其他数字技术将会有更广泛的融合、碰撞，带来无限想象空间。首先，AI与量子计算的结合，量子计算能够极大地提高生成、存储和分析大量数据的效率，增强机器学习的能力。其次，将人工智能融入VR/AR应用，能够更精准地识别目标舞台，提高视觉、行为形态和感知上的真实性。再次，人工智能与区块链结合，以去中心化的方式，对大量数据进行组织和维护，使更高规模、更高质量、可控制权限、可审计的全球去中心化人工智能数据标注平台成为可能。最后，AI与5G融合的前景也非常广阔，5G提供了强大、可靠的连接，能最大限度地提高AI在设备上的智能和响应能力，灵活适应智能制造领域的需求。

二、在炼油行业的应用

在经营管理领域，人工智能有助于优化管理流程、辅助智能决策，提升企业精益管理水平。在炼油生产领域，人工智能有助于优化生产过程，降低能耗和成本。在油气销售领域，人工智能有助于把握消费者信息与需求，提供更完善的产品与服务：

1）人工智能巡检：传统人工巡检采用在线或离线巡更棒方式巡检，在规定时间内、规定的点位完成常规巡检，但是这样的方式和实际巡检需求大相径庭。目前炼油企业应用较为广泛的智能巡检能够根据管理需求从而制定巡检路线，结合人员定位系统，巡检人员按照巡检顺序从A点到B点再到C点的路径，偏离正常的路线系统会有报警提示。同时佩戴智能巡检仪将装置的情况采用拍照、录像等方式，通过4G网络、专网等传送至控制中心，并与控制中心人员实时对话，及时解决隐患和故障。对于巡检过程系统会自动生成台账及日志，进一步规范管理和考核需要。

2）数字化工厂：随着两化融合的推进，数字化工厂已成为当前国内外石化企业优化制造资源的配置效率高效的主流趋势。数字化工厂可实现生产运营的数字化、可视化、集成化，从而提高企业生产效率和安全运行能力。数字化工厂是与实际装置建立一定比例的工程级的数字模型，并配套智能PID、工程图表等工厂的数字化可维护的数据管理，建立全厂统一的数据管理平台，把企业基础数据信息和运营数据信息以数字的形式保存起来形成企业的“数字化资产”，把看不见、摸不着的工厂管理者思想、管理流程及经验成果变成可看、可复制、可分析、可利用的“数字化资产”。数字化工厂从工厂建立到技改、检维修，都能将设备、仪表、管道等变更进行数据一致性输入和管理，实现一次变更，多方受益的效果。例如在检维修编制中，选择需要维修的部位，系统可自动编制检修计划，提高检维修的预算精度，动土作业可在三维场景中，模拟动土作业，一目了然地掌握地下设施的材质、介质、埋深等。数字化工厂从设备管理、生产管理到安全管理等多方面全面管控工厂，并在这些数据基础上建立应用扩展，包括安环一张图、视频监控一张图，为企业信息化应用提供“多维交互、多元可视”的数据管理服务。

3）无人机应用：炼油行业属于高危行业，人工智能的运用能够替代危险岗位人员的工作。目前炼油企业许多晾水塔高达100多米、反应塔达到30多米，无法靠人力实现巡检及时发现隐患，所以无人机的应用应运而生。无人机一般用于高远处的设备巡检，自身搭载专业航拍设备（高清摄像机、红外热像仪等），拍摄获得真实的影像资料，并回传到地面站或监控中心，实现巡检人员实时观察设备的真实情况。一般无人机体积较小，依靠飞行控件就可以对其进行操控，无人机可从不同角度和距离全面地对现场进行拍摄，还可根据巡检任务的不同，有针对性地选择搭载设备。例如同时搭配高清摄像设备及小型监测设备，可对重点部位监控泄漏情况。随着无人机技术的不断发展，各种有毒有害气体检测设备、热成像设备等搭载设备技术的完善，无人机在炼油领域的应用会越来越广泛。

4）智能专家系统：炼油企业的核心设备大型机组及关键生产过程目前都建立了远程专家监控管理系统，实现厂级关键机组、生产过程的运行状态。远程监控技术可以提高企业的劳动生产率，对各对象进行全天候、全方位监控，及时发现甚至提前预测设备问题，这对于需要获得第一时间报警信息的化工生产来说是极为重要的，目前大部分专家系统采用静态管理方式，即专业人员分析状态图谱可方便的掌握设备、工艺运行的状态，分析运行过程中存在的问题。新一代智能专家将互联网与大数据技术相结合，用智能监控管理系统通过建模实现自学习能力，将实际运行趋势与拟合趋势图做比较分析，偏离正常范围的数据将自动发出告警功能，这样动态的海量数据分析是人类专家所无法比拟的。智能专家系统也将从静态人工分析走向大数据的智能专家分析阶段。

5)业务优化和决策支持：企业运用人工智能，通过智能巡检、智能机器人等手段保障生产稳定运行，将员工从繁杂的重复性、机械性操作中解放出来，使员工的主要精力集中在流程制定、过程监控、关键业务决策方面，大幅度提高工作效率、降低人工成本、缩短工作周期。人工智能与业务深度融合，通过对海量数据的挖掘和分析，不断发展、完善、优化业务。如炼油生产领域基于生产工艺实时优化系统，利用智能化分析技术，降低装置能耗。人工智能挖掘数据价值，形成数据洞察，将决策建立在科学深入的分析之上，形成规范的智能化处理与分析流程，有效降低对人工经验的高度依赖性和分析结果的主观性，克服人工处理与分析因人而异、效率低下、知识与经验无法积累和复用等弊端。

第六节 虚拟现实和增强现实

虚拟现实(Virtual Reality，VR)是指借助计算机及先进的传感技术创造的一种崭新的人机交互形式，是综合利用计算机图形系统和各种显示及控制等接口设备，在计算机上生成的可交互的三维环境中提供沉浸感觉的技术。

增强现实技术(Augmented Reality，AR)是一种将虚拟信息与真实世界巧妙融合的技术，将计算机生成的虚拟信息模拟仿真后，应用到真实世界中，两种信息互为补充，从而实现对真实世界的“增强”。

一、VR 的发展趋势

1)借助5G、云计算与AI技术，VR产业将进入快速发展期，未来VR产业比拼的是数据体量与精细度。VR在软件、硬件和内容等领域已经取得了显著突破，而数据成为了竞争的关键。未来无论是三维空间重建还是深度AI应用，更大体量和更细颗粒度的数据是VR持续发展的根基。

2)算法、数据不断提升VR的内容产出，VR技术将与场景紧密关联，场景的规模化应用，将成为整个VR产业发展的基石。当前VR在细分的商用领域应用的渗透率不高，表现形式是细分领域的内容不足，而内容缺失的根本原因是VR技术与场景脱节。未来随着算法的进步以及行业数据的不断累积，会细分出更丰富的应用场景，场景细分和规模化应用会为VR的商业落地提供更加广阔的应用空间。

3)随着VR产业链的逐步完善，VR对行业的赋能会展现出强大的飞轮效应。目前，VR已经在房产交易、零售、家装家居、文旅、安防、教育以及医疗等领域有了广泛应用，未来随着VR产业链条的不断完善，以及丰富的数据累积，VR将充分与制造行业结合，由此展现出强大的飞轮效应，快速带动行业变革，催生出更多的商业模式并创造更多的商业价值。

二、在炼油行业的应用

VR在炼油企业的新流程模拟、项目设计分析、维修需求评估和灾难应对规划等方面得到应用，如图5－3－4所示。

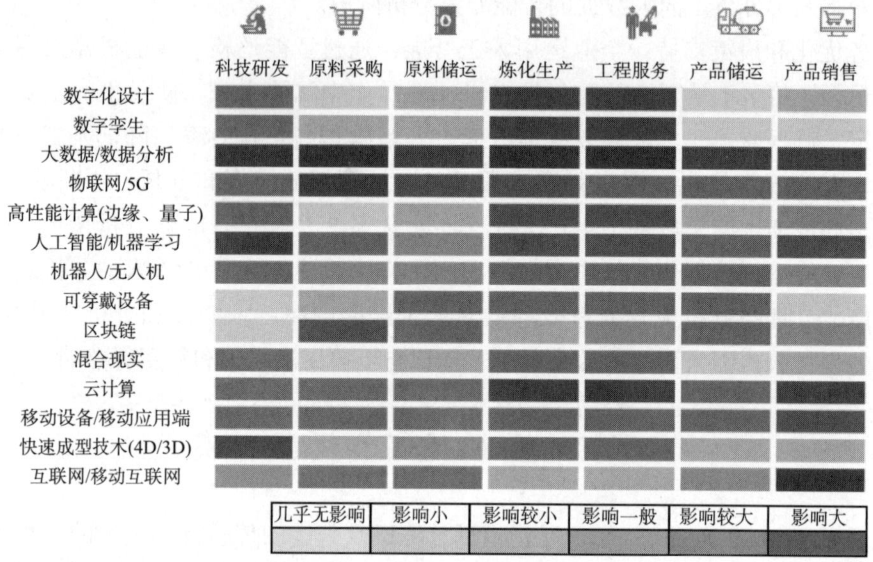

图 5－3－4　数字技术对炼油行业的影响

(1)炼油运营模拟

借助 VR，炼油企业可以创建数字孪生，在虚拟平台上复制炼油厂或任何其他业务模块。这就有助于最大程度地减少与炼油运营中新工艺实施相关的风险和成本。

(2)使用虚拟现实测试及检查

VR 技术被用于提高检查和维护活动的效率。该技术有助于将历史数据与实时信息集成在一起，以识别维护需求，并指导技术人员执行所需要执行的任务，以防止潜在故障的发生。

(3)使用虚拟现实进行灾难管理

炼油行业的现场技术人员在恶劣的环境条件下工作，容易受到有害气体和化学物质的影响。通过创建真实场景的模拟，VR 可以培训员工应对紧急情况的能力。

数字化已从社交媒体、移动化、大数据、云，步入 5G、人工智能、混合现实等引领的时代，新技术将在炼油领域产生深远影响，深刻改变传统的生产模式、管理方式和客户交互方式，甚至带来全新商业模式。

第四章　数字化转型案例

目前炼油企业数字化转型发展刚刚起步，各企业还在探索阶段，国内外企业只在某些业务领域进行了技术应用的尝试或者在某些业务单元实现了优化，仍需系统打造综合能力，基于企业当前数字化现状和业务发展战略进行顶层设计，并借鉴成功案例作为参考，制定自身的数字化转型路线图。

第一节　全流程优化经营

一、科学管理助力企业卓越运营

（一）转型背景

石油化工行业经过多年发展建设，现有各信息系统较好地支撑了目前的会计核算、财务管理、投资管理等工作，会计信息质量和实效显著提高，财务管理、投资水平整体提升。

随着行业规模的扩展、业务复杂性的提高、供应链的长度增加及客户差异的扩大，财务向业务延伸不足，资源配置优化水平亟待提升，传统财务核算以事后处理、静态管理为主，对战略决策、经营决策的作用有待提升。投资优化工作量较大，缺乏完整、全面、实时的数据支撑，投资管理难以完全实现动态优化。

国内外各大企业在财务管理、投资管理等方面纷纷应时而动，进行相应的财务转型以及管理创新，使得经营模式能够与时代发展相适应，推进财务管理、投资管理转型成为推动炼油行业高质量发展的必然要求。

（二）主要措施

在资产管理方面，某国有特大型石油石化企业集团完善资产综合绩效分析指标体系，支持资产决策和绩效分析，涵盖不同层级用户、不同资产业务领域的决策分析需求，支持多维灵活查询，提供领导驾驶舱功能，推动资产决策分析数字化、自动化。

梳理资产全过程管理业务，实现在线化管理，涉及购置建设阶段、运行维护阶段、处置退出阶段的资产全过程流程，明确管控要求，完成系统接口设计并进行系统落地，满足资产实现部门内调拨、利润中心间调拨、跨公司法人调拨的在线处理、开展资产修理费精细化管理，实现盘点全过程在线管理、资产闲置及调剂业务在线管理、实现报废处置闭环管理、资产档案管理以及其他资产日常管理功能。

以资金账户为基础，以资金预算为抓手，按照资金所有权、使用权、收益权不变的原则，总部负责集中管控和统筹安排，企业负责分级组织运行；资金收入实时进入境内外“资金池”，支出按预算统一从“资金池”支付(统一系统，统一的业务及数据的信息处理平台)。通过财务公司境内外资金平台，以及集团公司总部、股份公司本部等资金管理平台，统一协同实施资金管理和运营。

在投资管理方面，该企业集团从2018—2020年，战略与决策管理域按照“业务＋事务”

"过程 + 结果""平台 + 应用"的设计原则，以"数据高度集成、应用相对独立、服务开放共享"为目标，打造一体化、优化、管控、共享的一体化投资优化与管控平台(SUIP)。

SUIP 平台建设"一个平台、七个服务、九个应用"。七个服务指数据服务(包括一仓四库)、展示服务(包括个人工作台、工作助理、移动服务)、功能服务(包括项目创建服务、项目批复流转服务、经济评价管理服务)；九个应用包括战略规划管理、项目科研管理、项目审查管理、投资计划管理、动态监控管理、考核评价管理、责任追溯管理、报表分析管理、投资组合优化。

平台流程设计按照"管理制度化、制度流程化、流程信息化"的思路，同步在线上嵌入管控流程，支持投资业务线上办理的依法合规、有效留痕；单个项目经济评价功能建设了合理的财税模型，统一参数和方法，有效提升了科学决策水平。

(三)主要成效

在资产管理方面，该企业集团以资产全生命周期理念出发，基于先期资产管理规划项目内容，充分借鉴典型企业的成功经验基础上，以实现财务内部流程贯通、提升效率为主要目标，重点解决财务资产全生命周期管理从"无"到"有"、从"线下"到"线上"、从"手工"到"自动"的问题，实现财务资产业务全过程在线处理，有效提升效率并防控风险，支持资产绩效分析。

全新构建资金业务的全口径、全流程管理体系，进一步提高资金工作效率、提升资金运营水平、加强资金安全风险管控，健全资金管理运行体系，提升资金管控能力。通过资金业务全过程在线管理，实现资金业务集中管控；通过实时获取数据，强化资金运营分析；通过资金业务全过程安全评估，强化风险管控；通过与周边系统集成互通，实行资金业务闭环管理。

2009 年系统推广应用以来，充分发挥集团资金整体运作优势，提升集团公司资金管控水平及运行效益，实现集团公司资金价值最大化，集团境内当前资金收支集中度达 94% 以上，境外资金收支集中度提升至 75%。连续 5 年融资综合成本率控制在 3% 左右，比境内人民币贷款利率低 2.3%。资金集中管理综合运作效益年均 61.60 亿元，按信息化贡献率 30% 计算，年均效益 18.48 亿元。应用成效如图 5-4-1 所示。

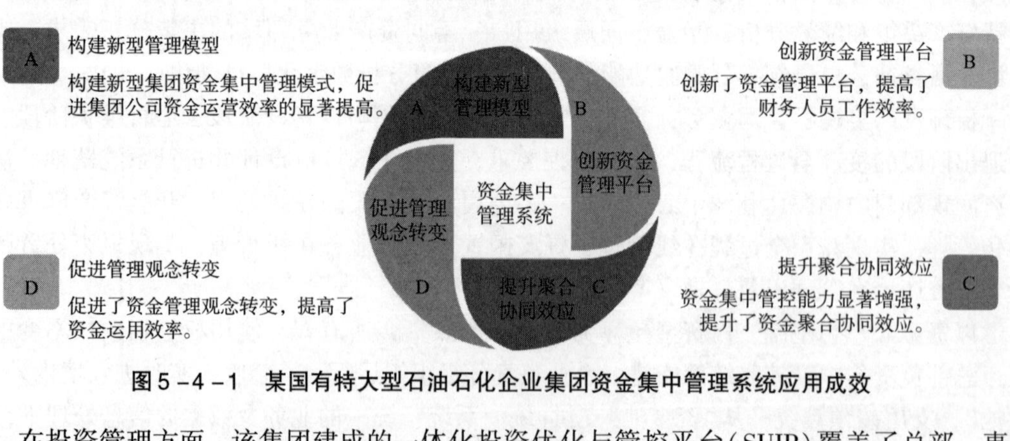

图 5-4-1　某国有特大型石油石化企业集团资金集中管理系统应用成效

在投资管理方面，该集团建成的一体化投资优化与管控平台(SUIP)覆盖了总部、事业部/专业公司和企业三个层级，实现了从战略规划、投资计划、执行监控到项目经济评价的全过程一体化管理。云平台的建设模式促进了项目信息流通和共享，提升了工作效率。

平台保存了该集团“十三五”期间12万余个项目数据，支持了全类型的投资管理；通过项目卡片组合的方式实现了投资项目基本信息和专业信息的管理，支持全要素的数据管理；经济评价管理服务对94个项目进行测算、投资组合优化模型提供108种组合方案，建立“一把尺子”的测算标准，提升投资的科学决策能力。

二、智能营运提升产业链整体效益

在价值链维度上，通过降低原料采购成本、统筹资源配置、物料高效利用，实现供应链全过程的价值增值。

(一)转型背景

炼油企业拥有海量数据，从战略到管理、从组织到流程、从生产到经营、从技术到规范，不同类型、不同层级数据有着不同的价值。近年来，全球能源发展正向洁净化、数字化、多元化转型，传统油气公司生产及管理模式正面临严峻挑战，利用数字化智能化，提高应对变化的快速适应能力、互联协作能力、高效运营能力，需要聚焦数字化转型、智能化发展，助力提质增效升级，塑造竞争新优势，实现智能制造、绿色制造、服务型制造等新模式、新业态。

炼油行业正处在产业升级的关键时刻，行业发展面临供需矛盾突出、清洁生产压力变大、安全生产要求严格、生产经营成本上升等问题，国有企业、合资企业、民营企业的多样化市场格局正在形成。产业转型升级与数字化技术蓬勃发展的机遇相融合，为炼油企业应对外部挑战提供了新的动力。随着炼油企业规模的不断扩张，企业的生产日益复杂多样，管理压力陡升，如何实时获取企业运行情况，优化生产结构，实现业务联动成为众多企业面临的难题，智能运营中心的建设为企业解决管理难题提供有效途径。基于新一代数字技术的智能运营中心不仅仅能够实现基于经营数据的效益分析预测，更能深入生产一线，联通每一个设备、每一次操作，实现生产的监测和优化，助力企业智能化卓越运营。

(二)主要措施

某国有特大型石油石化企业集团在总部生产营运指挥系统现有功能基础上，融合生产优化、人工智能等技术，打造了智能运营中心1.0版，实现了生产经营数据跨业务、跨板块横向贯通，实现了海量数据的多级企业纵向穿透，实现了新一代信息技术手段与企业经营管理深度融合，全方位赋能业务发展，打造实时监测、智能分析、智能运营的生产运营指挥新模式，实现了管理决策由“经验判断”向“模型支撑”转变，业务运营由“计划调度”向“实时调度”转变，管理手段由“线上化”向“智能化”转变[27]。智能运营中心上线启动如图5－4－2所示。

智能运营中心采用统一的工业互联网平台的技术架构，以“数据＋平台＋应用”模式，集成了25个业务部门的37套源系统，梳理出包括原油产量、乙烯产量、成品油销量等1848个数据模型，656个数据服务，实现了各业务数据的横向贯通、纵向穿透，为集团公司领导决策及生产管理部门运营分析提供了数据支撑。

该集团通过建立效益测算模型、跟踪分析主要物料价格趋势及升级一体化测算模型，实现炼油企业日效益测算、盈利能力分析、价格敏感性测算分析、炼油企业生产计划排产、经营分析，分析营业收入、利润总额、资产负债率、加工费用等炼油企业的主要财务指标，实现上下游全产业链的资源、配置和产品结构等优化，全面提高生产经营协同优化水平。

图5－4－2　智能运营中心建设

从而实现炼油企业整体效益动态测算和优化，提升炼油企业运营协同优化能力。

通过加强与炼油企业信息系统集成的深度和广度，完善升级原油、成品油等各业务链，实现面向炼油企业全业务链生产运行的动态监测及预警，并实现加油站加油枪数据的动态监测；同时，实现对重大安全风险、重大安全隐患、高风险作业、重大危险源风险、污染物排放总量、重点污染源的实时监测预警，从而实现重点业务运行动态监测，提升全业务链异常监测和预警能力。

通过升级改造生产调度平台及与应急指挥平台、视频监控平台的深度融合，提升生产调度日常监控分析工作的管理水平，实现应急地图、应急资源、应急预案、应急会商的高效协作和快速响应，并建立异常信息处置跟踪功能，实现对炼油企业十类异常事件(故)处置全过程的闭环管理，从而实现生产调度与应急指挥的融合，提升生产应急一体化协同指挥能力。

通过运用人工智能等先进技术，实现对外宣传展示的智能语音控制、智能化讲解、交互式语音应答，提升用户体验效果。与企业日效益、工业品电商、化工产品销售电商等系统集成，实现在大屏上典型场景的展示。建设领导驾驶舱，实现领导在办公电脑随时查看集团生产、经营各类数据。最终实现新技术在宣传展示中的应用，提升典型场景的智能化展示能力。

智能运营中心实现了“纵向穿透”和“横向协同”。其中，纵向穿透实现“公司－板块－重点业务单元”的管理路径垂直贯通；横向协同实现关键职能的管理口径水平对接，促进整个公司的管理机制更有效、业务协同更顺畅、数据分析更高效，有效解决运营管理难题。

(三)主要成效

首次在集团级开展了日效益动态测算和趋势分析，为集团公司运营协同优化、综合经营决策提供支撑；

首次打通了“财产销”数据链路，集成了财务、计划、生产、销售相关数据，实现了数据横向贯通，支撑了跨业务跨板块的运营分析；拓展了集团公司纵向管控深度，实现了重点油气井、重点装置、自营加油站等重点业务的实时运行动态监测，提升了集团异常监测和预警能力。

首次大规模的应用人工智能技术，开展了集团级生产智能化分析，智能运营中心应用图像智能识别、语音与自然语言处理、数据智能算法和知识图谱等技术，提升生产、销售、物流、安全等环节监测、预测、预警能力，提升运营管理效率。

第二节　一体化营运管控

一、数字化交付实现虚拟与实体工厂动态联动

（一）转型背景

工程项目现场生产作业环境复杂，人员复杂，多工种交叉作业，协作方多，传统的管理手段如大检查、监督、监控、写报告、巡检、规章制度约束等弊端突显，事故频发难以预防，隐患难以根除，进度、质量无法保证。

与此同时，工程项目由于缺乏有效的管控手段和信息化管理工具，操作层、管理层在工程项目管理中面临诸多困境：业务流程执行过程信息化支撑不足，相应管理要求难以有效执行；标准化程度低、信息资源共享度差，关联度不高，信息孤岛严重；涉及多专业的变更不能综合反馈，专业协同较为不顺畅；知识管理重视不够，工程建设过程中的经验与数据没有形成积累；信息传递时效长，企业对项目状况的掌控能力不足。

（二）主要措施

某新建沿海炼油厂聚焦项目全生命周期管理，采用信息化 EPC 模式，全面基于“数据 + 平台 + 应用”模式建设，基于 ProMACE（面向能源化工行业的工业互联网平台 ProMACE）提供的个人工作台、工业数据湖、集成平台服务、工业物联引擎和工业大数据与 AI 引擎等 21 个服务组件，采用边缘计算、大数据、机器学习等新技术[28]，建立了一体化工程设计与数字化创新中心，提升了工程设计及生产工具数字化应用能力和国际化运营管理能力，实现了集成化工程设计与可视化现场施工一体化、模块化工厂设计与智能制造一体化、数字化工程建设与智能工厂运营一体化，打造了协同设计、数字交付和智能服务的数字化工程建设新模式。

该炼油厂通过开展全厂数字化交付实现全厂三维模型正向建模，完成包括三维模型、数据、文档，以及关联关系的正向交付；完成从设计、供应商到施工全产业链数字化集成和联动，实现了工厂全生命周期数字化交付。通过全面的数字化交付，智能工厂基于数字化交付成果搭建 4D 管道、三维、设备主数据等应用，指导工程建设期的管道焊接进度、质量管控和材料管理等业务，并且借助防腐保温量算、辅助工作量算、管线横断面分析三维可视化应用，辅助企业施工管理，提高施工管理效率，确保安全、高效地开展施工工作。

某东部沿海炼油厂在数字化交付方面，与装置同步建设三维数字工厂，大幅提升装置审图、培训、维护工作效率。渣油加氢装置现场及三维模型，如图 5 – 4 – 3 所示。以工程项目管理“五大控制”为核心，建设投用工程项目管理系统，打通了从设计、采购、施工到运维全过程数字化管理模式，累计管理项目 848 个，实现了 175 家外部单位高效协同，实现工机具的动态管理，提升了现场安全质量。

图 5－4－3　某东部沿海炼油厂渣油加氢数字化交付

（三）主要成效

通过全面的数字化交付，该新建沿海炼油厂实现了虚拟可视化工厂与实体工厂的动态联动，汇集来自工程公司、施工单位和设备制造商的不同阶段交付的各类工程数据、工程文档、三维模型，形成了静态的数据成果库。该炼油厂作为首次完成从设计、供应商到施工全产业链数字化集成和联动的企业，实现了信息化与工业化的有效融合：该炼油厂人员定员比同规模企业减少 50%，生产效率提升 20%，实现了 1600 余人管理年产千万吨炼油、800kt 乙烯等 31 套工业装置，在异常状态的预警预测及处置上每年将节约千万元以上。未来将进一步实现数字化工程建设与智能工厂融合的模式再造，推进数字化工程建设与智能工厂一体化。基于数字孪生构建“虚拟工地”，对施工现场进行远程监控（见图 5－4－4）。

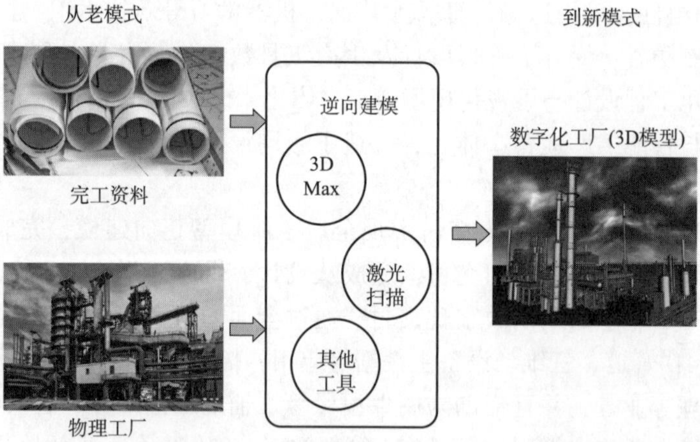

图 5－4－4　某新建沿海炼油厂的智能工厂装置及配套单元全部正向数字化交付

该东部沿海炼油厂通过数字化交付实现在三维数字工厂审查 POX 装置模型，耗时仅 5 天，查出问题 630 项；同比去设计院审查模型，提高工作效率 10 倍。2019 年 12 月，渣油加氢装置数字化交付，物理装置和虚拟装置同步建设、同步交付步入正轨，运维检修应用三维数字工厂编制、评审检修及技改方案，快速识别空间位置和管线信息，避免现场来回确认，提高工作效率 90%。

二、生产一体化优化提升精益管理水平

（一）转型背景

炼油企业计划优化以全厂效益最大化为目标进行年/季/月排产测算，调度是以月度计划为目标进行旬/周/日排产，由于计划调度部门排产工具、管理职责不同等原因，往往造成月度生产计划难以执行，日作业计划不能保证效益最佳；调度由于异常信息获取不及时、指令下达信息滞后、数据关联性不高、领导层掌控信息不全面等原因，不能做出科学决策而影响企业整体效益；操作层面信息化水平较低，无法及时有效评价操作水平高低及装置运行平稳性，班组层面精细化管理缺少有效的信息化支撑手段。

由于DCS系统的应用，使报警的设置非常方便，但也带来了相应的问题，报警过量和报警不当，大量和低效的报警给企业生产带来了巨大的潜在风险，同时缺乏多类型DCS系统报警的统一管理和对报警事件分析的工具；炼化企业的工艺人员是生产装置的核心人员，工艺人员需要每天对装置的报警情况进行掌握，查看装置原料和产品质量的变化情况，对工艺方案的执行进行管理，对众多工艺资料和工艺台账进行编写和数据记录，处理和追踪日常工作流程，这些工作十分琐碎，消耗了工艺人员的大量精力，会造成工艺管理工作执行不到位的情况。

随着全球智能制造趋势的不断演进，国内外MES发展也日新月异。普遍来看，MES解决方案应以国际标准ISA－95为准则，在业务范围上覆盖生产层面全部业务活动，同时不断融合ICT新技术，实现MES的一体化、实时化、自动化、智能化、平台化，助力企业向知识驱动型运营模式转型，国内炼油企业MES业务方面应形成一体化、实时化、自动化、智能化的管理能力，MES技术方面应具备平台云化能力。但是各类生产工艺数据分散在各种不同的设备及控制系统中，控制系统对外的接口类型五花八门，导致对现场数据的获取及使用存在很大的困难，反过来又影响计划调度的准确性与效率。生产一体化优化如图5－4－5所示。

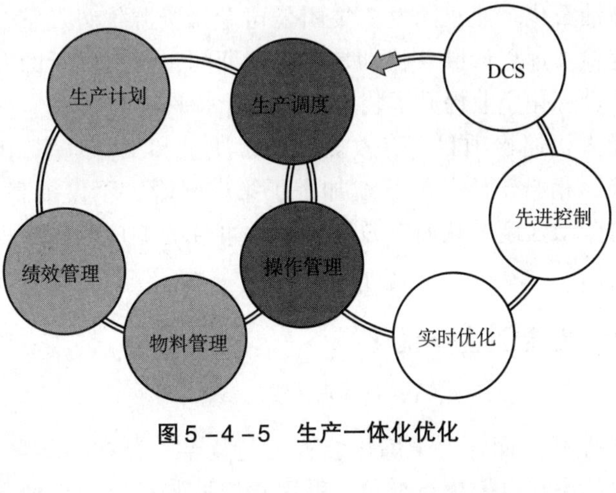

图5－4－5　生产一体化优化

（二）主要措施

某国有特大型石油石化企业集团通过智能工厂建设了工艺远程诊断系统，通过“院士工作站”“大师工作室”等多种形式，建立了5个大师级工作室，722名专家对10大类千余套装置进行网上巡检及远程诊断，指导企业开展装置生产操作优化。

某沿海炼油厂通过采用全自主无人机 + 全自动机库 + 四维全息管控平台相结合的方式，建设无人机智能巡检系统，通过 AI 智能识别，对输油管线上施工作业、车辆占压与管道泄露等情况进行实时监控与预警。纯电多旋翼无人机及自动机场采用 VPDN 通信方式，通过四维全息管控平台实现协同管控。平台建立四维全息实景模型，可提前规划航线，预制任务；智能识别软件采用 AI 智能识别技术，对无人机巡检实时回传视频进行智能分析，对长输油管线和厂际管廊周围施工作业、大型占压、工程车辆、异常人员、可见漏油等现象智能识别，对高压电缆的绝缘子破损、地线和导线挂点、本地异物、销钉开销、脱落、螺母脱落等进行重点部位影像实时回传和分析，并通过弹窗提示、声音预警、短信等方式将异常情况及时推送给相关管理人员，巡检全程可达到无人值守的自主巡检与任务监测。某沿海炼油厂无人机智能巡检如图 5 -4 -6 所示。

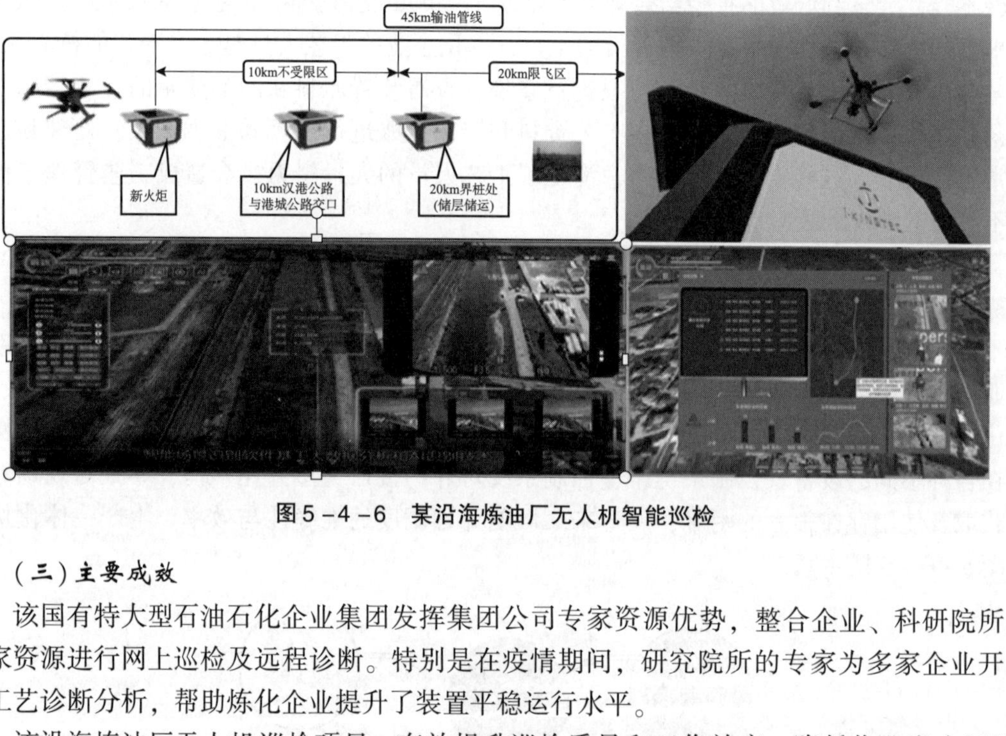

图 5 -4 -6　某沿海炼油厂无人机智能巡检

（三）主要成效

该国有特大型石油石化企业集团发挥集团公司专家资源优势，整合企业、科研院所的专家资源进行网上巡检及远程诊断。特别是在疫情期间，研究院所的专家为多家企业开展了工艺诊断分析，帮助炼化企业提升了装置平稳运行水平。

该沿海炼油厂无人机巡检项目，有效提升巡检质量和工作效率，降低作业安全风险。采用无人机智能巡检，相当于给长输管线加上了第三只眼，不仅提高了巡检质量和效率，还降低了巡检人员的劳动强度，从而有效缩短异常事件的响应时间，提高了巡线效率，节约巡线人员配置。

三、先进控制助力企业生产优化

（一）转型背景

在炼油企业先进控制方面，由于炼化装置工艺复杂，存在多变量、强耦合、非线性、大时滞、多目标、多约束、自干扰等难题。采用常规控制难以实现稳定运行，经常造成操作波动，关键工艺指标缺乏有效的在线检测手段，难以满足装置操作最优化的需求。传统的 PID（比例、积分、微分）控制系统对于一般的工业生产过程基本上都能满足控制要求，再加上这种控制方式比较简单，也容易操作，所以受到工业界的普遍欢迎；但是，随着工业生产过程规模的扩大和复杂性的增加，对产品质量和过程被控变量的波动范围要求越来越严格，特别是对于那些与工业企业经济效益密切相关的工业生产过程，简单的 PID 控制系统已远远不能适应。

先进控制技术是在常规控制的基础上，采用先进的建模、多变量预估控制、软测量技术[29]等手段，对装置或工艺单元进行多变量协调优化控制。通过实施先进控制，为操作人员提供一个方便的工具，承担大多数常规操作任务(相当于一个优秀的操作员全天 24h 工作)，可以改善过程动态控制的性能、减少过程变量的波动幅度，使之能更接近其优化目标值，从而实现生产装置的卡边控制，最终达到增强装置运行的稳定性和安全性、保证产品质量的均匀性、提高目标产品收率、增加装置处理量、降低运行成本、减少环境污染等目的[30]。通过实施先进控制，改善了过程动态控制的性能，减少了过程变量的波动幅度。由于波动幅度的降低，使生产装置能够在接近其约束边界条件下运行，在卡边操作上也取得了一定的经济效益[31]。

(二)主要措施

APC(先进过程控制)直接对生产装置实施优化控制，把效益目标直接落实到控制阀上，是装置进一步挖潜增效必不可少的技术手段。某国有特大型石油石化企业集团自从 20 世纪 90 年代开始引进 APC 技术，进行项目试点、消化吸收、大规模推广，目前在 20 多家炼化企业推广应用 APC 系统超过 200 套，涉及常减压、催化、焦化、重整、汽油吸附脱硫(S Zorb)、气体分馏、乙烯、芳烃抽提、聚乙烯、聚丙烯、PTA(精对苯二甲酸)等 17 类装置。APC 示意图如图 5－4－7 所示。

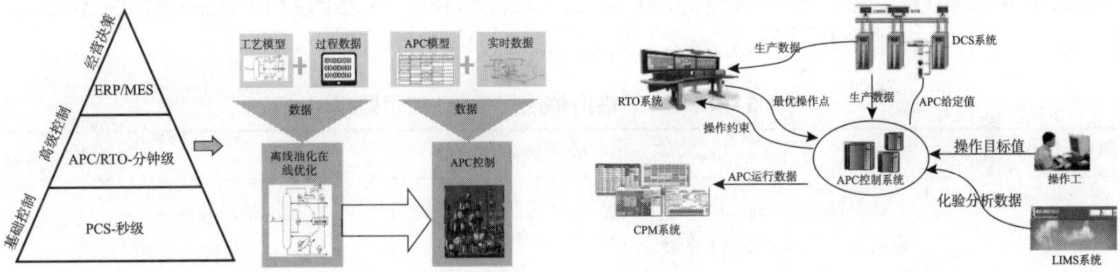

图 5－4－7　APC 示意图

某沿海炼油厂从全厂生产装置建设之初，就开始规划 APC 项目，装置开车运行后，一次性实现企业炼化主体装置 APC 全覆盖，形成 APC 应用的规模效应，提升了炼化企业整体经济效益，为进一步实现炼油厂装置区域优化、实时优化奠定了基础。

某内陆炼油厂为稳定乙烯裂解深度，减少油品进料属性波动造成的裂解深度波动，提高乙烯装置的平稳率和双烯收率，降低操作人员的劳动强度，减少装置能耗和物耗，在乙烯裂解装置实施通裂解深度 APC。首先通过神经元网络技术利用进料特性、裂解炉负荷、出口温度和横跨温度、汽烃比等主要相关变量计算当前的裂解深度，然后利用在线分析仪的分析值对裂解深度预测模型的计算值进行校正，并作为裂解深度控制器的输入值，装置操作人员通过深度控制器设定合适的 SP 值(设定目标值)并将输出作为出口温度(COT)控制器的设定值，从而达到闭环控制。在裂解炉运行末期，如果 COT 的设定值达到预设的控制上限，现场操作人员可以通过调整裂解炉总进料质量流量等实现稳定裂解深度的目标[32]。

（三）主要成效

某国有特大型石油石化企业集团的 APC 应用效果主要体现在以下几个方面：

1）APC 投用后，提高了装置控制水平，增强了装置操作平稳性。

关键被控参数的波动方差平均降低 20%，加热炉氧含量、分馏塔关键温度等关键参数的波动方差平均降低 30% 以上。通过多输入、多输出的动态矩阵控制技术，降低了单参数调节存在的操作波动，提高了生产运行平稳度。

2）实现了卡边控制，提高了高价值产品收率，减少质量过剩。

通过多变量协调，实现了高价值产品质量指标的卡边控制。常减压、催化、焦化等装置主要产品的收率提高 0.25% 以上，乙烯装置双烯收率提高 0.4% 左右。

3）APC 通过用能平衡优化，降低了单位能耗。

对于加热炉，利用 APC 实现了流量支路平衡控制，降低燃气消耗和排烟温度，提高能源利用效率，如某沿海炼油厂常减压节约能耗 184.9t 标油，某内陆炼油厂重整装置能耗降低 2.12t/Mt 原料油，某沿海炼油厂乙烯裂解炉的单位热负荷降低了 0.64%。通过对精馏塔的气液比、回流比等参数进行优化，提高了分馏效果，降低了能耗。

4）持续推进 APC 建设应用，取得了明显的经济效益。

通过对已投用 APC 的统计分析，炼油装置 APC 年平均创造经济效益 503.2 万元。

某沿海炼油厂 APC 实施后，关键被控变量平均标准偏差明显降低，提高了装置自动化水平和装置运行平稳率，降低了操作人员劳动强度，统一了操作方法，改善了装置运行工况，提高了产品质量控制平稳率，实现了卡边操作，提高了高价值产品的收率和产品产量，并降低了装置能耗，年增经济效益 3000 万元以上，取得了良好的经济效益和社会效益。某沿海炼油厂 APC 应用效果如表 5-4-1 所示。

表 5-4-1　某沿海炼油厂 APC 应用效果

序号	装置名称	应用效果	直接经济效益
1	常减压	石脑油收率提高 0.37 个百分点，喷气燃料收率提高 0.45 个百分点，混合柴油收率提高 0.58 个百分点	714.12 万元/a
2	延迟焦化	柴油收率提高 0.91 个百分点，汽油收率提高 0.07 个百分点，液化气收率提高 0.13 个百分点，合计轻油（含液化气）收率提高 1.1 个百分点	885.6 万元/a
3	催化裂化	柴油的初馏点由 191.83℃上升到了 192.86℃，粗汽油流量提高了 1t/h；在稳定汽油蒸汽压与控制指标的差值由原来的 2.6kPa 减小到了目前的 2.3kPa，汽油产量增加 0.15t/h	717.8 万元/a
4	连续重整	通过卡边操作，减少了石脑油干点指标的质量过剩，提高了石脑油的回收率；由于反应系统和分馏系统操作平稳性提高，降低了反应炉的燃料气消耗	511.6 万元/a
5	气分	丙烯纯度由原来的 99.66% 下降到了 99.63%，丙烯产量可增加 67.2t/a；通过降低各塔回流比，全年节省能耗 558tEO	234.1 万元/a
6	聚丙烯	聚合产量可增加约 0.5t/h，能耗平均降低 5.43kgEO/tPP	220 万元/a
7	柴油加氢	尾油硫含量的卡边控制，新氢（辅料）消耗降低了 0.01 个百分点	112.96 万元/a
8	加氢处理	尾油硫含量的卡边控制，新氢（辅料）消耗降低了 0.009 个百分点	83.3 万元/a

某内陆炼油厂经过标定，乙烯裂解深度先进控制投用后，裂解深度能控制在 ±0.02 范围内，双烯收率平均增加 0.2 个百分点，控制器投用率达到 95% 以上，每年可以给该公司乙烯装置带来大约 1023 万元的经济效益。该乙烯装置采用 APC 系统结合多种裂解炉炉型和不同裂解油品开发了裂解深度在线预测模型、裂解深度软测量在线校正系统和裂解气分析仪在线监控系统等，提高了裂解深度控制系统的安全性，提高了高附加值产品的收率[33]。某内陆炼油厂 APC 应用实例如图 5-4-8 所示。

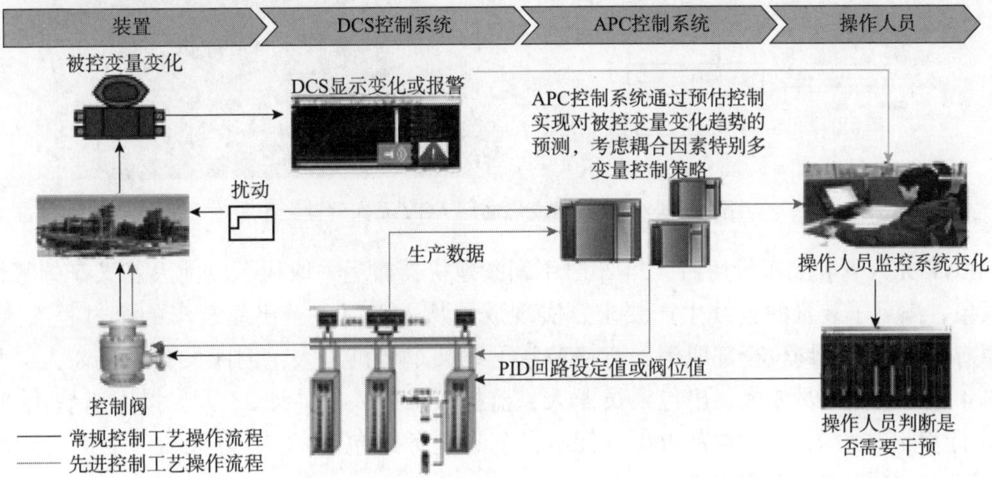

图 5-4-8　某内陆炼油厂 APC 应用实例[34]

四、“机器代人”实现智能仓储

（一）转型背景

炼油企业物资因其种类繁多、形态、保管方式各异、环节较多，传统的物资供应管理手段无法满足快速增长的企业生产需求时，必然带来工作量不断加大、效率逐渐降低、衔接工作不畅、沟通成本过高、物资积压严重等问题。具体如下：一是管理难度大，物资种类繁多、规格型号差异大，保存方式多样。二是实物流转信息获取滞后，现场作业信息进入系统有时间差，实物流转信息失真。三是标准化程度不高，物资、货位、流程标准化程度不高，不具备数字化条件。四是现场管理手段相对落后，库房现场、配送过程、物资接收现场主要还是依靠手工记录。

（二）主要措施

某沿海炼油厂积极推动企业数字化转型，促进物联网、大数据、人工智能等信息技术与生产经营全面融合，培育“机器代人”新动能。以“机器代人”，提升劳动效率。智能仓储开展“机器代人”工作，利用 5G 通信、视觉导航、自适应技术，通过 AGV 叉车实现短丝仓储智能化管理，实现无人化搬运，达到减员、高效、安全、经济的目标，助推该炼油厂由自动化向智能化迈进。某沿海炼油厂 AGV 无人驾驶叉车如图 5-4-9 所示。

（三）主要成效

整合供应链环节，实现全业务链智能化管理；建立智能化仓库，实现智能物资仓储进出管理；通过 5G + AGV + 智能化设备，实现无人仓库。整体实现了人力成本的降低，提升了工作效率。

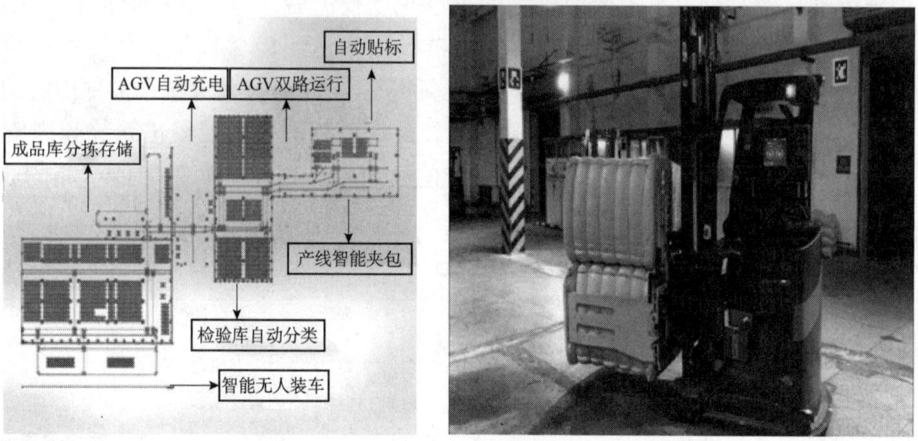

图 5-4-9　某沿海炼油厂 AGV 无人驾驶叉车

AGV 无人驾驶叉车投用后，24 小时不间断地机器搬运，取代了以前人工叉车的繁忙工作景象，满足了装置的连续生产要求，实现成品从入库打包至出库装车的全过程无人化，将原有的叉车司机岗位全部取消，直接节省下线叉车司机 8 人，倒库叉车司机 8 人，装车司机 4 人，仓储人员 3 人，出包人员 4 人，监控人员 4 人，共计 23 人，按人工费用 20 万元/a 计算，减少人工成本为 460 万元/a，节省业务外包费用 73 万元/a；维护费用增加 15 万元/a；项目总经济效益为 518 万元/a。

五、“日优化”促进企业提质增效

（一）转型背景

炼油企业生产是连续不间断的，生产环节多、工艺流程复杂、上下游装置间物料移动相互交错；同时，物料流动、主副联产、产耗同步、产品多样、质量差异、库存变动等生产特点，使得企业进行全方位全过程的监控、优化生产、成本核算、效益测算等受到一定程度的限制。争取最大效益是每个企业生产经营的目标，而企业的效益来源于每天每个操作单元，要提高企业的整体效益，必须优化每个生产单元的生产和操作，强化各级人员的责任意识和效益意识，将企业效益分解落实到具体的生产单元，才能实现整体效益的提升。为此，必须弄清楚各生产单元每日的生产情况，是盈利还是亏损，生产是否优化，单元局部优化与企业全局优化的关系，从而进行装置日效益的准确计算。

炼油企业过往的管理模式已不能适应企业从严管理、精细管理。一是效益管理责任落实不到位，效益核算只是笼统落实到月度公司级，没有分解到具体部门和责任人，使得责任的追溯性弱化，对绩效评价的责任也难以追究到责任部门和责任人。二是生产运营的事前调整、事中控制的能力不足，只是根据原油行情、装置加工结构、开停工检修计划，结合产品配额等外部条件利用计划优化工具生成年度、季度、月度生产方案，以计划的形式下发，缺乏过程控制，到月末通过月度结算，才能知道执行情况，即使发现有偏差，也已无法修改。

日效益管理平台有机集成了物料流、能量流、信息流、资金流，在 MES 平衡推量及相关业务系统的基础上，将利润逐层分解到各个装置、单元、侧线，并与优化模型相结合，扬长避短，千方百计增产高价值的产品，减少低价值的产品的产出，形成企业每日生产优化方案。企业以日效益为抓手，全面推进生产优化，引导生产方向，细化操作流程，使企业利润平稳逐渐上升，并保持较高水平，平稳生产，实现企业利润的最优化。

（二）主要措施

某沿江炼油厂通过建立“日优化－日效益”精细化管理模式，层层分解后，可以直击问题根源，找出真正的薄弱环节，解决实际问题。

日优化－日效益精细化管理模式以企业生产的全局优化为主要效益潜力，通过对经营管理层（ERP）、生产执行层（MES）以及过程控制层（PCS）这三个层面的集成与优化管理，实现从原油进厂到出厂全过程流程的横向集成与优化；实现从年、月、日、到时分秒的实时在线闭环优化，通过这三个维度的分析与综合，可实现企业生产的闭环管理和持续改进，既协同优化，使企业始终运行在最佳状态。

日优化－日效益精细化管理是对战略和目标分解细化和责任落实的过程，是让企业的战略规划能有效地贯彻到每个环节并发挥作用的过程，同时也是提升企业整体执行力的一个重要途径。其核心流程就是将月目标落实到每日操作：运用月计划模型，优化计算得到月优化目标，通过周计划模型分解到日，再运用日计划模型，得到每日优化目标下达装置层面，从而实现了优化目标从月－周－日的落实。

在日优化的基础上，该炼油厂创造性地提出并实施了日效益管理模式，打破传统上仅核算到公司级月度效益的做法。日效益管理模式下的生产运营就是以效益为抓手，优化安排公司的生产，并及时解决效益瓶颈，不断优化提升。为使日效益管理真正在实际工作中起到作用，该炼油厂建立效益指标层层分解机制，将公司月度经济指标分解落实。首先公司月度经济指标分解到炼油、化工、资产三个板块，再分解到运行部，开拓性地将效益定量分解到每一天、落实到每套装置，突出效益责任的追溯性，以效益指标引导每日的生产运营，使效益管理和优化决策变为量化的控制行为。

（三）主要成效

该炼油厂通过日效益管理模式的实施，将事后统计变为日效益测算和日效益优化。公司上下统一认识，提高了效益责任意识，日常生产运营以效益最大化为目标，及时作出决策和调整。建立相适应的组织管理体系，成立跨专业的计划、调度、原油调和、装置优化、能源优化等联合团队，深度开展全流程优化和单装置优化工作。

截至目前，该炼油厂通过“日优化－日效益”精细化管理系统（见图5－4－10），使每天

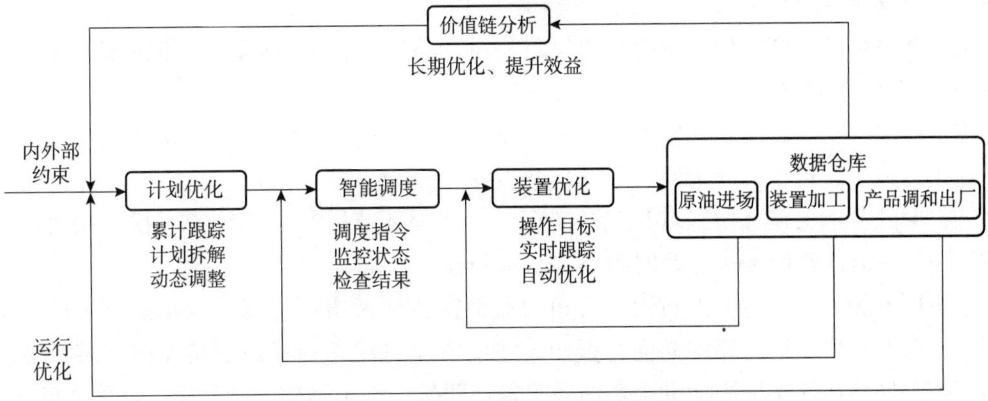

图5－4－10　某沿江炼油厂生产全流程优化系统

排定生产方案时间从 2h 缩短到 30min，确定原油和汽油调和优化方案时间由 180min 降至 15min，汽油、柴油、喷气燃料等成品油在线调和平台一次调和合格率增至 95. 95%。累计实施生产优化方案 46 项，使生产指标合格率上升 5. 5%。累计降本增效超 1. 2 亿元。

第三节　市场化营销管理

聚焦炼油企业整体效益最大化，加强产销点面结合、双向沟通，从供应链预测需求端发起，考虑生产计划，根据每天直分销的数据及外部的销售数据，测算未来销售数量，结合库存情况，预测的消费需求，能够实现精准的供应链货源供应，加强资源统筹，实现产销一体化推动油品增销上量。

（一）转型背景

炼油厂油品产销计划与销售公司存在较大偏差，计划的结构性差异给生产组织和油品出厂带来很大困难。以产销计划编制为例，某炼油厂月度实际生产量与当月计划量存在较大差异的情况时有发生，计划收率与实际收率最大时相差 4 ~5 个百分点，这不利于辖区产销的平稳运行和配置计划的执行。

通过炼油厂与销售公司的及时沟通，使炼油厂得到准确及时的信息，从而做出快速决断，提升经济效益。通过与用户加强回访，变被动服务为主动服务，主动加强沟通，减少环节，提高加工、生产计划编制的准确性，帮助炼化企业合理安排生产和有效控制成本，并将炼化企业的满意程度作为检验工作的标准。销售公司与炼油企业建立盟友关系。自觉维护辖区整体部署，携手并肩，相互支持，保证市场的稳定供应，维护辖区的整体利益。

炼油厂按照以销定产、以产促销的原则，积极配合炼油厂生产计划部门、协调销售企业有关部门合理调整产销计划，同时，督促销售公司加快油品出厂节奏，及时降低油品库存，为生产差异性油品腾出调和空间。

不断加强产销衔接，保障产品出厂后路畅通。在炼油产品出厂方面，加强对国内成品油市场分析研判，制定疫情期间油品出厂应急预案，强化成品油产销调运衔接，努力做到以销定产、以销定供。炼油厂按照月度生产经营工作要求，紧盯油品出厂工作重点，加强与销售公司的产销衔接，推动和落实产销计划，合理安排油品出厂节奏，不断优化流程，加快油品出厂进度，千方百计推动汽柴油增销上量。

（二）主要措施

某东北老炼油厂销售储运中心作为保障公司产品“储运销”畅通的关键环节，做好疫情防控和产品出厂“两不误”。

疫情期间，对外，与东北销售公司及区域公司、交通部门全天候协调流向和运力，采取外运出厂为主、以车代库为辅、管输应急并重等有效方式。对内，与生产厂保持紧密沟通协调，紧盯调运关键环节，对请车、洗车、装车等环节进行周密统筹安排，高效组织车辆进厂，第一时间组织装车，及时腾空油品调和罐。

在出厂方面，一是春节前与销售公司沟通衔接，加大出厂力度；二是面对下游厂家多数停工，前沿库房长期满库的局面，密切关注前沿库房动态；三是密切关注下游企业复工动态，解决外部运输车辆不能进入炼油厂问题；四是组织车辆加大产品发运出厂力度。

某东北城市炼油厂对于自营类产品，拟订以销定产的战“疫”措施。淡季遇疫情，下游用户出现停产或需求骤降状态，为缓解产销矛盾，生产部门要将相关装置降至最低负荷，同时充分利用中间产品罐容作为调节手段。销售部门应紧盯目标市场、强化主动服务，以空容能力为基础，建立库存预警机制，动态修订销售计划，控制堵库风险；紧急增设库存，调配多品种、多批号的产品存储；调整销售策略，引导用户连续购货，切换线上销售模式，提供优质售后，疫情期间发货、推广两不误。比如，该炼油厂石油焦类产品在疫情期间争取到新用户订单，有望实现超计划输出。

对于统配类产品，该炼油厂规划了减量降荷之路。在后路狭窄的情况下，该炼油厂提出三个优先：优先降低负荷，积极压减成品油产量，强化变更管理，抓好防冻防化冻工作；优先防控短板，针对低负荷运行可能产生的薄弱点成立专项监控小组，从安全运行、环保指标、产品质量、设备可靠多方面制定方案并实施；优先外贸输出，积极调整产品输出策略，寻求外贸出口配额，发挥临港优势，增加外贸输出力度，在国内市场销售极其不畅的情况下，为兄弟炼油厂让路。

（三）主要成效

某东北老炼油厂，对外，全天候协调流向和运力，多措并举保障公司炼油装置平稳生产；对内，与生产部门保持紧密沟通协调，紧盯调运关键环节，对车辆运输等环节进行周密统筹安排，高效组织车辆进厂，尽可能减少疫情对公司油品出厂的影响，努力保障炼油产品出厂后路畅通。

在出厂方面，一是尽量将产品罐存、库存降到低位；二是密切关注前沿库房动态，在前沿库房倒出库容的间隙争取计划及时抢运；三是针对有需求的产品及时协调调运、物流、铁路部门，解决外部运输车辆不能进入炼油厂问题；四是确保产品在发运、装车、配合等方面高效顺畅。

炼油企业立足于整体效益最大化，紧盯国际国内两个市场，加强炼销点面结合、双向沟通，建立生产、出口、外采全环节资源效益测算，将市场信号、效益信号向上游有效传递，优化资源配置方案，探索和建立炼油和销售一体化统筹算账模型，推动石化和外采两类资源的系统优化，完善生产经营与效益测算的联动决策机制。统筹配置、外采、进出口多重资源，精准运作，统筹零售、直分销联动经营。

第四节　精细化专业管理

一、设备全生命周期管理保障装置安稳长运行

（一）转型背景

炼油企业作为资产密集型企业，数量众多，种类众多，分布区域广，各类设备设施数量大，且各类数据相互制约关联，面临着安全、成本、长周期运行、稀缺专家资源等各类挑战；与国际现状水平相比，能源成本及维修成本比例居高不下，装置运行周期差距明显；诊断专家分散稀缺，仅离心机组每年支付的诊断费用高昂；在线监测覆盖面低，数据深化应用系统很少，缺少统一平台，技术无法实现沉淀共享；设备管理片面，主要管理工作体现运维期，未能贯穿设备全生命周期，缺少对设备设计、制造等提供反馈。

随着炼油行业利润下降和新一代信息技术的发展，传统的设备管理模式已无法满足炼

油企业精细化管理需求和工业互联新技术需求，设备管理面临的问题日益严重。

（二）主要措施

某东部沿海炼油厂开展设备管理数字化转型，打造设备智能诊断、预知维修新模式。以“设备全生命周期管理”为理念，采用物联网、大数据、人工智能等数字化技术，提升设备运行状态的实时感知能力，提高设备运行的本质安全可靠性，降低运维成本，提升设备的可用性和生产效益，实现设备全要素管理。

在数字化运行方面，以设备完整性管理体系为指导，建立了设备完整性管理信息系统，包含 146 项业务流程、定时事务，实时动态跟踪 45 个设备管理核心 KPI 绩效指标，实现重要设备的状态监控、集中展示、多渠道分级推送异常报警和跟踪；该炼油厂设备完整性管理系统，如图 5 -4 -11 所示。采用自建 4G 无线网络，实时采集并监控 1786 台大型关键机泵运行状态，实现设备健康和可靠性管理，高危泵由人工现场间歇式检查改为 DCS 主动实时预警，提升预知性检修水平，支撑装置四年一修。对现场 8000 余台电动机振动、温度等巡检数据自动上传，实现异常数据自动提醒、后台数据自动分析的功能，同时防止漏检。建立仪表设备健康平台，在线监控 20 多万台仪表。智能物资管理实现了备品备件从计划、订单、入库、出库单全流程跟踪，实时分析积压物资的责任主体，降低库存规模，减少流动资金占用。

图 5 -4 -11　某东部沿海炼油厂设备完整性管理系统界面

在数字化维护方面，采用移动应用技术，打造以项目流为主线，融合费用流、技术流、承包商管理流、固定资产管理流的“五流合一”设备维护模式，对检修现场、检修设备和项目进行统一管理，实现检修过程管控痕迹化、信息化。镇海炼化设备维护“五流合一”架构，如图 5 -4 -12 所示。

某国有特大型石油石化企业集团发挥公司领先的行业优势，通过石化智云，整合内外部的专家资源，科技优势、专家优势，实现超过 350 余台大型设备远程集中监控、远程诊断服务和基于 VR 的沉浸式仿真培训，集团公司和厂商设备专家可以利用系统的数据进行设备故障诊断分析，有效保障了设备长周期稳定运行。

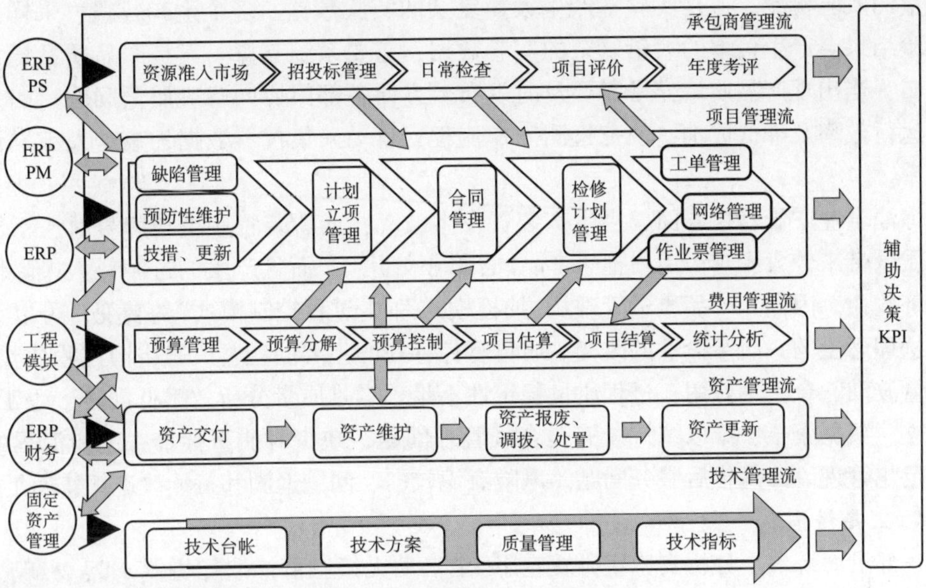

图5-4-12　某东部沿海炼油厂设备维护“五流合一”

（三）主要成效

某东部沿海炼油厂煤制氢（POX装置）装置在三维数字工厂审查模型，耗时仅5d，查出问题630项；同比去设计院审查模型，提高工作效率10倍。渣油加氢装置运维检修应用三维数字工厂编制、评审检修及技改方案，快速识别空间位置和管线信息，避免现场来回确认，提高工作效率90%；渣油加氢装置现场及三维模型累计管理项目848个，175家外部单位高效协同，各种业务的平均审批时间由原来5～7d减少至1～2d；采用“二维码”等移动技术，实现近4万名承包商人员和3万台（套）工机具的动态管理，现场安全质量问题整改闭环率达98%以上。

该炼化已在13套装置上投用操作报警，Ⅱ焦化1个班报警数量从1700次降为800次，消除高频报警问题，减轻内操负荷，确保装置平稳；在常减压装置上采用大数据建立装置各点位之间相关性模型，然后运用特定的算法，预测一定时间范围内的工艺波动趋势，至少提前2min预警，避免工况发生异常。2020年装置大修，在线管理2.4万项检修项目、35类质量验收，涉及4家监理单位、31家施工单位，总计2600多个用户；在线验收11万个质量控制点，累计实现1.2万个检查问题的现场闭环。特种设备检验数据统计从2h提升到5min出报表，进度统计从1周只能统计2次提升到3min出报表，问题闭环由3d提升到当天，累计节约检修成本1600万元。

二、实验室全要素智能管控筑牢油品质量基础

（一）转型背景

在炼油企业实验室管理方面，随着炼油企业的高速发展市场竞争加剧，生产部门为了保证产品质量分析检测量，必然会产生大量的实验室数据，只有规范检测工作流程自动采集数据才能实现高效精准地管理，同时产品质量出现异常时也需要及时反馈。存在的主要问题：一是生产部门多样性分析需求，生产部门为了保证产品质量提出多种分析需求，需

要做大量的实验检测。二是实验室产生大量复杂的实验数据，多个生产装置、采样点、样品、实验结果会产生倍增的大量复杂的实验数据，需要系统支撑。三是产品质量异常需要及时发布，当出现产品质量异常需要及时发布，方便各部门协同解决质量问题。四是提升实验室运行效率及降低成本，规范检测工作流程、自动采集仪器数据，减少人工操作提升工作效率。

在炼油企业质量管控方面，当生产装置发生波动，或者装置频繁切牌号时，不但对正牌料的质量带来较大影响，用户抱怨产品“合格不好用”，而且产生的过渡料大大降低了企业的经济效益。因此，产品质量管理从“抽检模式”向“过程控制模式”的转变，可以说是质量管理从理念上的一次革命性的改变。质量管控存在的主要问题：一是生产过程质量问题，存在质量波动、合格不好用、过程质量稳定性不足。二是质量分析效率低问题，手工记录、分散孤立、数据繁杂、难以统计。三是合规管理问题，缺少对质量标准、工作流程的一惯性、规范化管理。四是售后服务问题。风险意识较弱、问题追溯和持续改进工作不足。

（二）主要措施

某东部沿海炼油厂分析实验室研发应用“全自动无接触液体取样机器人”，实现了实验室色谱专业样品转移的全自动化，在系统内尚属首次，填补了相关领域的技术空白。

全自动无接触液体取样机器人的机械手臂拥有自动开盖、读码、喷码、转移、放置、回收等一系列功能，针型吸液装置（TIP 滴头）能够自动、精准、快速将样品从采样大瓶转移到专用分析小瓶，平台还配备三色指示灯监控设备状态、光栅感应违规操作报警，真正实现样品转移过程全自动、无接触、安全环保。

（三）主要成效

通过应用实验室机器人，色谱分析数据占到炼化企业分析数据的 50% 以上。该机器人的成功研发应用，大幅度改善了分析人员的工作环境，降低了劳动强度，提高了分析效率。加强实验室全要素智能管控，推进质量管理和实验室智能化建设，持续提升产品质量。某东部沿海炼油厂研发的全自动无接触液体取样机器人在开盖如图 5 - 4 - 13 所示。

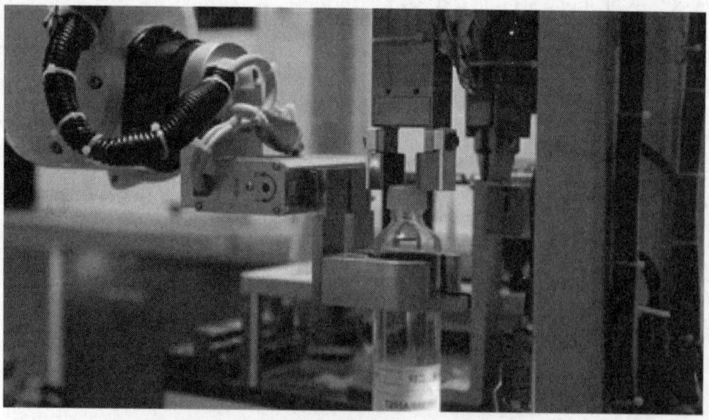

图 5 - 4 - 13　某东部沿海炼油厂研发的全自动无接触液体取样机器人在开盖

三、集约化能源管理助力碳达峰碳中和

（一）转型背景

在能源管理方面，炼油企业是能源使用大户，但在日常能源管理中，炼油企业往往面

临着“说不清”“管不住”“省不下”三方面的巨大挑战，无法有效实现能源的精细化管理，并提高能源有效利用水平。

1)说不清：能源实际与能源计划的差距为什么总是很大？全厂每天的能源生产、消耗总量到底是多少？能源统计的数据为什么不一致？能源生产、消耗存储、输送和每个环节量值是多少？哪个环节损耗大？

2)管不住：能源管理的流程执行的时候总是打折扣，如何提高透明度和效率？为什么每个装置的能耗数据都达标了，而能耗总量却不断增加？如何将能源管理的工作重心从事后统计往事中处置和事前预测上转移？如何让员工直观直接了解到能耗指标情况，并且有利于指标的分解和考核？

3)省不下：产能和用能装置的能效水平如何？如何进行装置能效的对标？如何找到薄弱环节？如何提高能源生产、输送和消耗三个环节的能效水平？能源优化的效果如何？到底省不省钱？省了多少钱？

在环保方面，为适应国际市场机制变化，突破外部制约因素，应对法律化环境管制，超额完成国家与地方环保指标，提升中国企业的国际竞争力，国家提出有关排污许可、污染源普查等监管要求。围绕紧迫需求，需在排污许可、污染源管理等方面提供信息化支持。炼油企业缺乏环保信息化工具支撑，横向缺乏信息系统对业务范围的全面支持，纵向缺少对环保数据采集、业务处理、核算统计、分析决策及与企业监管的互联互通。需要开展企业环保地理信息建设，并运用智能物联、工业视频、大数据分析技术，在企业生产流程中抓取对环保排放产生重要影响的关键点，从企业生产工艺流程的源头减排、污染治理末端优化管控、污染物排放过程的排污溯源等角度，进一步支持企业污染物减排。

(二)主要措施

某东部沿海炼油厂通过水务信息系统以新鲜水、循环水、化学水、锅炉水、中水、污水、冷凝水等为实施目标，对工业水系统的运行水质、水量消耗及设备运行状态进行远程网络监控。

该炼油厂通过国际先进的泄漏检测与修复技术，建设环保在线监控系统实时监视各个环境监测点的环境监测数据，35套装置建设了VOCs(挥发性有机化合物)在线监测、CEMS(烟气自动监控系统)烟气在线监测，实时监测污水、烟气排放等污染源，系统直联地方环保局和集团公司。

该炼油厂通过建设能源管理中心(见图5-4-14)，实现能源的供、产、转、输、耗，全业务流程管理，全厂综合能耗、装置用能、设备能效、公用工程消耗实时监控。

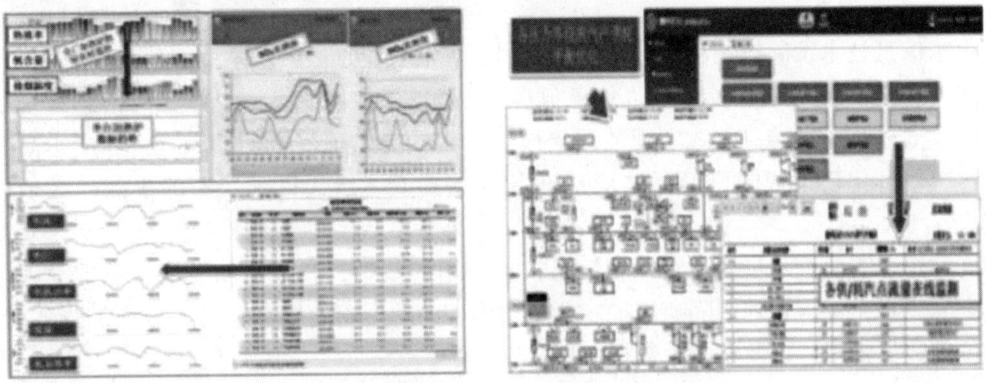

图5-4-14　某东南部沿海炼油厂能源管理中心

某东南部沿海炼油厂搭建环保智能监管系统(见图 5 -4 -15)，构建企业环境保护指标体系和泄漏检测与修复(LDAR)体系，实现污染源 COD 和 NO_x 等排放全过程监控和跟踪溯源，开展 VOCs 治理，环保管理专业化、协同化，全面支撑清洁化绿色生产。

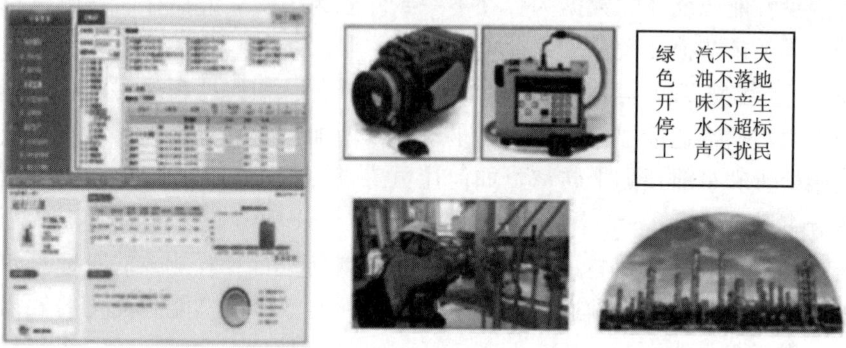

图 5 -4 -15　某东南部沿海炼油厂环保监管系统

(三)主要成效

某东部沿海炼油厂通过搭建水务系统，实现水务应用的数据集成、运行监控、预测预警和智能决策，提升水务业务管理水平；实现新鲜水数据集成集中，提升新鲜水运行管理水平；实现循环水应用整体优化，提升水资源利用和能效管理水平；实现化学水应用全程智能化监控，提高化学水制水比；实现污水应用实时诊断与分析，提高污水提质达标水平，年节约循环水量 18Mt，循环水节水率达 16%，调节各水源的补水比例，降低系统补水量，年增效 1300 万元。

某东部沿海炼油厂建设环保在线监控系统为管理人员及时做出相应的决策提供数据支持，提升企业环境监控能力，以 200mg/m^3 作为泄漏认定标准，查漏与修复 3000 多点，减少 VOC 排放，改善装置现场环境空气质量。

某东南部沿海炼油厂通过能源管理中心开展用能分析，实现能源管理可损化，促进了节能减排、降本增效。推广环保管理应用，提升监管能力和环保管理水平；深入开展清洁生产工作，提升企业绿色发展水平；实现生产环保协同管控，提升本质环保水平。

第五节　智能化信息系统升级

(一)转型背景

由于信息技术发展较快和历史局限性原因，炼油企业过去信息系统的建设模式均是“烟囱模式”，需求越多，系统越多，“信息孤岛”也就越多。目前炼油企业在用信息系统数量庞大，大部分是通过接口方式实现数据集成的，必然会出现效率低、风险大、成本高等问题，传统信息化建设模式已经无法应对业务需求多变、迭代提升快速的挑战，必须做出改变。

炼油企业需要进一步深化新一代信息技术应用的基础，一方面加强信息基础设施和网络安全、工控系统与管理网隔离防护、全生命周期的数据安全服务；另一方面加强各业务、各单位的数据治理，以及开发大数据应用。

(二)主要措施

一是重视顶层设计，推进域长负责制。某国有特大型石油石化企业集团围绕发展目标，系统谋划公司数字化转型战略规划，对标世界一流，找准差距不足，理清发展思路，统筹制定了以提升产业数智化水平为核心的“十四五”发展规划。

为调动和发挥业务部门的数字化转型主体责任，借鉴我国河湖管理实行“河长制”的经验，实行了信息化建设与应用“域长负责制”，将集团全产业核心业务划分为19个业务域，明确了“域长”单位责任，建立了各业务域“域长”名单和运行协调机制。

二是打造工业互联网平台。发展面向石化领域的工业互联网是制造业升级的重要抓手，是“两化”融合的升级版，也是构建企业数字化转型发展的引擎的重要举措。该企业2012年启动了工业互联网平台的相关规划工作，逐步形成了服务于该集团总部及各级企业的经营、生产、销售、服务的一体化工业互联网云平台。

采用ABCD开发建设新模式(A：管理方，B：平台服务团队，C：质量管控团队，D：建设方)，完整覆盖了12个开发测试区和19个业务域，编制了基础标准、服务标准2大类共29个相关标准规范，开展面向A、B、C、D四方的培训，开设了数字化转型战略等7门培训课程，保障基于工业互联网平台建设的应用的交付和运营。

三是强化数据治理。该企业聚焦数据资产价值创造，大力推进数据管理、数据治理工作，建立健全数据标准体系、数据资源共享与数据资产管理机制，打破管理“藩篱”，消除信息孤岛；推进各领域大数据应用，高质量开发利用数据资产资源，实现数据资产增值增效和专业人才培养，提高全员数字化素养和应用技能，大力推动业务数字化和数字化业务创新。

(三)主要成效

以业务为核心，打造“数据+平台+应用”的信息化发展新模式，以统一平台作为打造数字化转型的加速引擎，推进上云上平台，才能从根本上打通传统壁垒和信息孤岛，统筹解决碎片化供给和协同化需求的矛盾，提升系统纵向贯通性和业务覆盖度，促进业务协同，实现了从“要我数字化”到“我要数字化”的转变。

该集团工业互联网平台已支撑了近300个集团级应用，连接了75万余台工业设备，承载了400多个工业机理模型、20多个工业智能算法，在经营管理、生产制造、客户服务等领域形成了一批较为成熟的业务服务组件，其中，经营管理类数据模型6.1万余个，开发服务*API*超过1300个，支撑了公司智能制造和电商平台建设，初步实现了与物资供应商的平台融通、系统直连。

该集团建设了经营管理数据服务平台，初步形成了数据治理和服务管理体系，建立了3万多个数据资源模型，支持了财务、物资、营销、金融等业务领域数据分析类应用；在国内工业生产领域先试先行了异常工况识别、生产预警、设备故障诊断分析等工业大数据应用，实现了设备运行状态的在线评估和故障诊断预警，超前探索和应用石化工业领域大数据及人工智能技术；开发了客户画像、客群分析、采购预测、营销分析等10余项客户大数据应用。

第五章　数字化转型展望

新一代信息技术飞速发展，成为经济增长、社会发展和美好生活构建的重要驱动力。刚刚过去的一年，突如其来的新冠肺炎疫情，对人类日常工作、生活等带来持续冲击。数字科技成为中国抗击疫情的一支“硬核”力量。在“新基建”的帮助下，从消费互联网到产业互联网都在全面助力经济社会的复苏与增长，智能辅诊、远程会议、在线学习、云会展、互联工厂、无接触配送等新应用场景持续涌现，线上线下正在加速一体化，各类创新技术在各行各业快速渗透。以互联网为代表的数字科技，正在走向一个新的临界点。随着新的软硬件和通信网络在不同场景的落地应用，促进了人机交互模式和信息通信环境产生颠覆性变革。互联网不再仅仅是虚拟世界的连接，它将致力于帮助用户实现全面真实的应用体验，创造出线上线下一体、虚拟与现实融合的“全真互联网”。数字化已从社交媒体、移动化、步入物联网、区块链、人工智能、混合现实等引领的时代，深刻改变传统的生产模式、管理方式和客户交互方式，甚至带来全新商业模式。

炼油行业受地缘政治、资源、全球气候变化、新能源和新技术的影响，发展日新月异，炼油产品市场格局和用户消费行为快速变革，市场竞争日趋激烈，炼油业务面临新的发展态势。炼油厂的运行与生产目标也必须与时俱进，才能抢占先机。

受市场对高价值炼油产品需求增长和现代炼化工艺技术的推动，未来的炼油厂将采用比过去更精确的方式管理碳氢分子，新一代信息技术的发展，为大规模计算提供了条件，基于数万分子集总的性质与反应计算已经可以在普通计算机上完成，同时新算法、新模型的出现为分子炼油技术提供了强力支撑。

气候变化已成为人类可持续发展的重要议题，控制和削减二氧化碳排放已成为全球性共识。我国炼油企业亟需整体谋划、细致制定并加速启动低碳发展的转型之路，结合国内外能源发展趋势和同行的转型经验，持续推进可再生能源按照氢能供给、清洁供电、清洁供热、生物燃料的“四供”能力规模化发展，不断加强产业链新能源业务与现有业务绿色融合发展，新能源业务与新科技新模式融合发展的“两融”模式协同发展，系统性地进行碳排放管理规划，树立零碳绿色品牌形象，打造一个化石能源与清洁能源全面融合发展的低碳能源生态圈。

炼油企业在强化炼化一体化、大型化、规模化发展，能源和资源多元化的同时，更加重视数字技术对炼油业务能力提升和产品销售模式的创新。云计算、大数据、物联网、移动应用、社交媒体等信息技术改变了炼油业务模式，推动着炼油业务的数字化转型。随着数字技术应用的成熟及不断落地实践，智慧能源将进入规模提速增长、结构逐步优化、创新应用场景更加丰富、智能化水平显著提升以及全社会广泛参与、跨行业融合创新的发展新阶段[35]。炼油企业积极拥抱数字经济蓝海，将在新业态、新产业、新服务的智能化转型发展中，谋求新路径，促进行业本身和经济社会的双重进步。

第一节 智能工厂的主要发展模式

一、智能平面炼油厂

以中国石化、中国石油为代表的国内炼油企业基于工业互联网思维，结合流程工业的发展需求，采用数字孪生技术，提出了智能平面炼油厂的理念，将真实有形的工厂映射到虚拟无形的网络中，形成一个与现实工厂相对应的，其功能可以局部或全部模拟工厂行为的系统，可以预测或反映工厂真实的结果，如图 5 – 5 – 1 所示。

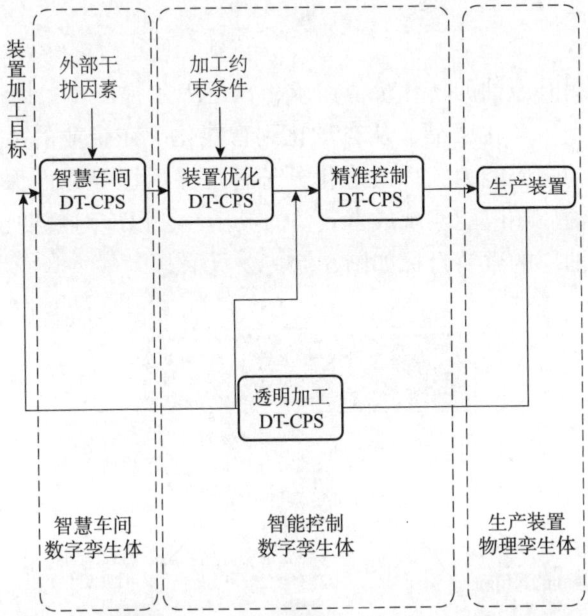

图 5 – 5 – 1 打造从装置到车间的数字孪生体，构建智能平面炼油厂

智能平面炼油厂通过为原料采买、装置运行、流程工艺方案等计划过程提供详实的物性数据和装置运行参数，进而直接决定加工方案和经济效益，利用充分面向工程应用的单元装置机理模型实现对炼油过程的精确仿真，并结合人工智能油气谱图识别算法实现装置、工艺和全厂层面的物流性质“基因”传递与识别，打破装置间的模型壁垒，从全厂、多厂层面实现全局优化调度。

其中，智慧车间主要解决“人类社会”与“物理世界”之间的关系问题。通过建立装置级数字孪生体模型，以完成月度加工计划为目标，通过自动感知、观察、分析和识别等手段，一是利用模拟仿真技术开展装置加工方案优化与验证；二是开展操作管理和小指标竞赛，提高员工素质；三是通过控制性能监控、操作报警管理、安全仪表管理(SIS)，优化基础控制、提升装置卓越操作水平，为智能加工提供夯实基础。智能装置主要解决“信息世界”与“物理世界”之间的关系问题。在智慧车间支撑下，构建装置优化(RTO)、精准控制(APC)、透明加工等单元级数字孪生体。通过各单元的协同运行，不断提高生产装置加工方案的在线优化水平、精准控制水平和可视化水平，最终实现自适应、自优化的智能化控制。

下一步将以数据流通驱动炼油业务的数字化转型，深化 PIMS 装置模型等一系列数据模型和机理模型，以利用好每一滴石油为终极目标，针对炼油厂加工流程中的油品，通过构建分子结构模型，结合实验室分析数据，从分子尺度表征油品性质，建立分子组成的结构模型，借助性质预测模型预测油品各类性质，开展分子炼油技术在炼油厂加工流程优化中的深化应用，以实现分子水平上的模拟和调控，基于分子级深度建模优化，实现计划优化的深化应用，在现有工艺过程分子水平动力学的基础上，推广到其他加工过程直至炼油厂总流程的优化应用，深度把脉加工总流程优化，促进加工流程优化水平的持续提高。由局部智能到全局智能演进，实现从设备智能、单元智能、装置智能、工厂智能、到企业智能。通过机器学习的不断演进，使行为模型更加准确，预测未来发展趋势进而优化和改变物理世界，实现自感知、自分析、自优化和自执行。

二、未来炼油厂

基于炼油厂对于提升原油的转化价值需求，霍尼韦尔提出了“未来炼油厂”的概念，是指炼油厂从生产燃油到生产化工品，从自动化到智能化。在企业的生产总现金成本、资本效益、对监管和竞争的响应能力，以及炼化分子管理灵活性等方面保持持续竞争力，并提高盈利能力。未来炼油厂还应能实现成本效益的灵活性，以应对短期、以及未来 10 年或 20 年后的市场。未来炼油厂的重要目标如图 5 –5 –2 所示。

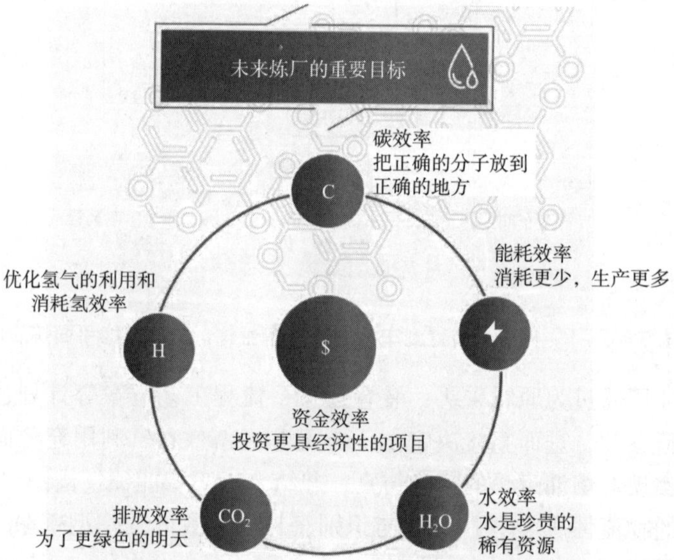

图 5 –5 –2　未来炼油厂的重要目标

“未来炼油厂”的演进过程中，也是智能化逐步发展的过程，分为自动化工厂、智能工厂和无人工厂三个阶段，如图5 –5 –3 所示。

自动化工厂阶段，利用感知系统、DCS、人机界面、先进控制等利用感知获得信息和通过反馈实现自动控制为工厂赋能。

互联工厂阶段，利用数字化新技术和工业制造融合需重点关注企业在安全生产前提下的运营优化和决策，基于对行业应用的深度洞察和优化，实施对过程、资产、人员的互联，帮助工业用户提升运营的安全性、高效性和可靠性，打造智能工厂。通过打造一个开放性的创新平台，实现过程、资产与人员以及企业之间的互联。例如在云端，借助数字孪生工具，在云端运行一个完全模拟现场的高保真模型，通过与上下游供应链专家利用知识共享平台远程协作，集成所有专家体系，专家从云端获取现场的运行状态和实时数据，同时比对数字双胞胎模型的运行状态，通过大数据分析，调整产品参数及性能，最终使工厂以最优的状态进行生产。

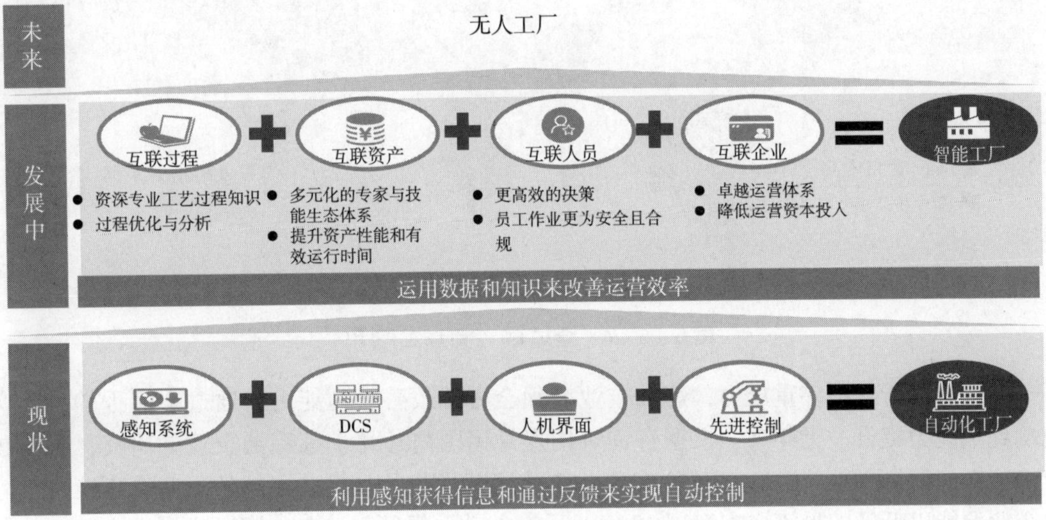

图 5－5－3　无人工厂演进历程

无人工厂阶段，实现无人化运营，从原料到最终成品，所有的加工、运输、检测过程均在空无一人的“黑灯工厂”内完成，无需人工操作，将工厂移交给机器。例如在无人智能化车间，不需要任何操作工就能完成产品的质量检测，通过机器人和编码程序来负责对设备的监控、检测，人力只需要在后台负责管理和监控机器人的执行从而降低生产成本，提高生产效率，实现盈利更大化。

三、灯塔炼油厂

自 2018 年起，世界经济论坛和麦肯锡在全球多个行业的 1000 多家企业中进行评估，认证具有表率意义的“灯塔工厂”。“灯塔工厂”（Lighthouse）是“数字化制造”和“全球化 4.0”的示范者，它们拥有第四次工业革命（4th Industrial Revolution ）的所有必备特征，规模化应用了第四次工业革命技术的真实生产场所/工厂。

截至 2021 年 6 月，全球共有 69 家灯塔工厂（见图 5－5－4）。作为实体经济核心的制造业的灯塔工厂，这些工厂正在引领第四次工业革命技术的普及，包括数字化、自动化、高级分析和预见性分析、虚拟现实和增强现实以及工业物联网（IIoT）等，能驾驭新商业模式上、投资新智能技术上、全面提高企业数字化能力，引领未来制造业的转型。

在数字化技术的帮助下，灯塔工厂能够按需批量生产定制产品，并与供应商实时共享数据，快速应对需求波动，整个流程也能得到优化。通过数字连接，端到端“灯塔工厂”能打通整个价值链，消除各职能间的壁垒，并拓展工厂内的数字化运营规模。端到端“灯塔工厂”在最大化地利用技术进步，不断突破实体工厂的范畴，重塑整个客户旅程。

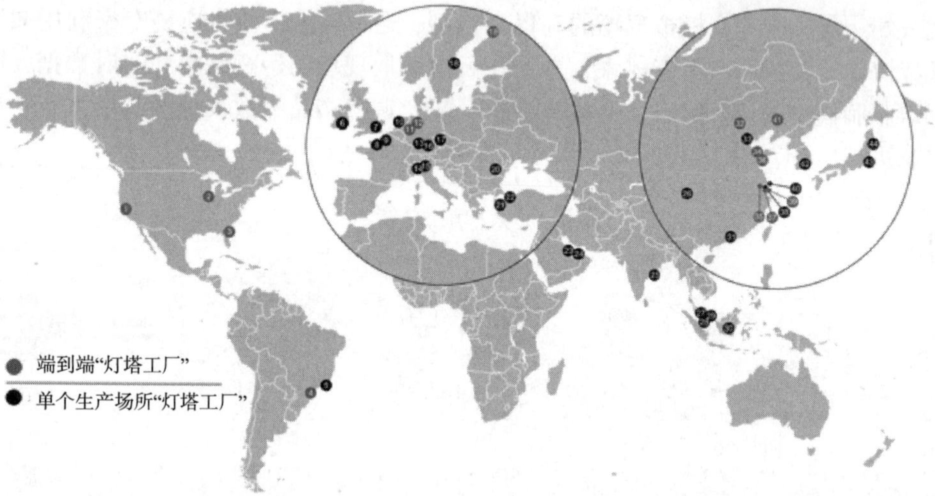

图 5-5-4 全球 69 个灯塔工厂[36]

面对炼油行业的多重压力，炼油企业必须全方位改善管理能力，通过全流程的重塑实现端到端能力提升。近年来，根据咨询机构麦肯锡国内外几十家炼油企业的研究，若能在全价值链(原油采购、生产、营销)实现一体化运营优化，并打造卓越的运营管理能力，炼油企业便能以低廉的投资成本实现 40～80 元/t 的效益提升，并有效捕捉端到端效益。

炼化企业通过打造一体化的运营优化业务管理体系，从战略目标制定和部署出发，在各关键职能实现运营优化，依托管控和管理透明，实现全价值流的卓越运营，从而持续捕获利润并提升竞争力。

打造一体化运营优化，遵循精益、敏捷和数字化原则，从工具方法、管理流程和管理机制上“三管齐下”，引入跨厂优化工具，在单工厂、跨职能、跨厂区实现优化，推动端到端的提升，实现全价值流(原油采购、生产、营销)的效益提升。例如，在年度、季度、月度和每日调度计划环环相扣，并建立反向效益回顾机制，形成闭环跟踪，打造端到端的闭环管理流程。

打造卓越运营体系，建立高阶模型、大数据分析等，在物耗、能效、设备效率等方面持续优化，采用极限思维和量化的分析方法，聚焦收率、能效和整体设备效率等重要指标，降低物耗和能耗成本，降低设备可用性损失，并改善稼动率和质量损失率。

打造精益生产管理体系，围绕核心资产优化运营和管理，建立调整相应管理标准，打造工艺/设备模范样本工厂，提升整个组织的工艺/设备管理能力。建立一体化管理和组织机制，对效益目标完成情况进行层层分解和责任压实，建立相应的绩效考核体系。从技术系统、管理架构和理念能力三方面着手，推动实现固化流程改善、完善组织机制、推进人员观念和能力建设的目标。

炼油灯塔工厂(见图 5-5-5)，将通过引领炼油企业数字化、智能化新型模式，覆盖炼油全产业链、全业务环境，以 5G、人工智能等信息通信技术与炼油生产过程的资源、工艺、设备、环境以及人的制造活动和全要素进行深度融合，提升全面感知、预测预警、协同优化、科学决策的四项关键能力，以更加精细和灵活的方式提高炼油企业运营管理水平，推进炼油企业数字化网络化智能化转型升级，实现高质量发展。

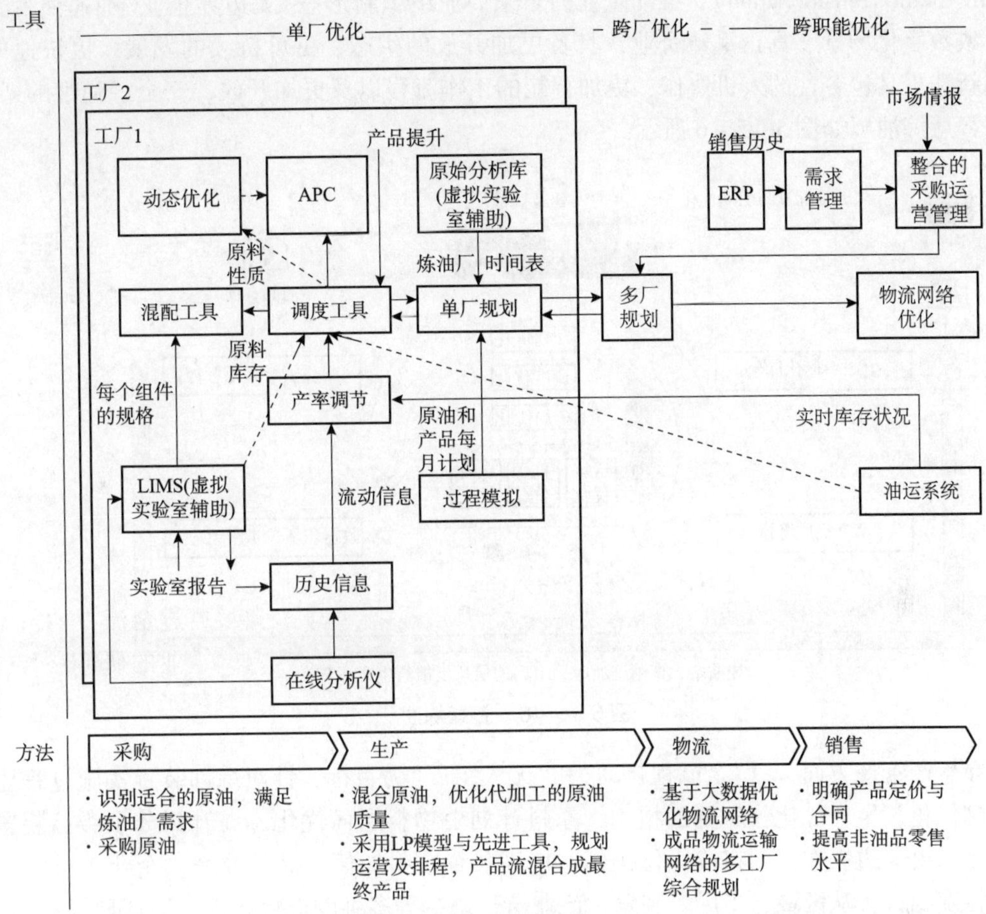

图5-5-5　炼油灯塔工厂

第二节　未来智慧炼油厂

基于已有智能工厂建设成果，将新一代信息技术与炼油生产过程的资源、工艺、设备和环境以及人的制造活动进行深度融合，构建虚实共变的数字孪生体，提升自感知、自学习、自决策、自执行、自适应等能力，推动研发设计、生产、物流、销售与服务等业务环节的数字化转型和智能化提升，形成以数据和模型为驱动、以开放平台为基础支撑的新型制造模式下的未来智慧炼油厂。

通过知识驱动的资源优化与自主决策、大数据驱动的企业生产智慧管理、生产过程多维度智能建模，实现生产与经营全过程信息智能感知与集成、知识驱动的生产过程计划与管理决策、人机物协同的全流程协同控制与优化，实现自动感知和运营，使员工根据形势和环境敏感的目标来控制、调节和配置资源及生产步骤，减少重复性工作，专注于创新性和高附加值的活动。利用物联网技术和设备监控技术加强信息管理和服务，清晰掌握产销流程，从整个炼油价值链出发，整合人、流程和技术，实现下游产业资源配置优化以及设备、能源、生产、销售的全生命周期管理，打通产－供－储－运－销整个供应链，实现全价值链优化，不断打破、重塑企业的边界，促使企业由数字化转型全面升级为多链转型

(Multi Chain Transformation)，推动企业向未来商业组织新形态“无边界企业”加速演变，构建极致数字化场景、真正重塑企业，具备更加开放的生态、更可持续的发展、更快速的业务创新和更具包容性的人机协作、更加智能的工作流程以及更加开放、安全、弹性的架构。未来智慧炼油厂如图 5 – 5 – 6 所示。

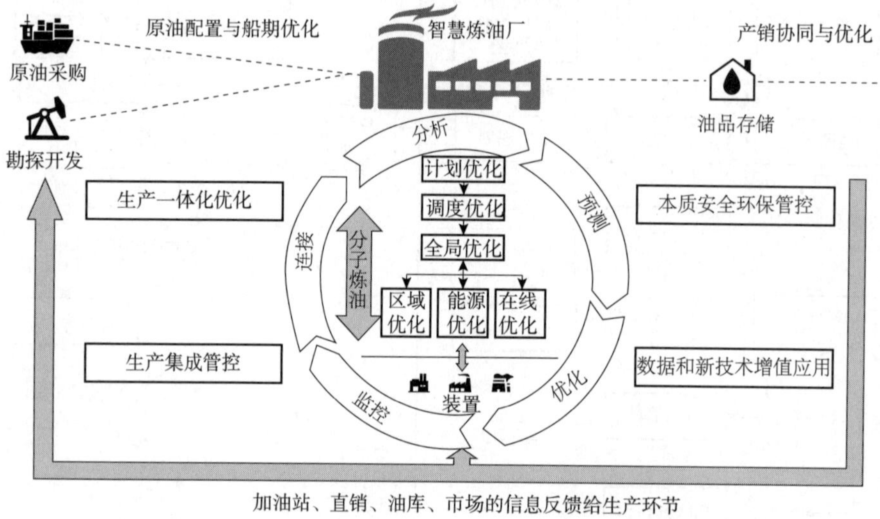

图 5 – 5 – 6　智慧炼油厂

在生产管控方面，以“全流程自动”和“无人工厂”为目标，针对炼油装置实施过程监控与控制优化。生产优化粒度更加精细，原料计划由物料层面优化，提升到分子级；装置层面优化，由卡边操作，到在线优化操作，提高装置高附加值产品的收率；企业效益监测分析颗粒度到日，从区域、工厂、装置、产业链、班组等多维度进行评价。实现现场数据“应采尽采”，以已有的数据和专家经验辅助人员操作，快速侦测、识别生产异常。

在供应链协同优化方面，打造智慧供应链，实现整体协调与全局优化的资源敏捷配置，统一优化原油采购、运输、炼油厂生产、物流、产品销售，使生产和供应及时响应市场变化，实现全产业链的协同优化与调度，如构建用户画像和需求预测模型，在供应链各环节对客户需求准确预测，并在生产厂、在途、油库进出库、油品配送调度指令的协同动态调配，并在供应链各环节可视化监控并建立配套的绩效指标，开展供应链风险隐患识别、定位、预警和高效处置。通过数据的自动流动，在上下游和企业间最大程度的高效协同与资源配置，大幅提升企业对市场的响应速度和风险应对能力，提高能源利用效率。

在能源优化方面，以人工智能技术为核心，通过规模化的方式加速经验探索和积累，支持体系化、规模化创新支撑碳减排工作。建设能源优化一体化平台，针对重点能源优化装置开展用能侧能源优化，推进氢气优化、瓦斯优化，形成产能、输送及用能的端到端一体化优化。实现由单设备优化，单装置优化向全厂优化，区域优化延伸，实现区域间能源相互供应。结合碳中和战略要求，实现碳资产管理应用全覆盖，落实石化行业 LCA(Life Cycle Assessment)产品全生命周期评估体系，对炼油产品从原油采购、加工、制造、销售、使用、废弃或循环利用的全生命期碳排放评估，建立炼油产品碳足迹评价标准和相关数据库，推动碳足迹核算的规范性和商业应用，促进以碳足迹为基础的石化产品“碳标签”(Carbon Footprint Label)制度；建设智慧电厂、智慧水厂，打造样板工厂在炼油企业全面推广，提升能源优化水平，打造一体化、集约化、共享化的用能管理新模式。

在设备管理方面，基于5G及NB-IoT等技术提升动设备的感知能力，提高现场监测数据采集、传输的时效性及准确性，并全面建设动、静、电、仪基础配套，实现关键设备在线监测全覆盖。扩大数据采集范围，实现设备健康管理信息化应用全覆盖；量化评估潜在风险，建立机泵、加热炉等典型设备健康状态评估及故障预测模型，实现异常自动分析、推送及检维修跟踪闭环管理。开展智能诊断、预知维修的设备管理新模式，建成统一的设备管理运营中心，开展统一的设备远程监测和运维支持服务，高度复用专家资源经验，落实设备的预知性维修策略。

在安全环保方面，重点加强专业安全管理，对工艺安全、设备安全等进行延伸，实现本质安全，加强企业重大安全风险、重大安全隐患、高风险作业、重大危险源风险的及时预测分析，基于安全事件联动响应处置机制和应急处置预案库，融合大数据、专家系统等技术，实现安全事件处置的智能决策和快速响应、实现危险作业环节的少人化、无人化、事后管理向事前预测的转变；加强环保溯源分析，重点实现废气、废水等污染源溯源以及全过程环保数据的采集、监控与报警，实现实时监测、分析预警和排放优化方案辅助决策，针对固废进行处置与循环再利用全过程监控、追溯。

在智能化升级方面，未来将采用更加便捷、更灵活的模式提高员工的IT操作体验，高度集成、应用界面整合，操作便捷的个人PC的应用操作模式；使用面向全业务、便捷式处理模式的移动应用，支撑数字化单兵；深化各种机理模型应用的粒度，加强数据模型、机理模型和专家经验融合应用，构成资产优化、过程优化、业务优化等多个层次的闭环优化；通过发挥数据要素的价值，打造由海量异构数据组成的企业级数据资产中心，支撑一线员工的日常数据灵活分析和IT人员数据应用，构建基于生产数据训练后的知识图谱的“百科书”式的辅助决策知识模式；结合新技术自身的特点，聚焦工业级的业务场景，深化物联传感器、智能设备在数据采集、现场作业和运行监控的应用，实现对全厂物料、产品、设备、环境、人员等全要素信息的实时感知，形成数字化、网络化的生产环境。

未来智慧炼油厂应用的数字化技术，包括数据自动采集仪器仪表技术，多协议异构信息系统互联技术，异构数据集成与数据库构建技术。全流程建模技术，包括炼油过程大数据分析机器学习技术，基于大数据和过程机理的建模技术。设备健康管理技术，包括动设备运行状态智能检测技术，静设备及管线腐蚀、疲劳、结垢等异常智能检测技术，设备检测数据挖掘、神经网络状态分析、故障预测预警技术。在线实时动态优化和经营决策优化技术，包括基于炼油总流程及设备状态的原油采购和智能调和技术，基于油品市场变化的原油加工方案优化和油品智能调和技术，基于实时数据和模型的装置运行实时在线优化技术。安全环保风险智能管控技术，包括基于物料泄漏检测数据的安全环保风险智能管控技术，基于设备健康监测数据和工艺异常数据的安全环保风险智能管控技术[38]。

未来将建成基于CPS的高度自动化工厂，通过“数字孪生”实现对物理工厂的控制、预测和协同优化；在设计、生产、物流、服务等核心业务环节完成数字化转换，最终实现认知智能，形成炼油工业系统的自感知、自学习、自决策、自执行和自适应等能力最终达到智能制造和绿色制造[39]。同时，综合考量AR/VR等人机接口的高速发展趋势以及经济效益、执行实务性与总体环境的趋势，以人员培训、远程维修、能源监控及预测性维护为代表，推动数字孪生的工业应用落地，逐步实现全流程自动的工厂无人化管控、以数字孪生、

CPS 为代表的工厂全连接，未来随着工业元宇宙概念的逐步落地，将在工业元宇宙公用平台创建虚拟工厂，串联各厂区与跨企业合作互通，以数实空间的全连接将为工业生产带来更多的数据动能，有效驱动生产制造技术和现有模式的变革与突破，以“工业元宇宙”为标志，打造高度工业 4.0 化的具备预测、预警、自适应功能的未来智慧炼油工厂，在多座炼油灯塔工厂间互联互通，并且与产业链、上下游的横向集成形成炼油产业集群，不断促进产业模式创新发展。

本篇小结

当今世界正经历百年未有之大变局，科技创新是其中一个关键变量。数字化转型通过对整个经济体系的渗透和重构，加速数字技术与实体经济集成融合，推进经济持续快速发展。世界各国纷纷制定数字经济发展战略，调整产业结构，力争在新一轮工业革命中占领先机。近期，我国各部委更是密集出台了一系列推动数字化转型的政策，对传统产业进行全方位、全角度、全链条的改造，推动产业高端化、高效化发展。为实现高质量发展，炼油企业积极运用数字化、网络化、智能化技术，创新价值创造、传递和获取模式，通过数字化管理和智能化运营，探索绿色发展新路径。

面对宏观环境严峻、市场竞争激烈、用户需求变化、技术迭代升级带来的挑战，国内外炼油企业纷纷加快能源转型和数字化转型步伐，新冠疫情加速了油气行业数字化进程，各大炼油公司均将数字化作为技术创新的主攻方向和提升核心竞争力的重大战略，中国石化、中国石油等大型企业经过多年发展，已具备较好的数字化转型基础。各企业数字化转型的实施策略和方法路径呈现多样性，总体来说，均处于数字化转型起步、探索阶段。新形势下我国炼油企业应顺应信息技术快速发展趋势，抢抓新基建发展机遇，利用人工智能、大数据、物联网等新一代 ICT 技术进行全产业链业务转型，抢占数字化发展先机。

我国炼油企业数字化转型正面临着千载难逢的发展机遇，也面临着例如对数字化转型的认识有待进一步提高、企业间、专业间数字化发展水平不均衡、数据标准化和共享水平不足和自动化数采基础设施有待加强等问题。未来，炼油业务数字化转型着力从经营管理、生产营运、产销衔接、专业化管理和信息化支撑五大领域开展工作，围绕炼油业务开展数字化转型，以数字技术驱动管理创新、业务创新和商业模式创新，实现炼油业务高质量发展。

炼油企业数字化转型是以价值创造为目的，以提升效率和效益为导向，用数字技术驱动业务变革的过程。数字化已从社交媒体、移动化、大数据、云，步入 5G、人工智能、混合现实等引领的时代，新技术将在炼油领域产生深远影响，深刻改变传统的生产模式、管理方式和客户交互方式，甚至带来全新商业模式。第四次工业革命的核心是信息化、数字化与智能化的深度融合，同时为炼油企业的数字化转型提供了关键技术支撑。

目前国内外企业只在某些业务领域进行了技术应用的尝试或者在某些业务单元实现了优化。例如，以中国石化和中国石油为代表的采用数字孪生技术，提出了智能平面炼油厂的理念，将真实有形的工厂映射到虚拟无形的网络中，预测未来发展趋势，进而优化和改变物理世界，逐步实现自感知、自分析、自优化和自执行。霍尼韦尔基于炼油厂对于提升原油的转化价值需求，提出了“未来炼油厂”，按照自动化工厂、智能工厂和无人工厂三个阶段演进，最终实现机器代替人，降低生产成本，提高生产效率，实现盈利更大化。以麦肯锡为代表的“灯塔工厂”，通过数字连接，端到端“灯塔工厂”能打通整个价值链，拓展工厂内的数字化运营规模，并推广至整个产业链。基于上述分析，未来的炼油厂将实现从整个炼油价值链出发，整合人、流程和技术，实现下游产业资源配置优化以及设备、能源、生产、销售的全生命周期管理，打通产－供－储－运－销整个供应链，实现全要素深度融合、全面感知、预测预警、协同优化、科学决策，实现全价值链优化。

参考文献

[1]Digital Transformation Initiative Maximizing the Return on Digital Investments[EB/OL].(2018－05－03)[2022－02－21].https://www.weforum.org/whitepapers/maximizing－the－return－on－digital－investments.

[2]洪晟，汪小帆，廖绪昌，等.“中国加速迈向碳中和”油气篇：油气行业碳减排路径[R/OL].(2021－04－22)[2022－02－21].https://finance.sina.cn/esg/2021－04－22/detail－ikmxzfmk8283579.d.html.

[3]王晓宁，董家宁.解读政府工作报告|赛迪顾问：以能源数字化转型助力碳中和目标实现[EB/OL].(2021－03－06)[2022－02－21].https://www.thepaper.cn/newsDetail_forward_11585710.

[4]Nicholas Negroponte. Being Digital[M]，America：American Institute of Physics，1996.

[5]陈悦，黄萍.把握新形势加快石油石化行业数字化转型[J]，数字化战略，2021，2：32－36.

[6]中国信息通信研究院.中国数字经济发展白皮书[R/OL].(2021－07－02)[2022－02－08].http://www.caict.ac.cn/kxyj/qwfb/bps/202007/t20200702_285535.htm.

[7]中国信息通信研究院.全球数字经济白皮书[R/OL].(2021－08－02)[2022－02－08].http://www.caict.ac.cn/kxyj/qwfb/bps/202108/t20210802_381484.htm.

[8]中国信息化百人会.数字经济发展报告[R/OL].(2018－07－13)[2022－02－08].https://www.sohu.com/a/240901100_99934049.

[9]麦肯锡全球研究院.中国的数字化转型：互联网对生产力与增长的影响[EB/OL].(2014－07－31)[2022－02－08].https://www.mckinsey.com.cn/wp－content/uploads/2014/08/CN－MGI－China－ES.pdf.

[10]Hung LeHong，Chris Howard. Building a Digital Business Technology Platform[EB/OL].(2021－05－01)[2022－02－08].https://www.gartner.com/en/doc/3340817－building－a－digital－business－technology－platform.

[11]微软.变革之年：2020年数字化转型趋势[M/OL].(2021－05－01)[2022－02－08].https://info.microsoft.com/ww－landing－A－Year－of－Change－Digital－Transformation－Trends－in－2020.html? LCID＝zh－cn.

[12]华为.行业数字化转型方法论白皮书2019[R/OL].(2019－03－20)[2022－02－08].https://e.huawei.com/cn/material/enterprise/newict/digitalplatform/78924a97a2a24768a4329308b4a1d3e4.

[13]西门子.明晰路径 推动企业数字化转型[EB/OL].(2020－05－01)[2022－02－08].https://assets.new.siemens.com/siemens/assets/api/uuid：69ba9ab7－1045－4dcf－95af－187d885ac9a6/whitepaper.pdf.

[14]中田墩.变革：制造业巨头GE的数字化转型之路[M].北京：机械工业出版社，2018.

[15]刘希俭.中国石油信息化管理[M].北京：石油工业出版社，2008.

[16]刘亭亭，赵旭涛.智能炼化企业建设 炼化一体化的智能化[J].石化技术与应用，2020，38(02)：147－152.

[17]石化盈科信息技术有限责任公司，IDC.守正出奇 开拓创新——能源化工数字化转型实践与启示[R/OL].

(2020 - 10 - 12)[2022 - 02 - 08]. http://www. pcitc. com/.
[18]朱佳. 燃料油 - 润滑油型炼油企业采购进口原油方案优化研究[J]. 炼油技术与工程，2020，50(09)：50 - 53.
[19]中国石油. 中国石油勘探开发梦想云2020发布会举行 焦方正强调：全面推进数字化转型智能化发展[EB/OL]. (2020 - 11 - 30)[2022 - 02 - 08]. http://www. cnpc. com. cn/cnpc/index. shtml.
[20]崔婧. 亲历中海油信息化[J]. 中国经济和信息化，2012：83 - 85.
[21]李文湘. 中海油的集团信息化管理心经[EB/OL]. (2020 - 05 - 13)[2022 - 02 - 08]. https://cio. it168. com/a2010/0513/885/000000885534. shtml.
[22]戴厚良. 中国石油：以数字化转型驱动油气产业高质量发展[EB/OL]. (2020 - 12 - 03). [2022 - 02 - 08]. https://www. sasac. gov. cn/.
[23]吴青. 智能炼化建设的方法、策略与实践[J]. 无机盐工业，2017，49(12)：1 - 7.
[24]牛彦红. 石化企业原油采购管理浅析[J]. 当代石油石化，2020，28(05)：24 - 27 + 36.
[25]埃森哲. 从交匙到交互，数字化重新定义油气工程企业价值链[EB/OL]. (2020 - 06 - 30)[2022 - 02 - 08]. https://www. accenture. com/cn - zh/insights/strategy/china - oil - gas - digital - transformation - series - engineering.
[26]刘湘丽. 第四次工业革命的机遇与挑战[J]. 新疆师范大学学报(哲学社会科学版)，2019，40(01)：123 - 130.
[27]炼化企业如何畅通后路保生产？[N/OL]. 中国石油报，2020 - 02 - 27 [2022 - 02 - 08]. http://news. cnpc. com. cn/system/2020/02/27/001764414. shtml.
[28]石化盈科 &IDC. 数字化转型智造未来——石油石化行业数字化转型白皮书[R/OL]. (2021 - 12 - 15)[2022 - 02 - 08]. https://mp. weixin. qq. com/s/qkt4Bs2eZ - SZIIzzheq7IQ.
[29]俞金寿，刘爱伦，张克进. 软测量技术及其在石油化工中的应用[M]. 北京：化学工业出版社，2000.
[30]赵恒平. 中国石化先进过程控制应用现状[J]. 化工进展，2015，34(04)：930 - 934.
[31]王建平，王乐. 流程工业生产过程优化技术发展趋势探讨[J]. 中外能源，2021，26(04)：61 - 68.
[32]苏耀东，刘鉴徵. 乙烯裂解深度先进控制在齐鲁石化中的应用[J]. 石油化工自动化，2019，55(01)：45 - 48.
[33]李全善，王堃，朱连勋，等. 全流程智能控制在国产化乙烯装置上的应用[J]. 石油石化绿色低碳，2018，3(05)：6 - 10.
[34]杨志. 乙烯装置全流程多模型智能控制技术改造分析[J]. 设备管理与维修，2019(12)：136 - 137.
[35]董家宁，王晓宁. 能源数字化转型助力碳中和目标实现[J]. 数字化战略，2021，2：21 - 23.
[36]Global Lighthouse Network：Unlocking Sustainability through Fourth Industrial Revolution Technologies[OL] 2021. 9 https://www. weforum. org/whitepapers/global - lighthouse - network - unlocking - sustainability - through - 4ir.
[37]洪晟，孙俊信，李元鹏，等. "智"胜未来：中国流程行业的智能化挑战与机遇[EB/OL]. (2021 - 04 - 20)[2022 - 02 - 08]. https://www. mckinsey. com. cn/.
[38]曹湘洪. 能源转型中我国炼油工业面临的挑战与对策[J]. 石油炼制与化工，2021，52(10)：1 - 9.
[39]袁晴棠，殷瑞钰，曹湘洪，等. 面向2035的流程制造业智能化目标、特征和路径战略研究[J]. 中国工程科学，2020，22(03). 148 - 156.